Carbon-13 Structural Coding System

MAIN GROUPS

1. CH_3-R_1
2. $CH_2-R_{1,2}$
3. $CH-R_{1,2,3}$
4. $C-R_{1,2,3,4}$
5. $R_1R_2C^*=CR_3R_4$
6. $R_1R_2C=NR_3$
7. $R_1{*}C\equiv CR_2$
8. $R-CN$
9. $O=CR_1R_2$
10. (benzene ring with R_1^*, R_2, R_3, R_4)
11. (pyridine)
12. (thiophene)
13. (furan)
14. (pyrrole)
15. Misc. aromatic

SUB GROUPS

A.	$-CH_3$	J.	$-C(=O)-$	R.	$-NO_2$
B.	$-CH_2-R_1$	K.	$-C(=O)-O-$	S.	$-S-$
C.	$-CH-R_{1,2}$	L.	$-C=$	T.	$-C\equiv C-$
D.	$-C-R_{1,2,3}$	M.	$-N=$	U.	$-CN$
E.	$-Cl$	N.	$-N-$	V.	Phenyl
F.	$-F$	O.	$-O-$ or $\rightarrow O$	W.	Misc. aromatic
G.	$-Br$	P.	$-OH$	X.	P
H.	$-H$	Q.	$-O-C(=O)-$	Y.	Si
I.	$-I$			Z.	Misc. atom

Carbon-13 NMR Spectra

Fallen Heroes of the Bayou City

Houston Police Department

1860-2006

by Nelson J. Zoch

edited by Tom Kennedy of Kennedy Communications

Carbon-13 NMR Spectra

A Collection of Assigned, Coded, and Indexed Spectra

LeRoy F. Johnson & William C. Jankowski

Varian Associates
Instrument Division
Palo Alto, California

A Wiley-Interscience Publication

John Wiley & Sons

New York   London   Sydney   Toronto

Copyright © 1972, by John Wiley & Sons, Inc.

All rights reserved. Published simultaneously in Canada.

No part of this book may be reproduced by any means, nor transmitted, nor translated into a machine language without the written permission of the publisher.

Library of Congress Cataloging in Publication Data

Johnson, LeRoy F.
  Carbon-13 NMR spectra.

  Includes bibliographical references.
  1. Carbon—Isotopes—Spectra. 2. Nuclear magnetic resonance spectroscopy. I. Jankowski, William C., joint author. II. Title.

QC462.C4J64   546'.681'588   72-5360
ISBN 0-471-44488-X

Printed in the United States of America

10 9 8 7 6 5 4 3 2 1

Preface

INTRODUCTION

The preparation of this collection of carbon-13 nuclear magnetic resonance spectra was an outgrowth of the increasing interest in the application of ^{13}C NMR measurements and the availability of new instrumentation which allowed data to be collected in a routine manner. The successful use of the Varian proton NMR spectra catalogs[1] with their constant spectra format, structure coding system and indexes prompted the production of a similar collection of ^{13}C data.

In order to simplify the ^{13}C spectra and greatly reduce the time required to obtain data with adequate signal-to-noise in the recordings, proton noise decoupling[2] was used in all cases. Thus, splittings due to spin-coupling between ^{13}C and ^{1}H are collapsed and only ^{13}C chemical shifts and in some cases spin-coupling with other nuclei are measured. In most cases, the large chemical shift range for ^{13}C signals results in spectra where each carbon atom in the molecule gives rise to a separate peak in the spectrum. The chemical shifts of the peaks are measured relative to the ^{13}C signal from dissolved tetramethylsilane and these numbers are reported as ppm values using the same convention as used in proton spectra, i.e., downfield shifts are assigned positive ppm values. For water soluble samples, internal dioxane was used as a secondary reference and chemical shifts were converted to the TMS scale using the dioxane-TMS shift difference of 67.4 ppm.

The compounds used in this collection were selected to provide a wide variety of different types of carbon environments. In general, only reasonably pure compounds were used, but in some cases impure samples were included with appropriate indications of peaks which are due to impurities. The spectra are arranged in empirical formula order, beginning with $C_2HF_3O_2$ and ending with $C_{63}H_{88}CoN_{14}O_{14}P$.

FORMAT

Each spectrum was directly photographed from an original black-ink recording on blue-grid chart. The grid lines have been dropped and in their place marks indicating 10 ppm points appear at the top and bottom of each spectrum. The spectra are consistently presented using a 200 ppm display with the signal from TMS appearing at zero, or in the case of water soluable compounds, the dioxane peak at 67.4 ppm. Any peaks which fall beyond 200 ppm are shown with a separate plot of those peaks using an offset base-line near the left side of the spectrum. Chemical shifts of these peaks can be obtained from the peak position listings in

---

[1] *High Resolution NMR Spectra Catalog*, Vols. 1 and 2, Varian Assoc., 1962, 1963.

[2] R. R. Ernst, *J. Chem. Phys.*, 45, 3845 (1966).

the title block section. For some compounds expanded plots are included of key regions which show special fine structure such as spin-coupling to ^{19}F or ^{31}P. These expanded inserts were obtained from separate runs using experimental conditions that enhance resolution.

Assignments indicated for each spectrum are based upon (a) comparisons with observed peak positions in other similar compounds within the collection, (b) data reported in the literature reference indicated on the spectrum,[3] and (c) results obtained with off-resonance coherent proton spin-decoupling which generally provides indication of the number of protons directly attached to a given carbon atom.[4] When the off-resonance coherent spin-decoupling technique was used to determine whether peaks arise from methyl, methylene, methine, or quaternary carbons, the letters q, t, d, or s, respectively, follow the chemical shift values listed in the spectrum title block. The most often varied experimental parameters are listed for each compound as well as remarks when conditions were used other than those described in the experimental section of this preface.

Two examples of special instrumental techniques are included in this collection. One shows the off-resonance coherent proton spin-decoupling technique applied to the compound estrone methyl ether. The results are presented as spectrum 481b. The second shows integration of a portion of the spectrum of Vitamin E, which permitted determination of the number of carbons represented by groups of overlapping resonances. This example is presented in spectrum 496b.

EXPERIMENTAL

The spectra in this collection were run using either Varian HA-100 or XL-100 instruments. About 80 samples were run with an HA-100 which was equipped with a V-3530 RF/AF Sweep Unit, V-3512-1 Proton Spin Decoupler, V-4333-1 probe using 8 mm sample tubes, and an SS-100 SpectroSystem® for time averaging. The standard operating condition for an HA-100 run was nine accumulations of 200 ppm sweeps, each sweep requiring 100 seconds. In these runs the lock signal was provided by the ^{13}C signal from the dioxane solvent. Ten percent TMS was used as an internal reference. Fifty parts per million readouts were used to obtain chemical shift measurements, which are believed to be accurate to ±0.1 ppm.

About 420 samples were run with an XL-100-15 using 12 mm sample tubes. Fourier Transform operation was used with 16K 620i or 620f computers. Standard operating conditions were 400 transients at 0.8 sec per transient with an exponential weighting time constant of 0.2 sec applied to the accumulated free-induction decay before Fourier transformation, and an rf pulse width of 30 microseconds which corresponded to a tipping angle of about 20°. The lock signal was provided by the deuterium resonance from the deuterated solvent. Unless otherwise noted, ten percent TMS was used as the internal reference. In the case of water soluble compounds, one percent dioxane was used as the internal secondary standard. Peak positions and calculated chemical shifts were obtained from computer listings and the accuracy in calculated chemical shifts is ±0.1 ppm.

---

[3] A list of the references can be found at the end of the collection of spectra.

[4] H. J. Reich, M. Jautelat, M. T. Messe, F. J. Weigert, J. D. Roberts, *J. Amer. Chem. Soc.*, 91, 7445 (1969).

STRUCTURE CODING SYSTEM

The major use of chemical shift information is for empirical correlation of peaks in the spectra of compounds whose structures are unknown with those of known structures. The usefulness of such correlations is in direct proportion to the degree of detailed resemblance of the structures whose spectra are being compared, particularly in the immediate vicinity of that portion of the structure which is in question. It is therefore desirable to be able to determine whether the spectrum of a compound containing a certain type of carbon with a particular set of neighboring and next nearest neighboring atoms is contained in the collection and where to find it. The next best alternative is to find the spectrum of the compound that comes closest to the desired model. Accordingly, an alpha-numeric system of coding carbon chemical environments has been used to permit a systematic search of the functional group contents of this set of spectra to be made with a minimum of effort. This coding system is very similar to that used in the Varian proton NMR spectra catalogs.[1]

All carbon chemical environments have been classified into fifteen Main Groups designated by Arabic numerals 1 to 15. Nearby arrangements of atoms are classified into Sub-groups and Sub-sub-groups and designated by capital and lower-case letters of the alphabet, respectively. Sub-groups are bonded directly to the Main Group, and are coded by capital letters. Sub-sub-groups are bonded directly to the Sub-groups and are coded by lower case letters.

Main Group and Sub-group classifications are listed on the opening page. The Sub-group listing also applies to Sub-sub-groups with lower case letters replacing the capital letters.

In coding a particular carbon environment the following basic procedure should be used.

1. Write down the number of the Main Group which applies.

2. If the Main Group is part of a *ring*, enclose the number in *parentheses*.

3. Follow the number with a hyphen and then by capital letters corresponding to each Sub-group. If the Sub-group is part of a *ring*, enclose the capital letter in *parentheses*. The capital letters should be in alphabetical order except for Main Groups 5-7 and 10-15, which are handled with special systems which will be discussed later.

4. Each capital letter should be followed by appropriate lower-case letters corresponding to the Sub-sub-groups, again in alphabetical order, before proceeding to the next capital letter. Lower case letters are not put in parentheses, no distinction being made between cyclic and non-cyclic Sub-sub-groups.

As an example, code the underlined carbon.

The carbon is in Main Group 2, and its immediate neighbors are CH_2 and CH, which are coded B and C in alphabetical order. The CH_2 Sub-group has one Sub-sub-group, methyl which is coded a, and the CH Sub-group has two Sub-sub-groups which are both methylenes, coded bb. The entire code for the underlined CH_2 group is thus

2 –Ba(C)bb

Note that the C is enclosed in parentheses, since this Sub-group is a part of a ring system. As an exercise, code the remaining carbon atoms in the molecule above and check your codes with those given in the Functional Group Index for this compound (No. 312).

Special considerations which apply to Main Groups 5-7 and 10-15 are listed below.

A. The olefinic carbons in Main Group 5 have four Sub-groups and these should be listed in the order shown in the Main Group listing. R_1 is listed ahead of R_2 on an alphabetical basis and then R_3 is assigned to the Sub-group *cis-* to R_1, while R_4 is *trans-* to R_1. Normal alphabetical listing is used for Sub-sub-group lisings.

As an example, code the indicated carbon.

This carbon has two Sub-groups which are directly attached, having codes H and J, and two Sub-groups which are attached to the other carbon in this Main Group, having codes A and H. Following the order: *direct, gem-, cis-,* and *trans-* gives the code

5 -HJhAH

The other olefinic carbon similarly has the code

5 -AHHJh

As a Sub-group each olefinic carbon is treated separately. Thus, the methyl carbon has the code

1 -Lhl

And similarly the aldehyde carbon has the code

9 -HLhl

B. In Main Group 6 the two directly bonded Sub-groups are listed in alphabetical order followed by the Sub-group which is bonded to the Nitrogen.

C. In Main Group 7 the directly bonded Sub-group is listed first, followed by the Sub-group which is bonded to the other end of the triple bond.

D. In Main Group 10 the directly bonded Sub-group is listed first, followed by the two adjacent *ortho-* Sub-groups listed in alphabetical order, followed by the Sub-group which is *para-* to the carbon in question. The reason for this method lies in the rather large *para-* effect in benzene ring chemical shifts. The rather small *meta-* effect is therefore not coded in preference to *para-* information.

As an example code the indicated carbon

Following the order *direct*, (*ortho-*)$_2$, *para-* gives the code

10 -OaEHR

Code the remaining carbons in this compound (No. 287).

E. In Main Group 11 the carbon atom position in the pyridine ring is indicated by the Greek letter α, β, γ, placed between the Main Group number and the capital letter designating the direct substituent. Sub-group designations are assigned to adjacent substituents. For the α- carbon, one of the adjacent substituents is the ring heteroatom which is not coded.

For example the indicated carbon in this molecule

has the code

11 -γ-HHJa

Code the remaining carbons in this compound (No. 240).

F. In Main Groups 12-14 the carbon atom position relative to the heteroatom is indicated by the Greek letter α or β placed between the Main Group number and the capital letter designating the direct substituent. For β- carbon atoms the adjacent α- and β- substituents are assigned as Sub-groups in alphabetical order. For α- carbon atoms only the adjacent β- substituent is coded as a Sub-group.

For example C$_2$ in this molecule

has the code

13 -α-JhH

while C₃ has the code

$$13-\beta\text{-HHJh}$$

G. In Main Group 15 carbon atoms in miscellaneous aromatic systems are coded by listing, in parentheses, the prefix name of the aromatic system involved and indicating the position in this ring. Only the directly bonded Sub-groups are coded.

For example, the indicated carbon in this molecule

has the code

$$15-(\text{quinolyl-4})-\text{H}$$

Following are a few special rules and comments on the remainder of the coding system.

H. For compounds containing a carbon-sulfur double bond, Main Group 9 is used with the word "thio" inserted between the 9 and the first Sub-group code. Thus, the C=S group in tetramethylthiourea has the code 9–thio–NaaNaa.

I. For compounds containing an isocyanate group, Main Group 9 is used followed by the capital letter M. Thus, the isocyanate carbon in phenylisocyanate has the code 9–Mv.

J. When a benzene ring is a Sub-group, its code letter V is followed by lower case letters, in alphabetical order, denoting the two Sub-sub-groups *ortho*– to the point of attachment. Thus, the CH₂ group in ethylbenzene has the code 2–AVhh.

K. When a miscellaneous aromatic ring is a Sub-group, its code letter W is not followed by any lower case letters since the ambiguous nature of this Sub-group does not warrant further classification of Sub-sub-groups. The same rule applies for Sub-group Z, the code for miscellaneous atoms.

L. Note that Sub-groups K and Q are different. In K the carbonyl carbon is directly bonded to the Main Group, while in Q the oxygen is directly bonded to the Main Group.

M. In using Sub-group codes, note that the number of lower case letters following a capital letter depends on the number of bonds which are unused in that particular Sub-group.

INDEXES

Any large collection of assigned spectra can only be used to its best advantage if there is a convenient method for retrieving specific chemical shift information from the tremendous number of individual shift assignments. The structure coding system described previously, and the three indexes following this preface are provided for that purpose.

The NAME INDEX is provided so that one may determine if a particular compound of interest is contained in this collection. In general, IUC nomenclature rules were followed in naming the compounds except where there was a more commonly accepted name.

The SHIFT INDEX is provided so that given an unassigned carbon chemical shift, one may determine the most likely structural environments consistent with that shift value. The first column lists the shift values in ascending order, followed by a lower case letter denoting the solvent in which the shift was measured. These letter designations are given below.

c	— chloroform-d	p	— pyridine-d_5
d	— dioxane	w	— water (20% D_2O, 79% H_2O, 1% dioxane)
s	— dimethylsulfoxide-d_6	wa	— water (1 mmol HCl added per mmol compound)
m	— methanol-d_4	wb	— water (1 mmol NaOH added per mmol compound)

An asterisk immediately following the shift indicates that its assignments to the structure code shown in the second column for the particular compound denoted in the third column may be exchanged with an alternate assignment. If more than two assignments were possible for a single shift, none was made.

The CODE INDEX makes it possible to determine likely chemical shift values for various carbon atoms whose environment is defined by the coding system described previously. The first column contains the structure codes ordered first numerically by the Main Group number and then alphabetically by the Sub-group letters. The second column contains the shift value and solvent code, while the third column lists the compound or compounds from which the assignment was made. Again, as in the shift index, an asterisk immediately following the shift value indicates that an alternate assignment should be considered.

ACKNOWLEDGMENTS

We are indebted to Varian Associates for making available the NMR instruments used to run all of the spectra in this collection.

Many thanks go to Dr. Harmon Brown of Varian for access to a collection of many compounds, and to Dr. M. Tanabe of Stanford Research Institute for providing many of the terpenes, steroids, and nucleosides.

Our appreciation also goes to Mrs. Hazel Predoehl for help in sample preparation and to Robert McLean for his assistance in computer sorting of the shift assignments for the code and shift indexes.

Last, but not least, we thank Mrs. Judy Schmickley whose patience in key punching the computer shift assignment cards was only exceeded by her fortitude in typing the three indexes.

L. F. Johnson[5]
W. C. Jankowski

Palo Alto, California

---

[5] Presently at Transform Technology, Inc., Palo Alto, California.

Name Index

NAME	Spectrum No.
acenaphthene	440
acetal	217
acetaldehyde	5
acetanilide	295
acetic acid	7
acetoacetamide, N-(2-thiazoyl)-	245
acetoin	76
2-acetonaphthone	434
acetone	28
acetone oxime	35
acetonitrile	4
acetophenone	288
acetophenone, 3-fluoro-4-methoxy-	340
acetophenone, o-hydroxy-	290
acetylacetone	115
acrylonitrile	16
acrylonitrile, 2-chloro-	15
1-adamantane acetic acid	439
adenine, 9-α-D-arabinofuranosyl-	377
adenine, 9-β-D-arabinofuranosyl-	378
adenosine	375
adenosine triphosphate (acidic)	383
adenosine triphosphate (basic)	384
adiponitrile	169
adipyl chloride	167
alanine	36
allyl alcohol	30
allyl bromide	21
amyl acetate	273
androstene-3,17-dione	482
aniline, N-sec-butyl-	389
aniline, 5-chloro-2,4-dimethoxy-	299
aniline, N,N-diethyl-	390
aniline, 2,6-diethyl-	391
aniline, 2,3-dimethyl-	303
aniline, o-ethyl-	305
aniline, 3-fluoro-	158
aniline, N-methyl-	250
anisole	248
anisole, p-azoxy-	460
anisole, p-chloro-	235
anisole, 2-chloro-4-methoxy-	294
anisole, p-fluoro-	237
anisole, p-iodo-	239
anisole, p-nitro-	241
anisyl alcohol	301
arginine hydrochloride	213
ascorbic acid	171
azobenzene	431
azoxybenzene	432
azoxybenzene, 4,4'-bis(hexyloxy)-	493
azulene	367
benzaldehyde	229
benzaldehyde, 2,6-dichloro-	223
benzaldehyde, 3,5-dimethoxy-	346
benzaldehyde, p-dimethylamino-	349
benzene, bromo-	152
benzene, 1-bromo-4-nitro	147
benzene, n-butyl-	380
benzene, chloro-	153
benzene, 1-chloro-2,4-dimethoxy-5-nitro-	287
benzene, 1,2-dibromoethyl-	286
benzene, m-dichloro-	149
benzene, o-dichloro-	148
benzene, p-difluoro-	150
benzene, 1,2-epoxyethyl-	289
benzene, ethyl-	298
benzene, iodo-	156
benzene, nitro-	157
benzene, 1,3,5-tribromo-	145
benzene, 1,2,3-trichloro-	146
benzene, 1,2,4-trimethyl-	350
benzenesulfonic acid	163
benzenesulfonyl chloride	155
benzil	457
benzohydrol	453
benzoic acid	230
benzonitrile	226
benzonitrile, 4-bromo-	222
benzothiazole, 2-methyl-	285
benzoxazole	227
benzoyl chloride	224
benzyl acetate	345
benzyl alcohol	246
benzyl alcohol, α,α-dimethyl-	354
benzyl alcohol, α-methyl-	300
benzylamine	251
benzyl disulfide	459
N-benzylisopropylamine	388
N-benzylmethylamine	304
betaine hydrochloride	134
bicycloheptadiene	242
biphenyl, p-iodo-	430
exo-brevicomin	359
N-(2-bromoethyl)phthalimide	368
N-(3-bromopropyl)phthalimide	417
1,3-butadiene, hexachloro-	43
butane, 2-bromo-	80
butane, 1-bromo-3-methyl-	129

NAME	Spectrum No.
butane, 2-chloro-	83
butane, 1-chloro-3-methyl-	131
butane, 2-chloro-2-methyl-	130
butane, 1,2-dibromo-	69
butane, 2,2-dimethyl-	206
butane, 2,3-dimethyl-	208
1,3-butanediol	91
2,3-butanedione monooxime	68
1,2-butanedithiol	95
1-butanol, 2-amino-	100
1-butanol, 2-ethyl-	215
1-butanol, 3-methoxy-	140
2-butanone, 3-methyl-	121
2-butene, 2-methyl-	119
cis-2-butene-1,4-diacetate	309
tert-butyl acetate	194
sec-butyl alcohol	89
tert-butyl alcohol	88
sec-butylamine, N-methyl-	141
butyl benzoate	421
n-butyl methacrylate	310
n-butylthioacetate	192
2-butyne, 1,4-diacetate	302
1-butyne, 3-hydroxy-3-methyl-	112
2-butyne-1-ol	58
butyraldehye	74
n-butyric acid, 2-bromo-	65
4-butyrolactone	60
n-butyrophenone	373
camphene	393
camphor	397
caproic acid	193
caprolactam	185
carbazole, N-ethyl-	458
3-carene	394
carvone	386
catechol	161
cedrol	466
cholesterol	494
choline chloride	142
cineole	406
trans-cinnamaldehyde	336
citraconic anhydride	103
citric acid	172
citronellal	403
codeine phosphate	479
cortisone acetate	492
coumarin	333
m-cresol	247
crotonaldehyde	57

NAME	Spectrum No.
crotonitrile	53
cumene	352
cyclobutane, methylene-	110
1,3-cyclobutanedione, 2,2,4,4-tetramethyl-	308
cyclobutylnitrile	56
1,4-cyclohexadiene	166
cyclohexane, bromo-	184
cyclohexane, *n*-butyl-	409
cyclohexane, 1,1-difluoro-	177
cyclohexane, methyl-	265
cyclohexene, 4-methyl-	262
cyclohexanol	191
cyclohexanol, 2-methyl	272
cyclohexanol, 3-methyl-	267
cyclohexanol, 4-methyl-	271
cyclohexanol, 3,3,5-trimethyl-	360
cyclohexanone	179
cyclohexanone, 2-cyclohexyl-	441
cyclohexanone, 4-*tert*-butyl-	405
cyclohexene	176
1-cyclohexene, 4-vinyl-	306
cyclohexyl acetate	311
cyclohexylamine	200
cyclohexylamine, N-methyl-	275
cyclopentadiene, hexachloro-	102
cyclopentane, methyl-	186
cyclopentane, *n*-propyl-	312
cyclopentanone	113
cyclopentanone, 3-methyl-	180
crysteine	38
cystine	189
decalin	401
decane, 1-bromo-	370
1-decanol	412
1-decene, 7,9-dimethyl-	445
16-dehydroprogesterone	490
dibenzoylmethane	463
dibenzylmethylamine	465
dibutyl carbonate	363
dibutylsuccinate	442
dibutyl tin diacetate	446
dicyclopentadiene	372
dicyclopropyl ketoxime	261
diethylamine	98
diethyldithiocarbamic acid sodium salt	120
diethyl ethylphosphonate	219
diethyl malonate	263
diethyloxalate	183

NAME	Spectrum No.
diethyl sulfite	94
2,5-dihydrofuran	59
diisobutyl amine	327
β-(3,4-dimethoxyphenyl)ethylamine	392
N,N-dimethyl acetamide	85
dimethylformamide	34
dimethylglyoxime	71
dimethyl methylphosphonate	42
diphenyl ether	433
2,4-disilapentane, 2,2,4,4-tetramethyl-	280
dodecanamide, N,N-diethyl-	473
endrin	429
epinephrine hydrochloride	356
estrone methyl ether	481
ethane, 1,2-dimethoxy-	93
ethane, 1,1,2-tribromo-	2
ethane, 1,1,2-trichloro-	3
ethanesulfonyl chloride	8
ethanolamine, N-methyl-	41
ethanolamine, N-(1-methylheptyl)-	413
p-(p-ethoxyphenylazo)phenyl hexanoate	487
ethyl acetoacetate	181
ethyl carbamate	37
ethyl hexanoate	318
ethyl iodide	9
ethyl methylcarbamate	86
ethyl sulfate	13
ethyl thiocyanate	25
ethyl trichloroacetate	51
ethyl trifluoroacetate	52
ethylenediamine, sym-dimethyl-	101
ethylenediaminetetraacetic acid	382
ethylene glycol monobutyl ether	216
ethylene glycol monoethyl ether	92
fenchone	398
fluorene	452
formycin B	376
furan	48
furfural	104
galactose	198
gelsemine	485
geraniol	402
glucosamine hydrochloride	205
glucose	197
N-glyclyglycine	72
gramicidin S	499
guanosine	379
n-heptane	277

NAME	Spectrum No.
2-heptanone	270
3-heptanone	269
4-heptanone	268
4-heptanone, 2,6-dimethyl-	361
2-heptene	264
hexamethylphosphoramide	221
1,3-hexandiol, 2-ethyl-	325
hexanoic acid, 2-ethyl-	317
1-hexanol, 2-ethyl-	322
hexaphenyldilead	498
cis-2-hexene	188
trans-3-hexene, 2,5-dimethyl-	315
hexyl acetate, 2-ethyl-	411
hexylamine	218
hexyl ether	447
1-hexyne	175
histidine hydrochloride	174
hydrocinnamaldehyde	343
hydrocinnamic acid	344
2,2-bis(hydroxylmethyl)butyl allyl ether	364
hydroxyproline	118
indane	342
indane, 5-acetyl-	420
indane, 1-amino-	348
indane oxide	337
1-indanone	338
1-indanone, 2,2,3,3-tetramethyl-	454
indole	283
indole, 3-methyl-	341
myo-inositol	196
isobutyl alcohol	90
isobutyronitrile	66
isobutyrophenone	374
isopentyl alcohol	139
isophorone	357
isopilocarpine hydrochloride	423
isopropyl acetate	126
isopropylmethylamine	97
isopulegol	404
isoquinoline	334
isoquinoline, 3-methyl-	369
kasugamycin hydrochloride	462
lactose	444
leucine (basic)	203
leucine (acidic)	204
limonene	400
linalool	407
lysine hydrochloride	212
maleic acid hydrazide	47

NAME	Spectrum No.
maleic anhydride	45
menthol	410
menthone oxime	408
2-mercaptoethanol	12
mercaptosuccinic acid	63
mesitylene	351
methionine	135
methoxychlor	470
bis(2-methoxyethyl)phthalate	461
methoxyethyl thioglycolate	127
methoxy propylamine	96
methyl anthranilate	296
methyl benzoate	291
methyl ethyl ketone	75
methyl furoate	162
methyl hexanoate	274
methyl isobutyl ketone	190
methyl methacrylate	114
methyl myristate	468
methyl salicylate	293
monomethylol dimethylhydantoin	178
monosodium glutamate	111
morpholine, N-ethyl-	202
1-naphthaldehyde	414
naphthalene, 1-methyl-	415
naphthalene, 2-methyl-	416
1,4-naphthoquinone	366
neohexene	187
nicotinamide	159
nicotine	381
nitroethane	10
N-nitrosoaniline, N-methyl-	244
N-nitrosodimethylamine	11
nonanoic acid	362
endo-norbornene-2,3-dicarboxylic anhydride	339
1-octanethiol	326
2-octanol	323
1-octene	316
2-octene	313
tert-octylamine	328
octyl nitrite	320
oleic acid	480
penicillin G potassium	471
pentane, 1-chloro-	132
pentane, 1,5-diamino-	144
pentane, 2-methyl-	209
pentane, 3-methyl-	207
pentane, 2,2,4-trimethyl-	321
1,3-pentanediol, 2,2,4-trimethyl-	324
2-pentanol, 4-methyl-	214
3-pentanone	122
2-pentane, 2,4,4-trimethyl-	314
3-pentenoic acid β-lactone, 2,2,4-trimethyl-3-hydroxy-	307
phenanthrene	456
phenol	160
phenol, 2-tert-butyl-	385
phenol, 4-chloro-3-methyl-	236
phenol, 2,6-diisopropyl-	438
phenol, p-1-indanyl-	464
phenol, 2-isopropyl-	353
phenol, 2-methyl-6-tert-butyl-	425
phenylacetonitrile	284
phenylalanine, N-acetyl methyl ester	435
phenylhydrazine	168
phenyl isocyanate	228
phthalic anhydride	281
pilocarpine hydrochloride	424
α-pinene	396
β-pinene	395
piperazine, 2,4-dimethyl-	266
piperazine, cis-2,5-dimethyl-	210
piperazine, 2,6-dimethyl-	211
piperidine	133
piperidine, 2-methyl-	201
piperidine, 4-methyl-	199
piperidine, 2-propyl-	319
proline	117
propane, 1-bromo-2-methyl-	79
propane, 2-bromo-2-methyl-	81
propane, 1-bromo-3-phenyl-	347
propane, 2-chloro-2-methyl-	82
propane, 1,2-dibromo-	26
propane, 1,2-dibromo-2-methyl-	70
propane, 1,2-dichloro-	27
propane, 1-iodo-	33
propane, 1,2,3-trichloro-	23
1,3-propanediamine, N,N-dimethyl-	143
1,2-propanediol, 3-chloro-	32
1,3-propanediol, 2,2-diethyl-	278
n-propanol	39
1-propanol, 2-amino-2-methyl-	99
propanol, 2-amino-1-phenyl hydrochloride	355
1-propene, 1-bromo-	20
1-propene, 3-chloro-	22
propionaldehyde, 3-dimethylamino-2,2-dimethyl-	276
propionic acid, 2,3-dibromo-	18

NAME	Spectrum No.
propionic acid, 3-mercapto-	31
propionic anhydride	182
propionitrile	24
propionitrile, 3-ethoxy-	116
propylene carbonate	62
propylene glycol	40
propylene oxide	29
2-propyne-1-ol	19
pulegone	399
pyrazine, 2-methyl-	108
pyrene	469
pyridazine, 3-chloro-6-methoxy-	105
pyridine	106
pyridine, 3-acetyl-	240
pyridine, 2-amino-	109
pyridine, 2-chloro-6-methoxy-3-nitro-	154
pyridine, 2,3-dimethyl-	259
pyridine, 2,4-dimethyl-	260
pyridine, 2,5-dimethyl-	258
pyridine, 2,6-dimethyl-	252
pyridine, 3,4-dimethyl-	257
pyridine, 3,5-dimethyl-	256
pyridine, 2-ethyl-	255
pyridine, 3-ethyl-	254
pyridine, 4-ethyl-	253
pyridine, 2-methyl-	165
2-pyridone	107
pyrrole	54
pyrrolidine	84
2-pyrrolidone	67
pyrrolidone, N-vinyl-	173
quercitol, 6-bromo-1,2,5/3,4,6-pentaacetate-	472
quinaldine, 6-methoxy-	419
quinine	486
quinoline	335
quinoline, 3-bromo-	330
quinoline, 4-chloro-	331
quinoline, 2,6-dimethyl-	418
p-quinone	151
quinoxaline	282
rhamnose	195
riboflavin	475
rickamycin	484
salicylaldehyde	231
2-silapentanesulfonic acid, 2,2-dimethyl-	220
squalene	497
succinic anhydride	49

NAME	Spectrum No.
succinimide	55
sucrose	443
sucrose octaacetate	495
L-tartaric acid	64
testosterone	483
tetracycline hydrochloride	491
tetrahydrofuran	73
tetrahydrofuran, 2-isopropyl-3,3,5,5-tetramethyl-	427
tetrahydrofuran, 2-methyl-	123
tetrahydrofuran, 3-methyl-	125
tetrahydropyran	124
tetrahydrothiophene	78
tetralin	371
tetramethylene sulfone	77
tetramethyl thiourea	138
tetramethylurea	137
thiamine hydrochloride	437
thiazole	17
thioacetic acid	6
thioanisole	249
thiobenzophenone, bis(4-dimethylamino)-	474
thiophene	50
thiophene, 2-chloro-	46
thiophene, 2,5-dibromo-	44
thiophenol	164
threonine	87
thymoquinone, 3,6-dimethoxy-	436
toluene	243
toluene, p-tert-butyl-	422
toluene, m-chloro-	233
toluene, o-chloro-	232
toluene, p-chloro-	234
toluene, p-iodo-	238
toluene, α,α,α-trifluoro-	225
tolylene-2,4-diisocyanate	332
triallyl phosphate	358
tributylamine	449
tri-tert-butyl borate	448
tributyl phosphate	451
tributyl phosphite	450
tributyrin	467
trichloroacetyl isocyanate	14
tridecane	455
triethoxyethylsilane	329
triethyl orthoformate	279
trifluoroacetic acid	1
trimethylvinylammonium bromide	136
triphenyl phosphate	477

NAME	Spectrum No.
triphenylphosphine	478
triphenyl phosphite	476
tri-*n*-propyl borate	365
tri-*o*-tolylphosphine	489
tri-*p*-tolylphosphine	488
n-undecane	428
3-undecanone	426
uracil, 1,3-dimethyl-	170
vanillin	292
verbenone	387
vinyl acetate	61
vitamin B_{12}	500
vitamin E	496
m-xylene	297
xylose	128

Code Index

Code	Shift	Spectrum Number
1 -Bb	10.3 c	365
1 -Bb	10.5 d	39
1 -Bb	13.5 c	175
1 -Bb	13.5 c	446, 451, 467
1 -Bb	13.6 d	192
1 -Bb	13.6 c	363
1 -Bb	13.7 c	188, 268, 421, 442, 450
1 -Bb	13.8 d	74
1 -Bb	13.8 c	193, 269, 373
1 -Bb	13.9 c	132, 216, 264, 270, 274, 317, 493
1 -Bb	13.9 d	310, 380
1 -Bb	14.0 c	218, 411, 413, 447
1 -Bb	14.0 d	320
1 -Bb	14.1 c	313, 316, 322, 323, 325, 326, 362, 370, 409, 412, 428, 449, 468, 473, 480
1 -Bb	14.1 d	273, 426
1 -Bb	14.2 d	277, 455
1 -Bb	14.3 c	209, 318
1 -Bb	14.4 c	312
1 -Bb	14.5 d	319
1 -Bb	14.7 c	487
1 -Bb	15.3 c	33
1 -Bc	9.7 c	359
1 -Bc	10.0 c	89
1 -Bc	10.2 c	141, 389
1 -Bc	10.4 c	100
1 -Bc	10.9 c	69
1 -Bc	11.0 c	411
1 -Bc	11.0 w	423
1 -Bc	11.1 d	83
1 -Bc	11.1 c	215, 322
1 -Bc	11.4 d	95
1 -Bc	11.4 c	207
1 -Bc	11.7 c	65, 317, 325
1 -Bc	12.1 c	80
1 -Bc	12.2 w	424
1 -Bc	12.3 c	325
1 -Bd	7.1 c	278
1 -Bd	7.6 d	364
1 -Bd	8.8 c	206
1 -Bd	9.4 c	130
1 -Bi	20.5 c	9
1 -Bj	7.8 c	269
1 -Bj	7.8 d	426
1 -Bj	7.9 c	122
1 -Bj	8.0 d	75
1 -Bk	8.4 c	182
1 -Bn	11.7 c	202
1 -Bn	12.3 w	120
1 -Bn	12.5 c	390
1 -Bn	13.1*c	473
1 -Bn	13.5 c	458
1 -Bn	14.4*c	473
1 -Bn	15.4 c	98
1 -Bo	13.7 c	51
1 -Bo	13.8 c	487
1 -Bo	14.2 d	263
1 -Bo	14.5 c	13
1 -Bo	14.9 c	116
1 -Bo	15.0 c	92, 279
1 -Bo	15.3 c	217
1 -Bo	15.4 d	94
1 -Bo	16.5 c	219
1 -Bo	18.3 c	329
1 -Bq	13.8 c	52
1 -Bq	13.9 c	183, 318
1 -Bq	14.1 c	181
1 -Bq	14.5 c	37
1 -Bq	14.7 c	86
1 -Br	12.3 c	10
1 -Bs	9.1 c	8
1 -Bs	15.4 c	25
1 -Bu	10.6 c	24
1 -Bv	12.9 c	305, 391
1 -Bv	15.7 d	298
1 -Bw	13.8 c	255
1 -Bw	14.2 c	253
1 -Bw	15.2 c	254
1 -Bx	6.6 c	219
1 -By	6.5 c	329
1 -Cab	18.9 c	90
1 -Cab	20.6 c	327
1 -Cab	20.9 c	79
1 -Cab	21.8 c	129
1 -Cab	22.0 c	131
1 -Cab	22.0 wa	204
1 -Cab	22.3 wb	203
1 -Cab	22.4 c	214
1 -Cab	22.4 d	445
1 -Cab	22.5 c	190
1 -Cab	22.5 wa	204
1 -Cab	22.6 c	139, 209, 361, 496

Code	Shift	Spectrum Number	Code	Shift	Spectrum Number
1 -Cab	22.6 p	494	1 -Cbe	22.4 c	27
1 -Cab	22.8 p	494	1 -Cbe	25.0 d	83
1 -Cab	23.1 c	214	1 -Cbg	24.1 c	26
1 -Cab	23.2 m	499	1 -Cbg	26.0 c	80
1 -Cab	23.3 m	499	1 -(C)bn	18.3 c	210
1 -Cab	23.5 wb	203	1 -Cbn	19.3 c	141
1 -Cab	23.5 d	445	1 -(C)bn	19.9 c	211
1 -Cab	25.5 d	321	1 -Cbn	20.1 c	389, 413
1 -Cac	16.1 c	410	1 -(C)bn	23.1 c	201
1 -Cac	19.0 c	408	1 -(C)bn	23.2 d	266
1 -Cac	19.5 c	208	1 -(C)bo	18.1 d	29
1 -Cac	19.5 m	499	1 -Cbo	18.9 c	140
1 -Cac	19.7 m	499	1 -(C)bo	21.0 d	123
1 -Cac	21.0 c	410	1 -Cbp	18.7 c	40
1 -Cac	21.4*c	408	1 -Cbp	22.7 c	89
1 -Cac	21.7*c	408	1 -Cbp	23.4 c	91, 323
1 -Cac	23.3 c	324	1 -Cbp	23.9 c	214
1 -Caj	18.1 c	121	1 -(C)bq	19.1 c	62
1 -Caj	19.1 c	374	1 -Ccn	13.3 w	355
1 -Cal	20.5 c	436	1 -(C)co	17.5 w	462
1 -Cal	22.8 c	315	1 -(C)co	17.7 w	195
1 -Can	22.5 c	97	1 -Ccp	20.0 wb	87
1 -Can	23.1 d	388	1 -Cjp	19.4 c	76
1 -Caq	21.8 d	126	1 -Ckn	17.2 w	36
1 -Cau	19.9 c	66	1 -Coo	19.9 c	217
1 -Cav	22.5 c	353	1 -Cpv	25.0 c	300
1 -Cav	22.7 c	438	1 -Daab	28.9 c	206
1 -Cav	23.9 c	352	1 -Daab	30.2 d	321
1 -(C)bb	17.9 d	125	1 -Daab	31.6 c	328
1 -Cbb	18.8 c	207	1 -Daac	27.5 c	405
1 -Cbb	19.1 d	445	1 -Daae	34.4 c	82
1 -Cbb	19.6 c	496	1 -Daag	36.4 c	81
1 -Cbb	19.8 c	403	1 -Daal	31.2 d	314
1 -(C)bb	20.3 c	180	1 -Daal	34.1 d	187
1 -(C)bb	20.7 c	186	1 -Daao	30.2 c	448
1 -(C)bb	21.4*c	408	1 -Daap	31.2 c	88
1 -(C)bb	21.5 c	271	1 -Daaq	28.1 c	194
1 -(C)bb	21.7 c	399	1 -Daav	29.5 c	385
1 -(C)bb	21.7*c	408	1 -Daav	29.7 c	425
1 -(C)bb	21.9 c	267, 271	1 -Daav	31.4 c	422
1 -(C)bb	22.0 c	262	1 -(D)abb	25.7 c	360
1 -(C)bb	22.2 c	404, 410	1 -(D)abb	28.2 c	357
1 -(C)bb	22.3 c	360	1 -(D)abb	33.1 c	360
1 -(C)bb	22.4 c	267	1 -Dabc	16.7 c	324
1 -(C)bb	22.5 c	199	1 -Dabc	19.7 c	324
1 -(C)bb	22.9 c	265	1 -Dabe	32.0 c	130
1 -(C)bc	16.7 c	272	1 -Dabg	31.8 c	70
1 -(C)bc	18.7 c	272	1 -Dabj	20.4 d	276
1 -Cbc	18.9 p	494	1 -Dabn	26.7 c	99
1 -(C)bd	15.5 c	466	1 -Dabn	32.8 c	328

Code	Shift	Spectrum Number	Code	Shift	Spectrum Number
1 -(D)acc	13.1 c	394	1 -Jc	24.9 c	76
1 -(D)acc	21.8*c	395	1 -Jc	27.3 c	121
1 -(D)acc	22.8*d	396	1 -Jh	30.7 c	5
1 -(D)acc	23.3 c	387	1 -Jl	24.3 d	115
1 -(D)acc	26.1*c	395	1 -Jl	25.0 c	68
1 -(D)acc	26.4 c	387	1 -Jl	27.0 c	490
1 -(D)acc	26.4*d	396	1 -Jl	27.6 wb	245
1 -(D)acc	38.4 c	394	1 -Jn	21.3 d	85
1 -(D)acd	19.1 c	397	1 -Jn	22.5 c	435
1 -(D)acd	19.7 c	397	1 -Jn	24.1 c	295
1 -(D)acj	21.6 c	398	1 -Js	30.1 d	192
1 -(D)acj	23.3 c	398	1 -Js	32.6 d	6
1 -(D)acl	25.8 c	393	1 -Jv	26.1 c	340
1 -(D)acl	29.4 c	393	1 -Jv	26.3 c	288, 290
1 -(D)aco	28.8 c	406	1 -Jv	26.4 c	420
1 -(D)acs	27.5 w	471	1 -Jw	26.3 c	434
1 -(D)acs	31.8 w	471	1 -Jw	26.5 c	240
1 -(D)adj	21.6*c	454	1 -Kb	20.4 c	492
1 -(D)adj	26.2*c	454	1 -Kb	20.5 d	273
1 -(D)adv	21.6*c	454	1 -Kb	20.5 c	302, 495
1 -(D)adv	26.2*c	454	1 -Kb	20.7 c	309, 345
1 -(D)ajj	18.8 c	308	1 -Kb	20.8 c	411
1 -Dajn	24.3 w	178	1 -Kc	20.5 c	472, 495
1 -(D)akl	20.2 c	307	1 -Kc	20.8 d	126
1 -Dapt	31.3 d	112	1 -Kc	21.9 c	311
1 -Dapv	31.5 c	354	1 -Kd	22.3 c	194
1 -(D)bbj	14.5 c	398	1 -Kh	20.6 c	7
1 -(D)bbo	23.7 c	496	1 -Kl	20.2 d	61
1 -(D)bbo	27.5 c	406	1 -Kz	20.5 c	446
1 -(D)bcc	11.0 c	483	1 -Lal	15.9 c	307
1 -(D)bcc	11.9 p	494	1 -Lal	16.2 c	307
1 -(D)bcd	15.4 c	492	1 -Lal	17.1 d	119
1 -(D)bcj	13.6 c	482	1 -Lal	17.5 d	497
1 -(D)bcj	13.7 c	481	1 -Lal	17.6 d	402
1 -(D)bcl	15.7 c	490	1 -Lal	17.6 c	403
1 -(D)bcl	17.1 c	490	1 -Lal	17.6 c	407
1 -(D)bcl	17.2 c	492	1 -Lal	18.7 d	314
1 -(D)bcl	17.3 c	482, 483	1 -Lal	22.0*c	399
1 -(D)bcl	19.5 p	494	1 -Lal	22.9*c	399
1 -(D)bcp	22.6 w	484	1 -Lal	25.5 d	119, 497
1 -(D)bdj	9.2 c	397	1 -Lal	25.6 d	402
1 -Dblp	22.8 c	407	1 -Lal	25.6 c	403, 407
1 -(D)boo	25.0 c	359	1 -Lal	27.8 d	314
1 -(D)cpv	22.3 w	491	1 -Lam	14.9 c	35
1 -Ja	30.6 c	28	1 -Lam	21.5 c	35
1 -Jb	29.0 d	75	1 -Lbl	15.9 d	497
1 -Jb	29.6 c	270	1 -Lbl	16.1 d	402
1 -Jb	29.9 c	181	1 -(L)bl	23.4 c	400
1 -Jb	30.1 c	190	1 -(L)bl	23.6 c	394
1 -Jb	30.2 d	115	1 -(L)bl	24.3 c	357

Code	Shift	Spectrum Number	Code	Shift	Spectrum Number
1 -Lcl	19.3 c	404	1 -Nhk	27.4 c	86
1 -Lcl	20.4 c	386	1 -Nhv	30.2 d	250
1 -Lcl	20.7 c	400	1 -(N)jj	27.5*c	170
1 -(L)cl	20.8 d	396	1 -(N)jj	36.8*c	170
1 -(L)cl	21.9 c	387	1 -(N)jl	27.5*c	170
1 -Lhl	12.6 c	264	1 -(N)jl	36.8*c	170
1 -Lhl	12.7 c	188, 313	1 -(N)ll	34.1 w	423
1 -Lhl	13.3 d	119	1 -(N)ll	34.1 w	424
1 -Lhl	15.3 c	20	1 -Nmv	31.1 c	244
1 -Lhl	17.3 d	53	1 -Ob	58.4 c	96
1 -Lhl	17.8 c	264, 313	1 -Ob	58.6 d	93
1 -Lhl	18.1 c	20	1 -Ob	58.7 c	127, 461
1 -Lhl	18.2 d	57	1 -Oc	55.8 c	140
1 -Lhl	18.8 d	53	1 -Ol	60.8*c	436
1 -(L)jl	8.2 c	436	1 -Ol	61.0*c	436
1 -(L)jl	15.6 c	386	1 -Ov	54.7 d	248
1 -Ljm	8.0 c	68	1 -Ov	55.0 c	301, 470, 481
1 -(L)kl	11.3 c	103			
1 -Lkl	18.3 d	114, 310	1 -Ov	55.1 c	239
1 -Llm	9.2 s	71	1 -Ov	55.3 c	235
1 -Llp	24.3 d	115	1 -Ov	55.3*c	460
1 -Naab	54.8 w	134, 142	1 -Ov	55.4 c	346
1 -Naal	55.3 w	136	1 -Ov	55.5 c	237
1 -Nab	45.4 d	143	1 -Ov	55.5*c	460
1 -Nab	47.2 d	276	1 -Ov	55.6 c	486
1 -Nac	43.2 w	491	1 -Ov	55.7 c	294
1 -Naj	31.1 c	34	1 -Ov	55.7*c	299
1 -Naj	34.5 d	85	1 -Ov	55.8*c	392
1 -Naj	36.2 c	34	1 -Ov	55.9 c	241
1 -Naj	37.5 d	85	1 -Ov	55.9*c	392
1 -Naj	38.5 c	137	1 -Ov	56.0 c	292
1 -Nal	43.0 c	138	1 -Ov	56.2 c	340
1 -Nam	32.1 d	11	1 -Ov	56.6 c	294
1 -Nam	39.9 d	11	1 -Ov	56.8*c	287
1 -Nav	39.7 c	349	1 -Ov	56.9*c	287
1 -Nav	40.0 c	474	1 -Ov	57.2 w	479
1 -Nax	36.8 c	221	1 -Ov	57.3*c	299
1 -Nbb	42.1 c	465	1 -Ow	55.0 c	105
1 -(N)bc	39.2*w	479	1 -Ow	55.1 c	419
1 -(N)bc	40.0 d	381	1 -Ow	55.3 c	154
1 -(N)bc	41.9*w	479	1 -Ox	52.1 c	42
1 -(N)bc	50.8 c	485	1 -Qb	51.2 c	274, 468
1 -Nbh	34.2 w	356	1 -Qc	52.0 c	435
1 -Nbh	35.9 d	304	1 -Ql	51.5 d	114
1 -Nbh	36.0 d	41	1 -Ql	51.7 c	162
1 -Nbh	36.4 d	101	1 -Qv	51.3 c	296
1 -Nch	33.5 c	275	1 -Qv	51.8 c	291
1 -Nch	33.8 c	141	1 -Qv	52.1 c	293
1 -Nch	33.9 c	97	1 -Sb	15.0 wb	135
1 -Nch	37.9 w	484	1 -Sv	15.6 d	249

Code	Shift	Spectrum Number	Code	Shift	Spectrum Number
1 -Tb	3.2 d	58	2 -ABb	22.1 c	132
1 -U	1.3 d	4	2 -ABb	22.2 d	192
1 -Vah	18.6*s	475	2 -ABb	22.2 c	487
1 -Vah	19.1 c	350	2 -ABb	22.4 c	193, 264, 274, 318
1 -Vah	19.5 c	350			
1 -Vah	20.3 c	303	2 -ABb	22.5 c	269, 493
1 -Vah	20.6*s	475	2 -ABb	22.5 d	380
1 -Van	12.4 c	303	2 -ABb	22.6 c	270, 413
1 -Veh	19.9 c	232, 236	2 -ABb	22.7 c	218, 316, 317, 323, 326, 362, 370, 412, 447, 473, 480
1 -Vhh	20.7 c	234, 422			
1 -Vhh	20.8 c	350	2 -ABb	22.7 d	320
1 -Vhh	20.9 c	238	2 -ABb	22.8 d	273
1 -Vhh	21.0 c	233	2 -ABb	22.8 c	313, 428, 468
1 -Vhh	21.0 d	351			
1 -Vhh	21.1 c	247, 488			
1 -Vhh	21.2 d	243, 297	2 -ABb	23.0 c	411
1 -Vhm	17.7 c	332	2 -ABb	23.0 d	426, 455
1 -Vhp	15.6 c	425	2 -ABb	23.2 d	277
1 -Vhx	21.0 c	489	2 -ABb	23.2 c	322, 409
1 -W	9.4 c	341	2 -ABb	24.9 c	446
1 -W	12.1 w	437	2 -ABc	19.4 d	319
1 -W	16.1 c	257	2 -ABc	20.6 c	209
1 -W	17.8 c	258	2 -ABc	22.0 c	312
1 -W	18.1 c	256	2 -ABi	26.8 c	33
1 -W	18.8 c	257	2 -ABj	16.0 d	74
1 -W	18.9 c	259	2 -ABj	17.4 c	268
1 -W	19.1 c	415	2 -ABj	17.7 c	373
1 -W	19.8 c	285	2 -ABl	22.9 c	188
1 -W	20.7 c	260	2 -ABo	24.9 c	365
1 -W	21.2 c	418	2 -ABp	26.3 d	39
1 -W	21.4 c	416	2 -ACab	29.3 c	207
1 -W	21.6 c	108	2 -ACae	33.7 d	83
1 -W	22.0 w	437	2 -ACag	34.2 c	80
1 -W	22.4 c	259	2 -ACan	29.3 c	141
1 -W	23.8 c	258	2 -ACan	29.6 c	389
1 -W	24.1 c	260, 369	2 -ACap	32.0 c	89
1 -W	24.3 d	165	2 -ACbb	23.0 c	215
1 -W	24.4 c	252	2 -ACbb	23.5 c	322
1 -W	24.8 c	419	2 -ACbb	23.9 c	411
1 -W	25.1 c	418	2 -ACbg	29.0 c	69
1 -Xooo	9.8 c	42	2 -ACbk	25.3 c	317
1 -Yaab	1.3 c	280	2 -ACbn	26.5 c	100
1 -Yaab	-1.1 w	220	2 -ACbs	29.4 d	95
2 -ABb	18.7 c	451	2 -A(C)ck	18.6*w	424
2 -ABb	19.1 c	363, 450	2 -A(C)ck	21.5*w	424
2 -ABb	19.2 c	442	2 -A(C)ck	22.4*w	423
2 -ABb	19.3 c	216, 421	2 -A(C)ck	26.4*w	423
2 -ABb	19.7 d	310	2 -ACgk	28.1 c	65
2 -ABb	20.8 c	449	2 -ADaaa	36.5 c	206
2 -ABb	21.9 c	175	2 -ADaae	38.8 c	130

Code	Shift	Spectrum Number	Code	Shift	Spectrum Number
2 -ADbbb	22.6 d	364	2 -BaBb	31.9 c	218, 316, 326, 362, 370, 413, 447, 473
2 -ADbbb	22.2 c	278	2 -BaBb	32.0 c	323, 412, 468, 480
2 -AI	-1.2 c	9			
2 -AJa	36.5 d	75	2 -BaBb	32.1 c	428
2 -AJb	35.4 c	122			
2 -AJb	35.5 d	426	2 -BaBb	32.2 d	426
2 -AJb	35.8 c	269	2 -BaBb	32.4 d	455
2 -AKj	28.7 c	182	2 -BaBb	32.5 c	132
2 -ANbb	52.7 c	202	2 -BaBb	32.5 d	277
2 -ANbh	44.1 c	98	2 -BaBc	29.1 c	411
2 -ANbj	40.0*c	473	2 -BaBc	29.3 c	322, 409
2 -ANbj	41.9*c	473	2 -BaBc	29.6 c	317
2 -ANbl	49.5 w	120	2 -BaBj	26.2 c	269
2 -ANbv	44.2 c	390	2 -BaBk	18.4 c	467
2 -A(N)vv	37.1 c	458	2 -BaBl	32.0 c	264
2 -AOb	66.5 c	92, 116	2 -BaBn	29.5 c	449
2 -AOc	59.5 c	279	2 -BaBo	31.8 c	216
2 -AOc	60.6 c	217	2 -BaBo	32.5 c	451
2 -AOs	58.3 d	94	2 -BaBo	33.4 c	450
2 -AOs	69.6 c	13	2 -BaBq	30.8 c	442
2 -AOv	63.7 c	487	2 -BaBq	30.9 c	363, 421
2 -AOx	61.4 c	219	2 -BaBq	31.3 d	310
2 -AOy	58.4 c	329	2 -BaBs	32.1 d	192
2 -AQb	60.0 c	318	2 -BaBt	30.7 c	175
2 -AQb	61.1 c	181	2 -BaBv	33.9 d	380
2 -AQb	61.3 d	263	2 -BaBz	26.6 c	446
2 -AQd	64.7 c	52	(2)-(B)b(B)b	24.2 d	124
2 -AQd	65.4 c	51	2 -BbBb	24.2 c	144
2 -AQk	62.9 c	183	(2)-(B)b(B)b	24.9 d	177
2 -AQn	60.7 c	86	(2)-(B)b(B)b	25.1 c	179
2 -AQn	60.9 c	37	(2)-(B)b(B)b	25.2 c	184
2 -AR	70.7 c	10	(2)-(B)b(B)b	25.5 c	311
2 -ASeoo	60.2 c	8	2 -BbBb	25.6 c	493
2 -ASu	28.6 c	25	(2)-(B)b(B)b	25.7 c	191, 200
2 -AU	10.8 c	24	(2)-(B)b(B)b	25.9 d	133
2 -AVhh	29.1 d	298	2 -BbBb	25.9 c	412
2 -AVhn	23.9 c	305	2 -BbBb	26.0 d	320
2 -AVhn	24.2 c	391	2 -BbBb	26.0 c	447
2 -AW	26.0 c	254	(2)-(B)b(B)b	26.3 c	275
2 -AW	28.1 c	253	(2)-(B)b(B)b	26.5 c	441
2 -AW	31.4 c	255	(2)-(B)b(B)b	26.6 c	265
2 -AXooo	19.0 c	219	2 -BbBb	26.7 c	218
2 -AYooo	2.5 c	329	(2)-(B)b(B)b	26.9 c	409
2 -BaBb	28.9 d	273	2 -BbBb	28.2*c	370
2 -BaBb	31.2 c	487	2 -BbBb	28.4 c	326
2 -BaBb	31.4 c	193	2 -BbBb	28.6 d	273
2 -BaBb	31.5 c	270, 274, 318, 493	2 -BbBb	28.8*c	370
			2 -BbBb	29.0*c	316
2 -BaBb	31.7 c	313	2 -BbBb	29.1*c	316, 326
2 -BaBb	31.9 d	320	2 -BbBb	29.2*c	326

Code	Shift	Spectrum Number	Code	Shift	Spectrum Number
2 -BbBb	29.2 c	362	2 -BbBk	24.8 c	274, 318, 362
2 -BbBb	29.3 d	320			
2 -BbBb	29.3 c	362, 370	2 -BbBk	25.0 c	468
2 -BbBb	29.4 c	412, 473	(2)-(B)b(B)l	22.9 c	176
2 -BbBb	29.4*c	468	2 -BbBl	29.0*c	316
2 -BbBb	29.5 c	323, 370, 413, 428, 473	2 -BbBl	29.1*c	316
			2 -BbBl	29.5 c	313
2 -BbBb	29.5*c	468	2 -BbBl	29.6 d	445
2 -BbBb	29.6 d	277	(2)-(B)b(B)n	25.0*c	201
(2)-(B)b(B)b	29.7*c	185	(2)-(B)b(B)n	25.7 c	84
2 -BbBb	29.7 c	412, 468	(2)-(B)b(B)n	25.7*d	319
2 -BbBb	29.8 d	426, 455	(2)-(B)b(B)n	26.3*c	201
2 -BbBb	29.9 c	428	(2)-(B)b(B)n	27.4*d	319
2 -BbBb	30.1 d	455	(2)-(B)b(B)n	27.8 d	133
(2)-(B)b(B)b	30.6*c	185	(2)-(B)b(B)n	29.7*c	185
(2)-(B)b(B)c	21.0 c	272	(2)-(B)b(B)n	30.6*c	185
2 -BbBc	22.3 w	212	2 -BbBn	30.8 w	212
(2)-(B)b(B)c	23.5 d	177	2 -BbBn	33.8 c	144
(2)-(B)b(B)c	23.9 c	311	2 -BbBn	34.0 c	218
(2)-(B)b(B)c	24.2 c	441	(2)-(B)b(B)o	25.8 c	73
(2)-(B)b(B)c	24.3 c	191	(2)-(B)b(B)o	27.2 d	124
(2)-(B)b(B)c	24.4 c	272	2 -BbBo	29.1 c	493
(2)-(B)b(B)c	24.5 d	401	2 -BbBo	29.2 d	320
(2)-(B)b(B)c	25.0*c	201	2 -BbBo	29.9 c	447
(2)-(B)b(B)c	25.1 c	200, 275	2 -BbBp	32.8 c	412
(2)-(B)b(B)c	25.3 c	272, 312	(2)-(B)b(B)s	22.8 d	77
(2)-(B)b(B)c	25.5 c	186	(2)-(B)b(B)s	31.2*d	78
(2)-(B)b(B)c	25.7*d	319	(2)-(B)b(B)s	31.4*d	78
(2)-(B)b(B)c	25.8 c	184, 272	2 -BbBs	34.2 c	326
2 -BbBc	25.9 c	323	2 -BbBu	24.3 c	169
2 -BbBc	26.1 c	413	(2)-(B)b(B)v	23.6 d	371
(2)-(B)b(B)c	26.3*c	201	(2)-(B)c(B)c	19.9 c	56
(2)-(B)b(B)c	26.5 c	441	(2)-(B)c(B)c	20.1 c	267
(2)-(B)b(B)c	26.6 c	265, 409	2 -BcBc	24.1 p	494
2 -BbBc	26.8 d	445	(2)-(B)c(B)c	24.3 c	267
(2)-(B)b(B)c	27.1 d	401	2 -BcBc	24.4*c	496
(2)-(B)b(B)c	27.4*d	319	2 -BcBc	24.8*c	496
2 -BbBe	29.2 c	132	(2)-(B)c(B)c	25.4 d	266
2 -BbBg	32.9*c	370	2 -BcBd	21.0 c	496
2 -BbBg	33.5*c	370	(2)-(B)c(B)n	22.8 d	381
(2)-(B)b(B)j	23.2 c	185	(2)-(B)c(B)n	24.6 w	117
(2)-(B)b(B)j	23.5 d	113	(2)-(B)c(B)n	24.6*m	499
2 -BbBj	23.6 c	270	2 -BcBn	24.6*m	499
2 -BbBj	23.7 c	167	(2)-(B)c(B)n	24.7*m	499
2 -BbBj	24.2 d	426	2 -BcBn	24.7*m	499
2 -BbBj	25.5 c	473	2 -BcBn	24.8 w	213
(2)-(B)b(B)j	27.1 c	179	(2)-(B)c(B)o	26.2 d	123
(2)-(B)b(B)j	27.9 c	441	2 -BgBn	31.6 c	417
2 -BbBk	24.5 c	193, 487	2 -BgBv	34.0*d	347
2 -BbBk	24.7 c	480	2 -BgBv	34.3*d	347

Code	Shift	Spectrum Number	Code	Shift	Spectrum Number
(2)-(B)j(B)n	17.2 c	173	2 -Bb(C)jn	30.7*m	499
(2)-(B)j(B)n	20.8 c	67	(2)-(B)b(C)jn	30.7*m	499
(2)-(B)k(B)q	22.2 c	60	2 -Bb(C)jn	31.0*m	499
(2)-(B)l(B)l	16.8 c	110	(2)-(B)b(C)jn	31.0*m	499
2 -BnBn	32.2 d	143	2 -BbCkn	27.3 w	212
2 -BnBo	33.6 c	96	2 -BbCkn	28.4 w	213
2 -BsBy	19.9 w	220	(2)-(B)b(C)kn	29.8 w	117
(2)-(B)v(B)v	25.3 c	342, 420	(2)-(B)b(C)nw	35.6 d	381
2 -BaCaa	41.6 c	209	(2)-(B)c(C)ab	29.1 c	271
2 -Ba(C)bb	38.8 c	312	(2)-(B)c(C)ab	31.9*c	408
2 -Ba(C)bn	40.2 d	319	(2)-(B)c(C)ab	32.8*c	408
2 -BaCcp	35.3 c	325	(2)-(B)c(C)ab	33.5*c	271
2 -BaCcp	37.7 c	325	(2)-(B)c(C)ab	34.4 c	404
2 -BbCaa	39.4 c	496	(2)-(B)c(C)ab	34.6 c	410
2 -BbCaa	39.7 p	494	(2)-(B)c(C)ab	35.5*c	271
(2)-(B)b(C)ab	34.3 c	267	(2)-(B)c(C)bd	22.8 c	406
(2)-(B)b(C)ab	34.9 c	186	(2)-(B)c(C)bd	23.8 c	393
(2)-(B)b(C)ab	35.3 c	267	(2)-(B)c(C)bl	5.0*c	261
(2)-(B)b(C)ab	35.6 c	265	(2)-(B)c(C)bl	5.3*c	261
2 -BbCab	37.4 c	496	(2)-(B)c(C)bl	28.9 c	393
2 -BbCab	37.6 d	445	(2)-(B)c(C)bp	31.9*c	271
(2)-(B)b(C)ac	29.0 c	272	(2)-(B)c(C)bp	32.1*c	271
(2)-(B)b(C)ac	33.8 c	272	(2)-(B)c(C)bp	33.5*c	271
2 -BbCac	36.4 p	494	(2)-(B)c(C)bp	35.5*c	271
(2)-(B)b(C)an	34.6 d	266	(2)-(B)c(C)cc	23.2 c	410
(2)-(B)b(C)an	34.9 c	201	(2)-(B)c(C)cd	23.2 c	483
2 -BbCan	37.0 c	413	(2)-(B)c(C)cd	24.4 p	494
(2)-(B)b(C)ao	33.5 d	123	(2)-(B)c(C)cd	40.0 p	494
2 -BbCap	39.4 c	323	(2)-(B)c(C)cl	26.8 c	408
2 -BbCbb	30.3 c	322	(2)-(B)c(C)cl	29.9 c	404
2 -BbCbb	30.9 c	411	(2)-(B)c(C)dp	30.1 c	483
(2)-(B)b(C)bb	32.8 c	312	(2)-(B)d(C)bd	24.9 c	398
(2)-(B)b(C)bb	33.6 c	409	(2)-(B)d(C)bd	27.0 c	397
2 -Bb(C)bb	37.4 c	409	(2)-(B)d(C)bp	32.1*p	494
(2)-(B)b(C)bc	29.4 c	441	(2)-(B)d(C)bp	32.3*p	494
(2)-(B)b(C)bc	29.7 d	401	(2)-(B)d(C)cd	20.2 c	482
(2)-(B)b(C)bc	34.6 d	401	(2)-(B)d(C)cd	20.6 c	483, 490
(2)-(B)b(C)bg	37.5 c	184	(2)-(B)d(C)cd	21.3 p	494
2 -BbCbk	31.5 c	317	(2)-(B)d(C)cd	23.2 c	492
(2)-(B)b(C)bn	33.3 c	275	(2)-(B)d(C)cv	25.9 c	481
(2)-(B)b(C)bn	33.7 d	319	2 -BeCaa	41.6 c	131
(2)-(B)b(C)bn	36.7 c	200	2 -BgCaa	41.7 c	129
(2)-(B)b(C)bp	33.1 c	267	(2)-(B)j(C)ab	31.3 c	180
(2)-(B)b(C)bp	34.3 c	267	(2)-(B)j(C)bd	27.5 c	405
(2)-(B)b(C)bp	35.5 c	191	(2)-(B)j(C)cd	21.5 c	481
(2)-(B)b(C)bq	31.7 c	311	(2)-(B)j(C)cd	21.6 c	482
(2)-(B)b(C)bu	27.1 c	56	2 -BkCkn	27.8 w	111
(2)-(B)b(C)cj	31.5 c	441	(2)-(B)l(C)ab	32.8 c	399
(2)-(B)b(C)cp	32.4 c	272	2 -BlCab	37.0 c	403
(2)-(B)b(C)cp	35.5 c	272	(2)-(B)l(C)bd	23.6 c	395

Code	Shift	Spectrum Number	Code	Shift	Spectrum Number
(2)-(B)l(C)bl	28.0 c	400	2 -BbJa	43.7 c	270
(2)-(B)l(C)cc	31.2 c	482	(2)-(B)b(J)b	38.0 d	113
(2)-(B)l(C)cc	31.5 c	483	(2)-(B)b(J)b	41.9 c	179
(2)-(B)l(C)cc	31.7 c	490	2 -BbJb	42.1 c	269
(2)-(B)l(C)cc	32.2*c	492	2 -BbJb	42.1 d	426
(2)-(B)l(C)cc	32.3*c	492	(2)-(B)b(J)c	41.9 c	441
(2)-(B)n(C)ab	35.7 c	199	2 -BbJe	46.4 c	167
(2)-(B)n(C)bc	21.6 c	486	(2)-(B)b(J)n	30.3 c	6/
(2)-(B)o(C)ab	34.7 d	125	(2)-(B)b(J)n	31.1 c	173
2 -BpCaa	41.7 c	139	2 -BbJn	33.1 c	473
2 -BpCao	39.1 c	140	(2)-(B)b(J)n	36.8 c	185
2 -BpCap	40.6 c	91	(2)-(B)c(J)b	38.4 c	180
2 -BsCkn	30.6*wb	135	(2)-(B)c(J)b	41.1 c	405
2 -BsCkn	34.6*wb	135	(2)-(B)c(J)d	35.6 c	482
(2)-(B)v(C)cc	26.5 c	481	(2)-(B)c(J)d	35.7 c	481
(2)-(B)v(C)nv	37.3 c	348	(2)-(B)d(J)l	33.7 c	492
(2)-(B)v(C)vv	36.5 c	464	(2)-(B)d(J)l	33.8 c	482, 483, 490
2 -Bb(D)abo	39.8 c	496	(2)-(B)j(J)n	30.3 w	55
(2)-(B)b(D)bff	34.6 d	177	2 -BvJh	45.0 c	343
(2)-(B)c(D)abj	31.8 c	398	(2)-(B)v(J)v	36.0 c	338
(2)-(B)c(D)abo	31.5 c	406	2 -BaKb	35.9 c	467
(2)-(B)c(D)acc	28.4 p	494	2 -BaKc	36.1 c	467
(2)-(B)c(D)acc	36.4 c	483	2 -BbKa	34.1 c	274, 468
(2)-(B)c(D)acj	30.7 c	482	(2)-(B)b(K)b	27.7 c	60
(2)-(B)c(D)acj	31.5 c	481	2 -BbKb	34.4 c	318
(2)-(B)c(D)acl	34.4 c	490	2 -BbKh	34.1 c	480
(2)-(B)c(D)acl	37.7 p	494	2 -BbKh	34.2 c	193, 362
(2)-(B)c(D)adj	29.9 c	397	2 -BbKv	34.3 c	487
(2)-(B)c(D)djp	34.8*c	492	2 -BcK	34.3 w	111
(2)-(B)c(D)djp	35.0*c	492	2 -BkKb	29.2 c	442
(2)-(B)j(D)acl	34.8*c	492	(2)-(B)k(K)j	28.6 s	49
(2)-(B)j(D)acl	35.0*c	492	2 -BsKh	38.2 c	31
(2)-(B)j(D)acl	35.5 c	490	2 -BvKh	35.5 c	344
(2)-(B)j(D)acl	35.6 c	482, 483	2 -BaLhl	29.1 c	188
2 -BlDalp	42.2 c	407	2 -BaLhl	34.0 c	316
(2)-(B)n(D)ccv	21.8*w	479	(2)-(B)b(L)bl	32.1 c	110
(2)-(B)n(D)ccv	33.4*w	479	(2)-(B)b(L)hl	25.3 c	176
(2)-(B)v(D)abo	31.5 c	496	2 -BbLhl	26.7 c	264
2 -BbE	44.9 c	132	2 -BbLhl	27.0 c	313
2 -BcE	43.1 c	131	2 -BbLhl	27.2 c	480
2 -BbG	29.8 c	417	2 -BbLhl	32.4 c	264
2 -BbG	32.9 d	347	2 -BbLhl	32.7 c	313
2 -BbG	32.9*c	370	2 -BbLhl	34.1 d	445
2 -BbG	33.5*c	370	(2)-(B)c(L)al	30.7*c	400
2 -BcG	31.7 c	129	(2)-(B)c(L)al	30.9*c	400
2 -BnG	28.2 c	368	(2)-(B)c(L)cl	23.6 c	395
2 -BaI	9.2 c	33	(2)-(B)c(L)dl	32.2*c	492
2 -BaJb	44.7 c	268	(2)-(B)c(L)dl	32.3*c	492
2 -BaJh	45.9 d	74	(2)-(B)c(L)dl	32.4 c	482
2 -BaJv	40.4 c	373			

Code	Shift	Spectrum Number
(2)-(B)c(L)dl	32.6 c	490
(2)-(B)c(L)dl	32.7 c	483
2 -BcLhl	25.4 c	403
(2)-(B)c(L)jl	28.5 c	399
2 -BdLhl	27.7 c	407
2 -BlLal	39.8 d	402
2 -BlLal	40.0 d	497
2 -BlLhl	26.8 d	402
2 -BlLhl	27.0 d	497
2 -BlLhl	28.5 d	497
2 -BbNaa	57.8 d	143
(2)-(B)b(N)ac	56.8 d	381
2 -BbNbb	54.1 c	449
(2)-(B)b(N)bh	47.9 d	133
(2)-(B)b(N)bn	47.1 c	84
(2)-(B)b(N)ch	47.0 w	117
(2)-(B)b(N)ch	47.3 c	201
(2)-(B)b(N)ch	47.6 d	319
(2)-(B)b(N)cj	48.0 m	499
2 -BbNhh	39.6 c	96
2 -BbNhh	40.2 w	212
2 -BbNhh	40.6*m	499
2 -BbNhh	40.8 d	143
2 -BbNhh	42.0*m	499
2 -BbNhh	42.1 c	144
2 -BbNhh	42.3 c	218
(2)-(B)b(N)hj	42.4 c	67
(2)-(B)b(N)hj	42.6 c	185
2 -BbNhl	41.5 w	213
2 -Bb(N)jj	36.6 c	417
(2)-(B)b(N)jl	44.4 c	173
(2)-(B)c(N)bc	43.2 c	486
(2)-(B)c(N)bh	46.8 c	199
(2)-(B)d(N)ac	47.9 w	479
2 -Bg(N)jj	39.2 c	368
2 -BnNah	52.0 d	101
2 -BnNbb	52.4 w	382
(2)-(B)o(N)bb	53.4 c	202
2 -BpNaaa	68.3 w	142
2 -BpNah	54.3 d	41
2 -BpNhc	48.9 c	413
2 -BvNhh	39.8*c	392
2 -BvNhh	43.7*c	392
2 -BaOz	64.9 c	365
2 -BbOa	70.9 c	96
(2)-(B)b(O)b	67.9 c	73
(2)-(B)b(O)b	68.6 d	124
2 -BbOb	71.0 c	447
2 -BbOb	71.1 c	216
(2)-(B)b(O)c	67.2 d	123
2 -BbOm	68.3 d	320
2 -BbOv	68.1*c	493
2 -BbOv	68.4*c	493
2 -BbOx	61.9 c	450
2 -BbOx	67.3 c	451
(2)-(B)c(O)b	67.6 d	125
(2)-(B)n(O)b	66.9 c	202
2 -BoOa	72.3 d	93
2 -BpOb	61.5 c	92
2 -BpOb	61.6 c	216
2 -BqOa	70.2 c	127, 461
2 -BuOb	65.1 c	116
2 -BaP	64.0 d	39
2 -BbP	62.6 c	412
2 -BcP	59.6 c	140
2 -BcP	60.0 c	91
2 -BcP	60.7 c	139
2 -BnP	56.6 w	142
2 -BnP	60.3 d	41
2 -BnP	60.7 c	413
2 -BoP	72.0 c	92
2 -BoP	72.2 c	216
2 -BsP	64.0 d	12
2 -BwP	61.2 w	437
2 -BbQa	64.3 d	273
2 -BbQb	64.4 c	442
(2)-(B)b(Q)b	68.6 c	60
2 -BbQl	64.4 d	310
2 -BbQo	67.6 c	363
2 -BbQv	64.7 c	421
2 -BoQb	64.4 c	127
2 -BoQv	64.6 c	461
(2)-(B)b(S)b	31.2*d	78
(2)-(B)b(S)b	31.4*d	78
(2)-(B)b(S)boo	51.1 d	77
2 -BbSh	24.6 c	326
2 -BbSj	28.7 d	192
2 -BbSooo	55.3 w	220
2 -BcSa	30.6*wb	135
2 -BcSa	34.6*wb	135
2 -BkSh	19.3 c	31
2 -BpSh	27.1 d	12
2 -BbTh	18.1 c	175
2 -BbU	16.4 c	169
2 -BoU	18.9 c	116
(2)-(B)bVbh	29.5 d	371
(2)-(B)bVbh	32.4*c	420
(2)-(B)bVbh	32.8 c	342
(2)-(B)bVbh	32.9*c	420
2 -BbVhh	34.0*d	347

Code	Shift	Spectrum Number	Code	Shift	Spectrum Number
2 -BbVhh	34.3*d	347	2 -CbeE	45.3 d	23
2 -BbVhh	35.8 d	380	2 -CbpE	46.8 w	32
(2)-(B)cVch	29.6 c	481	2 -CeeE	50.1 c	3
(2)-(B)cVch	29.9 c	348	2 -CaaG	42.2 c	79
(2)-(B)cVch	31.6 c	464	2 -CagG	37.6 c	26
(2)-(B)dVao	20.7 c	496	2 -CbgG	35.5 c	69
2 -BjVhh	28.0 c	343	2 -CggG	38.7 c	2
(2)-(B)jVhj	25.6 c	338	2 -CgkG	28.8 c	18
2 -BkVhh	30.5 c	344	2 -CgvG	34.9 c	286
2 -BnVhh	39.8*c	392	2 -CaaJa	52.7 c	190
2 -BnVhh	43.7*c	392	2 -CaaJb	52.3 c	361
2 -BpW	30.2 w	437	(2)-(C)ab(J)b	46.7 c	180
(2)-(B)wW	30.1 c	440	2 -CabJh	51.0 c	403
2 -BbYaab	16.3 w	220	(2)-(C)ab(J)l	50.7 c	399
2 -BbZ	26.3 c	446	(2)-(C)bd(J)d	43.1 c	397
2 -CaaCab	47.2 d	445	(2)-(C)bl(J)l	42.5 c	386
2 -CaaCap	48.7 c	214	2 -CksKh	40.2 w	63
2 -Caa(C)jn	40.6*m	499	(2)-(C)ab(L)cm	31.9*c	408
2 -Caa(C)jn	42.0*m	499	(2)-(C)ab(L)cm	32.8*c	408
2 -CaaCkn	39.8 wa	204	2 -(C)bc(L)ln	18.6*w	424
2 -CaaCkn	45.2 wb	203	2 -(C)bc(L)ln	21.5*w	424
(2)-(C)ab(C)bp	41.5 c	267	2 -(C)bc(L)ln	22.4*w	423
(2)-(C)ab(C)bp	44.6 c	267, 360	2 -(C)bc(L)ln	26.4*w	423
(2)-(C)ab(C)cp	42.9 c	404	(2)-(C)bd(L)hl	31.5 d	396
(2)-(C)ab(C)cp	45.1 c	410	(2)-(C)bl(L)hl	30.7*c	400
(2)-(C)bb(C)bb	36.7*c	439	(2)-(C)bl(L)hl	30.9*c	400
(2)-(C)bb(C)bb	42.3*c	439	(2)-(C)bl(L)hl	31.2 c	386
(2)-(C)bc(C)cn	27.7 c	486	(2)-(C)bp(L)dl	43.2 p	494
(2)-(C)bd(C)bl	37.4 c	393	(2)-(C)cc(L)hl	32.1*p	494
(2)-(C)bd(C)dl	27.0 c	395	(2)-(C)cc(L)hl	32.3*p	494
(2)-(C)bd(C)dl	31.5 d	396	(2)-(C)cc(L)hl	34.8 d	372
(2)-(C)bp(C)kn	38.2 w	118	(2)-(C)cd(L)al	20.8 c	394
(2)-(C)cc(C)cc	29.7 c	429	(2)-(C)cd(L)hl	24.9 c	394
(2)-(C)cd(C)dl	26.9 w	491	(2)-(C)cd(L)hl	32.0 c	490
(2)-(C)cd(C)do	22.9 c	485	(2)-(C)cn(L)hl	25.6 w	484
(2)-(C)cl(C)cl	50.4 d	372	2 -CaaNbh	58.3 c	327
(2)-(C)cl(C)cl	52.3 s	339	(2)-(C)an(N)bh	53.3 c	211
(2)-(C)cn(C)cn	26.8 w	462	(2)-(C)an(N)ch	49.7 c	210
(2)-(C)cn(C)cn	36.4 w	484	2 -CaoNhj	46.1 w	500
(2)-(C)dl(C)dj	40.6 c	387	(2)-(C)bp(N)ch	53.9 w	118
(2)-(C)ll(C)ll	75.2 d	242	(2)-(C)cl(N)bc	57.0 c	486
2 -CaaDaaa	53.4 d	321	2 -Ccp(N)lv	47.1 s	475
(2)-(C)ab(D)aab	47.7*c	360	2 -CpvNah	55.6 w	356
(2)-(C)ab(D)aab	48.1*c	360	(2)-(C)ab(O)b	74.7 d	125
(2)-(C)bb(D)bbb	36.7*c	439	(2)-(C)ao(O)c	47.3 d	29
(2)-(C)bb(D)bbb	42.3*c	439	2 -CbqOb	62.1 c	467
(2)-(C)bd(D)abj	41.6 c	398	(2)-(C)cc(O)c	61.6 c	485
(2)-(C)bp(D)aab	47.7*c	360	2 -(C)coOx	66.1 w	383
(2)-(C)bp(D)aab	48.1*c	360	2 -(C)coOx	66.2 wb	384
2 -CaeE	49.5 c	27	(2)-(C)cp(O)c	61.8 w	128

Code	Shift	Spectrum Number	Code	Shift	Spectrum Number
(2)-(C)cp(0)c	66.0 w	128	(2)-(D)aab(L)al	45.1*c	357
(2)-(C)ov(0)c	50.8 c	289	(2)-(D)aab(L)al	50.7*c	357
2 -CaaP	69.4 c	90	2 -DaajNaa	67.1 d	276
2 -CapP	67.7 c	40	(2)-(D)ccl(N)ac	66.1 c	485
2 -CbbP	64.6 c	215	(2)-(D)acp(0)c	68.5 w	484
2 -CbbP	65.1 c	322	2 -DbbbOb	71.6*d	364
2 -CbcP	63.3 c	325	2 -DbbbOb	72.3*d	364
2 -CbcP	63.8 c	325	2 -DaacP	73.1 c	324
2 -CbnP	65.8 c	100	2 -DaanP	71.1 c	99
2 -CbpP	63.5 w	32	2 -DbbbP	64.2 d	364
2 -(C)coP	60.5 s	377	2 -DbbbP	67.6 c	278
2 -(C)coP	61.0 s	378	2 -(D)cooP	62.3*w	443
2 -(C)coP	61.0*w	444	2 -(D)cooP	63.2*w	443
2 -(C)coP	61.1 w	443	2 -(D)cooQa	62.8*c	495
2 -(C)coP	61.1*w	444	2 -(D)cooQa	63.6*c	495
2 -(C)coP	61.3 w	205, 500	2 -ELhl	45.1 d	22
2 -(C)coP	61.6 w	197	2 -GLhl	32.6 c	21
2 -(C)coP	61.6 s	379	2 -JaJa	58.2 d	115
2 -(C)coP	61.8 s	376	2 -JvJv	93.0 c	463
2 -(C)coP	61.9 w	198, 444	2 -JaKb	50.0 c	181
2 -(C)coP	62.1 w	198	2 -JnNhh	41.5*w	72
2 -(C)coP	62.3*w	443	2 -JnNhh	44.2*w	72
2 -(C)coP	62.5 s	375	2 -JdQa	67.3 c	492
2 -(C)coP	63.2*w	443	2 -JnVhh	43.0 w	471
2 -CcpP	63.2 w	171	2 -KbKb	41.6 d	263
2 -CcpP	63.2 s	475	2 -KNbb	58.9 w	382
(2)-(C)aq(Q)o	70.8 c	62	2 -KhNaaa	64.6 w	134
2 -CbbQa	66.9 c	411	2 -KhNhj	41.5*w	72
(2)-(C)bc(Q)c	71.8 w	424	2 -KhNhj	44.2*w	72
(2)-(C)bc(Q)c	72.6 w	423	2 -KbSh	26.3 c	127
2 -(C)coQa	61.8 c	495	(2)-(L)el(L)el	81.5 d	102
2 -(C)coQa	62.8*c	495	(2)-(L)hl(L)hl	26.0 c	166
2 -(C)coQa	63.6*c	495	2 -(L)loNhh	43.5 w	484
2 -CbsSh	33.2 d	95	2 -LhlOb	71.6*d	364
2 -CjnSb	44.6 wb	189	2 -LhlOb	72.3*d	364
2 -CknSh	28.2 wb	38	(2)-(L)hl(0)b	75.3 c	59
(2)-(C)cnVhd	21.8*w	479	2 -LhlOx	68.1 c	358
(2)-(C)cnVhd	33.4*w	479	2 -LhlP	58.6 d	402
(2)-(C)coVch	34.4 c	337	2 -LhlP	63.4 c	30
2 -(C)jnVhh	37.4 m	499	2 -LhlQa	59.9 c	309
2 -CjnVhh	37.7 c	435	2 -NdjP	61.9 w	178
2 -CknW	26.7 w	174	2 -NabVhh	61.8 c	465
2 -DaaaDaan	57.1 c	328	2 -NahVhh	56.1 d	304
(2)-(D)aac(D)aao	50.9 c	427	2 -NchVhh	51.6 d	388
2 -DaagG	44.6 c	70	2 -NhhVhh	46.3 c	251
(2)-(D)aab(J)l	45.1*c	357	2 -PTa	50.5 d	58
(2)-(D)aab(J)l	50.7*c	357	2 -PTh	50.0 d	19
(2)-(D)acd(J)c	49.8 c	492	2 -PVhh	64.2 c	301
2 -(D)bbbKh	48.8 c	439	2 -PVhh	64.5 c	246
2 -DbpkKh	44.1 w	172	2 -QaTb	52.0 c	302

Code	Shift	Spectrum Number	Code	Shift	Spectrum Number
2 -QaVhh	66.1 c	345	(3)-A(B)b(B)c	31.6 c	267
2 -SsVhh	43.1 c	459	(3)-A(B)b(B)c	31.7 c	410
2 -UVhh	23.2 c	284	3 -ABbBj	27.8 c	403
(2)-VhvVhv	36.8 c	452	(3)-A(B)b(B)j	31.5 c	399
2 -WW	50.7 w	437	(3)-A(B)b(B)j	31.7 c	180
2 -YaaaYaaa	4.4 c	280	(3)-A(B)b(B)l	28.6 c	262
3 -AABb	24.8 c	139	(3)-A(B)b(B)l	32.3 c	408
3 -AABb	25.7 c	131	(3)-A(B)b(B)o	34.0 d	125
3 -AABb	26.8 c	129	(3)-A(B)c(B)d	27.2 c	360
3 -AABb	27.9 c	209, 496	3 -ABb(C)bd	36.0 p	494
3 -AABb	28.1 p	494	(3)-A(B)b(C)bp	35.9 c	272
3 -AABc	24.8 wa	204	(3)-A(B)b(C)bp	40.2 c	272
3 -AABc	24.8 c	214	(3)-A(B)b(D)bbc	41.4 c	466
3 -AABc	25.2 wb	203	3 -ABaE	60.1 d	83
3 -AABc	25.8 m	499	3 -ABeE	55.8 c	27
3 -AABc	30.6 d	445	3 -ABaG	53.1 c	80
3 -AABd	24.9 d	321	3 -ABgG	45.7 c	26
3 -AABg	30.7 c	79	3 -ABaNah	56.4 c	141
3 -AABj	24.4 c	361	3 -ABaNhv	49.7 c	389
3 -AABj	24.5 c	190	(3)-A(B)b(N)bh	52.4 c	201
3 -AABn	28.4 c	327	3 -ABbNbh	53.2 c	413
3 -AABp	30.8 c	90	(3)-A(B)b(N)c	52.6 d	266
3 -AACaa	34.0 c	208	(3)-A(B)n(N)bh	49.3 c	210
3 -AA(C)bc	25.8 c	410	(3)-A(B)n(N)ch	52.1 c	211
3 -AA(C)bl	26.3 c	408	3 -ABbOa	75.3 c	140
3 -AA(C)do	67.8 c	427	(3)-A(B)b(O)b	75.0 d	123
3 -AACdp	29.2 c	324	3 -ABnOx	69.6 w	500
3 -AA(C)jn	32.1 m	499	(3)-A(B)o(O)b	47.6 d	29
3 -AAJa	41.5 c	121	3 -ABaP	69.2 c	89
3 -AAJv	35.2 c	374	3 -ABbP	66.3 c	91
3 -AALhl	31.0 c	315	3 -ABbP	67.8 c	323
3 -AA(L)jl	24.6 c	436	3 -ABcP	65.8 c	214
3 -AANah	50.5 c	97	3 -ABpP	68.2 c	40
3 -AANbh	48.2 d	388	(3)-A(B)q(Q)o	73.9 c	62
3 -AAQa	67.4 d	126	3 -ACpvNhh	53.3 w	355
3 -AAU	19.8 c	66	(3)-A(C)cp(O)c	69.0 w	195
3 -AAVcc	27.1 c	438	(3)-A(C)cp(O)c	72.7 w	195
3 -AAVhh	34.2 c	352	3 -ACknP	70.4 wb	87
3 -AAVhp	26.8 c	353	3 -AJaP	73.1 c	76
3 -ABaBa	36.4 c	207	3 -AkhNhh	51.5 w	36
(3)-A(B)b(B)b	31.1 c	271	3 -AObOb	99.5 c	217
(3)-A(B)b(B)b	31.3 c	199	3 -APVhh	69.9 c	300
(3)-A(B)b(B)b	31.9*c	271	3 -BaBaBp	43.6 c	215
(3)-A(B)b(B)b	32.1*c	271	3 -BaBbBp	42.1 c	322
3 -ABbBb	32.7 c	496	3 -BaBbBq	39.0 c	411
(3)-A(B)b(B)b	33.0 c	265	(3)-Bb(B)b(B)b	37.9 c	409
(3)-A(B)b(B)b	34.8 c	186	(3)-Bb(B)b(B)b	40.2 c	312
3 -ABbBc	25.6 d	445	(3)-(B)c(B)c(B)d	28.6 c	439
(3)-A(B)b(B)c	26.5 c	267	3 -BaBpCbp	46.0 c	325
(3)-A(B)b(B)c	31.5 c	404	3 -BaBpCbp	46.2 c	325

Code	Shift	Spectrum Number	Code	Shift	Spectrum Number
(3)-(B)b(B)b(C)bb	36.8 d	401	(3)-(B)l(C)bd(C)bd	32.1 p	494
(3)-(B)b(B)b(C)bb	44.0 d	401	(3)-(B)o(C)bd(C)cn	35.9 c	485
(3)-(B)b(B)b(C)bj	36.1 c	441	(3)-(B)bCab(D)abc	56.4 p	494
(3)-(B)b(B)c(C)bl	27.9 c	486	(3)-(B)b(C)bc(D)abc	50.4 c	483
(3)-(B)oBw(C)bk	36.8 w	424	(3)-(B)b(C)bc(D)abc	56.9 p	494
(3)-(B)oBw(C)bk	38.2 w	423	(3)-(B)b(C)bc(D)abd	49.8 c	492
(3)-(B)b(B)bDaaa	46.6 c	405	(3)-(B)b(C)bc(D)abj	50.3 c	481
(3)-(B)b(B)b(D)aao	32.9 c	406	(3)-(B)b(C)bc(D)abj	50.7 c	482
(3)-(B)b(B)c(D)aac	40.5 c	395	(3)-(B)b(C)bc(D)abl	50.4 p	494
(3)-(B)b(B)c(D)aal	47.0*c	393	(3)-(B)b(C)bc(D)abl	53.7 c	482
(3)-(B)b(B)c(D)aal	48.2*c	393	(3)-(B)b(C)bc(D)abl	53.9 c	483
(3)-(B)b(B)d(D)aaj	45.3 c	398	(3)-(B)b(C)bc(D)abl	54.0 c	490
(3)-(B)b(B)j(D)aad	43.2 c	397	(3)-(B)c(C)bc(D)bcl	38.1 c	485
(3)-(B)c(B)l(D)aac	41.0 d	396	(3)-(B)c(C)ln(D)jlp	35.3*w	491
3 -BeBeE	59.0 d	23	(3)-(B)c(C)ln(D)jlp	42.2*w	491
3 -BaBgG	54.3 c	69	(3)-(B)l(C)bc(D)abl	55.6 c	490
(3)-(B)b(B)bG	53.0 c	184	(3)-(B)l(C)bd(D)aac	16.8*c	394
3 -BaBbKh	47.3 c	317	(3)-(B)l(C)bd(D)aac	18.7*c	394
(3)-(B)b(B)bLcm	9.1*c	261	(3)-(B)b(C)bb(J)b	56.4 c	441
(3)-(B)b(B)bLcm	9.2*c	261	(3)-Ba(C)bb(K)b	45.0 w	424
(3)-(B)b(B)c(L)dl	47.0*c	393	(3)-Ba(C)bb(K)b	46.9 w	423
(3)-(B)b(B)c(L)dl	48.2*c	393	(3)-(B)bCaa(L)bm	48.7 c	408
(3)-(B)b(B)lLal	41.2 c	400	(3)-(B)b(C)bpLal	54.1 c	404
(3)-(B)b(B)lLhl	37.7 c	306	(3)-(B)c(C)ck(L)hl	45.3*s	339
(3)-(B)l(B)jLal	43.1 c	386	(3)-(B)c(C)ck(L)hl	47.0*s	339
3 -BaBpNhh	54.3 c	100	(3)-(B)n(C)bbLhl	40.0 c	486
(3)-(B)b(B)bNah	58.6 c	275	(3)-(B)c(C)aoNhl	49.5*w	462
(3)-Bb(B)b(N)bh	57.1 d	319	(3)-(B)c(C)aoNhl	50.8*w	462
(3)-(B)b(B)bNhh	50.4 c	200	(3)-(B)c(C)ooNhh	49.5*w	462
(3)-(B)b(B)bP	66.7 c	271	(3)-(B)c(C)ooNhh	50.8*w	462
(3)-(B)b(B)bP	70.0 c	191	(3)-(B)cCpw(N)bb	60.1 c	486
(3)-(B)b(B)bP	70.5 c	271	(3)-Ba(C)bo(O)d	78.3*c	359
(3)-(B)b(B)cP	66.4 c	267	(3)-Ba(C)bo(O)d	81.1*c	359
(3)-(B)b(B)cP	70.4 c	267	(3)-(B)b(C)bo(O)d	78.3*c	359
(3)-(B)b(B)lP	71.0 p	494	(3)-(B)b(C)bo(O)d	81.1*c	359
(3)-(B)c(B)dP	67.5 c	360	(3)-Bo(C)cp(O)c	84.4 wb	384
(3)-(B)c(B)nP	70.9 w	118	(3)-Bo(C)cp(O)c	84.8 w	383
3 -BeBpP	72.0 w	32	(3)-Bp(C)co(O)c	70.9 w	444
(3)-(B)b(B)bQa	72.5 c	311	(3)-Bp(C)co(O)c	75.3 w	444
3 -BqBqQb	69.1 c	467	(3)-Bp(C)co(O)c	82.8 w	500
3 -BaBsSh	45.2 d	95	(3)-Bp(C)cp(O)c	71.3 w	198
(3)-(B)b(B)bU	22.0 c	56	(3)-Bp(C)cp(O)c	72.3 w	197
(3)-(B)bCaa(C)bp	50.1 c	410	(3)-Bp(C)cp(O)c	72.4 w	205
(3)-(B)b(C)bd(C)bd	33.8 c	490	(3)-Bp(C)cp(O)c	75.9 w	198
(3)-(B)b(C)bd(C)bd	35.0 c	482	(3)-Bp(C)cp(O)c	76.2 1	444
(3)-(B)b(C)bd(C)bd	35.6 c	483	(3)-Bp(C)cp(O)c	76.5*w	197
(3)-(B)b(C)bd(C)bv	38.3 c	481	(3)-Bp(C)cp(O)c	76.7*w	197
(3)-(B)b(C)bd(C)dj	36.5 c	492	(3)-Bp(C)cp(O)c	76.9 w	205
(3)-(B)c(C)cd(C)co	39.2*c	429	(3)-Bp(C)cp(O)c	83.8*s	378
(3)-(B)c(C)cd(C)co	54.5*c	429	(3)-Bp(C)cp(O)c	84.1*s	378

Code	Shift	Spectrum Number	Code	Shift	Spectrum Number
(3)-Bp(C)cp(0)c	84.7*s	377	3 -BsKhNhh	55.8 wb	189
(3)-Bp(C)cp(0)c	85.5 s	379	3 -BsKhNhh	58.4 wb	38
(3)-Bp(C)cp(0)c	85.6 s	375	3 -BvKaNhj	53.5 c	435
(3)-Bp(C)cp(0)c	86.0 s	376	3 -BwKhNhh	54.5 w	174
(3)-Bp(C)cp(0)c	87.8*s	377	3 -BkKhSh	36.9 w	63
(3)-Bp(C)cp(0)d	74.9 w	443	(3)-(B)c(L)hl(L)hl	50.4 d	242
(3)-(B)v(C)ov(0)c	57.3*c	337	(3)-(B)bNhhVbh	57.1 c	348
(3)-(B)v(C)ov(0)c	58.7*c	337	(3)-(B)b(N)abW	68.7 d	381
(3)-(B)b(C)abP	70.9 c	272	(3)-(B)o(0)bVhh	52.1 c	289
(3)-(B)b(C)abP	76.2 c	272	3 -BnPVhh	69.2 w	356
3 -BbCbbP	74.2 c	325	(3)-(B)bVbhVhh	50.7 c	464
3 -BbCbbP	74.7 c	325	(3)-(C)bc(C)cd(D)del	39.2*c	429
(3)-(B)c(C)bcP	71.3 c	410	(3)-(C)bc(C)cd(D)del	54.5*c	429
(3)-(B)c(C)blP	70.4 c	404	(3)-(C)cq(C)cqG	48.0 c	472
(3)-(B)o(C)cpP	70.0 w	128	(3)-(C)bl(C)ck(K)j	45.3*s	339
(3)-(B)o(C)cpP	70.2 w	128	(3)-(C)bl(C)ck(K)j	47.0*s	339
3 -Bp(C)qlP	69.9 w	171	(3)-(C)bc(C)dd(N)ab	72.1 c	485
(3)-(B)b(C)bcVbh	43.9 c	481	(3)-(C)cp(C)opNhh	55.3 w	205
(3)-(B)b(D)aac(D)bbc	56.5*c	466	(3)-(C)cp(C)opNhh	57.8 w	205
(3)-(B)b(D)aac(D)bbc	61.0*c	466	(3)-(C)bc(C)co(0)c	47.0 c	429
(3)-(B)c(D)aac(D)abp	56.5*c	466	(3)-(C)bn(C)cp0c	85.4*w	484
(3)-(B)c(D)aac(D)abp	61.0*c	466	(3)-(C)bn(C)cp0c	87.8*w	484
(3)-(B)c(D)aac(J)l	57.5 c	387	(3)-(C)bo(C)cp0c	79.3*w	444
(3)-(B)c(D)aac(L)al	47.3 d	396	(3)-(C)bo(C)cp0c	79.4*w	444
(3)-(B)c(D)aac(L)al	49.6 c	387	(3)-(C)bo(C)cp0x	73.6*w	500
(3)-(B)c(D)aac(L)bl	51.9 c	395	(3)-(C)bo(C)cp0x	74.0*w	500
(3)-(B)c(D)apv(L)jl	35.3*w	491	(3)-(C)cp(C)cp0c	81.8 w	462
(3)-(B)c(D)apv(L)jl	42.2*w	491	(3)-(C)ao(C)cpP	72.7 w	195
(3)-(B)c(D)cjv(0)b	69.5 c	485	(3)-(C)ao(C)cpP	73.1 w	195
(3)-(B)b(D)abcP	81.2 c	483	(3)-(C)bo(C)cpP	69.6 w	198
3 -BeEE	70.4 c	3	(3)-(C)bo(C)cpP	70.1*w	198
3 -BgGG	40.3 c	2	(3)-(C)bo(C)cpP	70.1 w	443
3 -BaGKh	47.0 c	65	(3)-(C)bo(C)cpP	70.2*w	198
3 -BgGKh	40.4 c	18	(3)-(C)bo(C)cpP	70.4 w	197
3 -BgGVhh	50.8 c	286	(3)-(C)bo(C)cpP	70.5 w	205
(3)-(B)b(J)n(N)bj	60.4*m	499	(3)-(C)bo(C)cpP	70.6 s	379
(3)-(B)b(J)n(N)bj	62.1*m	499	(3)-(C)bo(C)cpP	70.8 s	376
(3)-Bb(J)n(N)hj	52.8*m	499	(3)-(C)bo(C)cpP	70.9 w	383
(3)-Bb(J)n(N)hj	55.9*m	499	(3)-(C)bo(C)cpP	70.9 wb	384
(3)-Bc(J)n(N)hj	51.7 m	499	(3)-(C)bo(C)cpP	72.1 s	375
(3)-Bv(J)n(N)hj	52.8*m	499	(3)-(C)bo(C)cpP	72.3 w	197
(3)-Bv(J)n(N)hj	55.9*m	499	(3)-(C)bo(C)cpP	74.7*s	377
(3)-(B)bKh(N)bh	62.1 w	117	(3)-(C)bo(C)cpP	75.1*s	378
3 -BbKhNhh	55.2 w	212	(3)-(C)bo(C)cpP	75.9*s	378
3 -BbKhNhh	55.3 w	213	(3)-(C)bo(C)cpP	78.8*s	377
3 -BbKhNhh	55.5 w	111	(3)-(C)bo(C)dpP	82.2 w	443
3 -BbKhNhh	56.1 wb	135	(3)-(C)bp(C)cpP	72.3 w	128
(3)-(B)cKh(N)bh	60.7 w	118	(3)-(C)bp(C)opP	74.8*w	128
3 -BcKhNhh	52.5 wa	204	(3)-(C)bp(C)opP	76.6*w	128
3 -BcKhNhh	55.5 wb	203	(3)-(C)cn(C)cpP	70.5 w	205

Code	Shift	Spectrum Number	Code	Shift	Spectrum Number
(3)-(C)cn(C)cpP	72.9 w	205	(3)-(C)cp(D)abpNah	64.3 w	484
(3)-(C)co(C)coP	70.2*w	484	(3)-Caa(D)aab(O)d	108.3 c	427
(3)-(C)co(C)coP	75.4*w	484	3 -CaaDaabP	83.0 c	324
(3)-(C)co(C)noP	73.6*w	500	(3)-(C)cp(D)booP	77.4 w	443
(3)-(C)co(C)noP	74.0*w	500	(3)-Caa(J)n(N)hj	60.4*m	499
(3)-(C)cp(C)boP	69.5 w	444	(3)-Caa(J)n(N)hj	62.1*m	499
(3)-(C)cp(C)coP	72.1*w	444	(3)-(C)ns(J)nNhj	58.9 w	471
(3)-(C)cp(C)coP	72.3*w	444	3 -CapKhNhh	62.7 wb	87
(3)-(C)cp(C)coP	75.6*w	444	3 -CkpKhP	72.8 w	64
(3)-(C)cp(C)cpP	69.3 w	198	(3)-(C)bd(L)plNaa	70.6 w	491
(3)-(C)cp(C)cpP	70.9 w	195	(3)-Cbp(L)lp(Q)l	77.1 w	171
(3)-(C)cp(C)cpP	72.0 w	196	(3)-(C)nj(N)cj(S)d	67.6 w	471
(3)-(C)cp(C)cpP	73.1 w	196	(3)-(C)bn0c(0)bl	96.7*w	484
(3)-(C)cp(C)cpP	73.3 w	196	(3)-(C)bn0c(0)bl	101.4*w	484
(3)-(C)cp(C)cpP	73.5 w	444	(3)-(C)bn0c(0)c	97.0 w	462
(3)-(C)cp(C)cpP	73.6 w	197	(3)-(C)cp(0)b0c	96.7*w	484
(3)-(C)cp(C)cpP	73.7 w	195, 198	(3)-(C)cp(0)b0c	101.4*w	484
(3)-(C)cp(C)cpP	74.8*w	128	(3)-(C)cp(0)c0c	103.7 w	444
(3)-(C)cp(C)cpP	75.2 w	196	(3)-(C)cp(0)c0d	92.9 w	443
(3)-(C)cp(C)cpP	76.5*w	197	(3)-(C)cq(0)c0d	90.0 c	495
(3)-(C)cp(C)cpP	76.6*w	128	(3)-(C)cn(0)cP	90.0 w	205
(3)-(C)cp(C)cpP	76.7*w	197	(3)-(C)cn(0)cP	93.6 w	205
(3)-(C)cp(C)noP	70.9 w	383	(3)-(C)cp(0)bP	93.0 w	128
(3)-(C)cp(C)ooP	71.9 w	444	(3)-(C)cp(0)bP	97.4 w	128
(3)-(C)cp(C)opP	70.1*w	198	(3)-(C)cp(0)cP	92.7 w	444
(3)-(C)cp(C)opP	70.2*w	198	(3)-(C)cp(0)cP	92.8 w	197
(3)-(C)cp(C)opP	71.7 w	195	(3)-(C)cp(0)cP	93.2 w	198
(3)-(C)cp(C)opP	72.1*w	444	(3)-(C)cp(0)cP	94.3 w	195
(3)-(C)cp(C)opP	72.2 w	195	(3)-(C)cp(0)cP	94.8 w	195
(3)-(C)cp(C)opP	72.3*w	444	(3)-(C)cp(0)cP	96.6 w	444
(3)-(C)cp(C)opP	72.9 w	198	(3)-(C)cp(0)cP	96.7 w	197
(3)-(C)cp(C)opP	73.6 w	128	(3)-(C)cp(0)cP	97.3 w	198
(3)-(C)cp(C)opP	74.8 w	444	(3)-(C)bo(0)cVbh	57.3*c	337
(3)-(C)cp(C)opP	74.9 w	197	(3)-(C)bo(0)cVbh	58.7*c	337
(3)-(C)cp(C)owP	73.6 s	376	(3)-(C)cp(0)cW	77.6 s	375
(3)-(C)cp(C)owP	73.9 s	379	(3)-(C)cp(0)cW	83.8*s	378
(3)-(C)cp(C)owP	74.7*s	377	(3)-(C)cp(0)cW	84.1*s	378
(3)-(C)cp(C)owP	74.9 s	375	(3)-(C)cp(0)cW	84.7*s	377
(3)-(C)cp(C)owP	75.1*s	378	(3)-(C)cp(0)cW	86.7 s	379
(3)-(C)cp(C)owP	75.3 wb	384	(3)-(C)cp(0)cW	87.6 w	500
(3)-(C)cp(C)owP	75.6 w	383	(3)-(C)cp(0)cW	87.8*s	377
(3)-(C)cp(C)owP	75.9*s	378	(3)-(C)cp(0)cW	88.1 s	376
(3)-(C)cp(C)owP	78.8*s	377	(3)-(C)cp(0)cW	88.1 wb	384
(3)-(C)dn(C)ooP	70.2*w	484	(3)-(C)cp(0)cW	88.8 w	383
(3)-(C)dn(C)ooP	75.4*w	484	3 -CanPVhh	73.7 w	355
(3)-(C)cn(D)bcl(D)cjv	40.6 c	485	3 -(C)bnPW	71.8 c	486
(3)-(C)bc(D)abl(J)b	62.5 c	492	(3)-(D)aasK(N)cj	74.0 w	471
(3)-(C)bn(D)bcv(L)hl	39.2*w	479	3 -DeeeVhhVhh	69.7 c	470
(3)-(C)bn(D)bcv(L)hl	41.9*w	479	3 -0b0b0b	112.5 c	279
(3)-(C)bd(D)adm(N)lz	75.7 w	500	3 -PVhhVhh	75.8 c	453

Code	Shift	Spectrum Number
4 -AAABa	30.4 c	206
4 -AAABc	31.2 d	321
4 -AAABd	31.6 c	328
4 -AAA(C)bb	32.3 c	405
4 -AAAE	66.8 c	82
4 -AAAG	62.1 c	81
4 -AAALh1	32.2 d	314
4 -AAALh1	38.7 d	187
4 -AAAOz	72.0 c	448
4 -AAAP	68.9 c	88
4 -AAAQa	79.9 c	194
4 -AAAVhh	34.2 c	422
4 -AAAVhp	34.4 c	385, 425
(4)-AA(B)c(B)c	32.2 c	360
(4)-AA(B)j(B)l	33.3 c	357
(4)-AA(B)d(C)co	44.3 c	427
4 -AABpCcp	39.1 c	324
4 -AABaE	71.1 c	130
4 -AABgG	61.7 c	70
4 -AABnJh	47.2 d	276
4 -AABdNhh	51.1 c	328
4 -AABpNhh	50.6 c	99
(4)-AA(B)d(O)c	81.3 c	427
(4)-AA(C)bb(C)b1	38.1 d	396
(4)-AA(C)bb(C)b1	40.5 c	395
(4)-AA(C)bc(C)bc	16.7 c	394
(4)-AA(C)bc(C)bd	43.3 c	466
(4)-AA(C)b1(C)bj	53.6 c	387
(4)-AA(C)bb(D)abj	46.6 c	397
(4)-AA(C)bb(J)d	47.2 c	398
(4)-AA(C)bb(L)c1	41.7 c	393
(4)-AA(C)bb(O)c	69.6*c	406
(4)-AA(C)bb(O)c	73.5*c	406
(4)-AA(C)kn(S)c	65.3 w	471
(4)-AA(D)aav(J)v	53.3 c	454
(4)-AA(D)aajVhj	44.6 c	454
(4)-AA(J)d(J)d	70.4 c	308
4 -AA(J)n(N)bj	59.9 w	178
(4)-AA(K)l(L)lq	54.0 c	307
4 -AAPTh	64.0 d	112
4 -AAPVhh	72.2 c	354
(4)-A(B)b(B)c(J)d	53.9 c	398
(4)-A(B)b(B)b(O)d	69.6*c	406
(4)-A(B)b(B)b(O)d	73.5*c	406
(4)-ABb(B)b(O)v	78.2 c	496
(4)-A(B)b(C)bc(C)bc	42.4 p	494
(4)-A(B)b(C)bc(C)bp	42.7 c	483
(4)-A(B)j(C)bc(D)bjp	51.2 c	492
(4)-ABj(C)b1(D)acm	59.8 w	500
(4)-A(B)b(C)bc(J)b	47.8 c	481

Code	Shift	Spectrum Number
(4)-A(B)b(C)bd(J)b	47.3 c	482
(4)-A(B)b(C)bc(L)b1	36.7 p	494
(4)-A(B)b(C)bc(L)b1	38.5 c	482
(4)-A(B)b(C)bc(L)b1	38.6 c	483, 490
(4)-A(B)b(C)bc(L)j1	46.0 c	490
(4)-A(B)b(C)cj(L)b1	38.2 c	492
(4)-A(B)b(C)bdP	74.8 c	466
(4)-A(B)o(C)cnP	73.3 w	484
(4)-A(B)b(D)aac(J)b	57.4 c	397
4 -ABbLh1P	73.3 c	407
(4)-A(B)b(O)c(O)c	107.6 c	359
(4)-A(C)cn(D)abc(M)lz	85.8 w	500
(4)-A(C)b1PVhj	70.2*w	491
(4)-A(C)b1PVhj	74.2*w	491
4 -BaBaBpBp	40.9 c	278
4 -BaBoBpBp	43.5 d	364
(4)-(B)c(B)c(B)cBk	32.6 c	439
(4)-(B)b(B)c(C)ab(C)bd	54.0 c	466
(4)-(B)b(B)bFF	123.7 d	177
4 -BkBkPKh	74.2 w	172
(4)-(B)n(C)bc(C)cdLh1	54.1*c	485
(4)-(B)n(C)bc(C)cdLh1	54.3*c	485
(4)-(B)b(C)c1(C)coVbo	42.4 w	479
(4)-Bp(C)cp(O)cOc	104.4 w	443
(4)-Bq(C)cq0c(O)c	104.0 c	495
(4)-(B)b(D)abcJbP	88.8 c	492
(4)-(C)bo(C)cd(J)nVhn	54.1*c	485
(4)-(C)bo(C)cd(J)nVhn	54.3*c	485
(4)-(C)cc(D)deeE(L)el	79.4 c	429
4 -CvvEEE	102.5 c	470
(4)-(C)bd(J)l(L)p1P	70.2*w	491
(4)-(C)bd(J)l(L)p1P	74.2*w	491
(4)-(D)ce1(D)ce1EE	108.7 c	429
4 -EEEJm	92.4 c	14
4 -EEEKb	89.9 c	51
4 -FFFK	115.0 c	1
4 -FFFKb	115.3 c	52
4 -FFFVhh	124.6 c	225
5 -AAAH	131.7 d	119
5 -AABbH	130.7 d	497
5 -AABbH	131.1 d	402
5 -AABbH	131.5 c	403, 407
5 -AA(B)b(J)b	141.5 c	399
5 -AADaaaH	129.8 d	314
(5)-AA(D)aak(Q)d	103.4 c	307
5 -ABbBbH	134.8 d	497
5 -ABbBpH	136.9 d	402
(5)-A(B)bH(B)c	133.5 c	400
(5)-A(B)cH(B)c	131.2 c	394
(5)-A(B)dH(J)b	159.7 c	357

Code	Shift	Spectrum Number	Code	Shift	Spectrum Number
(5)-A(C)cn(D)abc(N)cz	104.8*w	500	(5)-(B)bH(B)oH	126.3 c	59
(5)-A(C)cn(D)abc(N)cz	108.2*w	500	(5)-(B)cH(B)bH	126.0*c	306
(5)-A(C)bhH(B)c	144.2 d	396	(5)-(B)cH(B)bH	126.6 c	262
5 -A(C)bbHH	146.6 c	386	(5)-(B)cH(B)bH	126.8*c	306
5 -A(C)bbHH	149.9 c	400	(5)-(B)1H(B)1H	124.5 c	166
5 -A(C)bcHH	146.7 c	404	5 -BqHBqH	128.1 c	309
(5)-A(C)bdH(J)c	169.7 c	387	(5)-(B)cH(C)bdA	116.1 d	396
5 -AHAA	118.7 d	119	(5)-(B)cH(C)ccH	136.0 d	372
5 -AHBbH	123.5 c	264	(5)-(B)cH(D)abc(B)c	120.9 p	494
5 -AHBbH	123.6 c	313	(5)-(B)cH(D)abcJa	155.0 c	490
5 -AHBbH	123.8 c	188	5 -BbHHA	131.7 c	264, 313
5 -AHGH	129.4 c	20	5 -BbHHH	138.9 d	445
5 -AHHBb	124.5 c	264, 313	5 -BbHHH	139.0 c	316
5 -AHHG	132.7 c	20	5 -BeHHH	134.6 d	22
5 -AHHJh	153.7 d	57	5 -BgHHH	134.2 c	21
5 -AHHU	151.6 d	53	5 -BoHHH	132.5 c	358
5 -AHUA	150.2 d	53	5 -BoHHH	135.5 d	364
(5)-A(J)bH(B)c	135.3 c	386	5 -BpHHH	137.5 c	30
(5)-A(J)10a(J)1	126.0 c	436	(5)-(B)cH(J)bA	144.2 c	386
5 -AKaHH	136.9 d	114	(5)-(B)cH(O)cBn	100.7 w	484
5 -AKbHH	137.2 d	310	(5)-(B)b(J)bAA	131.7 c	399
(5)-A(K)jH(K)j	149.5 c	103	(5)-Bn(O)cH(B)c	150.2 w	484
(5)-A(L)cm(D)abc(M)1z	104.8*w	500	(5)-(C)bb(D)aacHH	165.9 c	393
(5)-A(L)cm(D)abc(M)1z	108.2*w	500	(5)-(C)ccH(B)cH	131.9*d	372
5 -APHJa	191.4 d	115	(5)-(C)ccH(B)cH	132.1*d	372
(5)-(B)b(B)bHH	150.4 c	110	(5)-(C)bcH(C)bcH	131.9*d	372
(5)-(B)b(C)bdHH	151.8 c	395	(5)-(C)bcH(C)bcH	132.1*d	372
(5)-(B)c(D)abcH(B)c	141.7 p	494	(5)-(C)bcH(C)bcH	135.3 s	339
(5)-(B)b(D)abcH(J)b	170.0 c	482	(5)-(C)b1H(C)b1H	143.3 d	242
(5)-(B)b(D)abcH(J)b	170.4 c	492	(5)-(C)cdH(C)cpH	126.4*w	479
(5)-(B)b(D)abcH(J)b	170.5 c	490	(5)-(C)cdH(C)cpH	134.1*w	479
(5)-(B)b(D)abcH(J)b	171.4 c	483	(5)-(C)cpH(C)cdH	126.4*w	479
5 -BbHAA	124.1 c	403	(5)-(C)cpH(C)cdH	134.1*w	479
5 -BbHAA	124.4*d	402	5 -CaaHHCaa	134.5 c	315
5 -BbHAA	124.5 c	407	5 -(C)bbHHH	143.7 c	306
5 -BbHAA	124.6 d	497	5 -(C)bcHHH	141.9 c	486
5 -BbHAA	125.3*d	402	(5)-Caa(J)10a(J)1	135.3 c	436
5 -BbHABb	124.6 d	497	(5)-(C)cqP(K)cP	156.3 w	171
5 -BpHABb	124.4*d	402	(5)-(D)ee1E(L)e1E	128.5*d	102
5 -BpHABb	125.3*d	402	(5)-(D)ee1E(L)e1E	132.8*d	102
5 -BbHAH	130.7 c	188	5 -DaaaHAA	135.1 d	314
5 -BbHAH	130.8 c	264	5 -DaaaHHH	149.5 d	187
5 -BbHAH	130.9 c	313	5 -DabpHHH	145.1 c	407
(5)-(B)cH(B)cA	120.7 c	400	5 -(D)bccHHH	138.8 c	485
(5)-(B)bH(B)bH	127.2 c	176	(5)-(D)abcJa(B)cH	143.9 c	490
5 -BbHBbH	129.6*c	480	(5)-(D)aak(Q)dAA	145.8 c	307
5 -BbHBbH	129.9*c	480	(5)-E(D)cdeE(D)cde	132.3 c	429
(5)-(B)bH(B)cH	126.0*c	306	5 -EEELe1	123.6*c	43
(5)-(B)bH(B)cH	126.6 c	262	5 -EEELe1	126.4*c	43
(5)-(B)bH(B)cH	126.8*c	306	(5)-E(L)e1E(D)ee1	128.5*d	102

Code	Shift	Spectrum Number
(5)-E(L)e1E(D)ee1	132.8*d	102
5 -ELe1EE	123.6*c	43
5 -ELe1EE	126.4*c	43
5 -EUHH	110.8 c	15
5 -GHAH	108.9 c	20
5 -GHHA	104.7 c	20
5 -HAAP	100.3 d	115
(5)-H(B)cA(B)c	119.5 c	394
5 -HHA(C)bb	108.4 c	400
5 -HHA(C)bb	110.4 c	386
5 -HHA(C)bc	112.4 c	404
5 -HHAKa	124.7 d	114
5 -HHAKb	124.4 d	310
5 -HH(B)b(B)b	104.8 c	110
5 -HH(B)b(C)bd	106.0 c	395
5 -HHBbH	114.1 c	316
5 -HHBbH	114.2 d	445
5 -HHBeH	118.1 d	22
5 -HHBgH	118.8 c	21
5 -HHBoH	115.9 d	364
5 -HHBoH	118.1 c	358
5 -HHBpH	114.9 c	30
5 -HH(C)bb(D)aac	99.1 c	393
5 -HH(C)bcH	114.2 c	486
5 -HHDaaaH	109.0 d	187
5 -HHDabpH	111.5 c	407
5 -HH(D)bccH	112.2 c	485
5 -HHEU	131.7 c	15
5 -HHH(C)bb	112.3 c	306
5 -HHHNaaa	112.7 w	136
5 -HHH(N)bj	93.8 c	173
5 -HHHQa	96.8 d	61
5 -HHHU	137.5 d	16
(5)-H(J)bA(B)d	125.3 c	357
(5)-H(J)cA(C)bd	121.0 c	387
5 -HJhAH	134.9 d	57
(5)-H(J)b(B)b(D)abc	123.6 c	483
(5)-H(J)b(B)b(D)abc	123.8 c	490
(5)-H(J)b(B)b(D)abc	123.9 c	482
(5)-H(J)b(B)b(D)abc	124.5 c	492
(5)-H(J)1H(J)1	133.7*c	366
(5)-H(J)1H(J)1	136.4 c	151
(5)-H(J)1H(J)1	138.5*c	366
(5)-H(J)nH(J)n	130.3 s	47
(5)-H(J)nH(L)h1	106.7*c	107
(5)-H(J)nH(L)h1	120.1*c	107
(5)-H(J)nH(N)aj	100.9 c	170
5 -HJaNhwP	88.8 wb	245
5 -HJhVhhH	131.0 c	336
(5)-H(K)jA(K)j	129.7 c	103
(5)-H(K)jH(K)j	136.6 c	45
(5)-H(L)cm(D)aac(N)cz	95.3 w	500
(5)-H(L)h1H(J)n	134.8*c	107
(5)-H(L)h1H(J)n	141.6*c	107
(5)-H(L)h1H(N)hj	106.7*c	107
(5)-H(L)h1H(N)hj	120.1*c	107
5 -HNaaaHH	143.1 w	136
5 -H(N)bjHH	129.2 c	173
(5)-H(N)ajH(J)n	143.2 c	170
(5)-H(N)hjH(L)h1	134.8*c	107
(5)-H(N)hjH(L)h1	141.6*c	107
5 -HQaHH	141.8 d	61
5 -HUAH	101.2 d	53
5 -HUHA	100.9 d	53
5 -HUHH	108.1 d	16
(5)-HVhqH(K)v	143.4 c	333
5 -HVhhJhH	152.3 c	336
(5)-(J)10a(J)1A	155.5*c	436
(5)-(J)10a(J)1A	155.7*c	436
(5)-(J)10a(J)1Caa	155.5*c	436
(5)-(J)10a(J)1Caa	155.7*c	436
(5)-(K)cP(C)cqP	118.8 w	171
5 -NhwPHJa	169.5 wb	245
6 -AAP	155.2 c	35
6 -AJaP	157.0 c	68
6 -ALamP	153.1 s	71
(6)-(B)c(C)bcP	160.8 c	408
6 -(C)bb(C)bbP	161.5 c	261
(6)-H(N)hj(L)11	143.1 s	375
(6)-H(O)vVho	152.6 c	227
6 -KhNbhH	158.1*w	462
6 -KhNbhH	159.8*w	462
6 -NbhNhhH	157.7 w	213
7 -ABp	78.9*d	58
7 -ABp	80.8*d	58
7 -BpA	78.9*d	58
7 -BpA	80.8*d	58
7 -BqBq	80.8 c	302
7 -BbH	84.5 c	175
7 -BpH	83.0 d	19
7 -DaapH	89.6 d	112
7 -HBb	68.1 c	175
7 -HBp	73.8 d	19
7 -HDaap	70.0 d	112
8 -A	117.7 d	4
8 -Ba	120.8 c	24
8 -Bb	118.2 c	116
8 -Bb	119.3 c	169
8 -Bv	118.0 c	284
8 -Caa	123.7 c	66

Code	Shift	Spectrum Number	Code	Shift	Spectrum Number
8 -(C)bb	122.4 c	56	(9)-(B)b(B)b	211.5 c	405
8 -Lel	114.4 c	15	9 -(B)b(B)b	218.2 d	113
8 -Lhl	116.0 d	53	(9)-(B)b(B)c	219.0 c	180
8 -Lhl	117.5 d	16	9 -BcBc	210.0 c	361
8 -Lhl	117.6 d	53	(9)-(B)b(C)bc	212.5 c	441
8 -Sb	111.9 c	25	(9)-(B)d(C)cd	204.3*c	492
8 -Vhh	117.8 c	222	(9)-(B)d(C)cd	208.7*c	492
8 -Vhh	118.7 c	226	(9)-(B)b(D)abc	219.7 c	482
9 -AA	206.0 c	28	(9)-(B)b(D)abc	220.2 c	481
9 -ABa	207.6 d	75	(9)-(B)c(D)abc	218.4 c	397
9 -ABb	208.4 c	270	9 -Bq(D)bdp	204.3*c	492
9 -ABc	208.0 c	190	9 -Bq(D)bdp	208.7*c	492
9 -ABj	201.9 d	115	9 -BbE	173.2 c	167
9 -ABk	200.5 c	181	9 -BbH	201.1 c	343
9 -ACaa	211.8 c	121	9 -BbH	201.9 d	74
9 -ACap	211.2 c	76	9 -BcH	202.2 c	403
9 -AH	199.7 c	5	(9)-(B)b(L)hl	198.6 c	482
9 -ALam	198.8 c	68	(9)-(B)b(L)hl	198.9 c	490
9 -A(L)dl	196.2 c	490	(9)-(B)b(L)hl	199.4 c	483
9 -ALhl	188.1 wb	245	(9)-(B)b(L)hl	199.6 c	492
9 -ALhl	191.4 d	115	(9)-(B)c(L)al	198.6 c	386
9 -ANaa	169.6 d	85	(9)-(B)c(L)bl	199.1 c	399
9 -ANch	170.2*c	435	(9)-(B)d(L)hl	199.0 c	357
9 -ANch	172.3*c	435	9 -BbNbb	172.0 c	473
9 -ANhv	169.5 c	295	(9)-(B)b(N)bh	179.4 c	67
9 -AOb	168.4 c	492	(9)-(B)b(N)bh	179.5 c	185
9 -AOb	170.0 c	302	(9)-(B)b(N)bl	172.9 c	173
9 -AOb	170.1 d	273	(9)-(B)b(N)hj	183.6 w	55
9 -AOb	170.4 c	309	9 -BnNbh	167.9 w	72
9 -AOb	170.5 c	345	9 -BbO	182.0 w	111
9 -AOb	170.9 c	411	9 -BbOa	174.0 c	274, 468
9 -AOc	169.6 d	126	9 -BbOb	172.1 c	442
9 -AOc	170.1 c	311	9 -BbOb	172.8 c	467
9 -AOd	170.2 c	194	9 -BbOb	173.5 c	318
9 -AOl	167.6 d	61	(9)-(B)b(O)b	177.9 c	60
9 -AOz	181.0 c	446	9 -BbOc	172.4 c	467
9 -AP	178.1 c	7	9 -BbOv	171.7 c	487
9 -ASb	194.1 d	192	9 -BjOb	167.2 c	181
9 -ASh	194.5 d	6	9 -BkOb	166.7 d	263
9 -AVhh	195.5 c	340	9 -BnO	171.5 w	382
9 -AVhh	197.4 c	420	9 -BsOb	170.7 c	127
9 -AVhh	197.6 c	288	9 -BbP	177.9 c	31
9 -AVhp	204.4 c	290	9 -BbP	179.5 c	344
9 -AW	196.5 c	240	9 -BbP	180.5 c	480
9 -AW	197.5 c	434	9 -BbP	180.6 c	193, 362
9 -BaBa	211.4 c	122	9 -BcP	175.3*w	63
9 -BaBb	209.0 d	426	9 -BcP	177.0*w	63
9 -BaBb	211.2 c	269	9 -BdP	174.2 w	172
9 -BbBb	210.6 c	268	9 -BdP	178.6 c	439
(9)-(B)b(B)b	211.3 c	179	9 -BnP	167.6 w	134

Code	Shift	Spectrum Number	Code	Shift	Spectrum Number
9 -BnP	177.1 w	72	9 -HVhh	191.3 c	292
9 -BaQb	170.3 c	182	9 -HVhh	191.6 c	346
(9)-(B)b(Q)b	172.9 s	49	9 -HVhh	192.0 c	229
(9)-(B)bVbh	206.2 c	338	9 -HVhp	196.7 d	231
9 -BbVhh	199.8 c	373	9 -HW	178.2 d	104
9 -BjVhh	185.5 c	463	9 -HW	193.0 c	414
(9)-(C)bd(L)hl	203.0 c	387	9 -JvVhh	194.3 c	457
(9)-(C)bc(O)b	182.3 w	424	9 -KbOb	158.0 c	183
(9)-(C)bc(O)b	182.7 w	423	(9)-(L)al(L)lo	183.8*c	436
9 -CbnOa	170.2*c	435	(9)-(L)al(L)lo	184.5*c	436
9 -CbnOa	172.3*c	435	(9)-(L)cl(L)lo	183.8*c	436
9 -CanP	176.5 w	36	(9)-(L)cl(L)lo	184.5*c	436
9 -CbbP	183.2 c	317	(9)-(L)hl(L)hl	187.1 c	151
9 -CbgP	173.6 c	18	(9)-(L)hl(N)aj	163.2 c	170
9 -CbgP	175.9 c	65	(9)-(L)hl(N)hl	165.3 c	107
9 -CbnP	173.3 w	174	(9)-(L)hl(N)hn	156.2 s	47
9 -CbnP	173.3 wa	204	(9)-(L)ln(N)hl	153.7 s	375
9 -(C)bnP	174.9 w	118	9 -LalOa	167.3 d	114
9 -CbnP	175.0 w	213	9 -LalOb	166.7 d	310
9 -(C)bnP	175.3 w	117	(9)-(L)al(O)j	166.5 c	103
9 -CbnP	175.3 w	212	(9)-(L)hl(O)j	164.3 c	103
9 -CbnP	175.4 w	111	(9)-(L)hl(O)v	160.4 c	333
9 -CbnP	176.8 wb	38	(9)-(L)lp(O)c	174.0 w	171
9 -CbnP	181.2 wb	189	9 -LmnP	158.1*w	462
9 -CbnP	182.7 wb	135	9 -LmnP	159.8*w	462
9 -CbnP	184.7 wb	203	(9)-(L)hl(Q)l	164.3 c	45
9 -CbsP	175.3*w	63	(9)-(L)hlVhj	184.7 c	366
9 -CbsP	177.0*w	63	9 -Mj	130.2 c	14
9 -CcnP	181.4 wb	87	9 -Mv	125.0 c	332
9 -CcpP	175.3 w	64	9 -Mv	129.5 c	228
(9)-(C)cc(Q)c	172.2 s	339	9 -NaaNaa	165.4 c	137
9 -CaaVhh	204.0 c	374	(9)-(N)al(N)aj	151.8 c	170
(9)-(D)aac(D)abb	222.3 c	398	(9)-(N)bd(N)hj	157.1 w	178
(9)-(D)aaj(D)aaj	215.0 c	308	9 -NhhOb	157.8 c	86, 37
9 -DaabH	205.1 d	276	(9)-(N)bVhj	167.9 c	417
9 -DeeeMj	158.6 c	14	(9)-(N)bjVhj	167.5 c	368
(9)-(D)aan(N)hj	180.4 w	178	9 -NhhW	170.6 w	159
(9)-(D)ccv(N)hv	179.6 c	485	9 -ObOb	155.5 c	363
(9)-(D)aal(O)l	173.5 c	307	(9)-(O)b(O)c	155.2 c	62
9 -DeeeOb	161.1 c	51	9 -OaVhh	166.8 c	291
9 -DfffOb	158.1 c	52	9 -OaVhn	168.5 c	296
9 -DbbpP	177.5 w	172	9 -OaVhp	170.5 c	293
9 -DfffP	163.0 c	1	9 -ObVhh	166.4 c	421
(9)-(D)aadVhd	190.0 c	454	9 -OaW	159.0 c	162
9 -EVhh	168.0 c	224	9 -PVhh	172.6 c	230
9 -HLhl	193.2 c	336	(9)-(Q)vVhk	163.1 s	281
9 -HLhl	193.4 d	57	9 -(thio)-NaaNaa	193.9 c	138
9 -HNaa	162.4 c	34	9 -(thio)-NbbS	206.4 w	120
9 -HVee	188.3 c	223	9 -(thio)-VhhVhh	228.7 c	474
9 -HVhh	189.7 c	349	10 -AAHH	136.8 c	303

Code	Shift	Spectrum Number	Code	Shift	Spectrum Number
10 -AANhhH	120.6 c	303	10 -(C)bn(B)bHH	142.7*c	348
10 -AEHH	135.9 c	232	10 -(C)bn(B)bHH	147.3*c	348
10 -AEHH	137.5 c	236	10 -(C)bv(B)bHH	144.0*c	464
10 -AHHDaaa	134.5 c	422	10 -(C)bv(B)bHH	147.0*c	464
10 -AHHE	136.2 c	234	10 -(C)co(B)cHH	140.8*c	337
10 -AHHH	137.4 d	351	10 -(C)co(B)cHH	143.4*c	337
10 -AHHH	137.6 d	297	10 -(C)bc(B)bH0a	131.9 c	481
10 -AHHH	137.7 d	243	10 -CaaHHH	148.7 c	352
10 -AHHH	139.7 c	233	10 -CapHHH	145.9 c	300
10 -AHHH	139.8 c	247	10 -CbgHHH	138.4 c	286
10 -AHHI	137.1 c	238	10 -(C)boHHH	137.7 c	289
10 -AHHXvv	138.1 c	488	10 -CcpHHH	139.4 w	355
10 -AHMjMj	130.6 c	332	10 -CpvHHH	143.7 c	453
10 -AHPH	122.9 c	425	10 -CdvHH0a	130.5 c	470
10 -AHXvvH	142.5 c	489	10 -CbpHHP	132.9 w	356
10 -(B)b(B)bHH	136.8 d	371	10 -(C)bvHHP	137.7 c	464
10 -(B)b(B)bHH	144.4 c	420	10 -CaaHPH	133.7 c	438
10 -(B)b(B)bHJa	149.9 c	420	10 -CaaHPH	134.7 c	353
10 -(B)b(C)bcHH	137.5 c	481	10 -(D)bcc(B)c(0)cH	125.0*w	479
10 -(B)b(C)bnHH	142.7*c	348	10 -(D)bcc(B)c(0)cH	129.9*w	479
10 -(B)b(C)bnHH	147.3*c	348	10 -DaaaHHA	148.0 c	422
10 -(B)b(C)bvHH	144.0*c	464	10 -DaapHHH	149.1 c	354
10 -(B)b(C)bvHH	147.0*c	464	10 -DfffHHH	131.1 c	225
10 -(B)c(C)coHH	140.8*c	337	10 -(D)aadH(J)dH	161.5 c	454
10 -(B)c(C)coHH	143.4*c	337	10 -(D)acpH(J)lH	146.8 w	491
10 -(B)c(D)bccH0a	125.0*w	479	10 -(D)ccjH(N)hjH	132.1 c	485
10 -(B)c(D)bccH0a	129.9*w	479	10 -DaaaHPH	135.6 c	425
10 -(B)bH(B)bH	143.9 c	342	10 -DaaaHPH	136.1 c	385
10 -BaHHH	144.2 d	298	10 -EAHH	134.4 c	232
10 -BbHHH	140.1 c	344	10 -EAHP	126.3 c	236
10 -BbHHH	140.4 c	343	10 -EEEH	131.6 c	146
10 -BbHHH	140.6 d	347	10 -EEHH	132.6 c	148
10 -BbHHH	142.7 d	380	10 -EEHH	134.3 c	146
10 -BcHHH	136.3 c	435	10 -EHHA	131.2 c	234
10 -BcHHH	137.1 m	499	10 -EHHH	134.0 c	233
10 -BjHHH	135.3 w	471	10 -EHHH	134.3 d	153
10 -BnHHH	139.2 c	465	10 -EHHH	135.1 d	149
10 -BnHHH	141.1 d	304	10 -EHH0a	125.4 c	235
10 -BnHHH	141.7 d	388	10 -EHJhH	136.6 c	223
10 -BnHHH	143.4 c	251	10 -EH0aH	123.0 c	294
10 -BoHHH	136.2 c	345	10 -EH0a0a	113.8 c	287
10 -BpHHH	140.8 c	246	10 -EH0a0a	113.8 c	299
10 -BsHHH	137.2 c	459	10 -FHHF	159.1 c	150
10 -BuHHH	130.1 c	284	10 -FHHH	163.9 c	158
10 -BbHH0a	132.6 c	392	10 -FHH0a	157.4 c	237
10 -BpHH0a	133.2 c	301	10 -FH0aH	152.0 c	340
10 -BaHNhhH	127.4 c	391	10 -GHHH	122.4 c	152
10 -BaHNhhH	127.8 c	305	10 -GHHH	123.2 c	145
10 -(B)vHVbhH	143.1 c	452	10 -GHHR	129.8 c	147
10 -(B)b(J)bHH	154.9 c	338	10 -GHHU	127.8 c	222

Code	Shift	Spectrum Number	Code	Shift	Spectrum Number
10 -HAAA	127.1 d	351	10 -HBqHH	128.4*c	345
10 -HAAH	130.0 d	297	10 -HBsHH	129.2 c	459
10 -HAEH	129.1*c	233	10 -HBuHH	127.8*c	284
10 -HAEH	129.3*c	233	10 -HBuHH	129.0*c	284
10 -HAHA	126.2 d	297	10 -HBbHOa	120.7 c	392
10 -HAHDaaa	128.4 c	425	10 -H(B)cH(O)c	121.1 w	479
10 -HAHE	125.5*c	233	10 -HBbOaH	111.7*c	392
10 -HAHE	127.1*c	233	10 -HBbOaH	112.4*c	392
10 -HAHH	125.0*c	422	10 -H(B)bOaH	113.8 c	481
10 -HAHH	128.5*c	489	10 -H(B)bOaH	126.1 c	481
10 -HAHH	128.7*c	422	10 -HCaaHCaa	123.4 c	438
10 -HAHH	129.0*c	232	10 -HCaaHH	126.3 c	352
10 -HAHH	129.1 d	243	10 -HCaaHH	126.4*c	353
10 -HAHH	129.1 c	488	10 -HCaaHH	126.6*c	353
10 -HAHH	130.4 c	234	10 -HCapHH	125.3 c	300
10 -HAHH	130.9*c	232	10 -HCbgHH	127.5*c	286
10 -HAHH	131.0 c	238	10 -HCbgHH	128.6*c	286
10 -HAHH	131.4 c	332	10 -H(C)boHH	125.4 c	289
10 -HAHH	132.9*c	489	10 -H(C)bvHH	129.1 c	464
10 -HAHNhh	120.4 c	303	10 -HCcpHH	127.1 w	355
10 -HAHP	121.8 c	247	10 -HCdvHH	131.0 c	470
10 -HA(M)lH	130.5 s	475	10 -HCpvHH	126.4*c	453
10 -HA(N)blH	117.2 s	475	10 -HCpvHH	128.2*c	453
10 -HAPH	114.1*c	236	10 -HCbpHP	119.4 w	356
10 -HAPH	116.2 c	247	10 -HCbpPH	114.8 w	356
10 -HAPH	117.8*c	236	10 -HDaaaHA	124.9 c	425
10 -HBaHBa	125.9 c	391	10 -HDaaaHH	125.0*c	422
10 -HBaHH	128.0 d	298	10 -HDaaaHH	126.9 c	385
10 -HBaHH	128.2 c	305	10 -HDaaaHH	128.7*c	422
10 -H(B)bHH	124.2*c	342	10 -HDaapHH	124.4 c	354
10 -H(B)bHH	124.4 d	371	10 -H(D)ccjHH	127.9*c	485
10 -H(B)bHH	125.9*c	342	10 -H(D)ccjHH	128.2*c	485
10 -HBbHH	128.2*c	343, 344	10 -HDfffHH	125.4 c	225
10 -HBbHH	128.3 d	380	10 -H(D)acpHP	116.2*w	491
10 -HBbHH	128.4*c	343	10 -H(D)acpHP	118.5*w	491
10 -HBbHH	128.4 d	347	10 -HEEH	128.9 d	149
10 -HBbHH	128.5*c	344	10 -HEHA	125.5*c	233
10 -HBcHH	128.4*c	435	10 -HEHA	127.1*c	233
10 -HBcHH	129.1*c	435	10 -HEHE	127.0 d	149
10 -HBcHH	130.5 m	499	10 -HEHE	128.6 c	146
10 -HBjHH	129.6*w	471	10 -HEHE	129.6 c	223
10 -HBjHH	130.2*w	471	10 -HEHH	128.3 c	234
10 -HBnHH	126.9 c	251	10 -HEHH	128.6 d	153
10 -HBnHH	128.0*c	465	10 -HEHH	129.0*c	232
10 -HBnHH	128.1 d	388	10 -HEHH	129.2 c	235
10 -HBnHH	128.2 d	304	10 -HEHH	129.8 c	236
10 -HBnHH	128.7*c	465	10 -HEHH	130.5 c	148
10 -HBpHH	126.8 c	246	10 -HEHH	130.9*c	232
10 -HBpHH	128.4 c	301	10 -HENhhH	116.0 c	299
10 -HBqHH	128.1*c	345	10 -HERH	127.7 c	287

Code	Shift	Spectrum Number	Code	Shift	Spectrum Number
10 -HFHH	115.8 c	237	10 -HHHE	127.5 c	146
10 -HFHH	116.5 c	150	10 -HHHE	127.7 c	148
10 -HFHNhh	104.8 c	158	10 -HHHG	126.7 c	152
10 -HFJaH	115.6 c	340	10 -HHHH	126.3*w	163
10 -HFNhhH	102.0 c	158	10 -HHHH	126.4*c	453
10 -HGGG	132.9 c	145	10 -HHHH	126.5*d	249
10 -HGHH	131.4 c	152	10 -HHHH	126.8*c	155
10 -HGHH	132.5 c	147	10 -HHHH	127.0*c	463
10 -HHGH	132.5*c	222	10 -HHHH	127.5*c	286
10 -HHGH	133.3*c	222	10 -HHHH	127.8*c	284
10 -HHHA	125.5 d	243	10 -HHHH	127.9*c	373
10 -HHHA	125.9 c	303	10 -HHHH	128.0 c	354
10 -HHHA	126.0 c	489	10 -HHHH	128.0*c	465
10 -HHHA	126.4*c	232	10 -HHHH	128.1*c	345
10 -HHHA	127.0*c	232	10 -HHHH	128.1 d	388
10 -HHHBa	125.8 d	298	10 -HHHH	128.2 c	246, 300, 352, 459
10 -HHHBa	126.6 c	305	10 -HHHH	128.2*c	288, 343, 344, 374, 421, 453
10 -HHH(B)b	124.2*c	342			
10 -HHHBb	125.7 d	380			
10 -HHH(B)b	125.9*c	342	10 -HHHH	128.2 d	304
10 -HHHBb	126.0 d	347	10 -HHHH	128.3 d	243, 297, 380
10 -HHHBb	126.1 c	343			
10 -HHHBb	126.3 c	344	10 -HHHH	128.3 c	251
10 -HHH(B)b	129.0 d	371	10 -HHHH	128.3*c	291
10 -HHHBc	126.8 c	435	10 -HHHH	128.4 d	298, 347
10 -HHHBc	128.5 m	499	10 -HHHH	128.4*c	288, 336, 343, 345, 373, 435
10 -HHHBj	128.0 w	471			
10 -HHHBn	126.5 c	251	10 -HHHH	128.4 c	230, 289, 478
10 -HHHBn	126.5 d	388			
10 -HHHBn	126.7 d	304	10 -HHHH	128.5 c	432
10 -HHHBn	126.7 c	465	10 -HHHH	128.5*c	344, 374, 463
10 -HHHBp	127.2 c	246			
10 -HHHBq	128.1 c	345	10 -HHHH	128.6*d	249
10 -HHHBs	127.2 c	459	10 -HHHH	128.6*c	286
10 -HHHCaa	125.7 c	352	10 -HHHH	128.7 c	295, 430
10 -HHHCaa	126.4*c	353	10 -HHHH	128.7*c	465
10 -HHHCaa	126.6*c	353	10 -HHHH	128.8 c	431
10 -HHHCap	127.0 c	300	10 -HHHH	128.9*c	164, 229, 336, 457
10 -HHHCbg	128.9 c	286			
10 -HHH(C)bo	128.0 c	289	10 -HHHH	128.9 c	224, 225
10 -HHHCcp	129.4 w	355	10 -HHHH	129.0 c	168
10 -HHHCpv	127.2 c	453	10 -HHHH	129.0*c	284
10 -HHHDaaa	126.9 c	385	10 -HHHH	129.1 c	226, 389, 390
10 -HHHDaap	126.4 c	354			
10 -HHH(D)ccj	127.9*c	485	10 -HHHH	129.1*c	233, 435
10 -HHH(D)ccj	128.2*c	485	10 -HHHH	129.2*c	164
10 -HHHDfff	131.9 c	225	10 -HHHH	129.2 d	250
10 -HHHE	126.4*c	232	10 -HHHH	129.3*c	233
10 -HHHE	126.5 d	153	10 -HHHH	129.3 c	244
10 -HHHE	127.0*c	232	10 -HHHH	129.4 c	157, 247

Code	Shift	Spectrum Number	Code	Shift	Spectrum Number
10 -HHHH	129.5 c	228, 476, 498	10 -HHHMmo	129.4 c	432
10 -HHHH	129.5*c	229, 291, 421	10 -HHHNah	116.7 d	250
			10 -HHHNam	127.1 c	244
10 -HHHH	129.5 d	248	10 -HHHNbb	115.5 c	390
			10 -HHHNch	116.6 c	389
10 -HHHH	129.6*w	471			
10 -HHHH	129.7*c	155, 457	10 -HHHNhh	116.0*c	296
10 -HHHH	129.7 c	160, 477	10 -HHHNhh	116.6*c	296
10 -HHHH	129.7 w	355	10 -HHHNhh	118.1 c	391
10 -HHHH	129.7 m	499	10 -HHHNhh	118.5 c	305
			10 -HHH(N)hj	121.6 c	485
10 -HHHH	129.8 c	152			
10 -HHHH	129.8 d	153, 433	10 -HHHNhj	124.1 c	295
10 -HHHH	129.8*w	163	10 -HHHNhn	118.9 c	168
10 -HHHH	129.9 d	156	10 -HHHOv	123.2 d	433
10 -HHHH	130.2*w	471	10 -HHHOb	120.7 d	248
			10 -HHH(O)l	124.4*c	227
10 -HHHH	130.5 c	158			
10 -HHHH	130.6 d	149	10 -HHH(O)l	125.4*c	227
10 -HHHI	127.1 d	156	10 -HHHOx	124.1 c	476
10 -HHHJa	132.9 c	288	10 -HHHOx	125.5 c	477
10 -HHHJa	136.3 c	290	10 -HHHP	117.4*d	231
			10 -HHHP	117.5*c	293
10 -HHHJb	132.3 c	463			
10 -HHHJb	132.7 c	373	10 -HHHP	118.2*c	290
10 -HHH(J)b	134.3 c	338	10 -HHHP	118.8*c	290
10 -HHHJc	132.6 c	374	10 -HHHP	119.0*c	293
10 -HHHJe	135.3 c	224	10 -HHHP	119.6*d	231
			10 -HHHP	119.9 c	425
10 -HHHJh	133.5 c	223			
10 -HHHJh	133.6*d	231	10 -HHHP	120.5 c	385
10 -HHHJh	134.2 c	229	10 -HHHP	120.6 c	438
10 -HHHJh	136.6*d	231	10 -HHHP	121.0 c	160, 353
10 -HHHJj	134.7 c	457	10 -HHHP	122.1 w	161
			10 -HHH(Q)l	116.4*c	333
10 -HHH(J)l	133.7*c	366			
10 -HHH(J)l	138.4 w	491	10 -HHH(Q)l	116.5*c	333
10 -HHH(J)l	138.5*c	366	10 -HHHR	134.6 c	157
10 -HHH(J)n	133.9 c	417	10 -HHHSa	124.8 d	249
10 -HHH(J)n	134.0 c	368	10 -HHHSeoo	135.3 c	155
			10 -HHHSh	125.4 c	164
10 -HHHKa	131.1*c	296			
10 -HHHKa	132.8 c	291	10 -HHHSooo	132.3 w	163
10 -HHHKa	134.0*c	296	10 -HHHU	132.7 c	226
10 -HHHKa	135.5 c	293	10 -HHHVhh	127.4 c	430
10 -HHHKb	128.9*c	461	10 -HHHXvv	128.5 c	478
			10 -HHHXvv	128.5*c	489
10 -HHHKb	131.0*c	461			
10 -HHHKb	132.6 c	421	10 -HHHXvv	132.9*c	489
10 -HHHKh	133.7 c	230	10 -HHHZ	128.1 c	498
10 -HHH(K)j	136.1 s	281	10 -HHIH	137.1 c	238
10 -HHHLhl	128.4 c	336	10 -HHIH	137.6 c	430
			10 -HHIH	138.0 c	239
10 -HHHMj	125.7 c	228			
10 -HHH(M)l	124.4*c	227	10 -HHJaF	112.4 c	340
10 -HHH(M)l	125.4*c	227	10 -HHJaH	128.2*c	288
10 -HHHMm	130.7 c	431	10 -HHJaH	128.4*c	288
10 -HHHMm	131.3 c	432	10 -HHJaH	130.7 c	290
			10 -HHJbH	127.0*c	463

Code	Shift	Spectrum Number	Code	Shift	Spectrum Number
10 -HHJbH	127.9*c	373	10 -HHNhhH	116.0*c	296
10 -HHJbH	128.4*c	373	10 -HHNhhH	116.6*c	296
10 -HHJbH	128.5*c	463	10 -HH(N)hjH	109.1 c	485
10 -HHJcH	128.2*c	374	10 -HHNhjH	120.4 c	295
10 -HHJcH	128.5*c	374	10 -HHNhnH	112.0 c	168
10 -HHJeH	131.3 c	224	10 -HHOa(B)b	111.4 c	481
10 -HHJhH	128.9*c	229	10 -HHOa(D)bcc	115.1 w	479
10 -HHJhH	129.5*c	229	10 -HHOvH	119.0 d	433
10 -HHJhH	131.6 c	349	10 -HHOaH	111.7*c	392
10 -HHJhH	133.6*d	231	10 -HHOaH	112.4*c	392
10 -HHJhH	136.6*d	231	10 -HHOaH	113.5*c	460
10 -HHJjH	128.9*c	457	10 -HHOaH	113.5 c	470
10 -HHJjH	129.7*c	457	10 -HHOaH	113.6*c	460
10 -HH(J)lH	126.2 c	366	10 -HHOaH	113.7 c	301
10 -HH(J)nH	123.1 c	417	10 -HHOaH	114.0 c	241
10 -HH(J)nH	123.3 c	368	10 -HHOaH	114.9 c	237
10 -HHJaOa	127.4 c	292	10 -HHOaH	115.2 c	235
10 -HHKaH	128.3*c	291	10 -HHOaH	116.2 c	239
10 -HHKaH	129.5*c	291	10 -HHOaH	125.8 c	340
10 -HHKaH	129.9 c	293	10 -HHObH	113.9*c	493
10 -HHKaH	131.1*c	296	10 -HHObH	114.1 d	248
10 -HHKaH	134.0*c	296	10 -HHObH	114.1*c	493
10 -HHKbH	128.2*c	421	10 -HHObH	114.6 c	487
10 -HHKbH	128.9*c	461	10 -HH(O)lH	110.8 c	227
10 -HHKbH	129.5*c	421	10 -HHOxH	120.1 c	477
10 -HHKbH	131.0*c	461	10 -HHOxH	120.6 c	476
10 -HHKhH	130.2 c	230	10 -HHPA	112.5 c	247
10 -HH(K)jH	125.3 s	281	10 -HHPA	114.1*c	236
10 -HHLhlH	128.4*c	336	10 -HHPA	117.8*c	236
10 -HHLhlH	128.9*c	336	10 -HHP(D)acp	116.2*w	491
10 -HHLsvH	132.7 c	474	10 -HHP(D)acp	118.5*w	491
10 -HH(M)lH	120.5 c	227	10 -HHPH	109.4*c	292
10 -HHMmH	122.2 c	432	10 -HHPH	114.8*c	292
10 -HHMmH	122.7 c	431	10 -HHPH	115.3 c	464
10 -HHMmH	123.5 c	487, 493	10 -HHPH	115.4 c	160, 353
10 -HHMmH	123.6 c	460	10 -HHPH	116.6 c	385
10 -HHMmH	124.7 c	487	10 -HHPH	117.3 w	161
10 -HHMmoH	125.4 c	432	10 -HHPH	117.3 w	356
10 -HHMmoH	127.7 c	460, 493	10 -HHPH	117.4*d	231
10 -HHMjMj	120.9*c	332	10 -HHPH	117.5*c	293
10 -HHMjMj	122.2*c	332	10 -HHPH	118.2*c	290
10 -HHNhhA	113.1 c	303	10 -HHPH	118.8*c	290
10 -HHNhhF	110.8 c	158	10 -HHPH	119.0*c	293
10 -HHNaaH	110.0 c	474	10 -HHPH	119.6*d	231
10 -HHNaaH	110.8 c	349	10 -HHQbH	122.0 c	487
10 -HHNahH	112.3 d	250	10 -HH(Q)lH	116.4*c	333
10 -HHNbbH	112.0 c	390	10 -HH(Q)lH	116.5*c	333
10 -HH(N)bvH	108.2 c	458	10 -HHRH	123.4 c	157
10 -HHNchH	113.1 c	389	10 -HHRH	124.9 c	147
10 -HHNhhH	115.2 c	305	10 -HHRH	125.7 c	241

Code	Shift	Spectrum Number	Code	Shift	Spectrum Number
10 -HHSaH	126.5*d	249	10 -JaHPH	119.7 c	290
10 -HHSaH	128.6*d	249	10 -JhHPH	121.0 d	231
10 -HHSeooH	126.8*c	155	10 -KaHHH	130.3 c	291
10 -HHSeooH	129.7*c	155	10 -KbHHH	130.7 c	421
10 -HHShH	128.9*c	164	10 -KhHHH	129.4 c	230
10 -HHShH	129.2*c	164	10 -KbHKbH	132.0 c	461
10 -HHSoooH	126.3*w	163	10 -(K)jH(K)jH	131.1 s	281
10 -HHSoooH	129.8*w	163	10 -KaHNhhH	110.0 c	296
10 -HHUH	132.0 c	226	10 -KaHPH	112.4 c	293
10 -HHUH	132.5*c	222	10 -Lh1HHH	133.9 c	336
10 -HHUH	133.3*c	222	10 -LsvHHNaa	136.3 c	474
10 -HHVhhH	126.6 c	430	10 -(L)h1H(Q)1H	118.7 c	333
10 -HHVhhH	128.7 c	430	10 -MjAHH	132.2*c	332
10 -HHXH	133.6 c	478	10 -MjAHH	133.3*c	332
10 -HHXvvH	129.9 c	489	10 -MjHHA	132.2*c	332
10 -HHXvvH	133.5 c	488	10 -MjHHA	133.3*c	332
10 -HHZH	137.7 c	498	10 -MjHHH	133.6 c	228
10 -HIHH	137.2 d	156	10 -MmHHH	144.0*c	432
10 -HJh0aH	109.4*c	292	10 -MmHHH	148.2*c	432
10 -HJh0aH	114.8*c	292	10 -MmHHH	152.5 c	431
10 -HJh0a0a	107.0 c	346	10 -MmoHHH	144.0*c	432
10 -HMjHH	124.7 c	228	10 -MmoHHH	148.2*c	432
10 -HMjMjH	120.9*c	332	10 -MmHH0a	138.0*c	460
10 -HMjMjH	122.2*c	332	10 -MmHH0a	141.6*c	460
10 -HNamHH	119.0 c	244	10 -MmHH0b	137.9*c	493
10 -H0a0aH	97.2 c	287	10 -MmHH0b	141.4*c	493
10 -H0a0aH	98.9 c	299	10 -MmHH0b	146.7 c	487
10 -H0a0aJh	107.0 c	346	10 -MmoHH0a	138.0*c	460
10 -IHHA	90.1 c	238	10 -MmoHH0a	141.6*c	460
10 -IHHH	94.4 d	156	10 -MmoHH0b	137.9*c	493
10 -IHH0b	82.6 c	239	10 -MmoHH0b	141.4*c	493
10 -IHHVhh	92.9 c	430	10 -MmHHQb	150.2*c	487
10 -(J)b(B)bHH	136.9 c	338	10 -MmHHQb	152.2*c	487
10 -(J)d(D)aadHH	133.2 c	454	10 -(M)1H(0)1H	140.1 c	227
10 - JhEEH	130.3 c	223	10 -NhhAHH	144.5 c	303
10 -JaHH(B)b	135.7 c	420	10 -NhhBaBaH	141.5 c	391
10 -JaHHH	137.1 c	288	10 -NhhBaHH	144.1 c	305
10 -JbHHH	135.4 c	463	10 -(N)hj(D)ccjHH	140.9 c	485
10 -JbHHH	137.1 c	373	10 -NahHHH	150.2 d	250
10 -JcHHH	136.2 c	374	10 -NamHHH	142.2 c	244
10 - JeHHH	133.1 c	224	10 -NbbHHH	147.8 c	390
10 -JhHHH	136.4 c	229	10 -NchHHH	147.7 c	389
10 -JhHHHH	138.4 c	346	10 -NhhHHH	148.6 c	158
10 -JjHHH	133.0 c	457	10 -NhjHHH	138.2 c	295
10 -JhHHNaa	124.9 c	349	10 -NhnHHH	151.3 c	168
10 -JaHH0a	130.6 c	340	10 -NaaHHJh	154.1 c	349
10 -JhHHP	129.5 c	292	10 -NaaHHLsv	152.9 c	474
10 -(J)1H(J)1H	131.8 c	366	10 -NhhHKaH	150.6 c	296
10 -(J)nH(J)nH	131.7 c	368	10 -NhhH0a0a	130.9 c	299
10 -(J)nH(J)nH	131.9 c	417	10 -(N)bvHVhnH	139.7 c	458

Code	Shift	Spectrum Number	Code	Shift	Spectrum Number
10 -(O)dA(B)bP	144.4*c	496	10 -PHHH	154.9 c	160
10 -(O)dA(B)bP	145.5*c	496	10 -PHHH	155.0 c	247
10 -(O)c(D)bcc(O)aH	142.7*w	479	10 -PHJaH	162.3 c	290
10 -(O)c(D)bcc(O)aH	147.2*w	479	10 -PHJhH	161.4 d	231
10 -OaEHNhh	146.5*c	299	10 -PHKaH	161.7 c	293
10 -OaEHNhh	147.5*c	299	10 -PHOaJh	152.3 c	292
10 -OaEHOa	149.4*c	294	10 -PHPCbp	145.0 w	356
10 -OaEHOa	153.9*c	294	10 -PHPH	145.0 w	161, 356
10 -OaEHR	154.5*c	287	10 -QbHHMm	150.2*c	487
10 -OaEHR	159.9*c	287'	10 -QbHHMm	152.2*c	487
10 -OaFHJa	151.9 c	340	10 -(Q)1H(L)h1H	153.8 c	333
10 -OaHHBp	158.8 c	301	10 -RHHG	147.0 c	147
10 -OaHH(C)bc	157.5 c	481	10 -RHHH	148.2 c	157
10 -OaHHCdv	159.0 c	470	10 -RHHOa	141.5 c	241
10 -OaHHE	158.2 c	235	10 -RHOaOa	131.9 c	287
10 -OaHHF	156.0 c	237	10 -SaHHH	138.4 d	249
10 -OaHHH	161.2 c	346	10 -SeooHHH	144.1 c	155
10 -ObHHH	160.2 d	248	10 -ShHHH	130.7 c	164
10 -OvHHH	157.6 d	433	10 -SoooHHH	143.5 w	163
10 -OxHHH	150.4 c	477	10 -UHHG	111.2 c	222
10 -OxHHH	151.5 c	476	10 -UHHH	112.3 c	226
10 -OaHHI	159.3 c	239	10 -Vbh(B)vHH	141.6 c	452
10 -OaHHMm	161.8 c	460	10 -VhhHHH	140.4 c	430
10 -OaHHMmo	160.1 c	460	10 -VhhHHI	139.8 c	430
10 -ObHHMm	161.3 c	493	10 -VhnH(N)bvH	122.8 c	458
10 -ObHHMm	161.5 c	487	10 -XvvAHH	134.4 c	489
10 -ObHHMmo	159.7 c	493	10 -XvvHHA	134.2 c	488
10 -OaHHOa	149.4*c	294	10 -XvvHHH	137.2 c	478
10 -OaHHOa	153.9*c	294	10 -ZHHH	152.8 c	498
10 -OaHHR	164.7 c	241	11 -α-AA	156.9 c	259
10 -(O)1H(M)1H	150.0 c	227	11 -α-AH	155.2 c	258
10 -OaHNhhE	146.5*c	299	11 -α-AH	157.5 c	252
10 -OaHNhhE	147.5*c	299	11 -α-AH	158.0 c	260
10 -OaHOaBb	147.6*c	392	11 -α-AH	158.6 d	165
10 -OaHOaBb	149.1*c	392	11 -α-BaH	163.4 c	255
10 -OaH(O)c(B)c	142.7*w	479	11 -α-ER	143.1 c	154
10 -OaH(O)c(B)c	147.2*w	479	11 -α-HA	147.3 c	256
10 -OaHOaH	147.6*c	392	11 -α-HA	149.4 c	258
10 -OaHOaH	149.1*c	392	11 -α-HA	149.9 c	257
10 -OaHPH	147.5 c	292	11 -α-HBa	149.4 c	254
10 -OaHRE	154.5*c	287	11 -α-H(C)bn	148.6*d	381
10 -OaHRE	159.9*c	287	11 -α-H(C)bn	149.6*d	381
10 -PAA(O)d	144.4*c	496	11 -α-HH	146.4 c	259
10 -PAA(O)d	145.5*c	496	11 -α-HH	147.1 c	254
10 -PADaaaH	152.6 c	425	11 -α-HH	147.3 c	257
10 -PCaaCaaH	149.9 c	438	11 -α-HH	147.7 c	109
10 -PCaaHH	152.5 c	353	11 -α-HH	148.3*w	159
10 -PDaaaHH	154.0 c	385	11 -α-HH	148.6*d	381
10 -PHH(C)bv	153.4 c	464	11 -α-HH	148.8 c	260
10 -PHHE	153.3 c	236	11 -α-HH	149.1 c	255

Code	Shift	Spectrum Number
11 -α-HH	149.4 d	165
11 -α-HH	149.6*d	381
11 -α-HH	149.7 c	253
11 -α-HH	149.8 c	106
11 -α-HH	149.8*c	240
11 -α-HH	152.4*w	159
11 -α-HH	153.3*c	240
11 -α-HJa	149.8*c	240
11 -α-HJa	153.3*c	240
11 -α-HJn	148.3*w	159
11 -α-HJn	152.4*w	159
11 -α-NhhH	158.9 c	109
11 -α-OaH	164.6 c	154
11 -β-AAH	131.1 c	259
11 -β-AAH	132.0 c	257
11 -β-AHH	129.6 c	258
11 -β-AHH	132.3 c	256
11 -β-BaHH	139.1 c	254
11 -β-CHH	138.9 d	381
11 -β-HAA	123.9 c	260
11 -β-HAH	120.0 c	252
11 -β-HAH	121.6 c	260
11 -β-HAH	122.5 c	258
11 -β-HAH	123.0 d	165
11 -β-HAH	124.4 c	257
11 -β-HBaH	121.8 c	255
11 -β-HBaH	123.2 c	253
11 -β-HHH	113.3 c	109
11 -β-HHH	120.6 d	165
11 -β-HHH	120.7 c	255
11 -β-HHH	121.0 c	259
11 -β-HHH	123.2 c	254
11 -β-HHH	123.2 d	381
11 -β-HHH	123.5 c	240
11 -β-HHH	123.6 c	106
11 -β-HHH	124.9 w	159
11 -β-HHNhh	108.5 c	109
11 -β-HHOa	110.2 c	154
11 -β-JaHH	132.2 c	240
11 -β-JnHH	129.6 w	159
11 -β-REH	138.3 c	154
11 -γ-AAH	145.3 c	257
11 -γ-AHH	146.9 c	260
11 -γ-BaHH	152.7 c	253
11 -γ-HAA	136.9 c	256
11 -γ-HAH	136.7 c	258, 259
11 -γ-HBaH	135.1 c	254
11 -γ-HCH	134.2 d	381
11 -γ-HHH	135.7 c	106
11 -γ-HHH	135.9 d	165
11 -γ-HHH	136.1 c	255
11 -γ-HHH	136.3 c	252
11 -γ-HHH	137.5 c	109
11 -γ-HHJa	135.2 c	240
11 -γ-HHJn	137.0 w	159
11 -γ-HHR	137.4 c	154
12 -α-EH	129.9 c	46
12 -α-GH	111.4 c	44
12 -α-HH	124.9 c	50
12 -β-HGH	130.1 c	44
12 -β-HHH	126.7 c	50
13 -α-HH	143.0 d	48
13 -α-HH	146.4 c	162
13 -α-HH	148.7 d	104
13 -α-JhH	153.8 d	104
13 -α-KaH	144.8 c	162
13 -β-HHH	109.7 d	48
13 -β-HHH	111.9 c	162
13 -β-HHH	112.9 d	104
13 -β-HHJh	121.6 d	104
13 -β-HHKa	117.9 c	162
14 -α-HH	117.9 c	54
14 -β-HHH	107.9 c	54
15 -(adeninyl-2)-H	146.2 w	383
15 -(adeninyl-2)-H	151.8 s	377
15 -(adeninyl-2)-H	152.4 s	376
15 -(adeninyl-2)-H	152.5 s	378
15 -(adeninyl-2)-H	153.3 wb	384
15 -(adeninyl-4)	148.5 s	377
15 -(adeninyl-4)	148.7*w	383
15 -(adeninyl-4)	149.1 s	376
15 -(adeninyl-4)	149.1 wb	384
15 -(adeninyl-4)	149.5 s	378
15 -(adeninyl-4)	150.6*w	383
15 -(adeninyl-5)	118.4 s	377, 378
15 -(adeninyl-5)	118.8 w	383
15 -(adeninyl-5)	118.8 wb	384
15 -(adeninyl-5)	119.4 s	376
15 -(adeninyl-6)-Nhh	148.7*w	383
15 -(adeninyl-6)-Nhh	150.6*w	383
15 -(adeninyl-6)-Nhh	155.3 s	377
15 -(adeninyl-6)-Nhh	155.6 wb	384
15 -(adeninyl-6)-Nhh	155.9 s	378
15 -(adeninyl-6)-Nhh	156.1 s	376
15 -(adeninyl-8)-H	139.4 s	377
15 -(adeninyl-8)-H	140.1 s	376
15 -(adeninyl-8)-H	140.4 wb	384
15 -(adeninyl-8)-H	140.5 s	378
15 -(adeninyl-8)-H	143.0 w	383
15 -(azulenyl-1)-H	117.9 c	367

Code	Shift	Spectrum Number	Code	Shift	Spectrum Number
15 -(azulenyl-2)-H	136.9*c	367	15 -(isoquinolyl-3)-A	151.5 c	369
15 -(azulenyl-2)-H	137.0*c	367	15 -(isoquinolyl-3)-H	142.7 c	334
15 -(azulenyl-4)-H	136.4 c	367	15 -(isoquinolyl-4)-H	118.2 c	369
15 -(azulenyl-5)-H	122.6 c	367	15 -(isoquinolyl-4)-H	120.2 c	334
15 -(azulenyl-6)-H	136.9*c	367	15 -(isoquinolyl-5)-H	126.2 c	334
15 -(azulenyl-6)-H	137.0*c	367	15 -(isoquinolyl-6)-H	130.1 c	334
15 -(azulenyl-9)	140.1 c	367	15 -(isoquinolyl-7)-H	127.0 c	334
15 -(benzimidolyl-2)-H	142.5 w	500	15 -(isoquinolyl-8)-H	127.3 c	334
15 -(benzimidolyl-4)-H	117.3 w	500	15 -(isoquinolyl-9)	126.7 c	369
15 -(benzimidolyl-5)-A	130.7*w	500	15 -(isoquinolyl-9)	128.5 c	334
15 -(benzimidolyl-5)-A	133.6*w	500	15 -(isoquinolyl-10)	135.5 c	334
15 -(benzimidolyl-6)-A	130.7*w	500	15 -(isoquinolyl-10)	136.4 c	369
15 -(benzimidolyl-6)-A	133.6*w	500	15 -(naphthyl-1)-Bb	145.7 c	440
15 -(benzimidolyl-7)-H	112.1 w	500	15 -(naphthyl-1)-Jh	131.1 c	414
15 -(benzimidolyl-8)	135.8 w	500	15 -(naphthyl-2)-A	135.1 c	416
15 -(benzimidolyl-9)	137.5 w	500	15 -(naphthyl-2)-H	118.9 c	440
15 -(benzothiazolyl-2)-A	166.4 c	285	15 -(naphthyl-2)-H	134.9*c	414
15 -(benzothiazolyl-8)	135.5 c	285	15 -(naphthyl-2)-H	136.2*c	414
15 -(benzothiazolyl-9)	153.3 c	285	15 -(naphthyl-3)-H	127.6 c	440
15 -(guanosinyl-2)-Nhh	153.8 s	379	15 -(naphthyl-4)-H	122.0 c	440
15 -(guanosinyl-4)	151.5 s	379	15 -(naphthyl-4)-H	134.9*c	414
15 -(guanosinyl-5)	116.7 s	379	15 -(naphthyl-4)-H	136.2*c	414
15 -(guanosinyl-6)	157.1 s	379	15 -(naphthyl-9)	130.2*c	414
15 -(guanosinyl-8)-H	136.1 s	379	15 -(naphthyl-9)	133.4*c	414
15 -(imidazolyl-2)-H	128.4 w	174	15 -(naphthyl-9)	133.6 c	416
15 -(imidazolyl-2)-H	136.1 w	423, 424	15 -(naphthyl-9)	139.1 c	440
15 -(imidazolyl-4)-Bb	135.0 w	174	15 -(naphthyl-10)	130.2*c	414
15 -(imidazolyl-4)-H	117.6 w	424	15 -(naphthyl-10)	131.5 c	440
15 -(imidazolyl-4)-H	117.7 w	423	15 -(naphthyl-10)	131.7 c	416
15 -(imidazolyl-5)-H	118.6 w	174	15 -(naphthyl-10)	133.4*c	414
15 -(imidazolyl-5)	132.8 w	423	15 -(phenanthryl-1)-H	128.3 c	456
15 -(imidazolyl-5)	133.2 w	424	15 -(phenanthryl-2)-H	126.3 c	456
15 -(indolyl-1)-H	121.6 c	341	15 -(phenanthryl-3)-H	126.3 c	456
15 -(indolyl-2)-H	124.1 c	283	15 -(phenanthryl-4)-H	122.4 c	456
15 -(indolyl-3)-A	110.9 c	341	15 -(phenanthryl-9)-H	126.6 c	456
15 -(indolyl-3)-H	102.1 c	283	15 -(phenanthryl-11)-H	130.1*c	456
15 -(indolyl-4)-H	118.6 c	341	15 -(phenanthryl-11)-H	131.9*c	456
15 -(indolyl-4)-H	120.5 c	283	15 -(phenanthryl-12)-H	130.1*c	456
15 -(indolyl-5)-H	121.6 c	341	15 -(phenanthryl-12)-H	131.9*c	456
15 -(indolyl-5)-H	121.7 c	283	15 -(pyrazinyl-2)-A	154.0 c	108
15 -(indolyl-6)-H	118.9 c	341	15 -(pyrenyl-1)-H	124.6 c	469
15 -(indolyl-6)-H	119.6 c	283	15 -(pyrenyl-2)-H	125.5 c	469
15 -(indolyl-7)-H	110.9 c	341	15 -(pyrenyl-4)-H	127.0 c	469
15 -(indolyl-7)-H	111.0 c	283	15 -(pyrenyl-11)	130.9 c	469
15 -(indolyl-8)	127.6 c	283	15 -(pyrenyl-15)	124.6 c	469
15 -(indolyl-8)	128.0 c	341	15 -(pyridazyl-3)-E	151.0 c	105
15 -(indolyl-9)	135.5 c	283	15 -(pyridazyl-4)-H	130.8 c	105
15 -(indolyl-9)	136.0 c	341	15 -(pyridazyl-5)-H	120.1 c	105
15 -(isoquinolyl-1)-H	151.8 c	369	15 -(pyridazyl-6)-Oa	164.4 c	105
15 -(isoquinolyl-1)-H	152.2 c	334	15 -(pyrimidyl-2)-A	163.8*w	437

Code	Shift	Spectrum Number
15 -(pyrimidyl-2)-A	164.0*w	437
15 -(pyrimidyl-4)-Nhhh	163.8*w	437
15 -(pyrimidyl-4)-Nhhh	164.0*w	437
15 -(pyrimidyl-5)-Bm	107.0 w	437
15 -(pyrimidyl-6)-H	145.6*w	437
15 -(pyrimidyl-6)-H	155.5*w	437
15 -(quinolyl-2)-A	155.9*c	419
15 -(quinolyl-2)-A	157.0*c	419
15 -(quinolyl-2)-A	157.6 c	418
15 -(quinolyl-2)-H	147.2 c	486
15 -(quinolyl-2)-H	149.5 c	331
15 -(quinolyl-2)-H	150.0 c	335
15 -(quinolyl-2)-H	150.9 c	330
15 -(quinolyl-3)-G	116.8 c	330
15 -(quinolyl-3)-H	118.4 c	486
15 -(quinolyl-3)-H	120.8 c	335
15 -(quinolyl-3)-H	120.9 c	331
15 -(quinolyl-3)-H	121.6 c	418
15 -(quinolyl-3)-H	121.6*c	419
15 -(quinolyl-3)-H	121.9*c	419
15 -(quinolyl-4)-Ccp	148.5 c	486
15 -(quinolyl-4)-E	142.1 c	331
15 -(quinolyl-4)-H	134.7 c	419
15 -(quinolyl-4)-H	135.2 c	418
15 -(quinolyl-4)-H	135.7 c	335
15 -(quinolyl-4)-H	136.7 c	330
15 -(quinolyl-5)-H	101.6 c	486
15 -(quinolyl-5)-H	105.1 c	419
15 -(quinolyl-5)-H	127.2 c	330
15 -(quinolyl-5)-H	127.6 c	335
15 -(quinolyl-6)-A	135.0 c	418
15 -(quinolyl-6)-H	126.3 c	335
15 -(quinolyl-6)-H	126.5 c	330
15 -(quinolyl-6)-Oa	155.9*c	419
15 -(quinolyl-6)-Oa	157.0*c	419
15 -(quinolyl-6)-Oa	157.6 c	486
15 -(quinolyl-7)-H	121.2 c	486
15 -(quinolyl-7)-H	121.6*c	419
15 -(quinolyl-7)-H	121.9*c	419
15 -(quinolyl-7)-H	129.2 c	335
15 -(quinolyl-7)-H	129.3 c	330
15 -(quinolyl-8)-H	129.2 c	335
15 -(quinolyl-8)-H	129.3 c	330
15 -(quinolyl-8)-H	129.9 c	419
15 -(quinolyl-8)-H	131.1 c	486
15 -(quinolyl-9)	143.8 c	419
15 -(quinolyl-9)	143.9 c	486
15 -(quinolyl-9)	145.9 c	330
15 -(quinolyl-9)	146.4 c	418
15 -(quinolyl-9)	148.1 c	335
15 -(quinolyl-9)	148.9 c	331
15 -(quinolyl-10)	126.1 c	331
15 -(quinolyl-10)	126.3 c	418
15 -(quinolyl-10)	126.6 c	486
15 -(quinolyl-10)	127.2 c	419
15 -(quinolyl-10)	128.0 c	335
15 -(quinolyl-10)	128.6 c	330
15 -(quinoxalyl-2)-H	144.8 c	282
15 -(quinoxalyl-5)-H	129.4*c	282
15 -(quinoxalyl-5)-H	129.6*c	282
15 -(quinoxalyl-6)-H	129.4*c	282
15 -(quinoxalyl-6)-H	129.6*c	282
15 -(quinoxalyl-9)	142.8 c	282
15 -(thiazolyl-2)-H	145.6*w	437
15 -(thiazolyl-2)-H	152.7 c	17
15 -(thiazolyl-2)-H	155.5*w	437
15 -(thiazolyl-2)	161.4 wb	245
15 -(thiazolyl-4)-H	137.2 wb	245
15 -(thiazolyl-4)-A	137.3*w	437
15 -(thiazolyl-4)-A	143.6*w	437
15 -(thiazolyl-4)-H	143.2 c	17
15 -(thiazolyl-5)-Bb	137.3*w	437
15 -(thiazolyl-5)-Bb	143.6*w	437
15 -(thiazolyl-5)-H	113.3 wb	245
15 -(thiazolyl-5)-H	118.6 c	17

Shift Index

Shift	Code	Spectrum Number
-1.2 c......2	-AI	9
-1.1 c......1	-Yaab	220
1.3 d......1	-U	4
1.3 c......1	-Yaab	280
2.5 c......2	-AYooo	329
3.2 d......1	-Tb	58
4.4 c......2	-YaaaYaaa	280
5.0*c......(2)	-(B)c(C)bl	261
5.3*c......(2)	-(B)c(C)bl	261
6.5 c......1	-By	329
6.6 c......1	-Bx	219
7.1 c......1	-Bd	278
7.6 d......1	-Bd	364
7.8 c......1	-Bj	269
7.8 d......1	-Bj	426
7.9 c......1	-Bj	122
8.0 d......1	-Bj	75
8.0 c......1	-Ljm	68
8.2 c......1	-(L)jl	436
8.4 c......1	-Bk	182
8.8 c......1	-Bd	206
9.1 c......1	-Bs	8
9.1*c......(3)	-(B)b(B)bLcm	261
9.2 c......1	-(D)bdj	397
9.2 s......1	-Llm	71
9.2 c......2	-BaI	33
9.2*c......(3)	-(B)b(B)bLcm	261
9.4 c......1	-Bd	130
9.4 c......1	-W	341
9.7 c......1	-Bc	359
9.8 c......1	-Xooo	42
10.0 c......1	-Bc	89
10.2 c......1	-Bc	141, 389
10.3 c......1	-Bb	365
10.4 c......1	-Bc	100
10.5 d......1	-Bb	39
10.6 c......1	-Bu	24
10.8 c......2	-AU	24
10.9 c......1	-Bc	69
11.0 c......1	-Bc	411
11.0 w......1	-Bc	423
11.0 c......1	-(D)bcc	483
11.1 d......1	-Bc	83
11.1 c......1	-Bc	215, 322
11.3 c......1	-(L)kl	103
11.4 d......1	-Bc	95
11.4 c......1	-Bc	207
11.7 c......1	-Bc	65, 317, 325
11.7 c......1	-Bn	202
11.9 p......1	-(D)bcc	494
12.1 c......1	-Bc	80
12.1 w......1	-W	437
12.2 w......1	-Bc	424
12.3 c......1	-Bc	325
12.3 w......1	-Bn	120
12.3 c......1	-Br	10
12.4 c......1	-Van	303
12.5 c......1	-Bn	390
12.6 c......1	-Lhl	264
12.7 c......1	-Lhl	188, 313
12.9 c......1	-Bv	305, 391
13.1*c......1	-Bn	473
13.1 c......1	-(D)acc	394
13.3 w......1	-Ccn	355
13.3 d......1	-Lhl	119
13.5 c......1	-Bb	175, 446, 451, 467
13.5 c......1	-Bn	458
13.6 d......1	-Bb	192
13.6 c......1	-Bb	363
13.6 c......1	-(D)bcj	482
13.7 c......1	-Bb	188, 268, 421, 442, 450
13.7 c......1	-Bo	51
13.7 c......1	-(D)bcj	481
13.8 d......1	-Bb	74
13.8 c......1	-Bb	193, 269, 373
13.8 c......1	-Bo	487
13.8 c......1	-Bq	52
13.8 c......1	-Bw	255
13.9 c......1	-Bb	132, 216, 264, 270, 274, 317, 493
13.9 d......1	-Bb	310, 380
13.9 c......1	-Bq	183, 318
14.0 c......1	-Bb	218, 411, 413, 447
14.0 d......1	-Bb	320
14.1 c......1	-Bb	313, 316, 322, 323, 325, 326, 362, 370, 409, 412, 428, 449, 468, 473, 480
14.1 d......1	-Bb	273, 426
14.1 c......1	-Bq	181
14.2 d......1	-Bb	277, 455
14.2 d......1	-Bo	263
14.2 c......1	-Bw	253
14.3 c......1	-Bb	209, 318
14.4 c......1	-Bb	312
14.4*c......1	-Bn	473
14.5 d......1	-Bb	319
14.5 c......1	-Bo	13
14.5 c......1	-Bq	37
14.5 c......1	-(D)bbj	398

Shift	Code	Spectrum Number	Shift	Code	Spectrum Number
14.7 c........1	-Bb	487	17.8 c........1	-Lhl	264, 313
14.7 c........1	-Bq	86	17.8 c........1	-W	258
14.9 c........1	-Bo	116	17.9 d........1	-(C)bb	125
14.9 c........1	-Lam	35	18.1 c........1	-Caj	121
15.0 c........1	-Bo	92, 279	18.1 d........1	-(C)bo	29
15.0 wb.......1	-Sb	135	18.1 c........1	-Lhl	20
15.2 c........1	-Bw	254	18.1 c........1	-W	256
15.3 c........1	-Bb	33	18.1 c........2	-BbTh	175
15.3 c........1	-Bo	217	18.2 d........1	-Lhl	57
15.3 c........1	-Lhl	20	18.3 c........1	-Bo	329
15.4 c........1	-Bn	98	18.3 c........1	-(C)bn	210
15.4 d........1	-Bo	94	18.3 d........1	-Lkl	114, 310
15.4 c........1	-Bs	25	18.4 c........2	-BaBk	467
15.4 c........1	-(D)bcd	492	18.6*s.......1	-Vah	475
15.5 c........1	-(C)bd	466	18.6*w.......2	-A(C)ck	424
15.6 c........1	-(L)jl	386	18.6*w.......2	-(C)bc(L)ln	424
15.6 d........1	-Sv	249	18.7 c........1	-(C)bc	272
15.6 c........1	-Vhp	425	18.7 c........1	-Cbp	40
15.7 d........1	-Bv	298	18.7 d........1	-Lal	314
15.7 c........1	-(D)bcl	490	18.7 c........2	-ABb	451
15.9 c........1	-Lal	307	18.7*c......(3)	-(B)1(C)bd(D)aac	394
15.9 d........1	-Lbl	497	18.8 c........1	-Cbb	207
16.0 d........2	-ABj	74	18.8 c........1	-(D)ajj	308
16.1 c........1	-Cac	410	18.8 d........1	-Lhl	53
16.1 d........1	-Lbl	402	18.8 c........1	-W	257
16.1 c........1	-W	257	18.9 c........1	-Cab	90
16.2 c........1	-Lal	307	18.9 p........1	-Cbc	494
16.3 w........2	-BbYaab	220	18.9 c........1	-Cbo	140
16.4 c........2	-BbU	169	18.9 c........1	-W	259
16.5 c........1	-Bo	219	18.9 c........2	-BoU	116
16.7 c........1	-(C)bc	272	19.0 c........1	-Cac	408
16.7 c........1	-Dabc	324	19.0 c........2	-AXooo	219
16.7 c......(4)	-AA(C)bc(C)bc	394	19.1 c........1	-Caj	374
16.8 c......(2)	-(B)1(B)1	110	19.1 d........1	-Cbb	445
16.8*c......(3)	-(B)1(C)bd(D)aac	394	19.1 c........1	-(C)bq	62
17.1 c........1	-(D)bcl	490	19.1 c........1	-(D)acd	397
17.1 d........1	-Lal	119	19.1 c........1	-Vah	350
17.2 w........1	-Ckn	36	19.1 c........1	-W	415
17.2 c........1	-(D)bcl	492	19.1 c........2	-ABb	363, 450
17.2 c......(2)	-(B)j(B)n	173	19.2 c........2	-ABb	442
17.3 c........1	-(D)bcl	482, 483	19.3 c........1	-Cbn	141
17.3 d........1	-Lhl	53	19.3 c........1	-Lcl	404
17.4 c........2	-ABj	268	19.3 c........2	-ABb	216, 421
17.5 w........1	-(C)co	462	19.3 c........2	-BkSh	31
17.5 d........1	-Lal	497	19.4 c........1	-Cjp	76
17.6 d........1	-Lal	402	19.4 d........2	-ABc	319
17.6 c........1	-Lal	403, 407	19.5 c........1	-Cac	208
17.7 w........1	-(C)co	195	19.5 m........1	-Cac	499
17.7 c........1	-Vhm	332	19.5 p........1	-(D)bcl	494
17.7 c........2	-ABj	373	19.5 c........1	-Vah	350

Shift	Code	Spectrum Number	Shift	Code	Spectrum Number
19.6 c	1 -Cbb	496	20.9 c	1 -Vhh	238
19.7 m	1 -Cac	499	21.0 c	1 -Cac	410
19.7 c	1 -Dabc	324	21.0 d	1 -(C)bo	123
19.7 c	1 -(D)acd	397	21.0 c	1 -Vhh	233
19.7 d	2 -ABb	310	21.0 d	1 -Vhh	351
19.8 c	1 -Cbb	403	21.0 c	1 -Vhx	489
19.8 c	1 -W	285	21.0 c	(2)-(B)b(B)c	272
19.8 c	3 -AAU	66	21.0 c	2 -BcBd	496
19.9 c	1 -Cau	66	21.1 c	1 -Vhh	247, 488
19.9 c	1 -(C)bn	211	21.2 d	1 -Vhh	243, 297
19.9 c	1 -Coo	217	21.2 c	1 -W	418
19.9 c	1 -Veh	232, 236	21.3 d	1 -Jn	85
19.9 c	(2)-(B)c(B)c	56	21.3 p	(2)-(B)d(C)cd	494
19.9 w	2 -BsBy	220	21.4*c	1 -Cac	408
20.0 wb	1 -Ccp	87	21.4*c	1 -(C)bb	408
20.1 c	1 -Cbn	389, 413	21.4 c	1 -W	416
20.1 c	(2)-(B)c(B)c	267	21.5 c	1 -(C)bb	271
20.2 c	1 -(D)akl	307	21.5 c	1 -Lam	35
20.2 d	1 -Kl	61	21.5*w	2 -A(C)ck	424
20.2 c	(2)-(B)d(C)cd	482	21.5 c	(2)-(B)j(C)cd	481
20.3 c	1 -(C)bb	180	21.5*w	2 -(C)bc(L)ln	424
20.3 c	1 -Vah	303	21.6 c	1 -(D)acj	398
20.4 d	1 -Dabj	276	21.6*c	1 -(D)adj	454
20.4 c	1 -Kb	492	21.6*c	1 -(D)adv	454
20.4 c	1 -Lcl	386	21.6 c	1 -W	108
20.5 c	1 -Bi	9	21.6 c	(2)-(B)j(C)cd	482
20.5 c	1 -Cal	436	21.6 c	(2)-(B)n(C)bc	486
20.5 d	1 -Kb	273	21.7*c	1 -Cac	408
20.5 c	1 -Kb	302, 495	21.7 c	1 -(C)bb	399
20.5 c	1 -Kc	472, 495	21.7*c	1 -(C)bb	408
20.5 c	1 -Kz	446	21.8 c	1 -Cab	129
20.6 c	1 -Cab	327	21.8 d	1 -Caq	126
20.6 c	1 -Kh	7	21.8*c	1 -(D)acc	395
20.6*s	1 -Vah	475	21.8*w	(2)-(B)n(D)ccv	479
20.6 c	2 -ABc	209	21.8*w	(2)-(C)cnVhd	479
20.6 c	(2)-(B)d(C)cd	483, 490	21.9 c	1 -(C)bb	267, 271
20.7 c	1 -(C)bb	186	21.9 c	1 -Kc	311
20.7 c	1 -Kb	309, 345	21.9 c	1 -(L)cl	387
20.7 c	1 -Lcl	400	21.9 c	2 -ABb	175
20.7 c	1 -Vhh	234, 422	22.0 c	1 -Cab	131
20.7 c	1 -W	260	22.0 wa	1 -Cab	204
20.7 c	(2)-(B)dVao	496	22.0 c	1 -(C)bb	262
20.8 c	1 -Kb	411	22.0*c	1 -Lal	399
20.8 d	1 -Kc	126	22.0 w	1 -W	437
20.8 d	1 -(L)cl	396	22.0 c	2 -ABc	312
20.8 c	1 -Vhh	350	22.0 c	(3)-(B)b(B)bU	56
20.8 c	2 -ABb	449	22.1 c	2 -ABb	132
20.8 c	(2)-(B)j(B)n	67	22.2 c	1 -(C)bb	404, 410
20.8 c	(2)-(C)cd(L)al	394	22.2 d	2 -ABb	192
20.9 c	1 -Cab	79	22.2 c	2 -ABb	487

Shift	Code	Spectrum Number
22.2 c	......(2)-(B)k(B)q	60
22.2 c	........2 -ADbbb	278
22.3 wb	........1 -Cab	203
22.3 c	........1 -(C)bb	360
22.3 w	........1 -(D)cpv	491
22.3 c	........1 -Kd	194
22.3 w	........2 -BbBc	212
22.4 c	........1 -Cab	214
22.4 d	........1 -Cab	445
22.4 c	........1 -(C)bb	267
22.4 c	........1 -Cbe	27
22.4 c	........1 -W	259
22.4 c	........2 -ABb	193, 264, 274, 318
22.4*w	........2 -A(C)ck	423
22.4*w	........2 -(C)bc(L)ln	423
22.5 c	........1 -Cab	190
22.5 wa	........1 -Cab	204
22.5 c	........1 -Can	97
22.5 c	........1 -Cav	353
22.5 c	........1 -(C)bb	199
22.5 c	........1 -Jn	435
22.5 c	........2 -ABb	269, 493
22.5 d	........2 -ABb	380
22.6 c	........1 -Cab	209, 361, 496
22.6 p	........1 -Cab	494
22.6 w	........1 -(D)bcp	484
22.6 c	........2 -ABb	270, 413
22.6 d	........2 -ADbbb	364
22.7 c	........1 -Cav	438
22.7 c	........1 -Cbp	89
22.7 c	........2 -ABb	218, 316, 317, 323, 326, 362, 370, 412, 447, 473, 480
22.7 d	........2 -ABb	320
22.8 p	........1 -Cab	494
22.8 c	........1 -Cal	315
22.8*d	........1 -(D)acc	396
22.8 c	........1 -Dblp	407
22.8 d	........2 -ABb	273
22.8 c	........2 -ABb	313, 428, 468
22.8 d	......(2)-(B)b(B)s	77
22.8 d	......(2)-(B)c(B)n	381
22.8 c	......(2)-(B)c(C)bd	406
22.9 c	........1 -(C)bb	265
22.9*c	........1 -Lal	399
22.9 c	........2 -ABl	188
22.9 c	......(2)-(B)b(B)l	176
22.9 c	......(2)-(C)cd(C)do	485
23.0 c	........2 -ABb	411
23.0 d	........2 -ABb	426, 455
23.0 c	........2 -ACbb	215
23.1 c	........1 -Cab	214
23.1 d	........1 -Can	388
23.1 c	........1 -(C)bn	201
23.2 m	........1 -Cab	499
23.2 d	........1 -(C)bn	266
23.2 d	........2 -ABb	277
23.2 c	........2 -ABb	322, 409
23.2 c	......(2)-(B)b(B)j	185
23.2 c	......(2)-(B)c(C)cc	410
23.2 c	......(2)-(B)c(C)cd	483
23.2 c	......(2)-(B)d(C)cd	492
23.2 c	........2 -UVhh	284
23.3 m	........1 -Cab	499
23.3 c	........1 -Cac	324
23.3 c	........1 -(D)acc	387
23.3 c	........1 -(D)acj	398
23.4 c	........1 -Cbp	91, 323
23.4 c	........1 -(L)bl	400
23.5 wb	........1 -Cab	203
23.5 d	........1 -Cab	445
23.5 c	........2 -ACbb	322
23.5 d	......(2)-(B)b(B)c	177
23.5 d	......(2)-(B)b(B)j	113
23.6 c	........1 -(L)bl	394
23.6 c	........2 -BbBj	270
23.6 d	......(2)-(B)b(B)v	371
23.6 c	......(2)-(B)l(C)bd	395
23.6 c	......(2)-(B)c(L)cl	395
23.7 c	........1 -(D)bbo	496
23.7 c	........2 -BbBj	167
23.8 c	........1 -W	258
23.8 c	......(2)-(B)c(C)bd	393
23.9 c	........1 -Cav	352
23.9 c	........1 -Cbp	214
23.9 c	........2 -ACbb	411
23.9 c	........2 -AVhn	305
23.9 c	......(2)-(B)b(B)c	311
24.1 c	........1 -Cbg	26
24.1 c	........1 -Jn	295
24.1 c	........1 -W	260, 369
24.1 p	........2 -BcBc	494
24.2 c	........2 -AVhn	391
24.2 d	......(2)-(B)b(B)b	124
24.2 c	........2 -BbBb	144
24.2 c	......(2)-(B)b(B)c	441
24.2 d	........2 -BbBj	426
24.3 w	........1 -Dajn	178
24.3 d	........1 -Jl	115
24.3 c	........1 -(L)bl	357

Shift	Code	Spectrum Number
24.3 d	1 -Llp	115
24.3 d	1 -W	165
24.3 c	(2)-(B)b(B)c	191
24.3 c	2 -BbBu	169
24.3 c	(2)-(B)c(B)c	267
24.4 c	1 -W	252
24.4 c	(2)-(B)b(B)c	272
24.4*c	2 -BcBc	496
24.4 p	(2)-(B)c(C)cd	494
24.4 c	3 -AABj	361
24.5 d	(2)-(B)b(B)c	401
24.5 c	2 -BbBk	193, 487
24.5 c	3 -AABj	190
24.6 w	(2)-(B)c(B)n	117
24.6*m	(2)-(B)c(B)n	499
24.6*m	2 -BcBn	499
24.6 c	2 -BbSh	326
24.6 c	3 -AA(L)jl	436
24.7 c	2 -BbBk	480
24.7*m	(2)-(B)c(B)n	499
24.7*m	2 -BcBn	499
24.8 c	1 -W	419
24.8 c	2 -BbBk	274, 318, 362
24.8*c	2 -BcBc	496
24.8 w	2 -BcBn	213
24.8 c	3 -AABb	139
24.8 wa	3 -AABc	204
24.8 c	3 -AABc	214
24.9 c	1 -Jc	76
24.9 c	2 -ABb	446
24.9 c	2 -ABo	365
24.9 d	(2)-(B)b(B)b	177
24.9 c	(2)-(B)d(C)bd	398
24.9 c	(2)-(C)cd(L)hl	394
24.9 d	3 -AABd	321
25.0 d	1 -Cbe	83
25.0 c	1 -Cpv	300
25.0 c	1 -(D)boo	359
25.0 c	1 -Jl	68
25.0*c	(2)-(B)b(B)c	201
25.0 c	2 -BbBk	468
25.0*c	(2)-(B)b(B)n	201
25.1 c	1 -W	418
25.1 c	(2)-(B)b(B)b	179
25.1 c	(2)-(B)b(B)c	200, 275
25.2 c	(2)-(B)b(B)b	184
25.2 wb	3 -AABc	203
25.3 c	2 -ACbk	317
25.3 c	(2)-(B)b(B)c	312, 272
25.3 c	(2)-(B)v(B)v	342, 420

Shift	Code	Spectrum Number
25.3 c	(2)-(B)b(L)hl	176
25.4 d	(2)-(B)c(B)c	266
25.4 c	2 -BcLhl	403
25.5 d	1 -Cab	321
25.5 d	1 -Lal	119, 497
25.5 c	(2)-(B)b(B)b	311
25.5 c	(2)-(B)b(B)c	186
25.5 c	2 -BbBj	473
25.6 d	1 -Lal	402
25.6 c	1 -Lal	403, 407
25.6 c	2 -BbBb	493
25.6 c	(2)-(B)jVhj	338
25.6 w	(2)-(C)cn(L)hl	484
25.6 d	3 -ABbBc	445
25.7 c	1 -(D)abb	360
25.7 c	(2)-(B)b(B)b	191, 200
25.7*d	(2)-(B)b(B)c	319
25.7 c	(2)-(B)b(B)n	84
25.7*d	(2)-(B)b(B)n	319
25.7 c	3 -AABb	131
25.8 c	1 -(D)acl	393
25.8 c	(2)-(B)b(B)c	184, 272
25.8 c	(2)-(B)b(B)o	73
25.8 m	3 -AABc	499
25.8 c	3 -AA(C)bc	410
25.9 d	(2)-(B)b(B)b	133
25.9 c	2 -BbBb	412
25.9 c	2 -BbBc	323
25.9 c	(2)-(B)d(C)cv	481
26.0 c	1 -Cbg	80
26.0 c	2 -AW	254
26.0 d	2 -BbBb	320
26.0 c	2 -BbBb	447
26.0 c	(2)-(L)hl(L)hl	166
26.1*c	1 -(D)acc	395
26.1 c	1 -Jv	340
26.1 c	2 -BbBc	413
26.2*c	1 -(D)adj	454
26.2*c	1 -(D)adv	454
26.2 c	2 -BaBj	269
26.2 d	(2)-(B)c(B)o	123
26.3*c	1 -Jv	288, 290
26.3 c	1 -Jw	434
26.3 d	2 -ABp	39
26.3 c	(2)-(B)b(B)b	275
26.3*c	(2)-(B)b(B)c	201
26.3*c	(2)-(B)b(B)n	201
26.3 c	2 -BbZ	446
26.3 c	2 -KbSh	127
26.3 c	3 -AA(C)bl	408

Shift	Code	Spectrum Number	Shift	Code	Spectrum Number
26.4 c	1 -(D)acc	387	27.5 c	(2)-(B)j(C)bd	405
26.4*d	1 -(D)acc	396	27.6 wb	1 -Jl	245
26.4 c	1 -Jv	420	27.7 c	(2)-(B)b(K)b	60
26.4*w	2 -A(C)ck	423	27.7 c	2 -BdLhl	407
26.4*w	2 -(C)bc(L)ln	423	27.7 c	(2)-(C)bc(C)cn	486
26.5 c	1 -Jw	240	27.8 d	1 -Lal	314
26.5 c	2 -ACbn	100	27.8 d	(2)-(B)b(B)n	133
26.5 c	(2)-(B)b(B)b	441	27.8 w	2 -BkCkn	111
26.5 c	(2)-(B)b(B)c	441	27.8 c	3 -ABbBj	403
26.5 c	(2)-(B)v(C)cc	481	27.9 c	(2)-(B)b(B)j	441
26.5 c	(3)-A(B)b(B)c	267	27.9 c	3 -AABb	209, 496
26.6 c	2 -BaBz	446	27.9 c	(3)-(B)b(B)c(C)bl	486
26.6 c	(2)-(B)b(B)b	265	28.0 c	(2)-(B)l(C)bl	400
26.6 c	(2)-(B)b(B)c	265, 409	28.0 c	2 -BjVhh	343
26.7 c	1 -Dabn	99	28.1 c	1 -Daaq	194
26.7 c	2 -BbBb	218	28.1 c	2 -ACgk	65
26.7 c	2 -BbLhl	264	28.1 c	2 -AW	253
26.7 w	2 -CknW	174	28.1 p	3 -AABb	494
26.8 c	2 -ABi	33	28.2 c	1 -(D)abb	357
26.8 d	2 -BbBc	445	28.2*c	2 -BbBb	370
26.8 c	(2)-(B)c(C)cl	408	28.2 c	2 -BnG	368
26.8 d	2 -BlLhl	402	28.2 wb	2 -CknSh	38
26.8 w	(2)-(C)cn(C)cn	462	28.4 c	1 -(D)acc	394
26.8 c	3 -AABb	129	28.4 c	2 -BbBb	326
26.8 c	3 -AAVhp	353	28.4 w	2 -BbCkn	213
26.9 c	(2)-(B)b(B)b	409	28.4 p	(2)-(B)c(D)acc	494
26.9 w	(2)-(C)cd(C)dl	491	28.4 c	3 -AABn	327
27.0 c	1 -Jl	490	28.5 c	(2)-(B)c(L)jl	399
27.0 c	(2)-(B)d(C)bd	397	28.5 d	2 -BlLhl	497
27.0 c	2 -BbLhl	313	28.6 c	2 -ASu	25
27.0 d	2 -BlLhl	497	28.6 d	2 -BbBb	273
27.0 c	(2)-(C)bd(C)dl	395	28.6 s	(2)-(B)k(K)j	49
27.1 d	(2)-(B)b(B)c	401	28.6 c	(3)-A(B)b(B)l	262
27.1 c	(2)-(B)b(B)j	179	28.6 c	(3)-(B)c(B)c(B)d	439
27.1 c	(2)-(B)b(C)bu	56	28.7 c	2 -AKj	182
27.1 d	2 -BpSh	12	28.7 d	2 -BbSj	192
27.1 c	3 -AAVcc	438	28.8 c	1 -(D)aco	406
27.2 d	(2)-(B)b(B)o	124	28.8*c	2 -BbBb	370
27.2 c	2 -BbLhl	480	28.8 c	2 -CgkG	18
27.2 c	(3)-A(B)c(B)d	360	28.9 c	1 -Daab	206
27.3 c	1 -Jc	121	28.9 d	2 -BaBb	273
27.3 w	2 -BbCkn	212	28.9 c	(2)-(B)c(C)bl	393
27.4 c	1 -Nhk	86	29.0 d	1 -Jb	75
27.4*d	(2)-(B)b(B)c	319	29.0 c	2 -ACbg	69
27.4*d	(2)-(B)b(B)n	319	29.0*c	2 -BbBb	316
27.5 c	1 -Daac	405	29.0*c	2 -BbBl	316
27.5 w	1 -(D)acs	471	29.0 c	(2)-(B)b(C)ac	272
27.5 c	1 -(D)bbo	406	29.1 d	2 -AVhh	298
27.5*c	1 -(N)jj	170	29.1 c	2 -BaBc	411
27.5*c	1 -(N)jl	170	29.1*c	2 -BbBb	316

Shift	Code	Spectrum Number
29.1*c	2 -BbBb	326
29.1*c	2 -BbBl	316
29.1 c	2 -BbBo	493
29.1 c	(2)-(B)c(C)ab	271
29.1 c	2 -BaLhl	188
29.2*c	2 -BbBb	326
29.2 c	2 -BbBb	362
29.2 c	2 -BbBe	132
29.2 d	2 -BbBo	320
29.2 c	2 -BkKb	442
29.2 c	3 -AACdp	324
29.3 c	2 -ACab	207
29.3 c	2 -ACan	141
29.3 c	2 -BaBc	322, 409
29.3 d	2 -BbBb	320
29.3 c	2 -BbBb	362, 370
29.4 c	1 -(D)acl	393
29.4 d	2 -ACbs	95
29.4 c	2 -BbBb	412, 473
29.4*c	2 -BbBb	468
29.4 c	(2)-(B)b(C)bc	441
29.5 c	1 -Daav	385
29.5 c	2 -BaBn	449
29.5 c	2 -BbBb	323, 370, 413, 428, 473
29.5*c	2 -BbBb	468
29.5 c	2 -BbBl	313
29.5 d	(2)-(B)bVbh	371
29.6 c	1 -Jb	270
29.6 c	2 -ACan	389
29.6 c	2 -BaBc	317
29.6 d	2 -BbBb	277
29.6 d	2 -BbBl	455
29.6 c	(2)-(B)cVch	481
29.7 c	1 -Daav	425
29.7*c	(2)-(B)b(B)b	185
29.7 c	2 -BbBb	412, 468
29.7*c	(2)-(B)b(B)n	185
29.7 d	(2)-(B)b(C)bc	401
29.7 c	(2)-(C)cc(C)cc	429
29.8 d	2 -BbBb	426, 455
29.8 w	(2)-(B)b(C)kn	117
29.8 c	2 -BbG	417
29.9 c	1 -Jb	181
29.9 c	2 -BbBb	428
29.9 c	2 -BbBo	447
29.9 c	(2)-(B)c(C)cl	404
29.9 c	(2)-(B)c(D)adj	397
29.9 c	(2)-(B)cVch	348
30.1 c	1 -Jb	190
30.1 d	1 -Js	192

Shift	Code	Spectrum Number
30.1 d	2 -BbBb	455
30.1 c	(2)-(B)c(C)dp	483
30.1 c	(2)-(B)wW	440
30.2 d	1 -Daab	321
30.2 c	1 -Daao	448
30.2 d	1 -Jb	115
30.2 d	1 -Nhv	250
30.2 w	2 -BpW	437
30.3 c	2 -BbCbb	322
30.3 c	(2)-(B)b(J)n	67
30.3 w	(2)-(B)j(J)n	55
30.4 c	4 -AAABa	206
30.5 c	2 -BkVhh	344
30.6 c	1 -Ja	28
30.6*c	(2)-(B)b(B)b	185
30.6*c	(2)-(B)b(B)n	185
30.6*wb	2 -BsCkn	135
30.6*wb	2 -BcSa	135
30.6 d	3 -AABc	445
30.7 c	1 -Jh	5
30.7 c	2 -BaBt	175
30.7*m	(2)-(B)b(C)jn	499
30.7*m	2 -Bb(C)jn	499
30.7 c	(2)-(B)c(D)acj	482
30.7*c	(2)-(B)c(L)al	400
30.7*c	(2)-(C)bl(L)hl	400
30.7 c	3 -AABg	79
30.8 c	2 -BaBq	442
30.8 w	2 -BbBn	212
30.8 c	3 -AABp	90
30.9 c	2 -BaBq	363, 421
30.9 c	2 -BbCbb	411
30.9*c	(2)-(B)c(L)al	400
30.9*c	(2)-(C)bl(L)hl	400
31.0*m	2 -Bb(C)jn	499
31.0*m	(2)-(B)b(C)jn	499
31.0 c	3 -AALhl	315
31.1 c	1 -Naj	34
31.1 c	1 -Nmv	244
31.1 c	(2)-(B)b(J)n	173
31.1 c	(3)-A(B)b(B)b	271
31.2 d	1 -Daal	314
31.2 c	1 -Daap	88
31.2 c	2 -BaBb	487
31.2*d	(2)-(B)b(B)s	78
31.2 c	(2)-(B)l(C)cc	482
31.2*d	(2)-(B)b(S)b	78
31.2 c	(2)-(C)bl(L)hl	386
31.2 d	4 -AAABc	321
31.3 d	1 -Dapt	112

Shift	Code	Spectrum Number
31.3 d	2 -BaBq	310
31.3 c	(2)-(B)j(C)ab	180
31.3 c	(3)-A(B)b(B)b	199
31.4 c	1 -Daav	422
31.4 c	2 -AW	255
31.4 c	2 -BaBb	193
31.4*d	(2)-(B)b(B)s	78
31.4*d	(2)-(B)b(S)b	78
31.5 c	1 -Dapv	354
31.5 c	2 -BaBb	270, 274, 318, 493
31.5 c	2 -BbCbk	317
31.5 c	(2)-(B)b(C)cj	441
31.5 c	(2)-(B)l(C)cc	483
31.5 c	(2)-(B)c(D)abo	406
31.5 c	(2)-(B)c(D)acj	481
31.5 c	(2)-(B)v(D)abo	496
31.5 d	(2)-(C)bd(C)dl	396
31.5 d	(2)-(C)bd(L)hl	396
31.5 c	(3)-A(B)b(B)c	404
31.5 c	(3)-A(B)b(B)j	399
31.6 c	1 -Daab	328
31.6 c	2 -BgBn	417
31.6 c	(2)-(B)cVch	464
31.6 c	(3)-A(B)b(B)c	267
31.6 c	4 -AAABd	328
31.7 c	2 -BaBb	313
31.7 c	(2)-(B)b(C)bq	311
31.7 c	(2)-(B)l(C)cc	490
31.7 c	2 -BcG	129
31.7 c	(3)-A(B)b(B)c	410
31.7 c	(3)-A(B)b(B)j	180
31.8 c	1 -Dabg	70
31.8 w	1 -(D)acs	471
31.8 c	2 -BaBo	216
31.8 c	(2)-(B)c(D)abj	398
31.9 c	2 -BaBb	218, 316, 326, 362, 370, 413, 447, 473
31.9 d	2 -BaBb	320
31.9*c	(2)-(B)c(C)ab	408
31.9*c	(2)-(B)c(C)bp	271
31.9*c	(2)-(C)ab(L)cm	408
31.9*c	(3)-A(B)b(B)b	271
32.0 c	1 -Dabe	130
32.0 c	2 -ACap	89
32.0 c	2 -BaBb	323, 412, 468, 480
32.0 c	2 -BaBl	264
32.0 c	(2)-(C)cd(L)hl	490
32.1 d	1 -Nam	11
32.1 c	2 -BaBb	428
32.1 d	2 -BaBs	192

Shift	Code	Spectrum Number
32.1*c	(2)-(B)c(C)bp	271
32.1*p	(2)-(B)d(C)bp	494
32.1 c	(2)-(B)b(L)bl	110
32.1*p	(2)-(C)cc(L)hl	494
32.1 m	3 -AA(C)jn	499
32.1*c	(3)-A(B)b(B)b	271
32.1 p	(3)-(B)l(C)bd(C)bd	494
32.2 d	2 -BaBb	426
32.2 d	2 -BnBn	143
32.2*c	(2)-(B)l(C)cc	492
32.2*c	(2)-(B)c(L)dl	492
32.2 d	4 -AAALhl	314
32.2 c	(4)-AA(B)c(B)c	360
32.3*p	(2)-(B)d(C)bp	494
32.3*c	(2)-(B)l(C)cc	492
32.3*c	(2)-(B)c(L)dl	492
32.3*p	(2)-(C)cc(L)hl	494
32.3 c	(3)-A(B)b(B)l	408
32.3 c	4 -AAA(C)bb	405
32.4 d	2 -BaBb	455
32.4 c	(2)-(B)b(C)cp	272
32.4 c	2 -BbLhl	264
32.4 c	(2)-(B)c(L)dl	482
32.4*c	(2)-(B)bVbh	420
32.5 c	2 -BaBb	132
32.5 d	2 -BaBb	277
32.5 c	2 -BaBo	451
32.6 d	1 -Js	6
32.6 c	(2)-(B)c(L)dl	490
32.6 c	2 -GLhl	21
32.6 c	(4)-(B)c(B)c(B)cBk	439
32.7 c	2 -BbLhl	313
32.7 c	(2)-(B)c(L)dl	483
32.7 c	3 -ABbBb	496
32.8 c	1 -Dabn	328
32.8 c	2 -BbBp	412
32.8 c	(2)-(B)b(C)bb	312
32.8*c	(2)-(B)c(C)ab	408
32.8 c	(2)-(B)l(C)ab	399
32.8 c	(2)-(B)bVbh	342
32.8*c	(2)-(C)ab(L)cm	408
32.9*c	2 -BbBg	370
32.9 d	2 -BbG	347
32.9*c	2 -BbG	370
32.9*c	(2)-(B)bVbh	420
32.9 c	(3)-(B)b(B)b(D)aao	406
33.0 c	(3)-A(B)b(B)b	265
33.1 c	1 -(D)abb	360
33.1 c	(2)-(B)b(C)bp	267
33.1 c	2 -BbJn	473

Shift	Code	Spectrum Number	Shift	Code	Spectrum Number
33.2 d	2 -CbsSh	95	34.4 c	2 -BbKb	318
33.3 c	(2)-(B)b(C)bn	275	34.4 c	(2)-(C)coVch	337
33.3 c	(4)-AA(B)j(B)l	357	34.4 c	4 -AAAVhp	385, 425
33.4 c	2 -BaBo	450	34.5 d	1 -Naj	85
33.4*w	(2)-(B)n(D)ccv	479	34.6 d	(2)-(B)b(C)an	266
33.4*w	(2)-(C)cnVhd	479	34.6 d	(2)-(B)b(C)bc	401
33.5 c	1 -Nch	275	34.6 c	(2)-(B)c(C)ab	410
33.5*c	2 -BbBg	370	34.6*wb	2 -BsCkn	135
33.5 d	(2)-(B)b(C)ao	123	34.6 d	(2)-(B)b(D)bff	177
33.5*c	(2)-(B)c(C)ab	271	34.6*wb	2 -BcSa	135
33.5*c	(2)-(B)c(C)bp	271	34.7 d	(2)-(B)o(C)ab	125
33.5*c	2 -BbG	370	34.8*c	(2)-(B)c(D)djp	492
33.6 c	2 -BnBo	96	34.8*c	(2)-(B)j(D)acl	492
33.6 c	(2)-(B)b(C)bb	409	34.8 d	(2)-(C)cc(L)hl	372
33.7 d	2 -ACae	83	34.8 c	(3)-A(B)b(B)b	186
33.7 d	(2)-(B)b(C)bn	319	34.9 c	(2)-(B)b(C)ab	186
33.7 c	(2)-(B)d(J)l	492	34.9 c	(2)-(B)b(C)an	201
33.8 c	1 -Nch	141	34.9 c	2 -CgvG	286
33.8 c	2 -BbBn	144	35.0*c	(2)-(B)c(D)djp	492
33.8 c	(2)-(B)b(C)ac	272	35.0*c	(2)-(B)j(D)acl	492
33.8 c	(2)-(B)d(J)l	482, 483, 490	35.0 c	(3)-(B)b(C)bd(C)bd	482
33.8 c	(3)-(B)b(C)bd(C)bd	490	35.2 c	3 -AAJv	374
33.9 c	1 -Nch	97	35.3 c	2 -BaCcp	325
33.9 d	2 -BaBv	380	35.3 c	(2)-(B)b(C)ab	267
34.0 c	2 -BbBn	218	35.3*w	(3)-(B)c(C)ln(D)jlp	491
34.0*d	2 -BgBv	347	35.3*w	(3)-(B)c(D)apv(L)jl	491
34.0 c	2 -BaLhl	316	35.4 c	2 -AJb	122
34.0*d	2 -BbVhh	347	35.5 d	2 -AJb	426
34.0 c	3 -AACaa	208	35.5 c	(2)-(B)b(C)bp	191
34.0 d	(3)-A(B)b(B)o	125	35.5 c	(2)-(B)b(C)cp	272
34.1 d	1 -Daal	187	35.5*c	(2)-(B)c(C)ab	271
34.1 w	1 -(N)ll	423, 424	35.5*c	(2)-(B)c(C)bp	271
34.1 c	2 -BbKa	274, 468	35.5 c	(2)-(B)j(D)acl	490
34.1 c	2 -BbKh	480	35.5 c	2 -BvKh	344
34.1 d	2 -BbLhl	445	35.5 c	2 -CbgG	69
34.2 w	1 -Nbh	356	35.6 c	(2)-(B)b(C)ab	265
34.2 c	2 -ACag	80	35.6 d	(2)-(B)b(C)nw	381
34.2 c	2 -BbBs	326	35.6 c	(2)-(B)j(D)acl	482, 483
34.2 c	2 -BbKh	193, 362	35.6 c	(2)-(B)c(J)d	482
34.2 c	3 -AAVhh	352	35.6 c	(3)-(B)b(C)bd(C)bd	483
34.2 c	4 -AAAVhh	422	35.7 c	(2)-(B)n(C)ab	199
34.3*d	2 -BgBv	347	35.7 c	(2)-(B)c(J)d	481
34.3 c	(2)-(B)b(C)ab	267	35.8 c	2 -AJb	269
34.3 c	(2)-(B)b(C)bp	267	35.8 d	2 -BbVhh	380
34.3 c	2 -BbKv	487	35.9 d	1 -Nbh	304
34.3 w	2 -BcK	111	35.9 c	2 -BaKb	467
34.3*d	2 -BbVhh	347	35.9 c	(3)-A(B)b(C)bp	272
34.4 c	1 -Daae	82	35.9 c	(3)-(B)o(C)bd(C)cn	485
34.4 c	(2)-(B)c(C)ab	404	36.0 d	1 -Nbh	41
34.4 c	(2)-(B)c(D)acl	490	36.0 c	(2)-(B)v(J)v	338

Shift	Code	Spectrum Number	Shift	Code	Spectrum Number
36.0 p	3 -ABb(C)bd	494	38.2 w	(3)-(B)oBw(C)bk	423
36.1 c	2 -BaKc	467	38.2 c	(4)-A(B)b(C)cj(L)bl	492
36.1 c	(3)-(B)b(B)b(C)bj	441	38.3 c	(3)-(B)b(C)bd(C)bv	481
36.2 c	1 -Naj	34	38.4 c	(2)-(B)c(J)b	180
36.4 c	1 -Daag	81	38.5 c	1 -Naj	137
36.4 d	1 -Nbh	101	38.5 c	(4)-A(B)b(C)bc(L)bl	482
36.4 p	2 -BbCac	494	38.6 c	(4)-A(B)b(C)bc(L)bl	483, 490
36.4 c	(2)-(B)c(D)acc	483	38.7 c	2 -CggG	2
36.4 w	(2)-(C)cn(C)cn	484	38.7 d	4 -AAALhl	187
36.4 c	3 -ABaBa	207	38.8 c	2 -ADaae	130
36.5 c	2 -ADaaa	206	38.8 c	2 -Ba(C)bb	312
36.5 d	2 -AJa	75	39.0 c	3 -BaBbBq	411
36.5 c	(2)-(B)v(C)vv	464	39.1 c	2 -BpCao	140
36.5 c	(3)-(B)b(C)bd(C)dj	492	39.1 c	4 -AABpCcp	324
36.6 c	2 -Bb(N)jj	417	39.1*w	1 -(N)bc	479
36.7 c	(2)-(B)b(C)bn	200	39.2 c	2 -Bg(N)jj	368
36.7*c	(2)-(C)bb(C)bb	439	39.2*c	(3)-(B)c(C)cd(C)co	429
36.7*c	(2)-(C)bb(D)bbb	439	39.2*c	(3)-(C)bc(C)cd(D)del	429
36.7 p	(4)-A(B)b(C)bc(L)bl	494	39.2*w	(3)-(C)bn(D)bcv(L)hl	479
36.8 c	1 -Nax	221	39.4 c	2 -BbCaa	496
36.8*c	1 -(N)jj	170	39.4 c	2 -BbCap	323
36.8*c	1 -(N)jl	170	39.6 c	2 -BbNhh	96
36.8 c	(2)-(B)b(J)n	185	39.7 c	1 -Nav	349
36.8 c	(2)-VhvVhv	452	39.7 p	2 -BbCaa	494
36.8 d	(3)-(B)b(B)b(C)bb	401	39.8 c	2 -Bb(D)abo	496
36.8 w	(3)-(B)oBw(C)bk	424	39.8 d	2 -BlLal	402
36.9 w	3 -BkKhSh	63	39.8*c	2 -BvNhh	392
37.0 c	2 -BbCan	413	39.8*c	2 -BnVhh	392
37.0 c	2 -BlCab	403	39.8 wa	2 -CaaCkn	204
37.1 c	2 -A(N)vv	458	39.9 d	1 -Nam	11
37.3 c	(2)-(B)v(C)nv	348	40.0 c	1 -Nav	474
37.4 c	2 -BbCab	496	40.0 d	1 -(N)bc	381
37.4 c	2 -Bb(C)bb	409	40.0*c	2 -ANbj	473
37.4 c	(2)-(C)bd(C)bl	393	40.0 p	(2)-(B)c(C)cd	494
37.4 m	2 -(C)jnVhh	499	40.0 d	2 -BlLal	497
37.5 d	1 -Naj	85	40.0 c	(3)-(B)n(C)bbLhl	486
37.5 c	(2)-(B)b(C)bg	184	40.2 d	2 -Ba(C)bn	319
37.6 d	2 -BbCab	445	40.2 w	2 -BbNhh	212
37.6 c	2 -CagG	26	40.2 w	2 -CksKh	63
37.7 c	2 -BaCcp	325	40.2 c	(3)-A(B)b(C)bp	272
37.7 p	(2)-(B)c(D)acl	494	40.2 c	(3)-Bb(B)b(B)b	312
37.7 c	2 -CjnVhh	435	40.3 c	3 -BgGG	2
37.7 c	(3)-(B)b(B)lLhl	306	40.4 c	2 -BaJv	373
37.9 w	1 -Nch	484	40.4 c	3 -BgGKh	18
37.9 c	(3)-Bb(B)b(B)b	409	40.5 c	(3)-(B)b(B)c(D)aac	395
38.0 d	(2)-(B)b(J)b	113	40.5 c	(4)-AA(C)bb(C)bl	395
38.1 c	(3)-(B)c(C)bc(D)bcl	485	40.6 c	2 -BpCap	91
38.1 d	(4)-AA(C)bb(C)bl	396	40.6*m	2 -BbNhh	499
38.2 c	2 -BsKh	31	40.6*m	2 -Caa(C)jn	499
38.2 w	(2)-(C)bp(C)kn	118	40.6 c	(2)-(C)dl(C)dj	387

Shift	Code	Spectrum Number	Shift	Code	Spectrum Number
40.6 c	(3)-(C)cn(D)bcl(D)cjv	485	43.1 c	(3)-(B)l(B)jLal	386
40.8 d	2 -BbNhh	143	43.2 w	1 -Nac	491
40.9 c	4 -BaBaBpBp	278	43.2 c	(2)-(B)c(N)bc	486
41.0 d	(3)-(B)c(B)l(D)aac	396	43.2 p	(2)-(C)bp(L)dl	494
41.1 c	(2)-(B)c(J)b	405	43.2 c	(3)-(B)b(B)j(D)aad	397
41.2 c	(3)-(B)b(B)lLal	400	43.3 c	(4)-AA(C)bc(C)bd	466
41.4 c	(3)-A(B)b(D)bbc	466	43.5 w	2 -(L)loNhh	484
41.5 w	2 -BbNhl	213	43.5 d	4 -BaBoBpBp	364
41.5 c	(2)-(C)ab(C)bp	267	43.6 c	3 -BaBaBp	215
41.5*w	2 -JnNhh	72	43.7 c	2 -BbJa	270
41.5*w	2 -KhNhj	72	43.7*c	2 -BvNhh	392
41.5 c	3 -AAJa	121	43.7*c	2 -BnVhh	392
41.6 c	2 -BaCaa	209	43.9 c	(3)-(B)b(C)bcVbh	481
41.6 c	2 -BeCaa	131	44.0 d	(3)-(B)b(B)b(C)bb	401
41.6 c	(2)-(C)bd(D)abj	398	44.1 c	2 -ANbh	98
41.6 d	2 -KbKb	263	44.1 w	2 -DbpkKh	172
41.7 c	2 -BgCaa	129	44.2 c	2 -ANbv	390
41.7 c	2 -BpCaa	139	44.2*w	2 -JnNhh	72
41.7 c	(4)-AA(C)bb(L)cl	393	44.2*w	2 -KhNhj	72
41.9*w	1 -(N)bc	479	44.3 c	(4)-AA(B)d(C)co	427
41.9*c	2 -ANbj	473	44.4 c	(2)-(B)b(N)jl	173
41.9 c	(2)-(B)b(J)b	179	44.6 c	(2)-(C)ab(C)bp	267, 360
41.9 c	(2)-(B)b(J)c	441	44.6 wb	2 -CjnSb	189
41.9*w	(3)-(C)bn(D)bcv(L)hl	479	44.6 c	2 -DaaGG	70
42.0*m	2 -BbNhh	499	44.6 c	(4)-AA(D)aajVhj	454
42.0*m	2 -Caa(C)jn	499	44.7 c	2 -BaJb	268
42.1 c	1 -Nbb	465	44.9 c	2 -BbE	132
42.1 c	2 -BbJb	269	45.0 c	2 -BvJh	343
42.1 d	2 -BbJb	426	45.0 w	(3)-Ba(C)bb(K)b	424
42.1 c	2 -BbNhh	144	45.1 c	(2)-(C)ab(C)cp	410
42.1 c	3 -BaBbBp	322	45.1*c	(2)-(D)aab(J)l	357
42.2 c	2 -BlDalp	407	45.1*c	(2)-(D)aab(L)al	357
42.2 c	2 -CaaG	79	45.1 d	2 -ELhl	22
42.2*w	(3)-(B)c(C)ln(D)jlp	491	45.2 wb	2 -CaaCkn	203
42.2*w	(3)-(B)c(D)apv(L)jl	491	45.2 d	3 -BaBsSh	95
42.3 c	2 -BbNhh	218	45.3 d	2 -CbeE	23
42.3*c	(2)-(C)bb(C)bb	439	45.3 c	(3)-(B)b(B)d(D)aaj	398
42.3*c	(2)-(C)bb(D)bbb	439	45.3*s	(3)-(B)c(C)ck(L)hl	339
42.4 c	(2)-(B)b(N)hj	67	45.3*s	(3)-(C)bl(C)ck(K)j	339
42.4 p	(4)-A(B)b(C)bc(C)bc	494	45.4 d	1 -Nab	143
42.4 w	(4)-(B)b(C)cl(C)coVbo	479	45.7 c	3 -ABgG	26
42.5 c	(2)-(C)bl(J)l	386	45.9 d	2 -BaJh	74
42.6 c	(2)-(B)b(N)hj	185	46.0 c	3 -BaBpCbp	325
42.7 c	(4)-A(B)b(C)bc(C)bp	483	46.0 c	(4)-A(B)b(C)bc(L)jl	490
42.9 c	(2)-(C)ab(C)cp	404	46.1 w	2 -CaoNhj	500
43.0 c	1 -Nal	138	46.2 c	3 -BaBpCbp	325
43.0 w	2 -JnVhh	471	46.3 c	2 -NhhVhh	251
43.1 c	2 -BcE	131	46.4 c	2 -BbJe	167
43.1 c	(2)-(C)bd(J)d	397	46.6 c	(3)-(B)b(B)bDaaa	405
43.1 c	2 -SsVhh	459	46.6 c	(4)-AA(C)bb(D)abj	397

Shift	Code	Spectrum Number	Shift	Code	Spectrum Number
46.7 c	(2)-(C)ab(J)b	180	50.0 c	2 -JaKb	181
46.8 c	(2)-(B)c(N)bh	199	50.0 d	2 -PTh	19
46.8 w	2 -CbpE	32	50.1 c	2 -CeeE	3
46.9 w	(3)-Ba(C)bb(K)b	423	50.1 c	(3)-(B)bCaa(C)bp	410
47.0 w	(2)-(B)b(N)ch	117	50.3 c	(3)-(B)b(C)bc(D)abj	481
47.0*c	(3)-(B)b(B)c(D)aa1	393	50.4 d	(2)-(C)c1(C)c1	372
47.0*c	(3)-(B)b(B)c(L)d1	393	50.4 c	(3)-(B)b(B)bNhh	200
47.0*s	(3)-(B)c(C)ck(L)h1	339	50.4 c	(3)-(B)b(C)bc(D)abc	483
47.0 c	3 -BaGKh	65	50.4 p	(3)-(B)b(C)bc(D)ab1	494
47.0*s	(3)-(C)b1(C)ck(K)j	339	50.4 d	(3)-(B)c(L)h1(L)h1	242
47.0 c	(3)-(C)bc(C)co(O)c	429	50.5 d	2 -PTa	58
47.1 c	(2)-(B)b(N)bn	84	50.5 c	3 -AANah	97
47.1 s	2 -Ccp(N)1v	475	50.6 c	4 -AABpNhh	99
47.2 d	1 -Nab	276	50.7 c	(2)-(C)ab(J)1	399
47.2 d	2 -CaaCab	445	50.7*c	(2)-(D)aab(J)1	357
47.2 d	4 -AABnJh	276	50.7*c	(2)-(D)aab(L)a1	357
47.2 c	(4)-AA(C)bb(J)d	398	50.7 w	2 -WW	437
47.3 c	(2)-(B)b(N)ch	201	50.7 c	(3)-(B)b(C)bc(D)abj	482
47.3 d	(2)-(C)ao(O)c	29	50.7 c	(3)-(B)bVbhVhh	464
47.3 c	3 -BaBbKh	317	50.8 c	1 -(N)bc	485
47.3 d	(3)-(B)c(D)aac(L)a1	396	50.8 c	(2)-(C)ov(O)c	289
47.3 c	(4)-A(B)b(C)bd(J)b	482	50.8*w	(3)-(B)c(C)aoNh1	462
47.6 d	(2)-(B)b(N)ch	319	50.8*w	(3)-(B)c(C)ooNhh	462
47.6 d	(3)-A(B)o(O)b	29	50.8 c	3 -BgGVhh	286
47.7*c	(2)-(C)ab(D)aab	360	50.9 c	(2)-(D)aac(D)aao	427
47.7*c	(2)-(C)bp(D)aab	360	51.0 c	2 -CabJh	403
47.8 c	(4)-A(B)b(C)bc(J)b	481	51.1 d	(2)-(B)b(S)boo	77
47.9 d	(2)-(B)b(N)bh	133	51.1 c	4 -AABdNhh	328
47.9 w	(2)-(B)d(N)ac	479	51.2 c	1 -Qb	274, 468
48.0 m	(2)-(B)b(N)cj	499	51.2 c	(4)-A(B)j(C)bc(D)bjp	492
48.0 c	(3)-(C)cq(C)cqG	472	51.3 c	1 -Qv	296
48.1*c	(2)-(C)ab(D)aab	360	51.5 d	1 -Q1	114
48.1*c	(2)-(C)bp(D)aab	360	51.5 w	3 -AkhNhh	36
48.2 d	3 -AANbh	388	51.6 d	2 -NchVhh	388
48.2*c	(3)-(B)b(B)c(D)aa1	393	51.7 c	1 -Q1	162
48.2*c	(3)-(B)b(B)c(L)d1	393	51.7 m	(3)-Bc(J)n(N)hj	499
48.7 c	2 -CaaCap	214	51.8 c	1 -Qv	291
48.7 c	(3)-(B)bCaa(L)bm	408	51.9 c	(3)-(B)c(D)aac(L)b1	395
48.8 c	2 -(D)bbbKh	439	52.0 c	1 -Qc	435
48.9 c	2 -BpNhc	413	52.0 d	2 -BnNah	101
49.3 c	(3)-A(B)n(N)bh	210	52.0 c	2 -QaTb	302
49.5 w	2 -ANb1	120	52.1 c	1 -Ox	42
49.5 c	2 -CaeE	27	52.1 c	1 -Qv	293
49.5*w	(3)-(B)c(C)aoNh1	462	52.1 c	(3)-A(B)n(N)ch	211
49.5*w	(3)-(B)c(C)ooNhh	462	52.1 c	(3)-(B)o(O)bVhh	289
49.6 c	(3)-(B)c(D)aac(L)a1	387	52.3 s	(2)-(C)c1(C)c1	339
49.7 c	(2)-(C)an(N)ch	210	52.3 c	2 -CaaJb	361
49.7 c	3 -ABaNhv	389	52.4 w	2 -BnNbb	382
49.8 c	(2)-(D)acd(J)c	492	52.4 c	(3)-A(B)b(N)bh	201
49.8 c	(3)-(B)b(C)bc(D)abd	492	52.5 wa	3 -BcKhNhh	204

Shift	Code	Spectrum Number	Shift	Code	Spectrum Number
52.6 d	(3)-A(B)b(N)c	266	55.5*c	1 -Ov	460
52.7 c	2 -ANbb	202	55.5 w	3 -BbKhNhh	111
52.7 c	2 -CaaJa	190	55.5 wb	3 -BcKhNhh	203
52.8*m	(3)-Bb(J)n(N)hj	499	55.6 c	1 -Ov	486
52.8*m	(3)-Bv(J)n(N)hj	499	55.6 w	2 -CpvNah	356
53.0 c	(3)-(B)b(B)bG	184	55.6 c	(3)-(B)l(C)bc(D)abl	490
53.1 c	3 -ABaG	80	55.7 c	1 -Ov	294
53.2 c	3 -ABbNbh	413	55.7*c	1 -Ov	299
53.3 c	(2)-(C)an(N)bh	211	55.8 c	1 -Oc	140
53.3 w	3 -ACpvNhh	355	55.8*c	1 -Ov	392
53.3 c	(4)-AA(D)aav(J)v	454	55.8 c	3 -ABeE	27
53.4 c	(2)-(B)o(N)bb	202	55.8 wb	3 -BsKhNhh	189
53.4 d	2 -CaaDaaa	321	55.9 c	1 -Ov	241
53.5 c	3 -BvKaNhj	435	55.9*c	1 -Ov	392
53.6 c	(4)-AA(C)bl(C)bj	387	55.9*m	(3)-Bb(J)n(N)hj	499
53.7 c	(3)-(B)b(C)bc(D)abl	482	55.9*m	(3)-Bv(J)n(N)hj	499
53.9 w	(2)-(C)bp(N)ch	118	56.0 c	1 -Ov	292
53.9 c	(3)-(B)b(C)bc(D)abl	483	56.1 d	2 -NahVhh	304
53.9 c	(4)-A(B)b(B)c(J)d	398	56.1 wb	3 -BbKhNhh	135
54.0 c	(3)-(B)b(C)bc(D)abl	490	56.2 c	1 -Ov	340
54.0 c	(4)-AA(K)l(L)lq	307	56.4 c	3 -ABaNah	141
54.0 c	(4)-(B)b(B)c(C)ab(C)bd	466	56.4 p	(3)-(B)bCab(D)abc	494
54.1 c	2 -BbNbb	449	56.4 c	(3)-(B)b(C)bb(J)b	441
54.1 c	(3)-(B)b(C)bpLal	404	56.5*c	(3)-(B)b(D)aac(D)bbc	466
54.1*c	(4)-(B)n(C)bc(C)cdLhl	485	56.5*c	(3)-(B)c(D)aac(D)abp	466
54.1*c	(4)-(C)bo(C)cd(J)nVhn	485	56.6 c	1 -Ov	294
54.3 d	2 -BpNah	41	56.6 w	2 -BnP	142
54.3 c	3 -BaBgG	69	56.8*c	1 -Ov	287
54.3 c	3 -BaBpNhh	100	56.8 d	(2)-(B)b(N)ac	381
54.3*c	(4)-(B)n(C)bc(C)cdLhl	485	56.9*c	1 -Ov	287
54.3*c	(4)-(C)bo(C)cd(J)nVhn	485	56.9 p	(3)-(B)b(C)bc(D)abc	494
54.5*c	(3)-(B)c(C)cd(C)co	429	57.0 c	(2)-(C)cl(N)bc	486
54.5 w	3 -BwKhNhh	174	57.1 c	2 -DaaaDaan	328
54.5*c	(3)-(C)bc(C)cd(D)del	429	57.1 d	(3)-Bb(B)b(N)bh	319
54.7 d	1 -Ov	248	57.1 c	(3)-(B)nNhhVbh	348
54.8 w	1 -Naab	134, 142	57.2 w	1 -Ov	479
55.0 c	1 -Ov	301, 470, 481	57.3*c	1 -Ov	299
55.0 c	1 -Ow	105	57.3*c	(3)-(B)v(C)ov(O)c	337
55.1 c	1 -Ov	239	57.3*c	(3)-(C)bo(O)cVbh	337
55.1 c	1 -Ow	419	57.4 c	(4)-A(B)b(D)aac(J)b	397
55.2 w	3 -BbKhNhh	212	57.5 c	(3)-(B)c(D)aac(J)l	387
55.3 w	1 -Naal	136	57.8 d	2 -BbNaa	143
55.3 c	1 -Ov	235	57.8 w	(3)-(C)cp(C)opNhh	205
55.3*c	1 -Ov	460	58.2 d	2 -JaJa	115
55.3 c	1 -Ow	154	58.3 d	2 -AOs	94
55.3 w	2 -BbSooo	220	58.3 c	2 -CaaNbh	327
55.3 w	3 -BbKhNhh	213	58.4 c	1 -Ob	96
55.3 w	(3)-(C)cp(C)opNhh	205	58.4 c	2 -AOy	329
55.4 c	1 -Ov	346	58.4 wb	3 -BsKhNhh	38
55.5 c	1 -Ov	237	58.6 d	1 -Ob	93

Shift	Code	Spectrum Number	Shift	Code	Spectrum Number
58.6 d	2 -Lh1P	402	61.8 c	2 -NabVhh	465
58.6 c	(3)-(B)b(B)bNah	275	61.9 c	2 -BbOx	450
58.7 c	1 -Ob	127, 461	61.9 w	2 -(C)coP	198, 444
58.7*c	(3)-(B)v(C)ov(O)c	337	61.9 w	2 -NdjP	178
58.7*c	(3)-(C)bo(O)cVbh	337	62.1 c	2 -CbqOb	467
58.9 w	2 -KNbb	382	62.1 w	2 -(C)coP	198
58.9 w	(3)-(C)ns(J)nNhj	471	62.1*m	(3)-(B)b(J)n(N)bj	499
59.0 d	3 -BeBeE	23	62.1 w	(3)-(B)bKh(N)bh	117
59.5 c	2 -AOc	279	62.1*m	(3)-Caa(J)n(N)hj	499
59.6 c	2 -BcP	140	62.1 c	4 -AAAG	81
59.8 w	(4)-ABj(C)bl(D)acm	500	62.3*w	2 -(C)coP	443
59.9 c	2 -Lh1Qa	309	62.3*w	2 -(D)cooP	443
59.9 w	4 -AA(J)n(N)bj	178	62.5 s	2 -(C)coP	375
60.0 c	2 -AQb	318	62.5 c	(3)-(C)bc(D)abl(J)b	492
60.0 c	2 -BcP	91	62.6 c	2 -BbP	412
60.1 d	3 -ABaE	83	62.7 wb	3 -CapKhNhh	87
60.1 c	(3)-(B)cCpw(N)bb	486	62.8*c	2 -(C)coQa	495
60.2 c	2 -ASeoo	8	62.8*c	2 -(D)cooQa	495
60.3 d	2 -BnP	41	62.9 c	2 -AQk	183
60.4*m	(3)-(B)b(J)n(N)bj	499	63.2*w	2 -(C)coP	443
60.4*m	(3)-Caa(J)n(N)hj	499	63.2 w	2 -CcpP	171
60.5 s	2 -(C)coP	377	63.2 s	2 -CcpP	475
60.6 c	2 -AOc	217	63.2*w	2 -(D)cooP	443
60.7 c	2 -AQn	86	63.3 c	2 -CbcP	325
60.7 c	2 -BcP	139	63.4 c	2 -Lh1P	30
60.7 c	2 -BnP	413	63.5 w	2 -CbpP	32
60.7 w	(3)-(B)cKh(N)bh	118	63.6*c	2 -(C)coQa	495
60.8*c	1 -O1	436	63.6*c	2 -(D)cooQa	495
60.9 c	2 -AQn	37	63.7 c	2 -AOv	487
61.0*c	1 -O1	436	63.8 c	2 -CbcP	325
61.0 s	2 -(C)coP	378	64.0 d	2 -BaP	39
61.0*w	2 -(C)coP	444	64.0 d	2 -BsP	12
61.0*c	(3)-(B)b(D)aac(D)bbc	466	64.0 d	4 -AAPTh	112
61.0*c	(3)-(B)c(D)aac(D)abp	466	64.2 d	2 -DbbbP	364
61.1 c	2 -AQb	181	64.2 c	2 -PVhh	301
61.1 w	2 -(C)coP	443	64.3 d	2 -BbQa	273
61.1*w	2 -(C)coP	444	64.3 w	(3)-(C)cp(D)abpNah	484
61.2 w	2 -BwP	437	64.4 c	2 -BbQb	442
61.3 d	2 -AQb	263	64.4 d	2 -BbQl	310
61.3 w	2 -(C)coP	205, 500	64.4 c	2 -BoQb	127
61.4 c	2 -AOx	219	64.5 c	2 -PVhh	246
61.5 c	2 -BpOb	92	64.6 c	2 -BoQv	461
61.6 c	2 -BpOb	216	64.6 c	2 -CbbP	215
61.6 c	(2)-(C)cc(O)c	485	64.6 w	2 -KhNaaa	134
61.6 w	2 -(C)coP	197	64.7 c	2 -AQd	52
61.6 s	2 -(C)coP	379	64.7 c	2 -BbQv	421
61.7 c	4 -AABgG	70	64.9 c	2 -BaOz	365
61.8 w	(2)-(C)cp(O)c	128	65.1 c	2 -BuOb	116
61.8 s	2 -(C)coP	376	65.1 c	2 -CbbP	322
61.8 c	2 -(C)coQa	495	65.3 w	(4)-AA(C)kn(S)c	471

Shift	Code	Spectrum Number	Shift	Code	Spectrum Number
65.4 c	2 -AQd	51	69.6 w	3 -ABnOx	500
65.8 c	2 -CbnP	100	69.6 w	(3)-(C)bo(C)cpP	198
65.8 c	3 -ABcP	214	69.6*c	(4)-AA(C)bb(O)c	406
66.0 w	(2)-(C)cp(0)c	128	69.6*c	(4)-A(B)b(B)b(O)d	406
66.1 w	2 -(C)coOx	383	69.7 c	3 -DeeeVhhVhh	470
66.1 c	(2)-(D)ccl(N)ac	485	69.9 c	3 -APVhh	300
66.1 c	2 -QaVhh	345	69.9 w	3 -Bp(C)qlP	171
66.2 wb	2 -(C)coOx	384	70.0 c	(3)-(B)b(B)bP	191
66.3 c	3 -ABbP	91	70.0 w	(3)-(B)o(C)cpP	128
66.4 c	(3)-(B)b(B)cP	267	70.0 d	7 -HDaap	112
66.5 c	2 -AOb	92, 116	70.1*w	(3)-(C)bo(C)cpP	198
66.7 c	(3)-(B)b(B)bP	271	70.1 w	(3)-(C)bo(C)cpP	443
66.8 c	4 -AAAE	82	70.1*w	(3)-(C)cp(C)opP	198
66.9 c	(2)-(B)n(0)b	202	70.2 c	2 -BqOa	127, 461
66.9 c	2 -CbbQa	411	70.2 w	(3)-(B)o(C)cpP	128
67.1 d	2 -DaajNaa	276	70.2*w	(3)-(C)bo(C)cpP	198
67.2 d	(2)-(B)b(O)c	123	70.2*w	(3)-(C)co(C)coP	484
67.3 c	2 -BbOx	451	70.2*w	(3)-(C)cp(C)opP	198
67.3 c	2 -JdQa	492	70.2*w	(3)-(C)dn(C)ooP	484
67.4 d	3 -AAQa	126	70.2*w	(4)-A(C)blPVhj	491
67.5 c	(3)-(B)c(B)dP	360	70.2*w	(4)-(C)bd(J)l(L)plP	491
67.6 d	(2)-(B)c(O)b	125	70.4 wb	3 -ACknP	87
67.6 c	2 -BbQo	363	70.4 c	(3)-(B)b(B)cP	267
67.6 c	2 -DbbbP	278	70.4 c	(3)-(B)c(C)blP	404
67.6 w	(3)-(C)nj(N)cj(S)d	471	70.4 c	3 -BeEE	3
67.7 c	2 -CapP	40	70.4 w	(3)-(C)bo(C)cpP	197
67.8 c	3 -AA(C)do	427	70.4 c	(4)-AA(J)d(J)d	308
67.8 c	3 -ABbP	323	70.5 c	(3)-(B)b(B)bP	271
67.9 c	(2)-(B)b(0)b	73	70.5 w	(3)-(C)bo(C)cpP	205
68.1*c	2 -BbOv	493	70.5 w	(3)-(C)cn(C)cpP	205
68.1 c	2 -Lh1Ox	358	70.6 s	(3)-(C)bo(C)cpP	379
68.1 c	7 -HBb	175	70.6 w	(3)-(C)bd(L)plNaa	491
68.2 c	3 -ABpP	40	70.7 c	2 -AR	10
68.3 w	2 -BpNaaa	142	70.8 c	(2)-(C)aq(Q)o	62
68.3 d	2 -BbOm	320	70.8 s	(3)-(C)bo(C)cpP	376
68.4*c	2 -BbOv	493	70.9 c	2 -BbOa	96
68.5 w	(2)-(D)acp(O)c	484	70.9 w	(3)-(B)c(B)nP	118
68.6 d	(2)-(B)b(O)b	124	70.9 w	(3)-Bp(C)co(O)c	444
68.6 c	(2)-(B)b(Q)b	60	70.9 c	(3)-(B)b(C)abP	272
68.7 d	(3)-(B)b(N)abW	381	70.9 w	(3)-(C)bo(C)cpP	383
68.9 c	4 -AAAP	88	70.9 wb	(3)-(C)bo(C)cpP	384
69.0 w	(3)-A(C)cp(0)c	195	70.9 w	(3)-(C)cp(C)cpP	195
69.1 c	3 -BqBqQb	467	70.9 w	(3)-(C)cp(C)noP	383
69.2 c	3 -ABaP	89	71.0 c	2 -BbOb	447
69.2 w	3 -BnPVhh	356	71.0 p	(3)-(B)b(B)lP	494
69.3 w	(3)-(C)cp(C)cpP	198	71.1 c	2 -BbOb	216
69.4 c	2 -CaaP	90	71.1 c	2 -DaanP	99
69.5 c	(3)-(B)c(D)cjv(O)b	485	71.1 c	4 -AABaE	130
69.5 w	(3)-(C)cp(C)boP	444	71.3 w	(3)-Bp(C)cp(0)c	198
69.6 c	2 -AOs	13	71.3 c	(3)-(B)c(C)bcP	410

Shift	Code	Spectrum Number	Shift	Code	Spectrum Number
71.6*d	2 -DbbbOb	364	73.8 d	7 -HBp	19
71.6*d	2 -Lh1Ob	364	73.9 c	(3)-A(B)q(Q)o	62
71.7 w	(3)-(C)cp(C)opP	195	73.9 s	(3)-(C)cp(C)owP	379
71.8 w	(2)-(C)bc(Q)c	424	74.0*w	(3)-(C)bo(C)cp0x	500
71.8 c	3 -(C)bnPW	486	74.0*w	(3)-(C)co(C)noP	500
71.9 w	(3)-(C)cp(C)ooP	444	74.0 w	(3)-(D)aasK(N)cj	471
72.0 c	2 -BoP	92	74.2 c	3 -BbCbbP	325
72.0 w	3 -BeBpP	32	74.2*w	(4)-A(C)b1PVhj	491
72.0 w	(3)-(C)cp(C)cpP	196	74.2 w	4 -BkBkPKh	172
72.0 c	4 -AAAOz	448	74.2*w	(4)-(C)bd(J)l(L)p1P	491
72.1 c	(3)-(C)bc(C)dd(N)ab	485	74.7 d	(2)-(C)ab(0)b	125
72.1 s	(3)-(C)bo(C)cpP	375	74.7 c	3 -BbCbbP	325
72.1*w	(3)-(C)cp(C)coP	444	74.7*s	(3)-(C)bo(C)cpP	377
72.1*w	(3)-(C)cp(C)opP	444	74.7*s	(3)-(C)cp(C)owP	377
72.2 c	2 -BoP	216	74.8*w	(3)-(C)bp(C)opP	128
72.2 w	(3)-(C)cp(C)opP	195	74.8*w	(3)-(C)cp(C)cpP	128
72.2 c	4 -AAPVhh	354	74.8 w	(3)-(C)cp(C)opP	444
72.3 d	2 -BoOa	93	74.8 c	(4)-A(B)b(C)bdP	466
72.3*d	2 -DbbbOb	364	74.9 w	(3)-Bp(C)cp(0)d	443
72.3*d	2 -Lh1Ob	364	74.9 w	(3)-(C)cp(C)opP	197
72.3 w	(3)-Bp(C)cp(0)c	197	74.9 s	(3)-(C)cp(C)owP	375
72.3 w	(3)-(C)bo(C)cpP	197	75.0 d	(3)-A(B)b(0)b	123
72.3 w	(3)-(C)bp(C)cpP	128	75.1*s	(3)-(C)bo(C)cpP	378
72.3*w	(3)-(C)cp(C)coP	444	75.1*s	(3)-(C)cp(C)owP	378
72.3*w	(3)-(C)cp(C)opP	444	75.2 d	(2)-(C)11(C)11	242
72.4 w	(3)-Bp(C)cp(0)c	205	75.2 w	(3)-(C)cp(C)cpP	196
72.5 c	(3)-(B)b(B)bQa	311	75.3 c	(2)-(L)h1(0)b	59
72.6 w	(2)-(C)bc(Q)c	423	75.3 c	3 -ABbOa	140
72.7 w	(3)-A(C)cp(0)c	195	75.3 w	(3)-Bp(C)co(0)c	444
72.7 w	(3)-(C)ao(C)cpP	195	75.3 wb	(3)-(C)cp(C)owP	384
72.8 w	3 -CkpKhP	64	75.4*w	(3)-(C)co(C)coP	484
72.9 w	(3)-(C)cn(C)cpP	205	75.4*w	(3)-(C)dn(C)ooP	484
72.9 w	(3)-(C)cp(C)opP	198	75.6 w	(3)-(C)cp(C)coP	444
73.1 c	2 -DaacP	324	75.6 w	(3)-(C)cp(C)owP	383
73.1 c	3 -AJaP	76	75.7 w	(3)-(C)bd(D)adm(N)1z	500
73.1 w	(3)-(C)ao(C)cpP	195	75.8 c	3 -PVhhVhh	453
73.1 w	(3)-(C)cp(C)cpP	196	75.9 w	(3)-Bp(C)cp(0)c	198
73.3 w	(3)-(C)cp(C)cpP	196	75.9*s	(3)-(C)bo(C)cpP	378
73.3 w	(4)-A(B)o(C)cnP	484	75.9*s	(3)-(C)cp(C)owP	378
73.3 c	4 -ABbLh1P	407	76.2 w	(3)-Bp(C)cp(0)c	444
73.5 w	(3)-(C)cp(C)cpP	444	76.2 c	(3)-(B)b(C)abP	272
73.5*c	(4)-AA(C)bb(0)c	406	76.5*w	(3)-Bp(C)cp(0)c	197
73.5*c	(4)-A(B)b(B)b(0)d	406	76.5*w	(3)-(C)cp(C)cpP	197
73.6*w	(3)-(C)bo(C)cp0x	500	76.6*w	(3)-(C)bp(C)opP	128
73.6*w	(3)-(C)co(C)noP	500	76.6*w	(3)-(C)cp(C)cpP	128
73.6 w	(3)-(C)cp(C)cpP	197	76.7*w	(3)-Bp(C)cp(0)c	197
73.6 w	(3)-(C)cp(C)opP	128	76.7*w	(3)-(C)cp(C)cpP	197
73.6 s	(3)-(C)cp(C)owP	376	76.9 w	(3)-Bp(C)cp(0)c	205
73.7 w	(3)-(C)cp(C)cpP	195, 198	77.1 w	(3)-Cbp(L)1p(Q)1	171
73.7 w	3 -CanPVhh	355	77.4 w	(3)-(C)cp(D)booP	443

Shift	Code	Spectrum Number	Shift	Code	Spectrum Number
77.6 s	(3)-(C)cp(O)cW	375	89.6 d	7 -DaapH	112
78.2 c	(4)-ABb(B)b(O)v	496	89.9 c	4 -EEEKb	51
78.3*c	(3)-Ba(C)bo(O)d	359	90.0 c	(3)-(C)cq(O)cOd	495
78.3*c	(3)-(B)b(C)bo(O)d	359	90.0 w	(3)-(C)cn(O)cP	205
78.8*s	(3)-(C)bo(C)cpP	377	90.1 c	10 -IHHA	238
78.8*s	(3)-(C)cp(C)owP	377	92.4 c	4 -EEEJm	14
78.9*d	7 -ABp	58	92.7 w	(3)-(C)cp(O)cP	444
78.9*d	7 -BpA	58	92.8 w	(3)-(C)cp(O)cP	197
79.3*w	(3)-(C)bo(C)cp0c	444	92.9 w	(3)-(C)cp(O)cOd	443
79.4*w	(3)-(C)bo(C)cp0c	444	92.9 c	10 -IHHVhh	430
79.4 c	(4)-(C)cc(D)deeE(L)el	429	93.0 c	2 -JvJv	463
79.9 c	4 -AAAQa	194	93.0 w	(3)-(C)cp(O)bP	128
80.8*d	7 -ABp	58	93.2 w	(3)-(C)cp(O)cP	198
80.8*d	7 -BpA	58	93.6 w	(3)-(C)cn(O)cP	205
80.8 c	7 -BqBq	302	93.8 c	5 -HHH(N)bj	173
81.1*c	(3)-Ba(C)bo(O)d	359	94.3 w	(3)-(C)cp(O)cP	195
81.1*c	(3)-(B)b(C)bo(O)d	359	94.4 d	10 -IHHH	156
81.2 c	(3)-(B)b(D)abcP	483	94.8 w	(3)-(C)cp(O)cP	195
81.3 c	(4)-AA(B)d(O)c	427	95.3 w	(5)-H(L)cm(D)aac(N)cz	500
81.5 d	(2)-(L)el(L)el	102	96.6 w	(3)-(C)cp(O)cP	444
81.8 w	(3)-(C)cp(C)cp0c	462	96.7*w	(3)-(C)bn0c(O)bl	484
82.2 w	(3)-(C)bo(C)dpP	443	96.7*w	(3)-(C)cp(O)b0c	484
82.6 c	10 -IHHOb	239	96.7 w	(3)-(C)cp(O)cP	197
82.8 w	(3)-Bp(C)co(O)c	500	96.8 d	5 -HHHQa	61
83.0 c	3 -CaaDaabP	324	97.0 w	(3)-(C)bn0c(O)c	462
83.0 d	7 -BpH	19	97.2 c	10 -HOaOaH	287
83.8*s	(3)-Bp(C)cp(O)c	378	97.3 w	(3)-(C)cp(O)cP	198
83.8*s	(3)-(C)cp(O)cW	378	97.4 w	(3)-(C)cp(O)bP	128
84.1*s	(3)-Bp(C)cp(O)c	378	98.9 c	10 -HOaOaH	299
84.1*s	(3)-(C)cp(O)cW	378	99.1 c	5 -HH(C)bb(D)aac	393
84.4 wb	(3)-Bo(C)cp(O)c	384	99.5 c	3 -AObOb	217
84.5 c	7 -BbH	175	100.3 d	5 -HAAP	115
84.7*s	(3)-Bp(C)cp(O)c	377	100.7 w	(5)-(B)cH(O)cBn	484
84.7*s	(3)-(C)cp(O)cW	377	100.9 c	(5)-H(J)nH(N)aj	170
84.8 w	(3)-Bo(C)cp(O)c	383	100.9 d	5 -HUHA	53
85.4*w	(3)-(C)bn(C)cp0c	484	101.2 d	5 -HUAH	53
85.5 s	(3)-Bp(C)cp(O)c	379	101.4*w	(3)-(C)bn0c(O)bl	484
85.6 s	(3)-Bp(C)cp(O)c	375	101.4*w	(3)-(C)cp(O)b0c	484
85.8 w	(4)-A(C)cn(D)abc(M)lz	500	101.6 c	15 -(quinolyl-5)-H	486
86.0 s	(3)-Bp(C)cp(O)c	376	102.0 c	10 -HFNhhH	158
86.7 s	(3)-(C)cp(O)cW	379	102.1 c	15 -(indolyl-3)-H	283
87.6 w	(3)-(C)cp(O)cW	500	102.5 c	4 -CvvEEE	470
87.8*s	(3)-Bp(C)cp(O)c	377	103.4 c	(5)-AA(D)aak(Q)d	307
87.8*w	(3)-(C)bn(C)cp0c	484	103.7 w	(3)-(C)cp(O)c0c	444
87.8*s	(3)-(C)cp(O)cW	377	104.0 c	(4)-Bq(C)cq0c(O)c	495
88.1 s	(3)-(C)cp(O)cW	376	104.4 w	(4)-Bp(C)cp(O)c0c	443
88.1 wb	(3)-(C)cp(O)cW	384	104.7 c	5 -GHHA	20
88.8 w	(3)-(C)cp(O)cW	383	104.8*w	(5)-A(C)cn(D)abc(N)cz	500
88.8 c	(4)-(B)b(D)abcJbP	492	104.8*w	(5)-A(L)cm(D)abc(M)lz	500
88.8 wb	5 -HJaNhwP	245	104.8 c	5 -HH(B)b(B)b	110

Shift	Code	Spectrum Number	Shift	Code	Spectrum Number
104.8 c	10 -HFHNhh	158	112.4 c	5 -HHA(C)bc	404
105.1 c	15 -(quinolyl-5)-H	419	112.4*c	10 -HBbOaH	392
106.0 c	5 -HH(B)b(C)bd	395	112.4 c	10 -HHJaF	340
106.7*c	(5)-H(J)nH(L)hl	107	112.4*c	10 -HHOaH	392
106.7*c	(5)-H(L)hlH(N)hj	107	112.4 c	10 -KaHPH	293
107.0 c	10 -HJhOaOa	346	112.5 c	3 -ObObOb	279
107.0 c	10 -OaOaJh	346	112.5 c	10 -HHPA	247
107.0 w	15 -(pyrimidyl-5)-Bm	437	112.7 w	5 -HHHNaaa	136
107.6 c	(4)-A(B)b(O)c(O)c	359	112.9 d	13 -β-HHH	104
107.9 c	14 -β-HHH	54	113.1 c	10 -HHNhhA	303
108.1 d	5 -HUHH	16	113.1 c	10 -HHNchH	389
108.2*w	(5)-A(C)cn(D)abc(N)cz	500	113.3 c	11 -BHHH	109
108.2*w	(5)-A(L)cm(D)abc(M)lz	500	113.3 wb	15 -(thiazolyl-5)-H	245
108.2 c	10 -HH(N)bvH	458	113.5*c	10 -HHOaH	460
108.3 c	(3)-Caa(D)aab(O)d	427	113.5 c	10 -HHOaH	470
108.4 c	5 -HHA(C)bb	400	113.6*c	10 -HHOaH	460
108.5 c	11 -β-HHNhh	109	113.7 c	10 -HHOaH	301
108.7 c	(4)-(D)cel(D)celEE	429	113.8 c	10 -EHOaOa	287, 299
108.9 c	5 -GHAH	20	113.8 c	10 -H(B)bOaH	481
109.0 d	5 -HHDaaaH	187	113.9*c	10 -HHObH	493
109.1 c	10 -HH(N)hjH	485	114.0 c	10 -HHOaH	241
109.4*c	10 -HHPH	292	114.1 c	5 -HHBbH	316
109.4*c	10 -HJhOaH	292	114.1*c	10 -HAPH	236
109.7 d	13 -β-HHH	48	114.1 d	10 -HHObH	248
110.0 c	10 -HHNaaH	474	114.1*c	10 -HHObH	493
110.0 c	10 -KaHNhhH	296	114.1*c	10 -HHPA	236
110.2 c	11 -BHHOa	154	114.2 d	5 -HHBbH	445
110.4 c	5 -HHA(C)bb	386	114.2 c	5 -HH(C)bcH	486
110.8 c	5 -EUHH	15	114.4 c	8 -Lel	15
110.8 c	10 -HHNhhF	158	114.6 c	10 -HHObH	487
110.8 c	10 -HHNaaH	349	114.8 w	10 -HCbpPH	356
110.8 c	10 -HH(O)lH	227	114.8*c	10 -HHPH	292
110.9 c	15 -(indolyl-3)-A	341	114.8*c	10 -HJhOaH	292
110.9 c	15 -(indolyl-7)-H	341	114.9 c	5 -HHBpH	30
111.0 c	15 -(indolyl-7)-H	283	114.9 c	10 -HHOaH	237
111.2 c	10 -UHHG	222	115.0 c	4 -FFFK	1
111.4 c	10 -HHOa(B)b	481	115.1 w	10 -HHOa(D)bcc	479
111.4 c	12 -α-GH	44	115.2 c	10 -HHNhhH	305
111.5 c	5 -HHDabpH	407	115.2 c	10 -HHOaH	235
111.7*c	10 -HBbOaH	392	115.3 c	4 -FFFKb	52
111.7*c	10 -HHOaH	392	115.3 c	10 -HHPH	464
111.9 c	8 -Sb	25	115.4 c	10 -HHPH	160, 353
111.9 c	13 -β-HHH	162	115.5 c	10 -HHHNbb	390
112.0 c	10 -HHNbbH	390	115.6 c	10 -HFJaH	340
112.0 c	10 -HHNhnH	168	115.8 c	10 -HFHH	237
112.1 w	15 -(benzimidolyl-7)-H	500	115.9 d	5 -HHBoH	364
112.2 c	5 -HH(D)bccH	485	116.0 d	8 -Lhl	53
112.3 c	5 -HHH(C)bb	306	116.0 c	10 -HENhhH	299
112.3 d	10 -HHNahH	250	116.0*c	10 -HHHNhh	296
112.3 c	10 -UHHH	226	116.0*c	10 -HHNhhH	296

Shift	Code	Spectrum Number	Shift	Code	Spectrum Number
116.1 d	(5)-(B)cH(C)bdA	396	118.6 c	15 -(thiazolyl-5)-H	17
116.2 c	10 -HAPH	247	118.7 d	5 -AHAA	119
116.2*w	10 -H(D)acpHP	491	118.7 c	8 -Vhh	226
116.2 c	10 -HHOaH	239	118.7 c	10 -(L)hlH(Q)lH	333
116.2*w	10 -HHP(D)acp	491	118.8 c	5 -HHBgH	21
116.4*c	10 -HHH(Q)l	333	118.8 w	(5)-(K)cP(C)cqP	171
116.4*c	10 -HH(Q)lH	333	118.8*c	10 -HHHP	290
116.5 c	10 -HFHH	150	118.8*c	10 -HHPH	290
116.5*c	10 -HHH(Q)l	333	118.8 w	15 -(adeninyl-5)	383
116.5*c	10 -HH(Q)lH	333	118.8 wb	15 -(adeninyl-5)	384
116.6 c	10 -HHHNch	389	118.9 c	10 -HHHNhn	168
116.6*c	10 -HHHNhh	296	118.9 c	15 -(indolyl-6)-H	341
116.6*c	10 -HHNhhH	296	118.9 c	15 -(naphthyl-2)-H	440
116.6 c	10 -HHPH	385	119.0*c	10 -HHHP	293
116.7 d	10 -HHHNah	250	119.0 d	10 -HHOvH	433
116.7 s	15 -(guanosinyl-5)	379	119.0*c	10 -HHPH	293
116.8 c	15 -(quinolyl-3)-G	330	119.0 c	10 -HNamHH	244
117.2 s	10 -HA(N)blH	475	119.3 c	8 -Bb	169
117.3 w	10 -HHPH	161, 356	119.4 w	10 -HCbpHP	356
117.3 w	15 -(benzimidolyl-4)-H	500	119.4 s	15 -(adeninyl-5)	376
117.4*d	10 -HHHP	231	119.5 c	(5)-H(B)cA(B)c	394
117.4*d	10 -HHPH	231	119.6*d	10 -HHHP	231
117.5 d	8 -Lhl	16	119.6*d	10 -HHPH	231
117.5*c	10 -HHHP	293	119.6 c	15 -(indolyl-6)-H	283
117.5*c	10 -HHPH	293	119.7 c	10 -JaHPH	290
117.6 d	8 -Lhl	53	119.9 c	10 -HHHP	425
117.6 w	15 -(imidazolyl-4)-H	424	120.0 c	11 -β-HAH	252
117.7 d	8 -A	4	120.1*c	(5)-H(J)nH(L)hl	107
117.7 w	15 -(imidazolyl-4)-H	423	120.1*c	(5)-H(L)hlH(N)hj	107
117.8 c	8 -Vhh	222	120.1 c	10 -HHOxH	477
117.8*c	10 -HAPH	236	120.1 c	15 -(pyridazyl-5)-H	105
117.8*c	10 -HHPA	236	120.2 c	15 -(isoquinoly-4)-H	334
117.9 c	13 -β-HHKa	162	120.4 c	10 -HAHNhh	303
117.9 c	14 -α-HH	54	120.4 c	10 -HHNhjH	295
117.9 c	15 -(azulenyl-1)-H	367	120.5 c	10 -HHHP	385
118.0 c	8 -Bv	284	120.5 c	10 -HH(M)lH	227
118.1 d	5 -HHBeH	22	120.5 c	15 -(indolyl-4)-H	283
118.1 c	5 -HHBoH	358	120.6 c	10 -AANhhH	303
118.1 c	10 -HHHNhh	391	120.6 c	10 -HHHP	438
118.2 c	8 -Bb	116	120.6 c	10 -HHOxH	476
118.2*c	10 -HHHP	290	120.6 d	11 -β-HHH	165
118.2*c	10 -HHPH	290	120.7 c	(5)-(B)cH(B)cA	400
118.2 c	15 -(isoquinolyl-4)-H	369	120.7 c	10 -HBbHOa	392
118.4 s	15 -(adeninyl-5)	377, 378	120.7 d	10 -HHHOb	248
118.4 c	15 -(quinolyl-3)-H	486	120.7 c	11 -β-HHH	255
118.5*w	10 -H(D)acpHP	491	120.8 c	8 -Ba	24
118.5 c	10 -HHHNhh	305	120.8 c	15 -(quinolyl-3)-H	335
118.5*w	10 -HHP(D)acp	491	120.9 p	(5)-(B)cH(D)abc(B)c	494
118.6 c	15 -(indolyl-4)-H	341	120.9*c	10 -HHMjMj	332
118.6 w	15 -(imidazolyl-5)-H	174	120.9*c	10 -HMjMjH	332

Shift	Code	Spectrum Number	Shift	Code	Spectrum Number
120.9 c	15 -(quinolyl-3)-H	331	123.6*c	5 -ELelEE	43
121.0 c	(5)-H(J)cA(C)bd	387	123.6 c	(5)-H(J)b(B)b(D)abc	483
121.0 c	10 -HHHP	160, 353	123.6 c	10 -HHMmH	460
121.0 d	10 -JhHPH	231	123.6 c	11 -β-HHH	106
121.0 c	11 -β-HHH	259	123.7 d	(4)-(B)b(B)bFF	177
121.1 w	10 -H(B)cH(O)c	479	123.7 c	8 -Caa	66
121.2 c	15 -(quinolyl-7)-H	486	123.8 c	5 -AHBbH	188
121.6 c	10 -HHH(N)hj	485	123.8 c	(5)-H(J)b(B)b(D)abc	490
121.6 c	11 -β-HAH	260	123.9 c	11 -β-HAA	260
121.6 d	13 -β-HHJh	104	123.9 c	(5)-H(J)b(B)b(D)abc	482
121.6 c	15 -(indolyl-5)-H	341	124.1 c	5 -BbHAA	403
121.6 c	15 -(indolyl-1)-H	341	124.1 c	10 -HHHNhj	295
121.6 c	15 -(quinolyl-3)-H	418	124.1 c	10 -HHHOx	476
121.6*c	15 -(quinolyl-7)-H	419	124.1 c	15 -(indolyl-2)-H	283
121.6*c	15 -(quinolyl-3)-H	419	124.2*c	10 -H(B)bHH	342
121.7 c	15 -(indolyl-5)-H	283	124.2 c	10 -HHH(B)b	342
121.8 c	10 -HAHP	247	124.4*d	5 -BbHAA	402
121.8 c	11 -β-HBaH	255	124.4*d	5 -BpHABb	402
121.9*c	15 -(quinolyl-3)-H	419	124.4 d	5 -HHAKb	310
121.9*c	15 -(quinolyl-7)-H	419	124.4 c	10 -HDaapHH	354
122.0 c	10 -HHQbH	487	124.4*c	10 -HHH(M)l	227
122.0 c	15 -(naphthyl-4)-H	440	124.4*c	10 -HHH(O)l	227
122.1 w	10 -HHHP	161	124.4 c	11 -β-HAH	257
122.2 c	10 -HHMmH	432	124.5 c	5 -AHHBb	264, 313
122.2*c	10 -HHMjMj	332	124.5 c	5 -BbHAA	407
122.2*c	10 -HMjMjH	332	124.5 c	(5)-(B)lH(B)lH	166
122.4 c	8 -(C)bb	56	124.5 c	(5)-H(J)b(B)b(D)abc	492
122.4 c	10 -GHHH	152	124.6 c	4 -FFFVhh	225
122.4 c	15 -(phenanthryl-4)-H	456	124.6 d	5 -BbHAA	497
122.5 c	11 -β-HAH	258	124.6 d	5 -BbHABb	497
122.6 c	15 -(azulenyl-5)-H	367	124.6 c	15 -(pyrenyl-15)	469
122.7 c	10 -HHHmH	431	124.6 c	15 -(pyrenyl-1)-H	469
122.8 c	10 -VhnH(N)bvH	458	124.7 d	5 -HHAKa	114
122.9 c	10 -AHPH	425	124.7 c	10 -HHHmH	487
123.0 c	10 -EHOaH	294	124.7 c	10 -HMjHH	228
123.0 d	11 -β-HAH	165	124.8 d	10 -HHHSa	249
123.1 c	10 -HH(J)nH	417	124.9 c	10 -HDaaaHA	425
123.2 c	10 -GHHH	145	124.9 c	10 -HHRH	147
123.2 d	10 -HHHOv	433	124.9 c	10 -JhHHNaa	349
123.2 c	11 -β-HBaH	253	124.9 w	11 -β-HHH	159
123.2 c	11 -β-HHH	254	124.9 c	12 -α-HH	50
123.2 d	11 -β-HHH	381	125.0 c	9 -Mv	332
123.3 c	10 -HH(J)nH	368	125.0*w	10 -(B)c(D)bccHOa	479
123.4 c	10 -HCaaHCaa	438	125.0*w	10 -(D)bcc(B)c(O)cH	479
123.4 c	10 -HHRH	157	125.0*c	10 -HAHH	422
123.5 c	5 -AHBbH	264	125.0*c	10 -HDaaaHH	422
123.5 c	10 -HHMmH	487, 493	125.3*d	5 -BbHAA	402
123.5 c	11 -β-HHH	240	125.3*d	5 -BpHABb	402
123.6 c	5 -AHBbH	313	125.3 c	(5)-H(J)bA(B)d	357
123.6*c	5 -EEELel	43	125.3 c	10 -HCapHH	300

Shift	Code	Spectrum Number	Shift	Code	Spectrum Number
125.3 s	10 -HH(K)jH	281	126.4*c	10 -HCpvHH	453
125.4 c	10 -EHHOa	235	126.4*c	10 -HHHA	232
125.4 c	10 -H(C)boHH	289	126.4*c	10 -HHHCaa	353
125.4 c	10 -HDfffHH	225	126.4 c	10 -HHHDaap	354
125.4*c	10 -HHH(M)l	227	126.4*c	10 -HHHE	232
125.4*c	10 -HHH(O)l	227	126.4*c	10 -HHHH	453
125.4 c	10 -HHHSh	164	126.5 c	10 -HHHBn	251
125.4 c	10 -HHMmoH	432	126.5 d	10 -HHHBn	388
125.5*c	10 -HAHE	233	126.5 d	10 -HHHE	153
125.5 d	10 -H(B)bHH	371	126.5*d	10 -HHHH	249
125.5*c	10 -HEHA	233	126.5*d	10 -HHSaH	249
125.5 d	10 -HHHA	243	126.5 c	15 -(quinolyl-6)-H	330
125.5 c	10 -HHHOx	477	126.6 c	(5)-(B)bH(B)cH	262
125.5 c	15 -(pyrenyl-2)-H	469	126.6 c	(5)-(B)cH(B)bH	262
125.7 d	10 -HHHBb	380	126.6*c	10 -HCaaHH	353
125.7 c	10 -HHHCaa	352	126.6 c	10 -HHHBa	305
125.7 c	10 -HHHMj	228	126.6*c	10 -HHHCaa	353
125.7 c	10 -HHRH	241	126.6 c	10 -HHVhhH	430
125.8 d	10 -HHHBa	298	126.6 c	15 -(phenanthryl-9)-H	456
125.8 c	10 -HHOaH	340	126.6 c	15 -(quinolyl-10)	486
125.9 c	10 -HBaHBa	391	126.7 d	10 -HHHBn	304
125.9*c	10 -H(B)bHH	342	126.7 c	10 -HHHBn	465
125.9 c	10 -HHHA	303	126.7 c	10 -HHHG	152
125.9*c	10 -HHH(B)b	342	126.7 c	12 -β-HHH	50
126.0 c	(5)-A(J)10a(J)l	436	126.7 c	15 -(isoquinolyl-9)	369
126.9*c	(5)-(B)bH(B)cH	306	126.8*c	(5)-(B)bH(B)cH	306
126.0*c	(5)-(B)cH(B)bH	306	126.8*c	(5)-(B)cH(B)bH	306
126.0 c	10 -HHHA	489	126.8 c	10 -HBpHH	246
126.0 d	10 -HHHBb	347	126.8 c	10 -HHHBc	435
126.1 c	10 -H(B)bOaH	481	126.8*c	10 -HHHH	155
126.1 c	10 -HHHBb	343	126.8*c	10 -HHSeooH	155
126.1 c	15 -(quinolyl-10)	331	126.9 c	10 -HBnHH	251
126.2 d	10 -HAHA	297	126.9 c	10 -HDaaHH	385
126.2 c	10 -HH(J)lH	366	126.9 c	10 -HHHDaaa	385
126.3 c	15 -(isoquinolyl-5)-H	334	127.0 d	10 -HEHE	149
126.3 c	(5)-(B)bH(B)oH	59	127.0*c	10 -HHHA	232
126.3 c	10 -EAHP	236	127.0 c	10 -HHHCap	300
126.3 c	10 -HCaaHH	352	127.0*c	10 -HHHE	232
126.3 c	10 -HHHBb	344	127.0*c	10 -HHHH	463
126.3*w	10 -HHHH	163	127.0*c	10 -HHJbH	463
126.3*w	10 -HHSoooH	163	127.0 c	15 -(isoquinolyl-7)-H	334
126.3 c	15 -(phenanthryl-2)-H	456	127.0 c	15 -(pyrenyl-4)-H	469
126.3 c	15 -(phenanthryl-3)-H	456	127.1 d	10 -HAAA	351
126.3 c	15 -(quinolyl-10)	418	127.1*c	10 -HAHE	233
126.3 c	15 -(quinolyl-6)-H	335	127.1 w	10 -HCcpHH	355
126.4*w	(5)-(C)cdH(C)cpH	479	127.1*c	10 -HEHA	233
126.4*w	(5)-(C)cpH(C)cdH	479	127.1 d	10 -HHHI	156
126.4*c	5 -EEELel	43	127.1 c	10 -HHHNam	244
126.4*c	5 -ELelEE	43	127.2 c	(5)-(B)bH(B)bH	176
126.4*c	10 -HCaaHH	353	127.2 c	10 -HHHBp	246

Shift	Code	Spectrum Number
127.2 c........10	-HHHBs	459
127.2 c........10	-HHHCpv	453
127.2 c........15	-(quinolyl-10)	419
127.2 c........15	-(quinolyl-5)-H	330
127.3 c........15	-(isoquinolyl-8)-H	334
127.4 c........10	-BaHNhhH	391
127.4 c........10	-HHHVhh	430
127.4 c........10	-HHJaOa	292
127.5*c........10	-HCbgHH	286
127.5 c........10	-HHHE	146
127.5*c........10	-HHHH	286
127.6 c........15	-(indolyl-8)	283
127.6 c........15	-(naphthyl-3)-H	440
127.6 c........15	-(quinolyl-5)-H	335
127.7 c........10	-HERH	287
127.7 c........10	-HHHE	148
127.7 c........10	-HHMmoH	460, 493
127.8 c........10	-BaHNhhH	305
127.8 c........10	-GHHU	222
127.8*c........10	-HBuHH	284
127.8*c........10	-HHHH	284
127.9*c........10	-H(D)ccjHH	485
127.9*c........10	-HHH(D)ccj	485
127.9*c........10	-HHHH	373
127.9*c........10	-HHJbH	373
128.0 d........10	-HBaHH	298
128.0*c........10	-HBnHH	465
128.0*w........10	-HHHBj	471
128.0 c........10	-HHH(C)bo	289
128.0 c........10	-HHHH	354
128.0*c........10	-HHHH	465
128.0 c........15	-(indolyl-8)	341
128.0 c........15	-(quinolyl-10)	335
128.1 c........5	-BqHBqH	309
128.1 d........10	-HBnHH	388
128.1*c........10	-HBqHH	345
128.1 c........10	-HHHBq	345
128.1*c........10	-HHHH	345
128.1 d........10	-HHHH	388
128.1 c........10	-HHHZ	498
128.2 c........10	-HBaHH	305
128.2*c........10	-HBbHH	343, 344
128.2 d........10	-HBnHH	304
128.2*c........10	-HCpvHH	453
128.2*c........10	-H(D)ccjHH	485
128.2*c........10	-HHH(D)ccj	485
128.2 c........10	-HHHH	246, 300, 352, 459
128.2*c........10	-HHHH	288, 343, 344, 374, 421, 453
128.2 d........10	-HHHH	304
128.2*c........10	-HHJaH	288
128.2*c........10	-HHJcH	374
128.2*c........10	-HHKbH	421
128.3 d........10	-HBbHH	380
128.3 c........10	-HEHH	234
128.3 c........10	-HHHH	251
128.3*c........10	-HHHH	291
128.3 d........10	-HHHH	243, 297, 380
128.3*c........10	-HHKaH	291
128.3 c........15	-(phenanthryl-1)-H	456
128.4 c........10	-HAHDaaa	425
128.4*c........10	-HBbHH	343
128.4 d........10	-HBbHH	347
128.4*c........10	-HBcHH	435
128.4 c........10	-HBpHH	301
128.4*c........10	-HBqHH	345
128.4 c........10	-HHHH	230, 289, 478
128.4*c........10	-HHHH	288, 336, 343, 345, 373, 435
128.4 d........10	-HHHH	298, 347
128.4 c........10	-HHHLhl	336
128.4*c........10	-HHJaH	288
128.4*c........10	-HHJbH	373
128.4*c........10	-HHLhlH	336
128.4 w........15	-(imidazolyl-2)-H	174
128.5*d........	(5)-(D)eelE(L)elE	102
128.5*d........	(5)-E(L)elE(D)eel	102
128.5*c........10	-HAHH	489
128.5*c........10	-HBbHH	344
128.5 m........10	-HHHBc	499
128.5 c........10	-HHHH	432
128.5*c........10	-HHHH	344, 374, 463
128.5 c........10	-HHHXvv	478
128.5*c........10	-HHHXvv	489
128.5*c........10	-HHJbH	463
128.5*c........10	-HHJcH	374
128.5 c........15	-(isoquinolyl-9)	334
128.6*c........10	-HCbgHH	286
128.6 c........10	-HEHE	146
128.6 d........10	-HEHH	153
128.6*d........10	-HHHH	249
128.6*c........10	-HHHH	286
128.6*d........10	-HHSaH	249
128.6 c........15	-(quinolyl-10)	330
128.7*c........10	-HAHH	422

Shift	Code	Spectrum Number	Shift	Code	Spectrum Number
128.7*c	10 -HBnHH	465	129.4*c	15 -(quinoxalyl-6)-H	282
128.7*c	10 -HDaaaHH	422	129.5 c	9 -Mv	228
128.7 c	10 -HHHH	295, 430	129.5 c	10 -HHHH	228, 476, 498
128.7*c	10 -HHHH	465	129.5*c	10 -HHHH	229, 291, 421
128.7 c	10 -HHVhhH	430	129.5 d	10 -HHHH	248
128.8 c	10 -HHHH	431	129.5*c	10 -HHJhH	229
128.9 d	10 -HEEH	149	129.5*c	10 -HHKaH	291
128.9 c	10 -HHHCbg	286	129.5*c	10 -HHKbH	421
128.9*c	10 -HHHH	164	129.5 c	10 -JhHHP	292
128.9 c	10 -HHHH	224, 225	129.6*c	5 -BbHBbH	480
128.9*c	10 -HHHH	229, 336, 457	129.6*w	10 -HBjHH	471
128.9*c	10 -HHHKb	461	129.6 c	10 -HEHE	223
128.9*c	10 -HHJhH	229	129.6*w	10 -HHHH	471
128.9*c	10 -HHJjH	457	129.6 c	11 -β-AHH	258
128.9*c	10 -HHKbH	461	129.6 w	11 -β-JnHH	159
128.9*c	10 -HHLhlH	336	129.6*c	15 -(quinoxalyl-6)-H	282
128.9*c	10 -HHShH	164	129.6*c	15 -(quinoxalyl-5)-H	282
129.0*c	10 -HAHH	232	129.7 c	(5)-H(K)jA(K)j	103
129.0*c	10 -HBuHH	284	129.7*c	10 -HHHH	155, 457
129.0*c	10 -HEHH	232	129.7 c	10 -HHHH	160, 477
129.0 d	10 -HHH(B)b	371	129.7 w	10 -HHHH	355
129.0 c	10 -HHHH	168	129.7 m	10 -HHHH	499
129.0*c	10 -HHHH	284	129.7*c	10 -HHJjH	457
129.1*c	10 -HAEH	233	129.7*c	10 -HHSeooH	155
129.1 d	10 -HAHH	243	129.8 d	5 -AADaaaH	314
129.1 c	10 -HAHH	488	129.8 c	10 -GHHR	147
129.1*c	10 -HBcHH	435	129.8 c	10 -HEHH	236
129.1 c	10 -H(C)bvHH	464	129.8 c	10 -HHHH	152
129.1 c	10 -HHHH	226, 389, 390	129.8 d	10 -HHHH	153, 433
129.1*c	10 -HHHH	233, 435	129.8*w	10 -HHHH	163
129.2 c	5 -H(N)bjHH	173	129.8*w	10 -HHSoooH	163
129.2 c	10 -HBsHH	459	129.9*c	5 -BbHBbH	480
129.2 c	10 -HEHH	235	129.9*w	10 -(B)c(D)bccH0a	479
129.2*c	10 -HHHH	164	129.9*w	10 -(D)bcc(B)c(0)cH	479
129.2 d	10 -HHHH	250	129.9 d	10 -HHHH	156
129.2*c	10 -HHShH	164	129.9 c	10 -HHKaH	293
129.2 c	15 -(quinolyl-7)-H	335	129.9 c	10 -HHXvvH	489
129.2 c	15 -(quinolyl-8)-H	335	129.9 c	12 -α-EH	46
129.3*c	10 -HAEH	233	129.9 c	15 -(quinolyl-8)-H	419
129.3*c	10 -HHHH	233	130.0 d	10 -HAAH	297
129.3 c	10 -HHHH	244	130.1 c	10 -BuHHH	284
129.3 c	15 -(quinolyl-7)-H	330	130.1 c	12 -β-HGH	44
129.3 c	15 -(quinolyl-8)-H	330	130.1 c	15 -(isoquinolyl-6)-H	334
129.4 c	5 -AHGH	20	130.1*c	15 -(phenanthryl-11)-H	456
129.4 w	10 -HHHCcp	355	130.1*c	15 -(phenanthryl-12)-H	456
129.4 c	10 -HHHH	157, 247	130.2 c	9 -Mj	14
129.4 c	10 -HHHMmo	432	130.2*w	10 -HBjHH	471
129.4 c	10 -KhHHH	230	130.2*w	10 -HHHH	471
129.4*c	15 -(quinoxalyl-5)-H	282	130.2 c	10 -HHKhH	230
			130.2*c	15 -(naphthyl-9)	414

Shift	Code	Spectrum Number	Shift	Code	Spectrum Number
130.2*c	15 -(naphthyl-10)	414	131.6 c	10 -HHJhH	349
130.3 s	(5)-H(J)nH(J)n	47	131.7 d	5 -AAAH	119
130.3 c	10 -JhEEH	223	131.7 c	5 -BbHHA	264, 313
130.3 c	10 -KaHHH	291	131.7 c	(5)-(B)b(J)bAA	399
130.4 c	10 -HAHH	234	131.7 c	5 -HHEU	15
130.5 c	10 -CdvHHOa	470	131.7 c	10 -(J)nH(J)nH	368
130.5 s	10 -HA(M)1H	475	131.7 c	15 -(naphthyl-10)	416
130.5 m	10 -HBcHH	499	131.8 c	10 -(J)1H(J)1H	366
130.5 c	10 -HEHH	148	131.9*d	(5)-(C)ccH(B)cH	372
130.5 c	10 -HHHH	158	131.9*d	(5)-(C)bcH(C)bcH	372
130.6 c	10 -AHMjMj	332	131.9 c	10 -(C)bc(B)bHOa	481
130.6 d	10 -HHHH	149	131.9 c	10 -HHHDfff	225
130.6 c	10 -JaHHOa	340	131.9 c	10 -(J)nH(J)nH	417
130.7 d	5 -AABbH	497	131.9 c	10 -RHOaOa	287
130.7 c	5 -BbHAH	188	131.9*c	15 -(phenanthryl-12)-H	456
130.7 c	10 -HHHMm	431	131.9*c	15 -(phenanthryl-11)-H	456
130.7 c	10 -HHJaH	290	132.0 c	10 -HHUH	226
130.7 c	10 -KbHHH	421	132.0 c	10 -KbHKbH	461
130.7 c	10 -ShHHH	164	132.0 c	11 -β-AAH	257
130.7*w	15 -(benzimidolyl-6)-A	500	132.1*d	(5)-(C)ccH(B)cH	372
130.7*w	15 -(benzimidolyl-5)-A	500	132.1*d	(5)-(C)bcH(C)bcH	372
130.8 c	5 -BbHAH	264	132.1 c	10 -(D)ccjH(N)hjH	485
130.8 c	15 -(pyridazyl-4)-H	105	132.2*c	10 -MjAHH	332
130.9 c	5 -BbHAH	313	132.2*c	10 -MjHHA	332
130.9*c	10 -HAHH	232	132.2 c	11 -β-JaHH	240
130.9*c	10 -HEHH	232	132.3 c	(5)-E(D)cdeE(D)cde	429
130.9 c	10 -NhhHOaOa	299	132.3 c	10 -HHHJb	463
130.9 c	15 -(pyrenyl-11)	469	132.3 w	10 -HHHSooo	163
131.0 c	5 -HJhVhhH	336	132.3 c	11 -β-AHH	256
131.0 c	10 -HAHH	238	132.5 c	5 -BoHHH	358
131.0 c	10 -HCdvHH	470	132.5 c	10 -HGHH	147
131.0*c	10 -HHHKb	461	132.5*c	10 -HHGH	222
131.0*c	10 -HHKbH	461	132.5*c	10 -HHUH	222
131.1 d	5 -AABbH	402	132.6 c	10 -BbHHOa	392
131.1 c	10 -DfffHHH	225	132.6 c	10 -EEHH	148
131.1*c	10 -HHHKa	296	132.6 c	10 -HHHJc	374
131.1*c	10 -HHKaH	296	132.6 c	10 -HHHKb	421
131.1 s	10 -(K)jH(K)jH	281	132.7 c	5 -AHHG	20
131.1 c	11 -β-AAH	259	132.7 c	10 -HHHJb	373
131.1 c	15 -(naphthyl-1)-Jh	414	132.7 c	10 -HHHU	226
131.1 c	15 -(quinolyl-8)-H	486	132.7 c	10 -HHLsvH	474
131.2 c	(5)-A(B)cH(B)c	394	132.8*d	(5)-(D)eelE(L)elE	102
131.2 c	10 -EHHA	234	132.8*d	(5)-E(L)elE(D)eel	102
131.3 c	10 -HHHMm	432	132.8 c	10 -HHHKa	291
131.3 c	10 -HHJeH	224	132.8 w	15 -(imidazolyl-5)	423
131.4 c	10 -HAHH	332	132.9 w	10 -CbpHHP	356
131.4 c	10 -HGHH	152	132.9*c	10 -HAHH	489
131.5 c	5 -AABbH	403, 407	132.9 c	10 -HGGG	145
131.5 c	15 -(naphthyl-10)	440	132.9 c	10 -HHHJa	288
131.6 c	10 -EEEH	146	132.9*c	10 -HHHXvv	489

Shift	Code	Spectrum Number	Shift	Code	Spectrum Number
133.0 c	10 -JjHHH	457	134.8*c	(5)-H(L)hlH(J)n	107
133.1 c	10 -JeHHH	224	134.8*c	(5)-H(N)hjH(L)hl	107
133.2 c	10 -BpHHOa	301	134.9 d	5 -HJhAH	57
133.2 c	10 -(J)d(D)aadHH	454	134.9*c	15 -(naphthyl-2)-H	414
133.2 w	15 -(imidazolyl-5)	424	134.9*c	15 -(naphthyl-4)-H	414
133.3*c	10 -HHGH	222	135.0 w	15 -(imidazolyl-4)-Bb	174
133.3*c	10 -HHUH	222	135.0 c	15 -(quinolyl-6)-A	418
133.3*c	10 -MjAHH	332	135.1 d	5 -DaaaHAA	314
133.3*c	10 -MjHHA	332	135.1 d	10 -EHHH	149
133.4*c	15 -(naphthyl-9)	414	135.1 c	11 -γ-HBaH	254
133.4*c	15 -(naphthyl-10)	414	135.1 c	15 -(naphthyl-2)-A	416
133.5 c	(5)-A(B)bH(B)c	400	135.2 c	11 -γ-HHJa	240
133.5 c	10 -HHHJh	223	135.2 c	15 -(quinolyl-4)-H	418
133.5 c	10 -HHXvvH	488	135.3 c	(5)-A(J)bH(B)c	386
133.6*d	10 -HHHJh	231	135.3 s	(5)-(C)bcH(C)bcH	339
133.6*d	10 -HHJhH	231	135.3 c	(5)-Caa(J)10a(J)l	436
133.6 c	10 -HHXH	478	135.3 w	10 -BjHHH	471
133.6 c	10 -MjHHH	228	135.3 c	10 -HHHJe	224
133.6*w	15 -(benzimidolyl-5)-A	500	135.3 c	10 -HHHSeoo	155
133.6*w	15 -(benzimidolyl-6)-A	500	135.4 c	10 -JbHHH	463
133.6 c	15 -(naphthyl-9)	416	135.5 d	5 -BoHHH	364
133.7*c	(5)-H(J)lH(J)l	366	135.5 c	10 -HHHKa	293
133.7 c	10 -CaaHPH	438	135.5 c	15 -(benzothiazolyl-8)	285
133.7*c	10 -HHH(J)l	366	135.5 c	15 -(indolyl-9)	283
133.7 c	10 -HHHKh	230	135.5 c	15 -(isoquinolyl-10)	334
133.9 c	10 -HHH(J)n	417	135.6 c	10 -DaaaHPH	425
133.9 c	10 -LhlHHH	336	135.7 c	10 -JaHH(B)b	420
134.0 c	10 -EHHH	233	135.7 c	11 -γ-HHH	106
134.0 c	10 -HHH(J)n	368	135.7 c	15 -(quinolyl-4)-H	335
134.0*c	10 -HHHKa	296	135.8 w	15 -(benzimidolyl-8)	500
134.0*c	10 -HHKaH	296	135.9 c	10 -AEHH	232
134.1*w	(5)-(C)cdH(C)cpH	479	135.9 d	11 -γ-HHH	165
134.1*w	(5)-(C)cpH(C)cdH	479	136.0 d	(5)-(B)cH(C)ccH	372
134.2 c	5 -BgHHH	21	136.0 c	15 -(indolyl-9)	341
134.2 c	10 -HHHJh	229	136.1 c	10 -DaaaHPH	385
134.2 c	10 -XvvHHA	488	136.1 s	10 -HHH(K)j	281
134.2 d	11 -γ-HCH	381	136.1 c	11 -γ-HHH	255
134.3 c	10 -EEHH	146	136.1 s	15 -(guanosinyl-8)-H	379
134.3 d	10 -EHHH	153	136.1 w	15 -(imidazolyl-2)-H	423, 424
134.3 c	10 -HHH(J)b	338	136.2 c	10 -AHHE	234
134.4 c	10 -EAHH	232	136.2 c	10 -BoHHH	345
134.4 c	10 -XvvAHH	489	136.2 c	10 -JcHHH	374
134.5 c	5 -CaaHHCaa	315	136.2*c	15 -(naphthyl-2)-H	414
134.5 c	10 -AHHDaaa	422	136.2*c	15 -(naphthyl-4)-H	414
134.6 d	5 -BeHHH	22	136.3 c	10 -BcHHH	435
134.6 c	10 -HHHR	157	136.3 c	10 -HHHJa	290
134.7 c	10 -CaaHPH	353	136.3 c	10 -LsvHHNaa	474
134.7 c	10 -HHHJj	457	136.3 c	11 -γ-HHH	252
134.7 c	15 -(quinolyl-4)-H	419	136.4 c	(5)-H(J)lH(J)l	151
134.8 d	5 -ABbBbH	497	136.4 c	10 -JhHHH	229

Shift	Code	Spectrum Number	Shift	Code	Spectrum Number
136.4 c	15 -(azulenyl-4)-H	367	138.1 c	10 -AHHXvv	488
136.4 c	15 -(isoquinolyl-10)	369	138.2 c	10 -NhjHHH	295
136.6 c	(5)-H(K)jH(K)j	45	138.3 c	11 -β-REH	154
136.6 c	10 -EHJhH	223	138.4 c	10 -CbgHHH	286
136.6*d	10 -HHHJh	231	138.4 w	10 -HHH(J)l	491
136.6*d	10 -HHJhH	231	138.4 c	10 -JhHHH	346
136.7 c	11 -γ-HAH	258, 259	138.4 d	10 -SaHHH	249
136.7 c	15 -(quinolyl-4)-H	330	138.5*c	(5)-H(J)lH(J)l	366
136.8 c	10 -AAHH	303	138.5*c	10 -HHH(J)l	366
136.8 d	10 -(B)b(B)bHH	371	138.8 c	5 -(D)bccHHH	485
136.9 d	5 -ABbBpH	402	138.9 d	5 -BbHHHH	445
136.9 d	5 -AKaHH	114	138.9 d	11 -β-CHH	381
136.9 c	10 -(J)b(B)bHH	338	139.0 c	5 -BbHHH	316
136.9 c	11 -γ-HAA	256	139.1 c	11 -β-BaHH	254
136.9*c	15 -(azulenyl-6)-H	367	139.1 c	15 -(naphthyl-9)	440
136.9*c	15 -(azulenyl-2)-H	367	139.2 c	10 -BnHHH	465
137.0 w	11 -γ-HHJn	159	139.4 w	10 -CcpHHH	355
137.0*c	15 -(azulenyl-2)-H	367	139.4 s	15 -(adeninyl-8)-H	377
137.0*c	15 -(azulenyl-6)-H	367	139.7 c	10 -AHHH	233
137.1 c	10 -AHHI	238	139.7 c	10 -(N)bvHVhnH	458
137.1 m	10 -BcHHH	499	139.8 c	10 -AHHH	247
137.1 c	10 -HHIH	238	139.8 c	10 -VhhHHI	430
137.1 c	10 -JaHHH	288	140.1 c	10 -BbHHH	344
137.1 c	10 -JbHHH	373	140.1 c	10 -(M)lH(O)lH	227
137.2 d	5 -AKbHH	310	140.1 s	15 -(adeninyl-8)-H	376
137.2 c	10 -BsHHH	459	140.1 c	15 -(azulenyl-9)	367
137.2 d	10 -HIHH	156	140.4 c	10 -BbHHH	343
137.2 c	10 -XvvHHH	478	140.4 c	10 -VhhHHH	430
137.2 wb	15 -(thiazolyl-4)-H	245	140.4 wb	15 -(adeninyl-8)-H	384
137.3*w	15 -(thiazolyl-4)-A	437	140.5 s	15 -(adeninyl-8)-H	378
137.3*w	15 -(thiazolyl-5)-Bb	437	140.6 d	10 -BbHHH	347
137.4 d	10 -AHHH	351	140.8*c	10 -(B)c(C)coHH	337
137.4 c	11 -γ-HHR	154	140.8 c	10 -BpHHH	246
137.5 c	5 -BpHHH	30	140.8*c	10 -(C)co(B)cHH	337
137.5 d	5 -HHHU	16	140.9 c	10 -(N)hj(D)ccjHH	485
137.5 c	10 -AEHH	236	141.1 d	10 -BnHHH	304
137.5 c	10 -(B)b(C)bcHH	481	141.4*c	10 -MmHHOb	493
137.5 c	11 -γ-HHH	109	141.4*c	10 -MmoHHOb	493
137.5 w	15 -(benzimidolyl-9)	500	141.5 c	5 -AA(B)b(J)b	399
137.6 d	10 -AHHH	297	141.5 c	10 -NhhBaBaH	391
137.6 c	10 -HHIH	430	141.5 c	10 -RHHOa	241
137.7 d	10 -AHHH	243	141.6*c	(5)-H(L)hlH(J)n	107
137.7 c	10 -(C)boHHH	289	141.6*c	(5)-H(N)hjH(L)hl	107
137.7 c	10 -(C)bvHHP	464	141.6*c	10 -MmHHOa	460
137.7 c	10 -HHZH	498	141.6*c	10 -MmoHHOa	460
137.9*c	10 -MmHHOb	493	141.6 c	10 -Vbh(B)vHH	452
137.9*c	10 -MmoHHOb	493	141.7 p	(5)-(B)c(D)abcH(B)c	494
138.0 c	10 -HHIH	239	141.7 d	10 -BnHHH	388
138.0*c	10 -MmHHOa	460	141.8 d	5 -HQaHH	61
138.0*c	10 -MmoHHOa	460	141.9 c	5 -(C)bcHHH	486

Shift	Code	Spectrum Number	Shift	Code	Spectrum Number
142.1 c	15 -(quinolyl-4)-E	331	145.1 c	5 -DabpHHH	407
142.2 c	10 -NamHHH	244	145.3 c	11 -α-AAH	257
142.5 c	10 -AHXvvH	489	145.5*c	10 -(O)dA(B)bP	496
142.5 w	15 -(benzimidolyl-2)-H	500	145.5*c	10 -PAA(O)d	496
142.7*c	10 -(B)b(C)bnHH	348			
142.7 d	10 -BbHHH	380	145.6*w	15 -(pyrimidyl-6)-H	437
142.7*c	10 -(C)bn(B)bHH	348	145.6*w	15 -(thiazolyl-2)-H	437
142.7*w	10 -(O)c(D)bcc(O)aH	479	145.7 c	15 -(naphthyl-1)-Bb	440
142.7*w	10 -OaH(O)c(B)c	479	145.8 c	(5)-(D)aak(Q)dAA	307
142.7 c	15 -(isoquinolyl-3)-H	334	145.9 c	10 -CapHHH	300
			145.9 c	15 -(quinolyl-9)	330
142.8 c	15 -(quinoxalyl-9)	282	146.2 w	15 -(adeninyl-2)-H	383
143.0 d	13 -α-HH	48	146.4 c	11 -α-HH	259
143.0 w	15 -(adeninyl-8)-H	383	146.4 c	13 -α-HH	162
143.1 w	5 -HNaaaHH	136	146.4 c	15 -(quinolyl-9)	418
143.1 s	(6)-H(N)hj(L)ll	375	146.5*c	10 -OaEHNhh	299
143.1 c	10 -(B)vHVbhH	452	146.5*c	10 -OaHNhhE	299
143.1 c	11 -α-ER	154	146.6 c	5 -A(C)bbHH	386
143.2 c	(5)-H(N)ajH(J)n	170	146.7 c	5 -A(C)bcHH	404
143.2 c	15 -(thiazolyl-4)-H	17	146.7 c	10 -MmHHOb	487
143.3 d	(5)-(C)blH(C)blH	242	146.8 w	10 -(D)acpH(J)lH	491
143.4 c	(5)-HVhqH(K)v	333	146.9 c	11 -γ-AHH	260
143.4*c	10 -(B)c(C)coHH	337	147.0*c	10 -(B)b(C)bvHH	464
143.4 c	10 -BnHHH	251	147.0*c	10 -(C)bv(B)bHH	464
143.4*c	10 -(C)co(B)cHH	337	147.0 c	10 -RHHG	147
143.5 w	10 -SoooHHH	163	147.1 c	11 -α-HH	254
143.6*w	15 -(thiazolyl-4)-A	437	147.2*w	10 -(O)c(D)bcc(O)aH	479
143.6*w	15 -(thiazolyl-5)-Bb	437	147.2*w	10 -OaH(O)c(B)c	479
143.7 c	5 -(C)bbHHH	306	147.2 c	15 -(quinolyl-2)-H	486
143.7 c	10 -CpvHHH	453	147.3*c	10 -(B)b(C)bnHH	348
143.8 c	15 -(quinolyl-9)	419	147.3*c	10 -(C)bn(B)bHH	348
143.9 c	(5)-(D)abcJa(B)cH	490	147.3 c	11 -α-HA	256
143.9 c	10 -(B)bH(B)bH	342	147.3 c	11 -α-HH	257
143.9 c	15 -(quinolyl-9)	486	147.5*c	10 -OaEHNhh	299
144.0*c	10 -(B)b(C)bvHH	464	147.5*c	10 -OaHNhhE	299
144.0*c	10 -(C)bv(B)bHH	464	147.5 c	10 -OaHPH	292
144.0*c	10 -MmHHH	432	147.6*c	10 -OaHOaBb	392
144.0*c	10 -MmoHHH	432	147.6*c	10 -OaHOaH	392
144.1 c	10 -NhhBaHH	305	147.7 c	10 -NchHHH	389
144.1 c	10 -SeooHHH	155	147.7 c	11 -α-HH	109
144.2 d	(5)-A(C)bhH(B)c	396	147.8 c	10 -NbbHHH	390
144.2 c	(5)-(B)cH(J)bA	386	148.0 c	10 -DaaaHHA	422
144.2 d	10 -BaHHH	298	148.1 c	15 -(quinolyl-9)	335
144.4 c	10 -(B)b(B)bHH	420	148.2*c	10 -MmHHH	432
144.4*c	10 -(O)dA(B)bP	496	148.2*c	10 -MmoHHH	432
144.4*c	10 -PAA(O)d	496	148.2 c	10 -RHHH	157
144.5 c	10 -NhhAHH	303	148.3*w	11 -α-HH	159
144.8 c	13 -α-KaH	162	148.3*w	11 -α-HJn	159
144.8 c	15 -(quinoxalyl-2)-H	282	148.5 s	15 -(adeninyl-4)	377
145.0 w	10 -PHPCbp	356	148.5 c	15 -(quinolyl-4)-Ccp	486
145.0 w	10 -PHPH	161, 356	148.6 c	10 -NhhHHH	158

Shift	Code	Spectrum Number	Shift	Code	Spectrum Number
148.6*d	11 -α-H(C)bn	381	151.5 c	15 -(isoquinolyl-3)-A	369
148.6*d	11 -α-HH	381	151.6 d	5 -AHHU	53
148.7 c	10 -CaaHHH	352	151.8 c	(5)-(B)b(C)bdHH	395
148.7 d	13 -α-HH	104	151.8 c	(9)-(N)al(N)aj	170
148.7*w	15 -(adeninyl-4)	383	151.8 s	15 -(adeninyl-2)-H	377
148.7*w	15 -(adeninyl-6)-Nhh	383	151.8 c	15 -(isoquinolyl-1)-H	369
148.8 c	11 -α-HH	260	151.9 c	10 -OaFHJa	340
148.9 c	15 -(quinolyl-9)	331	152.0 c	10 -FHOaH	340
149.1 c	10 -DaapHHH	354	152.2*c	10 -MmHHQb	487
149.1*c	10 -OaHOaBb	392	152.2*c	10 -QbHHMm	487
149.1*c	10 -OaHOaH	392	152.2 c	15 -(isoquinolyl-1)-H	334
149.1 c	11 -α-HH	255	152.3 c	5 -HVhhJhH	336
149.1 s	15 -(adeninyl-4)	376	152.3 c	10 -PHOaJh	292
149.1 wb	15 -(adeninyl-4)	384	152.4*w	11 -α-HH	159
149.4*c	10 -OaEHOa	294	152.4*w	11 -α-HJn	159
149.4*c	10 -OaHHOa	294	152.4 s	15 -(adeninyl-2)-H	376
149.4 c	11 -α-HA	258	152.5 c	10 -MmHHH	431
149.4 c	11 -α-HBa	254	152.5 c	10 -PCaaHH	353
149.4 d	11 -α-HH	165	152.5 s	15 -(adeninyl-2)-H	378
149.5 c	(5)-A(K)jH(K)j	103	152.6 c	(6)-H(O)vVho	227
149.5 d	5 -DaaaHHH	187	152.6 c	10 -PADaaaH	425
149.5 s	15 -(adeninyl-4)	378	152.7 c	11 -γ-BaHH	253
149.5 c	15 -(quinolyl-2)-H	331	152.7 c	15 -(thiazolyl-2)-H	17
149.6*d	11 -α-H(C)bn	381	152.8 c	10 -ZHHH	498
149.6*d	11 -α-HH	381	152.9 c	10 -NaaHHLsv	474
149.7 c	11 -α-HH	253	153.1 s	6 -ALamP	71
149.8 c	11 -α-HH	106	153.3 c	10 -PHHE	236
149.8*c	11 -α-HH	240	153.3*c	11 -α-HH	240
149.8*c	11 -α-HJa	240	153.3*c	11 -α-HJa	240
149.9 c	5 -A(C)bbHH	400	153.3 wb	15 -(adeninyl-2)-H	384
149.9 c	10 -(B)b(B)bHJa	420	153.3 c	15 -(benzothiazolyl-9)	285
149.9 c	10 -PCaaCaaH	438	153.4 c	10 -PHH(C)bv	464
149.9 c	11 -α-HA	257	153.7 d	5 -AHHJh	57
150.0 c	10 -(O)1H(M)1H	227	153.7 s	(9)-(L)ln(N)hl	375
150.0 c	15 -(quinolyl-2)-H	335	153.8 c	10 -(Q)1H(L)h1H	333
150.2 d	5 -AHUA	53	153.8 d	13 -α-JhH	104
150.2 w	(5)-Bn(O)cH(B)c	484	153.8 s	15 -(guanosinyl-2)-Nhh	379
150.2*c	10 -MmHHQb	487	153.9*c	10 -OaEHOa	294
150.2 d	10 -NahHHH	250	153.9*c	10 -OaHHOa	294
150.2*c	10 -QbHHMm	487	154.0 c	10 -PDaaaHH	385
150.4 c	(5)-(B)b(B)bHH	110	154.0 c	15 -(pyrazinyl-2)-A	108
150.4 c	10 -OxHHH	477	154.1 c	10 -NaaHHJh	349
150.6 c	10 -NhhHKaH	296	154.5*c	10 -OaEHR	287
150.6*w	15 -(adeninyl-4)	383	154.5*c	10 -OaHRE	287
150.6*w	15 -(adeninyl-6)-Nhh	383	154.9 c	10 -(B)b(J)bHH	338
150.9 c	15 -(quinolyl-2)-H	330	154.9 c	10 -PHHH	160
151.0 c	15 -(pyridazyl-3)-E	105	155.0 c	(5)-(B)cH(D)abcJa	490
151.3 c	10 -NhnHHH	168	155.0 c	10 -PHHH	247
151.5 c	10 -OxHHH	476	155.2 c	6 -AAP	35
151.5 s	15 -(guanosinyl-4)	379	155.2 c	(9)-(O)b(O)c	62

Shift	Code	Spectrum Number	Shift	Code	Spectrum Number
155.2 c	11 -α-AH	258	159.9*c	10 -OaEHR	287
155.3 s	15 -(adeninyl-6)-Nhh	377	159.9*c	10 -OaHRE	287
155.5*c	(5)-(J)10a(J)1A	436	160.1 c	10 -OaHHMmo	460
155.5*c	(5)-(J)10a(J)1Caa	436	160.2 d	10 -ObHHH	248
155.5 c	9 -ObOb	363	160.4 c	(9)-(L)h1(O)v	333
155.5*w	15 -(pyrimidyl-6)-H	437	160.8 c	(6)-(B)c(C)bcP	408
155.5*w	15 -(thiazolyl-2)-H	437	161.1 c	9 -DeeeOb	51
155.6 wb	15 -(adeninyl-6)-Nhh	384	161.2 c	10 -OaHHH	346
155.7*c	(5)-(J)10a(J)1A	436	161.3 c	10 -ObHHMm	493
155.7*c	(5)-(J)10a(J)1Caa	436	161.4 d	10 -PHJhH	231
155.9 s	15 -(adeninyl-6)-Nhh	378	161.4 wb	15 -(thiazolyl-2)	245
155.9*c	15 -(quinolyl-2)-A	419	161.5 c	6 -(C)bb(C)bbP	261
155.9*c	15 -(quinolyl-6)-Oa	419	161.5 c	10 -(D)aadH(J)dH	454
156.0 c	10 -OaHHF	237	161.5 c	10 -ObHHMm	487
156.1 s	15 -(adeninyl-6)-Nhh	376	161.7 c	10 -PHKaH	293
156.2 s	(9)-(L)h1(N)hn	47	161.8 c	10 -OaHHMm	460
156.3 w	(5)-(C)cqP(K)cP	171	162.3 c	10 -PHJaH	290
156.9 c	11 -α-AA	259	162.4 c	9 -HNaa	34
157.0 c	6 -AJaP	68	163.0 c	9 -DfffP	1
157.0*c	15 -(quinolyl-2)-A	419	163.1 s	(9)-(Q)vVhk	281
157.0*c	15 -(quinolyl-6)-Oa	419	163.2 c	(9)-(L)h1(N)aj	170
157.1 w	(9)-(N)bd(N)hj	178	163.4 c	11 -α-BaH	255
157.1 s	15 -(guanosinyl-6)	379	163.8*w	15 -(pyrimidyl-2)-A	437
157.4 c	10 -FHHOa	237	163.8*w	15 -(pyrimidyl-4)-Nhhh	437
157.5 c	10 -OaHH(C)bc	481	163.9 c	10 -FHHH	158
157.5 c	11 -α-AH	252	164.0*w	15 -(pyrimidyl-2)-A	437
157.6 d	10 -OvHHH	433	164.0*w	15 -(pyrimidyl-4)-Nhhh	437
157.6 c	15 -(quinolyl-2)-A	418	164.3 c	(9)-(L)h1(O)j	103
157.6 c	15 -(quinolyl-6)-Oa	486	164.3 c	(9)-(L)h1(Q)1	45
157.7 w	6 -NbhNhhH	213	164.4 c	15 -(pyridazyl-6)-Oa	105
157.8 c	9 -NahOb	86	164.6 c	11 -α-OaH	154
157.8 c	9 -NhhOb	37	164.7 c	10 -OaHHR	241
158.0 c	9 -KbOb	183	165.3 c	(9)-(L)h1(N)h1	107
158.0 c	11 -α-AH	260	165.4 c	9 -NaaNaa	137
158.1*w	6 -KhNbhH	462	165.9 c	(5)-(C)bb(D)aacHH	393
158.1 c	9 -DfffOb	52	166.4 c	9 -ObVhh	421
158.1*w	9 -LmnP	462	166.4 c	15 -(benzothiazolyl-2)-A	285
158.2 c	10 -OaHHE	235	166.5 c	(9)-(L)a1(O)j	103
158.6 c	9 -DeeeMj	14	166.7 d	9 -BkOb	263
158.6 d	11 -α-AH	165	166.7 d	9 -La1Ob	310
158.8 c	10 -OaHHBp	301	166.8 c	9 -OaVhh	291
158.9 c	11 -α-NhhH	109	167.2 c	9 -BjOb	181
159.0 c	9 -OaW	162	167.3 d	9 -La1Oa	114
159.0 c	10 -OaHHCdv	470	167.5 c	(9)-(N)bjVhj	368
159.1 c	10 -FHHF	150	167.6 d	9 -AO1	61
159.3 c	10 -OaHHI	239	167.6 w	9 -BnP	134
159.7 c	(5)-A(B)dH(J)b	357	167.9 w	9 -BnNbh	72
159.7 c	10 -ObHHHmo	493	167.9 c	(9)-(N)bVhj	417
159.8*w	6 -KhNbhH	462	168.0 c	9 -EVhh	224
159.8*w	9 -LmnP	462	168.4 c	9 -AOb	492

Shift	Code	Spectrum Number	Shift	Code	Spectrum Number
168.5 c	9 -OaVhn	296	175.3 w	9 -CcpP	64
169.5 wb	5 -NhwPHJa	245	175.4 w	9 -CbnP	111
169.5 c	9 -ANhv	295	175.9 c	9 -CbgP	65
169.6 d	9 -ANaa	85	176.5 w	9 -CanP	36
169.6 d	9 -AOc	126	176.8 wb	9 -CbnP	38
169.7 c	(5)-A(C)bdH(J)c	387	177.0*w	9 -BcP	63
170.0 c	(5)-(B)b(D)abcH(J)b	482	177.0*w	9 -CbsP	63
170.0 c	9 -AOb	302	177.1 w	9 -BnP	72
170.1 d	9 -AOb	273	177.5 w	9 -DbbpP	172
170.1 c	9 -AOc	311	177.9 c	(9)-(B)b(O)b	60
170.2*c	9 -ANch	435	177.9 c	9 -BbP	31
170.2 c	9 -AOd	194	178.1 c	9 -AP	7
170.2*c	9 -CbnOa	435	178.2 d	9 -HW	104
170.3 c	9 -BaQb	182	178.6 c	9 -BdP	439
170.4 c	(5)-(B)b(D)abcH(J)b	492	179.4 c	(9)-(B)b(N)bh	67
170.4 c	9 -AOb	309	179.5 c	(9)-(B)b(N)bh	185
170.5 c	(5)-(B)b(D)abcH(J)b	490	179.5 c	9 -BbP	344
170.5 c	9 -AOb	345	179.6 c	(9)-(D)ccv(N)hv	485
170.5 c	9 -OaVhp	293	180.4 w	(9)-(D)aan(N)hj	178
170.6 w	9 -NhhW	159	180.5 c	9 -BbP	480
170.7 c	9 -BsOb	127	180.6 c	9 -BbP	193, 362
170.9 c	9 -AOb	411	181.0 c	9 -AOz	446
171.4 c	(5)-(B)b(D)abcH(J)b	483	181.2 wb	9 -CbnP	189
171.5 w	9 -BnO	382	181.4 wb	9 -CcnP	87
171.7 c	9 -BbOv	487	182.0 w	9 -BbO	111
172.0 c	9 -BbNbb	473	182.3 w	(9)-(C)bc(O)b	424
172.1 c	9 -BbOb	442	182.7 w	(9)-(C)bc(O)b	423
172.2 s	(9)-(C)cc(Q)c	339	182.7 wb	9 -CbnP	135
172.3*c	9 -ANch	435	183.2 c	9 -CbbP	317
172.3*c	9 -CbnOa	435	183.6 w	(9)-(B)b(N)hj	55
172.4 c	9 -BbOc	467	183.8*c	(9)-(L)al(L)lo	436
172.6 c	9 -PVhh	230	183.8*c	(9)-(L)cl(L)lo	436
172.8 c	9 -BbOb	467	184.5*c	(9)-(L)al(L)lo	436
172.9 c	(9)-(B)b(N)bl	173	184.5*c	(9)-(L)cl(L)lo	436
172.9 s	(9)-(B)b(Q)b	49	184.7 wb	9 -CbnP	203
173.2 c	9 -BbE	167	184.7 c	(9)-(L)hlVhj	366
173.3 w	9 -CbnP	174	185.5 c	9 -BjVhh	463
173.3 wa	9 -CbnP	204	187.1 c	(9)-(L)hl(L)hl	151
173.5 c	9 -BbOb	318	188.1 wb	9 -ALhl	245
173.5 c	(9)-(D)aal(O)l	307	188.3 c	9 -HVee	223
173.6 c	9 -CbgP	18	189.7 c	9 -HVhh	349
174.0 c	9 -BbOa	274, 468	190.0 c	(9)-(D)aadVhd	454
174.0 w	(9)-(L)lp(O)c	171	191.3 c	9 -HVhh	292
174.2 w	9 -BdP	172	191.4 d	5 -APHJa	115
174.9 w	9 -(C)bnP	118	191.4 d	9 -ALhl	115
175.0 w	9 -CbnP	213	191.6 c	9 -HVhh	346
175.3*w	9 -BcP	63	192.0 c	9 -HVhh	229
175.3 w	9 -(C)bnP	117	193.0 c	9 -HW	414
175.3 w	9 -CbnP	212	193.2 c	9 -HLhl	336
175.3*w	9 -CbsP	63	193.4 d	9 -HLhl	57

Shift	Code	Spectrum Number
193.9 c	9 -(thio)-NaaNaa	138
194.1 d	9 -ASb	192
194.3 c	9 -JvVhh	457
194.5 d	9 -ASh	6
195.5 c	9 -AVhh	340
196.2 c	9 -A(L)dl	490
196.5 c	9 -AW	240
196.7 d	9 -HVhp	231
197.4 c	9 -AVhh	420
197.5 c	9 -AW	434
197.6 c	9 -AVhh	288
198.6 c	(9)-(B)b(L)hl	482
198.6 c	(9)-(B)c(L)al	386
198.8 c	9 -ALam	68
198.9 c	(9)-(B)b(L)hl	490
199.0 c	(9)-(B)d(L)hl	357
199.1 c	(9)-(B)c(L)bl	399
199.4 c	(9)-(B)b(L)hl	483
199.6 c	(9)-(B)b(L)hl	492
199.7 c	9 -AH	5
199.8 c	9 -BbVhh	373
200.5 c	9 -ABk	181
201.1 c	9 -BbH	343
201.9 d	9 -ABj	115
201.9 d	9 -BbH	74
202.2 c	9 -BcH	403
203.0 c	(9)-(C)bd(L)hl	387
204.0 c	9 -CaaVhh	374
204.3*c	(9)-(B)d(C)cd	492
204.3*c	9 -Bq(D)bdp	492
204.4 c	9 -AVhp	290
205.1 d	9 -DaabH	276
206.0 c	9 -AA	28
206.2 c	(9)-(B)bVbh	338
206.4 w	9 -(thio)-NbbS	120
207.6 d	9 -ABa	75
208.0 c	9 -ABc	190
208.4 c	9 -ABb	270
208.7*c	(9)-(B)d(C)cd	492
208.7*c	9 -Bq(D)bdp	492
209.0 d	9 -BaBb	426
210.0 c	9 -BcBc	361
210.6 c	9 -BbBb	268
211.2 c	9 -ACap	76
211.2 c	9 -BaBb	269
211.3 c	(9)-(B)b(B)b	179
211.4 c	9 -BaBa	122
211.5 c	(9)-(B)b(B)b	405
211.8 c	9 -ACaa	121
212.5 c	(9)-(B)b(C)bc	441
215.0 c	(9)-(D)aaj(D)aaj	308
218.2 d	9 -(B)b(B)b	113
218.4 c	(9)-(B)c(D)abc	397
219.0 c	(9)-(B)b(B)c	180
219.7 c	(9)-(B)b(D)abc	482
220.2 c	(9)-(B)b(D)abc	481
222.3 c	(9)-(D)aac(D)abb	398
228.7 c	9 -(thio)-VhhVhh	474

Carbon-13 NMR Spectra

trifluoroacetic acid

1

$C_2HF_3O_2$

O=C(OH)—CF₃
  b a

$J_{CF} = 283.8\,Hz$
$J_{CCF} = 43.7\,Hz$

EXPERIMENTAL PARAMETERS

Instr.	XL-100
Mode	FT
Time	30 min
Solv.	CDCl₃
Conc.	1ml/2ml solv

ASSIGNMENTS

a	115.0
b	163.0

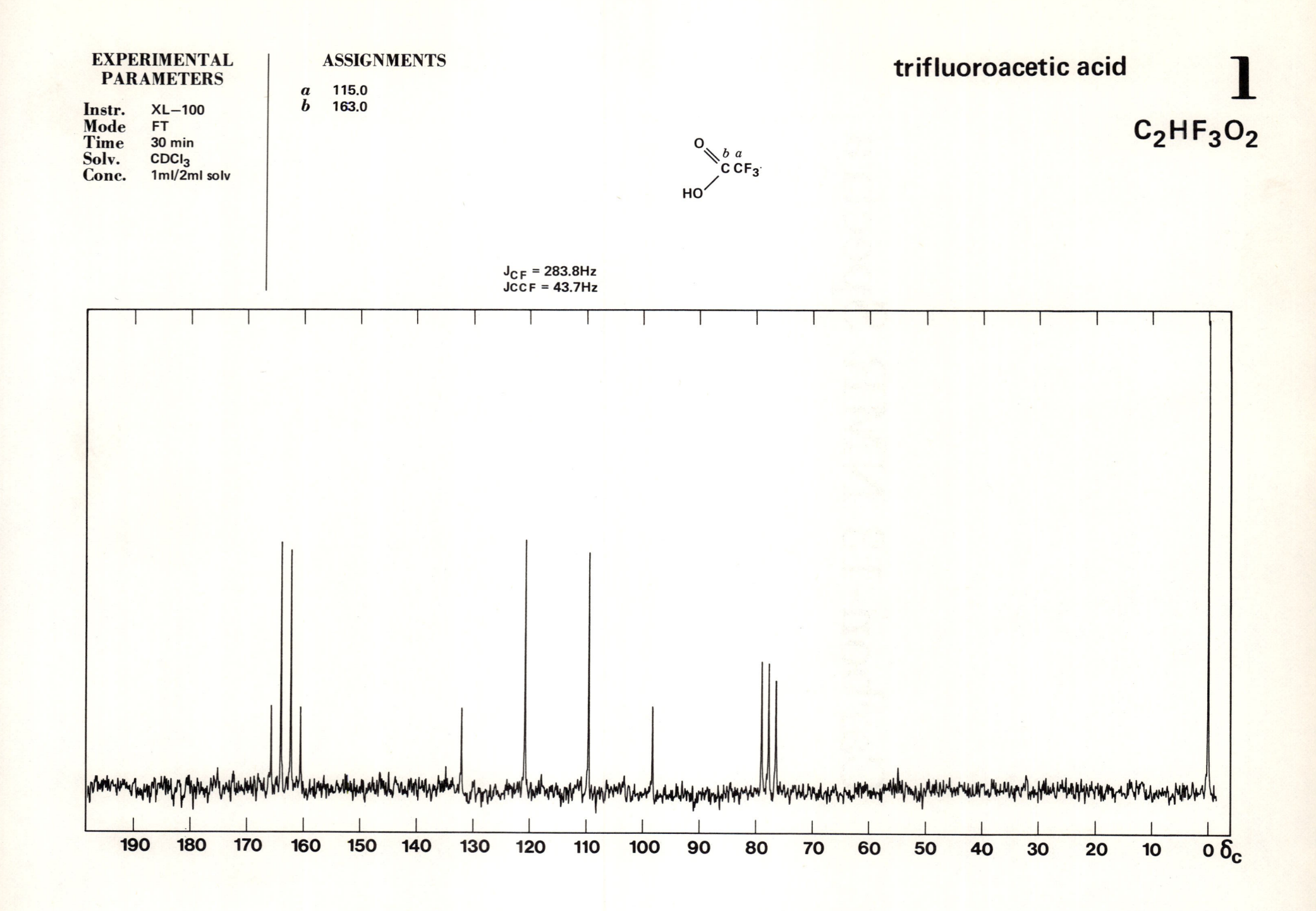

1,1,2-tribromoethane

$C_2H_3Br_3$

ASSIGNMENTS

a 38.7 t
b 40.3 d

Br₂CHCH₂Br
 b   a

EXPERIMENTAL PARAMETERS

Instr. XL–100
Mode FT
Time 5.3 min
Solv. CDCl₃
Conc. 1ml/3ml soln

δ_c

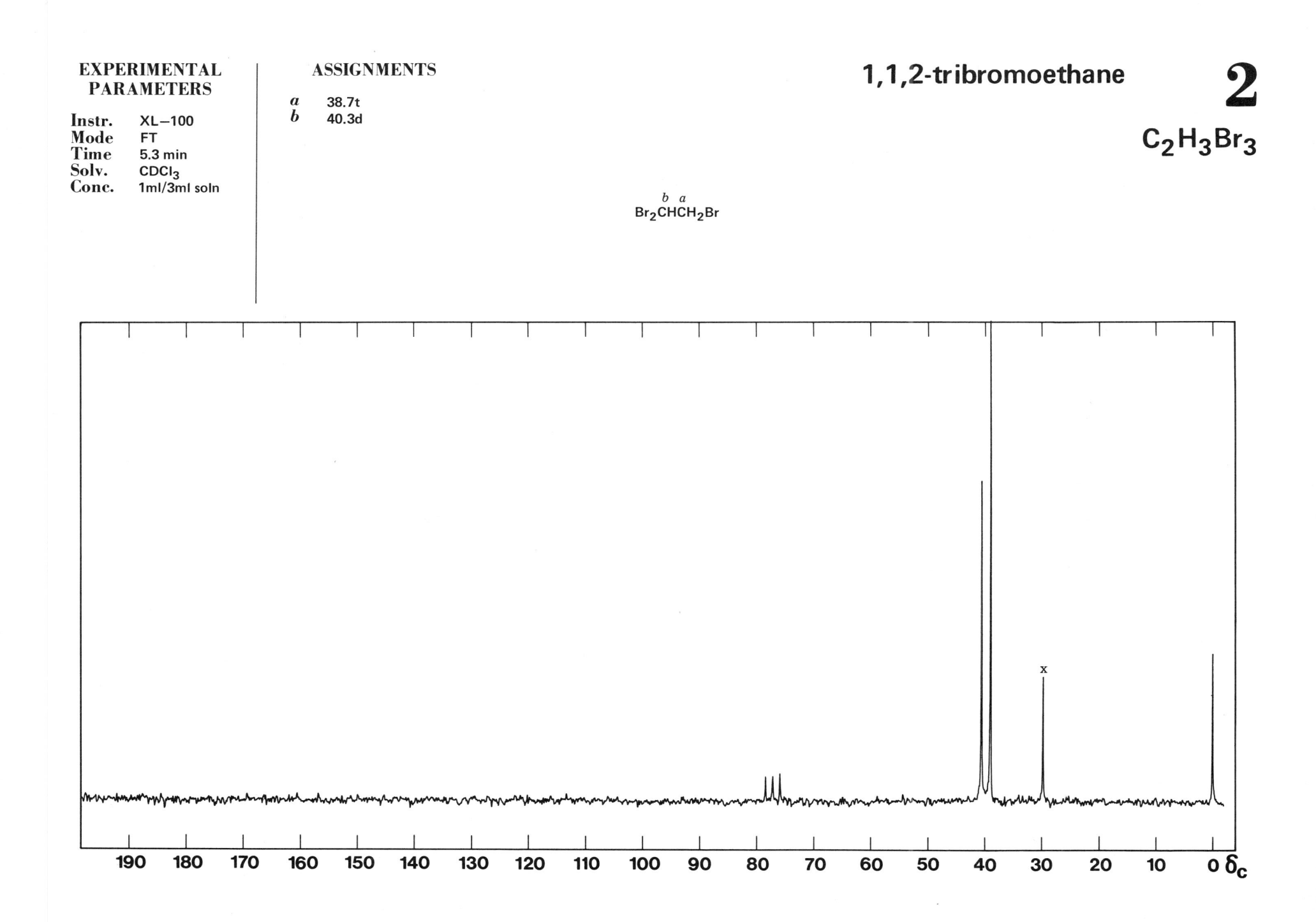

3

1,1,2-trichloroethane

C₂H₃Cl₃

EXPERIMENTAL PARAMETERS

Instr. XL–100
Mode FT
Time 5.3 min
Solv. CDCl₃
Conc. 1ml/3ml soln

ASSIGNMENTS

a 50.1
b 70.4

$\overset{b}{Cl_2CH}\overset{a}{CH_2Cl}$

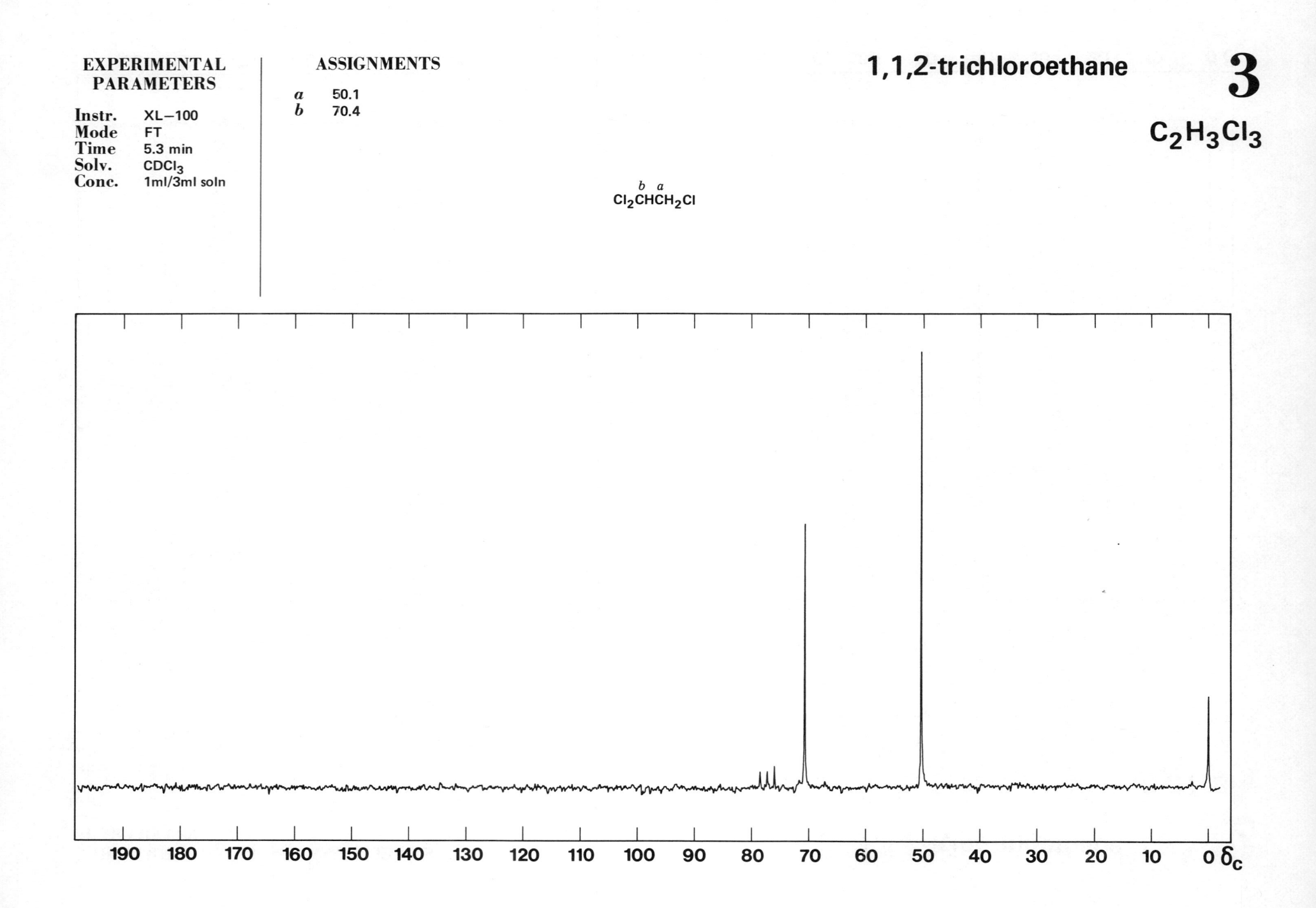

acetonitrile

C_2H_3N

4

EXPERIMENTAL PARAMETERS

Instr. HA-100
Mode CW
Time 15 min
Solv. Dioxane
Conc. .5ml/1ml soln

ASSIGNMENTS

a 1.3
b 117.7

$\overset{a}{C}H_3\overset{b}{C}N$

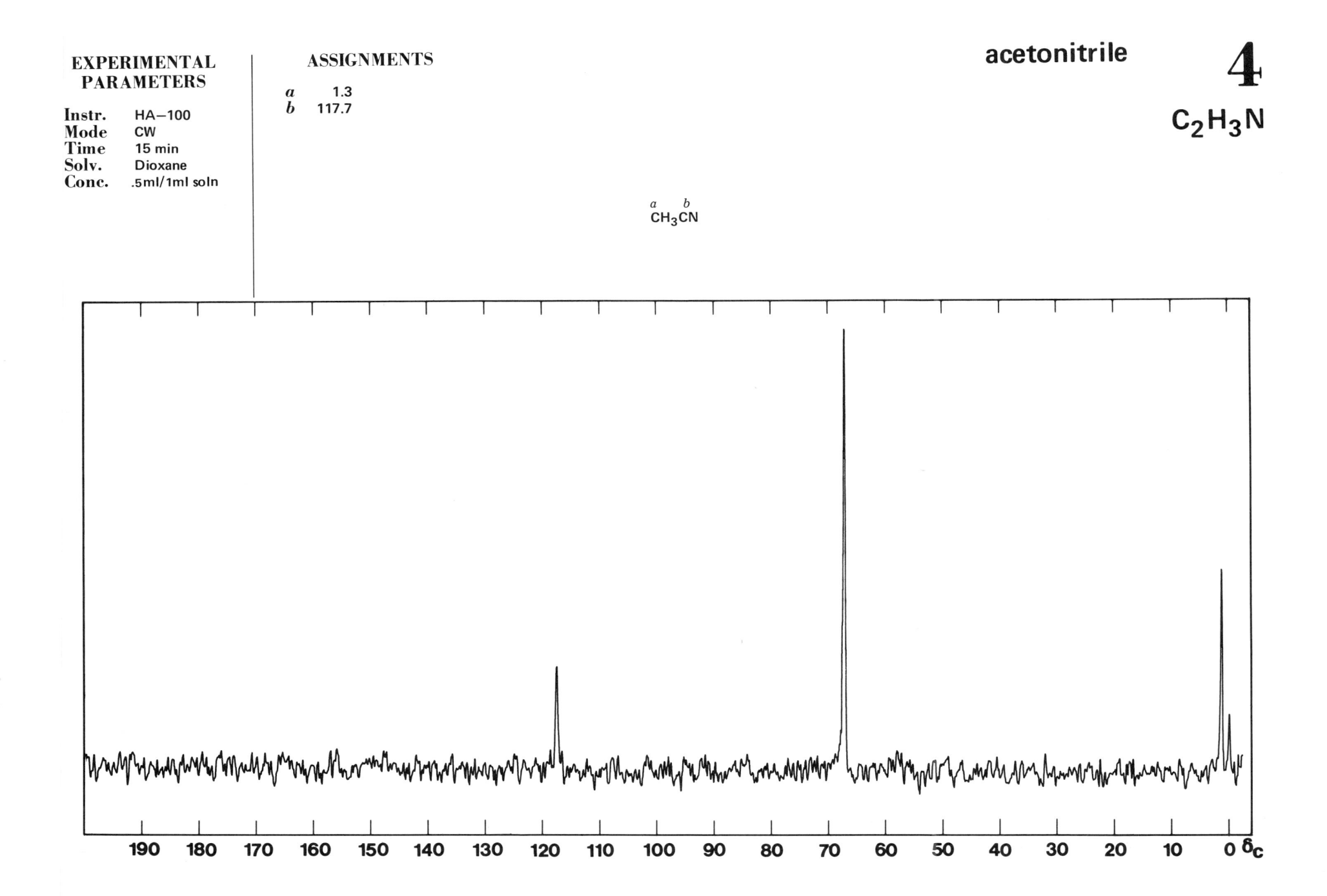

5

acetaldehyde

C_2H_4O

EXPERIMENTAL PARAMETERS

Instr. XL-100
Mode FT
Time 5.3 min
Solv. CDCl₃
Conc. 1ml/3ml soln

ASSIGNMENTS

a 30.7
b 199.7

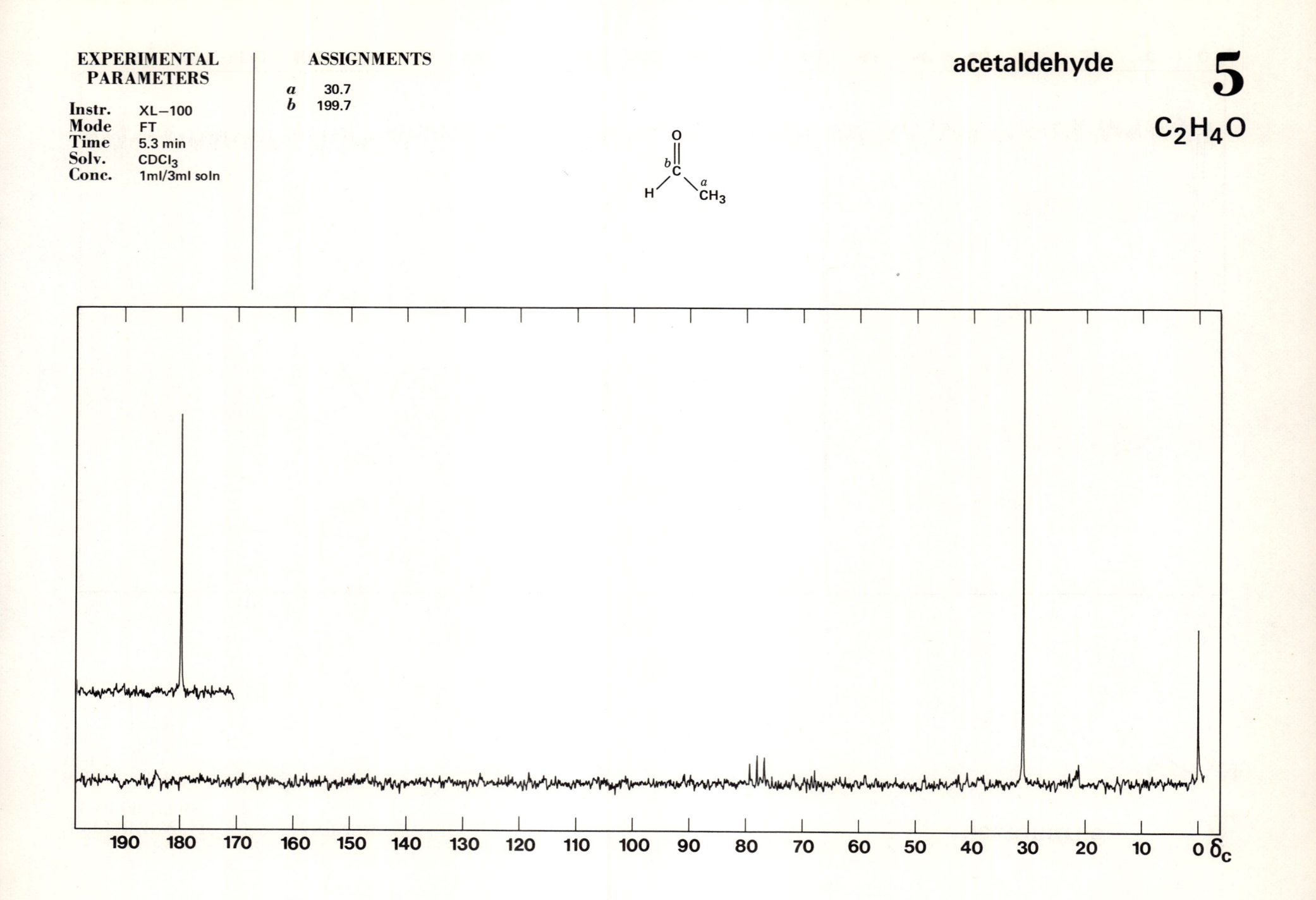

Structure: $\underset{H}{\overset{O}{\underset{\|}{}}}{}^{b}C-{}^{a}CH_3$

δ_c

thioacetic acid

6

C_2H_4OS

EXPERIMENTAL PARAMETERS

Instr. HA-100
Mode CW
Time 15 min
Solv. Dioxane
Conc. .5ml/1ml soln

ASSIGNMENTS

a 32.6
b 194.5

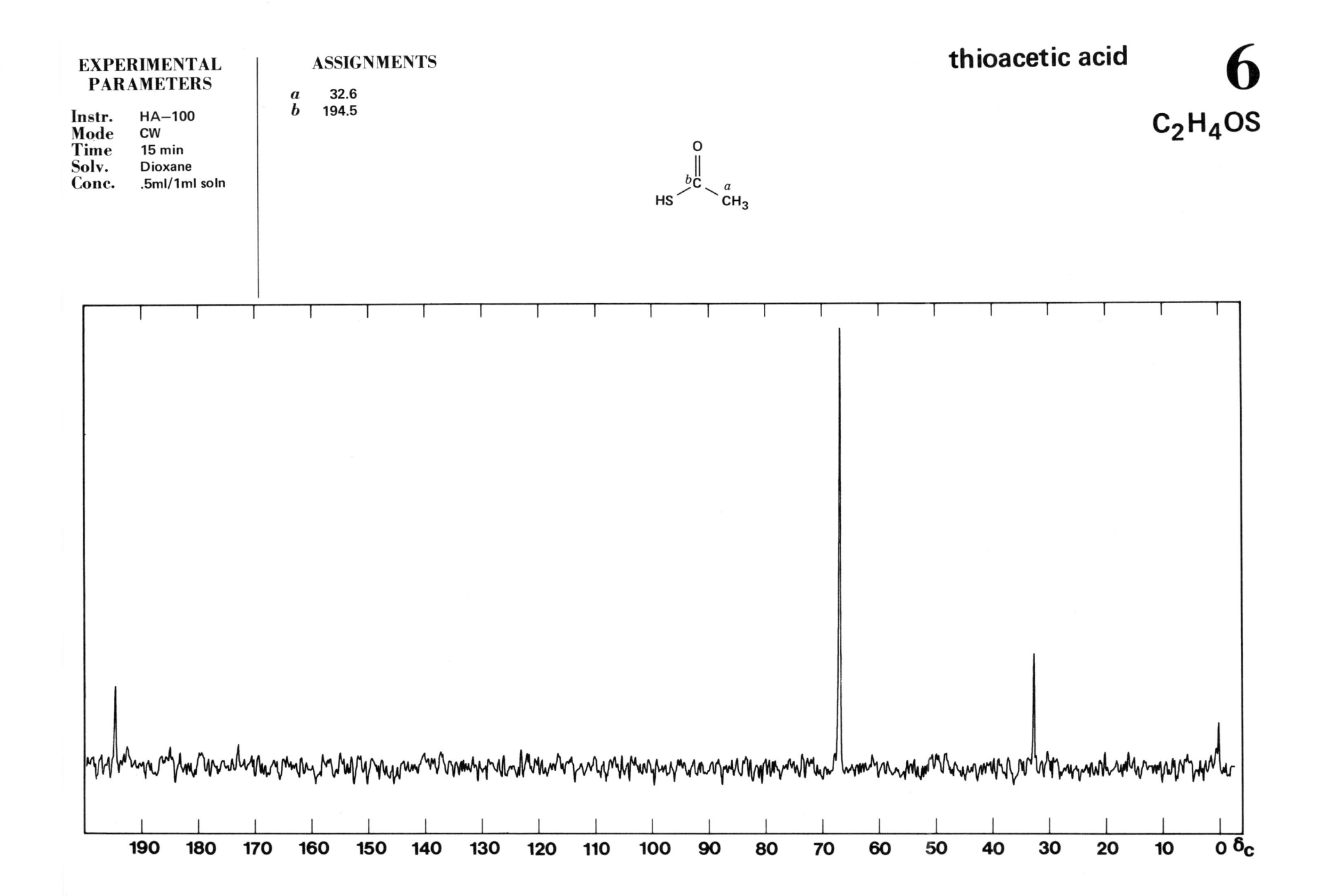

Structure: $HS-\underset{b}{C}(=O)-\underset{a}{CH_3}$

7

acetic acid

$C_2H_4O_2$

EXPERIMENTAL PARAMETERS

Instr. XL–100
Mode FT
Time 5 min
Solv. CDCl$_3$
Conc. 1ml/2ml solv

ASSIGNMENTS

a 20.6
b 178.1

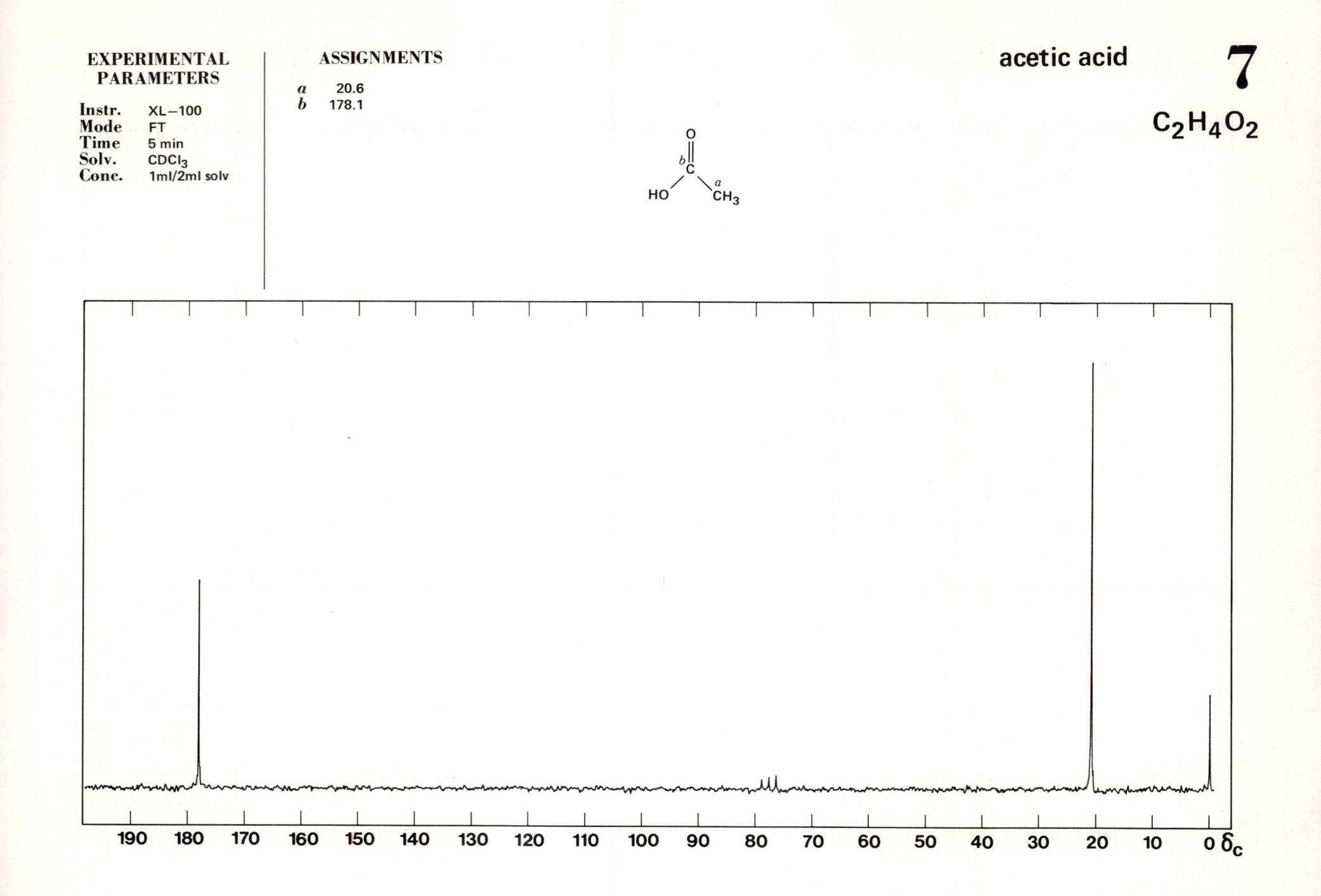

ethanesulfonyl chloride

8

$C_2H_5ClO_2S$

EXPERIMENTAL PARAMETERS

Instr.	XL-100
Mode	FT
Time	5.3 min
Solv.	CDCl$_3$
Conc.	1ml/2ml solv

ASSIGNMENTS

a	9.1
b	60.2

$\overset{a}{C}H_3\overset{b}{C}H_2SO_2Cl$

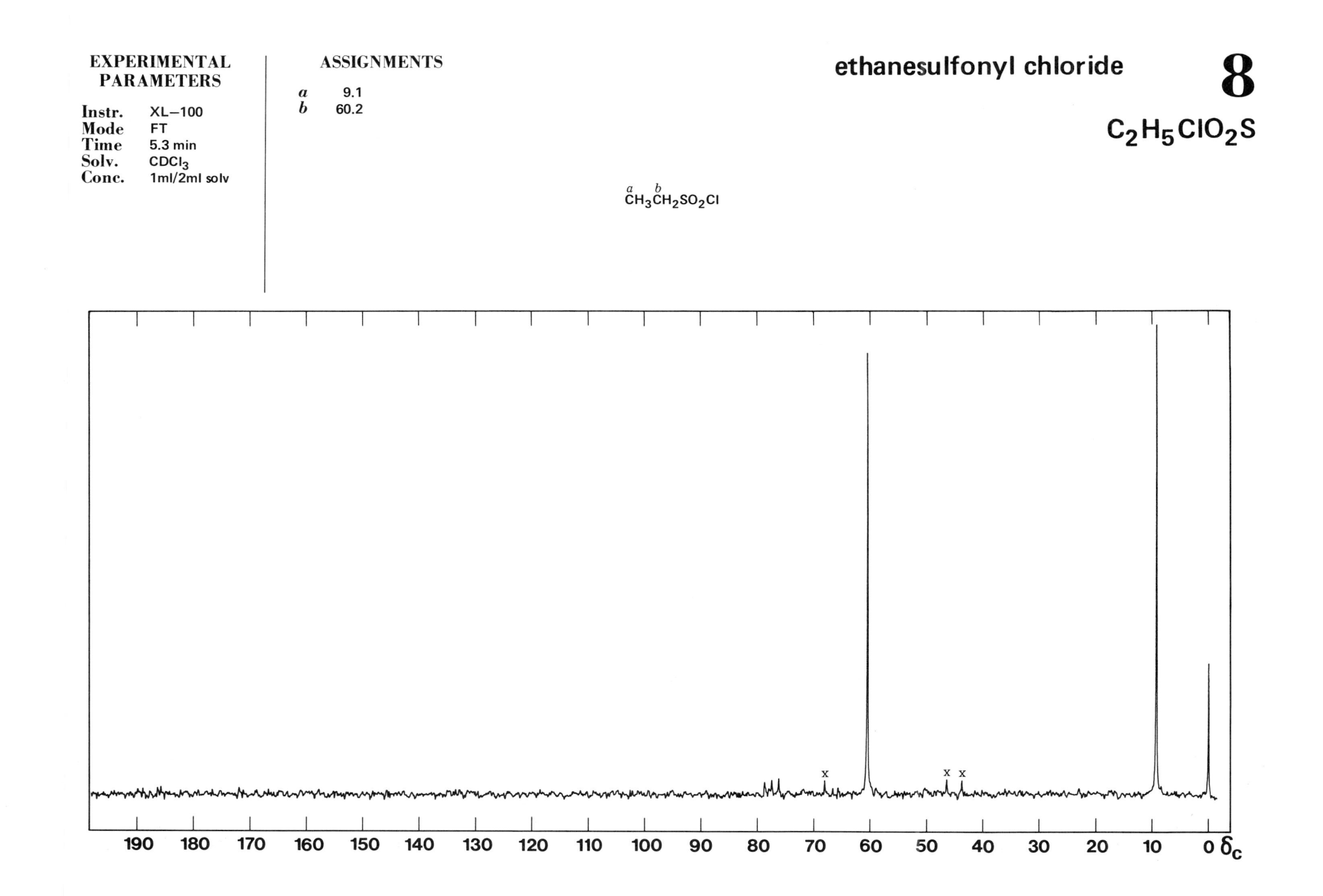

9

ethyl iodide

C_2H_5I

$\overset{a}{I}\overset{b}{CH_2CH_3}$

EXPERIMENTAL PARAMETERS

Instr. XL-100
Mode   FT
Time   5.3 min
Solv. CDCl$_3$
Conc. 1ml/3ml soln

ASSIGNMENTS

a −1.2
b 20.5

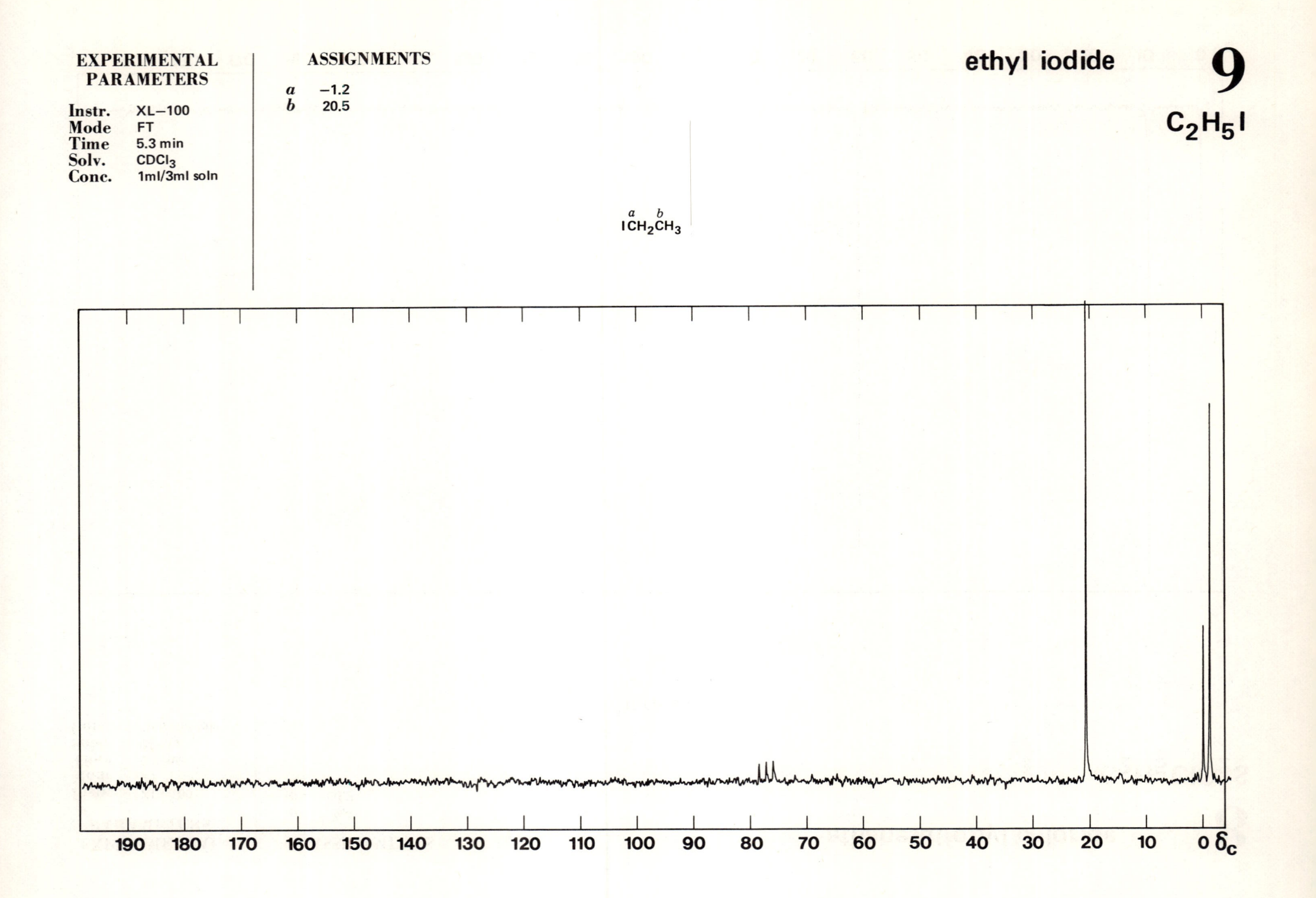

nitroethane 10

$C_2H_5NO_2$

EXPERIMENTAL PARAMETERS

Instr. XL–100
Mode FT
Time 5.3 min
Solv. CDCl₃
Conc. 1ml/3ml soln

ASSIGNMENTS

a 12.3
b 70.7

$\overset{a}{C}H_3\overset{b}{C}H_2NO_2$

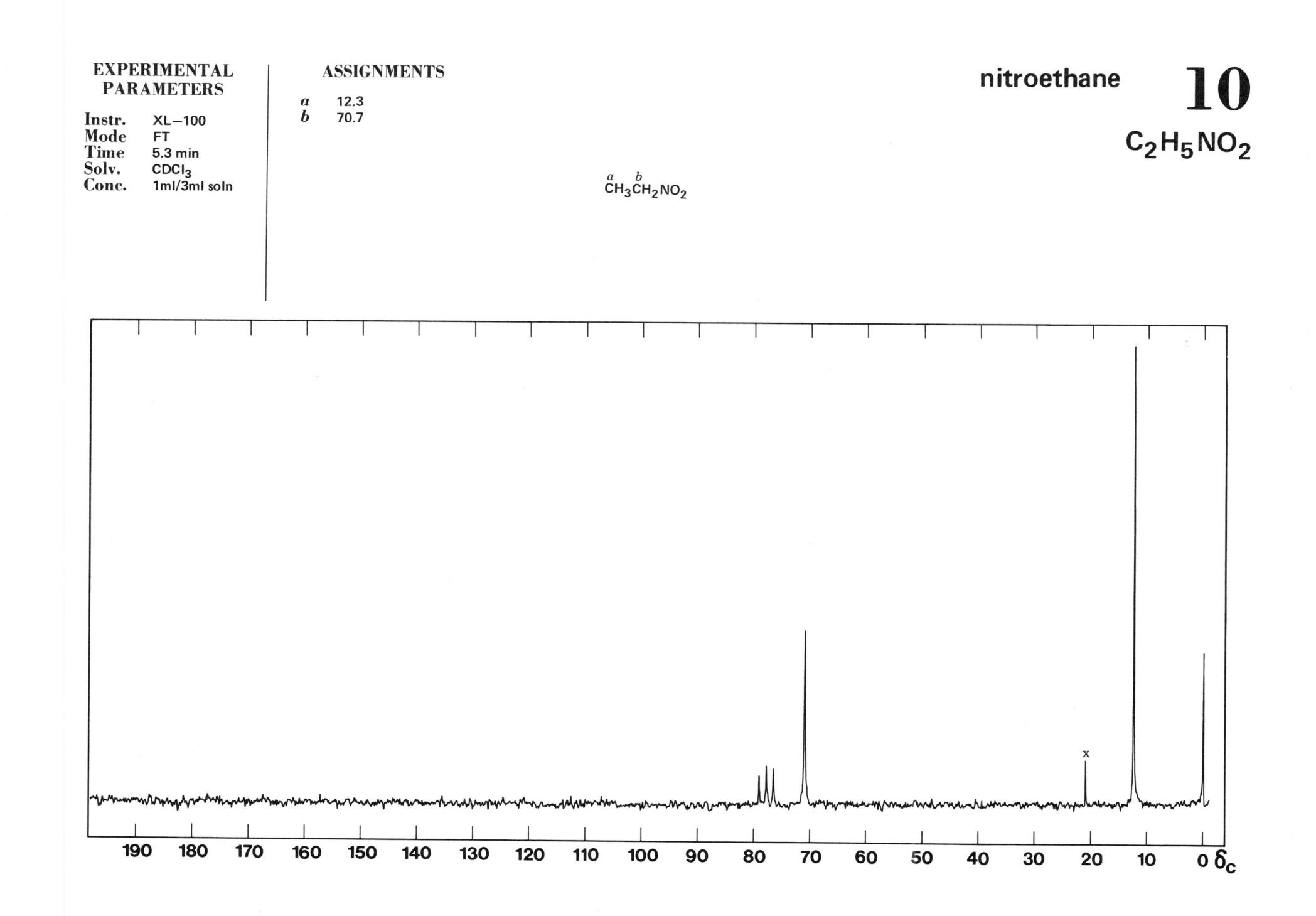

11

N-nitrosodimethylamine

$C_2H_6N_2O$

EXPERIMENTAL PARAMETERS

Instr. HA–100
Mode CW
Time 15 min
Solv. Dioxane
Conc. .5ml/1ml soln

ASSIGNMENTS

a 32.1
b 39.9

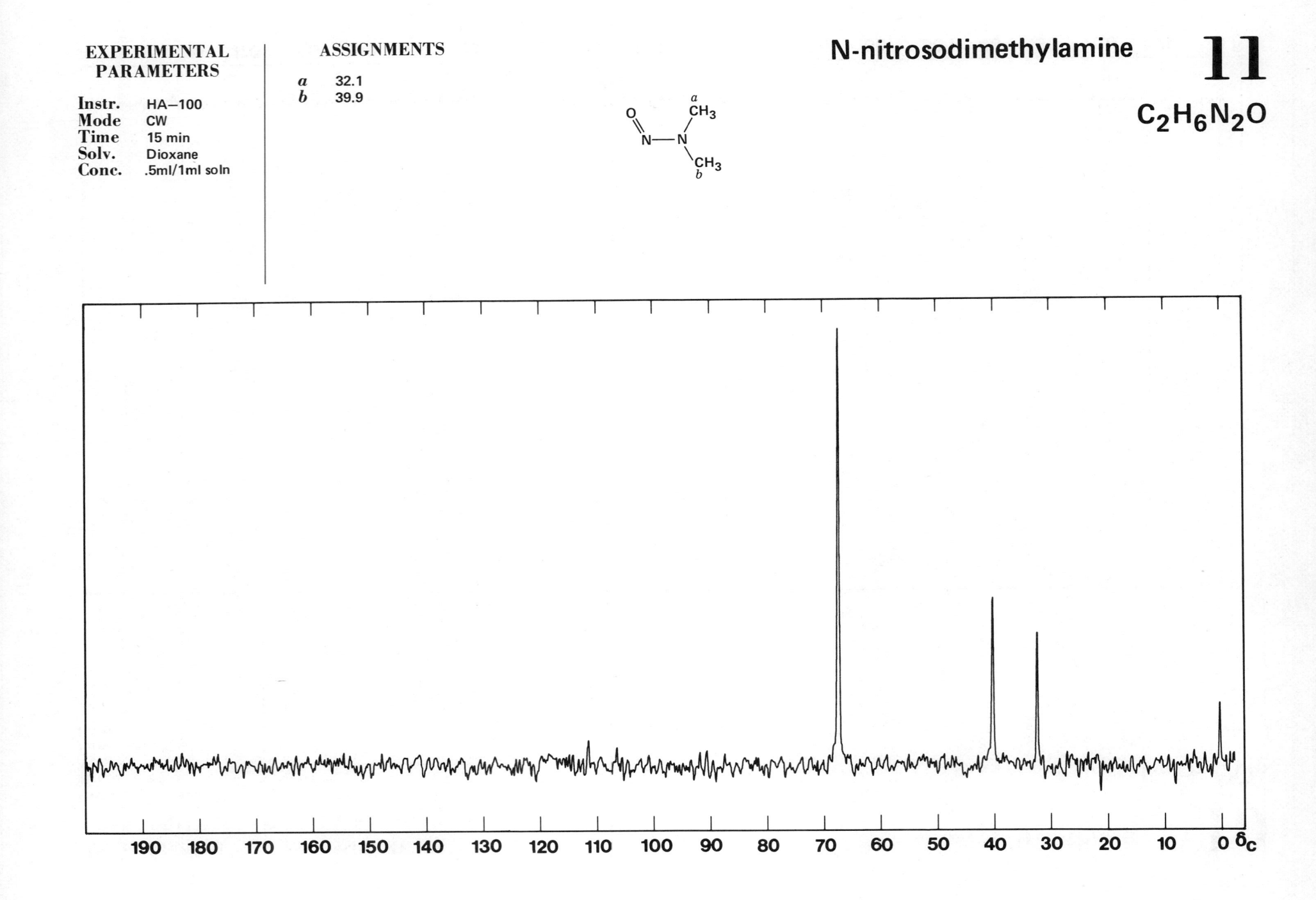

2-mercaptoethanol

12

C$_2$H$_6$OS

EXPERIMENTAL PARAMETERS

Instr.	HA–100
Mode	CW
Time	15 min
Solv.	Dioxane
Conc.	.5ml/1ml soln

ASSIGNMENTS

a	27.1
b	64.0

$\overset{a}{\text{HS}}\text{CH}_2\overset{b}{\text{CH}_2}\text{OH}$

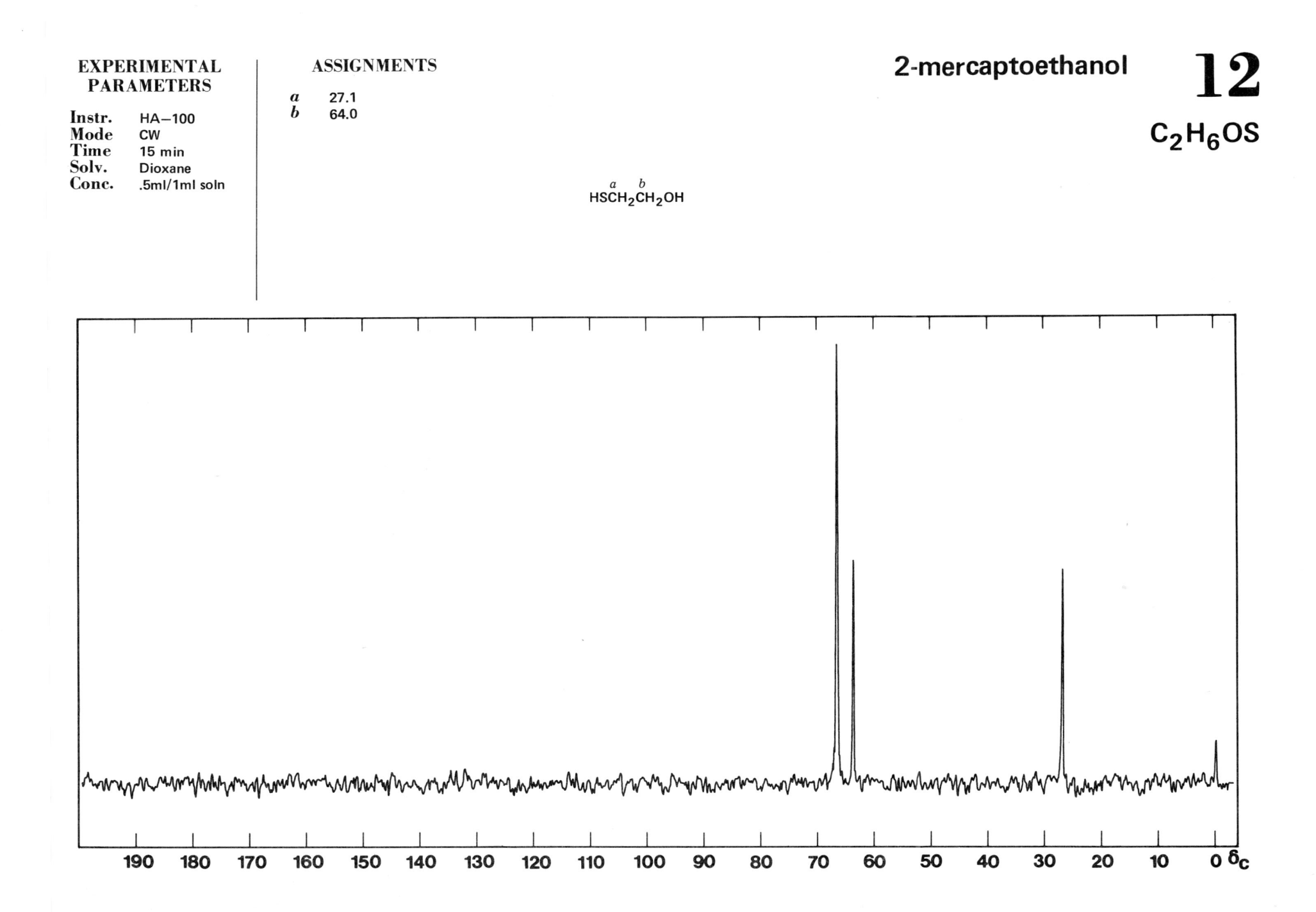

ethyl sulfate 13

$C_4H_{10}O_4S$

$O_2S(OCH_2CH_3)_2$
  b   a

EXPERIMENTAL PARAMETERS

Instr. XL-100
Mode FT
Time 5.3 min
Solv. CDCl$_3$
Conc. 1ml/3ml soln

ASSIGNMENTS

a 14.5
b 69.6

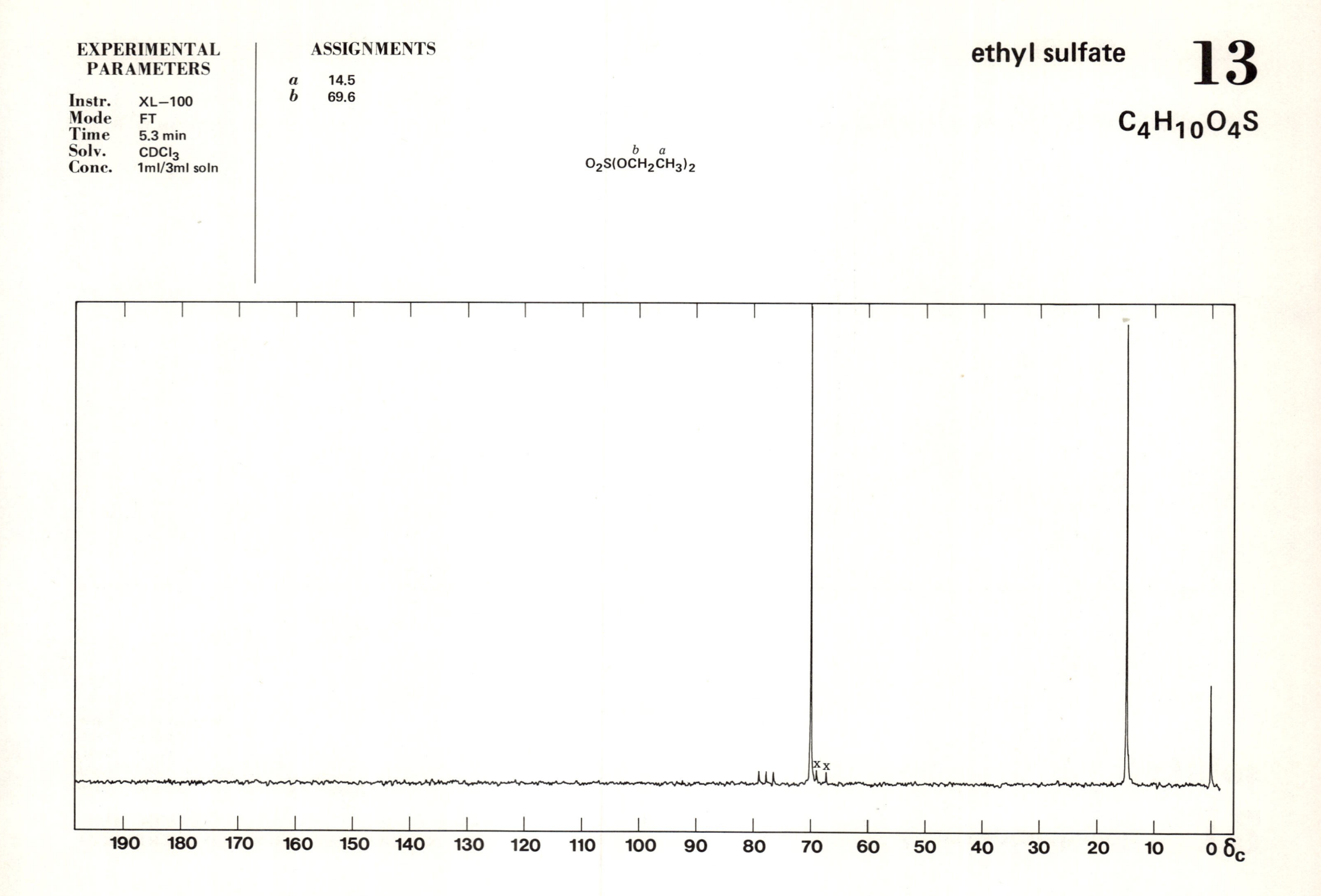

14

trichloroacetylisocyanate

$C_3Cl_3NO_2$

EXPERIMENTAL PARAMETERS

Instr. XL-100
Mode FT
Time 67 min
Solv. CDCl$_3$
Conc. 1ml/3ml soln
Pulse Width 15 μsec

ASSIGNMENTS

a 92.4
b 130.2
c 158.6

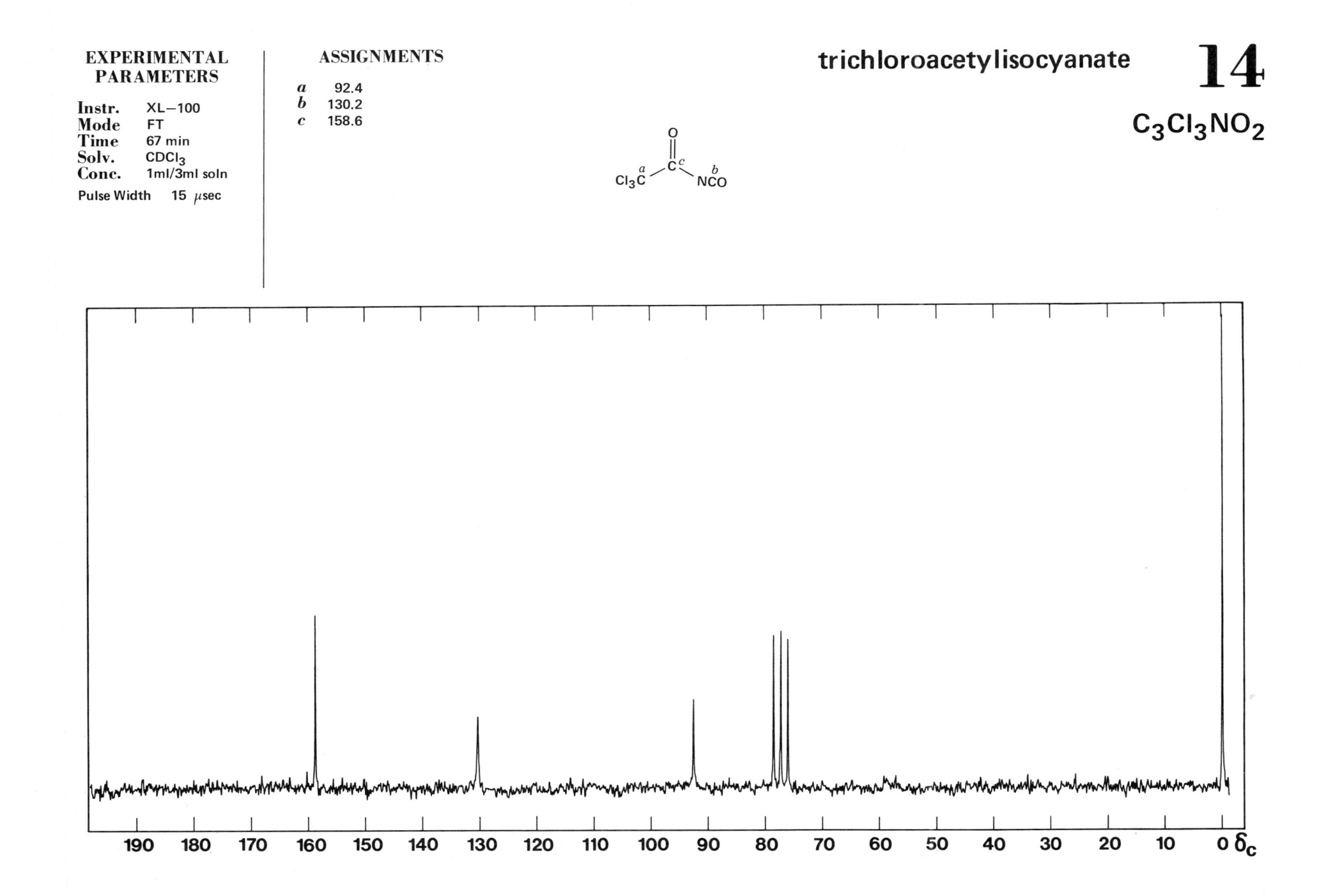

$$Cl_3\overset{a}{C}-\overset{O}{\underset{\|}{\overset{c}{C}}}-\overset{b}{N}CO$$

2-chloroacrylonitrile **15**

C_3H_2ClN

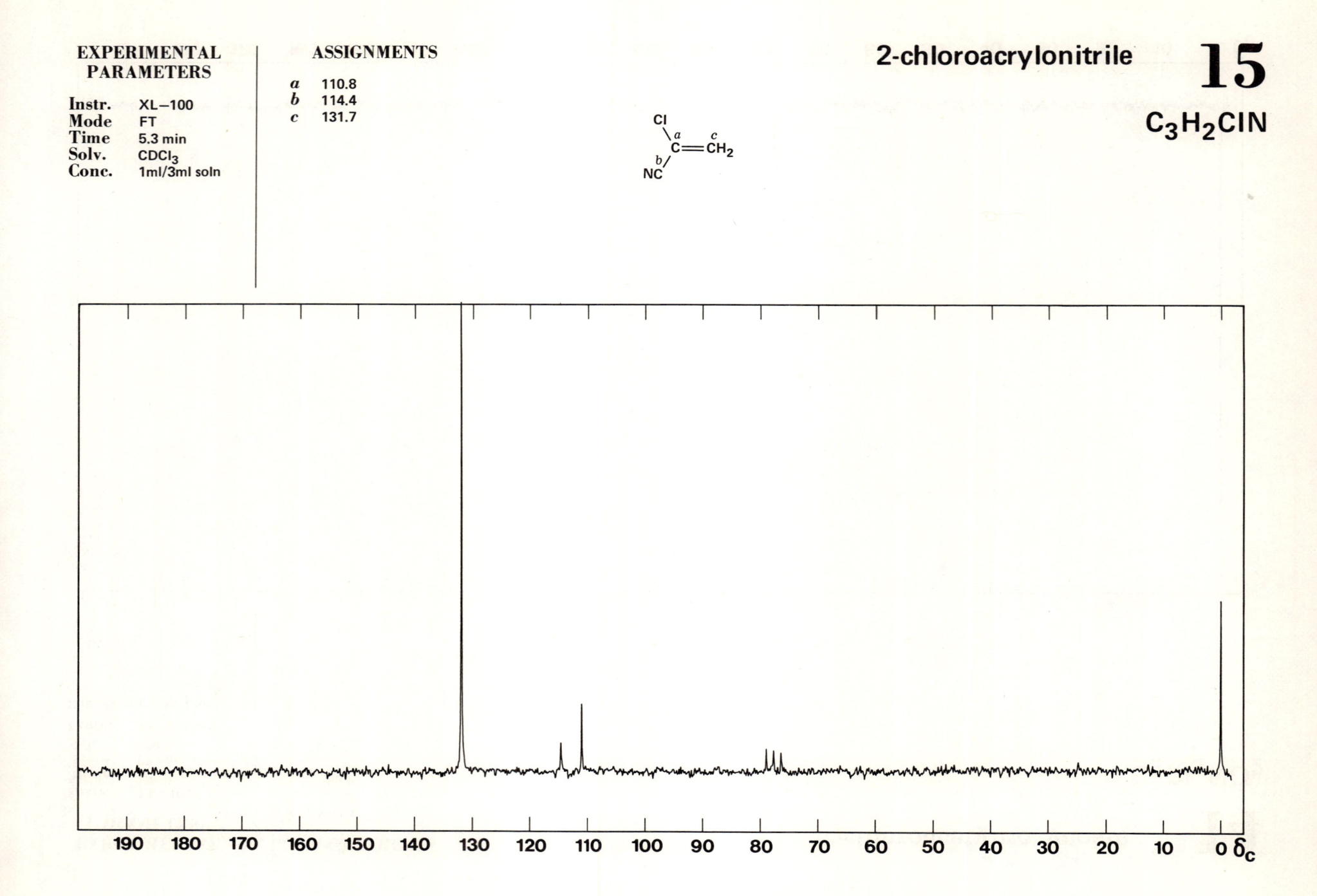

EXPERIMENTAL PARAMETERS

Instr.	XL–100
Mode	FT
Time	5.3 min
Solv.	$CDCl_3$
Conc.	1ml/3ml soln

ASSIGNMENTS

a	110.8
b	114.4
c	131.7

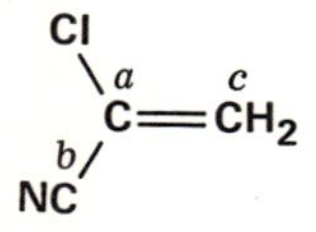

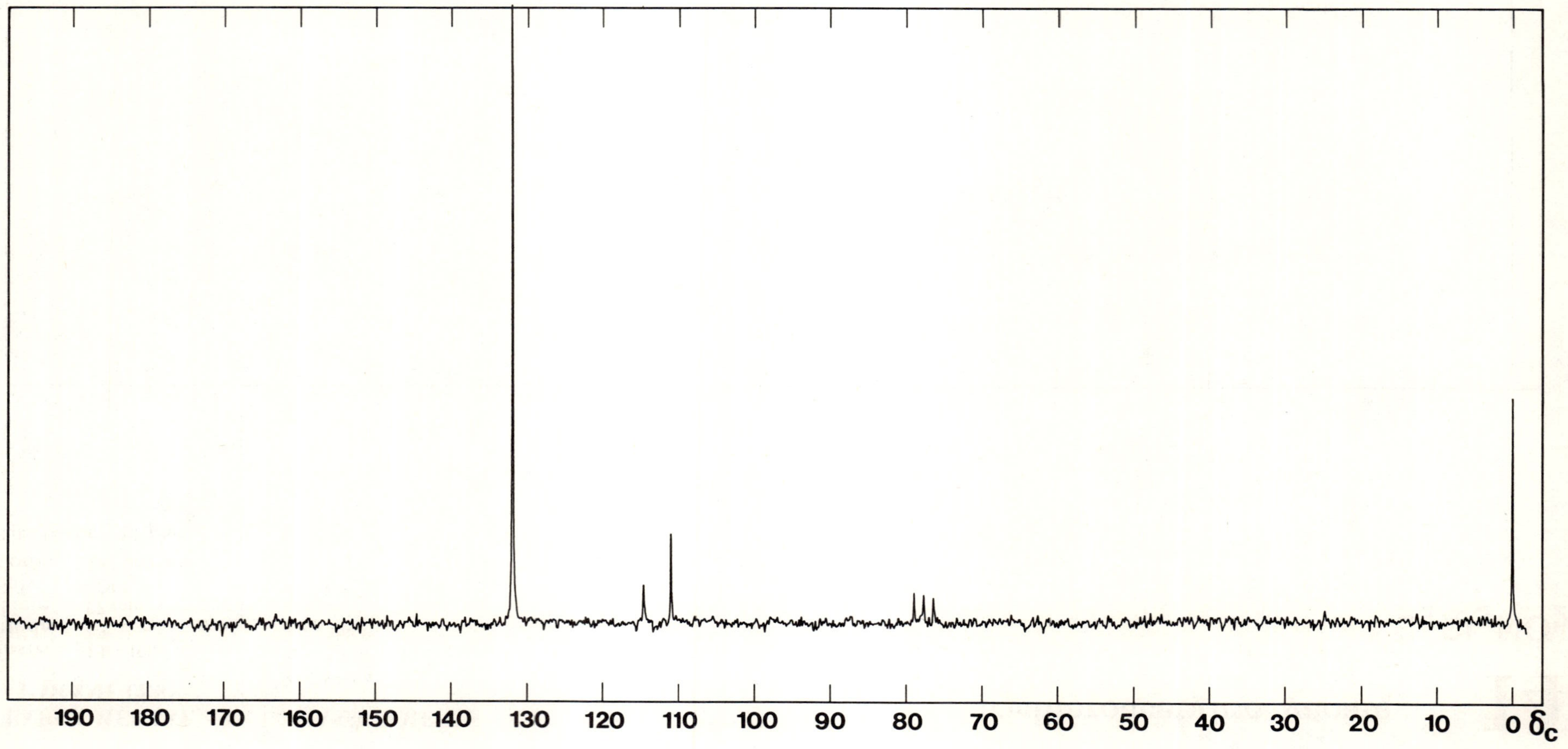

16

acrylonitrile

C_3H_3N

EXPERIMENTAL PARAMETERS

Instr.	HA–100
Mode	CW
Time	15 min
Solv.	Dioxane
Conc.	.5ml/1ml soln

ASSIGNMENTS

a	108.1
b	117.5
c	137.5

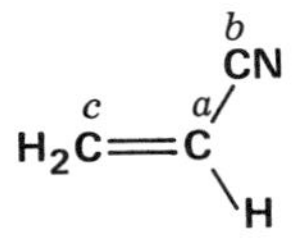

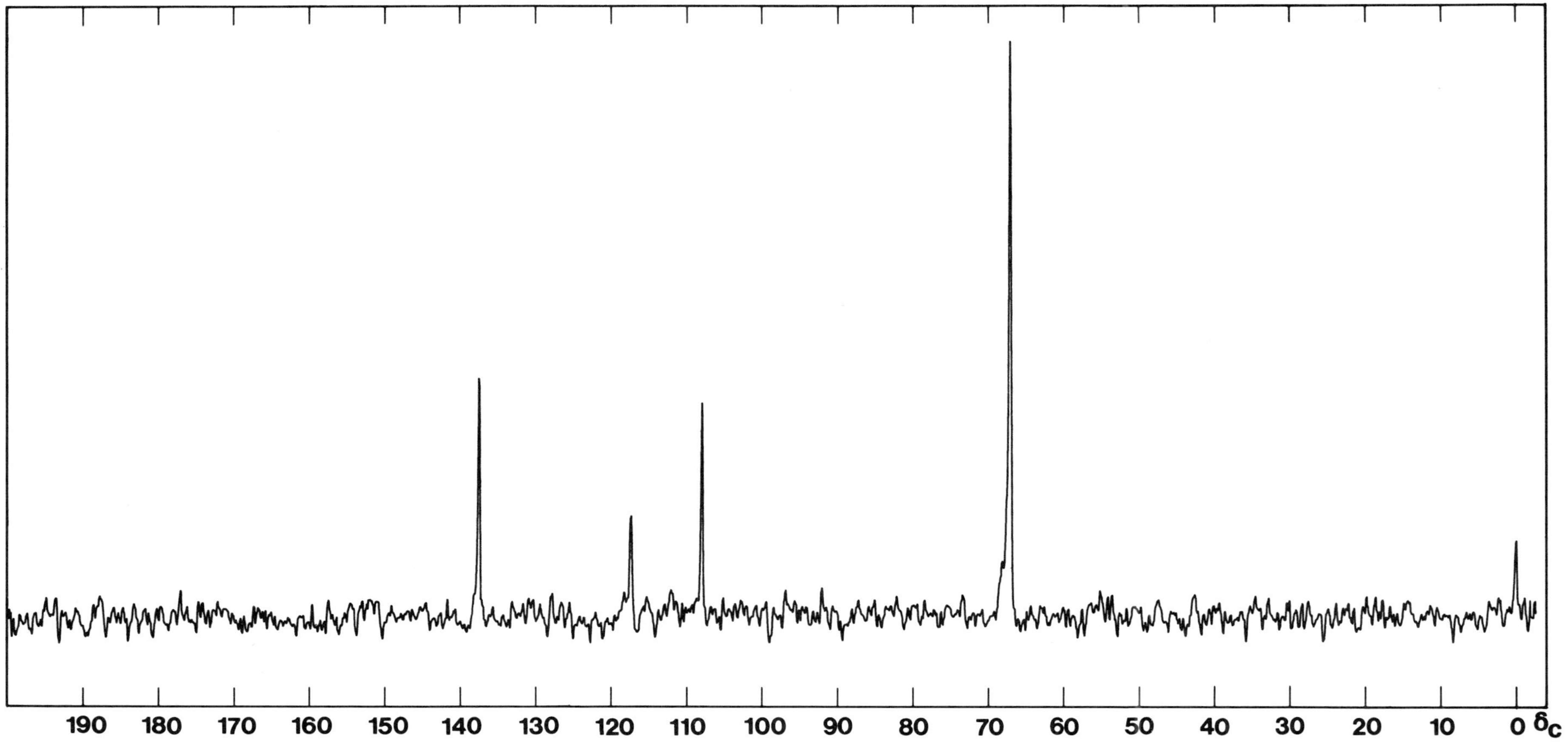

17 thiazole

C_3H_3NS

EXPERIMENTAL PARAMETERS

Instr. XL-100
Mode FT
Time 5.3 min
Solv. CDCl$_3$
Conc. 1ml/2ml solv

ASSIGNMENTS

a 118.6
b 143.2
c 152.7

2,3-dibromopropionic acid

18

$C_3H_4Br_2O_2$

EXPERIMENTAL PARAMETERS

Instr.	XL–100
Mode	FT
Time	5.3 min
Solv.	$CDCl_3$
Conc.	1g/3ml soln

ASSIGNMENTS

a	28.8t
b	40.4d
c	173.6

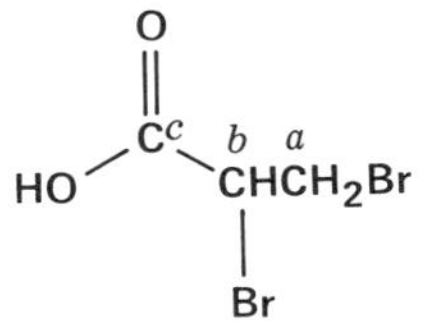

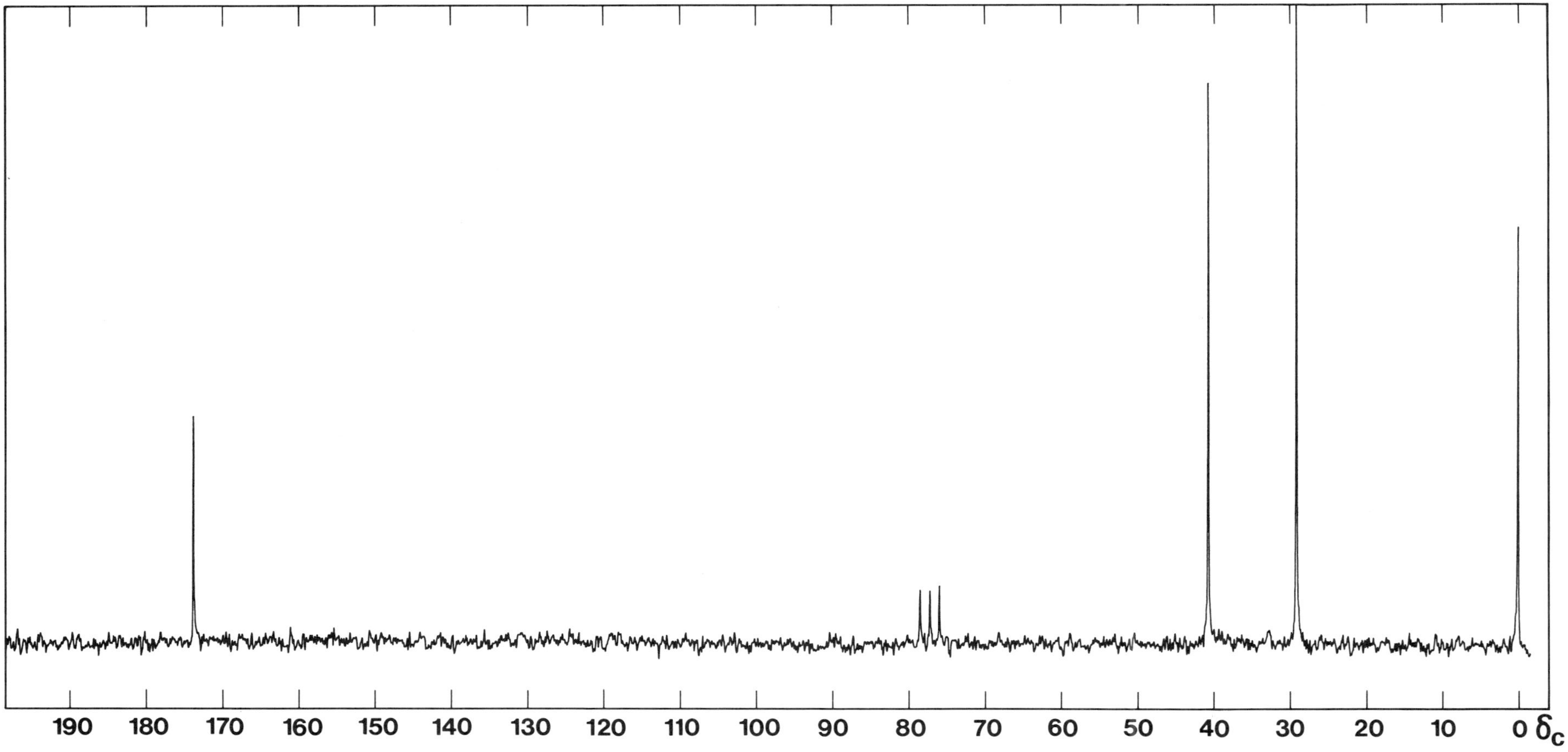

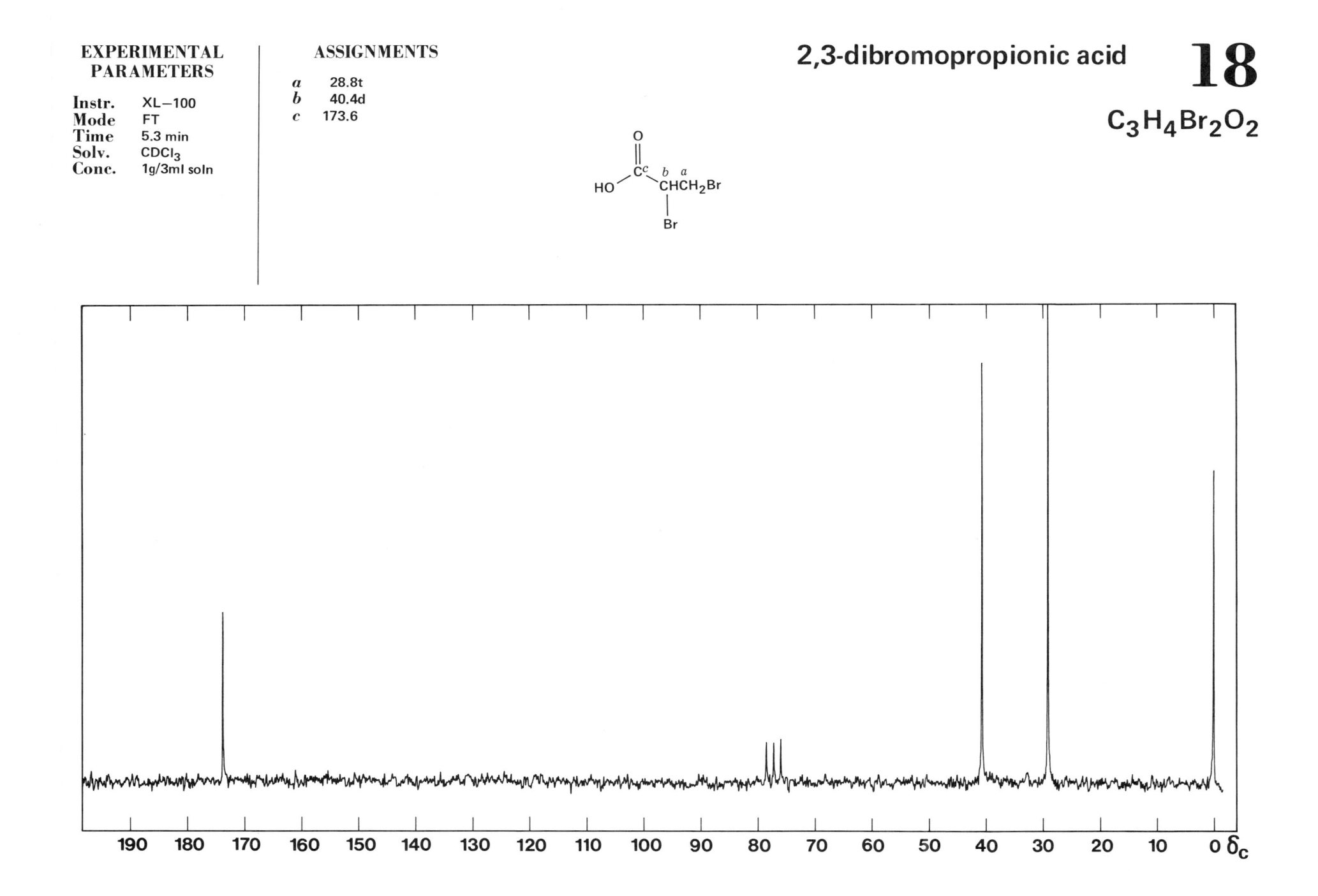

19

2-propyne-1-ol

C₃H₄O

EXPERIMENTAL PARAMETERS

Instr. HA–100
Mode CW
Time 15 min
Solv. Dioxane
Conc. .5ml/1ml soln

ASSIGNMENTS

a 50.0
b 73.8d
c 83.0s

$$\overset{b}{HC} \equiv \overset{c\ a}{CCH_2OH}$$

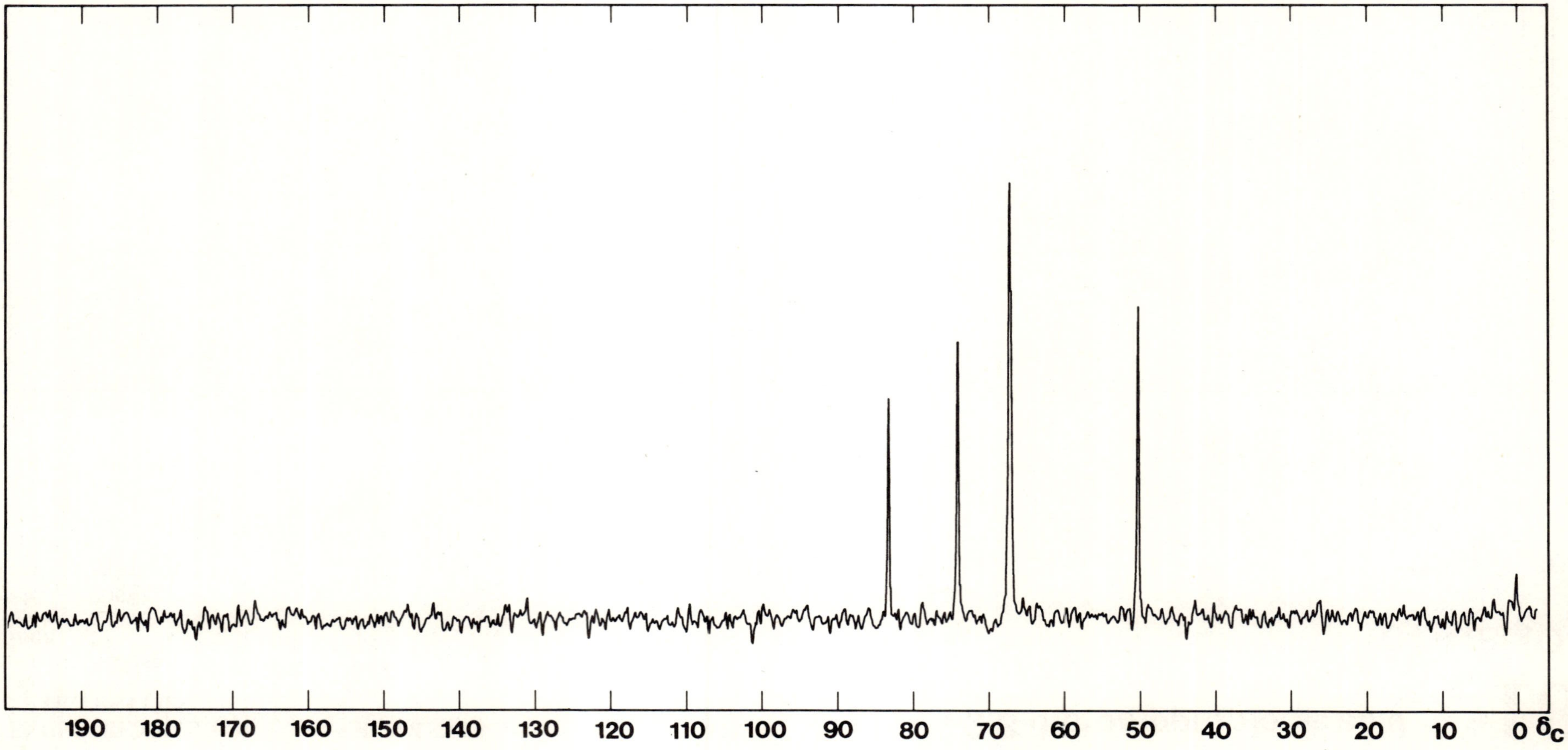

20

1-bromo-1-propene

C_3H_5Br

EXPERIMENTAL PARAMETERS

Instr. XL–100
Mode FT
Time 5.3 min
Solv. CDCl₃
Conc. 1ml/3ml soln

ASSIGNMENTS

a 15.3
b 18.1
c 104.7
d 108.9
e 129.4
f 132.7

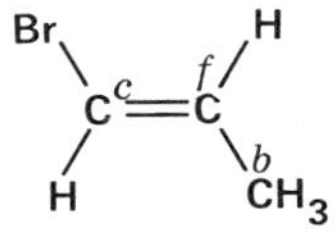

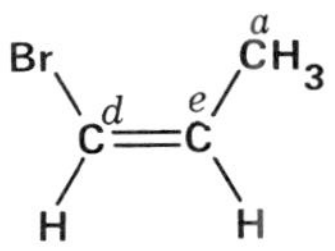

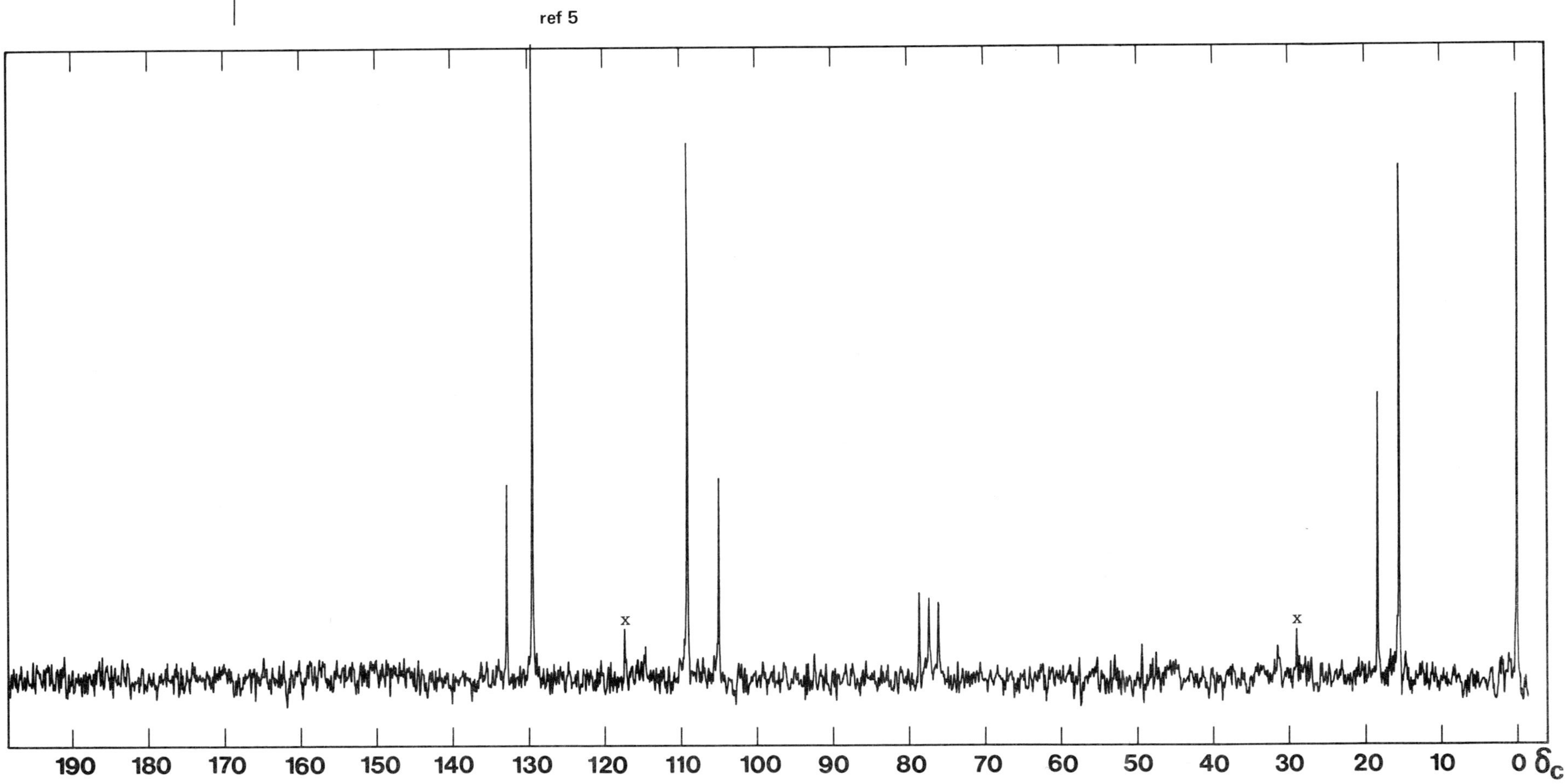

21

allyl bromide

C_3H_5Br

EXPERIMENTAL PARAMETERS

Instr. XL–100
Mode FT
Time 5.3 min
Solv. CDCl₃
Conc. 1ml/3ml soln

ASSIGNMENTS

a 32.6
b 118.8
c 134.2

$$H_2C\overset{b}{=}\overset{c}{C}\underset{H}{\overset{\overset{a}{CH_2Br}}{\diagup}}$$

δ_c

3-chloro-1-propene

22

C_3H_5Cl

EXPERIMENTAL PARAMETERS

Instr. HA–100
Mode CW
Time 15 min
Solv. Dioxane
Conc. .5ml/1ml soln

ASSIGNMENTS

a 45.1
b 118.1
c 134.6

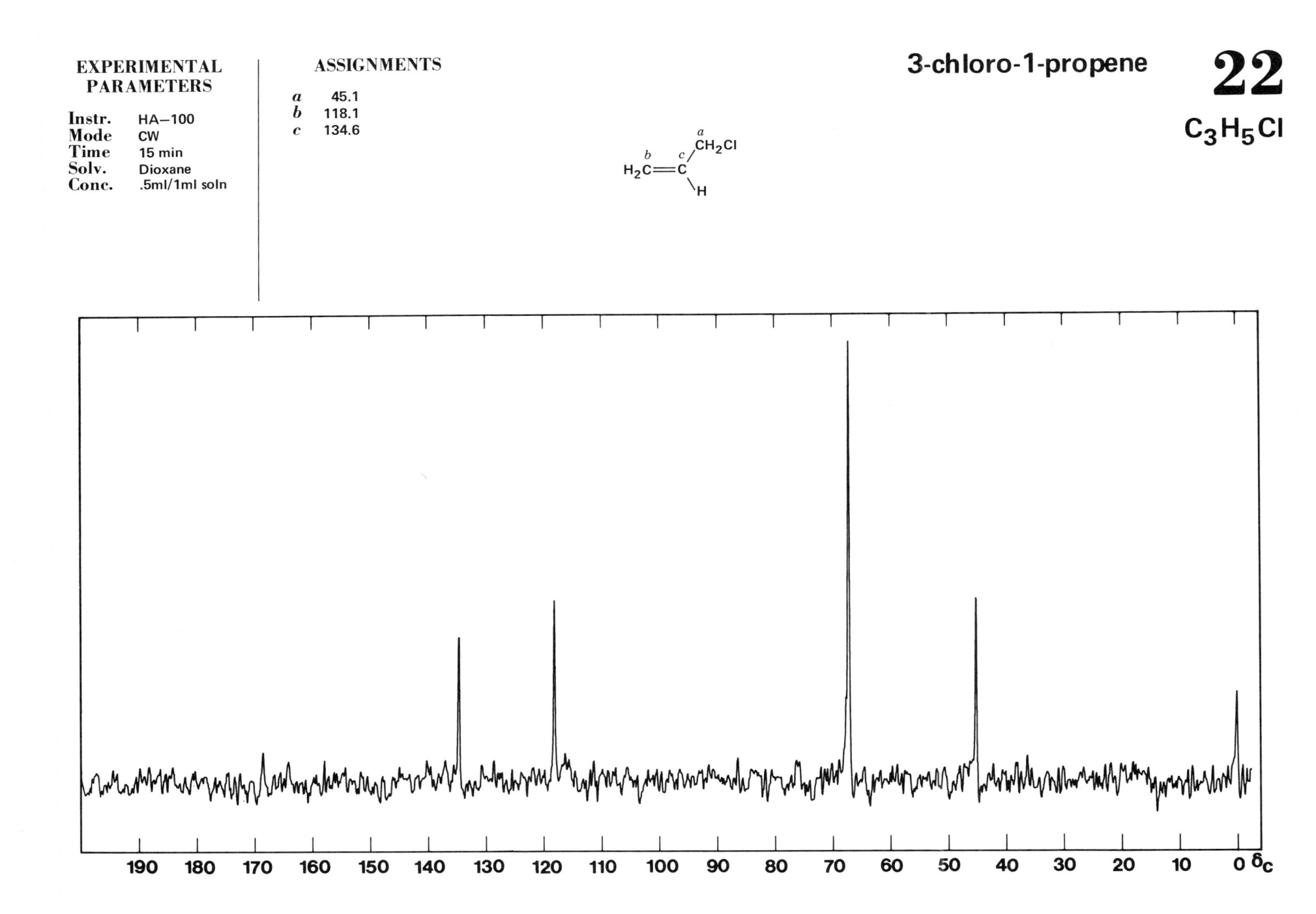

$H_2C \overset{b}{=} \overset{c}{C} \diagdown \overset{a}{C}H_2Cl$
        $\diagdown H$

1,2,3-trichloropropane

23

$C_3H_5Cl_3$

ClCH$_2$CHCH$_2$Cl
  a | b
       Cl

EXPERIMENTAL PARAMETERS

Instr. HA—100
Mode CW
Time 15 min
Solv. Dioxane
Conc. .5ml/1ml soln

ASSIGNMENTS

a 45.3
b 59.0

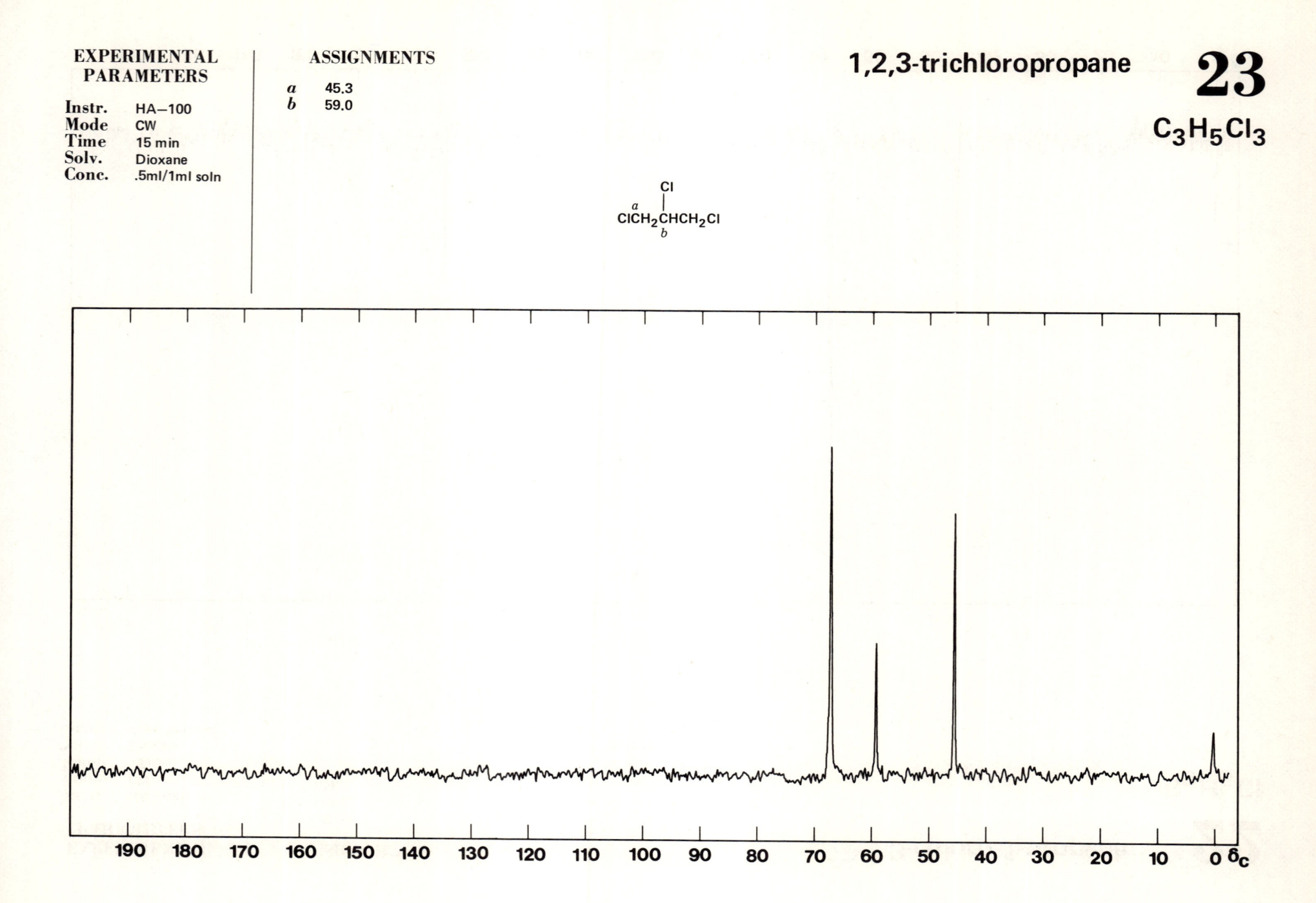

24

propionitrile

C₃H₅N

$$\overset{c\;\;b\;\;\;\;a}{NCCH_2CH_3}$$

EXPERIMENTAL PARAMETERS

Instr.	XL-100
Mode	FT
Time	5.3 min
Solv.	CDCl₃
Conc.	1ml/2ml solv

ASSIGNMENTS

a	10.6q
b	10.8t
c	120.8

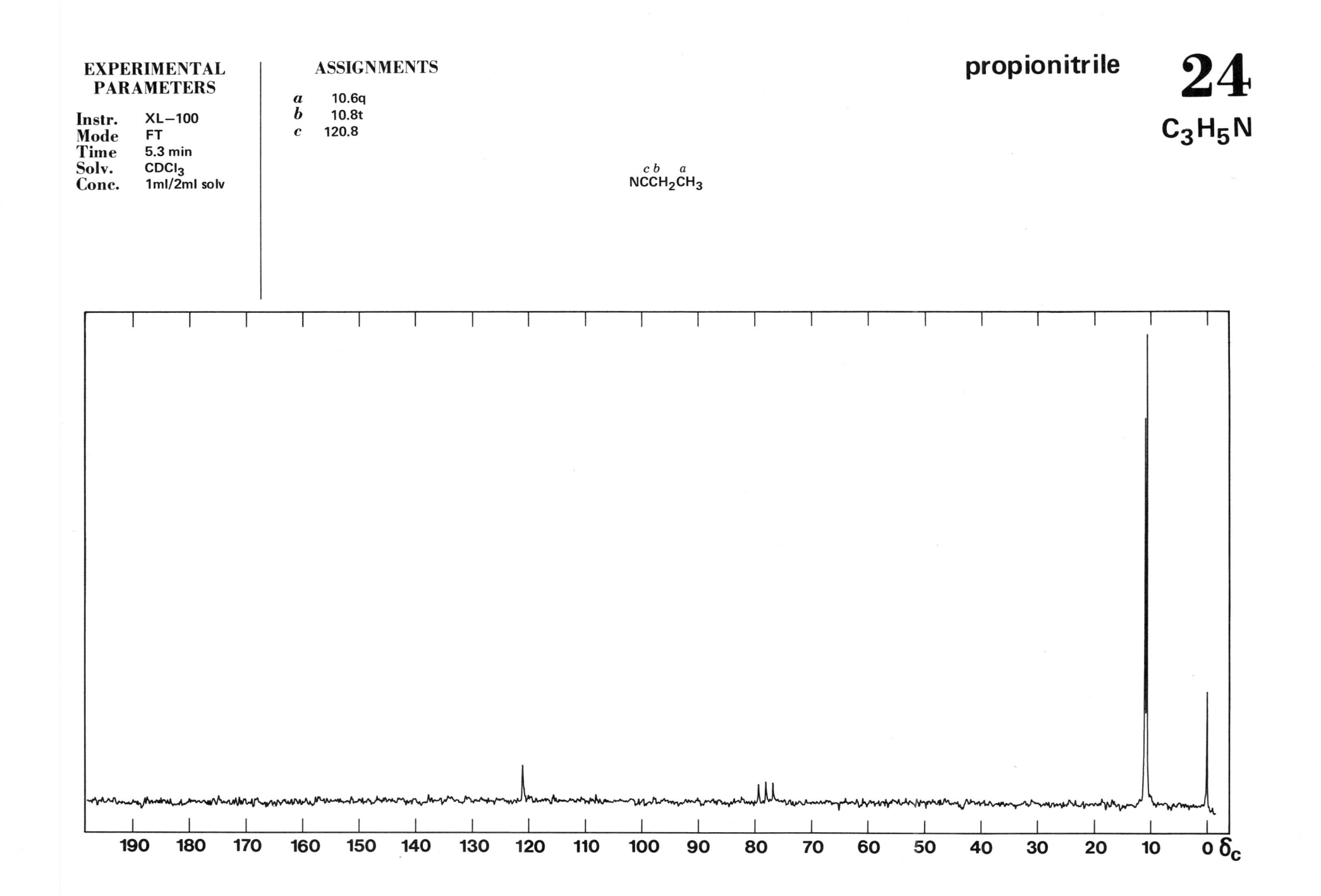

25 ethylthiocyanate

C_3H_5NS

$\overset{c}{N}\overset{b}{C}\overset{}{S}\overset{a}{CH_2}\overset{}{CH_3}$

EXPERIMENTAL PARAMETERS

- Instr.: XL-100
- Mode: FT
- Time: 5.3 min
- Solv.: CDCl$_3$
- Conc.: 1ml/2ml solv

ASSIGNMENTS

- a 15.4q
- b 28.6t
- c 111.9

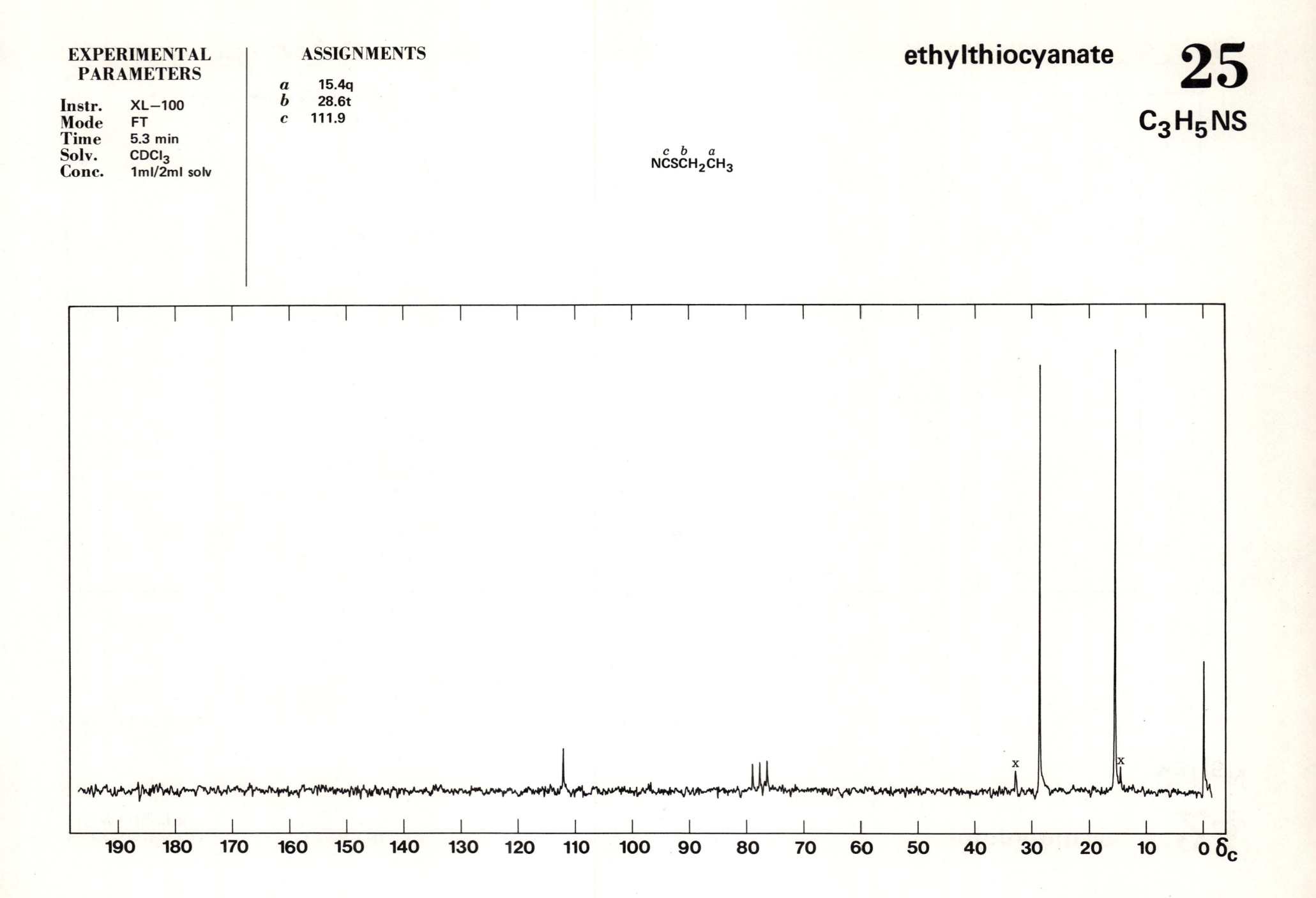

1,2-dibromopropane

26

$C_3H_6Br_2$

EXPERIMENTAL PARAMETERS

Instr. XL-100
Mode FT
Time 5.3 min
Solv. CDCl₃
Conc. 1ml/3ml soln

ASSIGNMENTS

a 24.1q
b 37.6t
c 45.7d

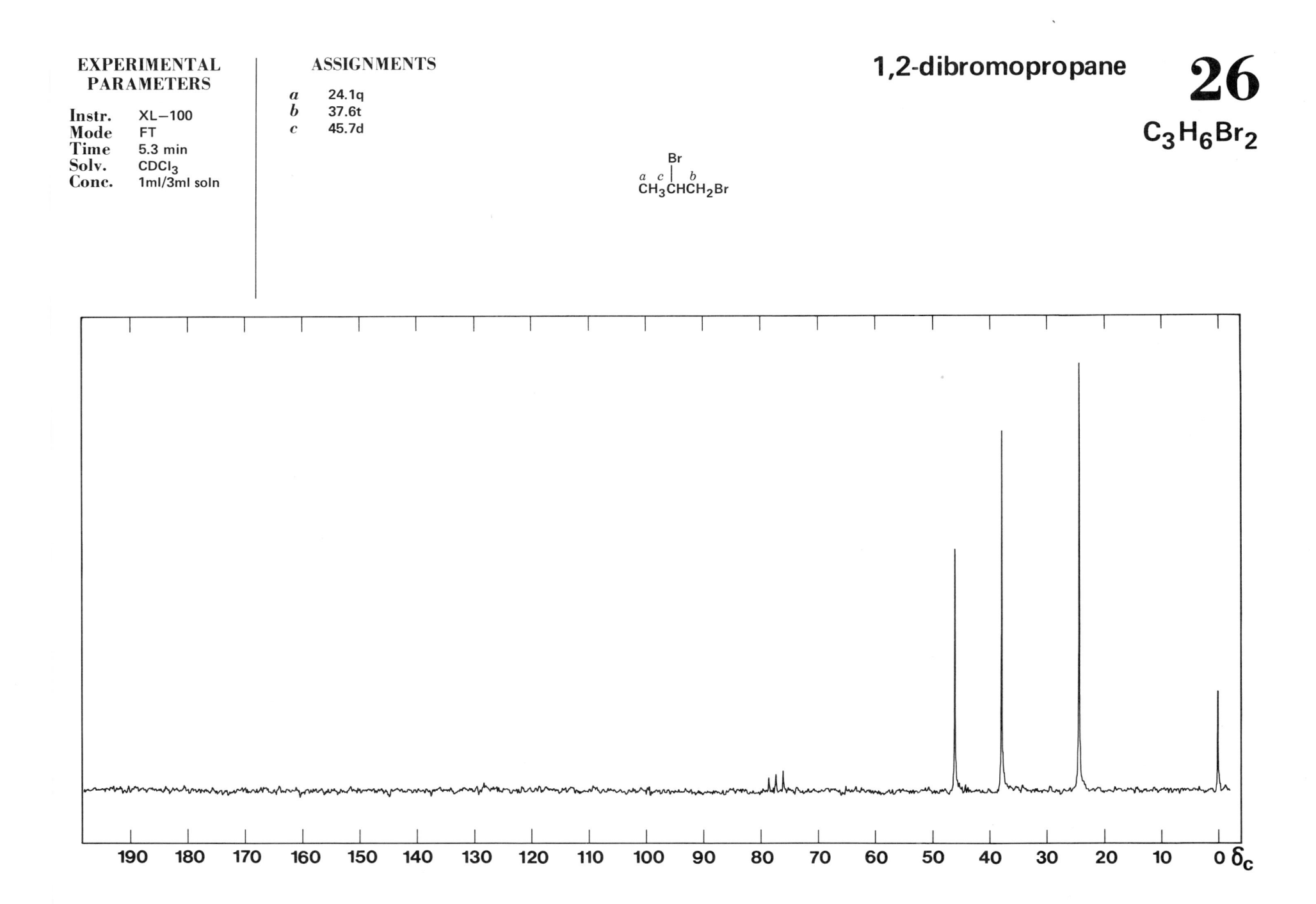

$$\overset{a}{C}H_3\overset{c}{C}H\overset{b}{C}H_2Br$$
$$\quad\quad |$$
$$\quad\quad Br$$

27

1,2-dichloropropane

$C_3H_6Cl_2$

EXPERIMENTAL PARAMETERS

Instr.	XL–100
Mode	FT
Time	5.3 min
Solv.	$CDCl_3$
Conc.	1ml/3ml soln

ASSIGNMENTS

a	22.4q
b	49.5t
c	55.8d

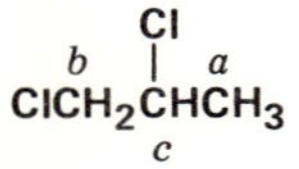

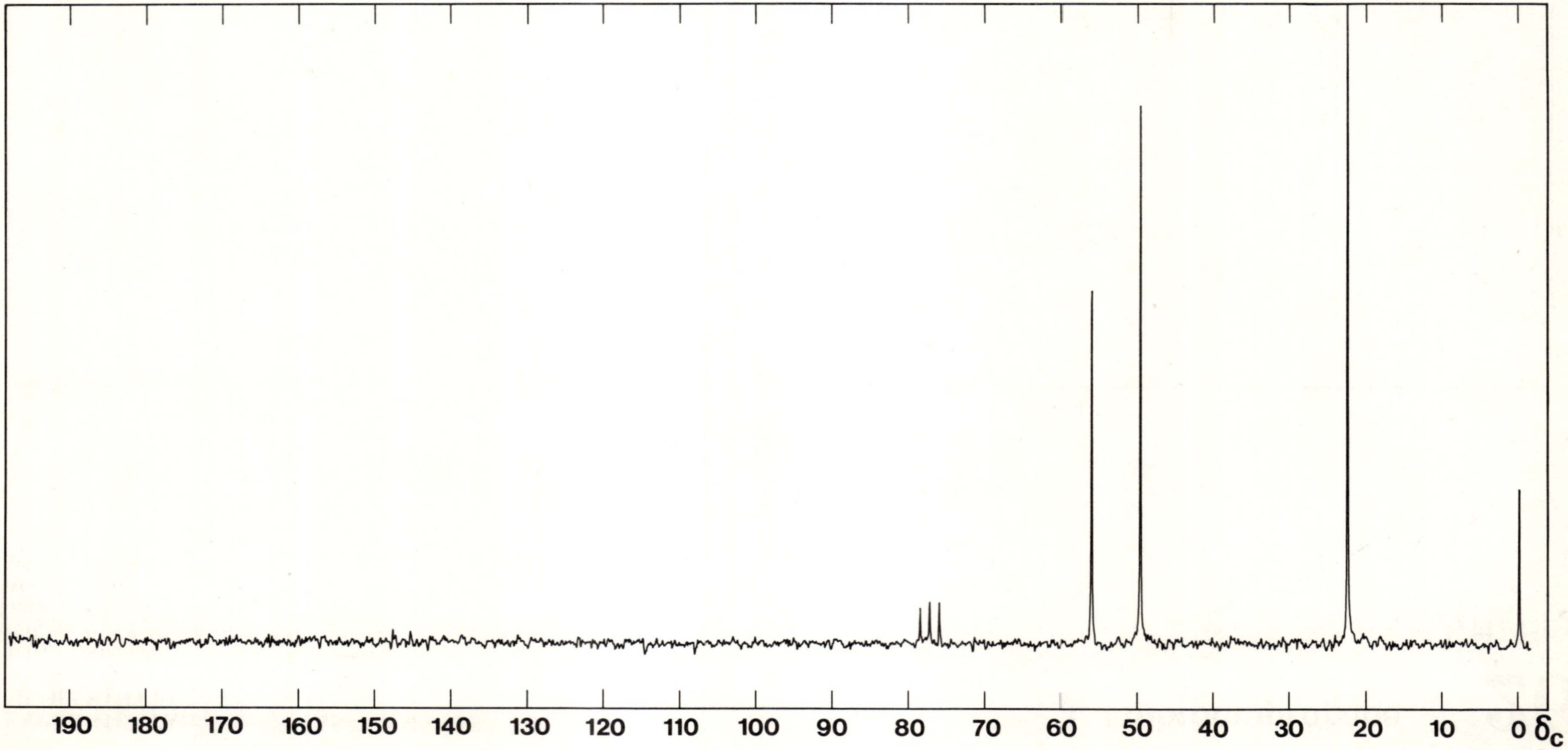

28

acetone

C₃H₆O

EXPERIMENTAL PARAMETERS

Instr. XL-100
Mode FT
Time 5 min
Solv. CDCl₃
Conc. 1ml/2ml solv
Pulse Width 10 μsec

ASSIGNMENTS

a 30.6
b 206.0

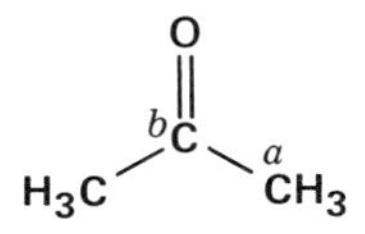

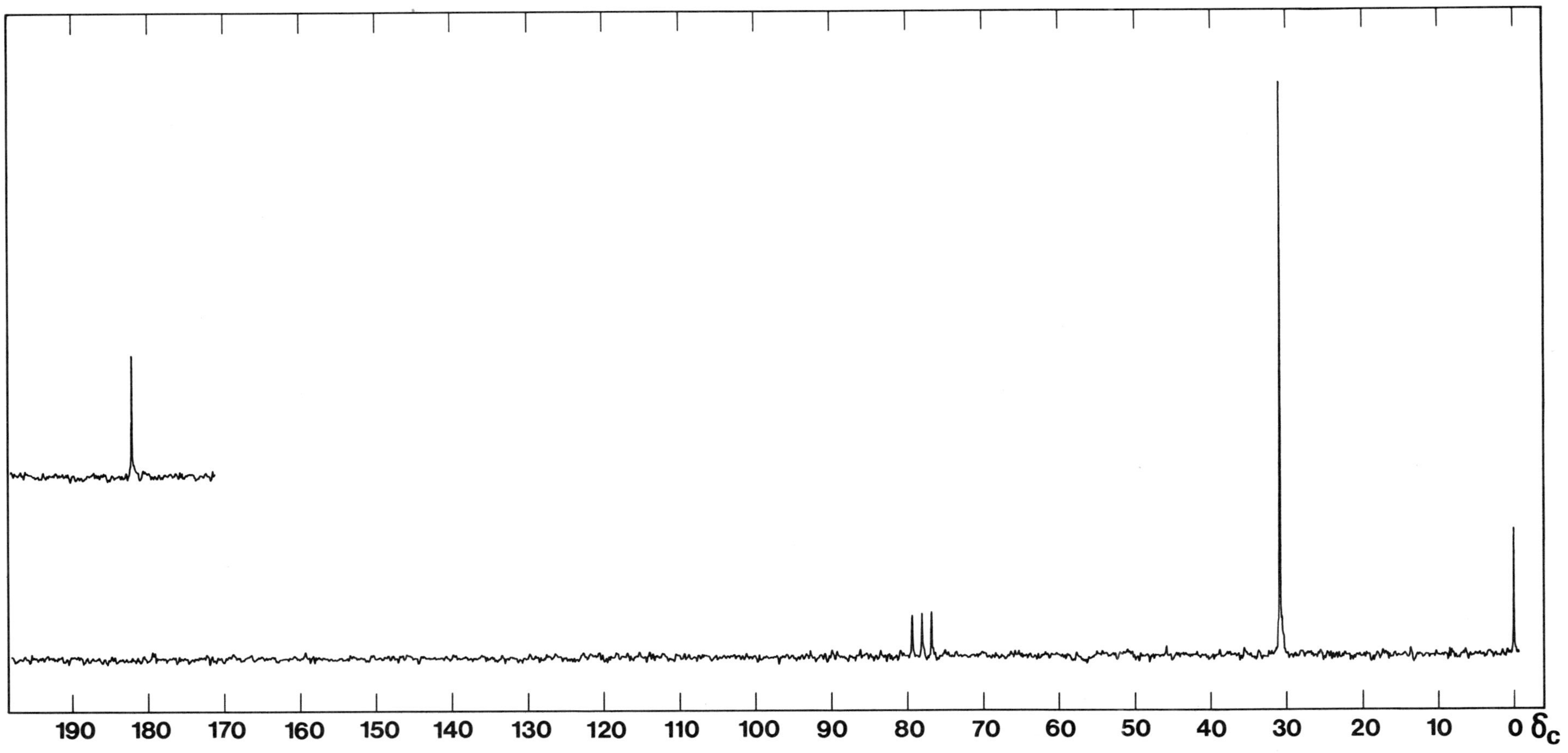

$$H_3C \overset{O}{\underset{b}{-C-}} \overset{a}{CH_3}$$

29

propylene oxide

C_3H_6O

EXPERIMENTAL PARAMETERS

Instr.	HA-100
Mode	CW
Time	15 min
Solv.	Dioxane
Conc.	.5ml/1ml soln

ASSIGNMENTS

a	18.1
b	47.3t
c	47.6d

$$\underset{H_2C}{\overset{b}{}}\overset{O}{\underset{}{\triangle}}\underset{}{\overset{ca}{-CHCH_3}}$$

3-hydroxy-1-propene

30

C_3H_6O

EXPERIMENTAL PARAMETERS

Instr. XL–100
Mode FT
Time 5.3 min
Solv. CDCl$_3$
Conc. 1ml/2ml solv

ASSIGNMENTS

a   63.4
b   114.9
c   137.5

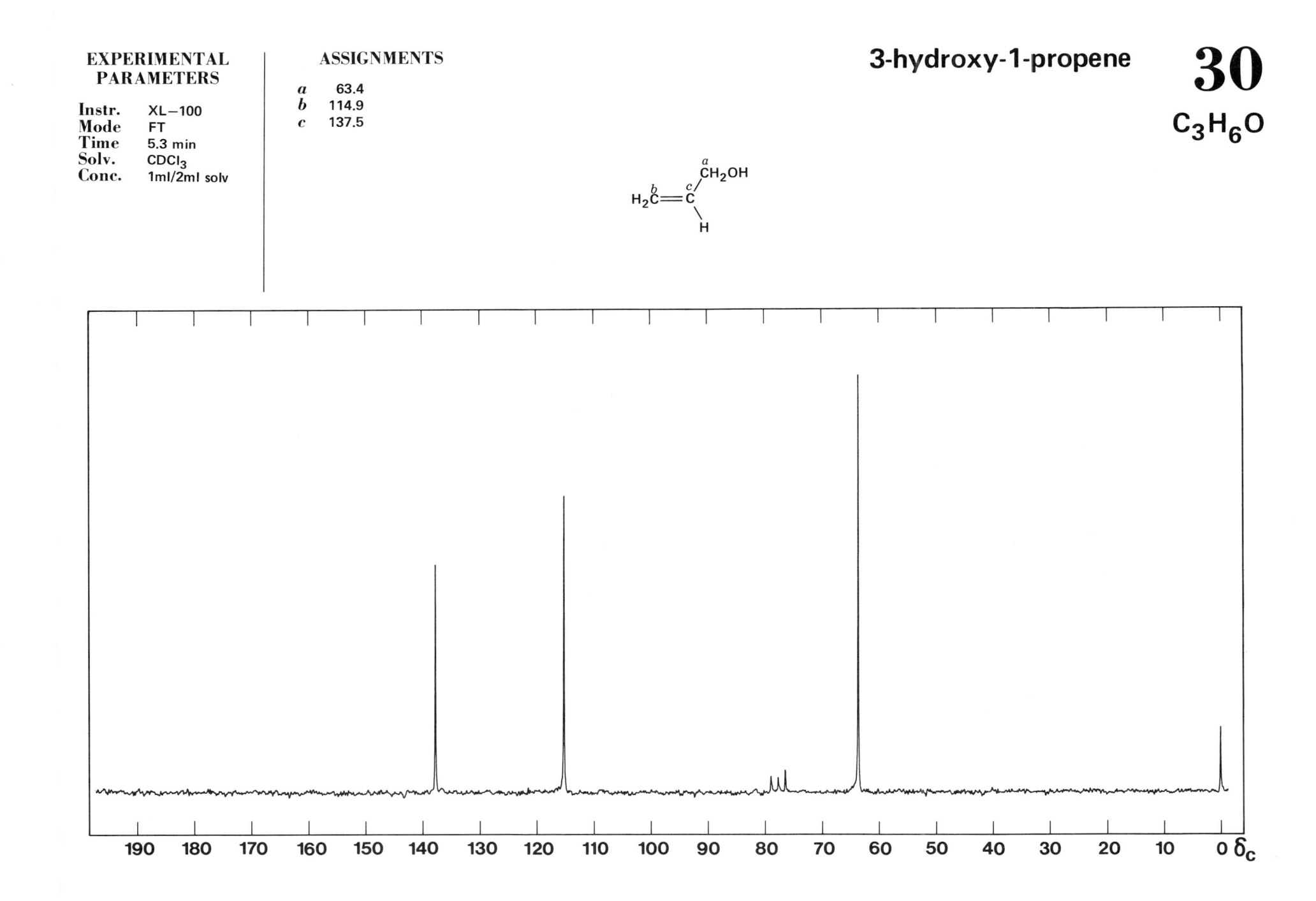

$$H_2\overset{b}{C}=\overset{c}{C}\underset{H}{\overset{\overset{a}{CH_2OH}}{}}$$

31 3-mercaptopropionic acid

$C_3H_6O_2S$

EXPERIMENTAL PARAMETERS

Instr. XL-100
Mode FT
Time 5.3 min
Solv. $CDCl_3$
Conc. 1ml/3ml soln

ASSIGNMENTS

a 19.3
b 38.2
c 177.9

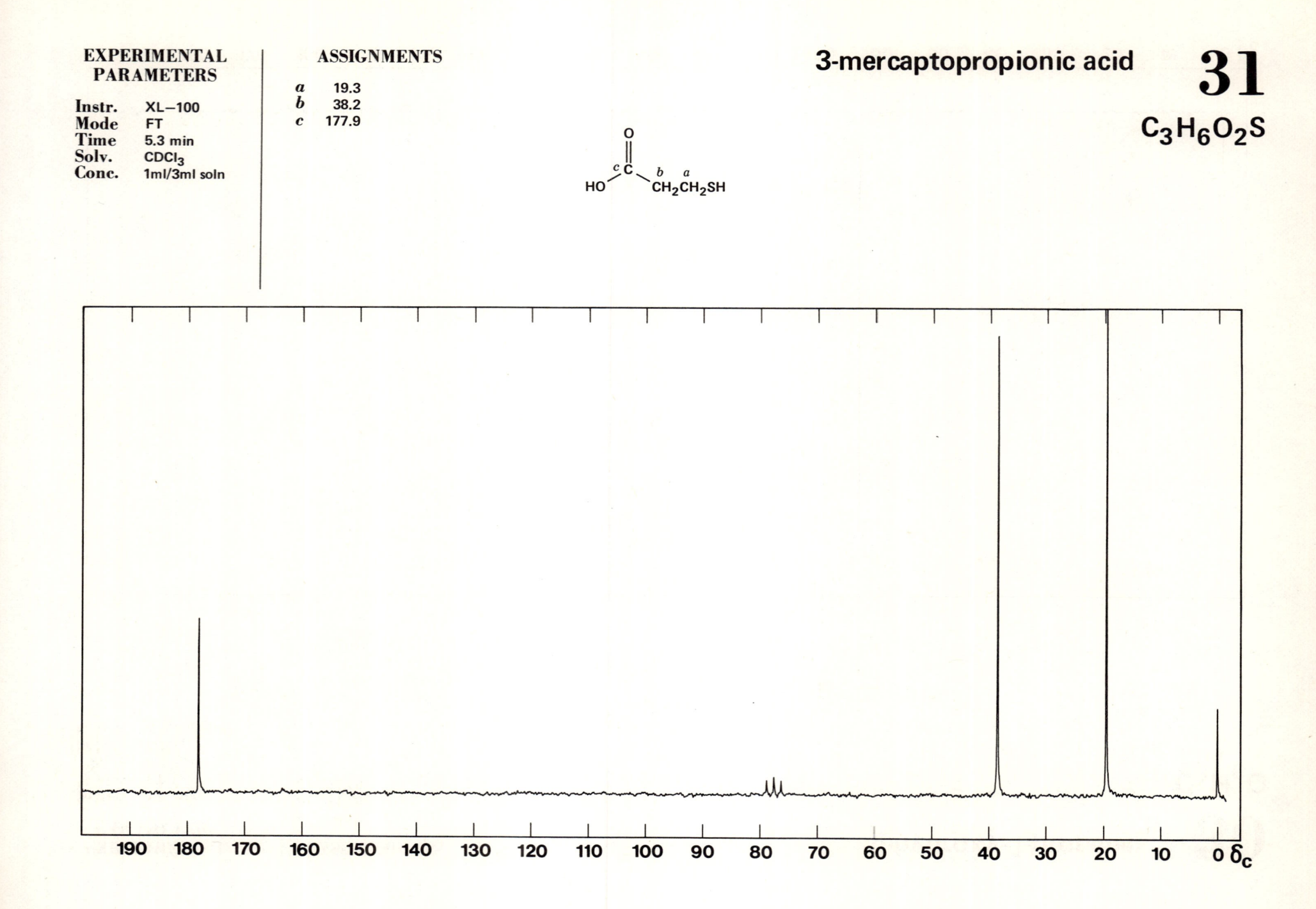

HO—$\overset{O}{\underset{c}{C}}$—$\overset{b}{CH_2}\overset{a}{CH_2SH}$

3-chloro-1,2-propanediol 32

$C_3H_7ClO_2$

HOCH$_2$CHCH$_2$Cl with OH on central carbon; labels b (HOCH$_2$), c (CH), a (CH$_2$Cl)

EXPERIMENTAL PARAMETERS

Instr. XL–100
Mode FT
Time 5.3 min
Solv. water
Conc. 1ml/3ml soln

ASSIGNMENTS

a 46.8t
b 63.5t
c 72.0d

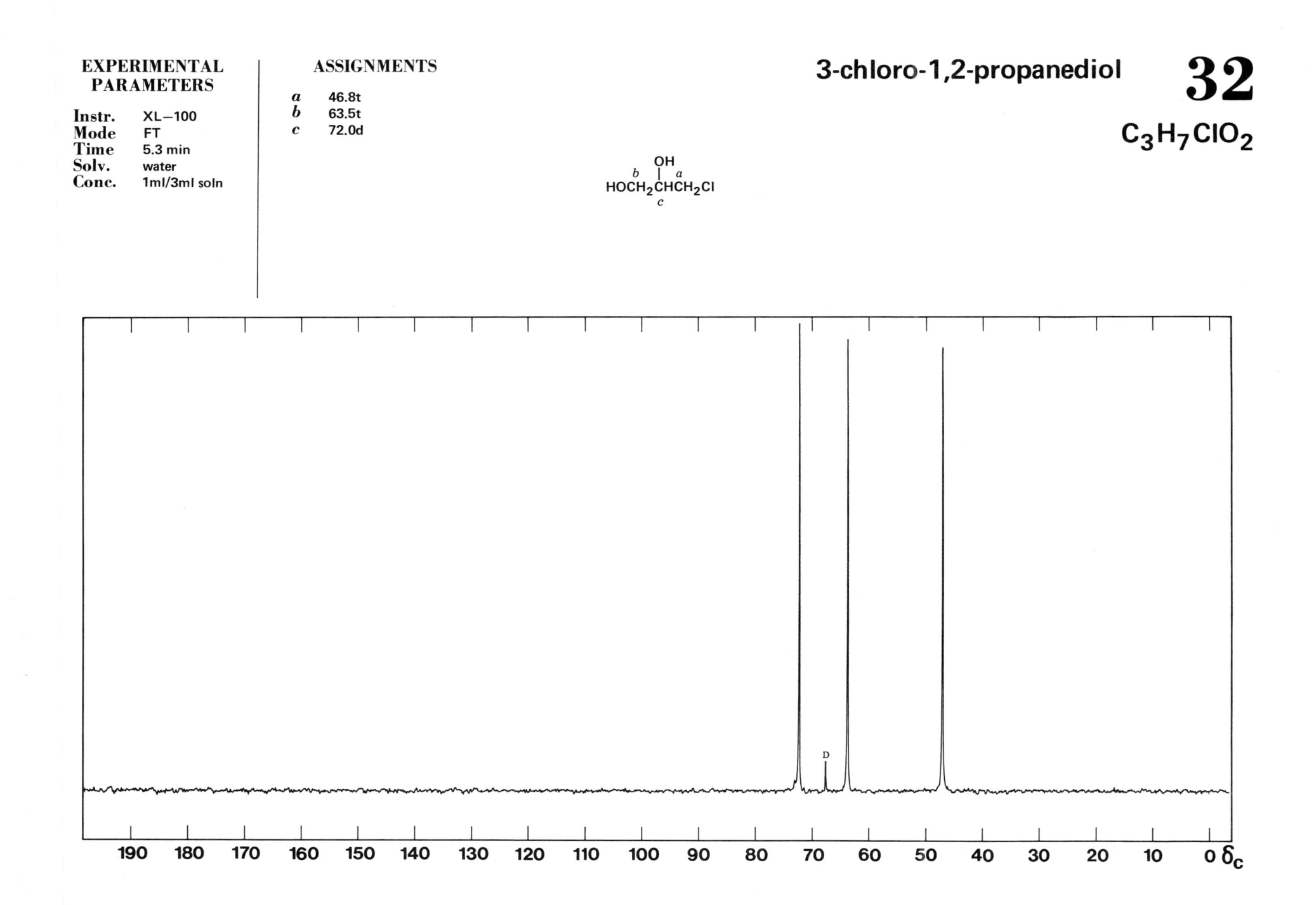

33

1-iodopropane

C_3H_7I

EXPERIMENTAL PARAMETERS

Instr.	XL–100
Mode	FT
Time	5.3 min
Solv.	$CDCl_3$
Conc.	1ml/3ml soln

ASSIGNMENTS

a	9.2 t
b	15.3 q
c	26.8 t

$$\overset{a}{I}CH_2\overset{c}{C}H_2\overset{b}{C}H_3$$

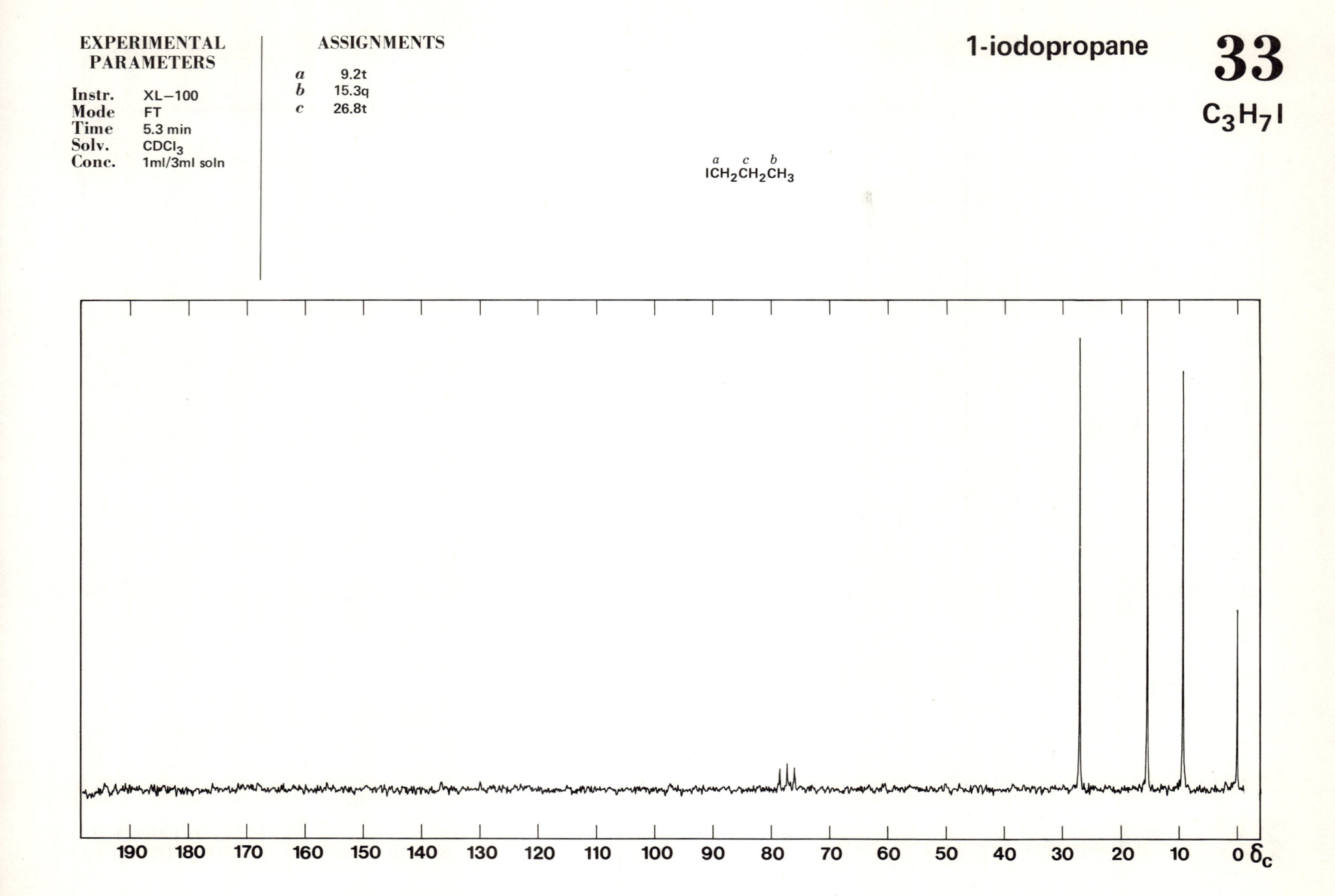

dimethylformamide 34

C$_3$H$_7$NO

EXPERIMENTAL PARAMETERS

Instr. XL-100
Mode FT
Time 5.3 min
Solv. CDCl$_3$
Conc. 1ml/3ml soln

ASSIGNMENTS

a 31.1
b 36.2
c 162.4

Structure: O=C^c(H)–N(CH$_3^a$)(CH$_3^b$)

ref. 9

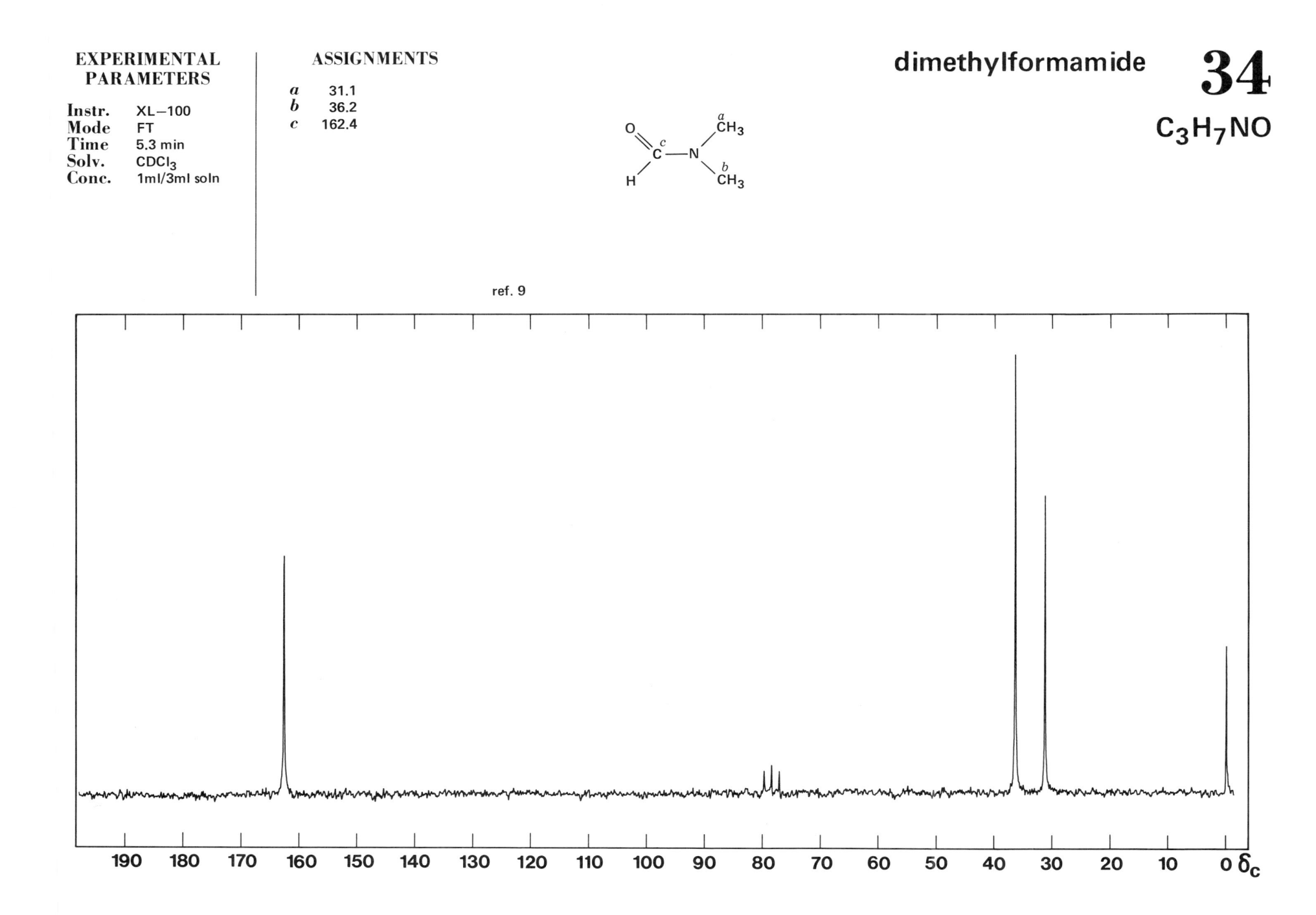

35

acetone oxime

C$_3$H$_7$NO

$$\underset{HO}{\overset{b}{N}}=\overset{c}{C}\overset{a}{\underset{CH_3}{\diagup}}\overset{}{\underset{}{CH_3}}$$

EXPERIMENTAL PARAMETERS

Instr. XL-100
Mode FT
Time 5.3 min
Solv. CDCl$_3$
Conc. 1g/3ml soln

ASSIGNMENTS

a 14.9
b 21.5
c 155.2

alanine 36

$C_3H_7NO_2$

EXPERIMENTAL PARAMETERS

Instr. XL-100
Mode FT
Time 5.3 min
Solv. water
Conc. .5g/2.5ml solv

ASSIGNMENTS

a   17.2
b   51.5
c   176.5

ethyl carbamate 37

$C_3H_7NO_2$

EXPERIMENTAL PARAMETERS

Instr.	XL-100
Mode	FT
Time	15 min
Solv.	CDCl$_3$
Conc.	640mg/3ml soln

ASSIGNMENTS

a	14.5
b	60.9
c	157.8

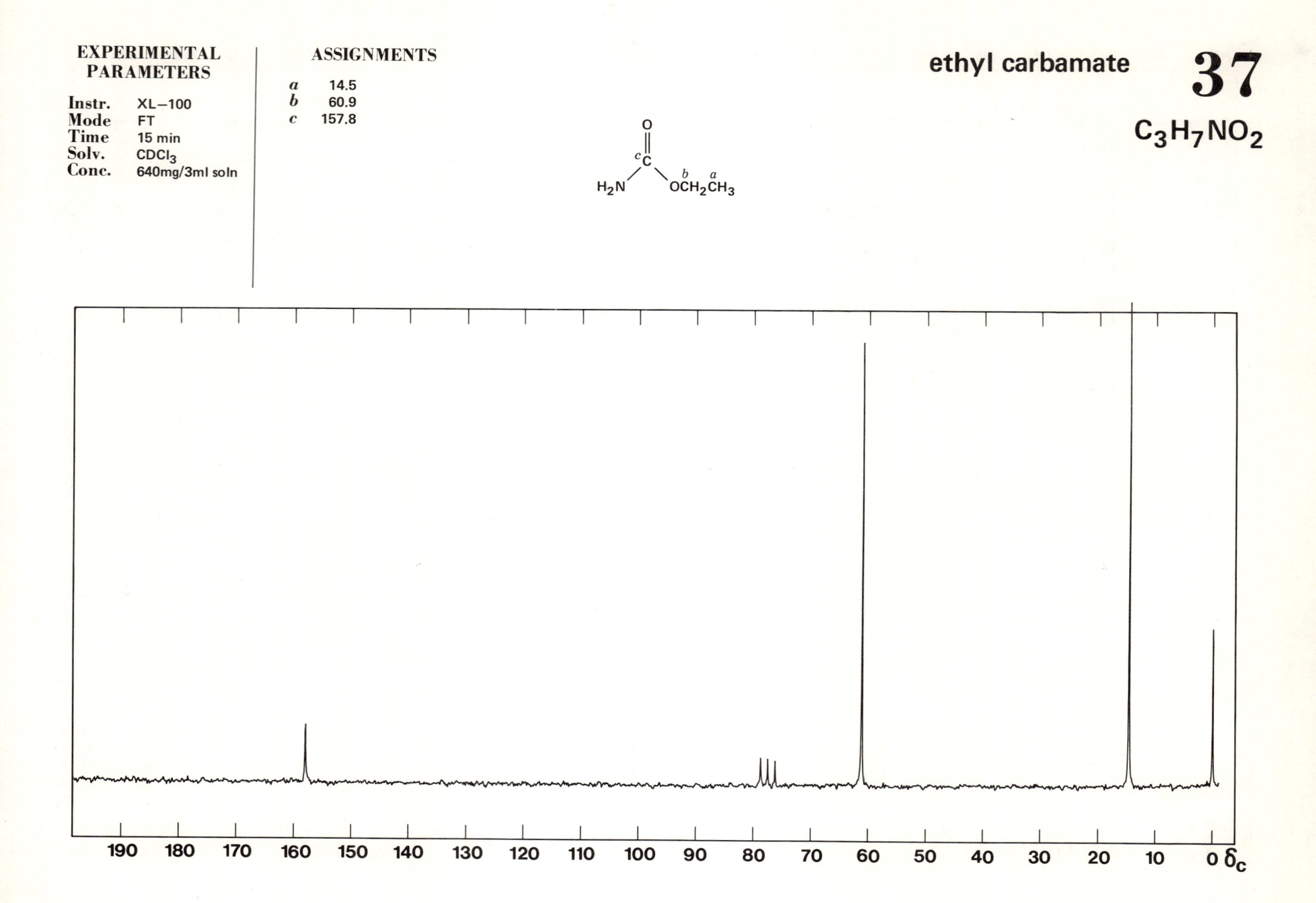

Structure:
$$\underset{H_2N}{}\overset{O}{\underset{}{\|}}\overset{c}{C} - \overset{b}{O}\overset{a}{CH_2}\overset{}{CH_3}$$

cysteine 38

$C_3H_7NO_2S$

EXPERIMENTAL PARAMETERS

Instr.	XL–100
Mode	FT
Time	5.3 min
Solv.	water (basic)
Conc.	.5g/2ml solv

ASSIGNMENTS

a	28.2
b	58.4
c	176.8

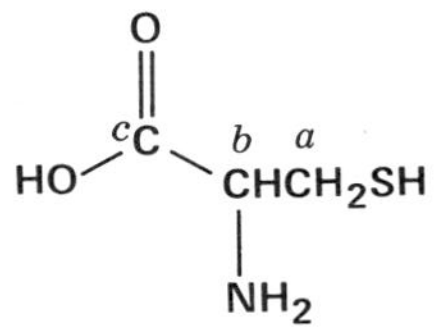

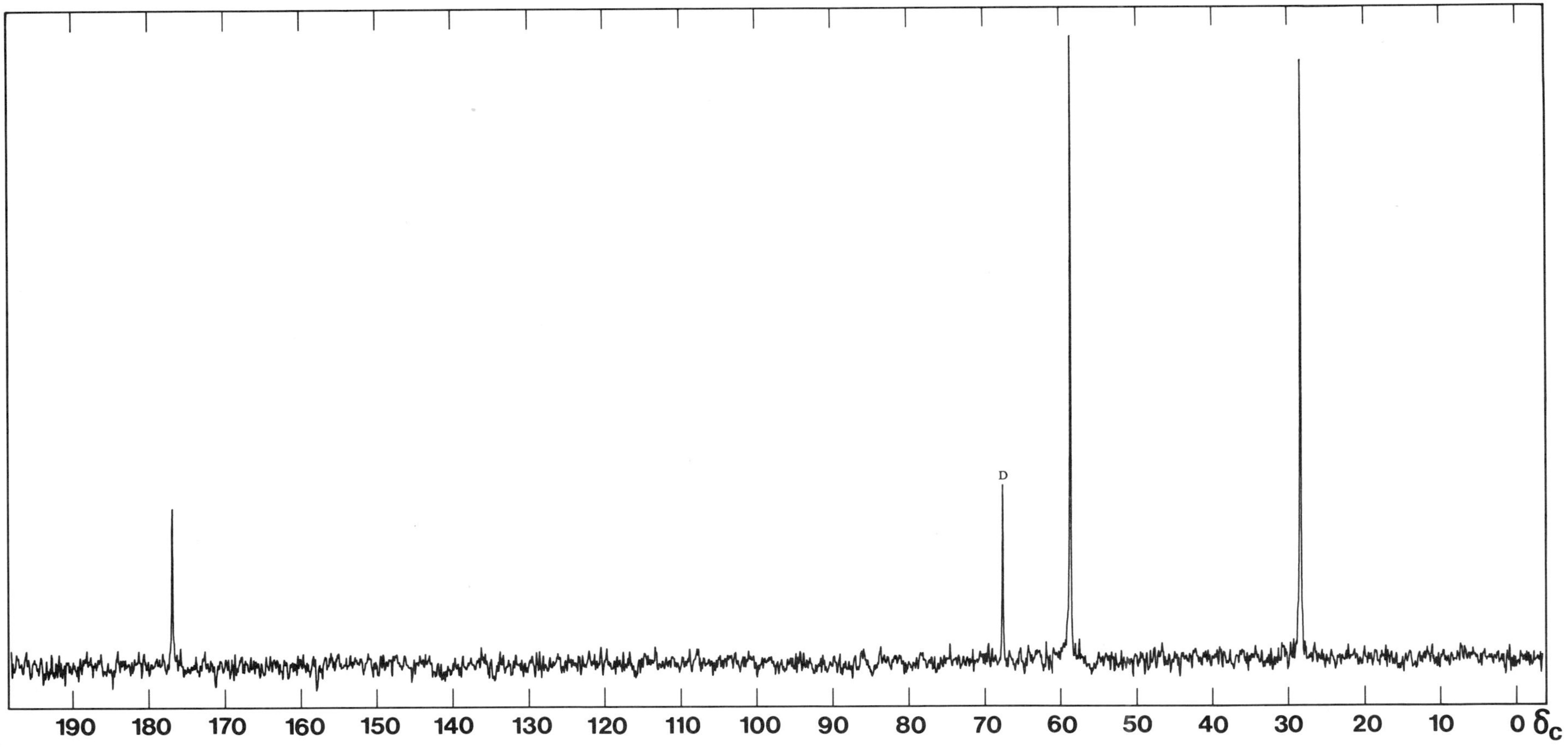

39 n-propanol

C₃H₈O

EXPERIMENTAL PARAMETERS

Instr. HA-100
Mode CW
Time 15 min
Solv. Dioxane
Conc. .5ml/1ml soln

ASSIGNMENTS

a 10.5
b 26.3
c 64.0

$$\overset{c}{H O C H_2} \overset{b}{C H_2} \overset{a}{C H_3}$$

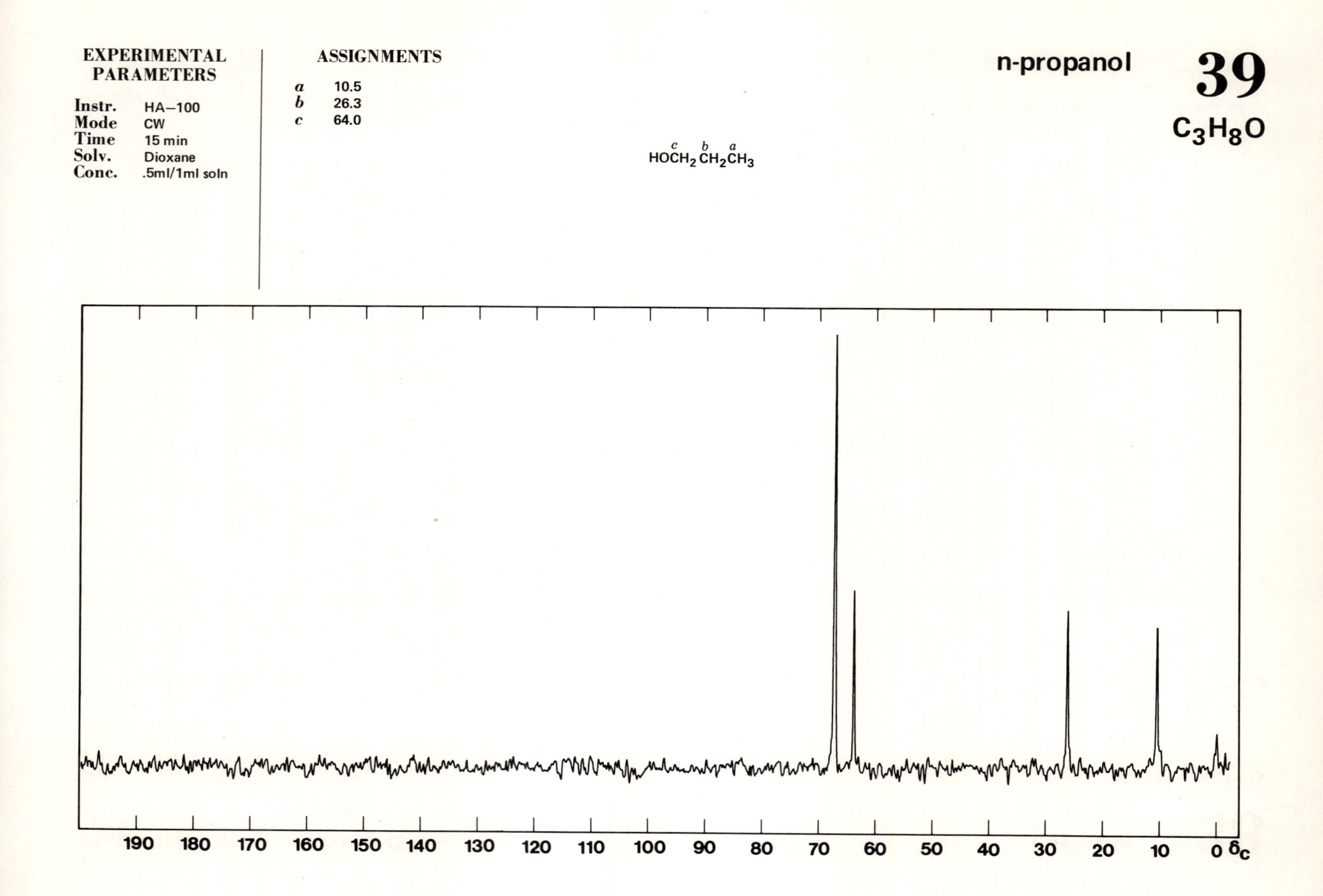

40

propylene glycol

$C_3H_8O_2$

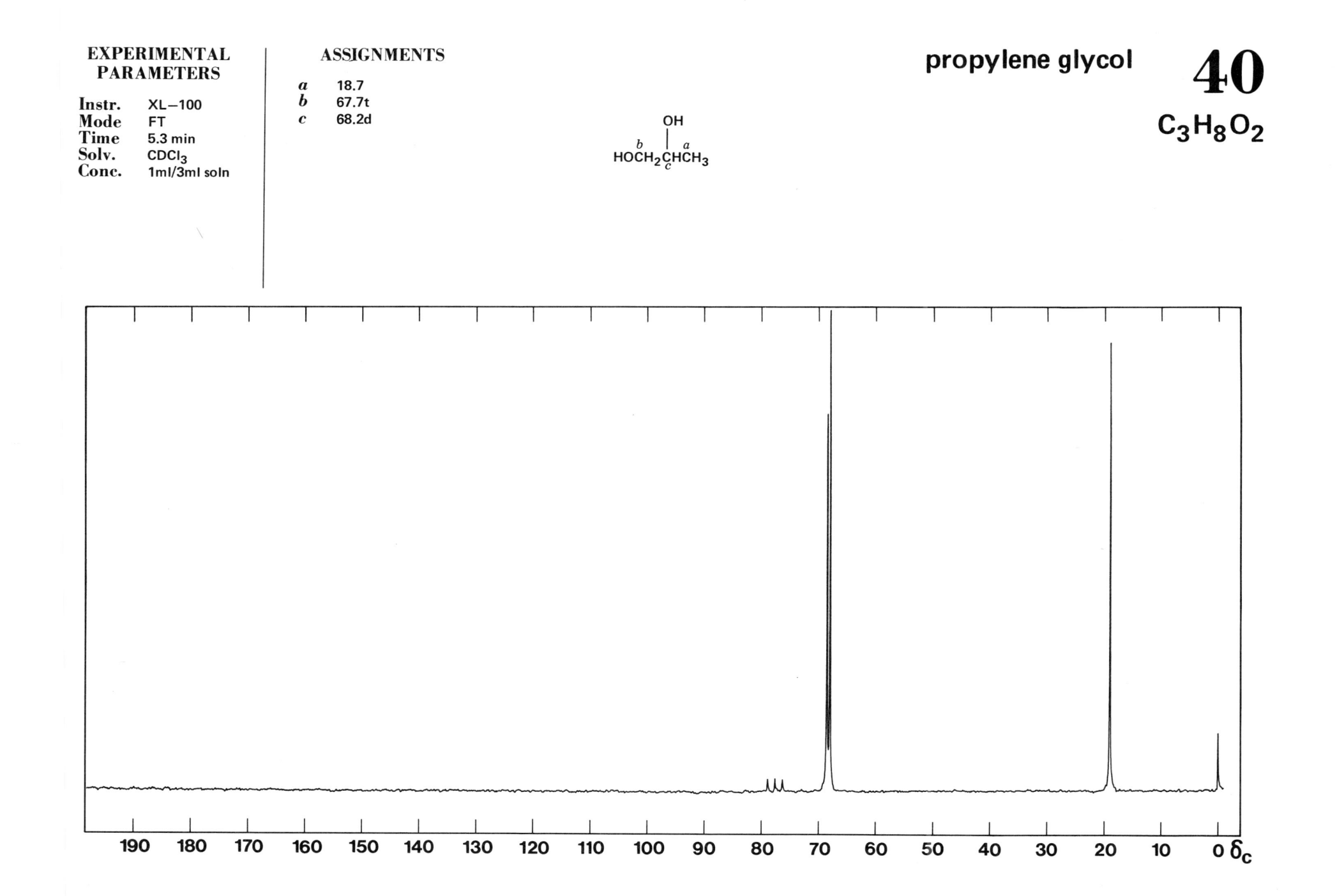

EXPERIMENTAL PARAMETERS

Instr.	XL–100
Mode	FT
Time	5.3 min
Solv.	$CDCl_3$
Conc.	1ml/3ml soln

ASSIGNMENTS

a	18.7
b	67.7t
c	68.2d

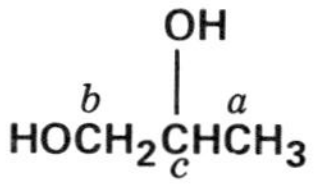

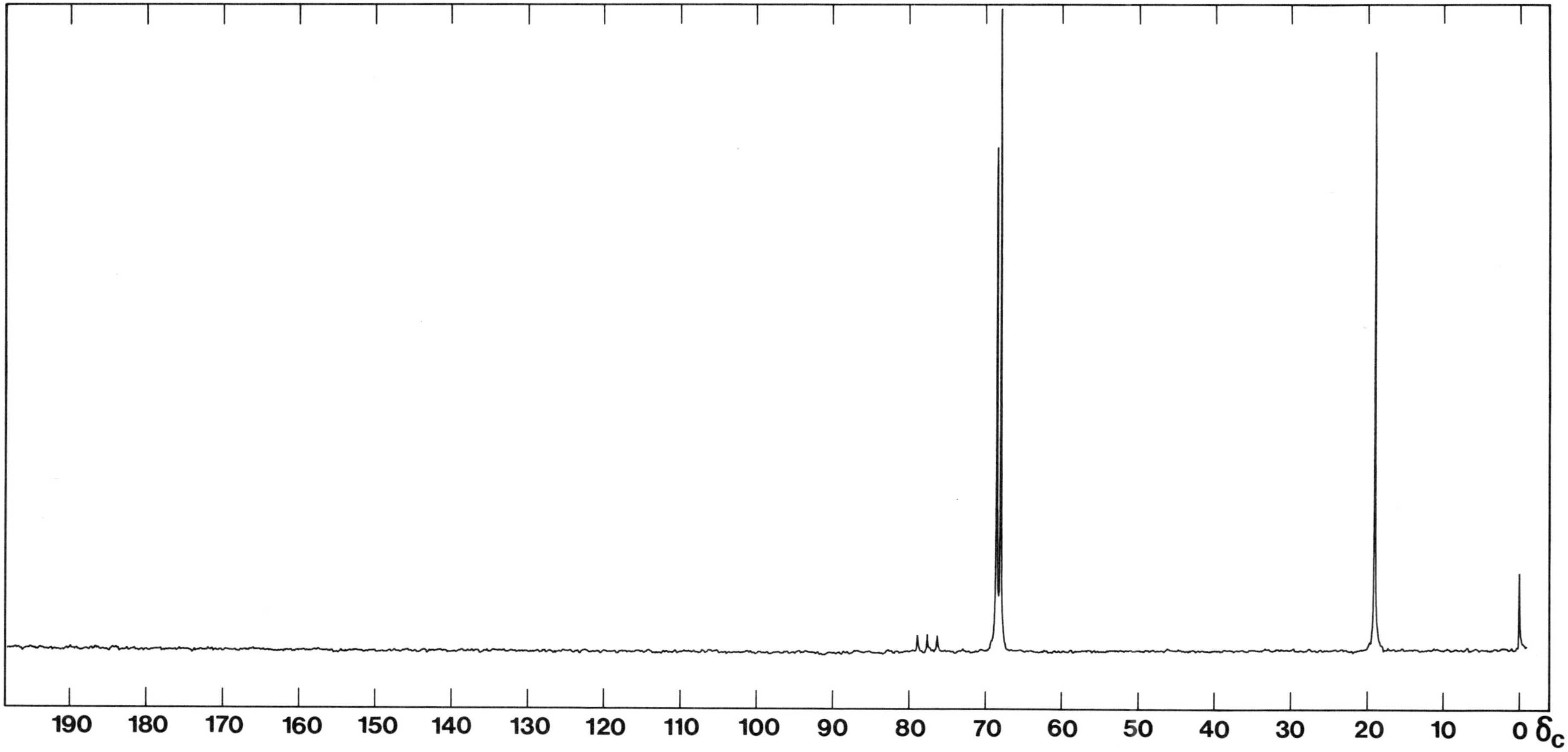

41

2-methylaminoethanol

C₃H₉O

H₃C—N(H)—CH₂CH₂OH
  a   b   c

EXPERIMENTAL PARAMETERS

Instr. HA–100
Mode CW
Time 15 min
Solv. Dioxane
Conc. .5ml/1ml soln

ASSIGNMENTS

a 36.0
b 54.3
c 60.3

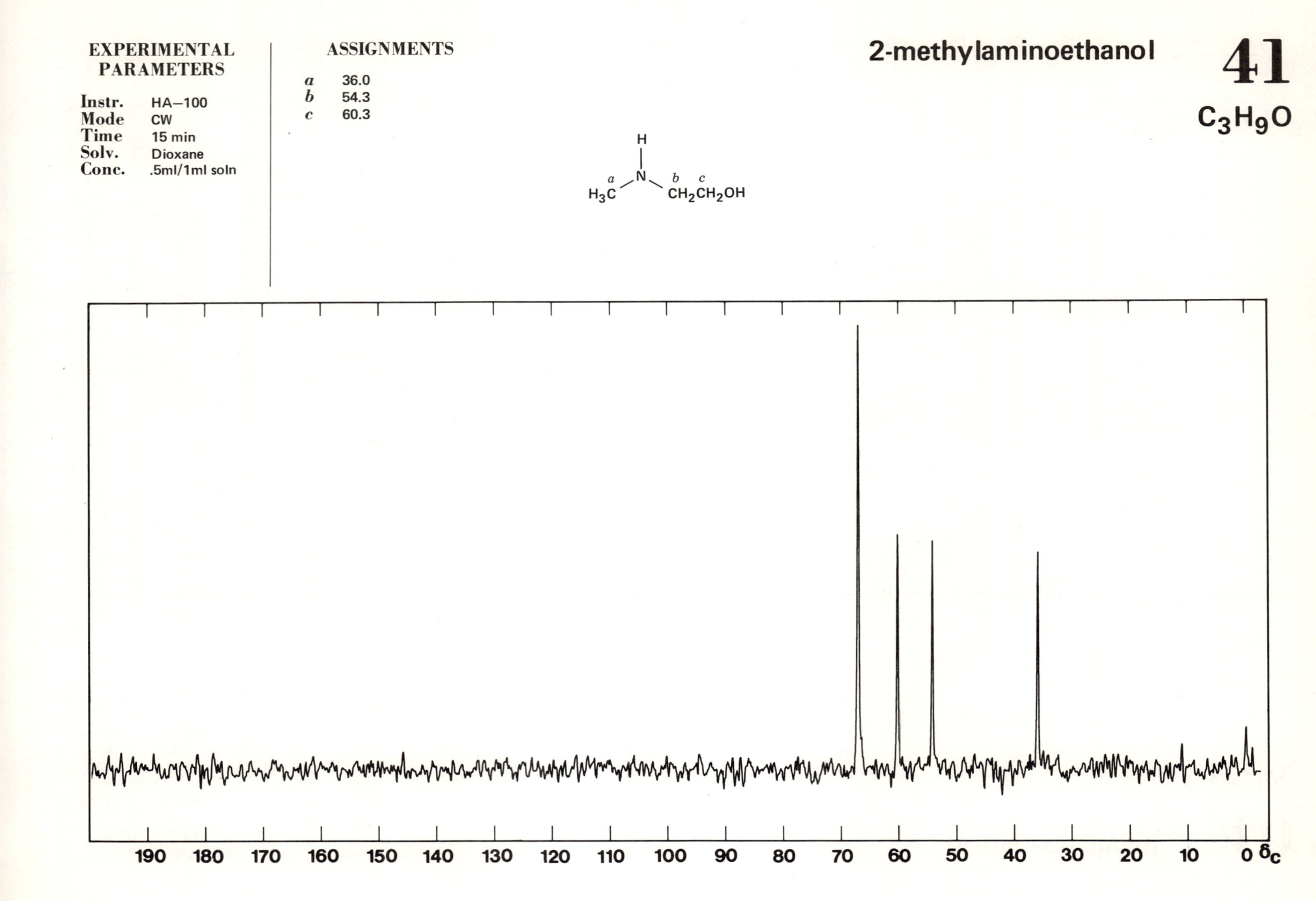

δ_c

dimethyl methylphosphonate

42

$C_3H_9O_3P$

EXPERIMENTAL PARAMETERS

Instr. XL-100
Mode FT
Time 5.3 min
Solv. CDCl₃
Conc. 1ml/2ml solv

ASSIGNMENTS

a 9.8
b 52.1

$$\overset{O}{\underset{H_3\overset{a}{C}P(O\overset{b}{C}H_3)_2}{\|}}$$

$J_{CP} = 144.0$ Hz
$J_{COP} = 6.3$ Hz

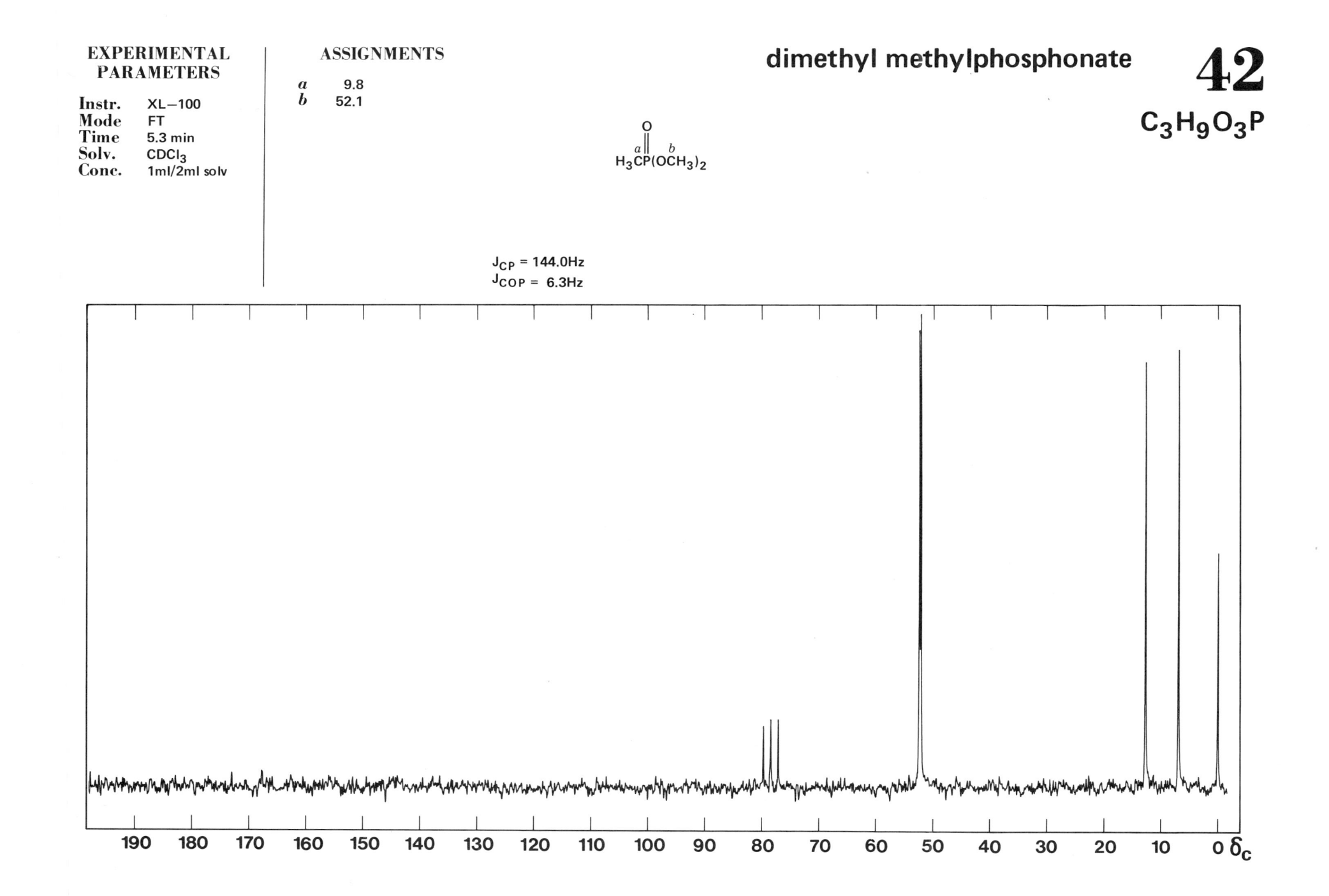

δ_c

43

hexachlorobutadiene

C_4Cl_6

EXPERIMENTAL PARAMETERS

Instr. XL-100
Mode FT
Time 5.3 min
Solv. CDCl$_3$
Conc. 1ml/2ml solv

ASSIGNMENTS

a * 123.6
b * 126.4

2,5-dibromothiophene

$C_4H_2Br_2S$

EXPERIMENTAL PARAMETERS

Instr. XL–100
Mode FT
Time 5.3 min
Solv. CDCl$_3$
Conc. 1ml/3ml soln

ASSIGNMENTS

a	111.4
b	130.1

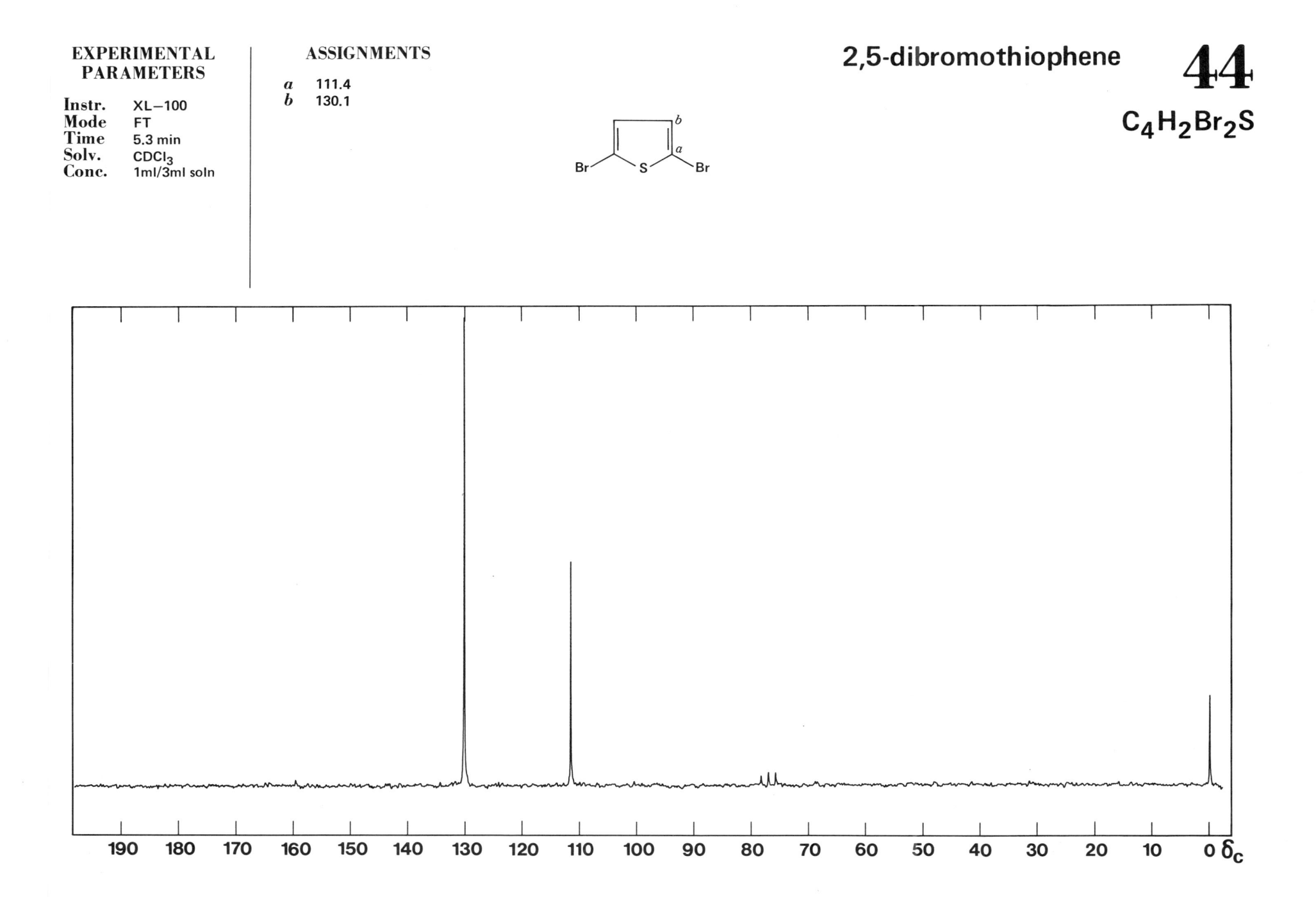

45 maleic anhydride

$C_4H_2O_3$

EXPERIMENTAL PARAMETERS

Instr. XL-100
Mode FT
Time 5.3 min
Solv. CDCl$_3$
Conc. 1g/3ml soln

ASSIGNMENTS

a 136.6
b 164.3

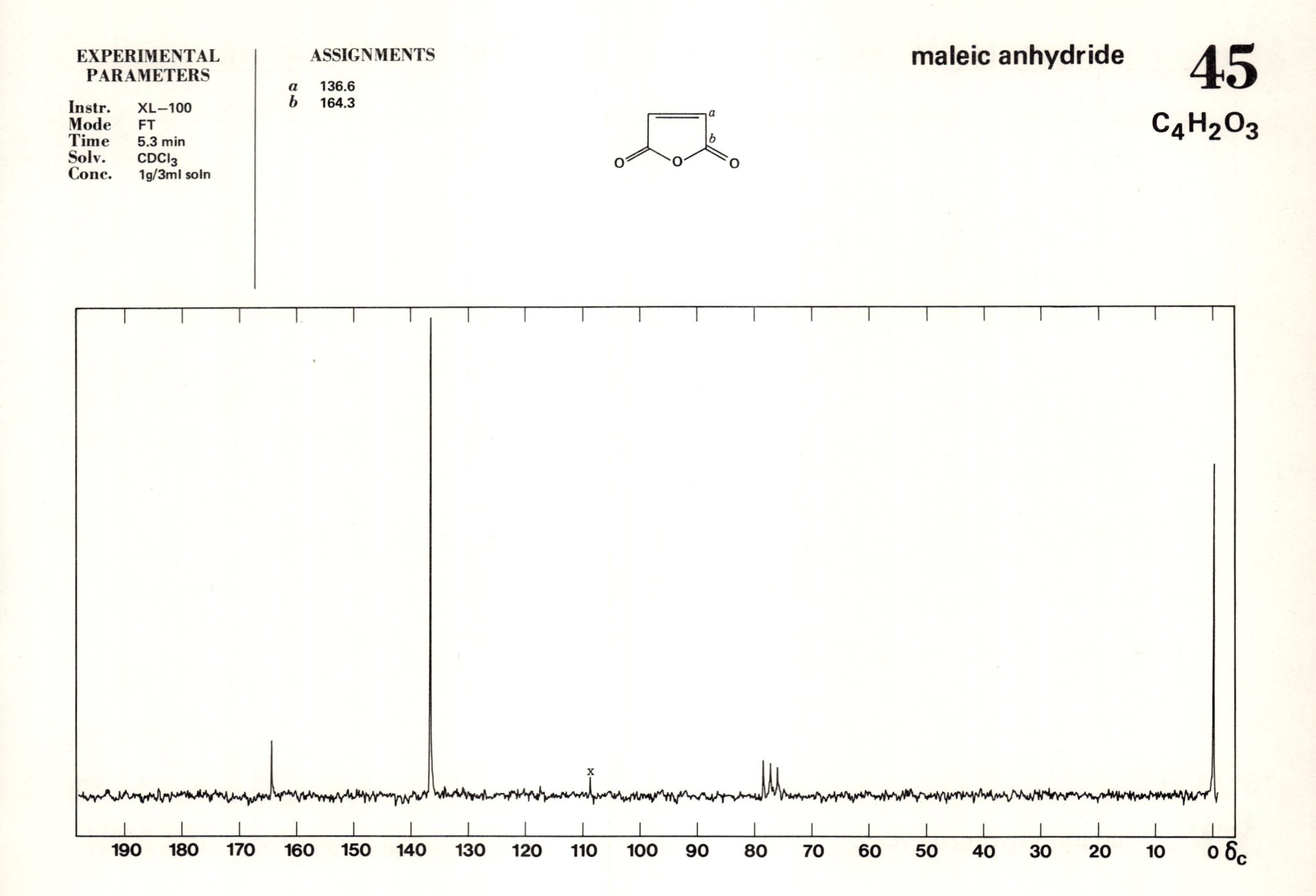

2-chlorothiophene 46

C$_4$H$_3$ClS

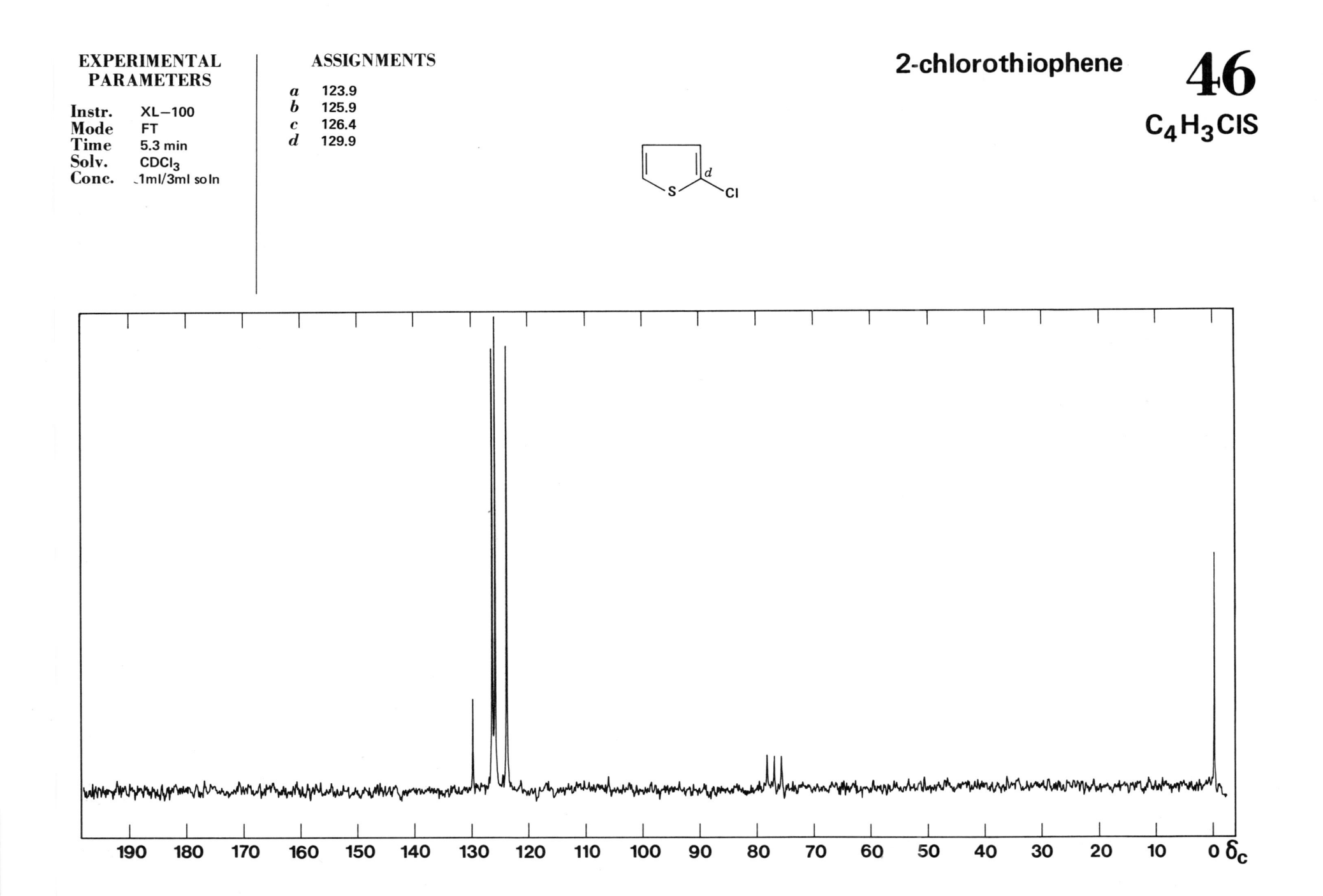

ASSIGNMENTS

a	123.9
b	125.9
c	126.4
d	129.9

EXPERIMENTAL PARAMETERS

- Instr.: XL-100
- Mode: FT
- Time: 5.3 min
- Solv.: CDCl$_3$
- Conc.: 1ml/3ml soln

maleic acid hydrazide 47

$C_4H_4N_2O_2$

EXPERIMENTAL PARAMETERS

Instr. XL-100
Mode FT
Time 5.3 min
Solv. DMSO D_6
Conc. .5g/2.5ml solv

ASSIGNMENTS

a 130.3
b 156.2

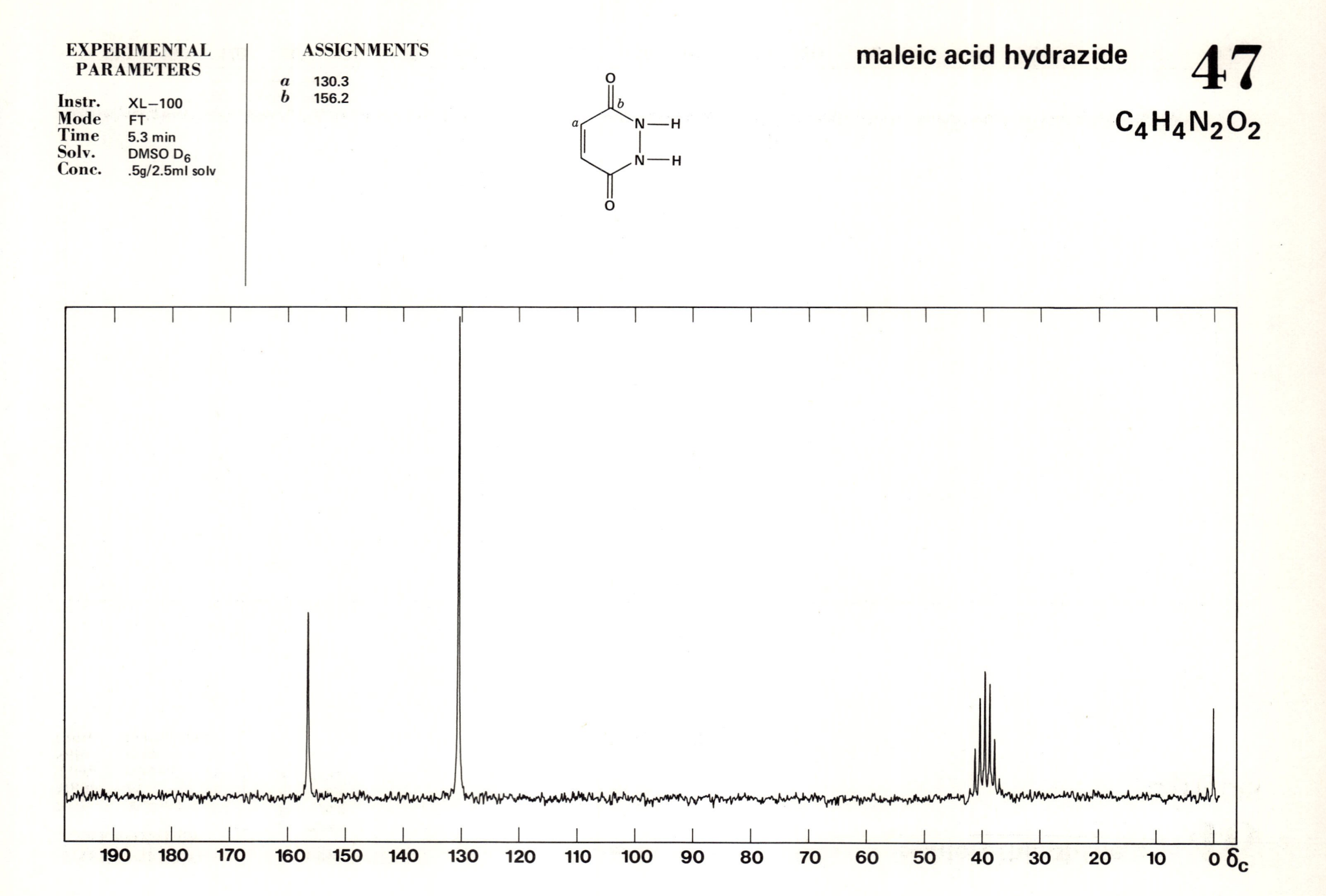

48

furan

C_4H_4O

EXPERIMENTAL PARAMETERS

Instr. HA-100
Mode CW
Time 15 min
Solv. Dioxane
Conc. .5ml/1ml soln

ASSIGNMENTS

a 109.7
b 143.0

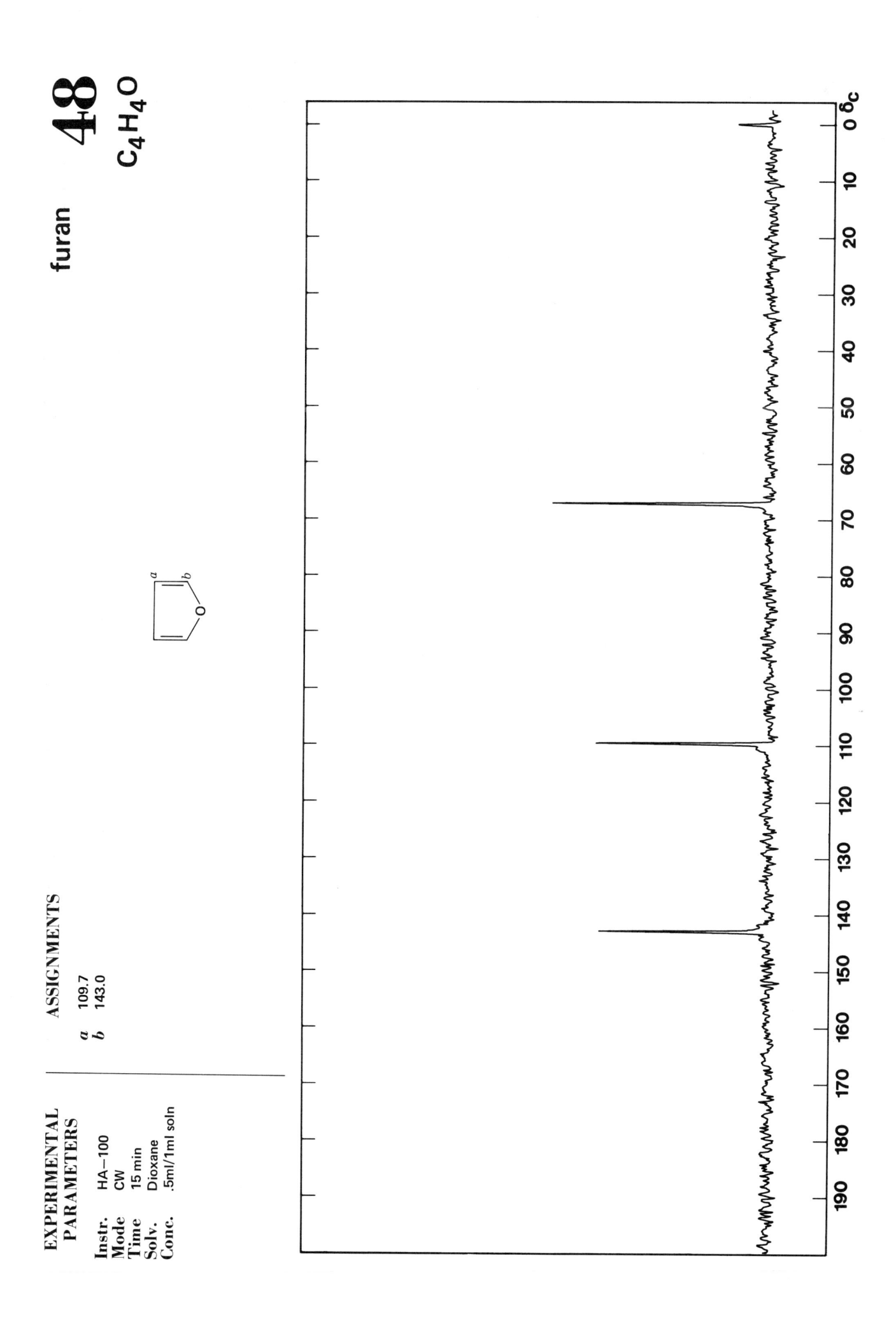

49 succinic anhydride

$C_4H_4O_3$

EXPERIMENTAL PARAMETERS

Instr.	XL–100
Mode	FT
Time	5.3 min
Solv.	DMSO D$_6$
Conc.	.5g/2ml solv

ASSIGNMENTS

a 28.6
b 172.9

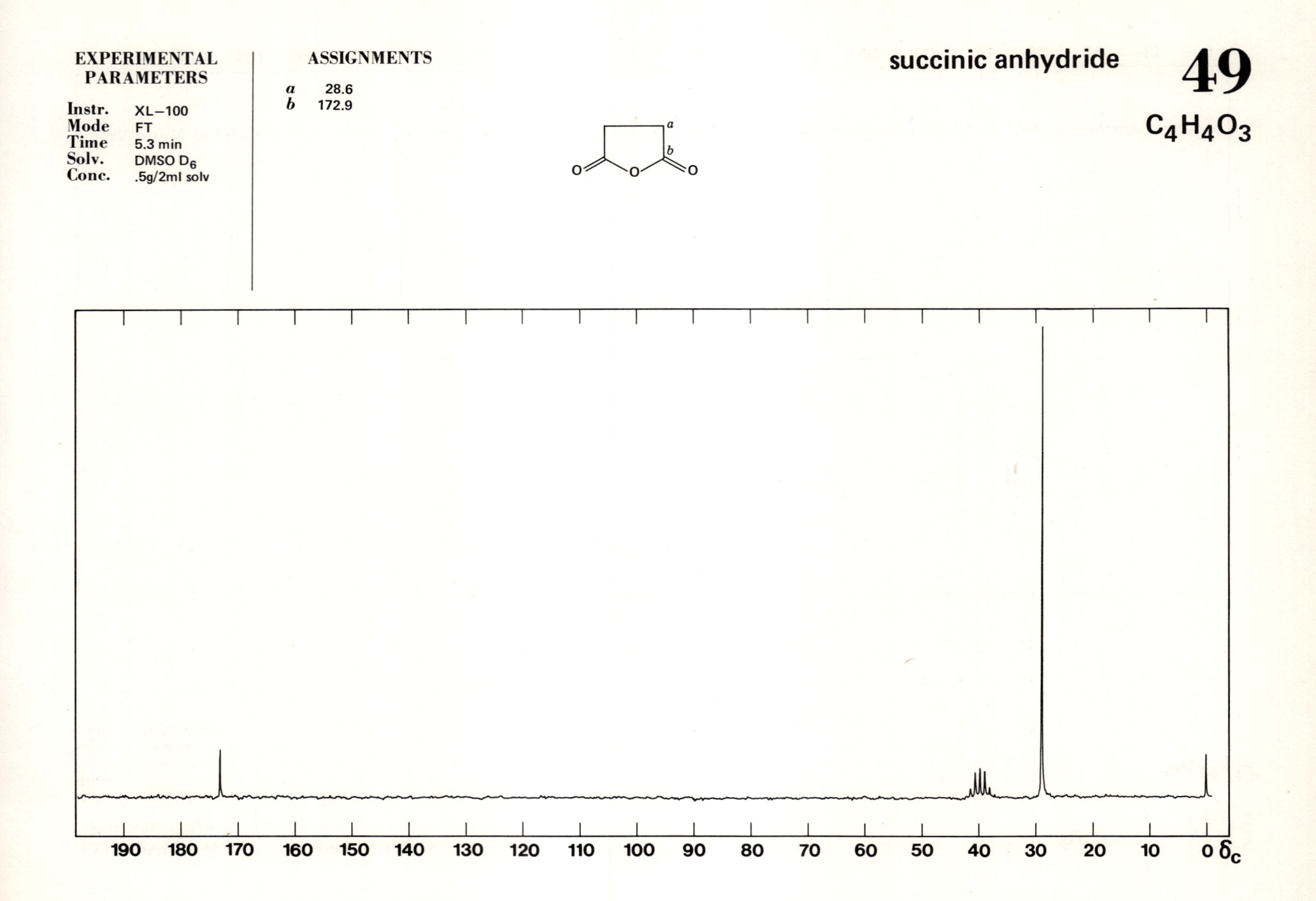

thiophene

50

C_4H_4S

EXPERIMENTAL PARAMETERS

Instr. XL-100
Mode FT
Time 5.3 min
Solv. CDCl$_3$
Conc. 1ml/2ml solv

ASSIGNMENTS

a	124.9
b	126.7

ref 1

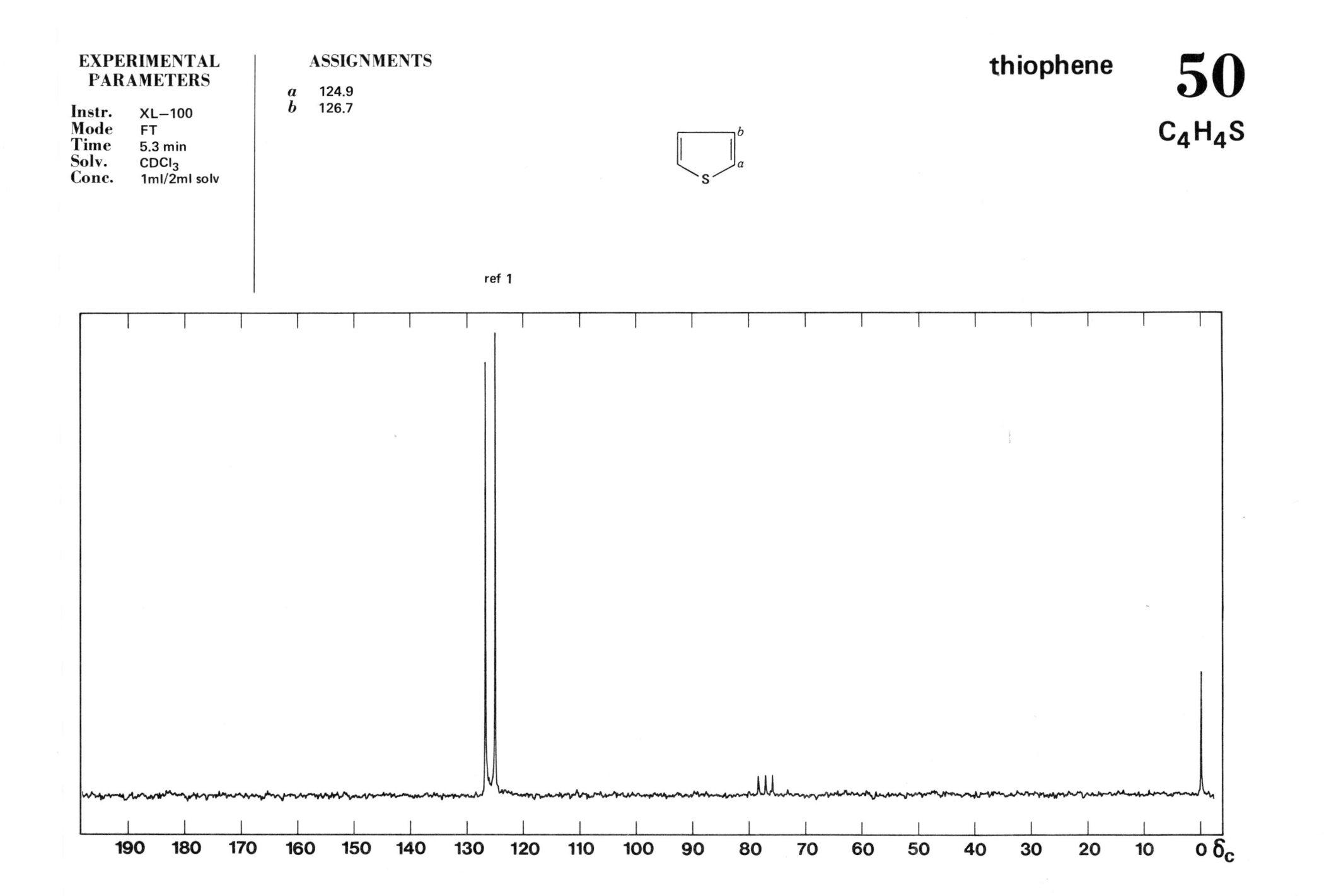

ethyl trichloroacetate 51

$C_4H_5Cl_3O_2$

$$Cl_3\overset{c}{C}-\overset{d}{\underset{\underset{O}{\|}}{C}}-\overset{b}{O}\overset{a}{CH_2CH_3}$$

EXPERIMENTAL PARAMETERS

Instr. XL-100
Mode FT
Time 5.3 min
Solv. $CDCl_3$
Conc. 1ml/3ml soln

ASSIGNMENTS

a	13.7
b	65.4
c	89.9
d	161.1

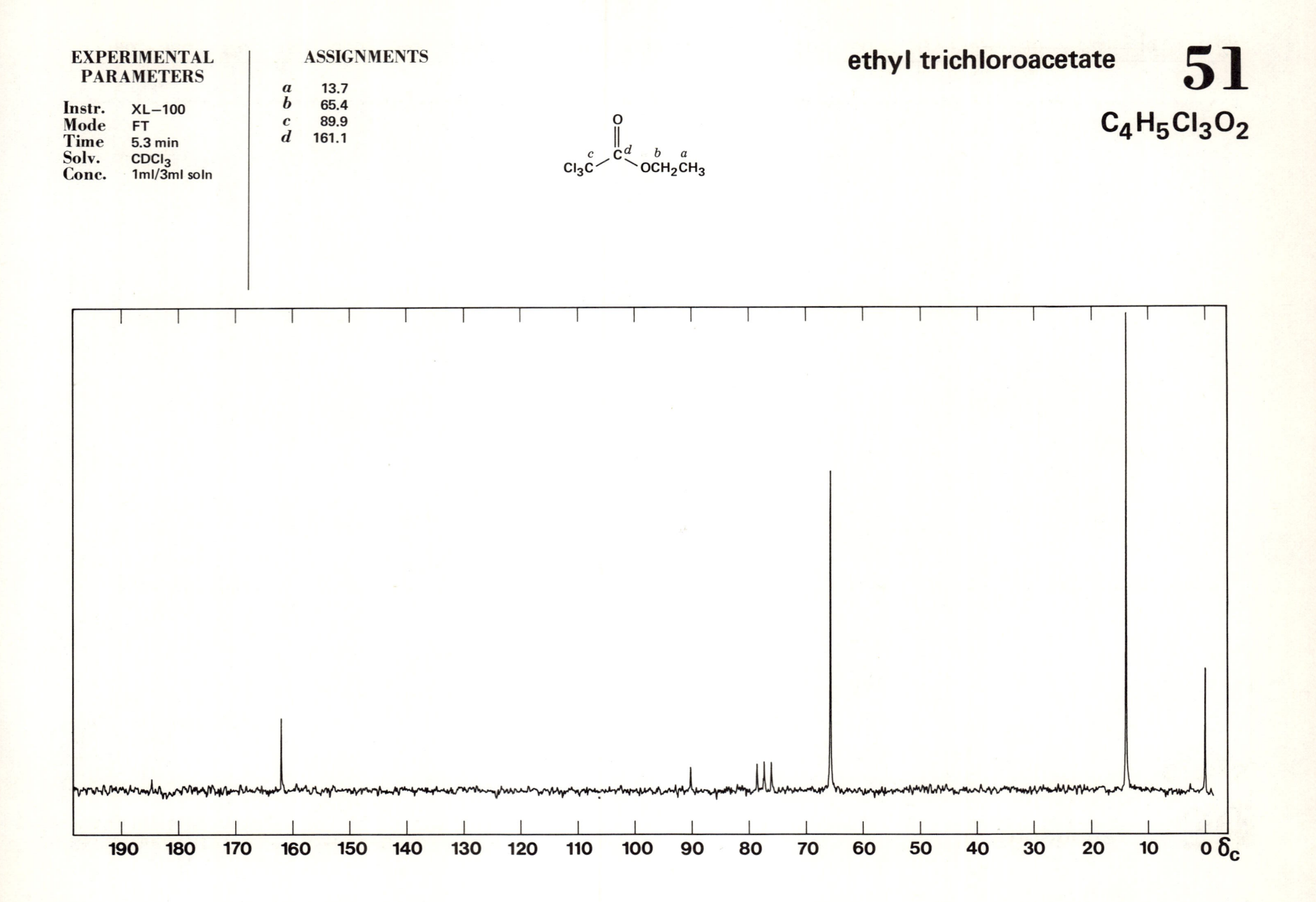

ethyl trifluoroacetate 52

$C_4H_5F_3O_2$

EXPERIMENTAL PARAMETERS

Instr. XL-100
Mode FT
Time 1 hr
Solv. CDCl$_3$
Conc. 1ml/1.5ml solv
Pulse Width 20 μsec

ASSIGNMENTS

a 13.8
b 64.7
c 115.3
d 158.1

$$F_3\overset{c}{C}-\overset{d}{C}(=O)-O\overset{b}{C}H_2\overset{a}{C}H_3$$

J_{CF} = 285.0 Hz
J_{CCF} = 42.4 Hz

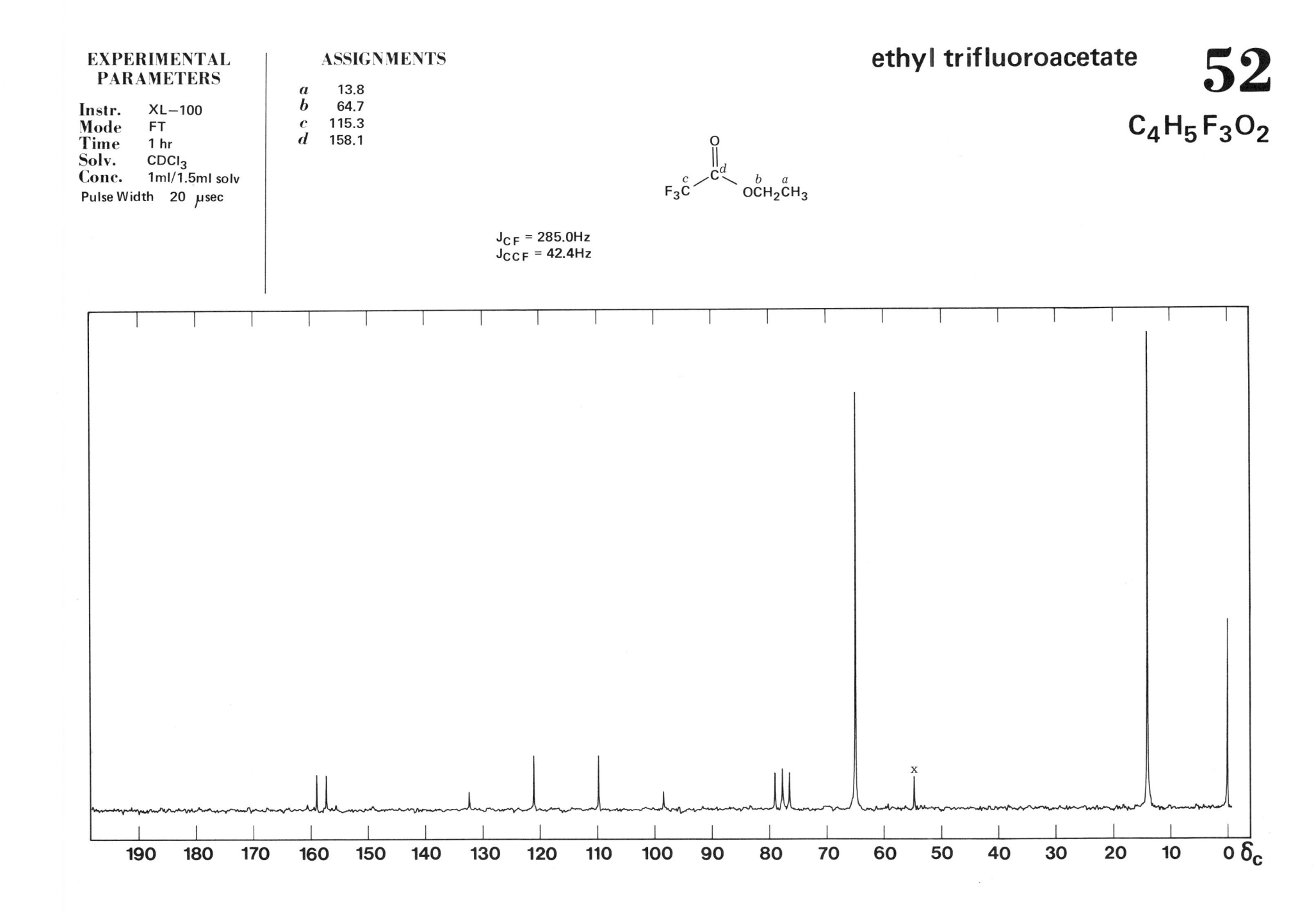

53 crotononitrile

C₄H₅N

EXPERIMENTAL PARAMETERS

Instr. HA–100
Mode CW
Time 15 min
Solv. Dioxane
Conc. .5ml/1ml soln

ASSIGNMENTS

a	17.3
b	18.8
c	100.9
d	101.2
e	116.0
f	117.6
g	150.2
h	151.6

trans and *cis* isomers shown.

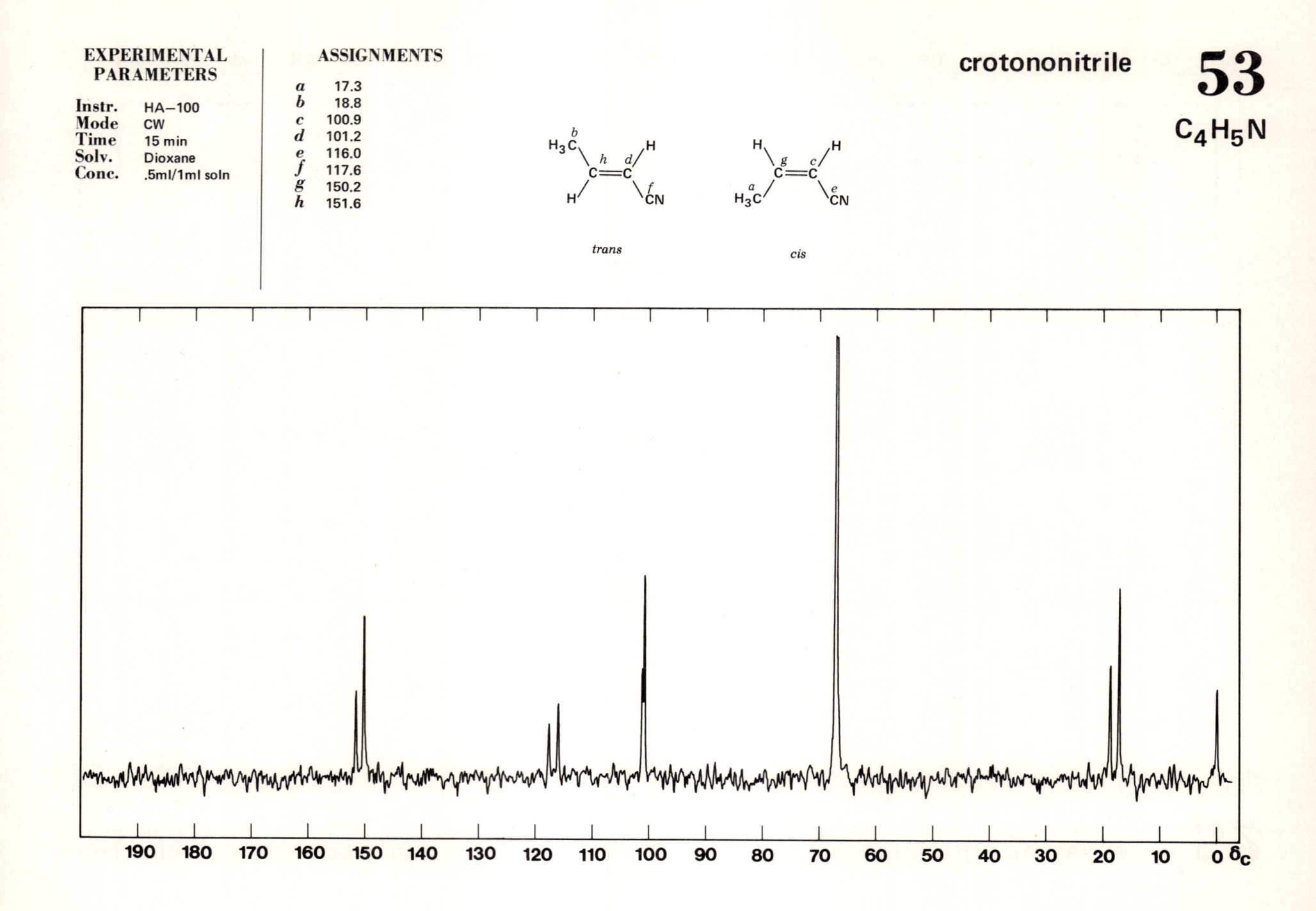

pyrrole

54

C_4H_5N

EXPERIMENTAL PARAMETERS

Instr. XL–100
Mode FT
Time 5.3 min
Solv. CDCl$_3$
Conc. 1ml/3ml soln

ASSIGNMENTS

a 107.9
b 117.9

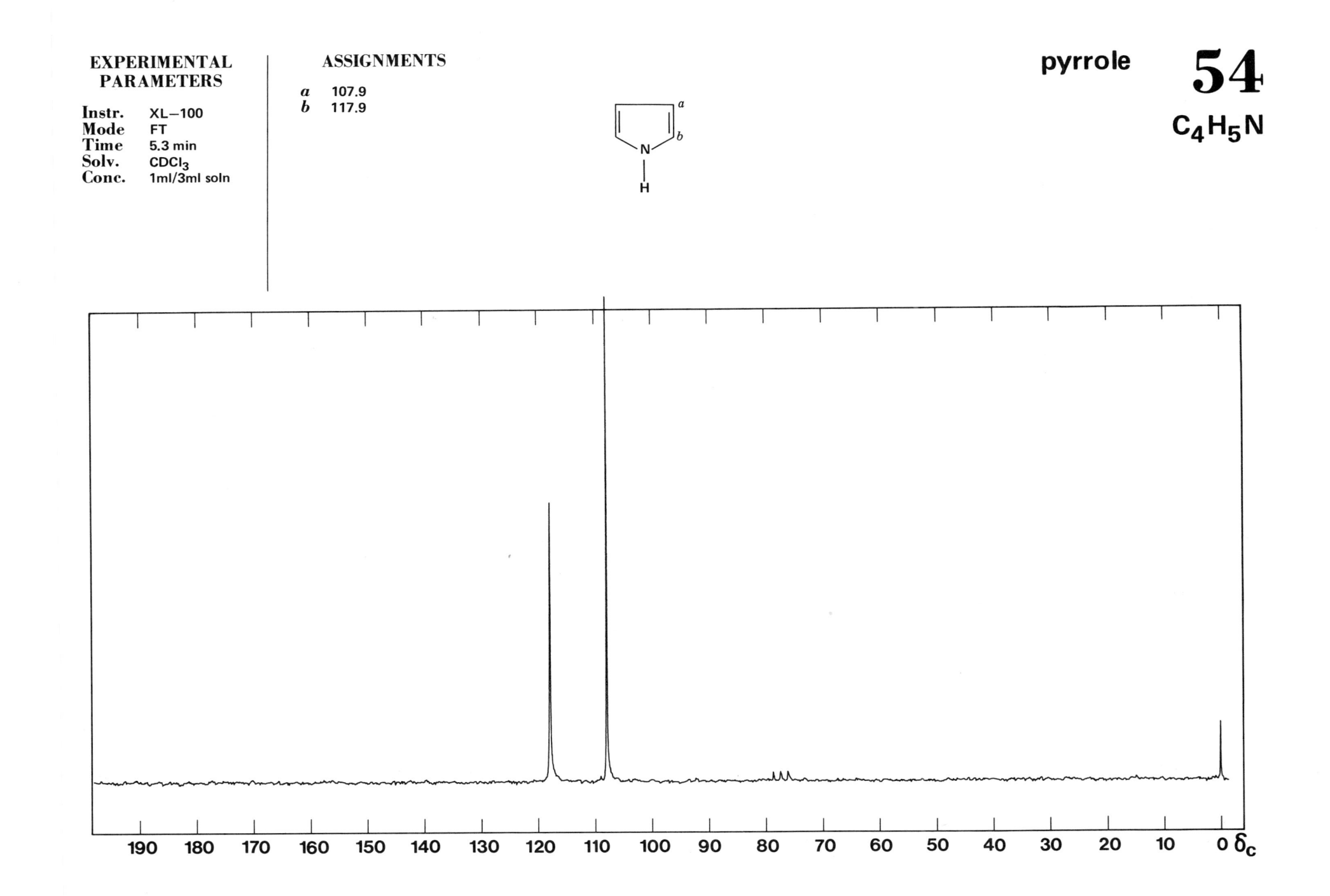

55

succinimide

$C_4H_5NO_2$

EXPERIMENTAL PARAMETERS

Instr. XL–100
Mode FT
Time 5.3 min
Solv. water
Conc. 1g/3ml soln

ASSIGNMENTS

a 30.3
b 183.6

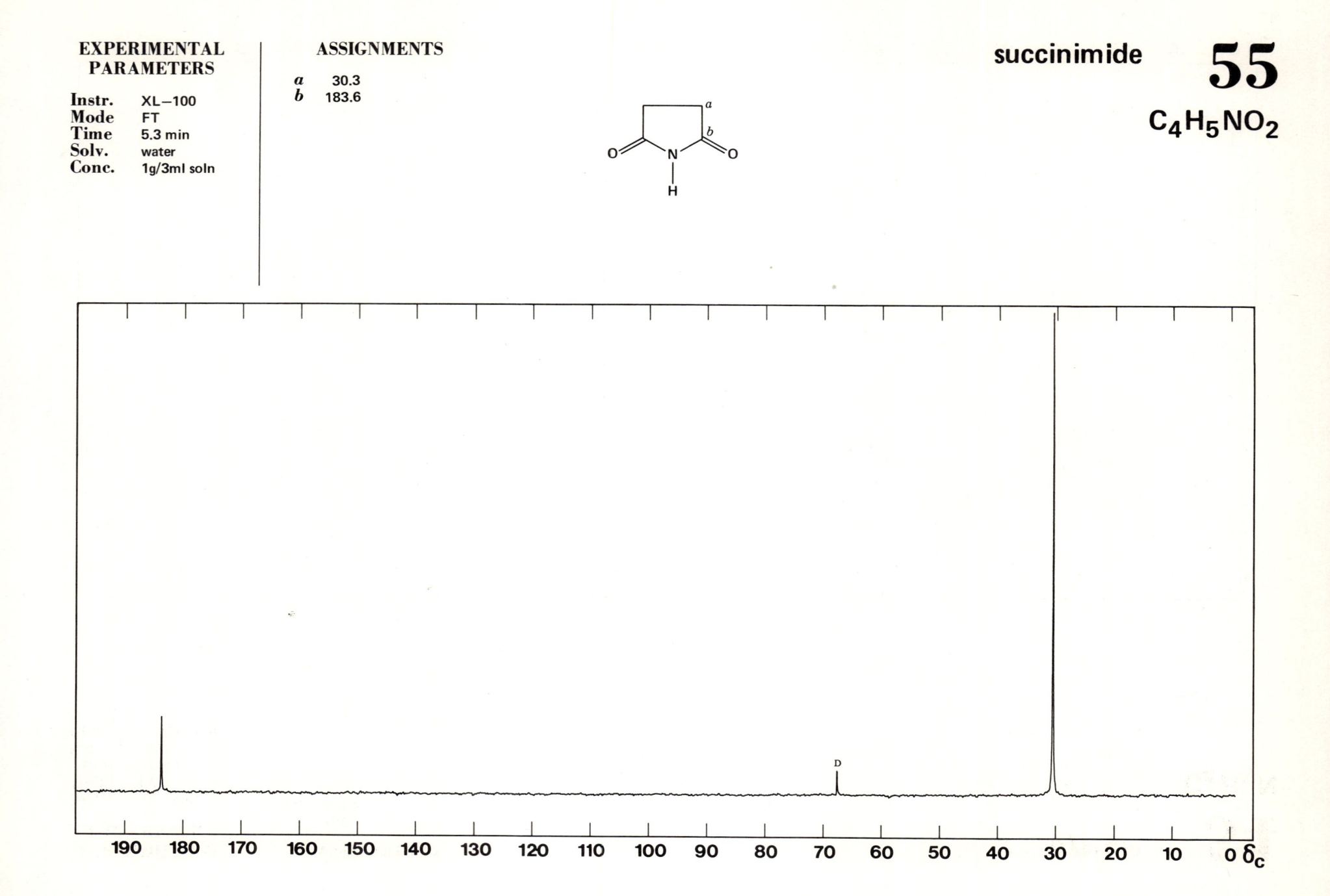

cyclobutylnitrile

56

C_4H_6N

EXPERIMENTAL PARAMETERS

Instr. XL-100
Mode FT
Time 5.3 min
Solv. CDCl$_3$
Conc. 1ml/2ml solv
Pulse Width 15 μ sec

ASSIGNMENTS

a 19.9t
b 22.0d
c 27.1
d 122.4

57 crotonaldehyde

C_4H_6O

EXPERIMENTAL PARAMETERS

Instr. HA-100
Mode CW
Time 15 min
Solv. Dioxane
Conc. .5ml/1ml soln

ASSIGNMENTS

a	18.2
b	134.9
c	153.7
d	193.4

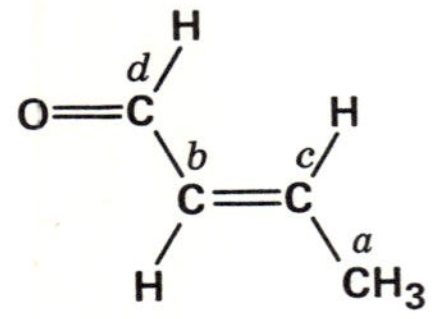

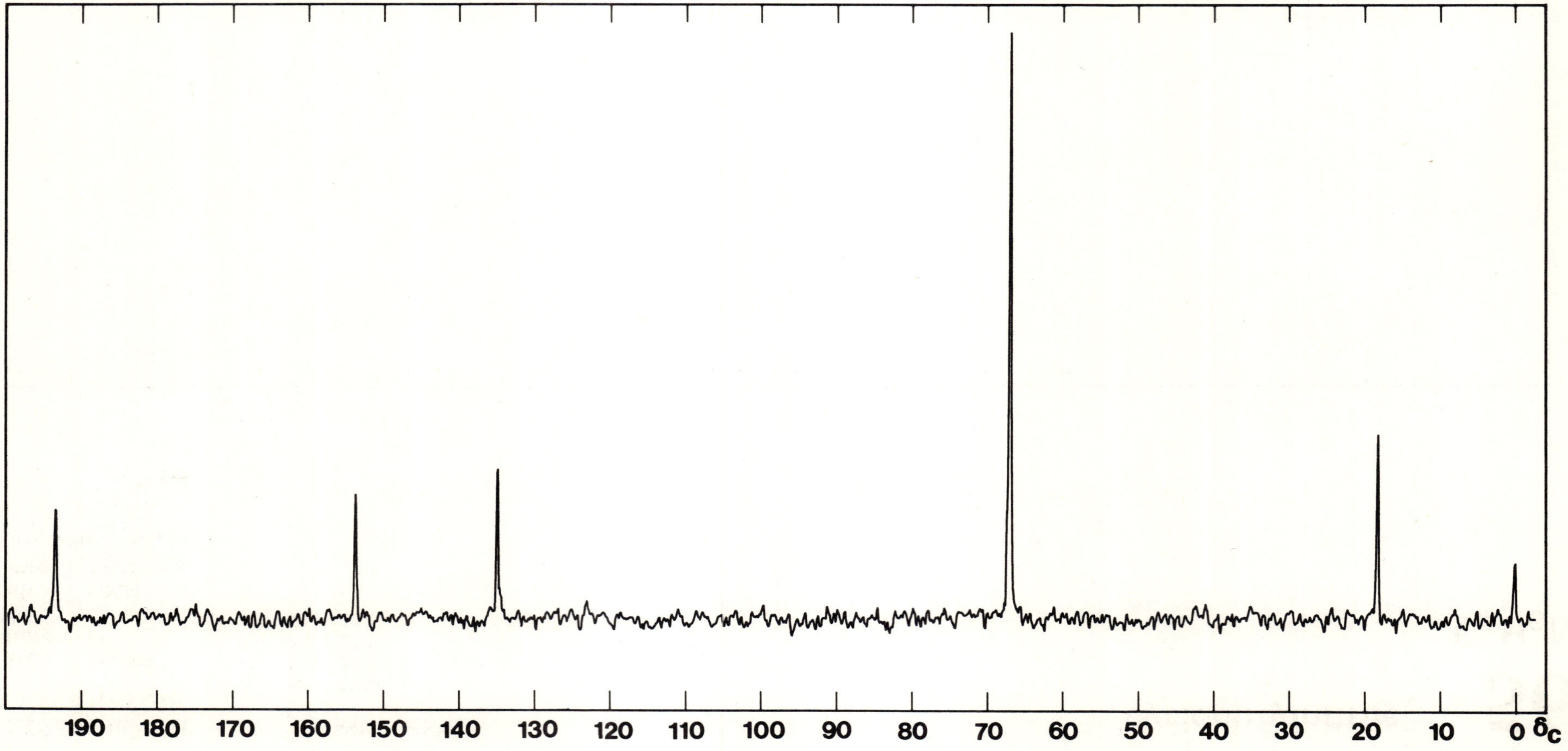

2-butyne-1-ol

58

C_4H_6O

EXPERIMENTAL PARAMETERS

Instr. HA–100
Mode CW
Time 15 min
Solv. Dioxane
Conc. .5ml/1ml soln

ASSIGNMENTS

a 3.2
b 50.5
c* 78.9
d* 80.0

$$\overset{b}{HOCH_2}\overset{d}{C}\equiv\overset{c}{C}\overset{a}{CH_3}$$

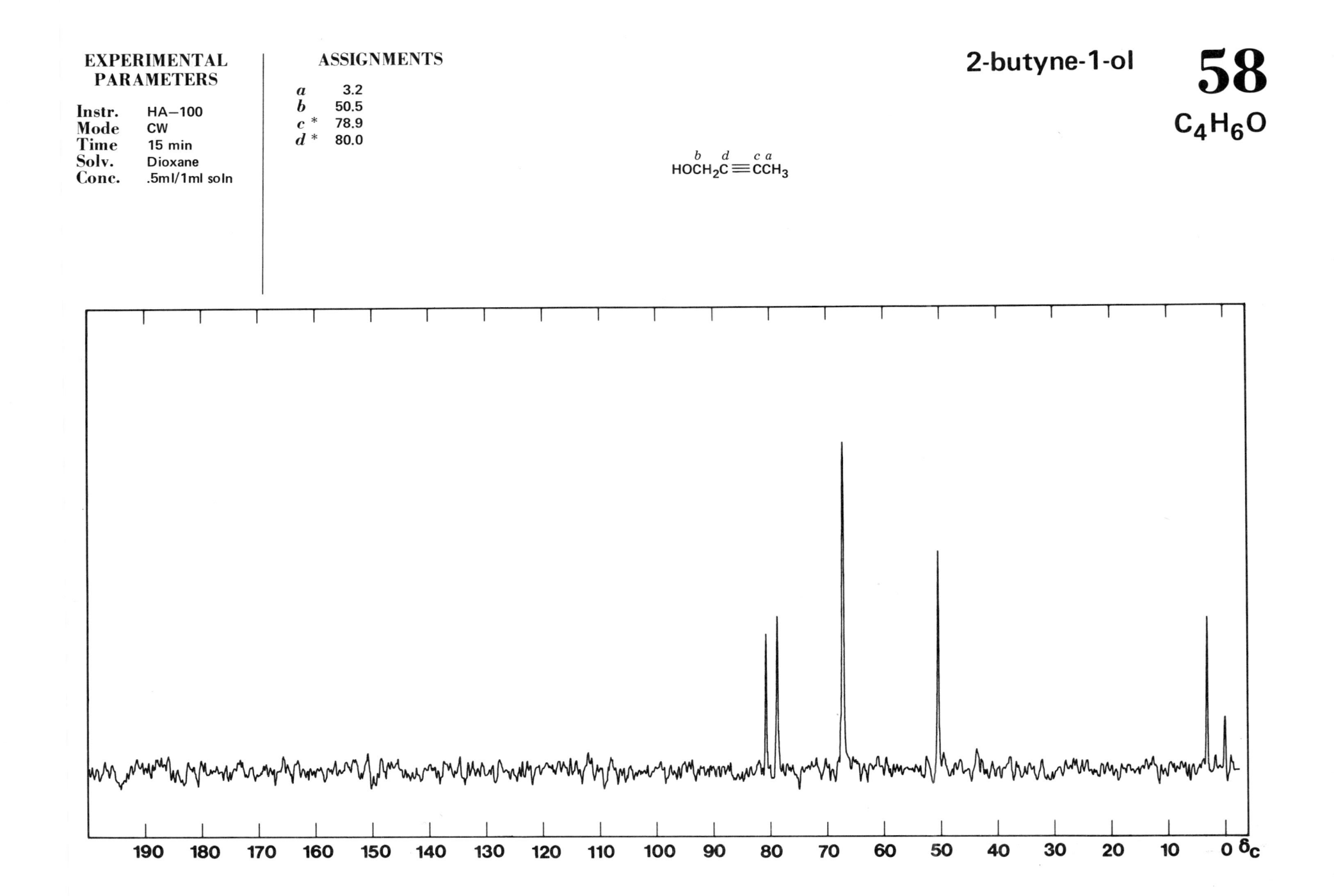

59 2,5-dihydrofuran

C$_4$H$_6$O

EXPERIMENTAL PARAMETERS

Instr. XL-100
Mode FT
Time 5.3 min
Solv. CDCl$_3$
Conc. 1ml/3ml soln

ASSIGNMENTS

a 75.3
b 126.3

4-butyrolactone

60

$C_4H_6O_2$

EXPERIMENTAL PARAMETERS

Instr. XL-100
Mode FT
Time 5.3 min
Solv. CDCl₃
Conc. 1ml/2ml solv

ASSIGNMENTS

a 22.2
b 27.7
c 68.6
d 177.9

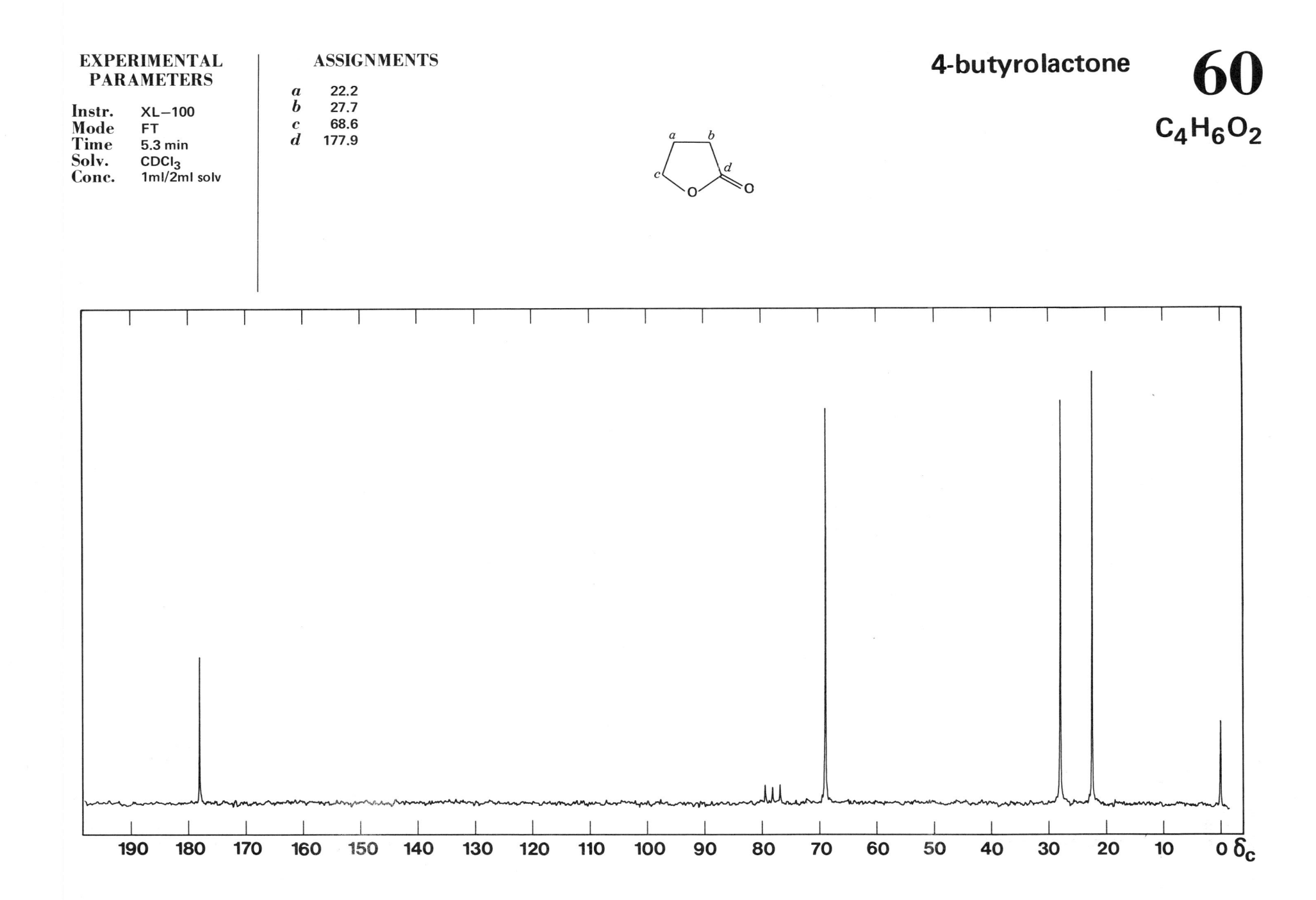

vinyl acetate

61

$C_4H_6O_2$

EXPERIMENTAL PARAMETERS

Instr. HA–100
Mode CW
Time 15 min
Solv. Dioxane
Conc. .5ml/1ml soln

ASSIGNMENTS

a 20.2
b 96.8
c 141.8
d 167.6

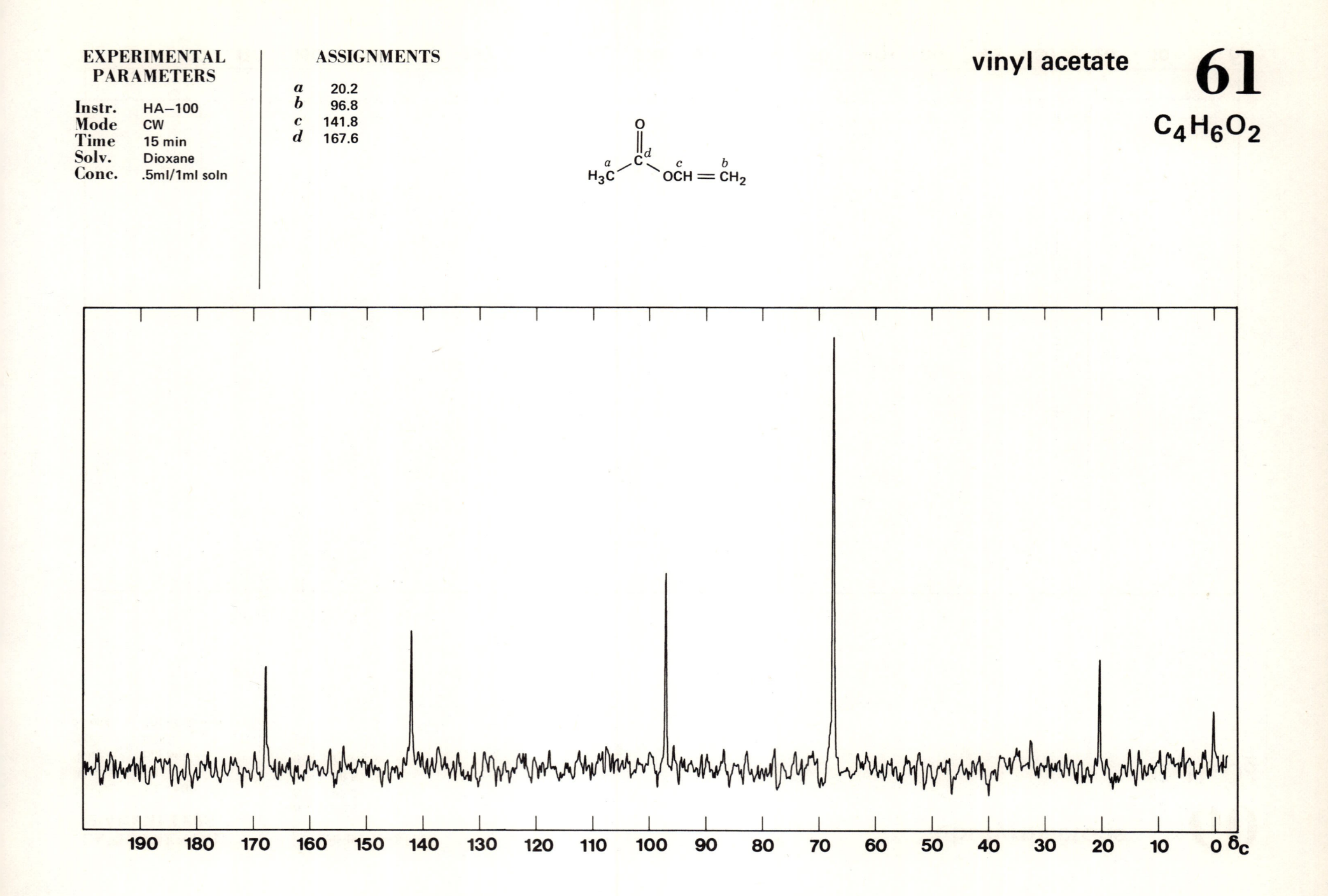

$$\underset{H_3C}{\overset{a}{}}-\underset{}{\overset{O}{\underset{\|}{C}}}\overset{d}{}-\overset{c}{O}CH=\overset{b}{C}H_2$$

propylene carbonate — 62

C₄H₆O₃

ASSIGNMENTS

a	19.1
b	70.8t
c	73.9d
d	155.2

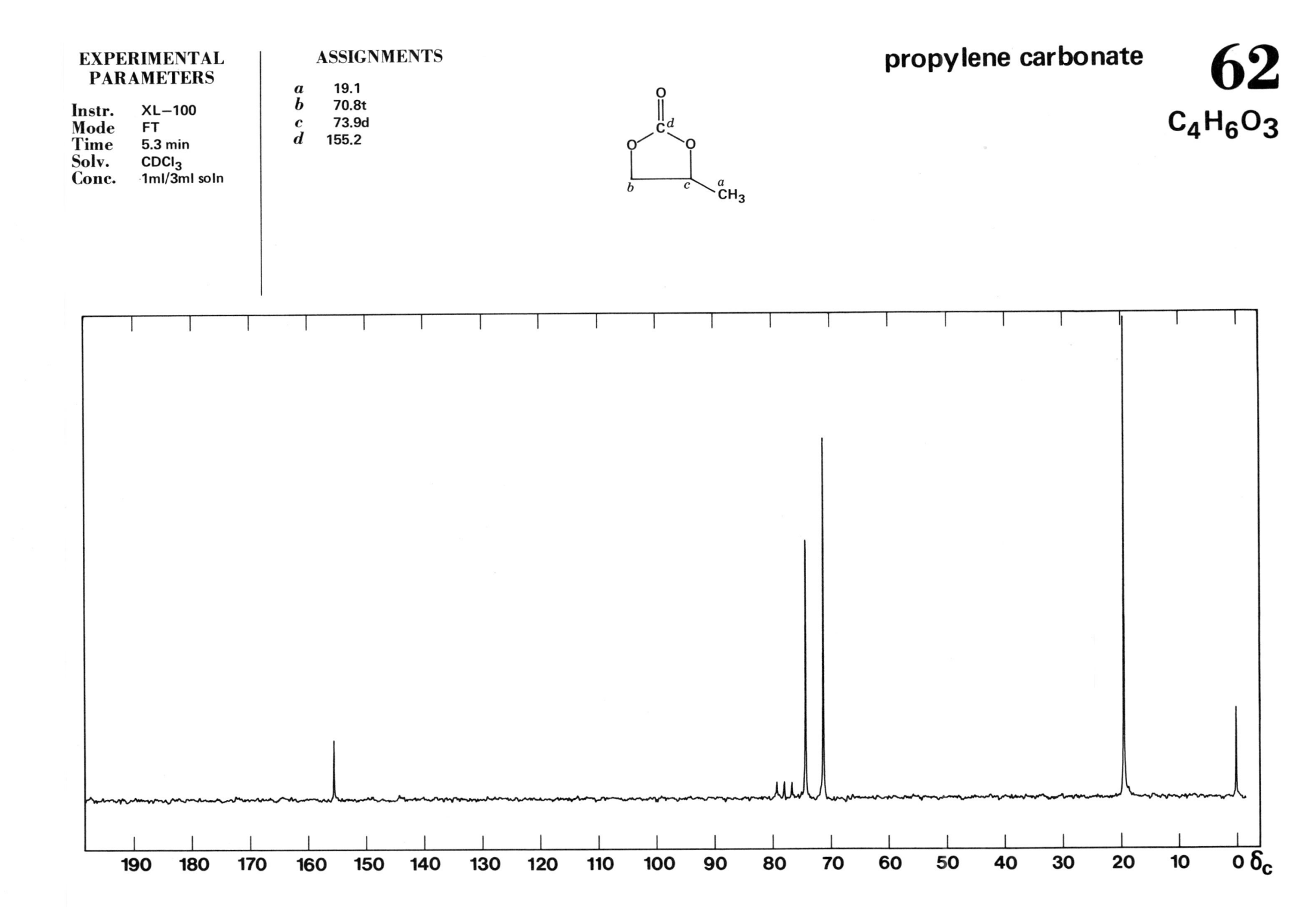

EXPERIMENTAL PARAMETERS

- Instr.: XL-100
- Mode: FT
- Time: 5.3 min
- Solv.: CDCl₃
- Conc.: 1ml/3ml soln

thiomalic acid **63**

$C_4H_6O_4S$

EXPERIMENTAL PARAMETERS

Instr. XL-100
Mode FT
Time 5.3 min
Solv. water
Conc. 1g/3ml soln

ASSIGNMENTS

a 36.9 d
b 40.2 t
c * 175.3
d * 177.0

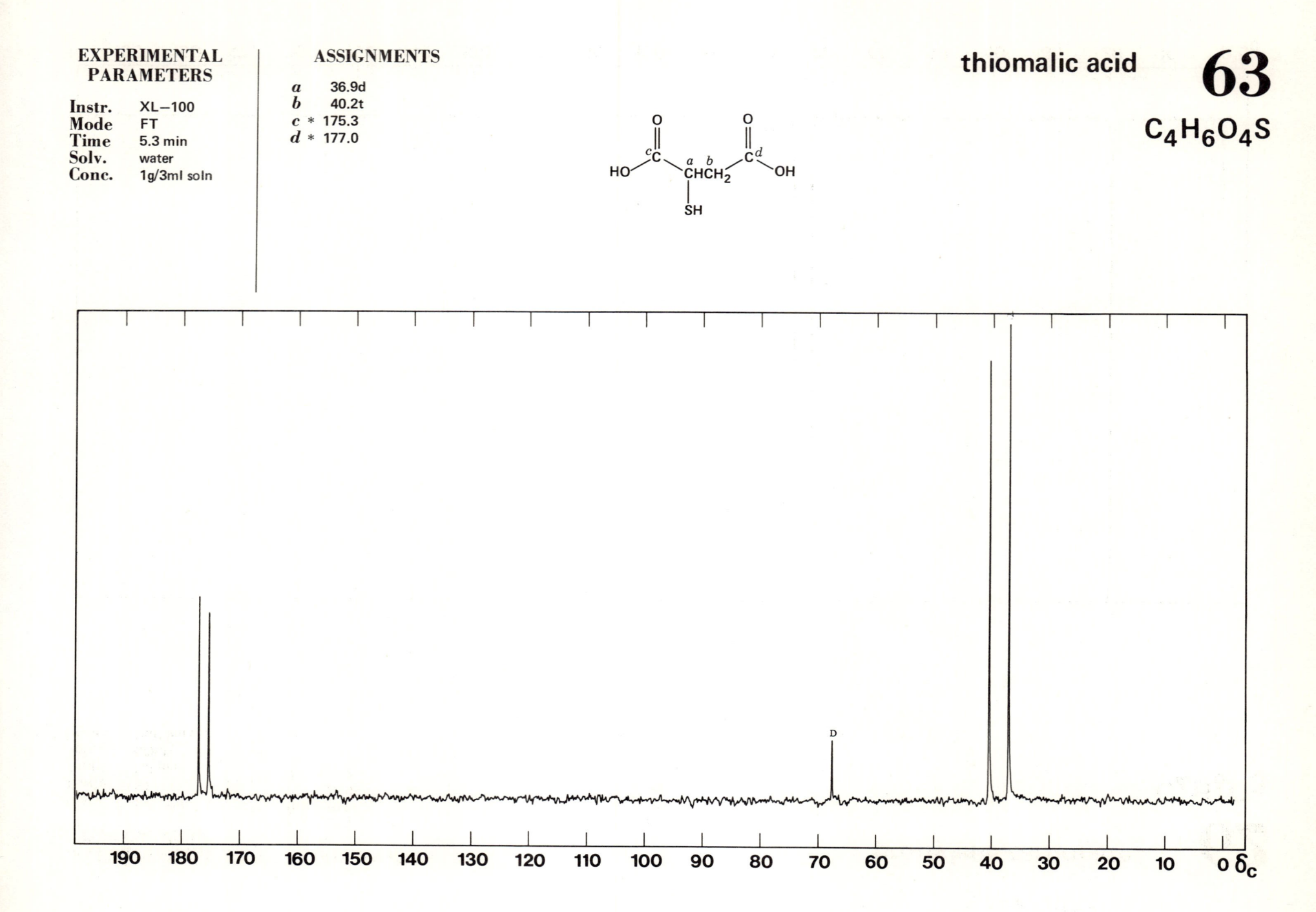

L-tartaric acid

64

$C_4H_6O_6$

EXPERIMENTAL PARAMETERS

Instr. XL–100
Mode FT
Time 5.3 min
Solv. water
Conc. 1g/3ml soln

ASSIGNMENTS

a 72.8
b 175.3

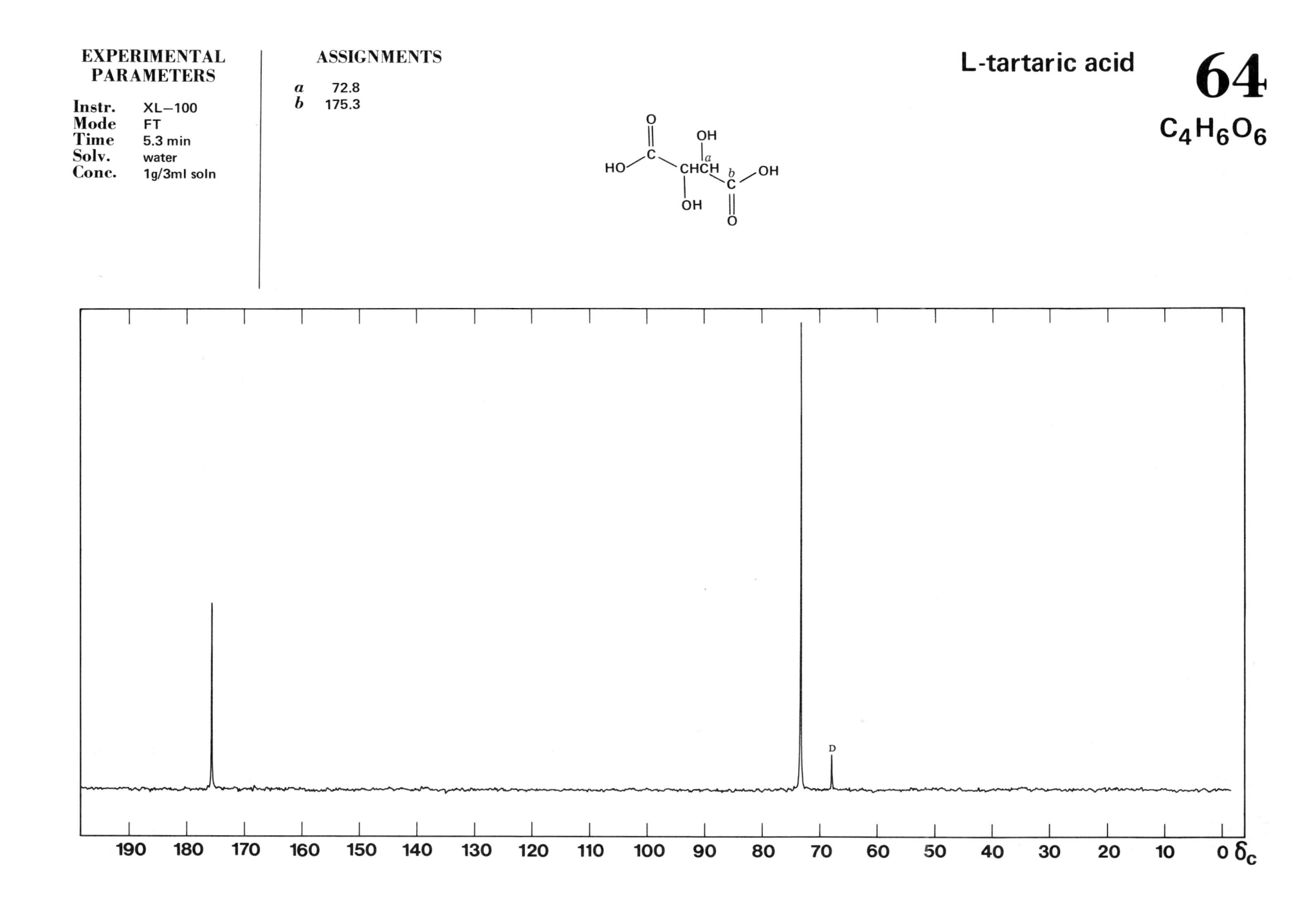

65 2-bromobutyric acid

$C_4H_7BrO_2$

EXPERIMENTAL PARAMETERS

Instr. XL–100
Mode FT
Time 5.3 min
Solv. CDCl₃
Conc. 1ml/2ml solv

ASSIGNMENTS

a 11.7
b 28.1
c 47.0
d 175.9

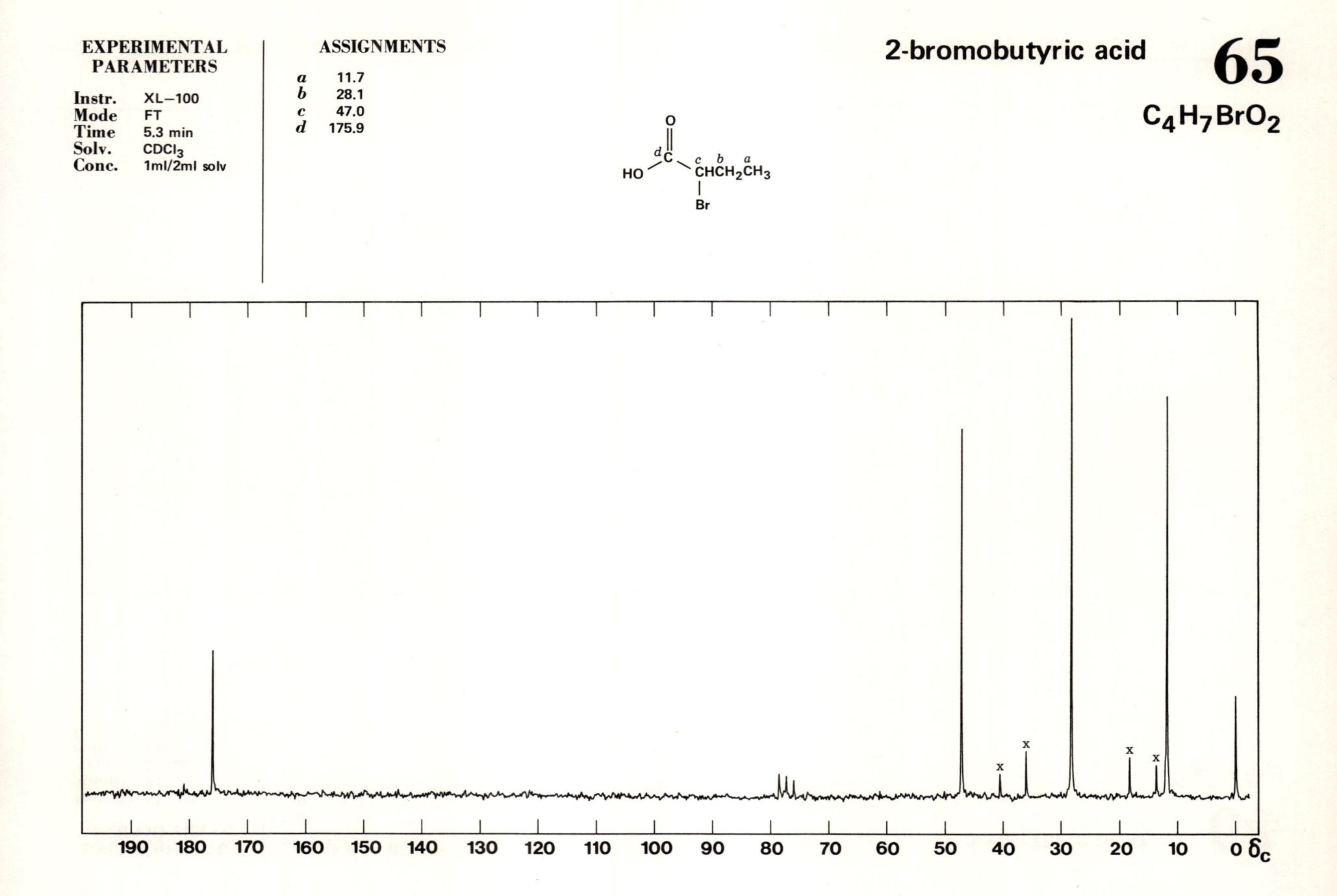

isobutyronitrile

66

C_4H_7N

EXPERIMENTAL PARAMETERS

Instr. XL-100
Mode FT
Time 5.3 min
Solv. $CDCl_3$
Conc. 1ml/2ml solv

ASSIGNMENTS

a	19.8
b	19.9
c	123.7

$\overset{c\,a\,\;b}{NCCH(CH_3)_2}$

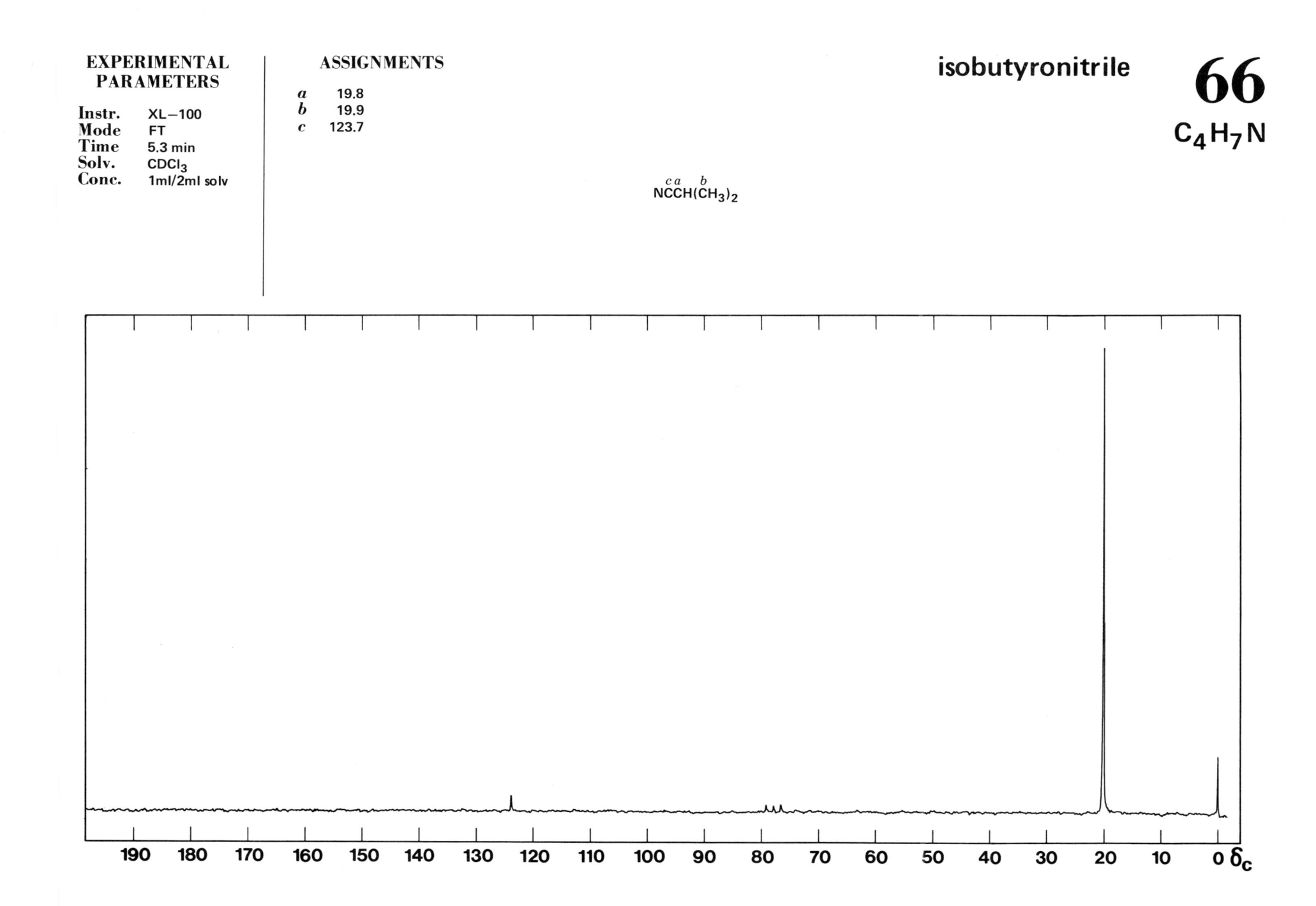

δ_c

67

2-pyrrolidone

C_4H_7NO

EXPERIMENTAL PARAMETERS

Instr. XL–100
Mode FT
Time 5.3 min
Solv. CDCl$_3$
Conc. 1ml/3ml soln

ASSIGNMENTS

a 20.8
b 30.3
c 42.4
d 179.4

68

2,3-butanedione monooxime

C₄H₇O₂

EXPERIMENTAL PARAMETERS

Instr. XL-100
Mode FT
Time 5.3 min
Solv. CDCl₃
Conc. 1g/3ml soln

ASSIGNMENTS

a 8.0
b 25.0
c 157.0
d 198.8

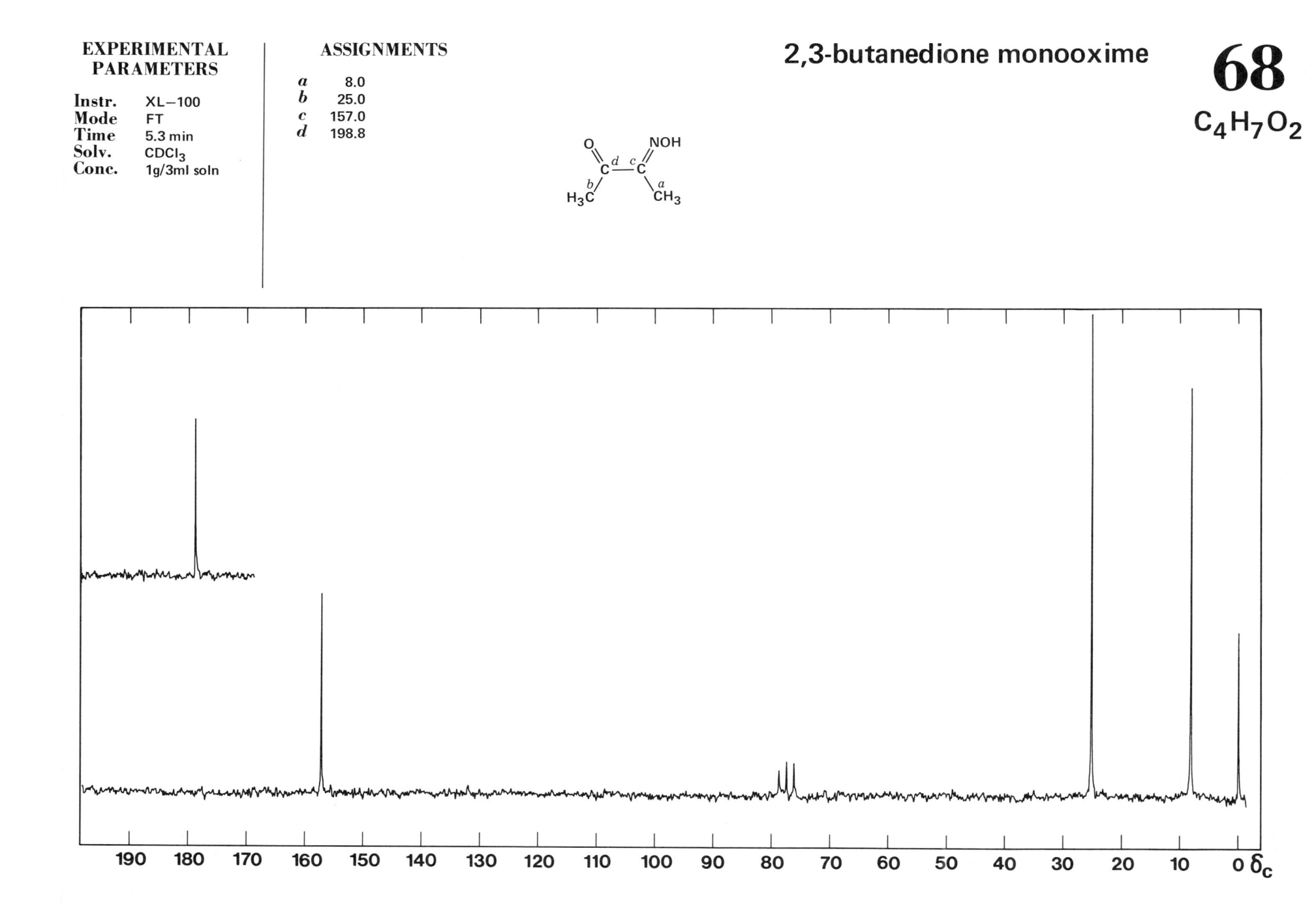

$$\underset{H_3C}{\overset{O=}{\underset{b}{C}}}\overset{d}{-}\overset{c}{\underset{\|}{C}}\overset{NOH}{-}\overset{a}{CH_3}$$

1,2-dibromobutane

69

$C_4H_8Br_2$

EXPERIMENTAL PARAMETERS

Instr. XL–100
Mode FT
Time 5.3 min
Solv. CDCl$_3$
Conc. 1ml/2ml solv

ASSIGNMENTS

a	10.9
b	29.0
c	35.5
d	54.3

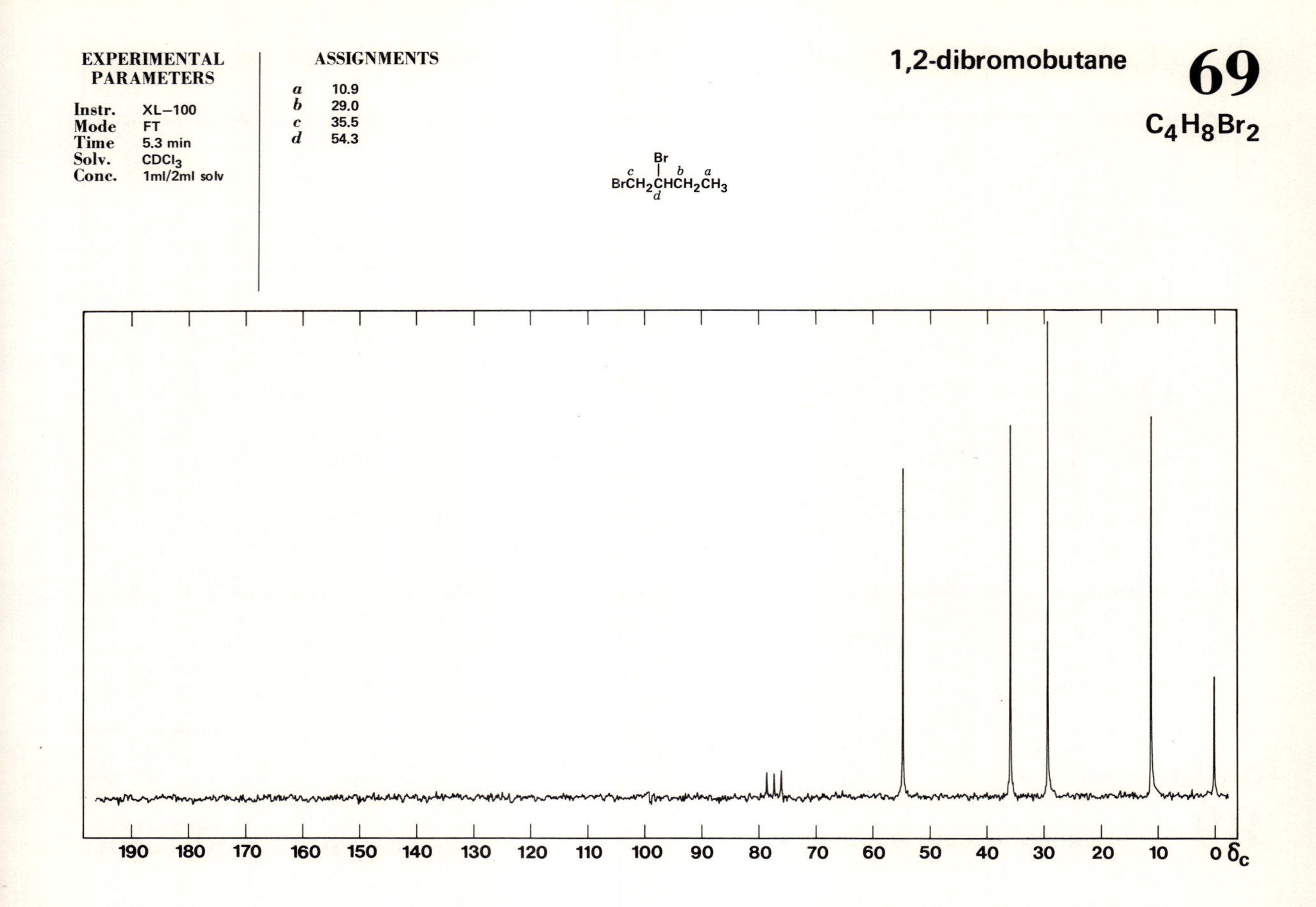

$$\overset{c}{Br CH_2} \overset{d}{CH} \overset{b}{CH_2} \overset{a}{CH_3}$$
$$\quad\quad |$$
$$\quad\quad Br$$

1,2-dibromo-2-methylpropane

70

$C_4H_8Br_2$

EXPERIMENTAL PARAMETERS

Instr. XL-100
Mode FT
Time 5.3 min
Solv. CDCl$_3$
Conc. 1ml/2ml solv

ASSIGNMENTS

a 31.8
b 44.6
c 61.7

$$\underset{BrCH_2C(CH_3)_2}{\overset{Br}{\underset{b\ \ c\ \ a}{}}}$$

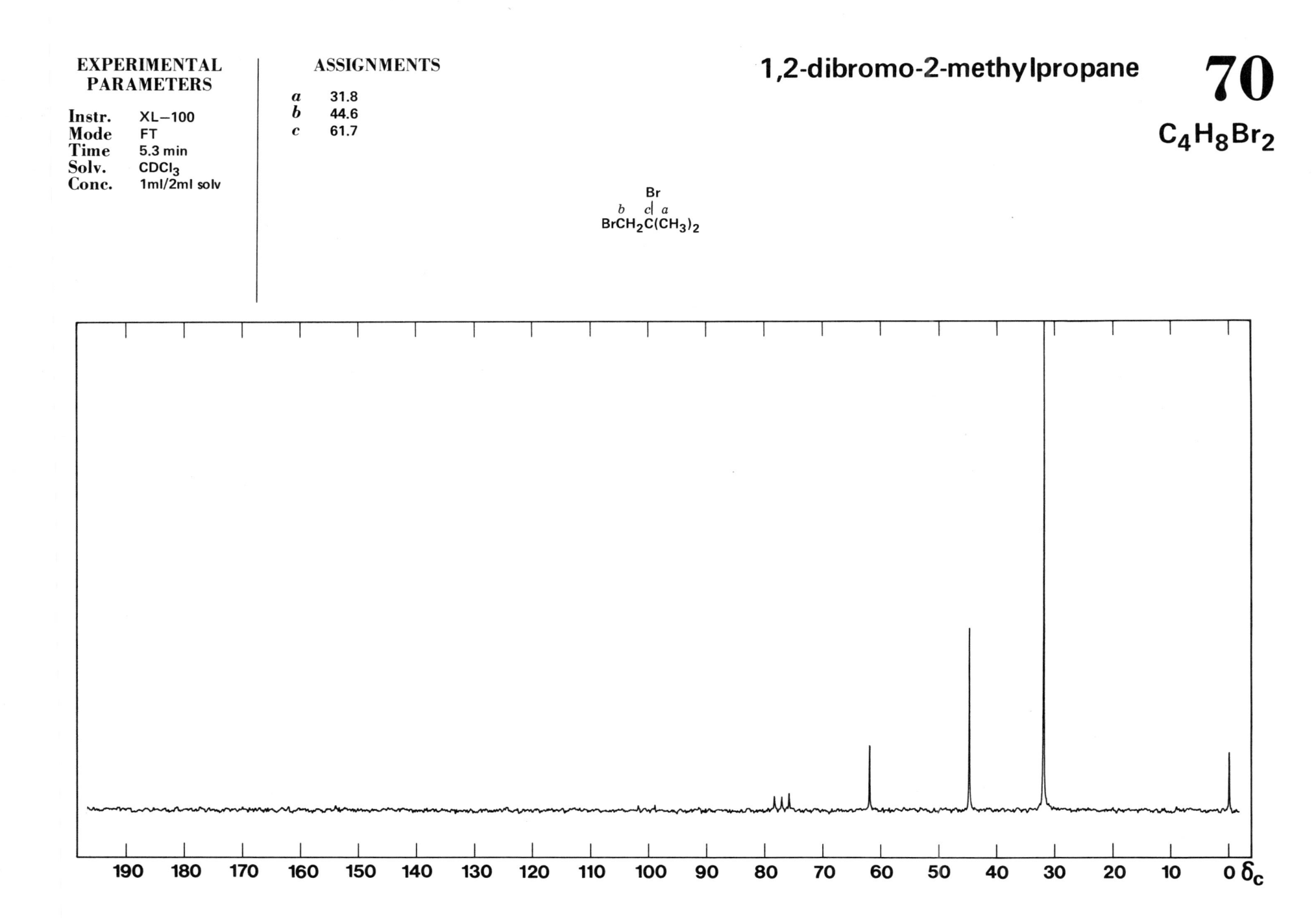

71 dimethylglyoxime

$C_4H_8N_2O_2$

EXPERIMENTAL PARAMETERS

Instr.	XL-100
Mode	FT
Time	5.3 min
Solv.	DMSO D$_6$
Conc.	.5g/2ml solv

ASSIGNMENTS

a	9.2
b	153.1

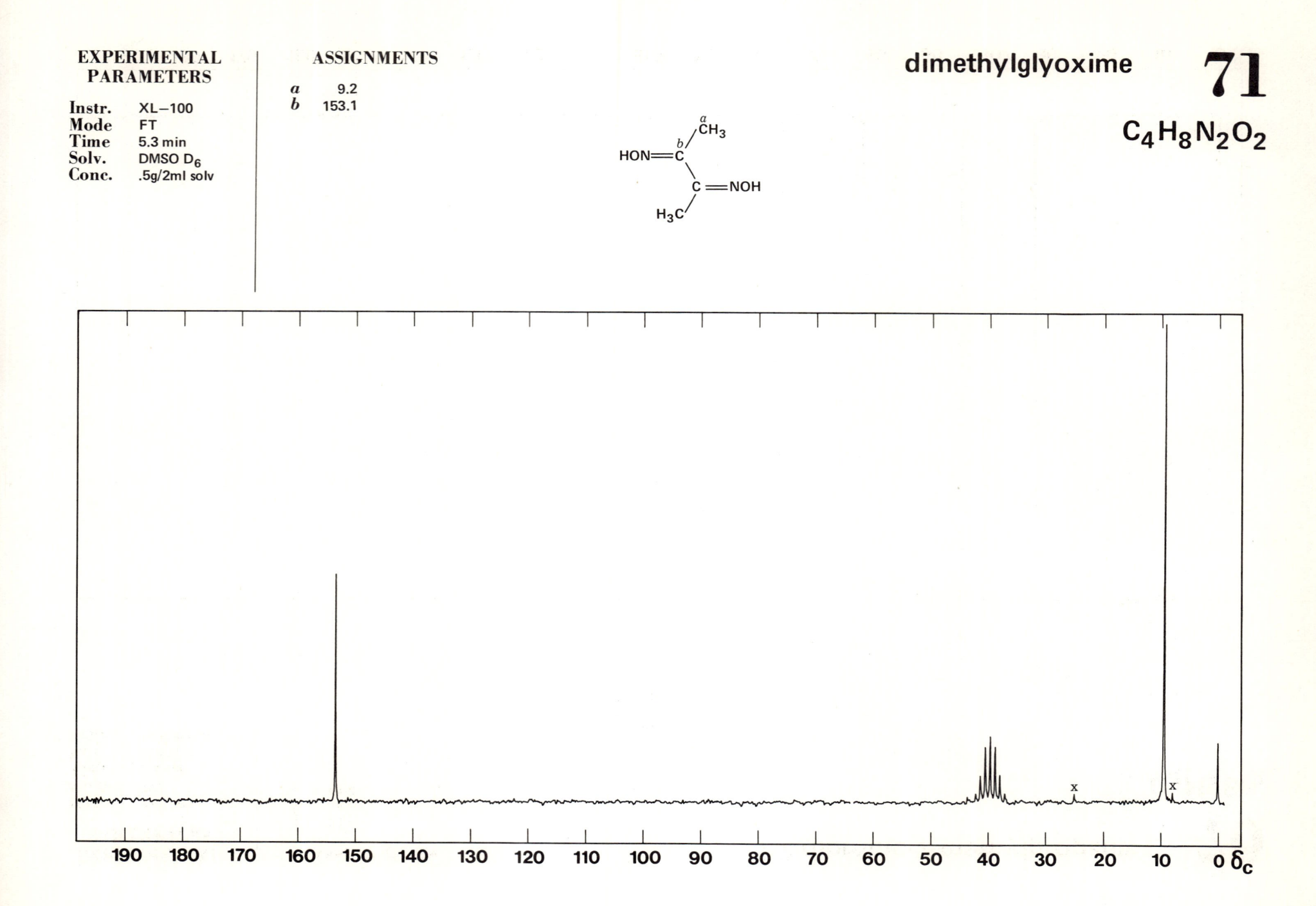

N-glyclyglycine   72

$C_4H_8N_2O_3$

EXPERIMENTAL PARAMETERS

Instr. XL–100
Mode FT
Time 21 min
Solv. water
Conc. .5g/3ml soln

ASSIGNMENTS

a * 41.5
b * 44.2
c   167.9
d   177.1

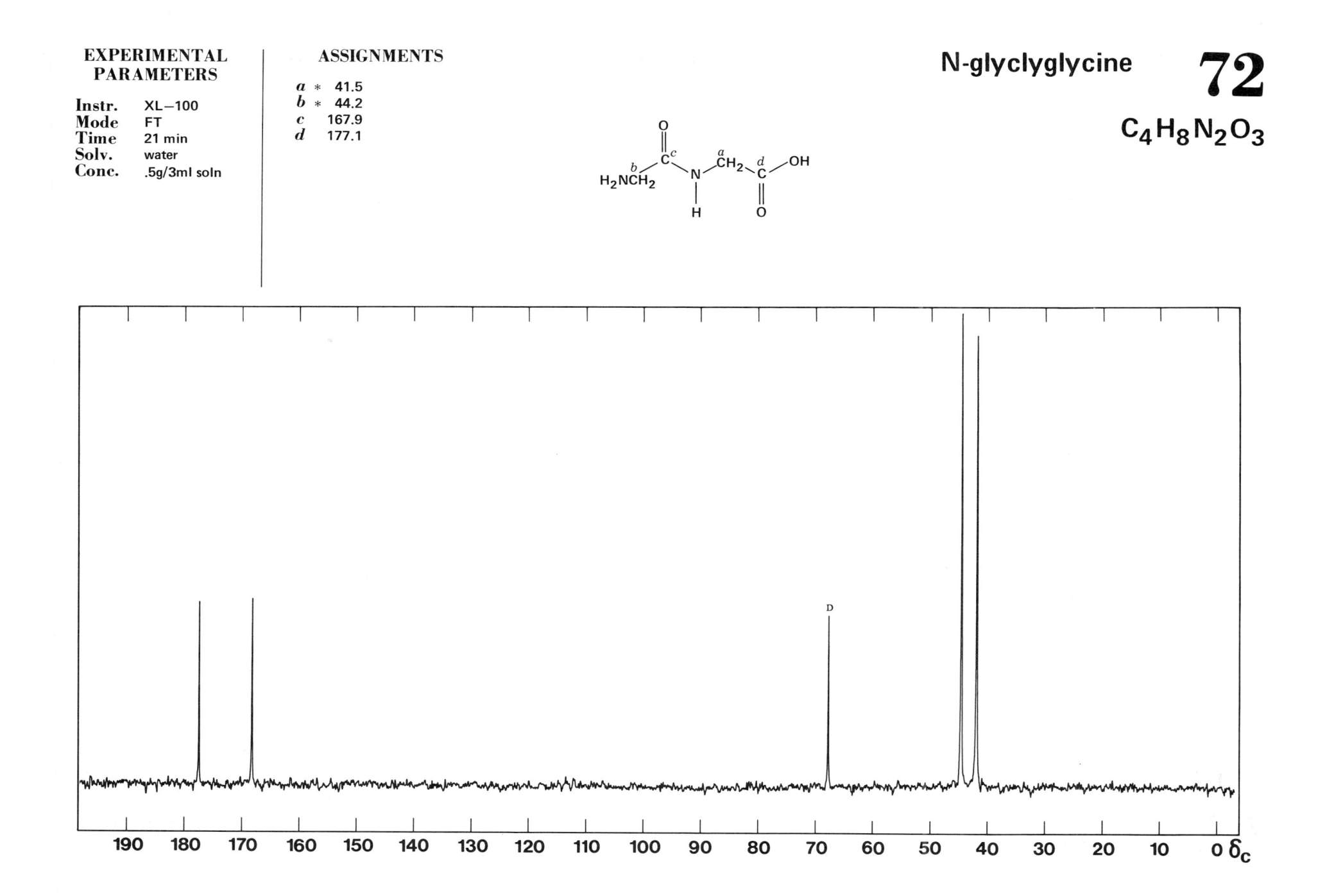

73

tetrahydrofuran

C_4H_8O

EXPERIMENTAL PARAMETERS

Instr. XL–100
Mode FT
Time 5.3 min
Solv. $CDCl_3$
Conc. 1ml/3ml soln

ASSIGNMENTS

a 25.8
b 67.9

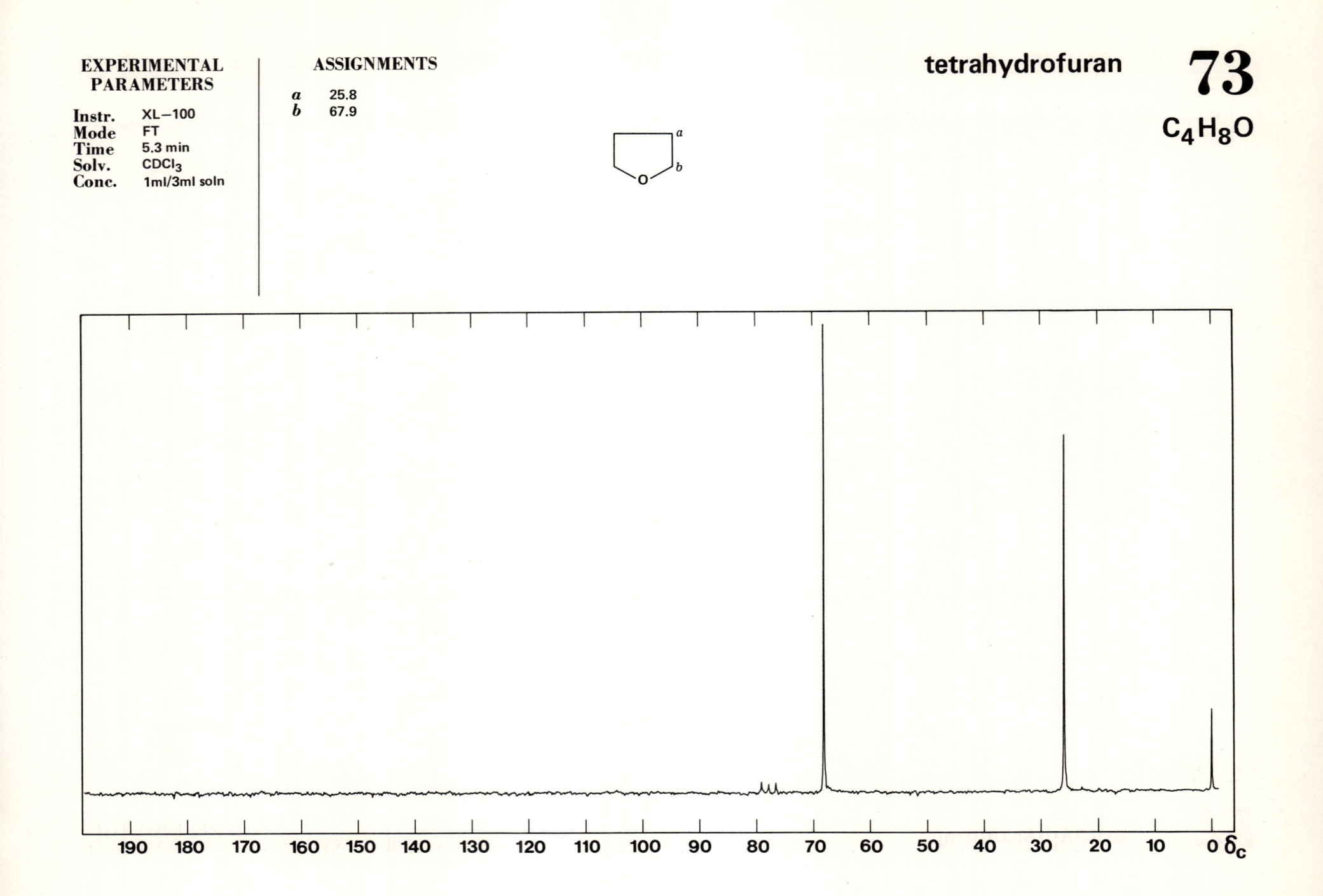

δ_C

74

butyraldehyde

C$_4$H$_8$O

EXPERIMENTAL PARAMETERS

Instr. HA—100
Mode CW
Time 15 min
Solv. Dioxane
Conc. .5ml/1ml soln

ASSIGNMENTS

a 13.8q
b 16.0t
c 45.9
d 201.9

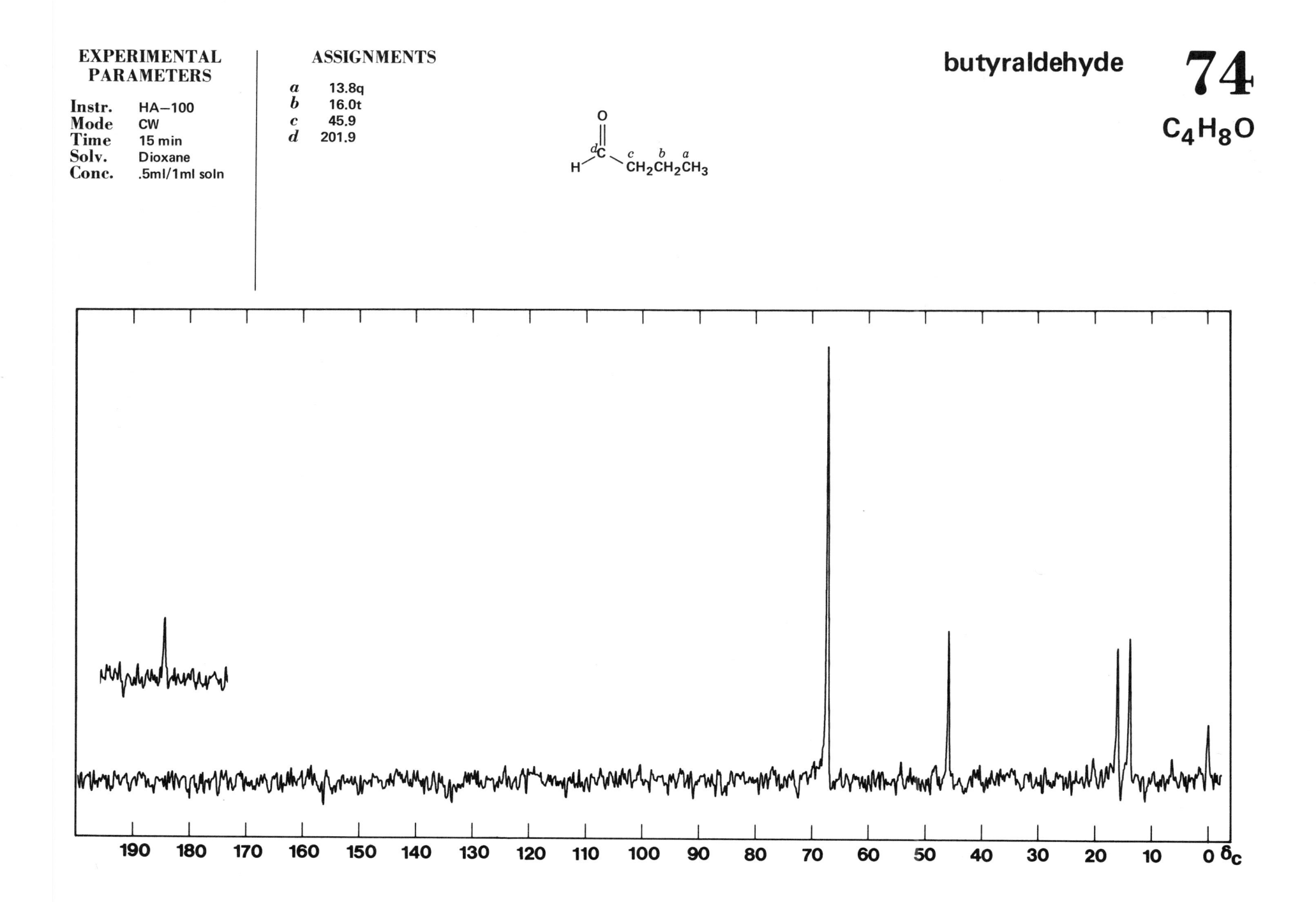

$$\underset{H}{\overset{O}{\underset{\|}{{}^d C}}}-\overset{c}{C}H_2\overset{b}{C}H_2\overset{a}{C}H_3$$

methyl ethyl ketone 75

C_4H_8O

EXPERIMENTAL PARAMETERS

Instr. HA–100
Mode CW
Time 15 min
Solv. Dioxane
Conc. .5ml/1ml soln

ASSIGNMENTS

a 8.0
b 29.0
c 36.5
d 207.6

$$\underset{H_3C}{\overset{b}{}}\overset{O}{\underset{}{\|}}\underset{}{\overset{d}{C}}-\underset{}{\overset{c}{CH_2}}-\underset{}{\overset{a}{CH_3}}$$

acetoin 76

C₄H₈O₂

EXPERIMENTAL PARAMETERS

Instr. XL-100
Mode FT
Time 5.3 min
Solv. CDCl₃
Conc. 1ml/2ml solv

ASSIGNMENTS

a 19.4
b 24.9
c 73.1
d 211.2

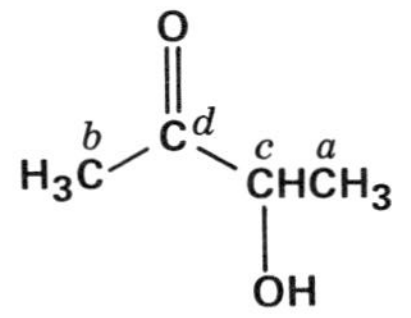

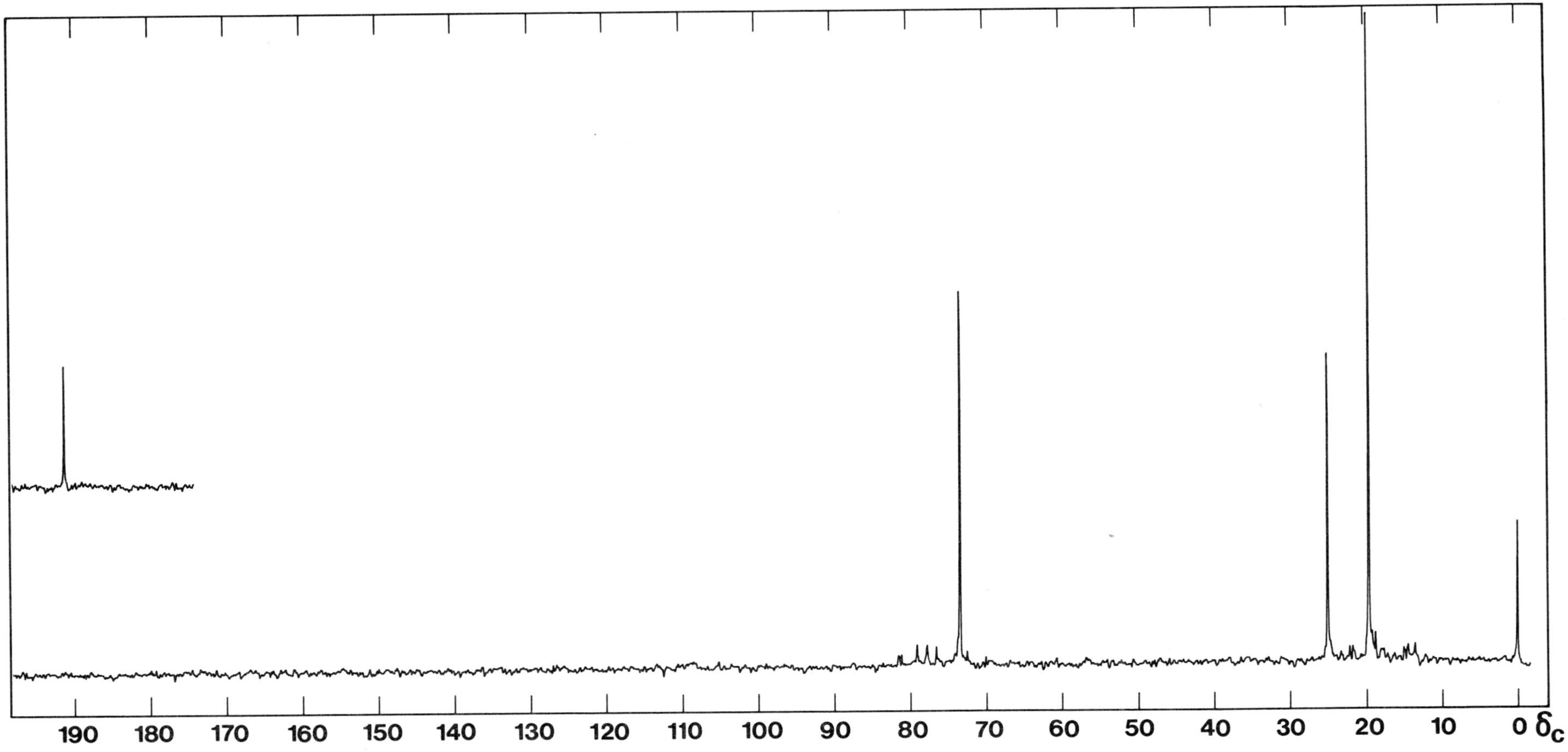

H₃C(b)−C(d)(=O)−C(c)H(CH₃)(a)−OH

77 tetramethylene sulfone

$C_4H_8O_2S$

EXPERIMENTAL PARAMETERS

Instr. HA–100
Mode CW
Time 15 min
Solv. Dioxane
Conc. .5ml/1ml soln

ASSIGNMENTS

a 22.8
b 51.5

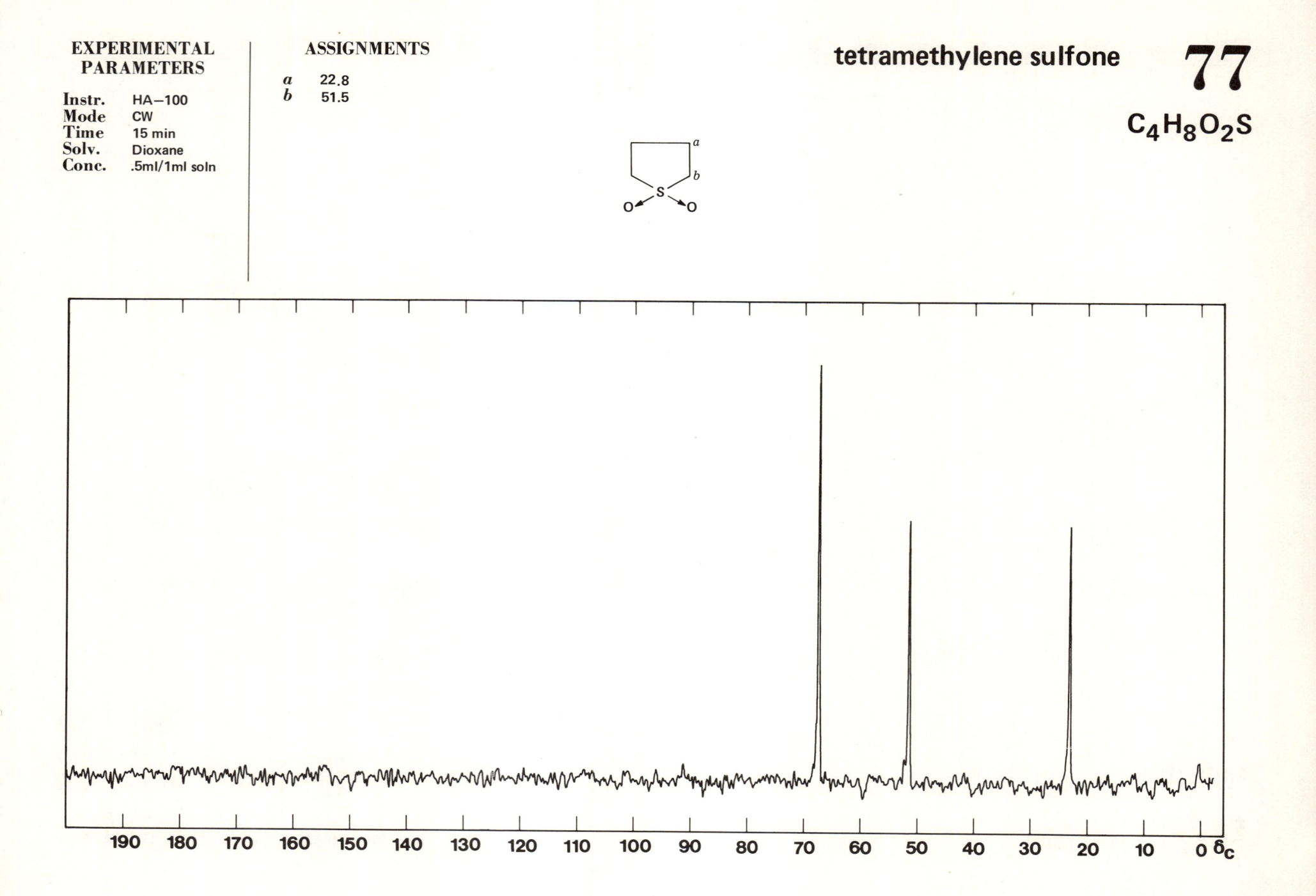

tetrahydrothiophene 78

C₄H₈S

EXPERIMENTAL PARAMETERS

Instr. HA-100
Mode CW
Time 15 min
Solv. Dioxane
Conc. .5ml/1ml soln

ASSIGNMENTS

a * 31.2
b * 31.4

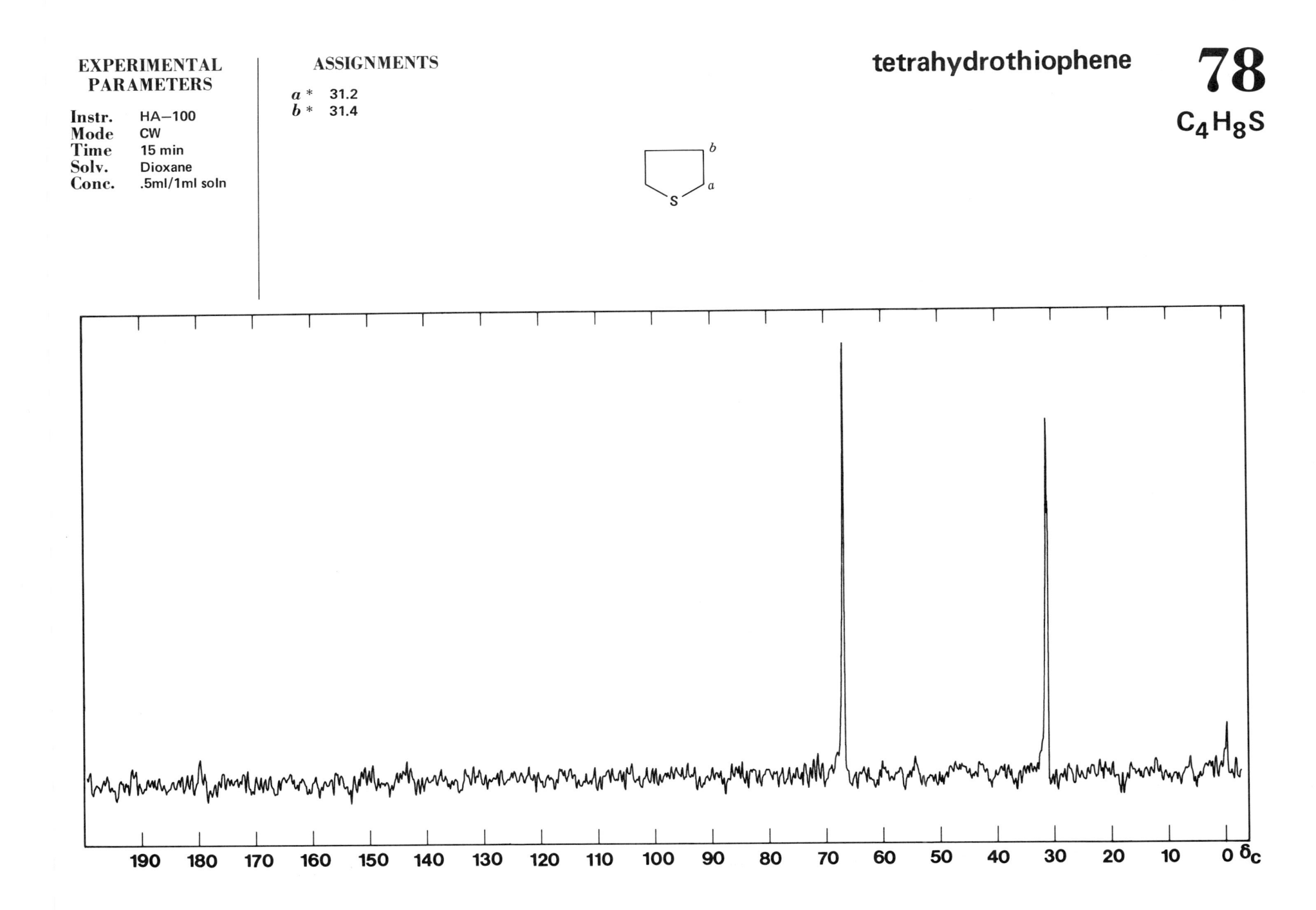

79

1-bromo-2-methylpropane

C_4H_9Br

EXPERIMENTAL PARAMETERS

Instr.	XL–100
Mode	FT
Time	5.3 min
Solv.	CDCl$_3$
Conc.	1ml/3ml soln

ASSIGNMENTS

a 20.9q
b 30.7d
c 42.2t

$$\overset{c}{Br}CH_2\overset{b}{C}H\overset{a}{(CH_3)_2}$$

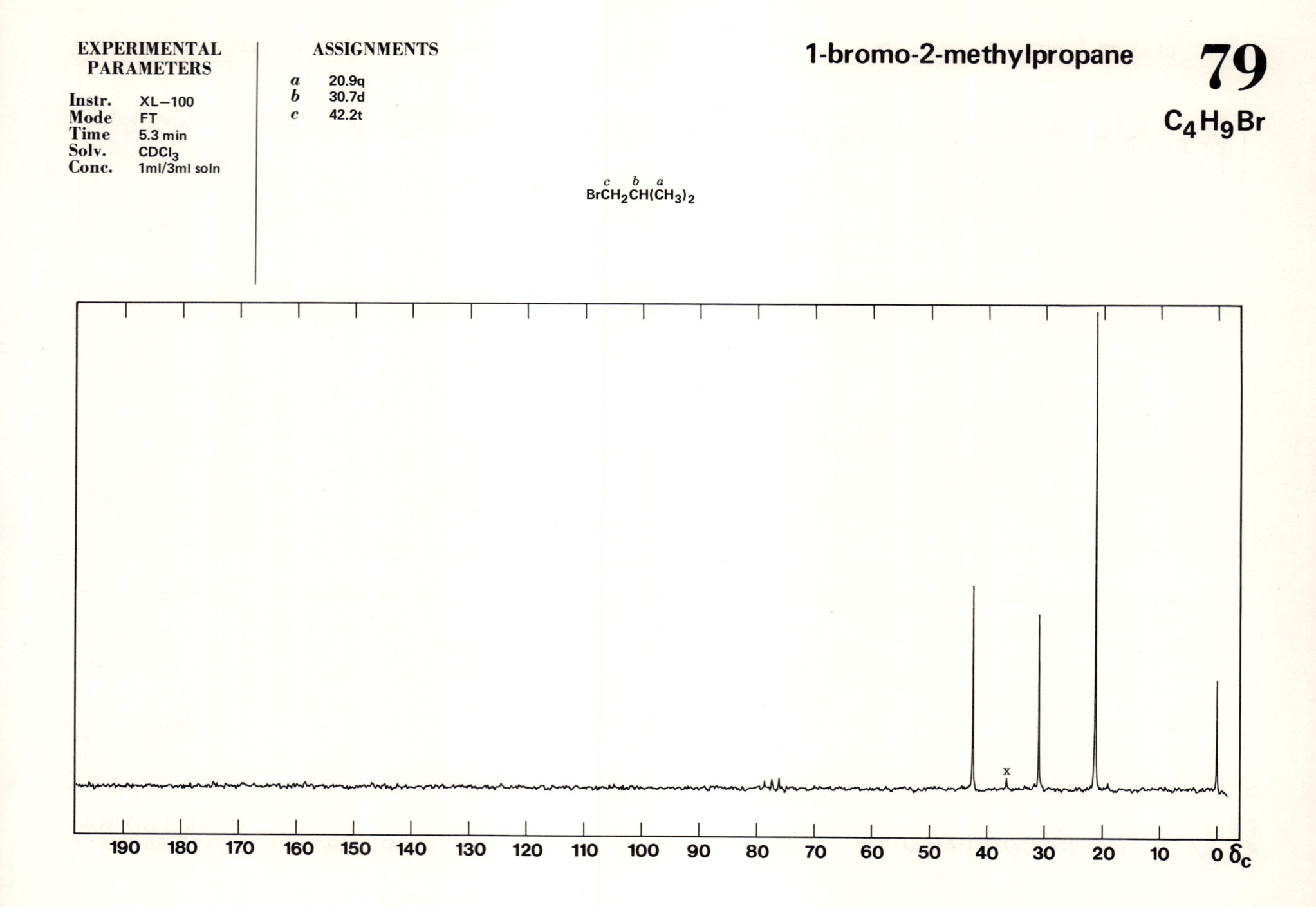

2-bromobutane

80

C_4H_9Br

EXPERIMENTAL PARAMETERS

Instr.	XL–100
Mode	FT
Time	5.3 min
Solv.	$CDCl_3$
Conc.	1ml/2ml solv

ASSIGNMENTS

a	12.1q
b	26.0q
c	34.2t
d	53.1d

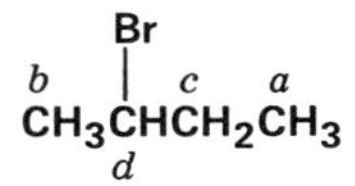

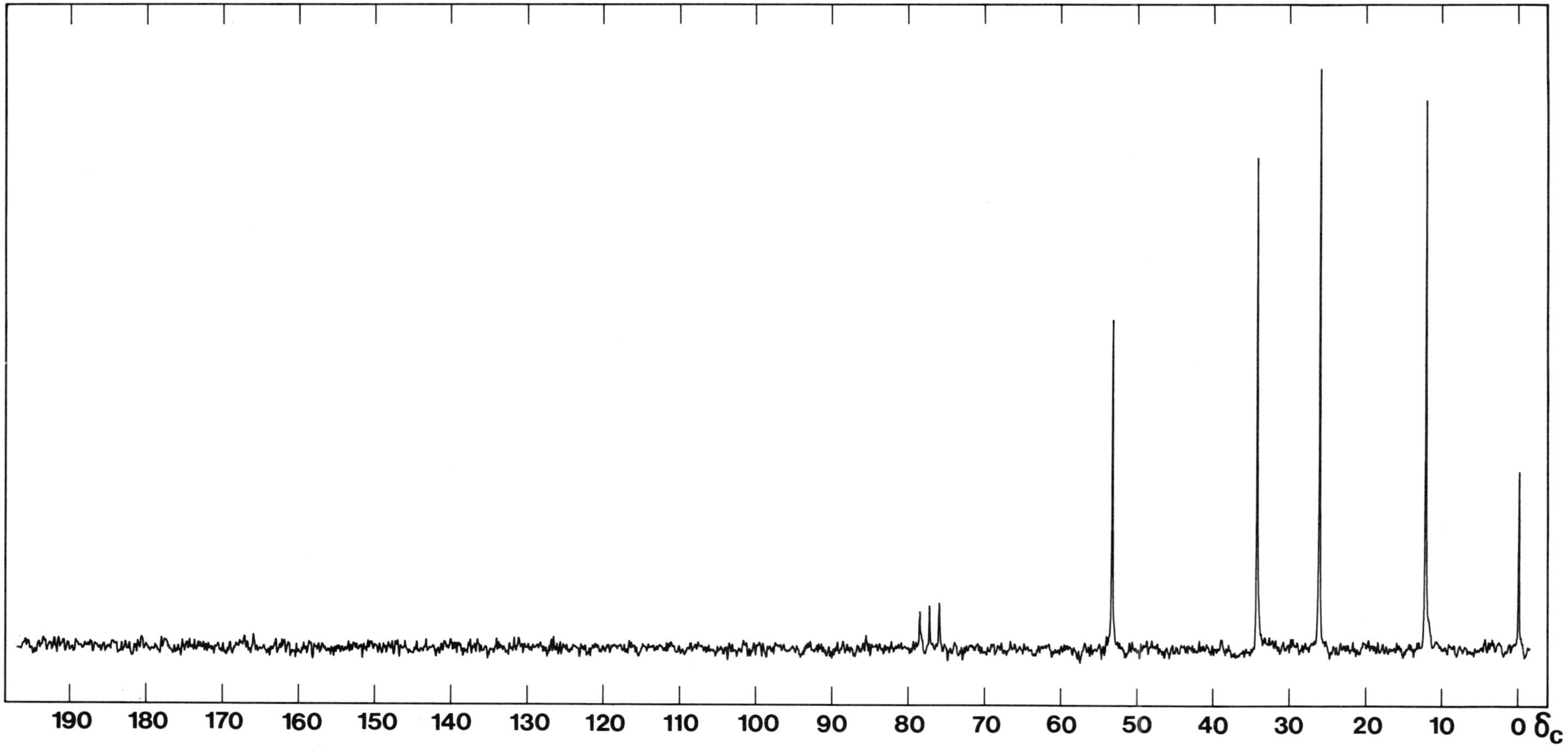

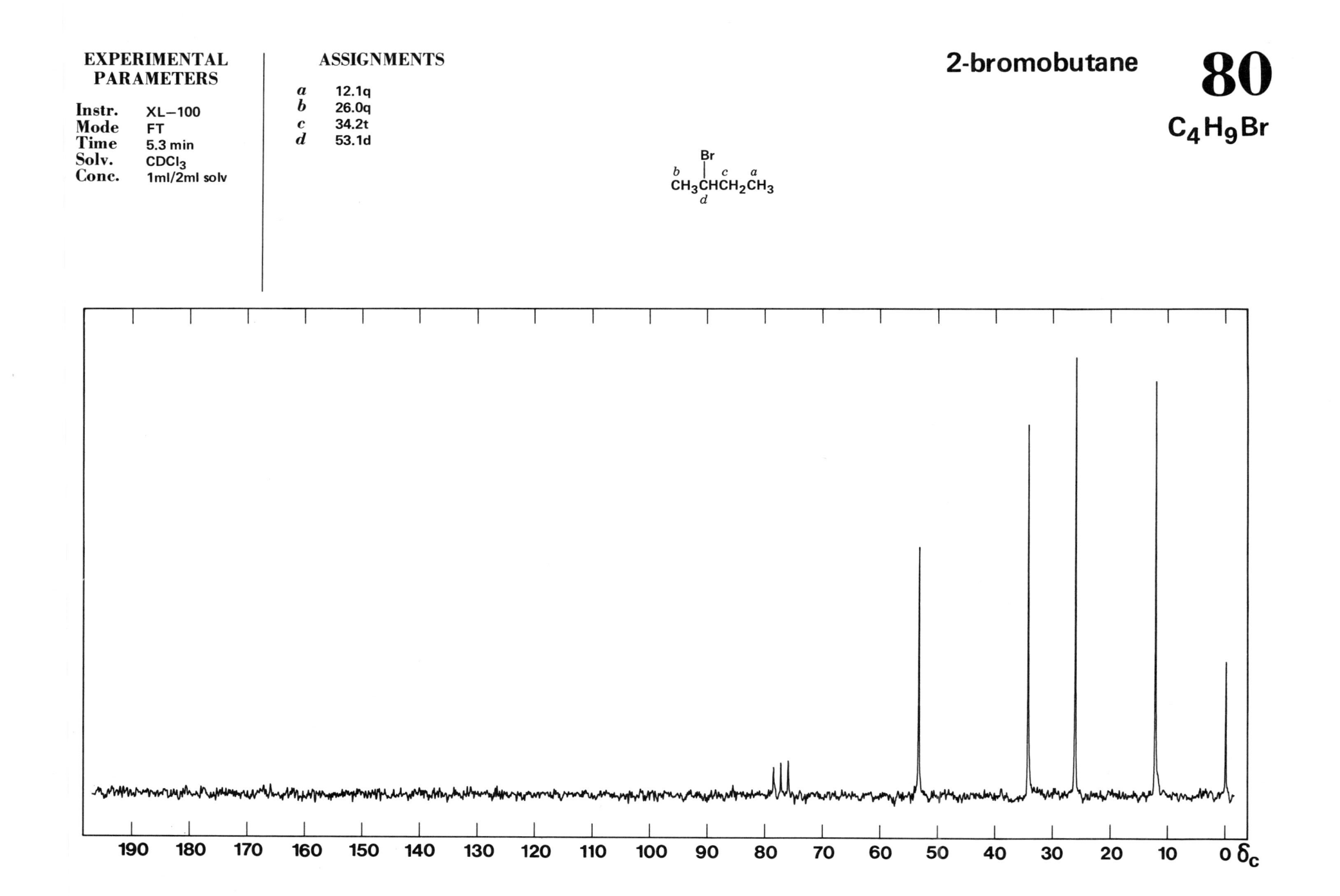

81

2-bromo-2-methylpropane

C_4H_9Br

EXPERIMENTAL PARAMETERS

Instr. XL-100
Mode FT
Time 5.3 min
Solv. CDCl₃
Conc. 1ml/3ml soln

ASSIGNMENTS

a 36.4
b 62.1

$$\overset{b\ a}{BrC(CH_3)_3}$$

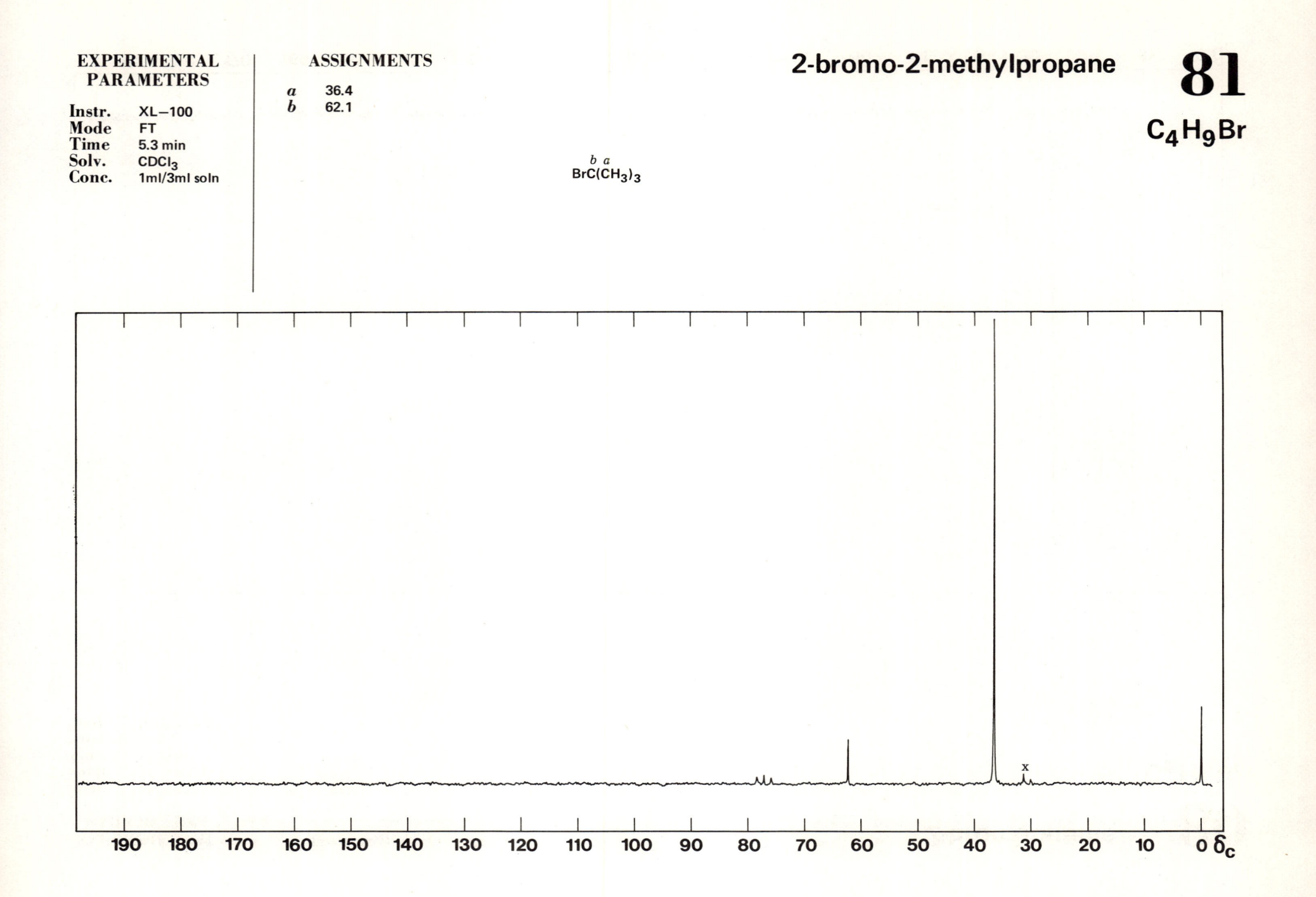

2-chloro-2-methylpropane

82

C_4H_9Cl

EXPERIMENTAL PARAMETERS

Instr. XL–100
Mode FT
Time 5.3 min
Solv. CDCl$_3$
Conc. 1ml/3ml soln

ASSIGNMENTS

a 34.4
b 66.8

$\overset{b\ a}{ClC(CH_3)_3}$

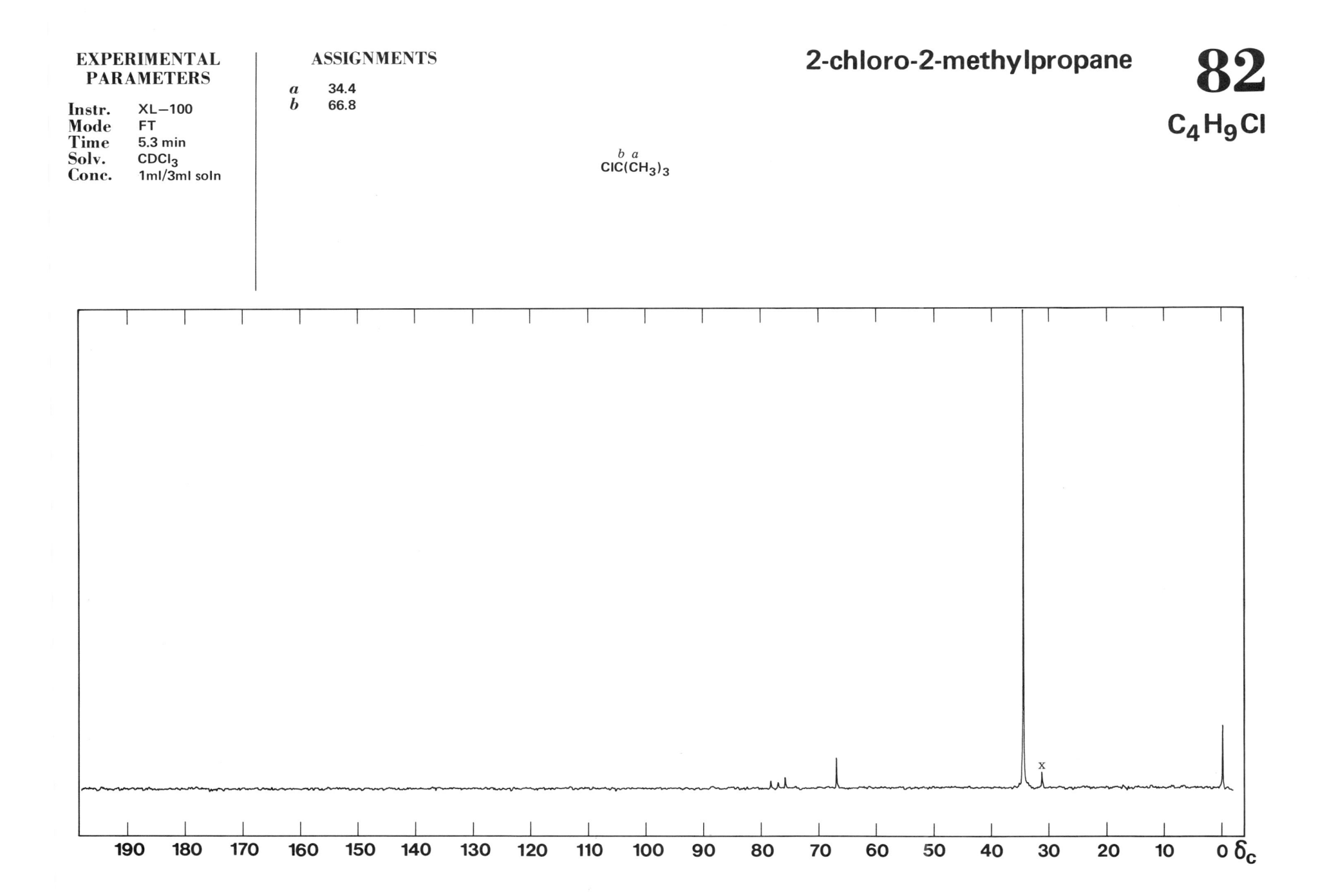

2-chlorobutane

83

C_4H_9Cl

EXPERIMENTAL PARAMETERS

Instr. HA—100
Mode CW
Time 15 min
Solv. Dioxane
Conc. .5ml/1ml soln

ASSIGNMENTS

a 11.1
b 25.0
c 33.7
d 60.1

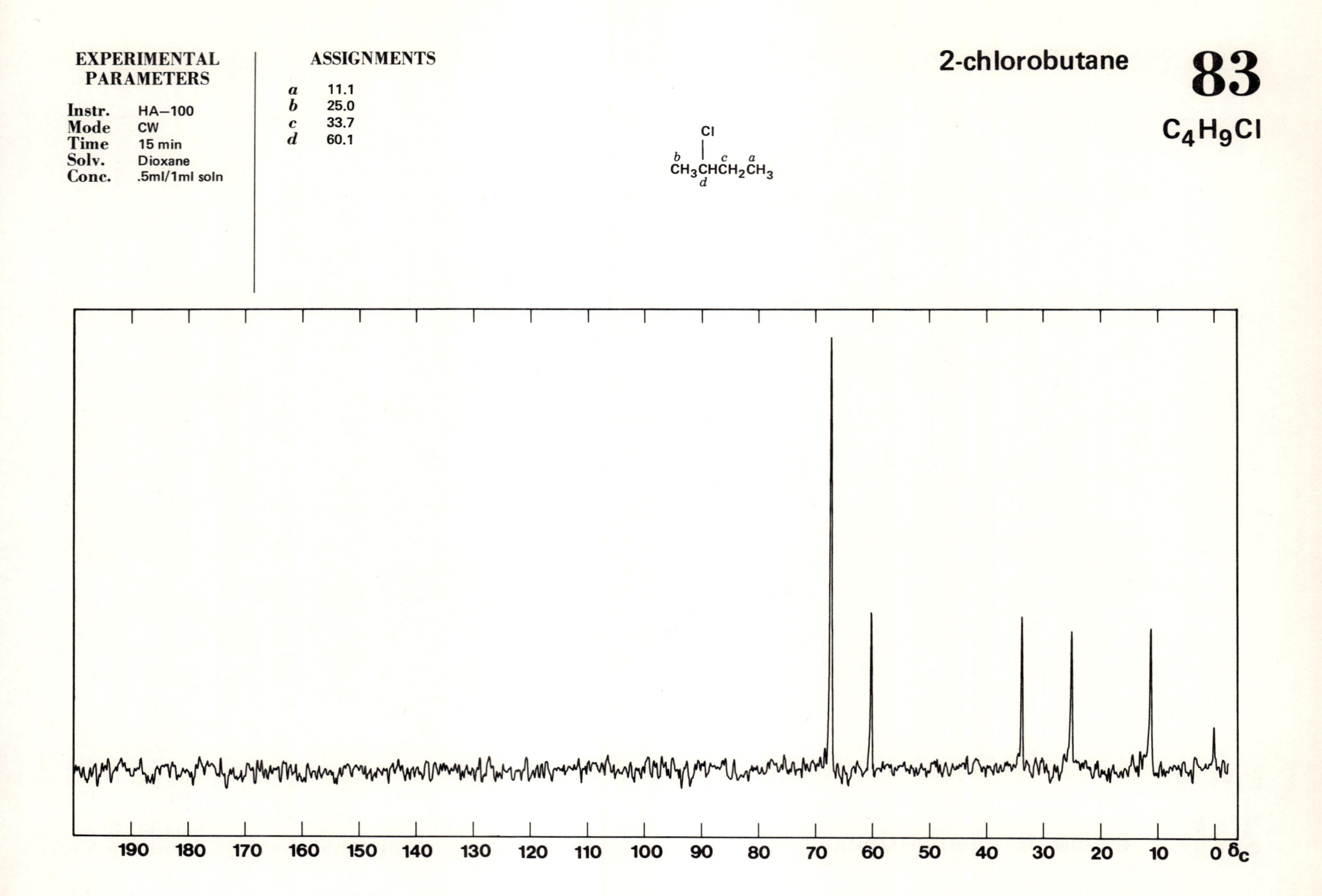

$$\underset{d}{CH_3}\underset{c}{CH}\underset{}{\overset{Cl}{|}}\underset{a}{CH_2}\underset{}{CH_3}$$

(b on leftmost CH3, a on CH2, structure: CH3-CHCl-CH2-CH3)

δ_C

pyrrolidine 84

C₄H₉N

ASSIGNMENTS

a	25.7
b	47.1

EXPERIMENTAL PARAMETERS

Instr.	XL-100
Mode	FT
Time	5.3 min
Solv.	CDCl₃
Conc.	1ml/3ml soln

N,N-dimethyl acetamide

85

C_4H_9NO

ASSIGNMENTS

a	21.3
b	34.5
c	37.5
d	169.6

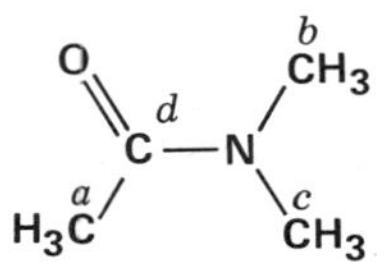

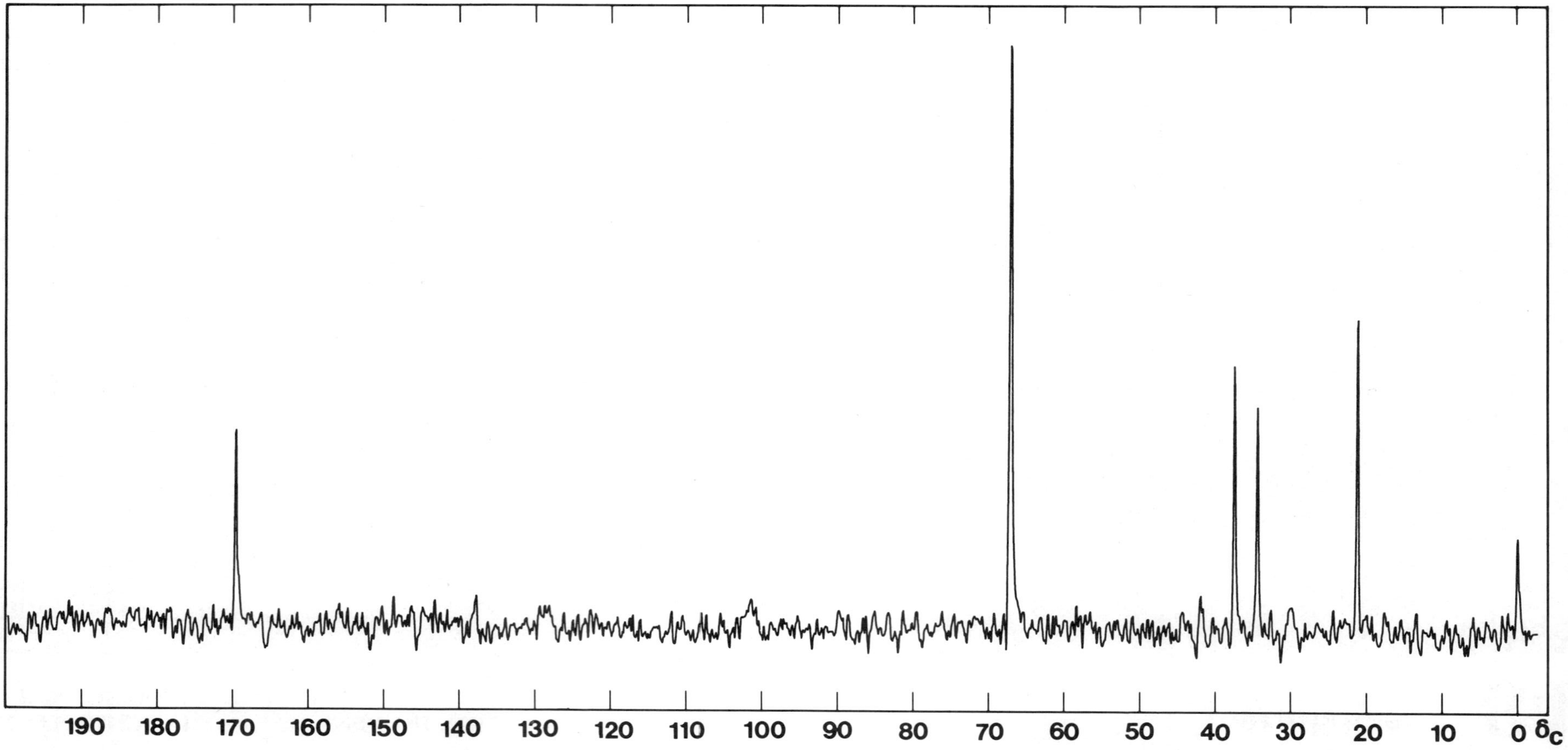

EXPERIMENTAL PARAMETERS

Instr. HA–100
Mode CW
Time 15 min
Solv. Dioxane
Conc. .5ml/1ml soln

ethyl methylcarbamate 86

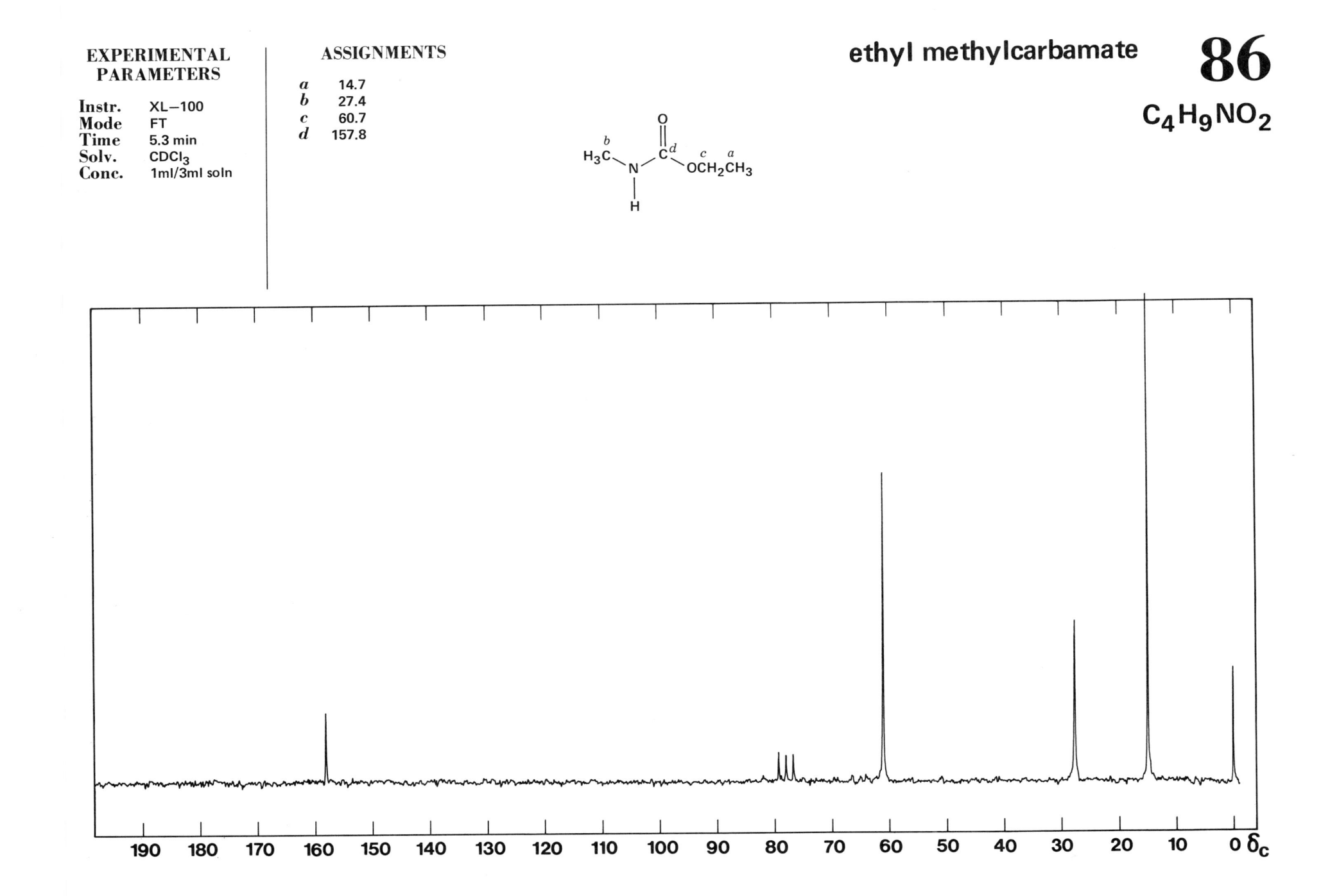

$C_4H_9NO_2$

ASSIGNMENTS

a	14.7
b	27.4
c	60.7
d	157.8

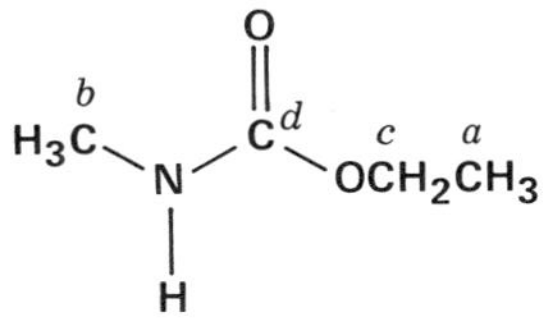

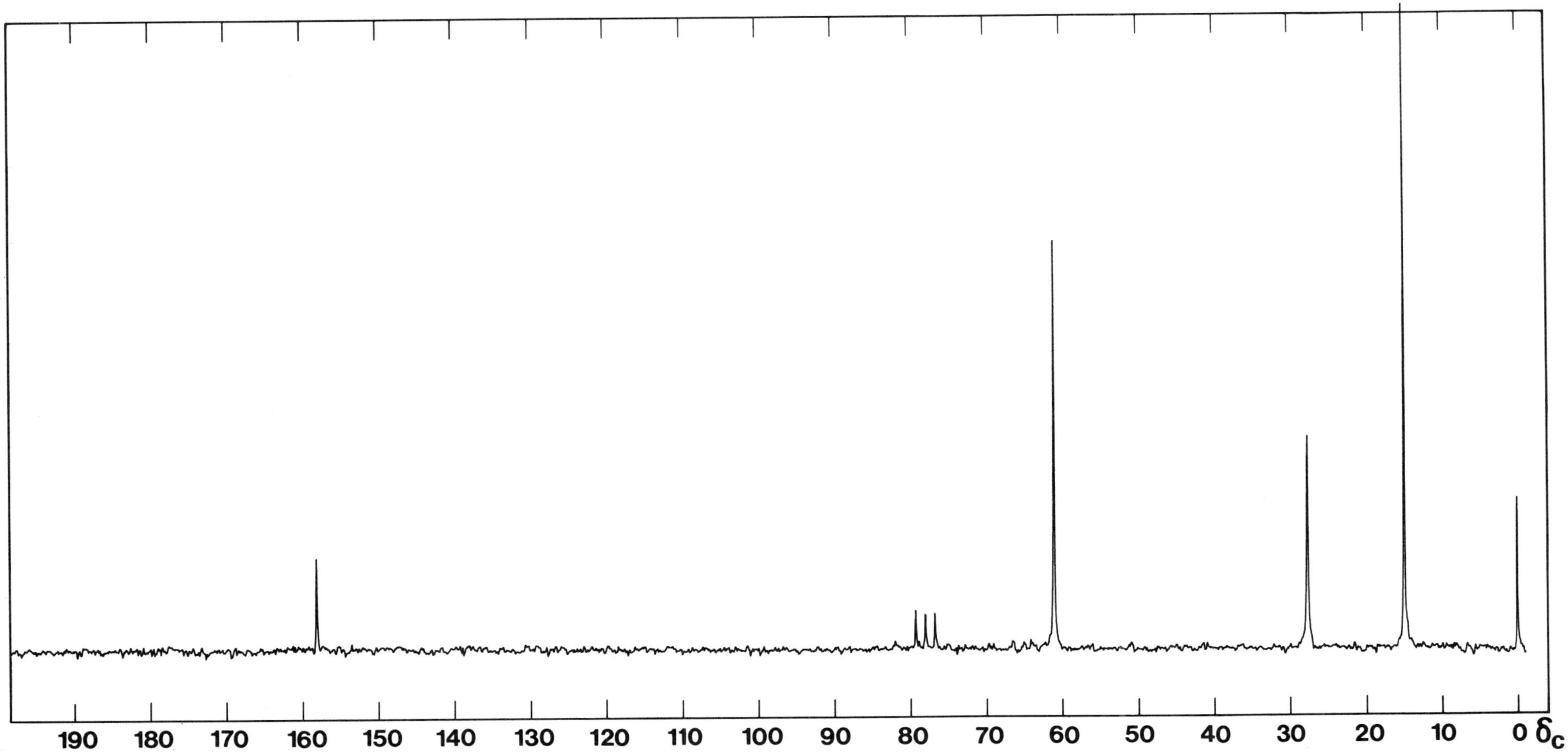

Structure: $H_3C^b-NH-C^d(=O)-O-C^cH_2C^aH_3$

EXPERIMENTAL PARAMETERS

- Instr.: XL-100
- Mode: FT
- Time: 5.3 min
- Solv.: CDCl₃
- Conc.: 1ml/3ml soln

87 threonine

$C_4H_9NO_3$

EXPERIMENTAL PARAMETERS

Instr. XL-100
Mode FT
Time 5.3 min
Solv. water (basic)
Conc. .5g/2.5 ml solv

ASSIGNMENTS

a 20.0
b 62.7
c 70.4
d 181.4

ref 12

88

tert-butyl alcohol

$C_4H_{10}O$

HOC(CH$_3$)$_3$ (b, a)

EXPERIMENTAL PARAMETERS

Instr. XL–100
Mode FT
Time 5.3 min
Solv. CDCl$_3$
Conc. 1ml/3ml soln

ASSIGNMENTS

a 31.2
b 68.9

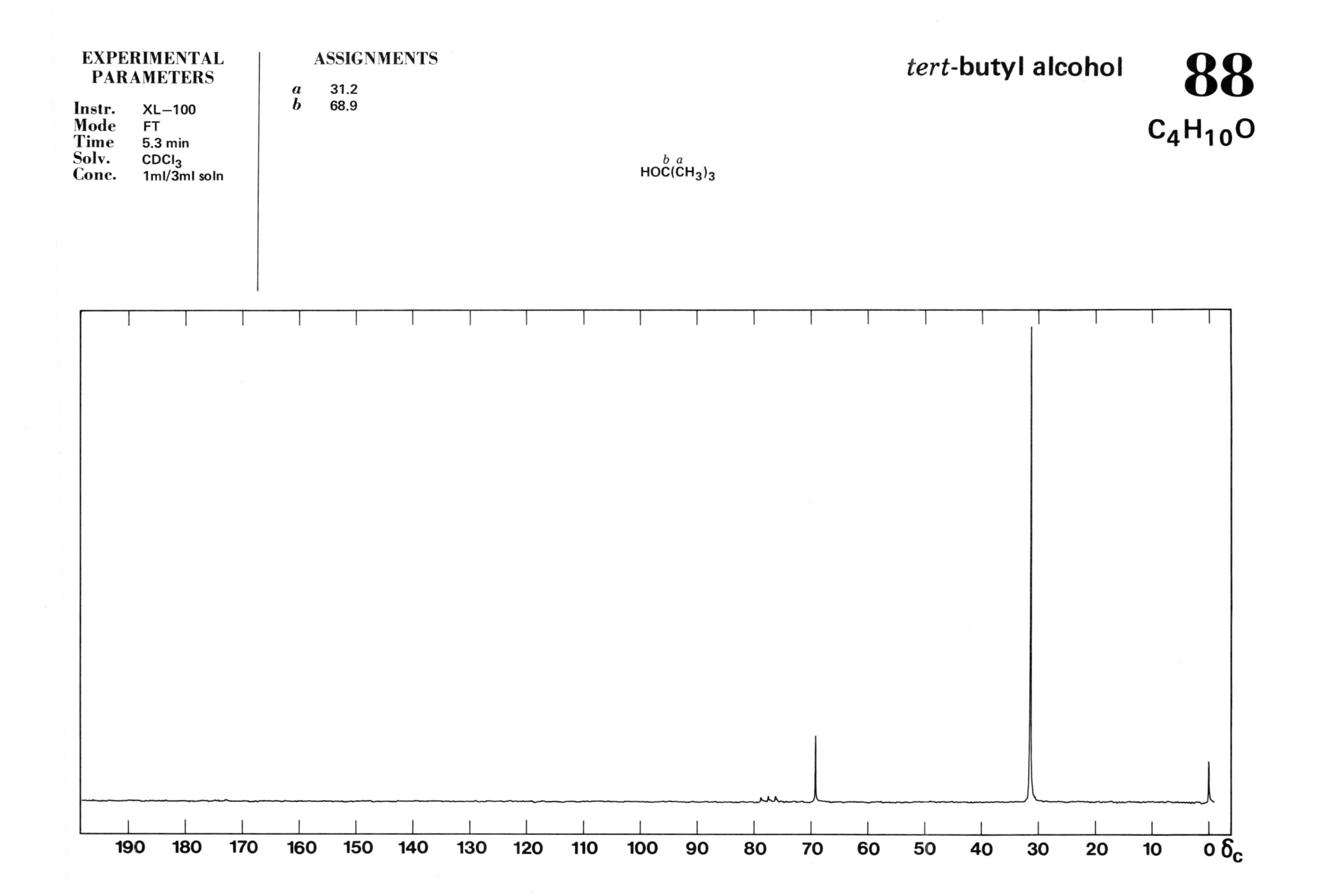

89 sec-butyl alcohol

$C_4H_{10}O$

OH
|
$\overset{a}{CH_3}\overset{c}{CH_2}\overset{d}{CH}\overset{b}{CH_3}$

ASSIGNMENTS

a	10.0
b	22.7
c	32.0
d	69.2

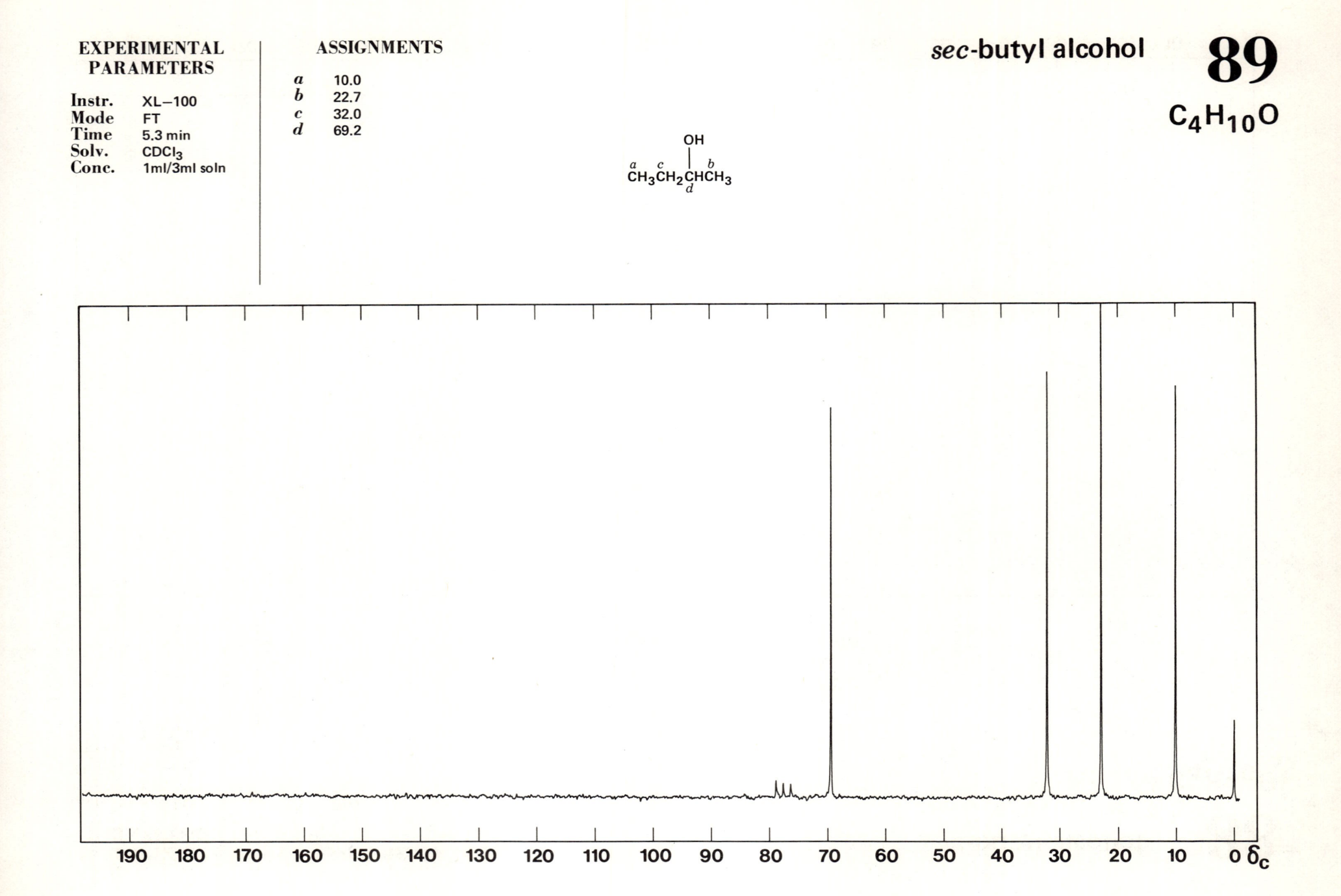

EXPERIMENTAL PARAMETERS

Instr. XL-100
Mode FT
Time 5.3 min
Solv. CDCl₃
Conc. 1ml/3ml soln

isobutyl alcohol 90
$C_4H_{10}O$

EXPERIMENTAL PARAMETERS

Instr. XL-100
Mode FT
Time 5.3 min
Solv. CDCl$_3$
Conc. 1ml/3ml soln

ASSIGNMENTS

a 18.9
b 30.8
c 69.4

$$\overset{c}{H}OC\overset{b}{H}_2\overset{a}{C}H(CH_3)_2$$

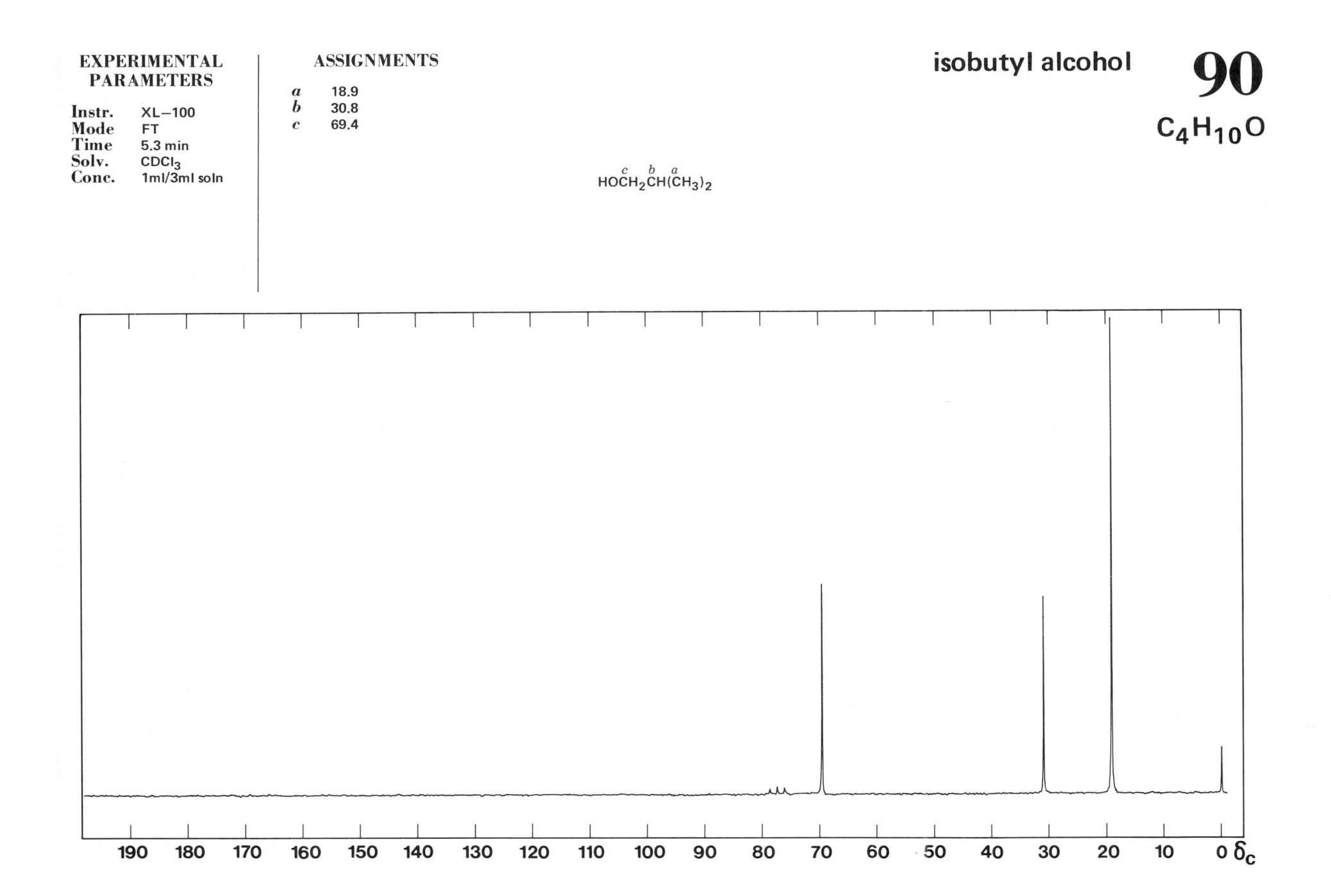

91

1,3-butanediol

C$_4$H$_{10}$O

EXPERIMENTAL PARAMETERS

Instr. XL-100
Mode FT
Time 1.3 min
Solv. CDCl$_3$
Conc. 1ml/2ml solv

ASSIGNMENTS

a 23.4
b 40.6
c 60.0
d 66.3

$$\underset{c}{HOCH_2}\underset{b}{CH_2}\underset{d}{\overset{\overset{OH}{|}}{CH}}\underset{a}{CH_3}$$

ethylene glycol monoethyl ether 92

$C_4H_{10}O_2$

EXPERIMENTAL PARAMETERS

Instr. XL–100
Mode FT
Time 5.3 min
Solv. CDCl$_3$
Conc. 1ml/2ml solv

ASSIGNMENTS

a 15.0
b 61.5
c 66.5
d 72.0

$$\overset{d}{H}O\overset{b}{C}H_2\overset{c}{C}H_2O\overset{a}{C}H_2CH_3$$

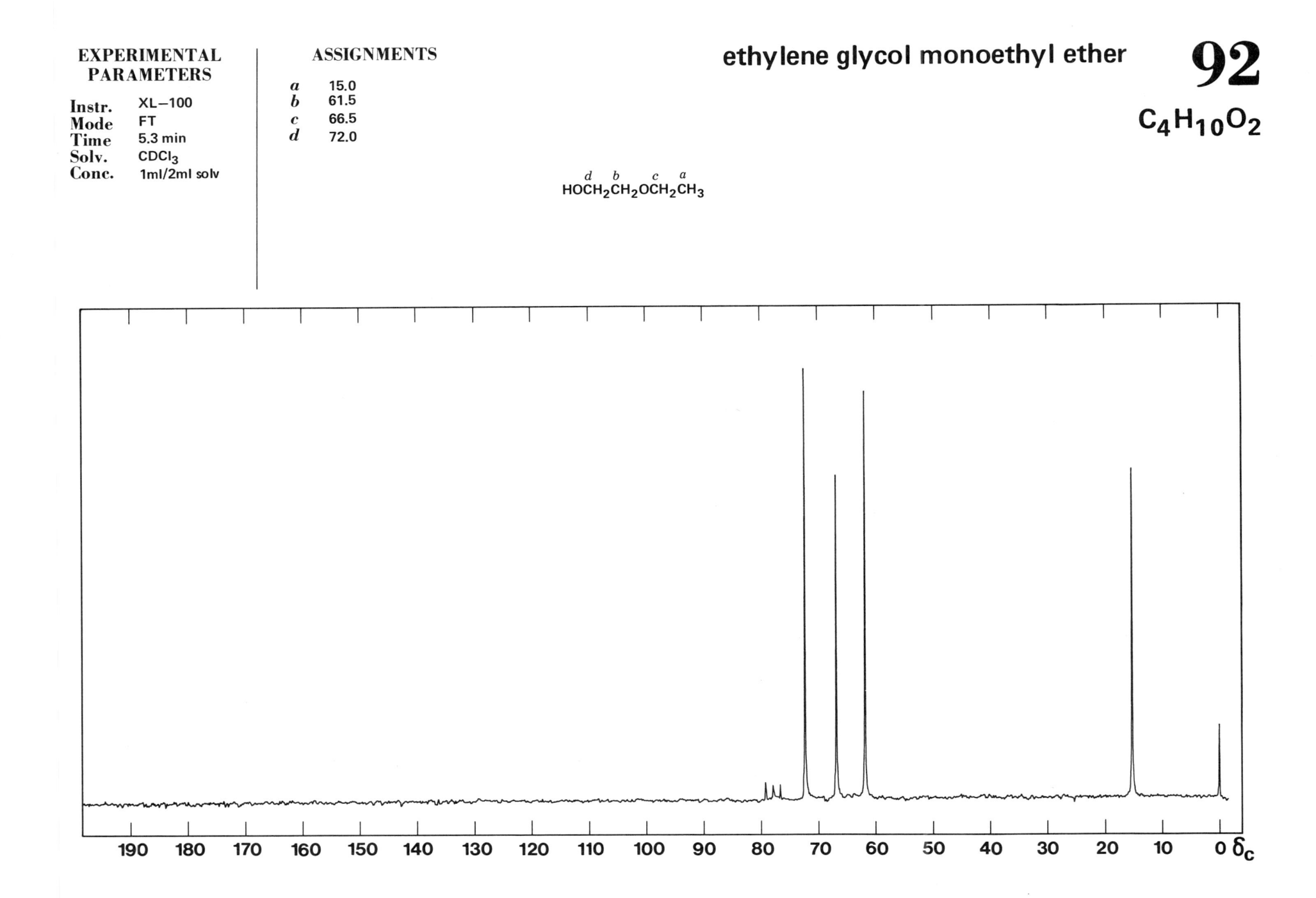

93 1,2-dimethoxyethane

$C_4H_{10}O_2$

$H_3CO\overset{b}{C}H_2\overset{a}{C}H_2OCH_3$

EXPERIMENTAL PARAMETERS

Instr.	HA–100
Mode	CW
Time	15 min
Solv.	Dioxane
Conc.	.5ml/1ml soln

ASSIGNMENTS

a	58.6
b	72.3

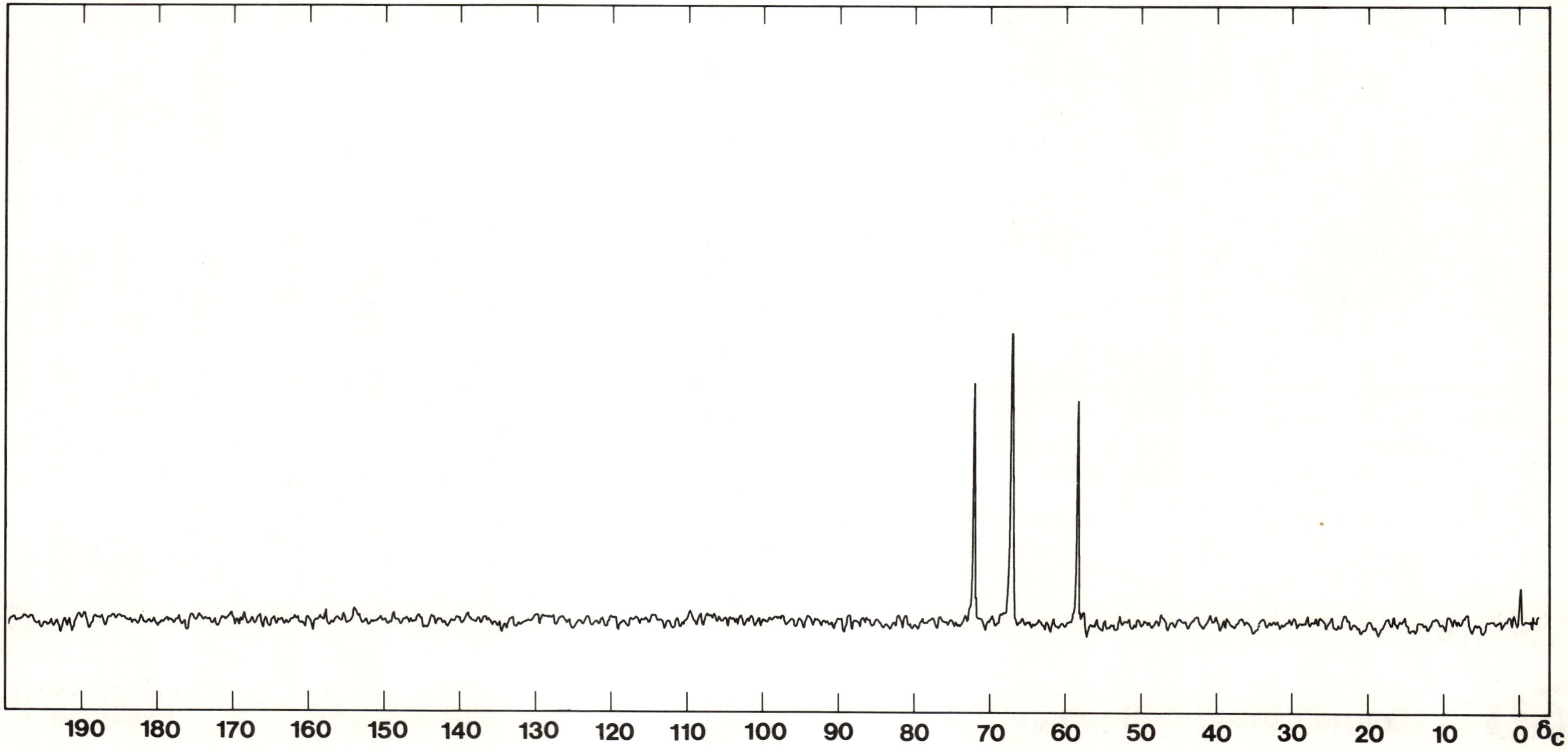

diethylsulfite 94

$C_4H_{10}O_3S$

ASSIGNMENTS

a 15.4
b 58.3

CH₃CH₂O—S(=O)—OCH₂CH₃
         b   a

EXPERIMENTAL PARAMETERS

Instr. HA-100
Mode CW
Time 15 min
Solv. Dioxane
Conc. .5ml/1ml soln

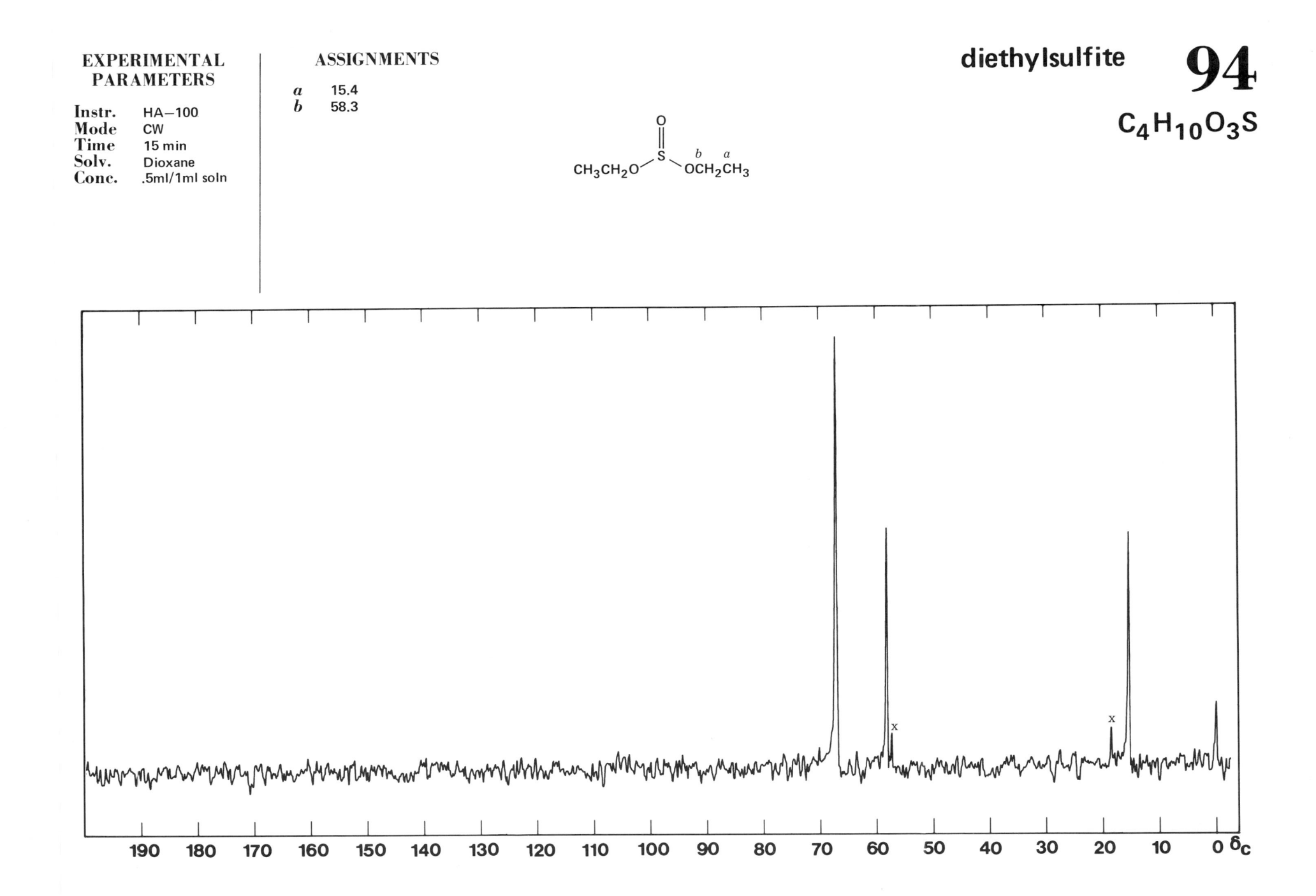

1,2-butanedithiol

95

$C_4H_{10}S_2$

EXPERIMENTAL PARAMETERS

Instr.	HA–100
Mode	CW
Time	15 min
Solv.	Dioxane
Conc.	.5ml/1ml soln

ASSIGNMENTS

a	11.4
b	29.4
c	33.2
d	45.2

$HS\overset{c}{C}H_2\underset{d}{C}H(SH)\overset{b}{C}H_2\overset{a}{C}H_3$

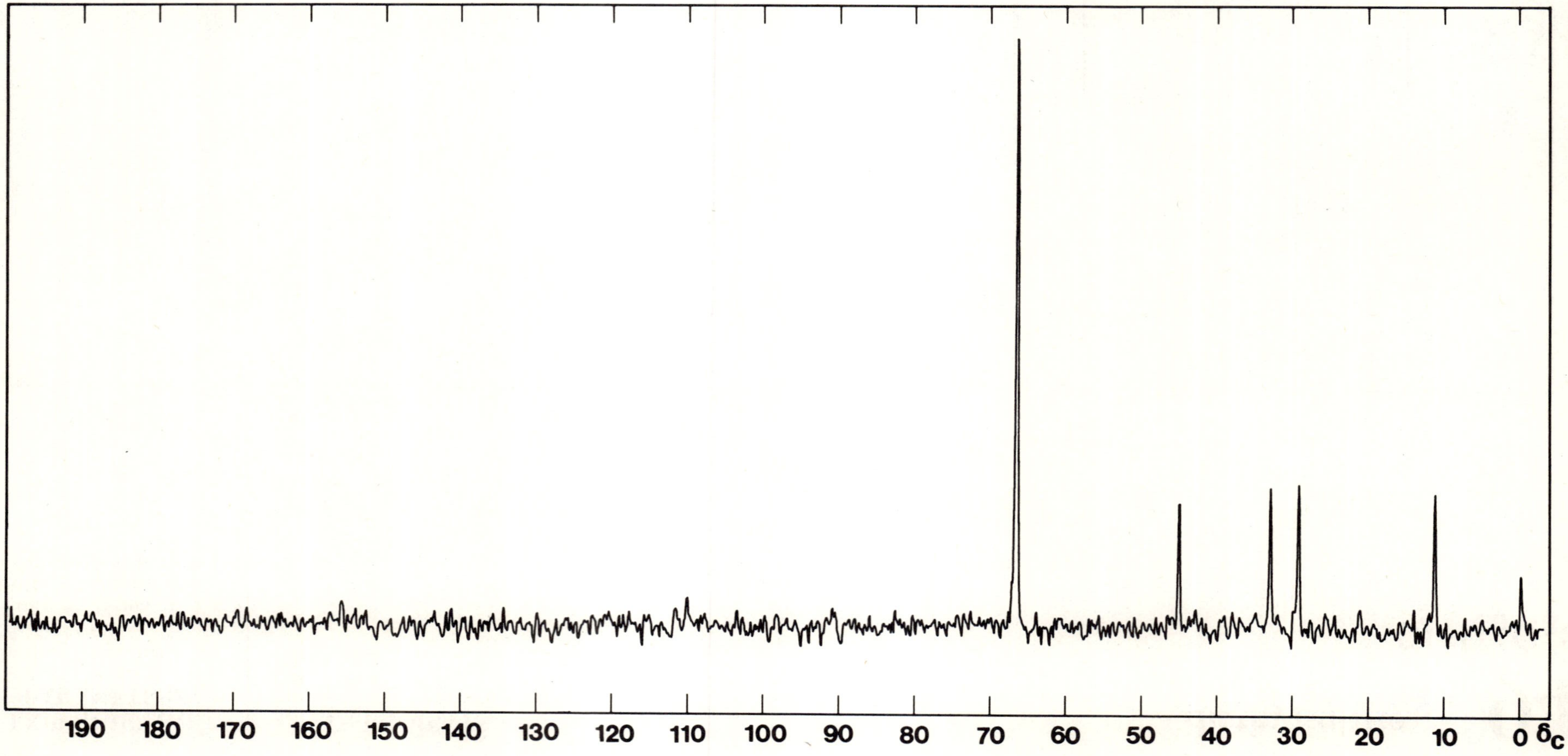

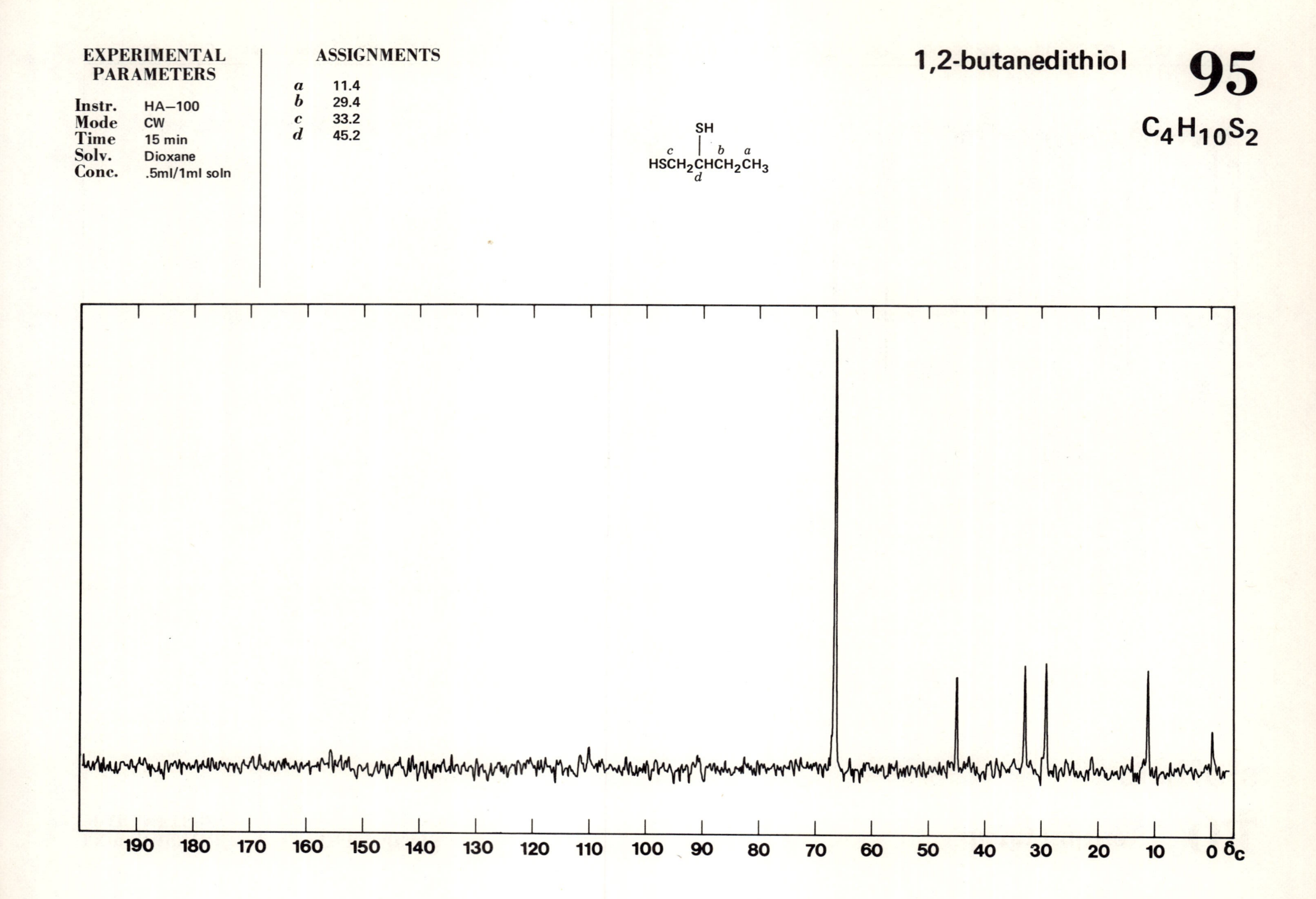

1-amino-3-methoxypropane 96

$C_4H_{11}NO$

EXPERIMENTAL PARAMETERS

Instr. XL-100
Mode FT
Time 5.3 min
Solv. CDCl$_3$
Conc. 1ml/3ml soln

ASSIGNMENTS

a 33.6
b 39.6
c 58.4
d 70.9

$$\overset{b}{H_2N}\overset{a}{CH_2}\overset{d}{CH_2}\overset{c}{CH_2}OCH_3$$

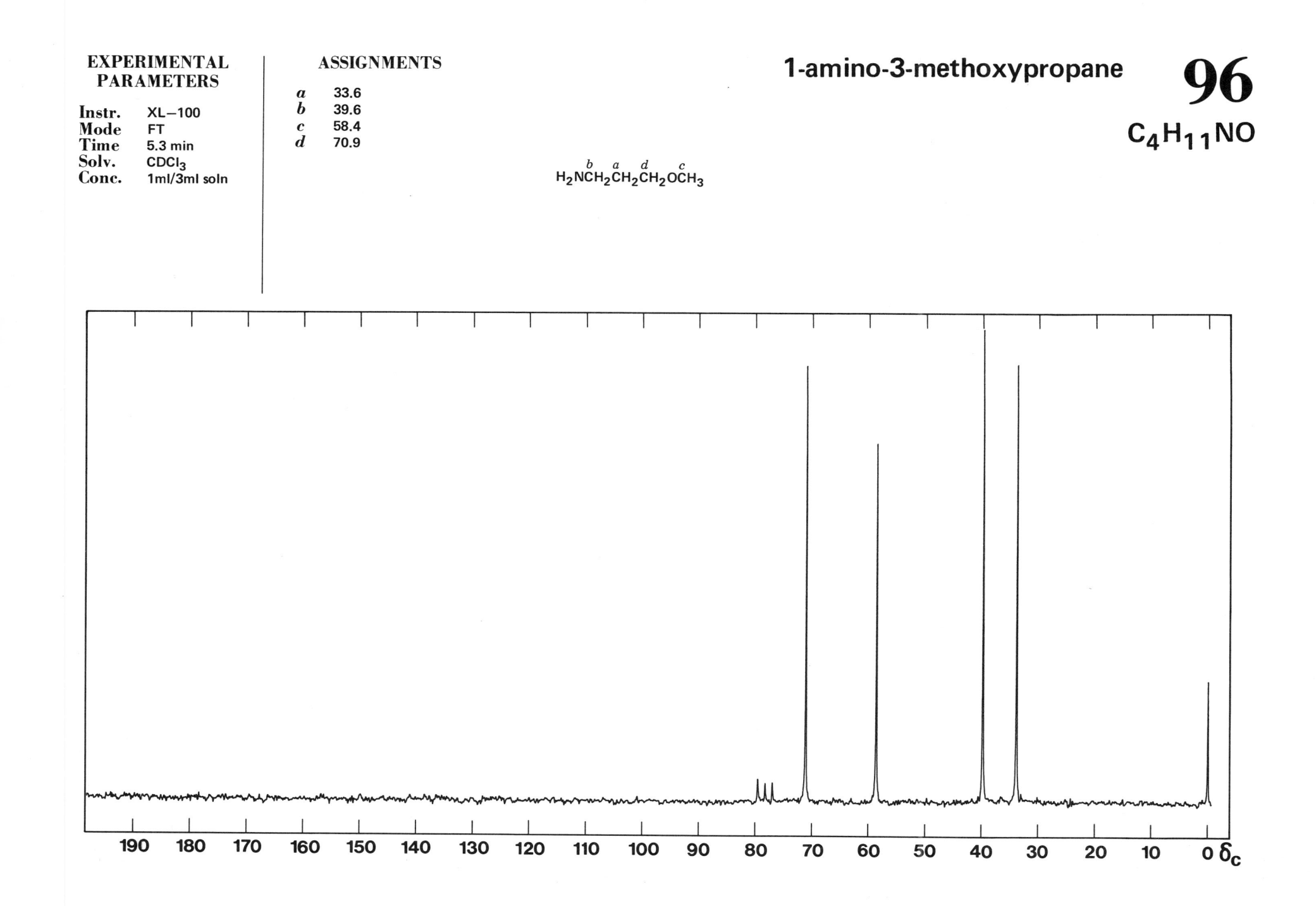

97 isopropylmethylamine

$C_4H_{11}N$

EXPERIMENTAL PARAMETERS

Instr. XL-100
Mode FT
Time 5.3 min
Solv. $CDCl_3$
Conc. 1ml/3ml soln

ASSIGNMENTS

a 22.5
b 33.9
c 50.5

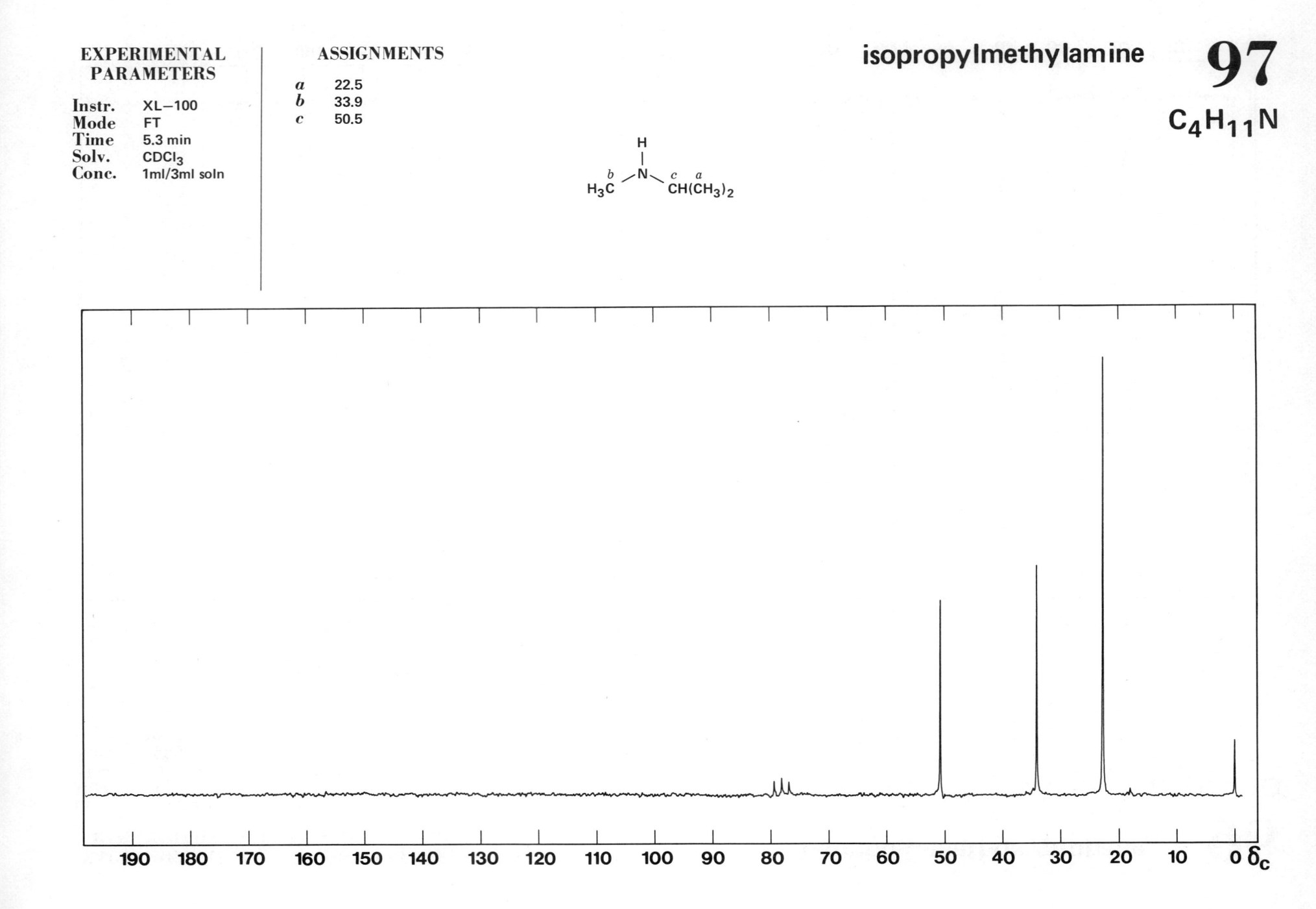

$H_3C \overset{b}{} - \overset{H}{\underset{|}{N}} - \overset{c}{} CH(CH_3)_2 \;\; a$

98 diethylamine

$C_4H_{11}N$

EXPERIMENTAL PARAMETERS

Instr. XL-100
Mode FT
Time 5.3 min
Solv. CDCl$_3$
Conc. 1ml/3ml soln

ASSIGNMENTS

a 15.4
b 44.1

$HN(CH_2CH_3)_2$ (b, a)

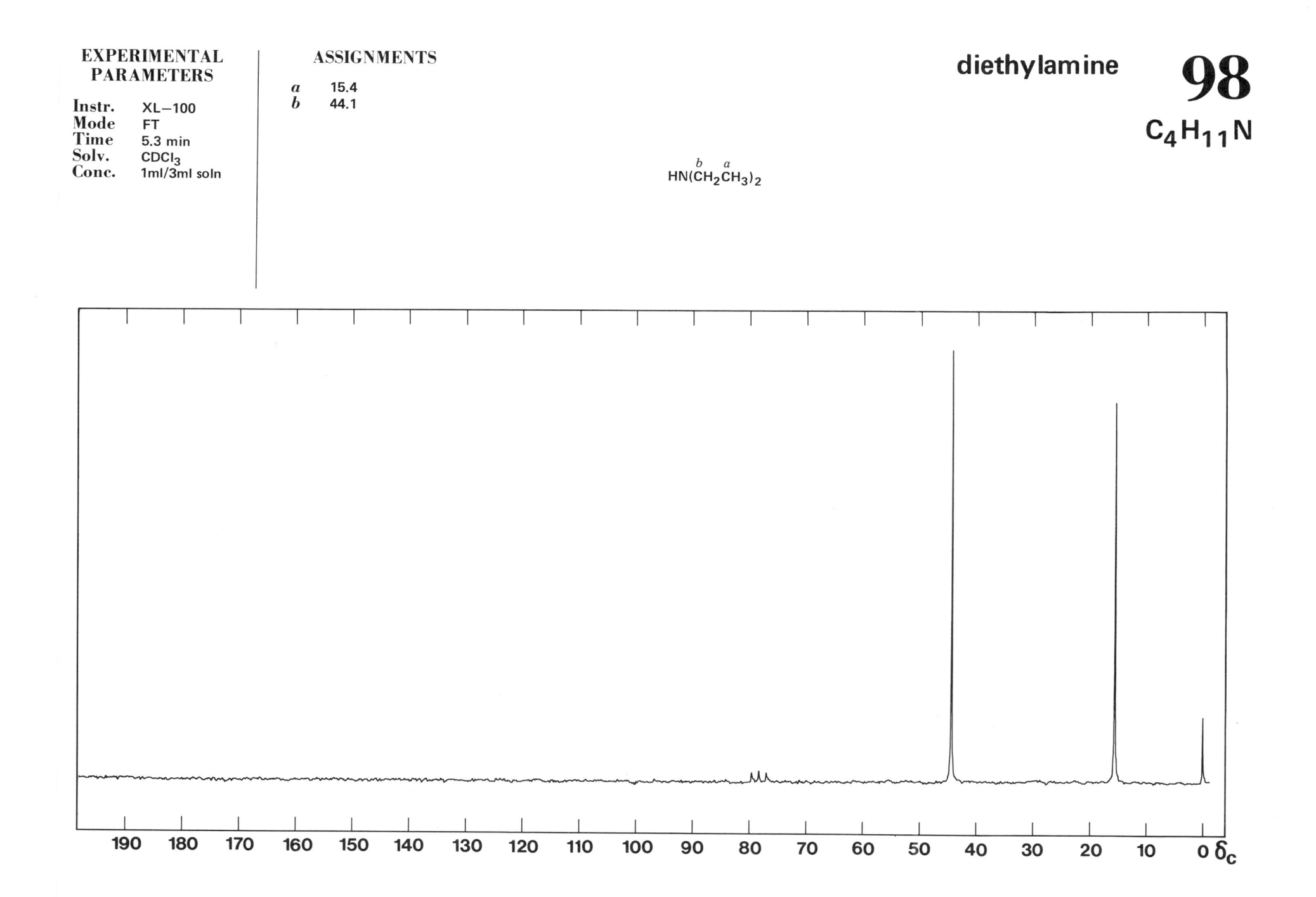

2-amino-2-methyl-1-propanol

99

$C_4H_{11}NO$

EXPERIMENTAL PARAMETERS

Instr. XL–100
Mode FT
Time 5.3 min
Solv. CDCl$_3$
Conc. 1ml/3ml soln

ASSIGNMENTS

a 26.7
b 50.6
c 71.1

$$\overset{a}{(CH_3)_2}\overset{\overset{NH_2}{|}}{\underset{b}{C}}\overset{c}{CH_2OH}$$

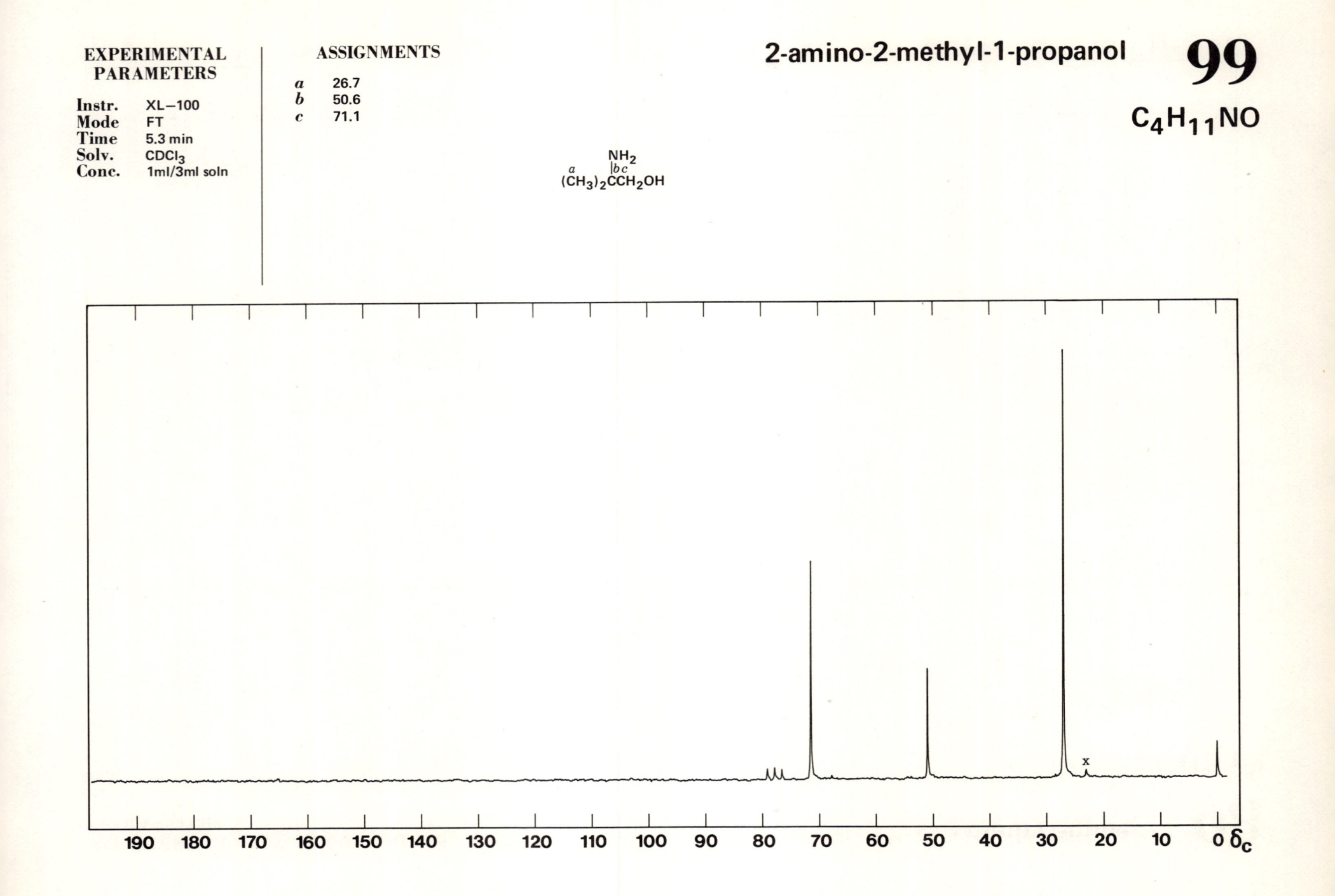

2-amino-1-butanol 100

$C_4H_{11}NO$

EXPERIMENTAL PARAMETERS

Instr. XL–100
Mode FT
Time 5.3 min
Solv. CDCl$_3$
Conc. ~1ml/3ml soln

ASSIGNMENTS

a 10.4
b 26.5
c 54.3d
d 65.8t

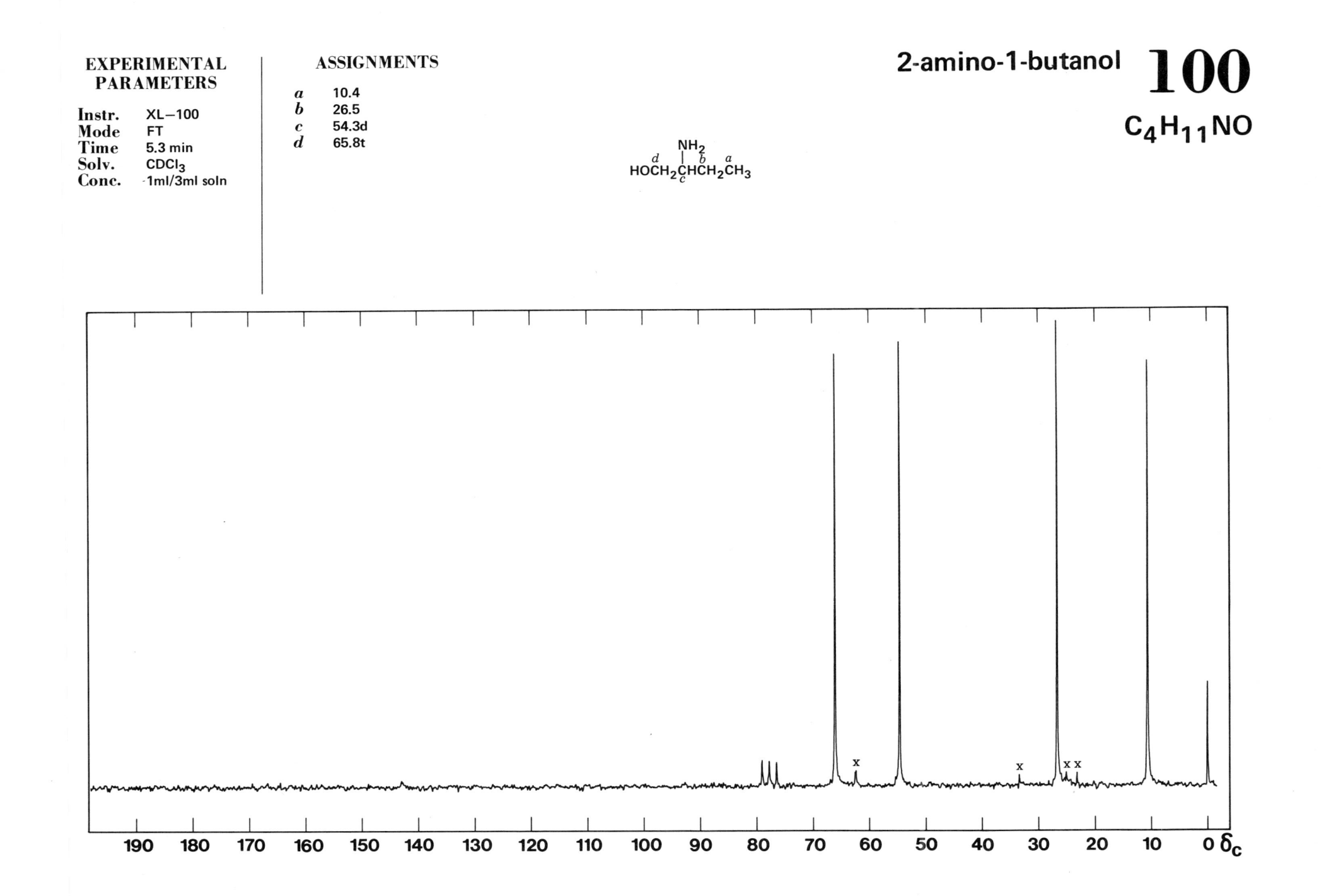

$$\underset{d}{HOCH_2}\underset{c}{CH}\underset{b}{CH_2}\underset{a}{CH_3}$$
  |
 NH$_2$

sym-dimethylethylenediamine 101

$C_4H_{12}N_2$

ASSIGNMENTS

a 36.4
b 52.0

EXPERIMENTAL PARAMETERS

Instr. HA–100
Mode CW
Time 15 min
Solv. Dioxane
Conc. .5ml/1ml soln

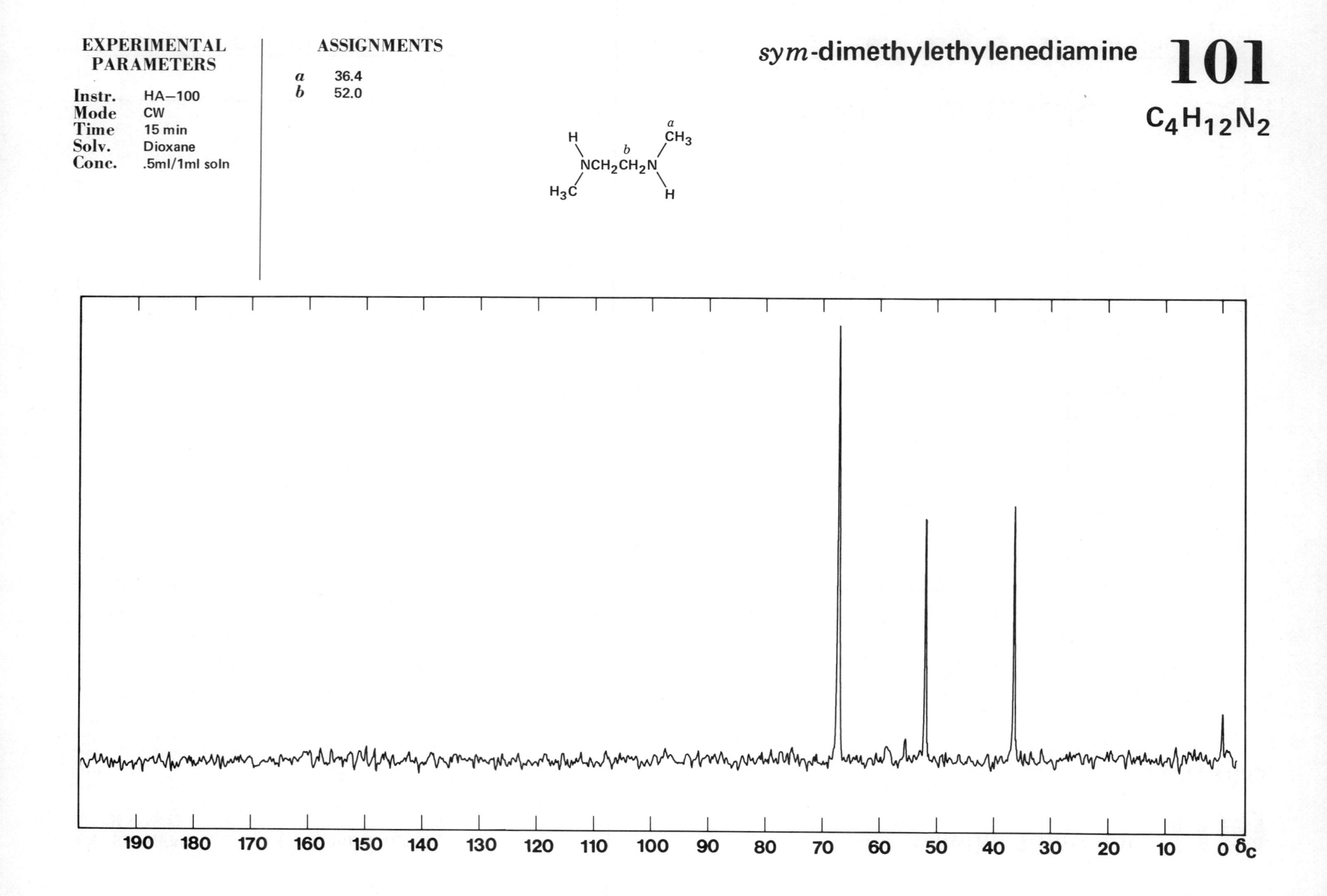

hexachlorocyclopentadiene 102

C_5Cl_6

ASSIGNMENTS

a   81.5
b * 128.5
c * 132.8

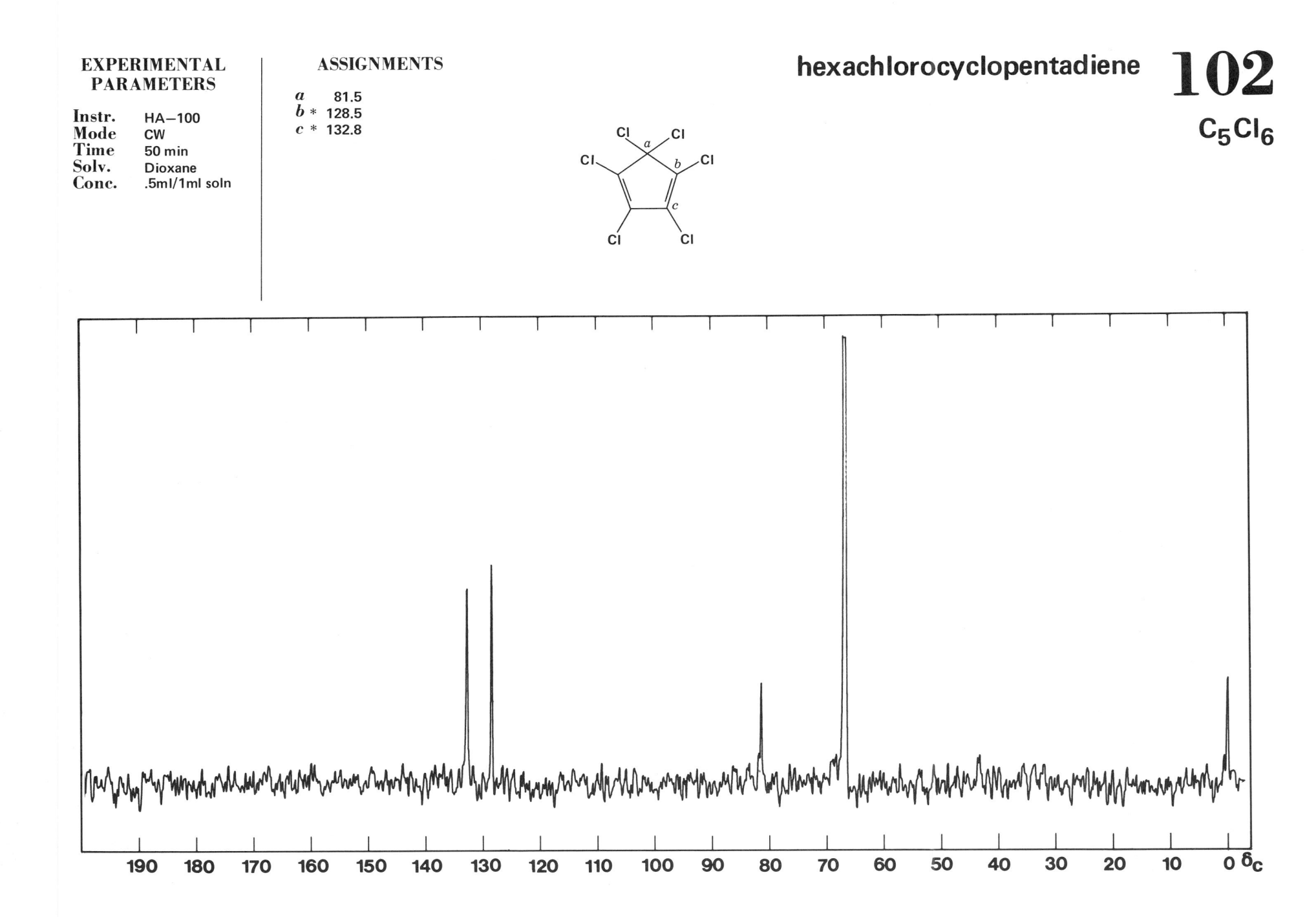

EXPERIMENTAL PARAMETERS

Instr. HA–100
Mode CW
Time 50 min
Solv. Dioxane
Conc. .5ml/1ml soln

103 citraconic anhydride

$C_5H_4O_3$

EXPERIMENTAL PARAMETERS

Instr. XL-100
Mode FT
Time 5 min
Solv. CDCl₃
Conc. 1ml/2ml solv

ASSIGNMENTS

a 11.3
b 129.7
c 149.5
d 164.3
e 166.5

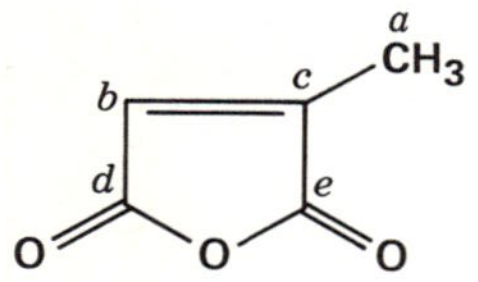

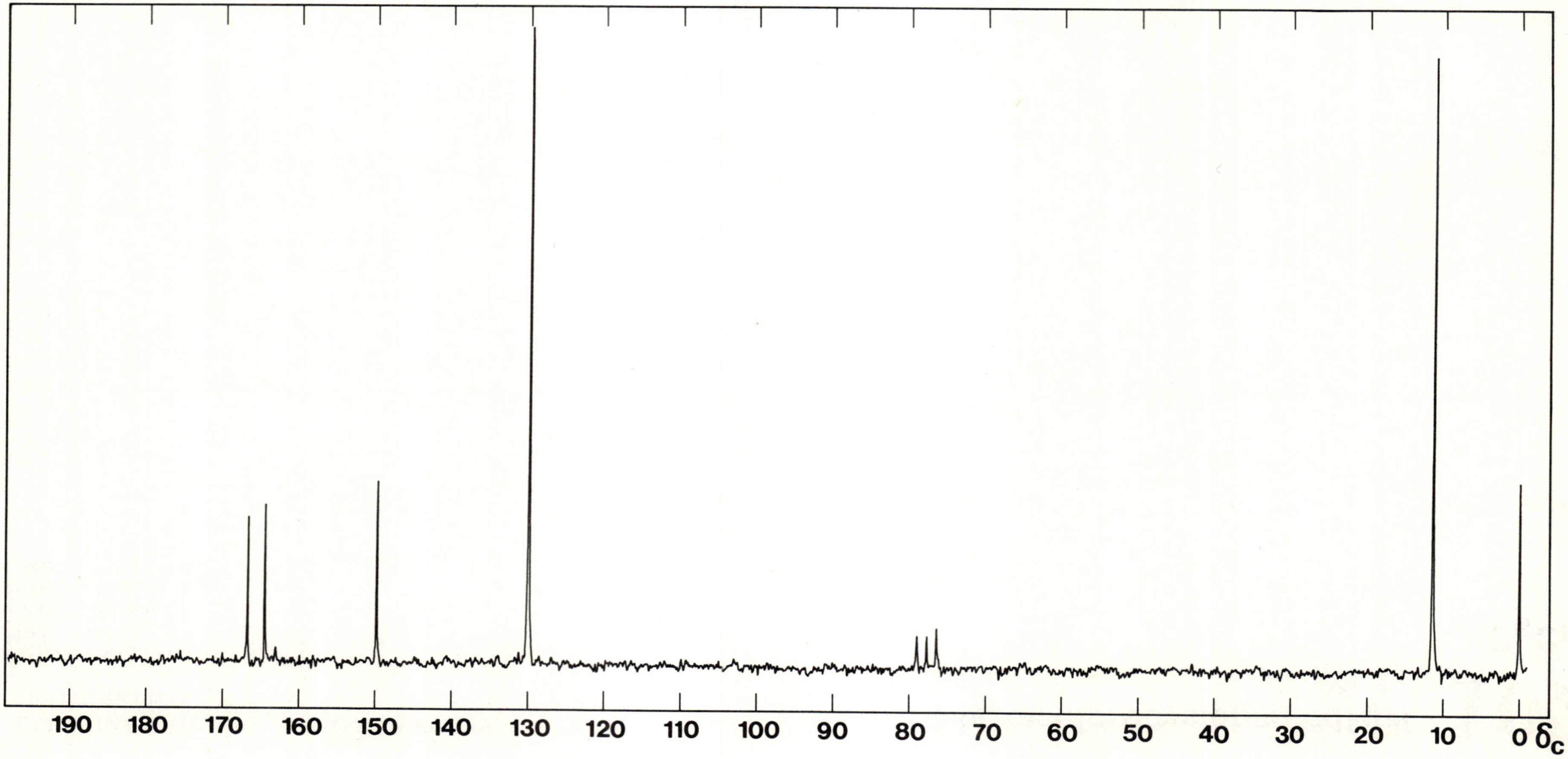

furfural 104

C₅H₄O₂

ASSIGNMENTS

a	112.9
b	121.6
c	148.7
d	153.8
e	178.2

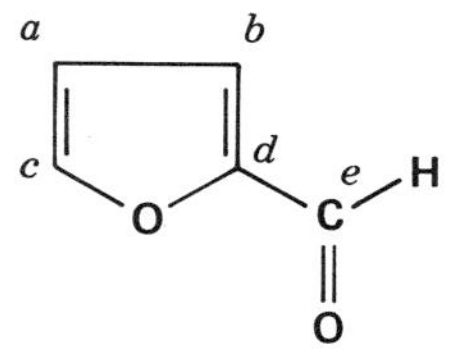

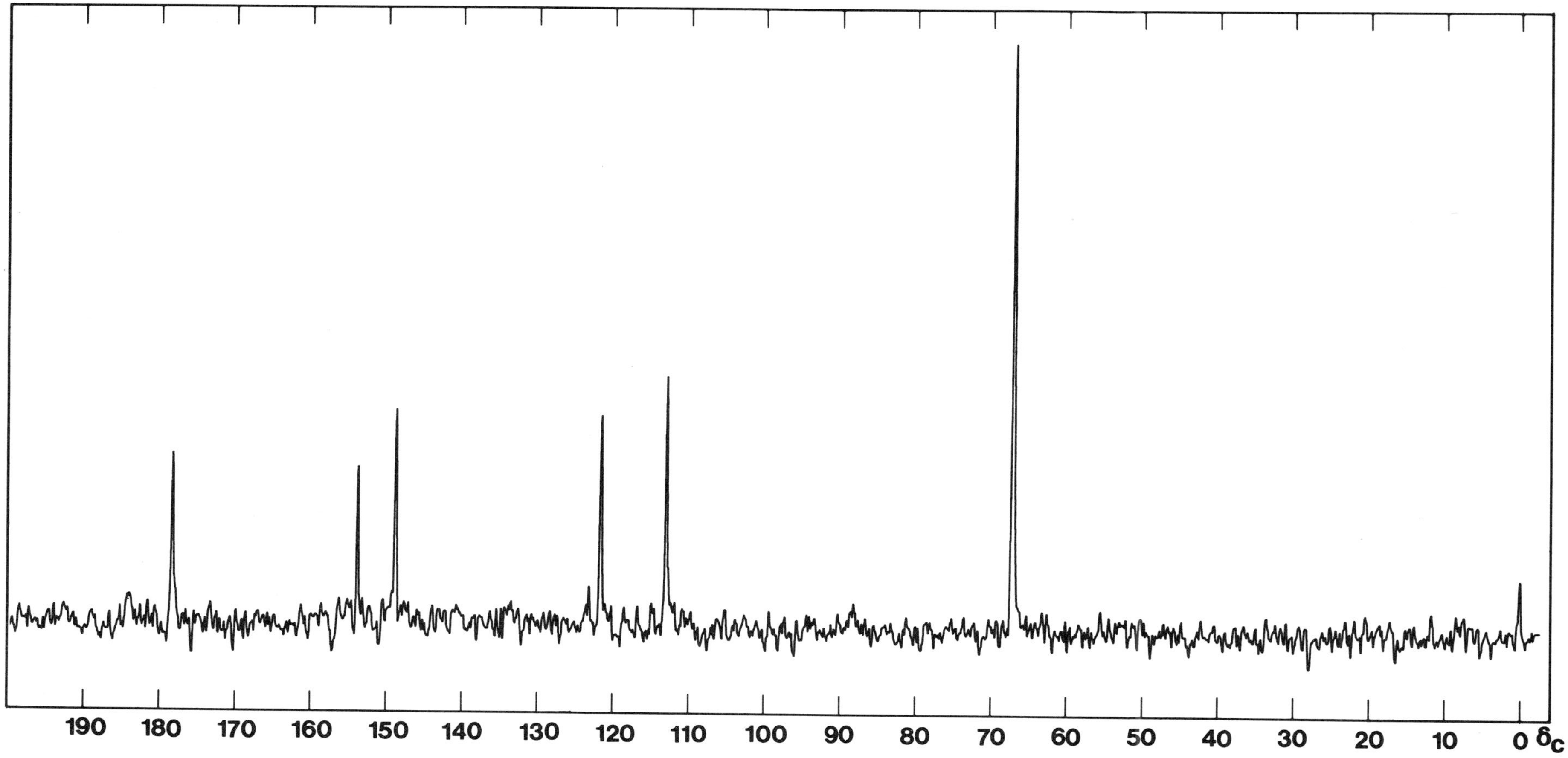

EXPERIMENTAL PARAMETERS

Instr. HA-100
Mode CW
Time 15 min
Solv. Dioxane
Conc. .5ml/1ml soln

3-chloro-6-methoxypyridazine 105

$C_5H_5ClN_2O$

EXPERIMENTAL PARAMETERS

Instr. XL–100
Mode FT
Time 5.3 min
Solv. CDCl$_3$
Conc. 1g/3ml soln

ASSIGNMENTS

a	55.0
b	120.1
c	130.8
d	151.0
e	164.4

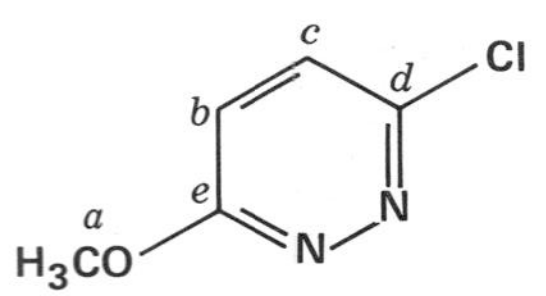

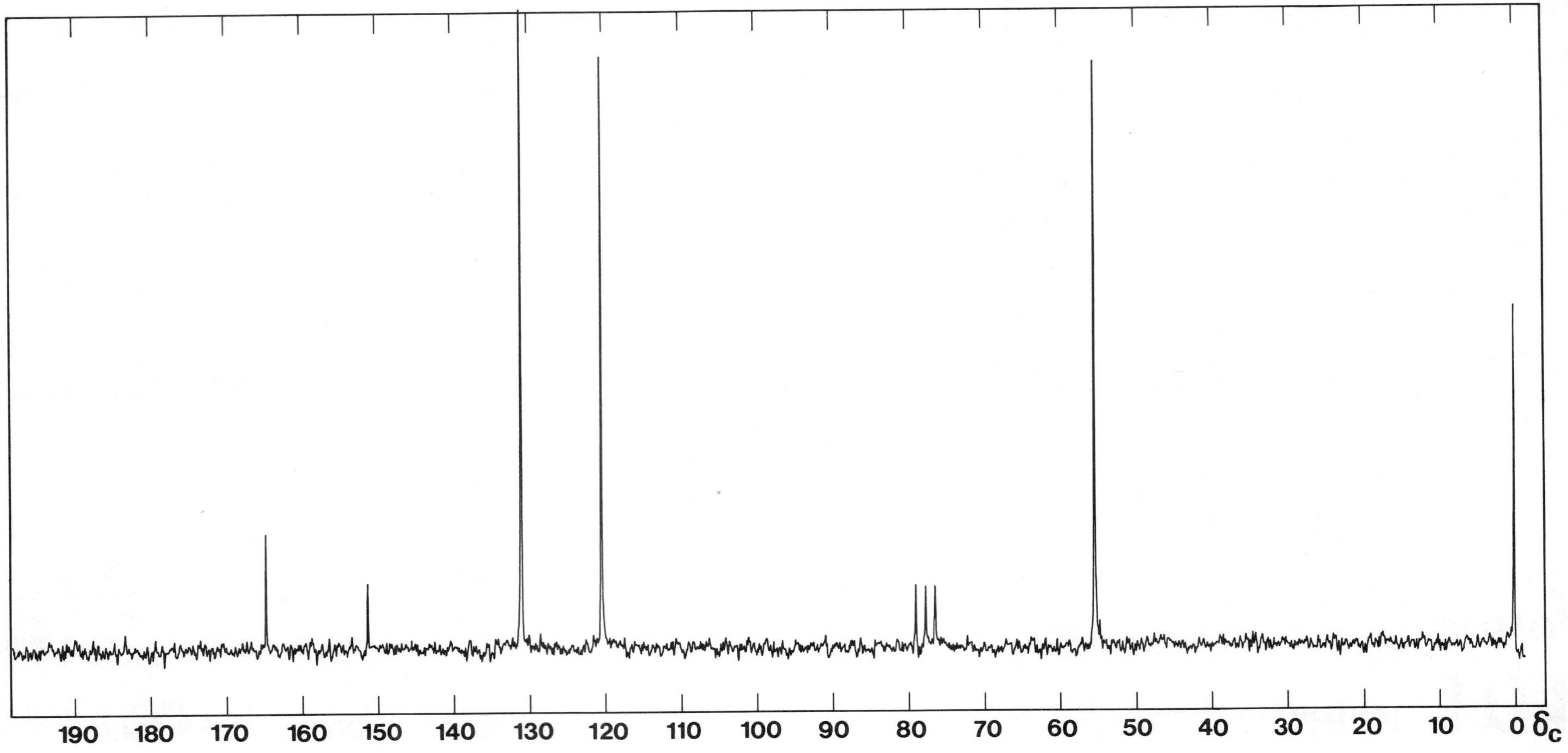

pyridine 106

C_5H_5N

ASSIGNMENTS

a 123.6
b 135.7
c 149.8

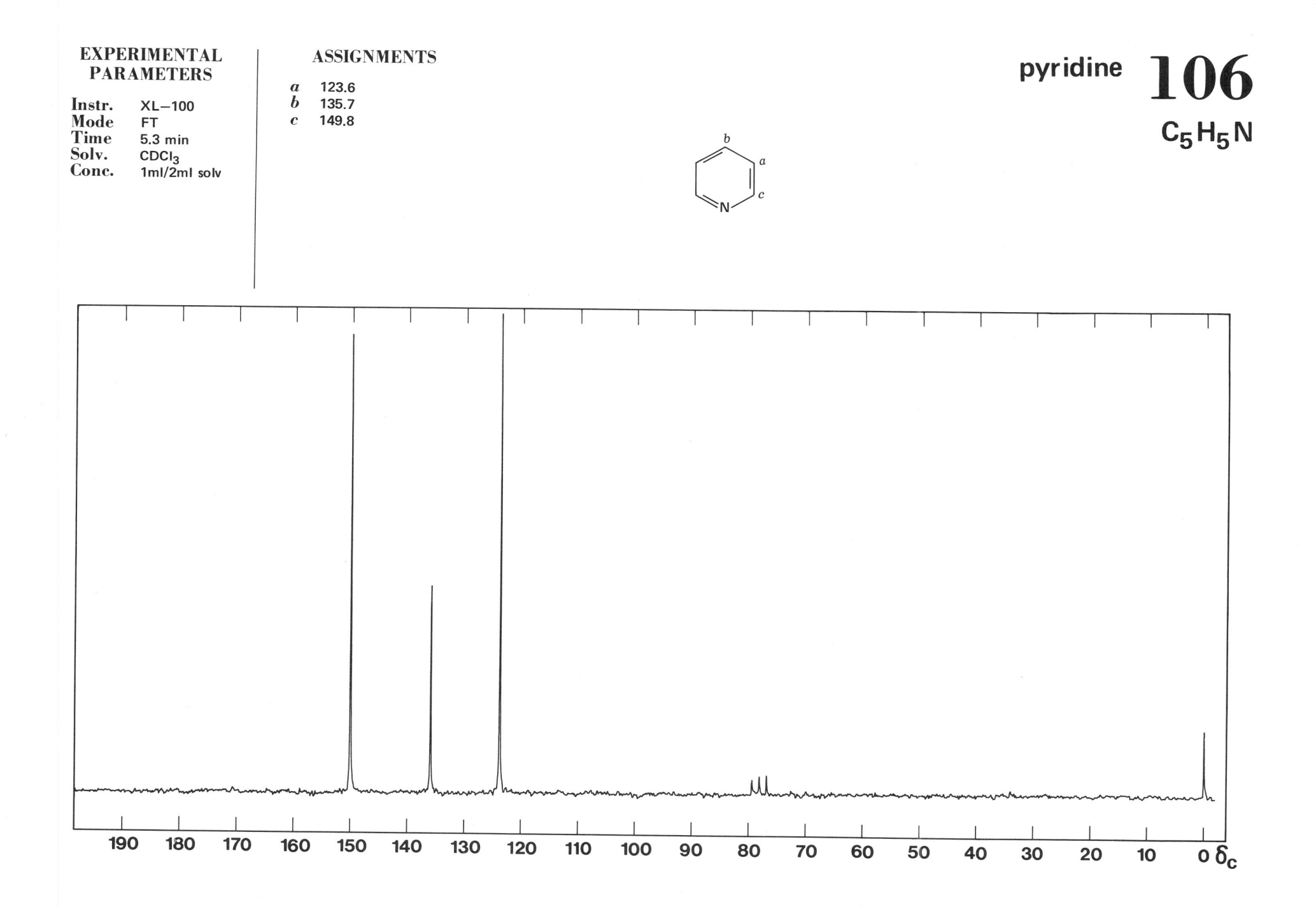

EXPERIMENTAL PARAMETERS

Instr. XL-100
Mode FT
Time 5.3 min
Solv. CDCl₃
Conc. 1ml/2ml solv

2-pyridone 107

C_5H_5NO

EXPERIMENTAL PARAMETERS

- Instr.: XL-100
- Mode: FT
- Time: 5.3 min
- Solv.: CDCl₃
- Conc.: 435mg/2ml solv

ASSIGNMENTS

- a * 106.7
- b * 120.1
- c † 134.8
- d † 141.6
- e   165.3

2-methylpyrazine 108

$C_5H_6N_2$

EXPERIMENTAL PARAMETERS

Instr.	XL-100
Mode	FT
Time	5.3 min
Solv.	CDCl$_3$
Conc.	1ml/2ml solv

ASSIGNMENTS

a	21.6
b	141.8
c	143.8
d	144.7
e	154.0

2-aminopyridine 109
C₅H₆N₂

EXPERIMENTAL PARAMETERS

Instr.	XL–100
Mode	FT
Time	5.3 min
Solv.	CDCl₃
Conc.	1g/3ml soln

ASSIGNMENTS

a	108.5
b	113.3
c	137.5
d	147.7
e	158.9

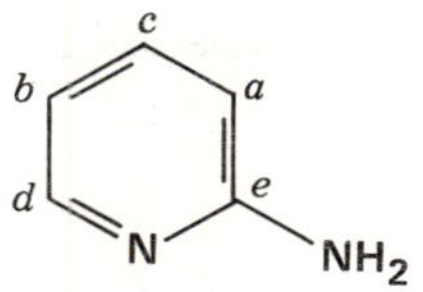

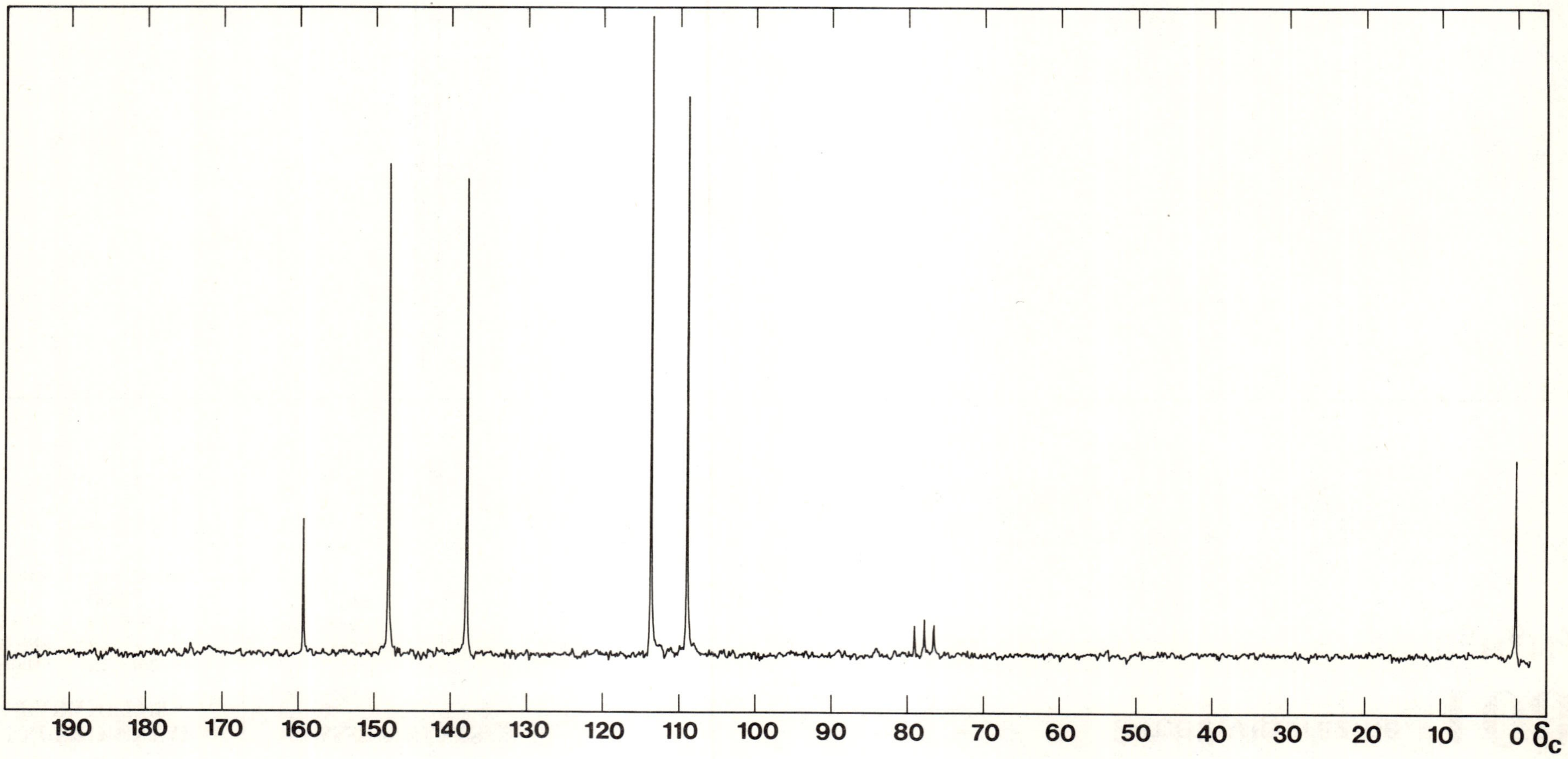

methylene cyclobutane 110

C_5H_8

EXPERIMENTAL PARAMETERS

Instr.	XL-100
Mode	FT
Time	5.3 min
Solv.	CDCl$_3$
Conc.	1ml/3ml soln

ASSIGNMENTS

a	16.8
b	32.1
c	104.8
d	150.4

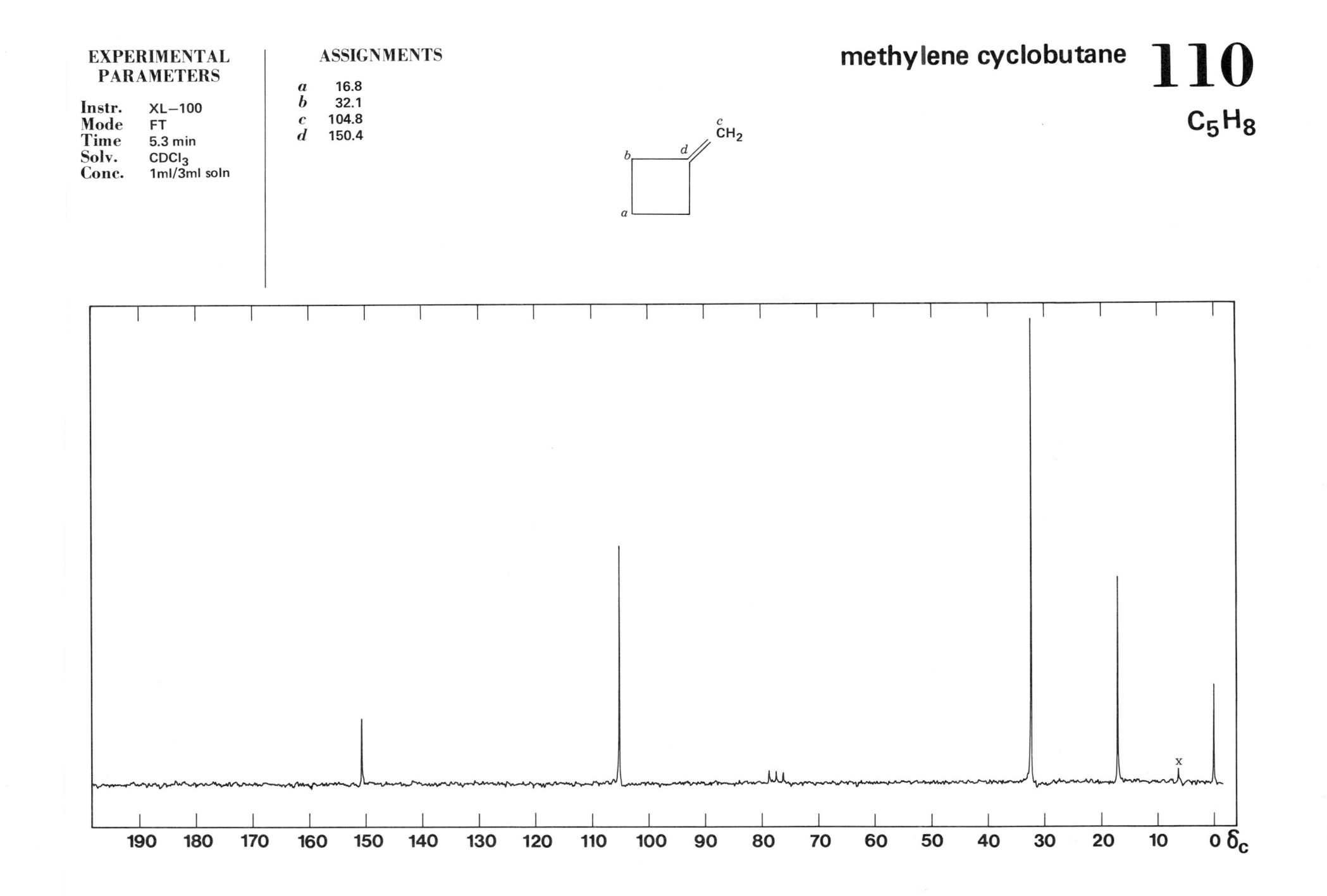

monosodium glutamate 111

$C_5H_8NO_4Na$

EXPERIMENTAL PARAMETERS

Instr. XL-100
Mode FT
Time 5.3 min
Solv. water
Conc. 1g/3ml soln

ASSIGNMENTS

a 27.8
b 34.3
c 55.5
d 175.4
e 182.0

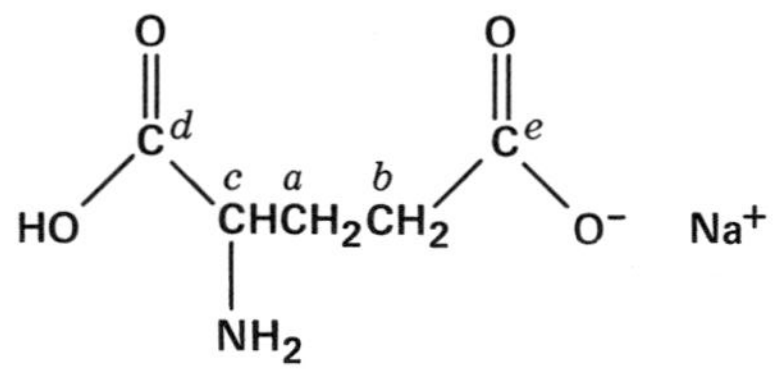

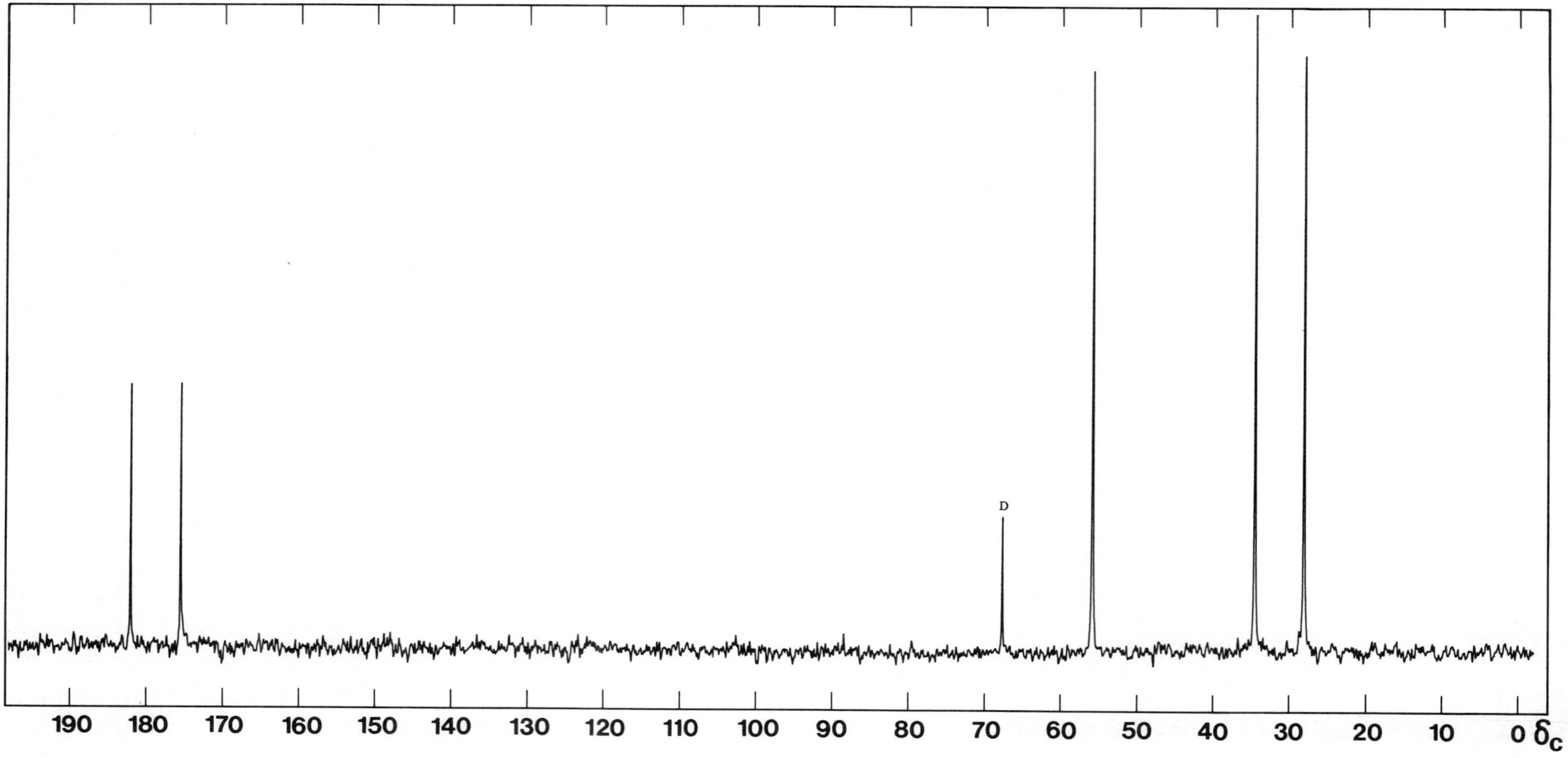

3-hydroxy-3-methylbutyne-1

112

C_5H_8O

EXPERIMENTAL PARAMETERS

Instr.	HA-100
Mode	CW
Time	15 min
Solv.	Dioxane
Conc.	.5ml/1ml soln

ASSIGNMENTS

a	31.3
b	64.0 s
c	70.0 d
d	89.6 s

$$HC\overset{c}{\equiv}\overset{d}{C}-\overset{\overset{\overset{a}{CH_3}}{|}}{\underset{\underset{CH_3}{|}}{C}}-OH$$

cyclopentanone 113
C₅H₈O

EXPERIMENTAL PARAMETERS

Instr. HA-100
Mode CW
Time 15 min
Solv. Dioxane
Conc. .5ml/1ml soln

ASSIGNMENTS

a 23.5
b 38.0
c 218.2

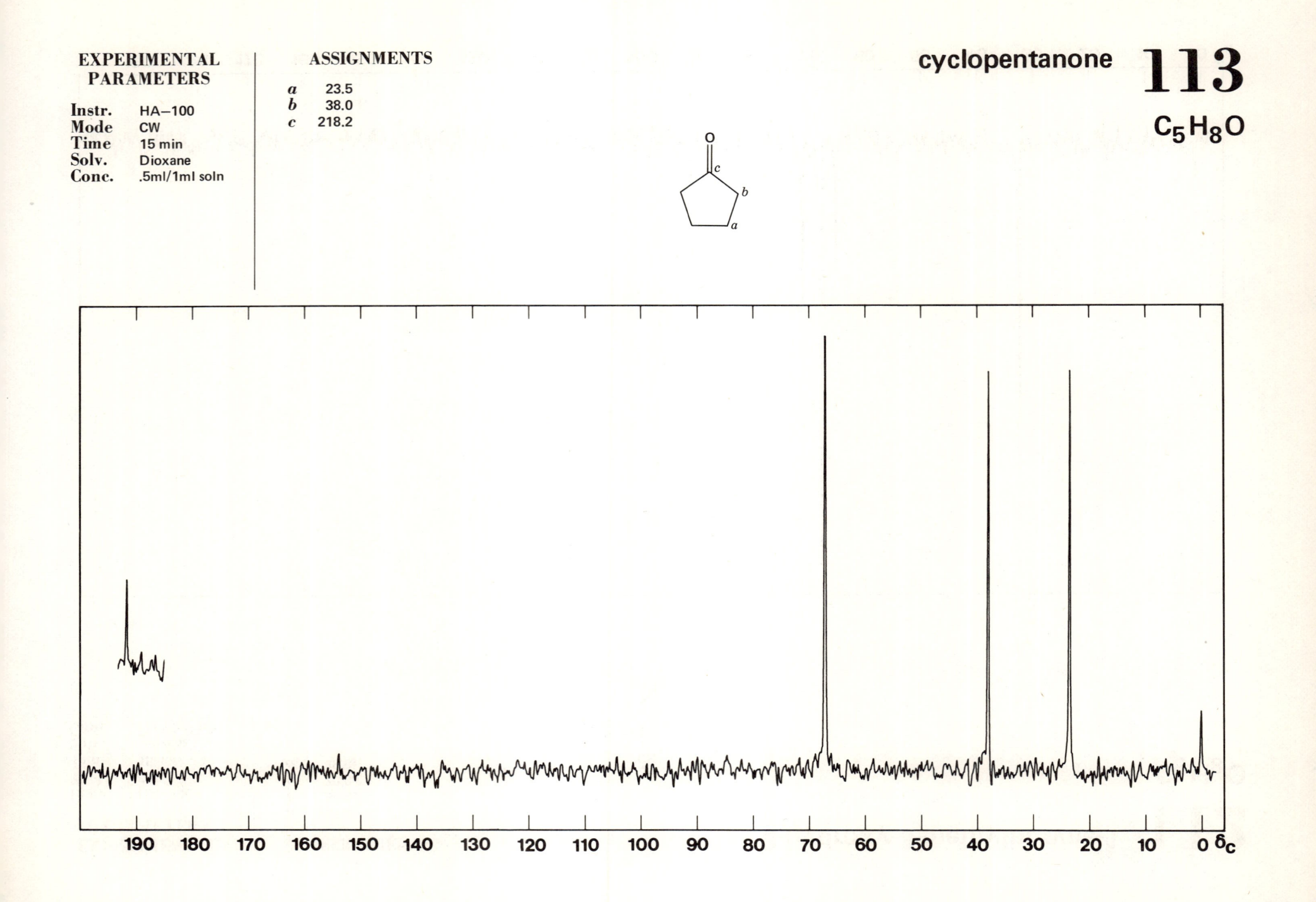

methyl methacrylate 114

$C_5H_8O_2$

EXPERIMENTAL PARAMETERS

Instr. HA-100
Mode CW
Time 15 min
Solv. Dioxane
Conc. .5ml/1ml soln

ASSIGNMENTS

a 18.3
b 51.5
c 124.7
d 136.9
e 167.3

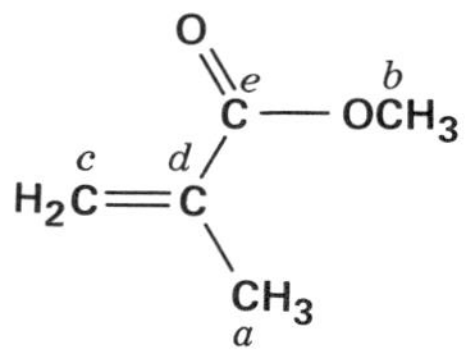

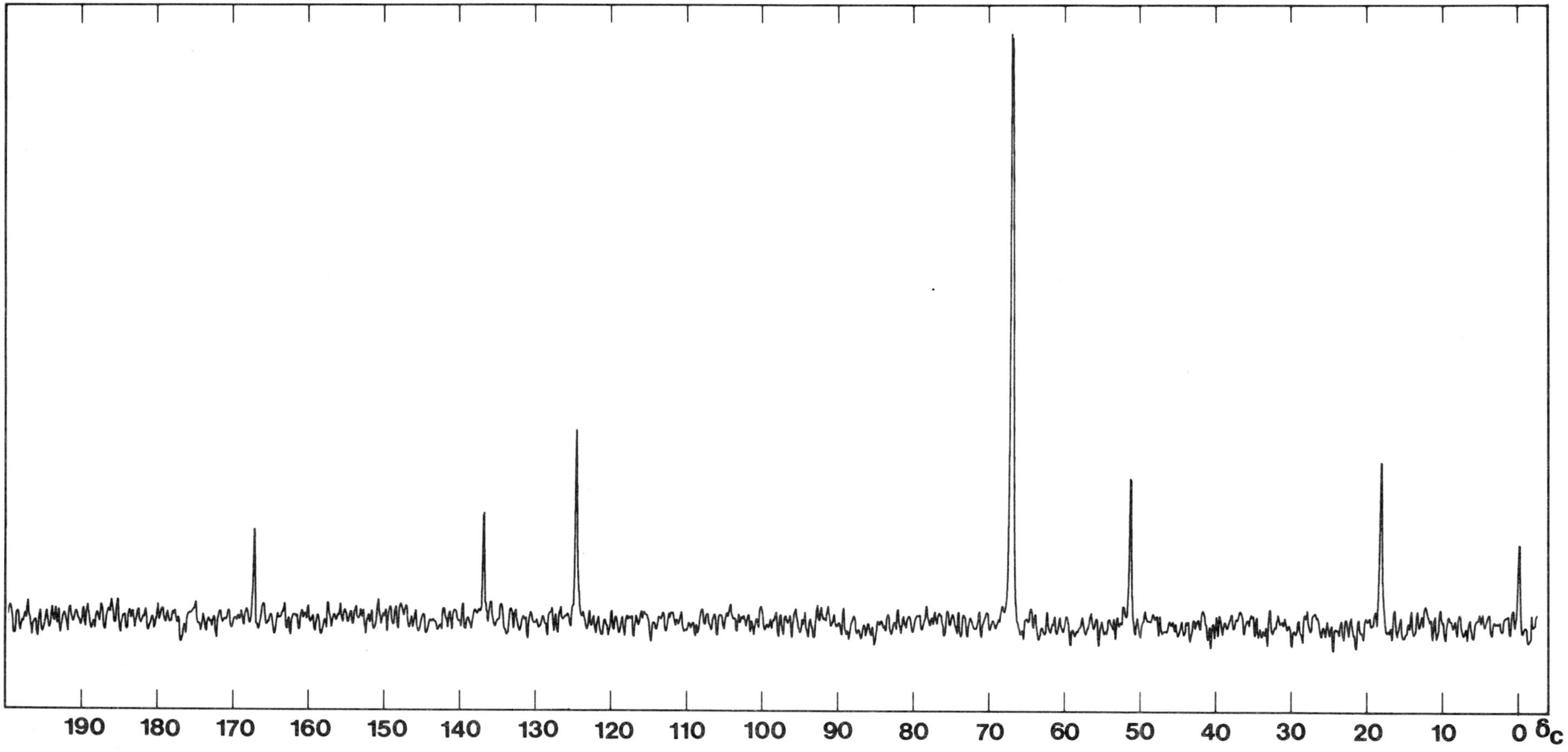

acetyl acetone — 115

$C_5H_8O_2$

EXPERIMENTAL PARAMETERS

Instr. HA–100
Mode CW
Time 30 min
Solv. Dioxane
Conc. .5ml/1ml soln

ASSIGNMENTS

a 24.3
b 30.2
c 58.2
d 100.3
e 191.4
f 201.9

keto form: H₃C(b)–C(=O)–CH₂(c)–C(f)(=O)–CH₃

enol form: H₃C(a)–C(e)(O–H···O)=C(d)H–C(e)(=O)–CH₃(a)

3-ethoxypropionitrile 116

C_5H_9NO

EXPERIMENTAL PARAMETERS

Instr.	XL–100
Mode	FT
Time	5.3 min
Solv.	CDCl$_3$
Conc.	1ml/3ml soln

ASSIGNMENTS

a	14.9q
b	18.9t
c	65.1
d	66.5
e	118.2

$$\overset{e\ \ b}{NC}\overset{c}{CH_2}\overset{d}{CH_2}O\overset{a}{CH_2}CH_3$$

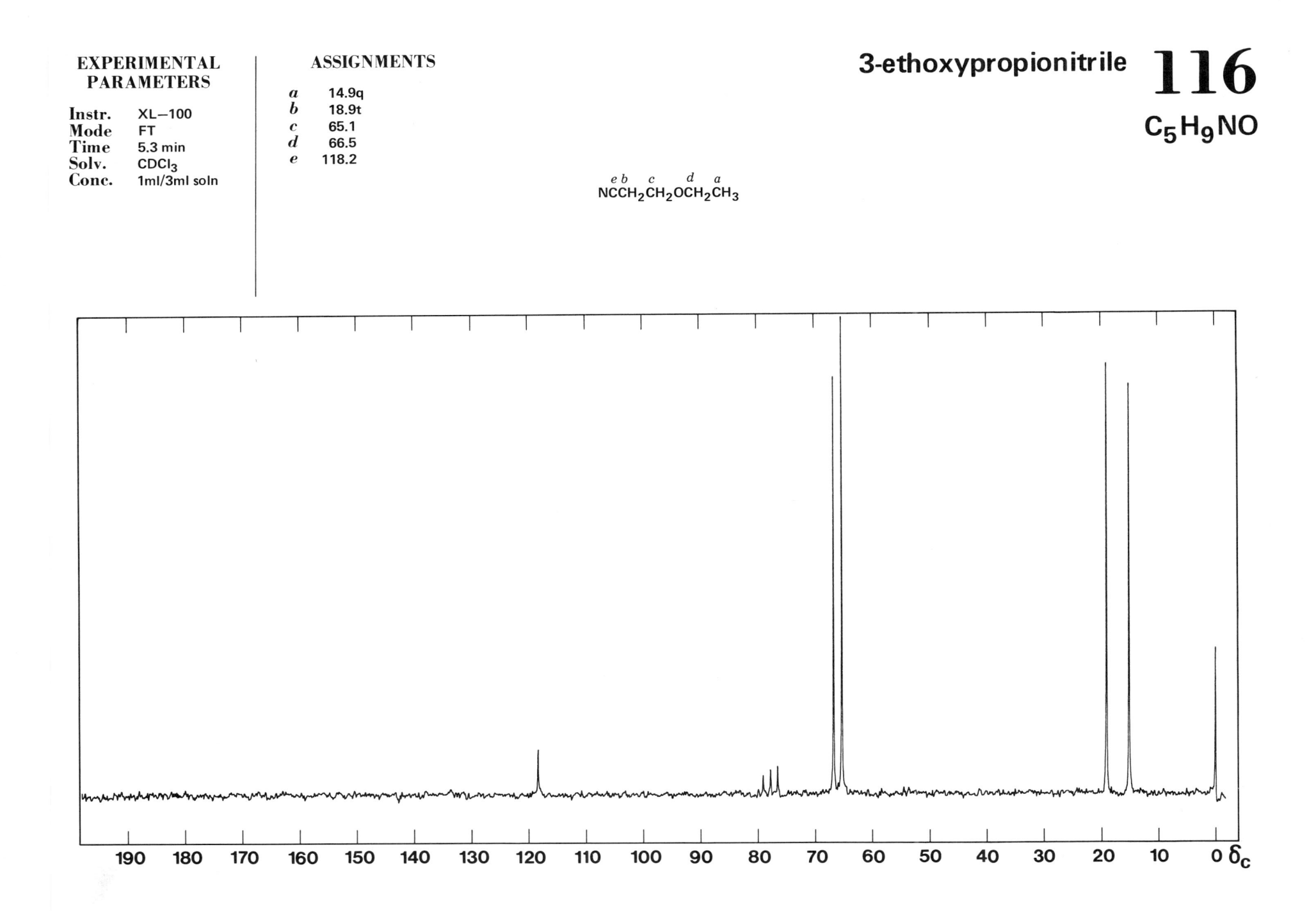

proline 117

$C_5H_9NO_2$

EXPERIMENTAL PARAMETERS

Instr. XL-100
Mode FT
Time 5.3 min
Solv. water
Conc. .5g/2.5ml solv

ASSIGNMENTS

a 24.6
b 29.8
c 47.0
d 62.1
e 175.3

ref 12

hydroxyproline 118

$C_5H_9NO_3$

ASSIGNMENTS

a	38.2 t
b	53.9 t
c	60.7 d
d	70.9 d
e	174.9

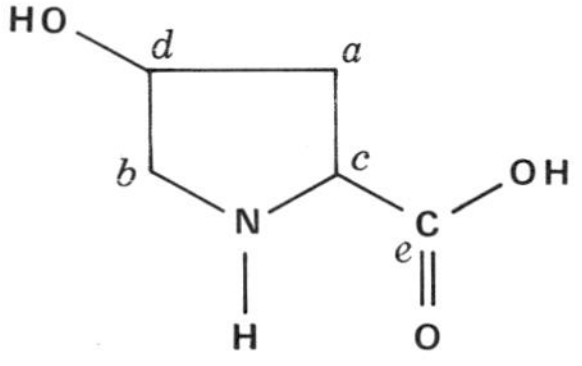

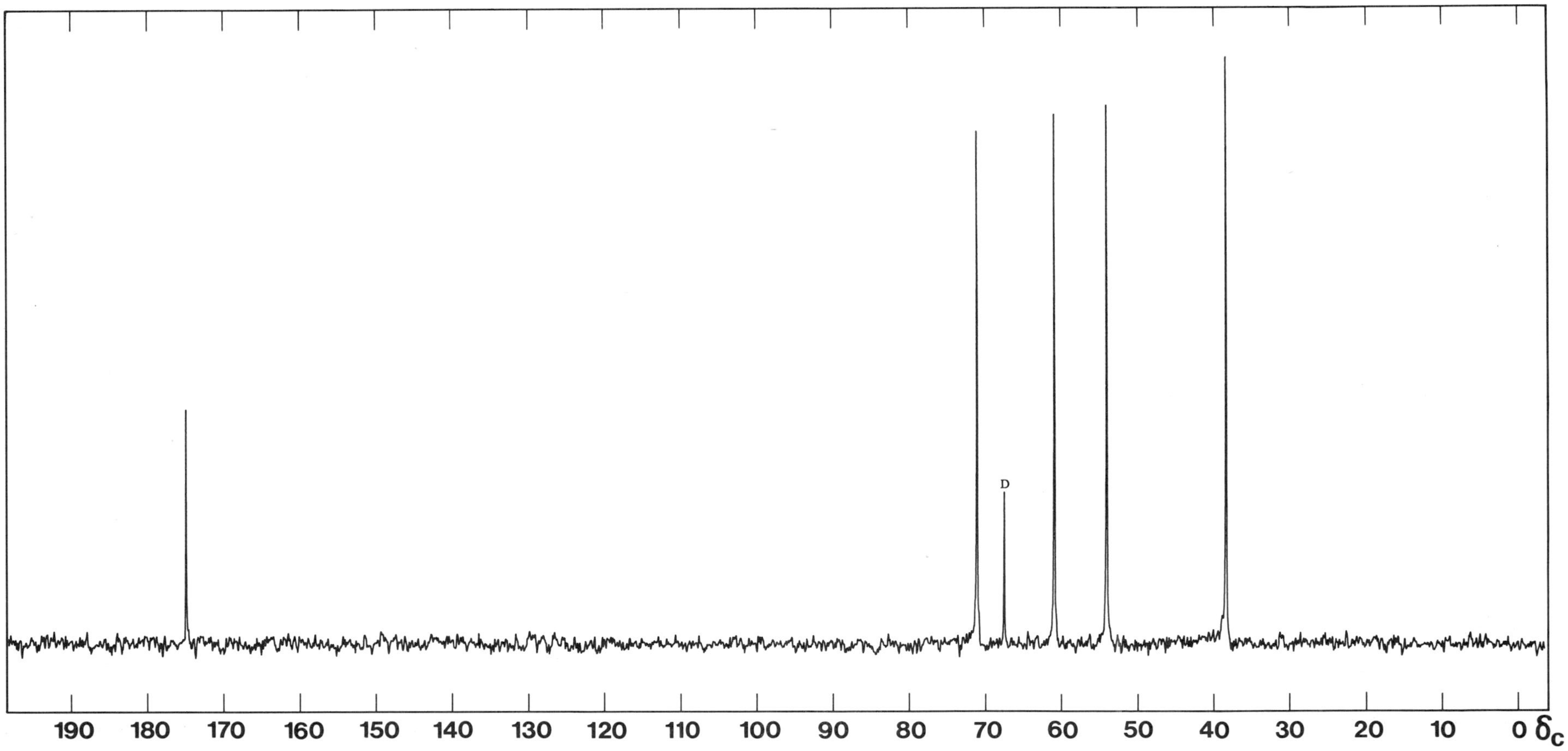

EXPERIMENTAL PARAMETERS

Instr. XL-100
Mode FT
Time 5.3 min
Solv. water
Conc. .5g/2.5ml solv

2-methyl-2-butene 119
C_5H_{10}

EXPERIMENTAL PARAMETERS

Instr. HA–100
Mode CW
Time 15 min
Solv. Dioxane
Conc. .5ml/1ml solv

ASSIGNMENTS

a 13.3
b 17.1
c 25.5
d 118.7d
e 131.7s

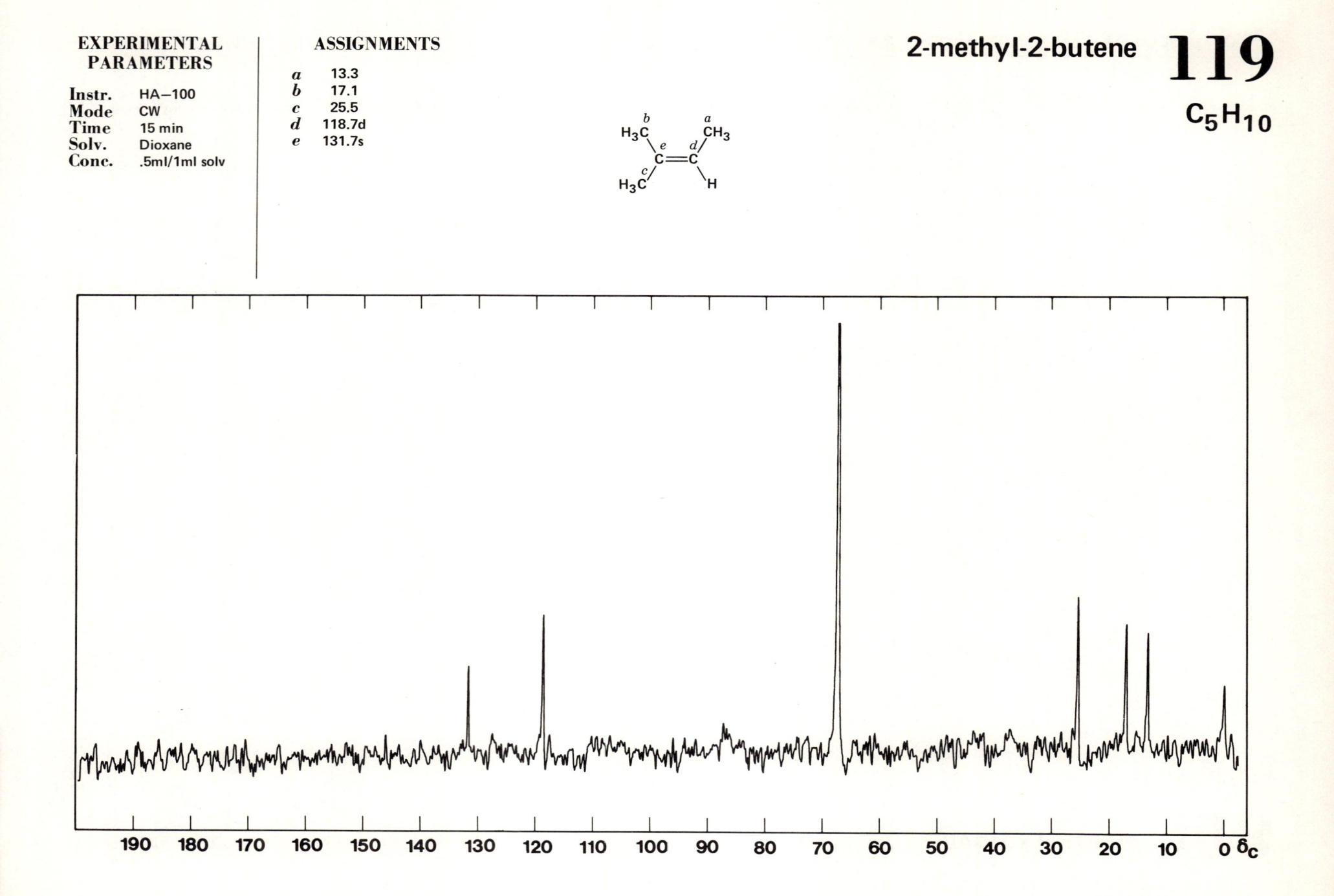

$$\underset{H_3C}{\overset{H_3C}{}}\!\!\!\underset{c}{\overset{b}{>}}\!C\!\underset{e}{=}\!C\!\underset{d}{<}\!\!\!\underset{H}{\overset{CH_3\ a}{}}$$

δ_C

sodium diethyldithiocarbamate 120

$C_5H_{10}NS_2Na$

EXPERIMENTAL PARAMETERS

Instr. XL-100
Mode FT
Time 11 min
Solv. water
Conc. .5g/2ml solv
Pulse Width 15 μ sec

ASSIGNMENTS

a 12.3
b 49.5
c 206.4

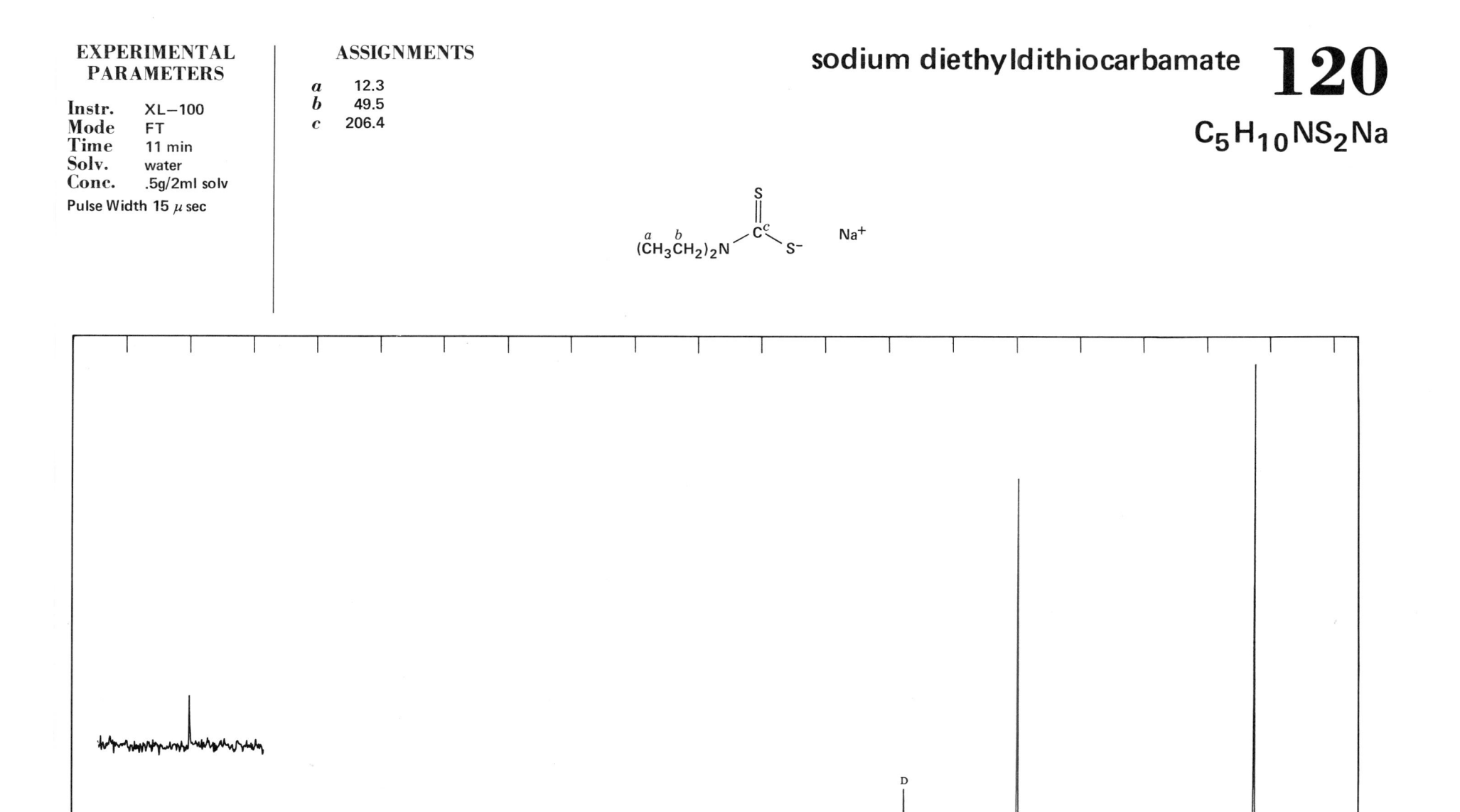

$$\underset{(CH_3CH_2)_2N}{\overset{a\ \ b}{}} - \overset{S}{\underset{}{\overset{\|}{C^c}}} - S^- \quad Na^+$$

methyl isopropyl ketone **121**

$C_5H_{10}O$

EXPERIMENTAL PARAMETERS

Instr.	XL–100
Mode	FT
Time	5.3 min
Solv.	$CDCl_3$
Conc.	1ml/3ml soln

ASSIGNMENTS

a	18.1
b	27.3
c	41.5
d	211.8

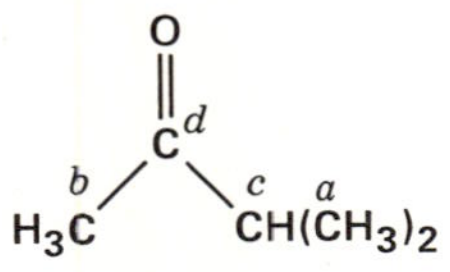

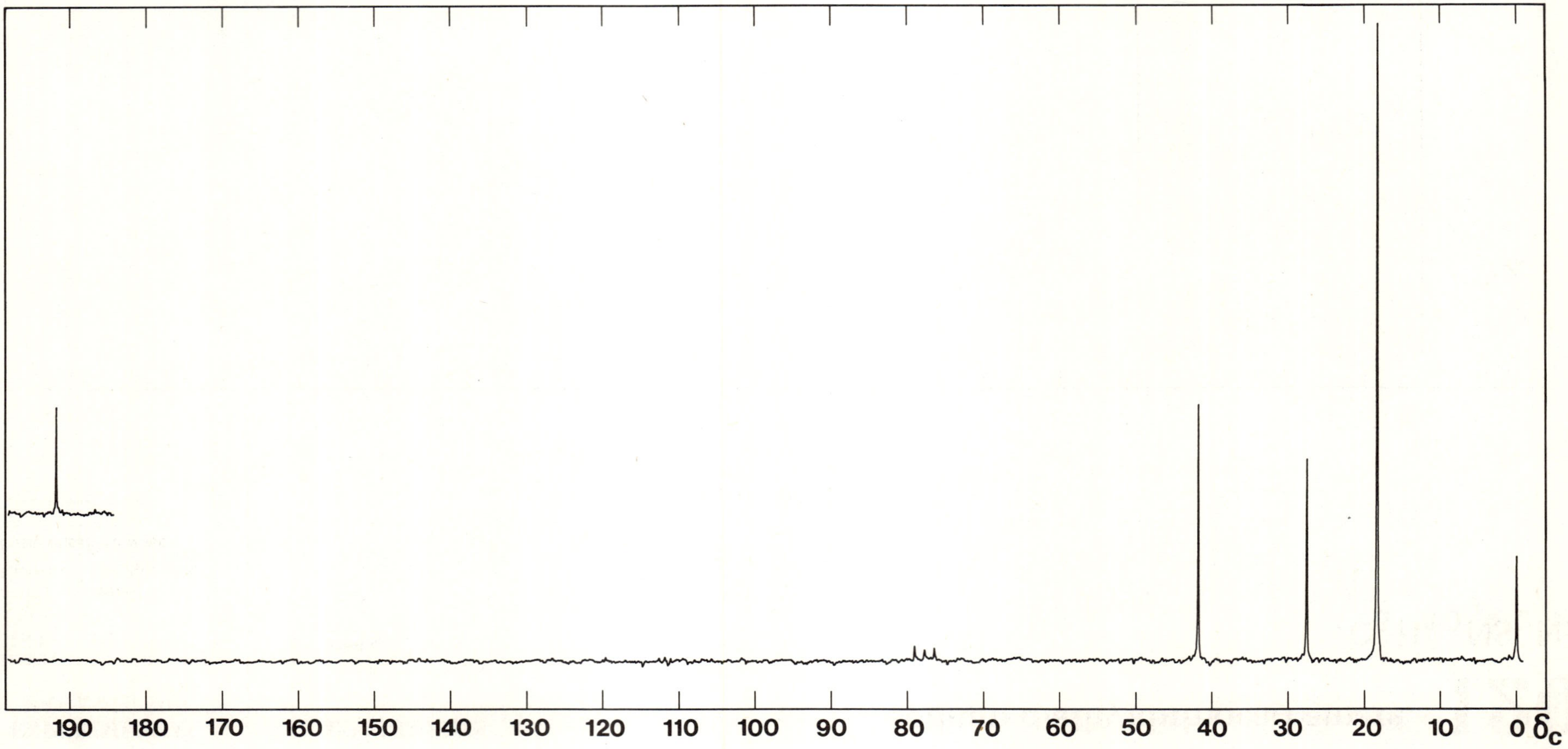

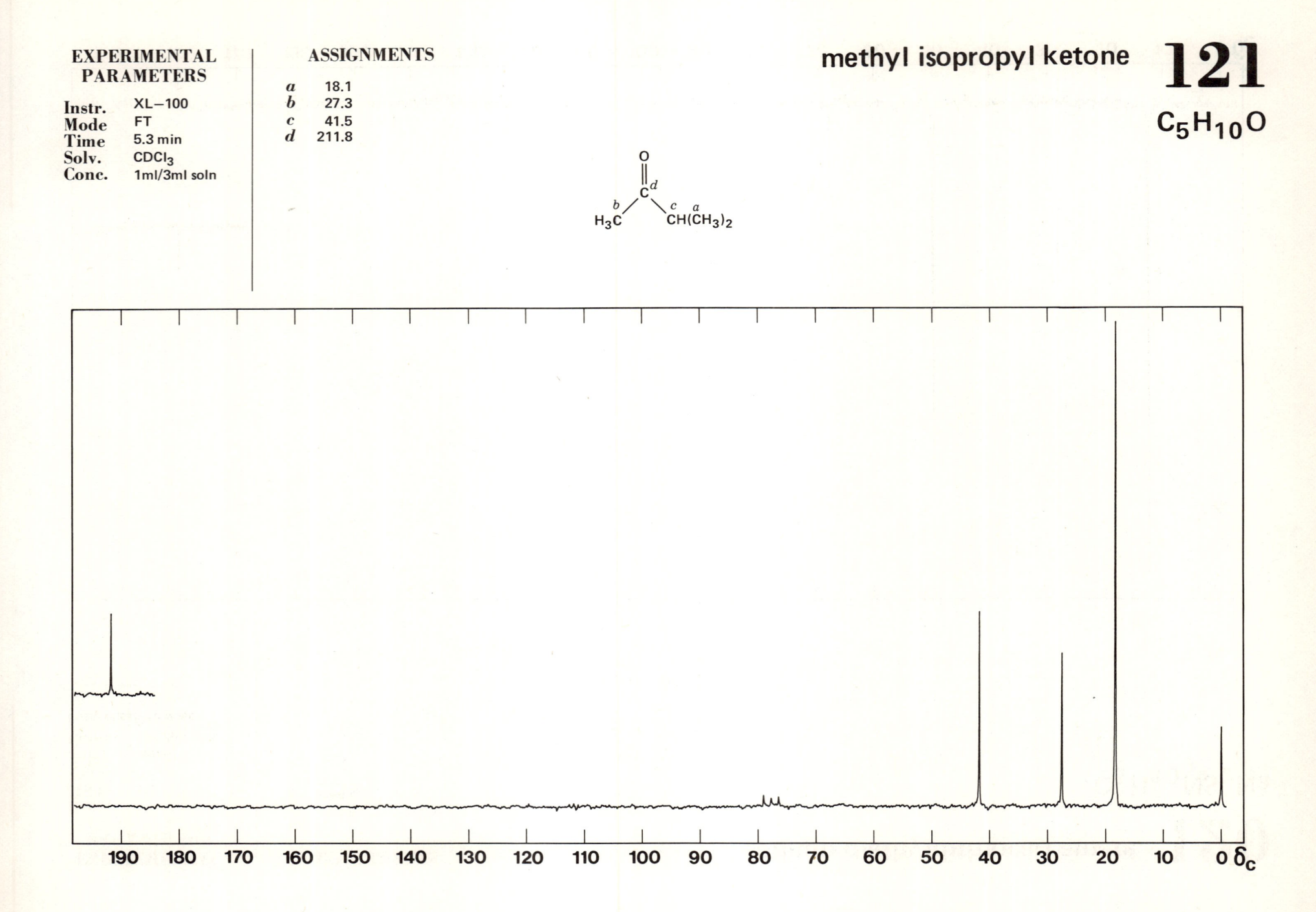

3-pentanone 122

$C_5H_{10}O$

EXPERIMENTAL PARAMETERS

Instr. XL-100
Mode FT
Time 5.3 min
Solv. CDCl$_3$
Conc. 1ml/3ml soln

ASSIGNMENTS

a   7.9
b   35.4
c   211.4

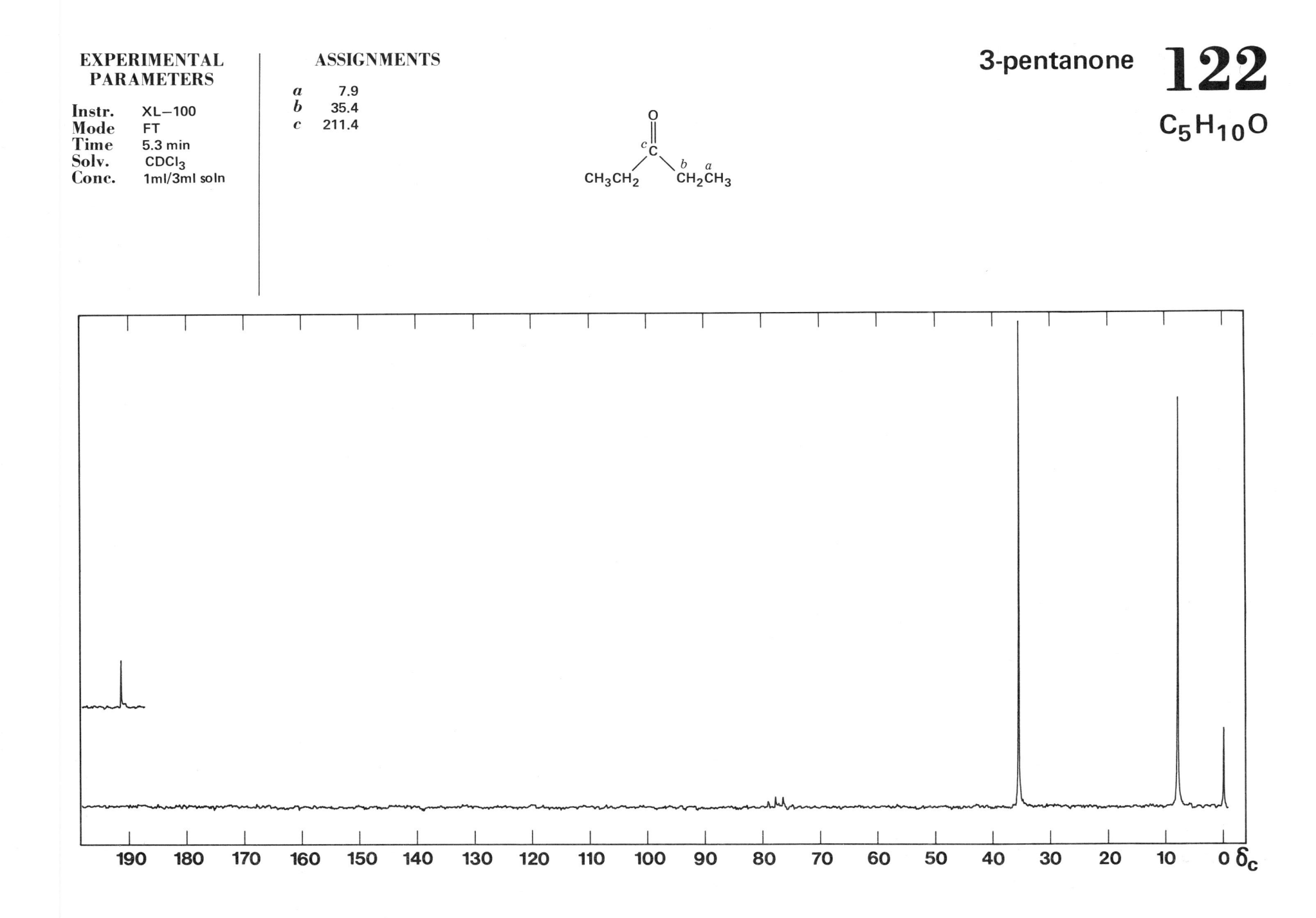

Structure: CH$_3$CH$_2$—^{c}C(=O)—^{b}CH$_2$^{a}CH$_3$

123 α-methyltetrahydrofuran

$C_5H_{10}O$

EXPERIMENTAL PARAMETERS

Instr. HA-100
Mode CW
Time 15 min
Solv. Dioxane
Conc. .5ml/1ml soln

ASSIGNMENTS

a 21.0
b 26.2
c 33.5
d 67.2
e 75.0

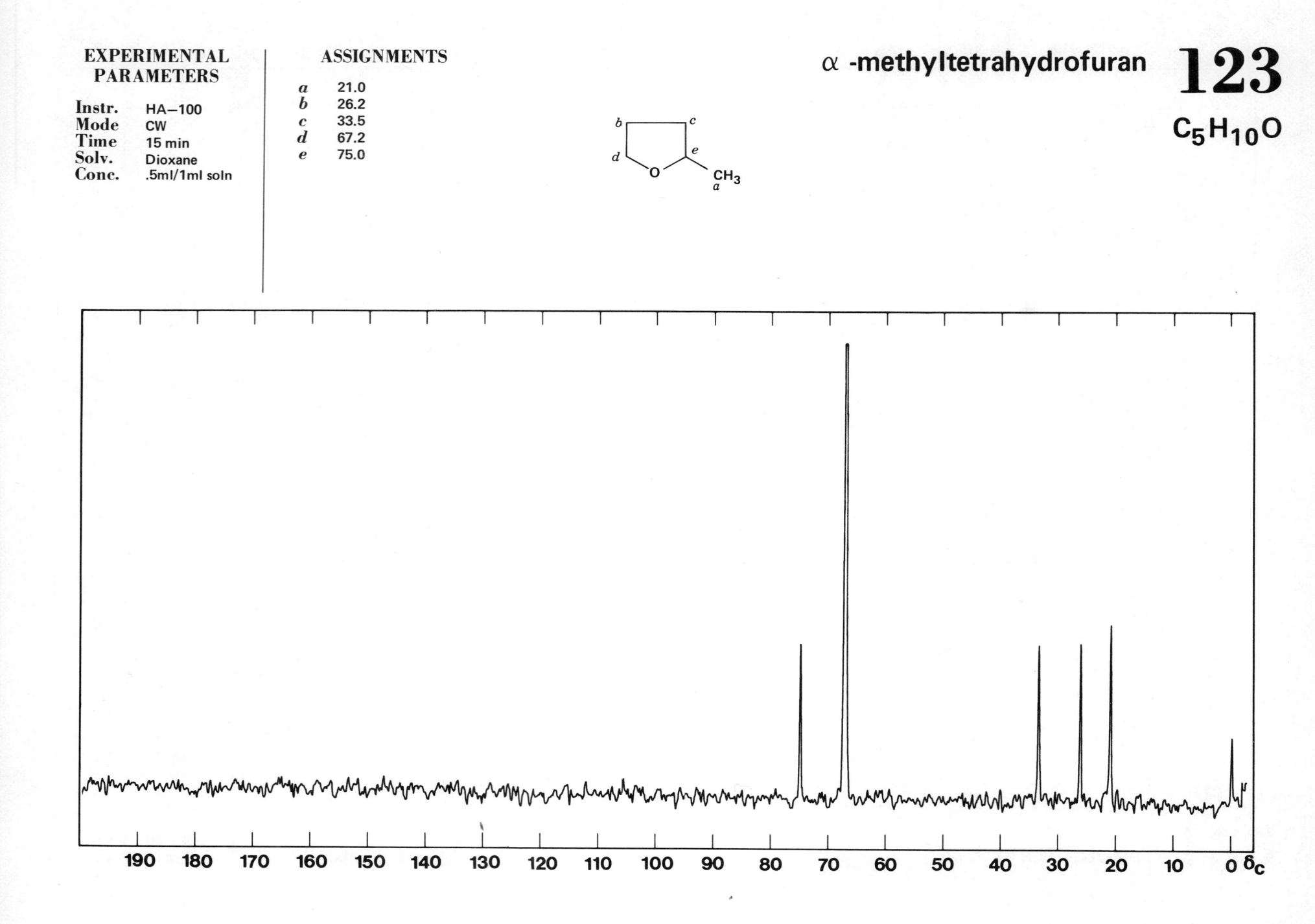

tetrahydropyran 124
$C_5H_{10}O$

EXPERIMENTAL PARAMETERS

Instr. HA–100
Mode CW
Time 15 min
Solv. Dioxane
Conc. .5ml/1ml soln

ASSIGNMENTS

a 24.2
b 27.2
c 68.6

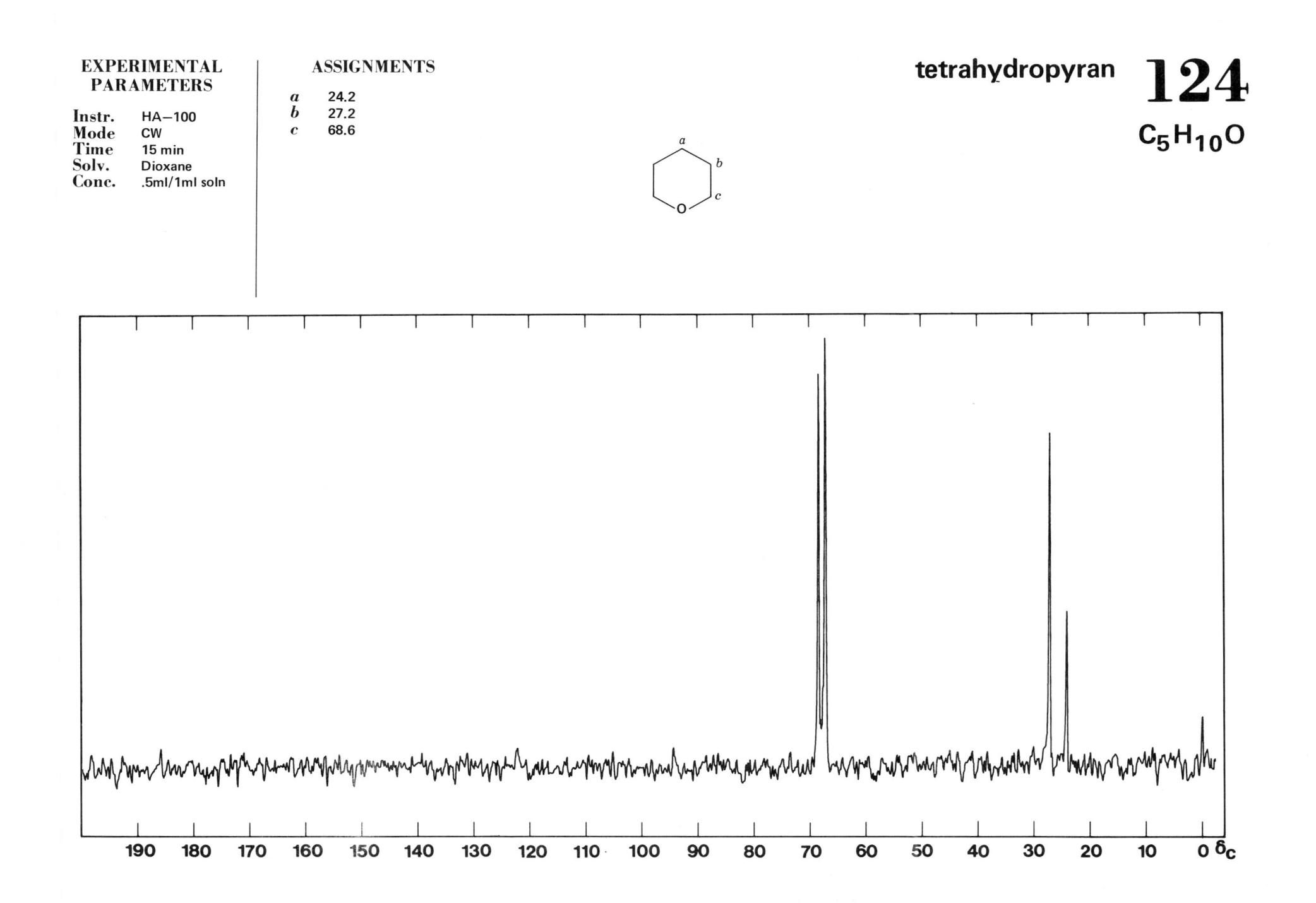

125 β-methyltetrahydrofuran

C$_5$H$_{10}$O

EXPERIMENTAL PARAMETERS

Instr. HA–100
Mode CW
Time 15 min
Solv. Dioxane
Conc. .5ml/1ml soln

ASSIGNMENTS

a 17.9
b 34.0d
c 34.7t
d 67.6
e 74.7

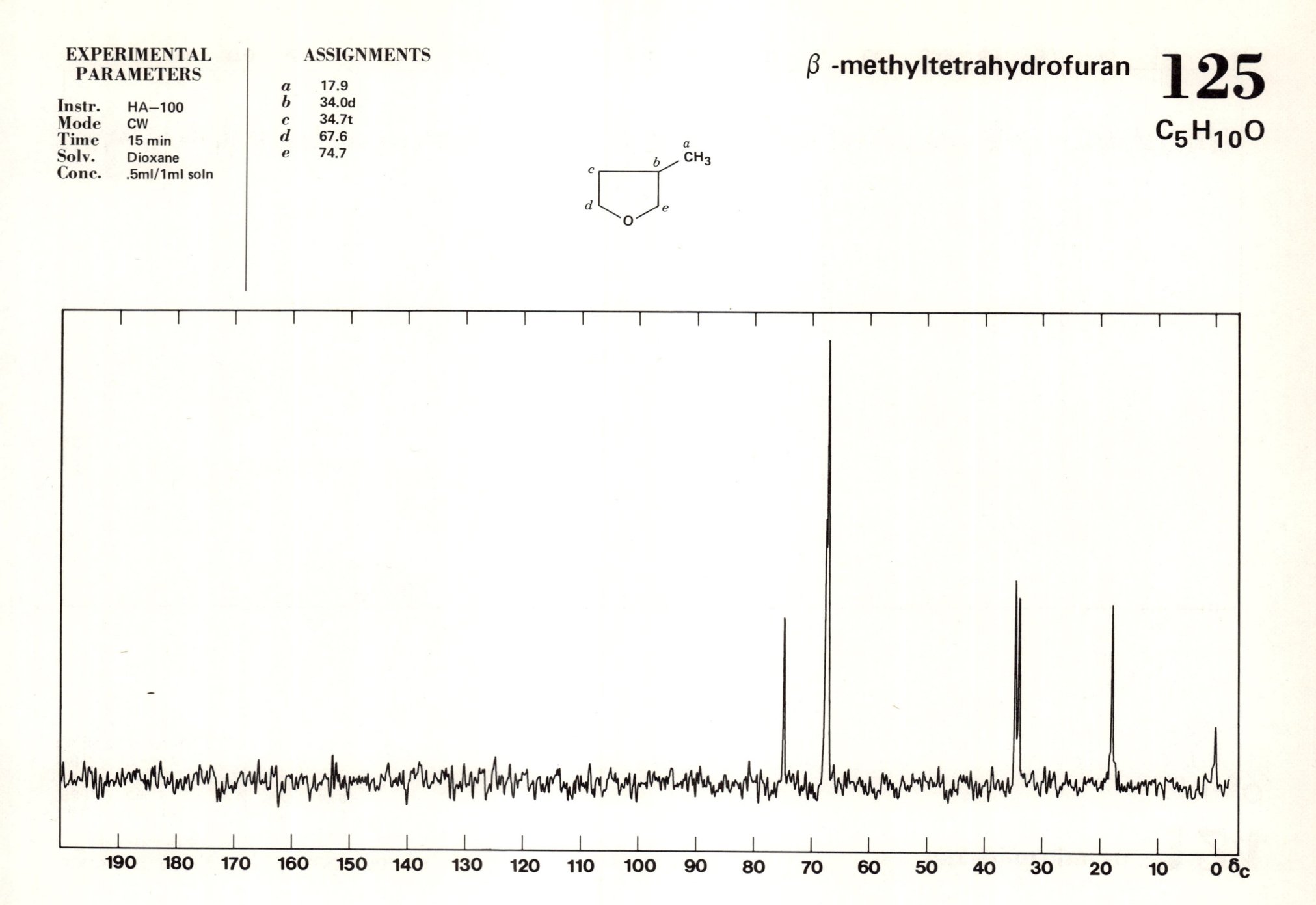

isopropylacetate 126

$C_5H_{10}O_2$

EXPERIMENTAL PARAMETERS

Instr.	HA-100
Mode	CW
Time	15 min
Solv.	Dioxane
Conc.	.5ml/1ml soln

ASSIGNMENTS

a	20.8
b	21.8
c	67.4
d	169.6

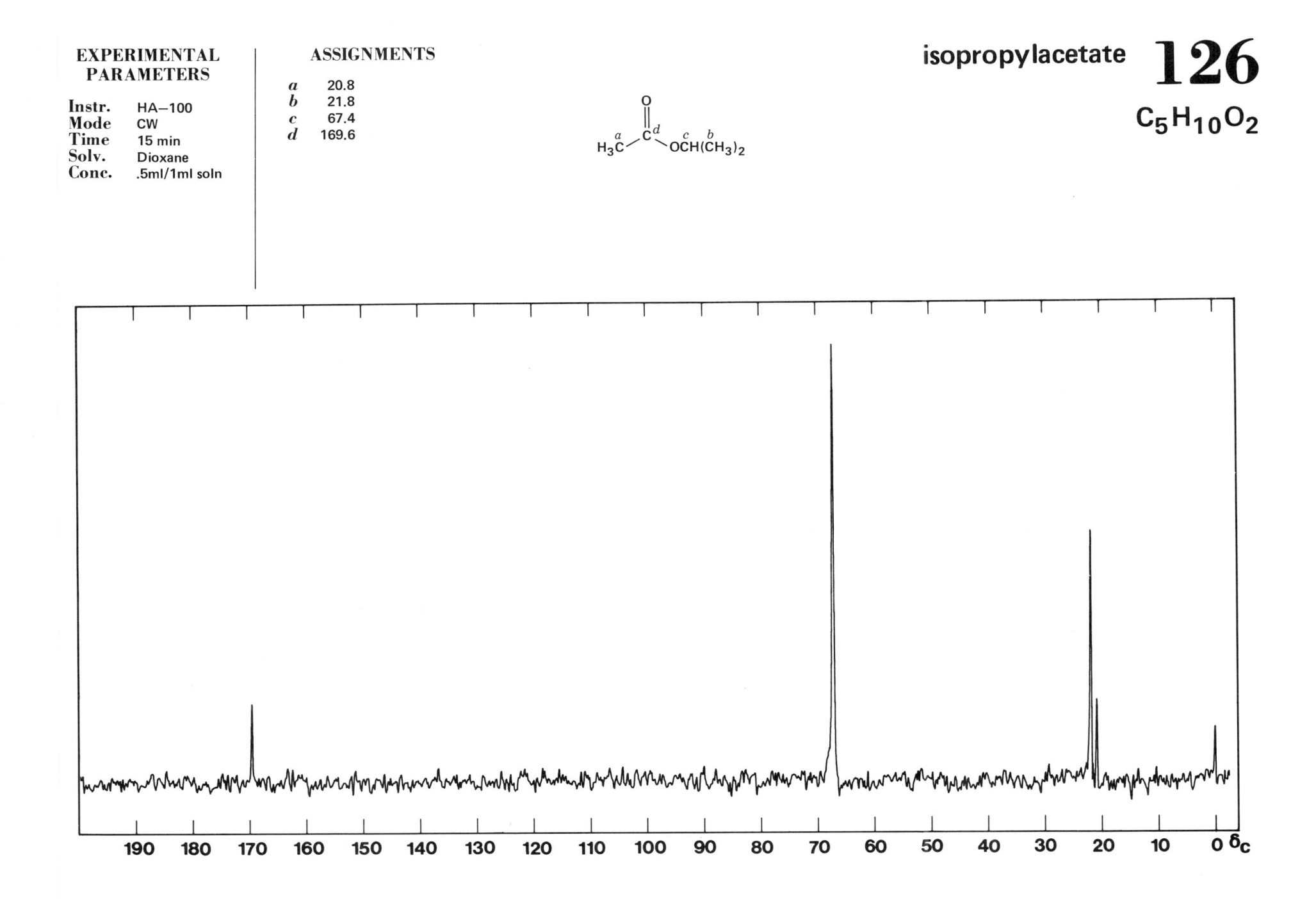

$$\underset{H_3C}{^a}\!-\!\underset{}{\overset{O}{\overset{\|}{C}}}\!{^d}\!-\!\overset{c}{O}\!-\!\overset{b}{CH(CH_3)_2}$$

methoxyethyl thioglycolate 127

$C_5H_{10}O_3S$

EXPERIMENTAL PARAMETERS

Instr. XL-100
Mode FT
Time 5.3 min
Solv. CDCl$_3$
Conc. 1ml/3ml soln

ASSIGNMENTS

a 26.3
b 58.7q
c 64.4
d 70.2
e 170.7

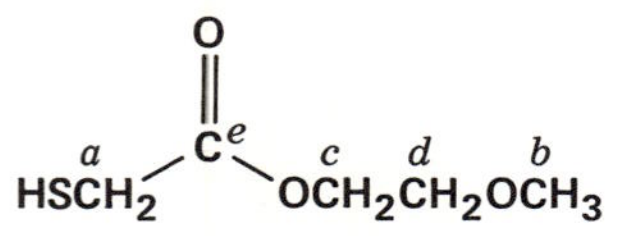

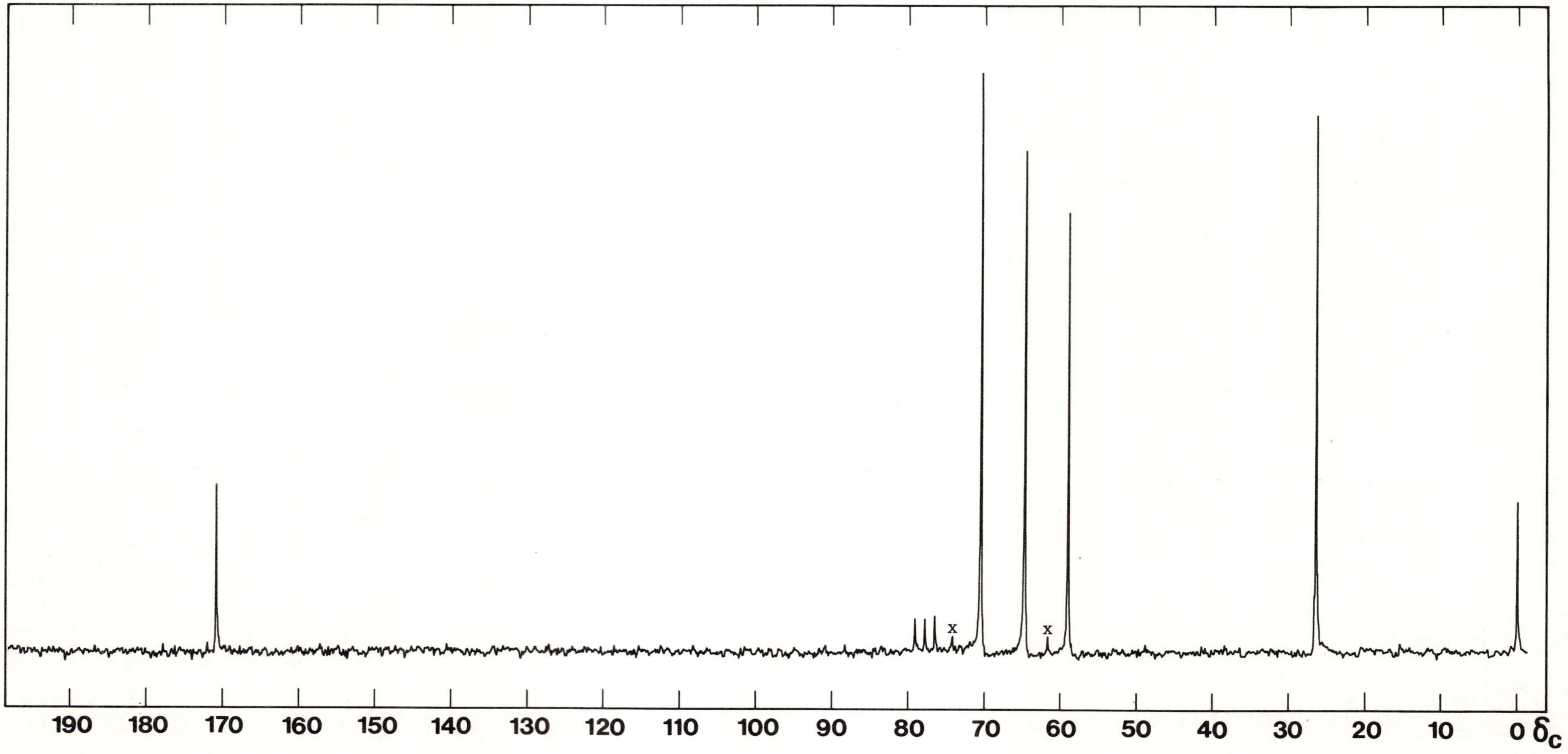

$$\underset{HSCH_2}{\overset{a}{}}\overset{O}{\underset{\|}{C}}\overset{e}{-}\underset{OCH_2CH_2OCH_3}{\overset{c\ \ \ d\ \ \ b}{}}$$

xylose 128
$C_5H_{10}O_5$

EXPERIMENTAL PARAMETERS

Instr.	XL-100
Mode	FT
Time	5.3 min
Solv.	water
Conc.	1g/2ml solv
	3% Dioxane

ASSIGNMENTS

a	61.8
b	66.0
c	70.0
d	70.2
e	72.3
f	73.6
g *	74.8
h *	76.6
i	93.0
j	97.4

ref 8, 15

1-bromo-3-methylbutane 129

$C_5H_{11}Br$

$\overset{c}{Br}CH_2\overset{d}{CH_2}\overset{b}{CH}(\overset{a}{CH_3})_2$

EXPERIMENTAL PARAMETERS

Instr. XL-100
Mode FT
Time 5.3 min
Solv. CDCl$_3$
Conc. 1ml/3ml soln

ASSIGNMENTS

a 21.8q
b 26.8d
c 31.7t
d 41.7t

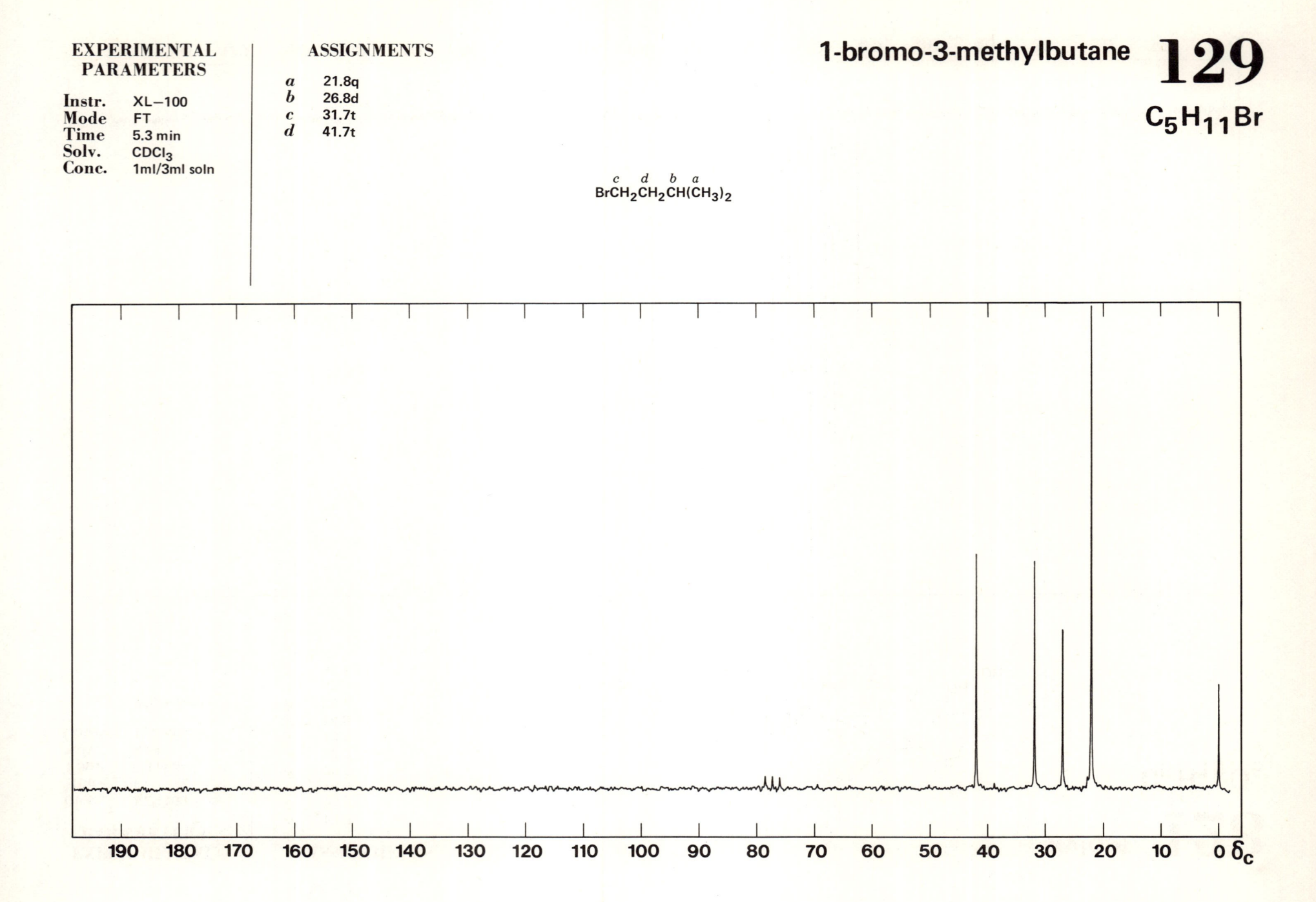

2-chloro-2-methylbutane 130

$C_5H_{11}Cl$

EXPERIMENTAL PARAMETERS

Instr. XL-100
Mode FT
Time 5.3 min
Solv. CDCl$_3$
Conc. 1ml/3ml solv

ASSIGNMENTS

a 9.4
b 32.0
c 38.8
d 71.1

$$\underset{a}{CH_3}\underset{c}{CH_2}\underset{d}{C}(\underset{b}{CH_3})_2-Cl$$

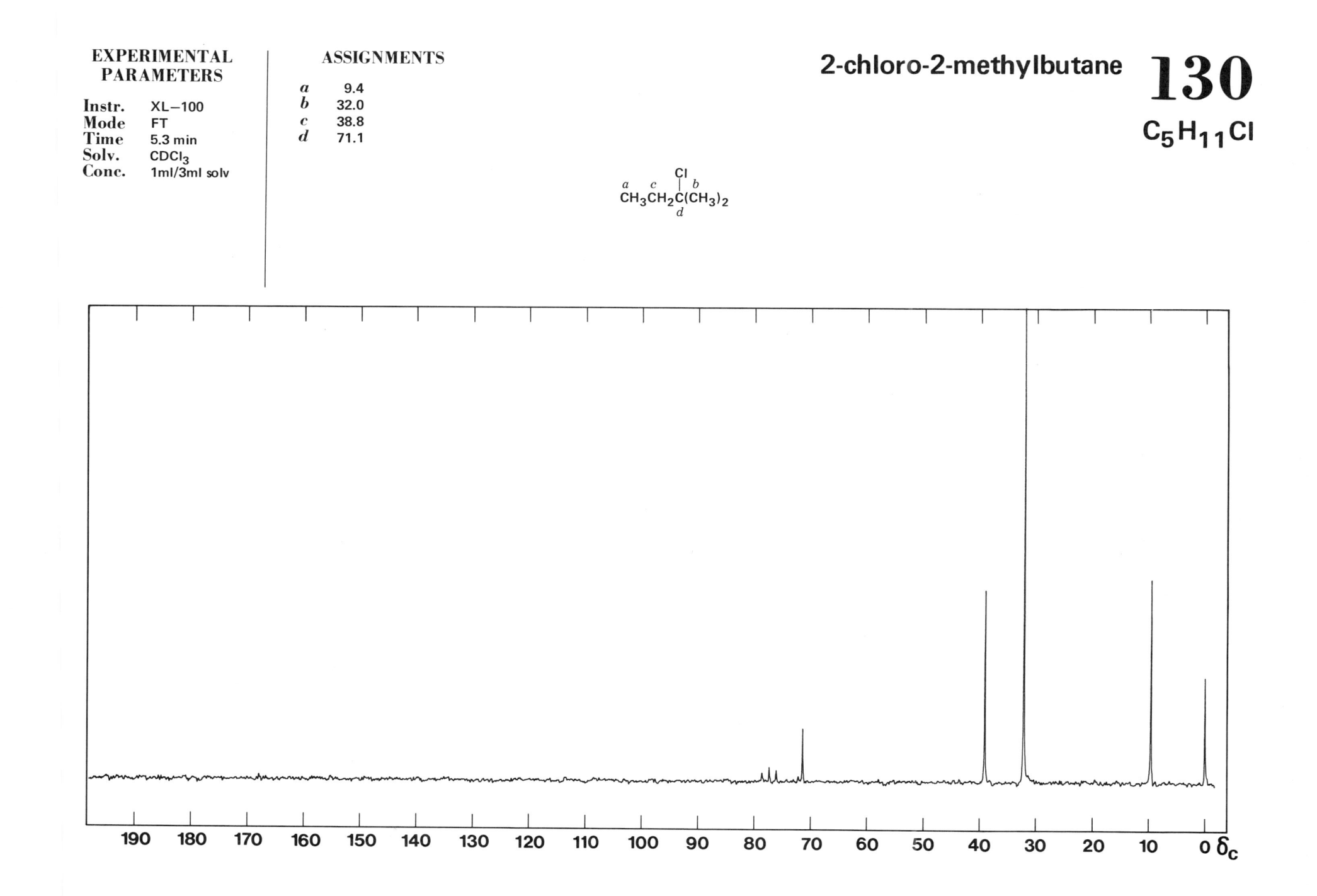

131 1-chloro-3-methylbutane

$C_5H_{11}Cl$

EXPERIMENTAL PARAMETERS

Instr. XL–100
Mode FT
Time 5.3 min
Solv. $CDCl_3$
Conc. 1ml/3ml soln

ASSIGNMENTS

a 22.0q
b 25.7d
c 41.6t
d 43.1t

$$\overset{d}{C}lCH_2\overset{c}{C}H_2\overset{b}{C}H\overset{a}{(CH_3)_2}$$

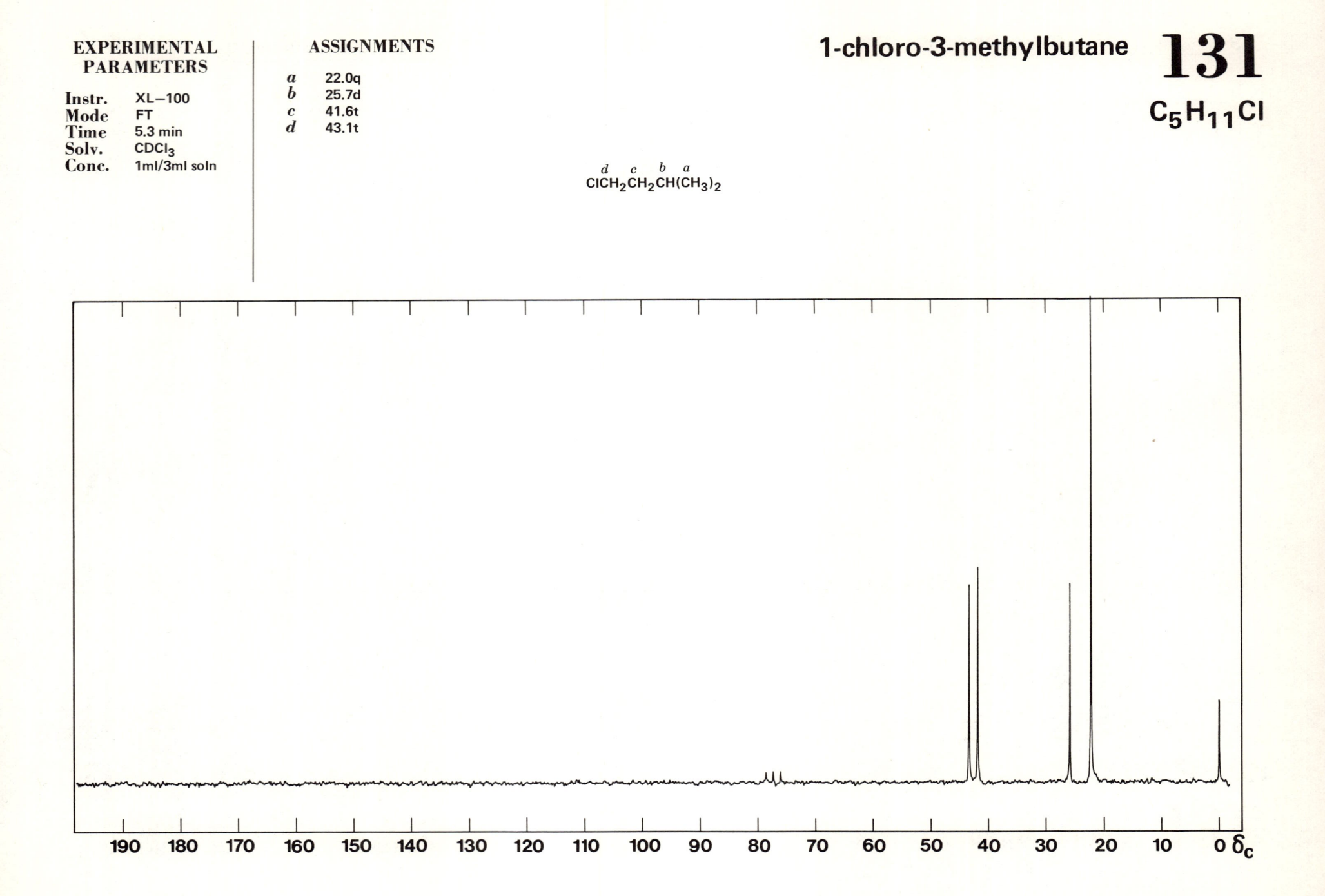

1-chloropentane 132

$C_5H_{11}Cl$

EXPERIMENTAL PARAMETERS

Instr. XL-100
Mode FT
Time 5.3 min
Solv. CDCl$_3$
Conc. 1ml/3ml solv

ASSIGNMENTS

a 13.9
b 22.1
c 29.2
d 32.5
e 44.9

$$\overset{e}{ClCH_2}\overset{c}{CH_2}\overset{d}{CH_2}\overset{b}{CH_2}\overset{a}{CH_3}$$

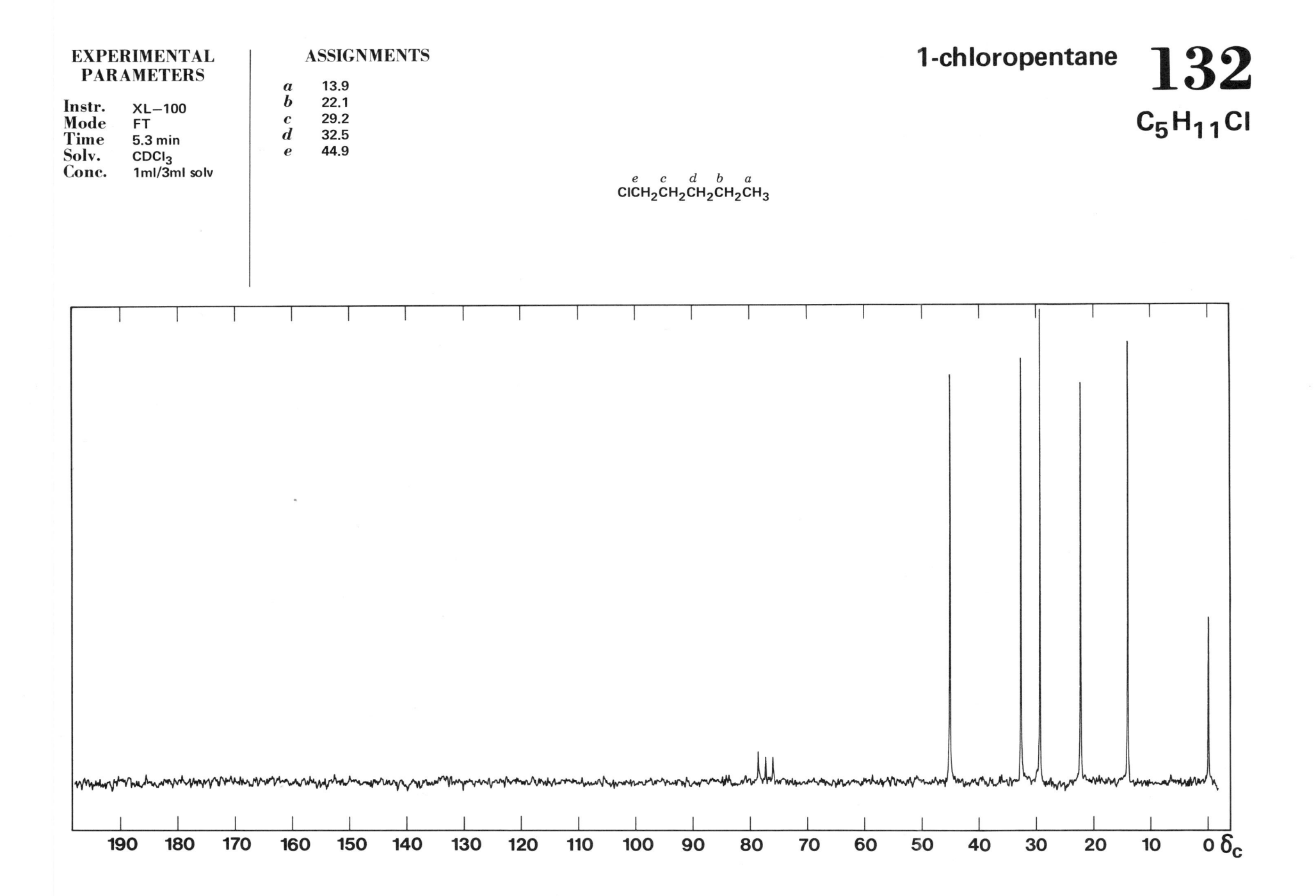

piperidine 133

$C_5H_{11}N$

EXPERIMENTAL PARAMETERS

Instr. HA-100
Mode CW
Time 15 min
Solv. Dioxane
Conc. .5ml/1ml soln

ASSIGNMENTS

a 25.9
b 27.8
c 47.9

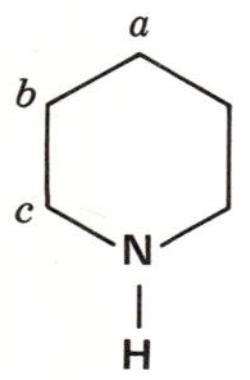

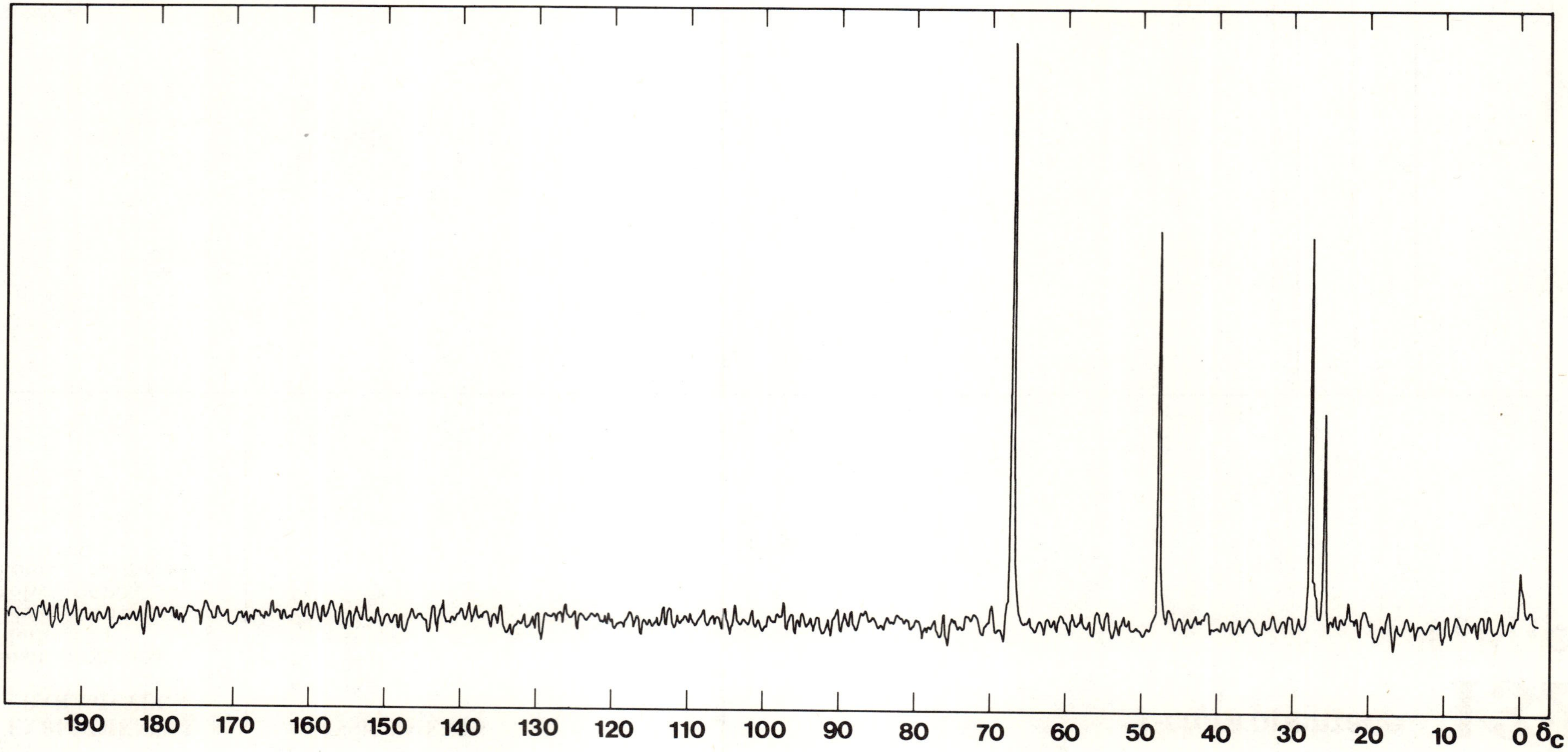

betaine hydrochloride 134

$C_5H_{11}NO_2 \cdot HCl$

EXPERIMENTAL PARAMETERS

Instr. XL-100
Mode FT
Time 5.3 min
Solv. water
Conc. .5g/2.5ml solv

ASSIGNMENTS

a 54.8
b 64.6
c 167.6

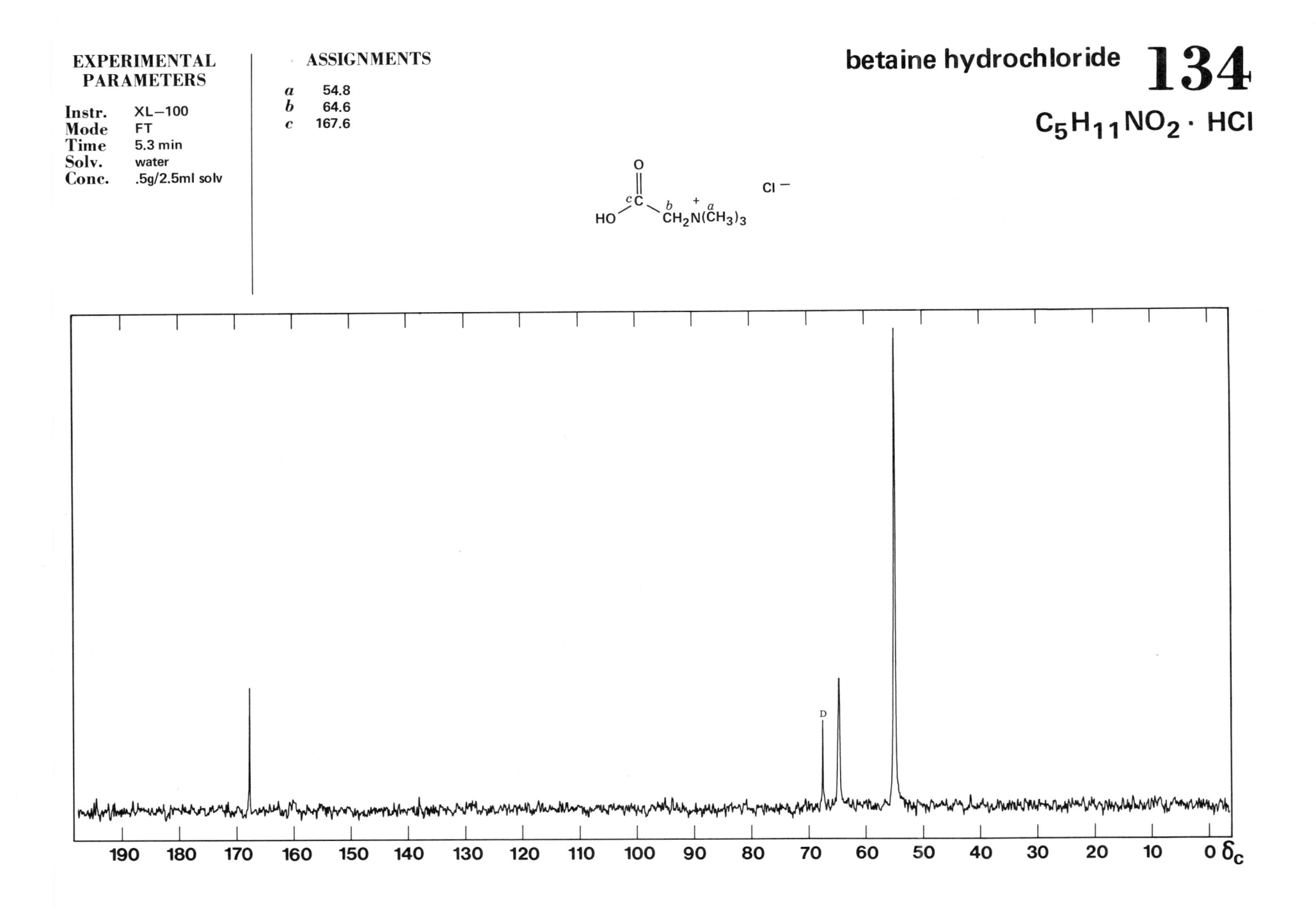

$$HO-\overset{O}{\underset{}{C}}{}^c-\overset{b}{CH_2}\overset{+}{N}(CH_3)_3{}^a \quad Cl^-$$

methionine 135

$C_5H_{11}NO_2S$

Structure:
$$HO-\underset{O}{\overset{\|}{C}}^e-\underset{NH_2}{\overset{d}{C}H}\overset{b}{C}H_2\overset{c}{C}H_2\overset{a}{S}CH_3$$

EXPERIMENTAL PARAMETERS

Instr. XL-100
Mode FT
Time 5.3 min
Solv. water (basic)
Conc. .5g/2ml solv

ASSIGNMENTS

a 15.0
b * 30.6
c * 34.6
d 56.1
e 182.7

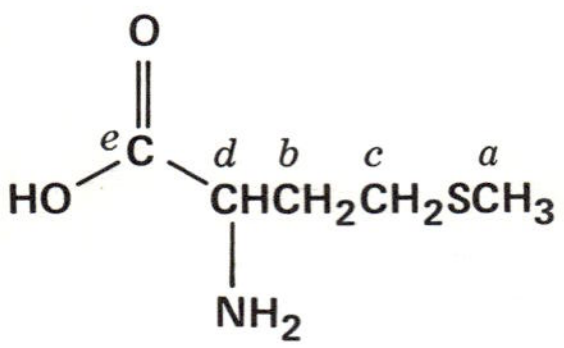

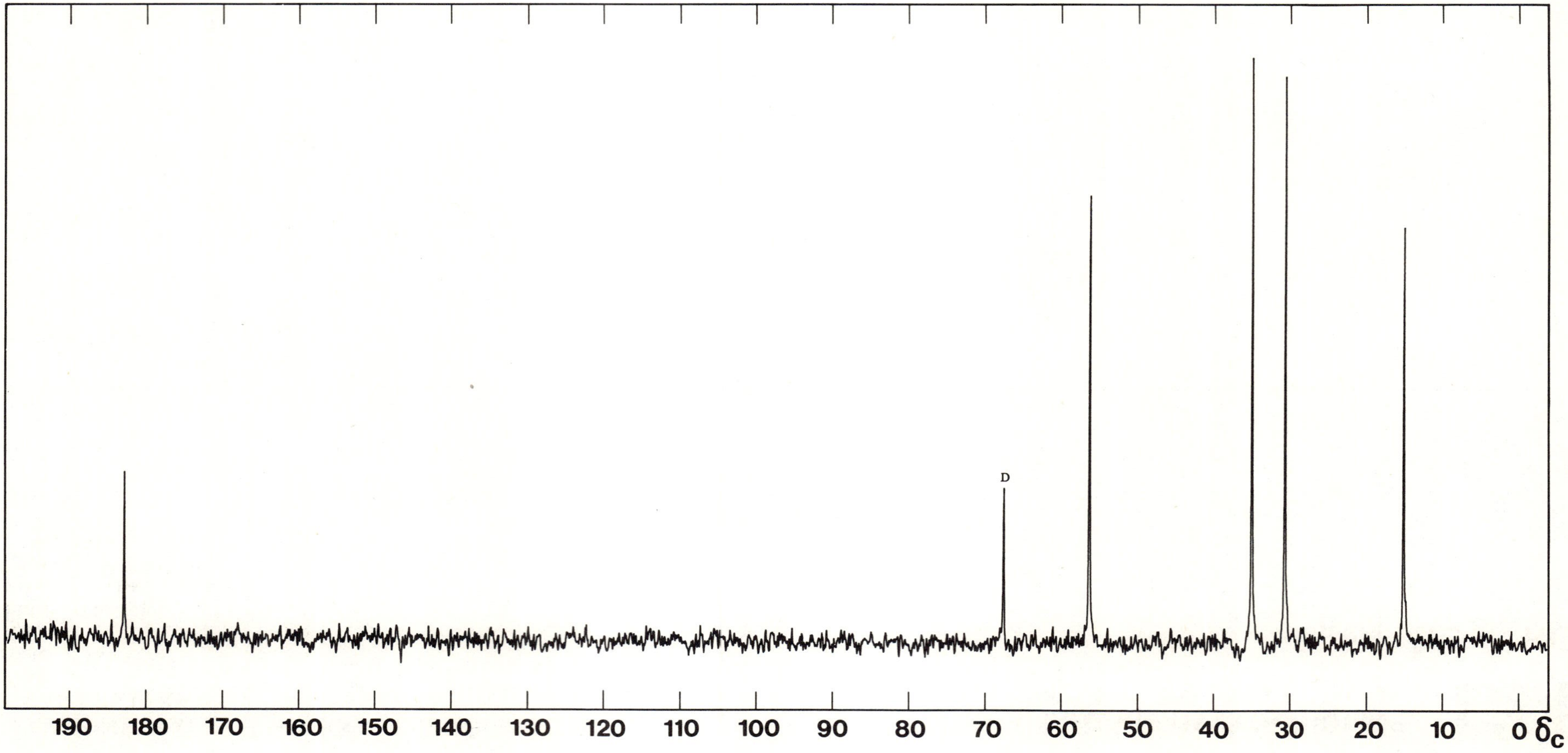

trimethylvinylammonium bromide 136

$C_5H_{12}BrN$

EXPERIMENTAL PARAMETERS

Instr. XL–100
Mode FT
Time 5.3 min
Solv. water
Conc. 1g/3ml soln

ASSIGNMENTS

a 55.3
b 112.7
c 143.1

$H_2C \overset{b}{=} \overset{c}{C} \overset{H}{\underset{\overset{+}{N}(CH_3)_3{}^a}{}}$ Br^-

$J_{NCH} = 4.6\,Hz$
$J_{NCH_3} = 3.7\,Hz$

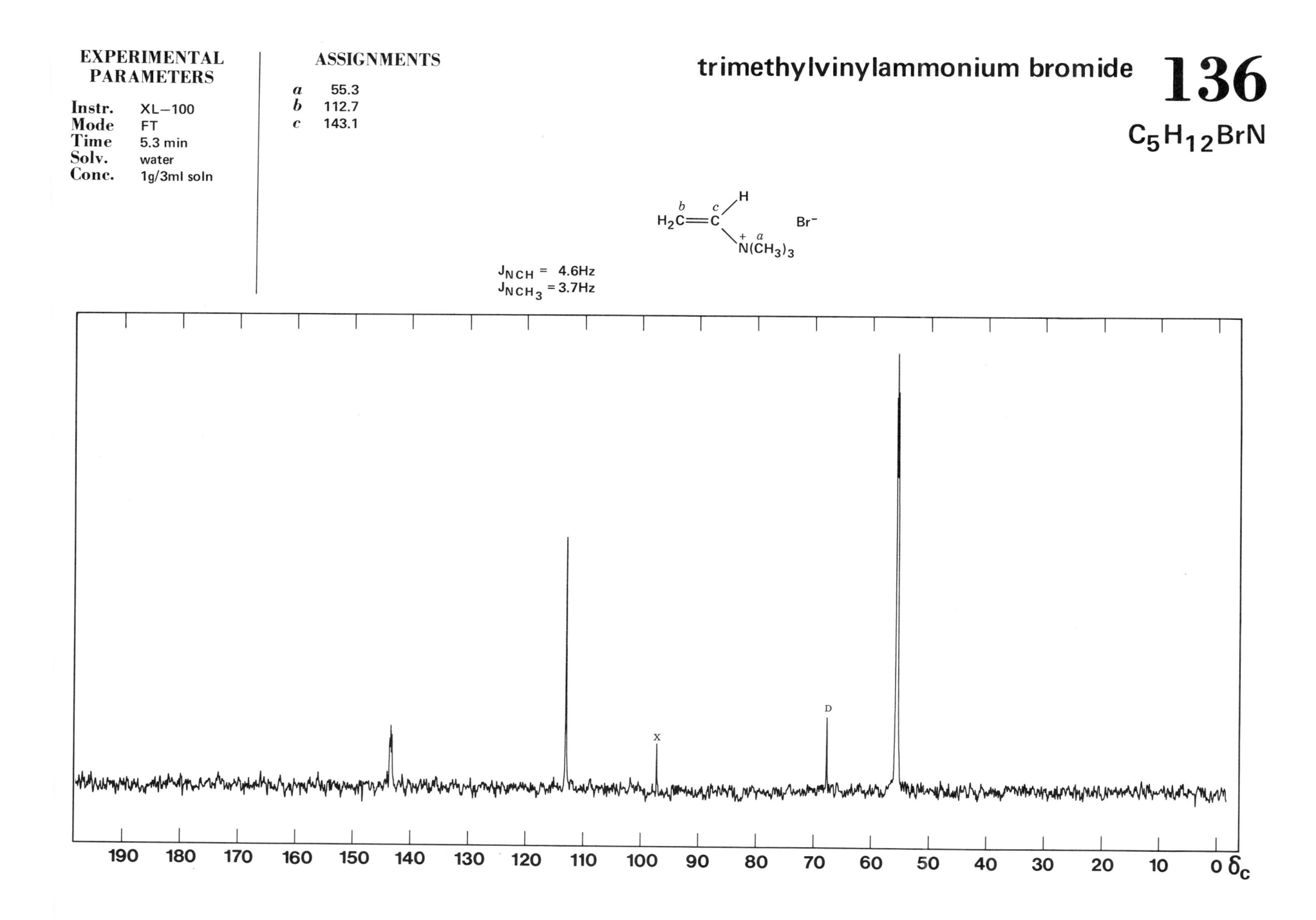

tetramethylurea 137
$C_5H_{12}N_2O$

EXPERIMENTAL PARAMETERS

Instr. XL-100
Mode FT
Time 5.3 min
Solv. CDCl$_3$
Conc. 1ml/2ml solv

ASSIGNMENTS

a 38.5
b 165.4

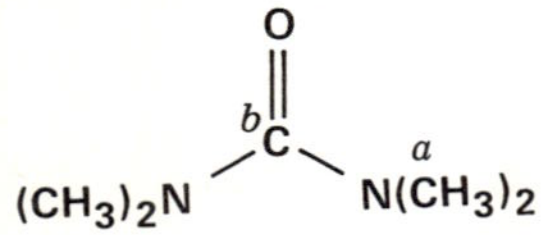

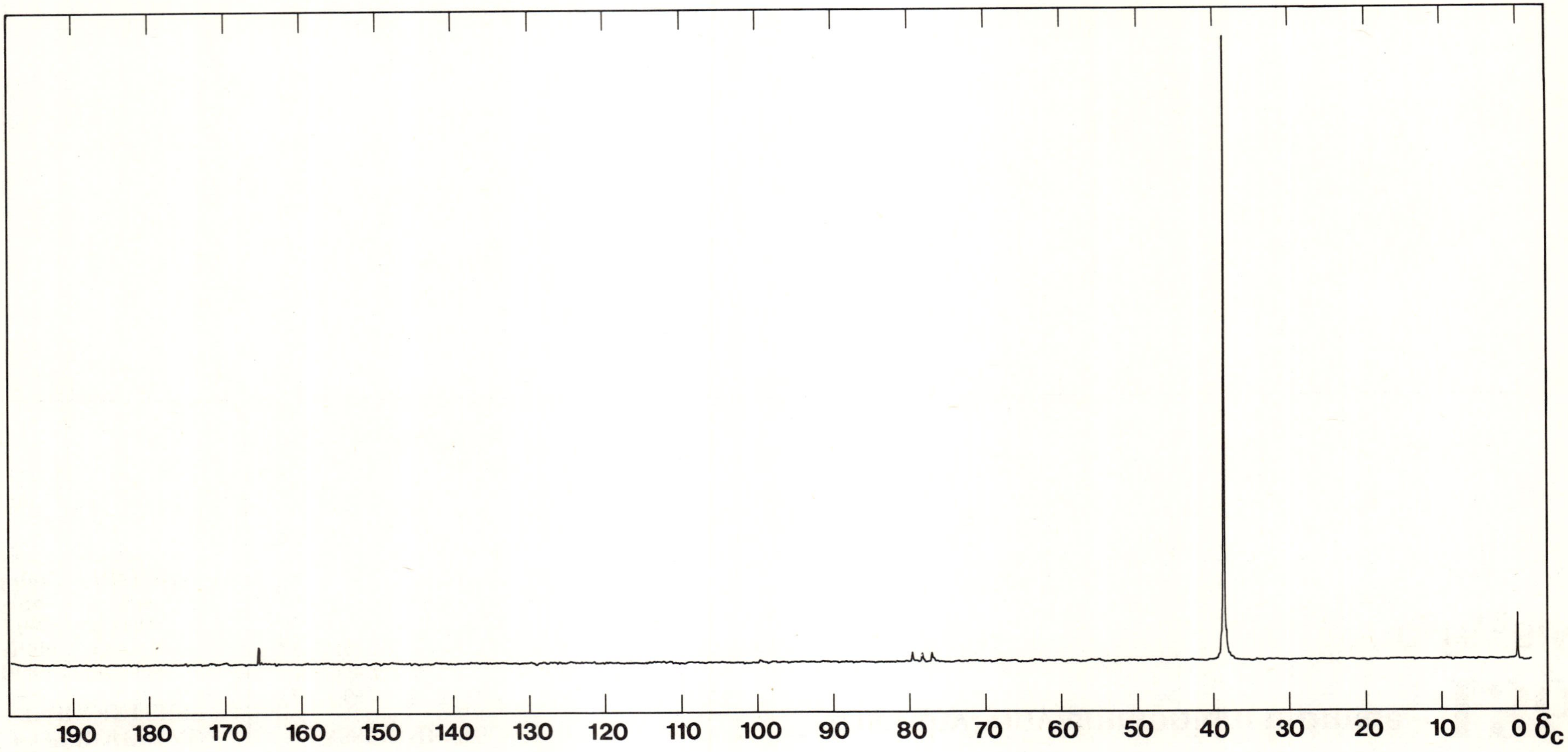

$(CH_3)_2N-\overset{\overset{O}{\|}}{\underset{b}{C}}-N(CH_3)_2$

tetramethylthiourea 138

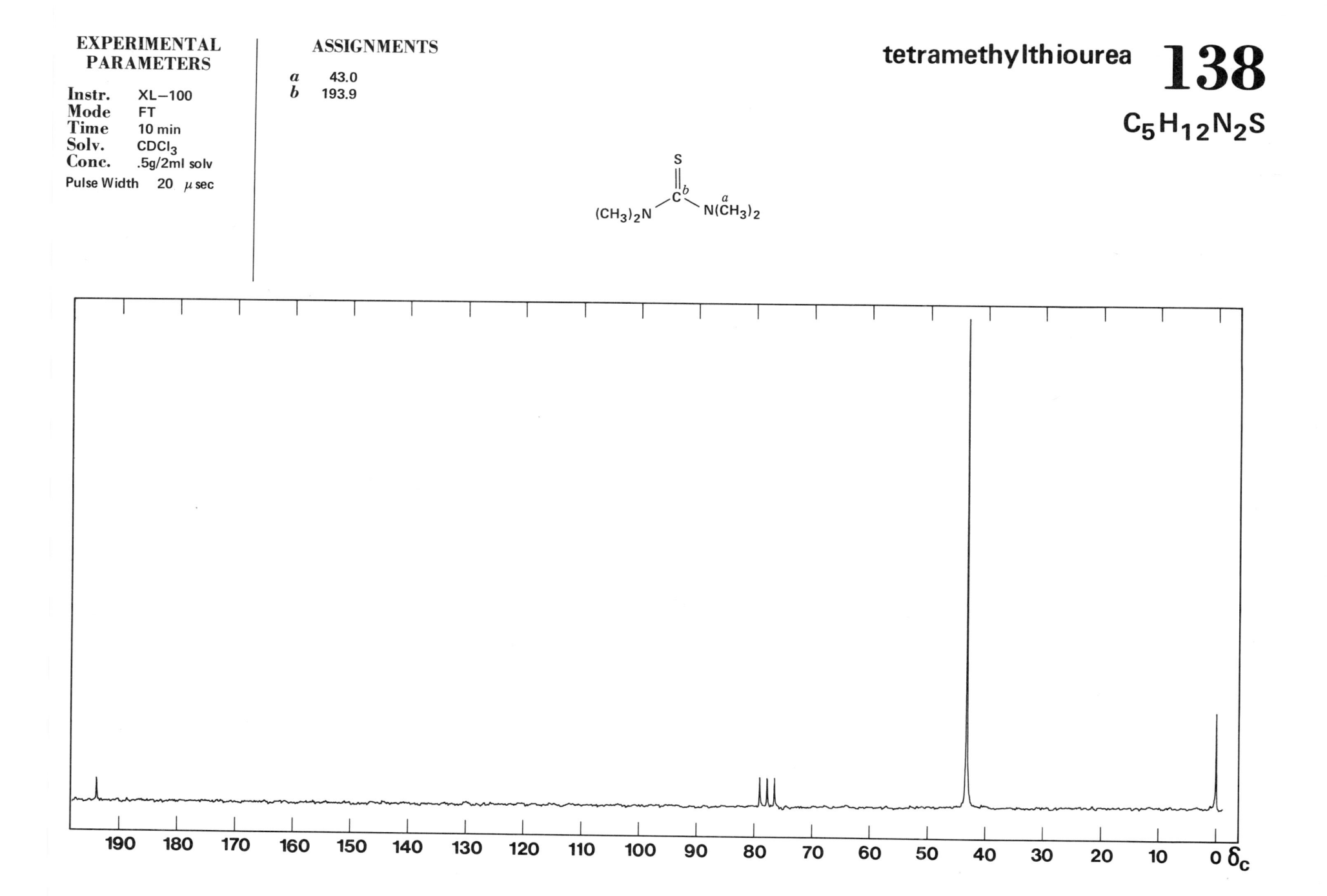

$C_5H_{12}N_2S$

EXPERIMENTAL PARAMETERS

Instr. XL-100
Mode FT
Time 10 min
Solv. CDCl$_3$
Conc. .5g/2ml solv
Pulse Width 20 μsec

ASSIGNMENTS

a 43.0
b 193.9

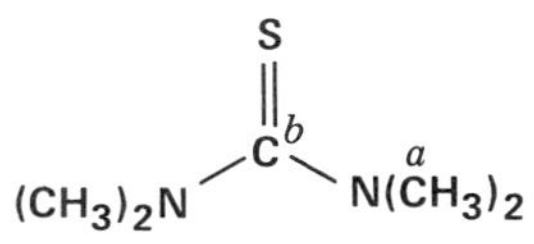

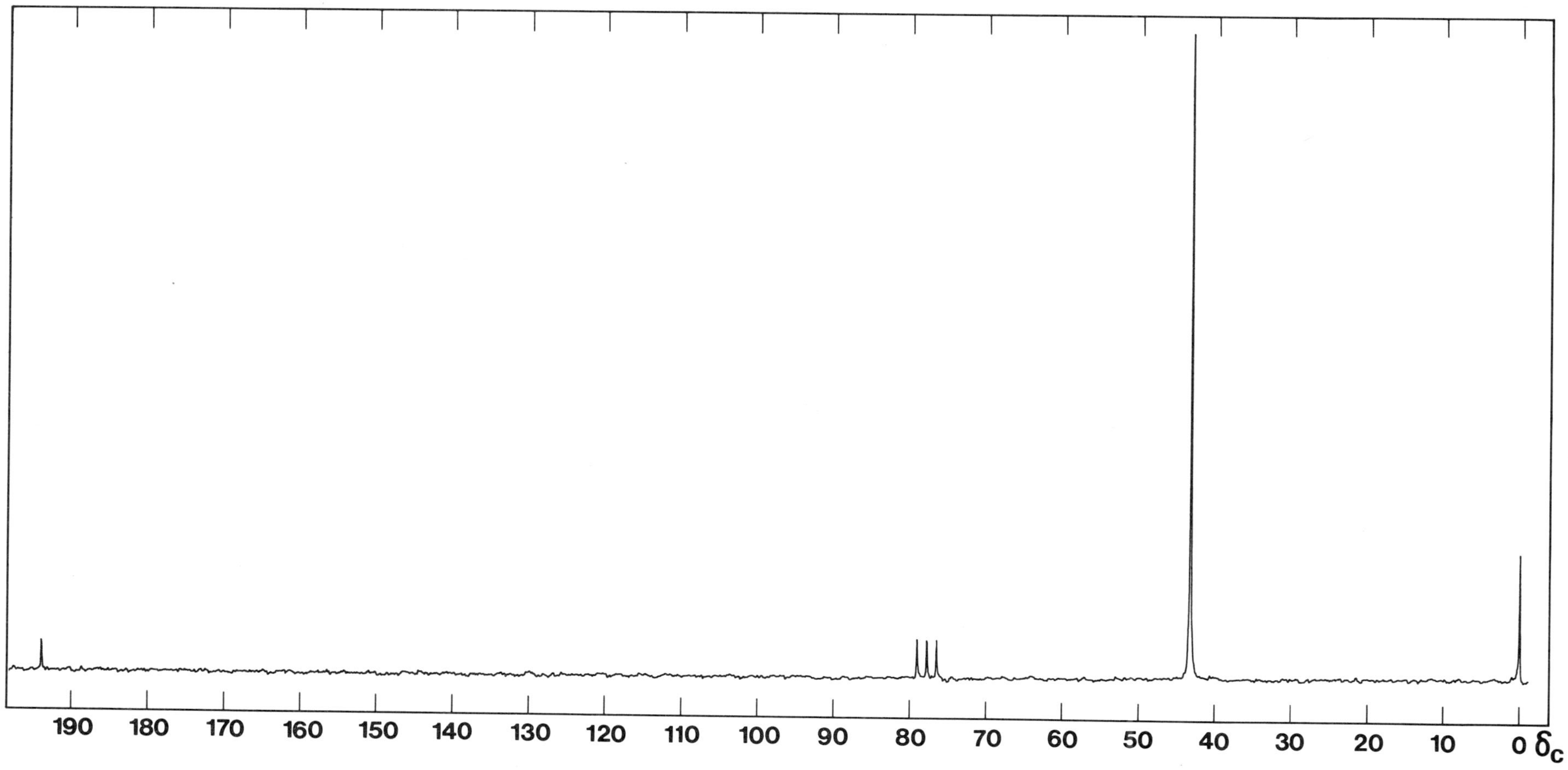

isopentyl alcohol 139

$C_5H_{12}O$

EXPERIMENTAL PARAMETERS

Instr. XL-100
Mode FT
Time 5.3 min
Solv. CDCl$_3$
Conc. 1ml/3ml soln

ASSIGNMENTS

a 22.6q
b 24.8d
c 41.7t
d 60.7t

$\overset{d}{H O C H_2}\overset{c}{C H_2}\overset{b}{C H}\overset{a}{(C H_3)_2}$

Impurity is 2-methyl-1-butanol.

3-methoxy-1-butanol 140

$C_5H_{12}O_2$

EXPERIMENTAL PARAMETERS

Instr. XL-100
Mode FT
Time 5.3 min
Solv. CDCl$_3$
Conc. 1ml/2ml solv

ASSIGNMENTS

a 18.9
b 39.1
c 55.8q
d 59.6t
e 75.3d

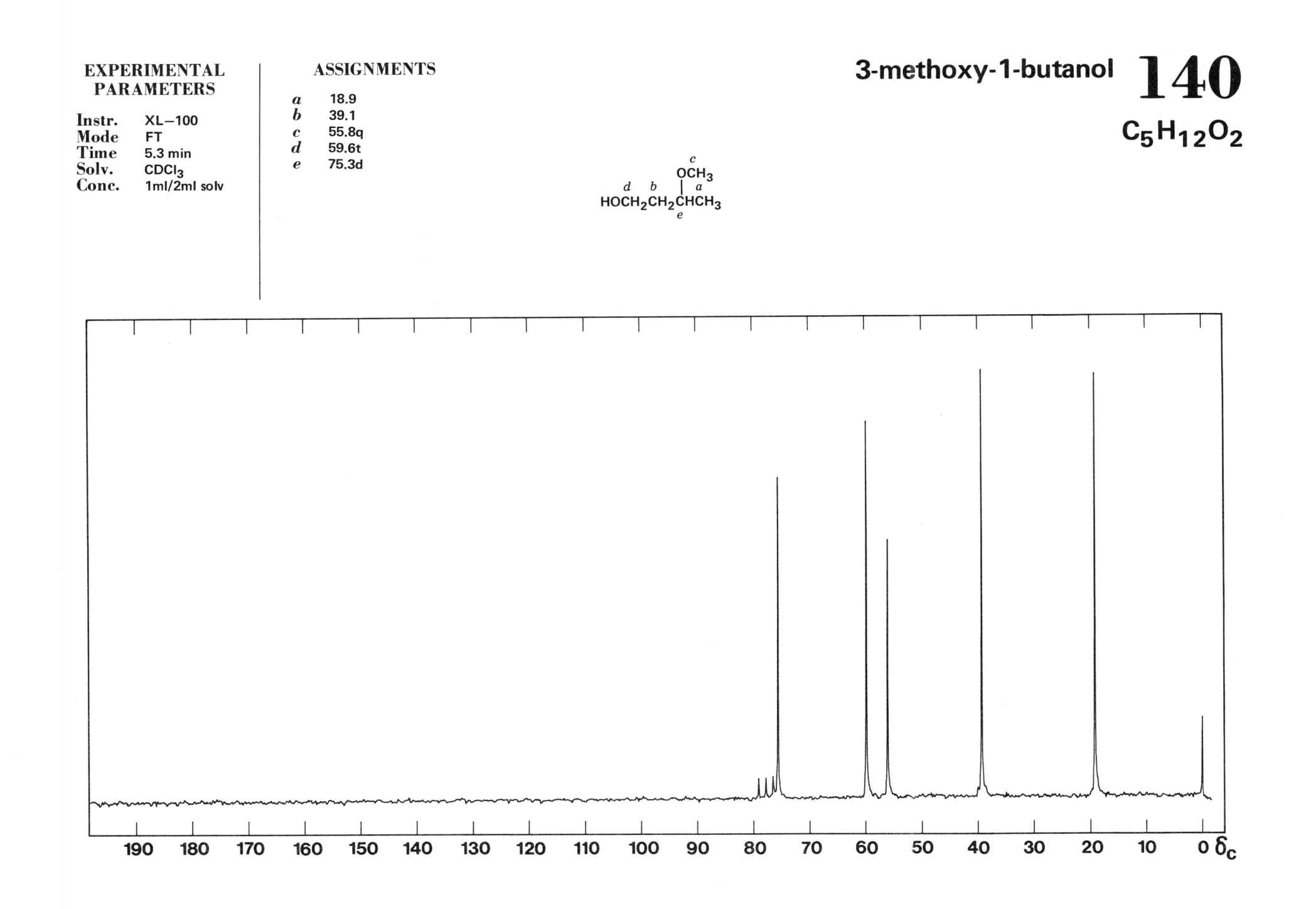

$$\underset{d}{HOCH_2}\underset{b}{CH_2}\underset{e}{\overset{\overset{c}{OCH_3}}{CH}}\underset{a}{CH_3}$$

141 N-methyl-sec-butylamine

C₅H₁₃N

EXPERIMENTAL PARAMETERS

Instr. XL-100
Mode FT
Time 5.3 min
Solv. CDCl₃
Conc. ~1ml/3ml soln

ASSIGNMENTS

a 10.2q
b 19.3q
c 29.3t
d 33.8q
e 56.4d

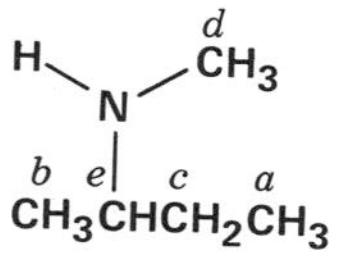

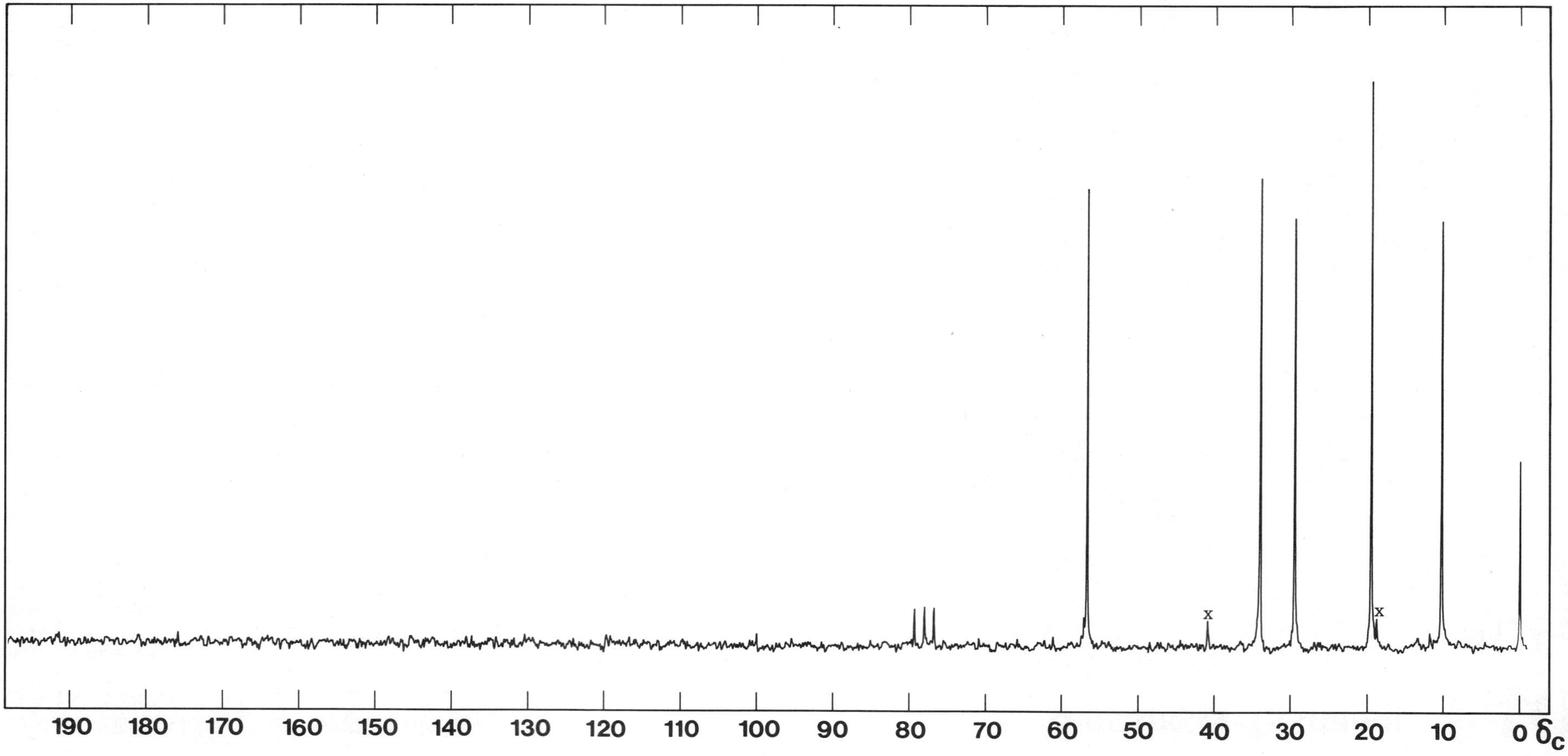

Structure:

H–N(–CH₃ ^{d})–CH(CH₃ ^{b})–CH₂ ^{c}–CH₃ ^{a} (with e = CH)

choline chloride 142

$C_5H_{14}ClNO$

$$\overset{a}{(CH_3)_3}\overset{+c}{N}\overset{b}{CH_2}CH_2OH \quad Cl^-$$

$J_{NCH_2} = 3.0$ Hz
$J_{NCH_3} = 4.1$ Hz

EXPERIMENTAL PARAMETERS

Instr. XL-100
Mode FT
Time 5.3 min
Solv. water
Conc. .5g/2ml solv

ASSIGNMENTS

a 54.8
b 56.6
c 68.3

N,N-dimethyl-1,3-propanediamine

143

$C_5H_{14}N_2$

$$\underset{H_2N}{^b}\underset{CH_2}{^a}\underset{CH_2}{^d}\underset{CH_2}{}\underset{N(CH_3)_2}{^c}$$

EXPERIMENTAL PARAMETERS

Instr.	HA–100
Mode	CW
Time	15 min
Solv.	Dioxane
Conc.	.5ml/1ml soln

ASSIGNMENTS

a	32.2
b	40.8
c	45.4
d	57.8

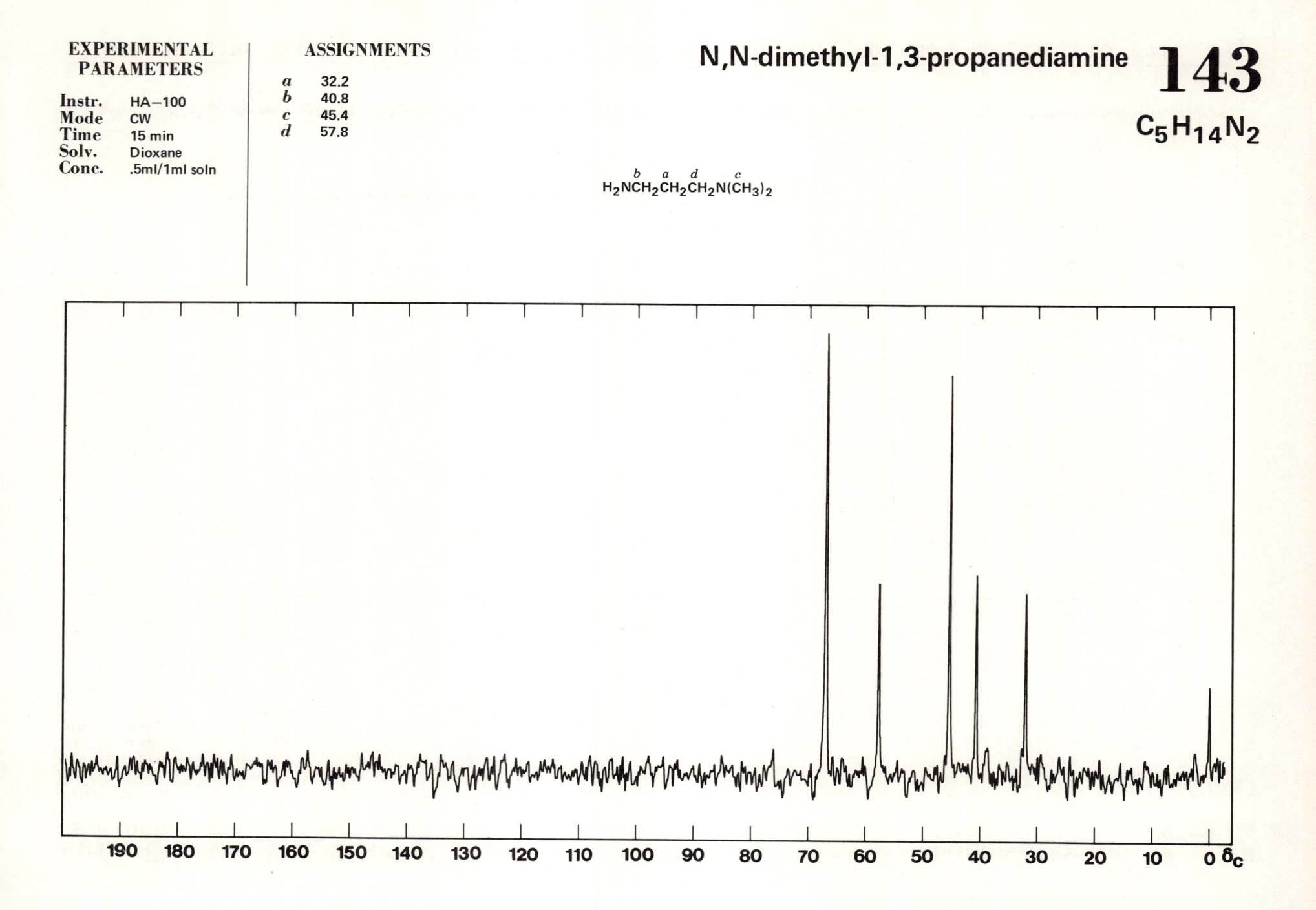

1,5-diaminopentane 144

$C_5H_{14}N_2$

$$NH_2\overset{c}{CH_2}\overset{b}{CH_2}\overset{a}{CH_2}CH_2CH_2NH_2$$

ASSIGNMENTS

a	24.2
b	33.8
c	42.1

EXPERIMENTAL PARAMETERS

Instr. XL-100
Mode FT
Time 5.3 min
Solv. CDCl$_3$
Conc. 1ml/3ml soln

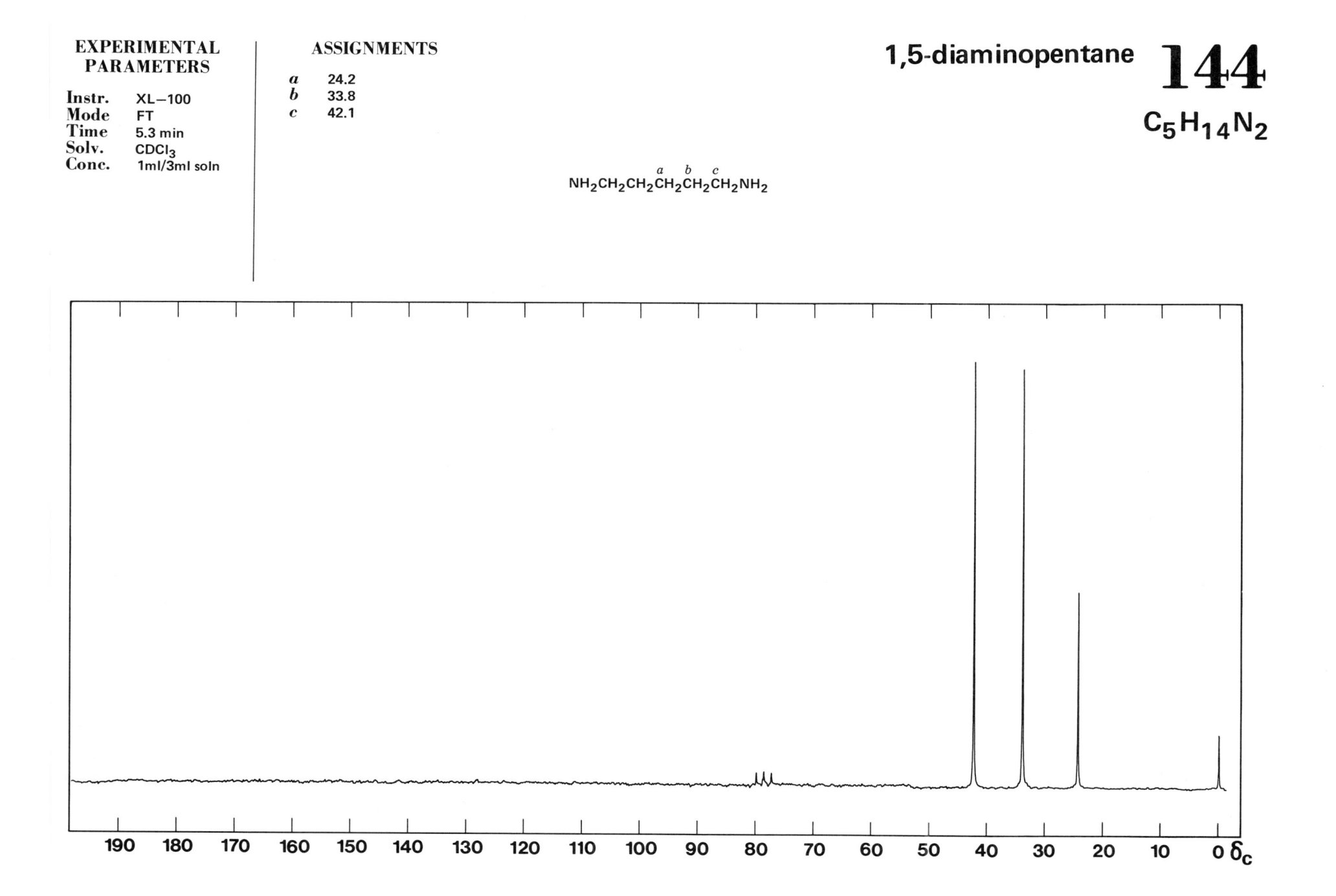

1,3,5-tribromobenzene 145

$C_6H_3Br_3$

EXPERIMENTAL PARAMETERS

Instr. XL–100
Mode FT
Time 5.3 min
Solv. CDCl$_3$
Conc. 750mg/3ml soln

ASSIGNMENTS

a 123.2
b 132.9

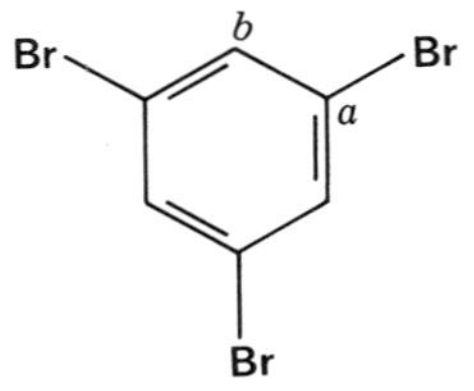

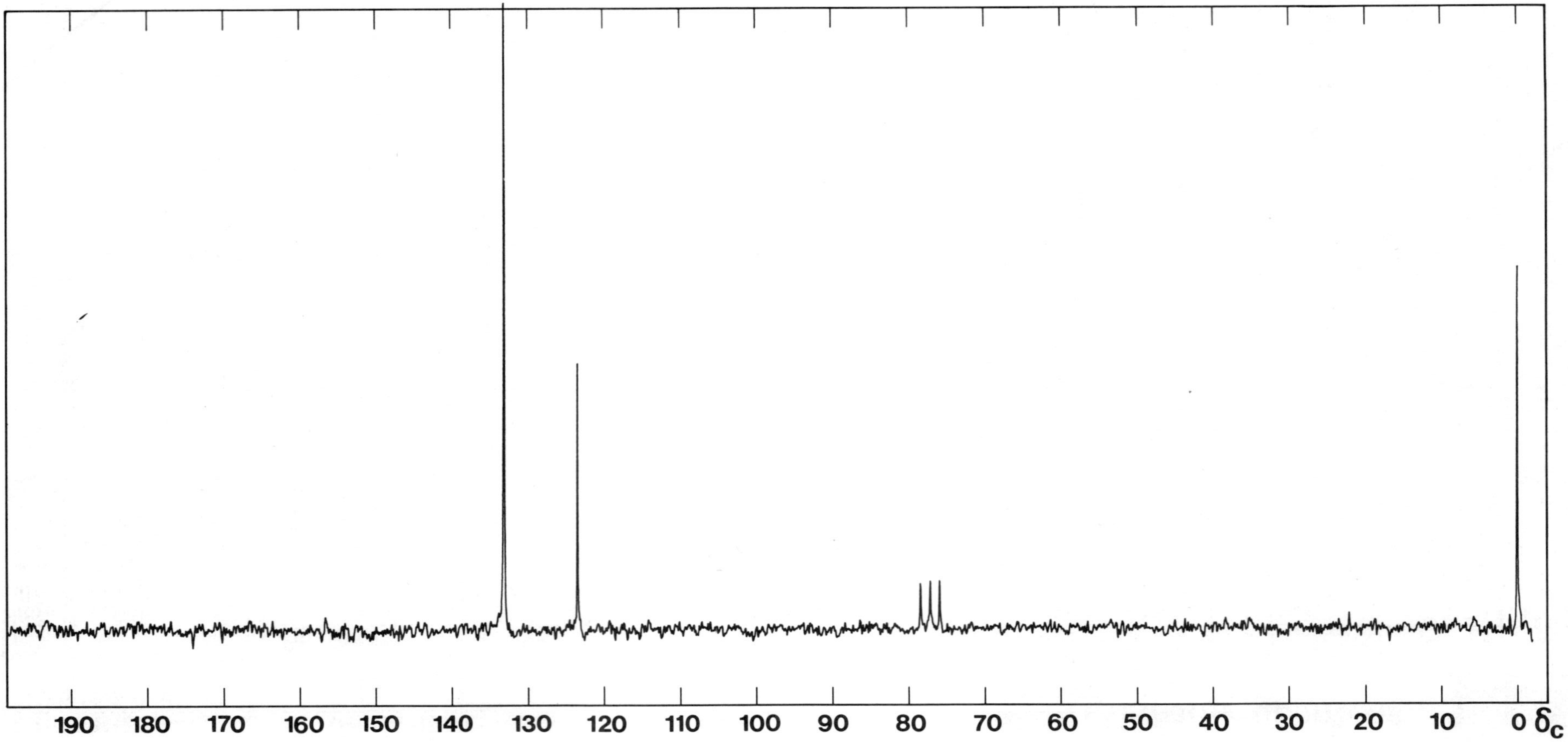

1,2,3-trichlorobenzene 146

$C_6H_3Cl_3$

EXPERIMENTAL PARAMETERS

Instr. XL-100
Mode FT
Time 5.3 min
Solv. CDCl₃
Conc. 1g/2ml solv

ASSIGNMENTS

a 127.5
b 128.6
c 131.6
d 134.3

1-bromo-4-nitrobenzene 147

$C_6H_4BrNO_2$

ASSIGNMENTS

a	124.9
b	129.8
c	132.5
d	147.0

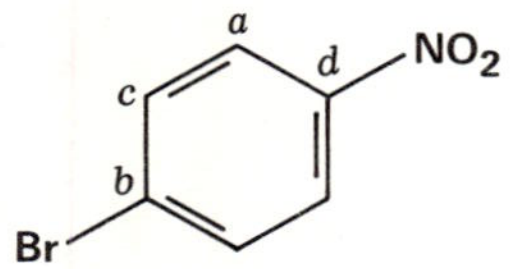

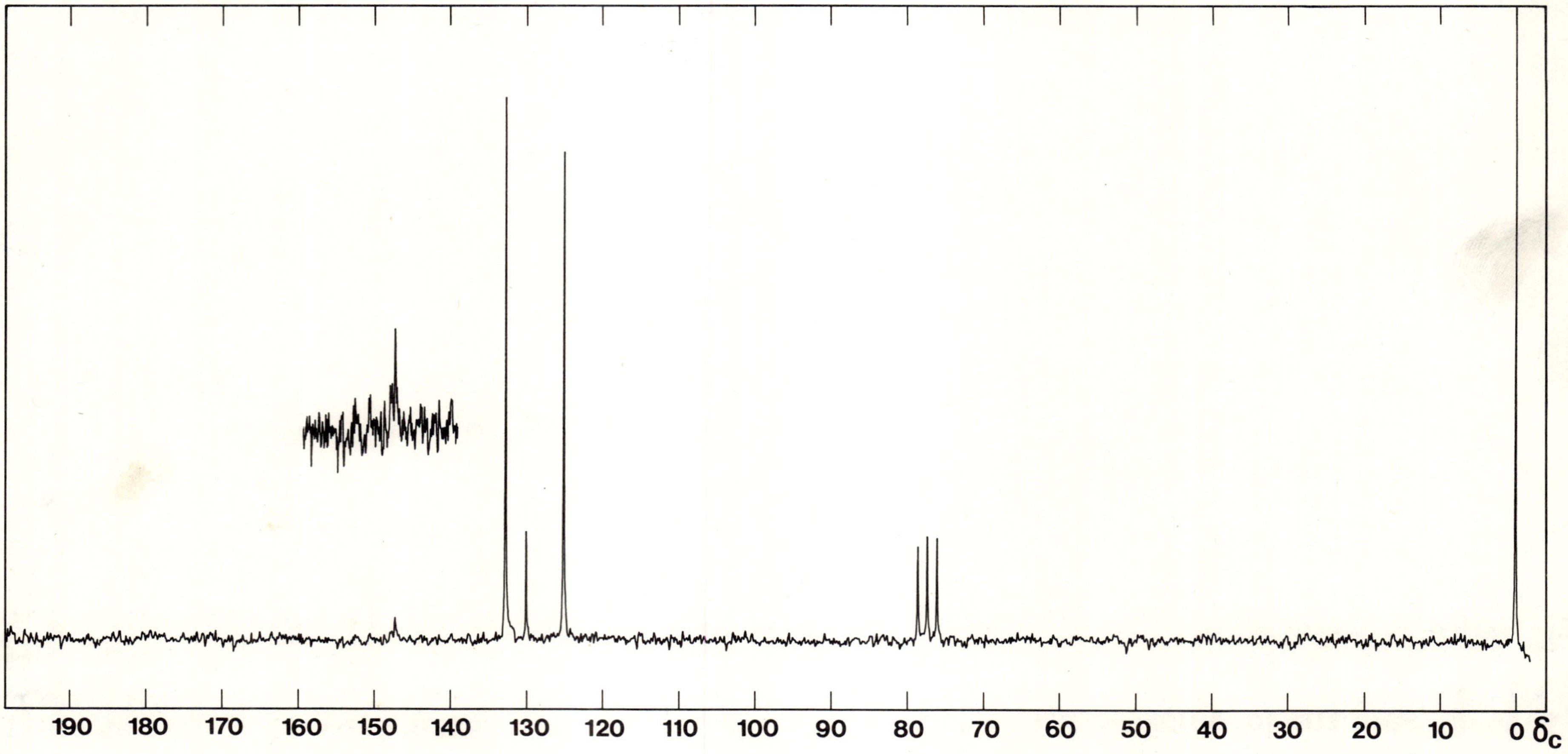

EXPERIMENTAL PARAMETERS

Instr. XL–100
Mode FT
Time 21 min
Solv. CDCl$_3$
Conc. .5g/3ml soln

o-dichlorobenzene 148

$C_6H_4Cl_2$

ASSIGNMENTS

- a 127.7
- b 130.5
- c 132.6

EXPERIMENTAL PARAMETERS

- Instr. XL–100
- Mode FT
- Time 5.3 min
- Solv. CDCl$_3$
- Conc. 1ml/3ml soln

m-dichlorobenzene 149

$C_6H_4Cl_2$

EXPERIMENTAL PARAMETERS

Instr. HA-100
Mode CW
Time 15 min
Solv. Dioxane
Conc. .5ml/1ml soln

ASSIGNMENTS

a 127.0
b 128.9
c 130.6
d 135.1

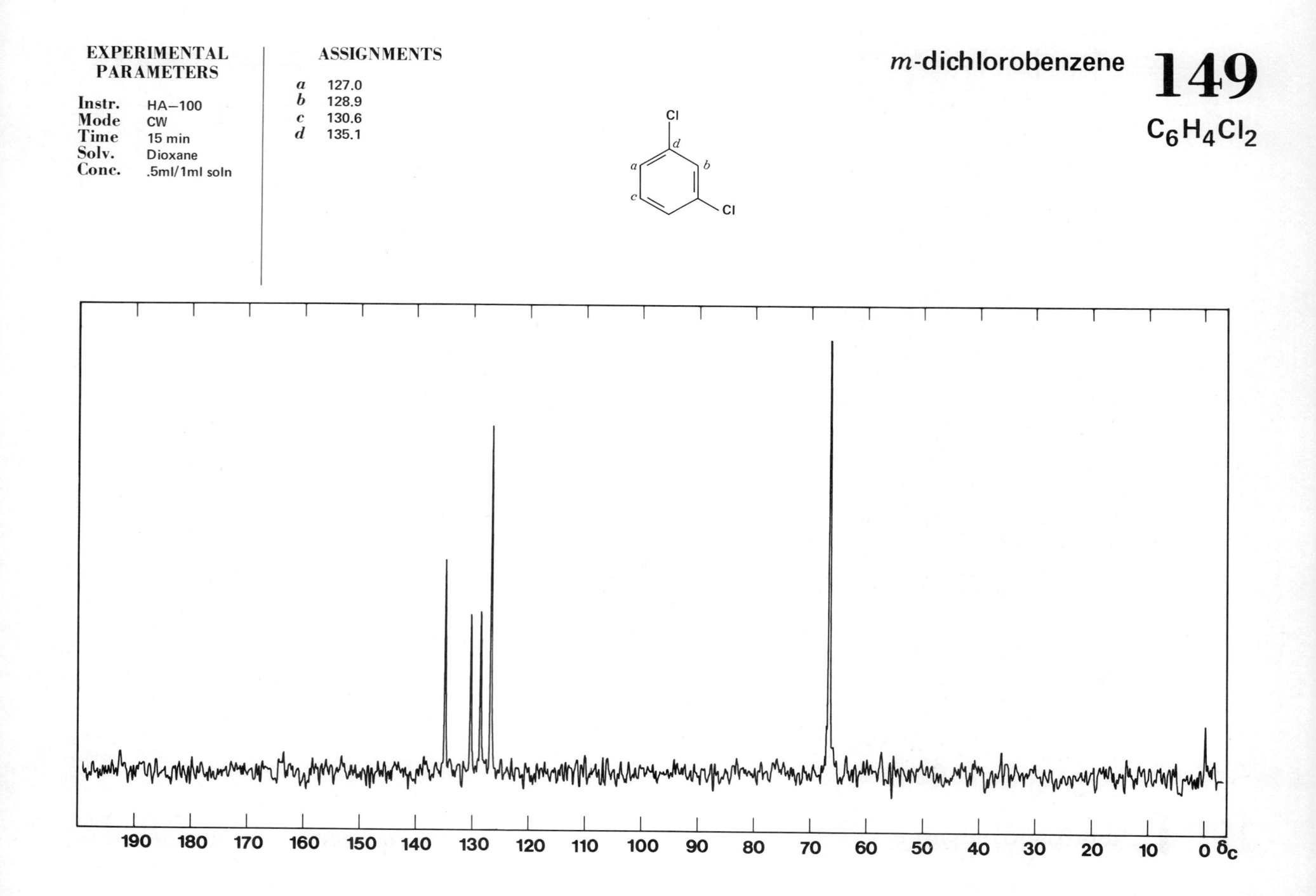

p-difluorobenzene 150

C₆H₄F₂

EXPERIMENTAL PARAMETERS

Instr. XL–100
Mode FT
Time 5.3 min
Solv. CDCl₃
Conc. 1ml/3ml soln

ASSIGNMENTS

a 116.5
b 159.1

J_{CF} = 242.7 Hz
J_{CCF}
J_{CCCF} } not amenable to first-order analysis
J_{CCCCF} = 3.7 Hz

EXPERIMENTAL PARAMETERS

Instr. XL–100
Mode FT
Time 5.3 min
Solv. CDCl₃
Conc. 1g/3ml soln

ASSIGNMENTS

a 136.4
b 187.1

p-quinone

151

$C_6H_4O_2$

bromobenzene 152

C_6H_5Br

EXPERIMENTAL PARAMETERS

Instr. XL-100
Mode FT
Time 5.3 min
Solv. CDCl$_3$
Conc. 1ml/2ml solv

ASSIGNMENTS

a	122.4
b	126.7
c	129.8
d	131.4

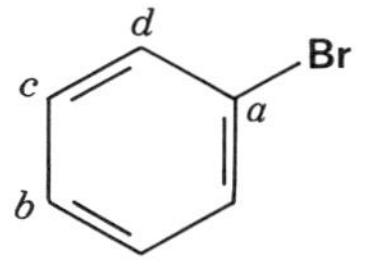

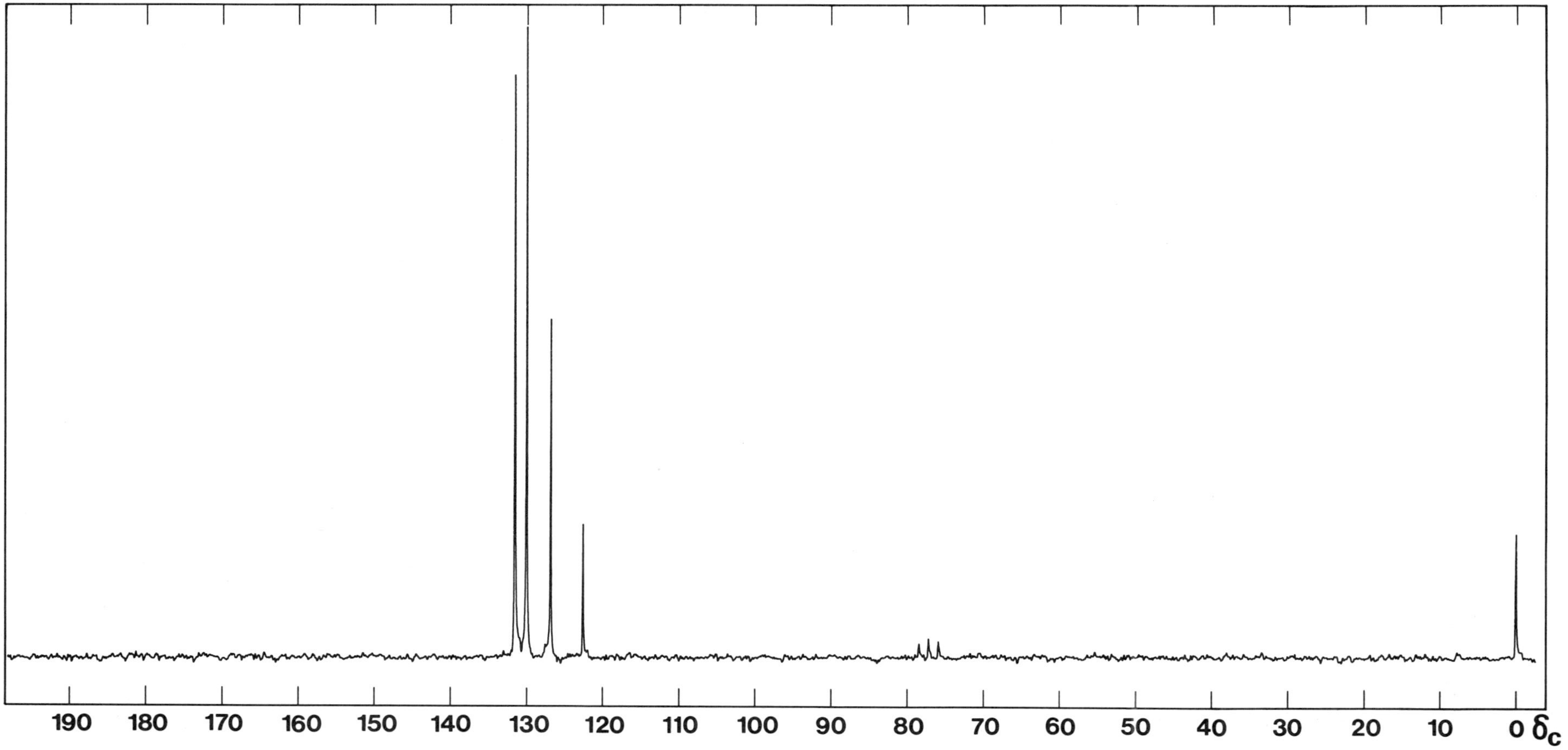

chlorobenzene 153
C$_6$H$_5$Cl

EXPERIMENTAL PARAMETERS

Instr. HA–100
Mode CW
Time 15 min
Solv. Dioxane
Conc. .5ml/1ml soln

ASSIGNMENTS

a 126.5
b 128.6
c 129.8
d 134.3

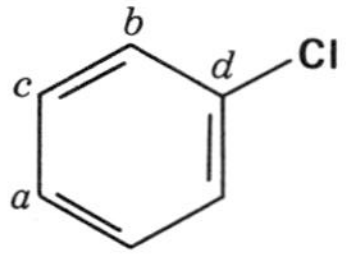

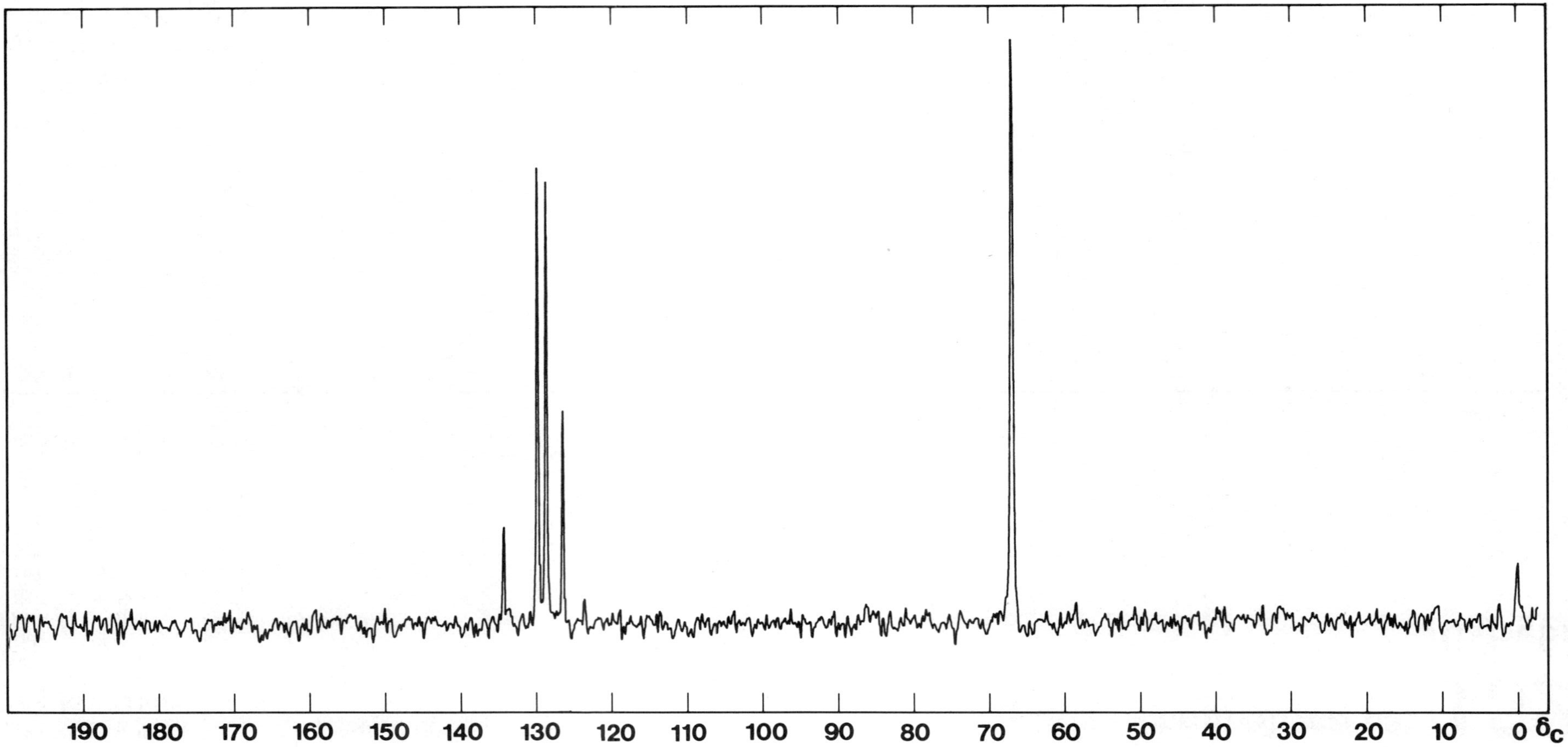

2-chloro-6-methoxy-3-nitropyridine 154

$C_6H_5ClNO_3$

EXPERIMENTAL PARAMETERS

Instr. XL-100
Mode FT
Time 21 min
Solv. CDCl$_3$
Conc. 1g/3ml soln

ASSIGNMENTS

a 55.3
b 110.2
c 137.4
d 138.3
e 143.1
f 164.6

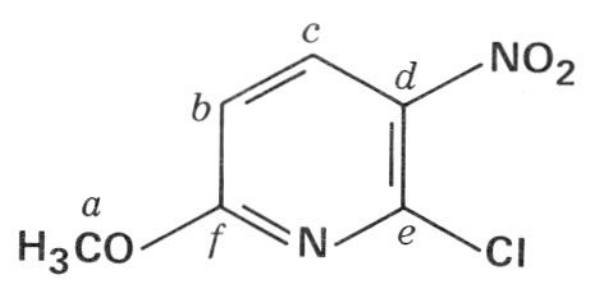

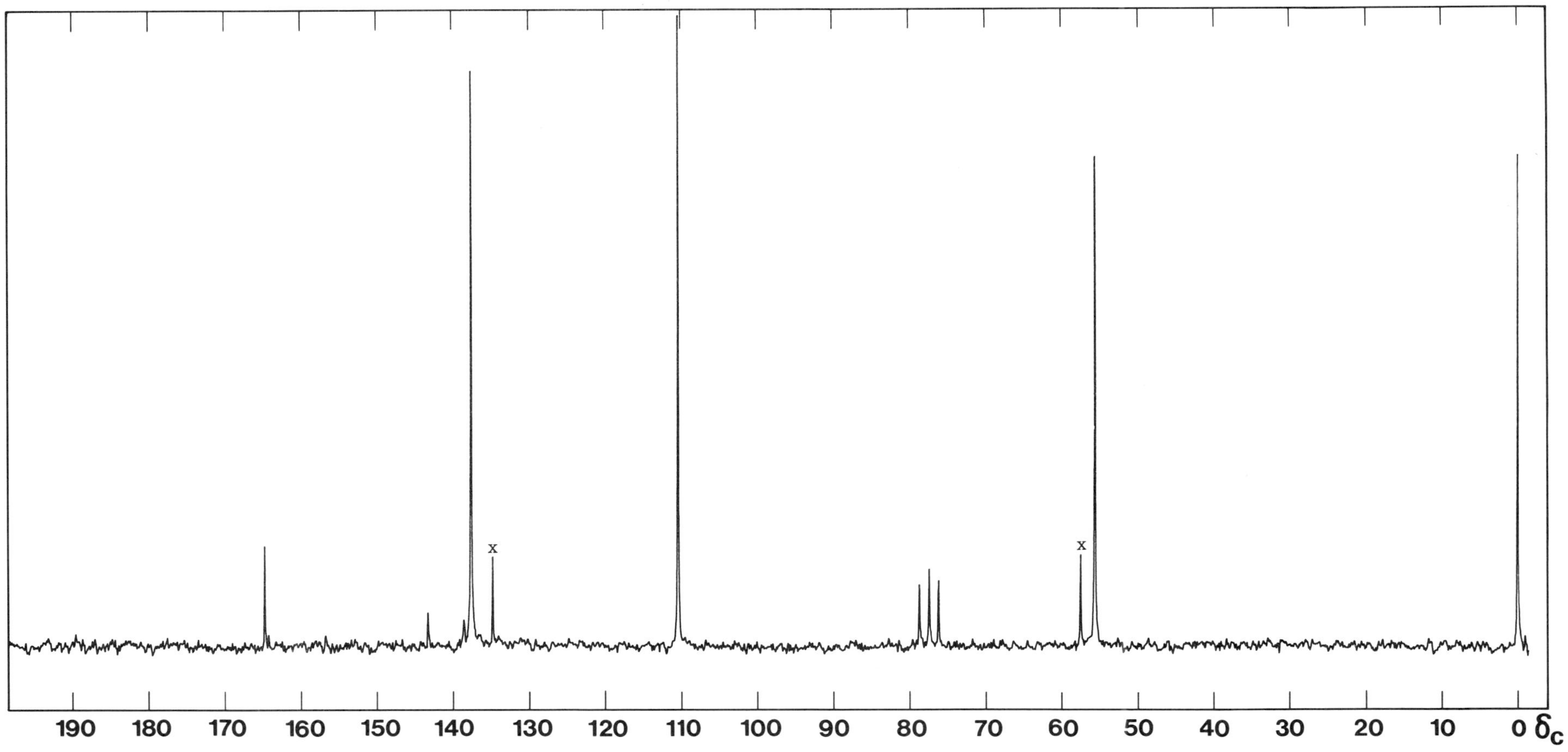

benzenesulfonyl chloride 155

$C_6H_5ClO_2S$

EXPERIMENTAL PARAMETERS

Instr. XL-100
Mode FT
Time 5.3 min
Solv. CDCl$_3$
Conc. 1ml/2ml solv

ASSIGNMENTS

a * 126.8
b * 129.7
c   135.3
d   144.1

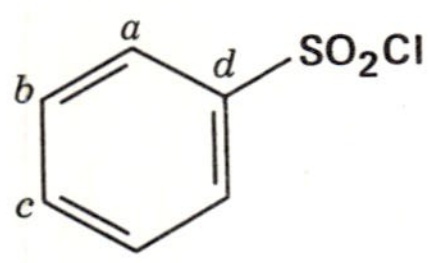

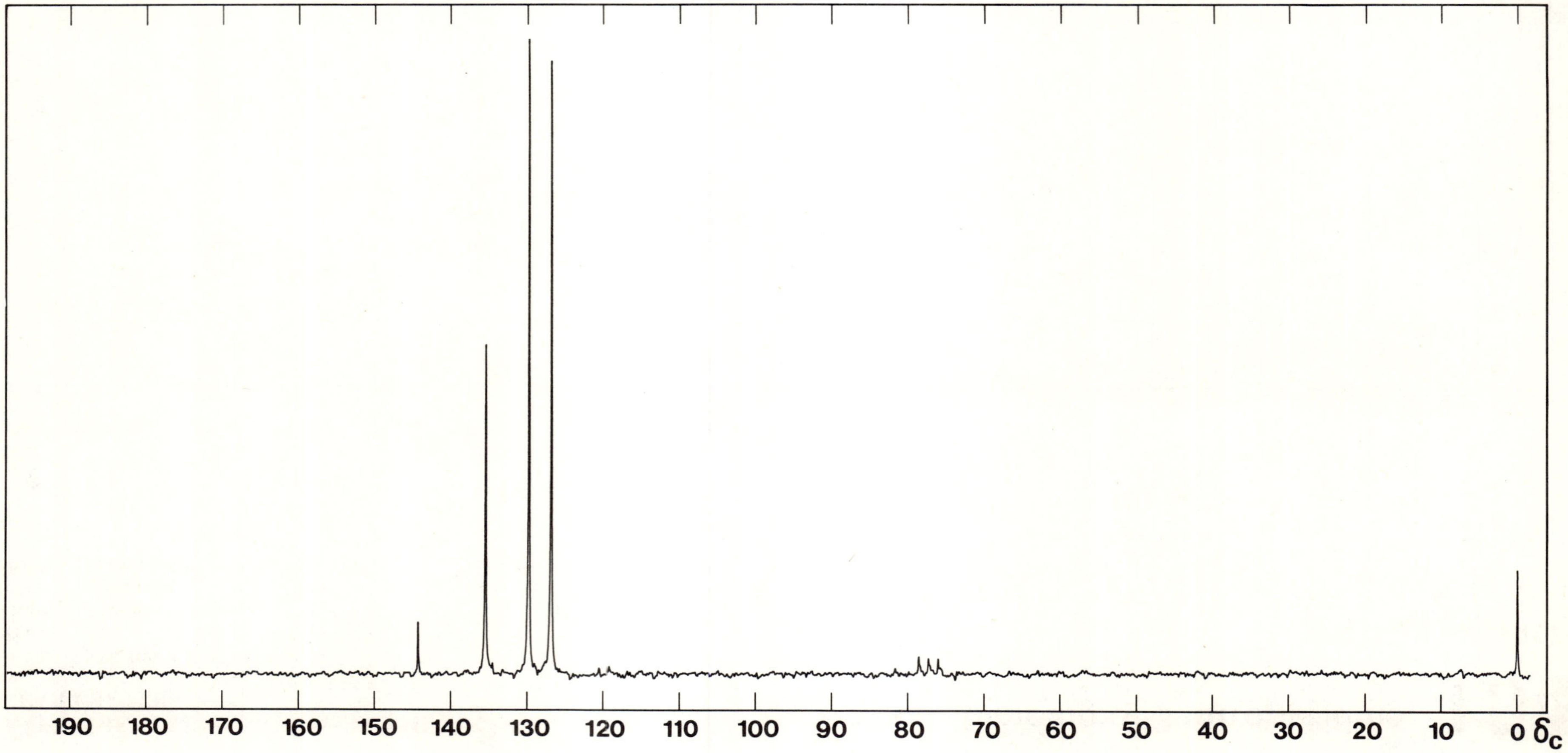

iodobenzene 156

C_6H_5I

EXPERIMENTAL PARAMETERS

Instr. HA-100
Mode CW
Time 15 min
Solv. Dioxane
Conc. .5ml/1ml soln

ASSIGNMENTS

a 94.4
b 127.1
c 129.9
d 137.2

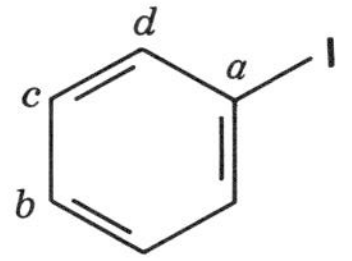

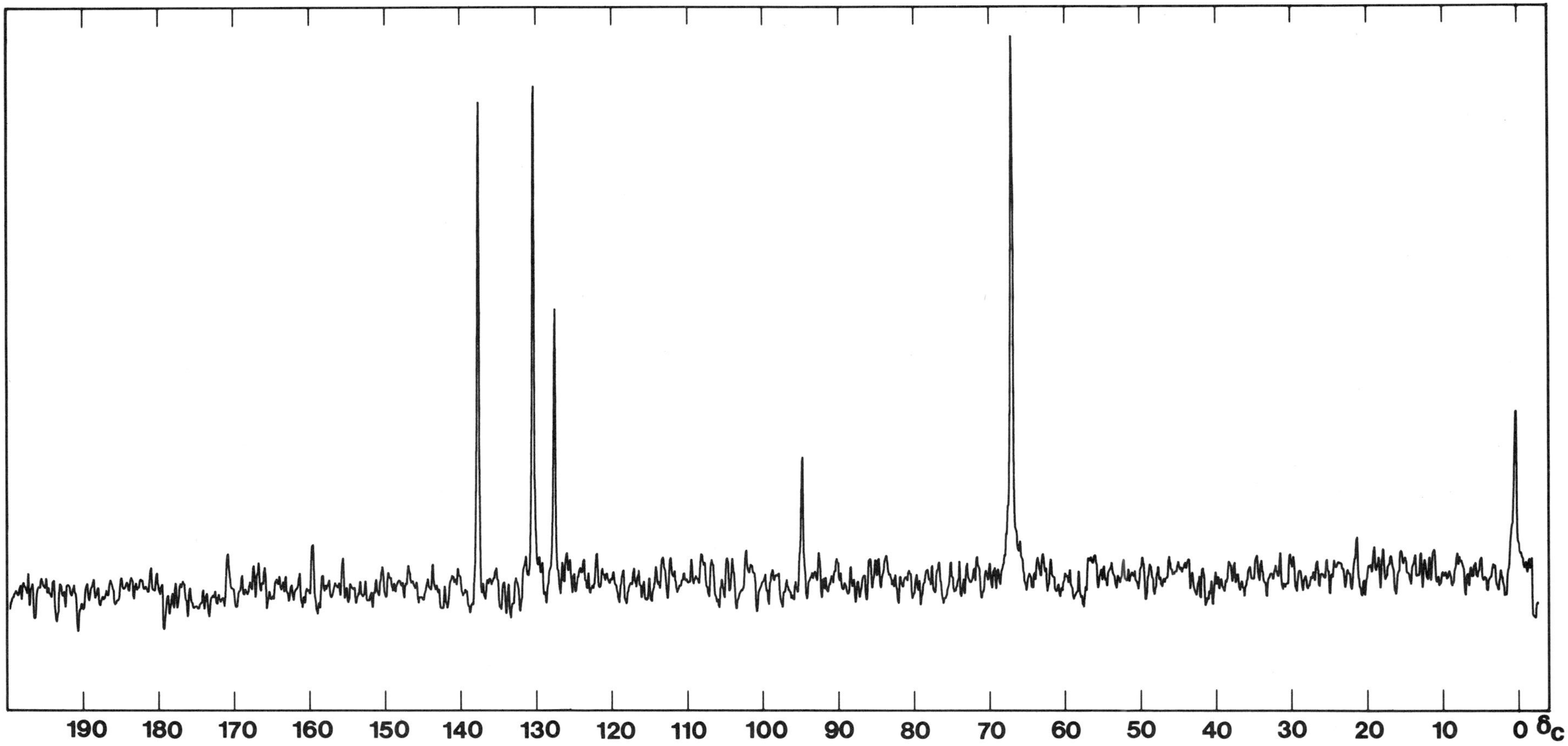

nitrobenzene 157

$C_6H_5NO_2$

EXPERIMENTAL PARAMETERS

Instr. XL–100
Mode FT
Time 5.3 min
Solv. CDCl$_3$
Conc. 1ml/3ml soln

ASSIGNMENTS

a 123.4
b 129.4
c 134.6
d 148.2

m-fluoroaniline 158

C_6H_6FN

EXPERIMENTAL PARAMETERS

Instr. XL-100
Mode FT
Time 5.3 min
Solv. CDCl$_3$
Conc. 1ml/2ml solv

ASSIGNMENTS

a 102.0
b 104.8
c 110.8
d 130.5
e 148.6
f 163.9

J_{CF} = 242.6 Hz
J_{C_2CF} = 24.8 Hz
J_{C_4CF} = 21.4 Hz
J_{C_5CCF} = 10.0 Hz
J_{C_1CCF} = 10.7 Hz
J_{CCCCF} = 2.0 Hz

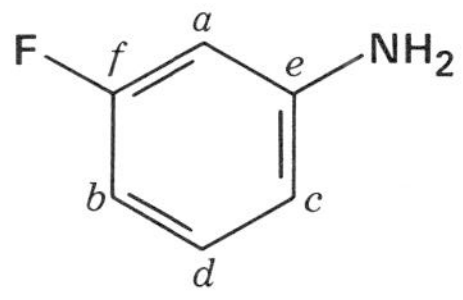

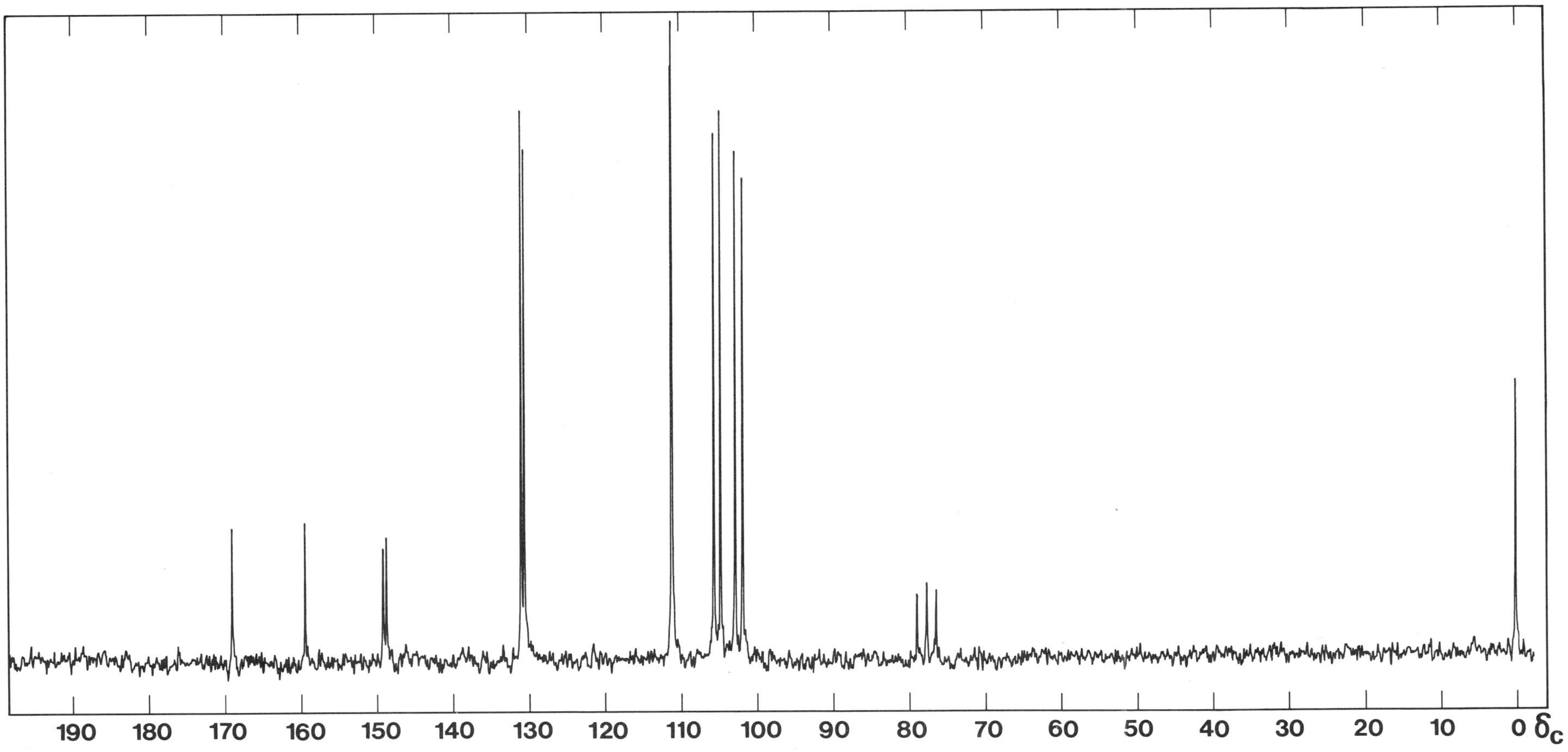

nicotinamide 159
$C_6H_6N_2O$

EXPERIMENTAL PARAMETERS

Instr.	XL-100
Mode	FT
Time	21 min
Solv.	water
Conc.	.5g/3ml soln

ASSIGNMENTS

a	124.9
b	129.6
c	137.0
d*	148.3
e*	152.5
f	170.6

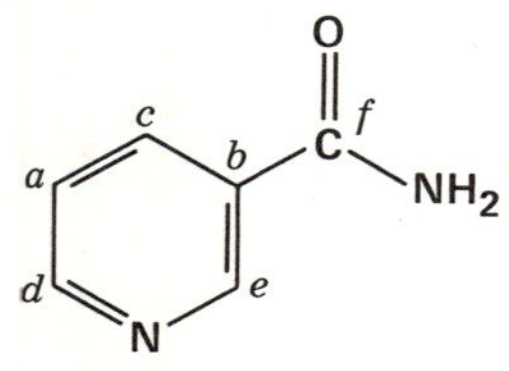

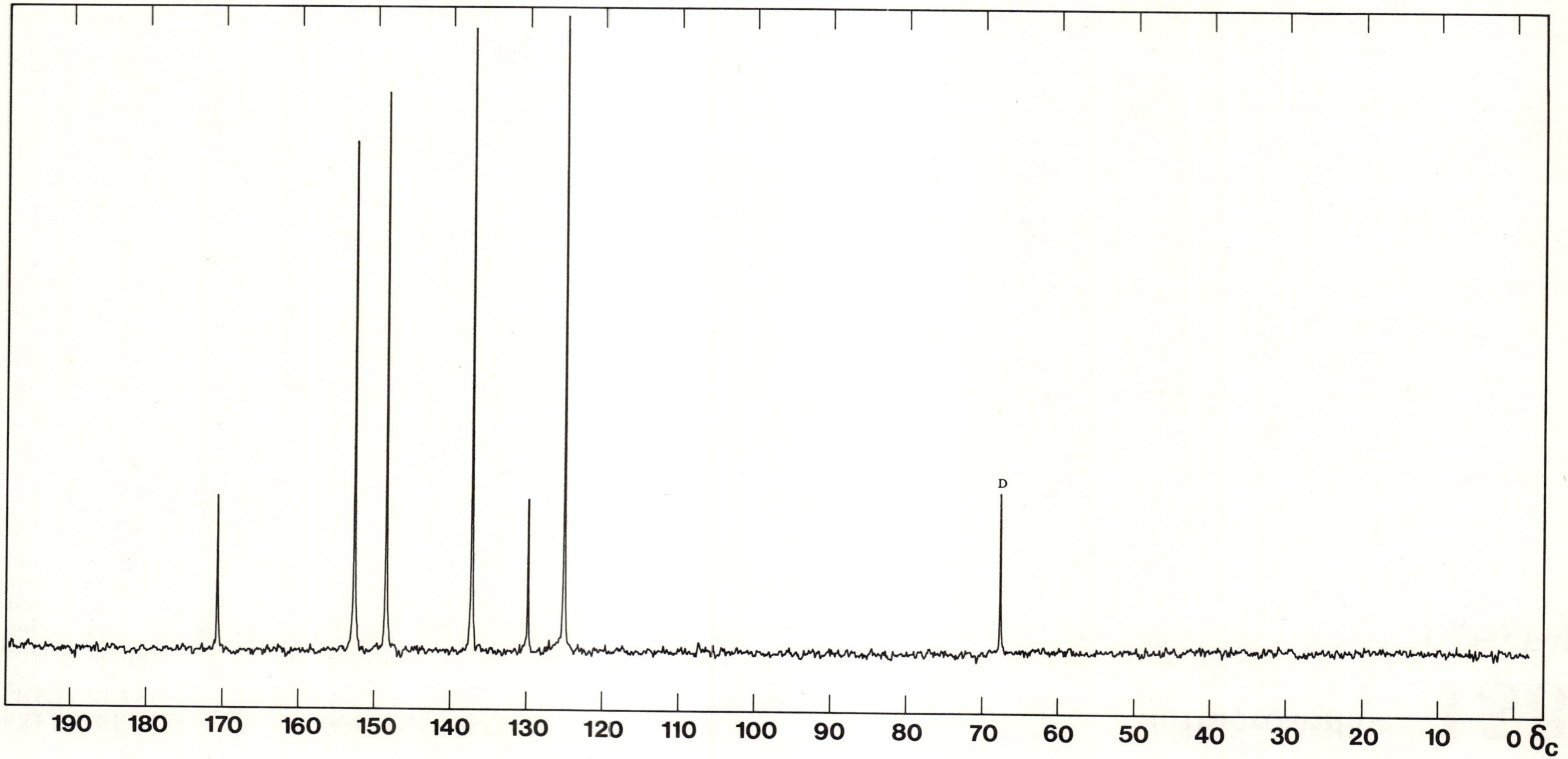

phenol 160

C_6H_6O

EXPERIMENTAL PARAMETERS

Instr. XL-100
Mode FT
Time 5.3 min
Solv. CDCl$_3$
Conc. 1g/3ml soln

ASSIGNMENTS

a 115.4
b 121.0
c 129.7
d 154.9

catechol 161
C_6H_6O_2

EXPERIMENTAL PARAMETERS

Instr. XL-100
Mode FT
Time 5.3 min
Solv. water
Conc. 1g/3ml soln

ASSIGNMENTS

a 117.3
b 122.1
c 145.0

methyl furoate

162

$C_6H_6O_3$

EXPERIMENTAL PARAMETERS

Instr. XL-100
Mode FT
Time 5.3 min
Solv. $CDCl_3$
Conc. 1ml/3ml soln

ASSIGNMENTS

a	51.7
b	111.9
c	117.9
d	144.8
e	146.4
f	159.0

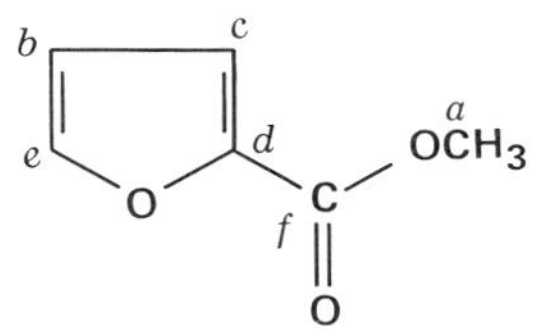

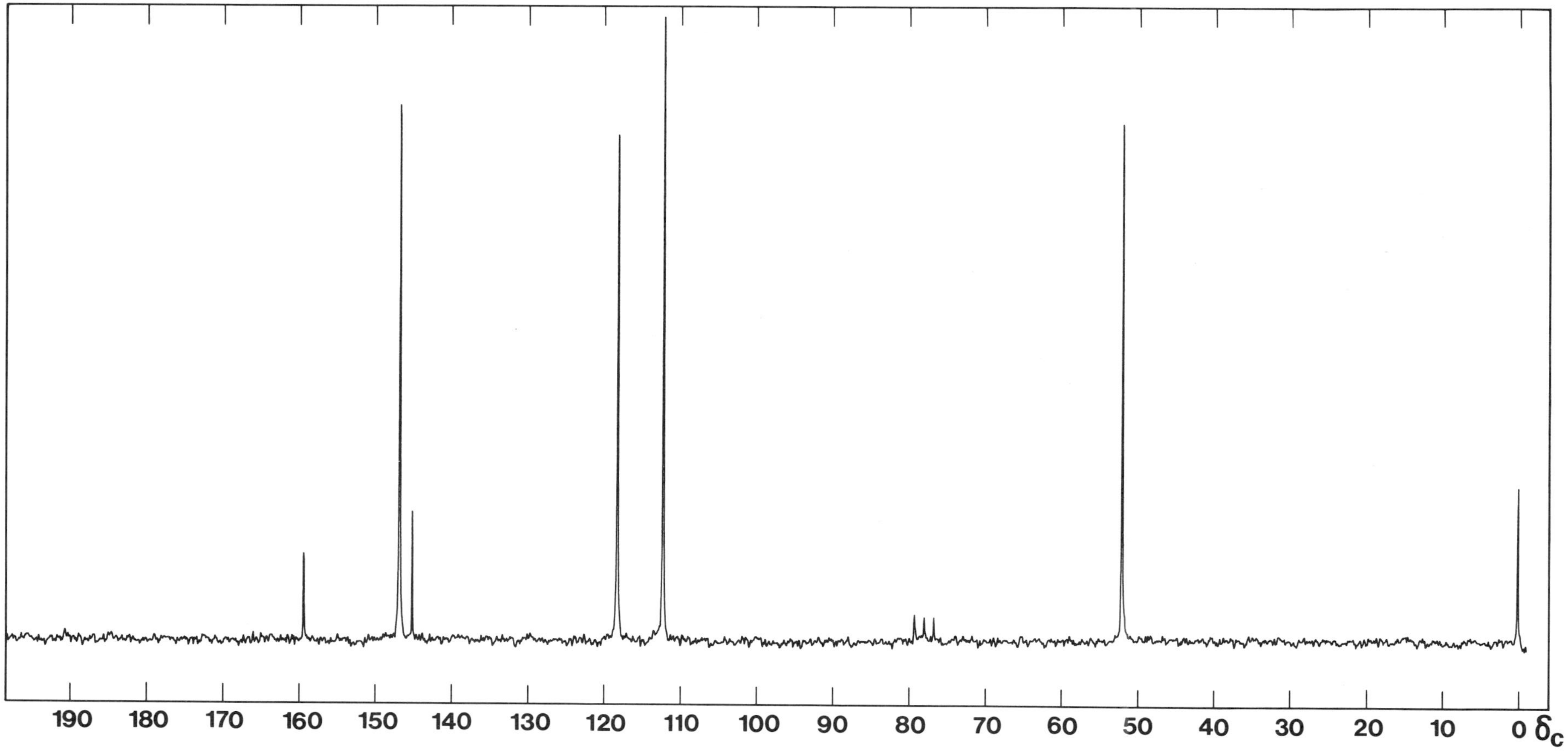

benzenesulfonic acid 163
$C_6H_6O_3S$

ASSIGNMENTS

- a * 126.3
- b * 129.8
- c   132.3
- d   143.5

EXPERIMENTAL PARAMETERS

- Instr. XL–100
- Mode FT
- Time 5.3 min
- Solv. water
- Conc. 1g/3ml soln

thiophenol 164

C_6H_6S

ASSIGNMENTS

a		125.4
b	*	128.9
c	*	129.2
d		130.7

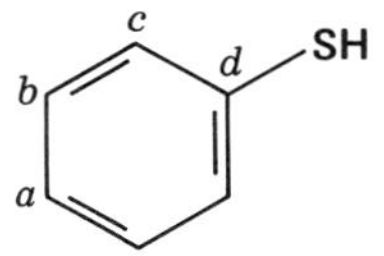

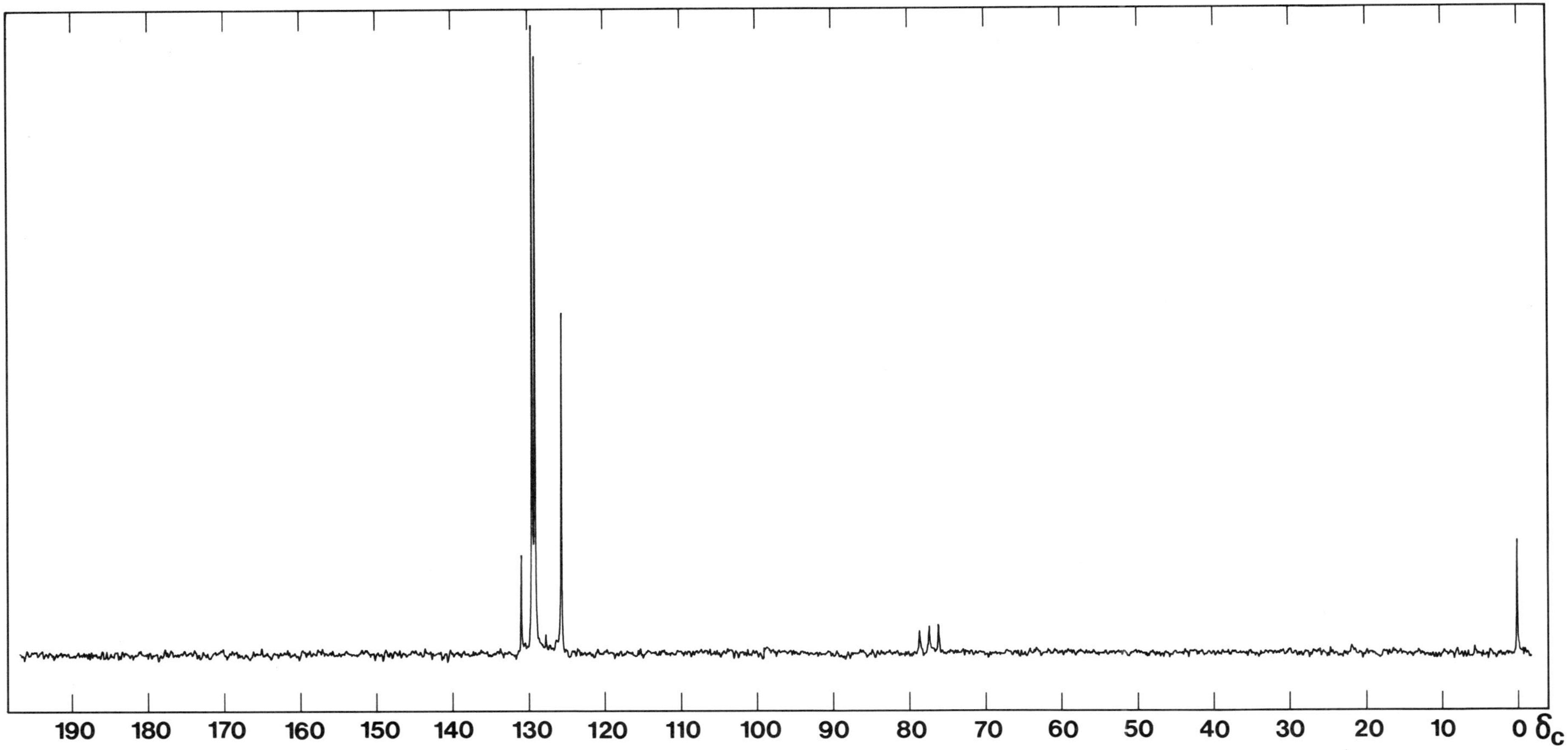

EXPERIMENTAL PARAMETERS

Instr. XL-100
Mode FT
Time 5.3 min
Solv. CDCl$_3$
Conc. 1ml/2ml solv

165 α-picoline

C_6H_7N

EXPERIMENTAL PARAMETERS

Instr.	HA-100
Mode	CW
Time	15 min
Solv.	Dioxane
Conc.	.5ml/1ml soln

ASSIGNMENTS

a	24.3
b	120.6
c	123.0
d	135.9
e	149.4
f	158.6

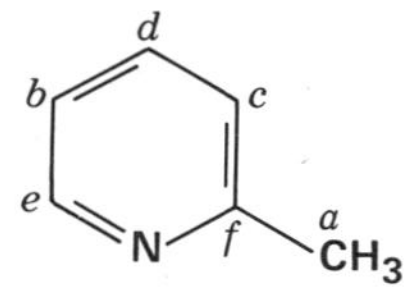

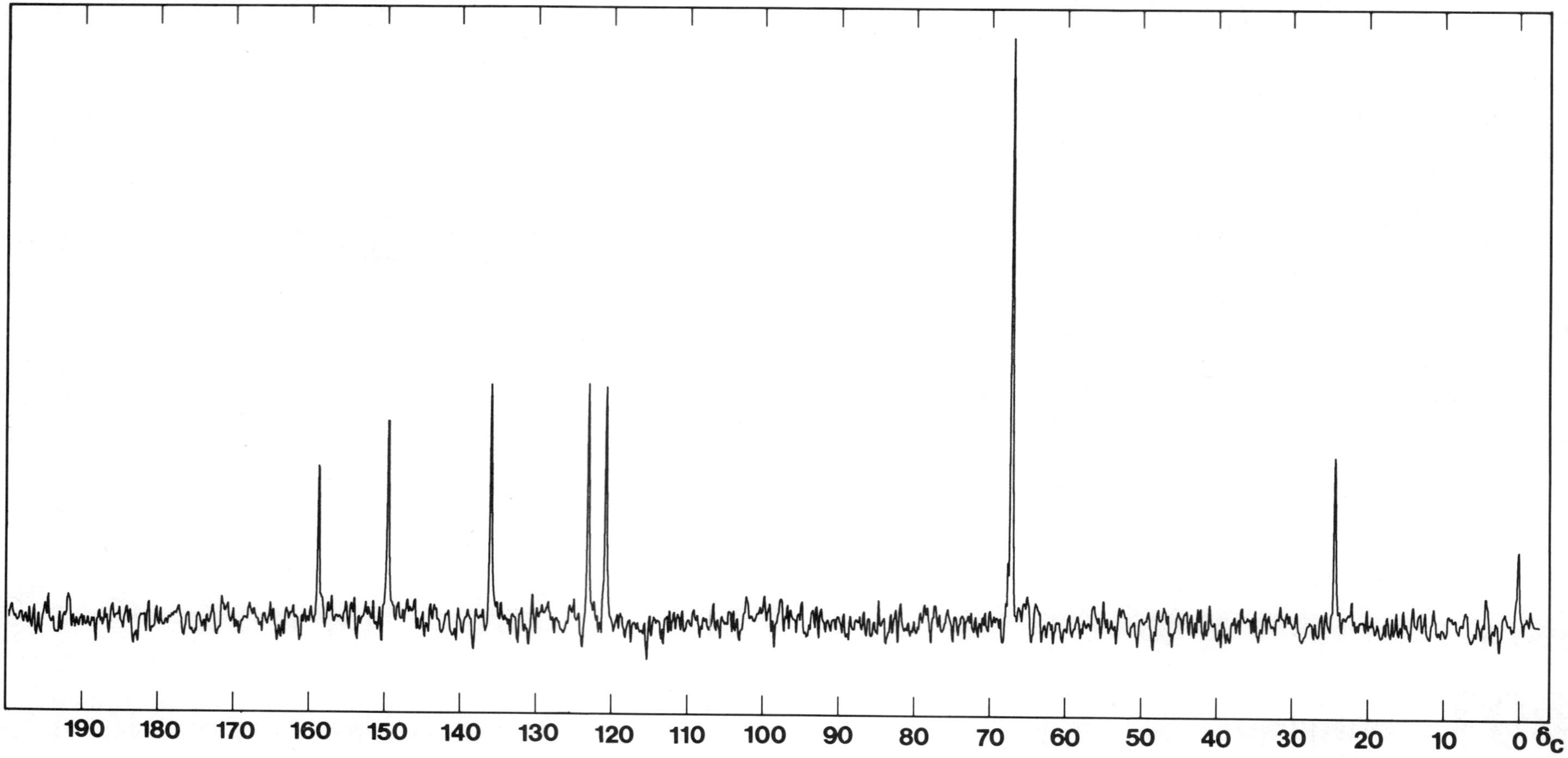

1,4-cyclohexadiene 166
C₆H₈

ASSIGNMENTS

a 26.0
b 124.5

EXPERIMENTAL PARAMETERS

Instr. XL–100
Mode FT
Time 2 min
Solv. CDCl₃
Conc. 1ml/2ml solv

adipyl chloride 167

$C_6H_8Cl_2O_2$

EXPERIMENTAL PARAMETERS

Instr. XL–100
Mode FT
Time 5.3 min
Solv. CDCl$_3$
Conc. 1ml/2ml solv

Pulse Width 15 μsec

ASSIGNMENTS

a 23.7
b 46.4
c 173.2

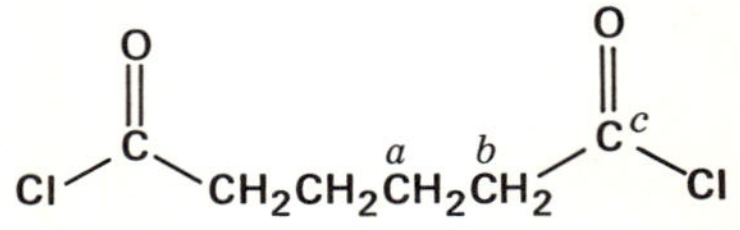

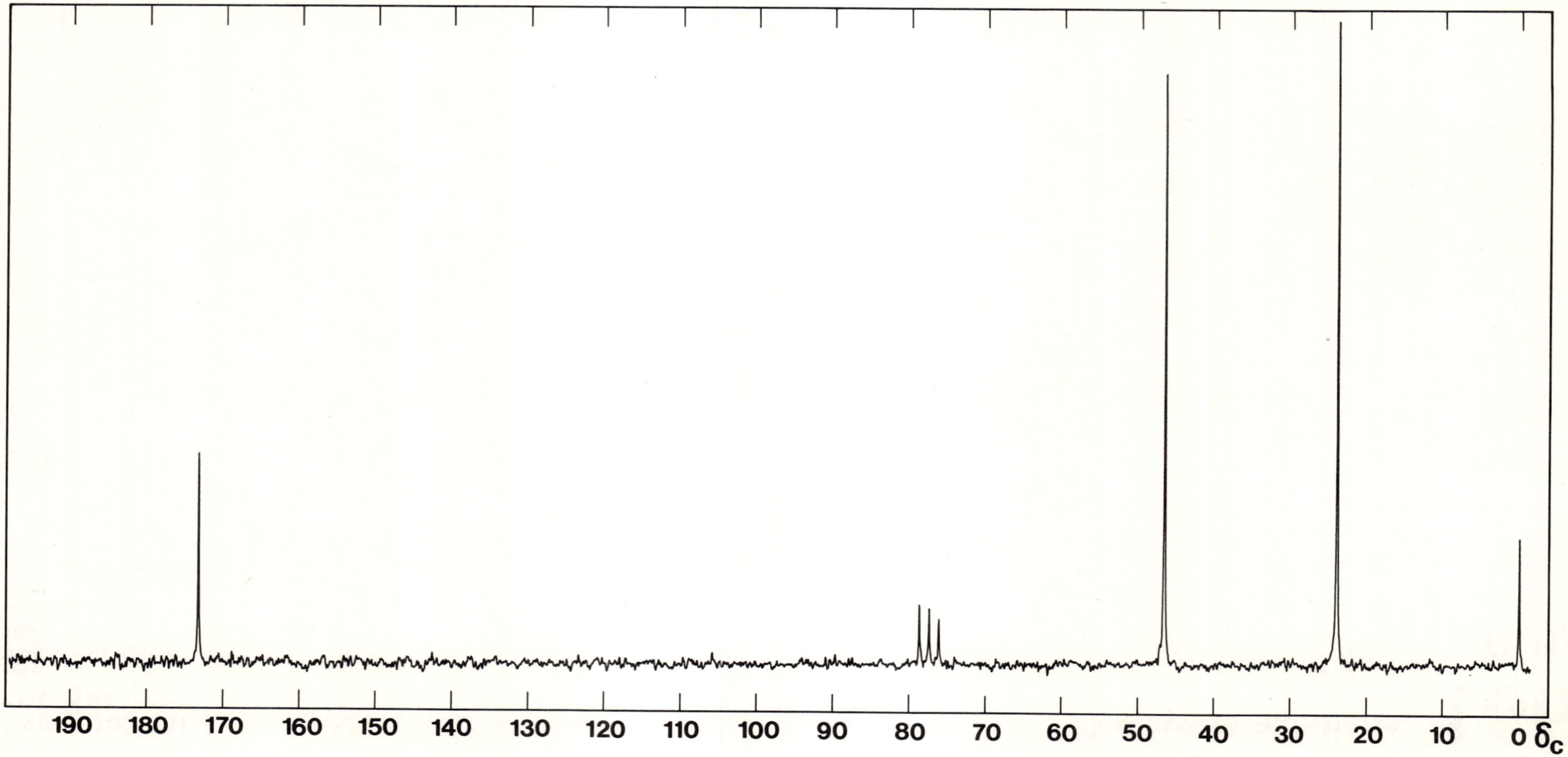

Cl–C(=O)–CH$_2$CH$_2$(a) CH$_2$CH$_2$(b) –C(=O)(c) –Cl

phenyl hydrazine 168

$C_6H_8N_2$

EXPERIMENTAL PARAMETERS

Instr. XL-100
Mode FT
Time 5.3 min
Solv. CDCl$_3$
Conc. 1ml/3ml soln

ASSIGNMENTS

a	112.0
b	118.9
c	129.0
d	151.3

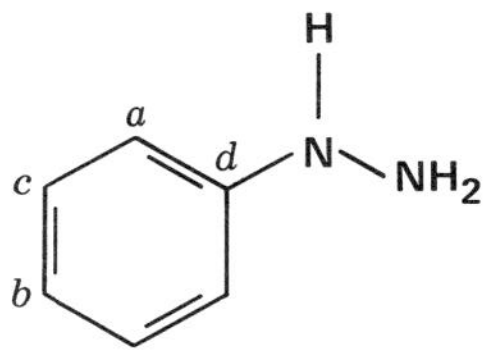

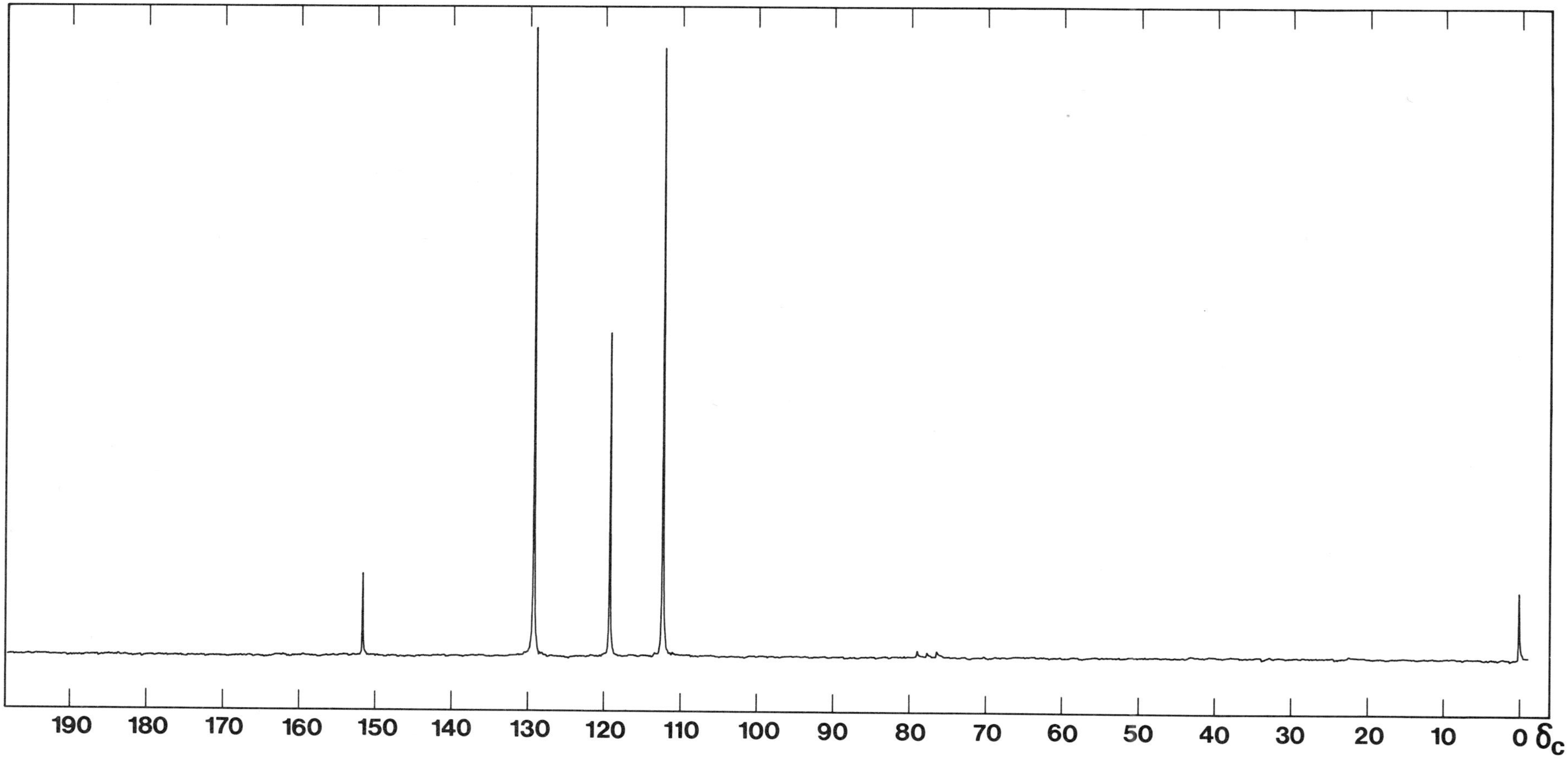

adiponitrile 169
$C_6H_8N_2$

NCCH$_2$CH$_2$CH$_2$CH$_2$CN
  b   a   c

ASSIGNMENTS

a	16.4
b	24.3
c	119.3

EXPERIMENTAL PARAMETERS

Instr. XL-100
Mode FT
Time 5.3 min
Solv. CDCl$_3$
Conc. 1ml/2ml solv

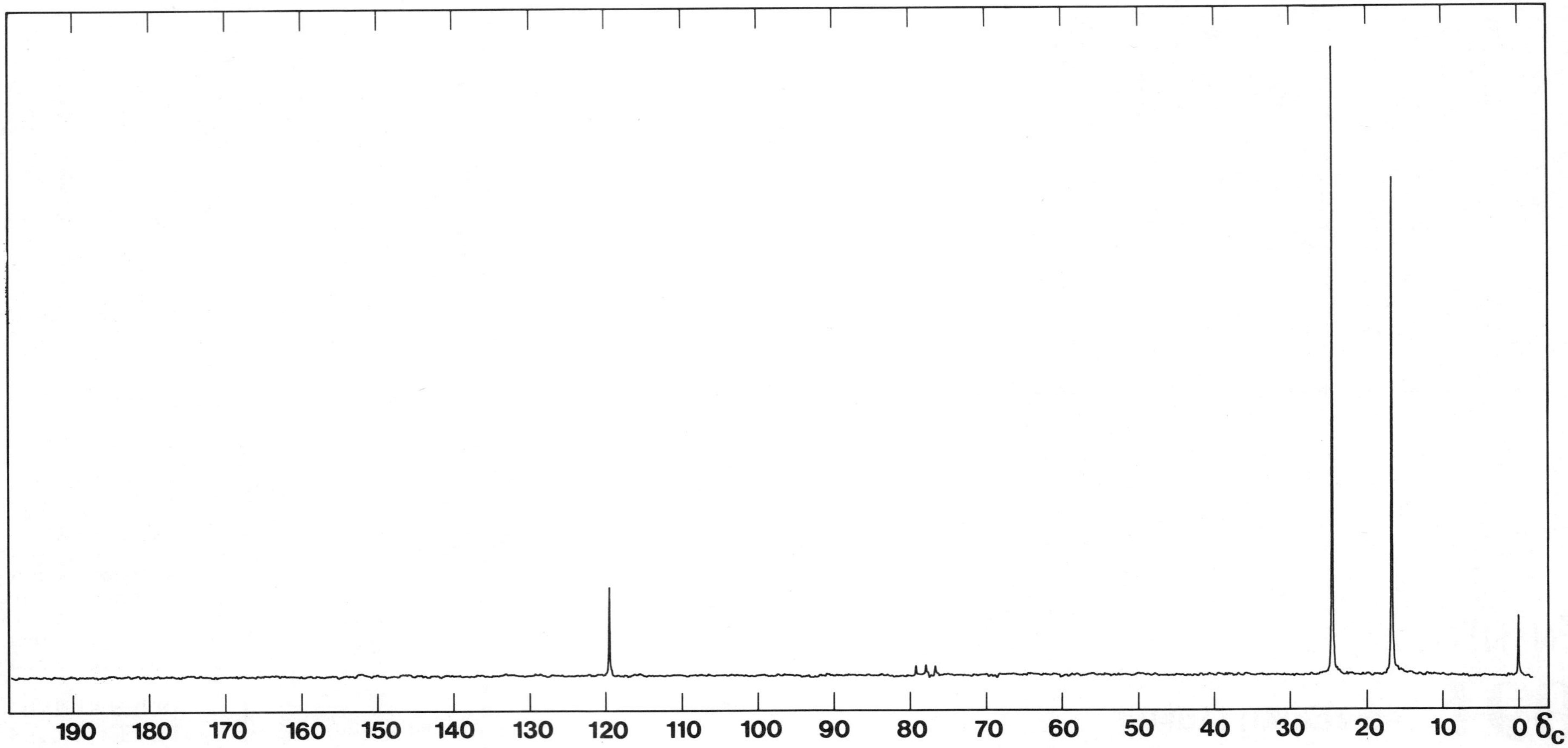

1,3-dimethyl uracil — 170

C₆H₈N₂O₂

EXPERIMENTAL PARAMETERS

Instr.	XL–100
Mode	FT
Time	5.3 min
Solv.	CDCl₃
Conc.	1g/3ml soln

ASSIGNMENTS

a*	27.5
b*	36.8
c	100.9
d	143.2
e	151.8
f	163.2

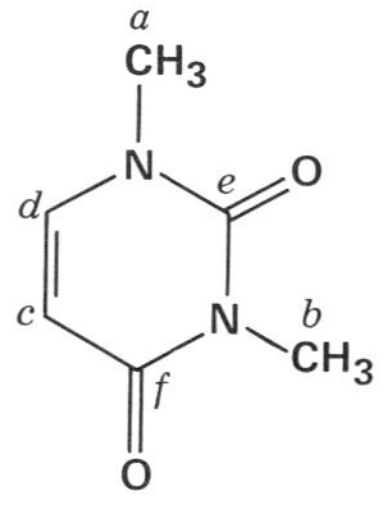

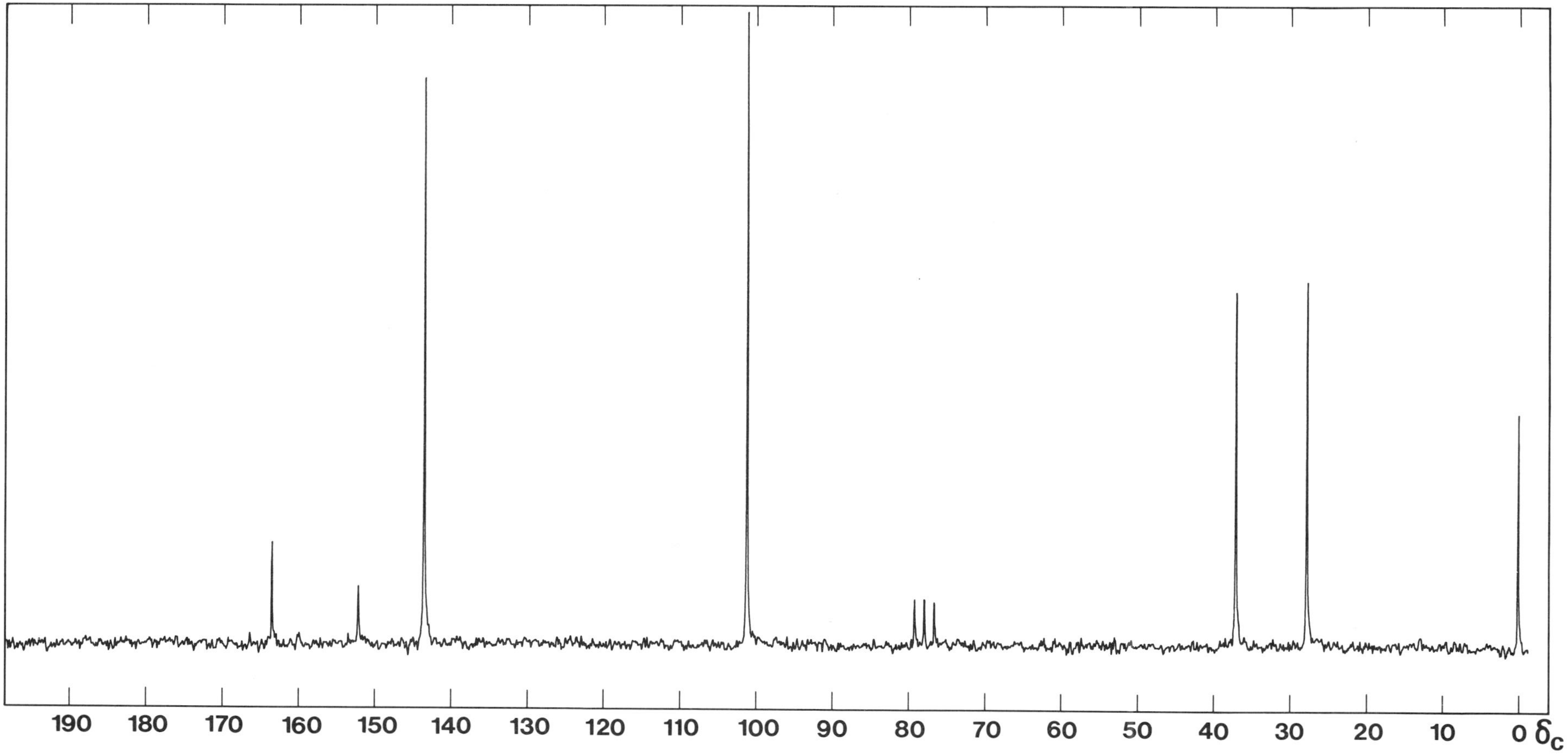

ascorbic acid 171

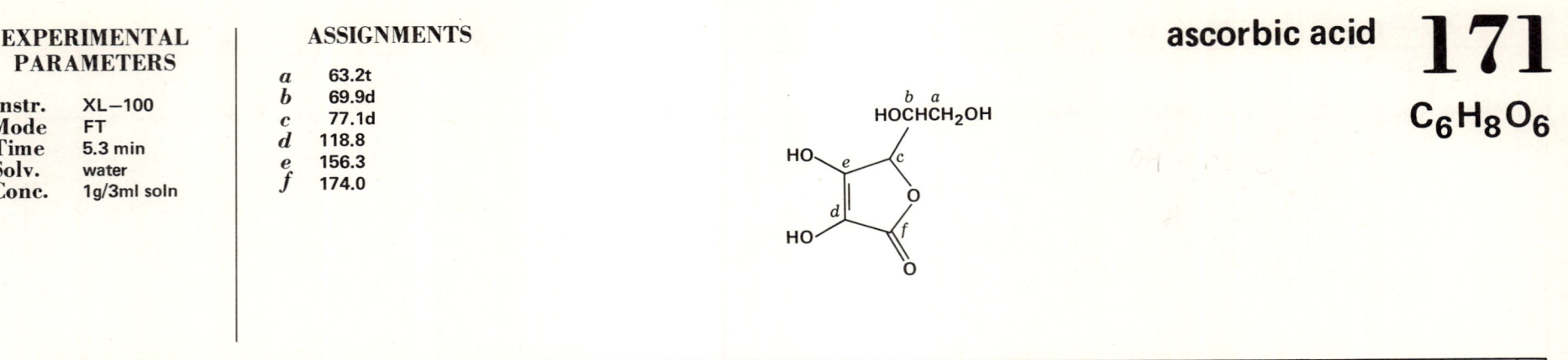

$C_6H_8O_6$

HOCHCH$_2$OH (b, a) — c — O — f=O; e (HO), d (HO)

ASSIGNMENTS

- a 63.2 t
- b 69.9 d
- c 77.1 d
- d 118.8
- e 156.3
- f 174.0

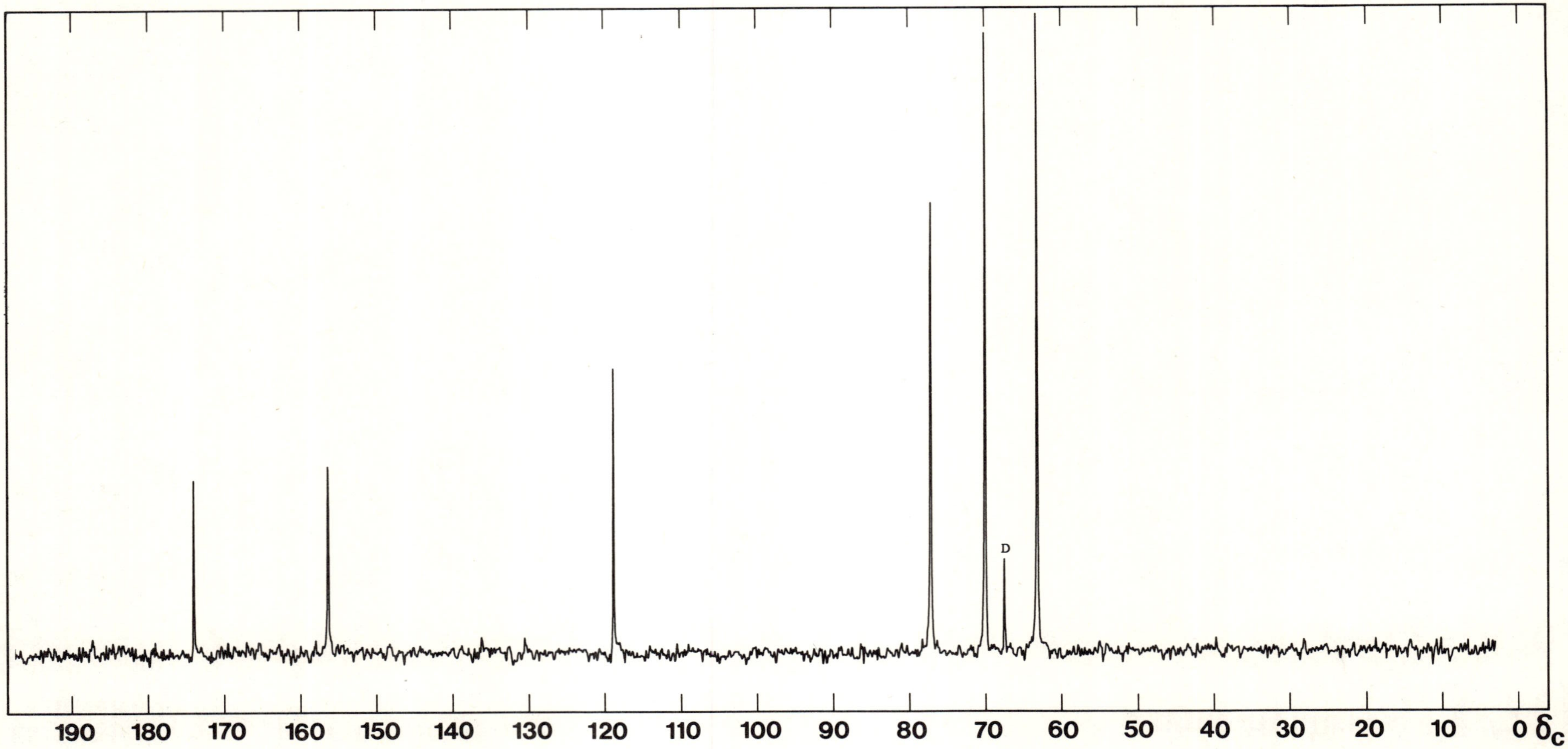

EXPERIMENTAL PARAMETERS

- Instr. XL-100
- Mode FT
- Time 5.3 min
- Solv. water
- Conc. 1g/3ml soln

citric acid 172
$C_6H_8O_7$

EXPERIMENTAL PARAMETERS

Instr. XL-100
Mode FT
Time 5.3 min
Solv. water
Conc. 1.1g/2ml solv

ASSIGNMENTS

a 44.1
b 74.2
c 174.2
d 177.5

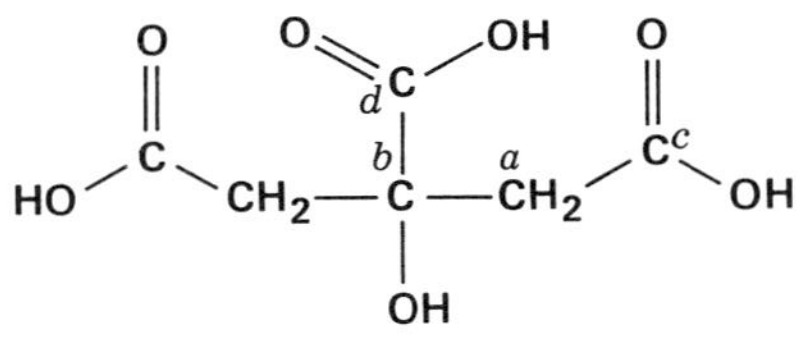

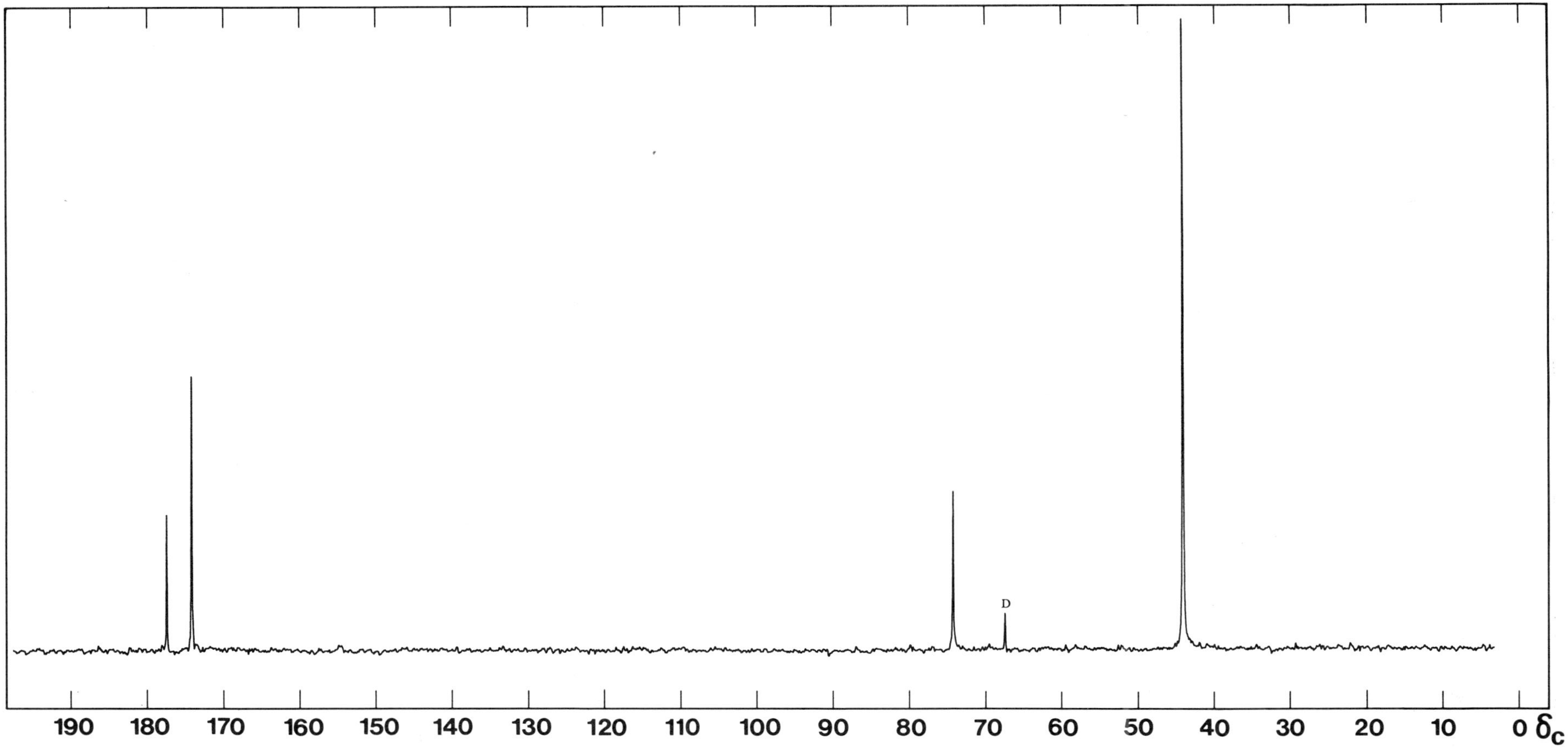

173 N-vinylpyrrolidone

C_6H_9NO

EXPERIMENTAL PARAMETERS

Instr. XL–100
Mode FT
Time 5.3 min
Solv. $CDCl_3$
Conc. 1ml/2ml solv

ASSIGNMENTS

a 17.2
b 31.1
c 44.4
d 93.8
e 129.2
f 172.9

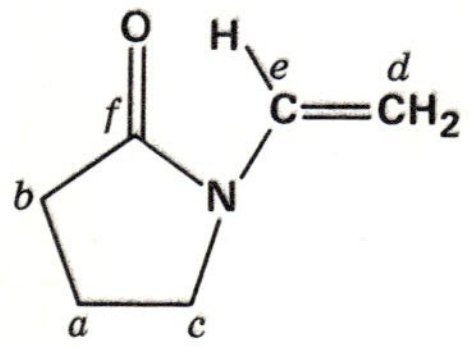

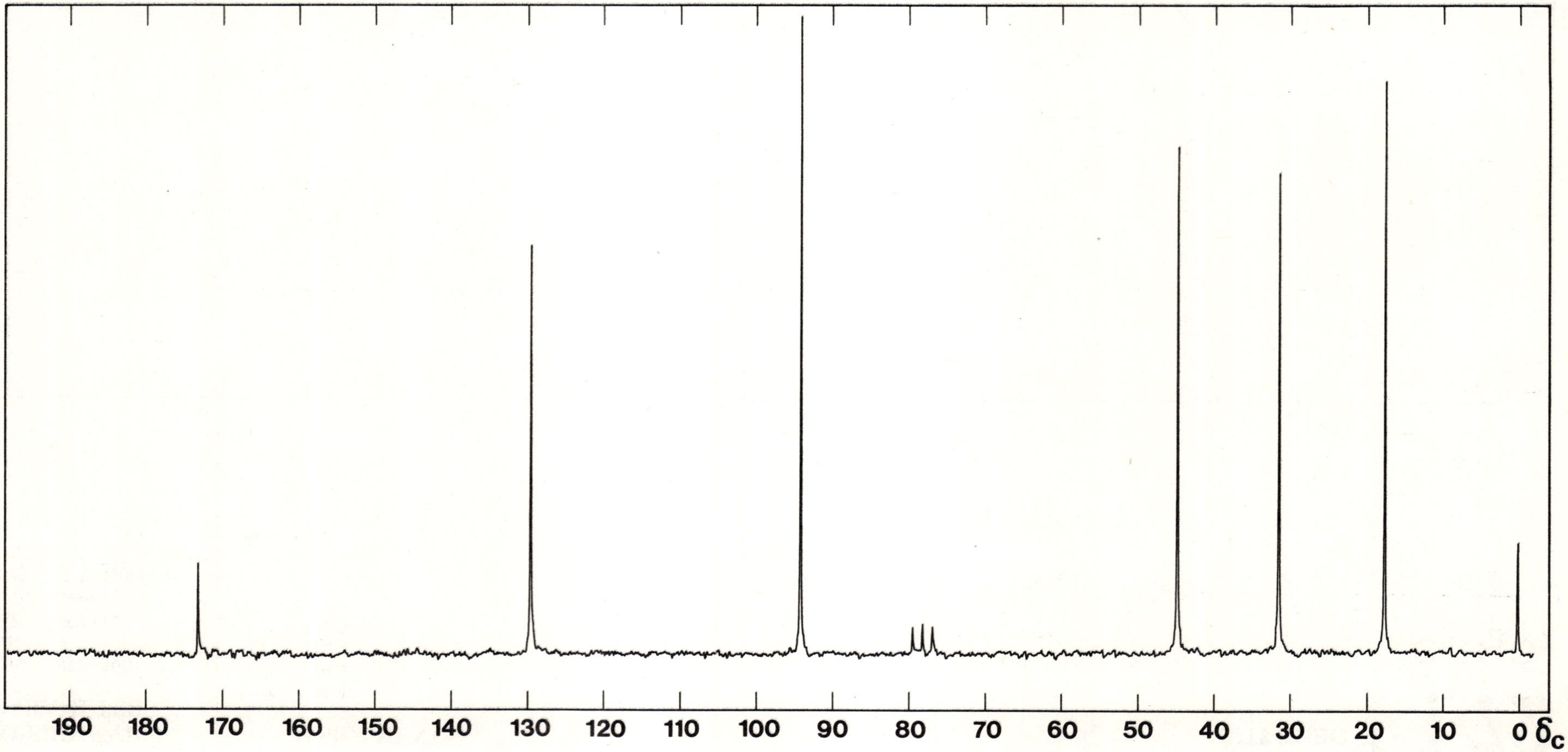

histidine hydrochloride 174

$C_6H_9N_3O_2 \cdot HCl$

EXPERIMENTAL PARAMETERS

Instr. XL-100
Mode FT
Time 5.3 min
Solv. water
Conc. .5g/2.5ml solv

ASSIGNMENTS

a 26.7
b 54.5
c 118.6
d 128.4
e 135.0
f 173.3

175

hexyne-1

C_6H_{10}

EXPERIMENTAL PARAMETERS

Instr. XL-100
Mode FT
Time 5.3 min
Solv. CDCl$_3$
Conc. 1ml/2ml solv

ASSIGNMENTS

a	13.5
b	18.1
c	21.9
d	30.7
e	68.1
f	84.5

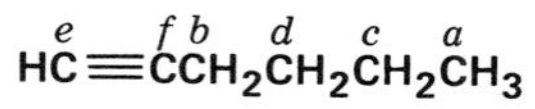

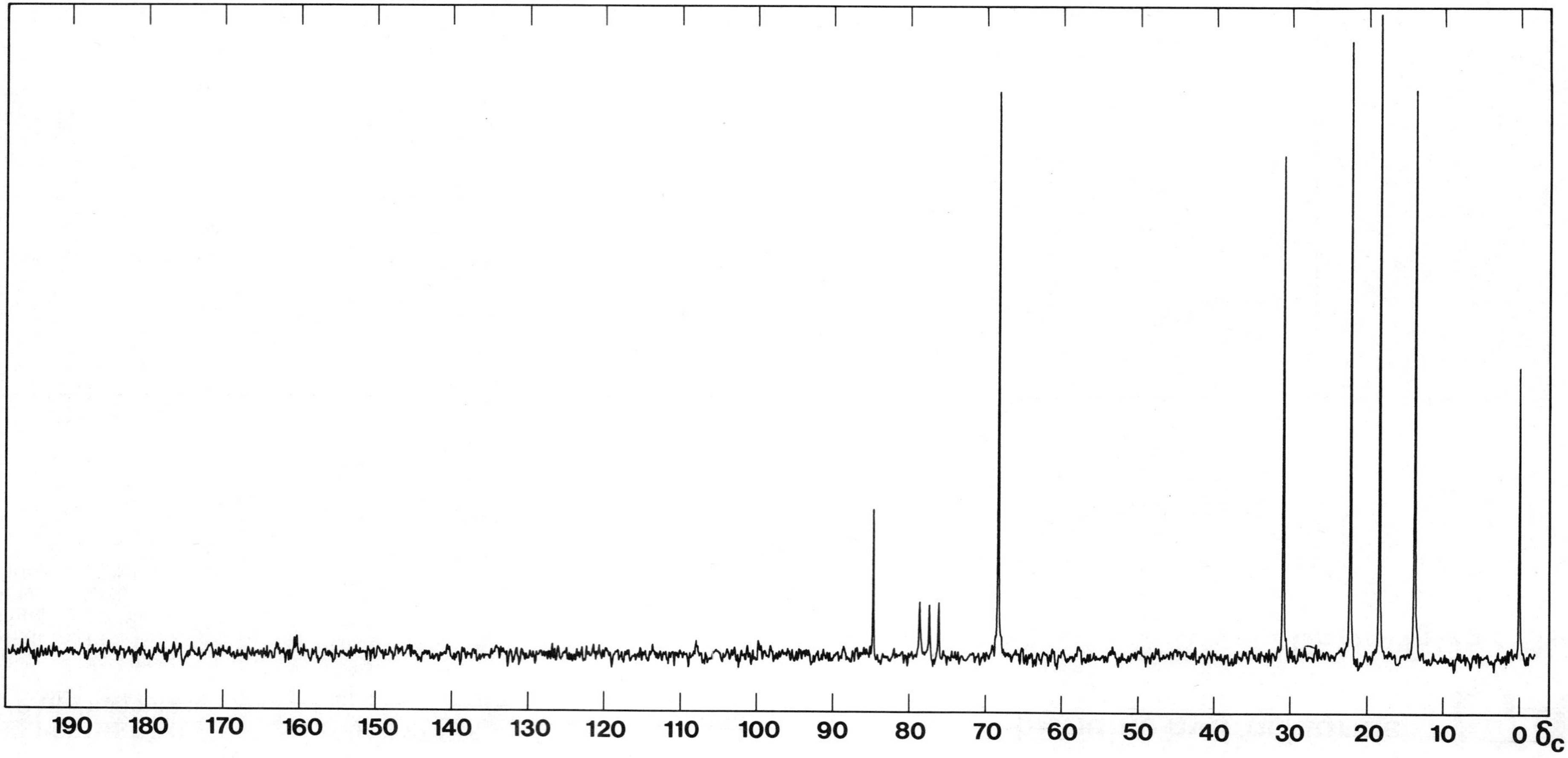

$$\overset{e}{H}C\equiv\overset{f}{C}\overset{b}{C}H_2\overset{d}{C}H_2\overset{c}{C}H_2\overset{a}{C}H_3$$

cyclohexene 176
C_6H_{10}

EXPERIMENTAL PARAMETERS

Instr. XL-100
Mode FT
Time 5.3 min
Solv. CDCl₃
Conc. 1ml/3ml soln

ASSIGNMENTS

a 22.9
b 25.3
c 127.2

ref 27

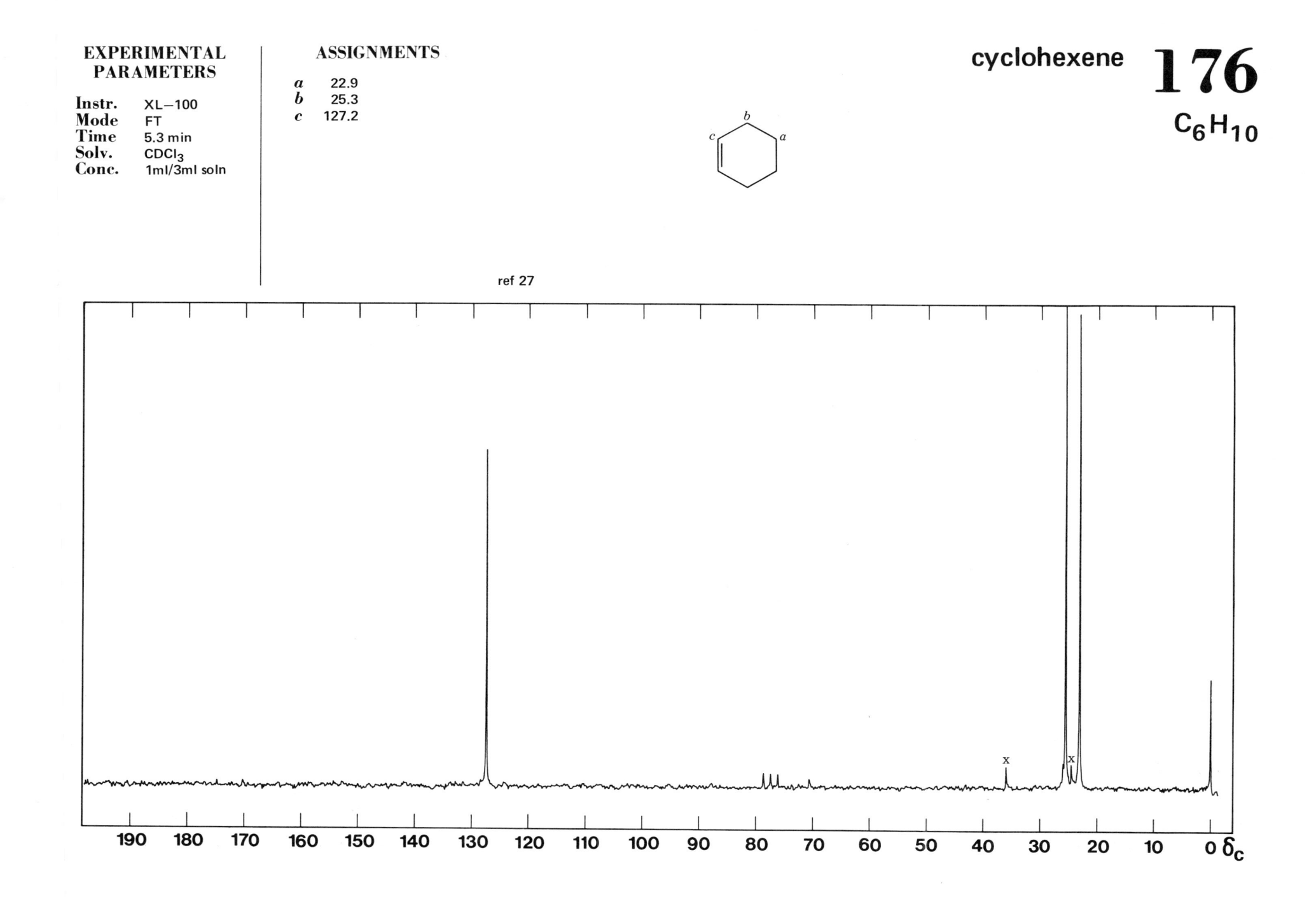

1,1-difluorocyclohexane   177

$C_6H_{10}F_2$

EXPERIMENTAL PARAMETERS

Instr. HA-100
Mode   CW
Time   48 min
Solv. Dioxane
Conc. .5ml/1ml soln

ASSIGNMENTS

a 23.5
b 24.9
c 34.6
d 123.7

J_{CF} = 241 Hz
J_{CCF} = 23.5 Hz
J_{CCCF} = 5.0 Hz

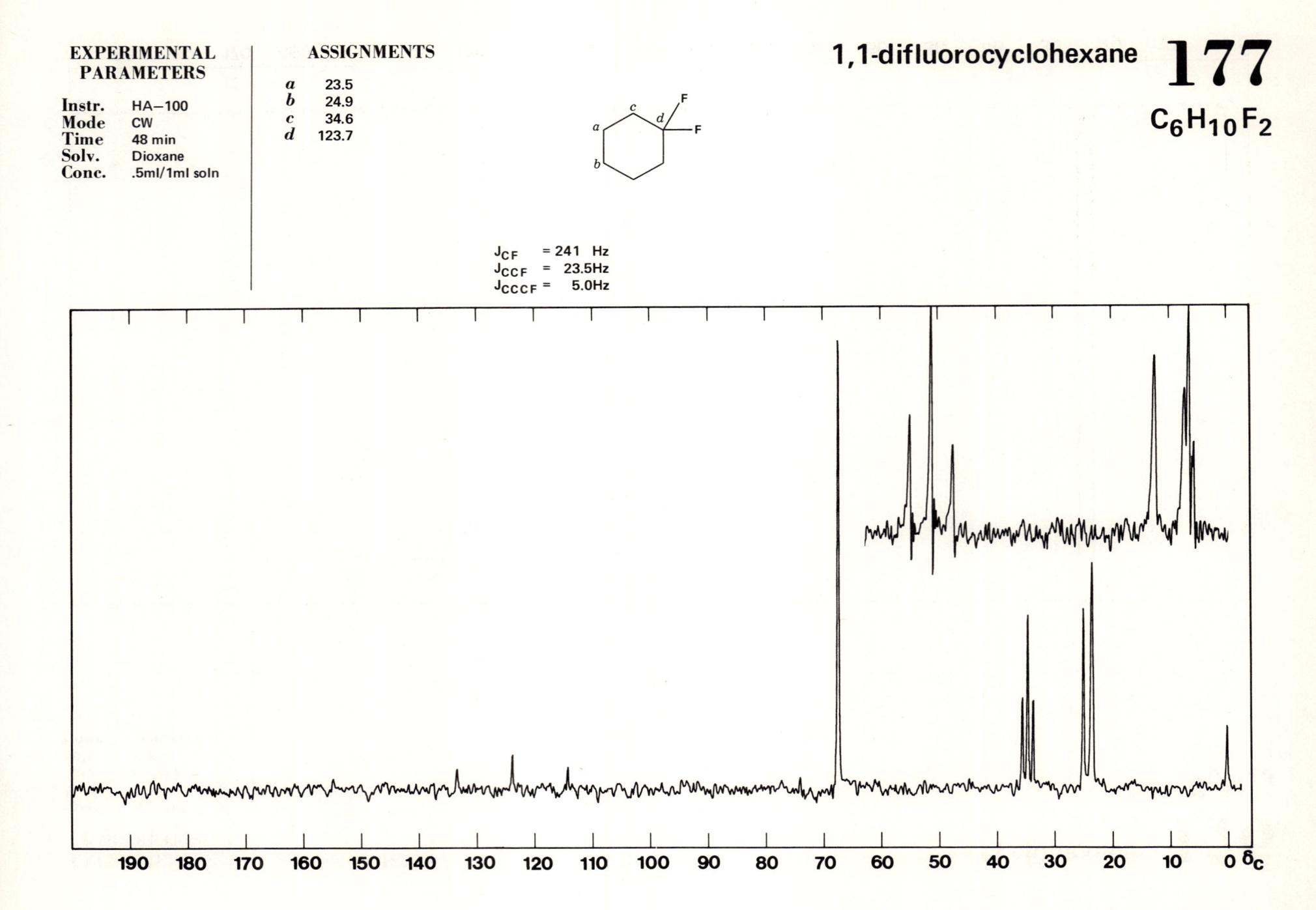

monomethylol dimethylhydantoin 178

$C_6H_{10}N_2O_3$

ASSIGNMENTS

a	24.3
b	59.9
c	61.9
d	157.1
e	180.4

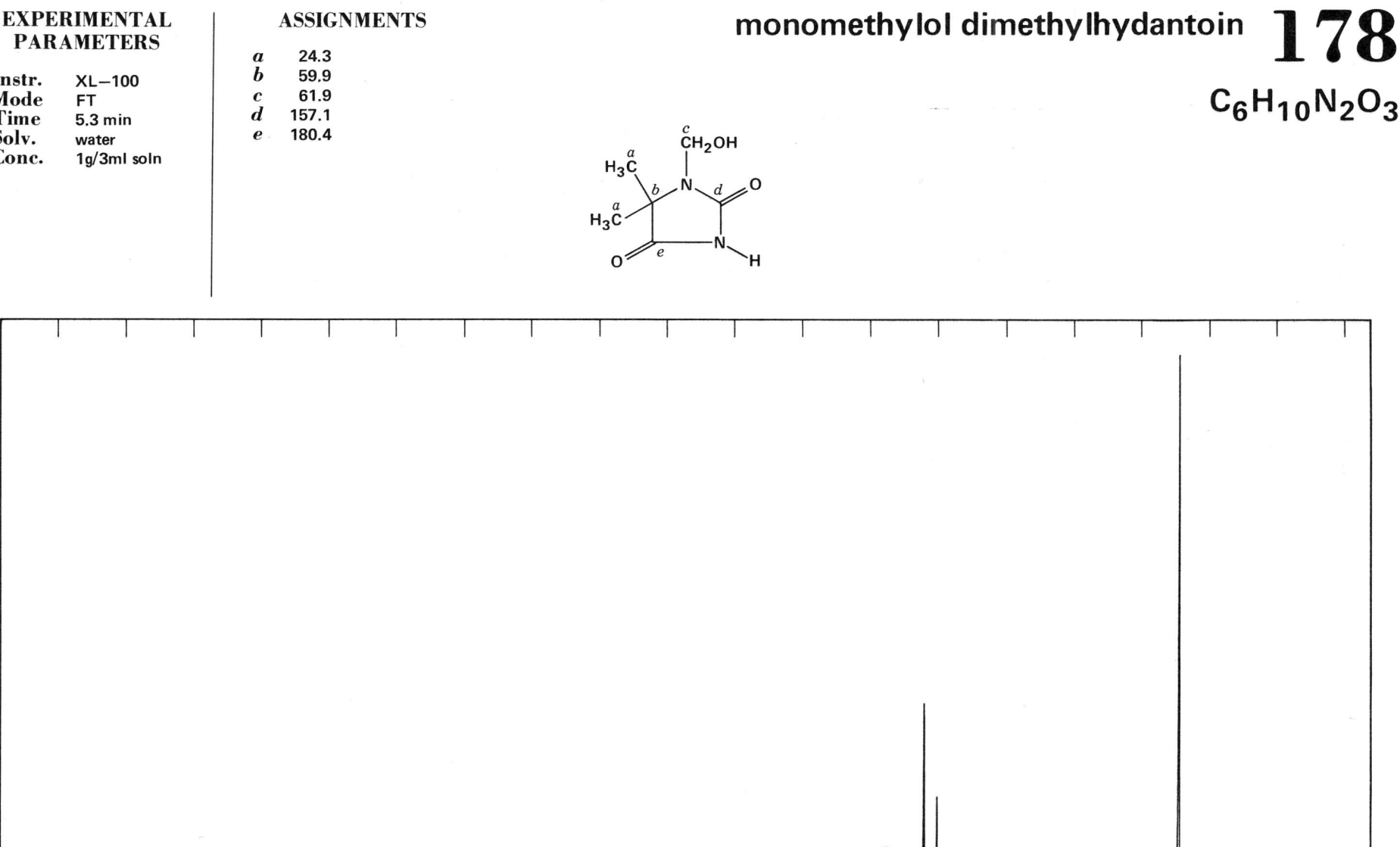

EXPERIMENTAL PARAMETERS

Instr. XL-100
Mode FT
Time 5.3 min
Solv. water
Conc. 1g/3ml soln

cyclohexanone 179

$C_6H_{10}O$

ASSIGNMENTS

a	25.1
b	27.1
c	41.9
d	211.3

EXPERIMENTAL PARAMETERS

Instr. XL-100
Mode FT
Time 5.3 min
Solv. CDCl₃
Conc. 1ml/3ml soln

3-methylcyclopentanone

$C_6H_{10}O$

EXPERIMENTAL PARAMETERS

Instr. XL–100
Mode FT
Time 5.3 min
Solv. CDCl₃
Conc. 1ml/3ml soln

ASSIGNMENTS

a	20.3q
b	31.3t
c	31.7d
d	38.4t
e	46.7t
f	219.0

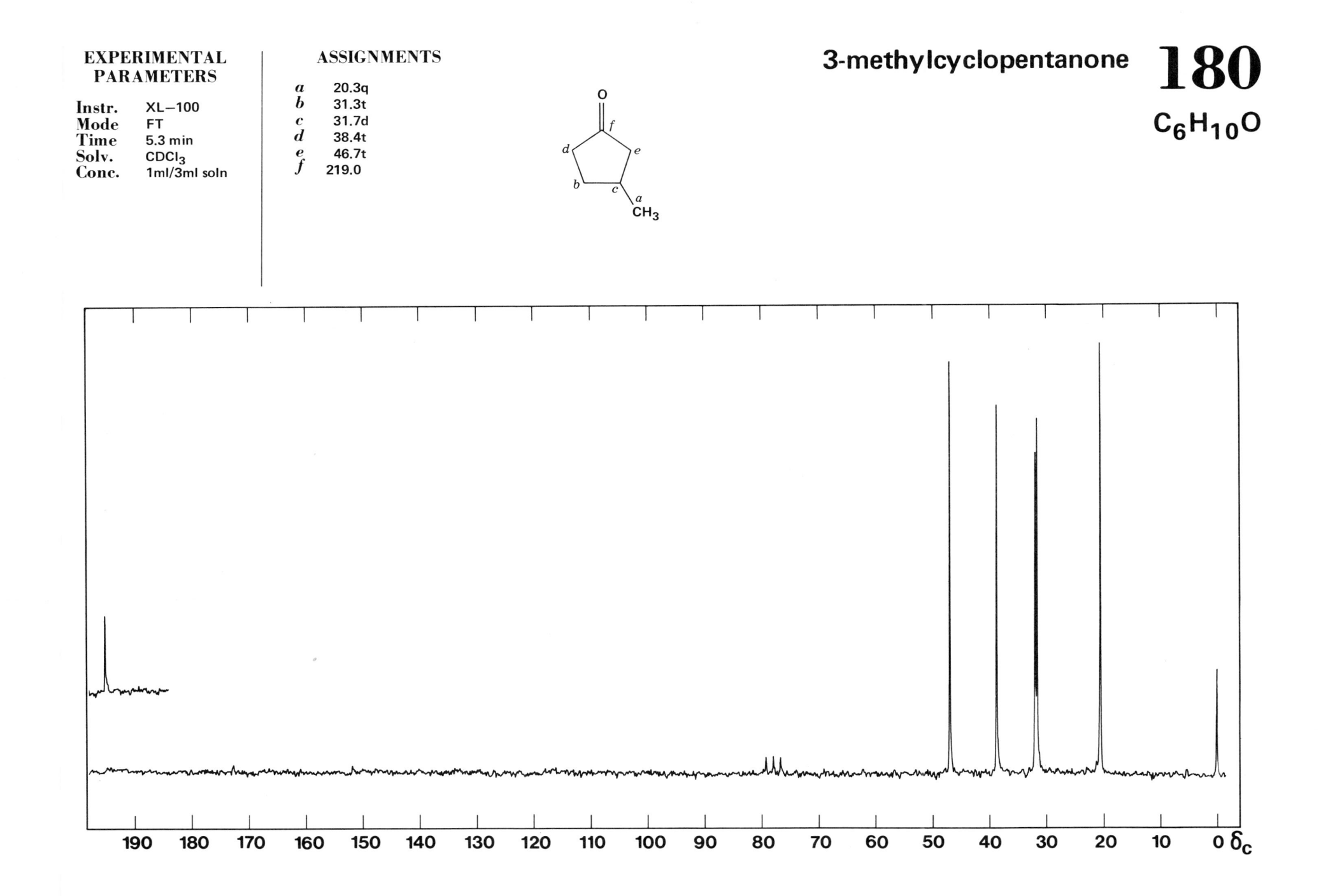

ethyl acetoacetate 181

$C_6H_{10}O_3$

EXPERIMENTAL PARAMETERS

Instr. XL-100
Mode FT
Time 5.3 min
Solv. CDCl$_3$
Conc. 1ml/3ml soln

ASSIGNMENTS

a 14.1q
b 29.9q
c 50.0t
d 61.1t
e 167.2
f 200.5

Minor peaks are probably due to enol form.

propionic anhydride 182
$C_6H_{10}O_3$

CH₃CH₂−C(=O)−O−ᶜC(=O)−ᵇCH₂ᵃCH₃

EXPERIMENTAL PARAMETERS

Instr.	XL-100
Mode	FT
Time	5.3 min
Solv.	CDCl₃
Conc.	1ml/2ml solv

ASSIGNMENTS

a	8.4
b	28.7
c	170.3

diethyloxalate 183
$C_6H_{10}O_4$

EXPERIMENTAL PARAMETERS

Instr. XL-100
Mode FT
Time 5.3 min
Solv. $CDCl_3$
Conc. 1ml/2ml solv

ASSIGNMENTS

a	13.9
b	62.9
c	158.0

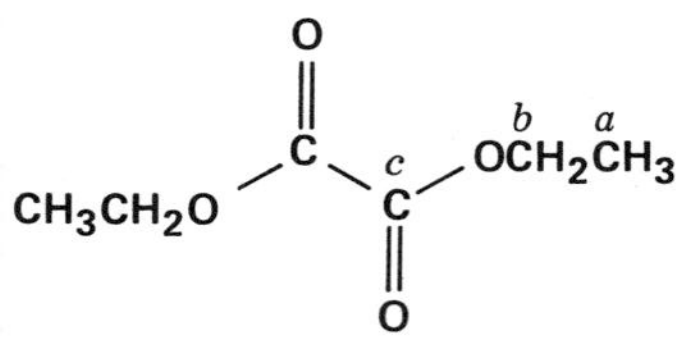

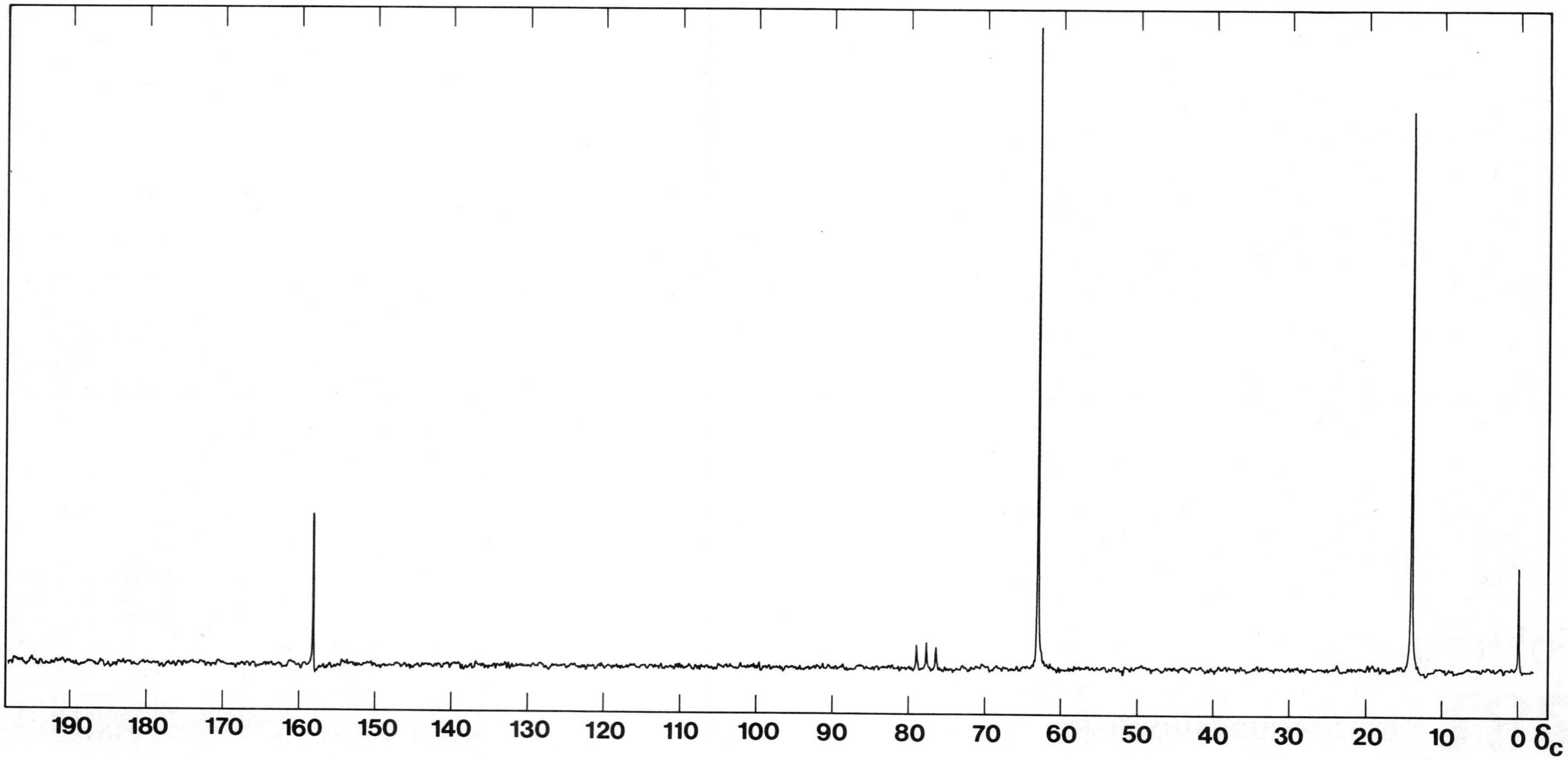

bromocyclohexane 184

$C_6H_{11}Br$

EXPERIMENTAL PARAMETERS

Instr. XL-100
Mode FT
Time 5.3 min
Solv. CDCl$_3$
Conc. 1ml/3ml soln⁻

ASSIGNMENTS

a	25.2
b	25.8
c	37.5
d	53.0

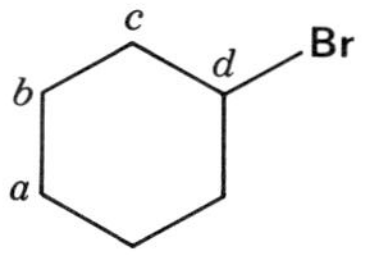

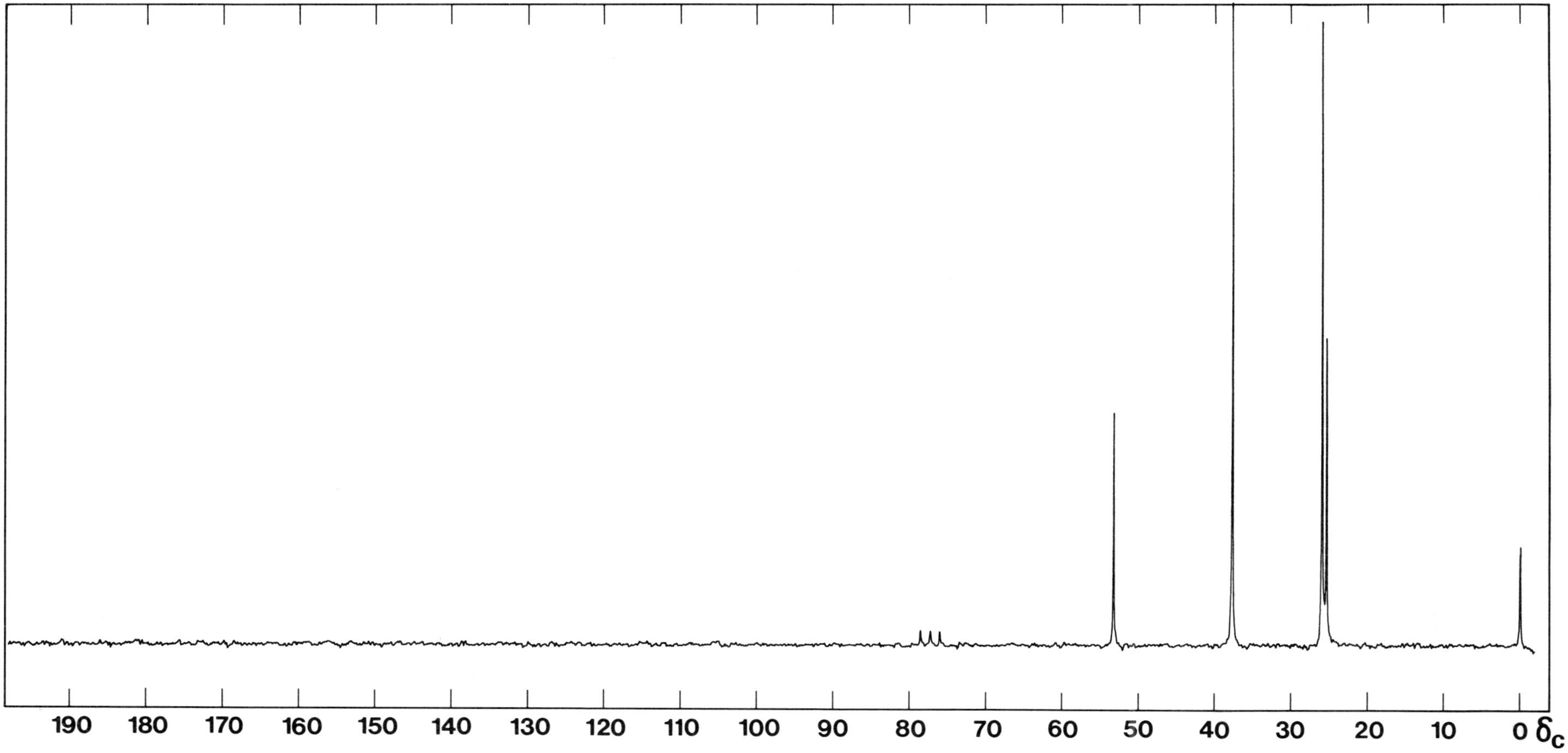

caprolactam 185

$C_6H_{11}NO$

EXPERIMENTAL PARAMETERS

Instr. XL-100
Mode FT
Time 5 min
Solv. CDCl₃
Conc. .5g/2ml solv

ASSIGNMENTS

a   23.2
b * 29.7
c * 30.6
d   36.8
e   42.6
f   179.5

methylcyclopentane 186
C_6H_{12}

ASSIGNMENTS

a	20.7
b	25.5
c	34.8
d	34.9

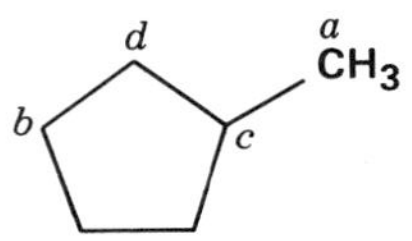

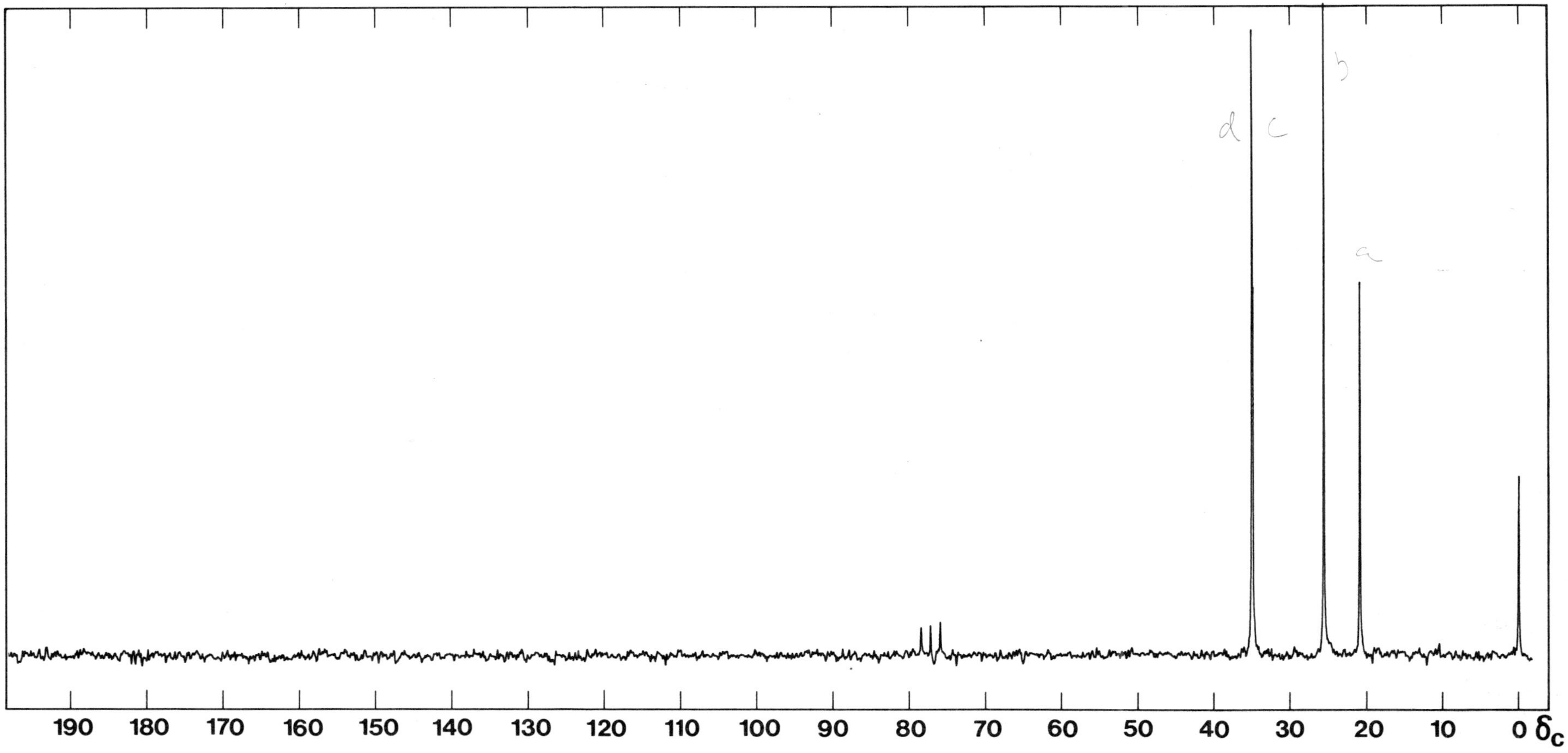

EXPERIMENTAL PARAMETERS

Instr. XL–100
Mode FT
Time 5.3 min
Solv. CDCl$_3$
Conc. 1ml/2ml solv

187 neohexene

C_6H_{12}

EXPERIMENTAL PARAMETERS

Instr.	HA–100
Mode	CW
Time	15 min
Solv.	Dioxane
Conc.	.5ml/1ml soln

ASSIGNMENTS

a	34.1
b	38.7
c	109.0
d	149.5

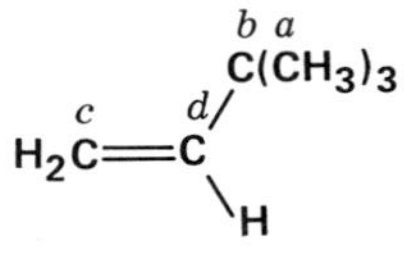

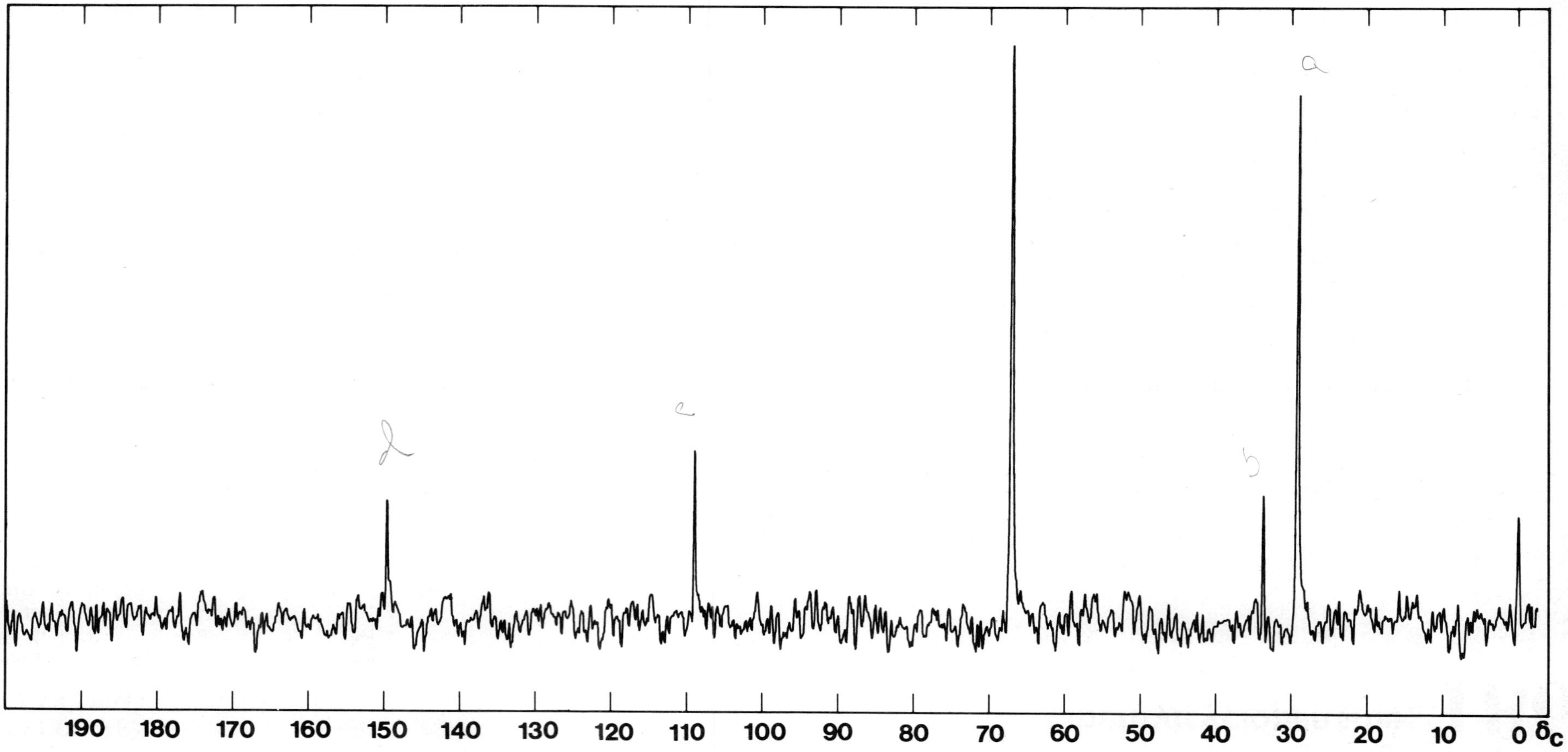

188

cis-hexene-2

C_6H_{12}

EXPERIMENTAL PARAMETERS

Instr. XL-100
Mode FT
Time 5 min
Solv. CDCl$_3$
Conc. .7ml/2.3ml solv

ASSIGNMENTS

a	12.7
b	13.7
c	22.9
d	29.1
e	123.8
f	130.7

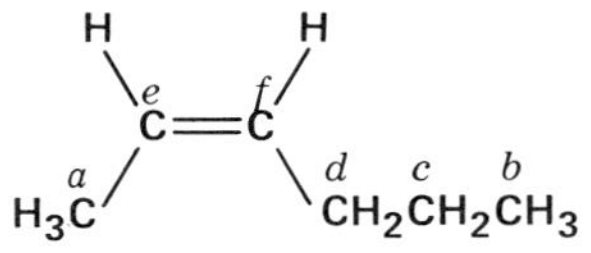

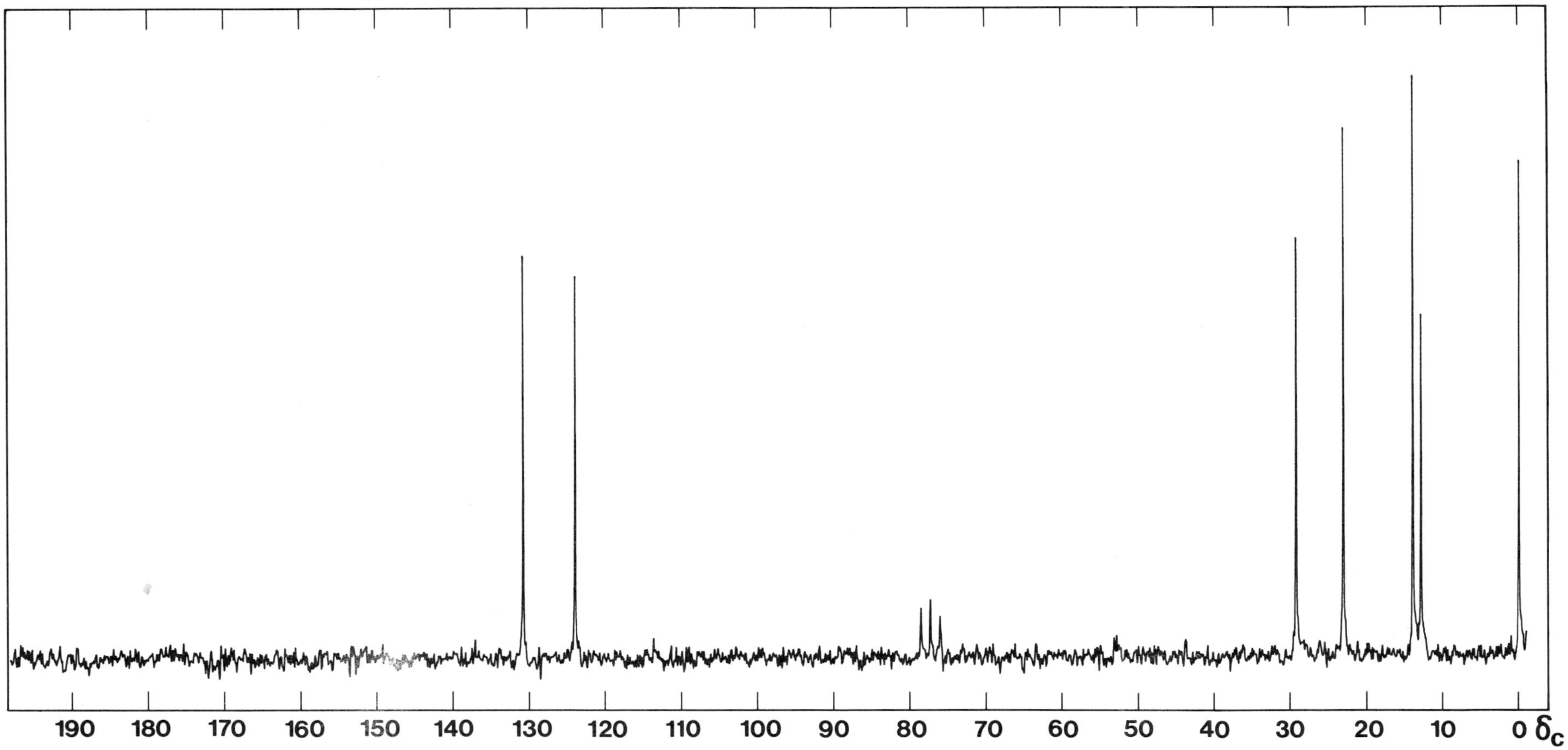

cystine 189

$C_6H_{12}N_2O_4S_2$

EXPERIMENTAL PARAMETERS

Instr. XL-100
Mode FT
Time 5.3 min
Solv. water (basic)
Conc. .5g/2.5ml solv

ASSIGNMENTS

a 44.6
b 55.8
c 181.2

methyl isobutyl ketone 190

$C_6H_{12}O$

EXPERIMENTAL PARAMETERS

Instr. XL-100
Mode FT
Time 5.3 min
Solv. CDCl$_3$
Conc. 1ml/3ml soln

ASSIGNMENTS

a 22.5
b 24.5
c 30.1
d 52.7
e 208.0

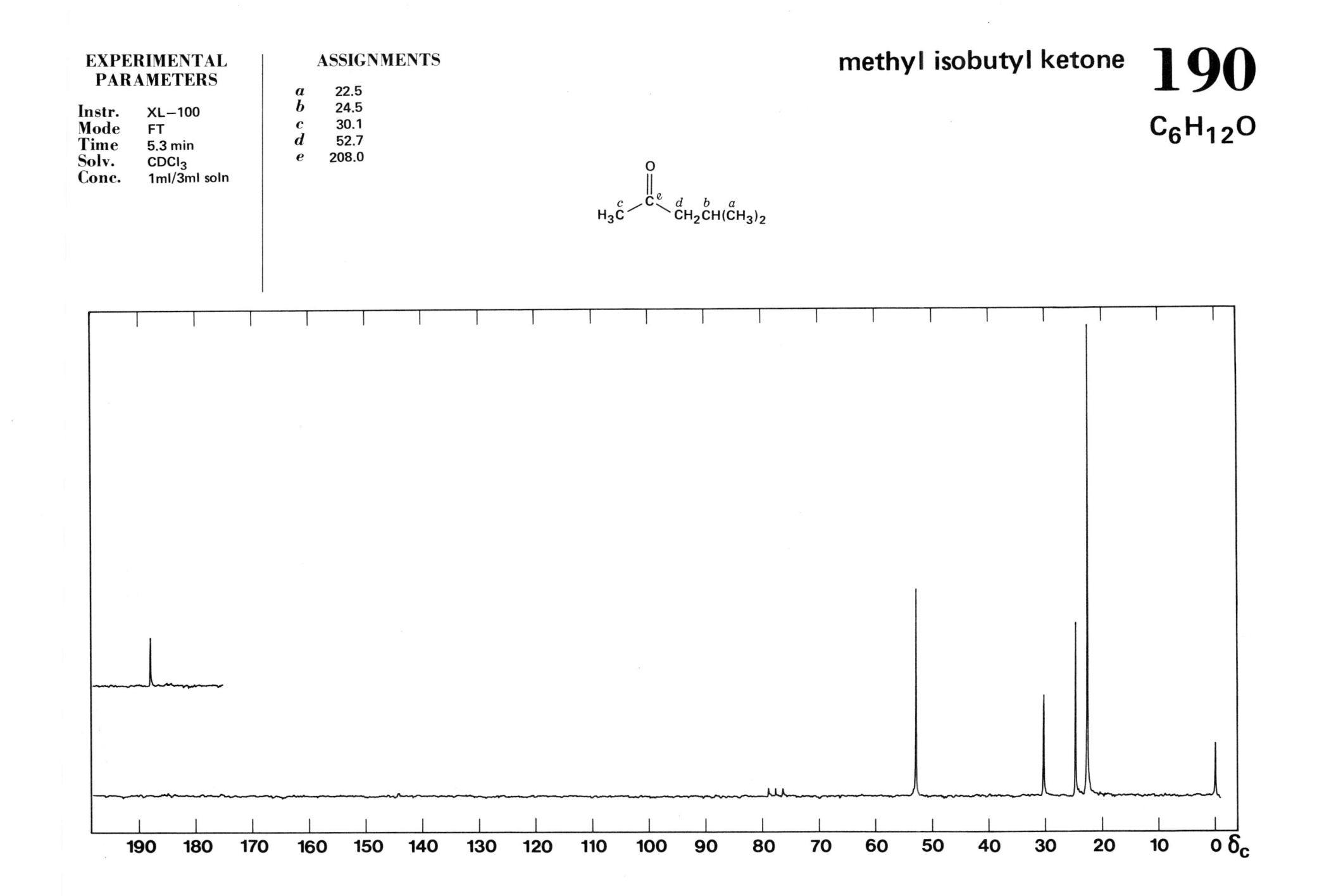

$$H_3\overset{c}{C}-\overset{e}{\underset{\underset{O}{\|}}{C}}-\overset{d}{C}H_2\overset{b}{C}H(\overset{a}{C}H_3)_2$$

cyclohexanol 191
C$_6$H$_{12}$O

ASSIGNMENTS
a	24.3
b	25.7
c	35.5
d	70.0

EXPERIMENTAL PARAMETERS
Instr. XL–100
Mode FT
Time 5.3 min
Solv. CDCl$_3$
Conc. 1ml/2ml solv

n-butylthioacetate 192

$C_6H_{12}OS$

EXPERIMENTAL PARAMETERS

Instr. HA-100
Mode CW
Time 15 min
Solv. Dioxane
Conc. .5ml/1ml soln

ASSIGNMENTS

a 13.6
b 22.2t
c 28.7t
d 30.1q
e 32.1t
f 194.1

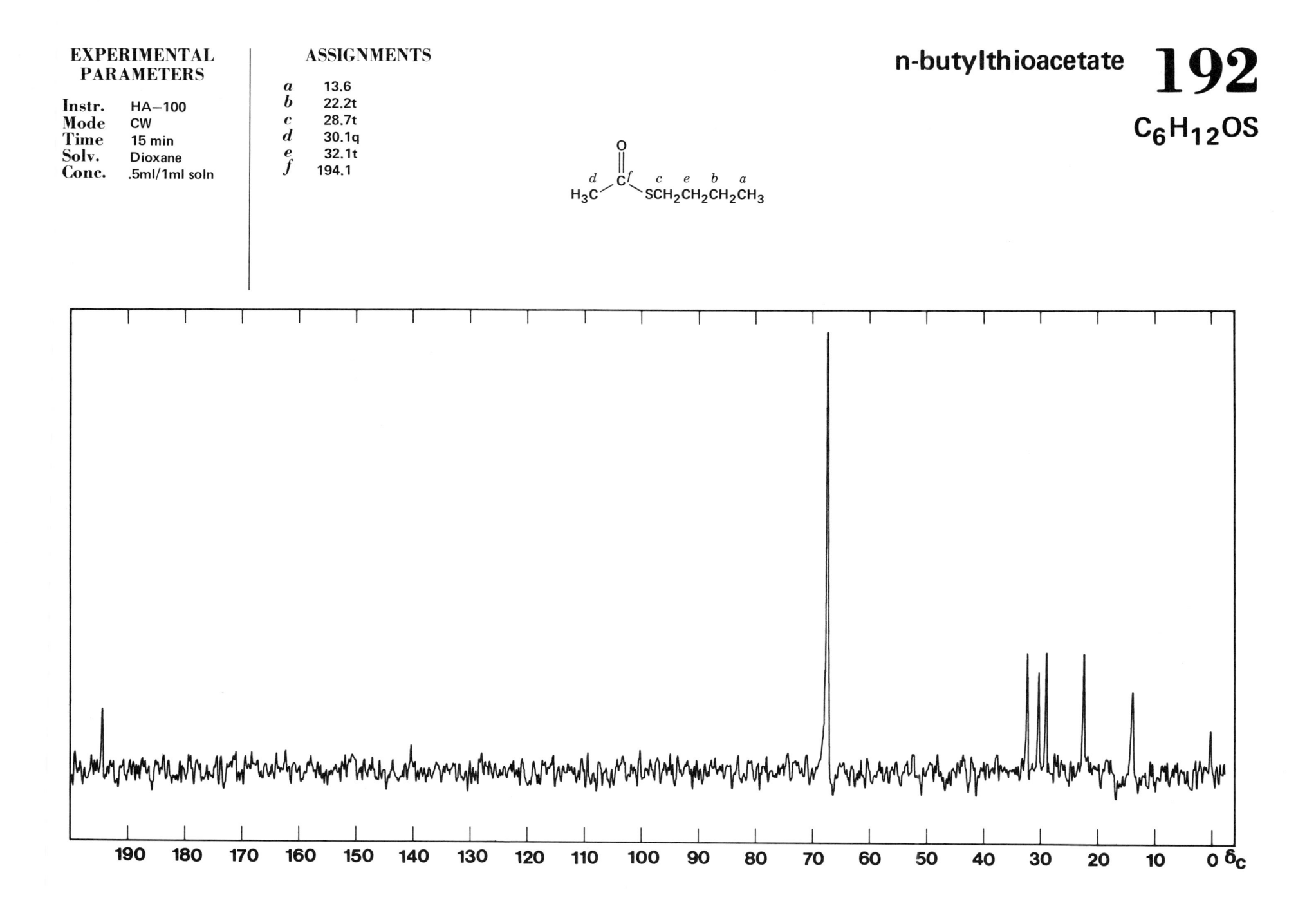

$$\underset{d}{H_3C}-\underset{f}{\overset{\overset{O}{\|}}{C}}-\underset{c\ e\ b\ a}{SCH_2CH_2CH_2CH_3}$$

caproic acid 193

$C_6H_{12}O_2$

EXPERIMENTAL PARAMETERS

Instr. XL-100
Mode FT
Time 5.3 min
Solv. CDCl$_3$
Conc. 1ml/2ml solv

ASSIGNMENTS

a 13.8
b 22.4
c 24.5
d 31.4
e 34.2
f 180.6

HO–$\overset{O}{\underset{f}{C}}$–$\overset{e}{CH_2}\overset{c}{CH_2}\overset{d}{CH_2}\overset{b}{CH_2}\overset{a}{CH_2}CH_3$

tert-butyl acetate 194

$C_6H_{12}O_2$

EXPERIMENTAL PARAMETERS

Instr. XL-100
Mode FT
Time 5.3 min
Solv. CDCl$_3$
Conc. 1ml/3ml soln

ASSIGNMENTS

a 22.3
b 28.1
c 79.9
d 170.2

$$\underset{H_3\overset{a}{C}}{} \overset{O}{\underset{\|}{}} \overset{d}{C} - \overset{c}{O} \overset{b}{C(CH_3)_3}$$

rhamnose 195

$C_6H_{12}O_5$

EXPERIMENTAL PARAMETERS

Instr. XL-100
Mode FT
Time 11 min
Solv. water
Conc. 730mg/3ml soln

ASSIGNMENTS

a 17.7
b 69.0
c 70.9
d 71.7
e 72.2
f 72.7
g 73.1
h 73.7
i 94.3
j 94.8

196 myo-inositol

$C_6H_{12}O_6$

ASSIGNMENTS

a	72.0
b	73.1
c	73.3
d	75.2

EXPERIMENTAL PARAMETERS

- Instr. XL–100
- Mode FT
- Time 5.3 min
- Solv. water
- Conc. .5g/2ml solv

ref 14

glucose 197

$C_6H_{12}O_6$

EXPERIMENTAL PARAMETERS

Instr. XL-100
Mode FT
Time 5.3 min
Solv. water
Conc. 1g/2.5ml solv

ASSIGNMENTS

a 61.6
b 70.4
c 72.3
d 73.6
e 74.9
f* 76.5
g* 76.7
h 92.8
i 96.7

ref 8

galactose 198

$C_6H_{12}O_6$

EXPERIMENTAL PARAMETERS

Instr.	XL–100
Mode	FT
Time	5.3 min
Solv.	water
Conc.	1g/2.5ml solv

ASSIGNMENTS

a	61.9
b	62.1
c	69.3
d	69.6
e *	70.1
f *	70.2
g	71.3
h	72.9
i	73.7
j	75.9
k	93.2
l	97.3

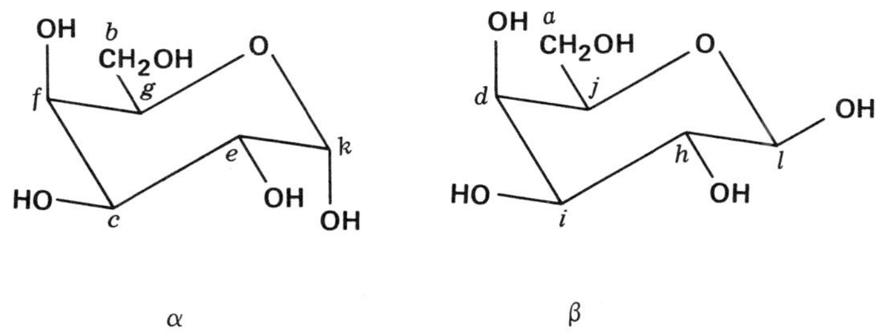

ref 15

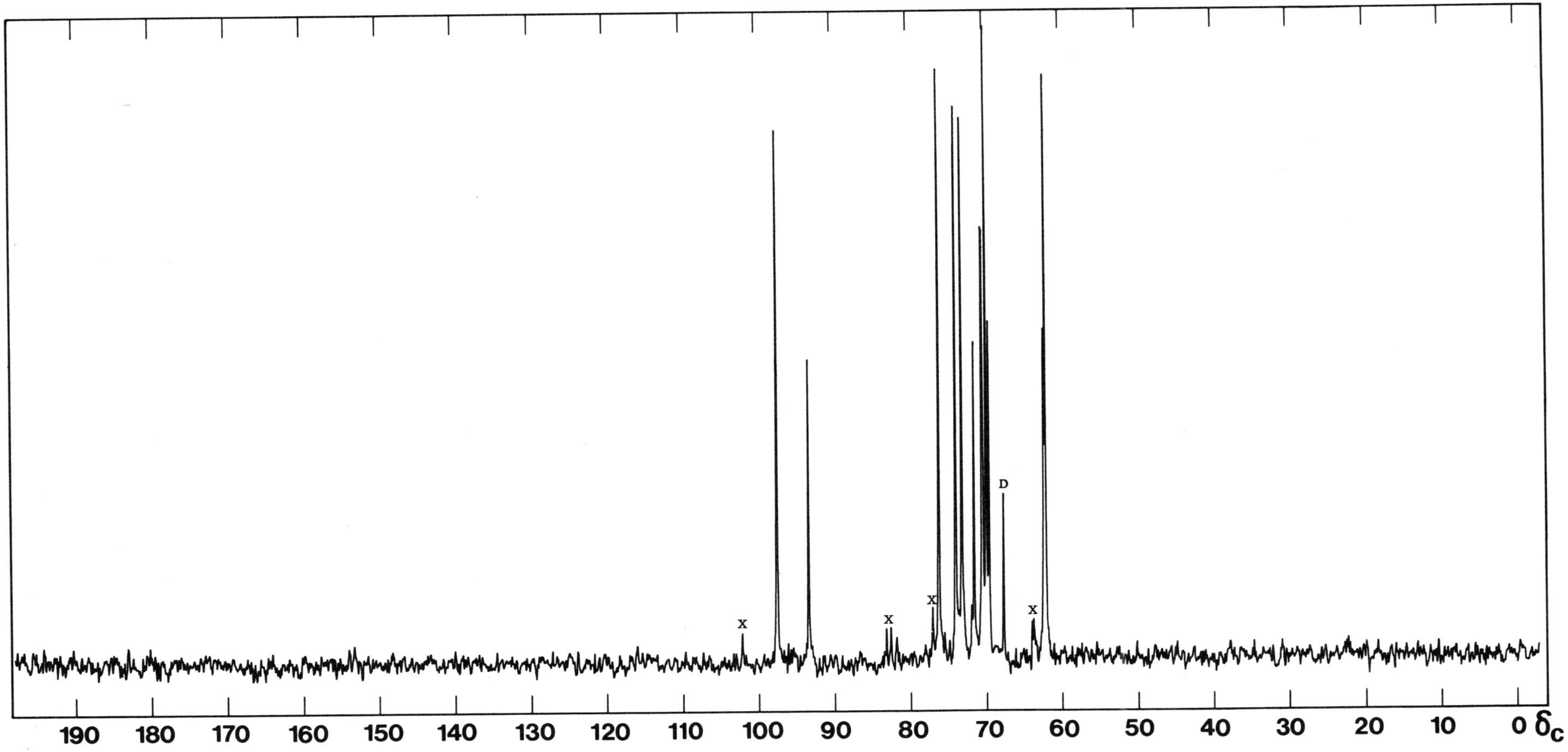

4-methylpiperidine   199

C₆H₁₃N

ASSIGNMENTS

a	22.5q
b	31.3d
c	35.7t
d	46.8t

EXPERIMENTAL PARAMETERS

- Instr.: XL-100
- Mode: FT
- Time: 5.3 min
- Solv.: CDCl₃
- Conc.: ~1ml/3ml soln

cyclohexylamine 200

$C_6H_{13}N$

EXPERIMENTAL PARAMETERS

Instr. XL-100
Mode FT
Time 5.3 min
Solv. CDCl$_3$
Conc. 1ml/2ml solv

ASSIGNMENTS

a 25.1
b 25.7
c 36.7
d 50.4

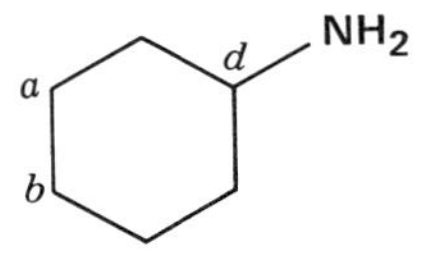

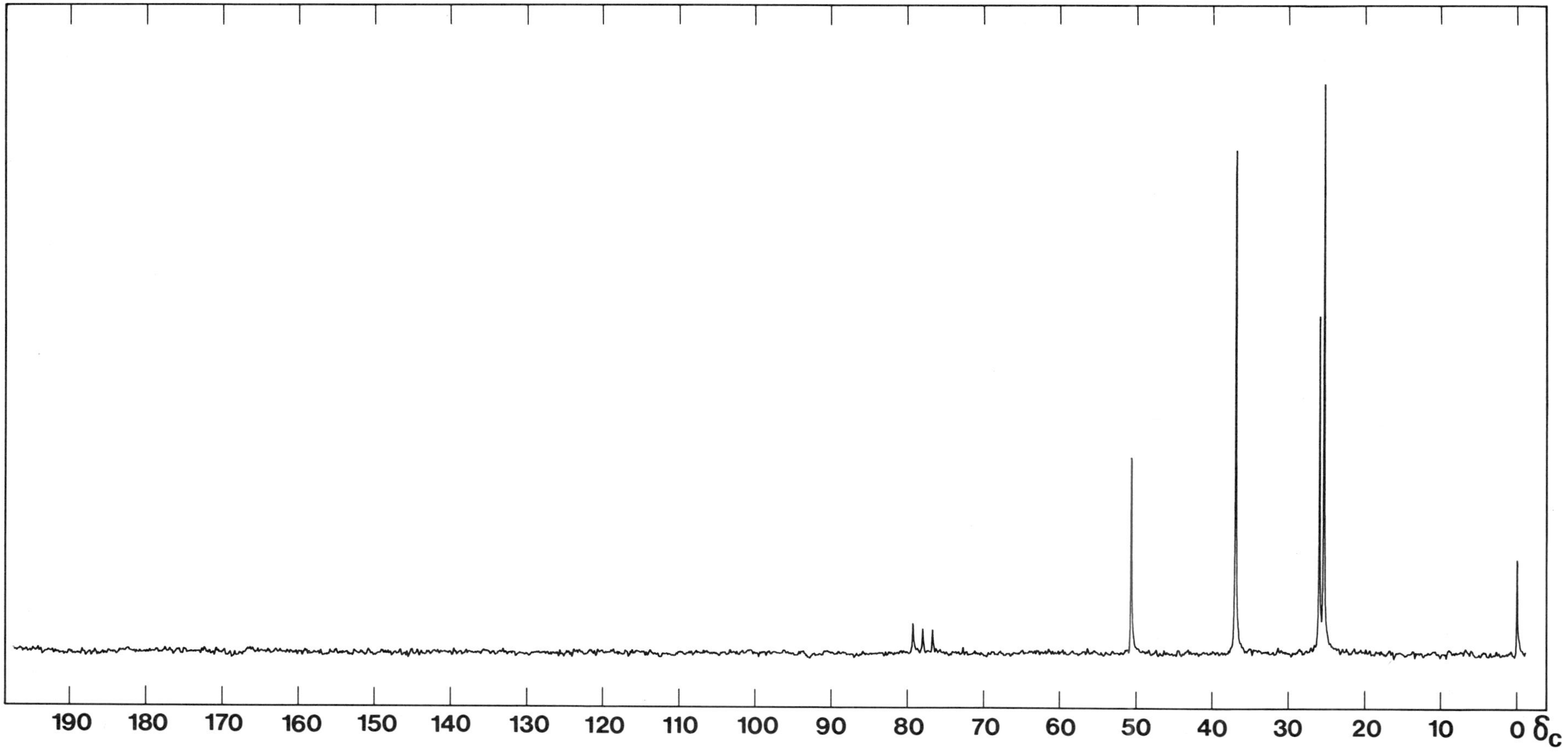

δ_c

2-methylpiperidine   201

$C_6H_{13}N$

ASSIGNMENTS

- a 23.1q
- b* 25.0t
- c* 26.3t
- d 34.9t
- e 47.3t
- f 52.4d

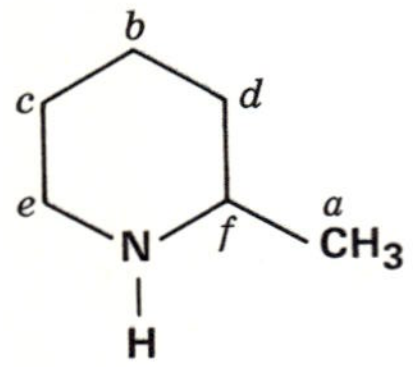

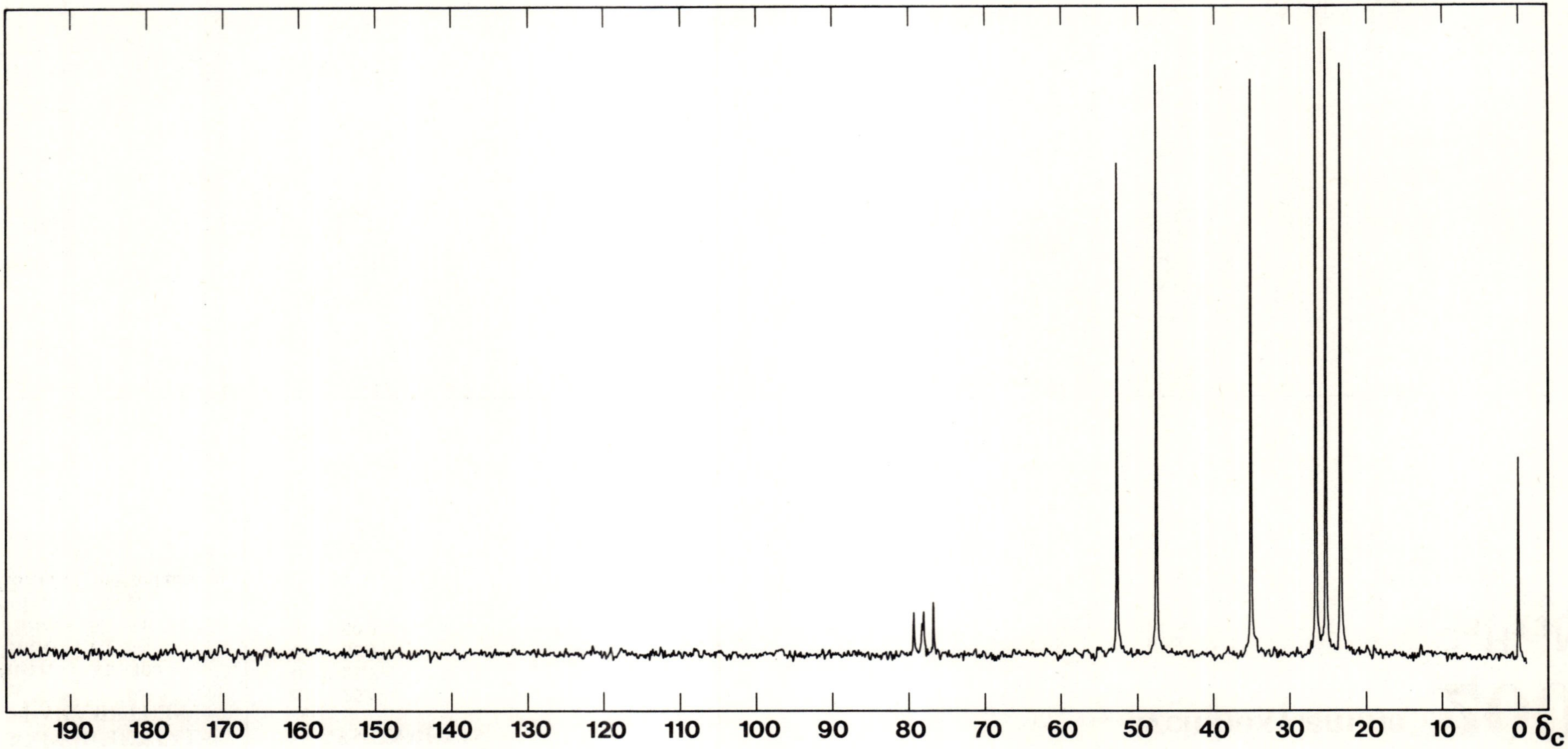

EXPERIMENTAL PARAMETERS

- Instr. XL–100
- Mode   FT
- Time   5.3 min
- Solv. CDCl$_3$
- Conc. 1ml/3ml soln

N-ethylmorpholine 202

$C_6H_{13}NO$

EXPERIMENTAL PARAMETERS

Instr. XL-100
Mode FT
Time 5.3 min
Solv. CDCl₃
Conc. 1ml/3ml soln

ASSIGNMENTS

a	11.7
b	52.7
c	53.4
d	66.9

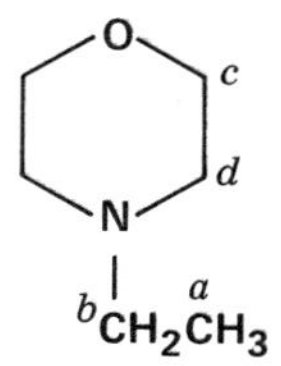

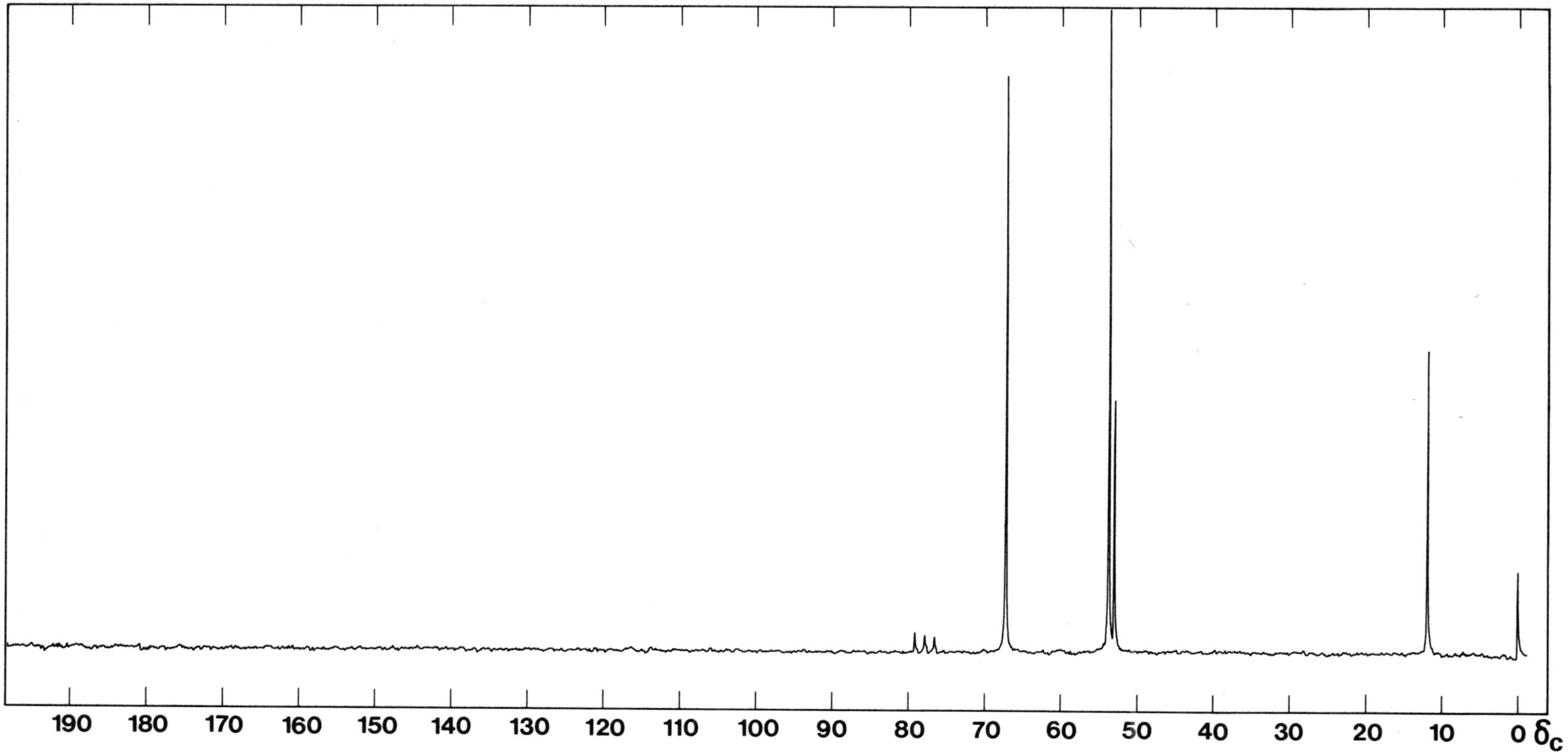

leucine 203

$C_6H_{13}NO_2$

EXPERIMENTAL PARAMETERS

Instr. XL-100
Mode FT
Time 5.3 min
Solv. water (basic)
Conc. .5g/2.5ml solv

ASSIGNMENTS

a 22.3
b 23.5
c 25.2
d 45.2
e 55.5
f 184.7

leucine 204

$C_6H_{13}NO_2$

EXPERIMENTAL PARAMETERS

Instr. XL-100
Mode FT
Time 5.3 min
Solv. water (acidic)
Conc. 485mg/2.5ml solv

ASSIGNMENTS

a	22.0
b	22.5
c	24.8
d	39.8
e	52.5
f	173.3

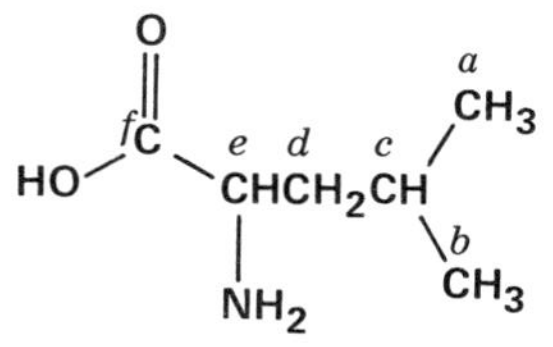

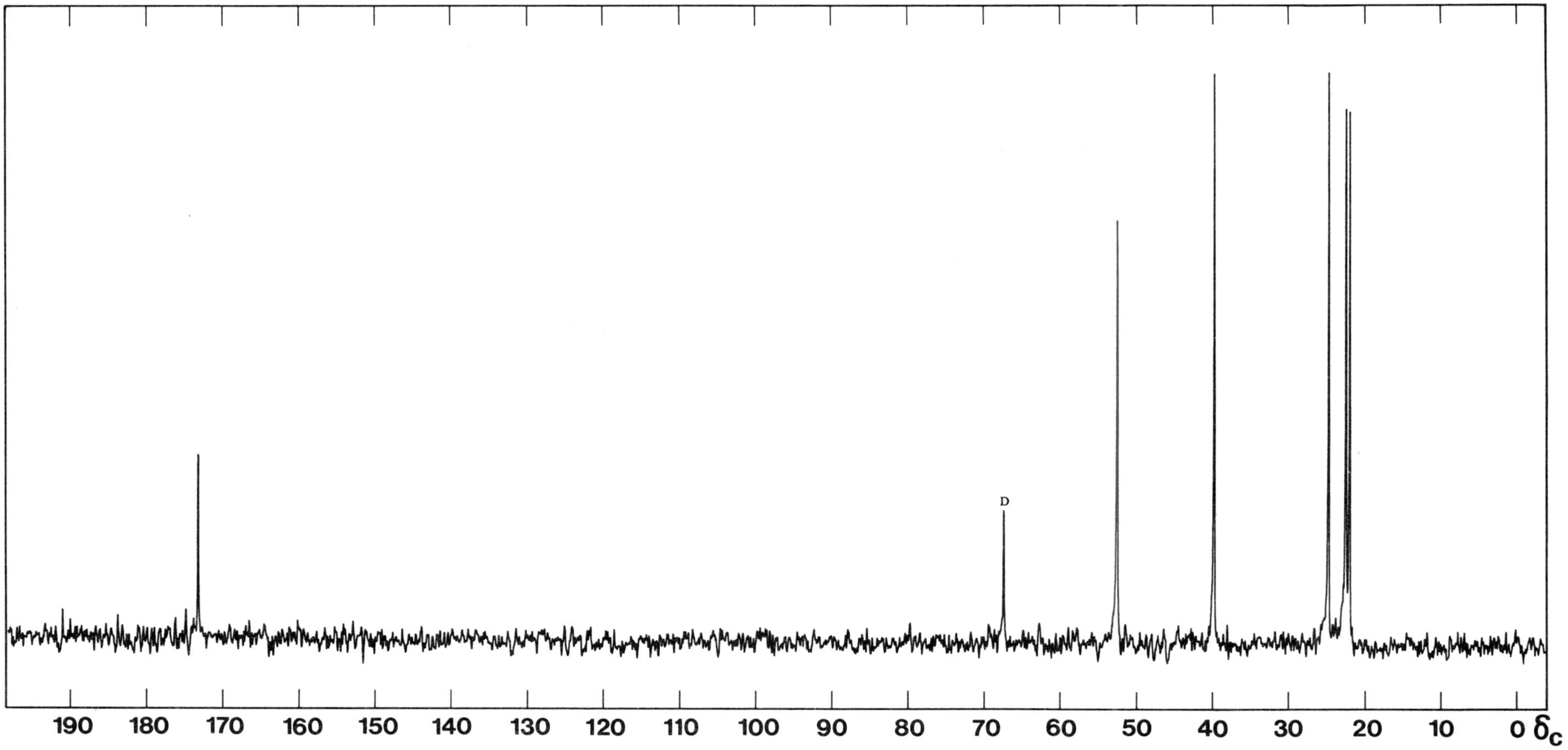

Structure:

$$HO-\underset{f}{C}(=O)-\underset{e}{CH}(NH_2)-\underset{d}{CH_2}-\underset{c}{CH}-\underset{a,b}{(CH_3)_2}$$

glucosamine hydrochloride 205

$C_6H_{13}NO_5 \cdot HCl$

EXPERIMENTAL PARAMETERS

Instr. XL-100
Mode FT
Time 11 min
Solv. water
Conc. .5g/2.5ml solv

ASSIGNMENTS

a 55.3
b 57.8
c 61.3
d 70.5
e 72.4
f 72.9
g 76.9
h 90.0
i 93.6

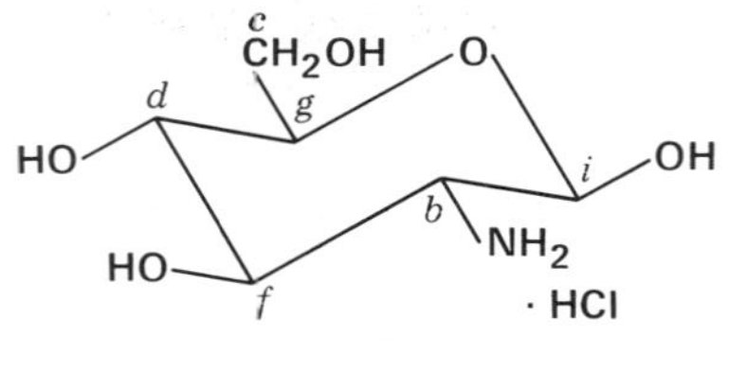

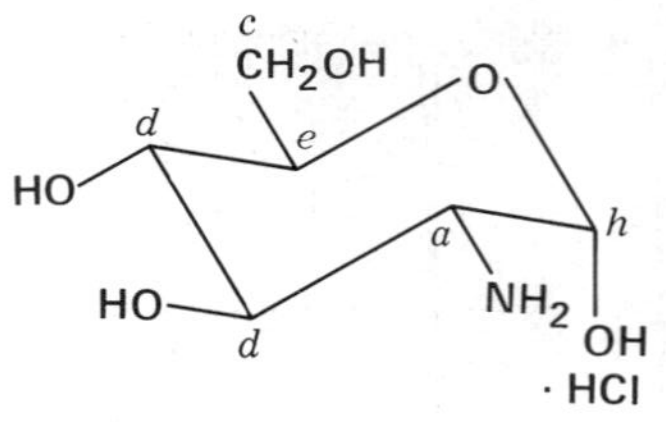

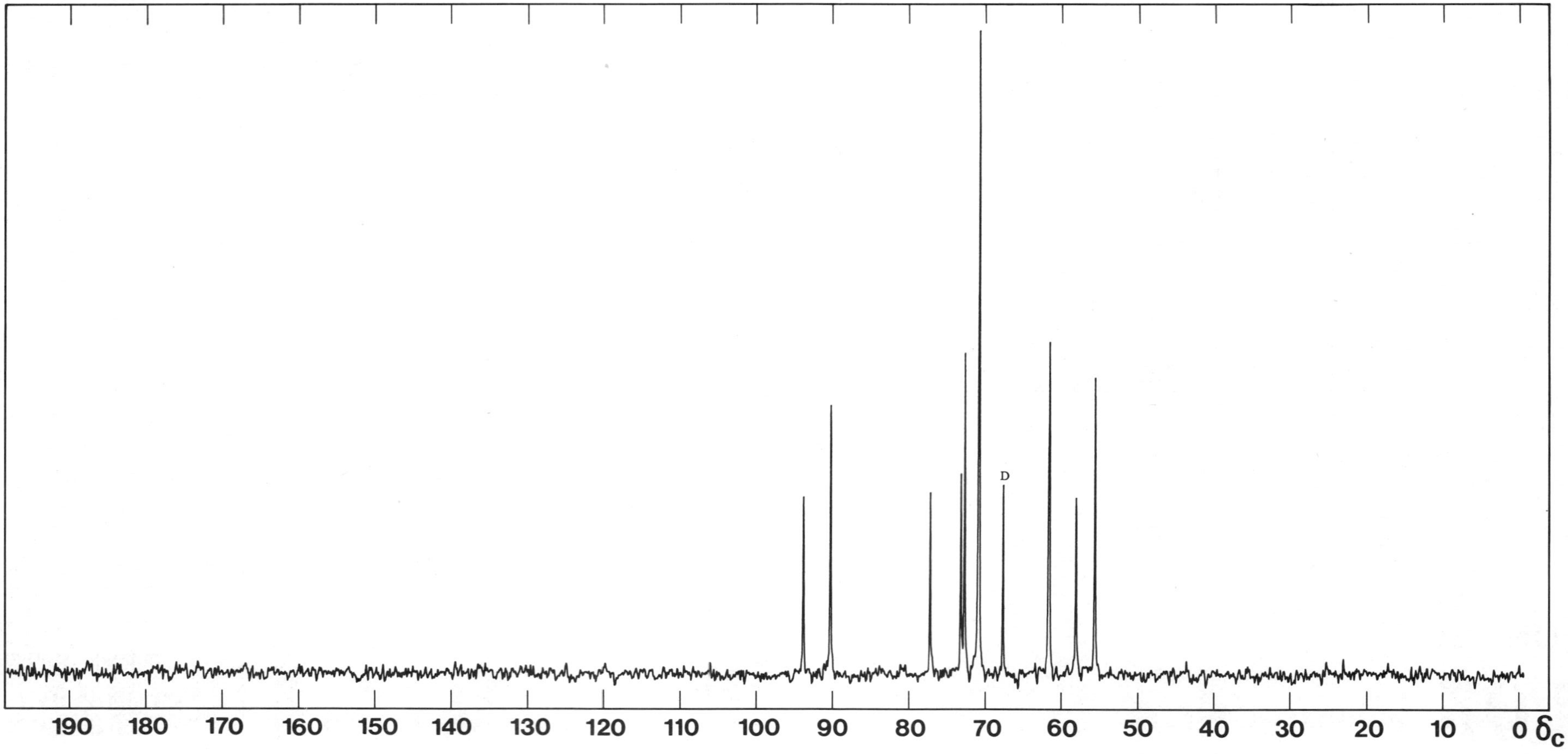

2,2-dimethylbutane 206

C_6H_{14}

EXPERIMENTAL PARAMETERS

Instr. XL-100
Mode FT
Time 5.3 min
Solv. CDCl$_3$
Conc. 1ml/3ml soln

ASSIGNMENTS

a 8.8
b 28.9
c 30.4
d 36.5

$(CH_3)_3CCH_2CH_3$
  b   c d   a

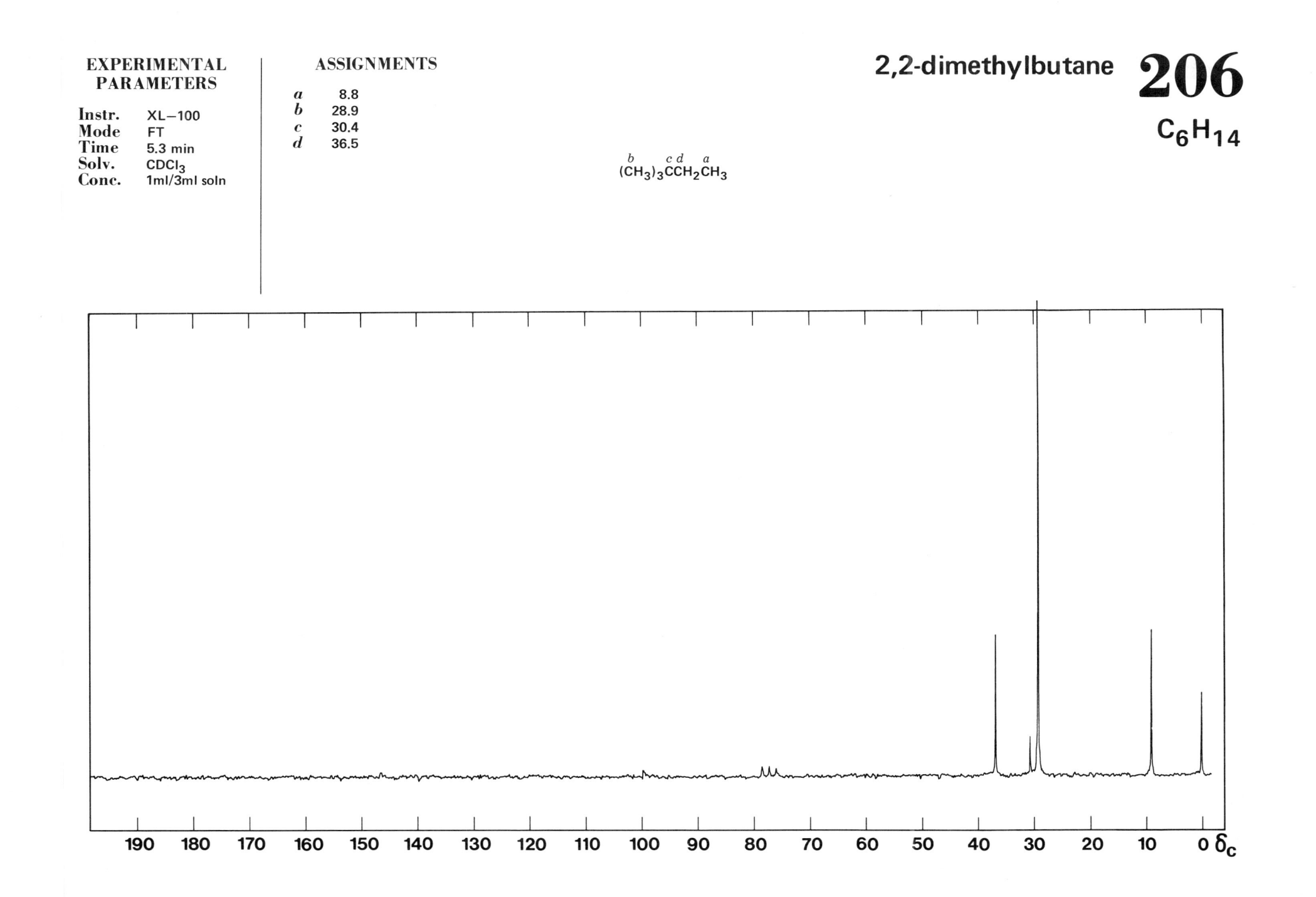

3-methylpentane

207

C_6H_{14}

CH₃CH₂CHCH₂CH₃ with CH₃ branch
a: CH₃ (terminal of CH₂CH₃, right)
b: CH₃ (branch)
c: CH
d: CH₂

EXPERIMENTAL PARAMETERS

Instr. XL–100
Mode FT
Time 5.3 min
Solv. CDCl₃
Conc. 1ml/3ml soln

ASSIGNMENTS

a 11.4
b 18.8
c 29.3
d 36.4

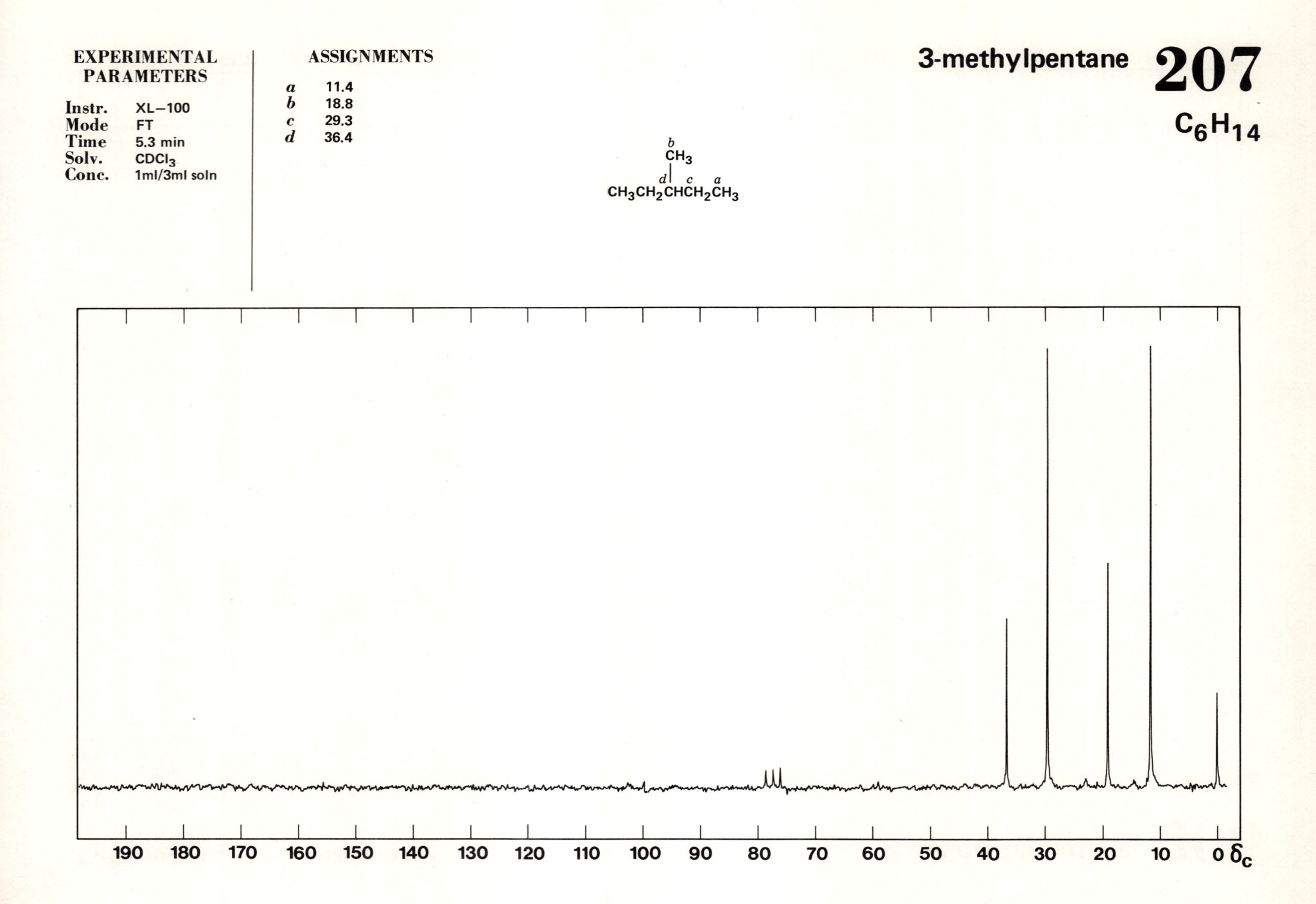

2,3-dimethylbutane 208

C_6H_{14}

$(CH_3)_2\overset{b}{C}H\overset{a}{C}H(CH_3)_2$

EXPERIMENTAL PARAMETERS

Instr. XL–100
Mode FT
Time 5.3 min
Solv. CDCl₃
Conc. 1ml/3ml soln

ASSIGNMENTS

a 19.5
b 34.0

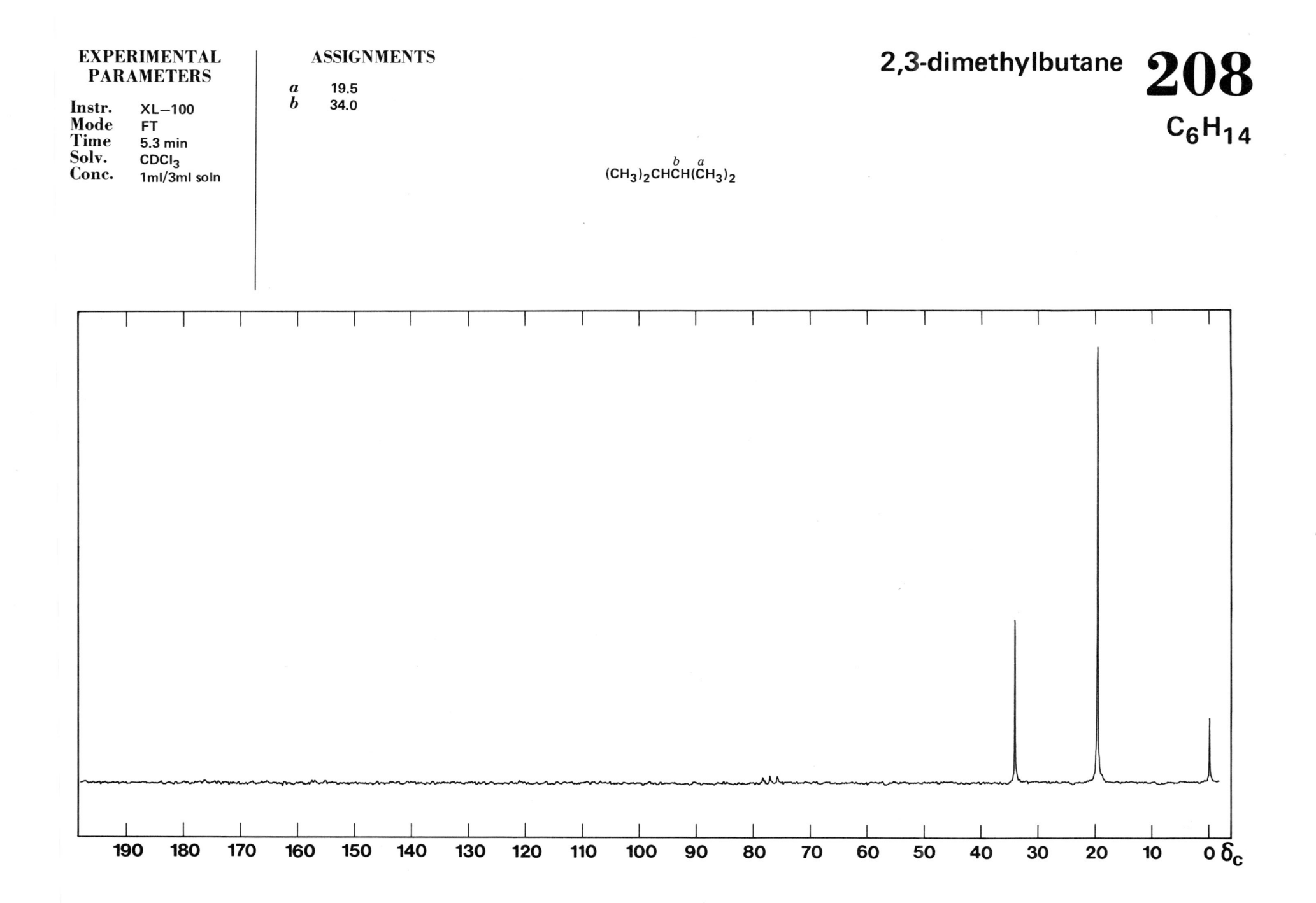

2-methylpentane 209

C_6H_{14}

EXPERIMENTAL PARAMETERS

Instr.	XL–100
Mode	FT
Time	5.3 min
Solv.	CDCl$_3$
Conc.	1ml/2ml solv

ASSIGNMENTS

a	14.3
b	20.6
c	22.6
d	27.9
e	41.6

$\overset{a}{C}H_3\overset{b}{C}H_2\overset{e}{C}H_2\overset{d}{C}H\overset{c}{C}H(CH_3)_2$

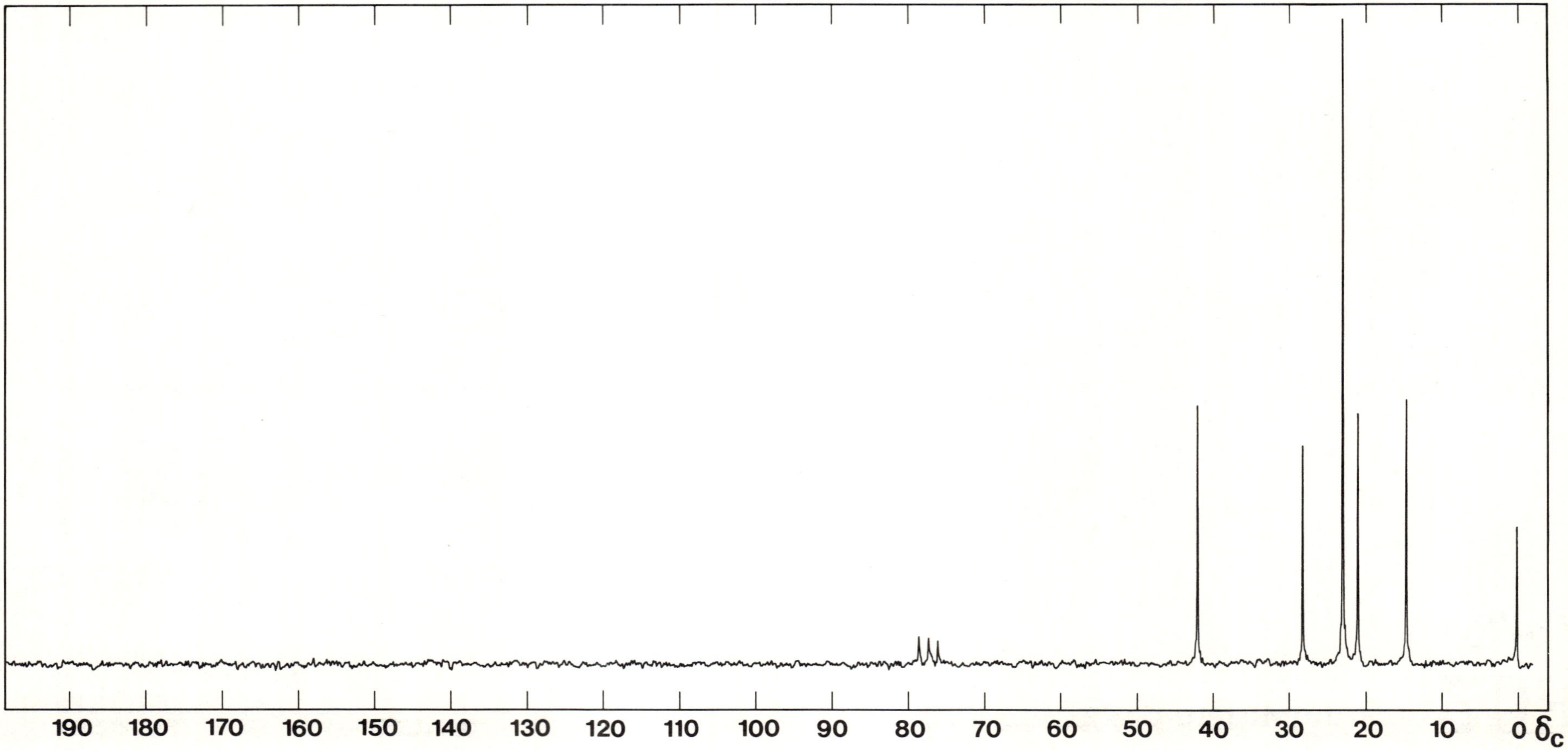

cis-2,5-dimethylpiperazine 210

$C_6H_{14}N_2$

ASSIGNMENTS

a	18.3q
b	49.3d
c	49.7t

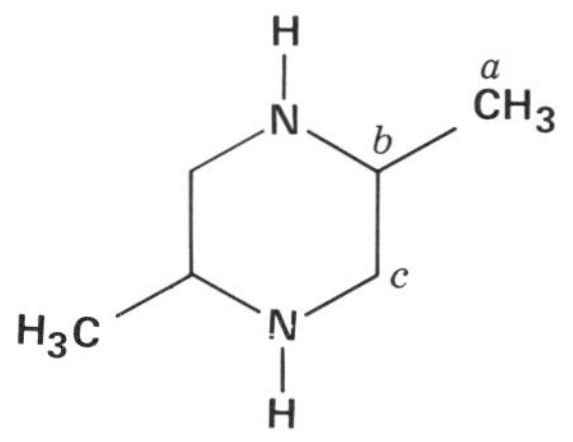

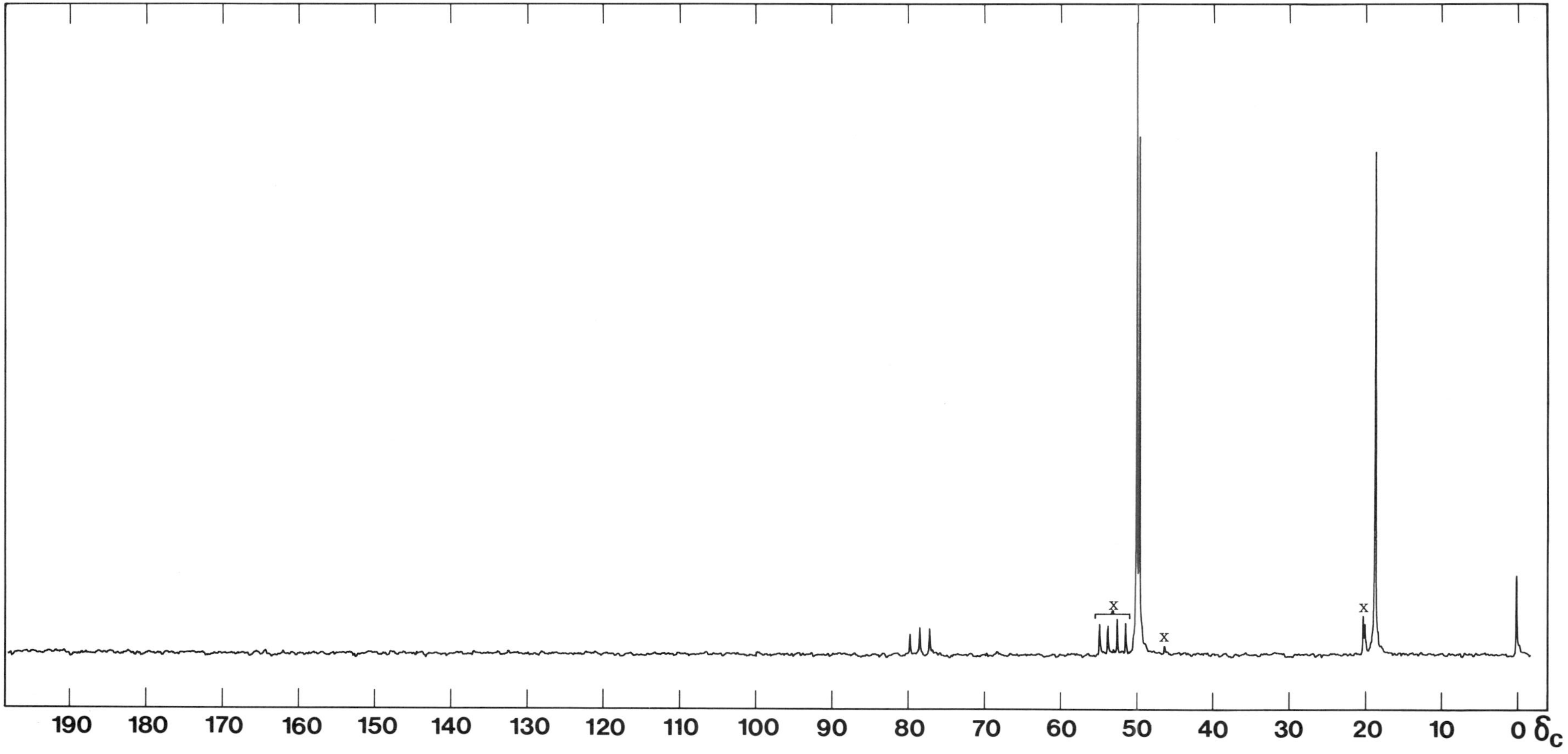

EXPERIMENTAL PARAMETERS

Instr. XL–100
Mode FT
Time 5.3 min
Solv. CDCl₃
Conc. 1ml/2ml solv

2,6-dimethylpiperazine   211

$C_6H_{14}N_2$

EXPERIMENTAL PARAMETERS

Instr. XL–100
Mode FT
Time 5.3 min
Solv. CDCl₃
Conc. 1g/3ml soln

ASSIGNMENTS

a 19.9q
b 52.1d
c 53.3t

lysine hydrochloride 212

$C_6H_{14}N_2O_2 \cdot HCl$

EXPERIMENTAL PARAMETERS

Instr. XL-100
Mode FT
Time 5.3 min
Solv. water
Conc. .5g/2.5ml solv

ASSIGNMENTS

a 22.3
b 27.3
c 30.8
d 40.2
e 55.2
f 175.3

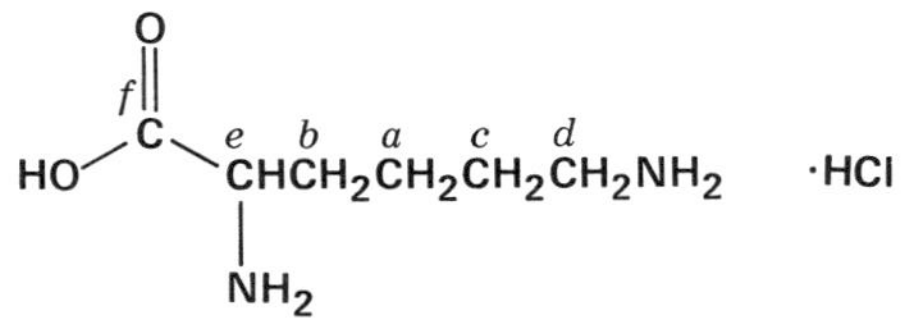

$$\underset{f}{\overset{O}{\underset{\|}{HO-C}}}-\underset{e}{CH}\underset{b}{CH_2}\underset{a}{CH_2}\underset{c}{CH_2}\underset{d}{CH_2}NH_2 \cdot HCl$$
$$\underset{}{\ \ \ \ \ \ \ \ \ \ \ \ \ \ |}$$
$$\ \ \ \ \ \ \ \ \ \ \ \ \ NH_2$$

ref 12

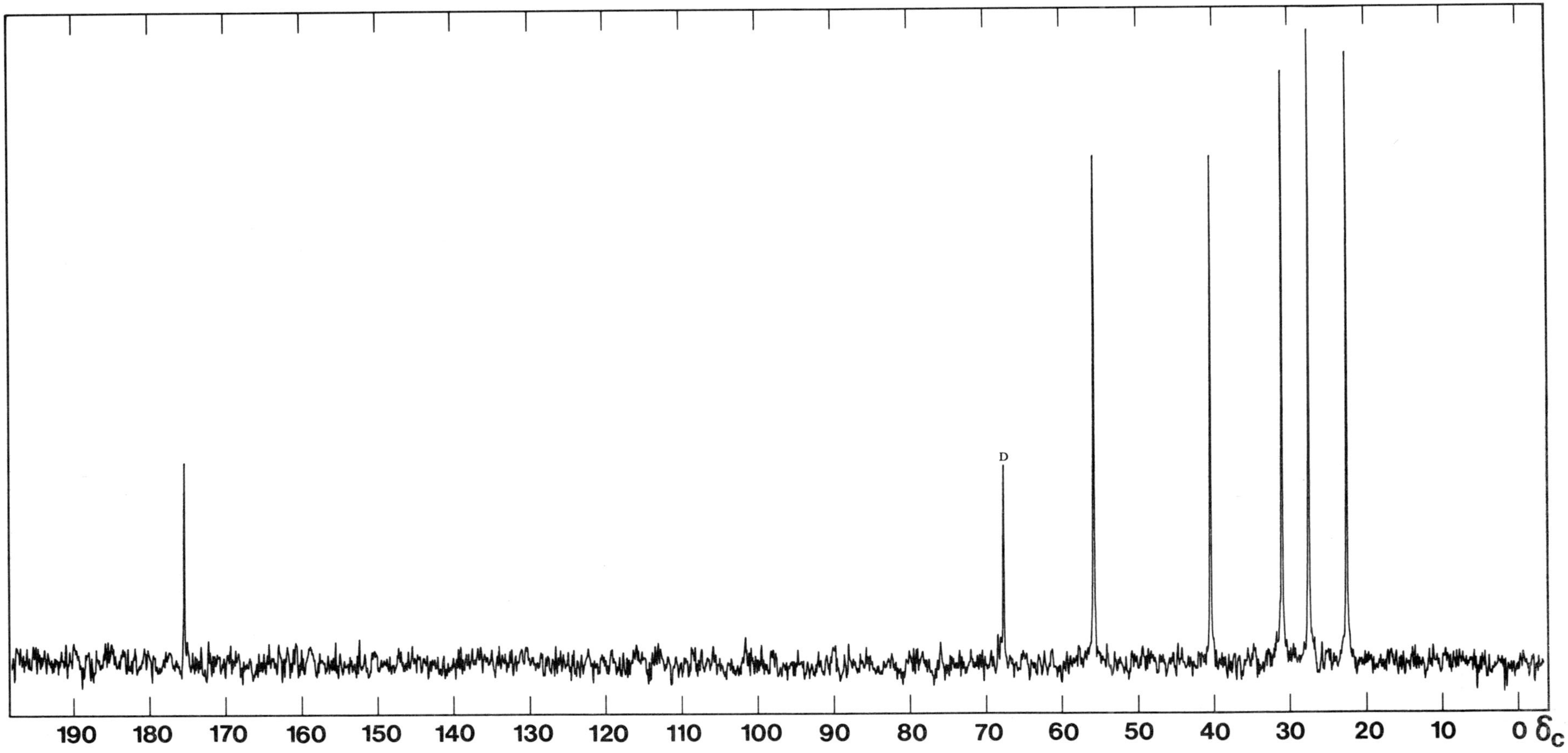

arginine hydrochloride 213

$C_6H_{14}N_4O_2$

EXPERIMENTAL PARAMETERS

Instr. XL-100
Mode FT
Time 5.3 min
Solv. water
Conc. .5g/2.5ml solv

ASSIGNMENTS

a 24.8
b 28.4
c 41.5
d 55.3
e 157.7
f 175.0

ref 12

4-methyl-2-pentanol 214

$C_6H_{14}O$

EXPERIMENTAL PARAMETERS

Instr.	XL–100
Mode	FT
Time	5.3 min
Solv.	$CDCl_3$
Conc.	1ml/3ml soln

ASSIGNMENTS

a	22.4q
b	23.1q
c	23.9q
d	24.8d
e	48.7t
f	65.8d

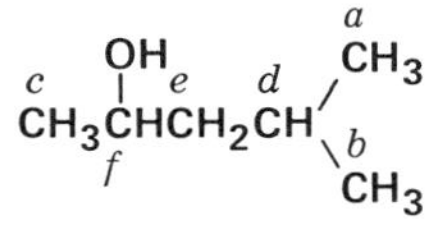

Methyl shifts verified by addition of $Eu(DPM)_3$

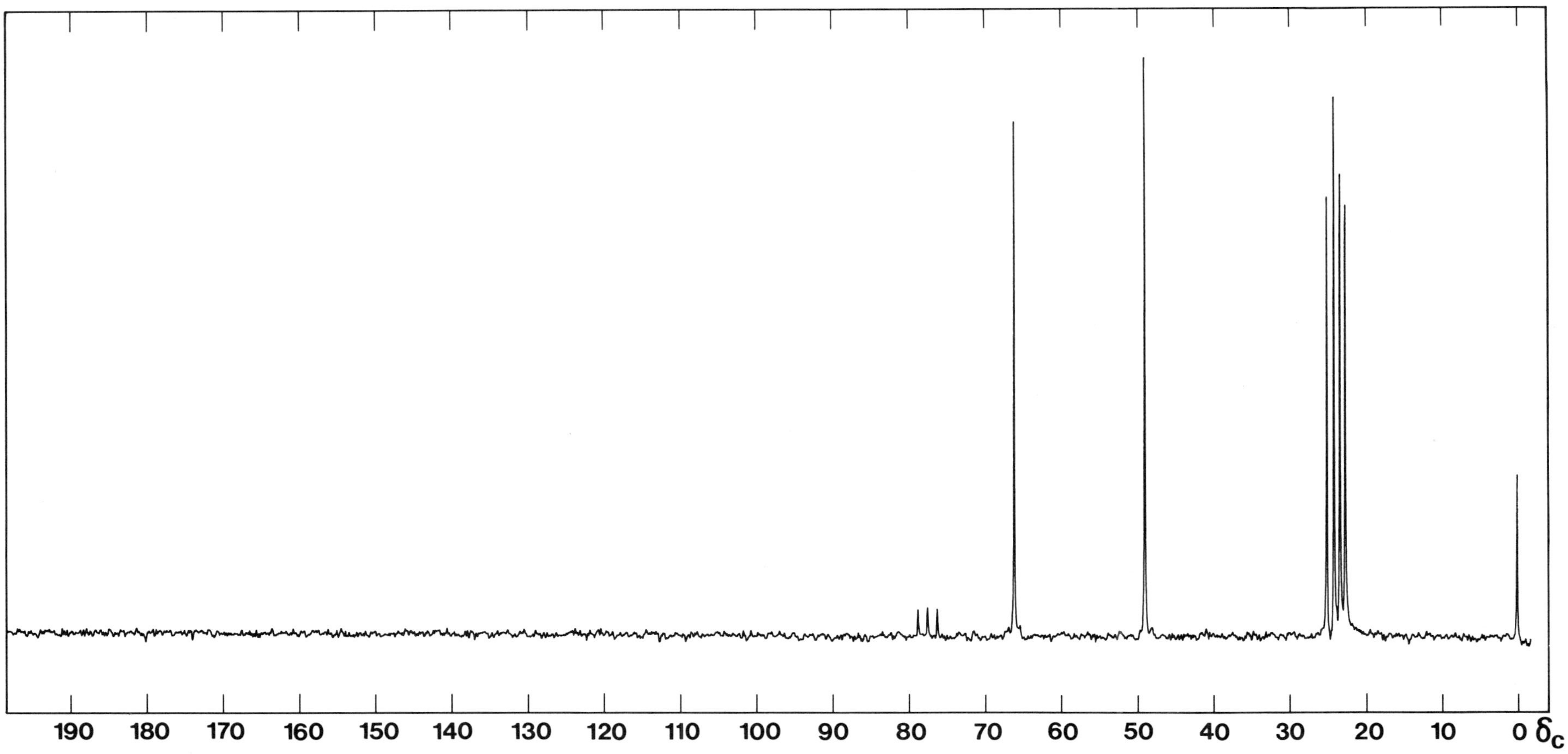

2-ethyl-1-butanol 215
$C_6H_{14}O$

EXPERIMENTAL PARAMETERS

Instr. XL–100
Mode FT
Time 5.3 min
Solv. CDCl$_3$
Conc. 1ml/3ml soln

ASSIGNMENTS

a	11.1
b	23.0
c	43.6
d	64.6

$$\overset{d}{H O C H_2} \overset{c}{C H} (\overset{b}{C H_2} \overset{a}{C H_3})_2$$

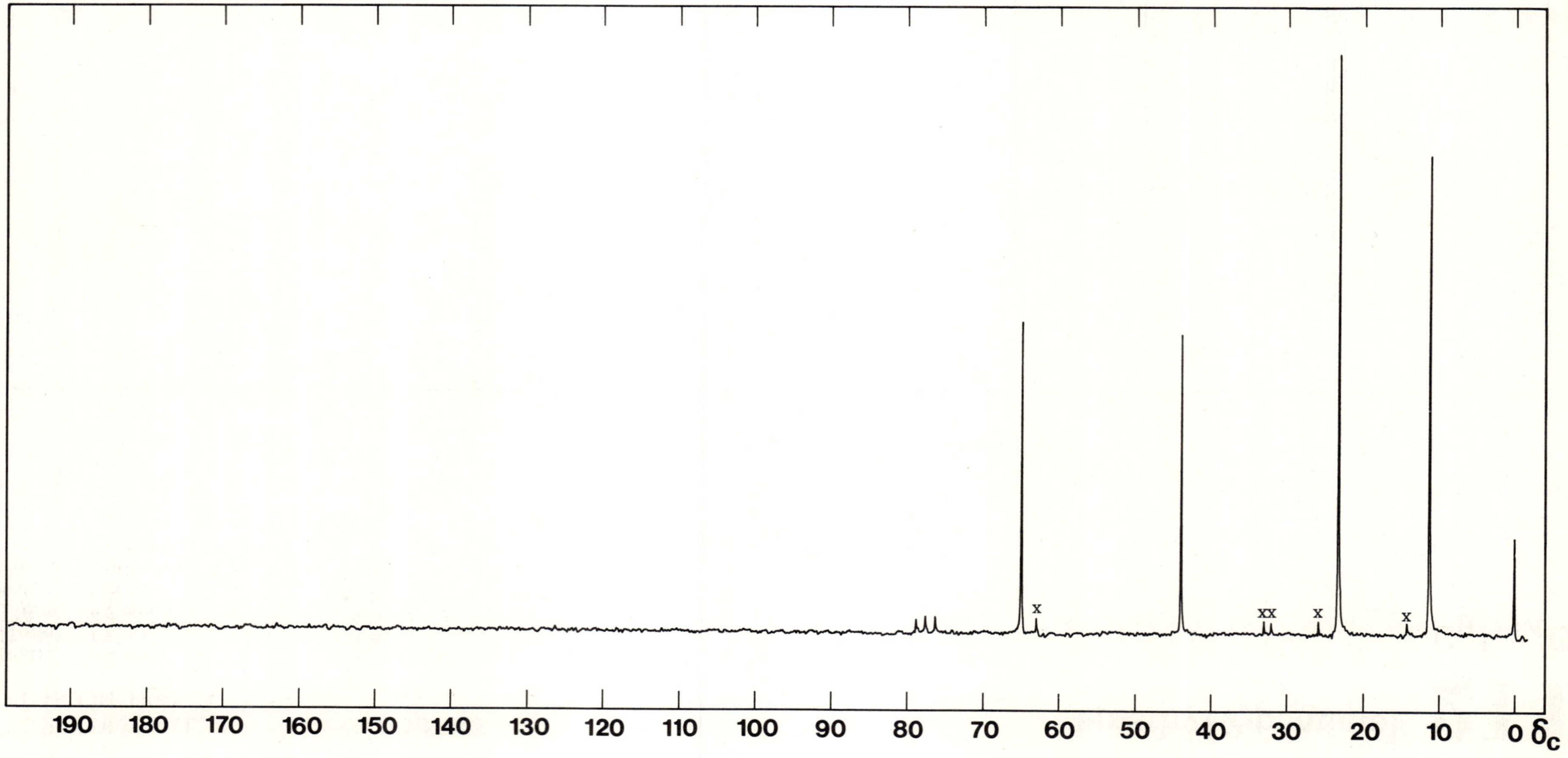

ethylene glycol monobutyl ether 216

$C_6H_{14}O_2$

EXPERIMENTAL PARAMETERS

Instr. XL-100
Mode FT
Time 5.3 min
Solv. $CDCl_3$
Conc. 1ml/2ml solv

ASSIGNMENTS

a 13.9
b 19.3
c 31.8
d 61.6
e 71.1
f 72.2

HO$\overset{f}{C}H_2\overset{d}{C}H_2O\overset{e}{C}H_2\overset{c}{C}H_2\overset{b}{C}H_2\overset{a}{C}H_3$

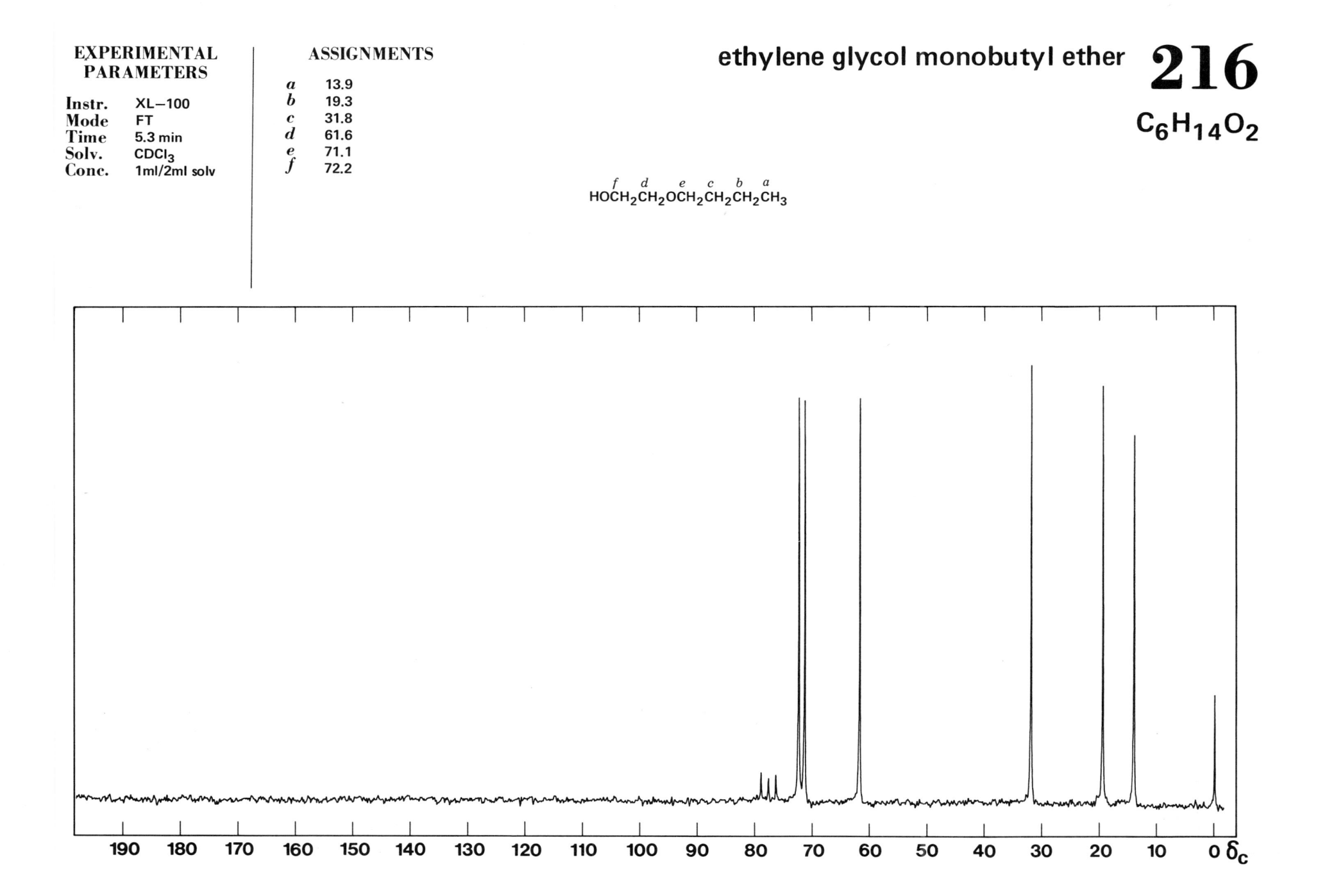

δ_c

acetal 217

$C_6H_{14}O_2$

EXPERIMENTAL PARAMETERS

Instr. XL–100
Mode FT
Time 5.3 min
Solv. CDCl$_3$
Conc. 1ml/2ml solv

ASSIGNMENTS

a	15.3
b	19.9
c	60.6
d	99.5

$$\overset{a}{C}H_3\overset{c}{C}H_2O)_2\overset{d}{C}H\overset{b}{C}H_3$$

n-hexylamine 218

$C_6H_{15}N$

EXPERIMENTAL PARAMETERS

Instr. XL-100
Mode FT
Time 5.3 min
Solv. CDCl₃
Conc. 1ml/3ml soln

ASSIGNMENTS

a 14.0
b 22.7
c 26.7
d 31.9
e 34.0
f 42.3

$$\overset{f}{H_2N}\overset{e}{CH_2}\overset{c}{CH_2}\overset{d}{CH_2}\overset{b}{CH_2}\overset{a}{CH_2}CH_3$$

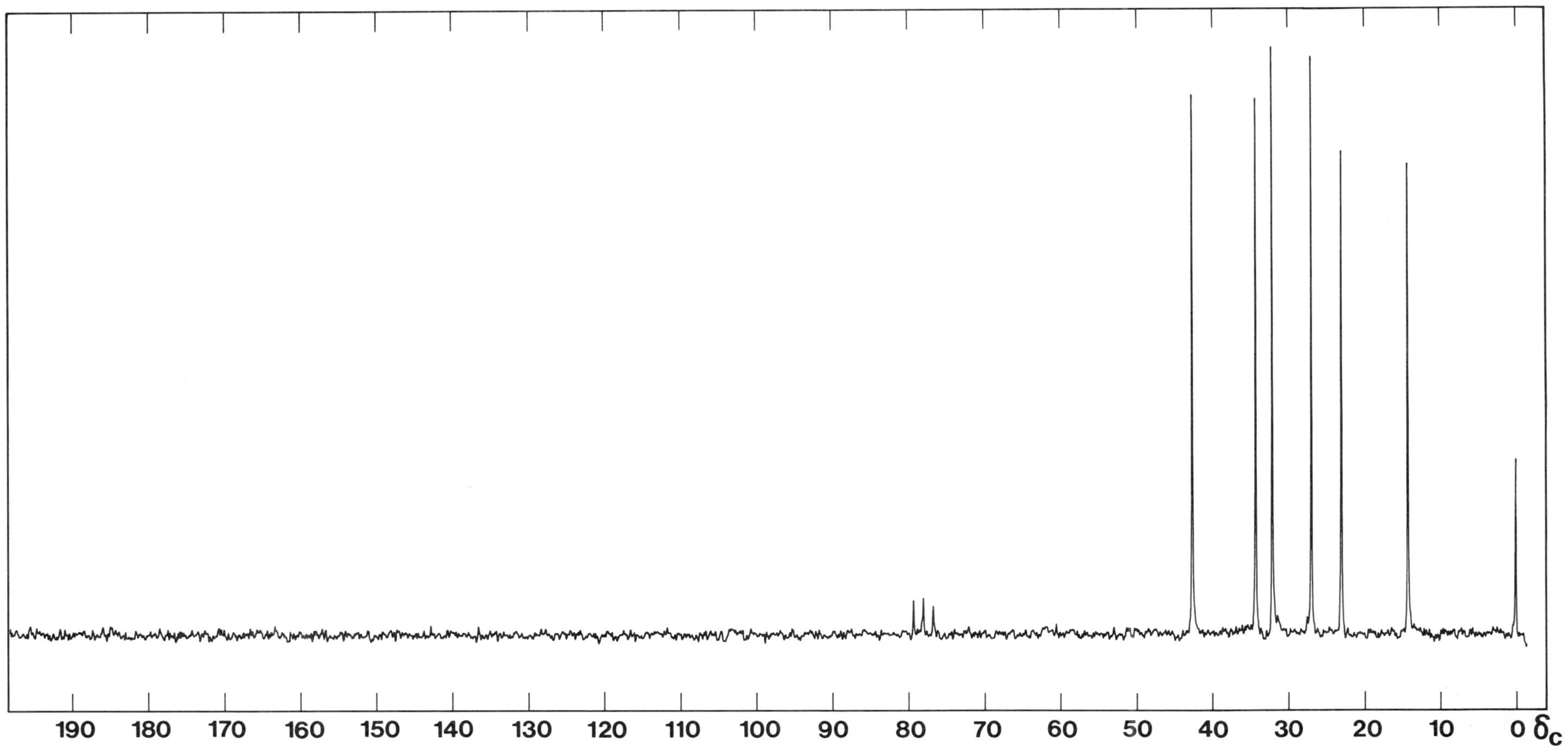

diethyl ethylphosphonate 219

$C_6H_{15}O_3P$

EXPERIMENTAL PARAMETERS

Instr. XL-100
Mode FT
Time 5.3 min
Solv. $CDCl_3$
Conc. 1ml/3ml soln

ASSIGNMENTS

a 6.6
b 16.5
c 19.0
d 61.4

$$\overset{a}{CH_3}\overset{c}{CH_2}\overset{O}{\underset{\|}{P}}(\overset{d}{OCH_2}\overset{b}{CH_3})_2$$

J_{CP} = 143.4 Hz
J_{CCP} = 7.3 Hz
J_{COP} = 6.9 Hz
J_{CCOP} = 6.2 Hz

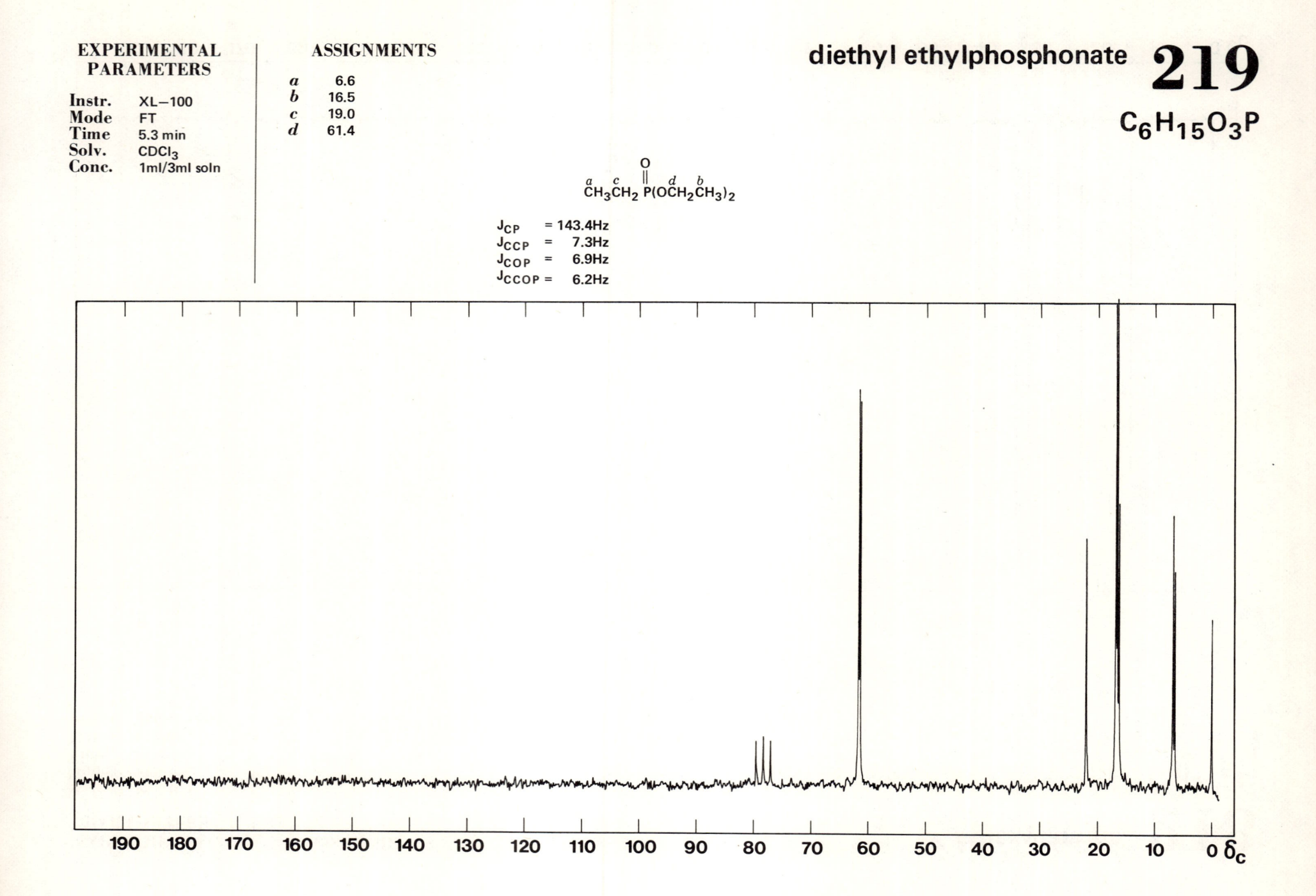

2,2-dimethyl-2-silapentanesulfonic acid sodium salt 220

$C_6H_{15}SSiO_3Na$

EXPERIMENTAL PARAMETERS

Instr. XL-100
Mode FT
Time 5.3 min
Solv. water
Conc. .5g/2ml solv

ASSIGNMENTS

a −1.1
b 16.3
c 19.9
d 55.3

$(CH_3)_3^a Si\overset{b}{C}H_2 \overset{c}{C}H_2 \overset{d}{C}H_2 SO_3^- \; Na^+$

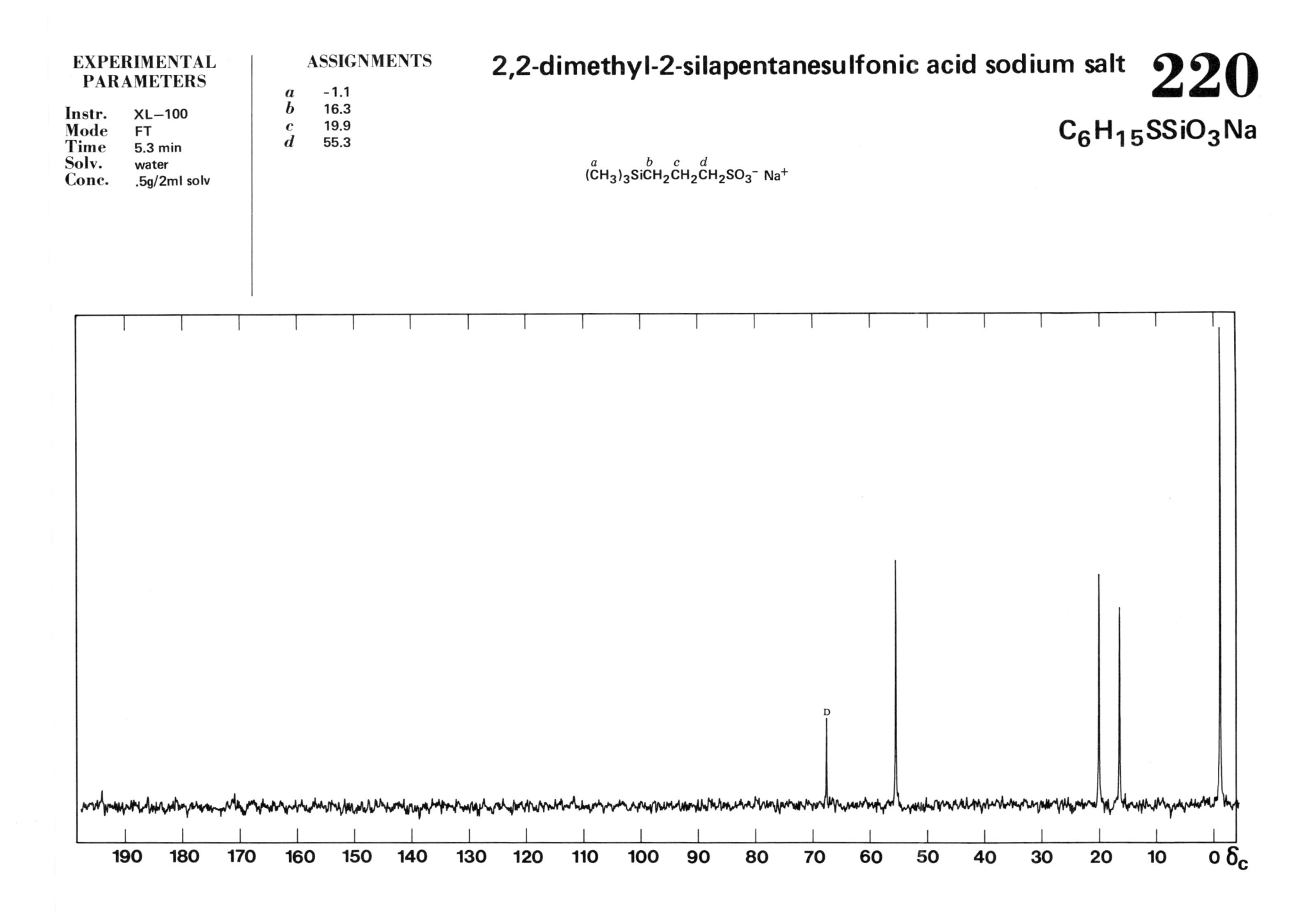

hexamethylphosphoramide 221

$C_6H_{18}N_3OP$

$$\overset{O}{\underset{}{\overset{\|}{P}}}[\overset{a}{N}(CH_3)_2]_3$$

$J_{CNP} = 3.5 Hz$

EXPERIMENTAL PARAMETERS

Instr. XL-100
Mode FT
Time 2.7 min
Solv. CDCl$_3$
Conc. 1ml/3ml soln

ASSIGNMENTS

a   36.8

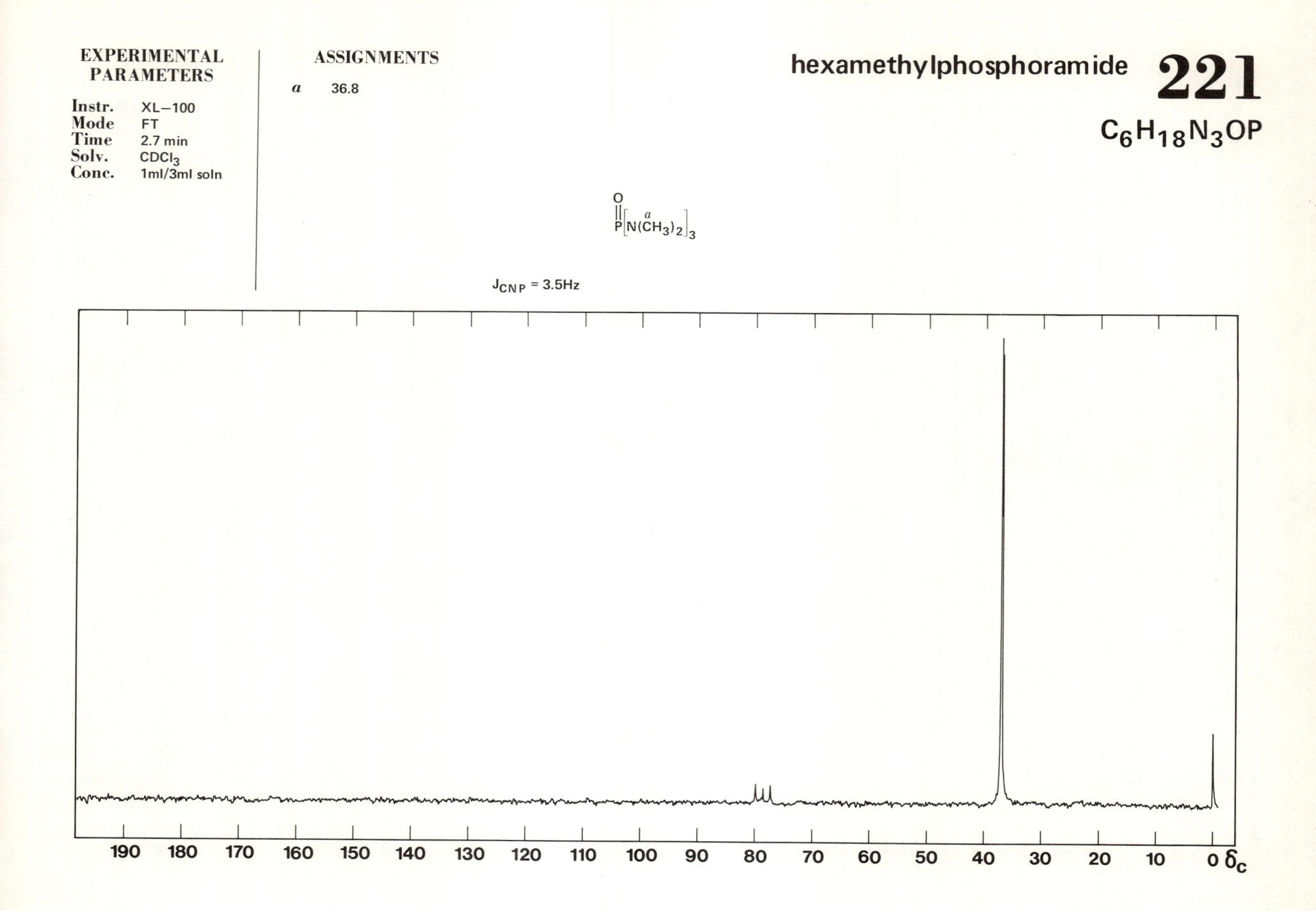

4-bromobenzonitrile 222

C_7H_4BrN

EXPERIMENTAL PARAMETERS

Instr. XL-100
Mode FT
Time 5.3 min
Solv. CDCl_3
Conc. 1g/3ml soln

ASSIGNMENTS

a	111.2
b	117.8
c	127.8
d*	132.5
e*	133.3

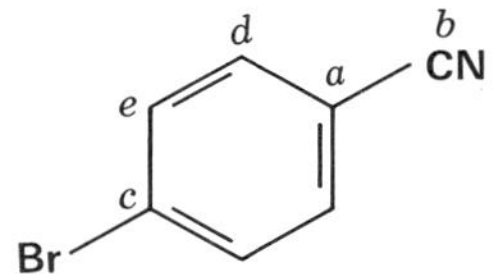

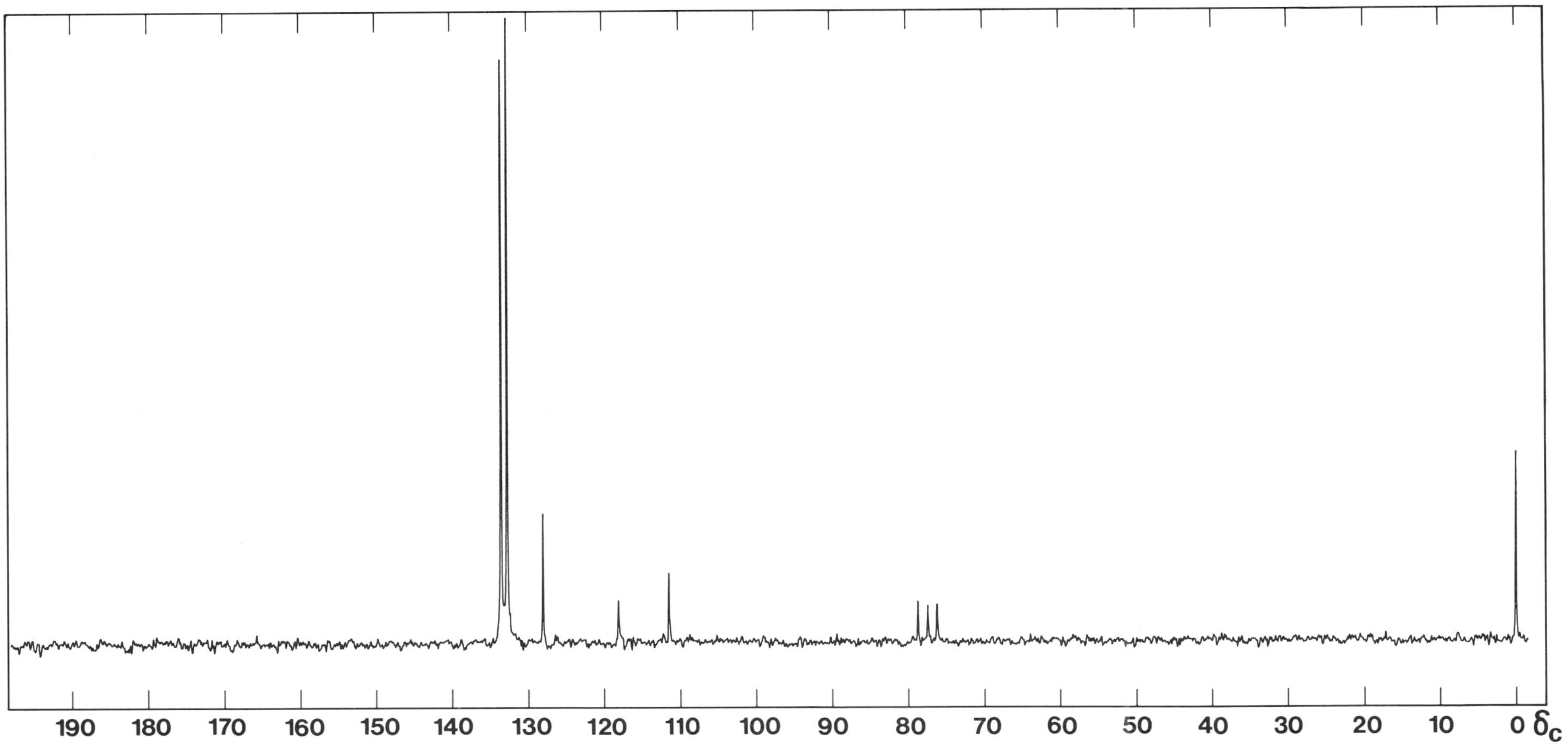

2,6-dichlorobenzaldehyde 223

$C_7H_4Cl_2O$

EXPERIMENTAL PARAMETERS

Instr.	XL-100
Mode	FT
Time	5.3 min
Solv.	CDCl$_3$
Conc.	1g/3ml soln

ASSIGNMENTS

a	129.6
b	130.3
c	133.5
d	136.6
e	188.3

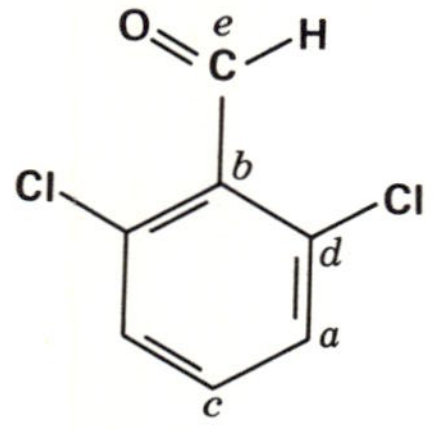

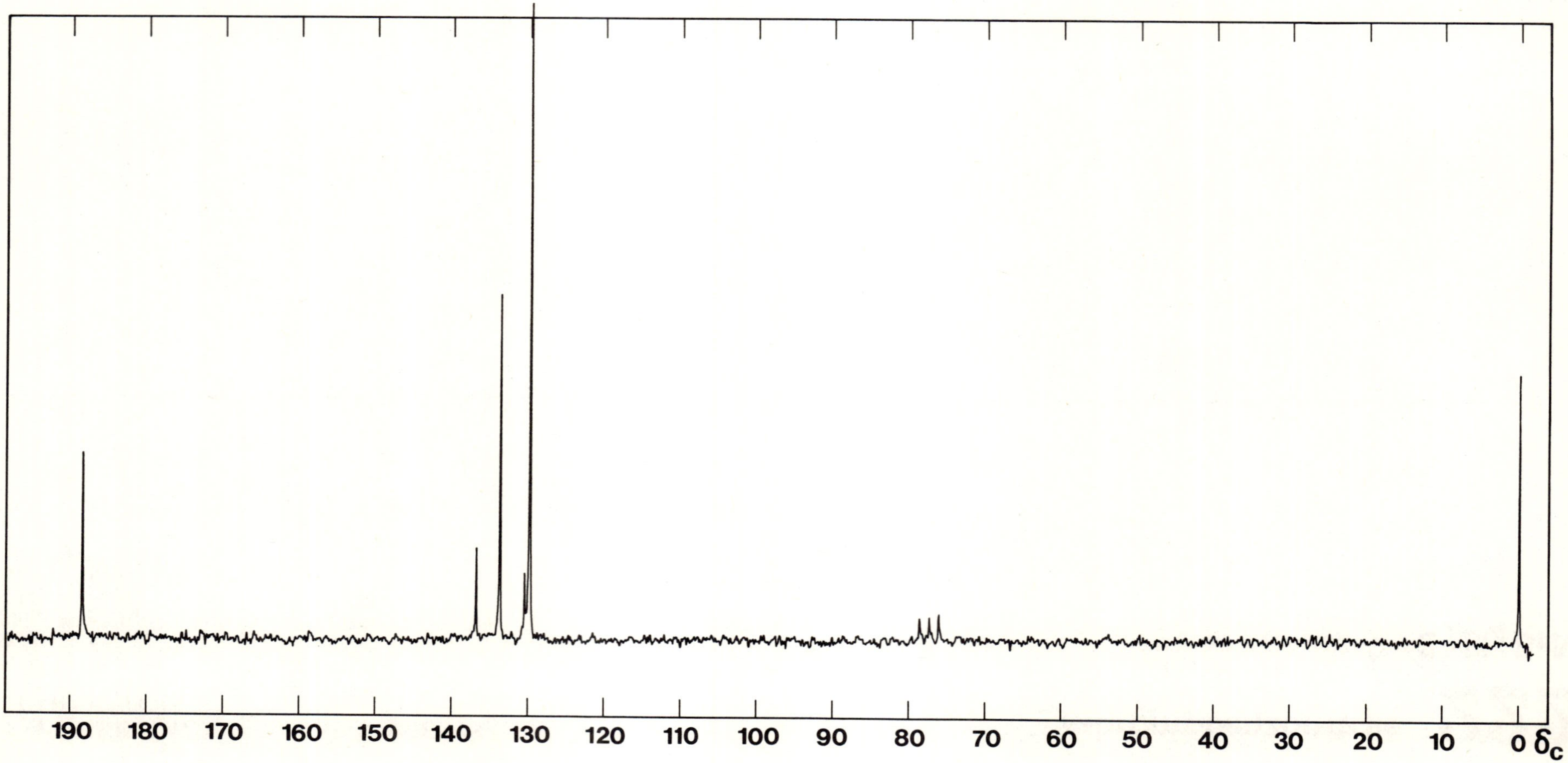

benzoyl chloride 224

C_7H_5ClO

EXPERIMENTAL PARAMETERS

Instr. XL–100
Mode FT
Time 5.3 min
Solv. CDCl$_3$
Conc. 1ml/2ml solv
Pulse Width 15 μ sec

ASSIGNMENTS

a 128.9
b 131.3
c 133.1
d 135.3
e 168.0

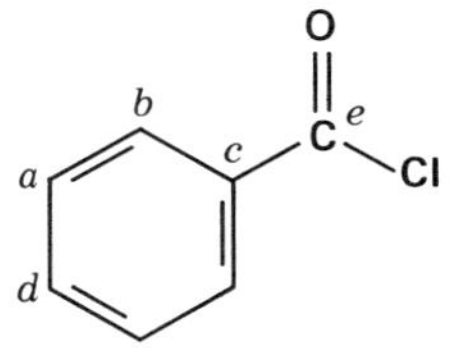

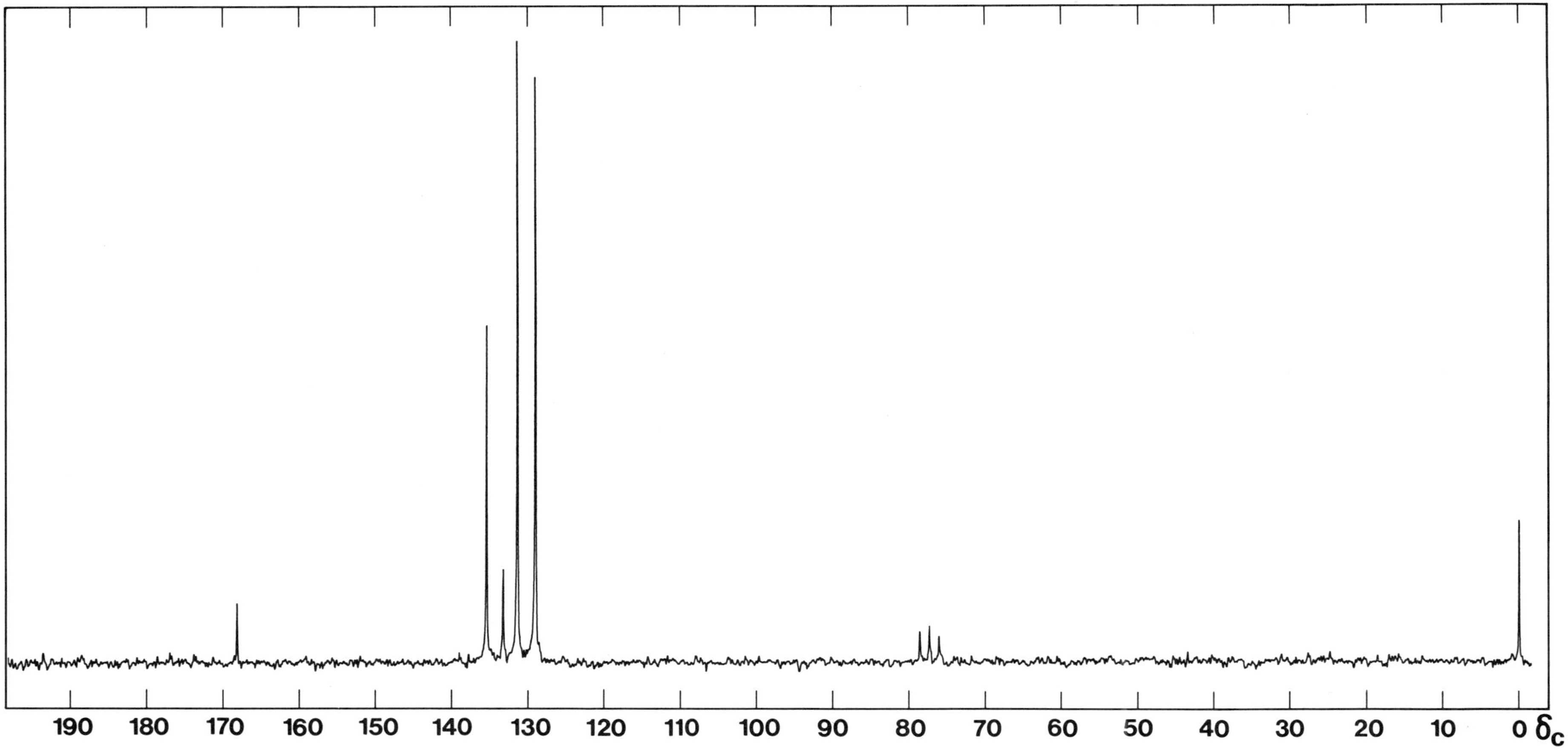

225   α,α,α-trifluorotoluene

$C_7H_5F_3$

EXPERIMENTAL PARAMETERS

Instr.	XL–100
Mode	FT
Time	21 min
Solv.	$CDCl_3$
Conc.	1ml/2ml solv

ASSIGNMENTS

a	124.6
b	125.4
c	128.9
d	131.1
e	131.9

J_{CF} = 271.7 Hz
J_{CCF} = 32.3 Hz
J_{CCCF} = 3.9 Hz
J_{CCCCF} = 1.3 Hz

benzonitrile 226

C_7H_5N

EXPERIMENTAL PARAMETERS

Instr. XL-100
Mode FT
Time 5.3 min
Solv. CDCl₃
Conc. 1ml/2ml solv

ASSIGNMENTS

a 112.3
b 118.7
c 129.1
d 132.0
e 132.7

ref 24

benzoxazole 227
C₇H₅NO

ASSIGNMENTS

- a 110.8
- b 120.5
- c* 124.4
- d* 125.4
- e 140.1
- f 150.0
- g 152.6

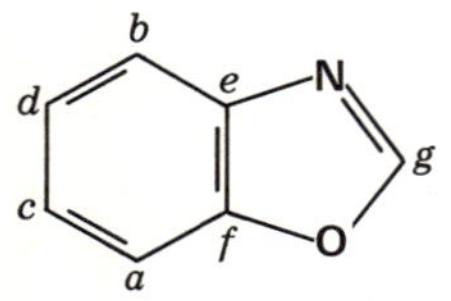

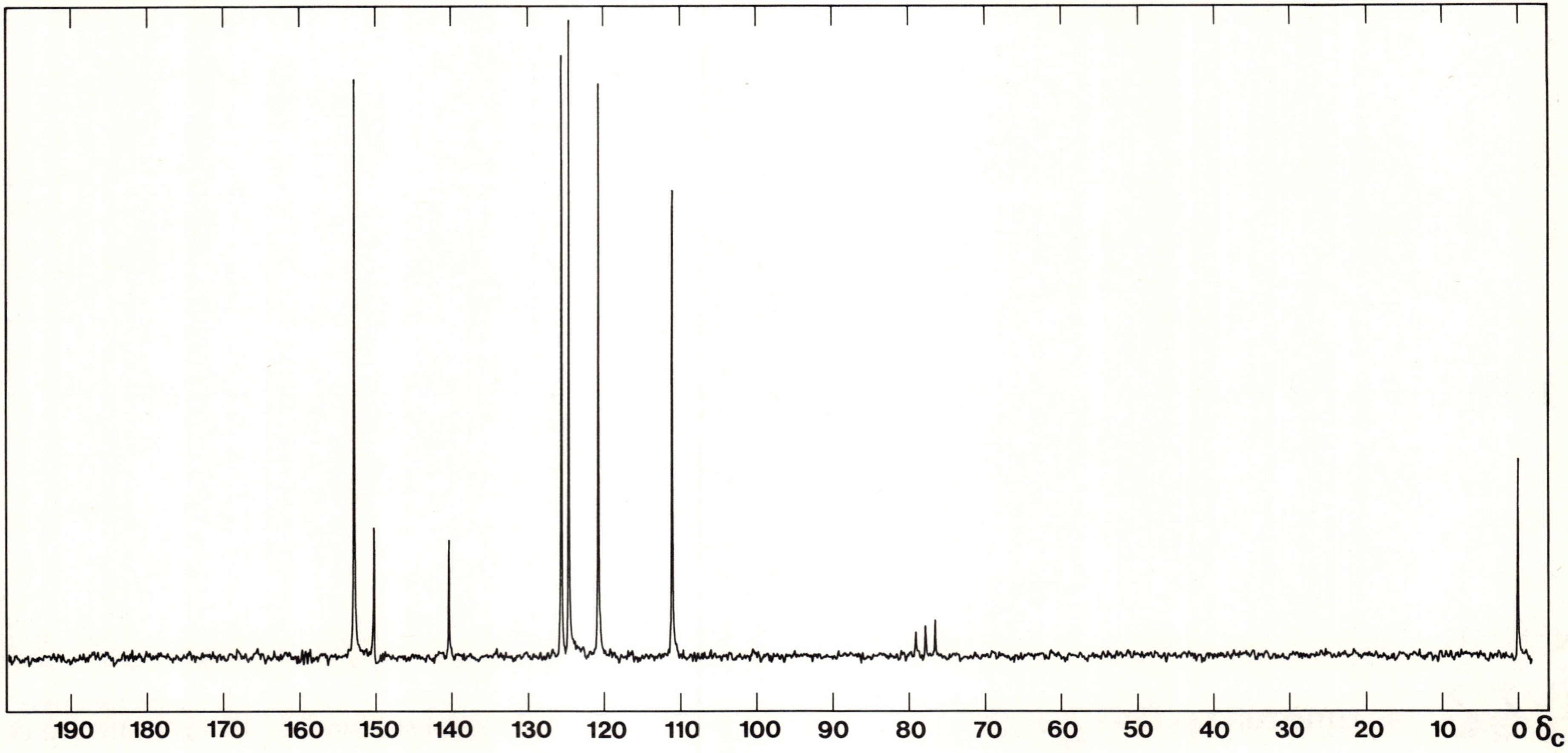

EXPERIMENTAL PARAMETERS

- Instr. XL-100
- Mode FT
- Time 5.3 min
- Solv. CDCl₃
- Conc. 1ml/2ml solv

phenylisocyanate 228

C_7H_5NO

EXPERIMENTAL PARAMETERS

Instr. XL-100
Mode FT
Time 5.3 min
Solv. CDCl$_3$
Conc. 1ml/2ml solv

ASSIGNMENTS

a	124.7
b	125.7
c	129.5
d	133.6

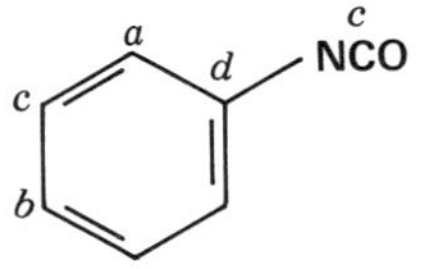

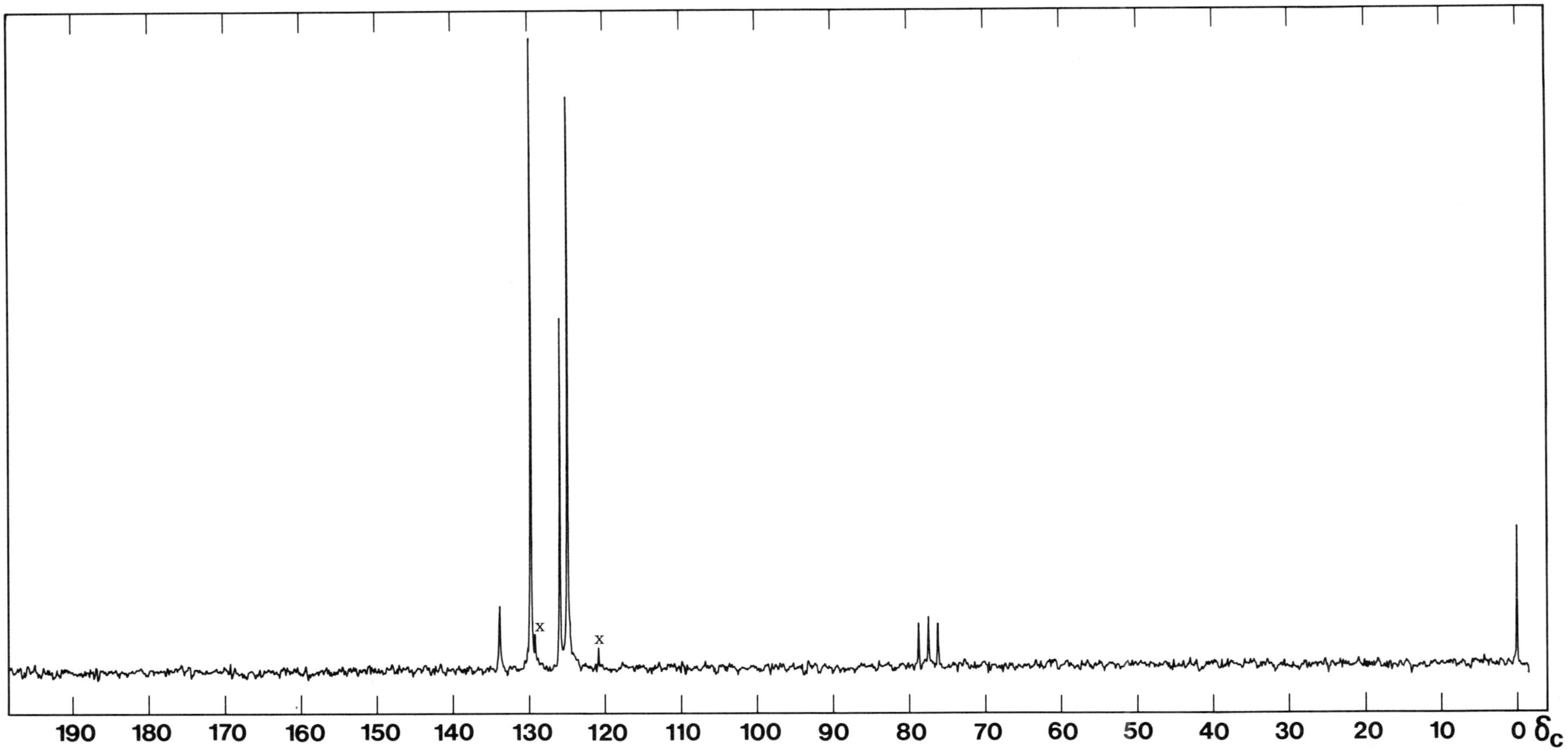

benzaldehyde 229

C_7H_6O

EXPERIMENTAL PARAMETERS

Instr. XL–100
Mode FT
Time 5.3 min
Solv. CDCl$_3$
Conc. 1ml/3ml soln

ASSIGNMENTS

a* 128.9
b* 129.5
c 134.2
d 136.4
e 192.0

benzoic acid 230

$C_7H_6O_2$

EXPERIMENTAL PARAMETERS

Instr. XL-100
Mode FT
Time 11 min
Solv. CDCl$_3$
Conc. 750mg/3ml soln

ASSIGNMENTS

a 128.4
b 129.4
c 130.2
d 133.7
e 172.6

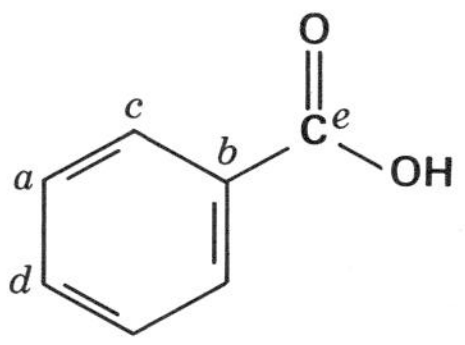

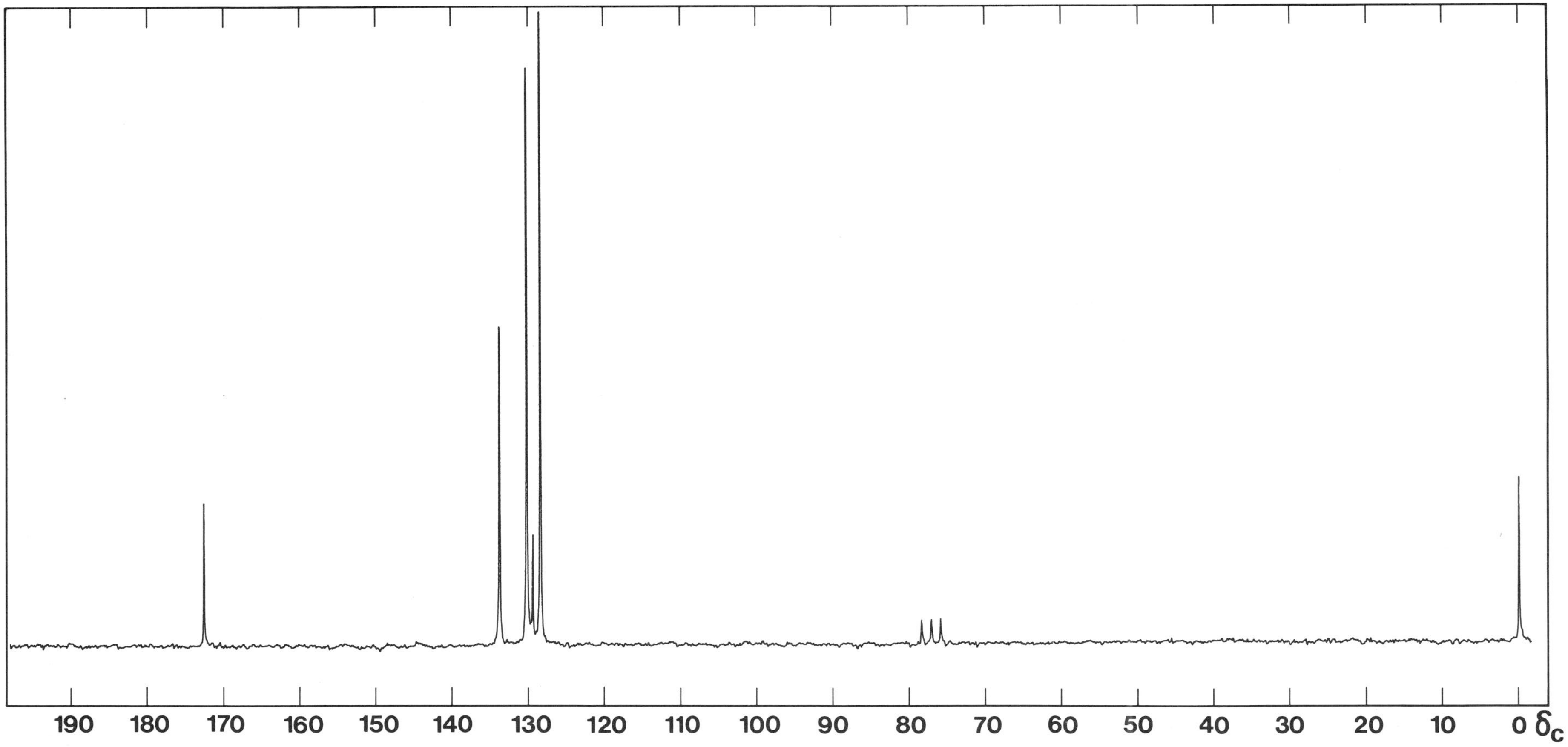

salicylaldehyde 231
C₇H₆O₂

EXPERIMENTAL PARAMETERS

Instr.	HA-100
Mode	CW
Time	15 min
Solv.	Dioxane
Conc.	.5ml/1ml soln

ASSIGNMENTS

a *	117.4
b *	119.6
c	121.0
d †	133.6
e †	136.6
f	161.4
g	196.7

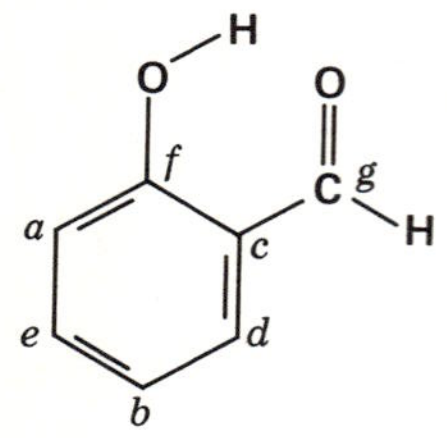

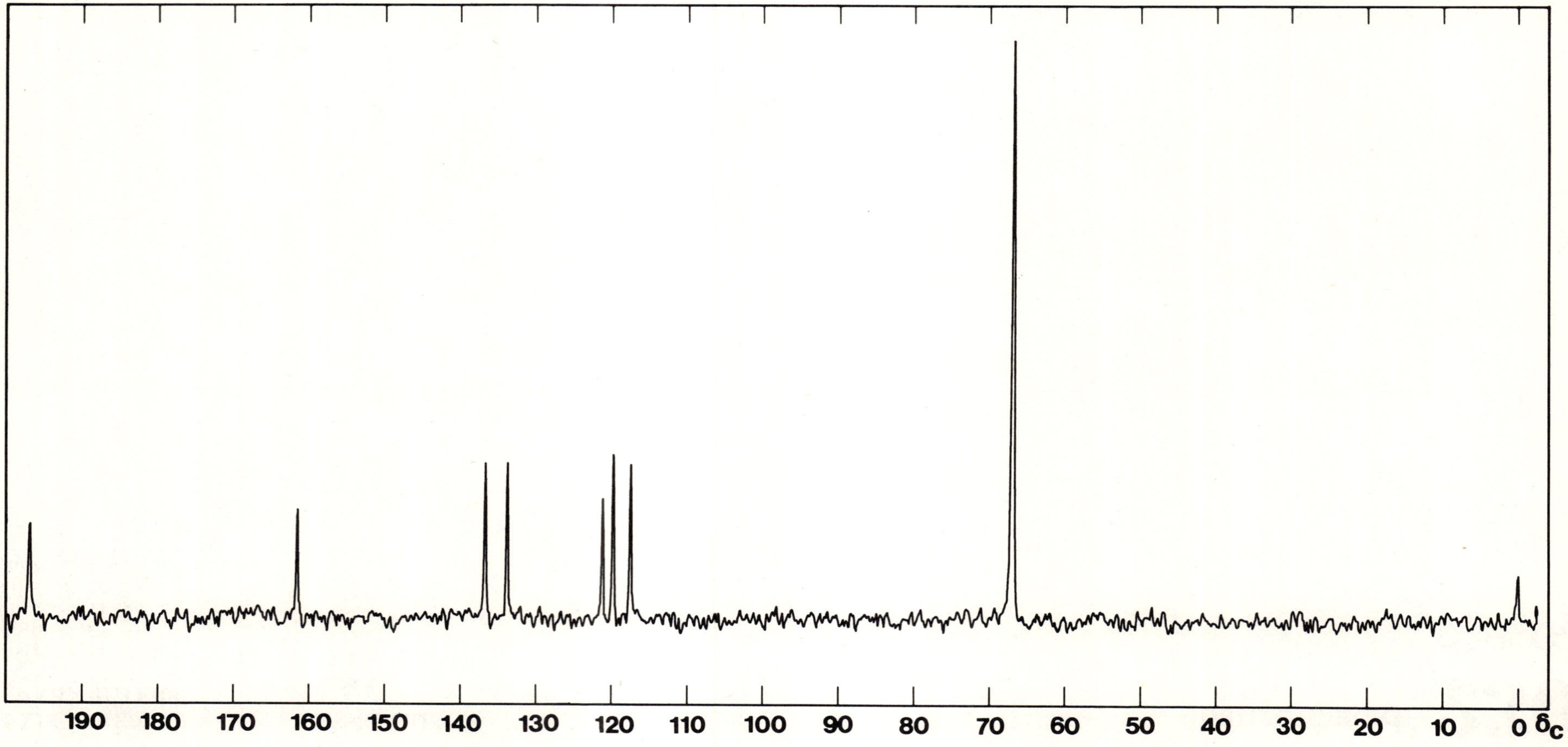

o-chlorotuluene 232

C_7H_7Cl

EXPERIMENTAL PARAMETERS

Instr. XL–100
Mode FT
Time 5.3 min
Solv. CDCl$_3$
Conc. 1ml/2ml solv

ASSIGNMENTS

a   19.9
b * 126.4
c * 127.0
d † 129.0
e † 130.9
f   134.4
g   135.9

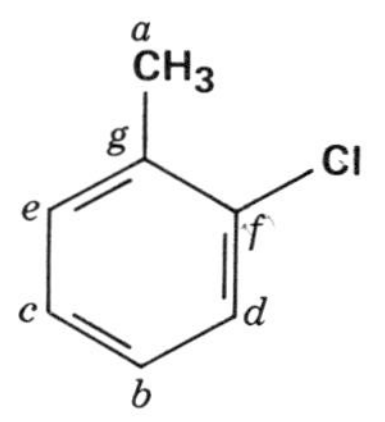

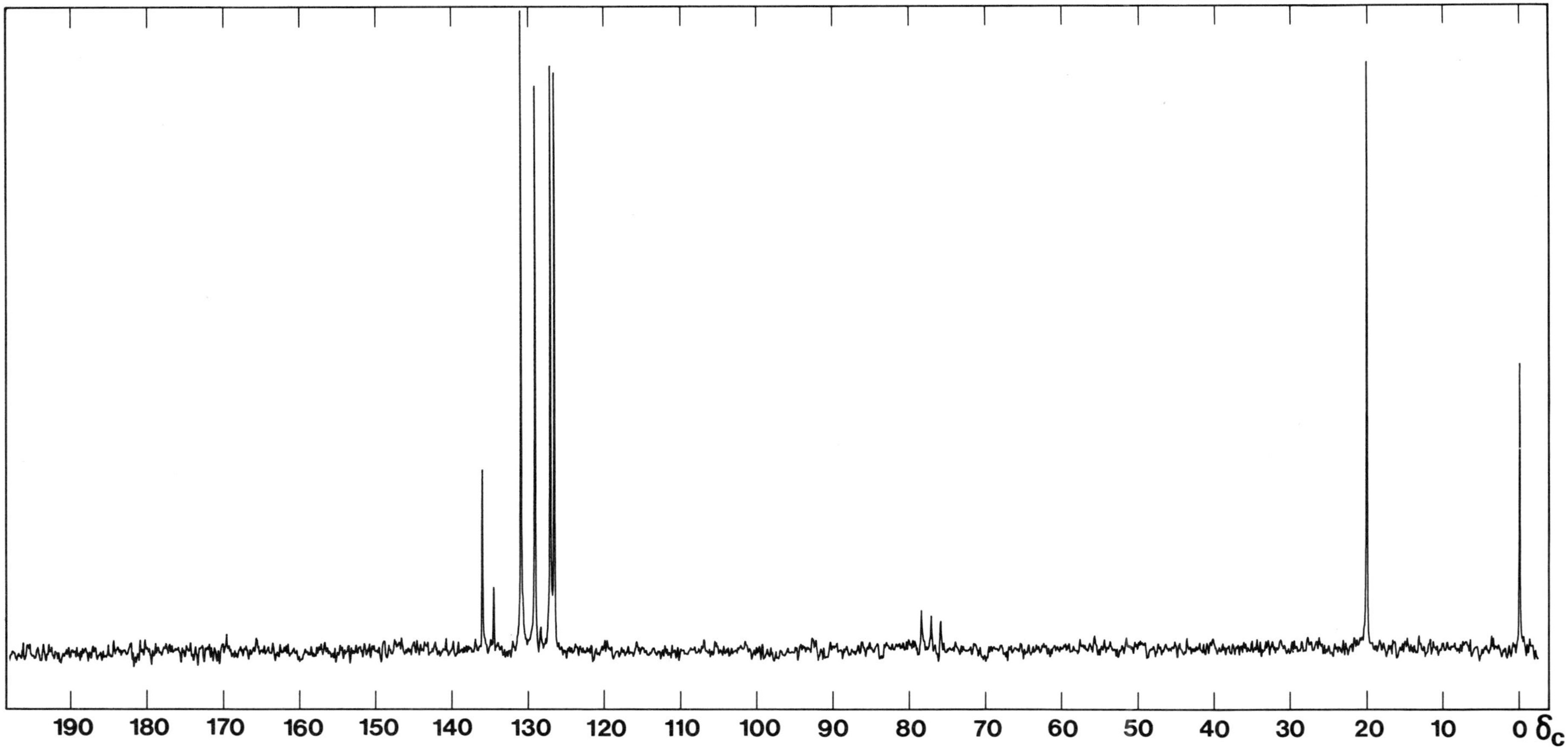

233 *m*-chlorotoluene

C₇H₇Cl

EXPERIMENTAL PARAMETERS

Instr.	XL–100
Mode	FT
Time	5.3 min
Solv.	CDCl₃
Conc.	1ml/2ml solv

ASSIGNMENTS

a		21.0
b	*	125.5
c	*	127.1
d	†	129.1
e	†	129.3
f		134.0
g		139.7

p-chlorotoluene

234
C₇H₇Cl

EXPERIMENTAL PARAMETERS

Instr. XL–100
Mode FT
Time 5.3 min
Solv. CDCl₃
Conc. 1ml/2ml solv

ASSIGNMENTS

a	20.7
b	128.3
c	130.4
d	131.2
e	136.2

p-chloroanisole   235

C₇H₇ClO

EXPERIMENTAL PARAMETERS

- Instr. XL–100
- Mode FT
- Time 5.3 min
- Solv. CDCl₃
- Conc. 1ml/2ml solv

ASSIGNMENTS

a	55.3
b	115.2
c	125.4
d	129.2
e	158.2

4-chloro-3-methylphenol 236

C_7H_7ClO

EXPERIMENTAL PARAMETERS

Instr. XL–100
Mode FT
Time 5.3 min
Solv. CDCl_3
Conc. 1g/3ml soln

ASSIGNMENTS

a	19.9
b*	114.1
c*	117.8
d	126.3
e	129.8
f	137.5
g	153.3

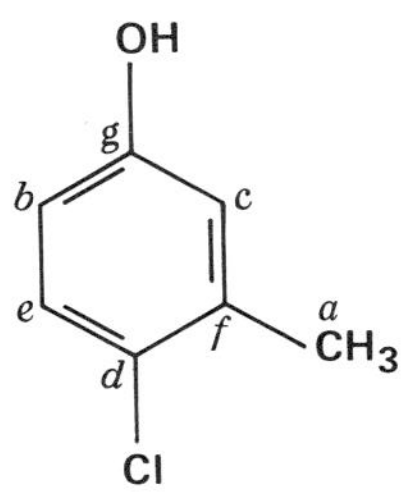

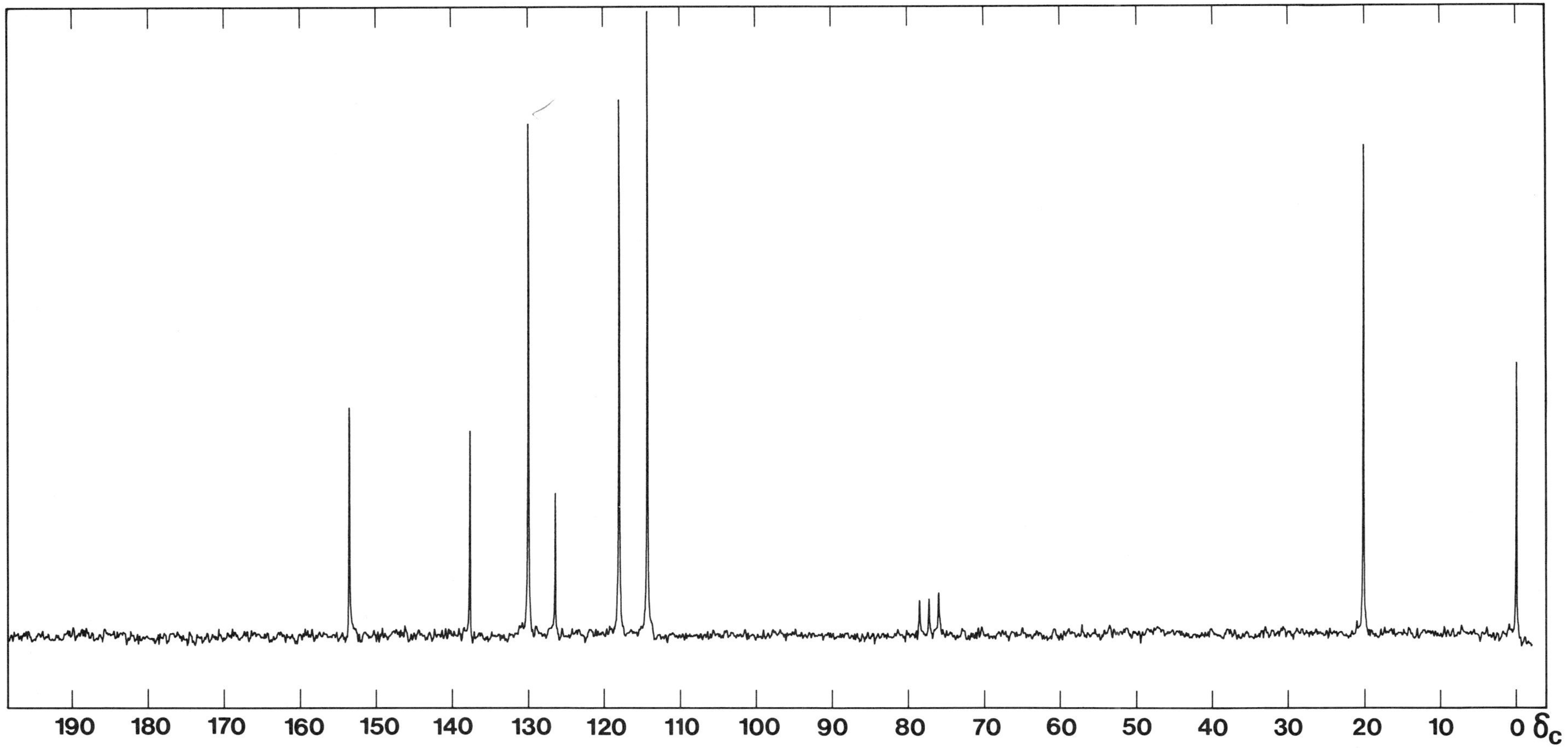

237 *p*-fluoroanisole

C_7H_7FO

EXPERIMENTAL PARAMETERS

Instr.	XL-100
Mode	FT
Time	5.3 min
Solv.	$CDCl_3$
Conc.	1ml/3ml soln

ASSIGNMENTS

a	55.5
b	114.9
c	115.8
d	156.0
e	157.4

J_{CF} = 237.6 Hz
J_{CCF} = 22.8 Hz
J_{CCCF} = 7.8 Hz
J_{CCCCF} = 1.7 Hz

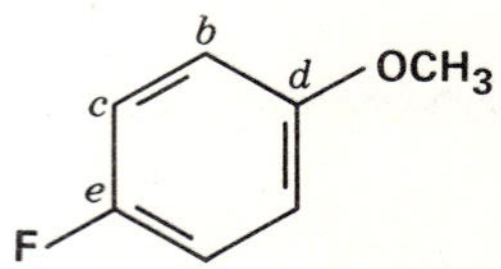

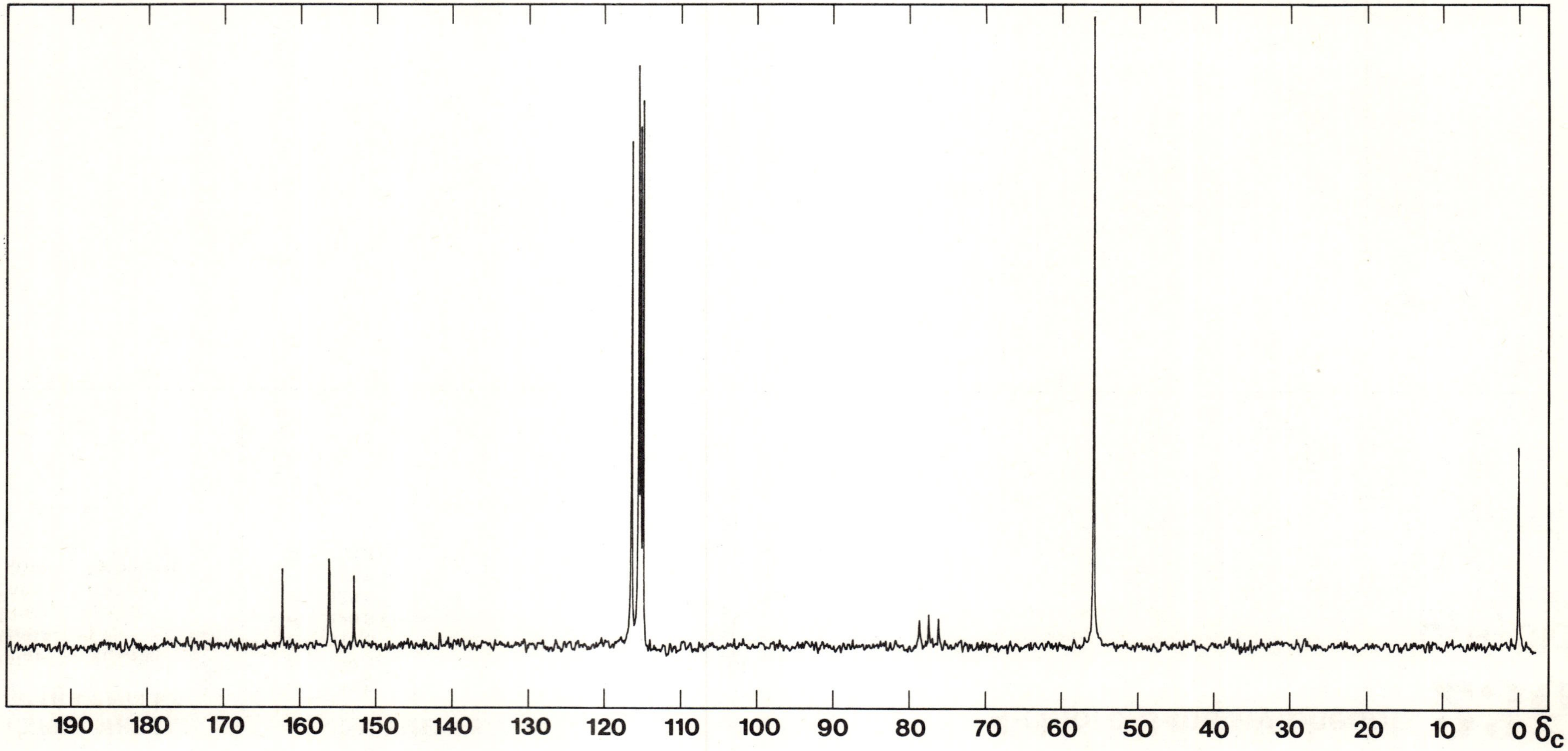

p-iodotoluene 238

C_7H_7I

EXPERIMENTAL PARAMETERS

Instr.	XL-100
Mode	FT
Time	5.3 min
Solv.	CDCl₃
Conc.	1ml/3ml soln

ASSIGNMENTS

a	20.9
b	90.1
c	131.0
d	137.1

239 *p*-iodoanisole

C_7H_7IO

EXPERIMENTAL PARAMETERS

Instr. XL–100
Mode FT
Time 5.3 min
Solv. CDCl₃
Conc. 1g/3ml soln

ASSIGNMENTS

a	55.1
b	82.6
c	116.2
d	138.0
e	159.3

3-acetylpyridine 240

C₇H₇NO

EXPERIMENTAL PARAMETERS

Instr. XL-100
Mode FT
Time 5.3 min
Solv. CDCl₃
Conc. 1ml/2ml solv

ASSIGNMENTS

a	26.5
b	123.5
c	132.2
d	135.2
e *	149.8
f *	153.3
g	196.5

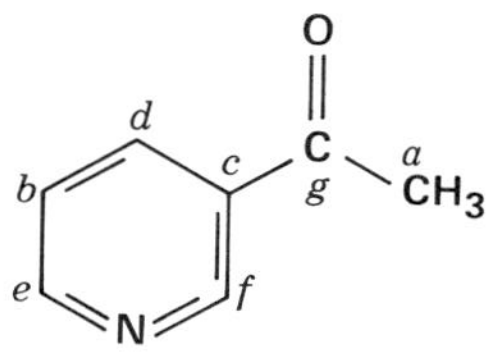

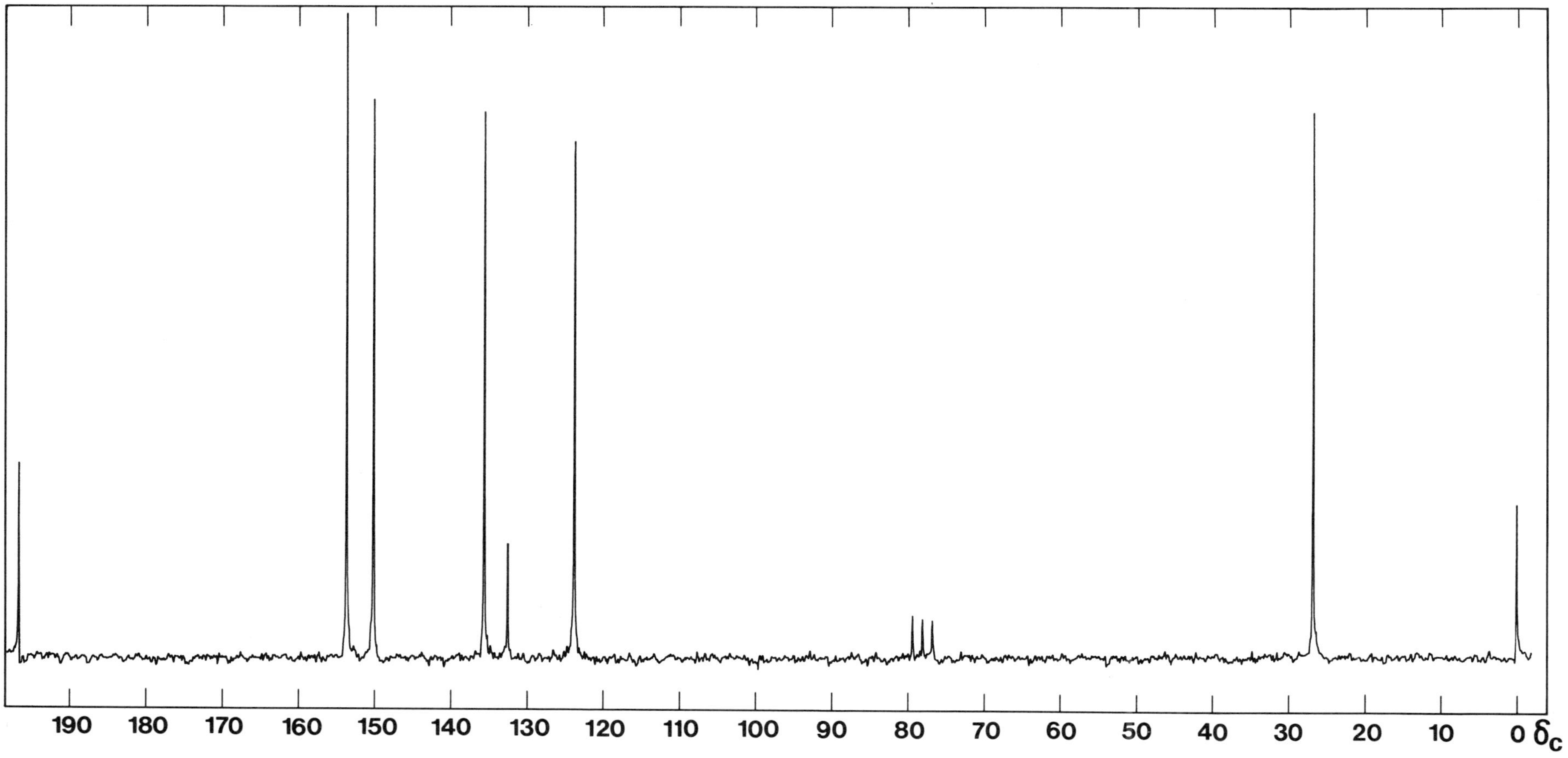

p-nitroanisole   241

C$_7$H$_7$NO$_3$

EXPERIMENTAL PARAMETERS

Instr. XL–100
Mode FT
Time 5.3 min
Solv. CDCl$_3$
Conc. 1g/3ml soln

ASSIGNMENTS

a	55.9
b	114.0
c	125.7
d	141.5
e	164.7

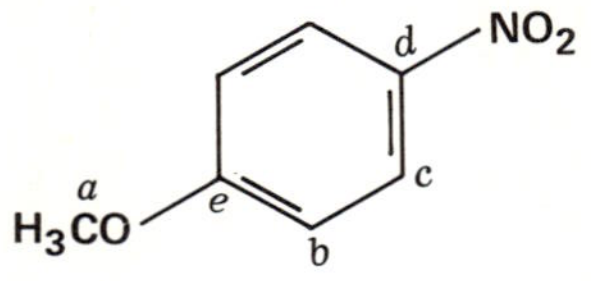

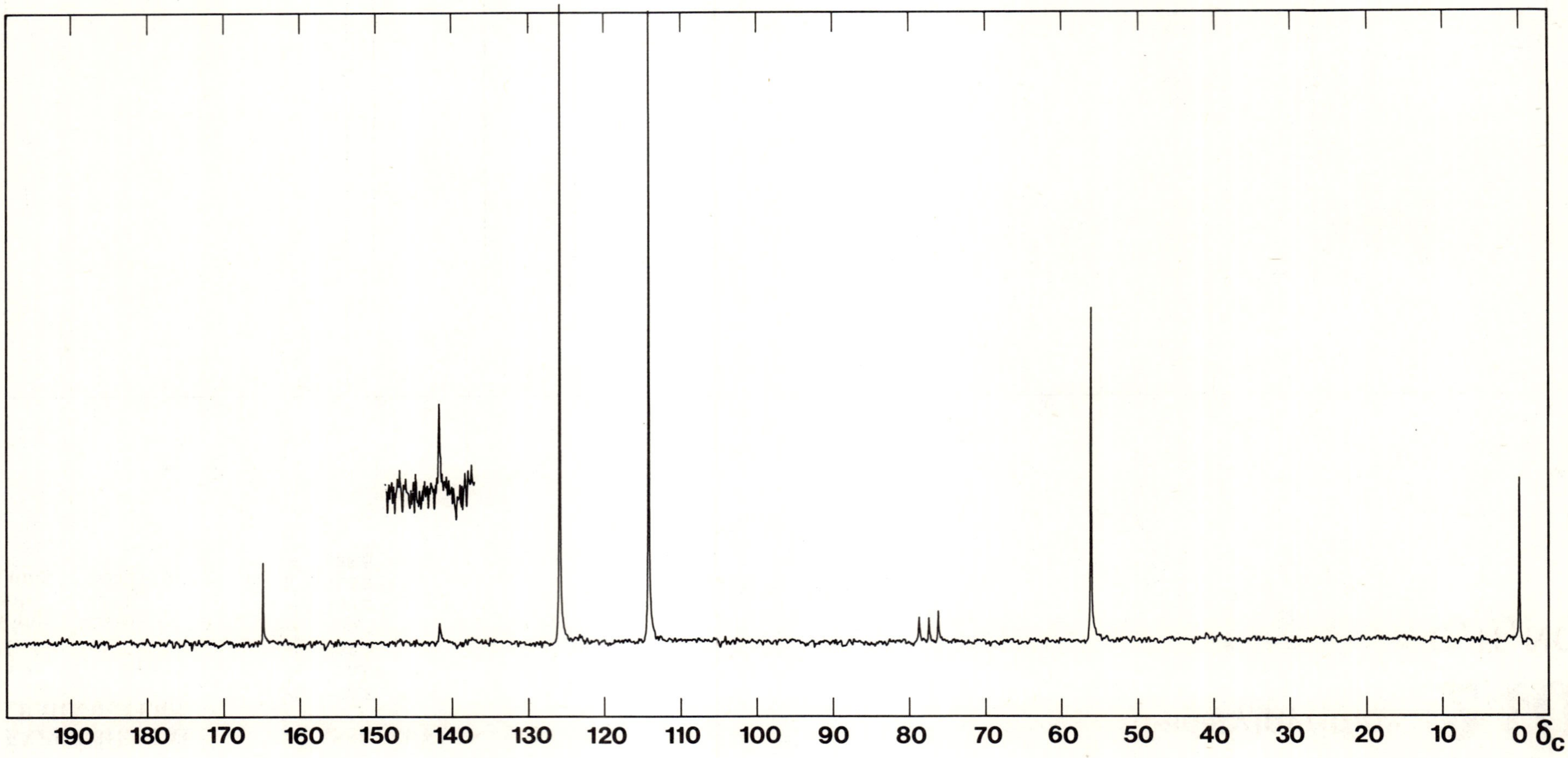

bicycloheptadiene 242

C_7H_8

EXPERIMENTAL PARAMETERS

Instr. HA–100
Mode CW
Time 15 min
Solv. Dioxane
Conc. .5ml/1ml soln

ASSIGNMENTS

a 50.4
b 75.2
c 143.3

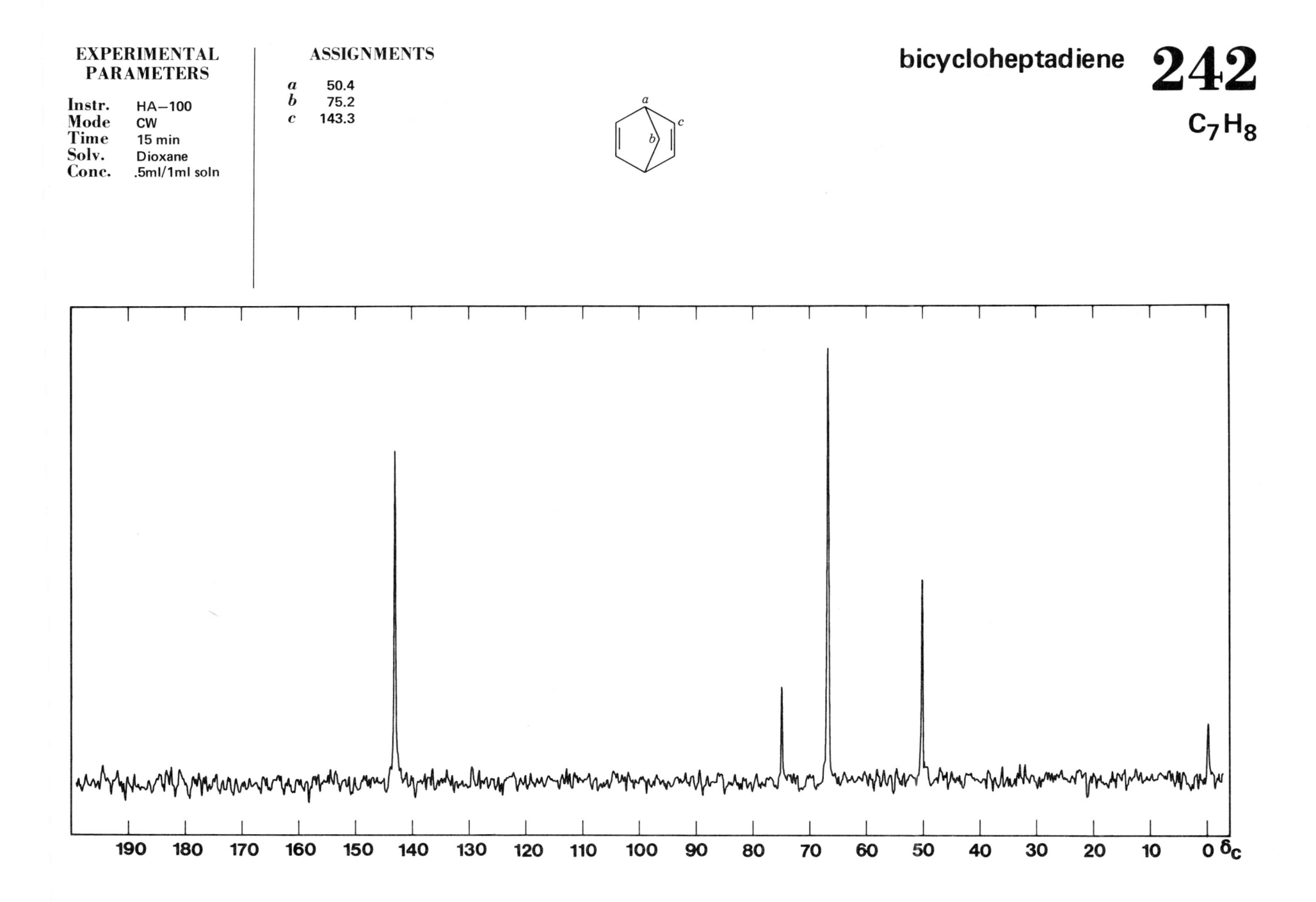

toluene 243

C₇H₈

EXPERIMENTAL PARAMETERS

Instr.	HA-100
Mode	CW
Time	15 min
Solv.	Dioxane
Conc.	.5ml/1ml soln

ASSIGNMENTS

a 21.2
b 125.5
c 128.3
d 129.1
e 137.7

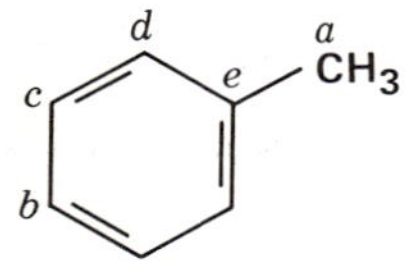

Assignments verified by running 3,5-dideuteriotoluene

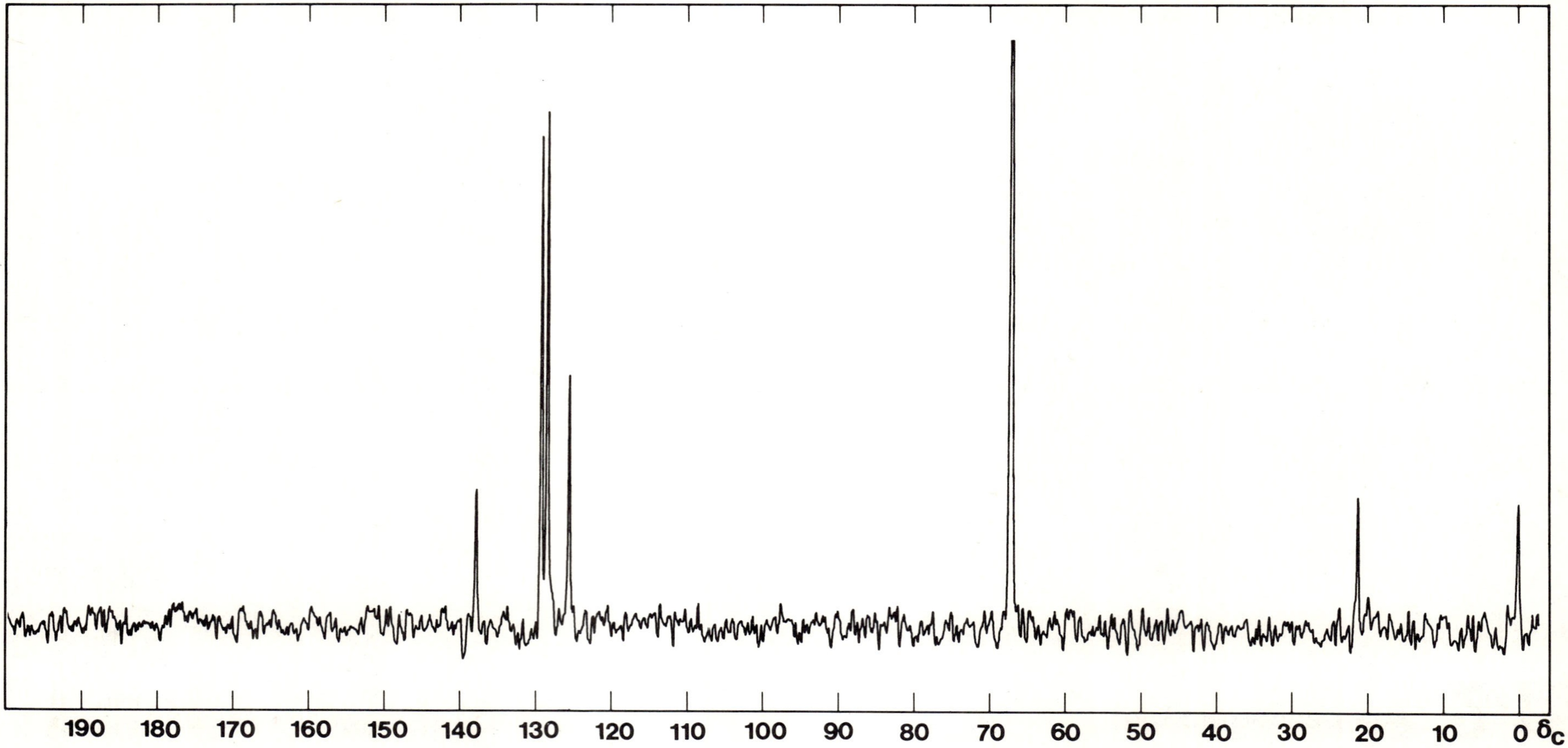

N-methyl-N-nitrosoaniline 244

$C_7H_8N_2O$

EXPERIMENTAL PARAMETERS

Instr. XL-100
Mode FT
Time 21 min
Solv. CDCl$_3$
Conc. 1ml/2ml solv
Pulse Width 15 μ sec

ASSIGNMENTS

a	31.1
b	119.0
c	127.1
d	129.3
e	142.2

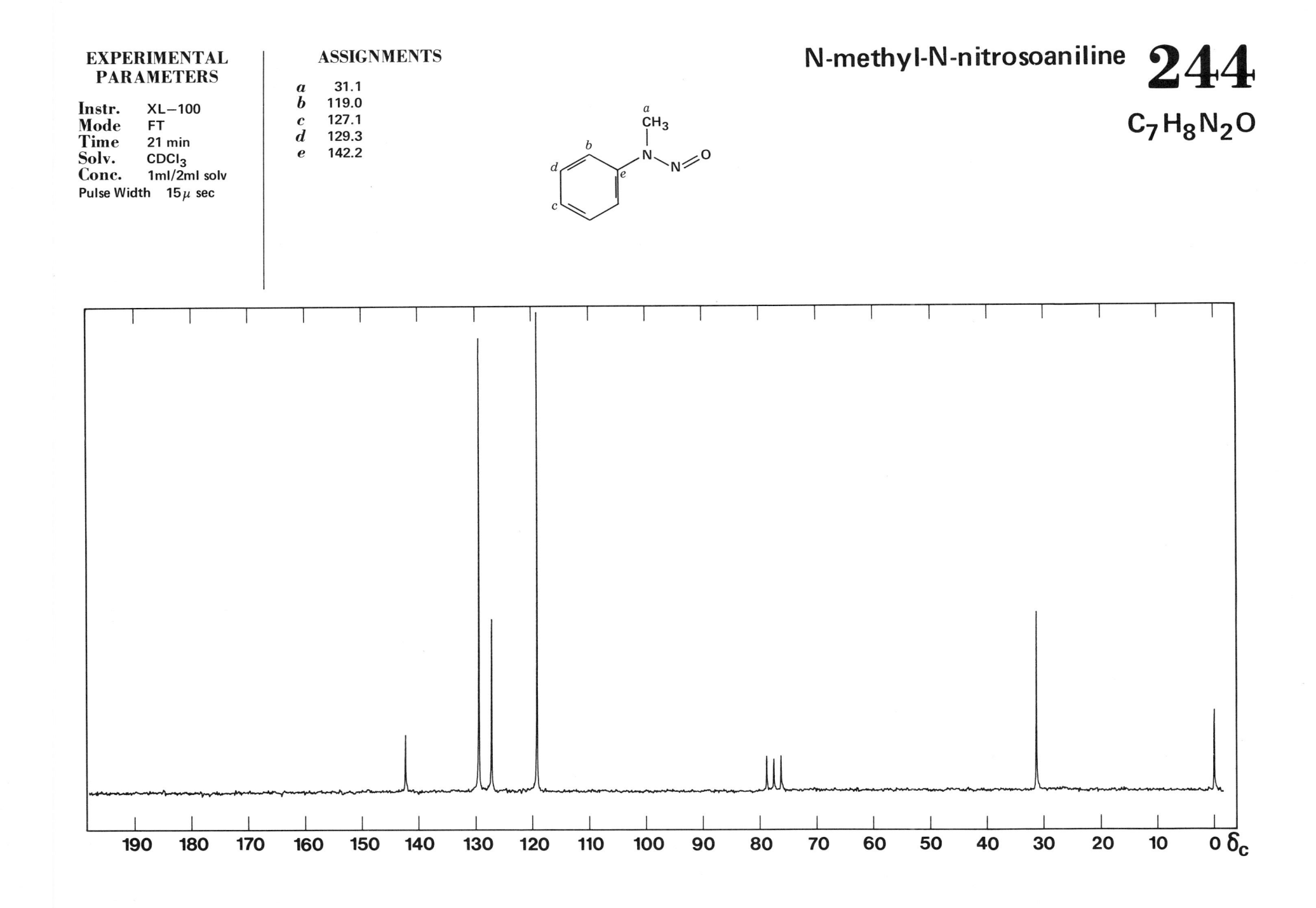

245

N-(2-thiazolyl)-acetoacetamide

$C_7H_8N_2O_2S$

EXPERIMENTAL PARAMETERS

Instr.	XL–100
Mode	FT
Time	21 min
Solv.	water (basic)
Conc.	.5g/3ml soln

ASSIGNMENTS

a	27.6
b	88.8
c	113.3
d	137.2
e	161.4
f	169.5
g	188.1

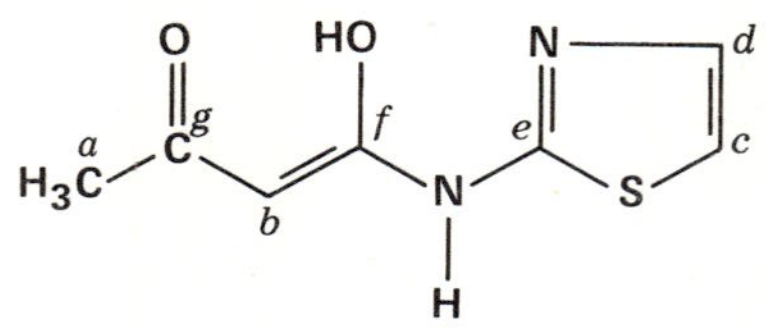

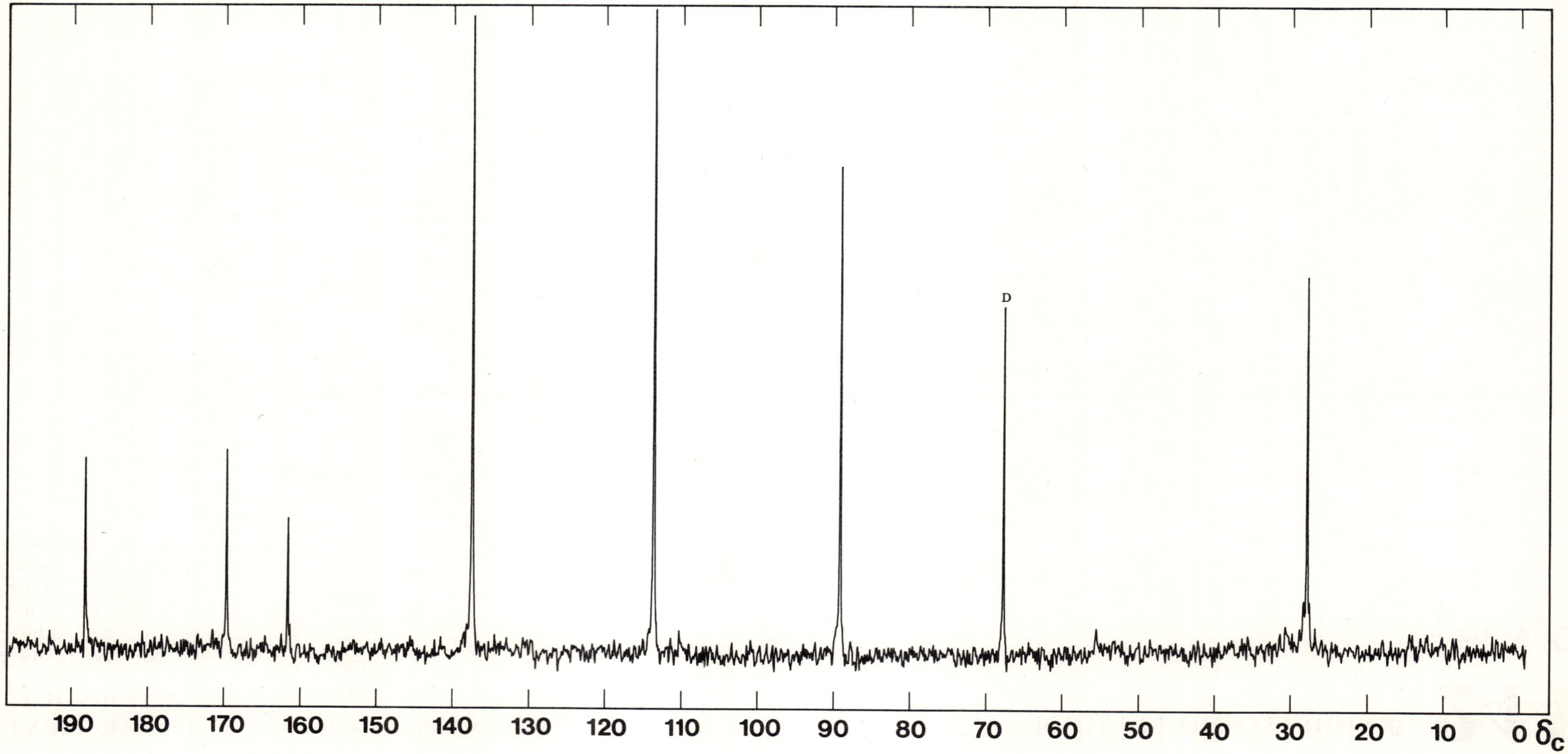

benzyl alcohol 246

C_7H_8O

EXPERIMENTAL PARAMETERS

Instr. XL-100
Mode FT
Time 5.3 min
Solv. CDCl$_3$
Conc. 1ml/2ml solv

ASSIGNMENTS

a 64.5
b 126.8
c 127.2
d 128.2
e 140.8

247 m-cresol

C_7H_8O

EXPERIMENTAL PARAMETERS

Instr.	XL–100
Mode	FT
Time	5.3 min
Solv.	CDCl₃
Conc.	1ml/3ml solv

ASSIGNMENTS

a	21.1
b	112.5
c	116.2
d	121.8
e	129.4
f	139.8
g	155.0

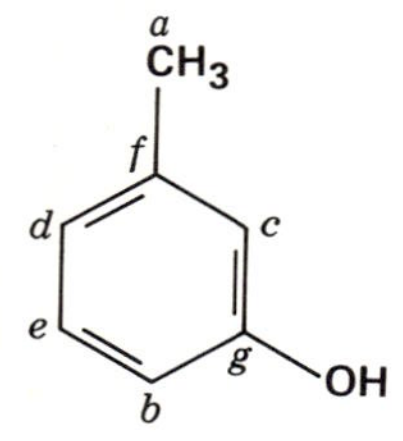

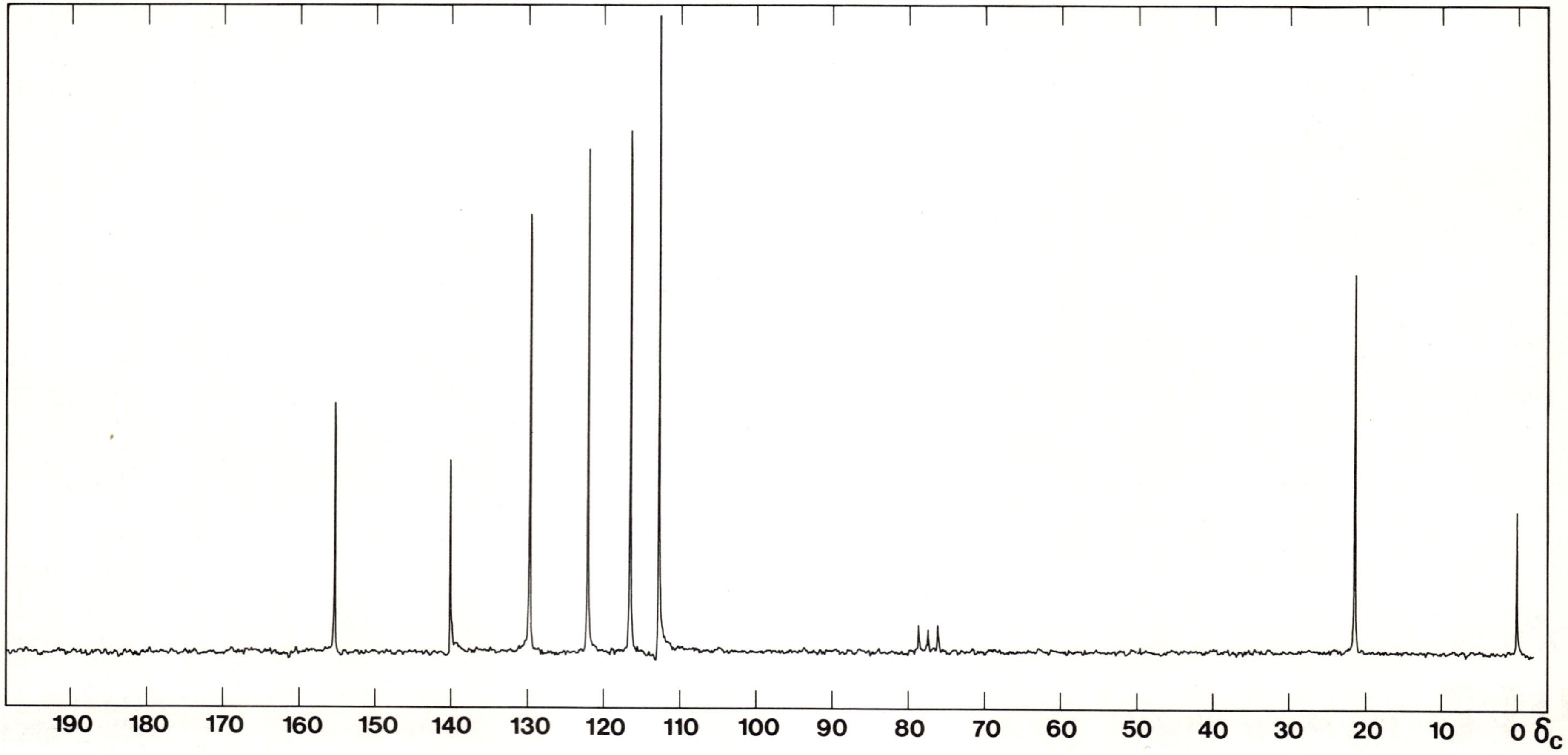

anisole 248
C$_7$H$_8$O

ASSIGNMENTS

a	54.7
b	114.1
c	120.7
d	129.5
e	160.2

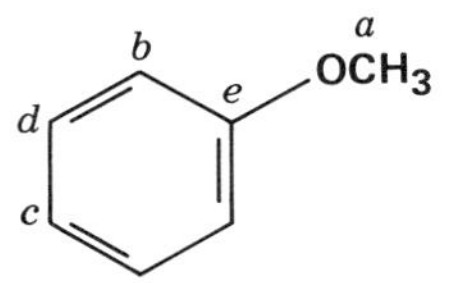

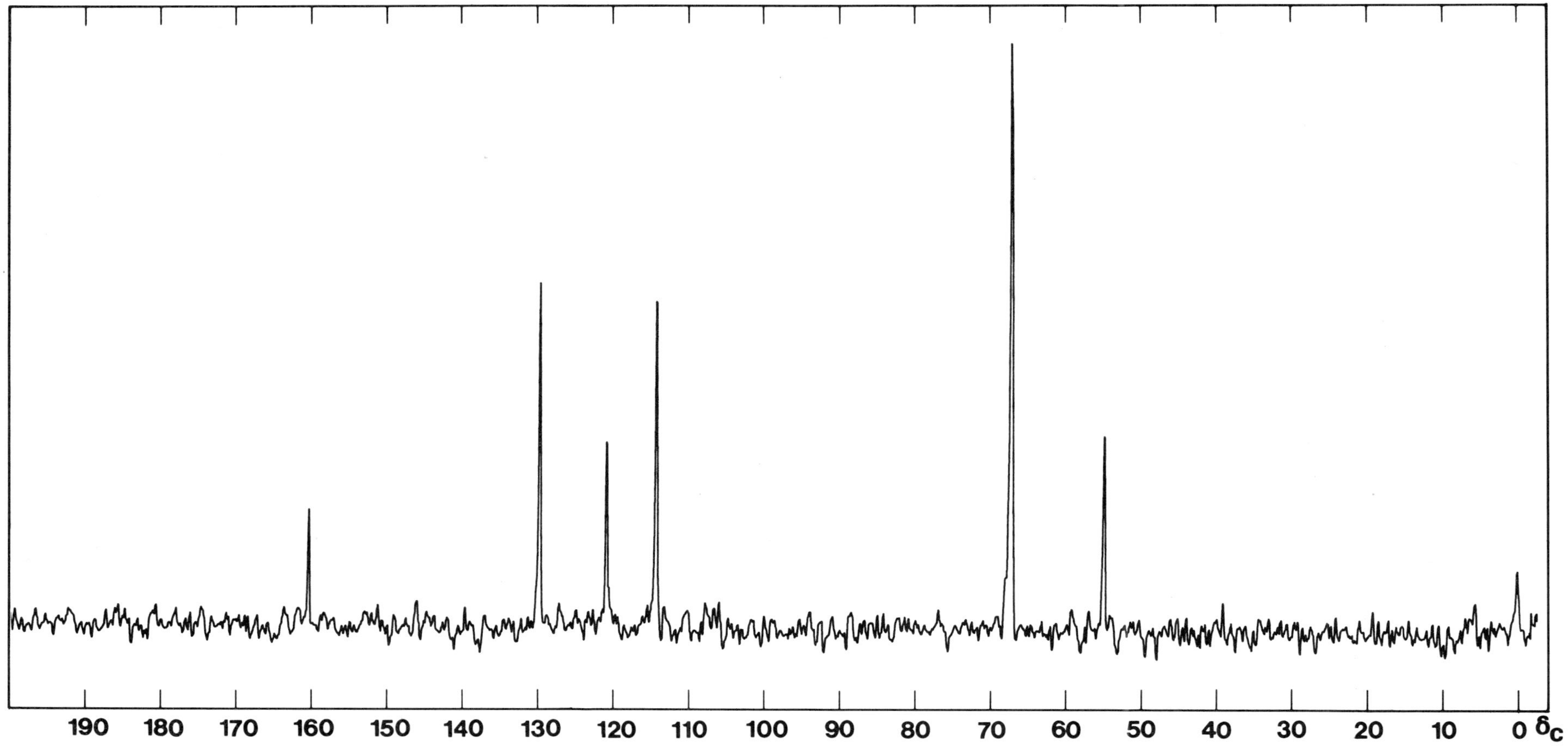

EXPERIMENTAL PARAMETERS

Instr. HA–100
Mode CW
Time 15 min
Solv. Dioxane
Conc. .5ml/1ml soln

thioanisole 249

C₇H₈S

EXPERIMENTAL PARAMETERS

Instr. XL-100
Mode FT
Time 5.3 min
Solv. CDCl₃
Conc. 1ml/2ml solv

ASSIGNMENTS

a	15.6
b	124.8
c *	126.5
d *	128.6
e	138.4

N-methylanaline 250

C_7H_9N

EXPERIMENTAL PARAMETERS

Instr. HA-100
Mode CW
Time 15 min
Solv. Dioxane
Conc. .5ml/1ml soln

ASSIGNMENTS

a 30.2
b 112.3
c 116.7
d 129.2
e 150.2

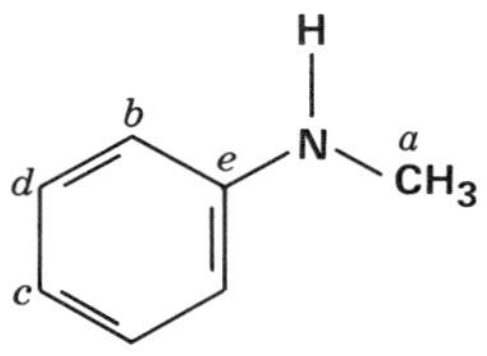

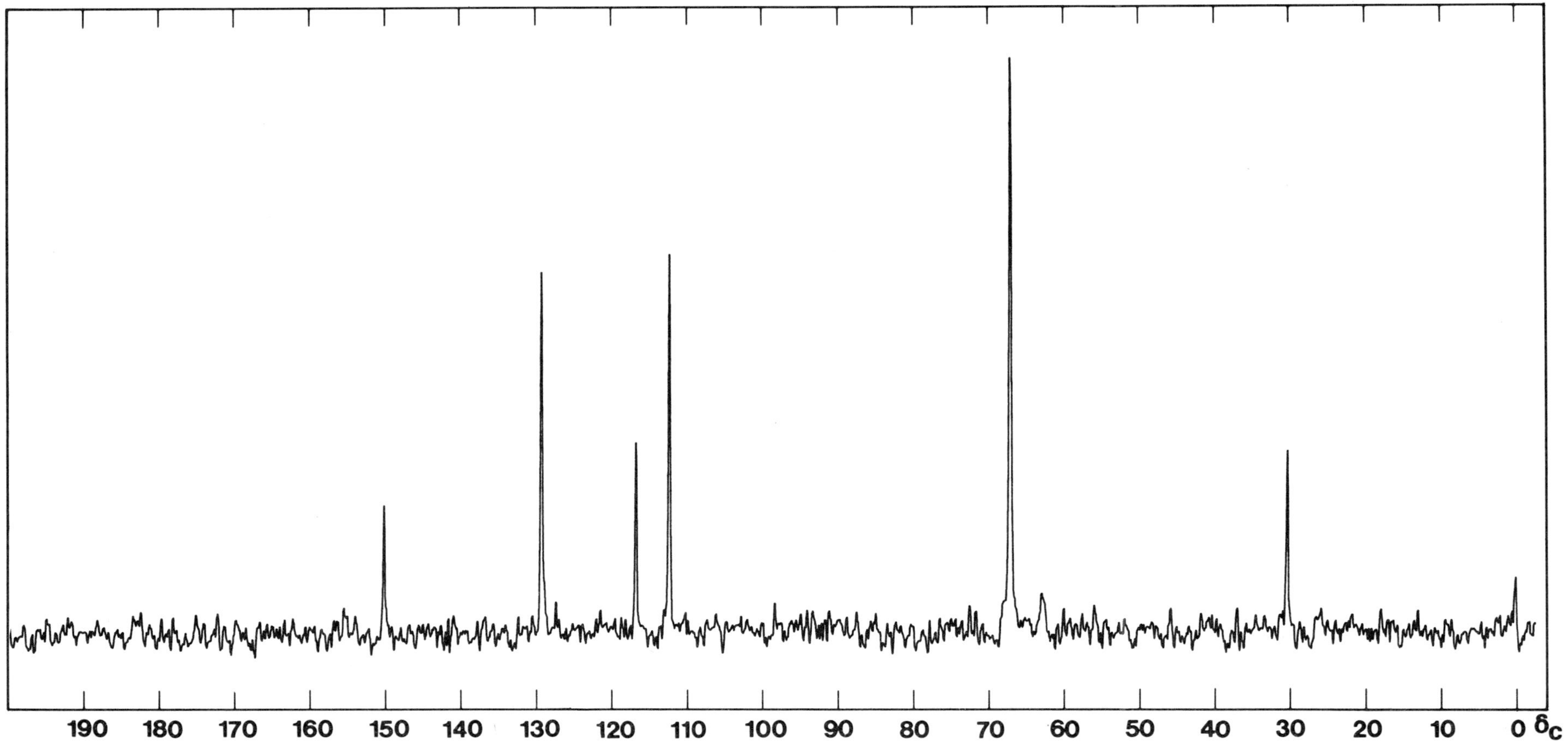

benzylamine

251

C_7H_9N

EXPERIMENTAL PARAMETERS

Instr. XL-100
Mode FT
Time 5.3 min
Solv. CDCl₃
Conc. 1ml/2ml solv

ASSIGNMENTS

a	46.3
b	126.5
c	126.9
d	128.3
e	143.4

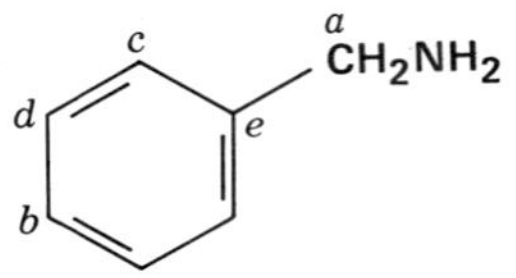

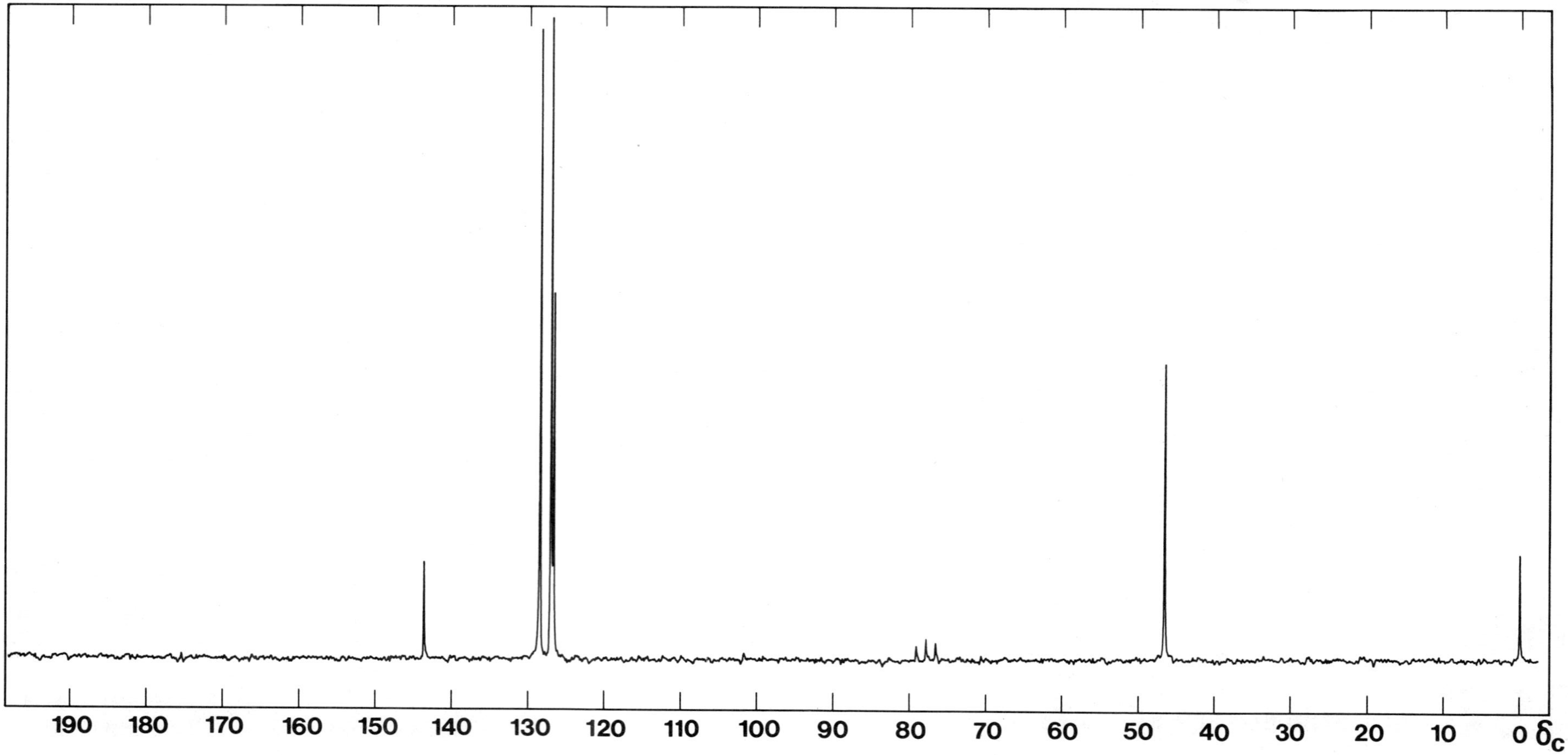

2,6-dimethylpyridine 252
C_7H_9N

EXPERIMENTAL PARAMETERS

Instr. XL-100
Mode FT
Time 5.3 min
Solv. CDCl$_3$
Conc. 1ml/2ml solv

ASSIGNMENTS

a	24.4
b	120.0
c	136.3
d	157.5

4-ethylpyridine 253

C$_7$H$_9$N

ASSIGNMENTS

a	14.2
b	28.1
c	123.2
d	149.7
e	152.7

EXPERIMENTAL PARAMETERS

Instr. XL–100
Mode FT
Time 5.3 min
Solv. CDCl$_3$
Conc. 1ml/2ml solv

3-ethylpyridine 254

C_7H_9N

EXPERIMENTAL PARAMETERS

Instr. XL-100
Mode FT
Time 5.3 min
Solv. CDCl$_3$
Conc. 1ml/2ml solv

ASSIGNMENTS

a 15.2
b 26.0
c 123.2
d 135.1
e 139.1
f 147.1
g 149.4

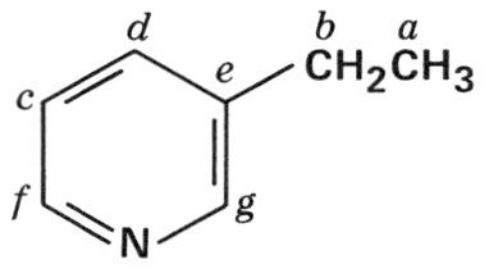

ref 29

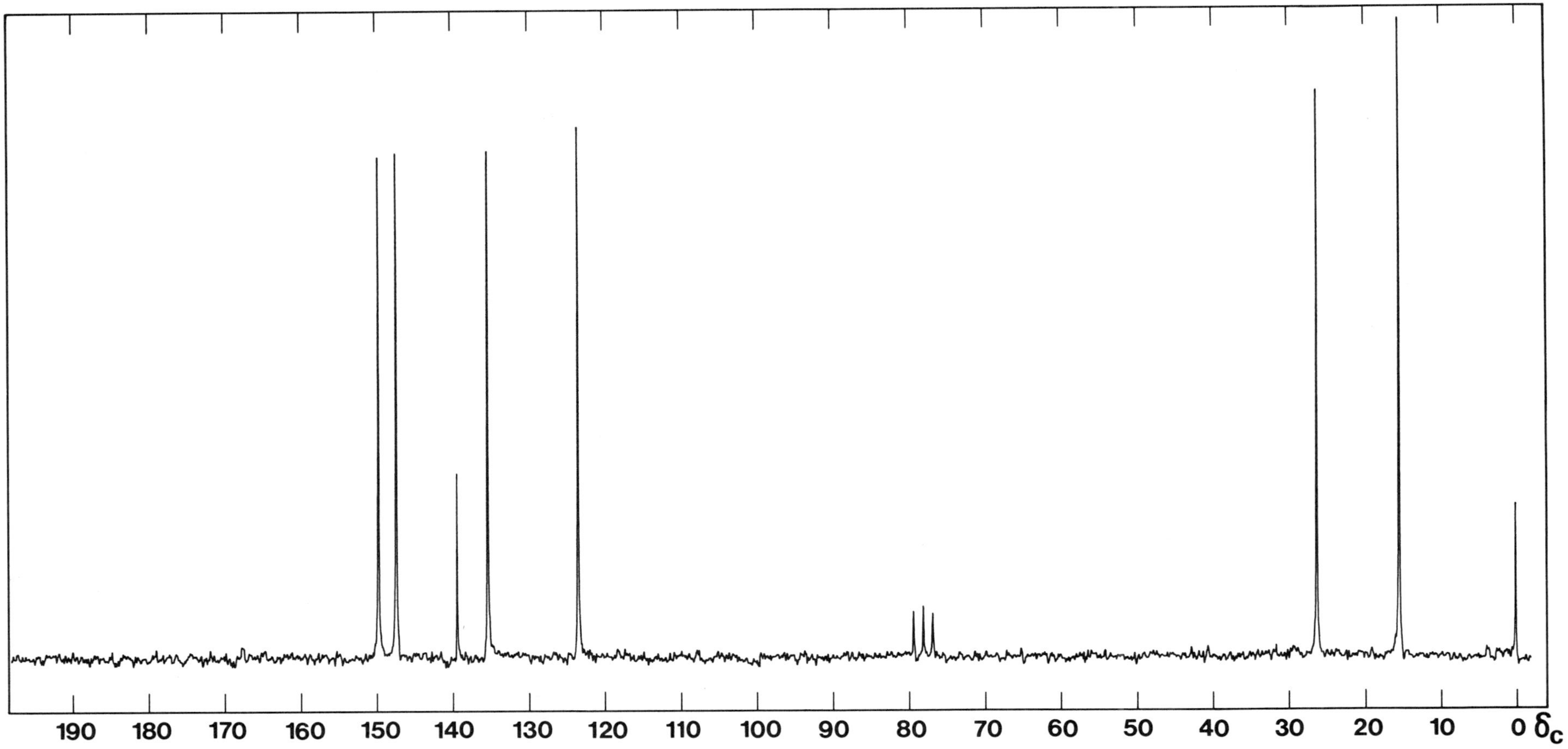

255 2-ethylpyridine

C_7H_9N

EXPERIMENTAL PARAMETERS

Instr. XL-100
Mode FT
Time 5.3 min
Solv. CDCl$_3$
Conc. 1ml/2ml solv

ASSIGNMENTS

a 13.8
b 31.4
c 120.7
d 121.8
e 136.1
f 149.1
g 163.4

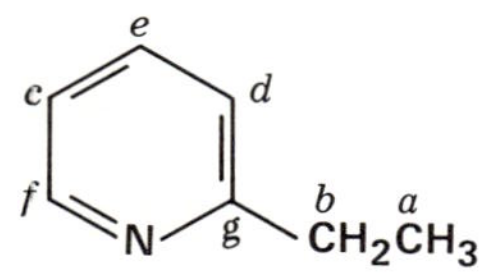

ref 29

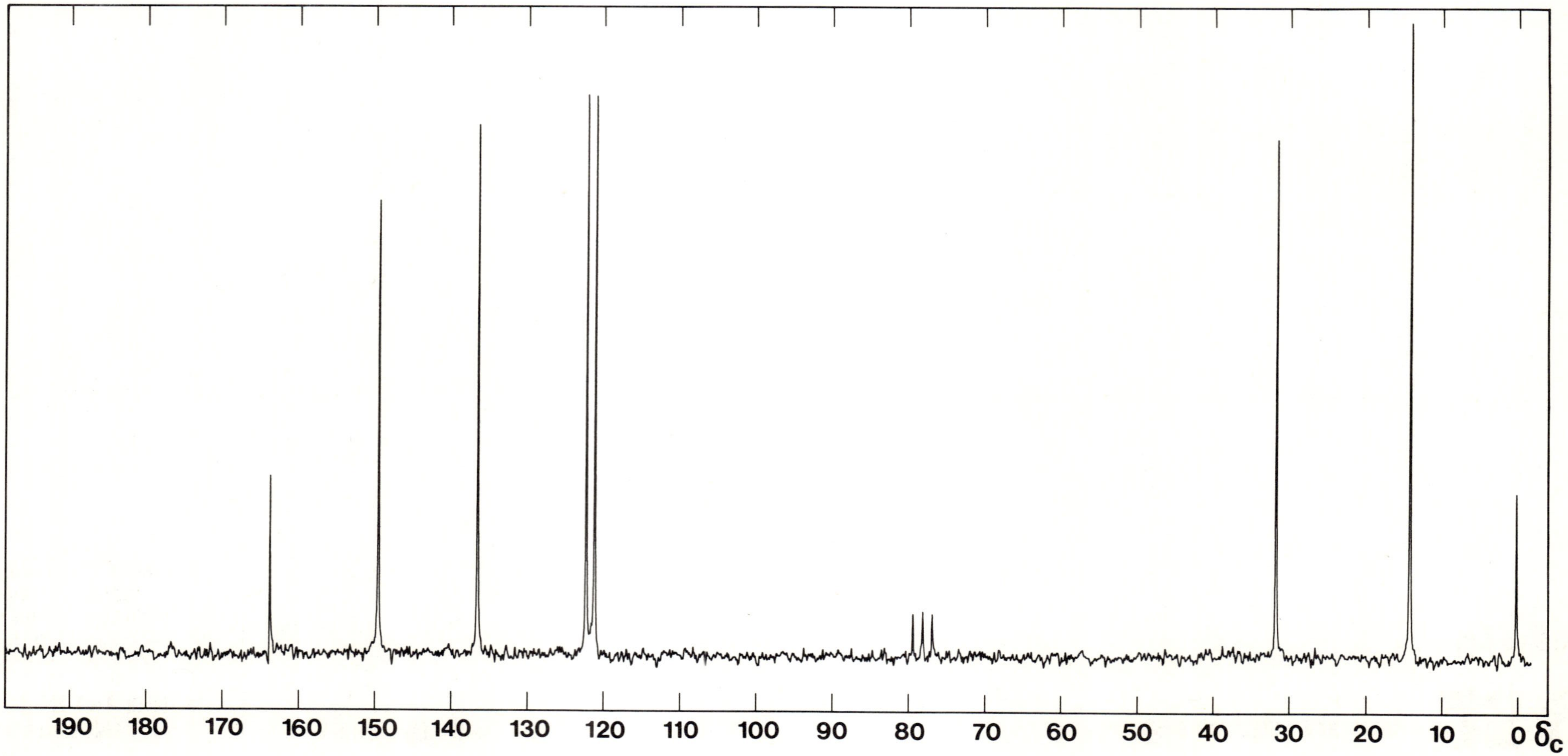

3,5-dimethylpyridine 256

C₇H₉N

EXPERIMENTAL PARAMETERS

Instr. XL-100
Mode FT
Time 5.3 min
Solv. CDCl₃
Conc. 1ml/2ml solv

ASSIGNMENTS

a 18.1
b 132.3s
c 136.9
d 147.3

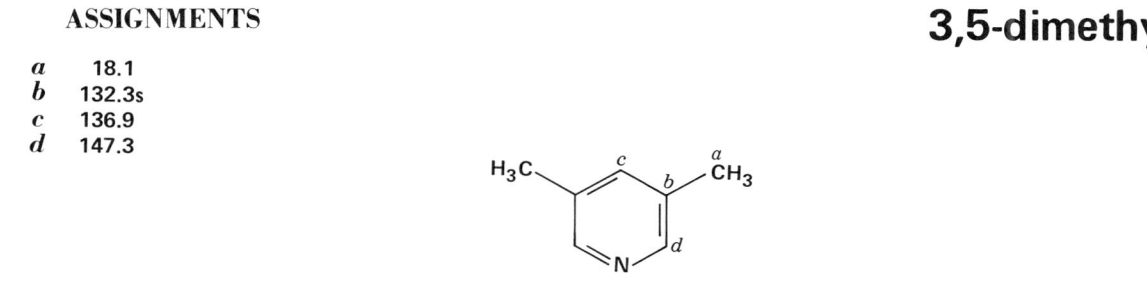

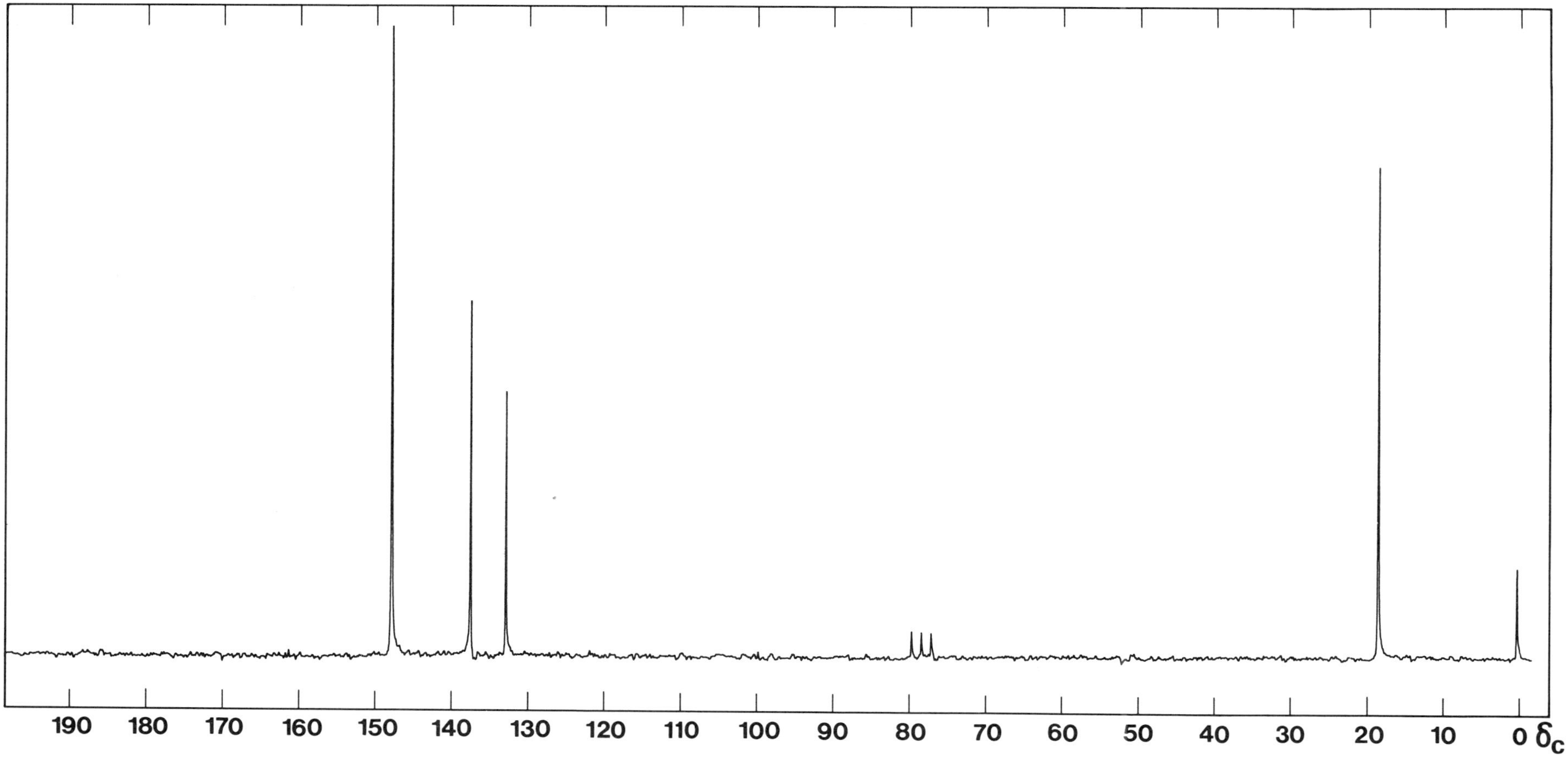

3,4-dimethylpyridine   257

C₇H₉N

EXPERIMENTAL PARAMETERS

Instr. XL–100
Mode FT
Time 5.3 min
Solv. CDCl₃
Conc. 1ml/2ml solv

ASSIGNMENTS

a 16.1
b 18.8
c 124.4
d 132.0
e 145.3
f 147.3
g 149.9

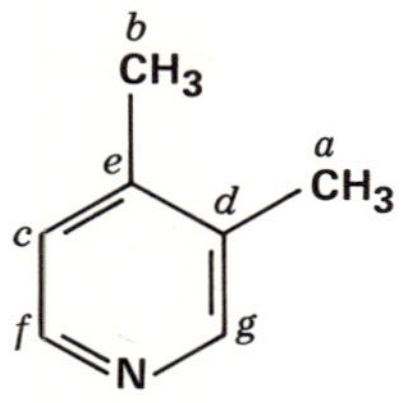

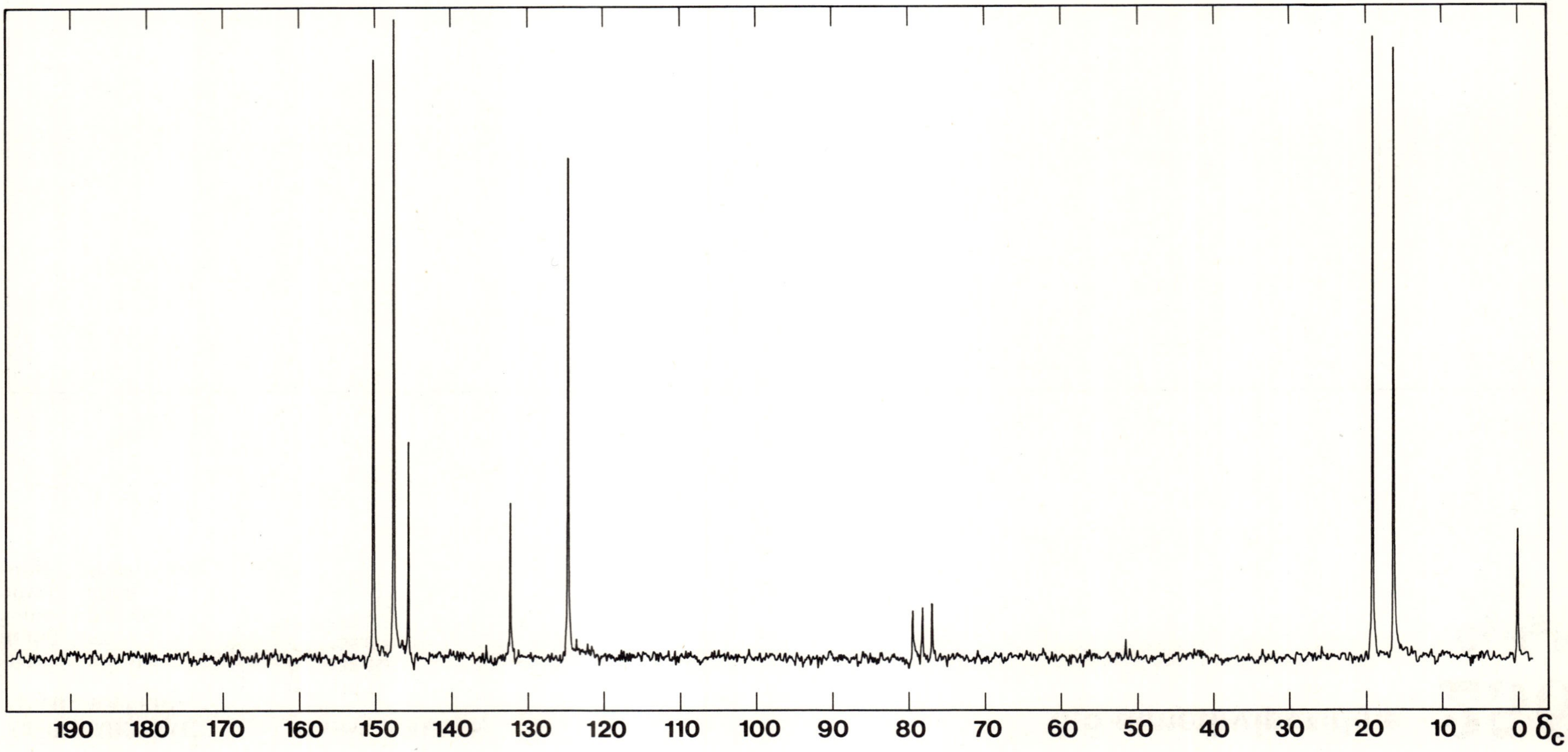

2,5-dimethylpyridine 258

C₇H₉N

EXPERIMENTAL PARAMETERS

Instr. XL-100
Mode FT
Time 5.3 min
Solv. CDCl₃
Conc. 1ml/2ml solv

ASSIGNMENTS

a 17.8
b 23.8
c 122.5
d 129.6
e 136.7
f 149.4
g 155.2

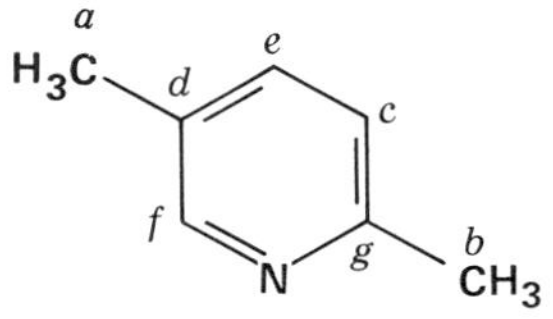

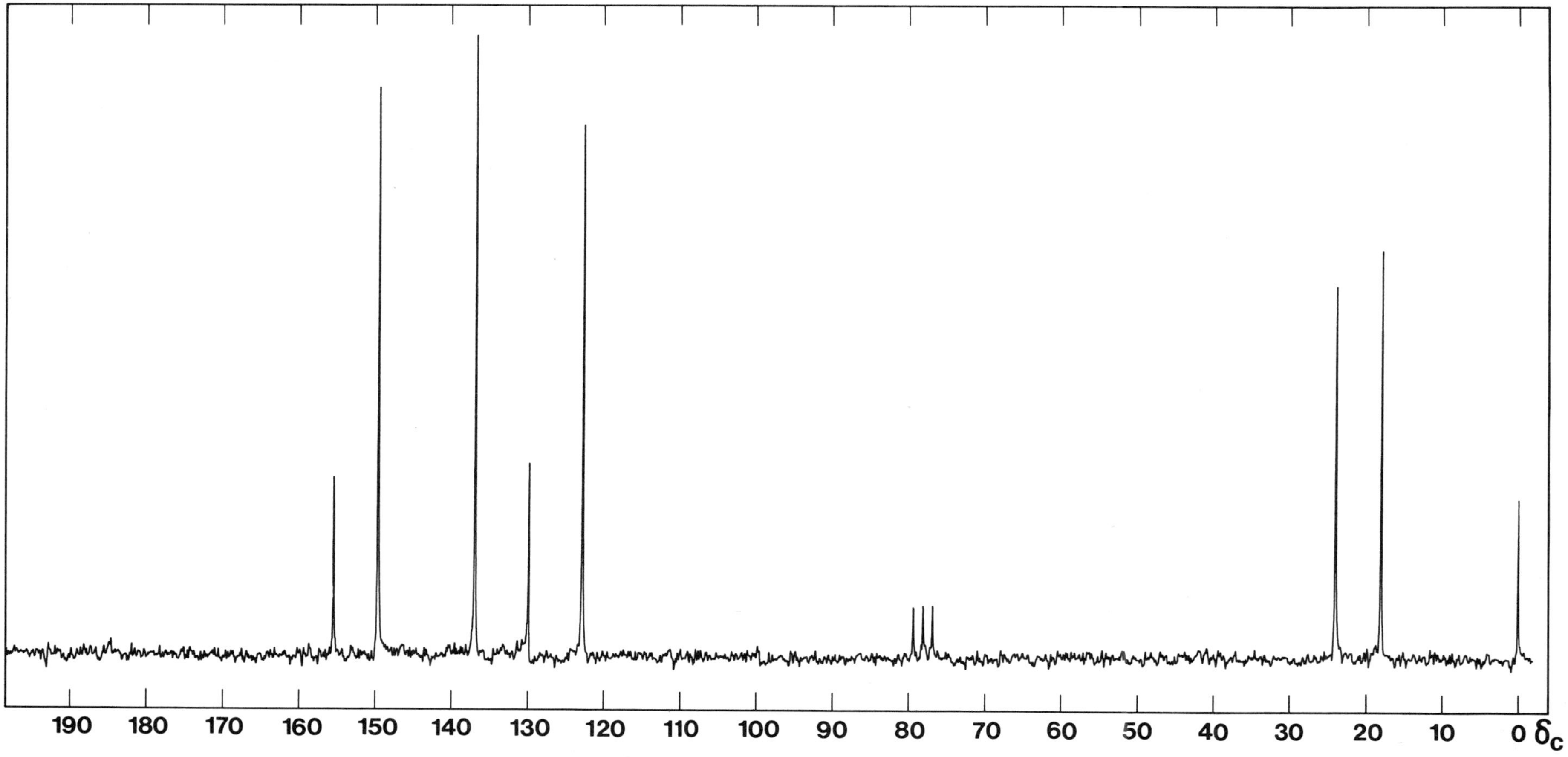

2,3-dimethylpyridine   259

C$_7$H$_9$N

EXPERIMENTAL PARAMETERS

Instr. XL–100
Mode FT
Time 5.3 min
Solv. CDCl$_3$
Conc. 1ml/2ml solv

ASSIGNMENTS

a	18.9
b	22.4
c	121.0
d	131.1
e	136.7
f	146.4
g	156.9

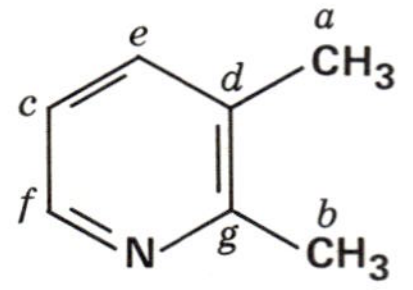

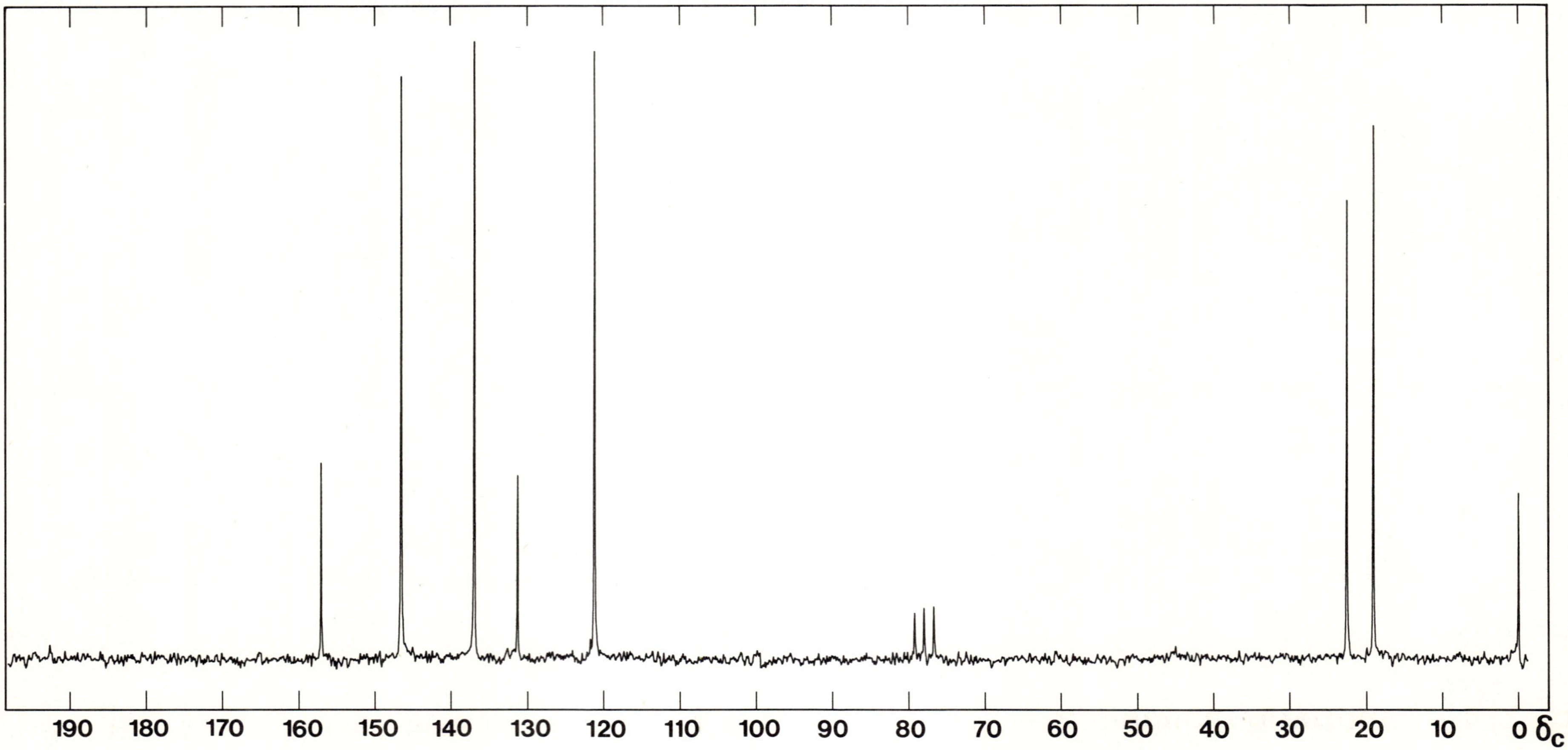

2,4-dimethylpyridine 260

C_7H_9N

EXPERIMENTAL PARAMETERS

Instr. XL–100
Mode FT
Time 5.3 min
Solv. CDCl$_3$
Conc. 1ml/2ml solv

ASSIGNMENTS

a 20.7
b 24.1
c 121.6
d 123.9
e 146.9
f 148.8
g 158.0

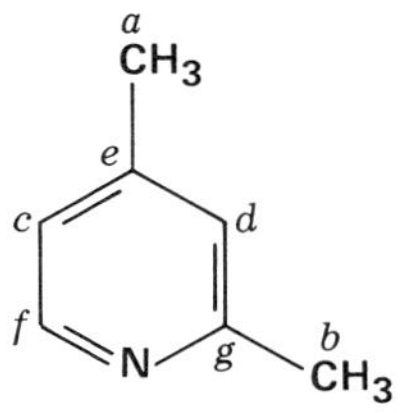

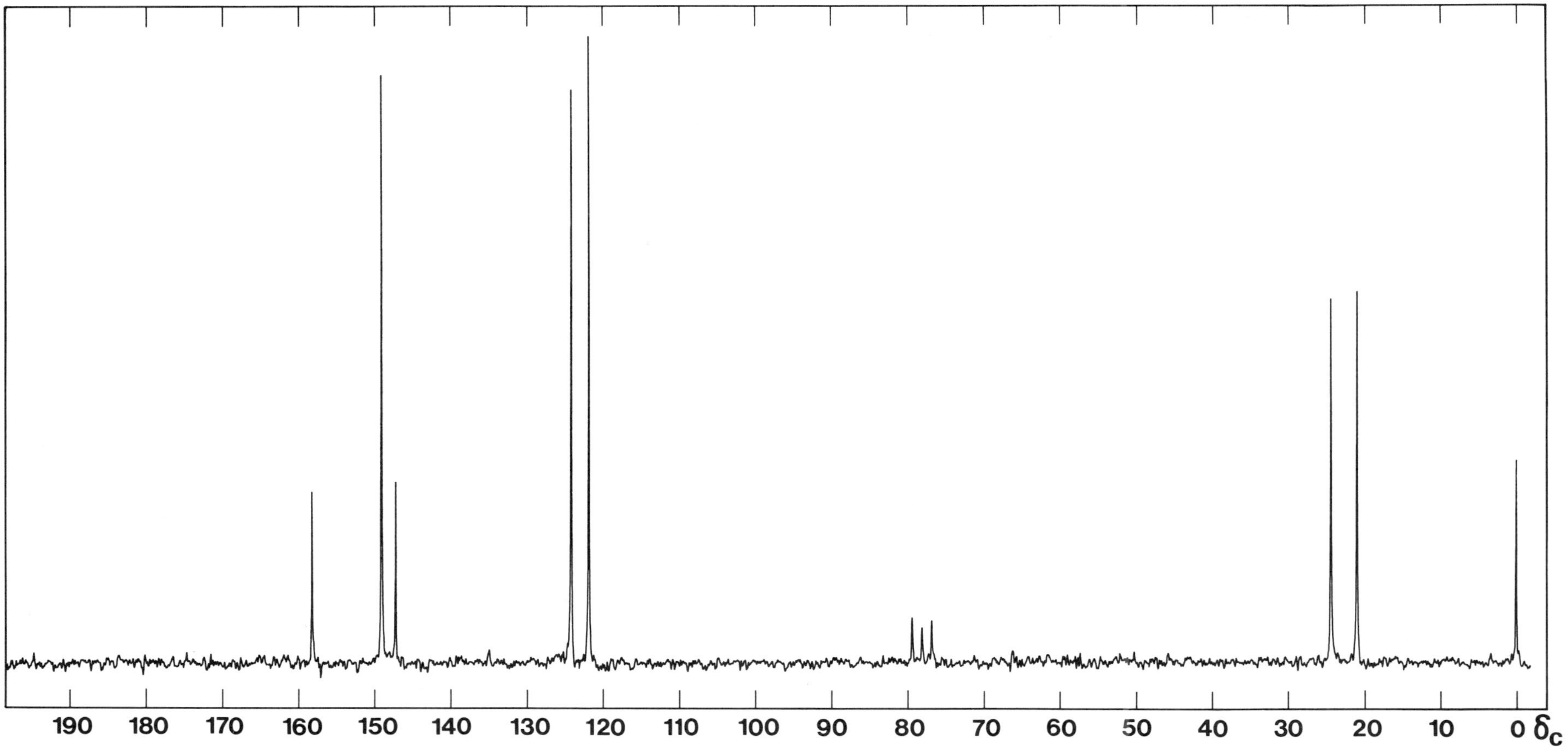

261 dicyclopropyl ketoxime

$C_7H_{11}NO$

EXPERIMENTAL PARAMETERS

Instr. XL-100
Mode FT
Time 5 min
Solv. CDCl$_3$
Conc. .5g/2ml solv

ASSIGNMENTS

a *   5.0
b *   5.3
c †   9.1
d †   9.2
e   161.5

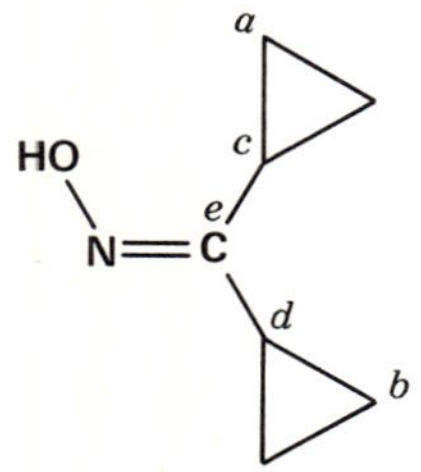

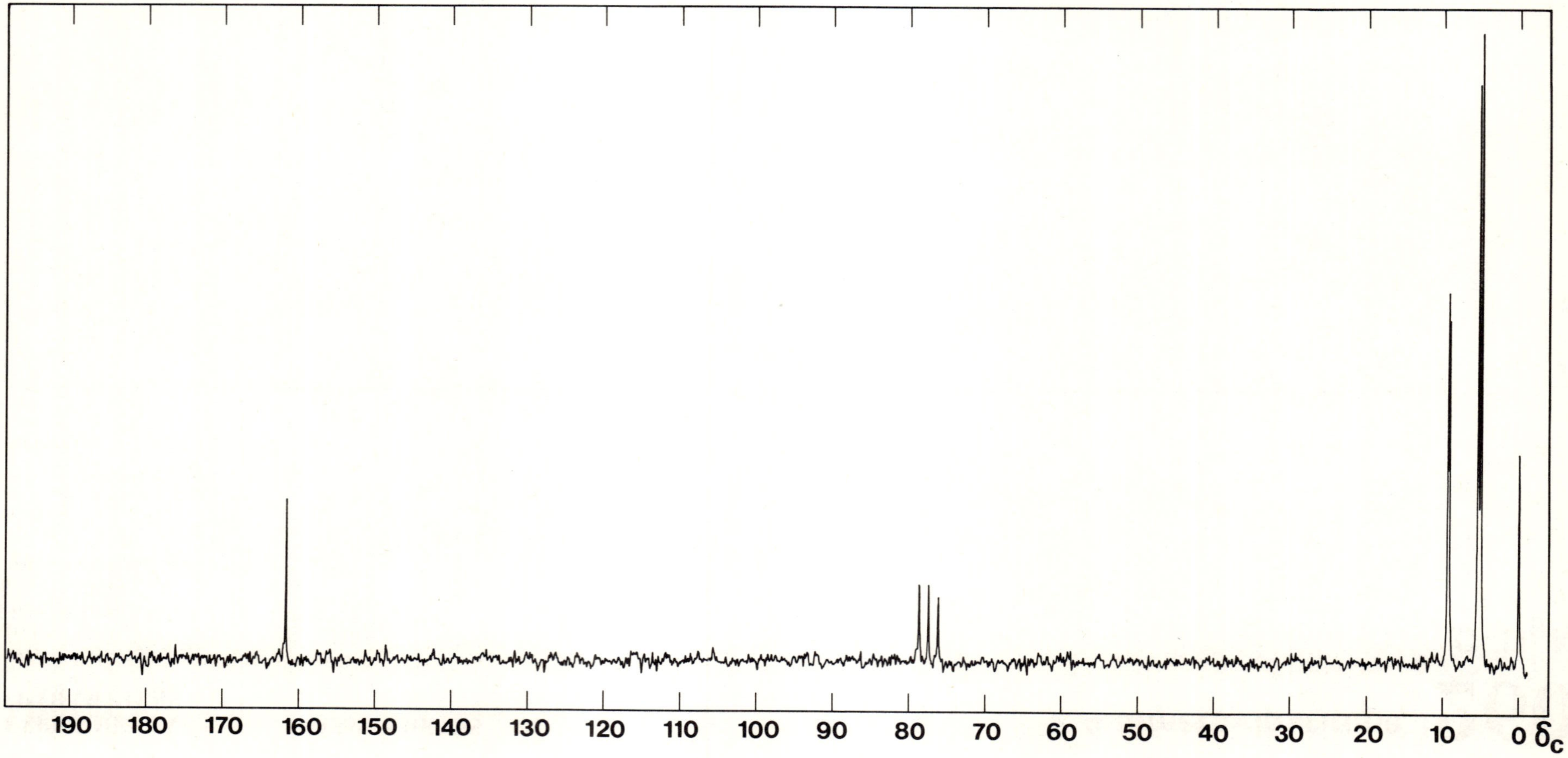

4-methylcyclohexene 262

C_7H_{12}

EXPERIMENTAL PARAMETERS

Instr. XL-100
Mode FT
Time 5.3 min
Solv. CDCl₃
Conc. 1ml/2ml solv

ASSIGNMENTS

a 22.0q
b 25.3
c 28.6d
d 31.0
e 33.8
f 126.6

diethylmalonate 263

$C_7H_{12}O_4$

EXPERIMENTAL PARAMETERS

Instr. HA-100
Mode CW
Time 15 min
Solv. Dioxane
Conc. .5ml/1ml soln

ASSIGNMENTS

a 14.2
b 41.6
c 61.3
d 166.7

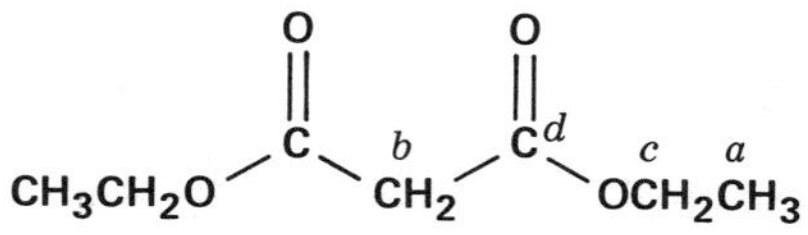

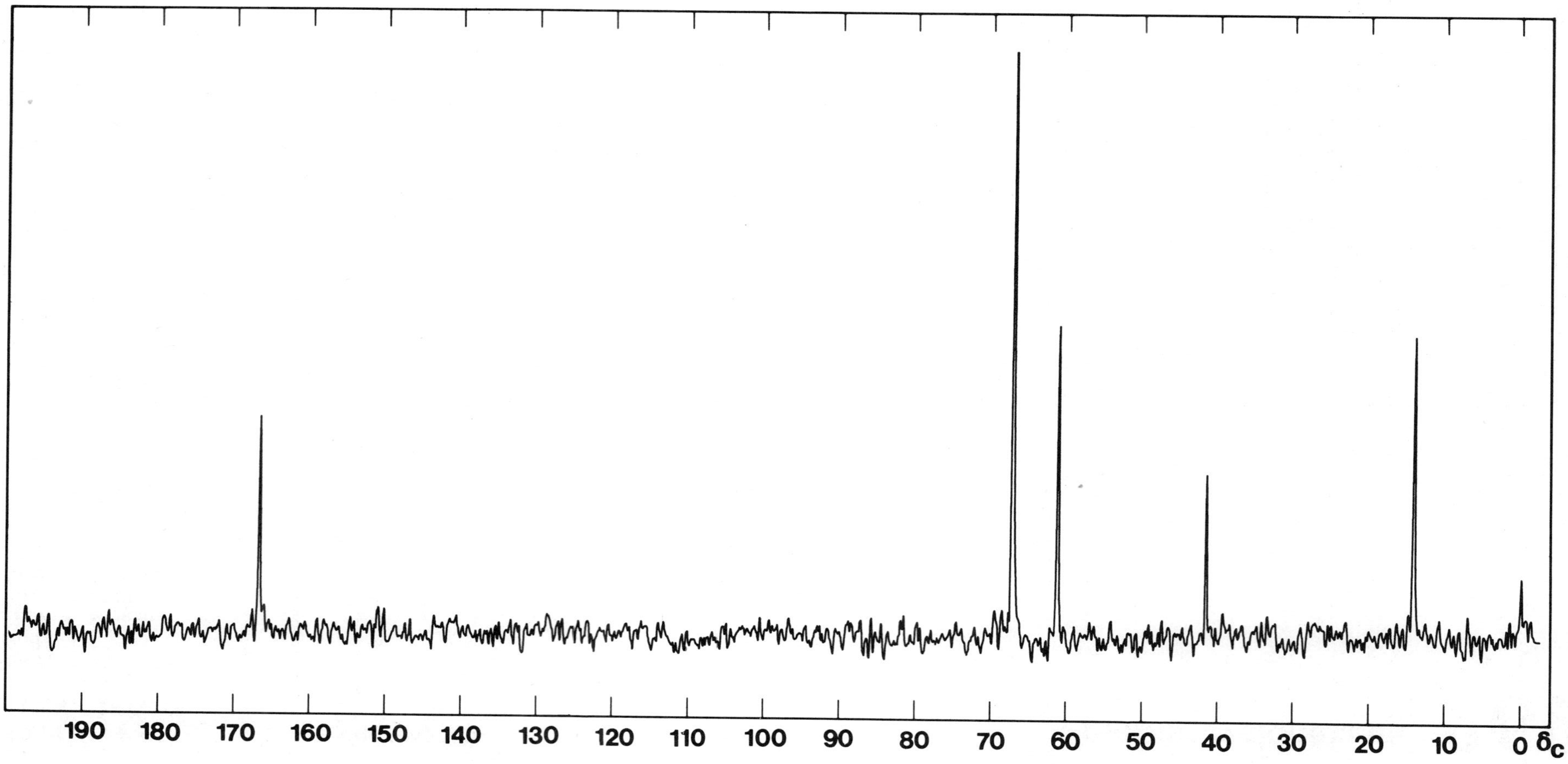

$$CH_3CH_2O-\overset{O}{\underset{}{C}}-\underset{b}{CH_2}-\overset{O}{\underset{d}{C}}-\underset{c}{O}\underset{a}{CH_2CH_3}$$

heptene-2   264

C_7H_14

EXPERIMENTAL PARAMETERS

Instr. XL-100
Mode FT
Time 5.3 min
Solv. CDCl_3
Conc. 1ml/2ml solv

ASSIGNMENTS

a	12.6
b	13.9
c	17.8
d	22.4
e	26.7
f	32.0
g	32.4
h	123.5
i	124.5
j	130.8
k	131.7

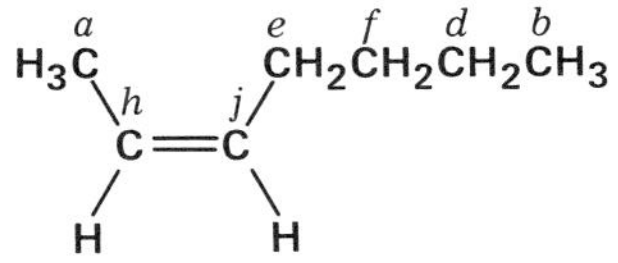

Structures:

H_3C(a)—C(h)=C(j)(H)—CH_2(e)CH_2(f)CH_2(d)CH_3(b), cis

H_3C(c)—C(i)=C(k)(H)—CH_2(g)CH_2(f)CH_2(d)CH_3(b), trans

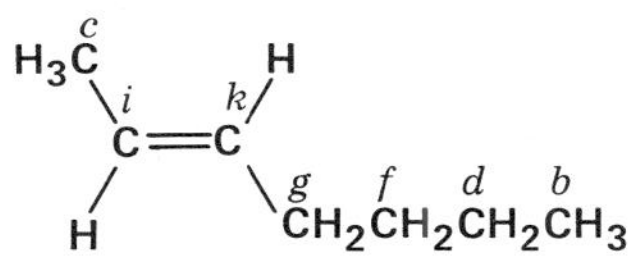

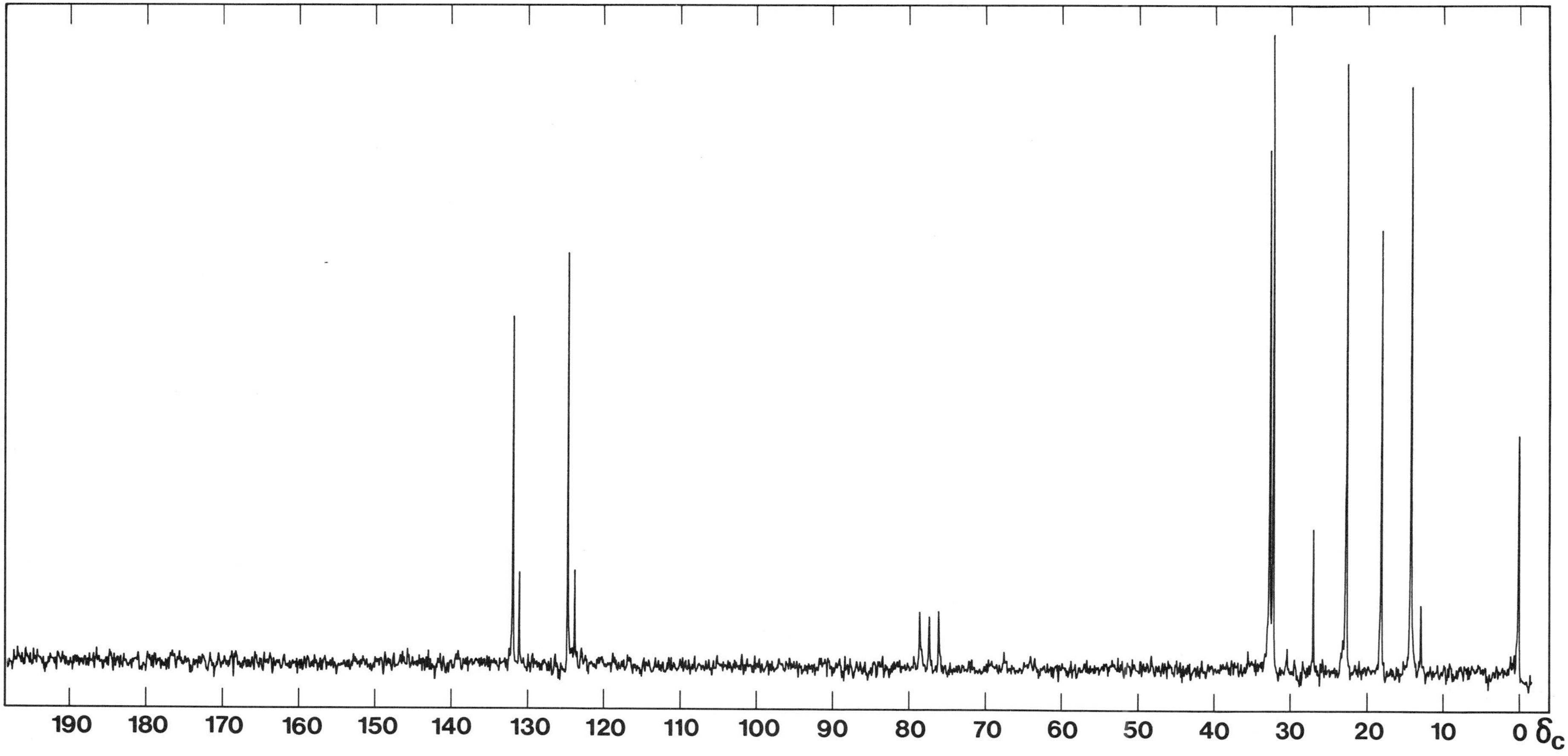

methylcyclohexane 265

C_7H_{14}

EXPERIMENTAL PARAMETERS

Instr.	XL-100
Mode	FT
Time	5.3 min
Solv.	CDCl₃
Conc.	1ml/2ml solv

ASSIGNMENTS

a	22.9
b	26.6
c	33.0
d	35.6

ref 4

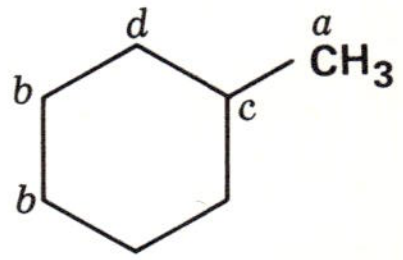

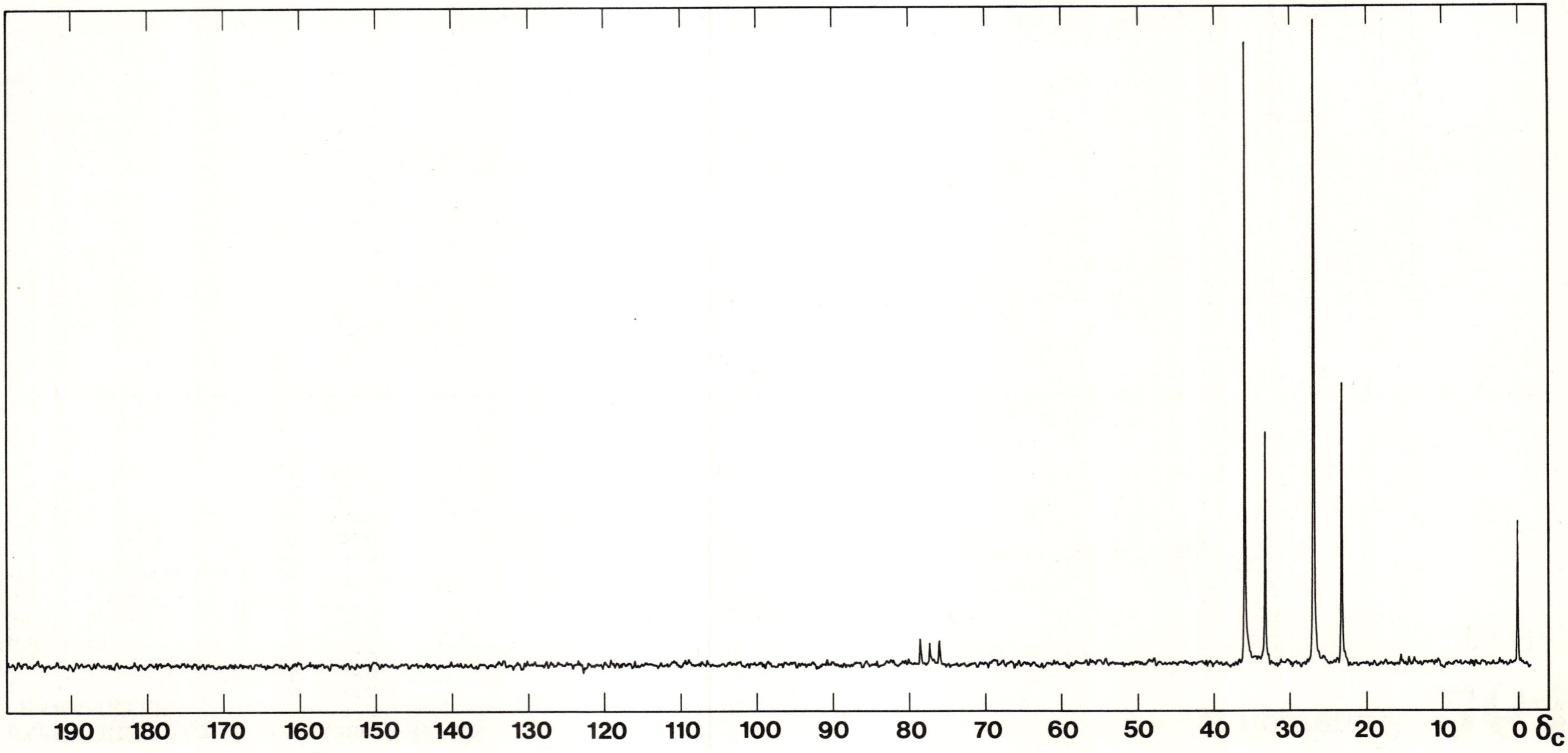

2,6-dimethylpiperidine 266

$C_7H_{15}N$

EXPERIMENTAL PARAMETERS

Instr. HA-100
Mode CW
Time 15 min
Solv. Dioxane
Conc. .5ml/1ml soln

ASSIGNMENTS

a 23.2
b 25.4
c 34.6
d 52.6

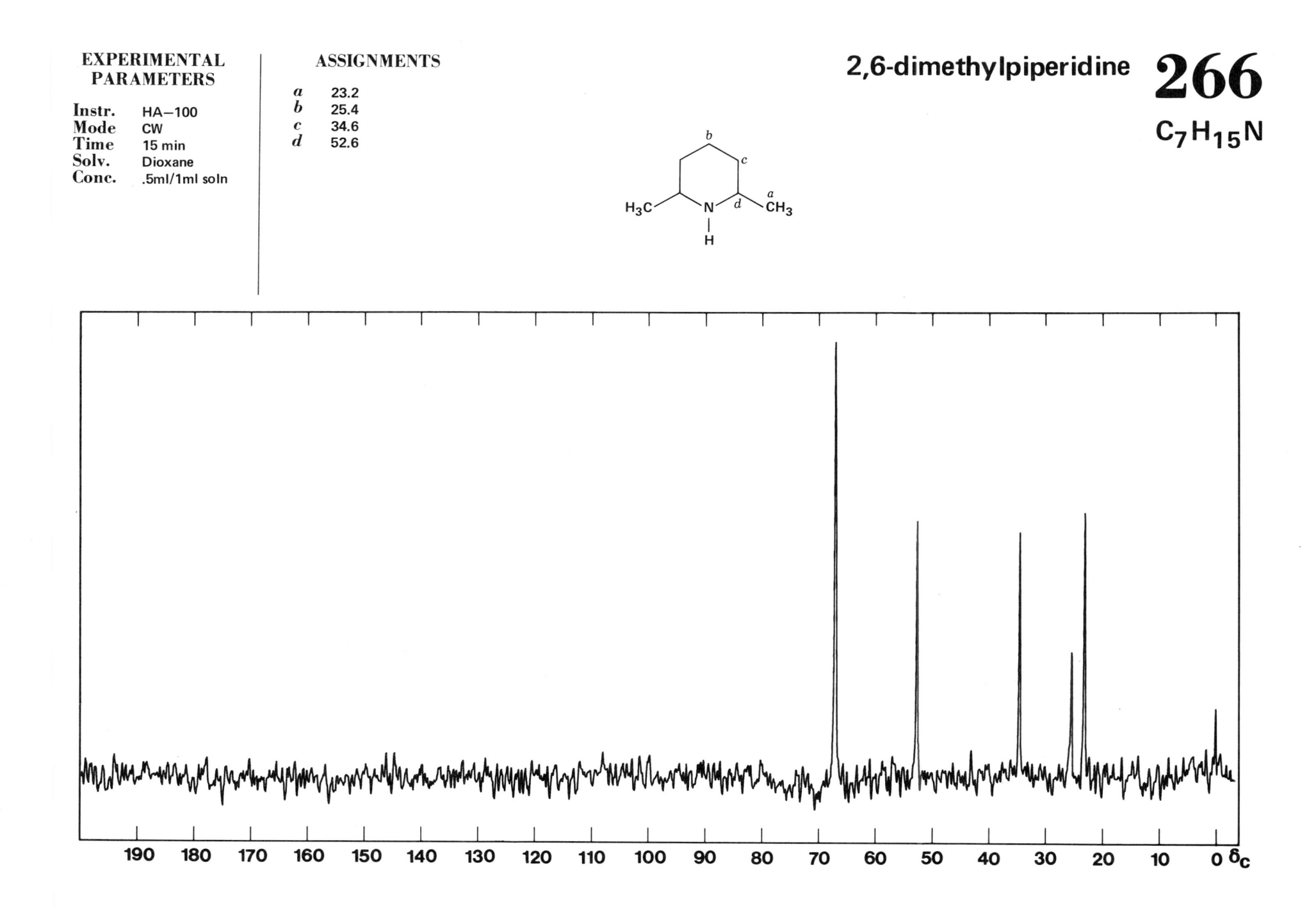

3-methylcyclohexanol   267

$C_7H_{14}O$

ASSIGNMENTS

a	20.1	t
b	21.9	q
c	22.4	q
d	24.3	t
e	26.5	d
f	31.6	d
g	33.1	
h	34.3	
i	35.3	
j	41.5	
k	44.6	
l	66.4	
m	70.4	

ref 13

EXPERIMENTAL PARAMETERS

Instr. XL-100
Mode FT
Time 5.3 min
Solv. CDCl₃
Conc. 1ml/3ml soln

4-heptanone 268

$C_7H_{14}O$

EXPERIMENTAL PARAMETERS

Instr. XL-100
Mode FT
Time 5.3 min
Solv. CDCl$_3$
Conc. 1ml/2ml solv

ASSIGNMENTS

a 13.7
b 17.4
c 44.7
d 210.6

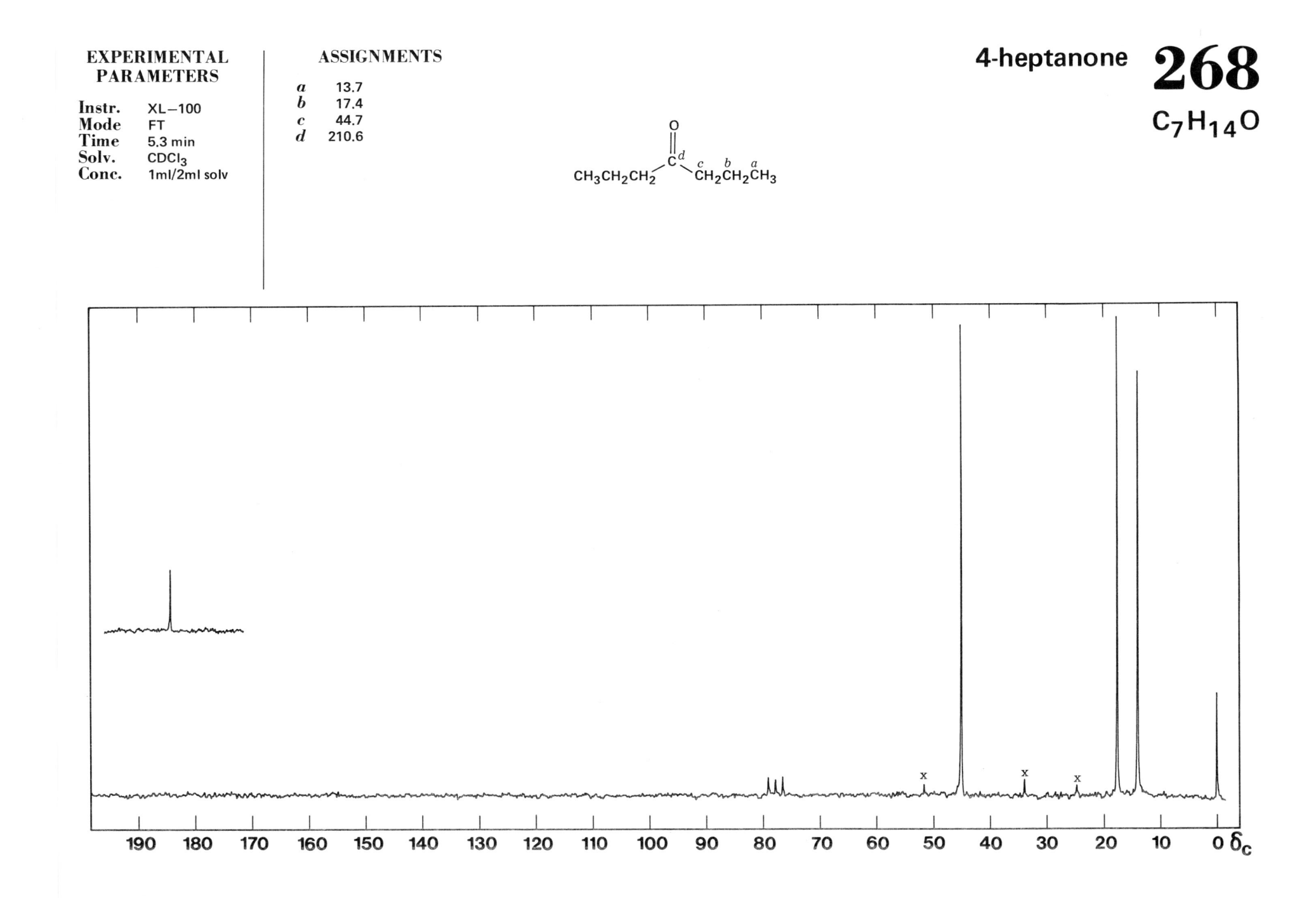

$$CH_3CH_2CH_2 \overset{O}{\underset{d}{C}} \overset{c}{CH_2} \overset{b}{CH_2} \overset{a}{CH_2CH_3}$$

3-heptanone 269
C₇H₁₄O

$$\underset{\underset{CH_3CH_2}{a\quad e}}{}\overset{\overset{O}{\|}}{C}\underset{\underset{CH_2CH_2CH_2CH_3}{f\quad d\quad c\quad b}}{}$$

ASSIGNMENTS

a	7.8
b	13.8
c	22.5
d	26.2
e	35.8
f	42.1
g	211.2

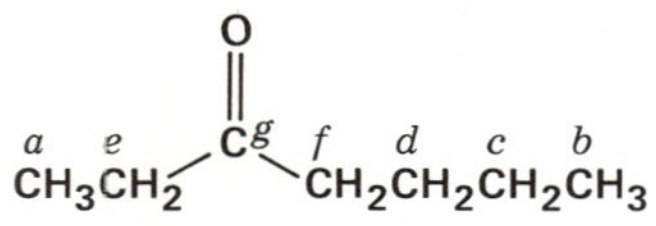

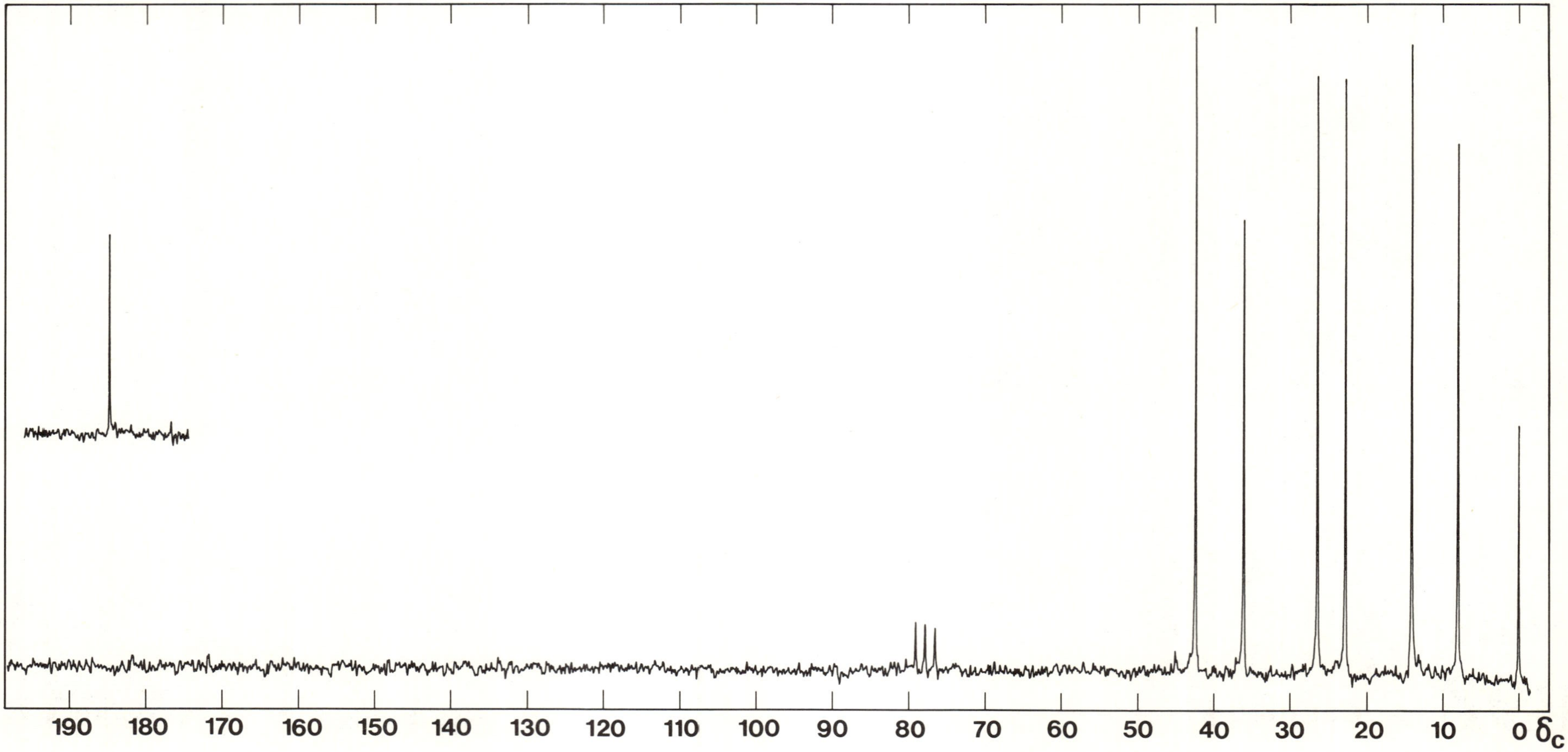

EXPERIMENTAL PARAMETERS

Instr. XL-100
Mode FT
Time 5.3 min
Solv. CDCl₃
Conc. 1ml/2ml solv

2-heptanone   270
C$_7$H$_{14}$O

EXPERIMENTAL PARAMETERS

Instr.	XL–100
Mode	FT
Time	5.3 min
Solv.	CDCl$_3$
Conc.	1ml/2ml solv

ASSIGNMENTS

a	13.9
b	22.6
c	23.6
d	29.6
e	31.5
f	43.7
g	208.4

$$\underset{H_3C}{\overset{d}{}}\overset{\displaystyle O}{\underset{\displaystyle \|}{C}}\overset{g}{}\underset{CH_2CH_2CH_2CH_2CH_3}{\overset{f\ \ e\ \ c\ \ b\ \ a}{}}$$

4-methylcyclohexanol 271

$C_7H_{14}O$

EXPERIMENTAL PARAMETERS

Instr.	XL–100
Mode	FT
Time	5.3 min
Solv.	$CDCl_3$
Conc.	1ml/2ml solv

ASSIGNMENTS

a	21.5
b	21.9
c	29.1
d	31.1
e *	31.9
f *	32.1
g †	33.5
h †	35.5
i	66.7
j	70.5

ref 13

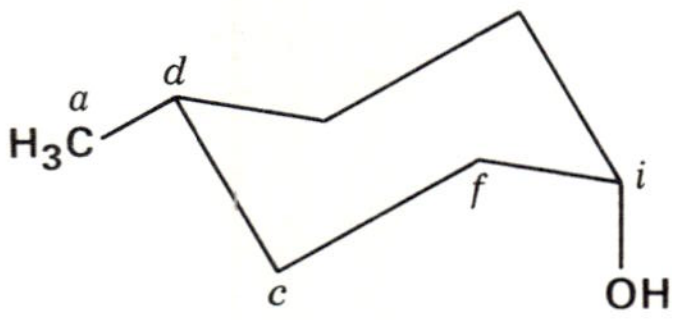

cis

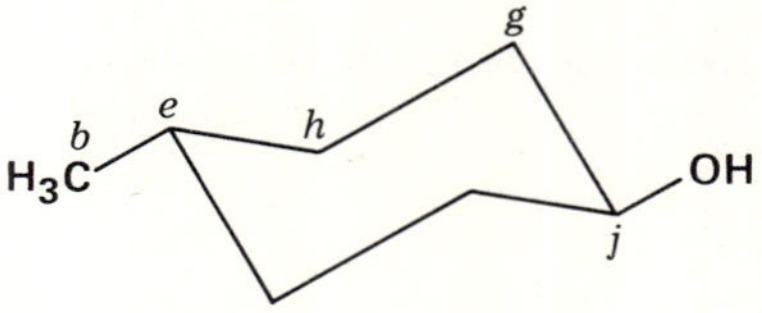

trans

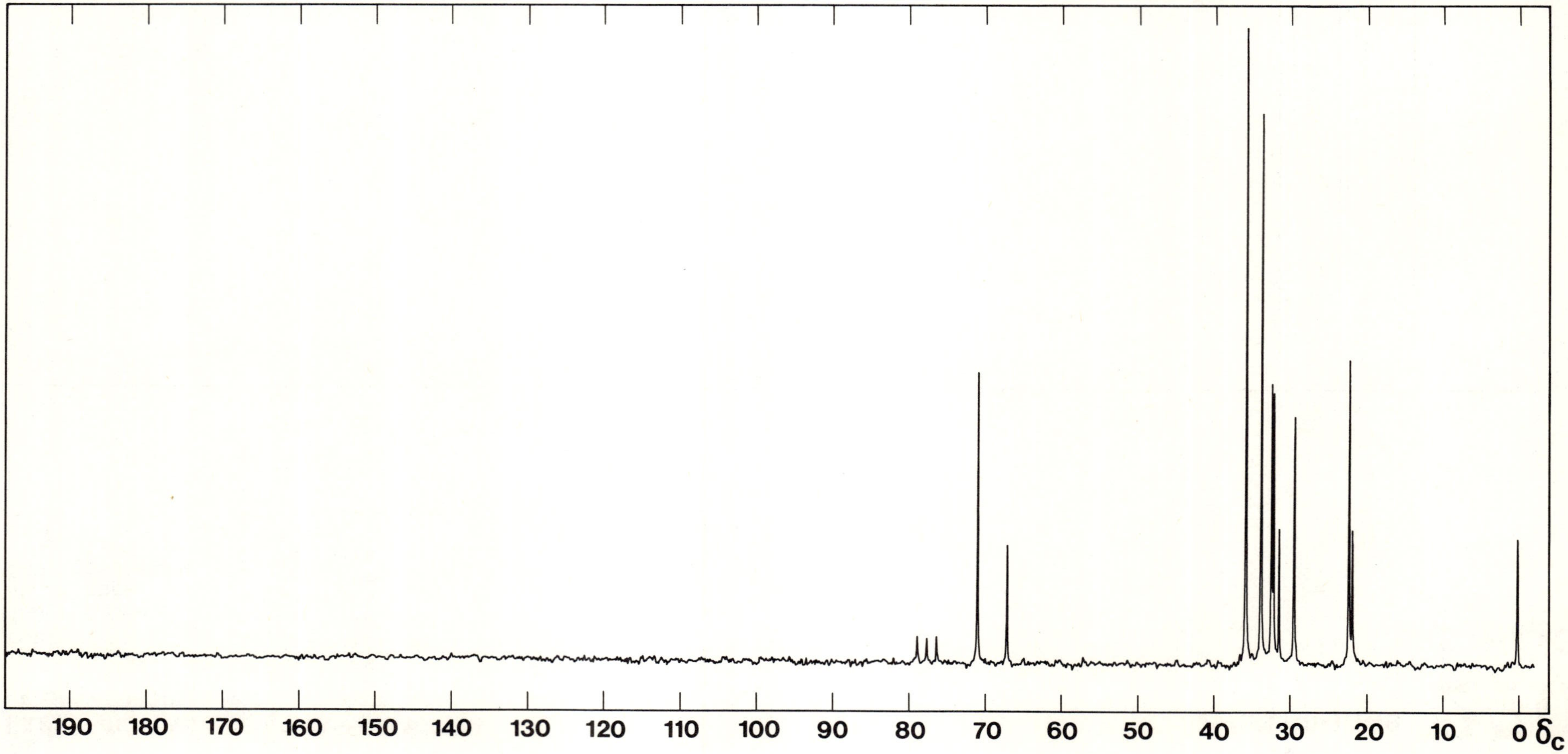

2-methylcyclohexanol

272

$C_7H_{14}O$

EXPERIMENTAL PARAMETERS

Instr.	XL-100
Mode	FT
Time	5.3 min
Solv.	CDCl$_3$
Conc.	1ml/3ml soln

ASSIGNMENTS

a	16.7q	n	76.2	
b	18.7q			
c	21.0			
d	24.4			
e	25.3			
f	25.8			
g	29.0			
h	32.4			
i	33.8			
j	35.5			
k	35.9d			
l	40.2d			
m	70.9		ref 13	

trans

cis

n-amyl acetate 273

$C_7H_{14}O_2$

EXPERIMENTAL PARAMETERS

Instr.	HA-100
Mode	CW
Time	15 min
Solv.	Dioxane
Conc.	.5ml/1ml soln

ASSIGNMENTS

a	14.1
b	20.5
c	22.8
d	28.6
e	28.9
f	64.3
g	170.1

$$\underset{H_3C}{\overset{b}{}}-\underset{}{\overset{O}{\overset{\|}{C}}}\overset{g}{-}\underset{}{\overset{f}{O}}\underset{}{\overset{d}{CH_2}}\underset{}{\overset{e}{CH_2}}\underset{}{\overset{c}{CH_2}}\underset{}{\overset{a}{CH_2CH_3}}$$

methyl hexanoate 274

$C_7H_{14}O_2$

$$H_3CO \underset{f}{} \underset{g}{C} \underset{\|}{\overset{O}{}} \underset{e}{CH_2} \underset{d}{CH_2} \underset{c}{CH_2} \underset{b}{CH_2} \underset{a}{CH_3}$$

EXPERIMENTAL PARAMETERS

Instr. XL-100
Mode FT
Time 5.3 min
Solv. CDCl$_3$
Conc. 1ml/2ml solv

ASSIGNMENTS

a 13.9
b 22.4
c 24.8
d 31.5
e 34.1
f 51.2
g 174.0

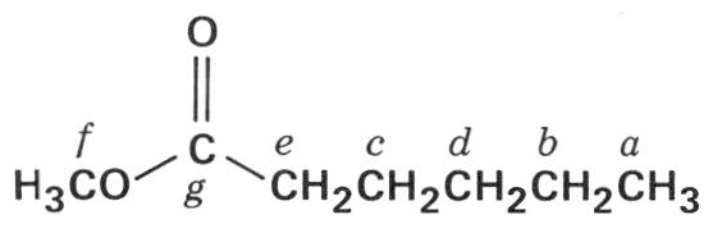

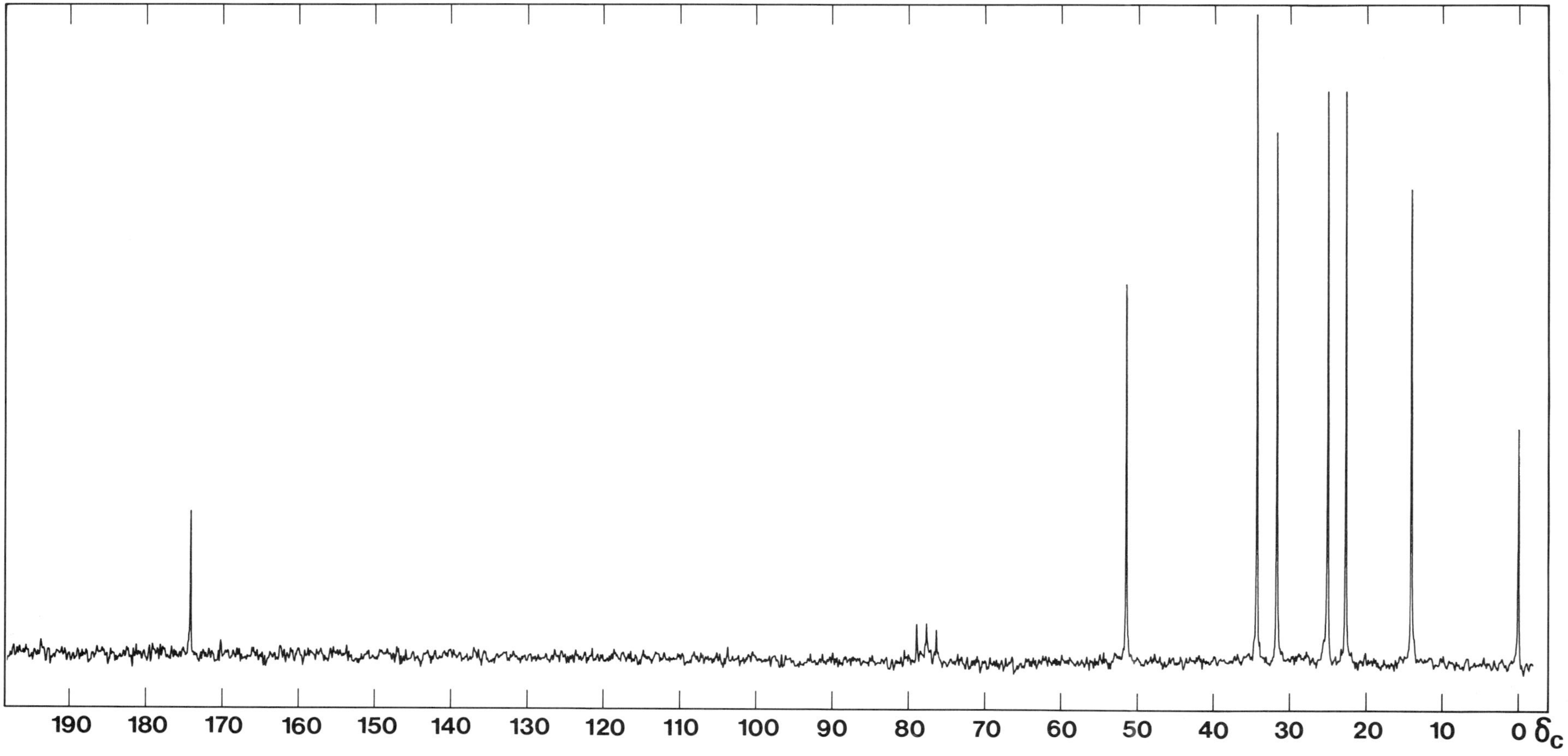

275 N-methylcyclohexylamine

$C_7H_{15}N$

EXPERIMENTAL PARAMETERS

Instr.	XL-100
Mode	FT
Time	5.3 min
Solv.	CDCl$_3$
Conc.	1ml/3ml soln

ASSIGNMENTS

a	25.1
b	26.3
c	33.3
d	33.5
e	58.6

3-dimethylamino-2,2-dimethylpropionaldehyde 276

$C_7H_{15}NO$

ASSIGNMENTS

a	20.4q
b	47.2q,s
c	67.1
d	205.1

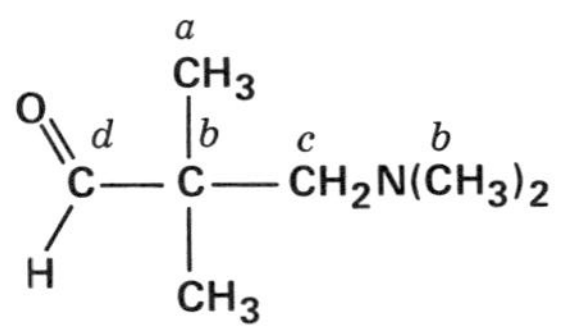

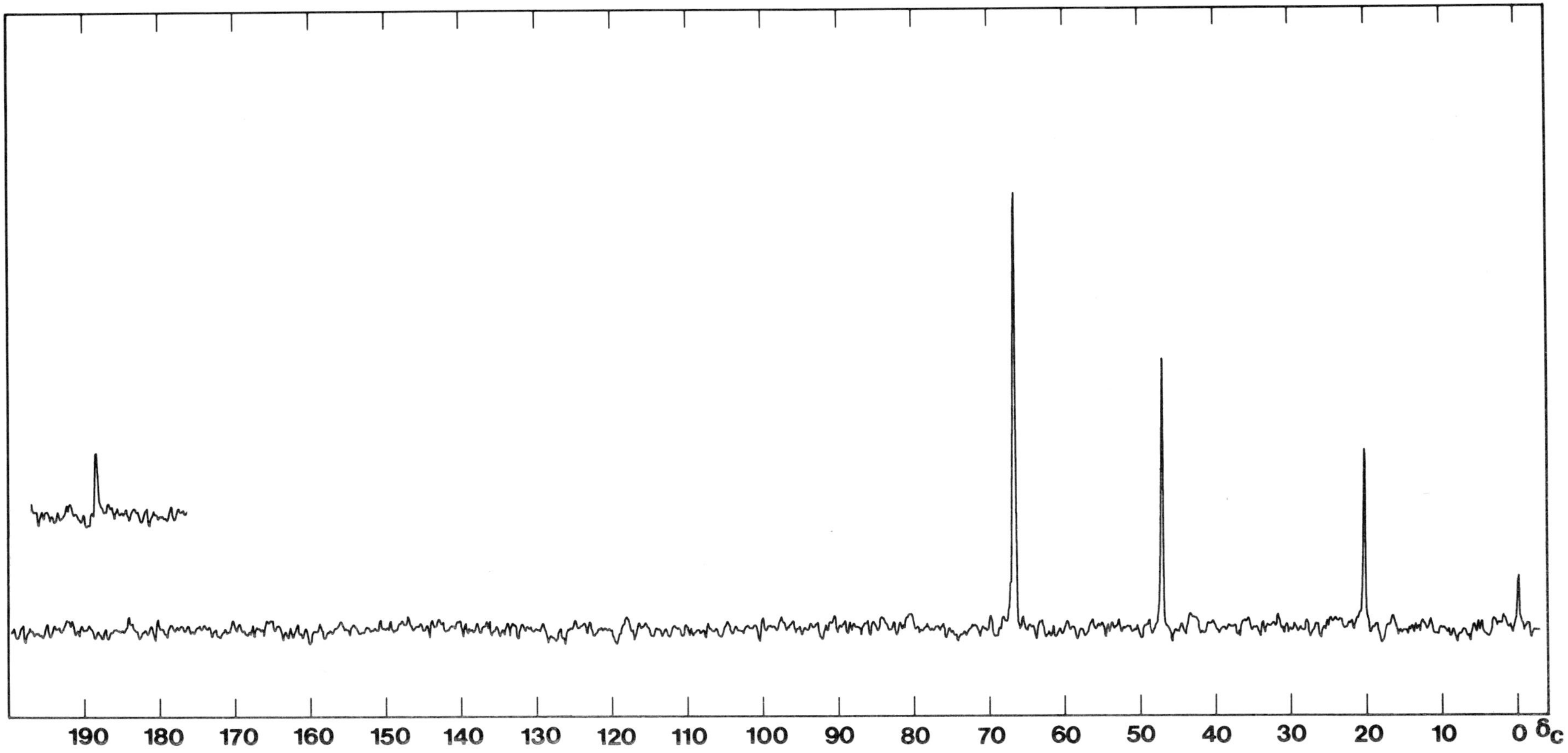

EXPERIMENTAL PARAMETERS

Instr. HA-100
Mode CW
Time 15 min
Solv. Dioxane
Conc. .5ml/1ml soln

n-heptane 277

C_7H_{16}

EXPERIMENTAL PARAMETERS

Instr. HA–100
Mode CW
Time 15 min
Solv. Dioxane
Conc. .5ml/1ml soln

ASSIGNMENTS

a 14.2
b 23.2
c 29.6
d 32.5

$$\overset{c}{CH_2}\overset{d}{(CH_2}\overset{b}{CH_2}\overset{a}{CH_3})_2$$

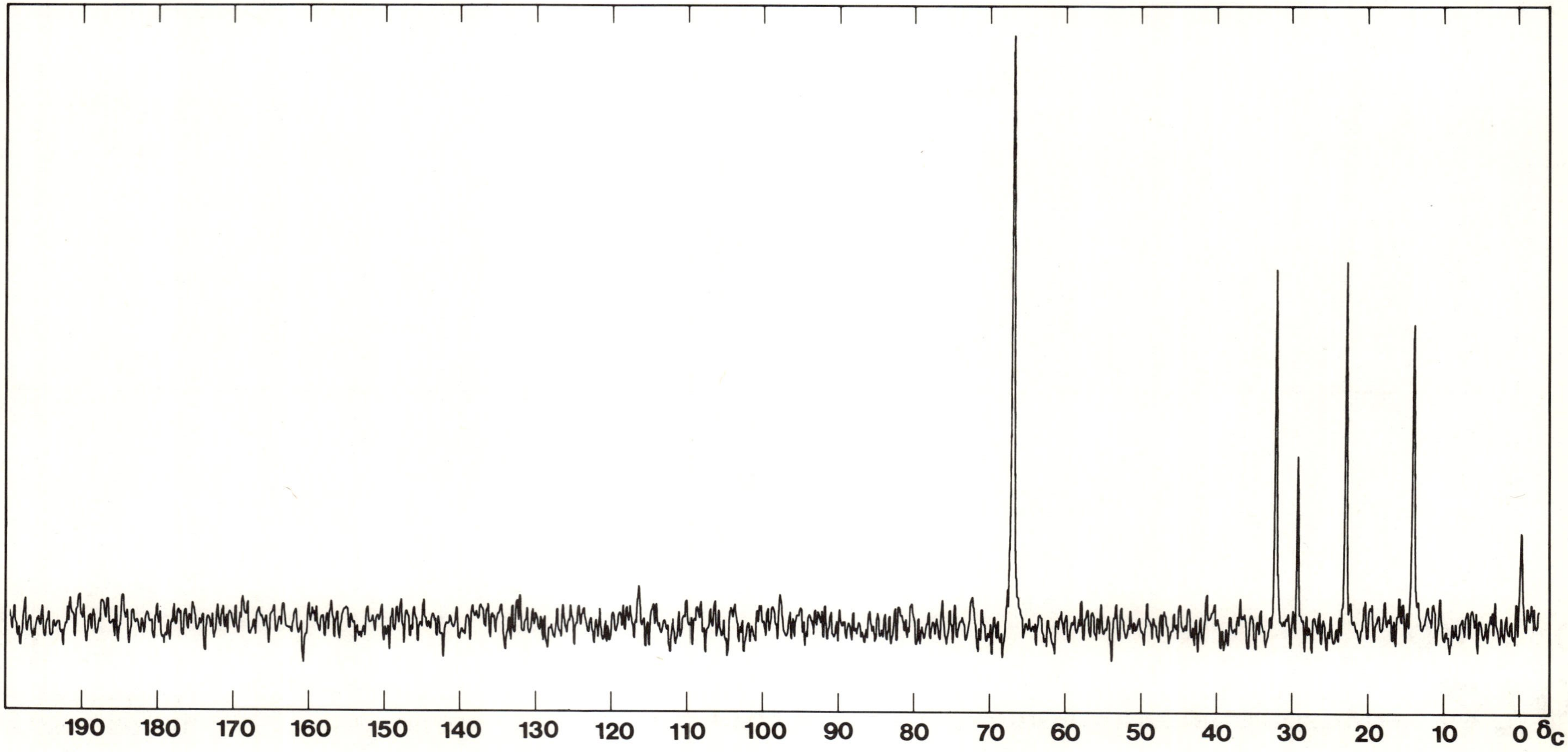

2,2-diethyl-1,3-propanediol 278

$C_7H_{16}O_2$

$(HOH_2C)_2^d C^c (CH_2^b CH_3^a)_2$

EXPERIMENTAL PARAMETERS

Instr.	XL–100
Mode	FT
Time	10 min
Solv.	CDCl$_3$
Conc.	.5g/2ml solv

ASSIGNMENTS

a	7.1
b	22.2
c	40.9
d	67.6

triethylorthoformate 279

$C_7H_{16}O_3$

EXPERIMENTAL PARAMETERS

Instr.	XL-100
Mode	FT
Time	5.3 min
Solv.	CDCl$_3$
Conc.	1ml/2ml solv

ASSIGNMENTS

a	15.0
b	59.5
c	112.5

$$\overset{c}{H}\overset{b}{C}(\overset{}{O}\overset{b}{C}H_2\overset{a}{C}H_3)_3$$

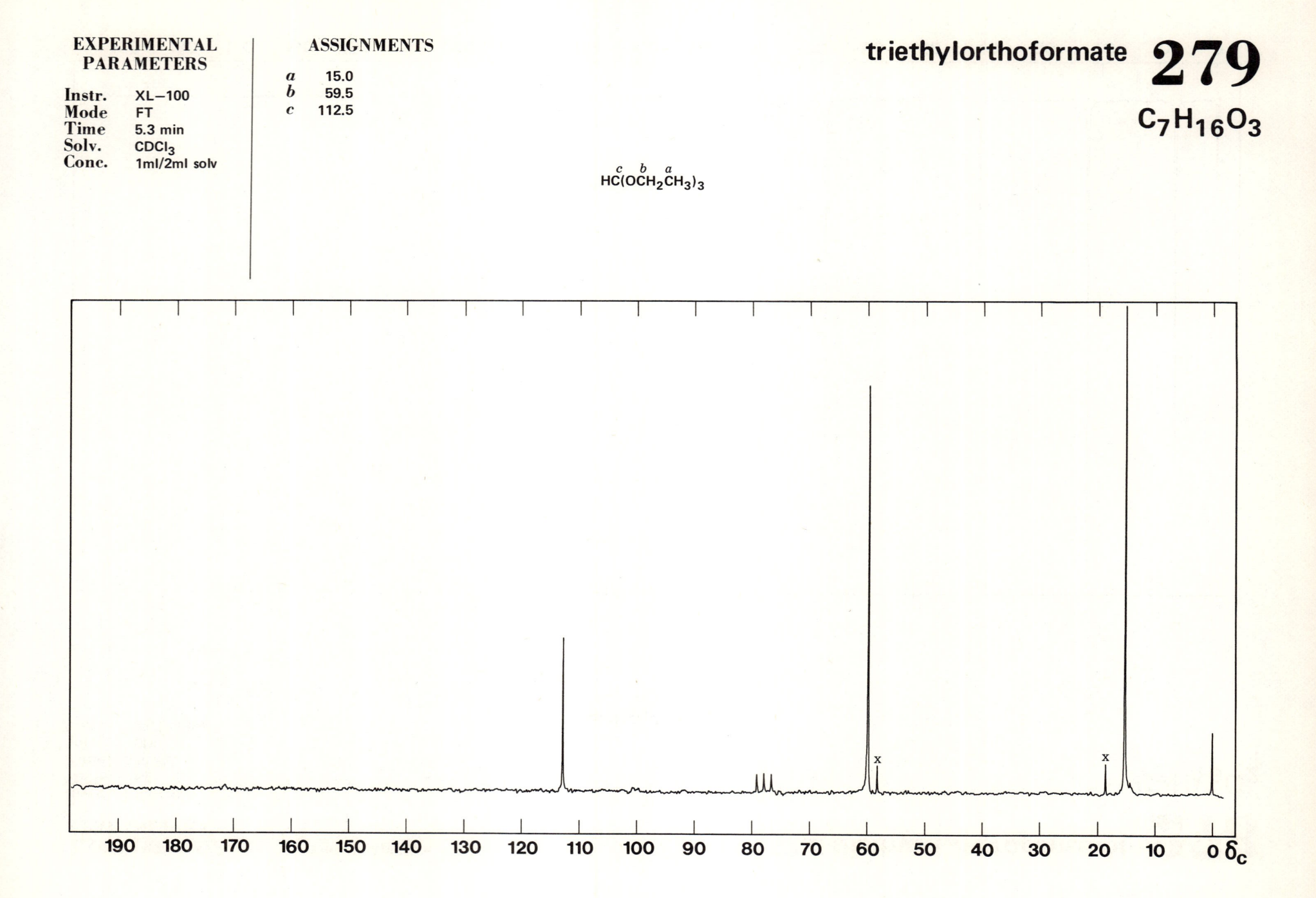

2,2,4,4-tetramethyldisilapentane-2,4

C$_7$H$_{20}$Si$_2$

EXPERIMENTAL PARAMETERS

Instr.	XL–100
Mode	FT
Time	5.3 min
Solv.	CDCl$_3$
Conc.	1ml/3ml soln

ASSIGNMENTS

a	1.3
b	4.4

(CH$_3$)$_3$Si$\overset{b}{\text{C}}$H$_2$$\overset{a}{\text{Si}}$(CH$_3$)$_3$

δ_C

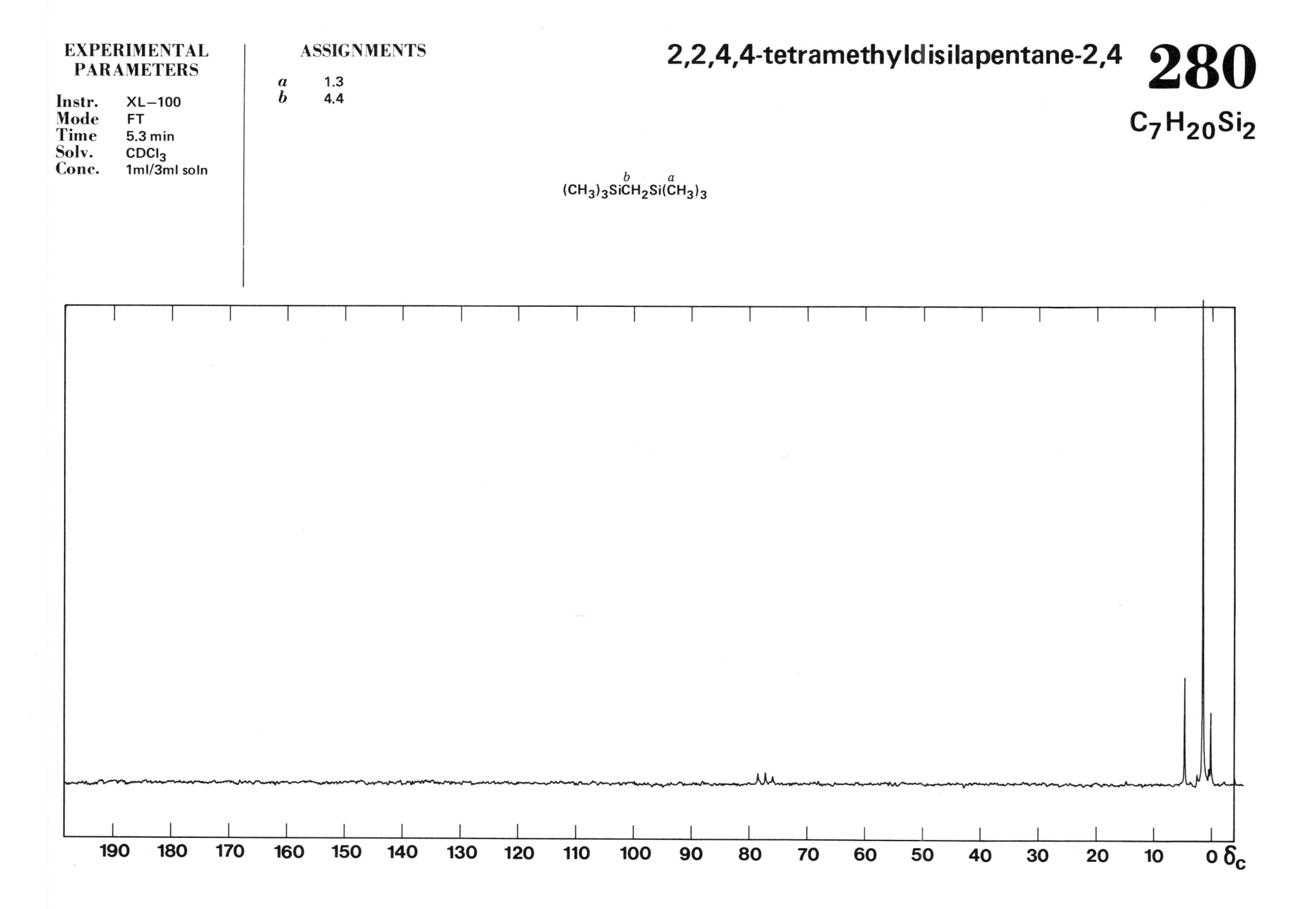

phthalic anhydride 281

$C_8H_4O_3$

EXPERIMENTAL PARAMETERS

Instr. XL-100
Mode FT
Time 5.3 min
Solv. DMSO D$_6$
Conc. .5g/2ml solv

ASSIGNMENTS

a 125.3
b 131.1
c 136.1
d 163.1

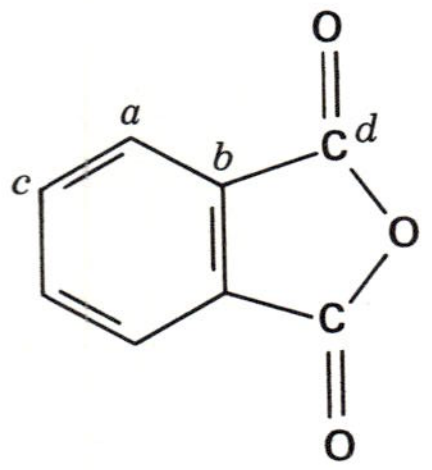

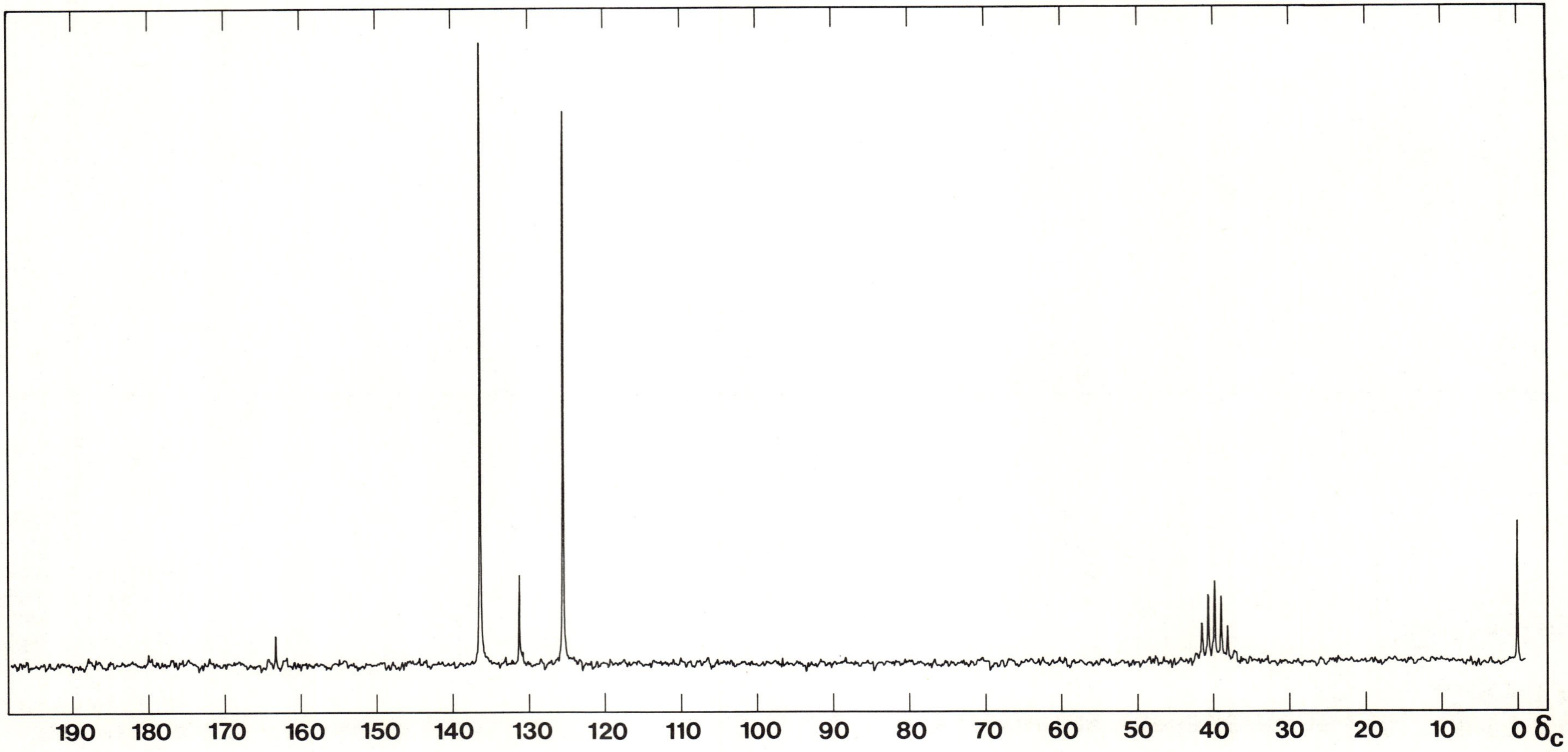

quinoxaline 282

$C_8H_6N_2$

ASSIGNMENTS

a * 129.4
b * 129.6
c   142.8
d   144.8

EXPERIMENTAL PARAMETERS

Instr. XL-100
Mode FT
Time 5.3 min
Solv. CDCl₃
Conc. 1ml/3ml soln

283 indole

C_8H_7N

EXPERIMENTAL PARAMETERS

Instr.	XL–100
Mode	FT
Time	10 min
Solv.	CDCl₃
Conc.	.5g/2ml solv

ASSIGNMENTS

a	102.1
b	111.0
c	119.6
d	120.5
e	121.7
f	124.1
g	127.6
h	135.5

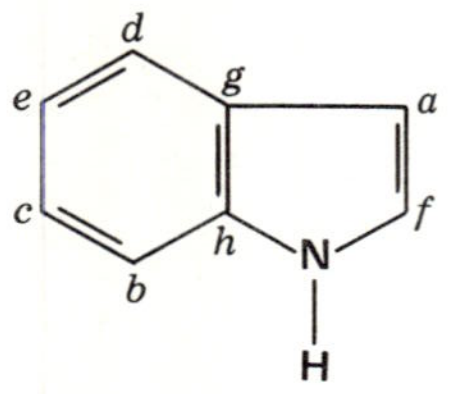

ref 19

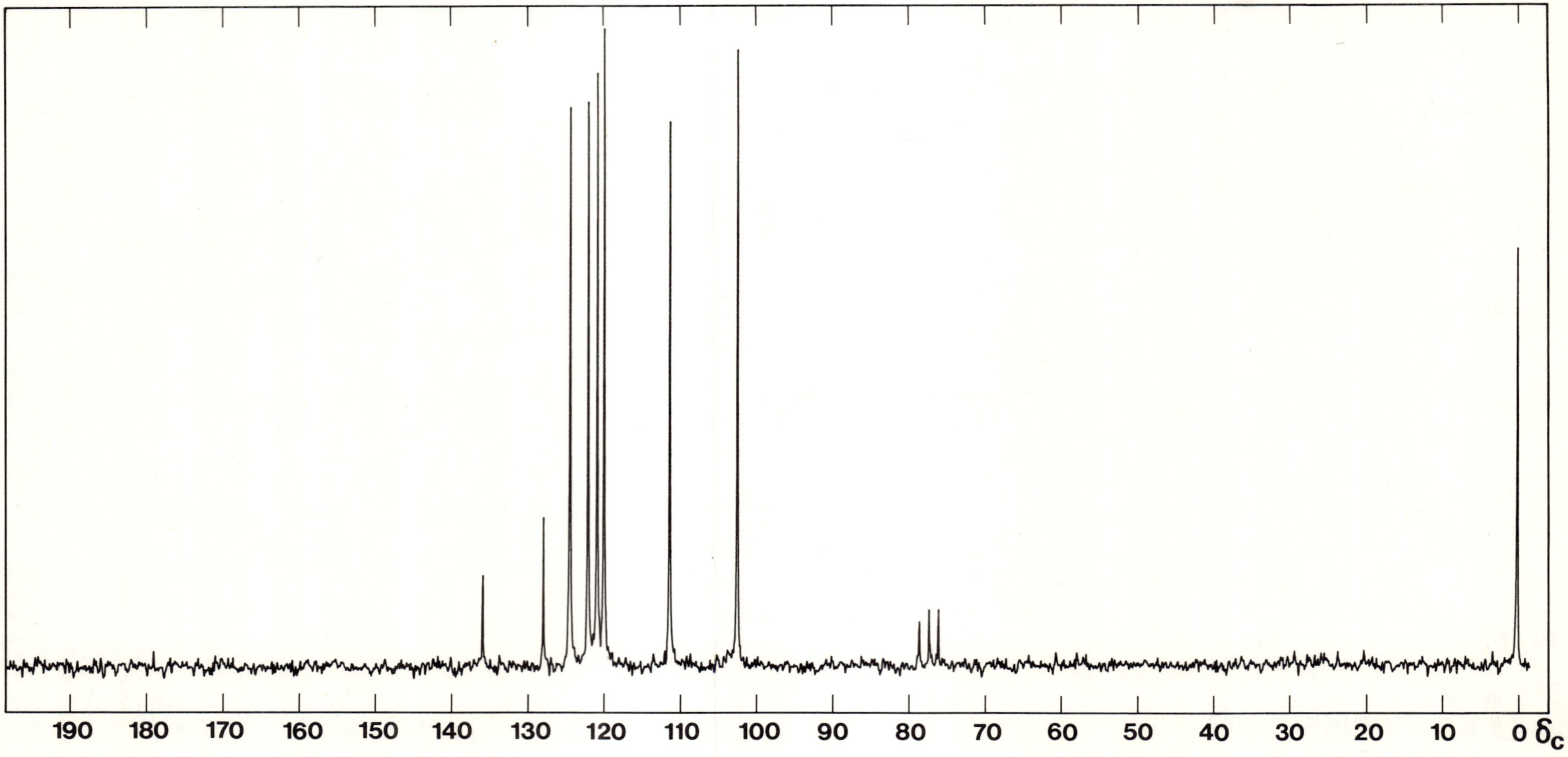

phenylacetonitrile 284

C_8H_7N

EXPERIMENTAL PARAMETERS

Instr. XL-100
Mode FT
Time 5.3 min
Solv. CDCl$_3$
Conc. 1ml/2ml solv

ASSIGNMENTS

a   23.2
b   118.0
c * 127.8
d * 129.0
e   130.1

285

2-methylbenzothiazole

C₈H₇NS

EXPERIMENTAL PARAMETERS

Instr. XL–100
Mode FT
Time 5.3 min
Solv. CDCl₃
Conc. 1ml/2ml solv

ASSIGNMENTS

a	19.8
b	121.1
c	122.2
d	124.4
e	125.7
f	135.5
g	153.3
h	166.4

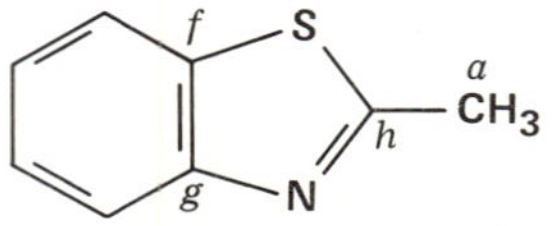

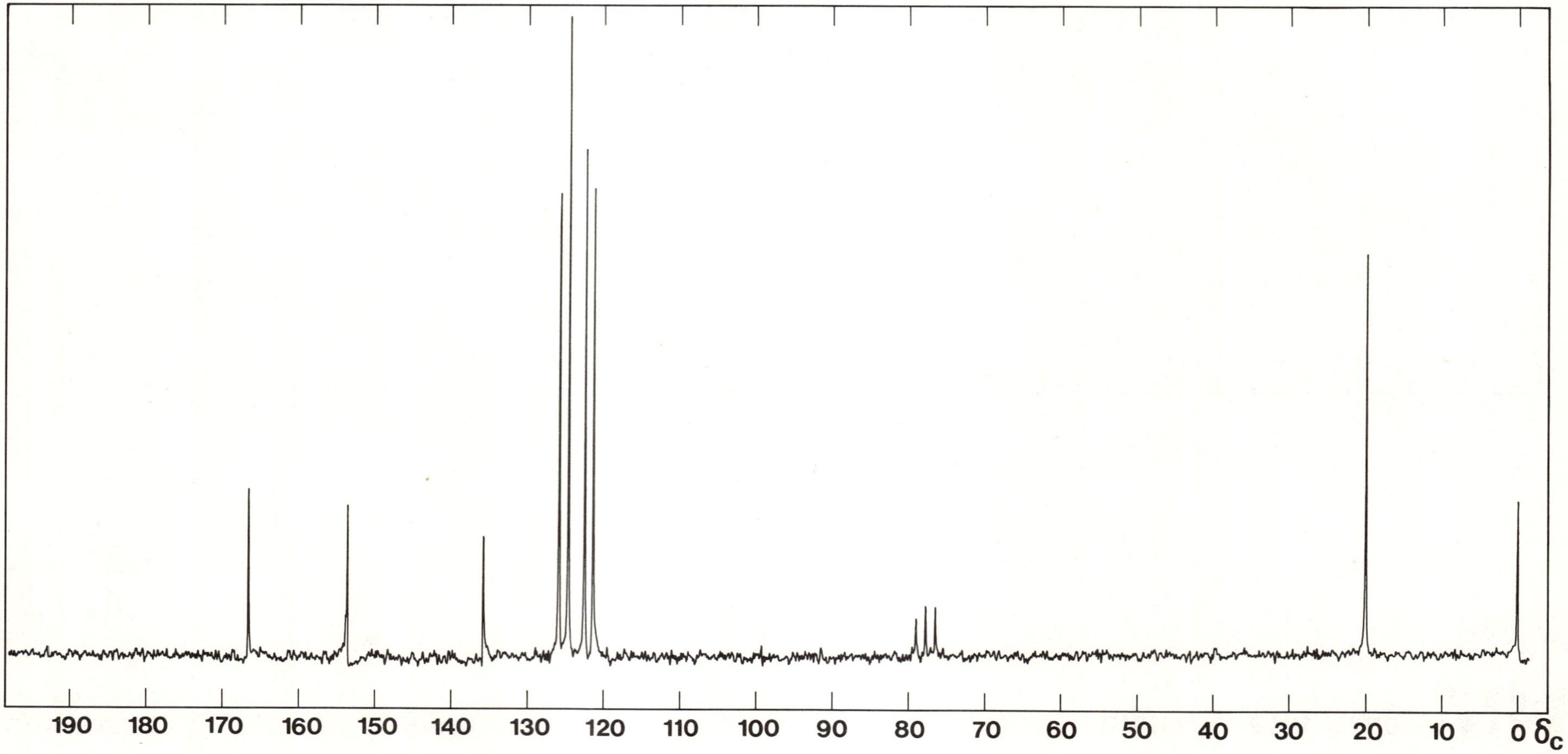

α,β-dibromoethylbenzene   286

$C_8H_8Br_2$

EXPERIMENTAL PARAMETERS

Instr. XL-100
Mode FT
Time 5.3 min
Solv. $CDCl_3$
Conc. 1g/3ml soln

ASSIGNMENTS

a   34.9 t
b   50.8 d
c * 127.5
d * 128.6
e   128.9
f   138.4

1-chloro-2,4-dimethoxy-5-nitrobenzene

287

$C_8H_8ClNO_4$

EXPERIMENTAL PARAMETERS

Instr.	XL-100
Mode	FT
Time	53 min
Solv.	CDCl$_3$
Conc.	.5g/3ml soln

ASSIGNMENTS

a	*	56.8
b	*	56.9
c		97.2
d		113.8
e		127.7
f		131.9
g	†	154.5
h	†	159.9

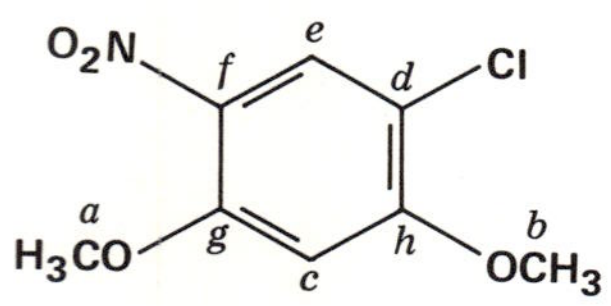

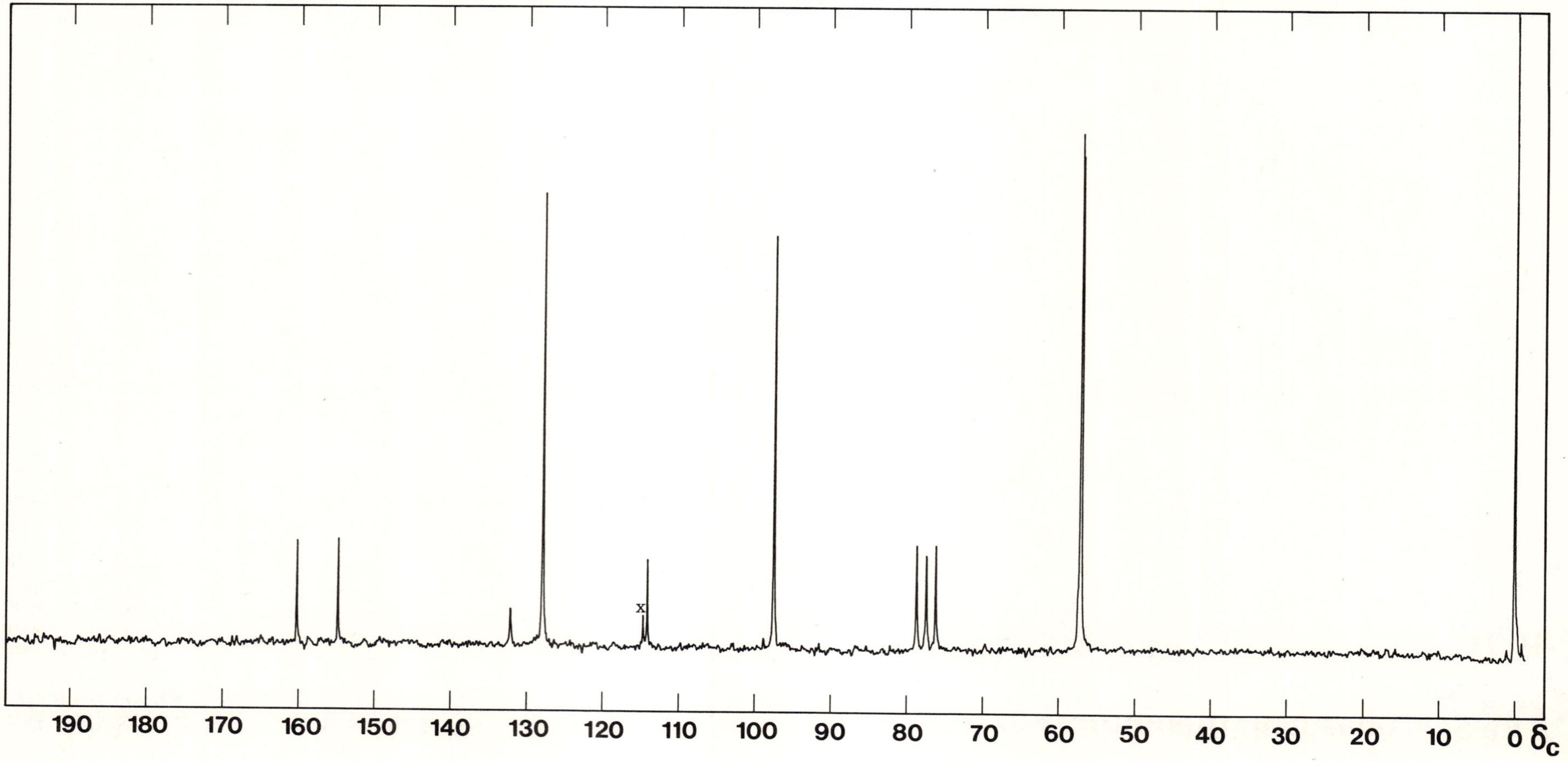

acetophenone 288

C_8H_8O

EXPERIMENTAL PARAMETERS

Instr. XL-100
Mode FT
Time 5.3 min
Solv. $CDCl_3$
Conc. 1ml/3ml soln

ASSIGNMENTS

a 26.3
b* 128.2
c* 128.4
d 132.9
e 137.1
f 197.6

1,2-epoxyethylbenzene 289

C_8H_8O

EXPERIMENTAL PARAMETERS

Instr.	XL-100
Mode	FT
Time	5.3 min
Solv.	CDCl$_3$
Conc.	1ml/3ml soln

ASSIGNMENTS

a	50.8t
b	52.1d
c	125.4
d	128.0
e	128.4
f	137.7

o-hydroxyacetophenone 290

C$_8$H$_8$O$_2$

EXPERIMENTAL PARAMETERS

Instr. XL-100
Mode FT
Time 5.3 min
Solv. CDCl$_3$
Conc. 1ml/2ml solv

ASSIGNMENTS

a   26.3
b * 118.2
c * 118.8
d   119.7
e   130.7
f   136.3
g   162.3
h   204.4

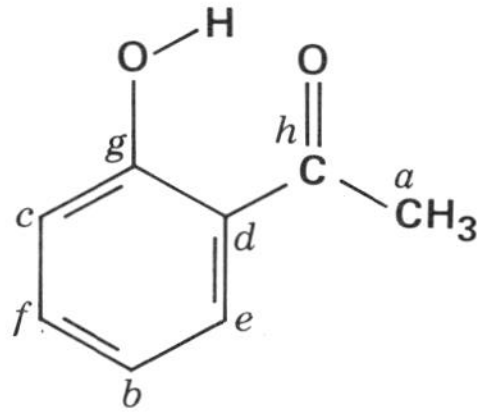

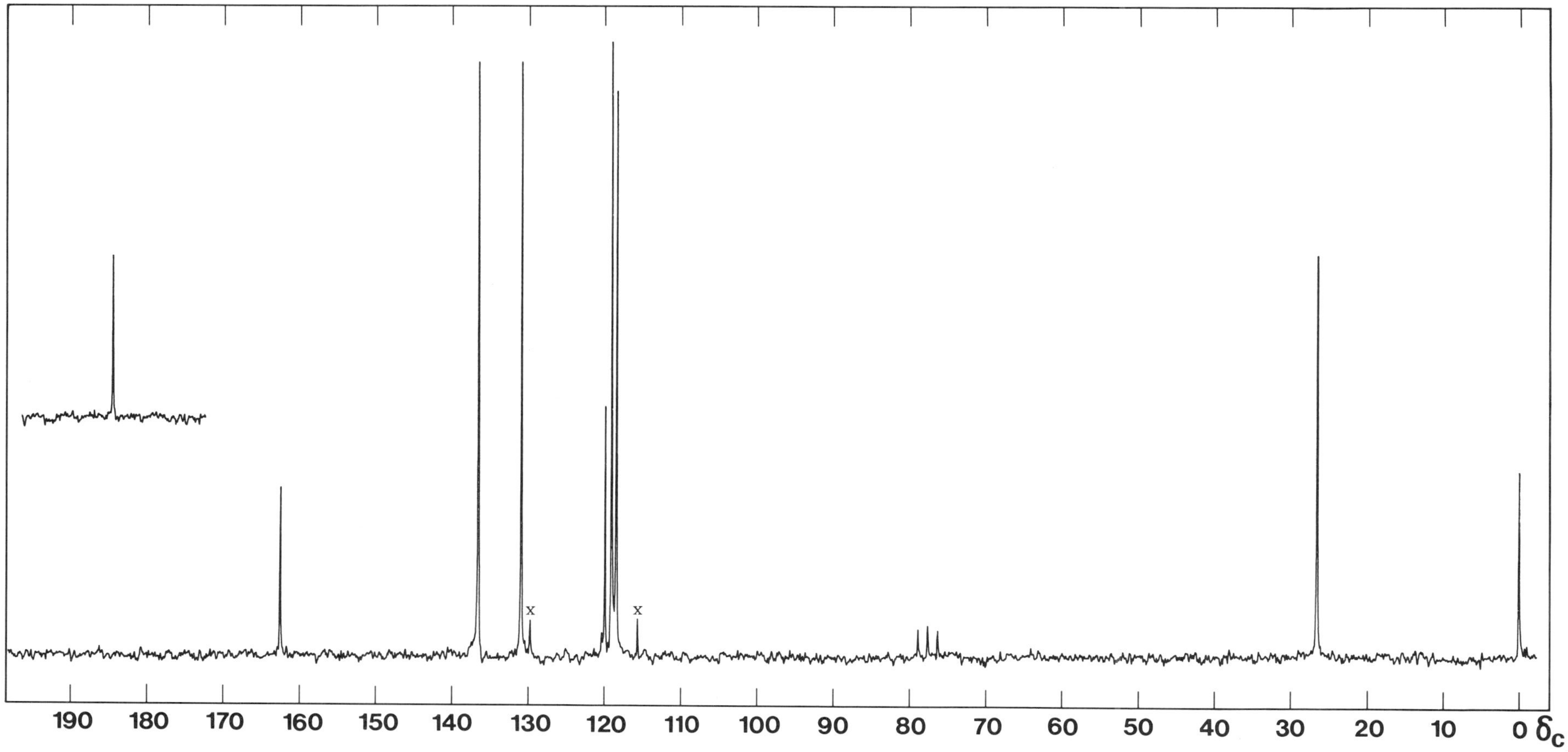

methyl benzoate 291

$C_8H_8O_2$

EXPERIMENTAL PARAMETERS

Instr. XL–100
Mode FT
Time 5.3 min
Solv. CDCl$_3$
Conc. 1ml/2ml solv

ASSIGNMENTS

a   51.8
b * 128.3
c * 129.5
d   130.3
e   132.8
f   166.8

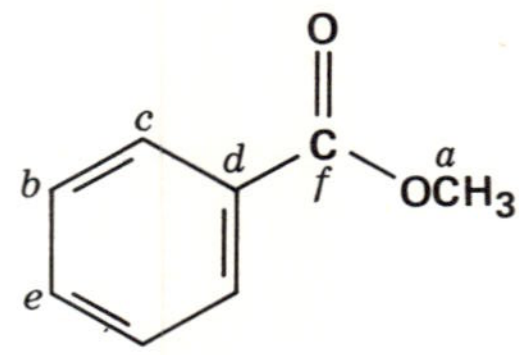

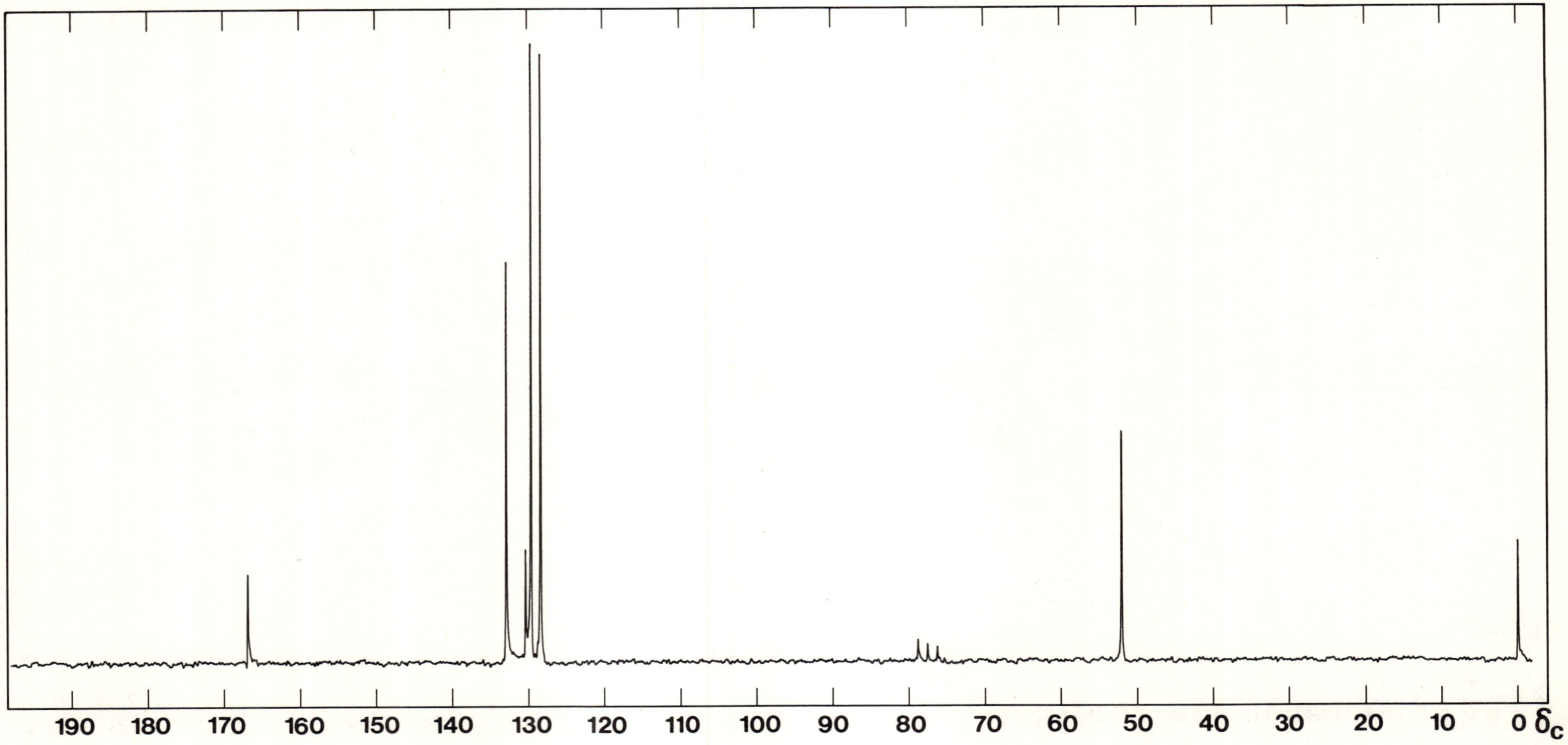

vanillin 292

$C_8H_8O_3$

EXPERIMENTAL PARAMETERS

Instr. XL-100
Mode FT
Time 5.3 min
Solv. CDCl₃
Conc. 1g/2ml solv

ASSIGNMENTS

a   56.0
b* 109.4
c* 114.8
d   127.4
e   129.5
f   147.5
g   152.3
h   191.3

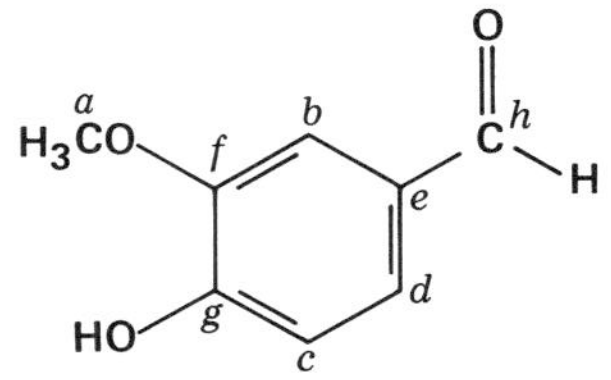

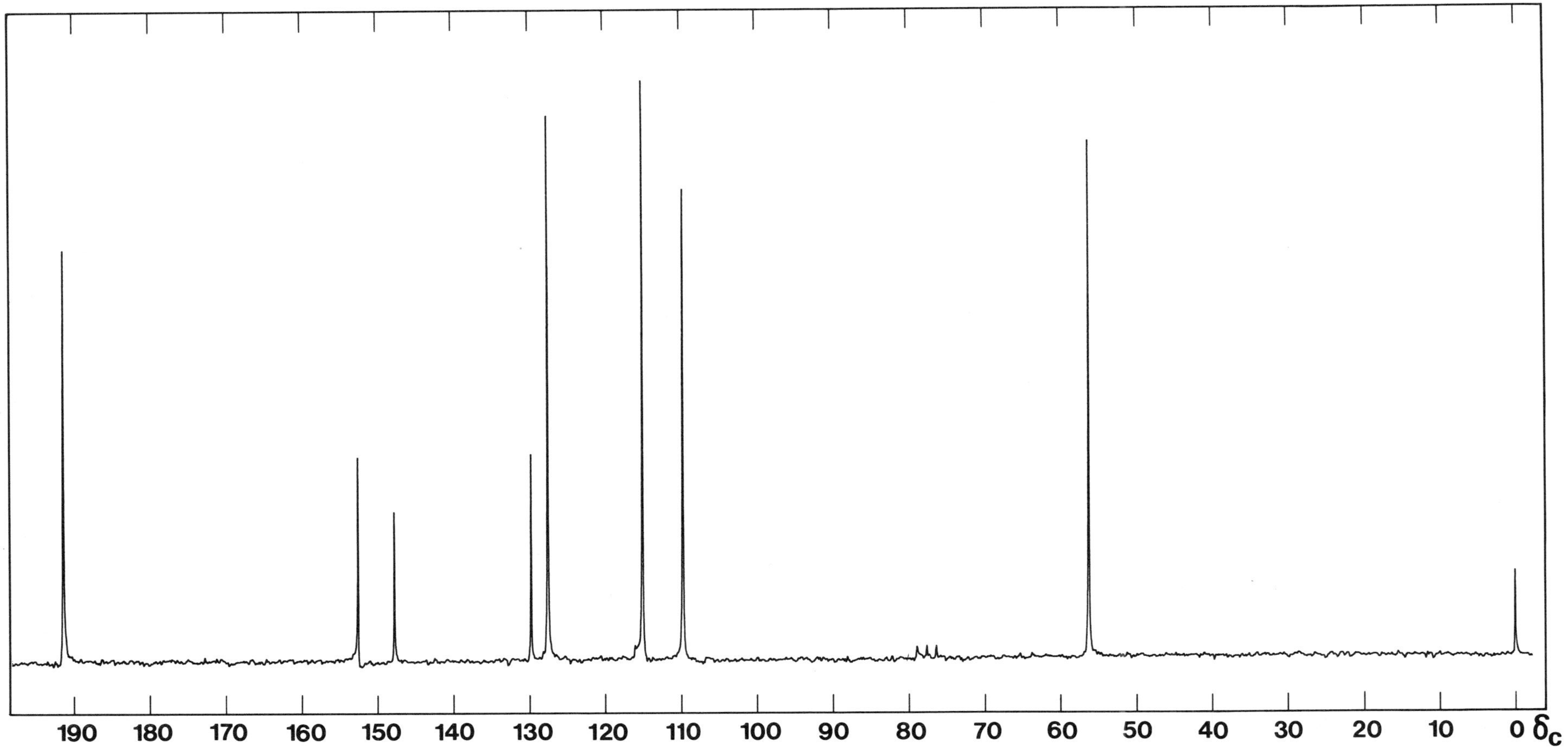

293 methyl salicylate

$C_8H_8O_3$

EXPERIMENTAL PARAMETERS

Instr.	XL-100
Mode	FT
Time	5.3 min
Solv.	CDCl₃
Conc.	1ml/3ml soln

ASSIGNMENTS

a	52.1
b	112.4
c*	117.5
d*	119.0
e	129.9
f	135.5
g	161.7
h	170.5

2-chloro-4-methoxyanisole 294

$C_8H_9ClO_2$

EXPERIMENTAL PARAMETERS

Instr. XL-100
Mode FT
Time 5.3 min
Solv. CDCl$_3$
Conc. 1ml/2ml solv

ASSIGNMENTS

a 55.7
b 56.6
c 112.7
d 113.3
e 116.2
f 123.0
g* 149.4
h* 153.9

295 acetanilide

C_8H_9NO

EXPERIMENTAL PARAMETERS

Instr. XL–100
Mode FT
Time 10 min
Solv. CDCl₃
Conc. 750mg/3ml soln

ASSIGNMENTS

a 24.1
b 120.4
c 124.1
d 128.7
e 138.2
f 169.5

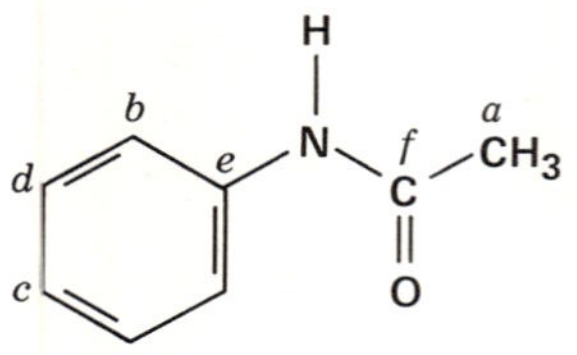

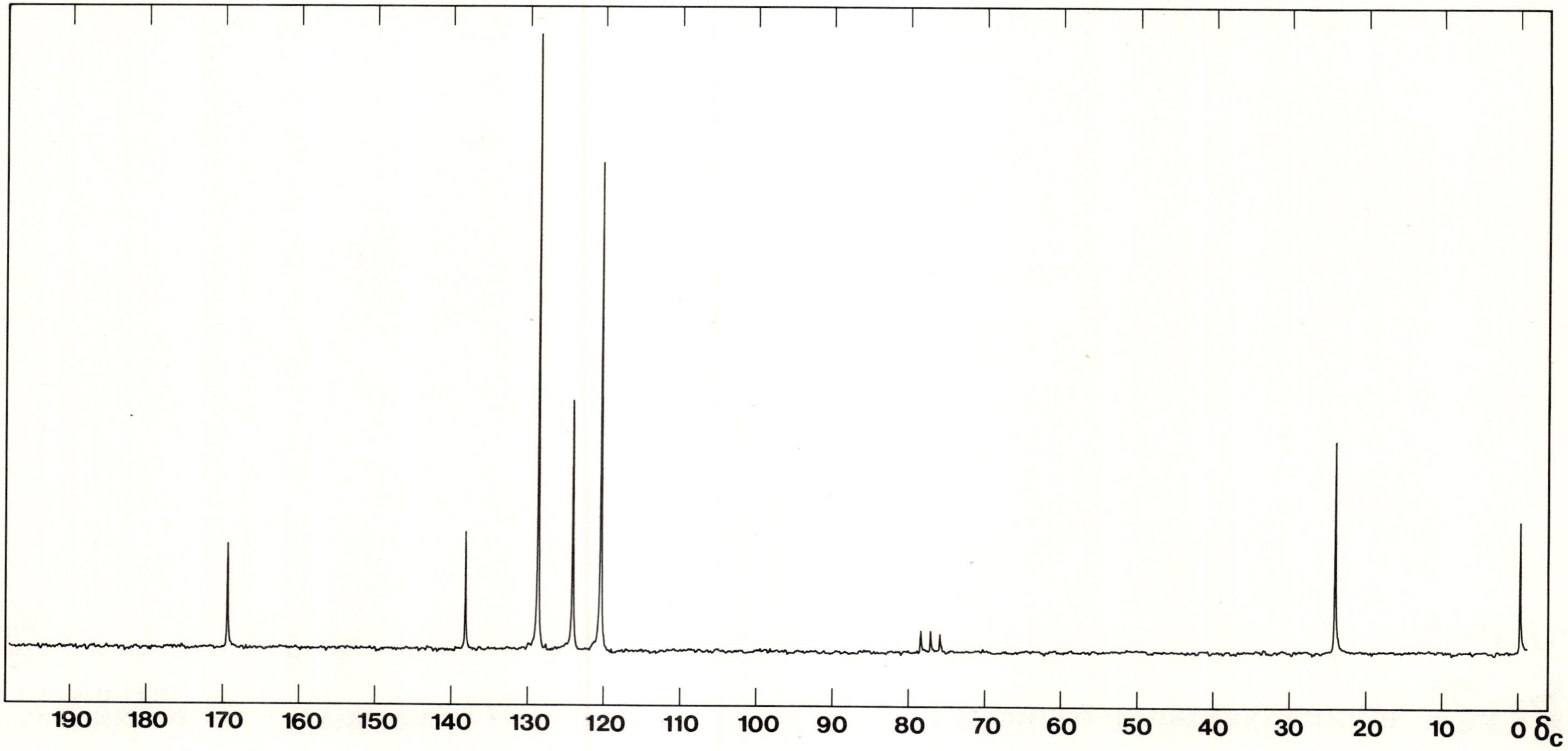

methyl anthranilate 296

$C_8H_9NO_2$

EXPERIMENTAL PARAMETERS

Instr. XL-100
Mode FT
Time 5.3 min
Solv. CDCl$_3$
Conc. 1ml/3ml soln

ASSIGNMENTS

a	51.3
b	110.0
c *	116.0
d *	116.6
e †	131.1
f †	134.0
g	150.6
h	168.5

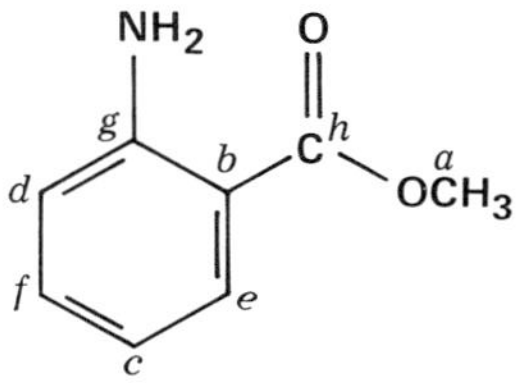

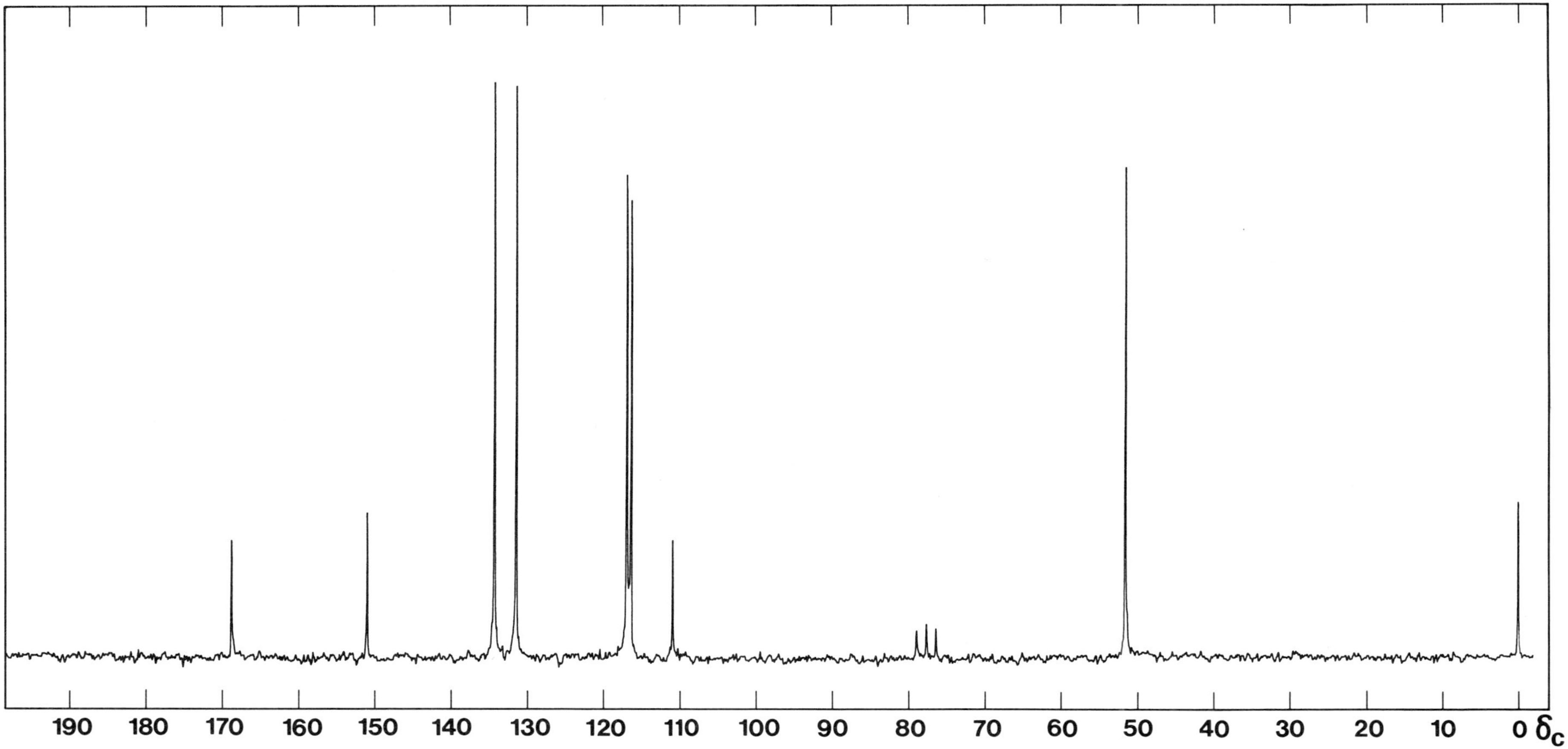

297 m-xylene

C_8H_{10}

EXPERIMENTAL PARAMETERS

Instr. HA–100
Mode CW
Time 15 min
Solv. Dioxane
Conc. .5ml/1ml soln

ASSIGNMENTS

a	21.2
b	126.2
c	128.3
d	130.0
e	137.6

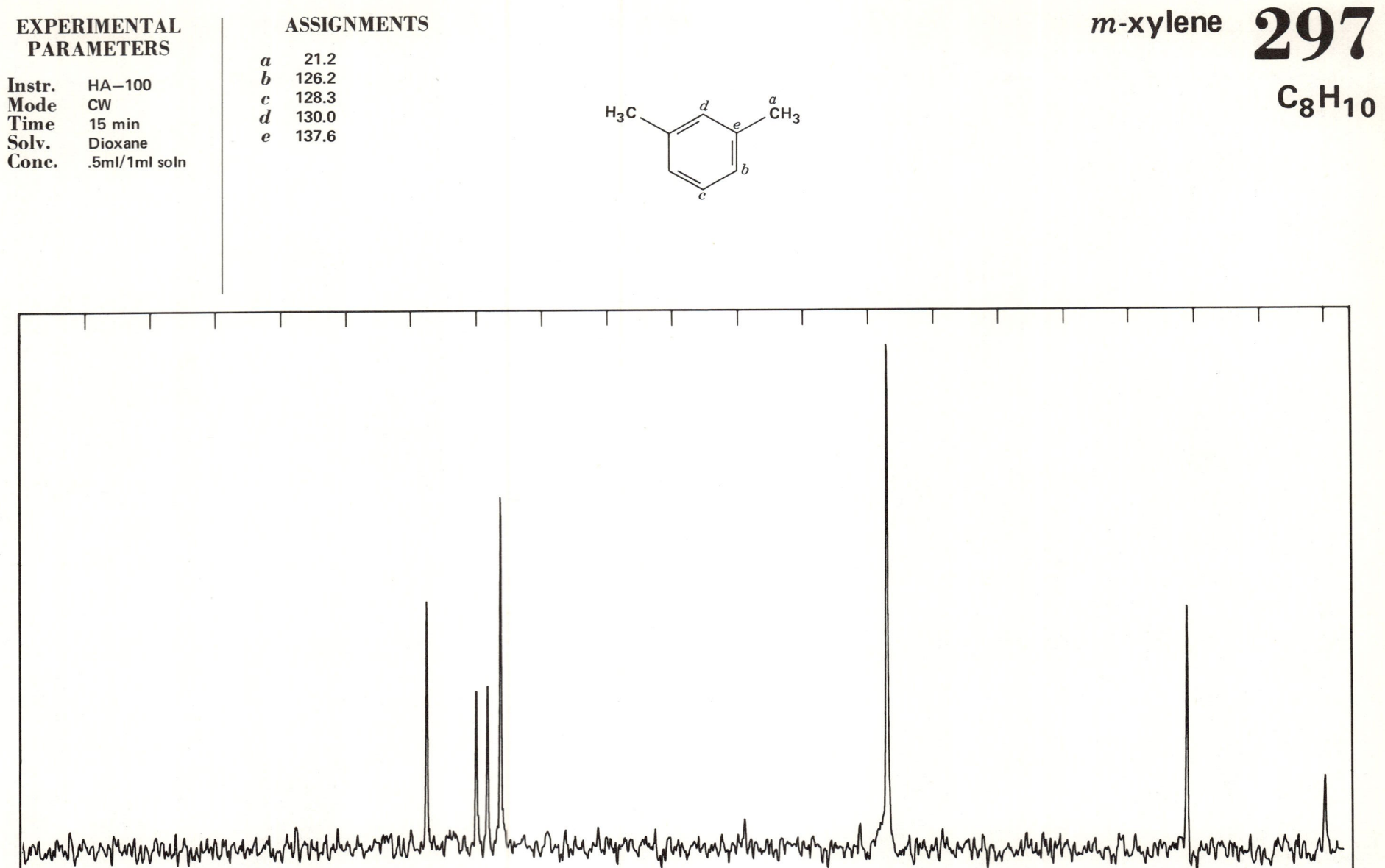

ethylbenzene 298

C_8H_{10}

EXPERIMENTAL PARAMETERS

Instr. HA-100
Mode CW
Time 15 min
Solv. Dioxane
Conc. .5ml/1ml soln

ASSIGNMENTS

a 15.7
b 29.1
c 125.8
d 128.0
e 128.4
f 144.2

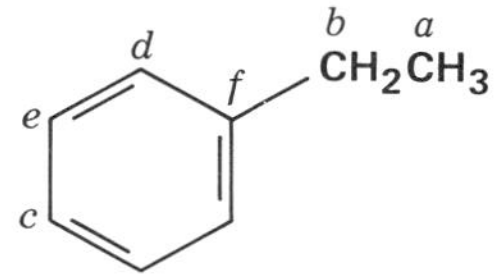

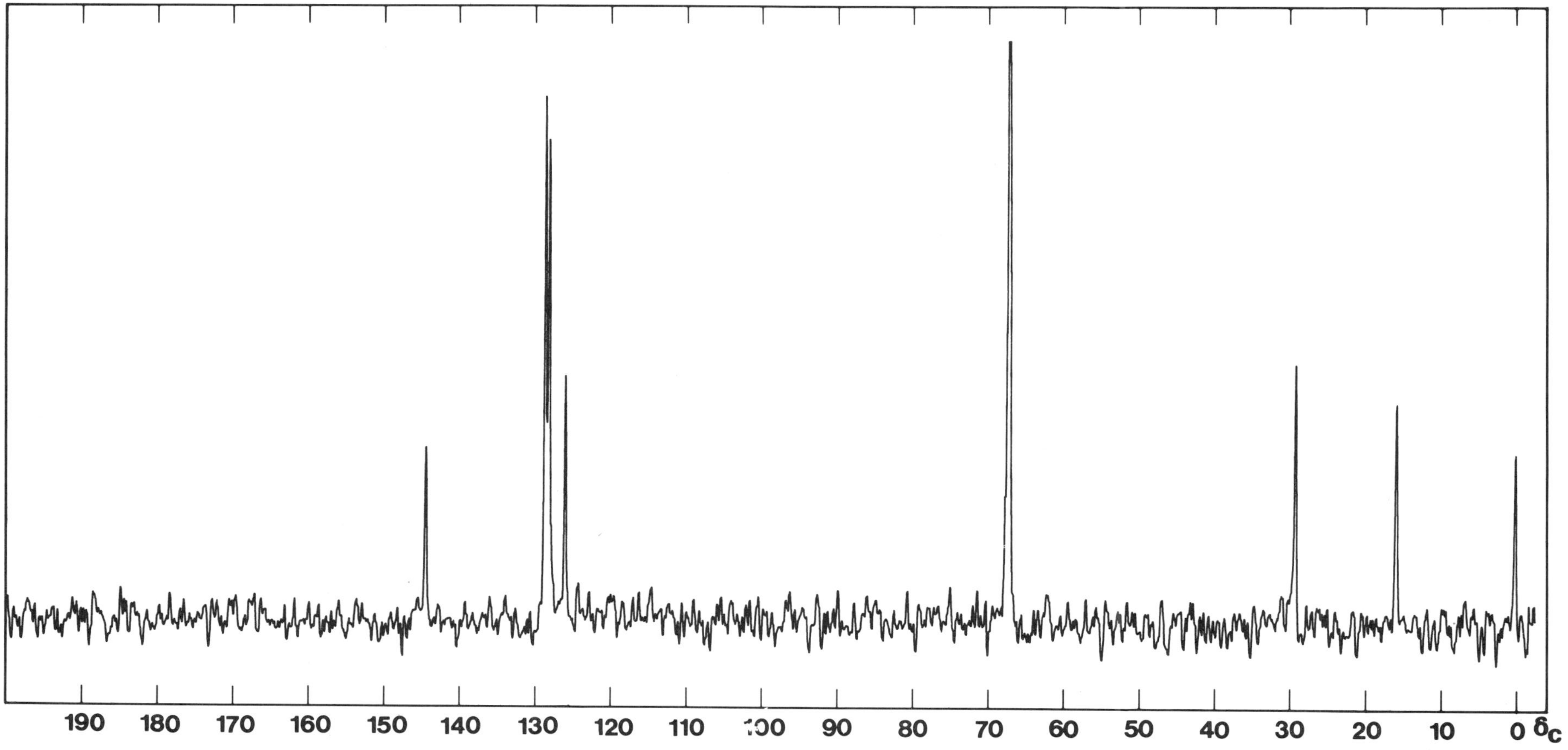

5-chloro-2,4-dimethoxyaniline $C_8H_{10}ClNO_2$

EXPERIMENTAL PARAMETERS

Instr. XL-100
Mode FT
Time 5.3 min
Solv. CDCl$_3$
Conc. 1g/3ml soln

ASSIGNMENTS

a * 55.7
b * 57.3
c   98.9
d   113.8
e   116.0
f   130.9
g † 146.5
h † 147.5

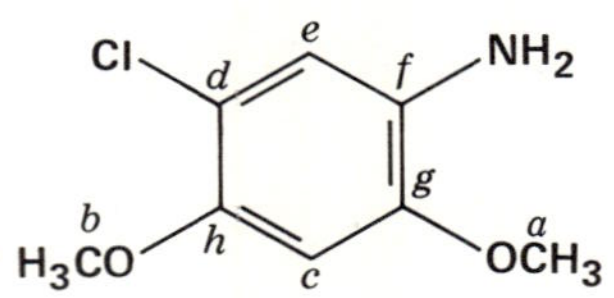

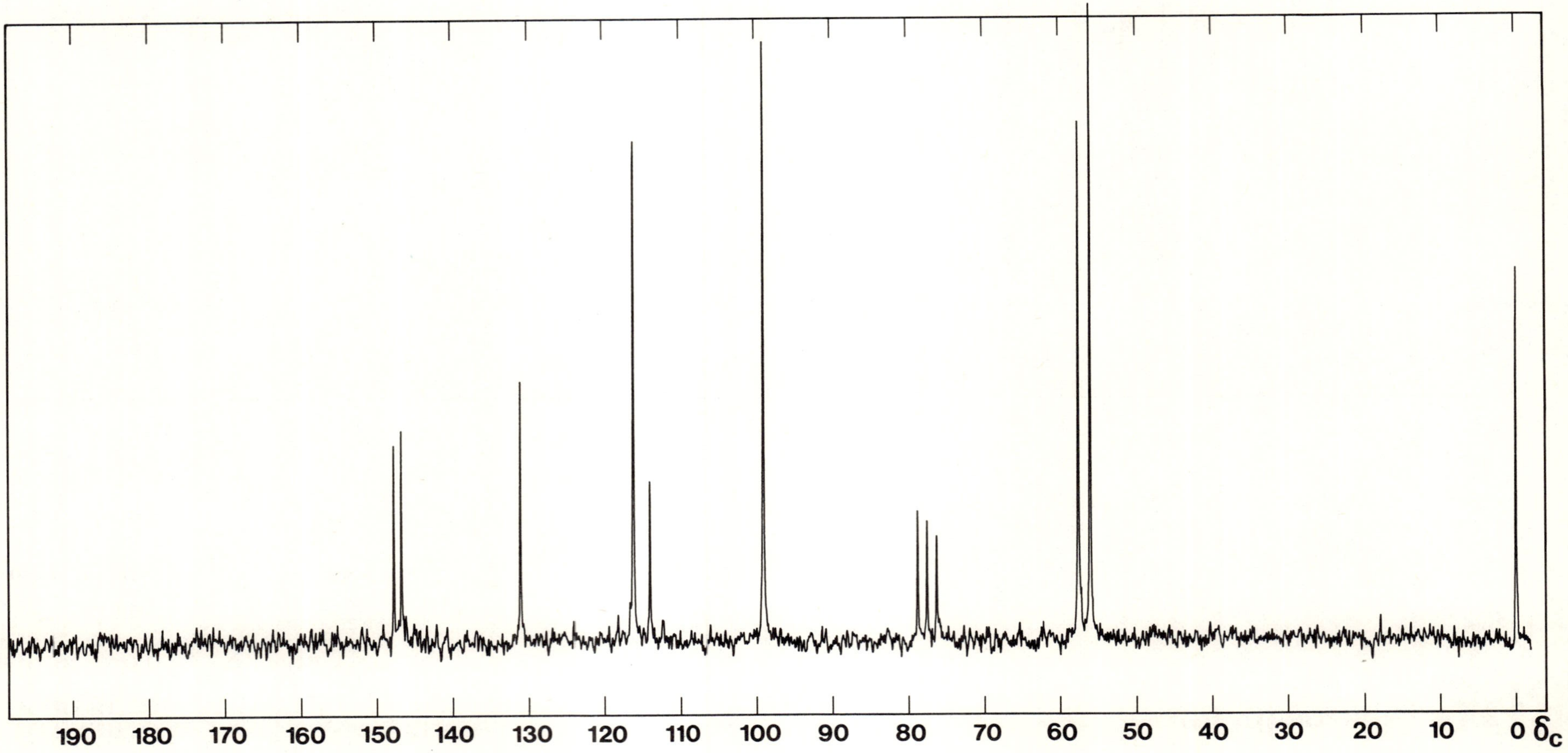

α-methylbenzyl alcohol

300

$C_8H_{10}O$

EXPERIMENTAL PARAMETERS

Instr. XL-100
Mode FT
Time 5.3 min
Solv. CDCl$_3$
Conc. 1ml/3ml soln

ASSIGNMENTS

a	25.0
b	69.9
c	125.3
d	127.0
e	128.2
f	145.9

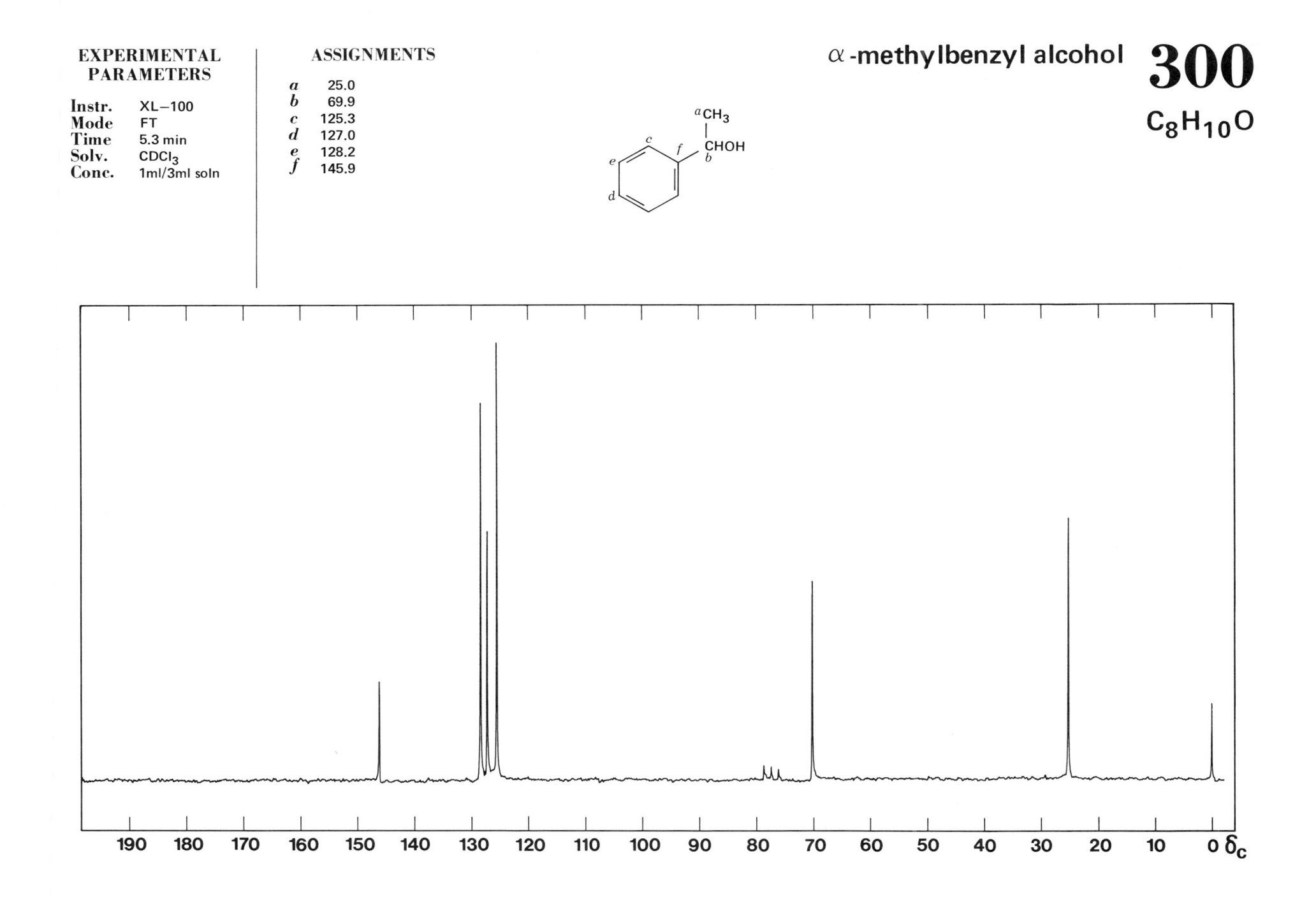

anise alcohol 301

$C_8H_{10}O_2$

EXPERIMENTAL PARAMETERS

Instr. XL–100
Mode FT
Time 5.3 min
Solv. CDCl$_3$
Conc. 1ml/3ml soln

ASSIGNMENTS

a 55.0
b 64.2
c 113.7
d 128.4
e 133.2
f 158.8

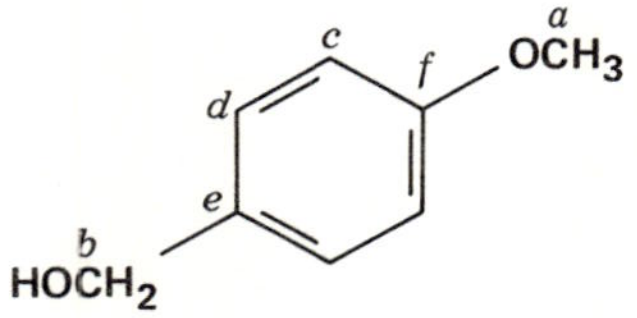

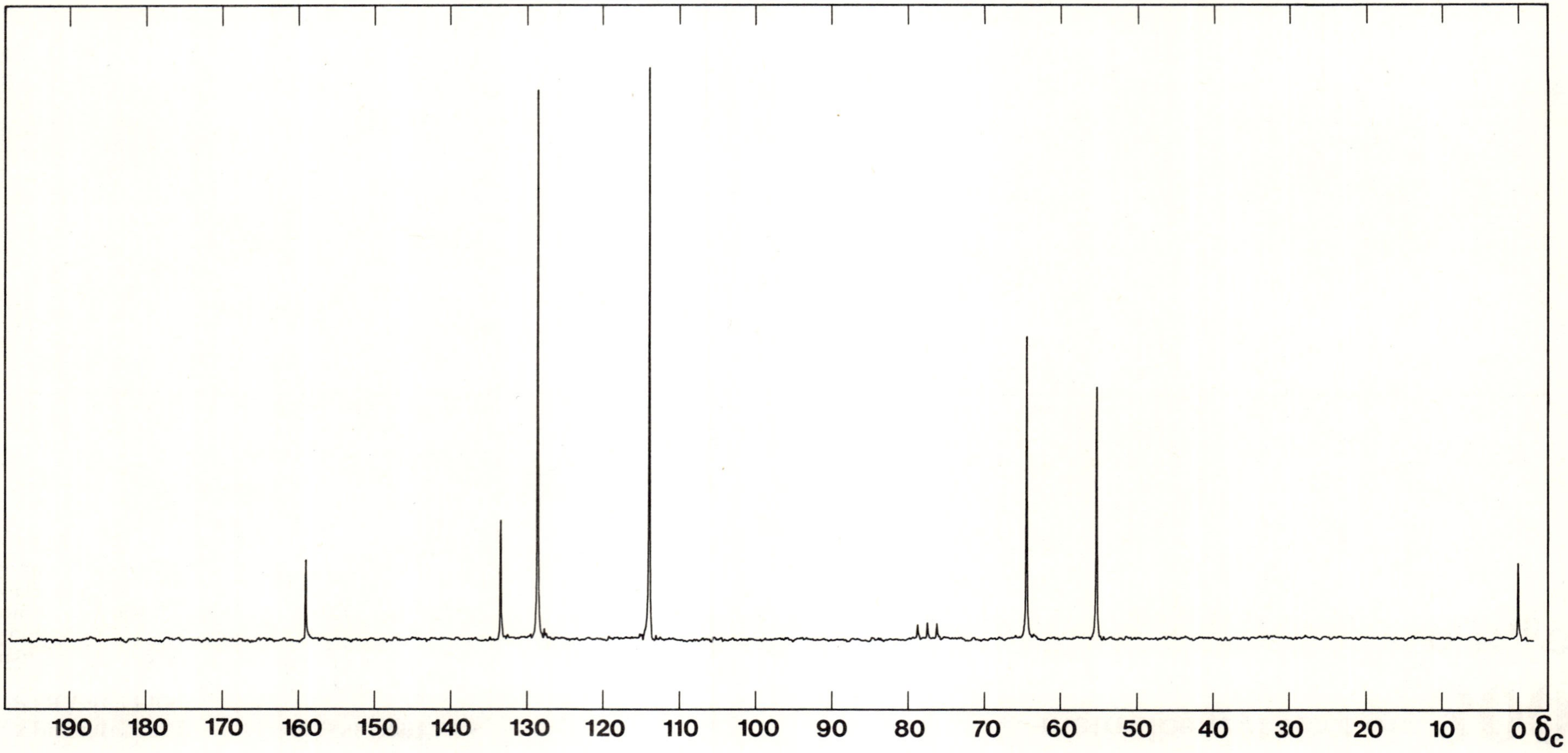

2-butyne-1,4-diacetate 302
C₈H₁₀O₄

Structure: H₃C(a)—C(d)(=O)—O—CH₂(b)—C(c)≡C(c)—CH₂(b)—O—C(d)(=O)—CH₃(a)

ASSIGNMENTS

a	20.5
b	52.0
c	80.8
d	170.0

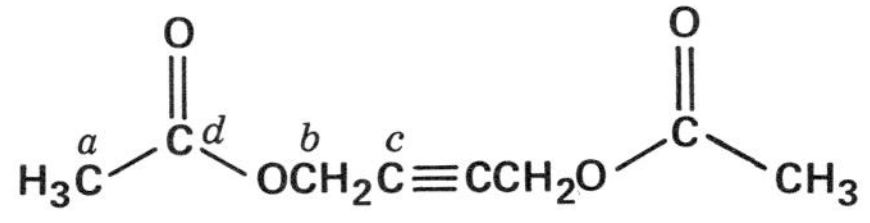

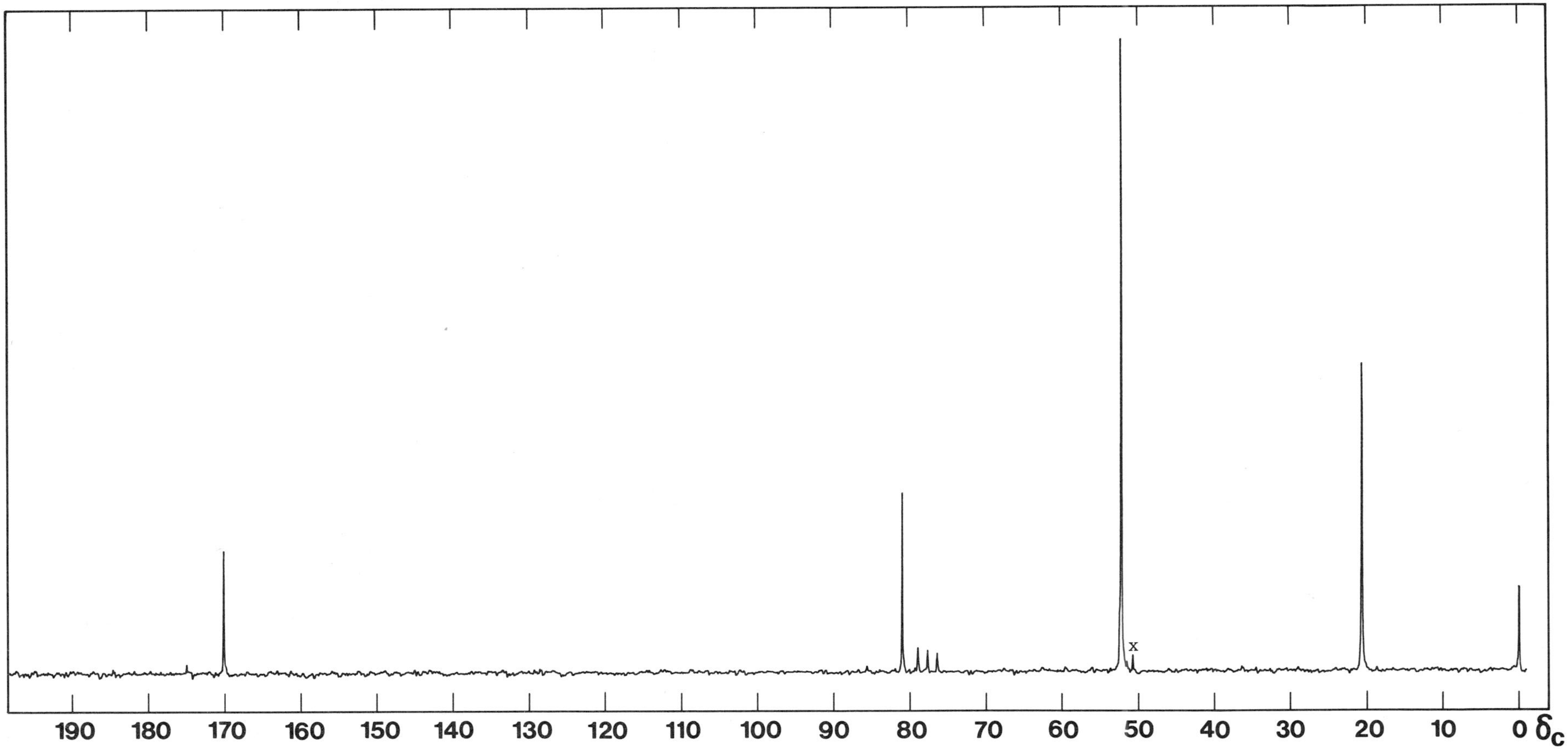

EXPERIMENTAL PARAMETERS

- Instr.: XL–100
- Mode: FT
- Time: 5 min
- Solv.: CDCl₃
- Conc.: 1ml/2ml solv

δ_C

303 2,3-dimethylaniline

$C_8H_{11}N$

EXPERIMENTAL PARAMETERS

Instr. XL-100
Mode FT
Time 5.3 min
Solv. CDCl₃
Conc. 1ml/3ml soln

ASSIGNMENTS

a	12.4
b	20.3
c	113.1
d	120.4
e	120.6
f	125.9
g	136.8
h	144.5

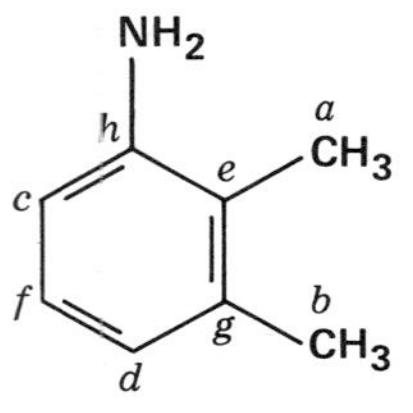

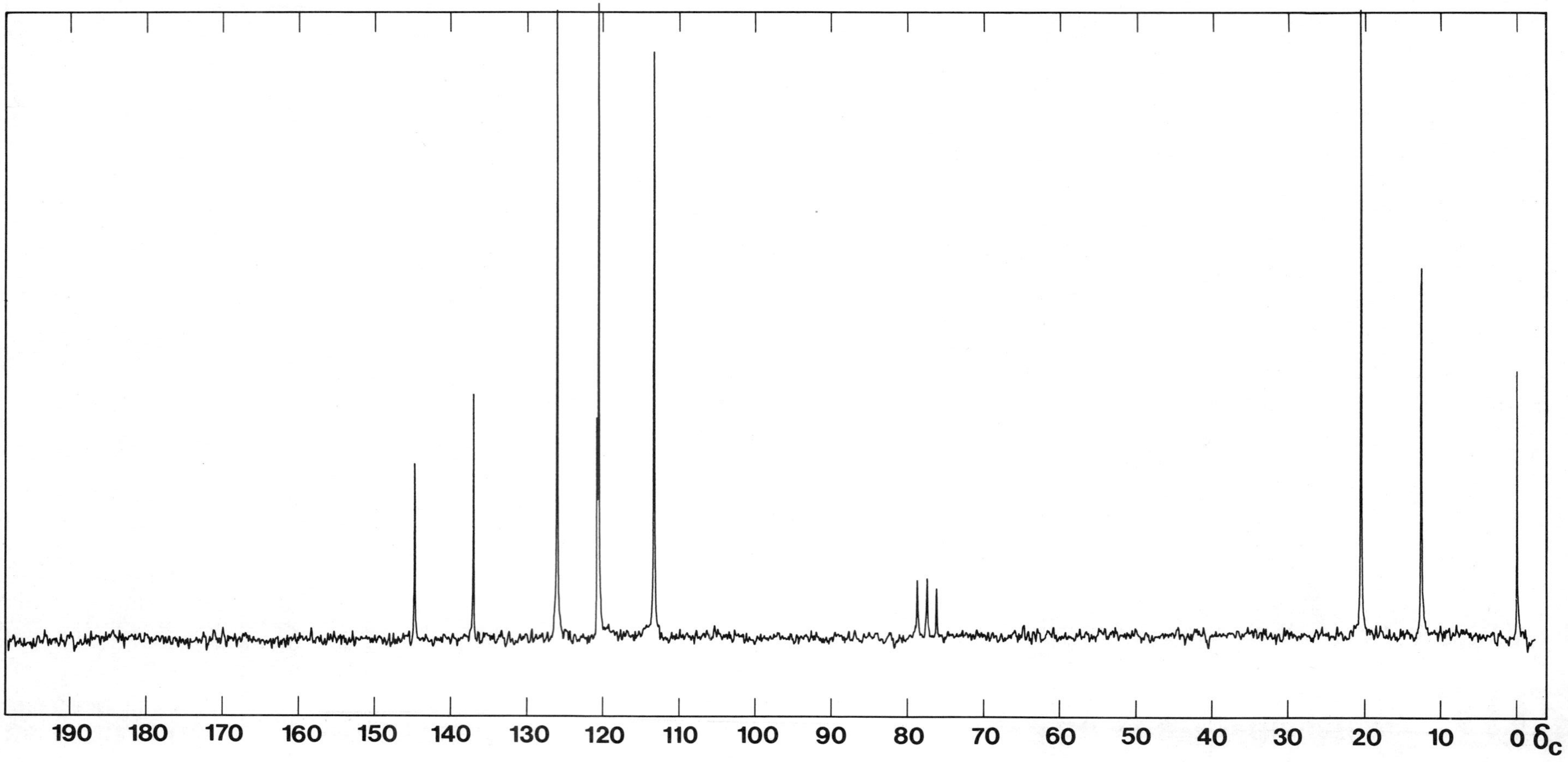

N-benzylmethylamine 304

$C_8H_{11}N$

EXPERIMENTAL PARAMETERS

Instr.	HA-100
Mode	CW
Time	15 min
Solv.	Dioxane
Conc.	.5ml/1ml soln

ASSIGNMENTS

a	35.9
b	56.1
c	126.7
d	128.2
e	141.1

305 2-ethylaniline

$C_8H_{11}N$

EXPERIMENTAL PARAMETERS

Instr.	XL-100
Mode	FT
Time	5.3 min
Solv.	CDCl$_3$
Conc.	1ml/3ml soln

ASSIGNMENTS

a	12.9
b	23.9
c	115.2
d	118.5
e	126.6
f	127.8
g	128.2
h	144.1

4-vinylcyclohexene-1 306

C_8H_{12}

EXPERIMENTAL PARAMETERS

Instr. XL-100
Mode FT
Time 5.3 min
Solv. CDCl₃
Conc. 1ml/3ml soln

ASSIGNMENTS

a	24.9
b	28.5
c	31.1
d	37.7d
e	112.3t
f*	126.0d
g*	126.8d
h	143.7d

307

2,2,4-trimethyl-3-hydroxy-3-pentenoic acid β-lactone

$C_8H_{12}O_2$

ASSIGNMENTS

a	15.9
b	16.2
c	20.2
d	54.0
e	103.4
f	145.8
g	173.5

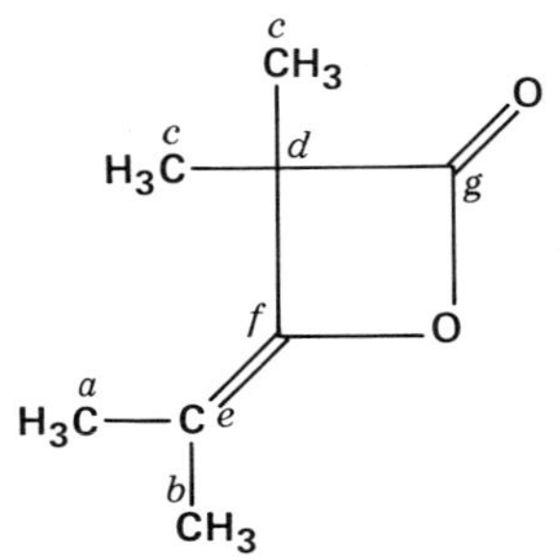

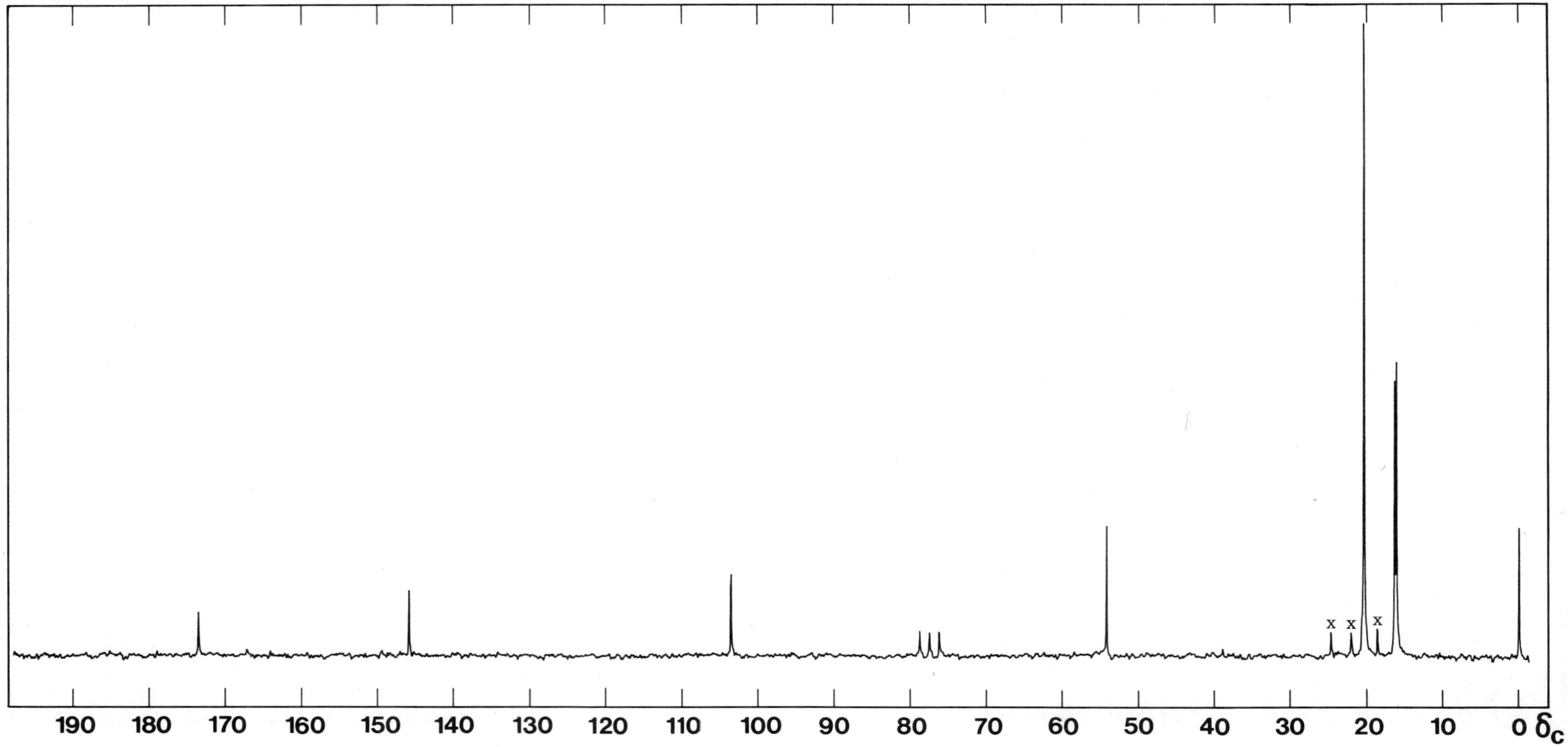

EXPERIMENTAL PARAMETERS

Instr.: XL-100
Mode: FT
Time: 5.3 min
Solv.: CDCl₃
Conc.: 1ml/3ml soln

2,2,4,4-tetramethylcyclobutanedione 308

$C_8H_{12}O_2$

EXPERIMENTAL PARAMETERS

Instr. XL-100
Mode FT
Time 5 min
Solv. CDCl$_3$
Conc. .5g/2ml solv

ASSIGNMENTS

a	18.8
b	70.4
c	215.0

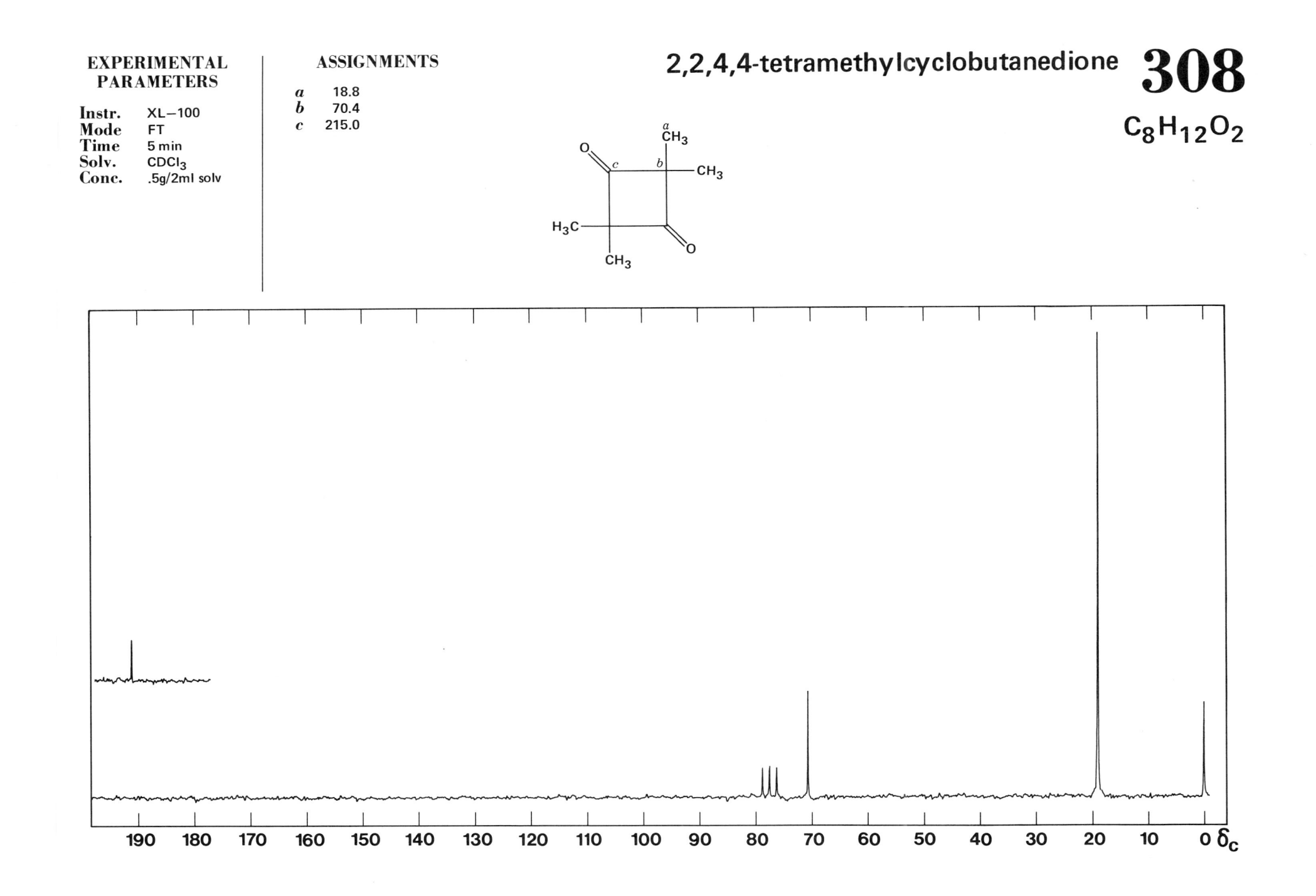

cis-butene-2-1,4-diacetate 309

$C_8H_{12}O_4$

EXPERIMENTAL PARAMETERS

Instr.	XL–100
Mode	FT
Time	5.3 min
Solv.	CDCl$_3$
Conc.	1ml/3ml soln

ASSIGNMENTS

a 20.7
b 59.9
c 128.1
d 170.4

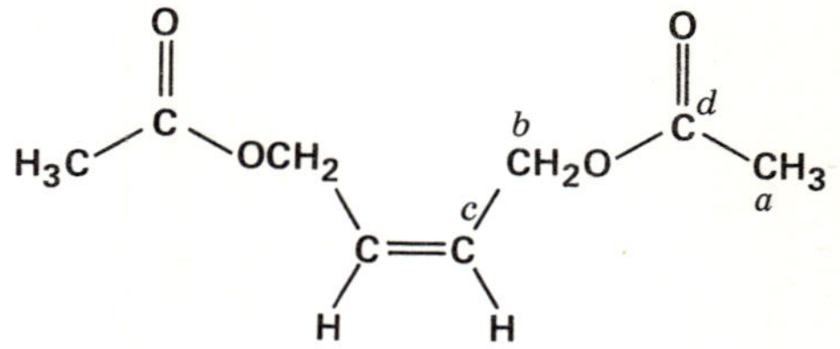

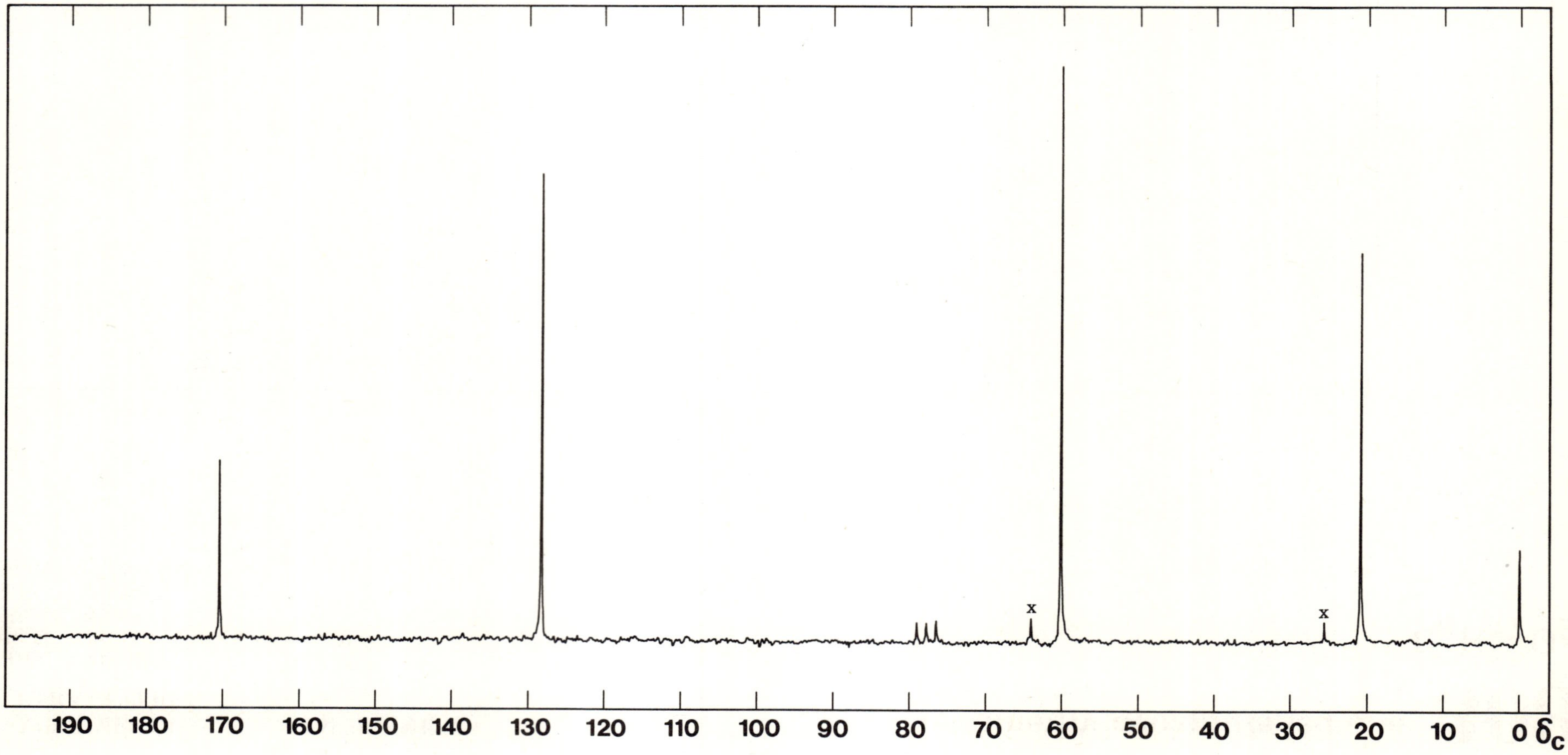

n-butyl methacrylate 310

$C_8H_{14}O_2$

EXPERIMENTAL PARAMETERS

- Instr.: HA-100
- Mode: CW
- Time: 15 min
- Solv.: Dioxane
- Conc.: .5ml/1ml soln

ASSIGNMENTS

a	13.9
b	18.3
c	19.7
d	31.3
e	64.4
f	124.4
g	137.2
h	166.7

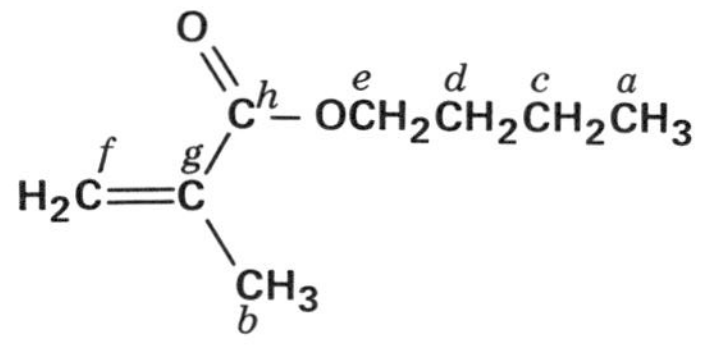

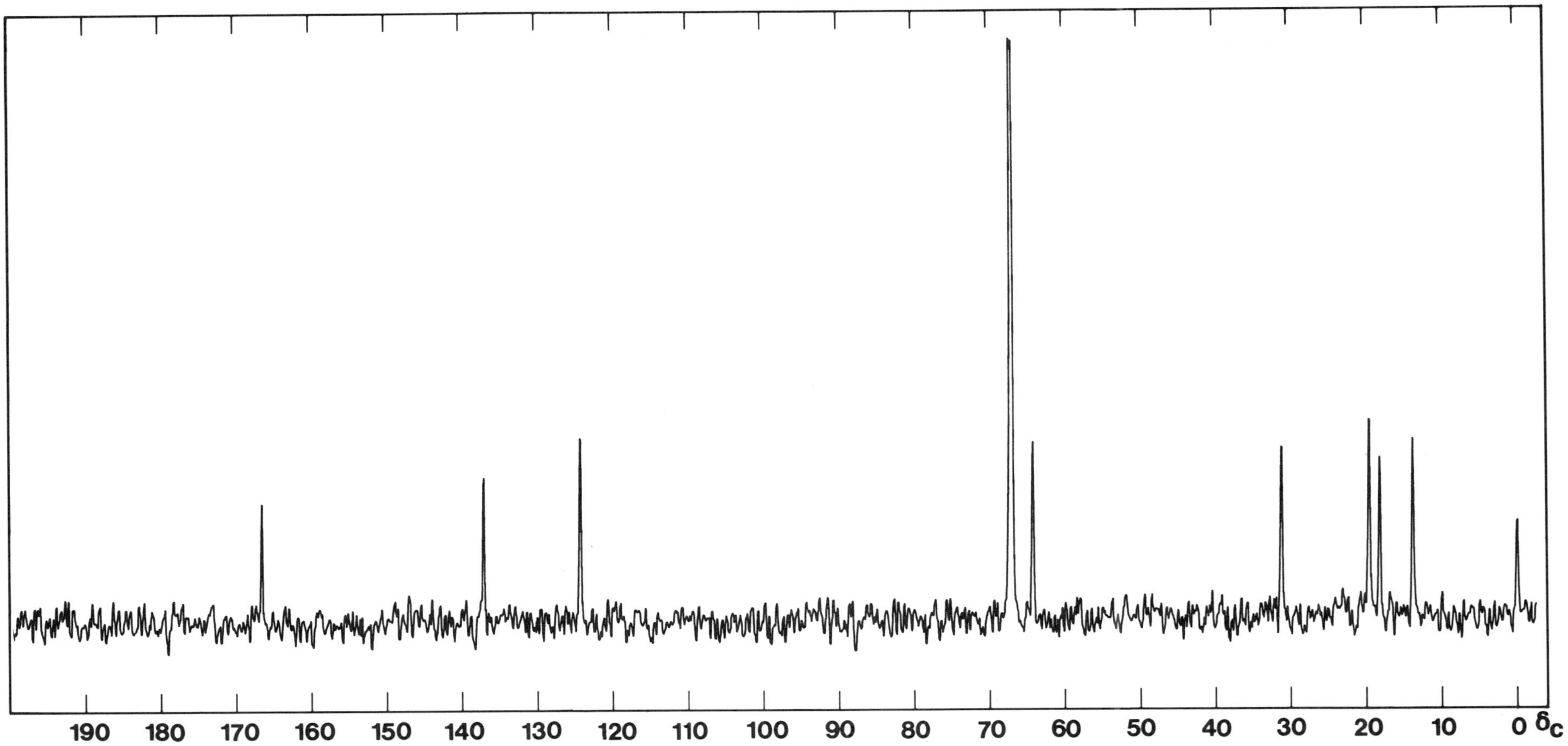

cyclohexylacetate 311

$C_8H_{14}O_2$

EXPERIMENTAL PARAMETERS

Instr. XL-100
Mode FT
Time 5.3 min
Solv. CDCl$_3$
Conc. 1ml/2ml solv

ASSIGNMENTS

a	21.9
b	23.9
c	25.5
d	31.7
e	72.5
f	170.1

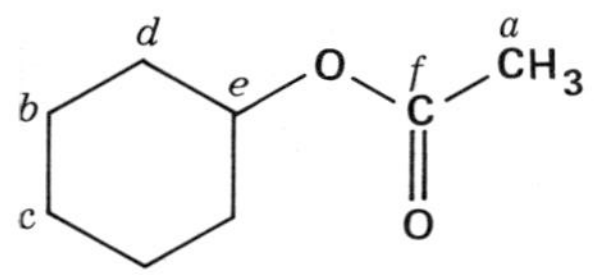

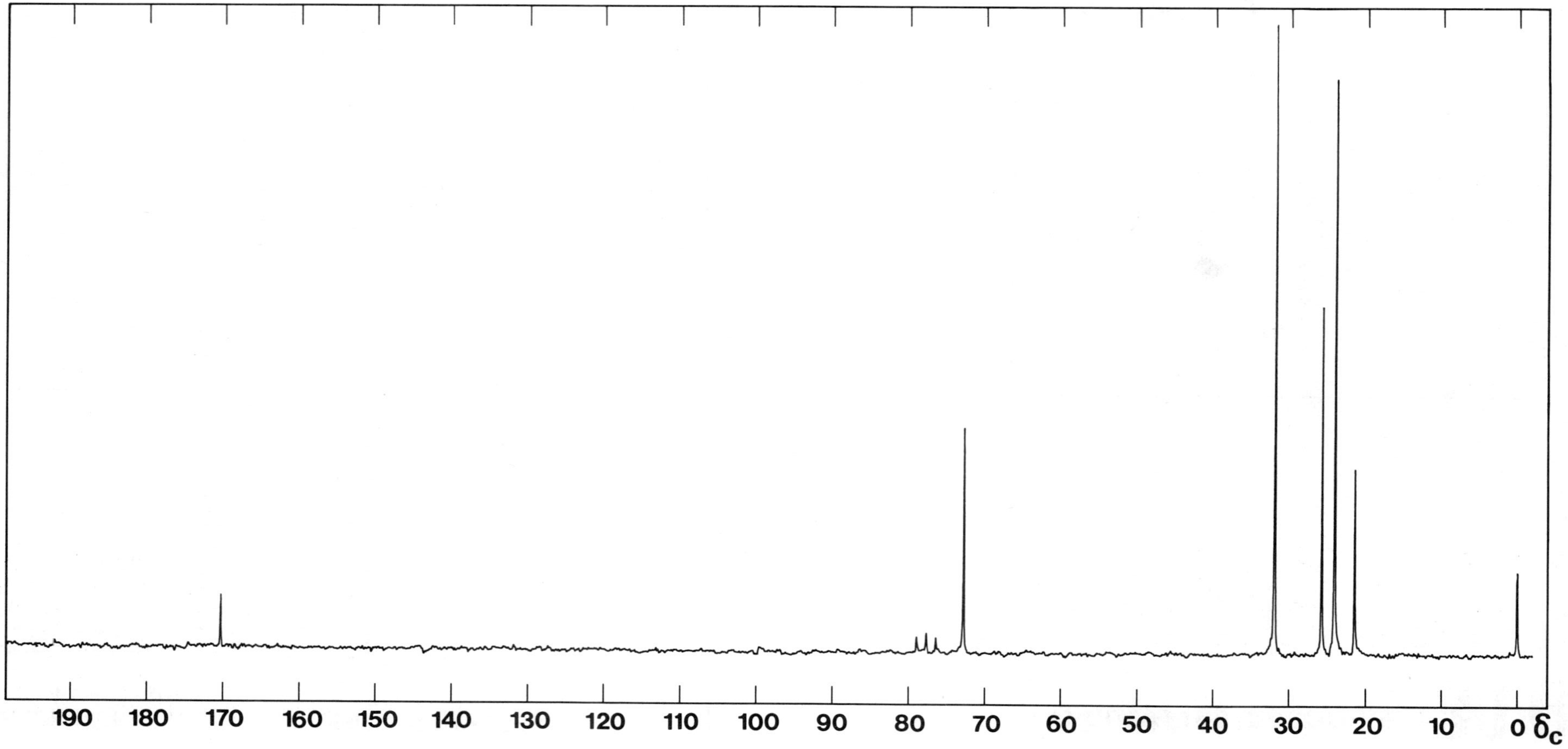

n-propylcyclopentane 312

C_8H_{16}

EXPERIMENTAL PARAMETERS

Instr.	XL-100
Mode	FT
Time	5.3 min
Solv.	CDCl₃
Conc.	1ml/2ml solv

ASSIGNMENTS

a	14.4
b	22.0
c	25.3
d	32.8
e	38.8t
f	40.2d

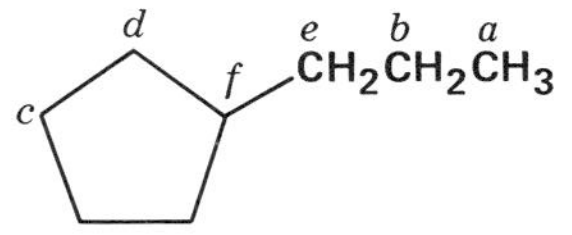

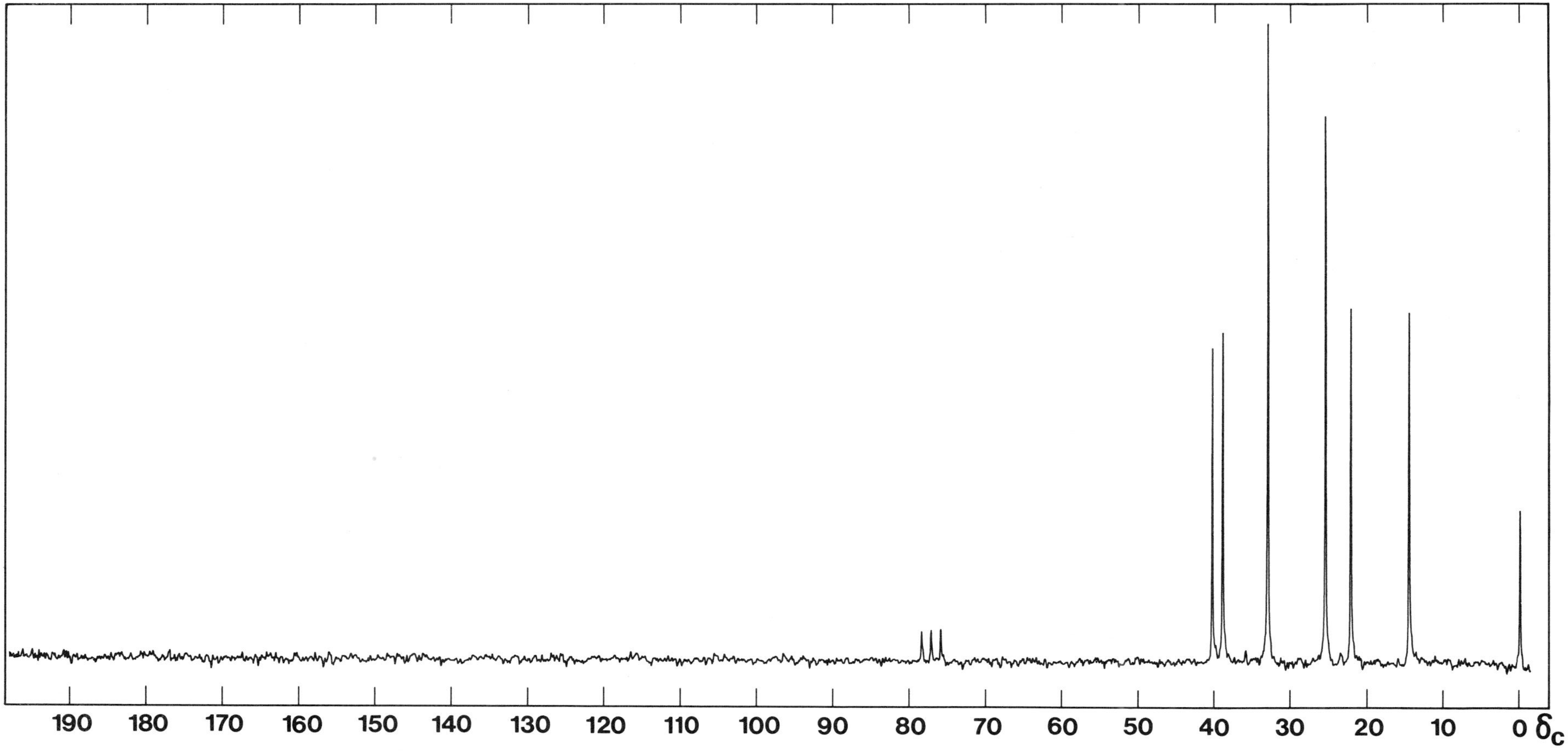

313 octene-2

C₈H₁₆

EXPERIMENTAL PARAMETERS

Instr. XL-100
Mode FT
Time 5.3 min
Solv. CDCl₃
Conc. 1ml/2ml solv

ASSIGNMENTS

a	12.7
b	14.1
c	17.8
d	22.8
e	27.0
f	29.5
g	31.7
h	32.7
i	123.6
j	124.5
k	130.9
l	131.7

cis structure:
H₃C(a)–C(i)=C(k)–CH₂(e)CH₂(f)CH₂(g)CH₂(d)CH₃(b)
with H on i and k

trans structure:
H₃C(c)–C(j)=C(l)–CH₂(h)CH₂(f)CH₂(g)CH₂(d)CH₃(b)
with H on j and l

2,4,4-trimethyl-2-pentene 314

C_8H_{16}

EXPERIMENTAL PARAMETERS

Instr. HA–100
Mode CW
Time 15 min
Solv. Dioxane
Conc. .5ml/1ml soln

ASSIGNMENTS

a 18.7
b 27.8
c 31.2
d 32.2s
e 129.8s
f 135.1d

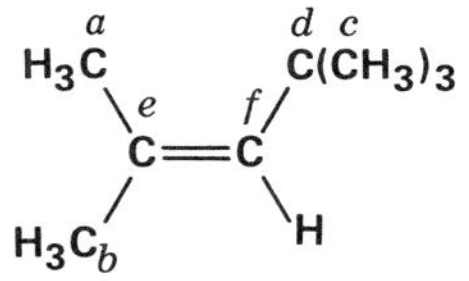

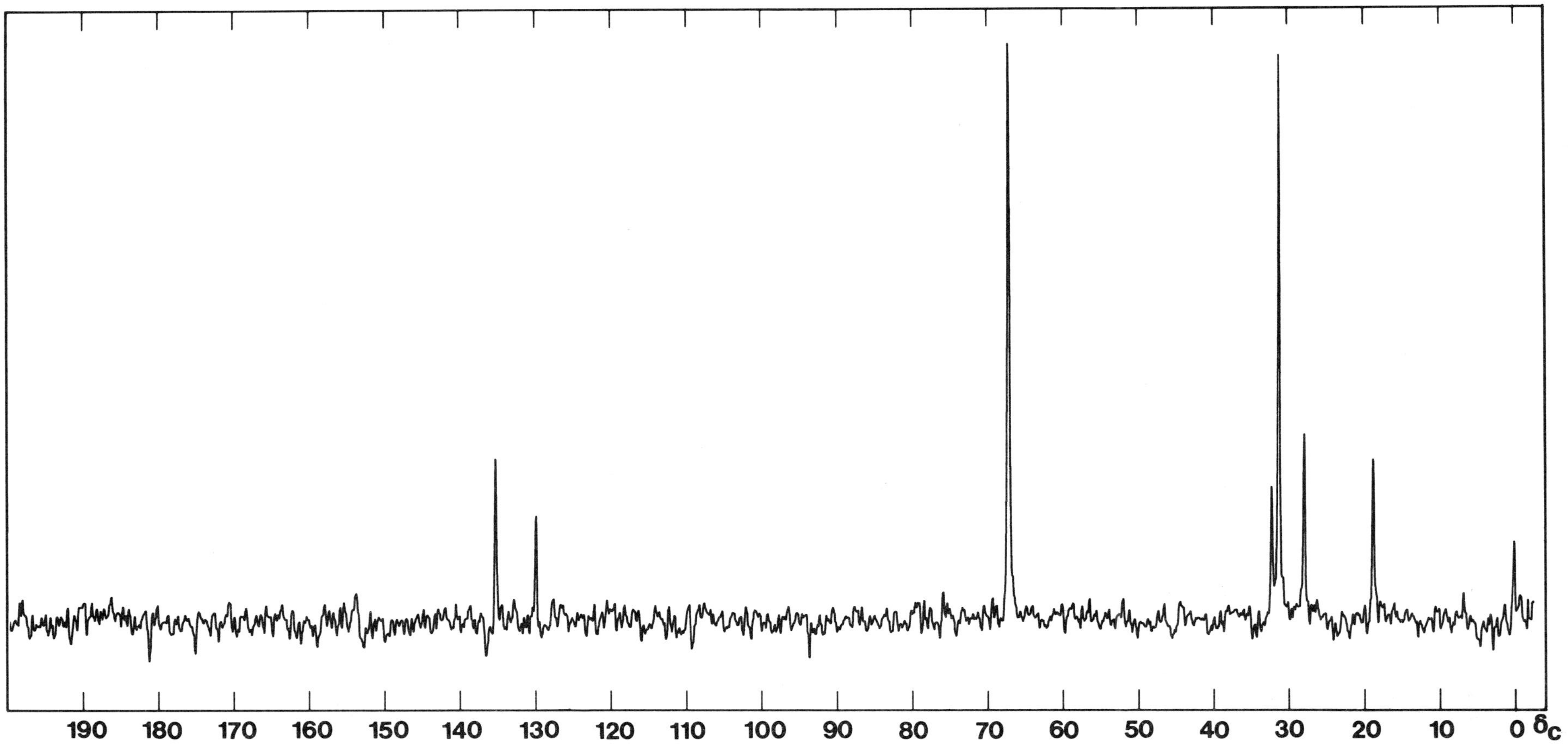

315

trans-2,5-dimethyl-3-hexene

C_8H_{16}

(CH$_3$)$_2$CH\C=C/H
H/   \CH(CH$_3$)$_2$
(c=C, b=CH, a=CH$_3$)

EXPERIMENTAL PARAMETERS

Instr.   XL–100
Mode   FT
Time   5.3 min
Solv.   CDCl$_3$
Conc.   1ml/3ml soln

ASSIGNMENTS

a 22.8
b 31.0
c 134.5

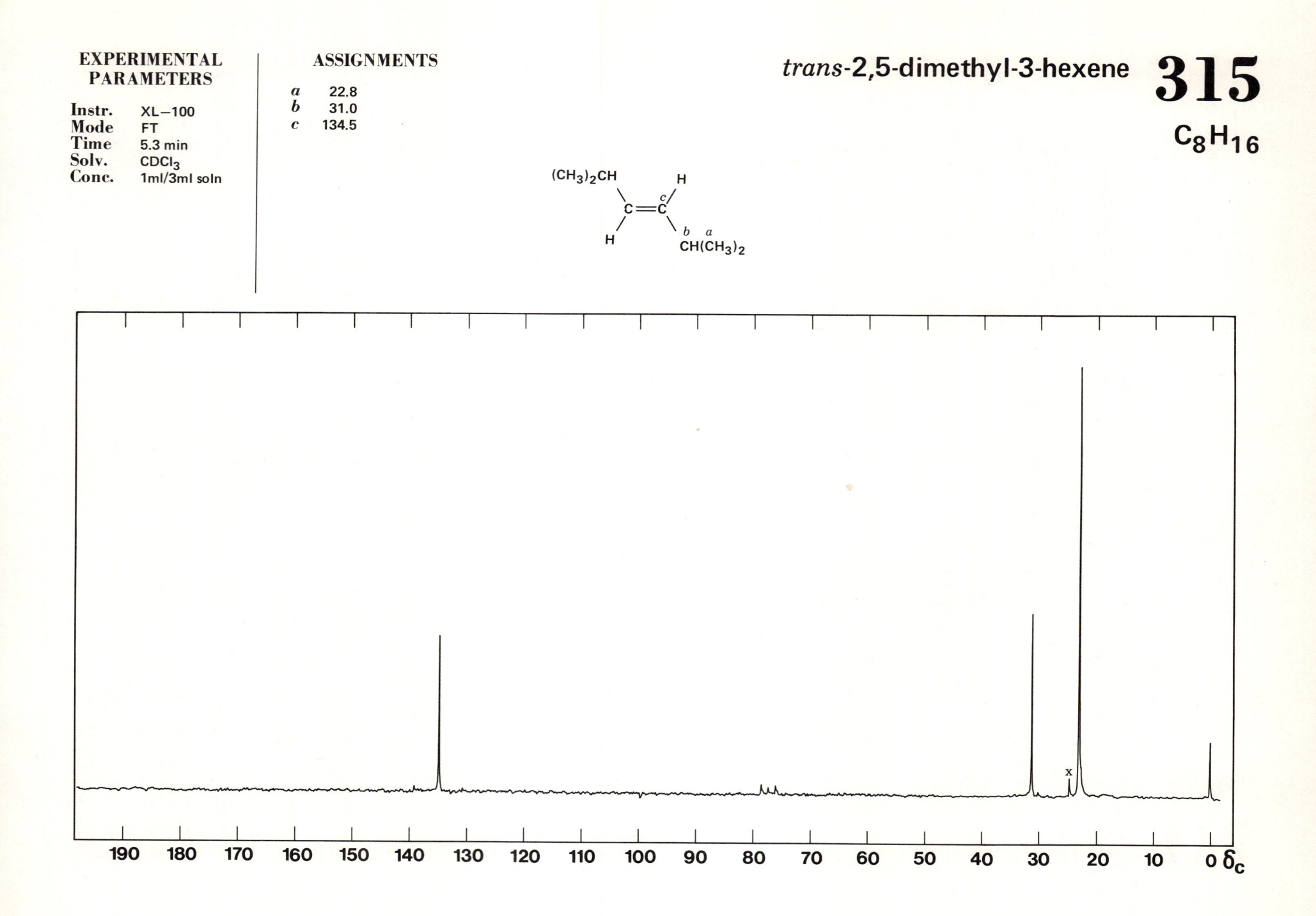

octene-1 316

C_8H_{16}

EXPERIMENTAL PARAMETERS

Instr. XL–100
Mode FT
Time 5.3 min
Solv. $CDCl_3$
Conc. 1ml/2ml solv

ASSIGNMENTS

a	14.1
b	22.7
c *	29.0
d *	29.1
e	31.9
f	34.0
g	114.1
h	139.0

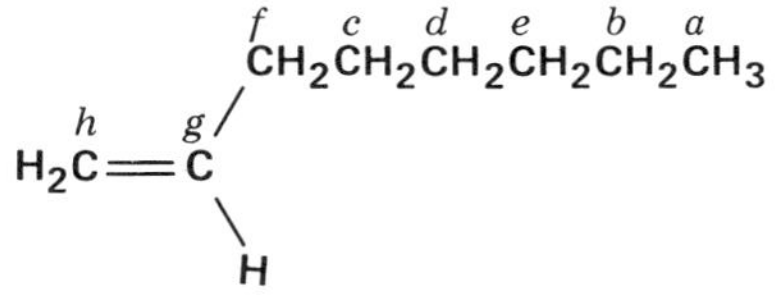

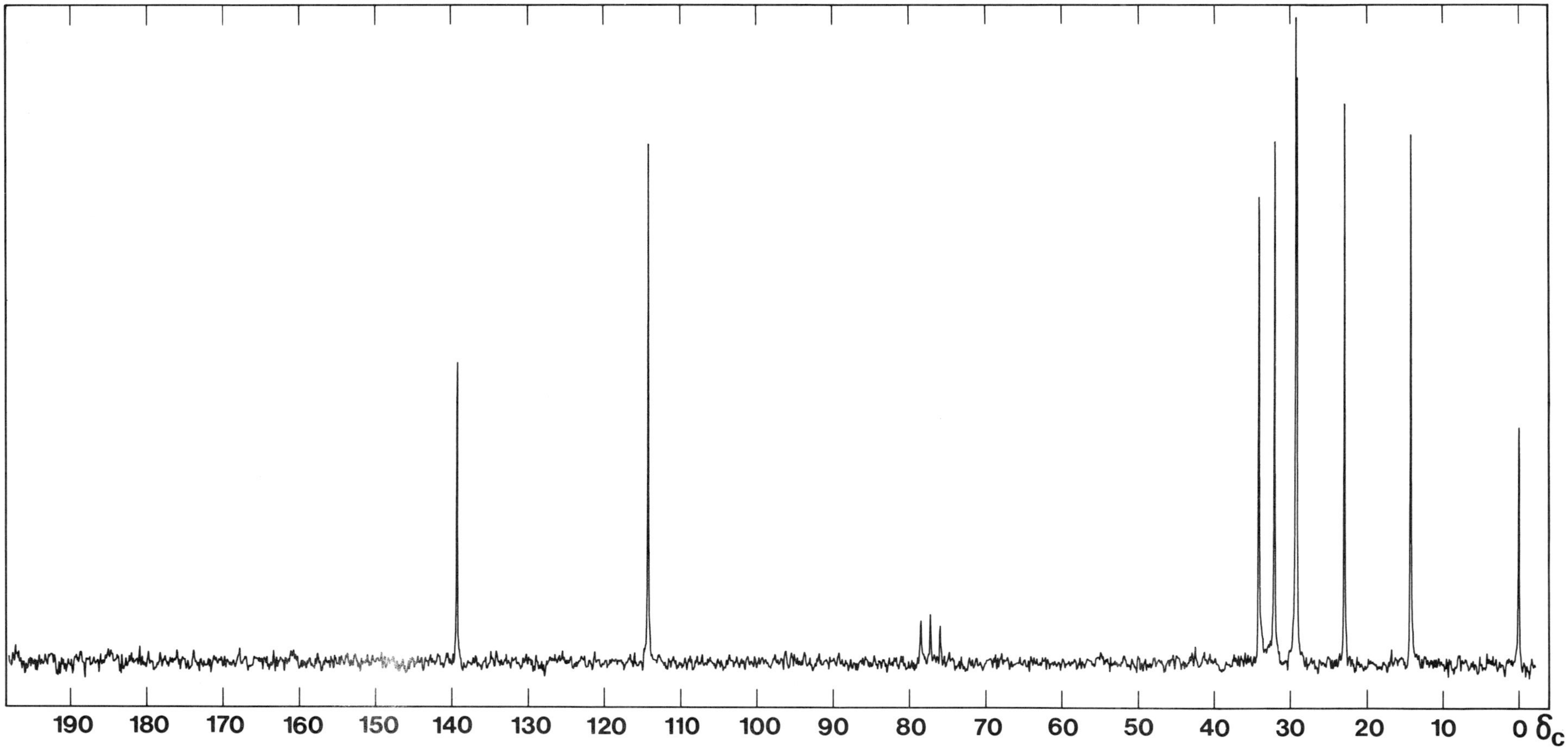

$$H_2\overset{h}{C}=\overset{g}{C}\underset{H}{\overset{\overset{f}{C}H_2\overset{c}{C}H_2\overset{d}{C}H_2\overset{e}{C}H_2\overset{b}{C}H_2\overset{a}{C}H_3}{\diagup}}$$

2-ethylhexanoic acid 317

$C_8H_{16}O_2$

EXPERIMENTAL PARAMETERS

Instr.	XL-100
Mode	FT
Time	5.3 min
Solv.	CDCl₃
Conc.	1ml/2ml solv

ASSIGNMENTS

a	11.7
b	13.9
c	22.7
d	25.3
e	29.6
f	31.5
g	47.3
h	183.2

Structure:

$$\underset{HO}{}\overset{O}{\underset{}{\parallel}}\overset{h}{C}-\overset{g}{C}H\overset{f}{C}H_2\overset{e}{C}H_2\overset{c}{C}H_2\overset{b}{C}H_3$$
$$\underset{d}{C}H_2\overset{a}{C}H_3$$

ethylhexanoate 318

$C_8H_{16}O_2$

EXPERIMENTAL PARAMETERS

Instr. XL-100
Mode FT
Time 5.3 min
Solv. CDCl$_3$
Conc. 1ml/2ml solv

ASSIGNMENTS

a	13.9
b	14.3
c	22.4
d	24.8
e	31.5
f	34.4
g	60.0
h	173.5

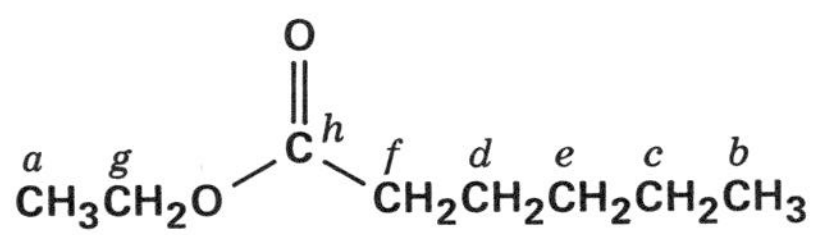

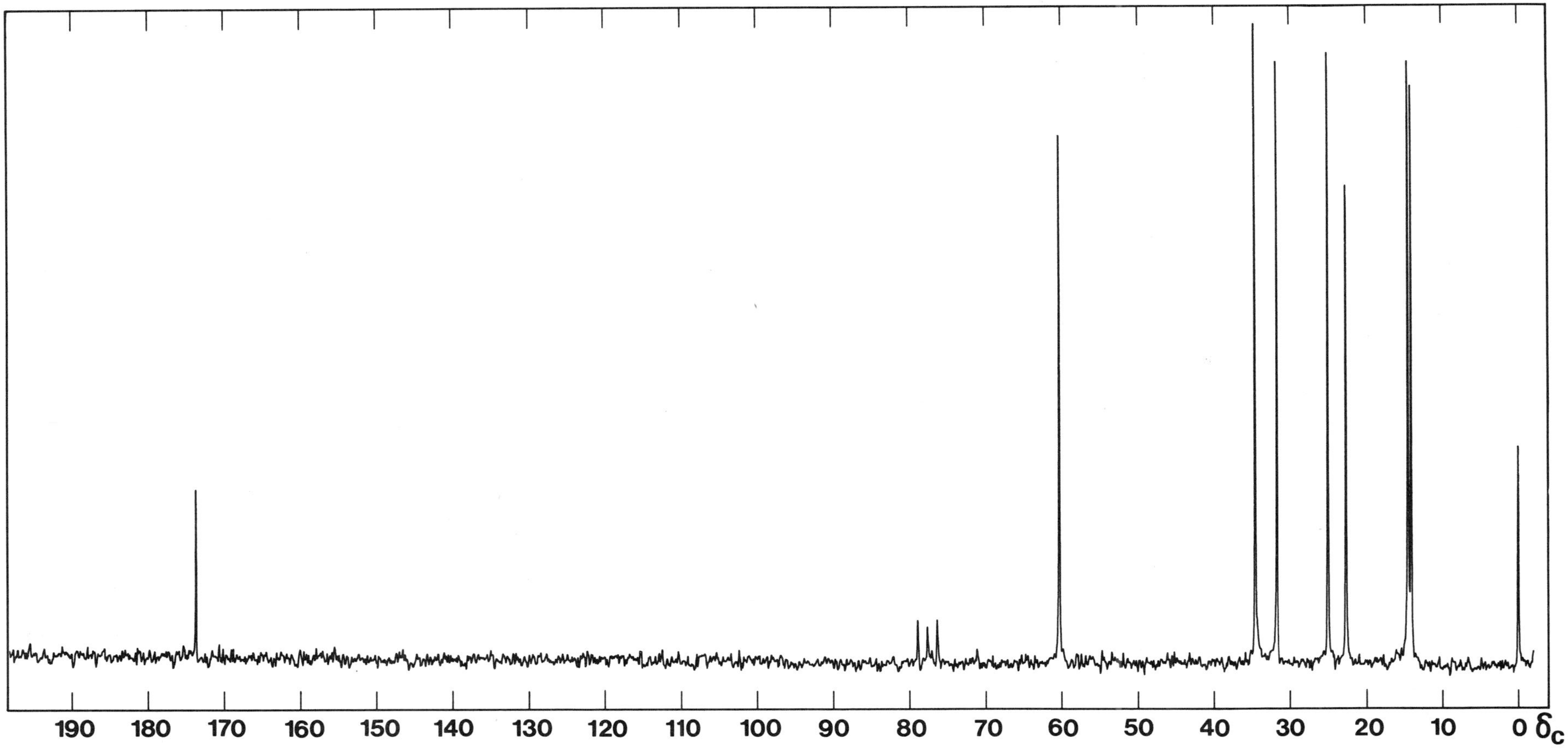

$\overset{a}{CH_3}\overset{g}{CH_2}O-\overset{h}{\underset{\underset{O}{\|}}{C}}-\overset{f}{CH_2}\overset{e}{CH_2}\overset{d}{CH_2}\overset{c}{CH_2}\overset{b}{CH_3}$

2-propylpiperidine

319

$C_8H_{17}N$

EXPERIMENTAL PARAMETERS

Instr. HA–100
Mode CW
Time 15 min
Solv. Dioxane
Conc. .5ml/1ml soln

ASSIGNMENTS

a 14.5
b 19.4
c * 25.7
d * 27.4
e 33.7
f 40.2
g 47.6
h 57.1

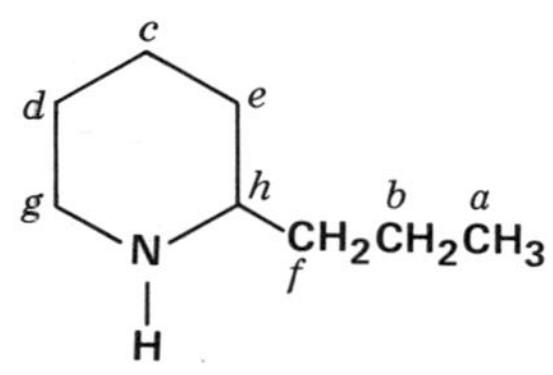

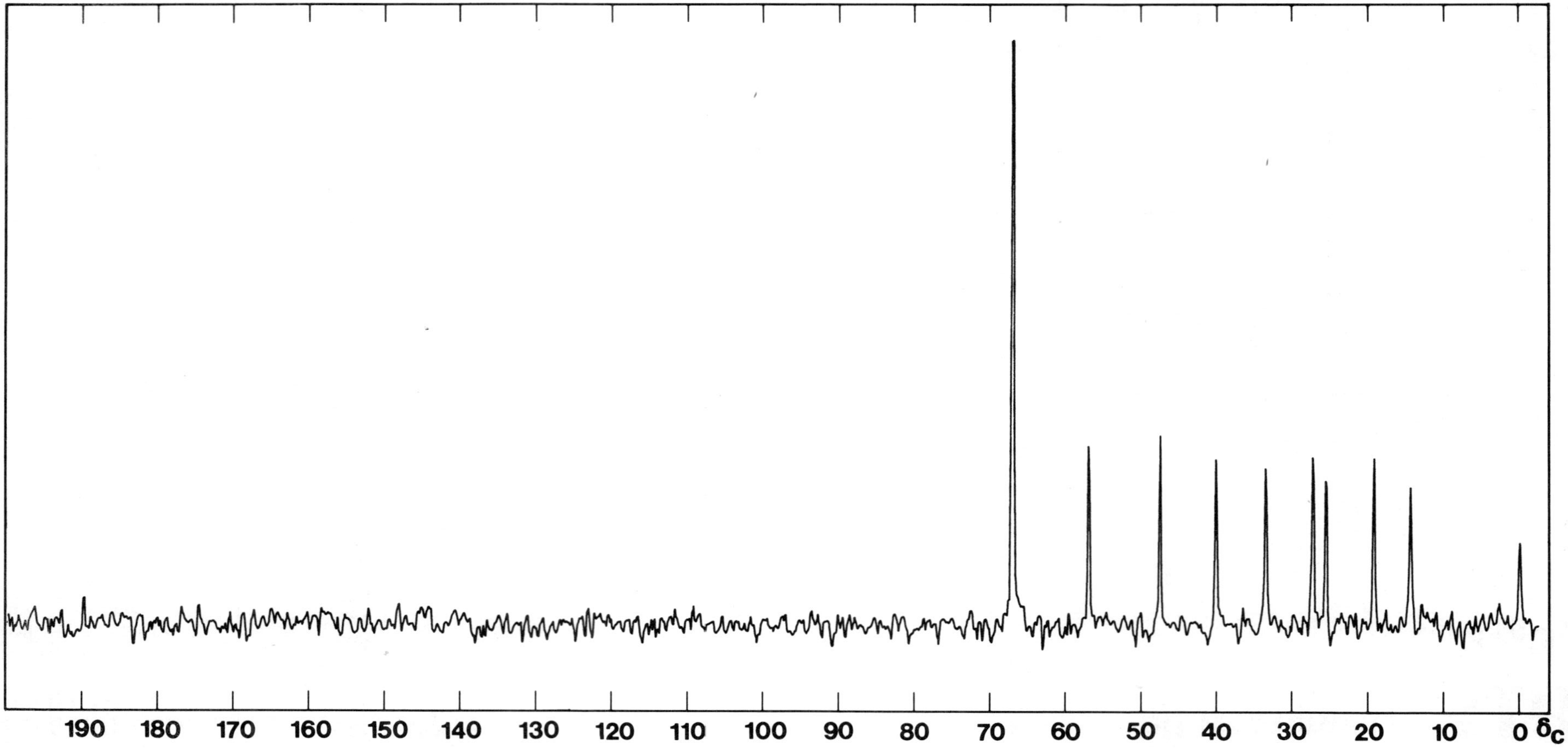

octyl nitrite 320

$C_8H_{17}NO_2$

EXPERIMENTAL PARAMETERS

Instr. XL-100
Mode FT
Time 5.3 min
Solv. CDCl$_3$
Conc. 1ml/3ml soln

ASSIGNMENTS

a	14.0
b	22.7
c	26.0
d	29.2
e	29.3
f	31.9
g	68.3

$$O=N-\underset{g}{O}CH_2\underset{d}{CH_2}\underset{c}{CH_2}\underset{e}{CH_2}\underset{e}{CH_2}\underset{f}{CH_2}\underset{b}{CH_2}\underset{a}{CH_3}$$

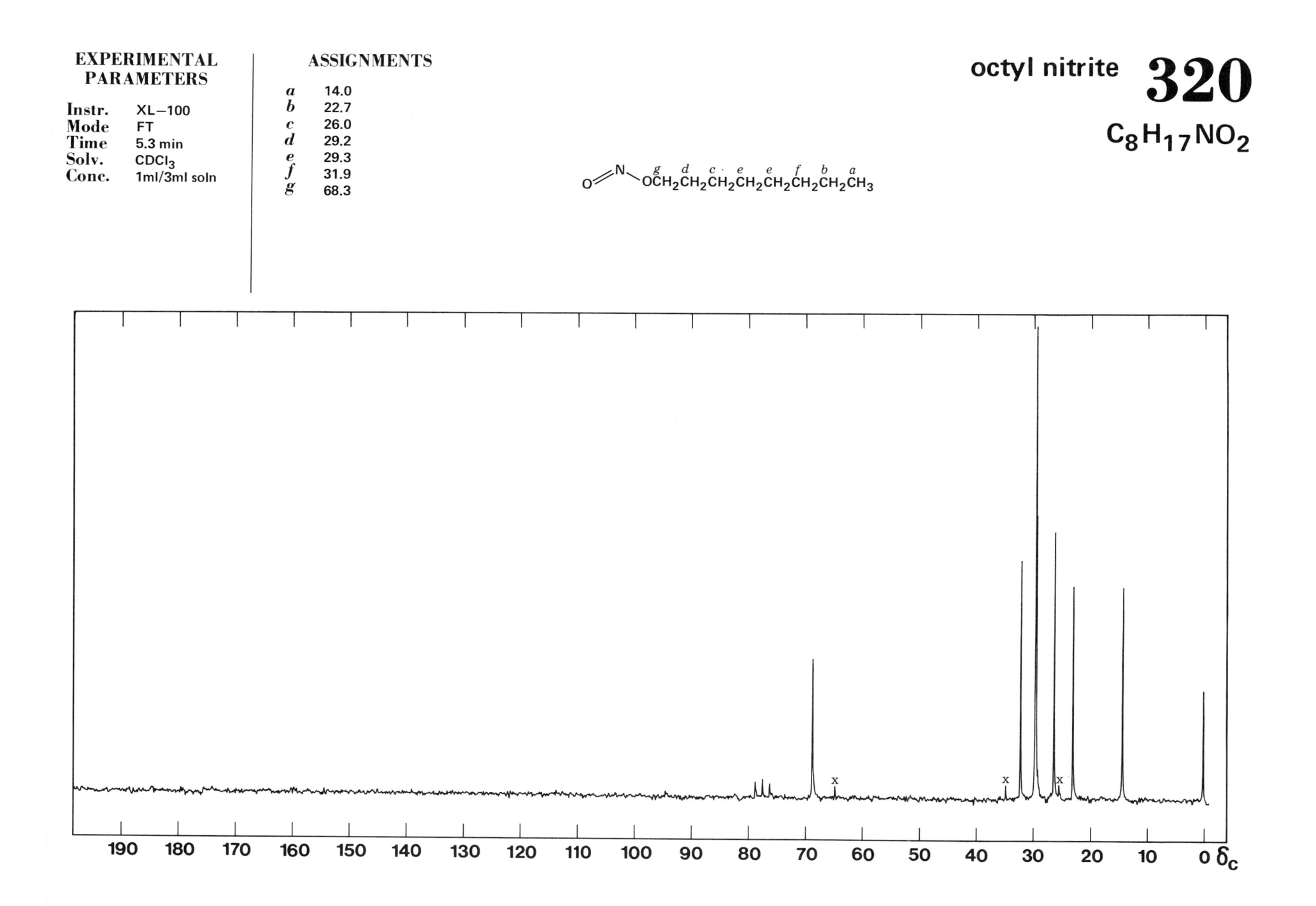

2,2,4-trimethylpentane 321

C_8H_{18}

EXPERIMENTAL PARAMETERS

Instr.	HA–100
Mode	CW
Time	15 min
Solv.	Dioxane
Conc.	.5ml/1ml soln

ASSIGNMENTS

a	24.9d
b	25.5q
c	30.2s
d	31.2s
e	53.4t

$$\overset{e}{(CH_3)_3}\overset{de}{C}\overset{a}{CH_2}\overset{b}{CH}(CH_3)_2$$

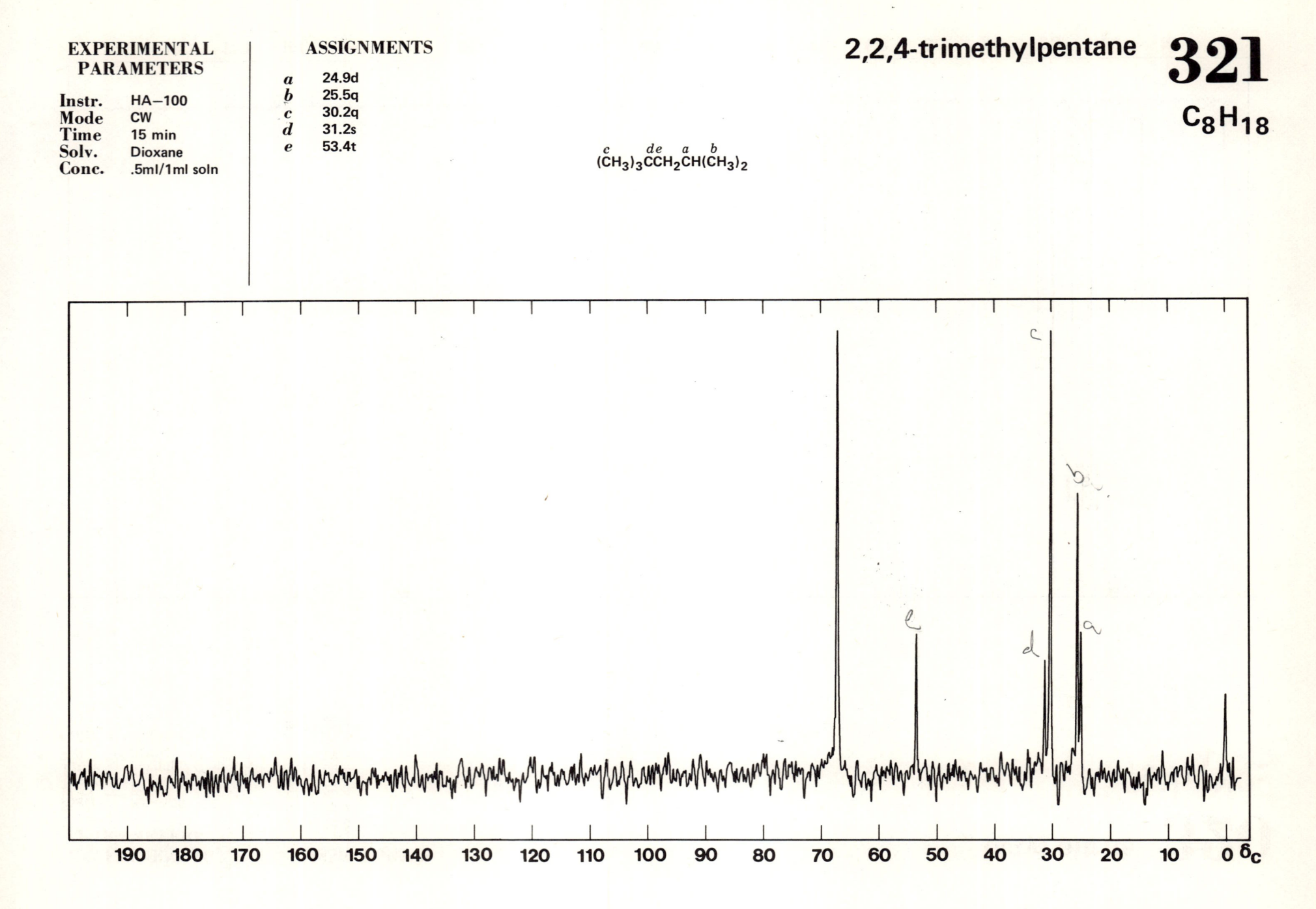

2-ethyl-1-hexanol 322

$C_8H_{18}O$

EXPERIMENTAL PARAMETERS

Instr.	XL–100
Mode	FT
Time	5.3 min
Solv.	CDCl$_3$
Conc.	1ml/3ml soln

ASSIGNMENTS

a	11.1q
b	14.1q
c	23.2
d	23.5
e	29.3
f	30.3
g	42.1d
h	65.1t

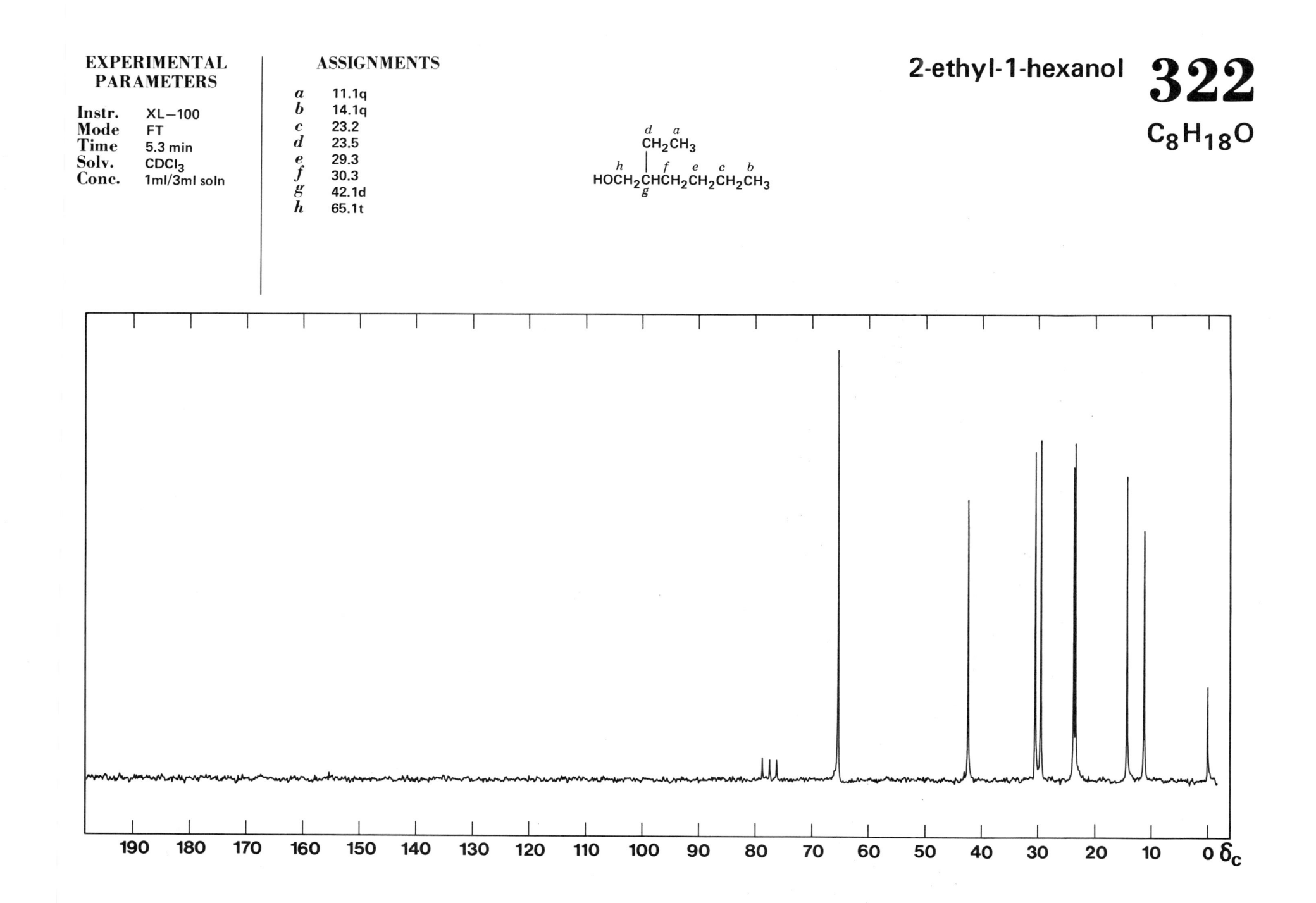

$$\underset{h}{HOCH_2}\underset{g}{CH}(\underset{d}{CH_2}\underset{a}{CH_3})\underset{f}{CH_2}\underset{e}{CH_2}\underset{c}{CH_2}\underset{b}{CH_3}$$

2-octanol   323

$C_8H_{18}O$

OH
　|
c h| g   d   e   f   b   a
CH₃CHCH₂CH₂CH₂CH₂CH₂CH₃

EXPERIMENTAL PARAMETERS

Instr. XL–100
Mode FT
Time 5.3 min
Solv. CDCl₃
Conc. 1ml/2ml solv

ASSIGNMENTS

a 14.1
b 22.7t
c 23.4q
d 25.9
e 29.5
f 32.0
g 39.4
h 67.8d

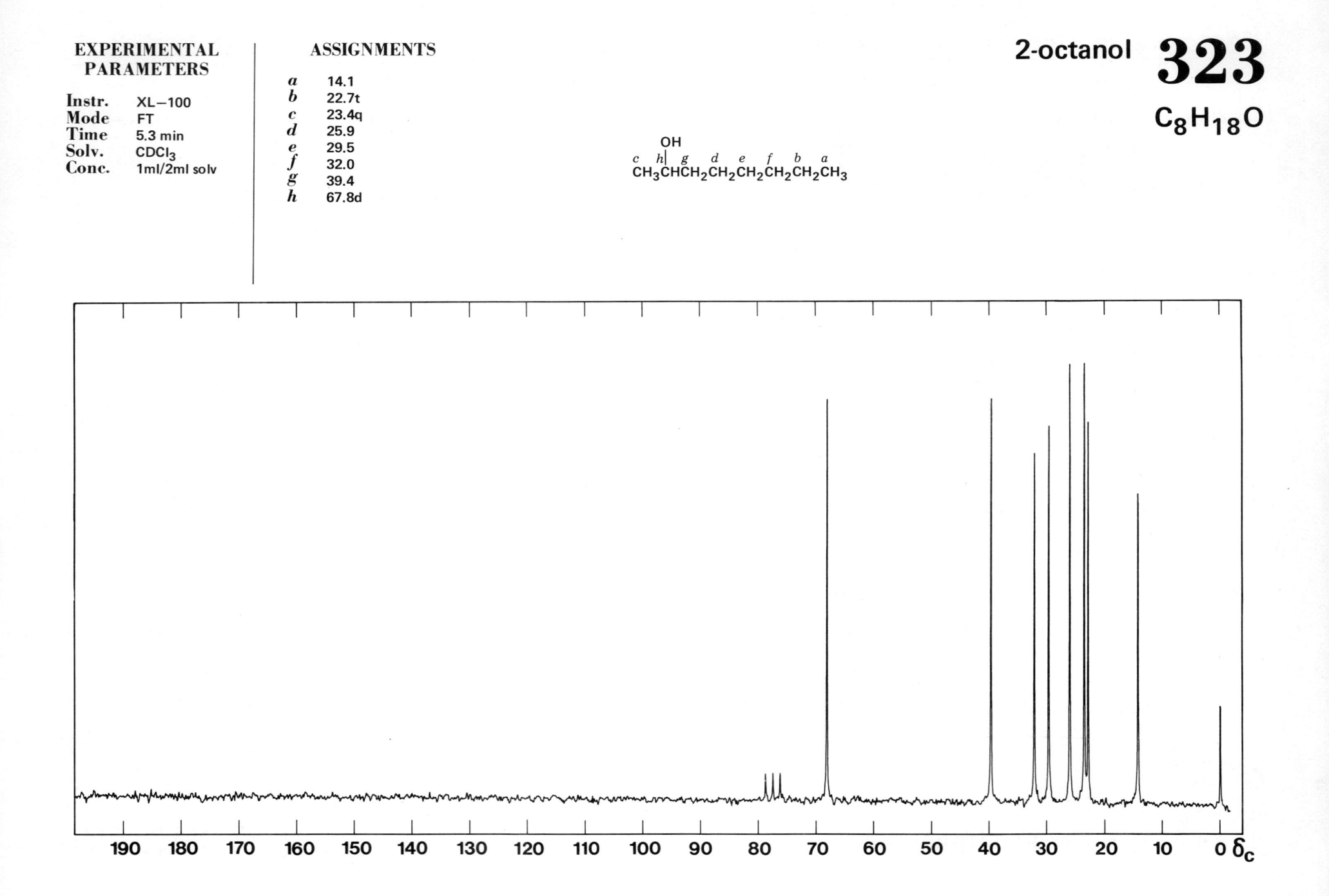

2,2,4-trimethyl-1,3-pentanediol

324

$C_8H_{18}O$

```
           a
      HO  CH_3
   c   d  |  e | f
(CH_3)_2CHCHCCH_2OH
          g  bCH_3
```

EXPERIMENTAL PARAMETERS

Instr. XL-100
Mode FT
Time 5.3 min
Solv. CDCl_3
Conc. .5g/2ml solv

ASSIGNMENTS

a 16.7q
b 19.7q
c 23.3q
d 29.2d
e 39.1s
f 73.1t
g 83.0d

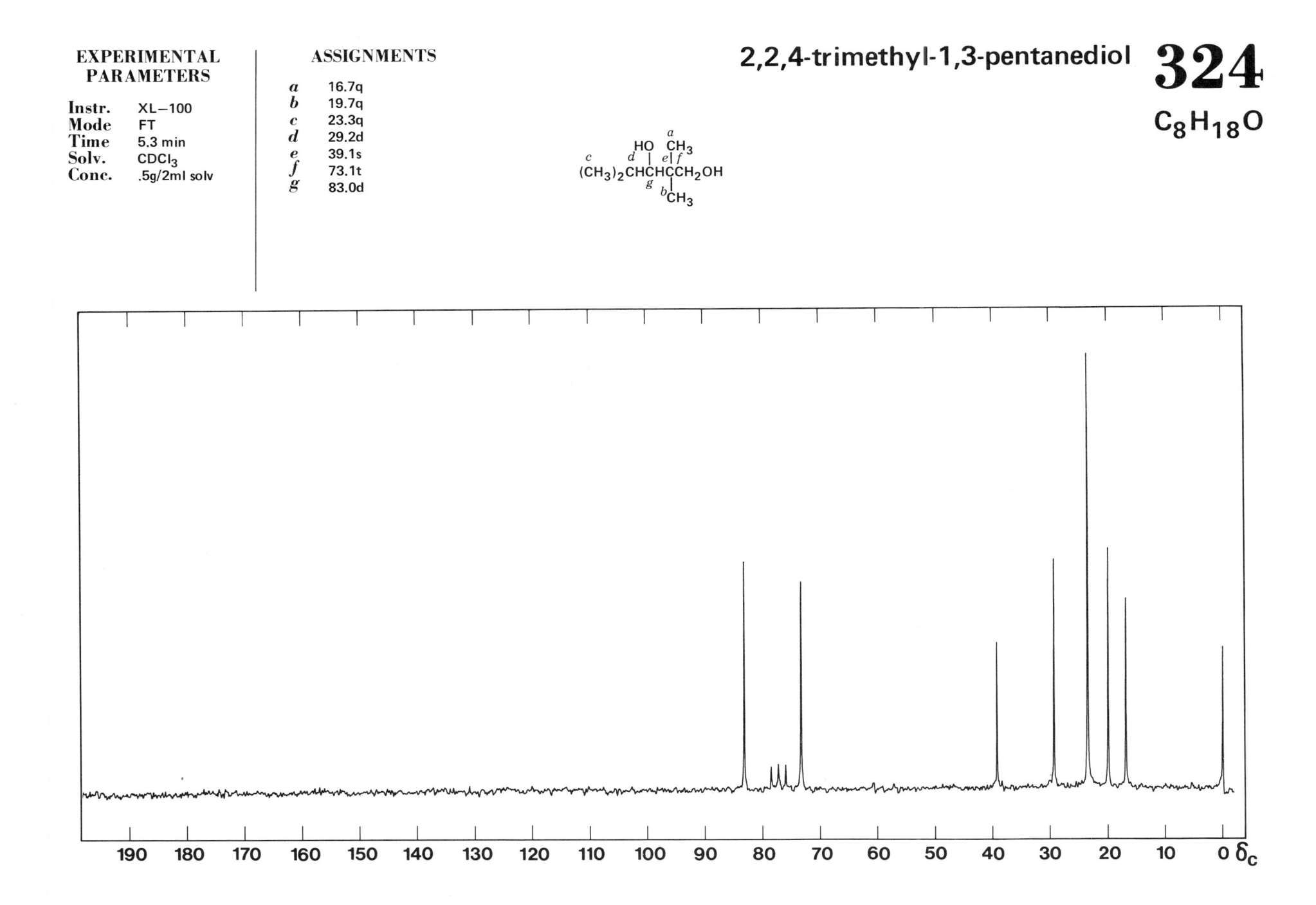

δ_c

2-ethyl-1,3-hexanediol **325**

$C_8H_{18}O_2$

EXPERIMENTAL PARAMETERS

Instr.	XL–100
Mode	FT
Time	5 min
Solv.	$CDCl_3$
Conc.	1ml/2ml solv

ASSIGNMENTS

a	11.7q	*n*	74.2d
b	12.3q	*o*	74.7d
c	14.1q		
d	18.3t		
e	19.0t		
f	19.5t		
g	21.4t		
h	35.3t		
i	37.7t		
j	46.0d		
k	46.2d		
l	63.3t		
m	63.8t		

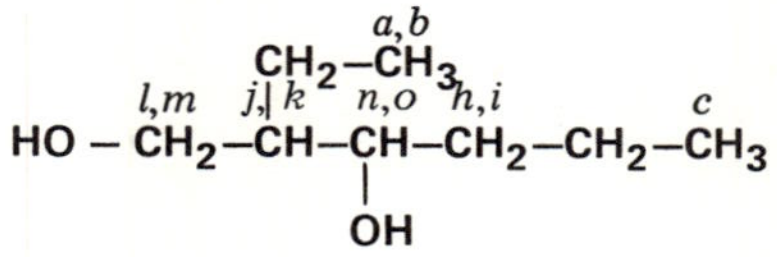

Mixture of *meso* and *dl* forms.

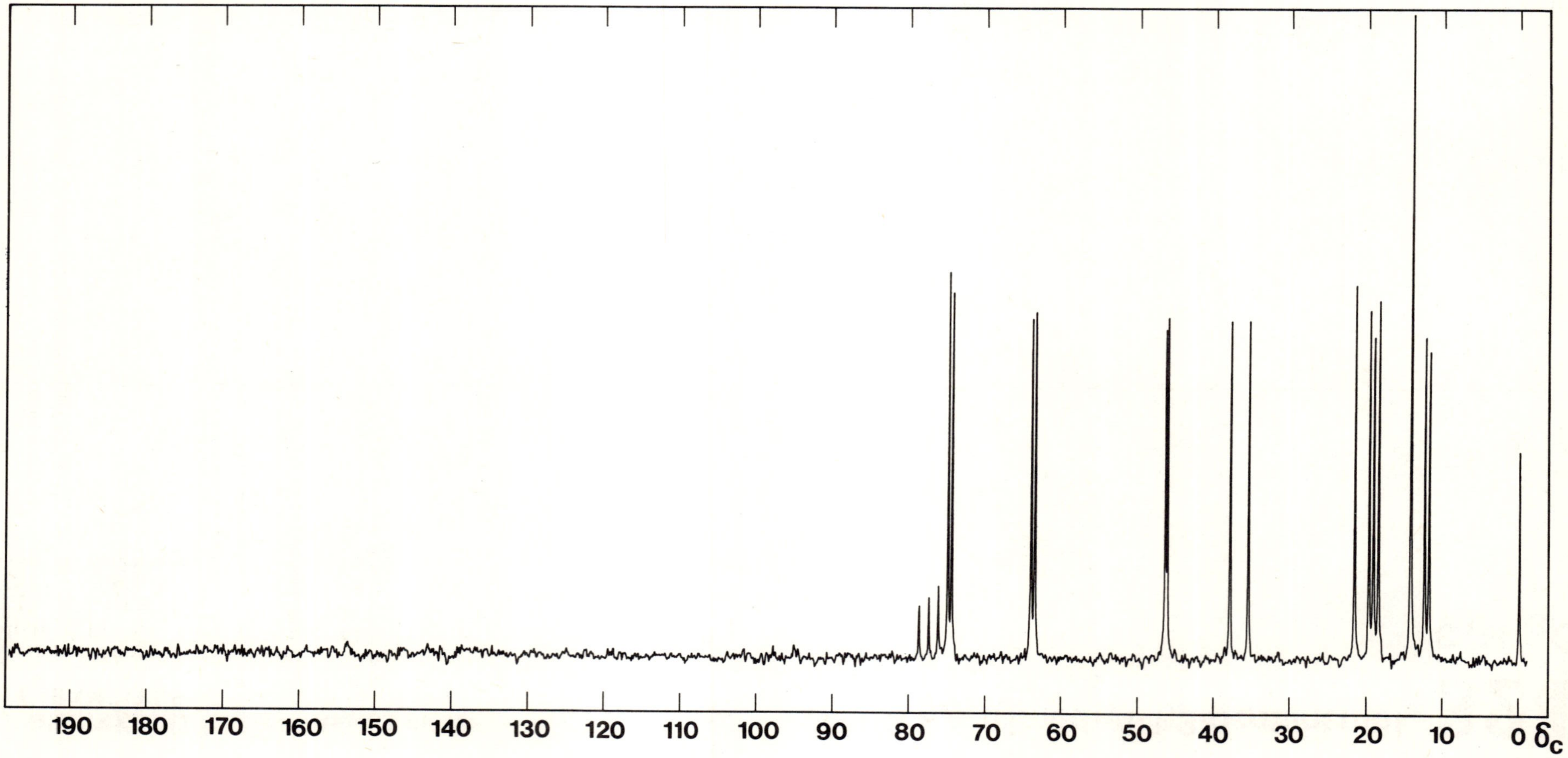

1-octanethiol

326

$C_8H_{18}S$

EXPERIMENTAL PARAMETERS

Instr.	XL–100
Mode	FT
Time	5.3 min
Solv.	CDCl$_3$
Conc.	1ml/3ml soln

ASSIGNMENTS

a	14.1
b	22.7
c	24.6
d	28.4
e*	29.1
f*	29.2
g	31.9
h	34.2

$$\overset{c}{H}S\overset{h}{C}H_2\overset{d}{C}H_2\overset{f}{C}H_2\overset{e}{C}H_2\overset{g}{C}H_2\overset{b}{C}H_2\overset{a}{C}H_2CH_3$$

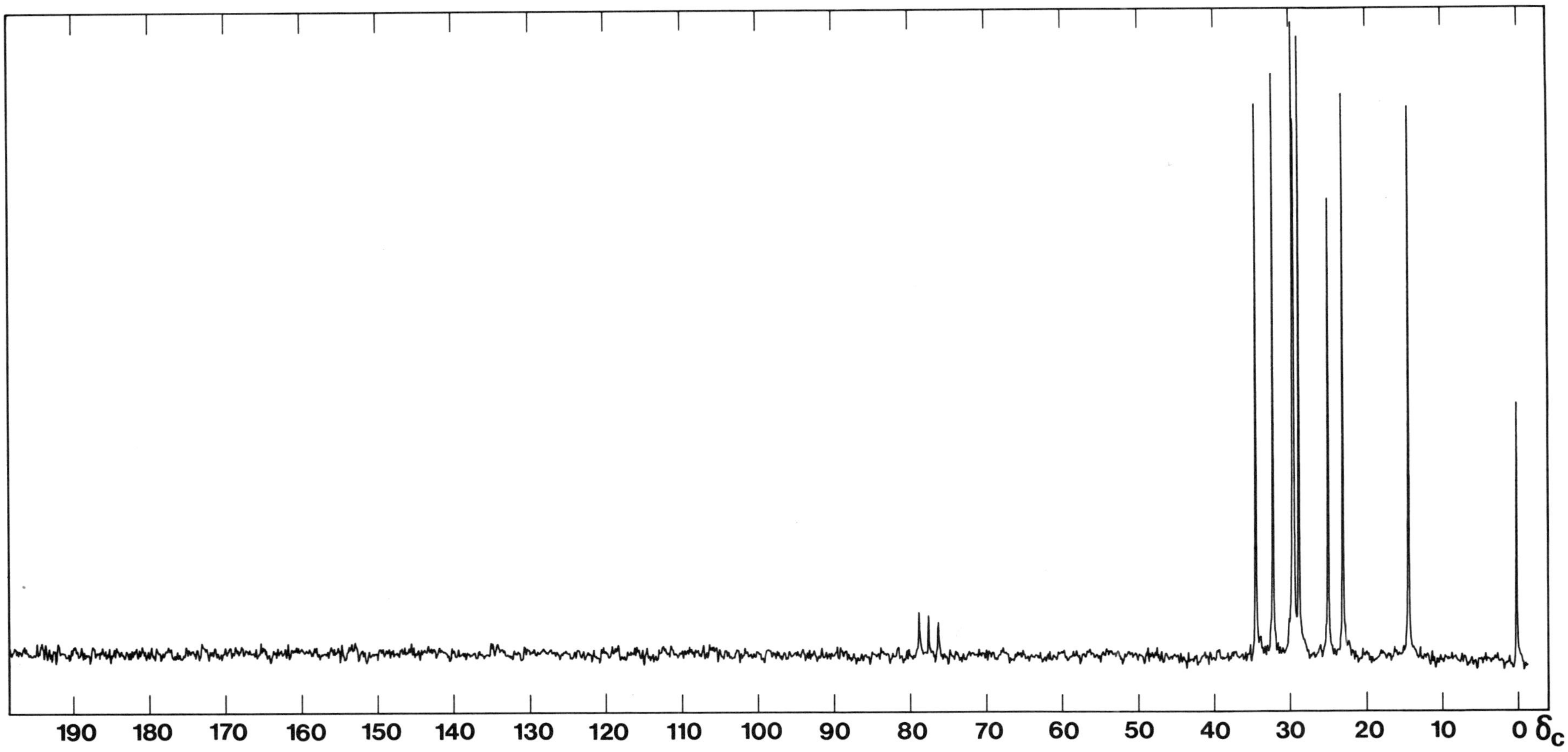

diisobutylamine 327

$C_8H_{19}N$

EXPERIMENTAL PARAMETERS

Instr. XL–100
Mode FT
Time 5.3 min
Solv. CDCl₃
Conc. 1ml/3ml soln

ASSIGNMENTS

a 20.6
b 28.4
c 58.3

$(CH_3)_2CHCH_2NCH_2CH(CH_3)_2$
         c   b   a
with H on N

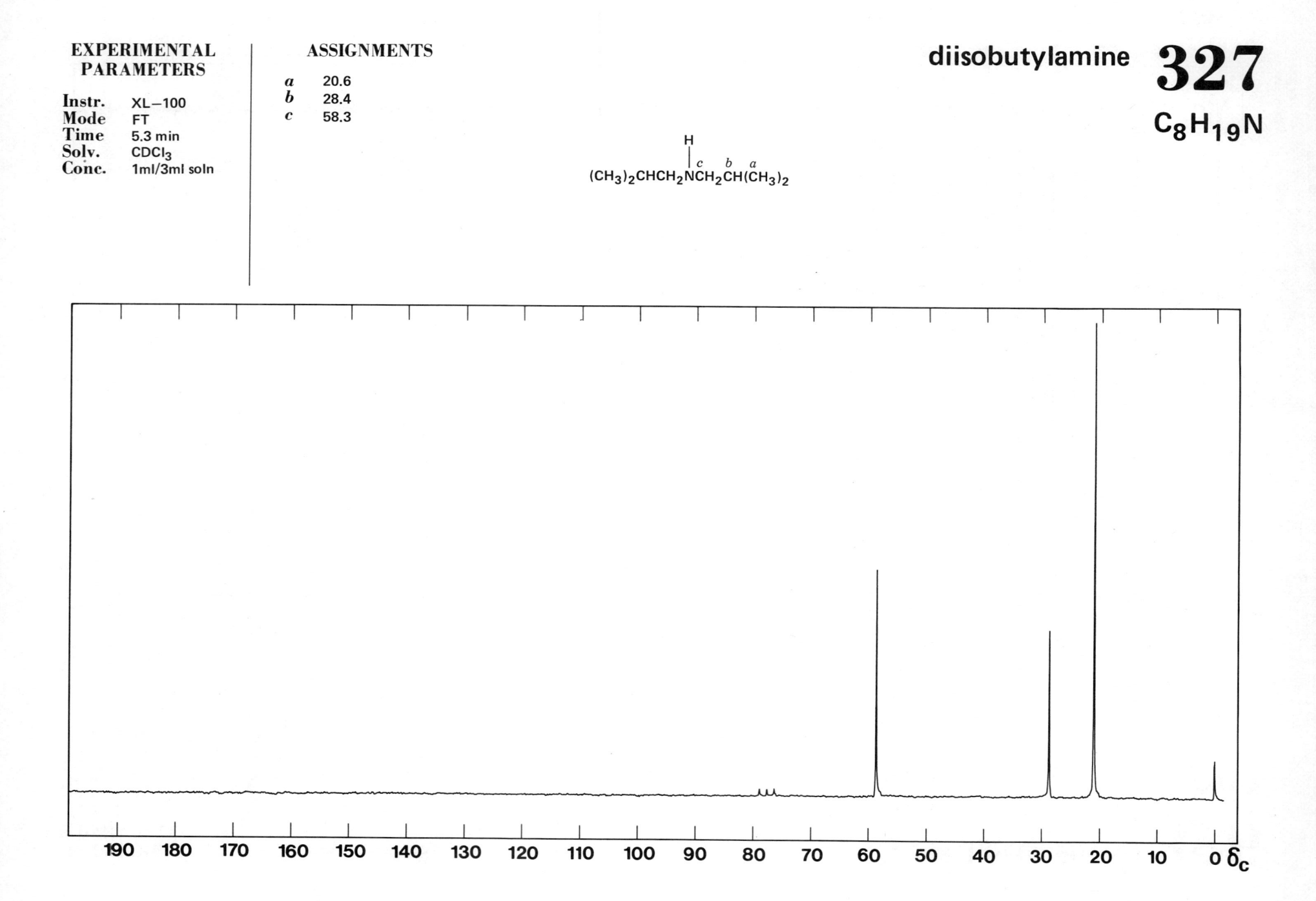

328 tert-octylamine

$C_8H_{19}N$

EXPERIMENTAL PARAMETERS

Instr. XL-100
Mode FT
Time 5.3 min
Solv. CDCl$_3$
Conc. 1ml/3ml soln

ASSIGNMENTS

a 31.6
b 32.8
c 51.1
d 57.1

$$\underset{(CH_3)_2}{\overset{b}{}}\underset{C}{\overset{NH_2}{\underset{|}{C}}}\underset{CH_2}{\overset{d}{}}\underset{C(CH_3)_3}{\overset{a\ a}{}}$$

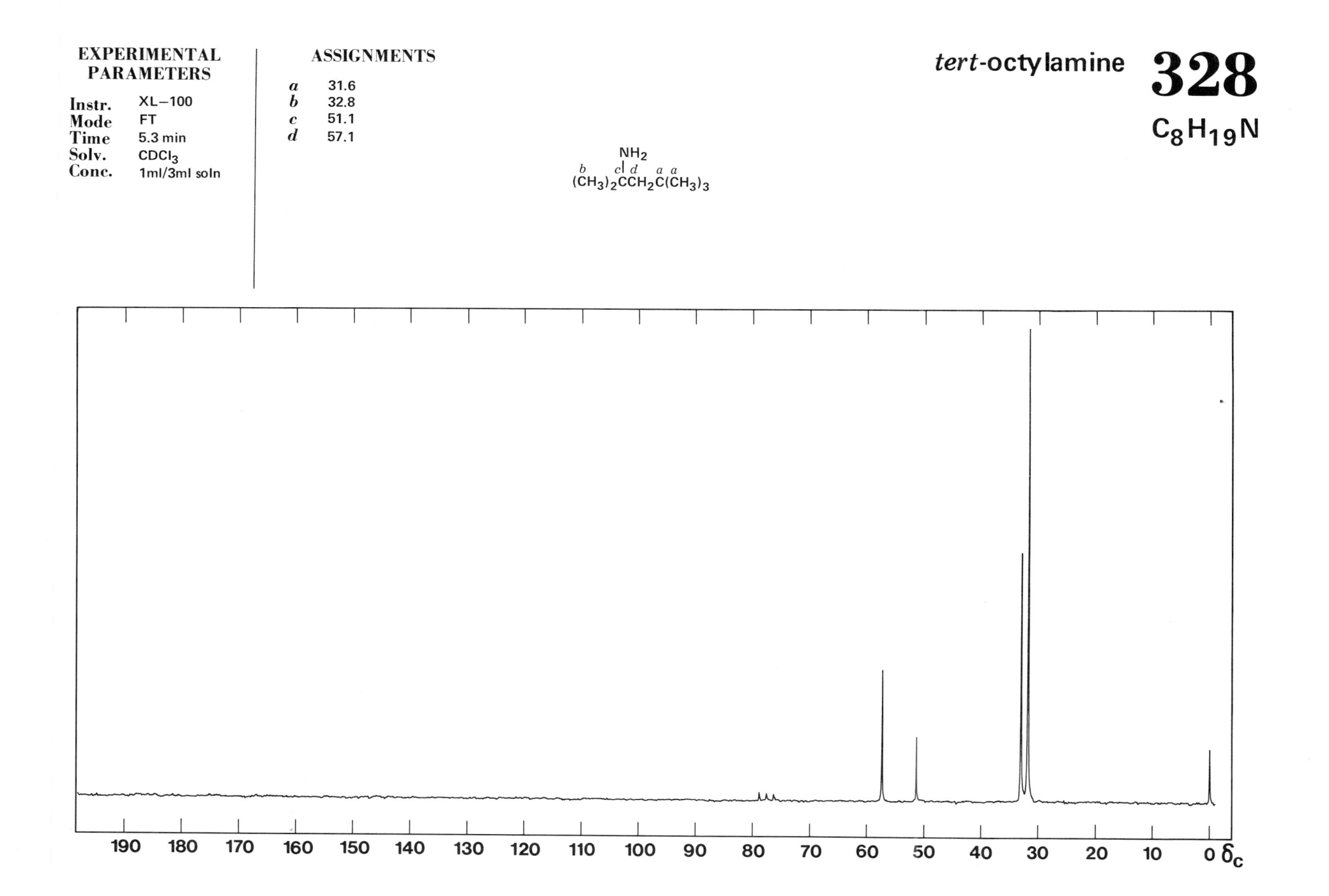

triethoxyethylsilane 329

$C_8H_{20}O_3Si$

EXPERIMENTAL PARAMETERS

Instr. XL-100
Mode FT
Time 5.3 min
Solv. $CDCl_3$
Conc. 1ml/2ml solv

ASSIGNMENTS

a 2.5t
b 6.5q
c 18.3
d 58.4

$(\overset{c}{C}H_3\overset{d}{C}H_2O)_3Si\overset{a}{C}H_2\overset{b}{C}H_3$

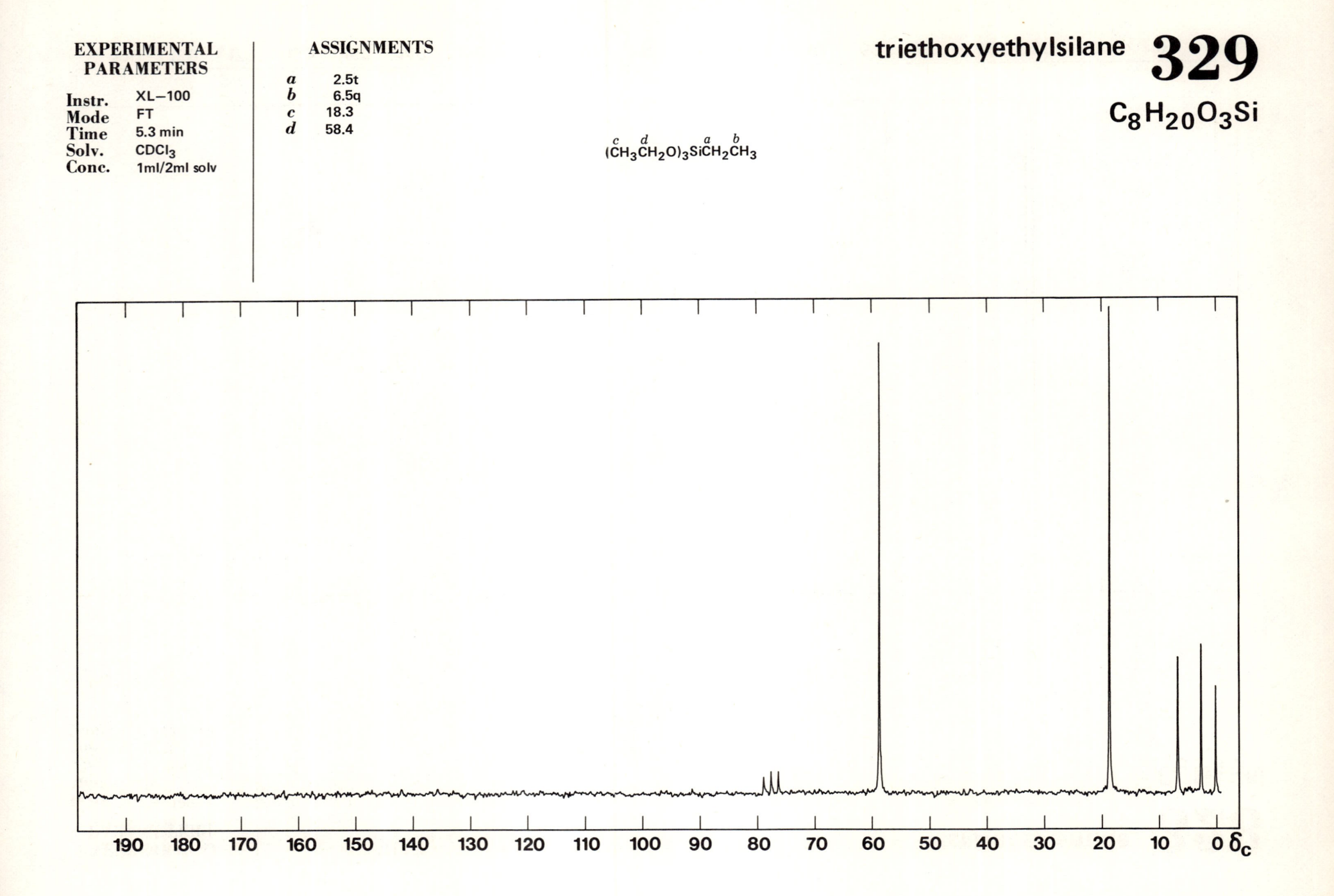

3-bromoquinoline 330

C_9H_6BrN

EXPERIMENTAL PARAMETERS

Instr. XL–100
Mode FT
Time 5.3 min
Solv. CDCl$_3$
Conc. 1ml/2ml solv

ASSIGNMENTS

a	116.8
b	126.5
c	127.2
d	128.6
e	129.3
f	136.7
g	145.9
h	150.9

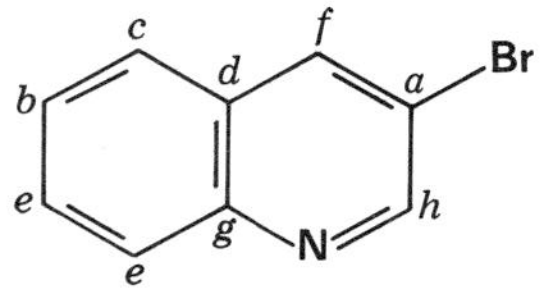

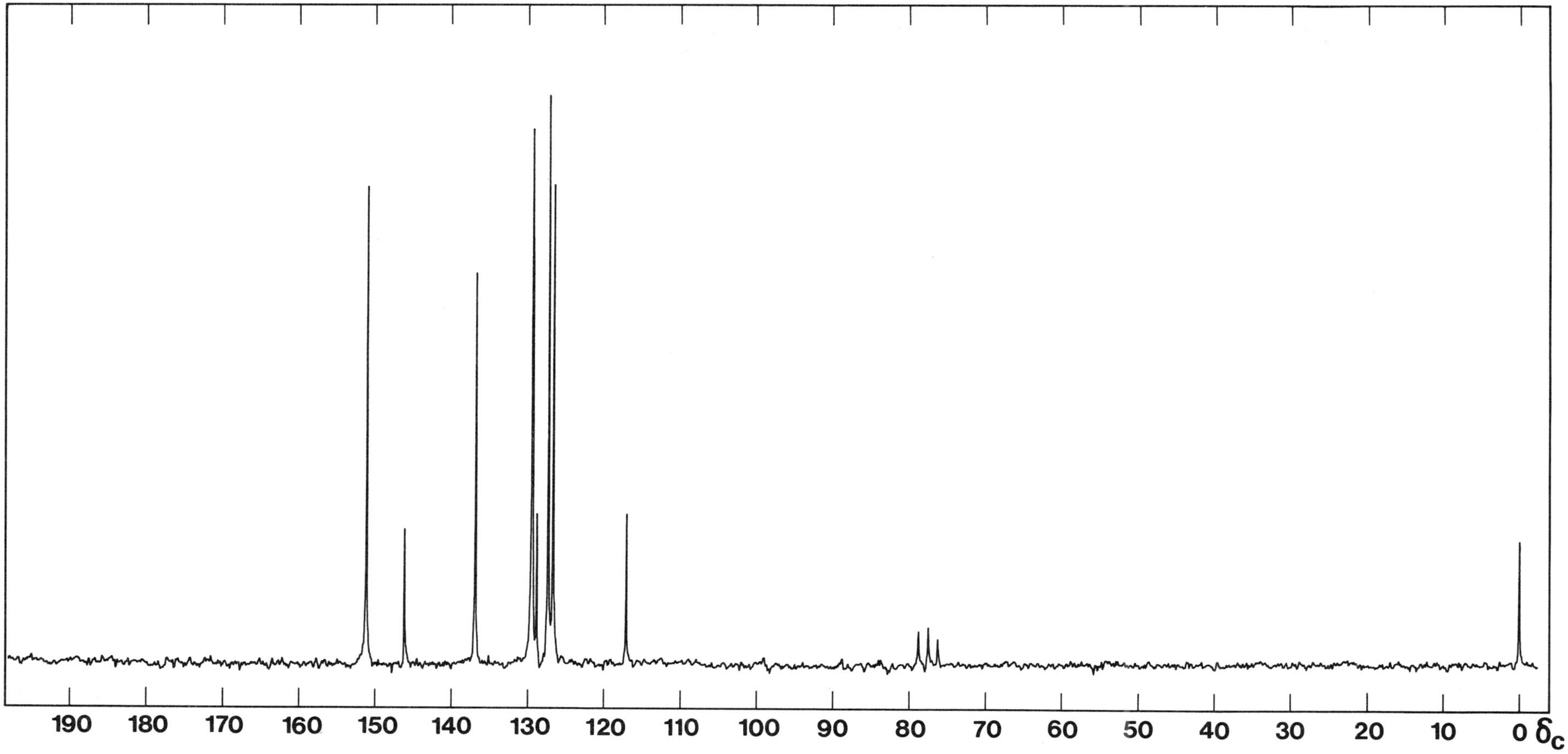

4-chloroquinoline

331

C_9H_6ClN

EXPERIMENTAL PARAMETERS

Instr. XL-100
Mode FT
Time 5.3 min
Solv. CDCl$_3$
Conc. 1g/3ml soln

ASSIGNMENTS

a 120.9
b 123.7
c 126.1
d 127.2
e 129.6
f 130.0
g 142.1
h 148.9
i 149.5

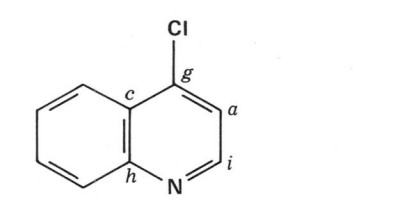

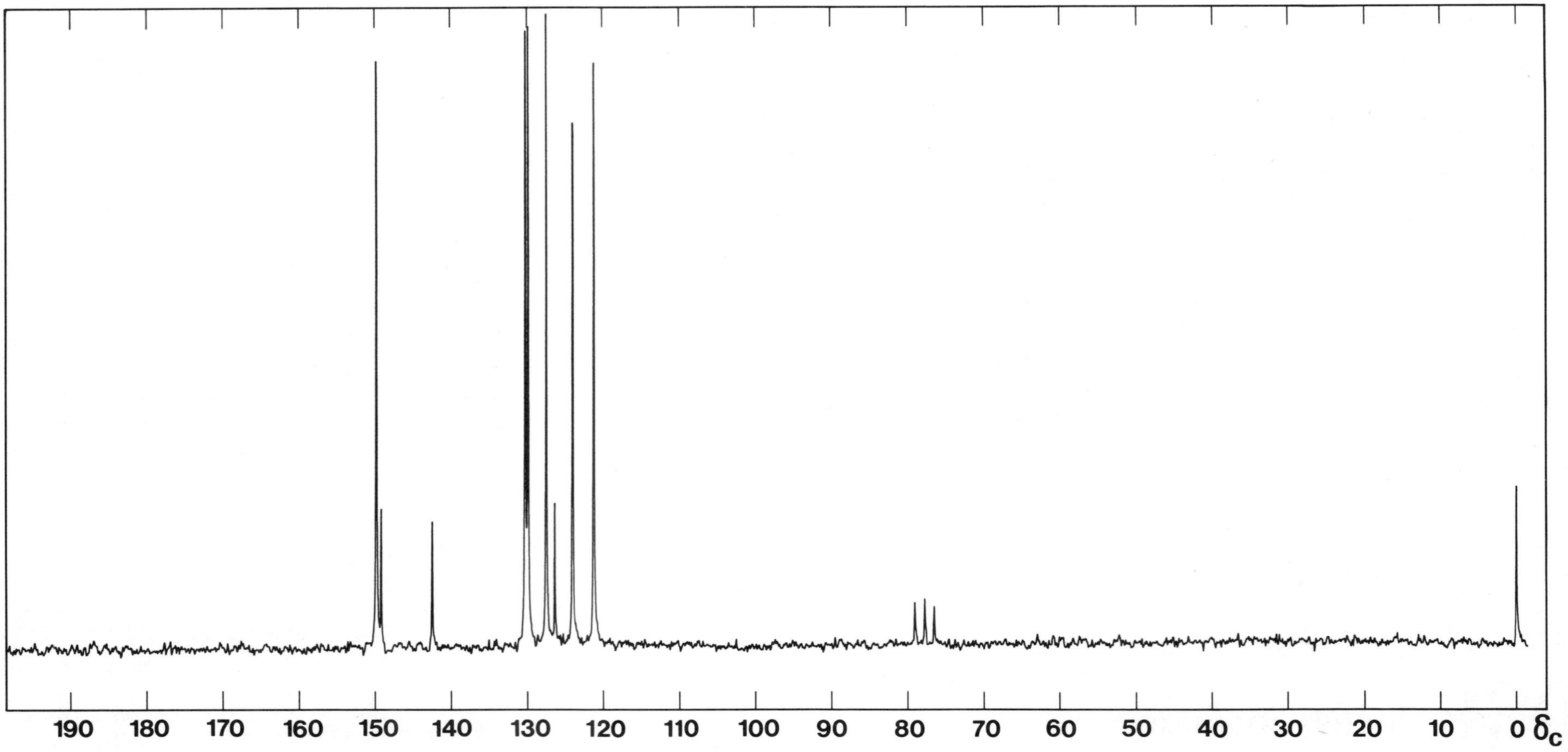

tolylene-2,4-diisocyanate 332

$C_9H_6N_2O_2$

EXPERIMENTAL PARAMETERS

Instr. XL-100
Mode FT
Time 5.3 min
Solv. CDCl$_3$
Conc. 1ml/2ml solv

Pulse Width 15 μsec

ASSIGNMENTS

a   17.7
b * 120.9
c * 122.2
d   125.0
e   130.6
f   131.4
g † 132.2
h † 133.3

coumarin 333

$C_9H_6O_2$

EXPERIMENTAL PARAMETERS

Instr. XL–100
Mode FT
Time 5.3 min
Solv. CDCl₃
Conc. 1g/2ml solv

ASSIGNMENTS

a* 116.4
b* 116.5
c 118.7
d 124.3
e 127.9
f 131.7
g 143.4
h 153.8
i 160.4

334 isoquinoline

C_9H_7N

EXPERIMENTAL PARAMETERS

Instr. XL-100
Mode FT
Time 5.3 min
Solv. $CDCl_3$
Conc. 1ml/2ml solv

ASSIGNMENTS

a 120.2
b 126.2
c 127.0
d 127.3
e 128.5
f 130.1
g 135.5
h 142.7
i 152.2

ref 6

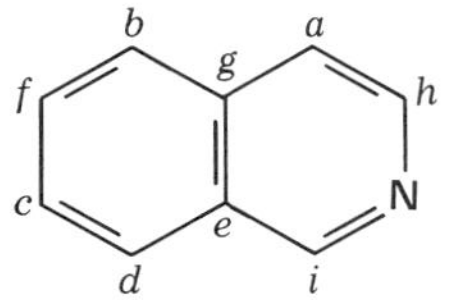

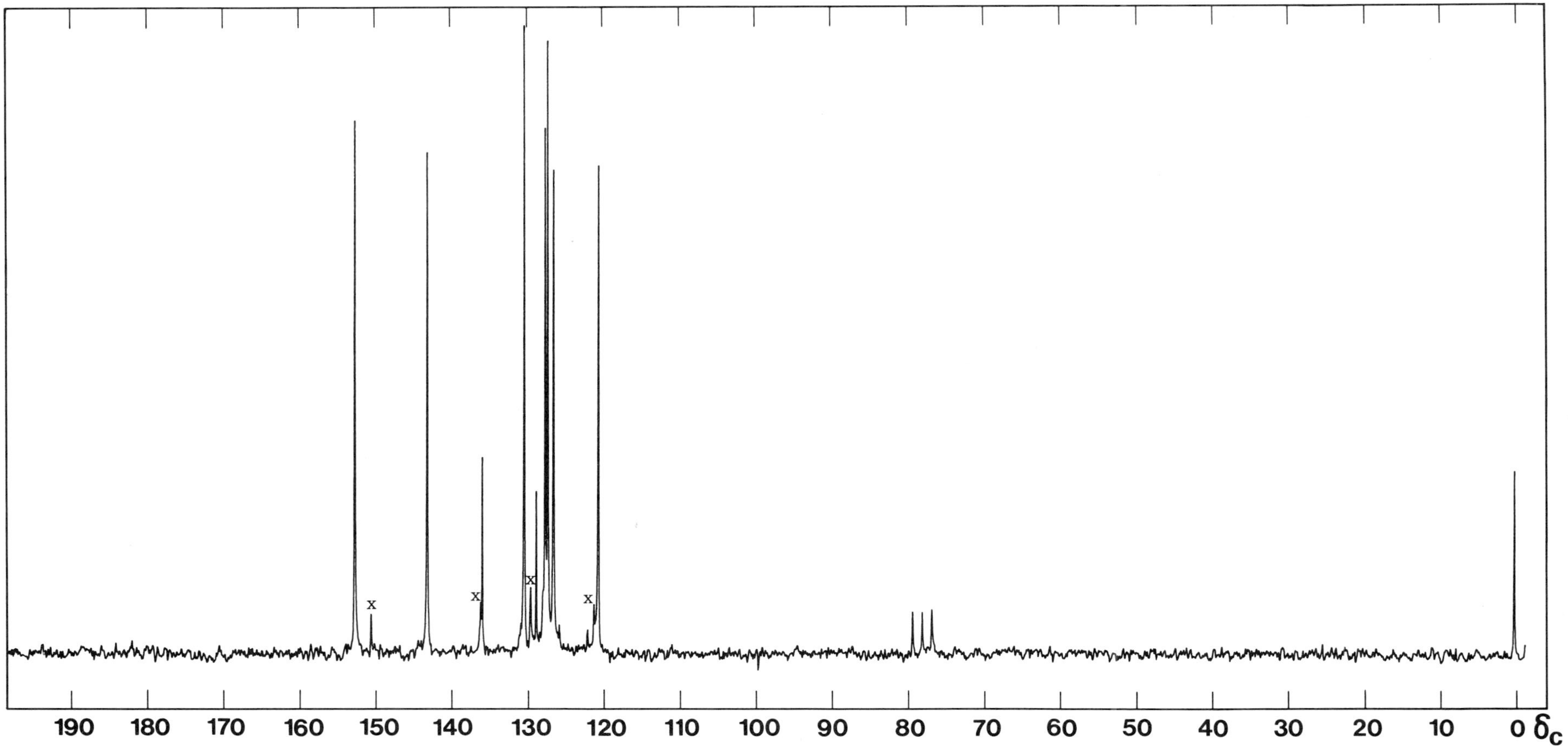

335

quinoline

C_9H_7N

EXPERIMENTAL PARAMETERS

Instr. XL–100
Mode FT
Time 5.3 min
Solv. CDCl₃
Conc. 1ml/2ml solv

ASSIGNMENTS

a 120.8
b 126.3
c 127.6
d 128.0
e 129.2
f 135.7
g 148.1
h 150.0

ref 6

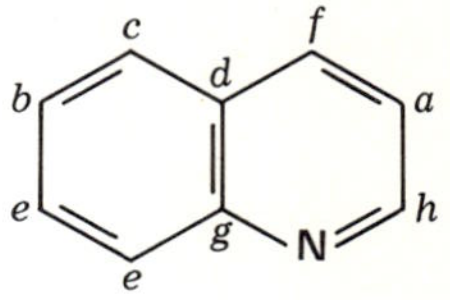

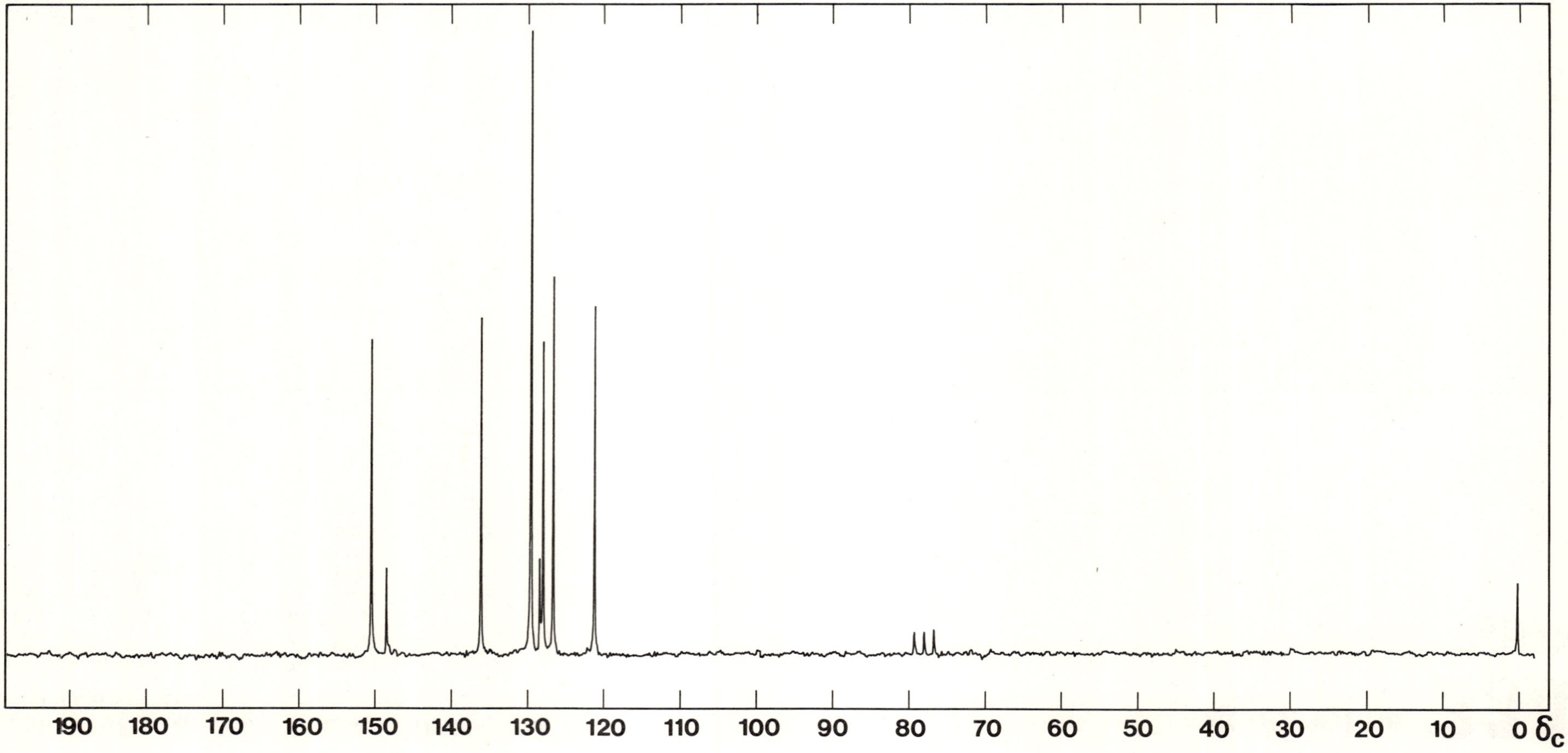

trans-cinnamaldehyde 336

C_9H_8O

EXPERIMENTAL PARAMETERS

Instr. XL-100
Mode FT
Time 5.3 min
Solv. CDCl₃
Conc. 1ml/3ml soln

ASSIGNMENTS

a * 128.4
b * 128.9
c   131.0
d   133.9
e   152.3
f   193.2

indane oxide 337

C_9H_8O

EXPERIMENTAL PARAMETERS

Instr. XL–100
Mode FT
Time 5.3 min
Solv. CDCl$_3$
Conc. 1ml/3ml soln

ASSIGNMENTS

a		34.4
b	*	57.3
c	*	58.7
d		124.9
e		125.8
f		125.9
g		128.2
h	†	140.8
i	†	143.4

1-indanone 338

C_9H_8O

EXPERIMENTAL PARAMETERS

Instr. XL-100
Mode FT
Time 5.3 min
Solv. CDCl$_3$
Conc. 1g/2ml solv

ASSIGNMENTS

a	25.6
b	36.0
c	123.3
d	126.6
e	127.0
f	134.3
g	136.9
h	154.9
i	206.2

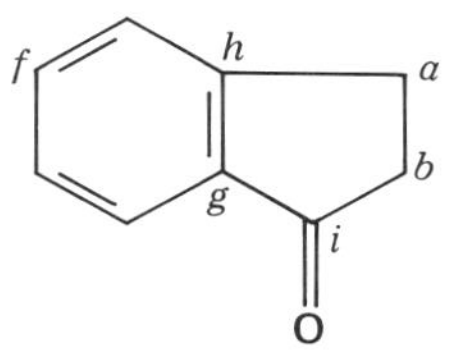

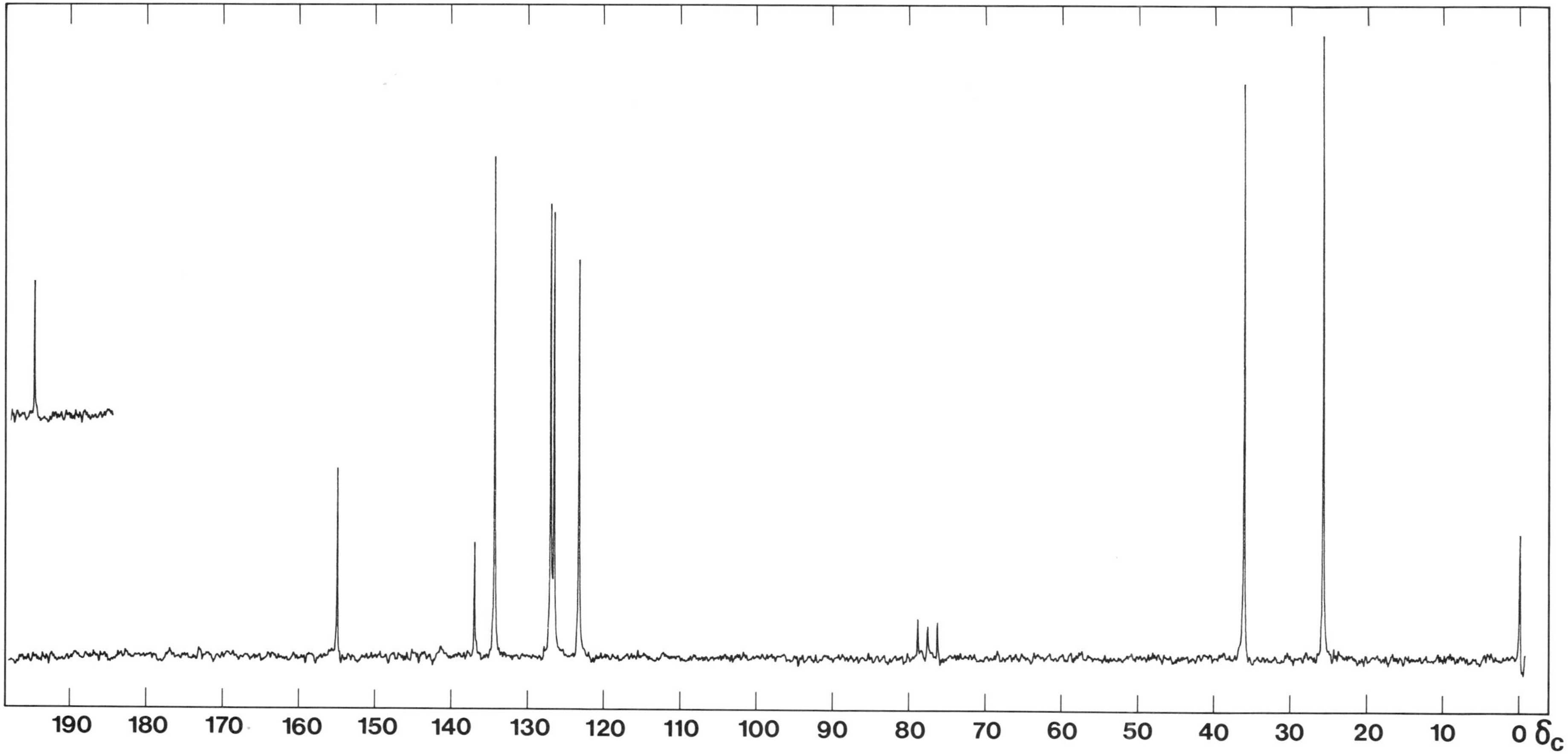

339 endo-5-norbornene-2,3-dicarboxylic anhydride

$C_9H_8O_3$

EXPERIMENTAL PARAMETERS

Instr. XL-100
Mode FT
Time 5.3 min
Solv. DMSO-D$_6$
Conc. .5g/2ml solv

ASSIGNMENTS

a* 45.3
b* 47.0
c 52.3
d 135.3
e 172.2

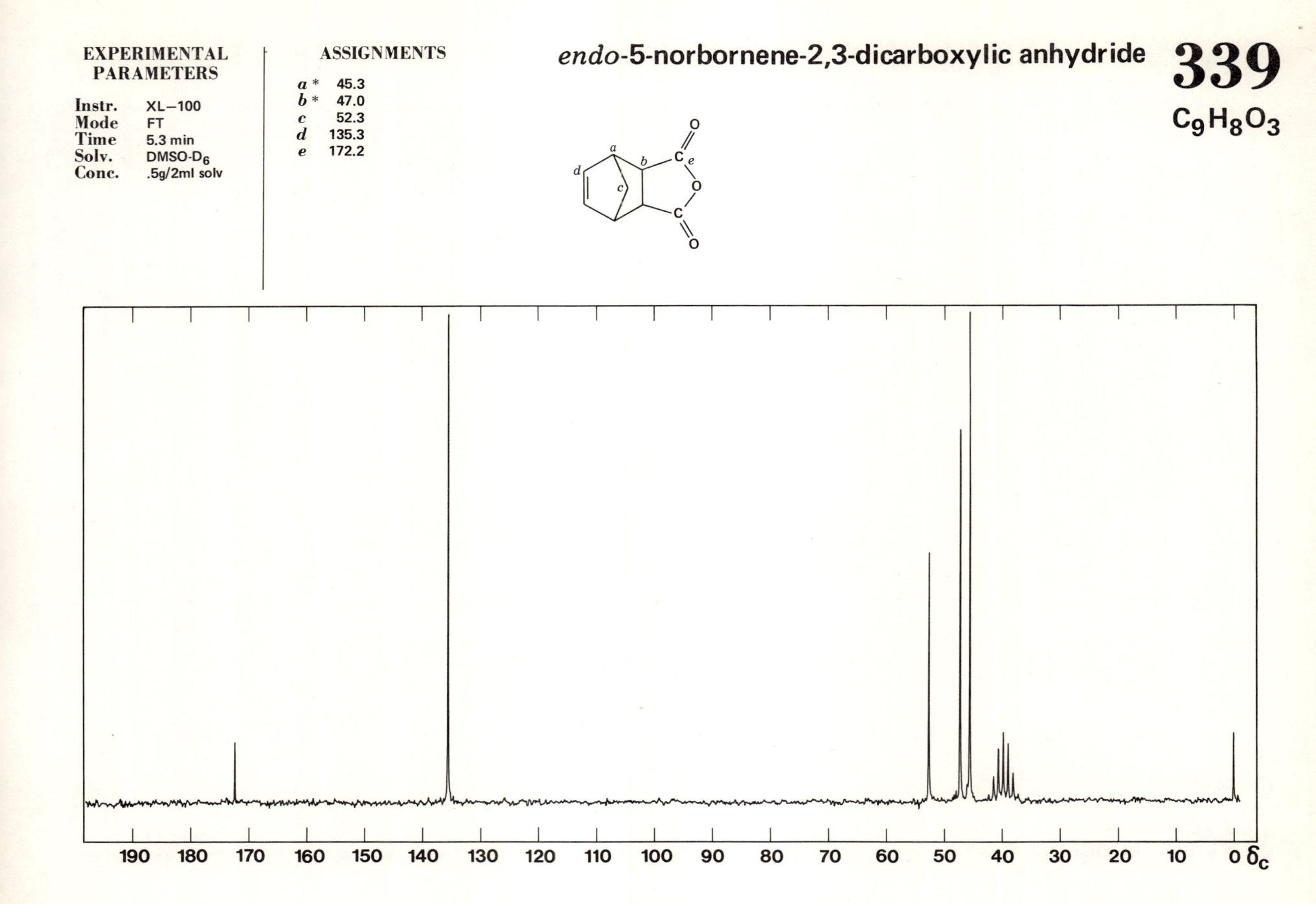

3-fluoro-4-methoxyacetophenone 340

$C_9H_9FO_2$

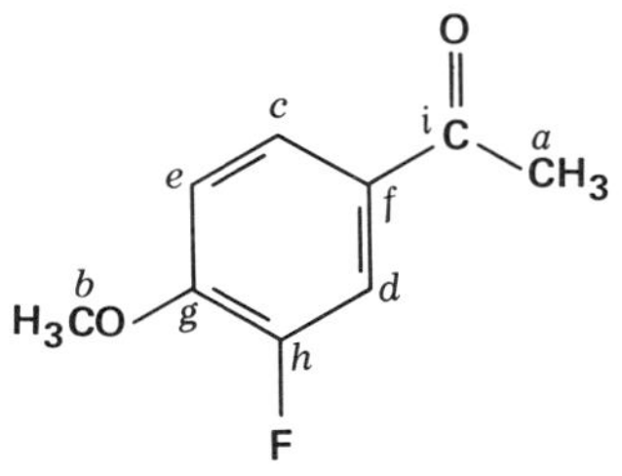

EXPERIMENTAL PARAMETERS

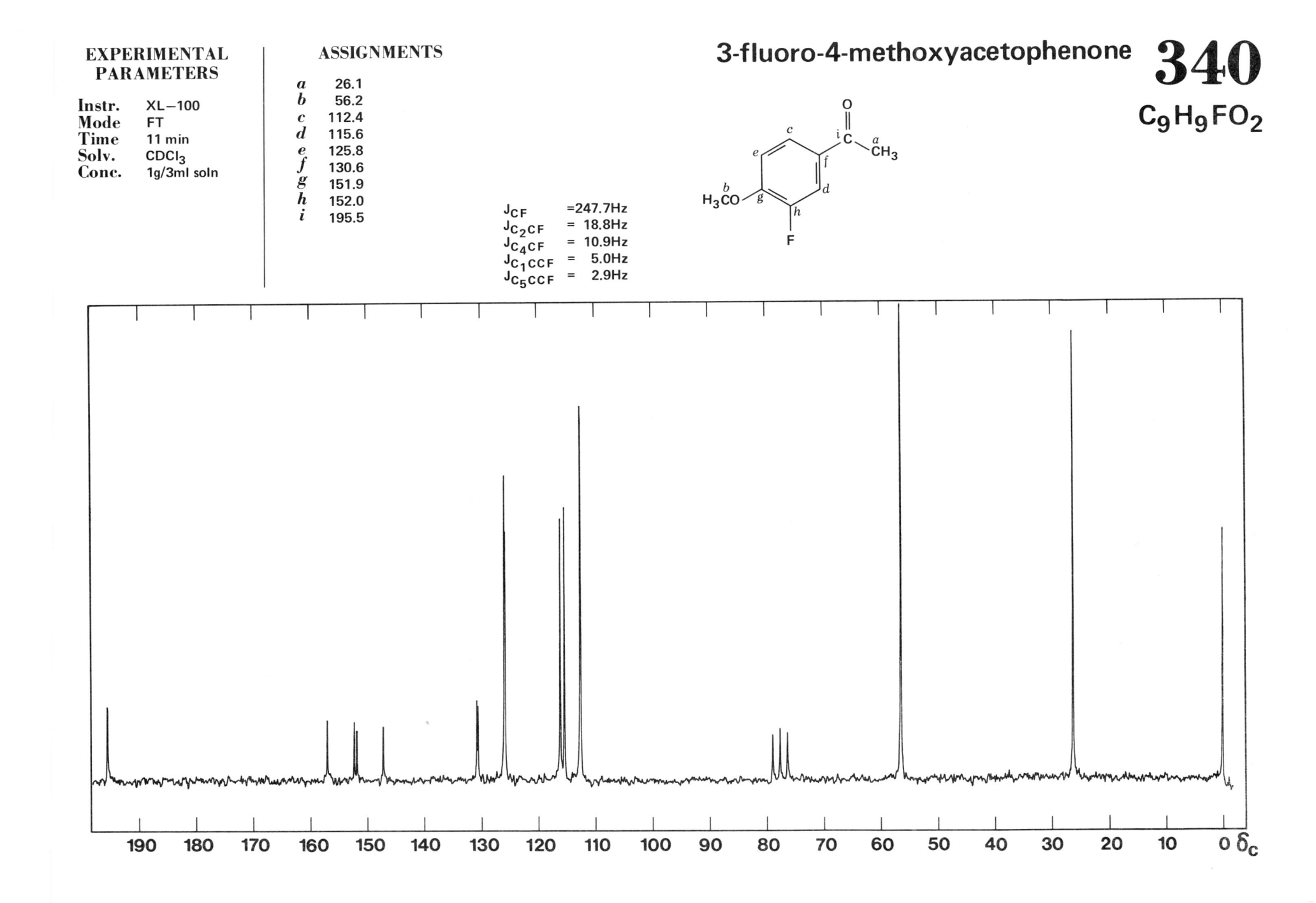

Instr. XL-100
Mode FT
Time 11 min
Solv. CDCl₃
Conc. 1g/3ml soln

ASSIGNMENTS

a	26.1
b	56.2
c	112.4
d	115.6
e	125.8
f	130.6
g	151.9
h	152.0
i	195.5

J_{CF} = 247.7 Hz
J_{C_2CF} = 18.8 Hz
J_{C_4CF} = 10.9 Hz
J_{C_1CCF} = 5.0 Hz
J_{C_5CCF} = 2.9 Hz

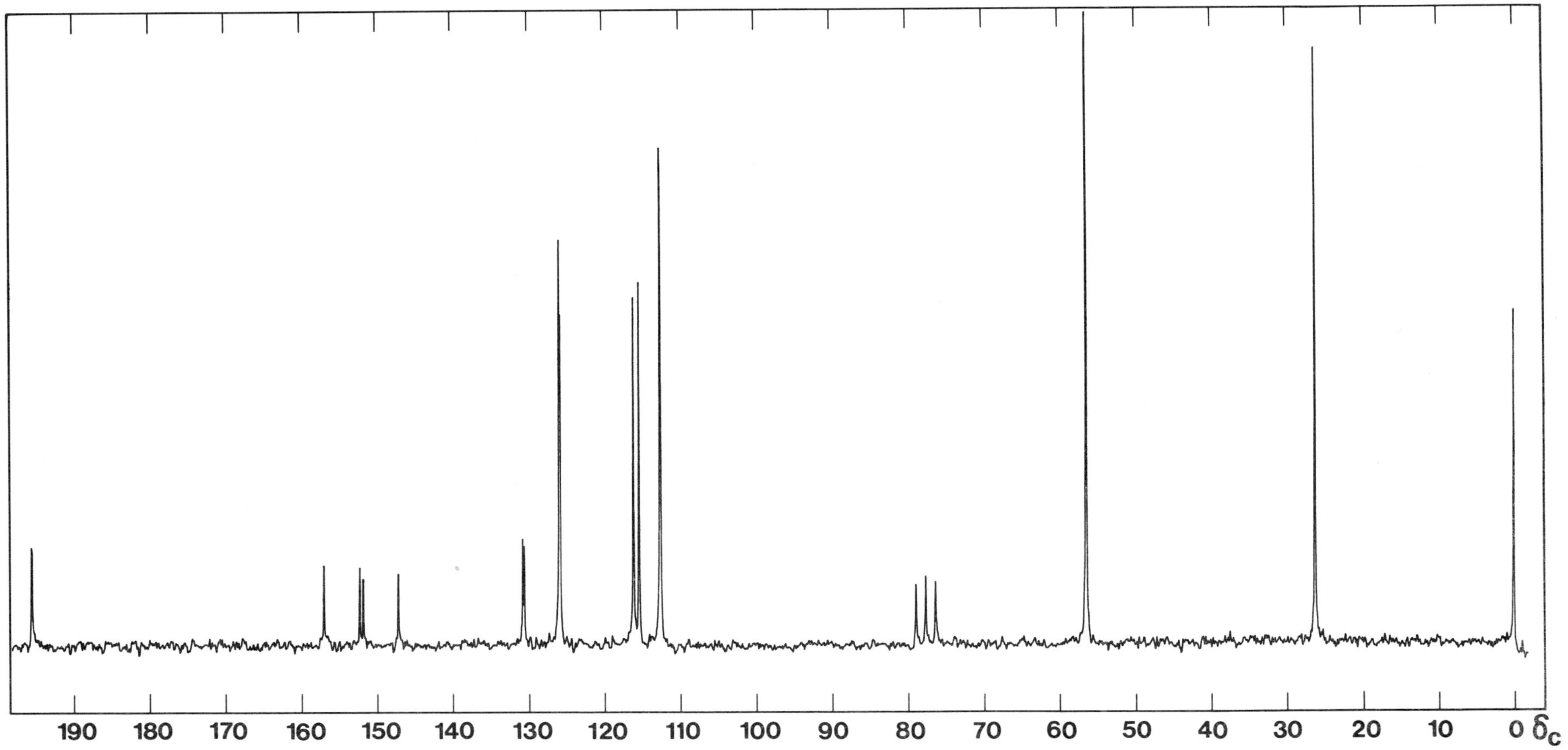

3-methylindole

341

C_9H_9N

EXPERIMENTAL PARAMETERS

Instr.	XL-100
Mode	FT
Time	5.3 min
Solv.	$CDCl_3$
Conc.	1g/3ml soln

ASSIGNMENTS

a	9.4
b	110.9
c	118.6
d	118.9
e	121.6
f	128.0
g	136.0

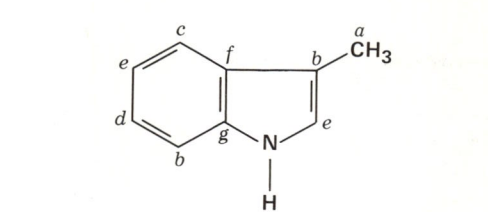

ref 19

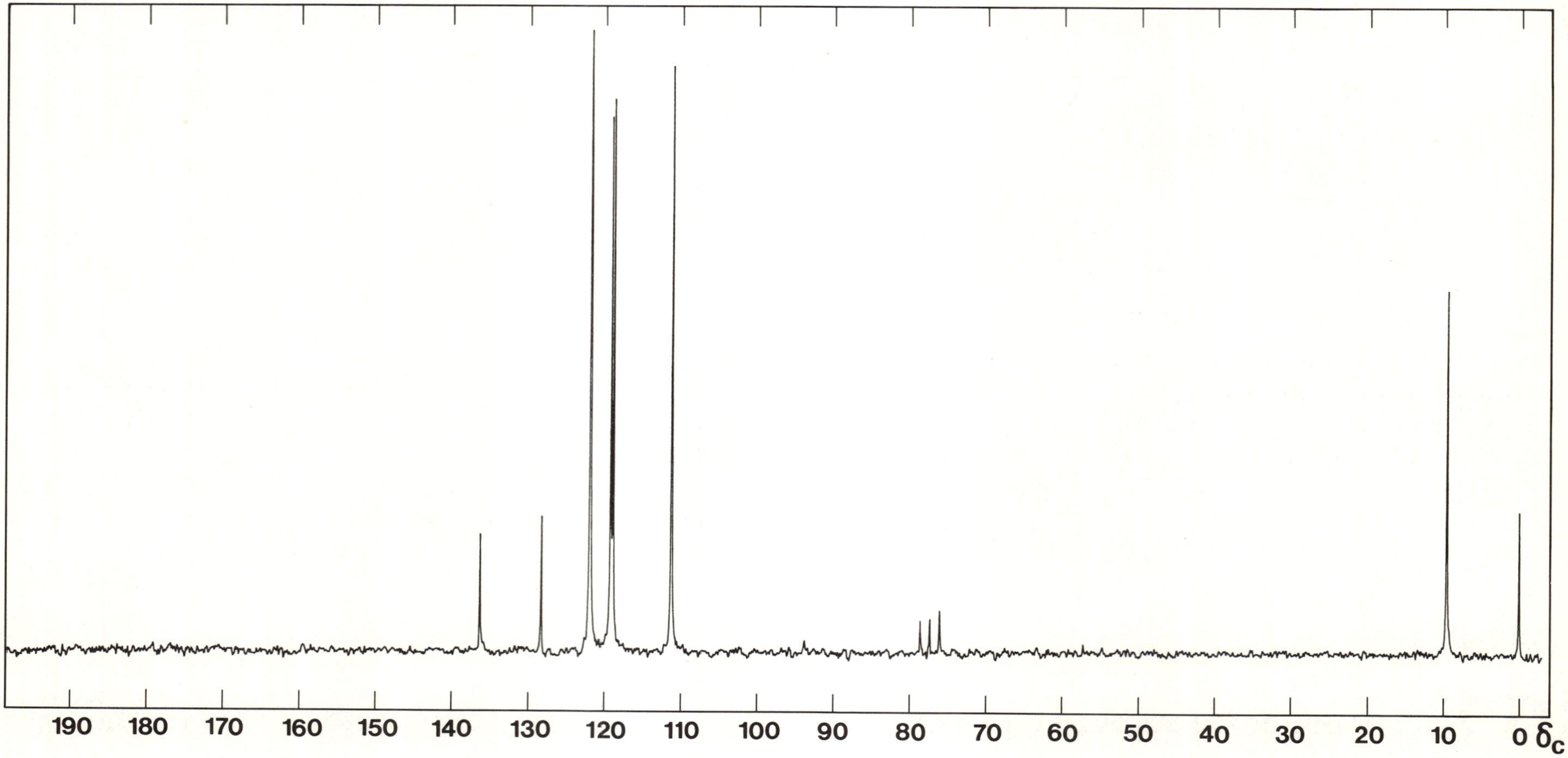

indane 342
C₉H₁₀

ASSIGNMENTS

a	25.3
b	32.8
c*	124.2
d*	125.9
e	143.9

EXPERIMENTAL PARAMETERS

Instr. XL-100
Mode FT
Time 5.3 min
Solv. CDCl₃
Conc. 1ml/3ml soln.

hydrocinnamaldehyde 343

$C_9H_{10}O$

EXPERIMENTAL PARAMETERS

Instr. XL-100
Mode FT
Time 5.3 min
Solv. $CDCl_3$
Conc. 1ml/2ml solv

ASSIGNMENTS

a 28.0
b 45.0
c 126.1
d* 128.2
e* 128.4
f 140.4
g 201.1

hydrocinnamic acid 344
$C_9H_{10}O_2$

EXPERIMENTAL PARAMETERS

Instr. XL-100
Mode FT
Time 5.3 min
Solv. CDCl$_3$
Conc. 1g/3ml soln

ASSIGNMENTS

a	30.5
b	35.5
c	126.3
d *	128.2
e *	128.5
f	140.1
g	179.5

benzylacetate 345

$C_9H_{10}O_2$

EXPERIMENTAL PARAMETERS

Instr. XL-100
Mode   FT
Time   5.3 min
Solv. CDCl$_3$
Conc. 1ml/2ml solv

ASSIGNMENTS

a		20.7
b		66.1
c	*	128.1
d	*	128.4
e		136.2
f		170.5

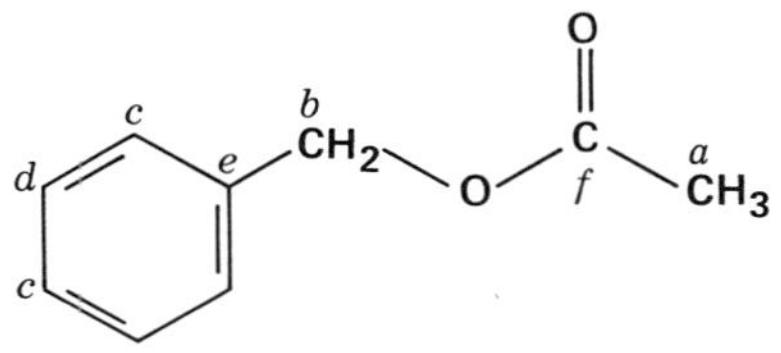

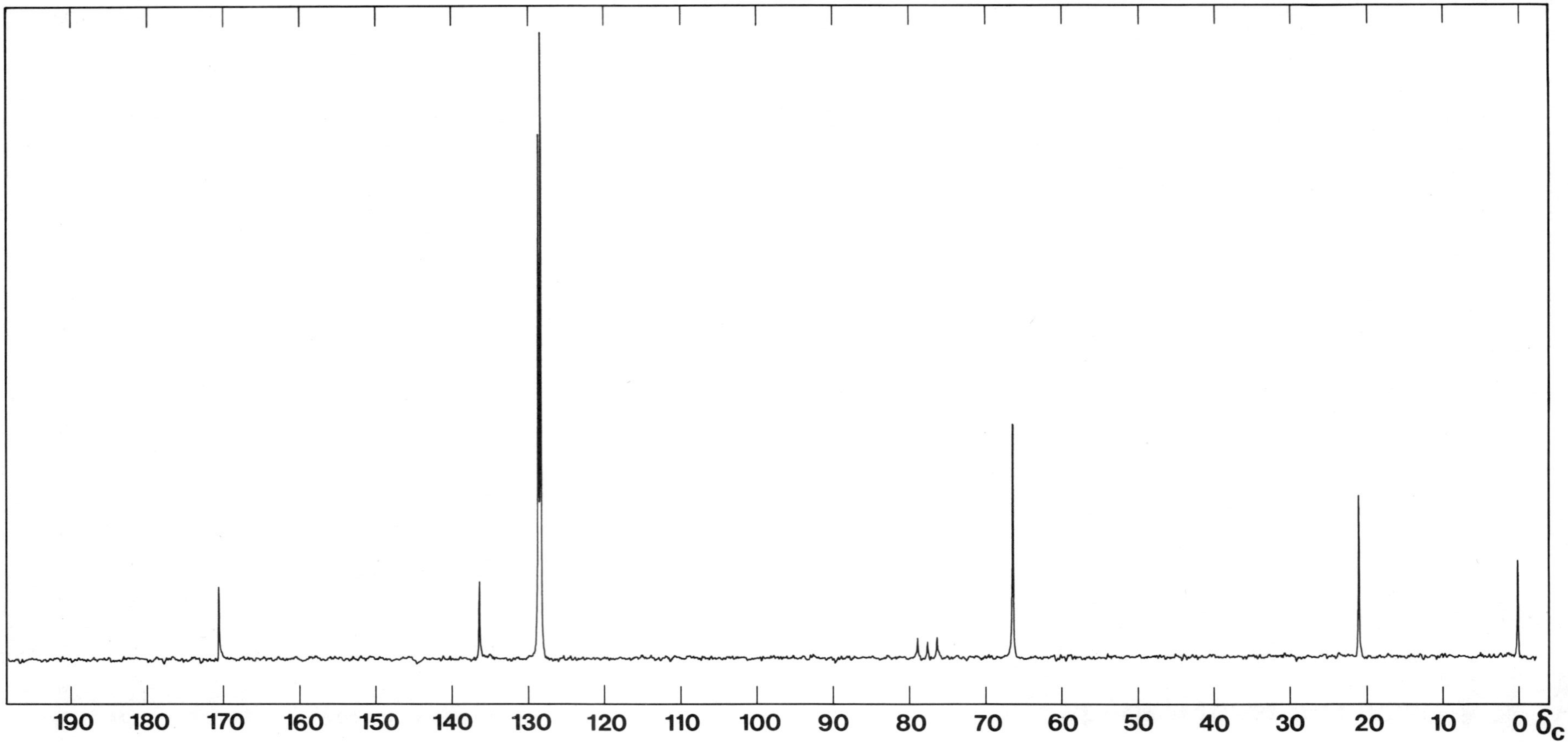

3,5-dimethoxybenzaldehyde 346

$C_9H_{10}O_3$

EXPERIMENTAL PARAMETERS

Instr. XL-100
Mode FT
Time 5.3 min
Solv. CDCl$_3$
Conc. 1g/3ml soln

ASSIGNMENTS

a 55.4
b 107.0
c 138.4
d 161.2
e 191.6

1-bromo-3-phenylpropane 347

$C_9H_{11}Br$

EXPERIMENTAL PARAMETERS

Instr.	HA—100
Mode	CW
Time	15 min
Solv.	Dioxane
Conc.	.5ml/1ml soln

ASSIGNMENTS

a		32.9
b	*	34.0
c	*	34.3
d		126.0
e		128.4
f		140.6

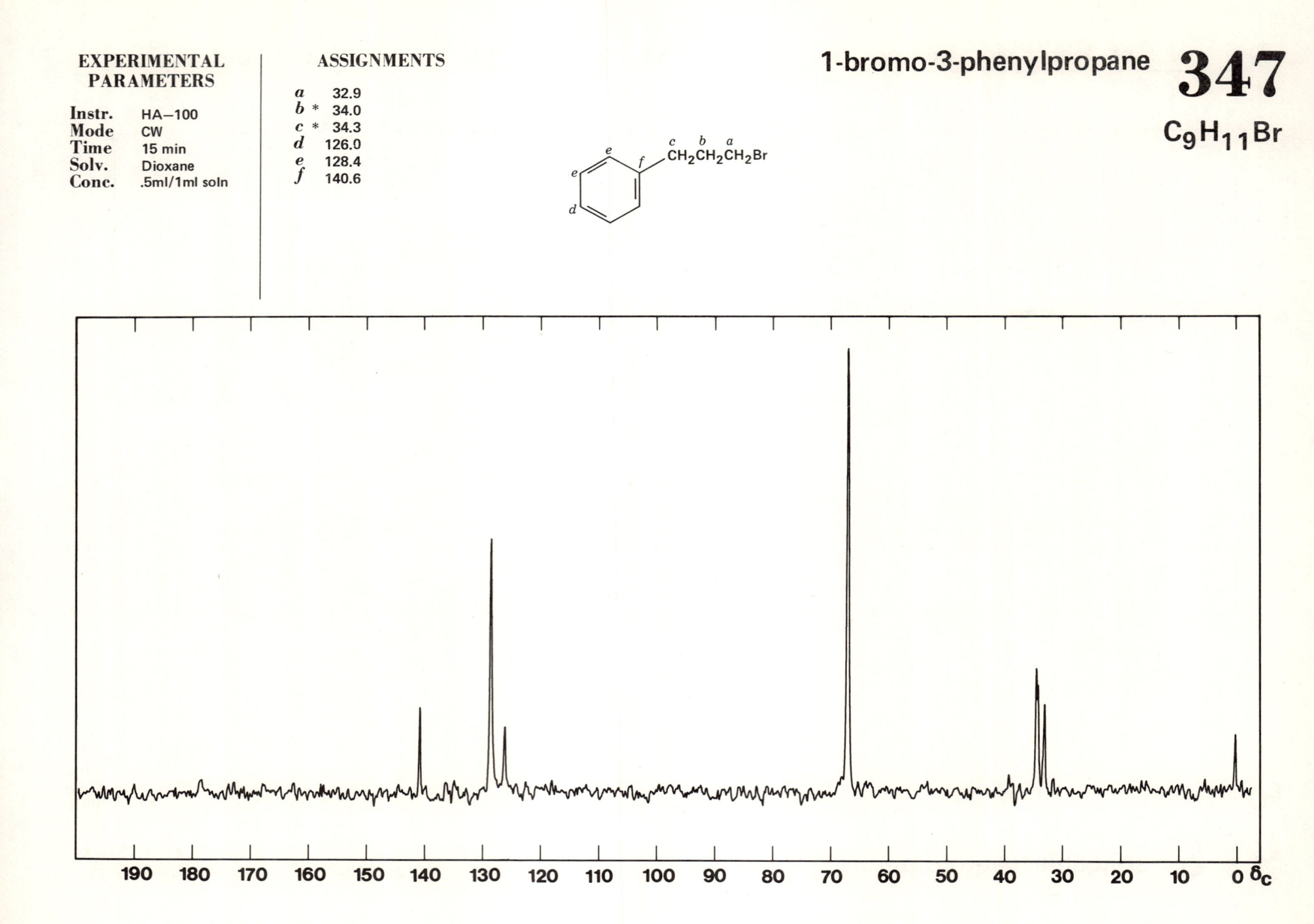

348 1-aminoindane

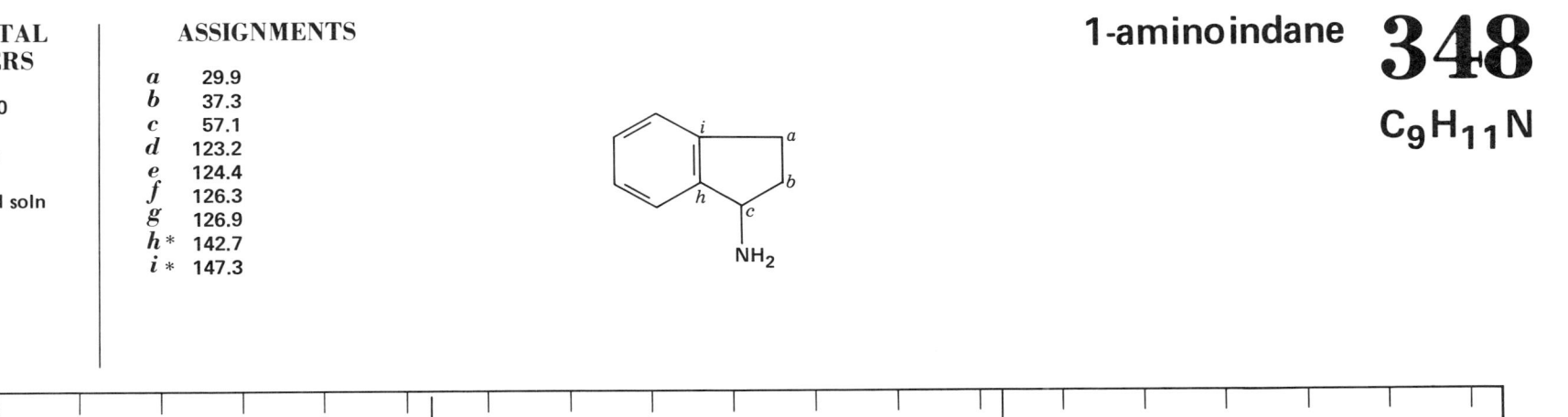

$C_9H_{11}N$

EXPERIMENTAL PARAMETERS

Instr. XL-100
Mode FT
Time 5.3 min
Solv. CDCl₃
Conc. 1ml/3ml soln

ASSIGNMENTS

a	29.9
b	37.3
c	57.1
d	123.2
e	124.4
f	126.3
g	126.9
h*	142.7
i*	147.3

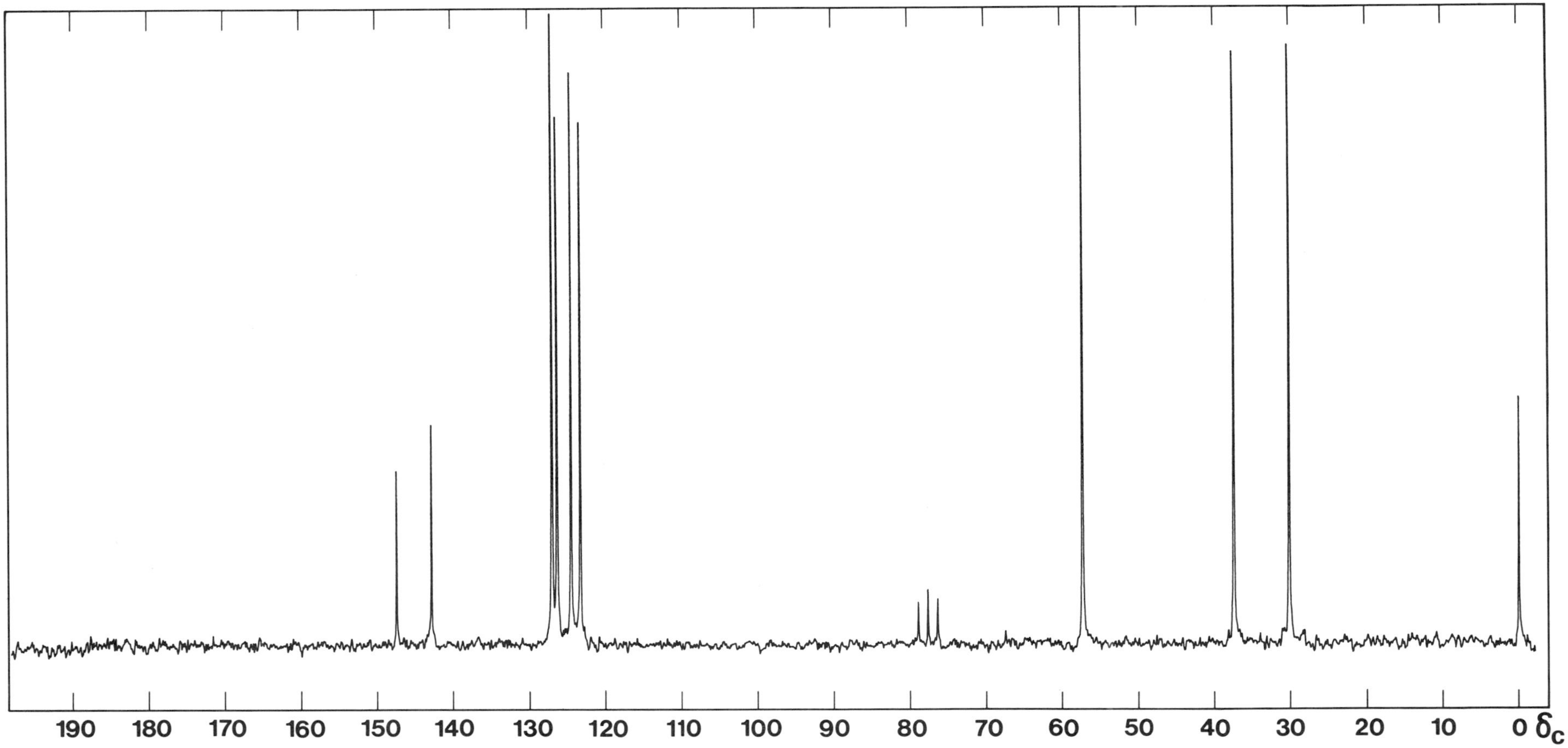

349 p-dimethylaminobenzaldehyde

$C_9H_{11}NO$

EXPERIMENTAL PARAMETERS

Instr. XL–100
Mode FT
Time 5.3 min
Solv. CDCl$_3$
Conc. 1g/3ml soln

ASSIGNMENTS

a 39.7
b 110.8
c 124.9
d 131.6
e 154.1
f 189.7

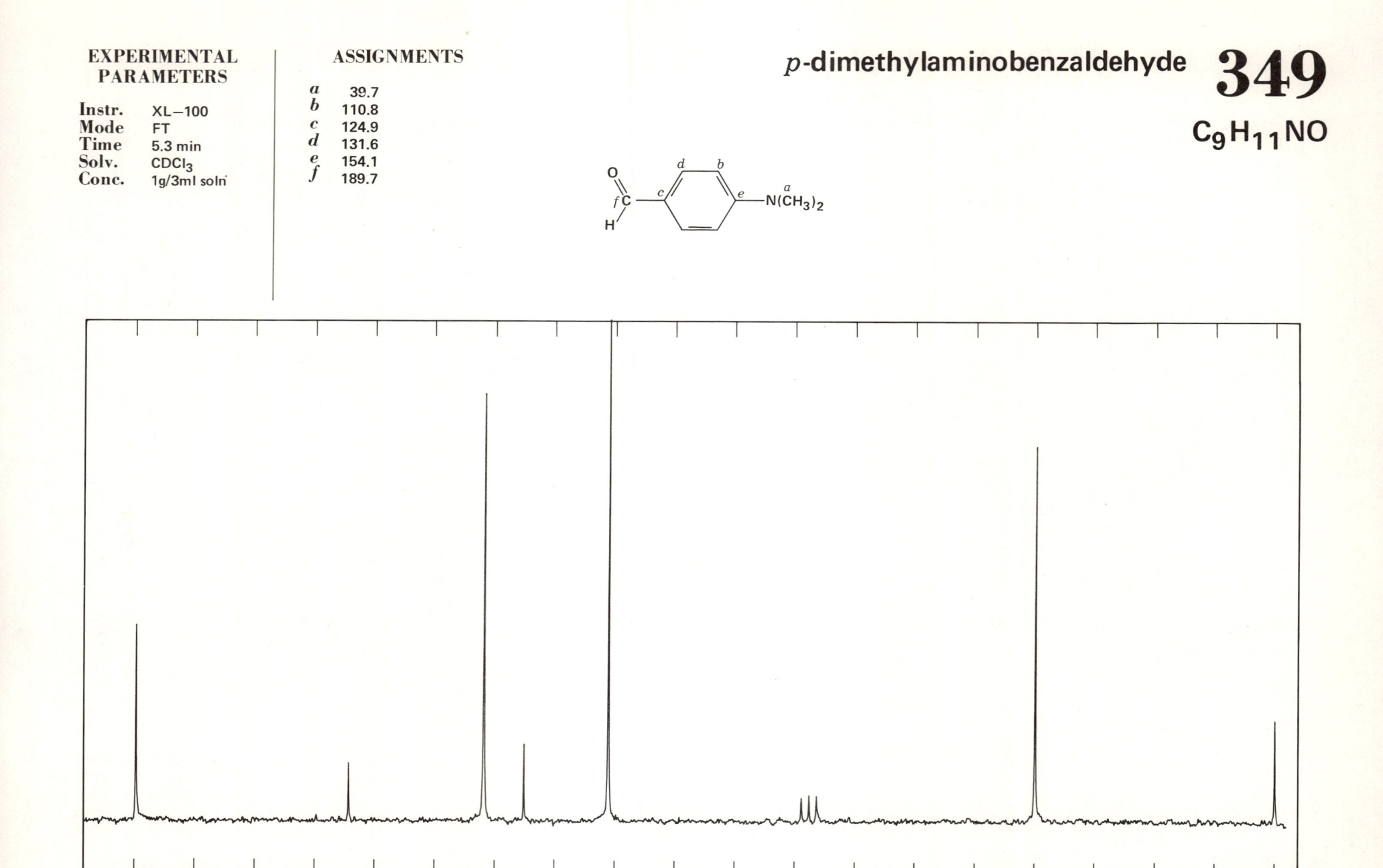

1,2,4-trimethylbenzene 350

C_9H_{12}

ASSIGNMENTS

a	19.1
b	19.5
c	20.8
d	126.4
e	129.5
f	130.4
g	133.1
h	135.0
i	136.1

ref 2

EXPERIMENTAL PARAMETERS

Instr. XL-100
Mode FT
Time 5.3 min
Solv. CDCl$_3$
Conc. 1ml/2ml solv

351 mesitylene

C_9H_{12}

EXPERIMENTAL PARAMETERS

Instr. HA-100
Mode CW
Time 15 min
Solv. Dioxane
Conc. .5ml/1ml soln

ASSIGNMENTS

a 21.0
b 127.1
c 137.4

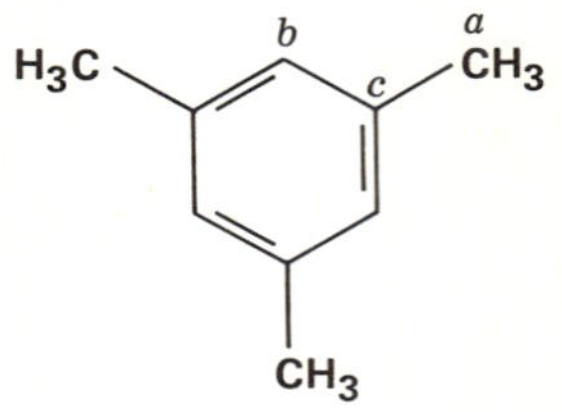

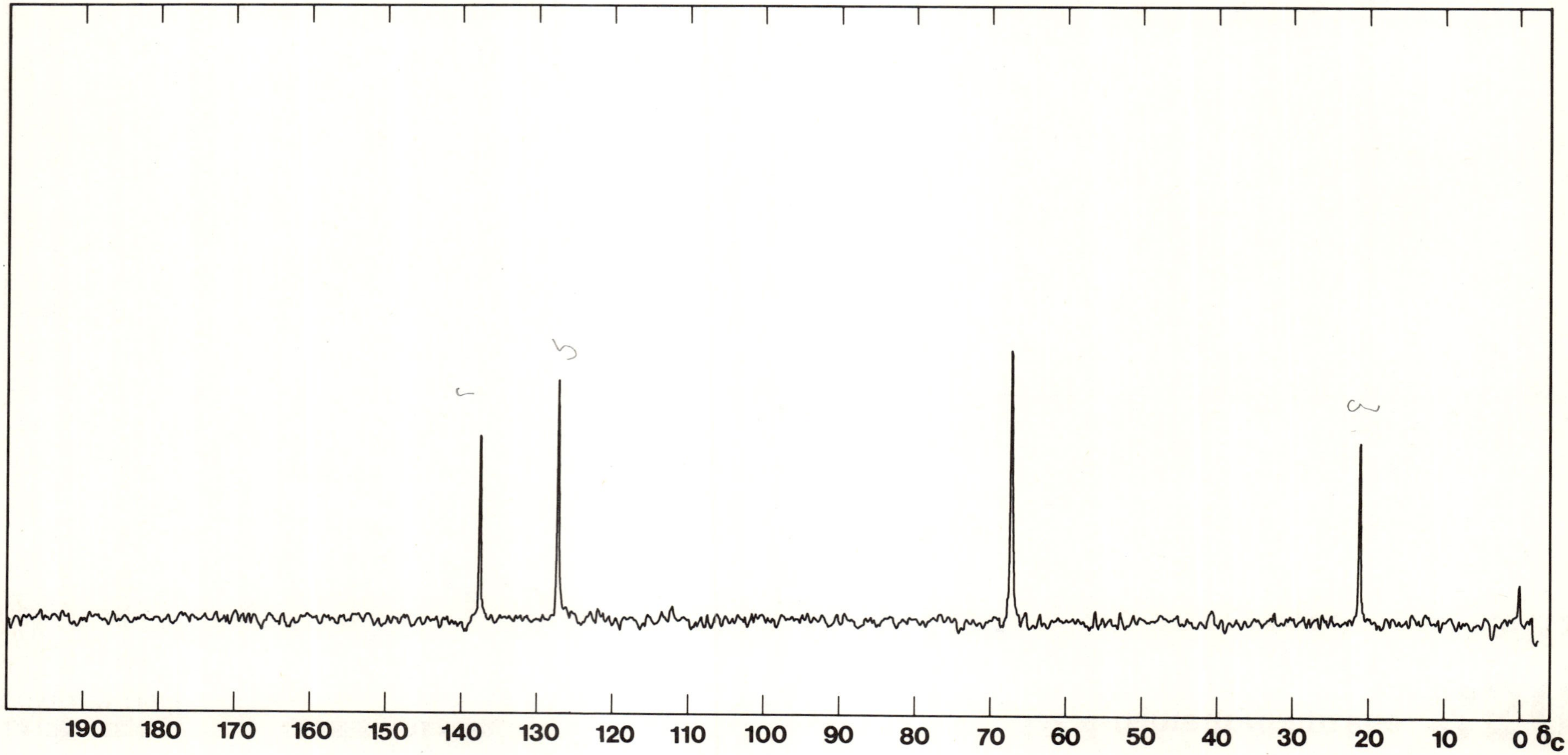

cumene 352

C_9H_{12}

EXPERIMENTAL PARAMETERS

Instr. XL-100
Mode FT
Time 5.3 min
Solv. CDCl₃
Conc. 1ml/2ml solv

ASSIGNMENTS

a 23.9
b 34.2
c 125.7
d 126.3
e 128.2
f 148.7

2-isopropylphenol 353

C$_9$H$_{12}$O

EXPERIMENTAL PARAMETERS

Instr. XL–100
Mode FT
Time 5.3 min
Solv. CDCl$_3$
Conc. 1ml/2ml solv

ASSIGNMENTS

a	22.5
b	26.8
c	115.4
d	121.0
e*	126.4
f*	126.6
g	134.7
h	152.5

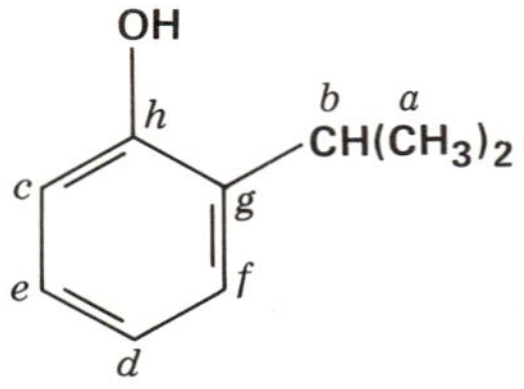

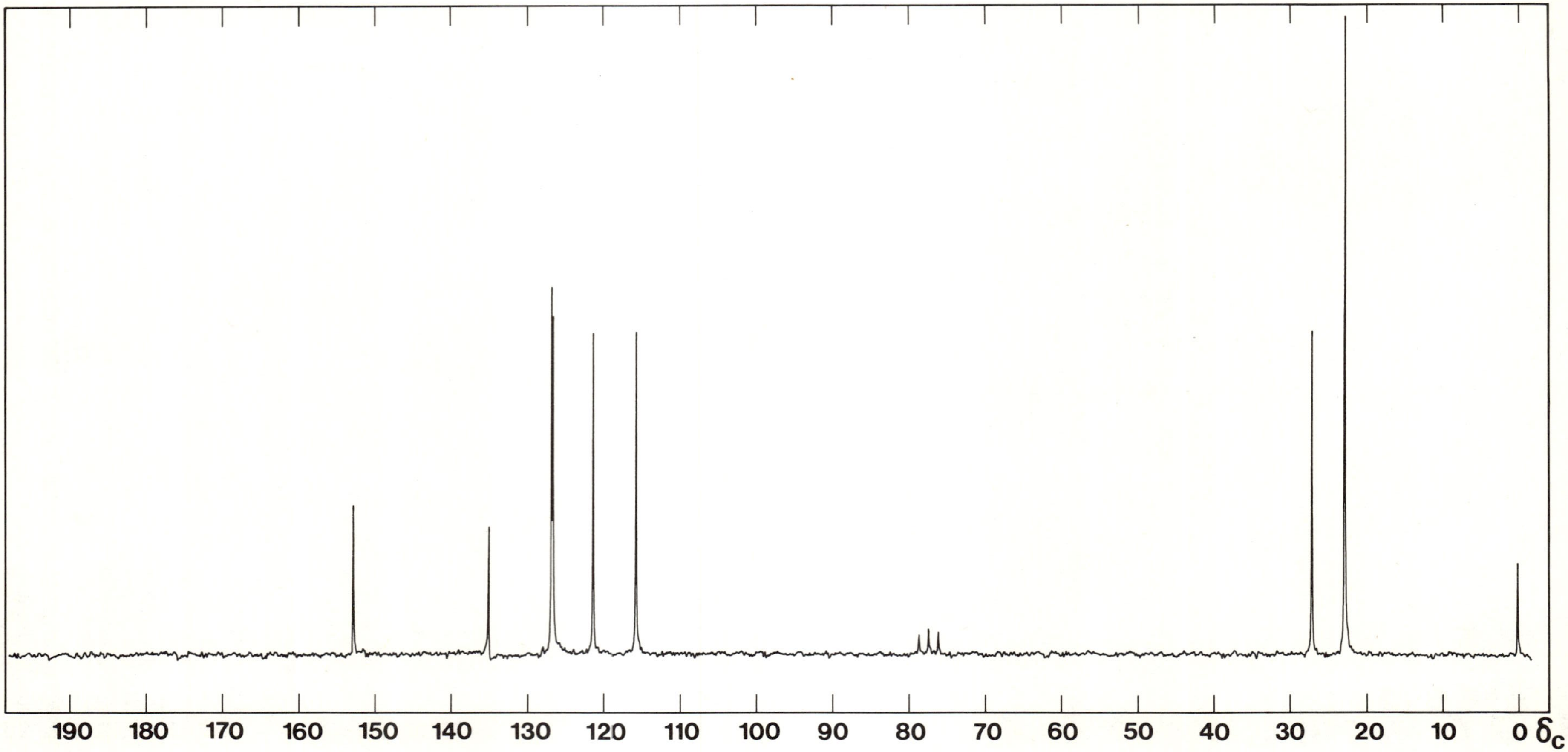

α,α-dimethylbenzyl alcohol 354
$C_9H_{12}O$

EXPERIMENTAL PARAMETERS

Instr. XL-100
Mode FT
Time 5.3 min
Solv. CDCl$_3$
Conc. 1ml/3ml soln

ASSIGNMENTS

a 31.5
b 72.2
c 124.4
d 126.4
e 128.0
f 149.1

phenylpropanolamine hydrochloride 355

$C_9H_{13}NO \cdot HCl$

EXPERIMENTAL PARAMETERS

Instr. XL–100
Mode FT
Time 11 min
Solv. water
Conc. .5g/2.5ml solv

ASSIGNMENTS

a 13.3
b 53.3
c 73.7
d 127.1
e 129.4
f 129.7
g 139.4

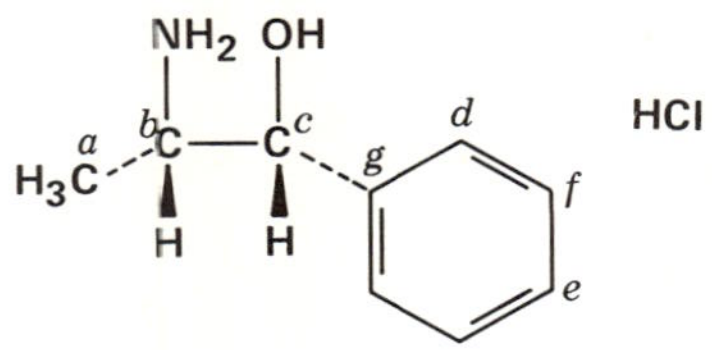

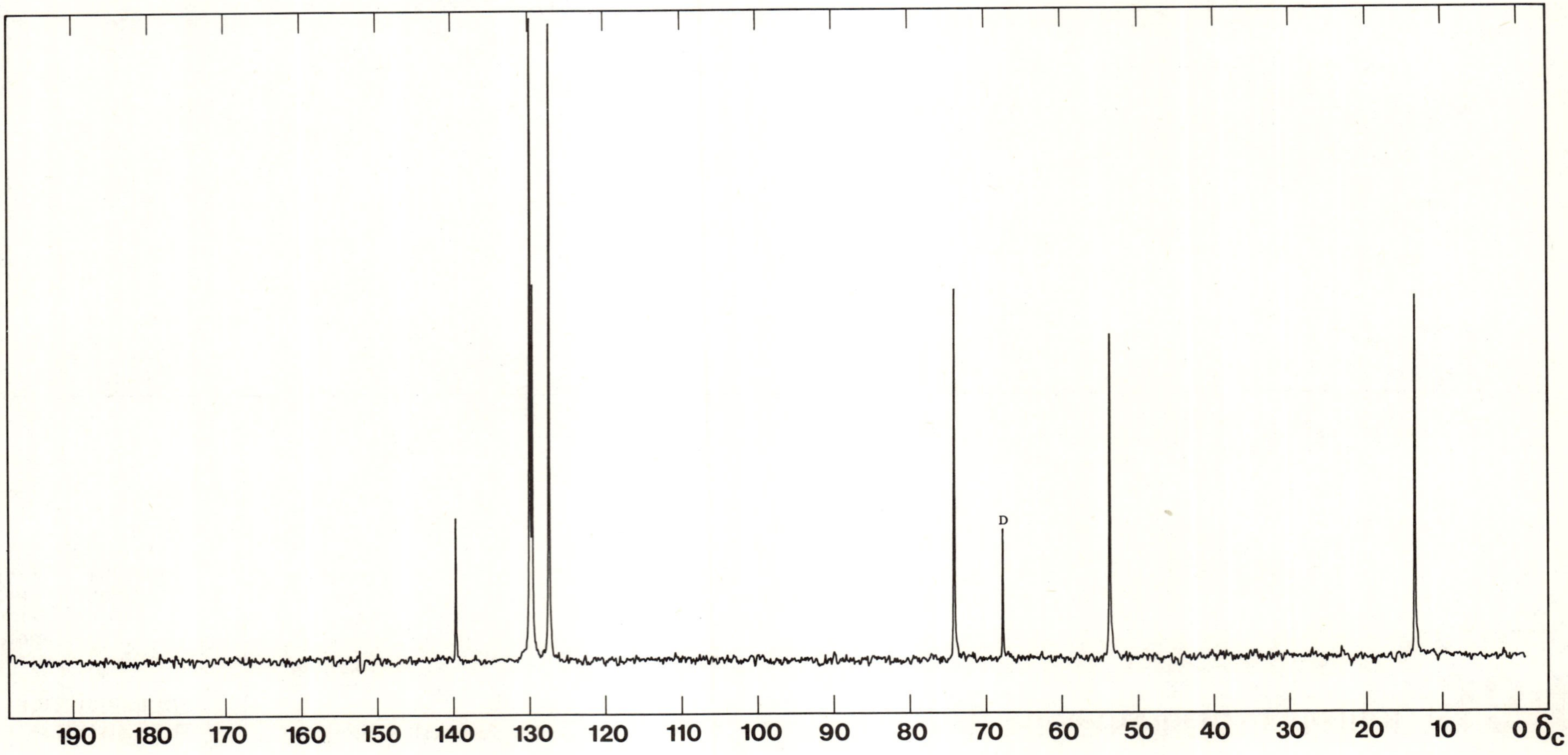

epinephrine hydrochloride 356

$C_9H_{13}NO_3 \cdot HCl$

EXPERIMENTAL PARAMETERS

Instr.	XL-100
Mode	FT
Time	15 min
Solv.	water
Conc.	.5g/2ml solv

ASSIGNMENTS

a	34.2
b	55.6
c	69.2
d	114.8
e	117.3
f	119.4
g	132.9
h	145.0

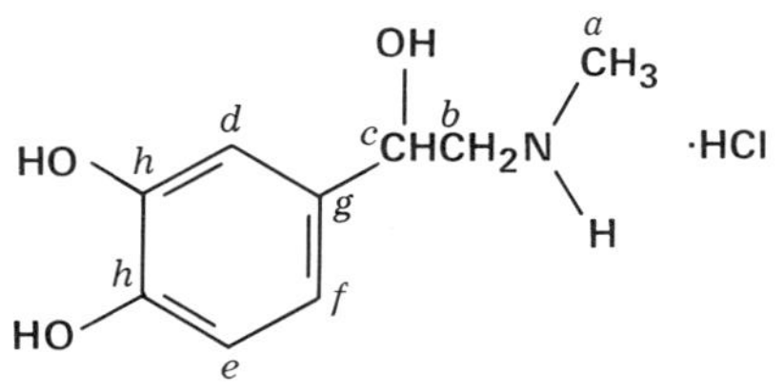

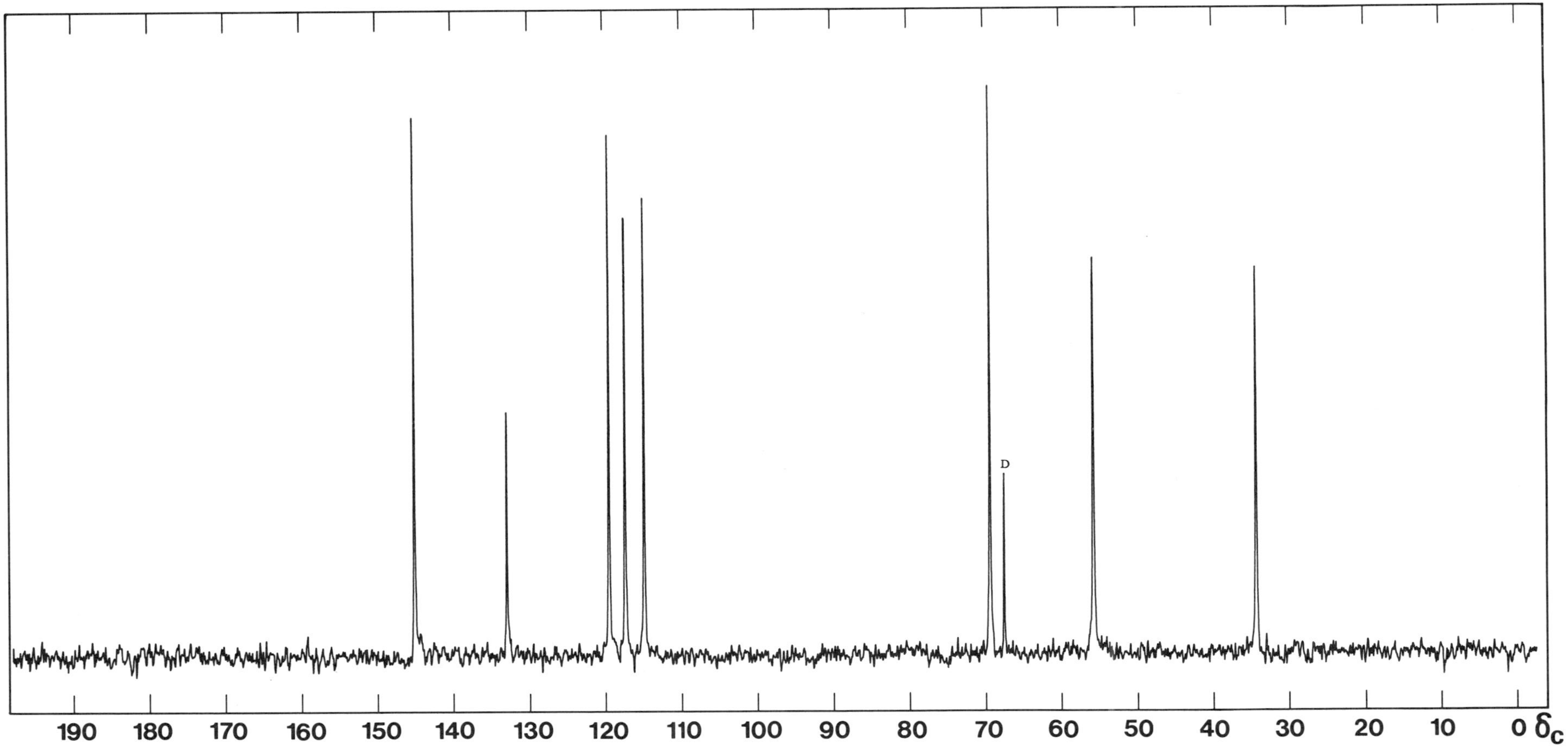

357 isophorone

$C_9H_{14}O$

EXPERIMENTAL PARAMETERS

Instr.	XL–100
Mode	FT
Time	5.3 min
Solv.	CDCl$_3$
Conc.	1ml/2ml solv

ASSIGNMENTS

a	24.3
b	28.2
c	33.3s
d*	45.1t
e*	50.7t
f	125.3
g	159.7
h	199.0

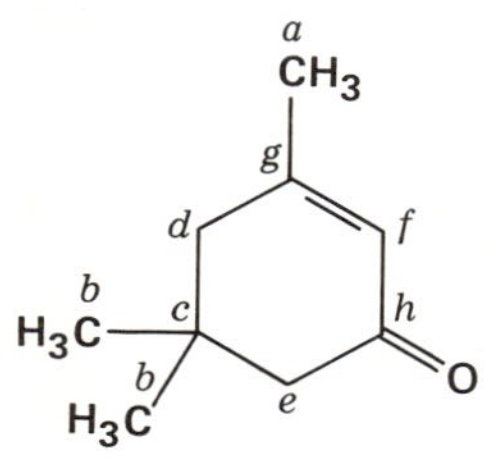

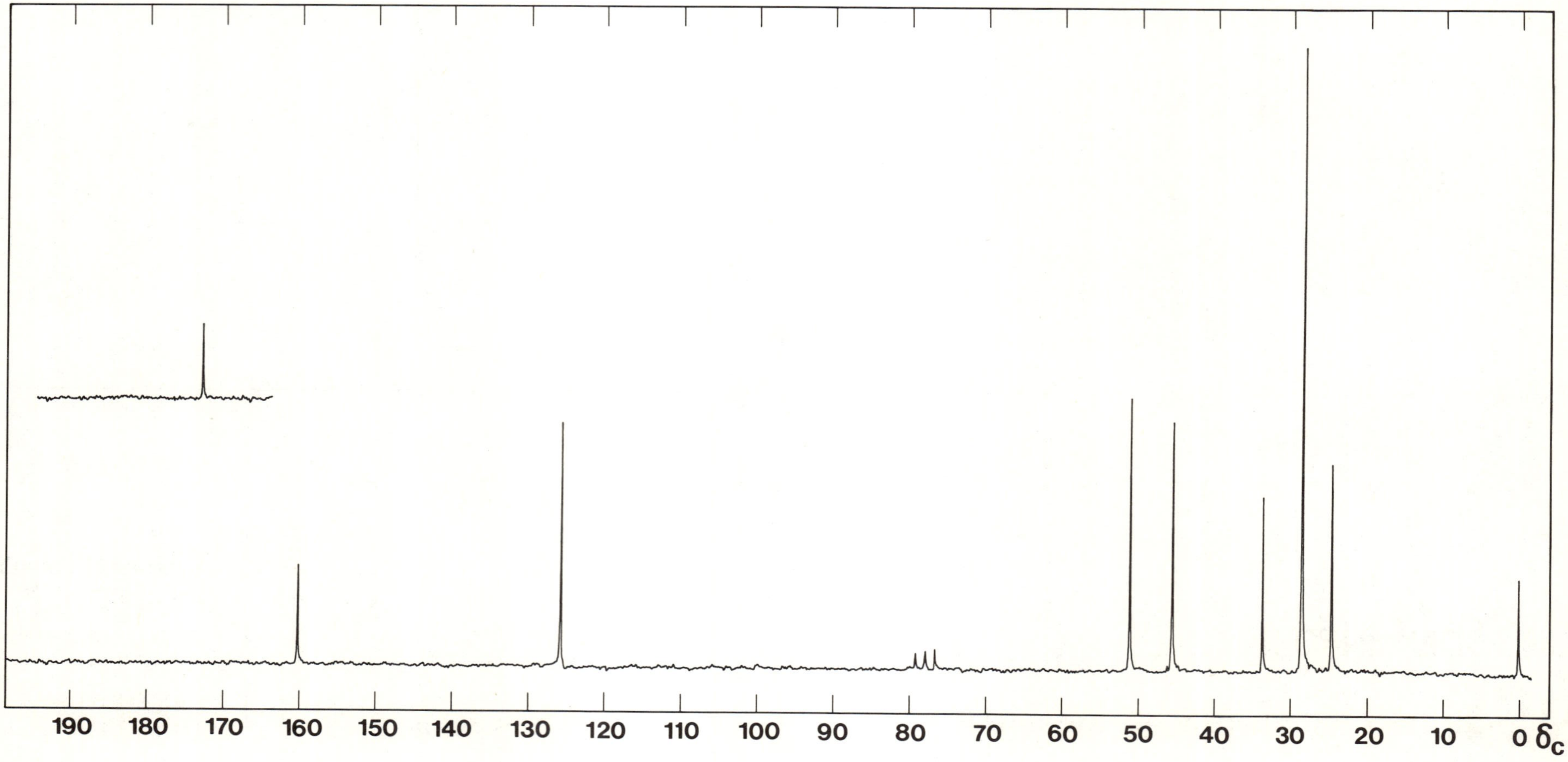

triallyl phosphate 358

$C_9H_{15}O_4P$

EXPERIMENTAL PARAMETERS

Instr. XL-100
Mode FT
Time 5.3 min
Solv. CDCl$_3$
Conc. 1ml/2ml solv

ASSIGNMENTS

a	68.1
b	118.1
c	132.5

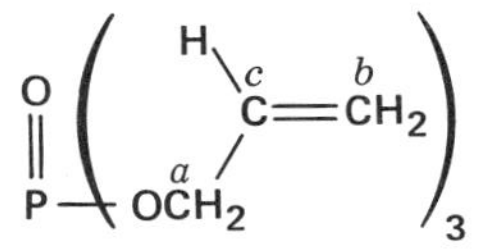

$$O=P{\left(OCH_2{\overset{c}{C}}H=\overset{b}{C}H_2\right)}_3$$

Contaminant is probably triallyl phosphite.

J_{COP} = 5.2Hz
J_{CCOP} = 7.0Hz

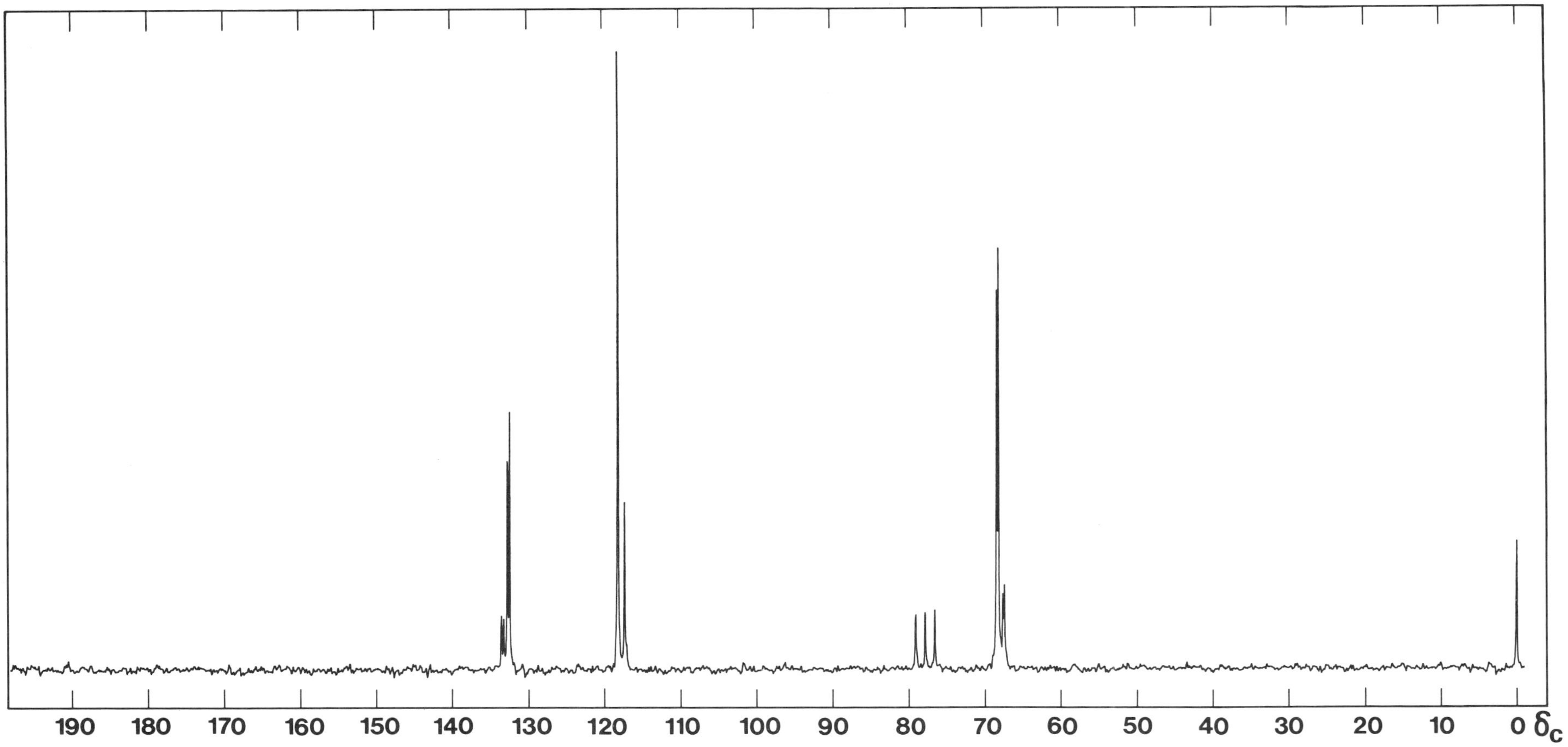

exo-brevicomin 359

$C_9H_{16}O_2$

EXPERIMENTAL PARAMETERS

Instr. XL–100
Mode FT
Time 5.3 min
Solv. CDCl₃
Conc. 1ml/3ml soln

ASSIGNMENTS

a	9.7 q
b	17.3 t
c	25.0 q
d	28.0 t
e	28.6 t
f	35.0 t
g*	78.3 d
h*	81.1 d
i	107.6 s

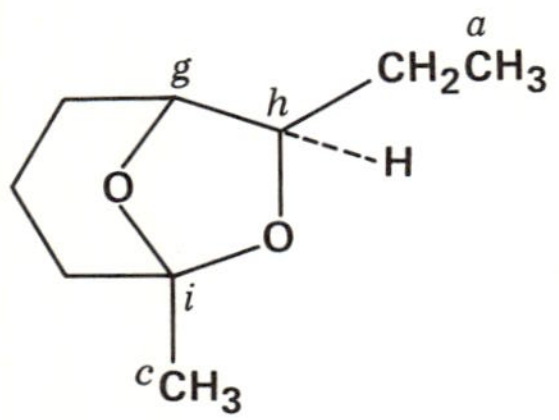

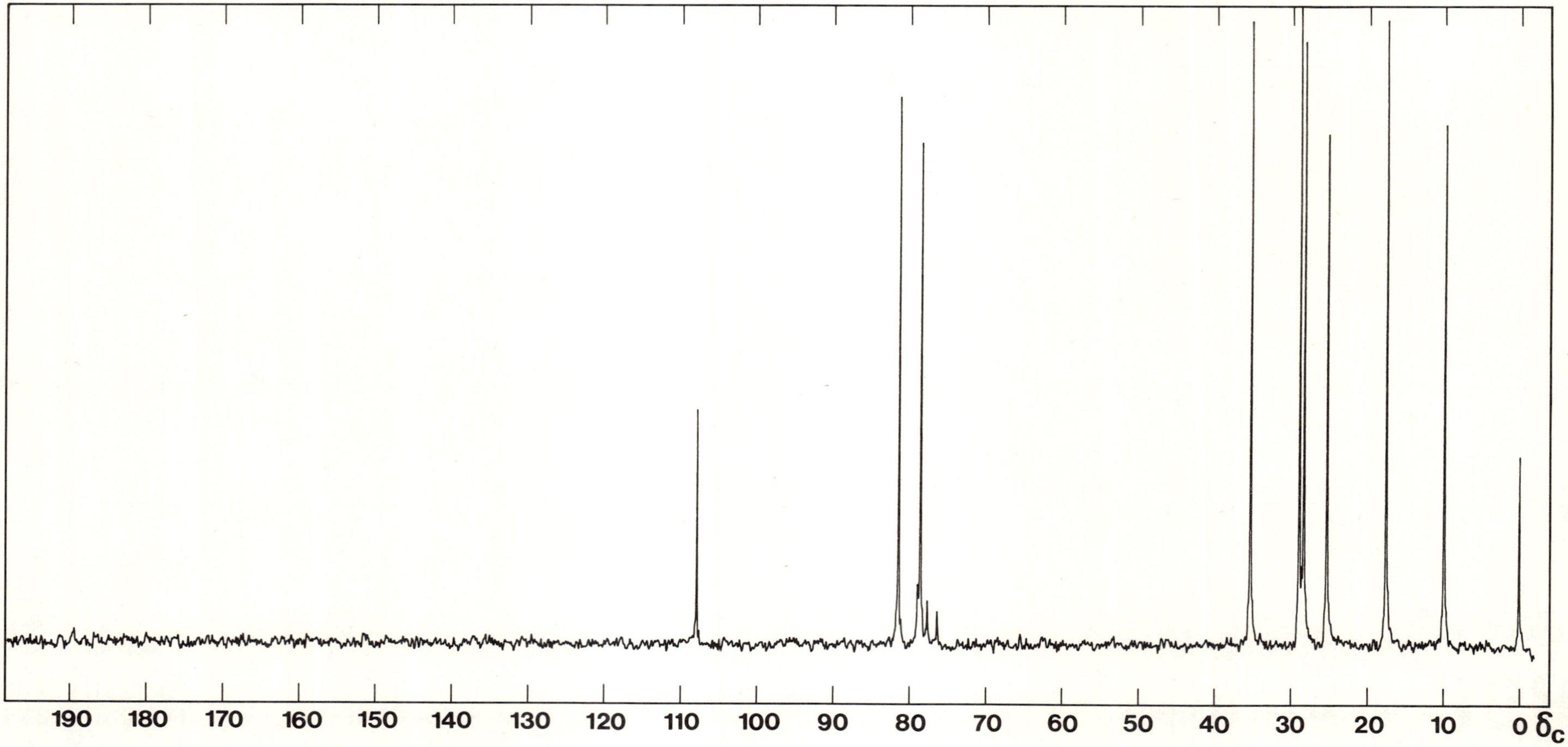

3,3,5-trimethylcyclohexanol   360

$C_9H_{18}O$

EXPERIMENTAL PARAMETERS

Instr.	XL-100
Mode	FT
Time	5.3 min
Solv.	CDCl$_3$
Conc.	.5g/2ml solv

ASSIGNMENTS

a	22.3q
b	25.7q
c	27.2d
d	32.2s
e	33.1q
f	44.6
g*	47.7
h*	48.1
i	67.5

361 diisobutyl ketone

$C_9H_{18}O$

EXPERIMENTAL PARAMETERS

Instr. XL-100
Mode FT
Time 5.3 min
Solv. CDCl$_3$
Conc. 1ml/2ml solv

ASSIGNMENTS

a	22.6
b	24.4
c	52.3
d	210.0

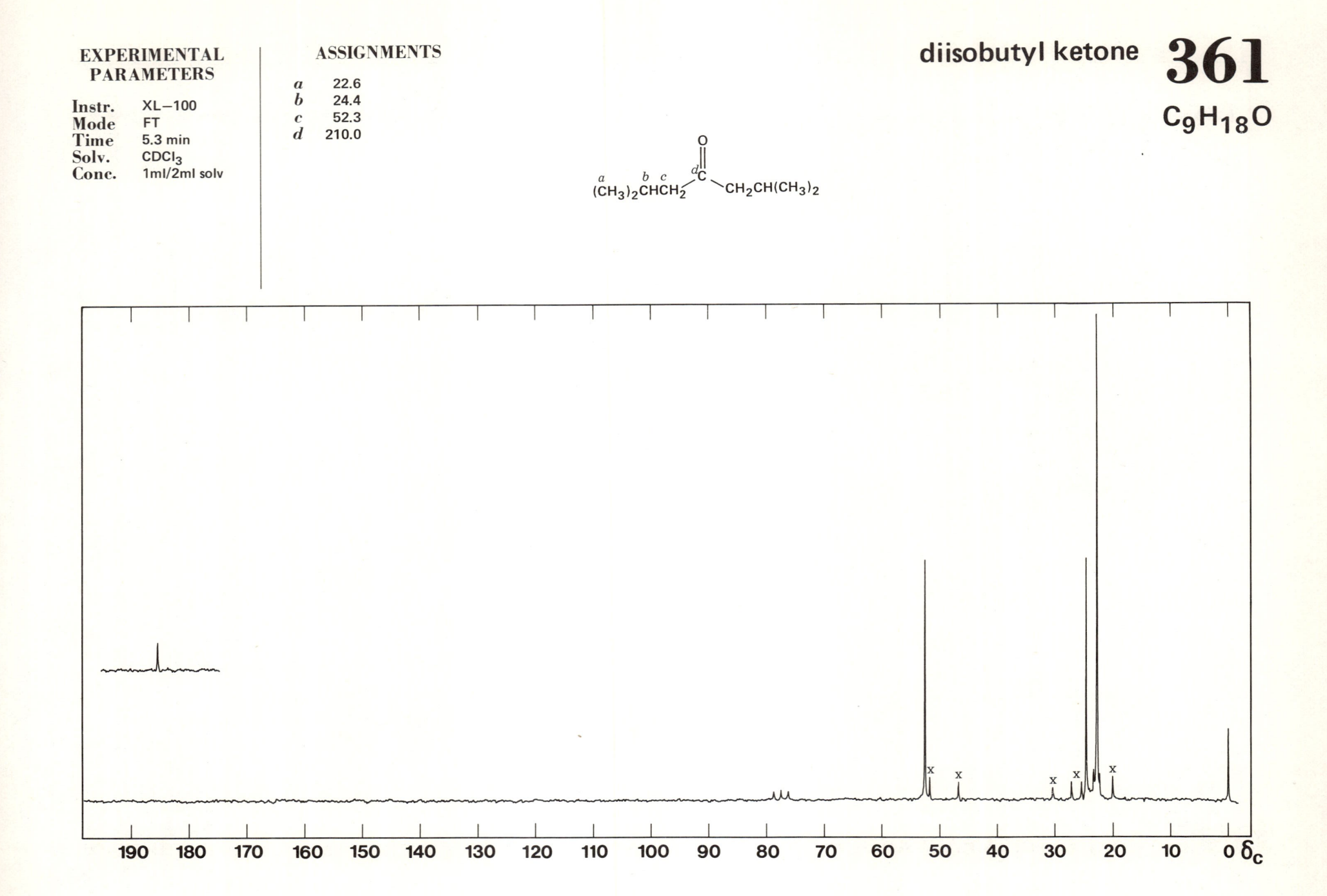

$(CH_3)_2\overset{a}{}\overset{b}{CH}\overset{c}{CH_2}-\overset{d}{C}(=O)-CH_2CH(CH_3)_2$

nonanoic acid 362

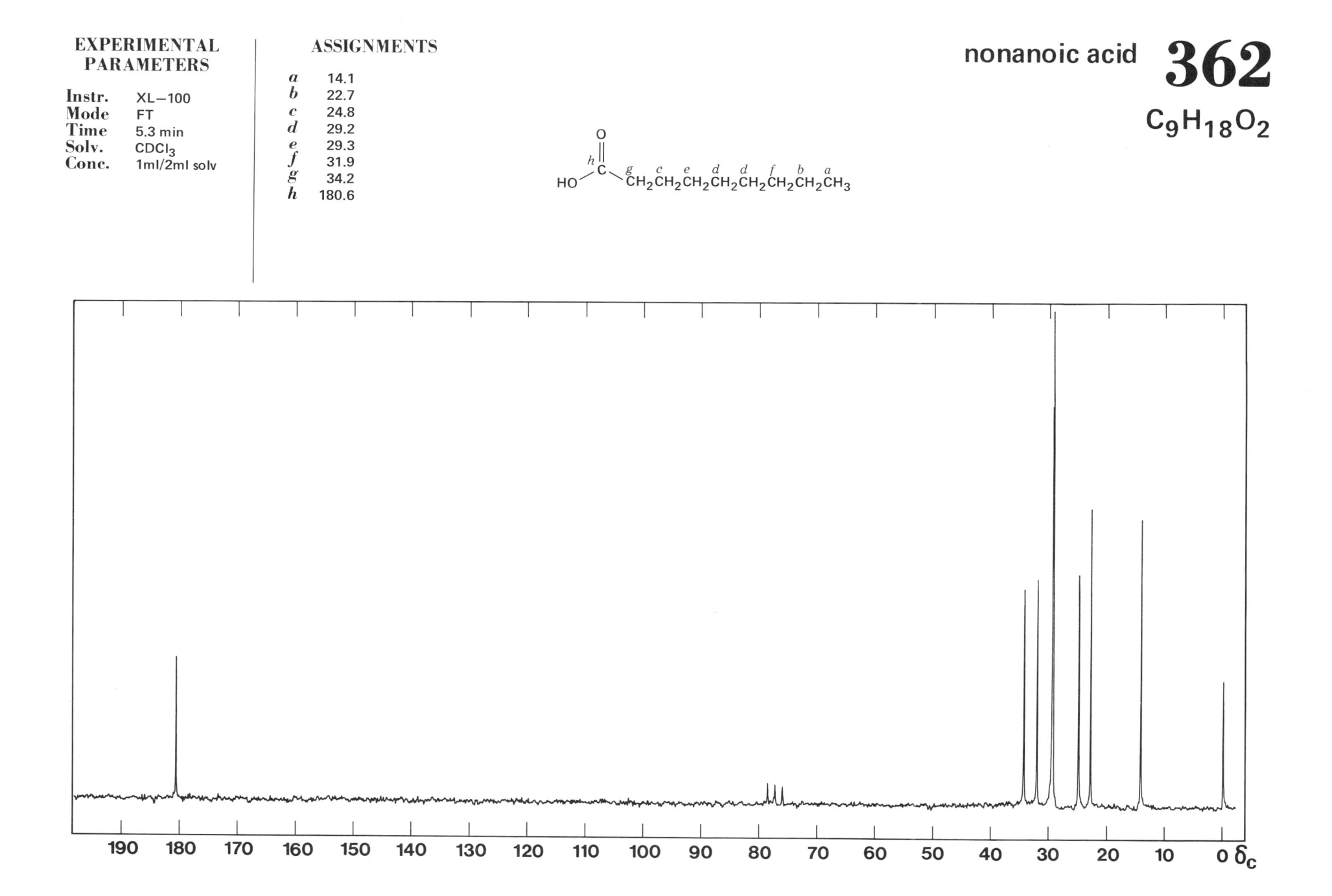

$C_9H_{18}O_2$

EXPERIMENTAL PARAMETERS

Instr. XL-100
Mode FT
Time 5.3 min
Solv. CDCl$_3$
Conc. 1ml/2ml solv

ASSIGNMENTS

a 14.1
b 22.7
c 24.8
d 29.2
e 29.3
f 31.9
g 34.2
h 180.6

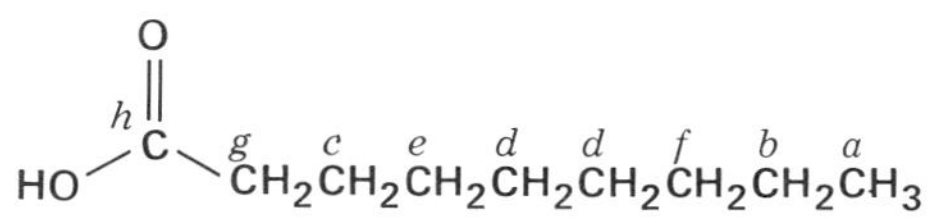

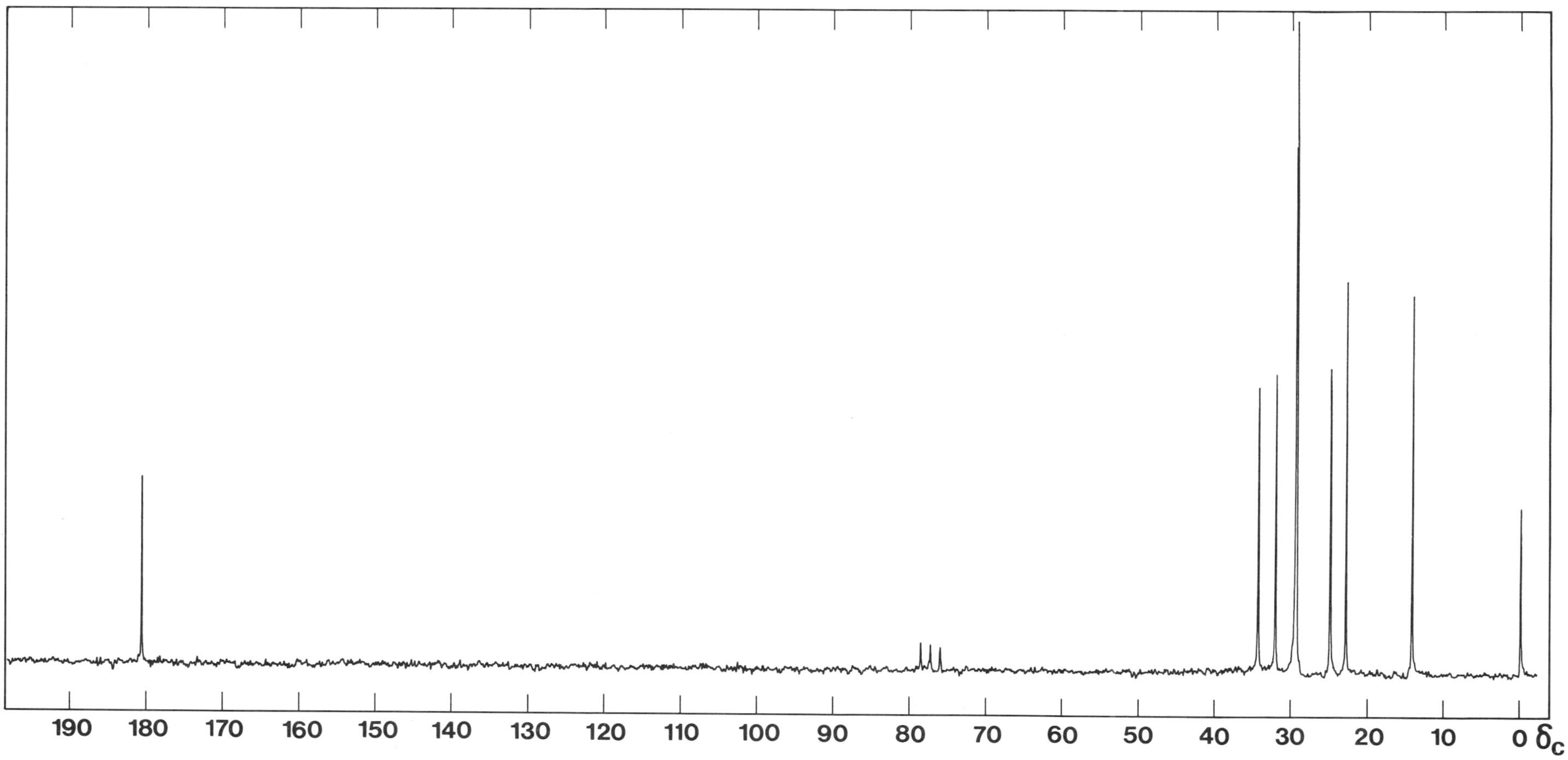

$$HO-\overset{O}{\underset{h}{C}}-\underset{g}{CH_2}\underset{c}{CH_2}\underset{e}{CH_2}\underset{d}{CH_2}\underset{d}{CH_2}\underset{f}{CH_2}\underset{b}{CH_2}\underset{a}{CH_2}CH_3$$

363 dibutyl carbonate

$C_9H_{18}O_3$

Structure: $CH_3CH_2CH_2CH_2O-\overset{\overset{O}{\|}}{\underset{e}{C}}-\underset{d}{O}\underset{c}{CH_2}\underset{b}{CH_2}\underset{a}{CH_2}CH_3$

EXPERIMENTAL PARAMETERS

Instr. XL-100
Mode FT
Time 5.3 min
Solv. CDCl₃
Conc. 1ml/3ml soln

ASSIGNMENTS

a	13.6
b	19.1
c	30.9
d	67.6
e	155.5

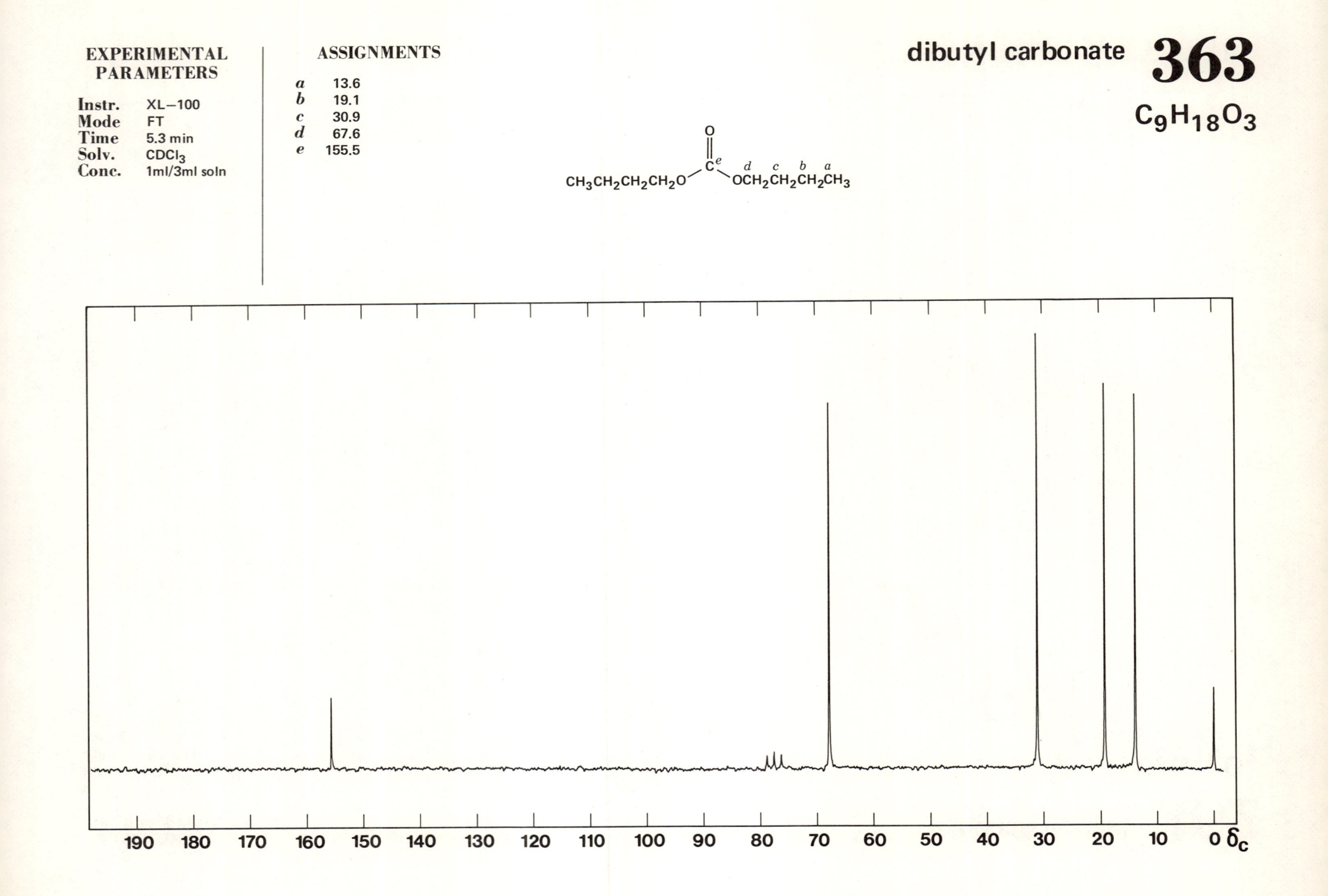

2,2-bis(hydroxymethyl)butyl allyl ether 364

$C_9H_{18}O_3$

EXPERIMENTAL PARAMETERS

Instr. HA–100
Mode CW
Time 15 min
Solv. Dioxane
Conc. .5ml/1ml soln

ASSIGNMENTS

a 7.6
b 22.6
c 43.5
d 64.2
e* 71.6
f* 72.3
g 115.9
h 135.5

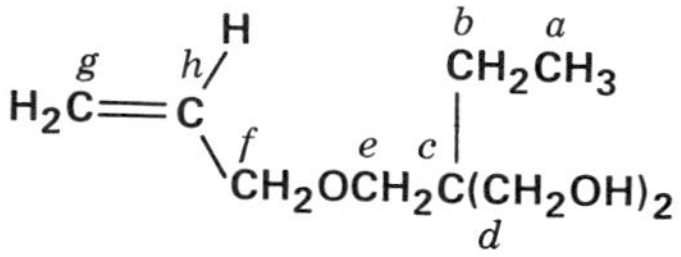

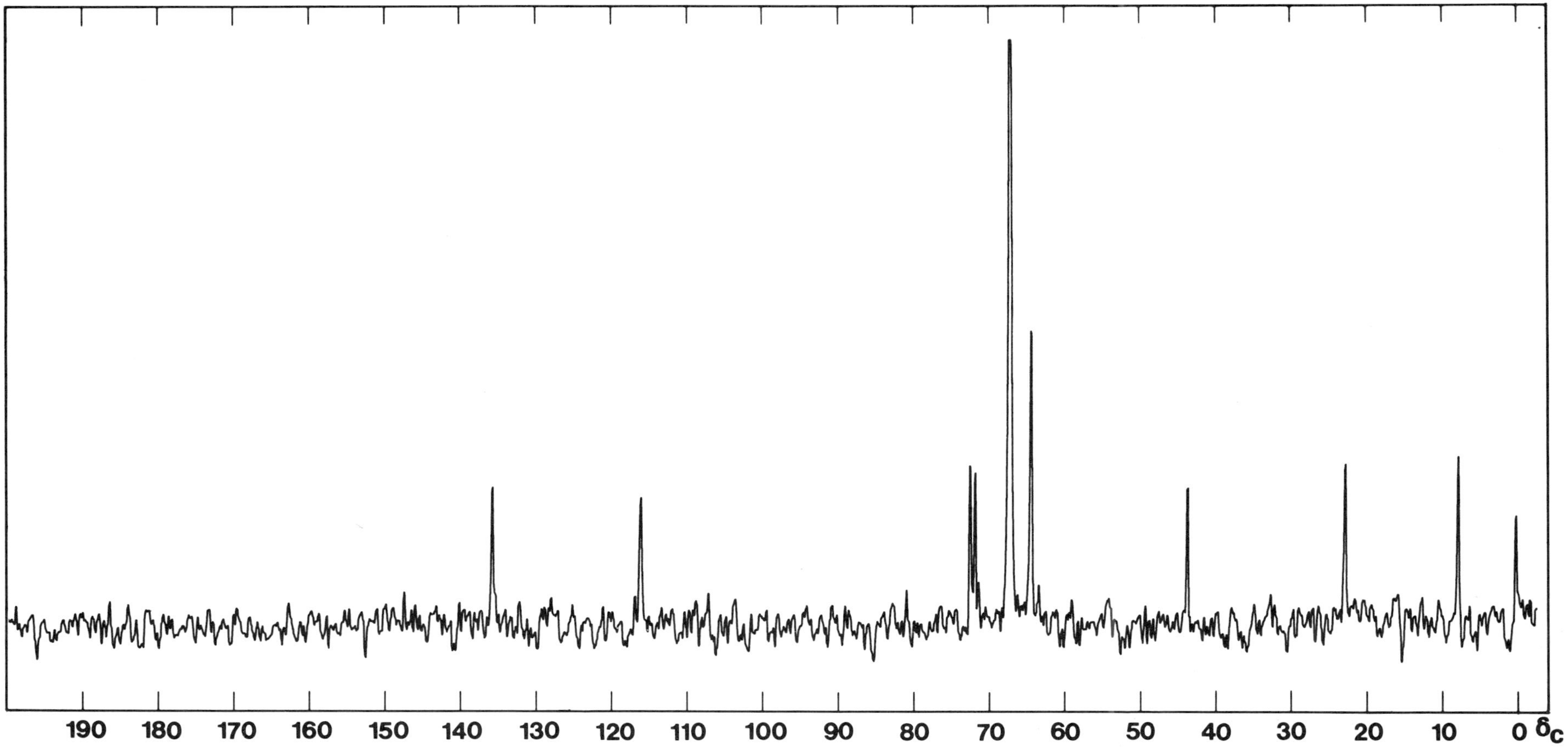

$$H_2C\underset{g}{=}\underset{h}{C}\overset{H}{\underset{f}{\diagdown}}CH_2OCH_2\underset{d}{C}(CH_2OH)_2 \quad \overset{b\ a}{\underset{|}{CH_2CH_3}}$$

tri-n-propyl borate 365

$C_9H_{21}BO_3$

$$\underset{c}{B(O}\underset{b}{CH_2}\underset{a}{CH_2CH_3})_3$$

EXPERIMENTAL PARAMETERS

Instr. XL-100
Mode FT
Time 5.3 min
Solv. CDCl$_3$
Conc. 1ml/2ml solv

ASSIGNMENTS

a 10.3
b 24.9
c 64.9

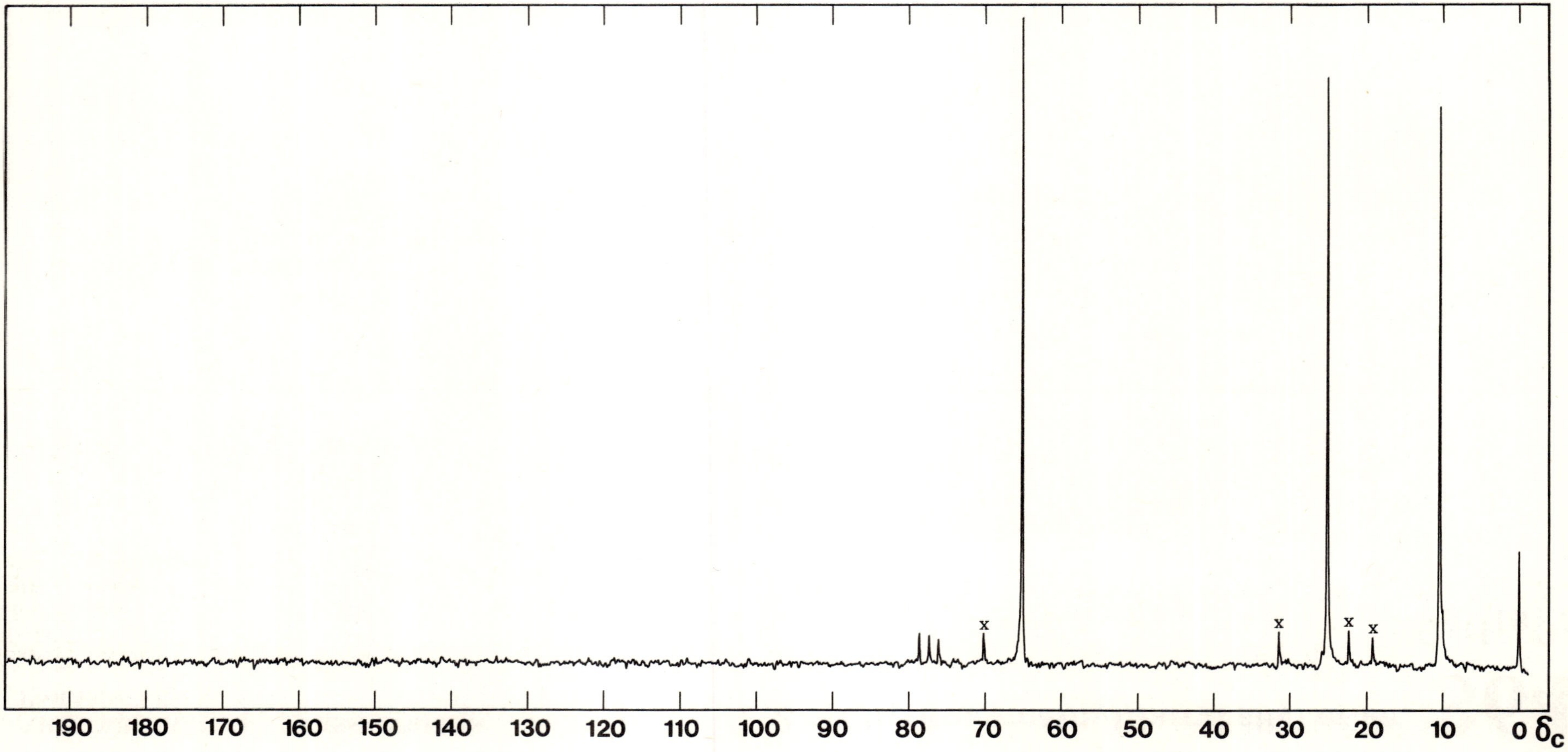

1,4-napthoquinone   366

$C_{10}H_6O_2$

EXPERIMENTAL PARAMETERS

Instr. XL-100
Mode FT
Time 21 min
Solv. CDCl₃
Conc. .5g/3ml soln

ASSIGNMENTS

a 126.2
b 131.8
c* 133.7
d* 138.5
e 184.7

367 azulene

$C_{10}H_8$

EXPERIMENTAL PARAMETERS

Instr.	XL–100
Mode	FT
Time	67 min
Solv.	CDCl$_3$
Conc.	.2g/2.5ml solv

ASSIGNMENTS

a	117.9
b	122.6
c	136.4
d *	136.9
e *	137.0
f	140.1

ref 16

N-(2-bromoethyl)phthalimide 368

$C_{10}H_8BrNO_2$

EXPERIMENTAL PARAMETERS

Instr. XL-100
Mode FT
Time 5.3 min
Solv. CDCl$_3$
Conc. 1g/3ml soln

ASSIGNMENTS

a 28.2
b 39.2
c 123.3
d 131.7
e 134.0
f 167.5

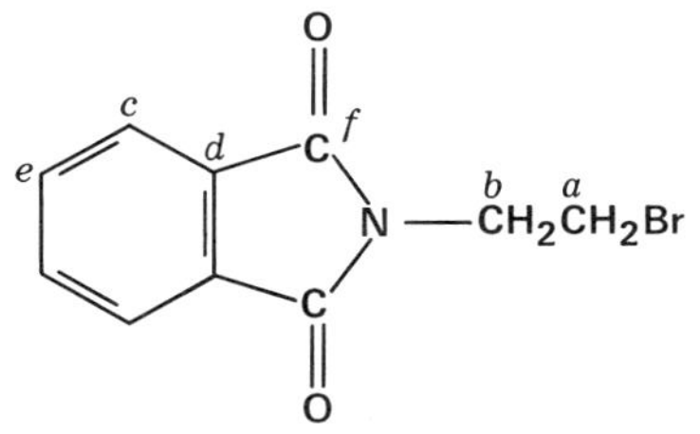

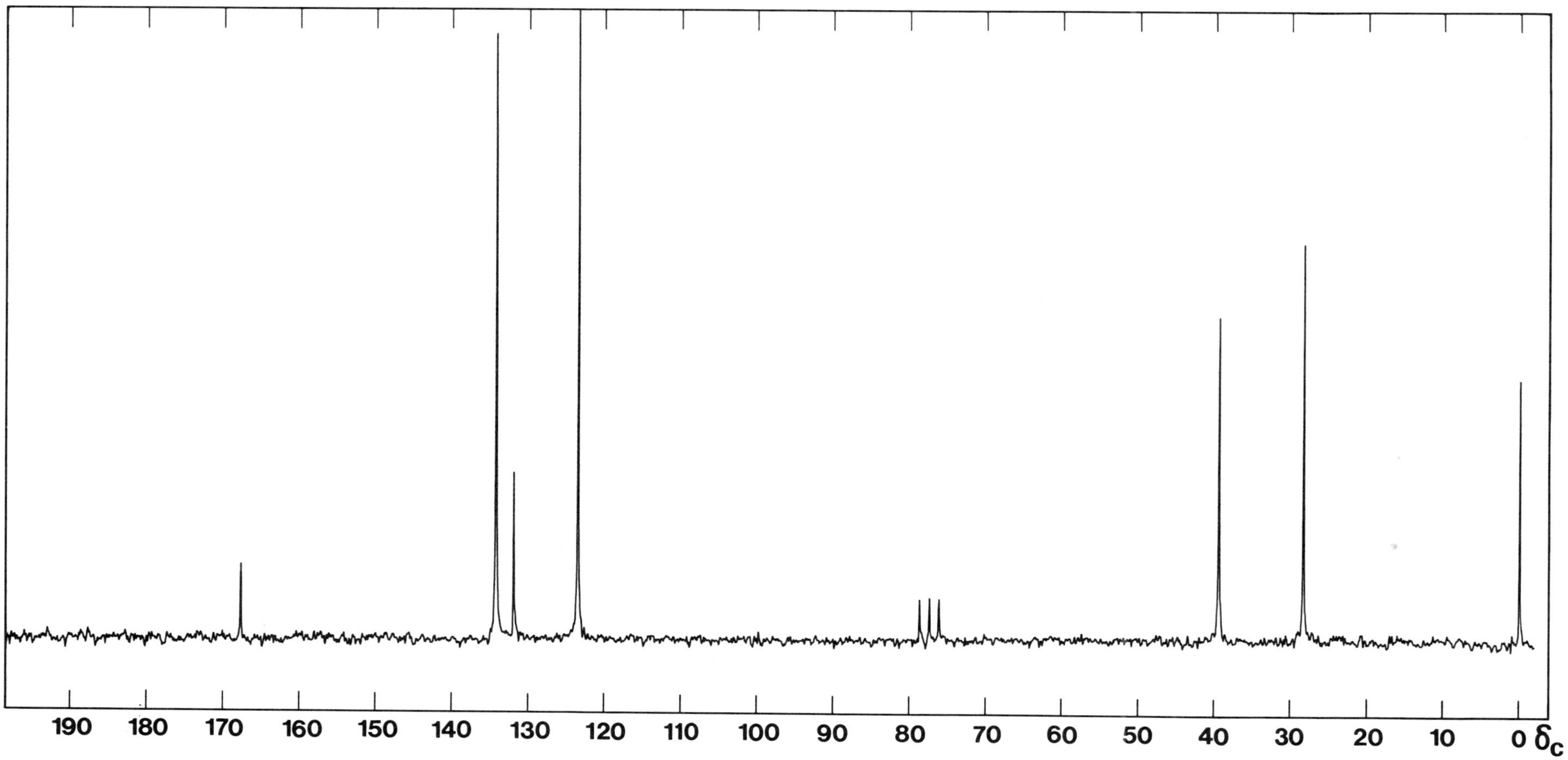

3-methylisoquinoline 369

$C_{10}H_9N$

ASSIGNMENTS

a	24.1
b	118.2
c	125.7
d	126.0
e	126.7
f	127.3
g	130.0
h	136.4
i	151.5
j	151.8

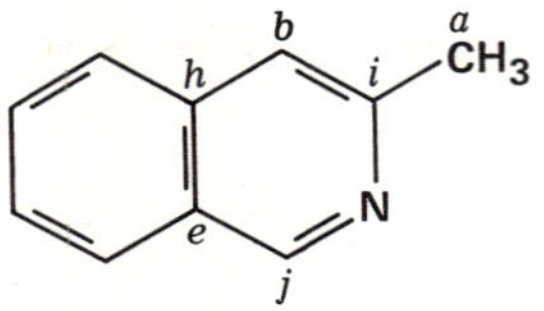

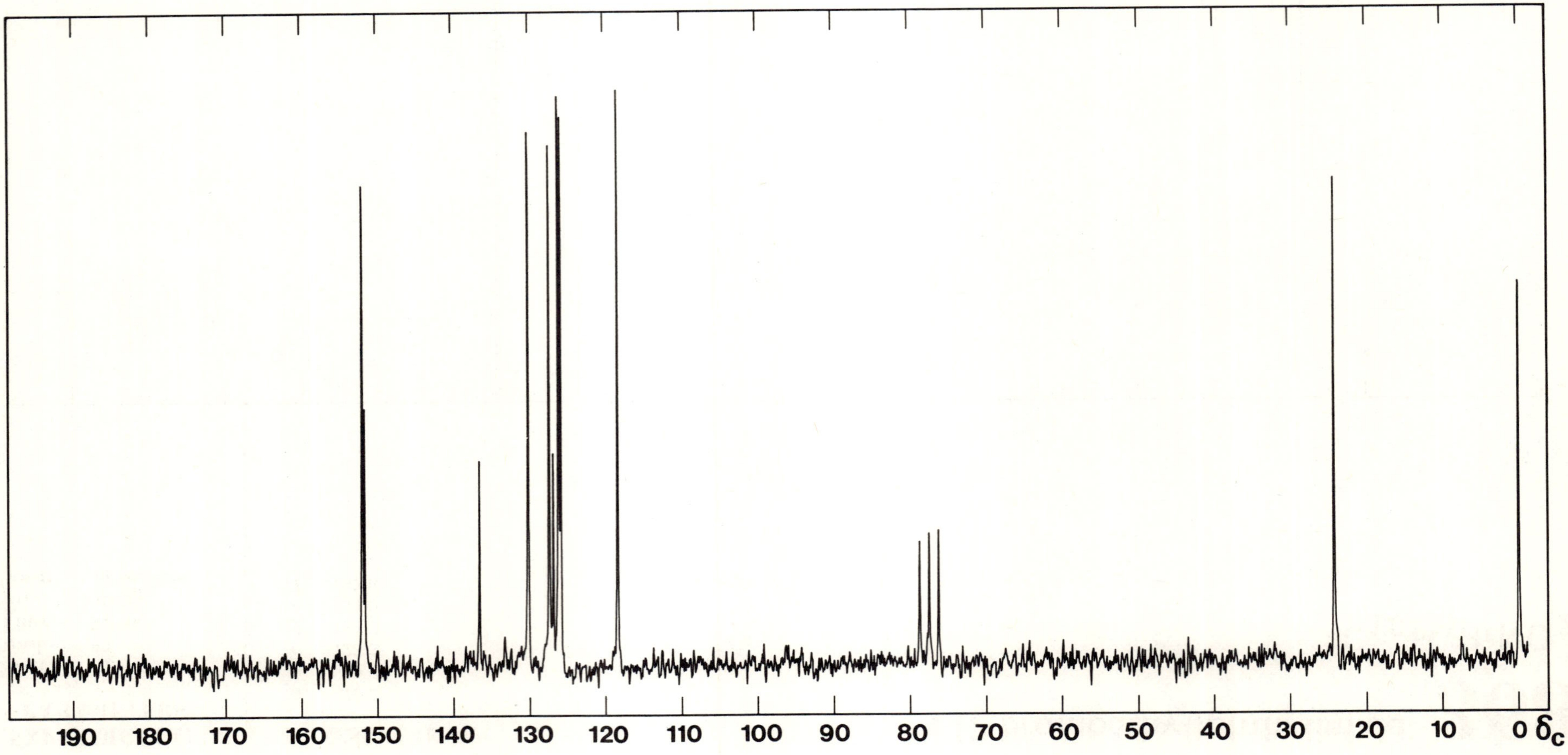

EXPERIMENTAL PARAMETERS

Instr. XL-100
Mode FT
Time 5 min
Solv. CDCl₃
Conc. .5g/2ml solv

1-bromodecane

370

$C_{10}H_{11}Br$

EXPERIMENTAL PARAMETERS

Instr. XL-100
Mode FT
Time 5.3 min
Solv. CDCl₃
Conc. 1ml/3ml soln

ASSIGNMENTS

a	14.1
b	22.7
c*	28.2
d*	28.8
e	29.3
f	29.5
g	31.9
h†	32.9
i†	33.5

$$\overset{i}{Br}\overset{h}{CH_2}\overset{c}{CH_2}\overset{d}{CH_2}\overset{f}{CH_2}(CH_2)_2\overset{e}{CH_2}\overset{g}{CH_2}\overset{b}{CH_2}\overset{a}{CH_3}$$

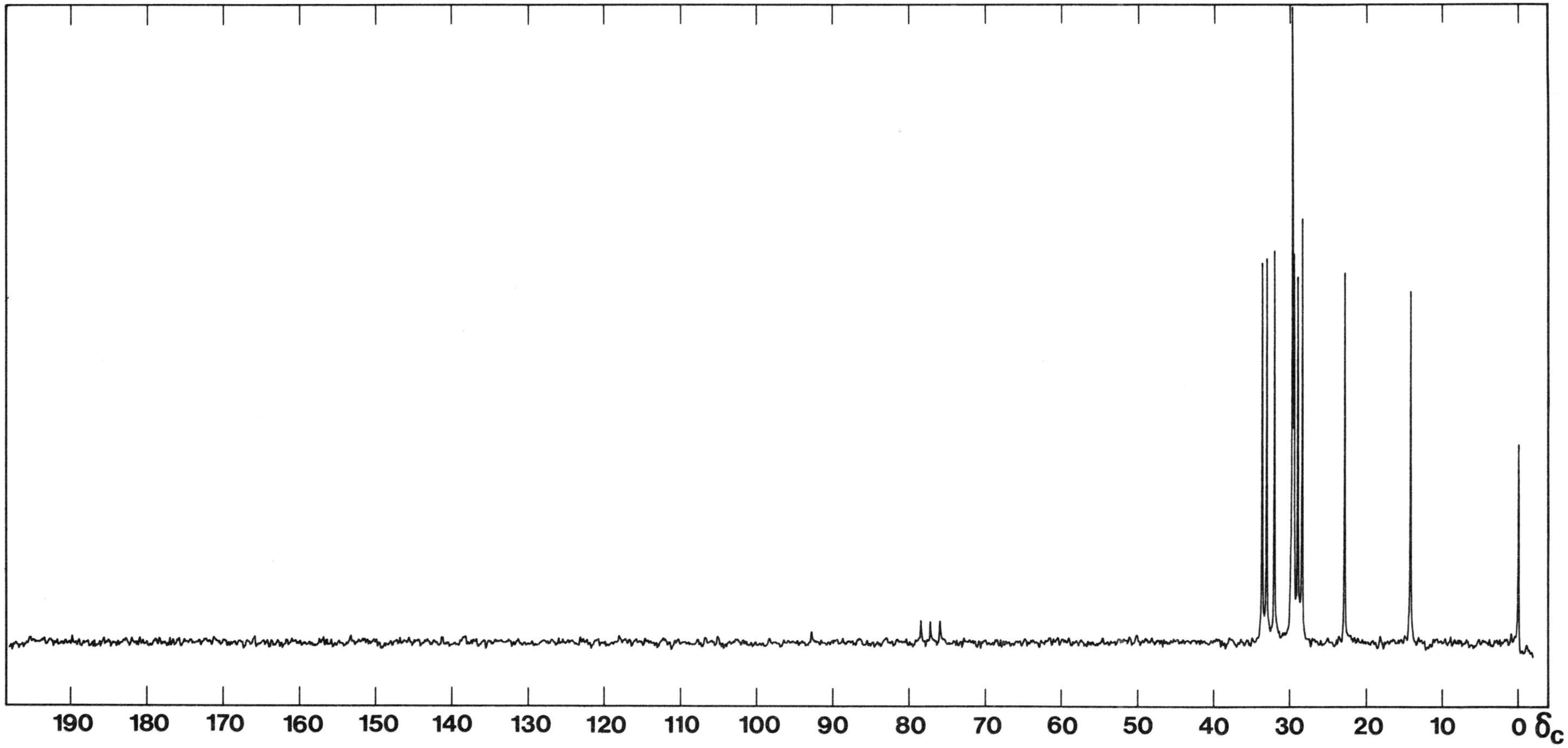

tetralin **371**
$C_{10}H_{12}$

ASSIGNMENTS

a 23.6
b 29.5
c 125.5
d 129.0
e 136.8

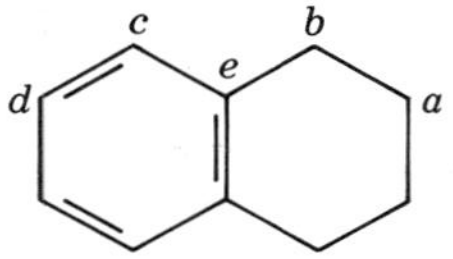

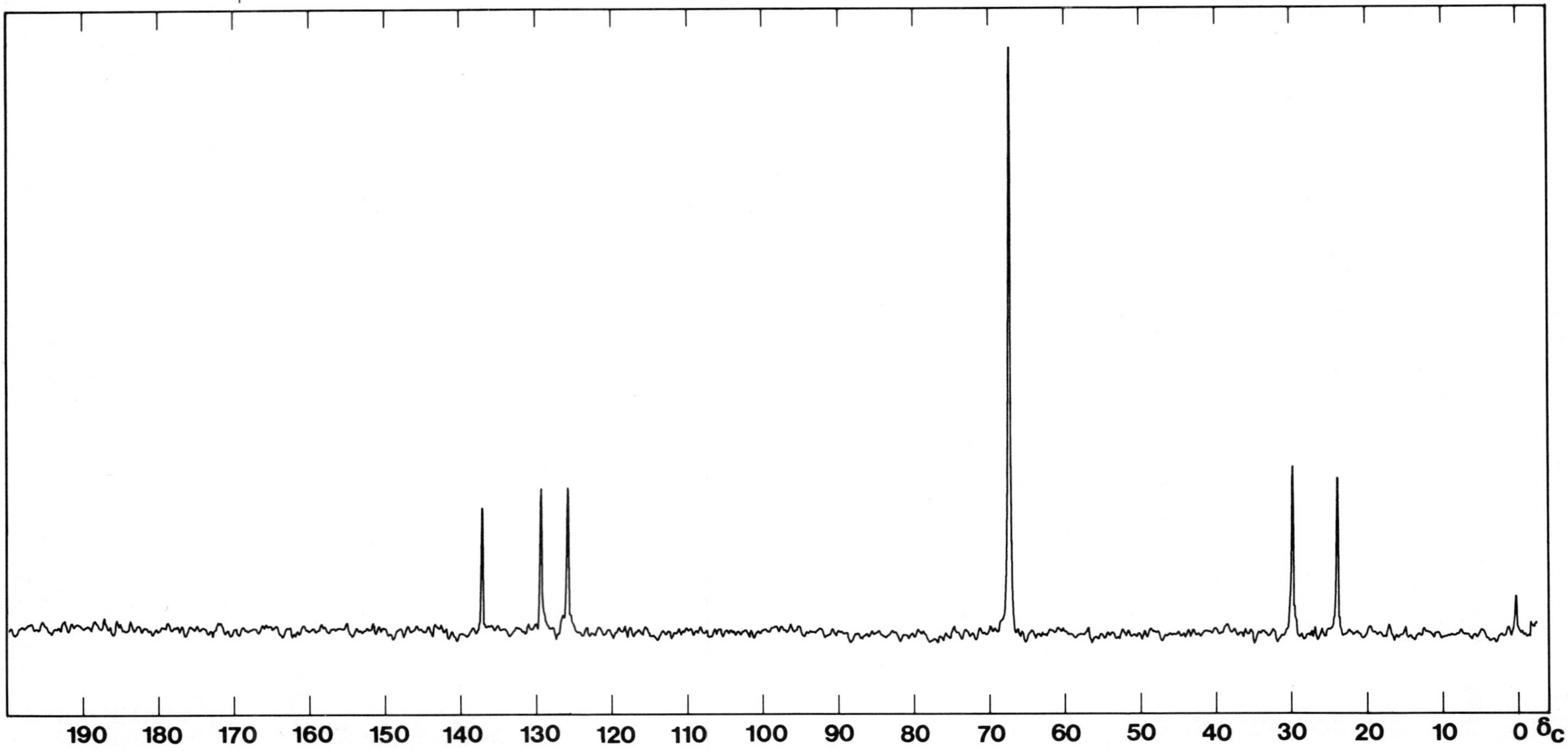

EXPERIMENTAL PARAMETERS

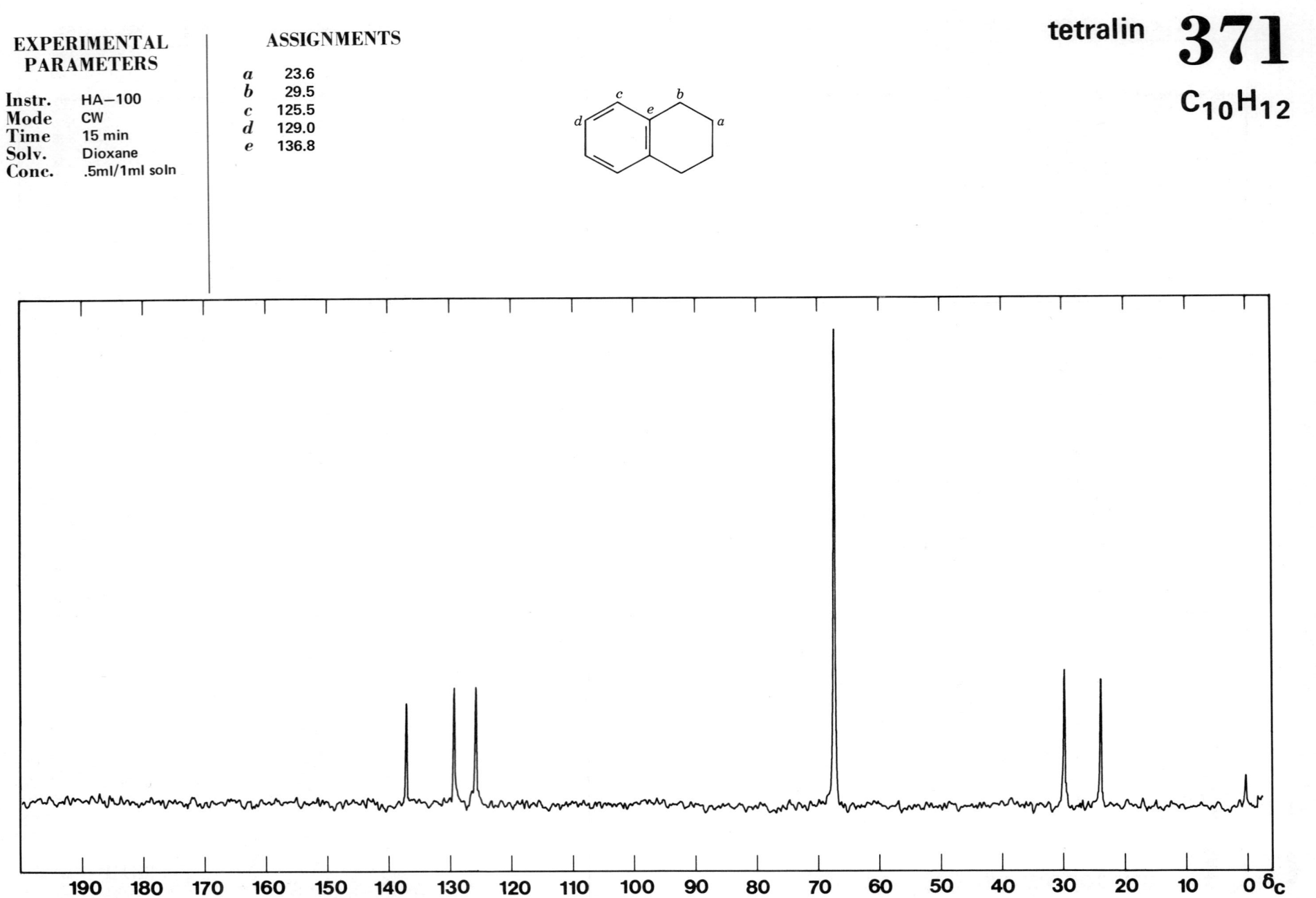

Instr. HA–100
Mode CW
Time 15 min
Solv. Dioxane
Conc. .5ml/1ml soln

dicyclopentadiene 372
$C_{10}H_{12}$

ASSIGNMENTS

a	34.8t
b	41.5
c	45.5
d	46.4
e	50.4t
f	55.1
g *	131.9
h *	132.1
i	136.0

EXPERIMENTAL PARAMETERS

Instr. HA-100
Mode CW
Time 15 min
Solv. Dioxane
Conc. .5ml/1ml soln

butyrophenone 373

$C_{10}H_{12}O$

EXPERIMENTAL PARAMETERS

Instr. XL-100
Mode FT
Time 5.3 min
Solv. CDCl$_3$
Conc. 1ml/3ml soln

ASSIGNMENTS

a 13.8
b 17.7
c 40.4
d* 127.9
e* 128.4
f 132.7
g 137.1
h 199.8

isopropyl phenyl ketone 374

$C_{10}H_{12}O$

EXPERIMENTAL PARAMETERS

Instr. XL-100
Mode FT
Time 5.3 min
Solv. CDCl₃
Conc. 1ml/2ml solv

ASSIGNMENTS

a   19.1
b   35.2
c * 128.2
d * 128.5
e   132.6
f   136.2
g   204.0

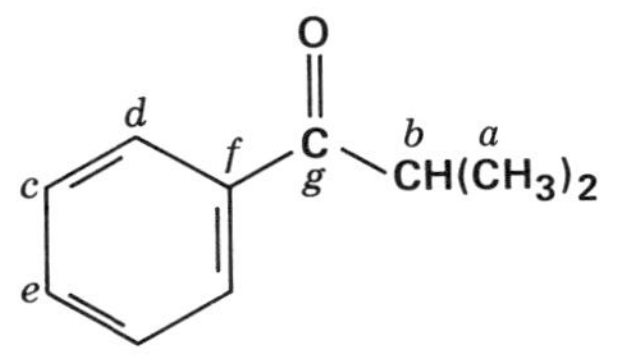

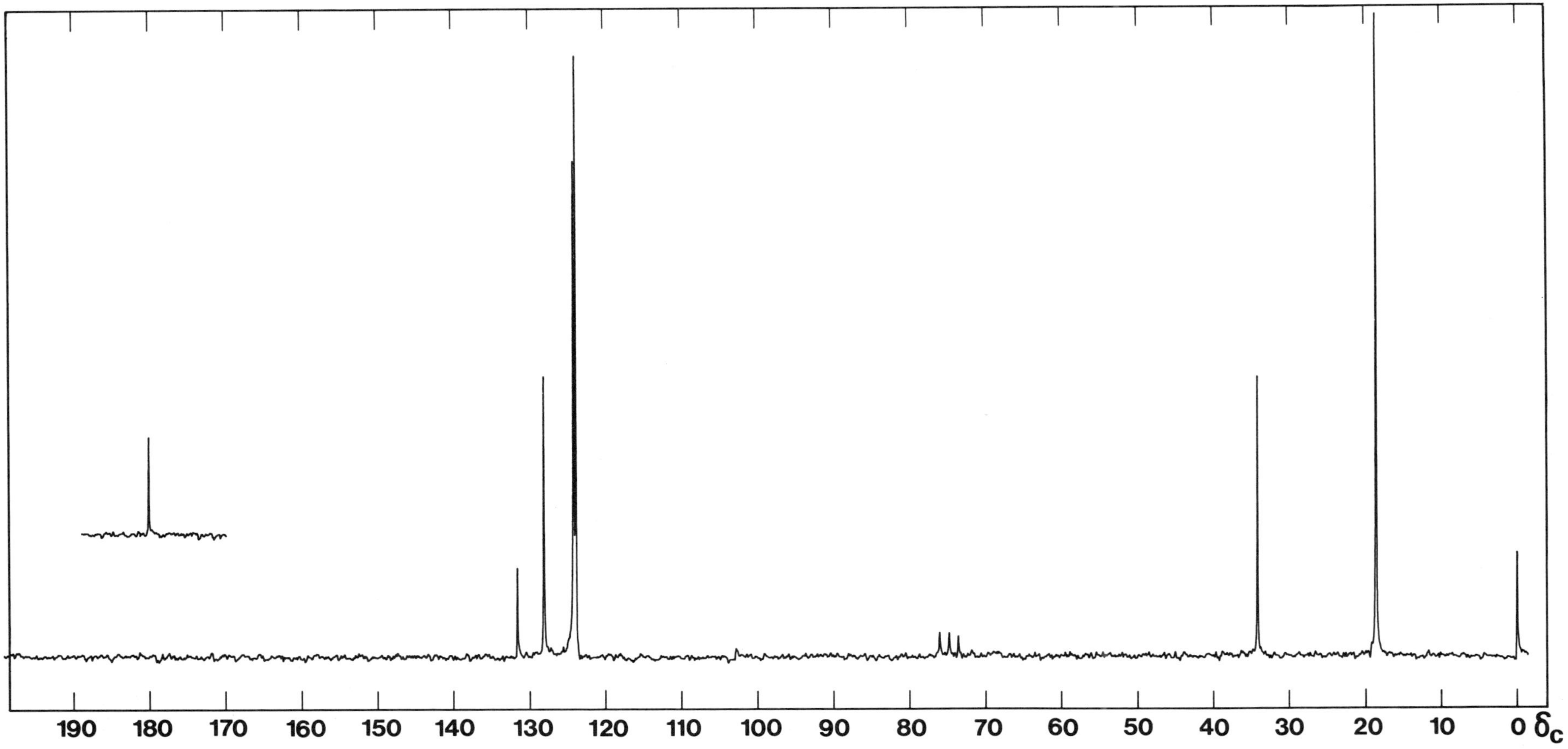

formycin B 375

$C_{10}H_{12}N_4O_5$

ASSIGNMENTS

a	62.5
b	72.1
c	74.9
d	77.6
e	85.6
f	128.5
g	136.5
h	143.1
i	144.6
j	153.7

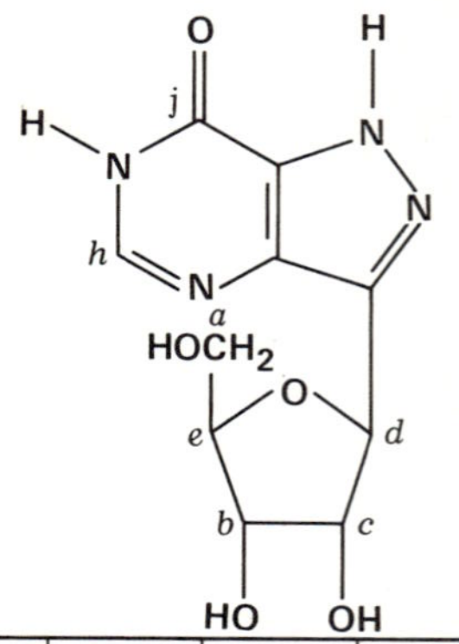

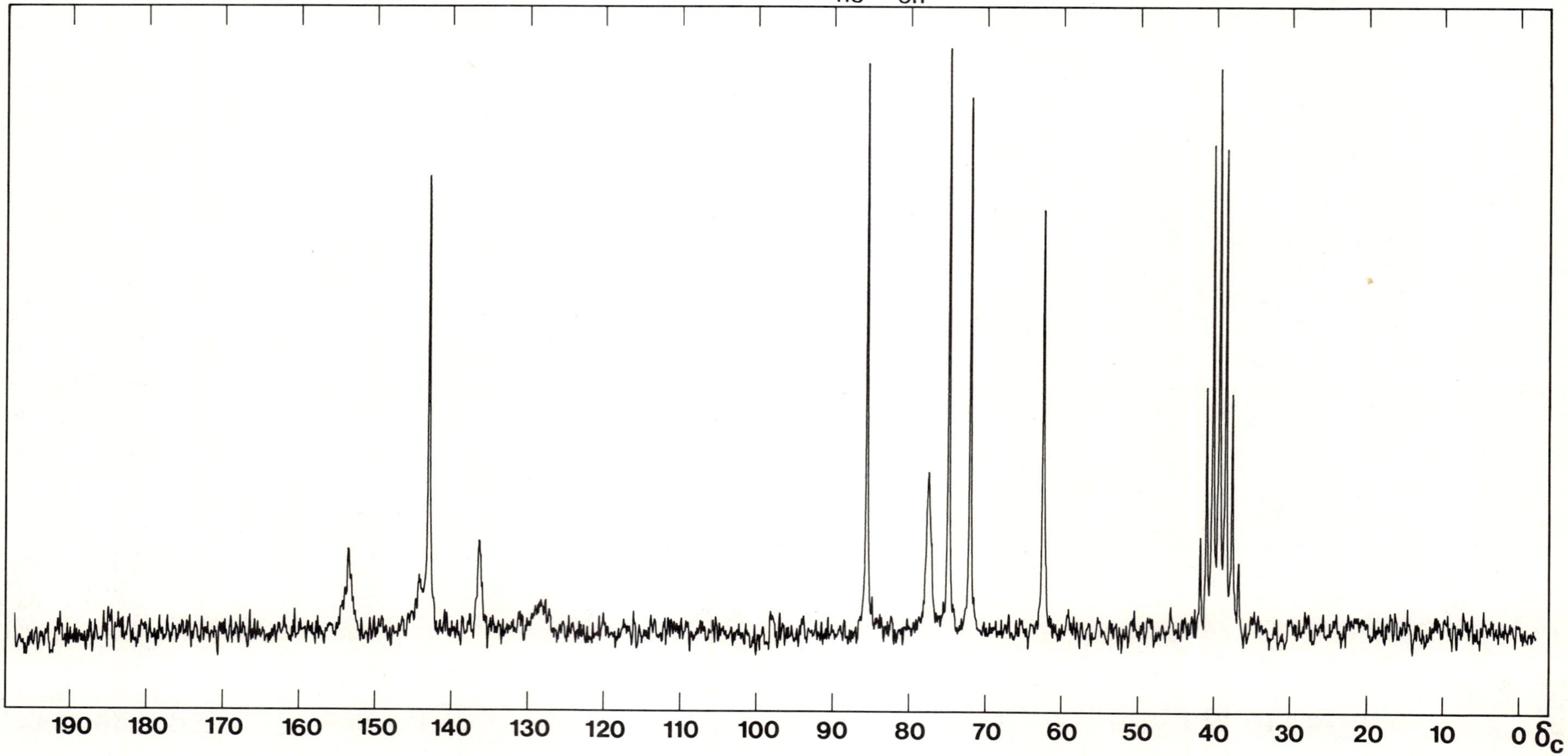

EXPERIMENTAL PARAMETERS

Instr. XL–100
Mode FT
Time 13 min
Solv. DMSO-D$_6$
Conc. .5g/2ml solv

adenosine 376

$C_{10}H_{13}N_5O_4$

EXPERIMENTAL PARAMETERS

Instr.	XL–100
Mode	FT
Time	13 min
Solv.	DMSO-D_6
Conc.	.5g/2ml solv

ASSIGNMENTS

a	61.8
b	70.8
c	73.6
d	86.0
e	88.1
f	119.4
g	140.1
h	149.1
i	152.4
j	156.1

ref 18, 30

9-α-arabinofuranosyl adenine 377 $C_{10}H_{13}N_5O_4$

EXPERIMENTAL PARAMETERS

Instr. XL–100
Mode FT
Time 5.3 min
Solv. DMSO-D$_6$
Conc. .5g/2ml solv

ASSIGNMENTS

a	60.5
b*	74.7
c*	78.8
d†	84.7
e†	87.8
f	118.4
g	139.4
h	148.5
i	151.8
j	155.3

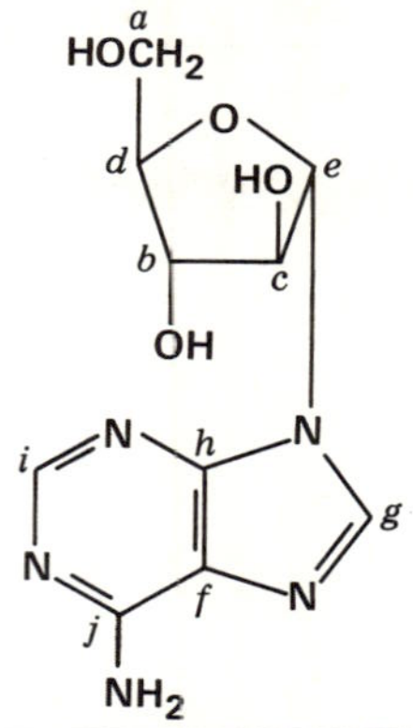

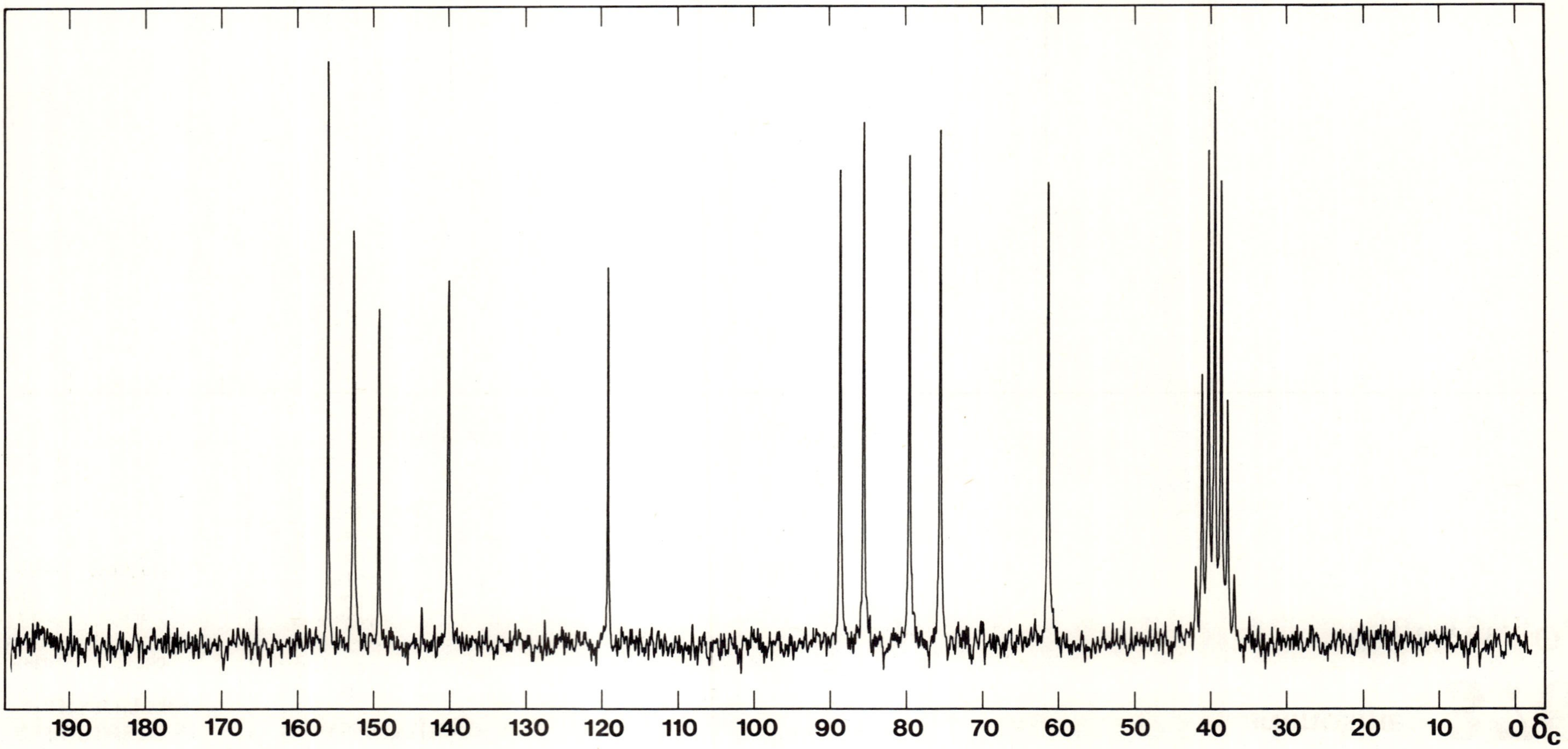

378

9-β-arabinofuranosyl adenine $C_{10}H_{13}N_5O_4$

EXPERIMENTAL PARAMETERS

Instr. XL-100
Mode FT
Time 13 min
Solv. DMSO-D$_6$
Conc. .5g/2ml solv

ASSIGNMENTS

a 61.0
b* 75.1
c* 75.9
d† 83.8
e† 84.1
f 118.4
g 140.5
h 149.5
i 152.5
j 155.9

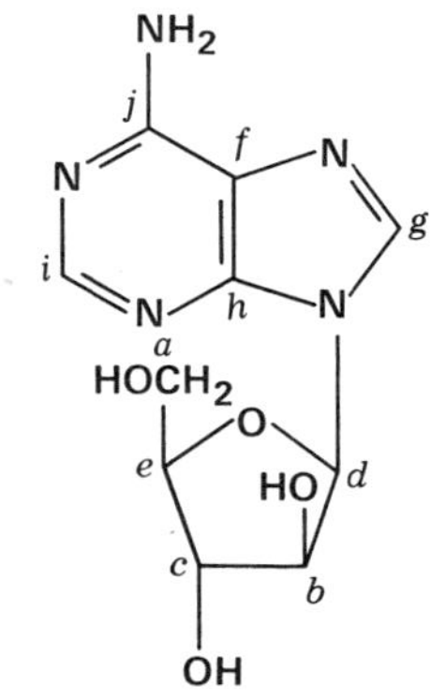

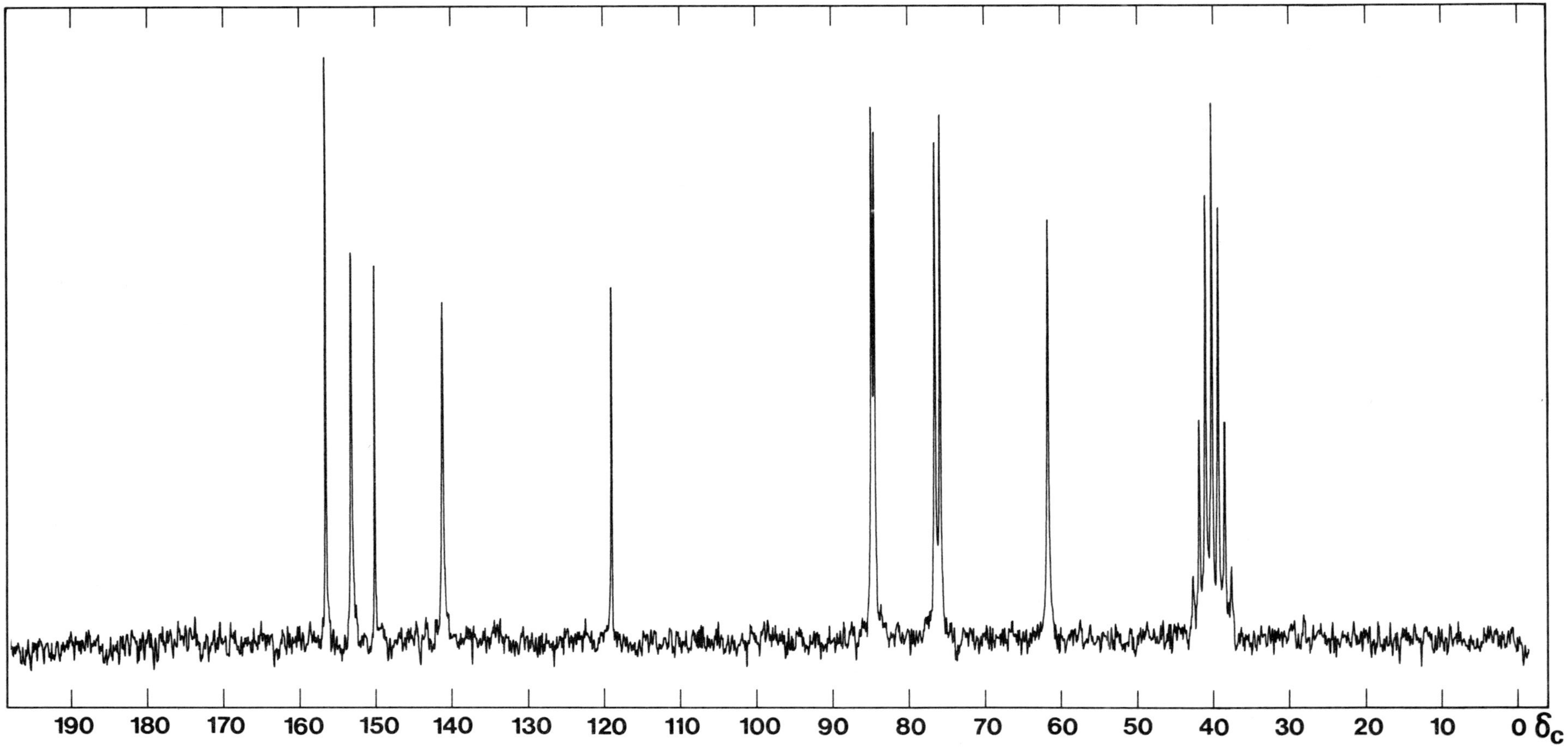

guanosine 379

$C_{10}H_{13}N_5O_5$

ASSIGNMENTS

a	61.6
b	70.6
c	73.9
d	85.5
e	86.7
f	116.7
g	136.1
h	151.5
i	153.8
j	157.1

Ref 18, 30

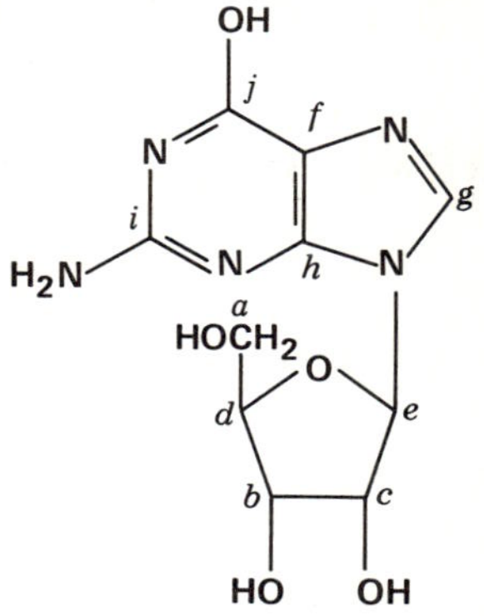

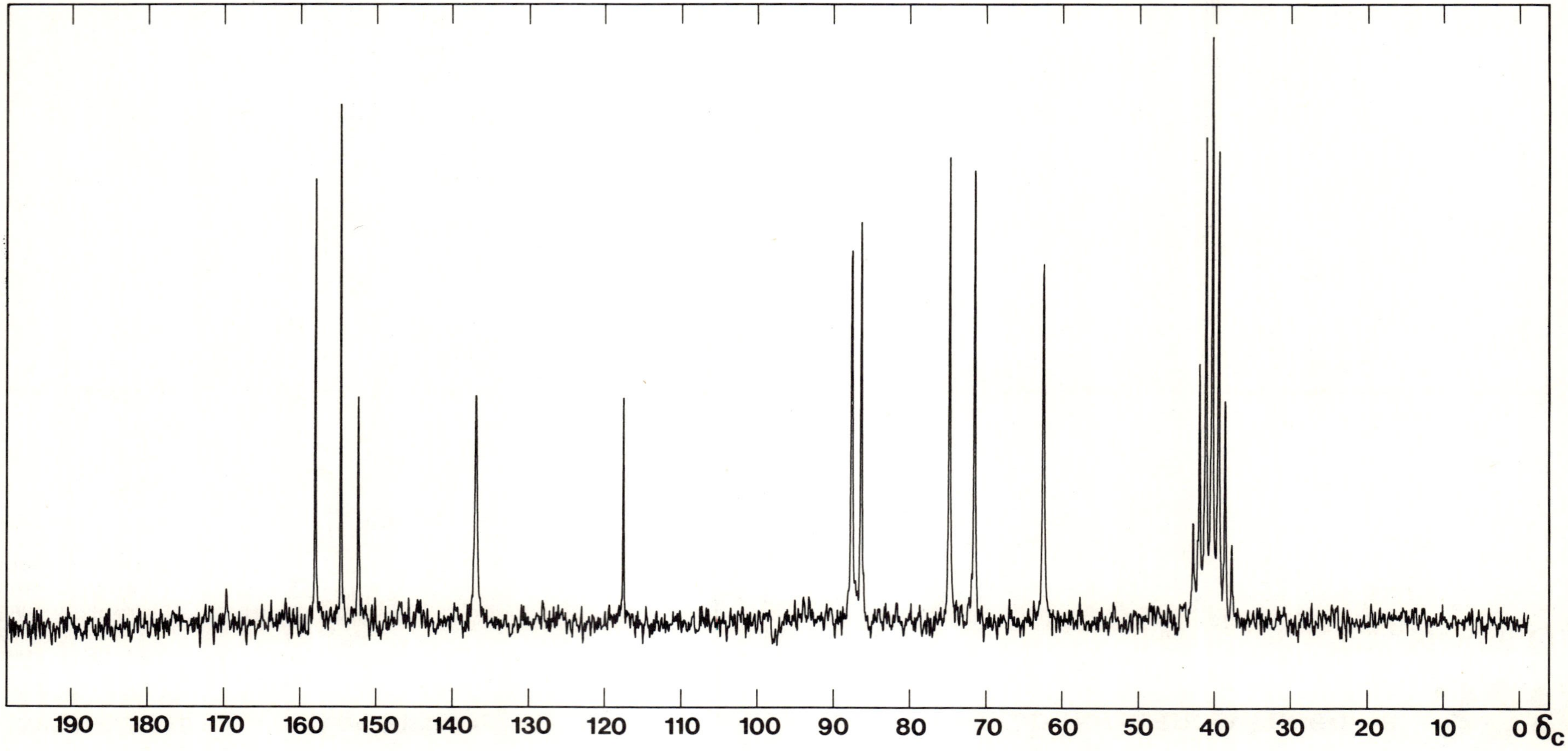

EXPERIMENTAL PARAMETERS

Instr. XL–100
Mode FT
Time 13 min
Solv. DMSO-D_6
Conc. .5g/2ml solv

n-butylbenzene 380

$C_{10}H_{14}$

EXPERIMENTAL PARAMETERS

Instr. HA-100
Mode CW
Time 15 min
Solv. Dioxane
Conc. .5ml/1ml soln

ASSIGNMENTS

a 13.9
b 22.5
c 33.9
d 35.8
e 125.7
f 128.3
g 142.7

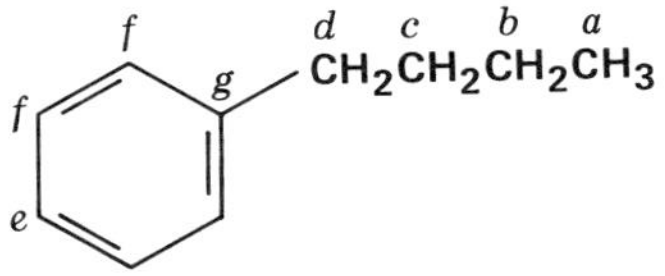

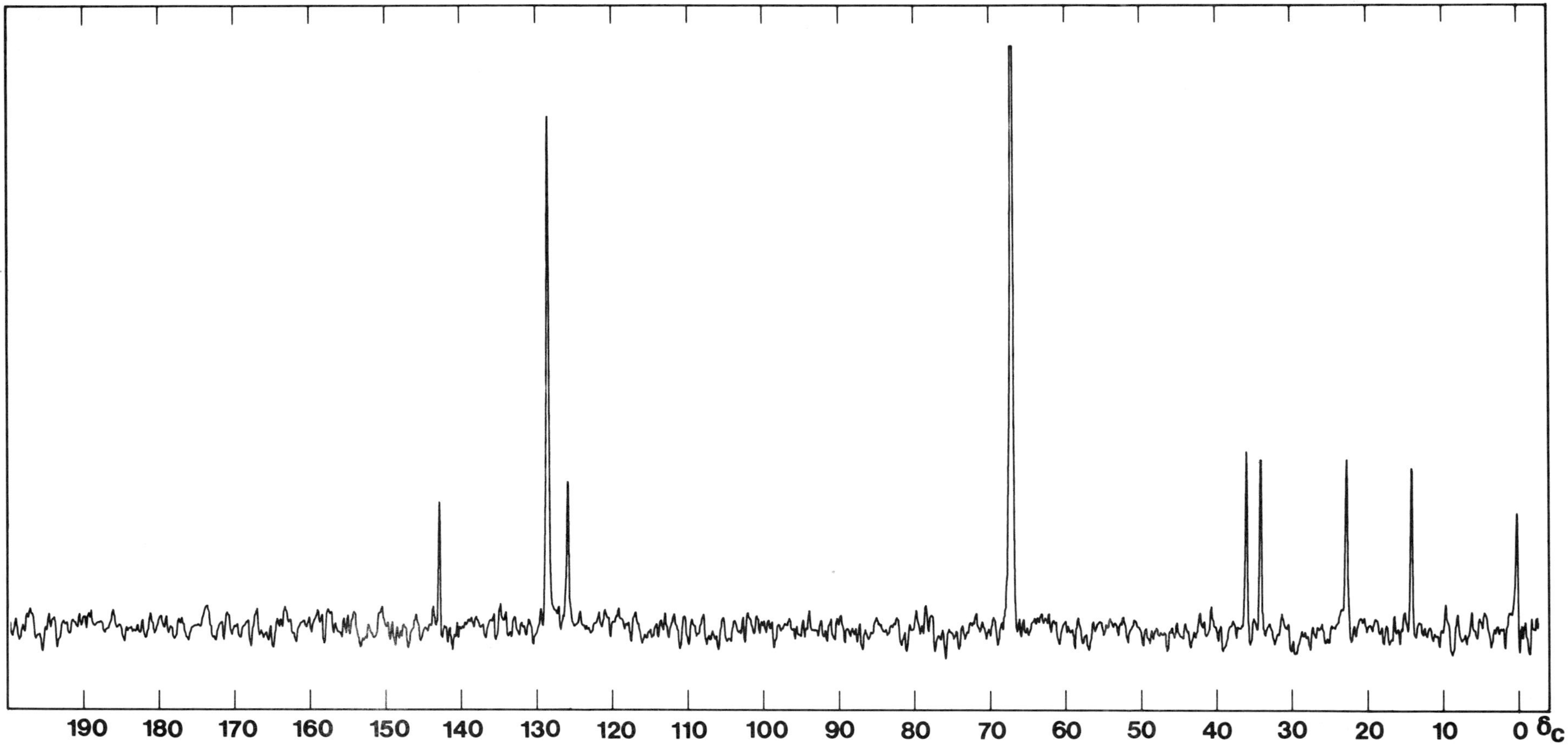

nicotine 381

$C_{10}H_{14}N_2$

ASSIGNMENTS

a	22.8
b	35.6
c	40.0
d	56.8
e	68.7
f	123.2
g	134.2
h	138.9
i *	148.6
j *	149.6

ref 25

EXPERIMENTAL PARAMETERS

Instr. HA–100
Mode CW
Time 15 min
Solv. Dioxane
Conc. .5ml/1ml soln

382 ethylenediaminetetraacetic acid disodium salt

$C_{10}H_{14}N_2O_8Na_2$

$$\left(^{-}O-\overset{O}{\overset{\|}{C}}-CH_2\right)_2 N\overset{a}{C}H_2CH_2N\left(\overset{b}{C}H_2-\overset{c}{\overset{\|}{C}}-O^{-}\right)_2 \quad \overset{2Na^+}{2H^+}$$

EXPERIMENTAL PARAMETERS

Instr. XL–100
Mode FT
Time 15 min
Solv. water
Conc. 350mg/3ml soln

ASSIGNMENTS

a 52.4
b 58.9
c 171.5

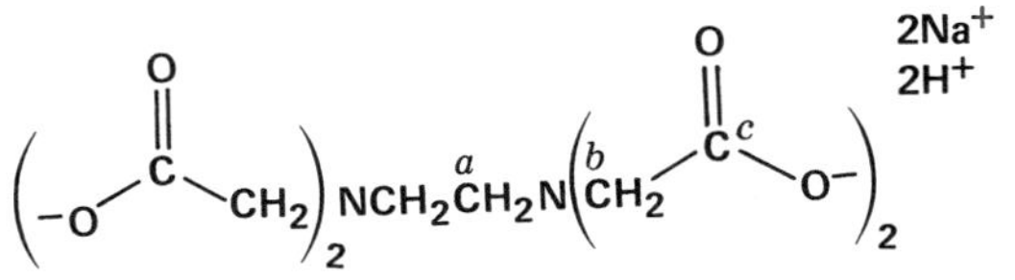

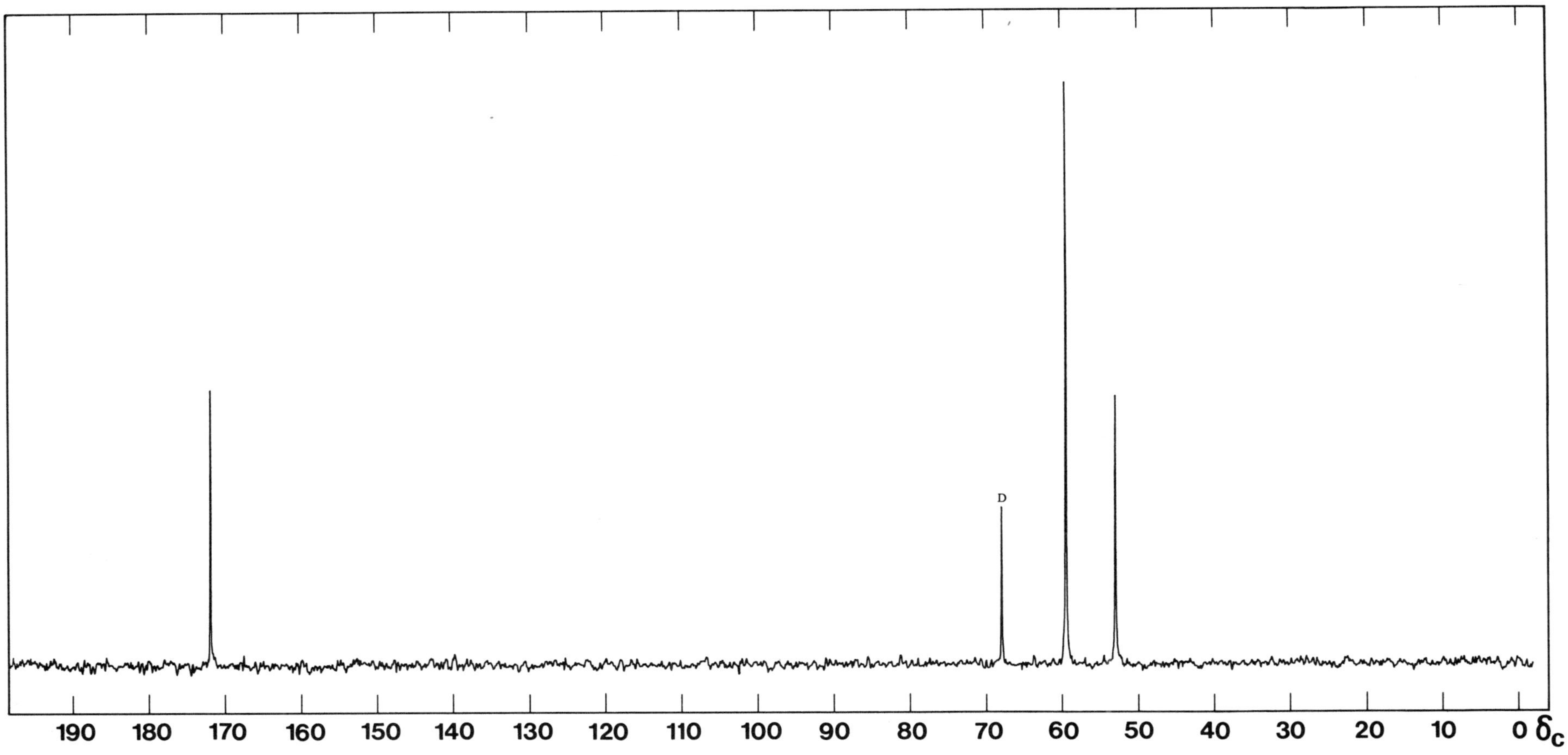

adenosine 5'-triphosphate 383

$C_{10}H_{14}N_5O_{13}P_3Na_2$

ASSIGNMENTS

- a   66.1
- b   70.9
- c   75.6
- d   84.8
- e   88.8
- f   118.8
- g   143.0
- h   146.2
- i*   148.7
- j*   150.6

J_{CCOP} = 8.8 Hz
J_{COP} = 4.7 Hz

ref 22, 30

EXPERIMENTAL PARAMETERS

- Instr.   XL-100
- Mode   FT
- Time   53 min
- Solv.   water
- Conc.   .5g/2ml solv
- Pulse Width 60 μ sec

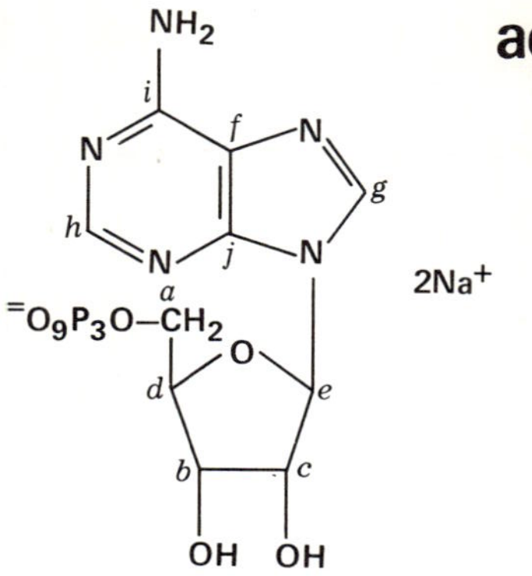

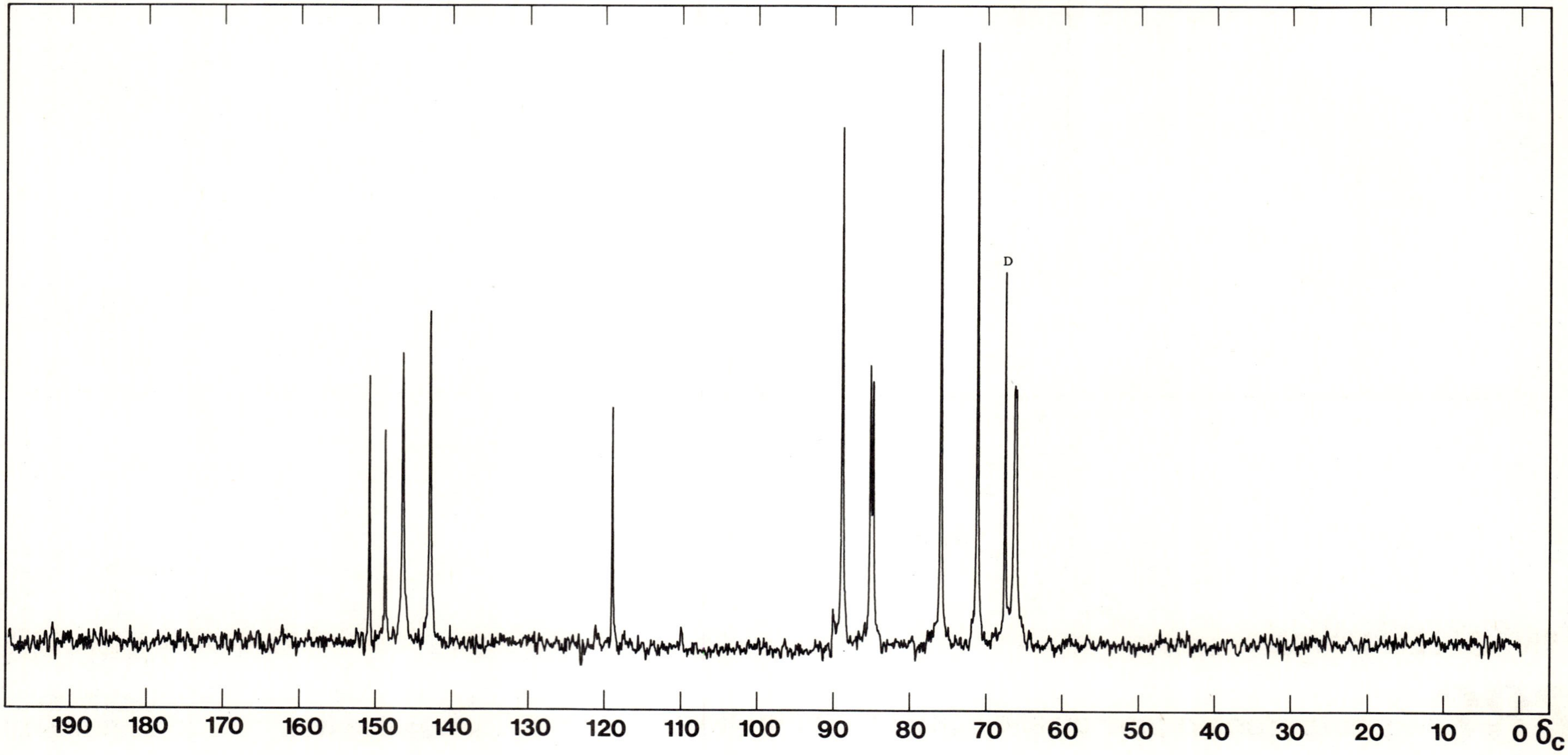

384

adenosine 5′-triphosphate

$C_{10}H_{14}N_5O_{13}P_3Na_2$ · 4Na$^+$

EXPERIMENTAL PARAMETERS

Instr. XL-100
Mode FT
Time 15 min
Solv. water (basic)
Conc. .5g/2ml solv
Pulse Width 60 μ sec

ASSIGNMENTS

a	66.2
b	70.9
c	75.3
d	84.4
e	88.1
f	118.8
g	140.4
h	149.1
i	153.3
j	155.6

J_{CCOP} = ca. 8Hz
J_{COP} = ca. 4Hz

ref 30

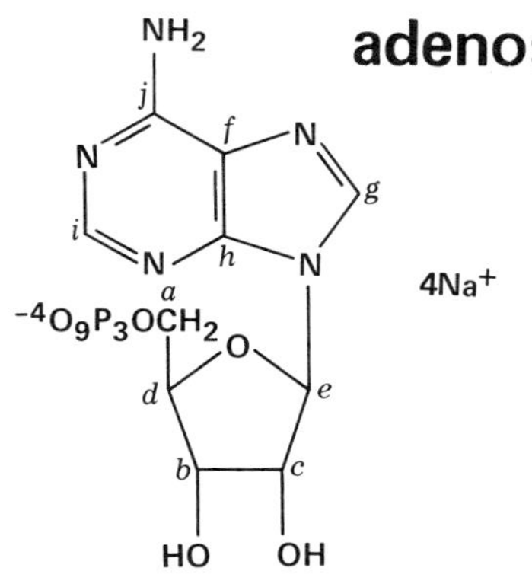

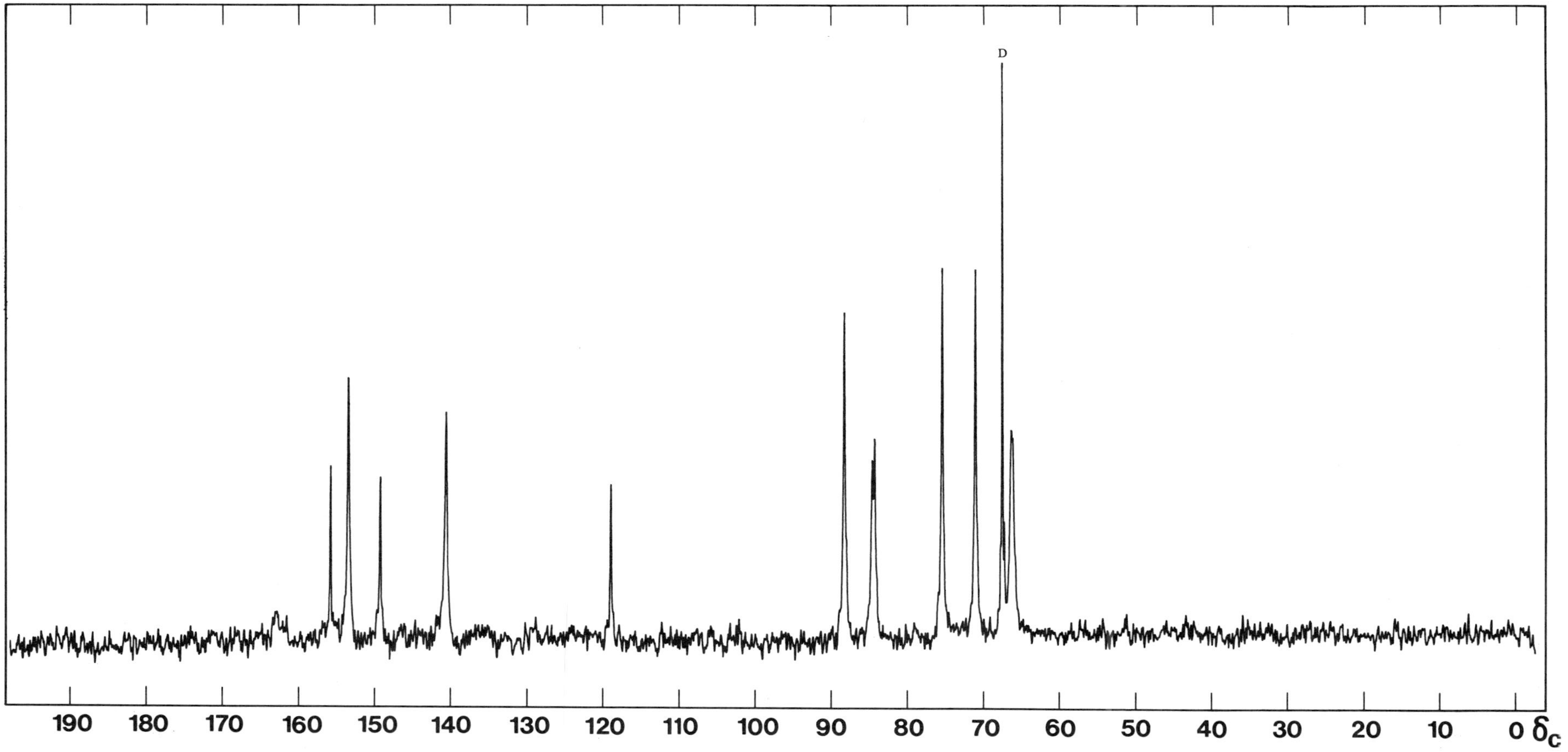

385 2-tert-butylphenol

$C_{10}H_{14}O$

ASSIGNMENTS

- a 29.5
- b 34.4
- c 116.6
- d 120.5
- e 126.9
- f 136.1
- g 154.0

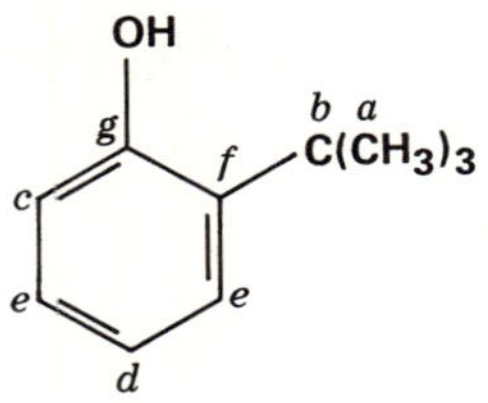

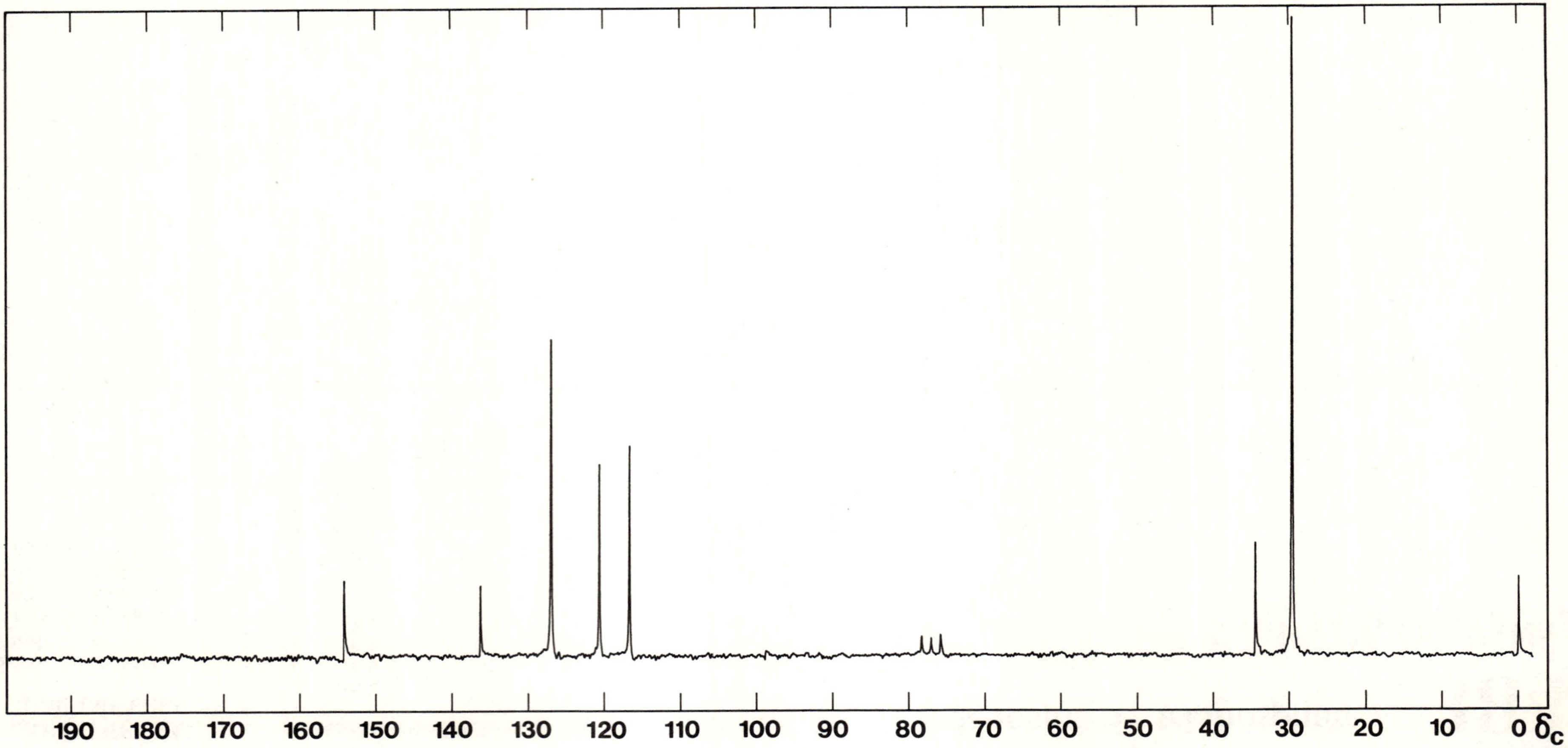

EXPERIMENTAL PARAMETERS

- Instr. XL–100
- Mode FT
- Time 5.3 min
- Solv. CDCl$_3$
- Conc. 1ml/2ml solv

carvone 386
$C_{10}H_{14}O$

EXPERIMENTAL PARAMETERS

Instr. XL-100
Mode FT
Time 5.3 min
Solv. $CDCl_3$
Conc. 1ml/2ml solv

ASSIGNMENTS

a	15.6
b	20.4
c	31.2
d	42.5
e	43.1
f	110.4
g	135.3
h	144.2
i	146.6
j	198.6

ref 23

verbenone 387
C₁₀H₁₄O

EXPERIMENTAL PARAMETERS

Instr.	XL-100
Mode	FT
Time	5.3 min
Solv.	CDCl₃
Conc.	1ml/2ml solv

ASSIGNMENTS

a	21.9
b	23.3
c	26.4
d	40.6 t
e	49.6 d
f	53.6 s
g	57.5 d
h	121.0
i	169.7
j	203.0

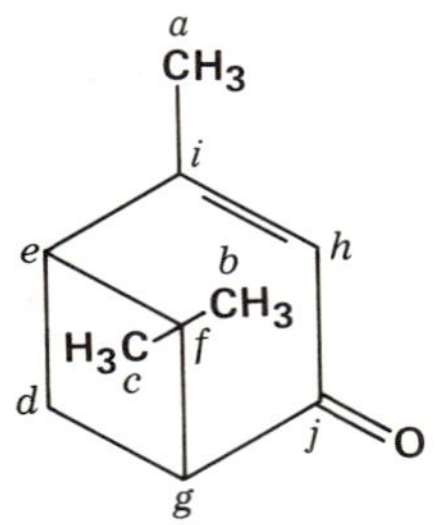

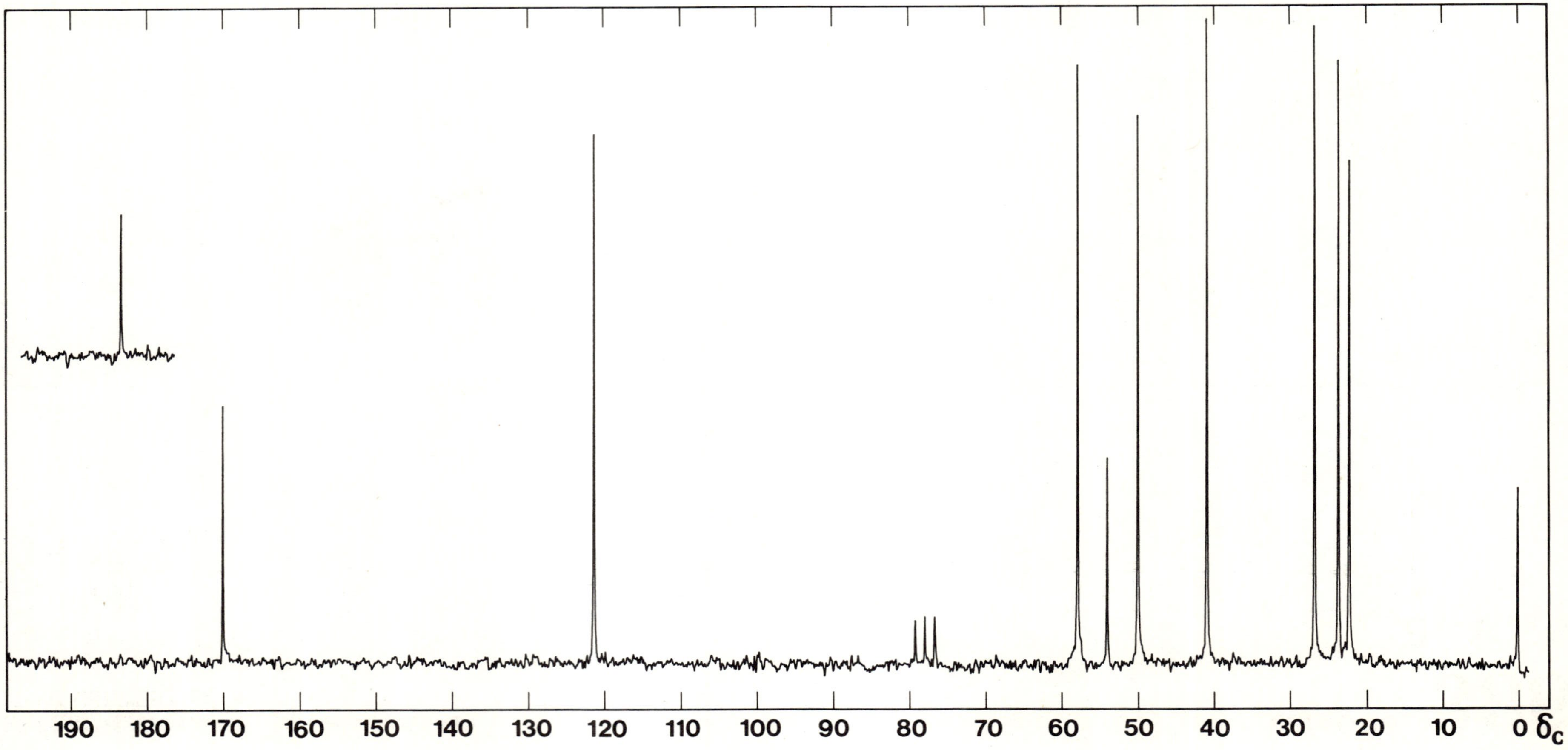

N-benzyl isopropylamine 388

$C_{10}H_{15}N$

EXPERIMENTAL PARAMETERS

Instr. HA-100
Mode CW
Time 15 min
Solv. Dioxane
Conc. .5ml/1ml soln

ASSIGNMENTS

a	23.1
b	48.2d
c	51.6t
d	126.5
e	128.1
f	141.7s

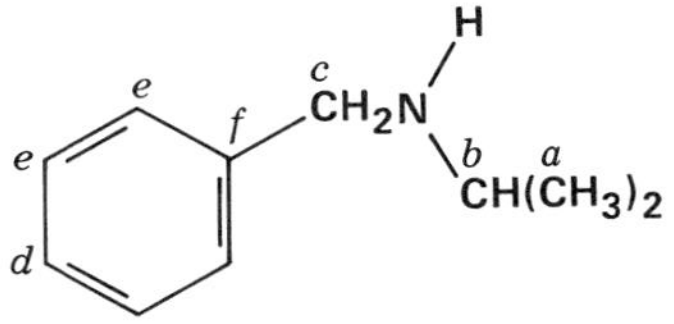

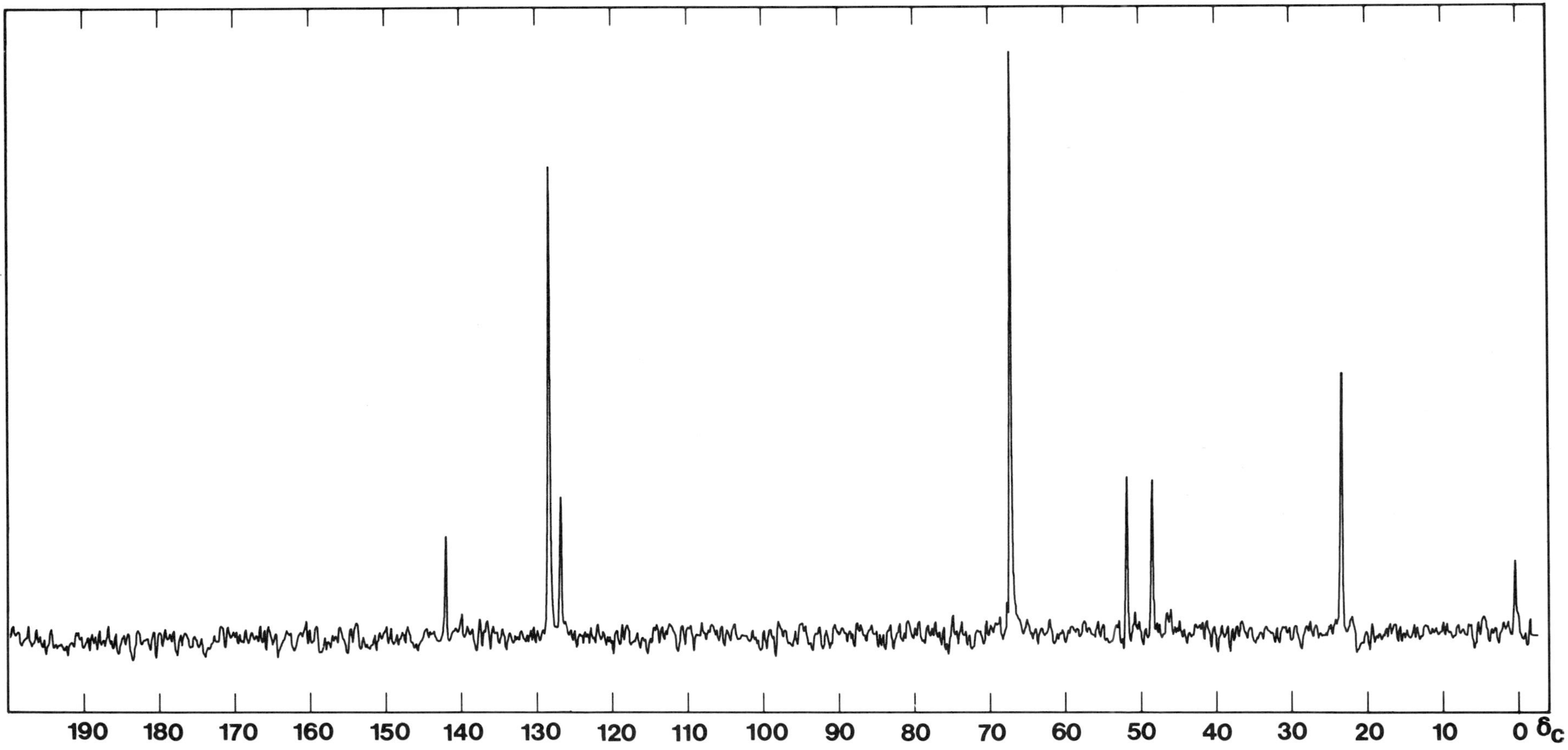

N-sec-butylaniline

389

$C_{10}H_{15}N$

EXPERIMENTAL PARAMETERS

Instr. XL–100
Mode FT
Time 5.3 min
Solv. CDCl$_3$
Conc. 1ml/2ml solv

ASSIGNMENTS

a 10.2
b 20.1
c 29.6t
d 49.7
e 113.1
f 116.6
g 129.1
h 147.7

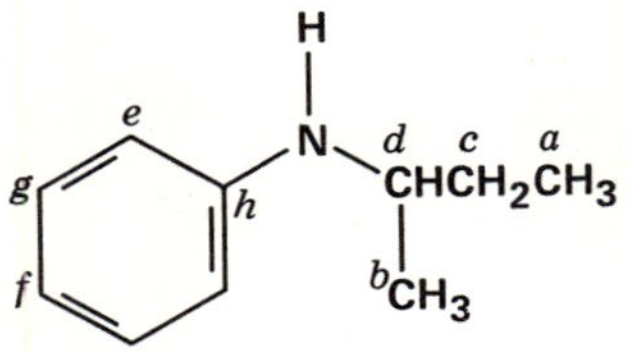

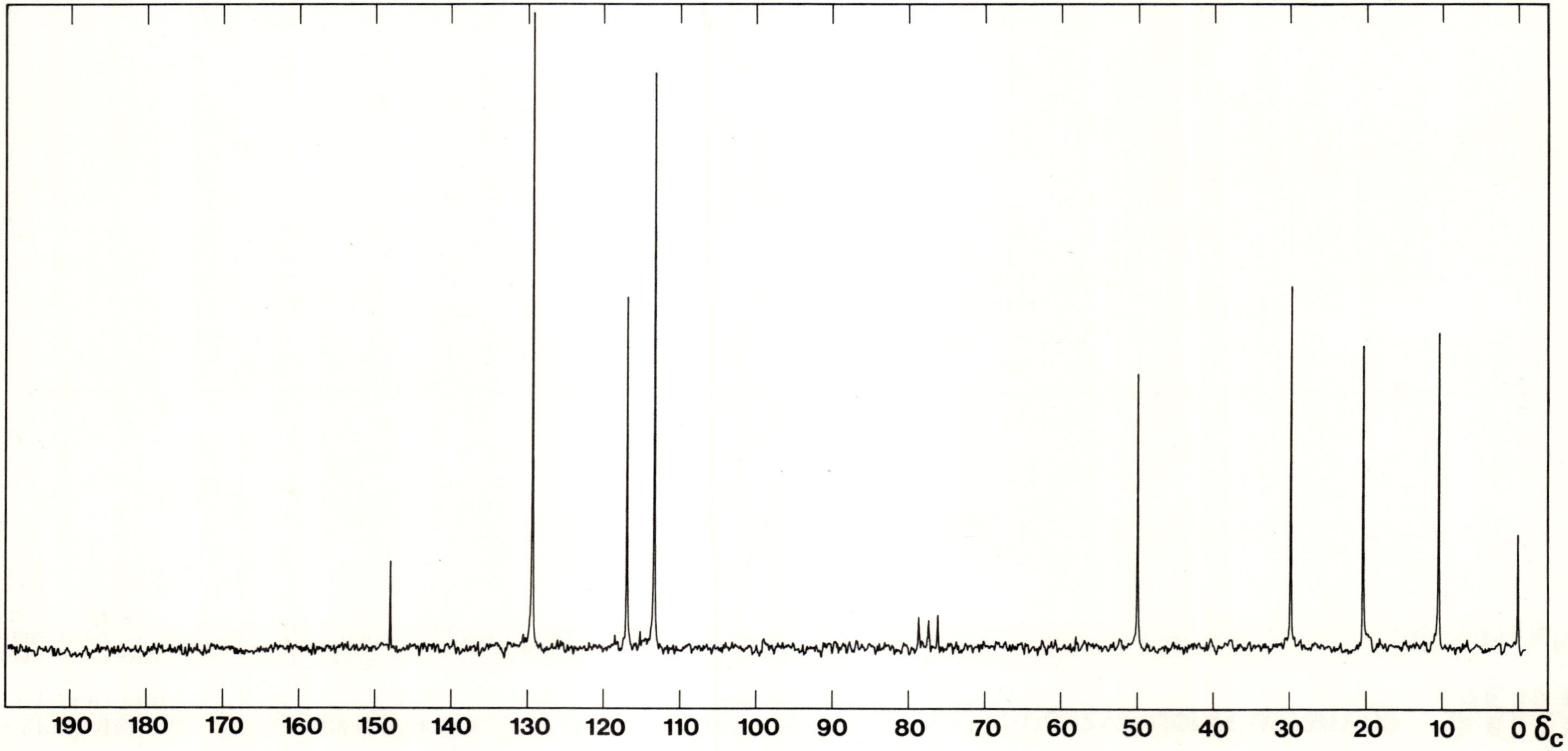

N,N-diethylaniline 390

$C_{10}H_{15}N$

EXPERIMENTAL PARAMETERS

Instr. XL-100
Mode FT
Time 5.3 min
Solv. CDCl$_3$
Conc. 1ml/2ml solv

ASSIGNMENTS

a 12.5
b 44.2
c 112.0
d 115.5
e 129.1
f 147.8

2,6-diethylaniline

391

$C_{10}H_{15}N$

EXPERIMENTAL PARAMETERS

Instr. XL-100
Mode FT
Time 5.3 min
Solv. CDCl$_3$
Conc. 1ml/3ml soln

ASSIGNMENTS

a	12.9
b	24.2
c	118.1d
d	125.9
e	127.4s
f	141.5

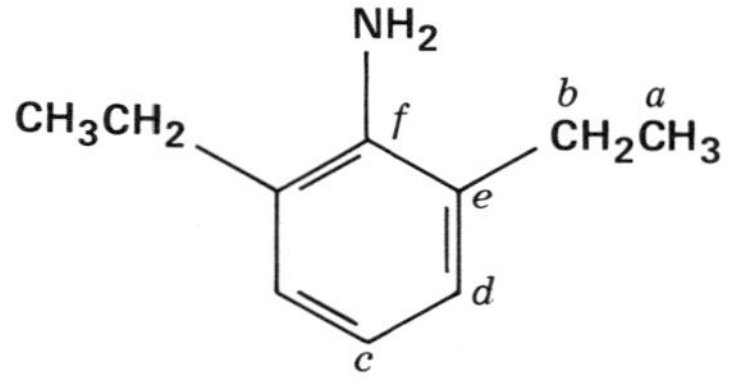

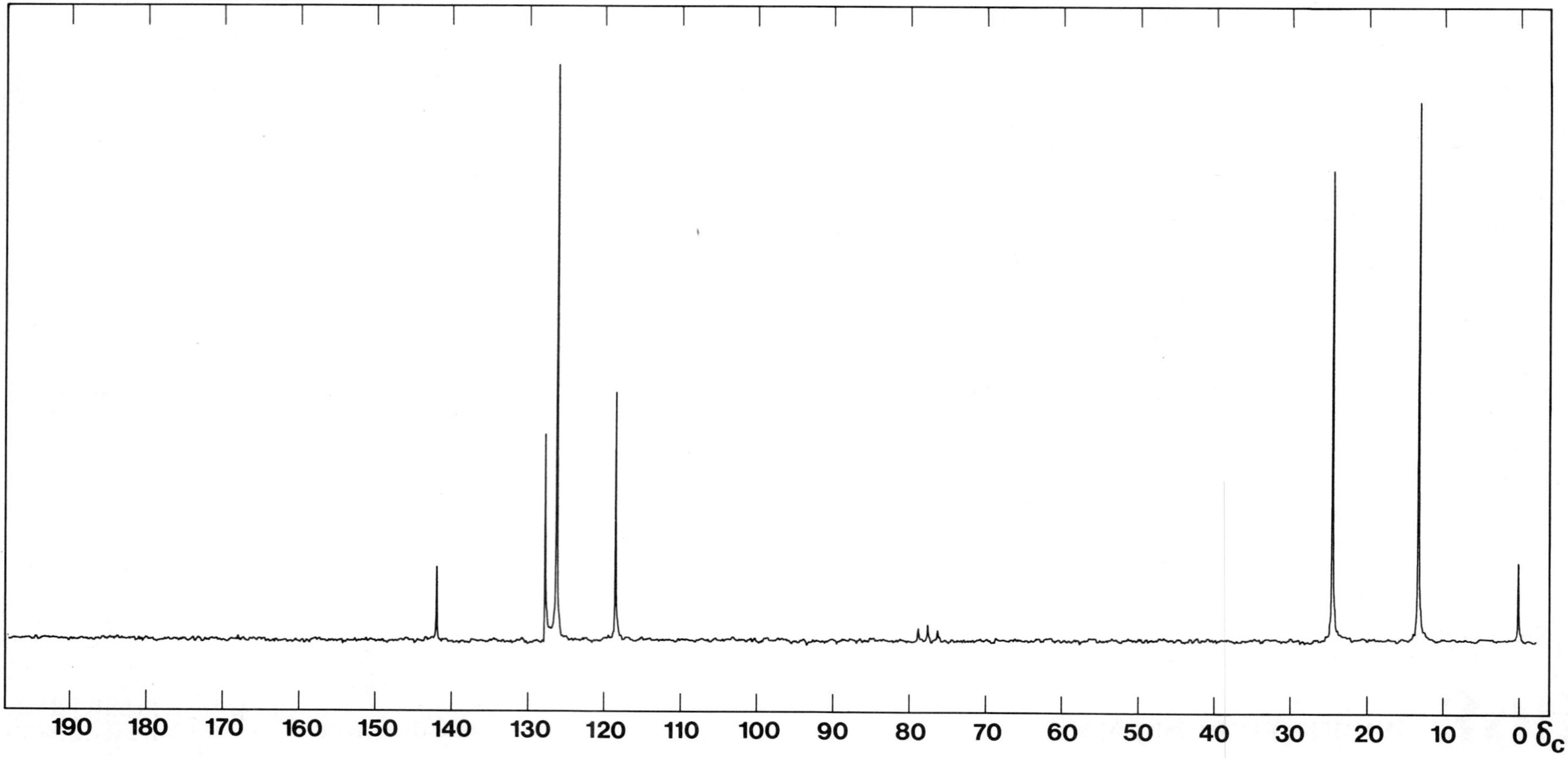

β-(3,4-dimethoxyphenyl)-ethylamine 392

$C_{10}H_{15}NO_2$

EXPERIMENTAL PARAMETERS

Instr. XL–100
Mode FT
Time 5.3 min
Solv. CDCl$_3$
Conc. 1ml/3ml soln

ASSIGNMENTS

a	*	39.8
b	*	43.7
c	†	55.8
d	†	55.9
e	‡	111.7
f	‡	112.4
g		120.7
h		132.6
i	□	147.6
j	□	149.1

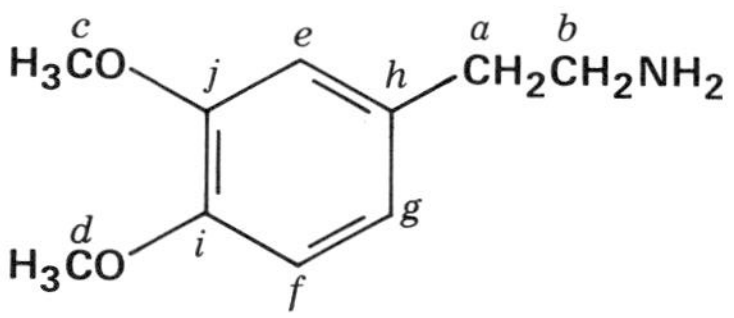

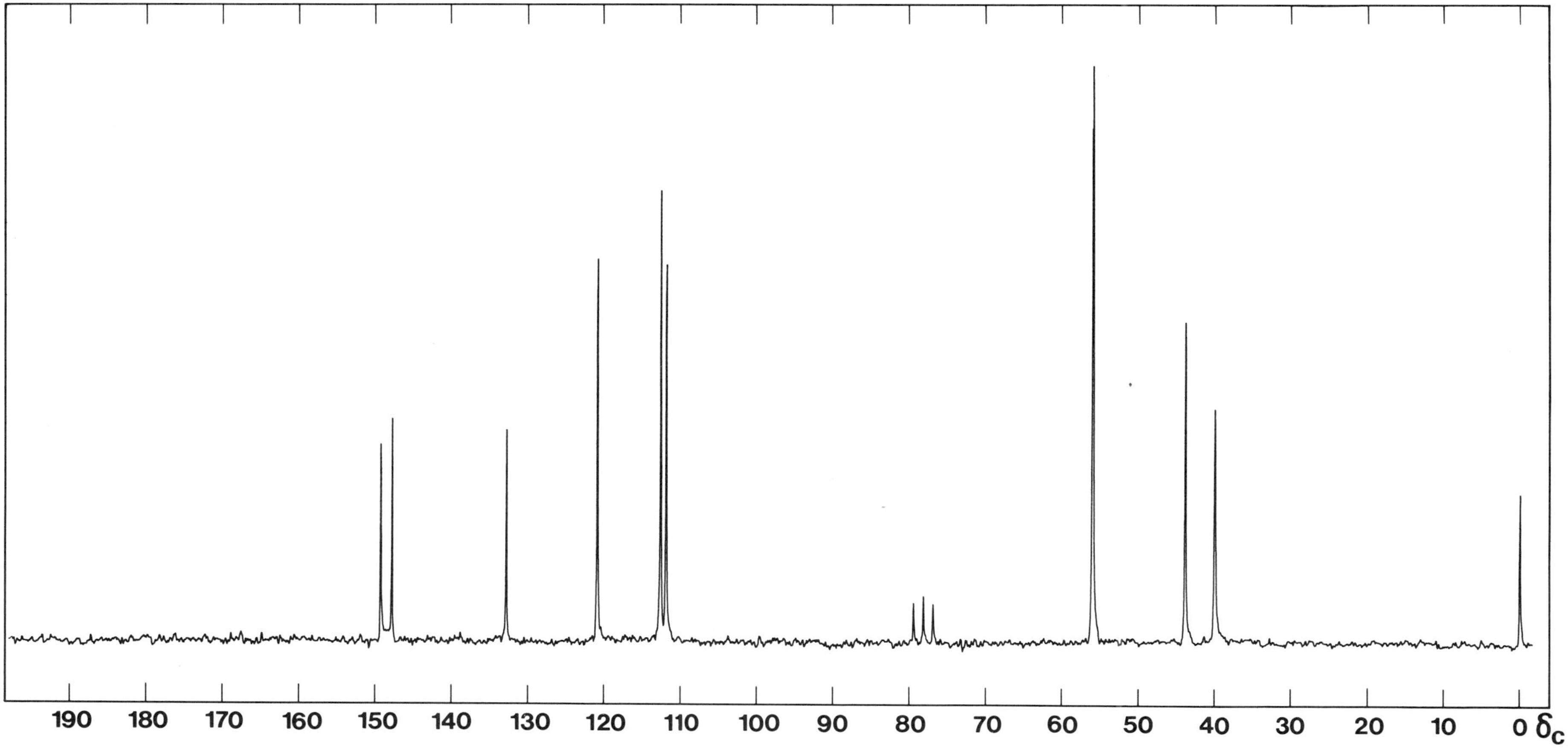

camphene 393

$C_{10}H_{16}$

EXPERIMENTAL PARAMETERS

Instr. XL-100
Mode FT
Time 5.3 min
Solv. CDCl$_3$
Conc. 1g/3ml soln

ASSIGNMENTS

a 23.8 t
b 25.8 q
c 28.9 t
d 29.4 q
e 37.4 t
f 41.7 s
g* 47.0 d
h* 48.2 d
i 99.1 t
j 165.9 s

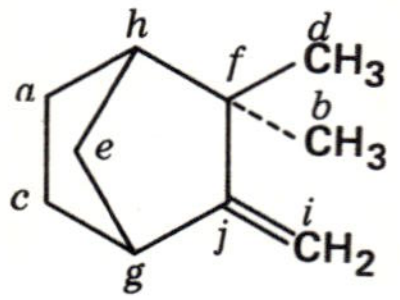

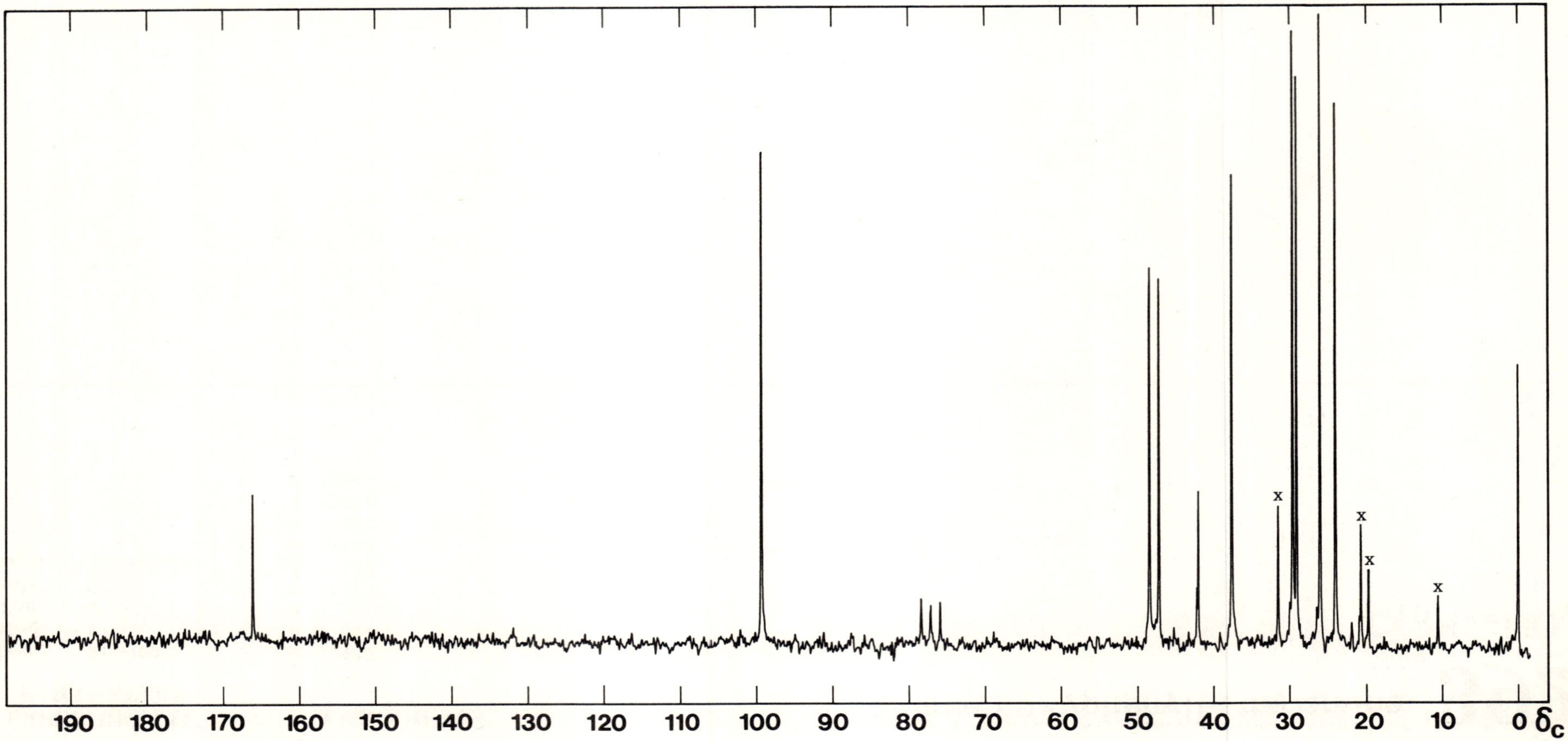

3-carene   394

$C_{10}H_{16}$

EXPERIMENTAL PARAMETERS

Instr. XL-100
Mode FT
Time 5.3 min
Solv. CDCl₃
Conc. 1ml/2ml solv

ASSIGNMENTS

a   13.1q
b   16.7s
c * 16.8d
d * 18.7d
e   20.8t
f   23.6q
g   24.9t
h   28.4q
i   119.5
j   131.2

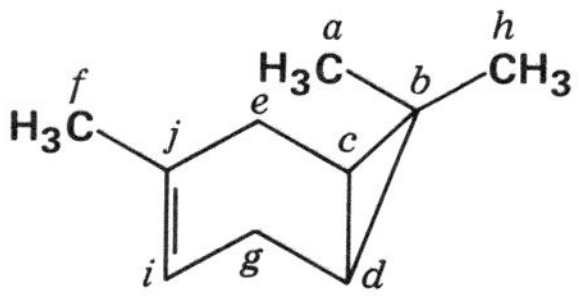

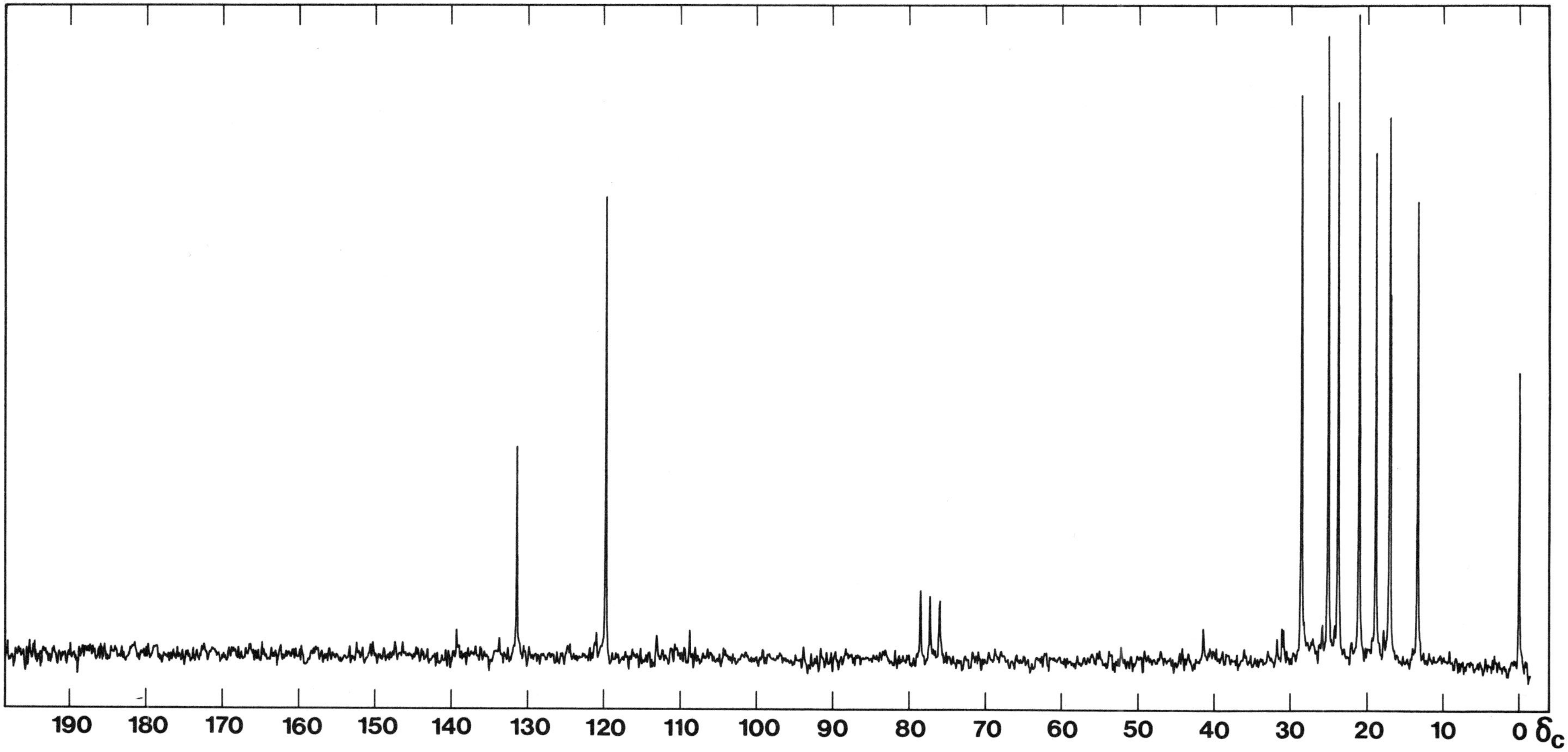

β-pinene 395

$C_{10}H_{16}$

EXPERIMENTAL PARAMETERS

Instr. XL-100
Mode FT
Time 5.3 min
Solv. CDCl$_3$
Conc. 1ml/2ml solv

ASSIGNMENTS

a 21.8
b 23.6
c 26.1
d 27.0
e 40.5
f 51.9
g 106.0
h 151.8

Sample impure.

α-pinene   396

$C_{10}H_{16}$

EXPERIMENTAL PARAMETERS

Instr. HA–100
Mode CW
Time 15 min
Solv. Dioxane
Conc. .5ml/1ml soln

ASSIGNMENTS

a 20.8q
b * 22.8q
c * 26.4q
d 31.5
e 38.1s
f 41.0
g 47.3d
h 116.1
i 144.2

ref 23

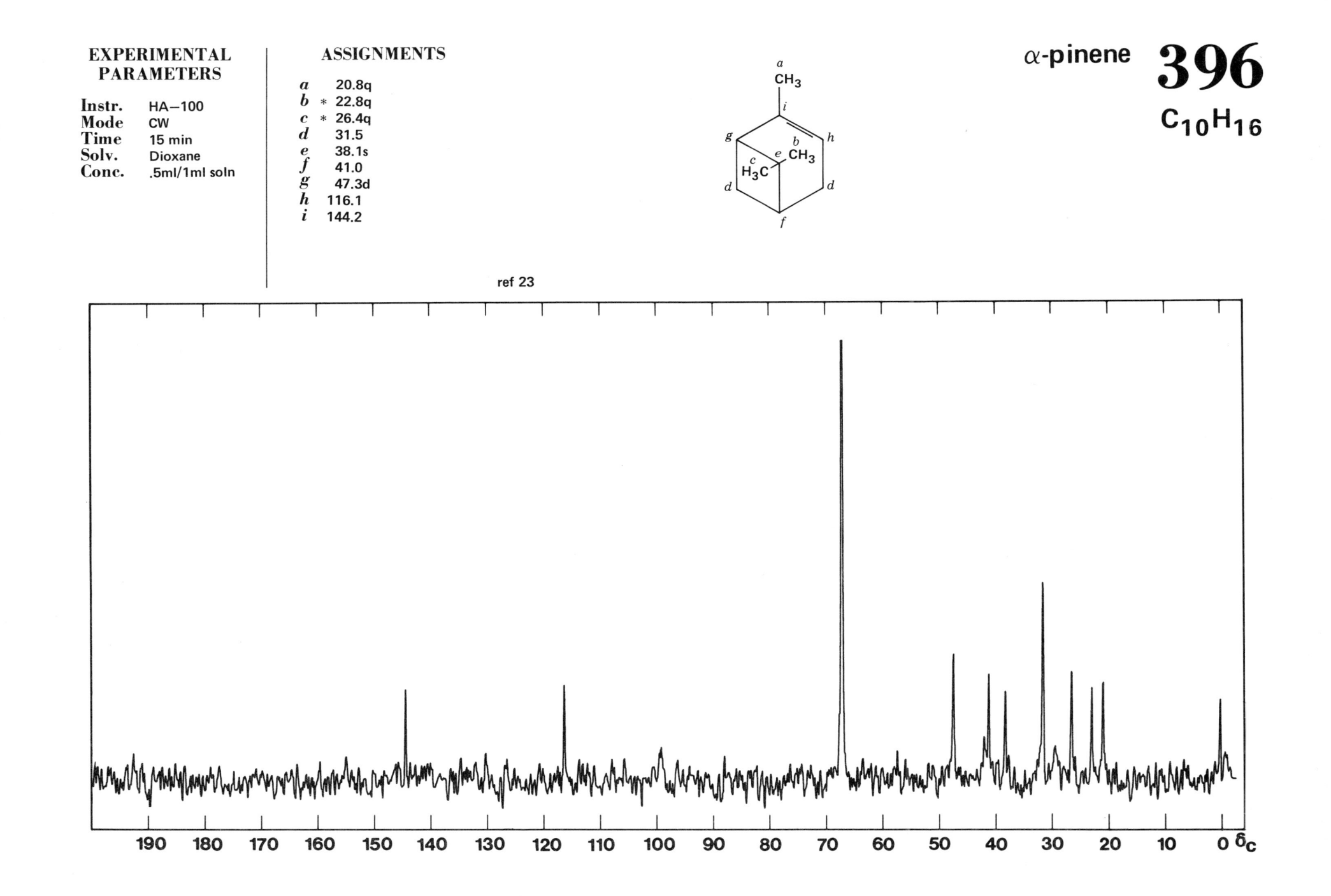

camphor 397

$C_{10}H_{16}O$

EXPERIMENTAL PARAMETERS

Instr.	XL–100
Mode	FT
Time	5.3 min
Solv.	CDCl$_3$
Conc.	1g/2ml solv

ASSIGNMENTS

a	9.2
b	19.1
c	19.7
d	27.0
e	29.9
f	43.1
g	43.2
h	46.6
i	57.4
j	218.4

ref 21

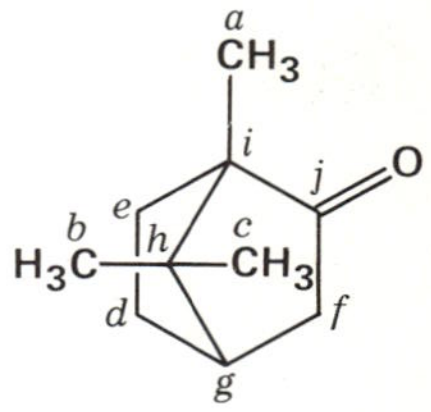

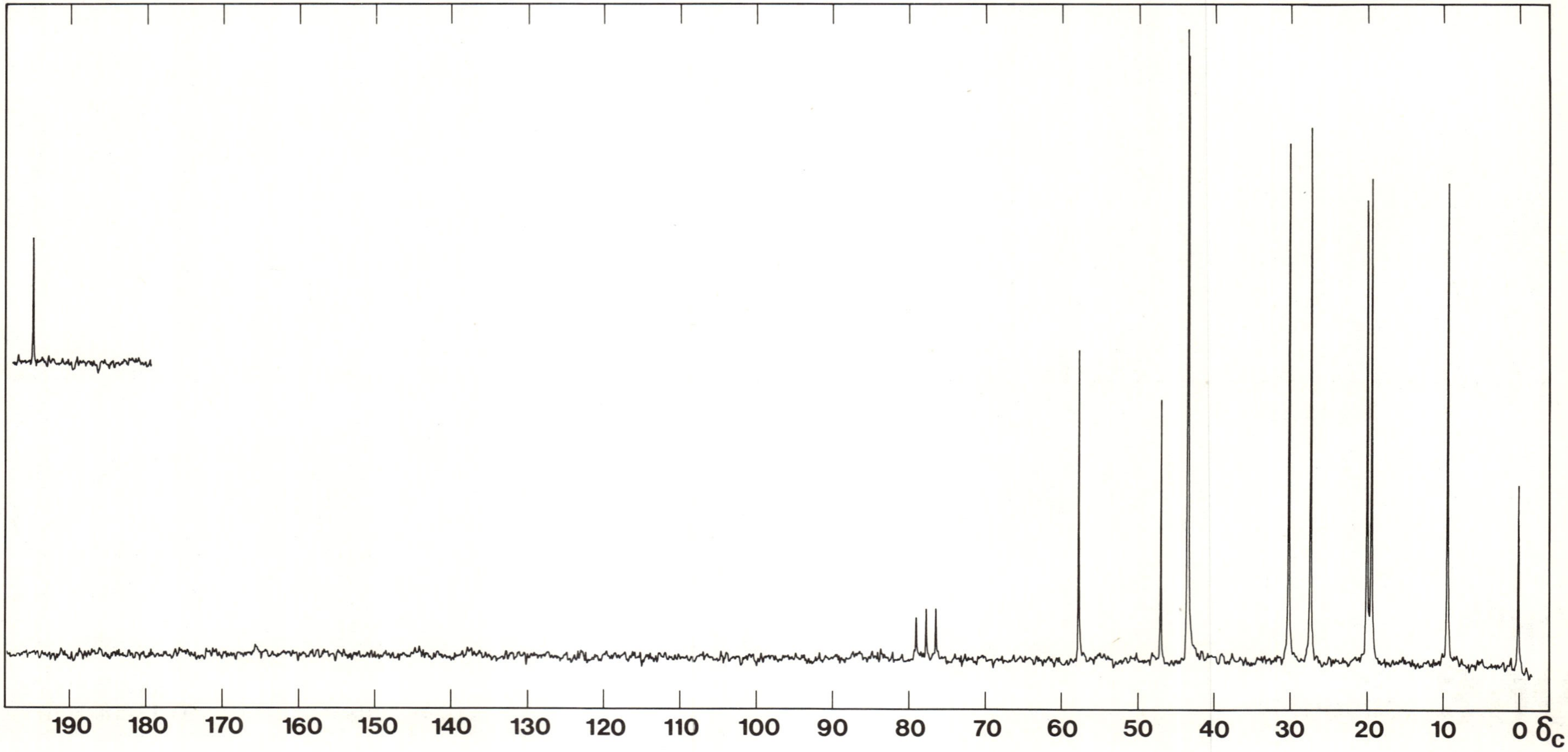

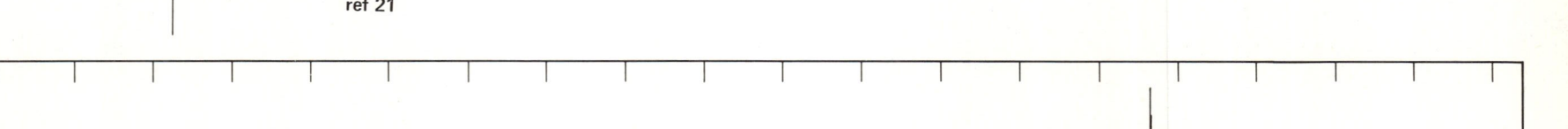

fenchone 398

$C_{10}H_{16}O$

EXPERIMENTAL PARAMETERS

Instr.	XL-100
Mode	FT
Time	5.3 min
Solv.	CDCl₃
Conc.	1ml/2ml solv

ASSIGNMENTS

a	14.5
b	21.6
c	23.3
d	24.9
e	31.8
f	41.6
g	45.3
h	47.2
i	53.9
j	222.3

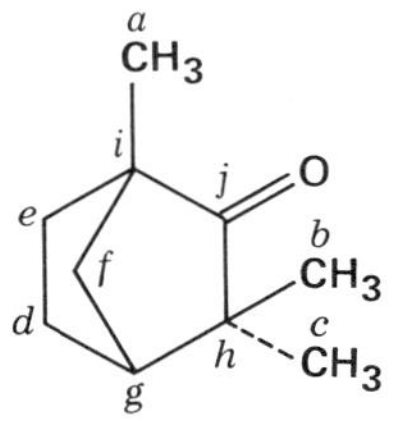

Impurity is camphor.

ref 21

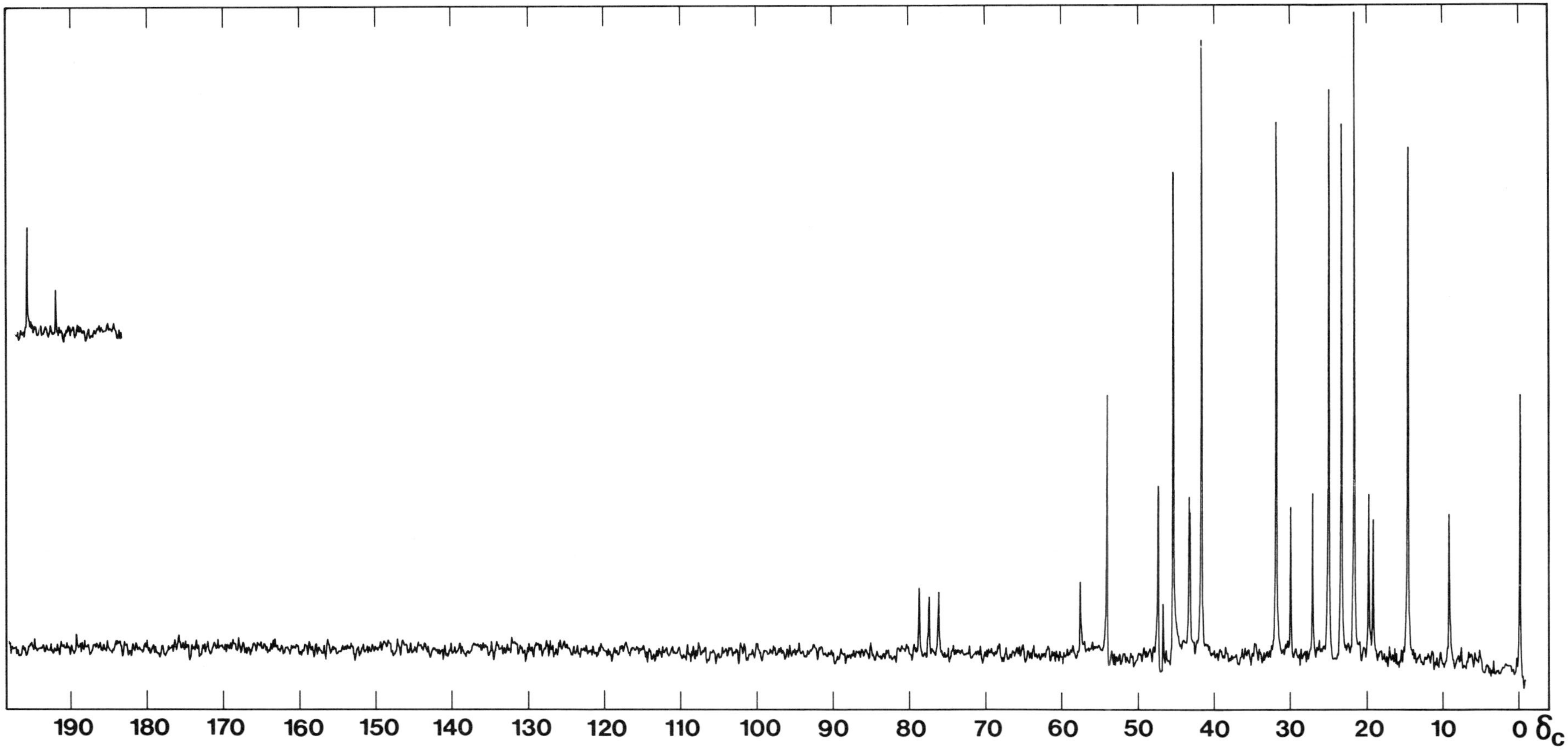

pulegone 399

$C_{10}H_{16}O$

EXPERIMENTAL PARAMETERS

Instr.	XL–100
Mode	FT
Time	5.3 min
Solv.	CDCl$_3$
Conc.	1ml/2ml solv

ASSIGNMENTS

a	21.7
b *	22.0
c *	22.9
d	28.5
e	31.5
f	32.8
g	50.7
h	131.7
i	141.5
j	199.1

Sample impure.

ref 23

limonene 400

$C_{10}H_{18}$

EXPERIMENTAL PARAMETERS

Instr.	XL–100
Mode	FT
Time	5 min
Solv.	CDCl$_3$
Conc.	1ml/2ml solv

ASSIGNMENTS

a	20.7
b	23.4
c	28.0
d *	30.7
e *	30.9
f	41.2
g	108.4
h	120.7
i	133.5
j	149.9

ref 23

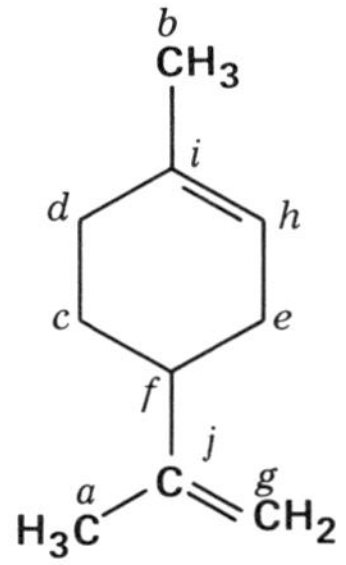

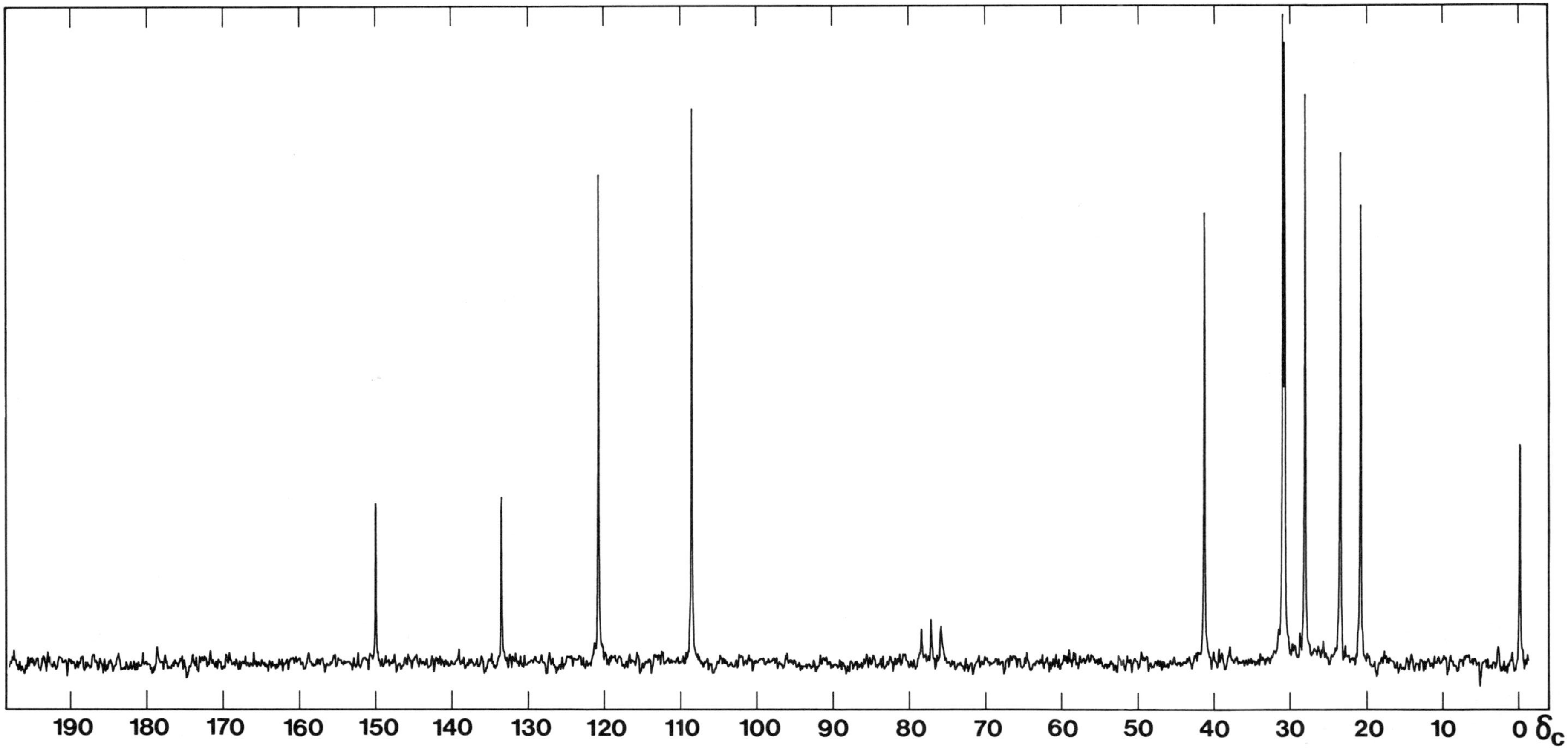

decalin 401

$C_{10}H_{18}$

ASSIGNMENTS

a	24.5
b	27.1
c	29.7
d	34.6
e	36.8
f	44.0

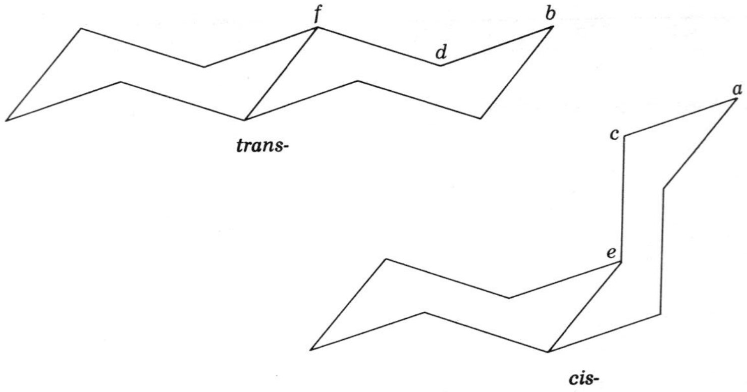

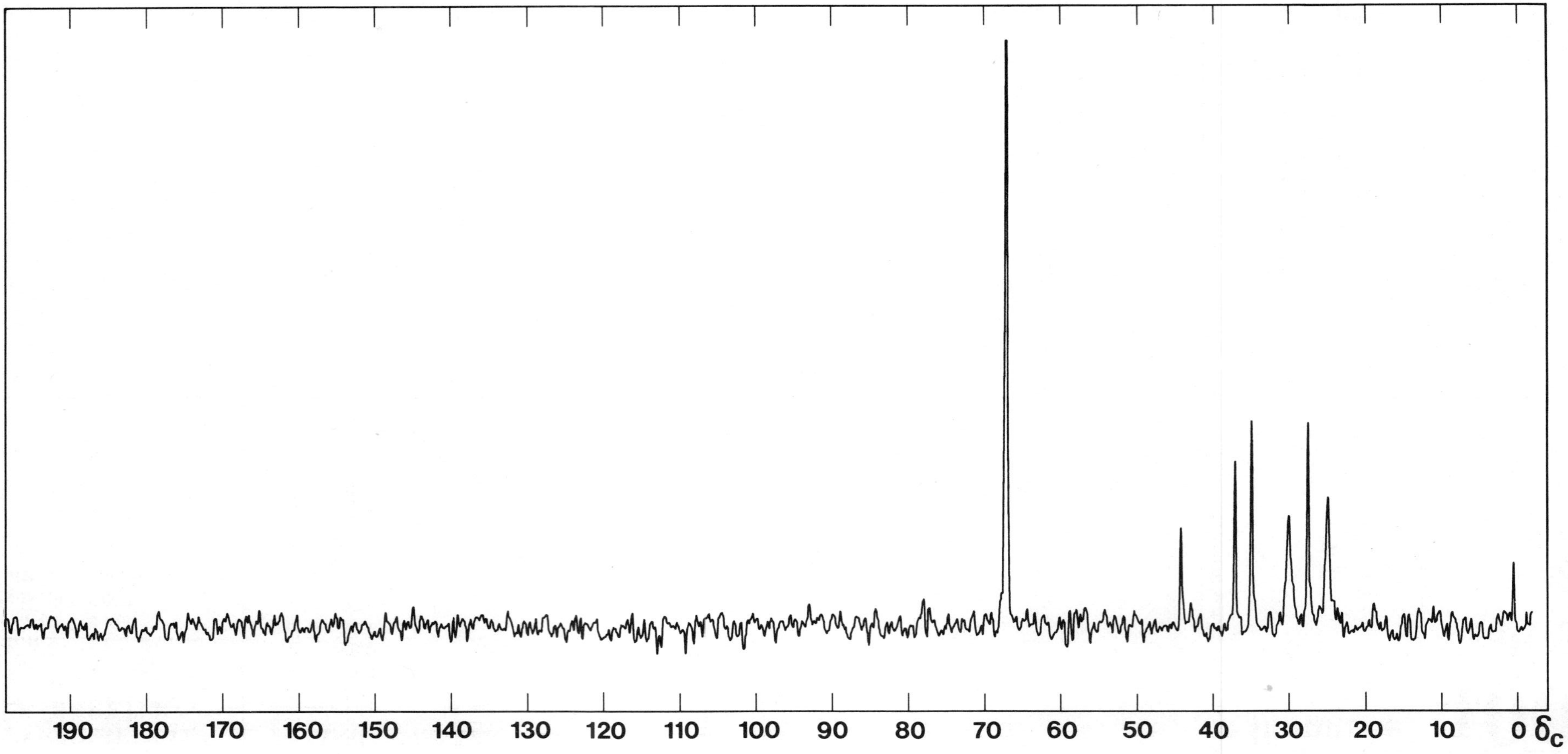

EXPERIMENTAL PARAMETERS

Instr. HA–100
Mode CW
Time 15 min
Solv. Dioxane
Conc. .5ml/1ml soln

geraniol 402

$C_{10}H_{18}O$

EXPERIMENTAL PARAMETERS

Instr.	HA-100
Mode	CW
Time	15 min
Solv.	Dioxane
Conc.	.5ml/1ml soln

ASSIGNMENTS

a	16.1
b	17.6
c	25.6
d	26.8
e	39.8
f	58.6
g*	124.4
h*	125.3
i	131.1
j	136.9

ref 23

citronellal 403

$C_{10}H_{18}O$

Sample impure.

EXPERIMENTAL PARAMETERS

Instr.	XL-100
Mode	FT
Time	5.3 min
Solv.	CDCl₃
Conc.	1ml/3ml soln

ASSIGNMENTS

a	17.6q
b	19.8q
c	25.4t
d	25.6q
e	27.8d
f	37.0t
g	51.0t
h	124.1
i	131.5
j	202.2

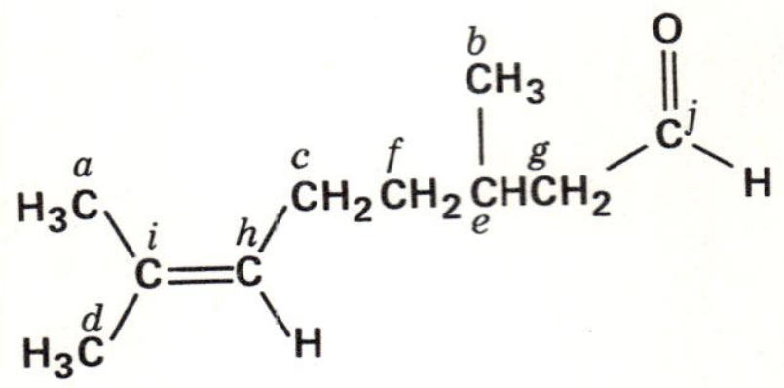

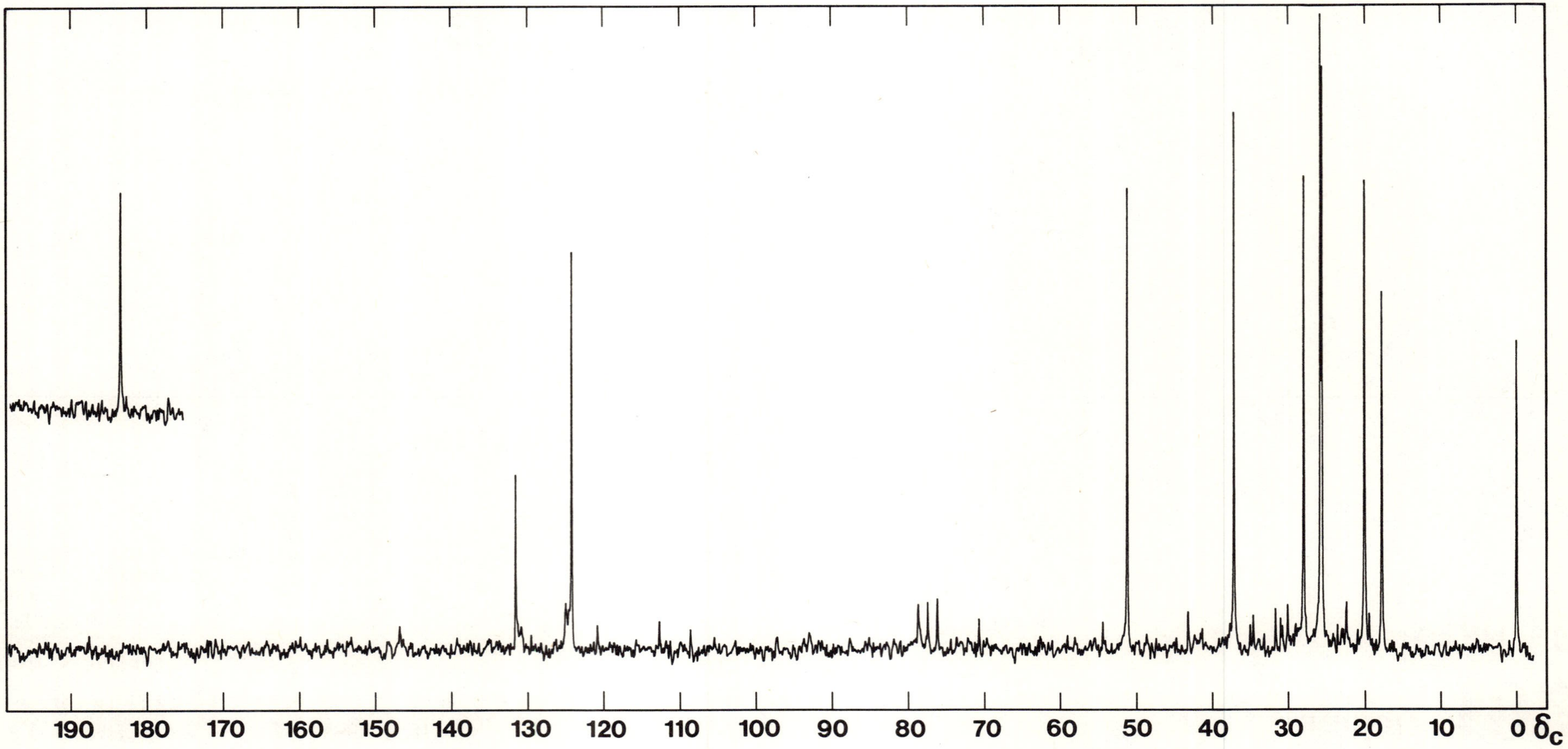

isopulegol 404

C₁₀H₁₈O

EXPERIMENTAL PARAMETERS

Instr.	XL-100
Mode	FT
Time	5.3 min
Solv.	CDCl₃
Conc.	1ml/2ml solv

ASSIGNMENTS

a	19.3q
b	22.2q
c	29.9t
d	31.5d
e	34.4t
f	42.9t
g	54.1d
h	70.4d
i	112.4
j	146.7

Sample impure.

405 4-tert-butylcyclohexanone

$C_{10}H_{18}O$

EXPERIMENTAL PARAMETERS

Instr.	XL-100
Mode	FT
Time	5.3 min
Solv.	CDCl$_3$
Conc.	1g/2ml solv

ASSIGNMENTS

a	27.5 qt
b	32.3 s
c	41.1 t
d	46.6 d
e	211.5

cineole 406

$C_{10}H_{18}O$

EXPERIMENTAL PARAMETERS

Instr. XL-100
Mode FT
Time 5.3 min
Solv. CDCl$_3$
Conc. 1ml/2ml solv

ASSIGNMENTS

a 22.8
b 27.5
c 28.8
d 31.5
e 32.9
f * 69.6
g * 73.5

ref 23

linalool 407

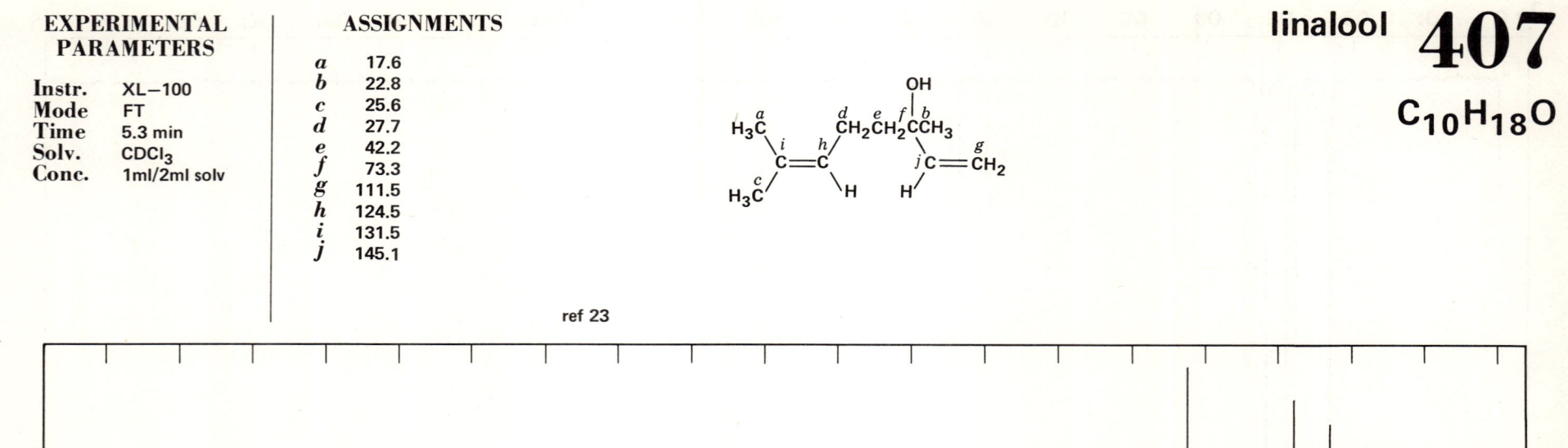

$C_{10}H_{18}O$

EXPERIMENTAL PARAMETERS

Instr.	XL-100
Mode	FT
Time	5.3 min
Solv.	CDCl$_3$
Conc.	1ml/2ml solv

ASSIGNMENTS

a	17.6
b	22.8
c	25.6
d	27.7
e	42.2
f	73.3
g	111.5
h	124.5
i	131.5
j	145.1

ref 23

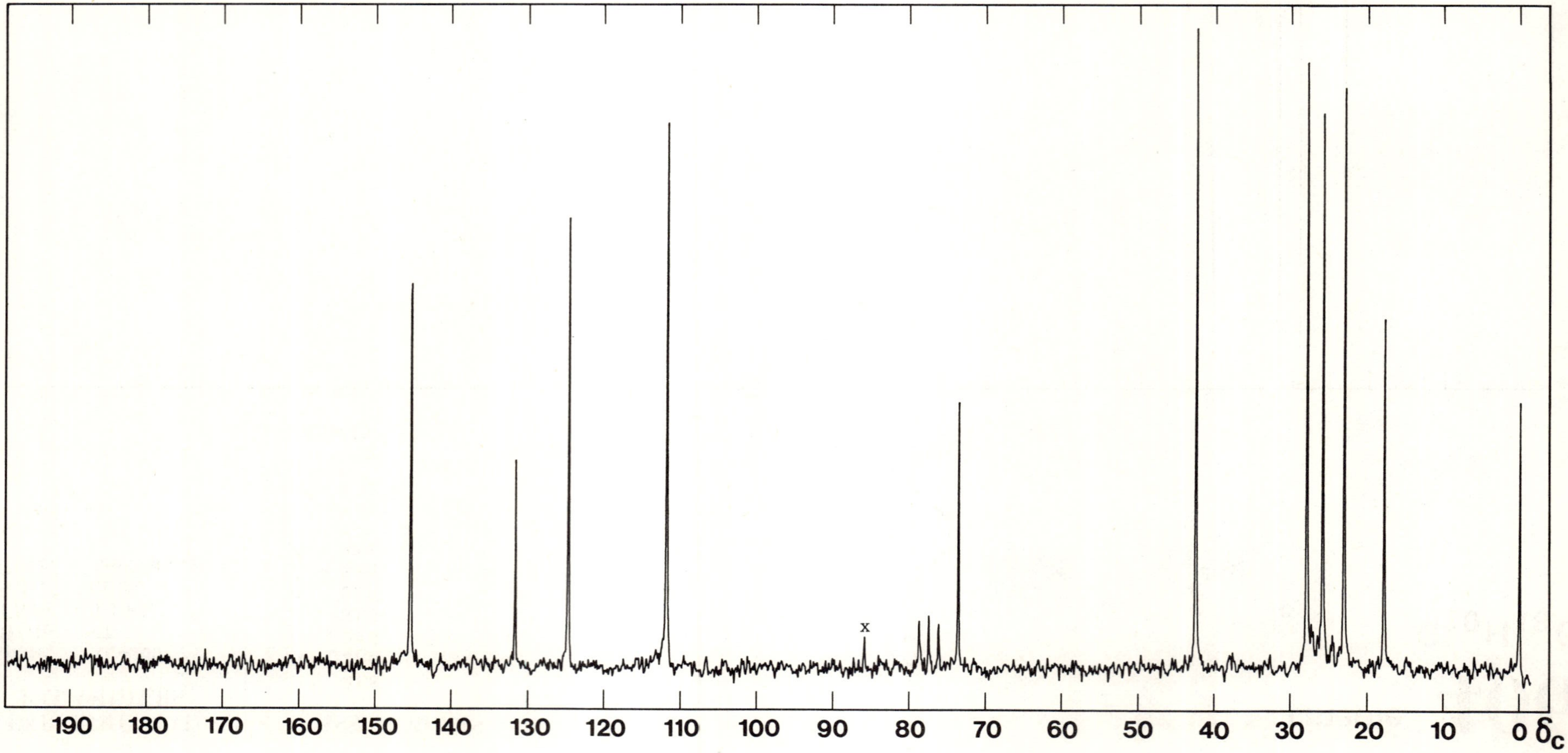

methone oxime 408

$C_{10}H_{19}NO$

EXPERIMENTAL PARAMETERS

Instr. XL-100
Mode FT
Time 5.3 min
Solv. $CDCl_3$
Conc. 1g/2ml solv

ASSIGNMENTS

a   19.0q
b * 21.4q
c * 21.7q
d   26.3d
e   26.8t
f † 31.9t
g   32.3d
h † 32.8t
i   48.7d
j   160.8s

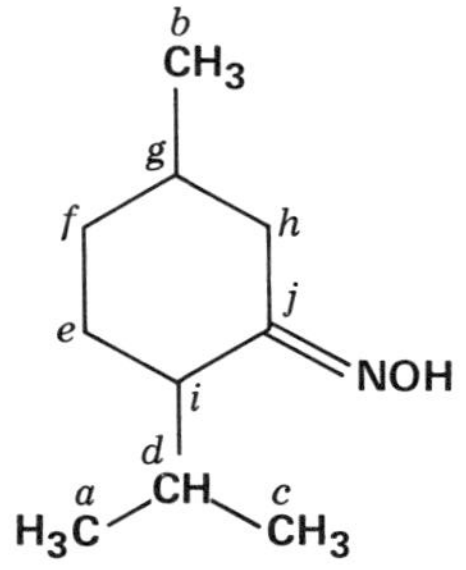

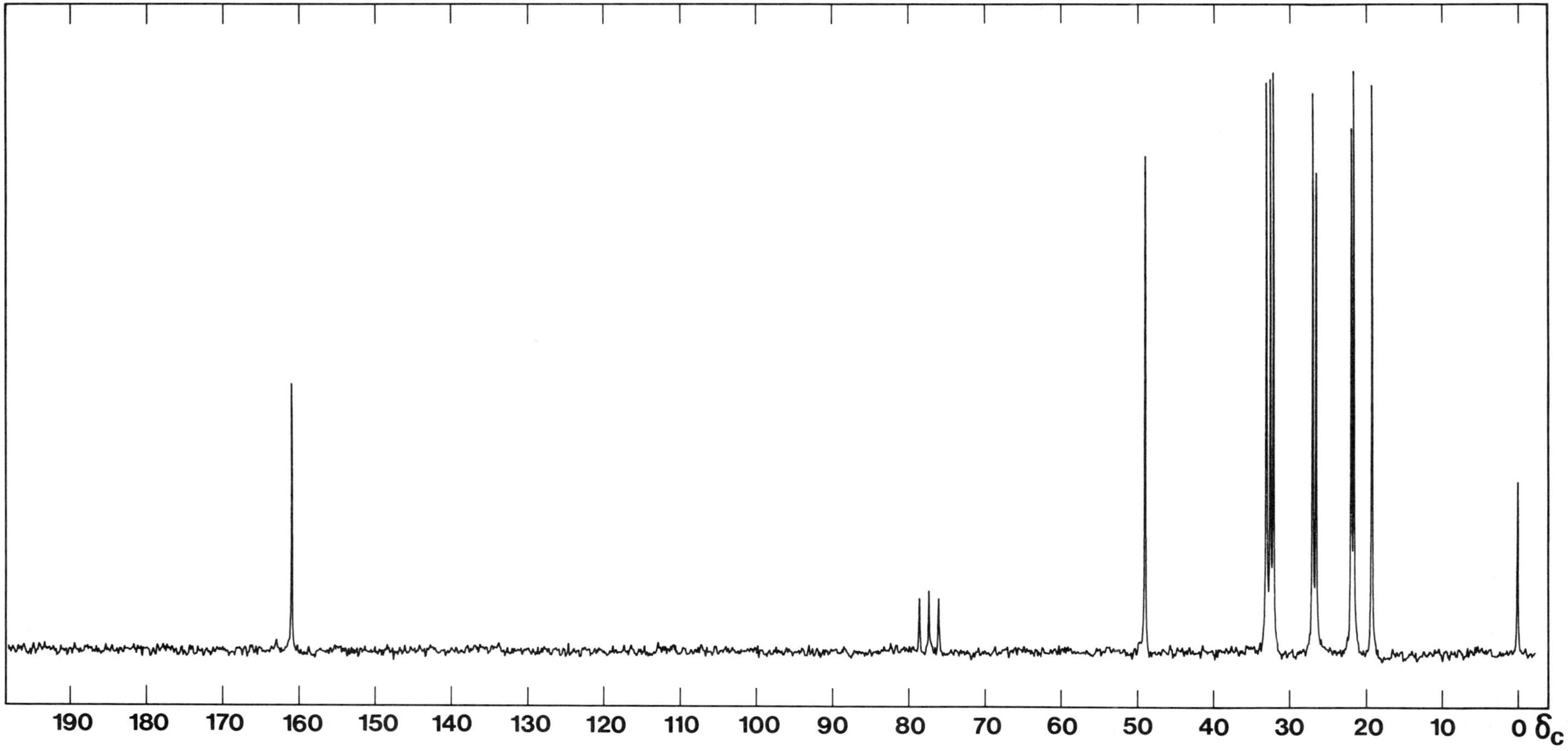

n-butylcyclohexane 409

$C_{10}H_{20}$

EXPERIMENTAL PARAMETERS

Instr. XL–100
Mode FT
Time 5.3 min
Solv. CDCl$_3$
Conc. 1ml/2ml solv

ASSIGNMENTS

a 14.1
b 23.2
c 26.6
d 26.9
e 29.3
f 33.6
g 37.4t
h 37.9d

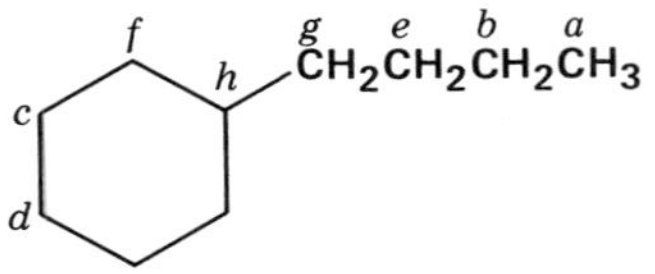

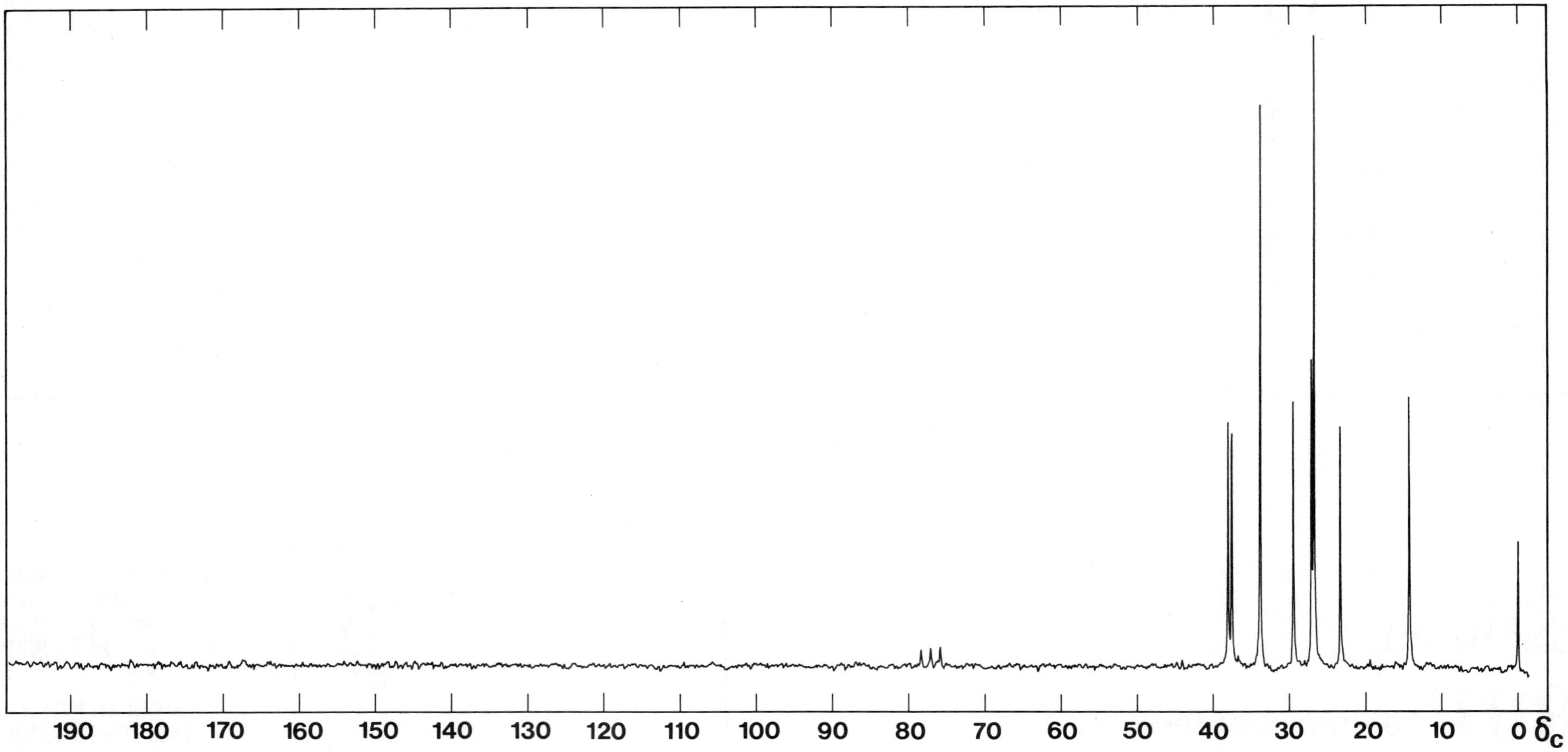

δ_c

menthol 410
$C_{10}H_{20}O$

EXPERIMENTAL PARAMETERS

Instr. XL-100
Mode FT
Time 5.3 min
Solv. CDCl$_3$
Conc. .5g/2ml solv

ASSIGNMENTS

a	16.1
b	21.0
c	22.2
d	23.2
e	25.8
f	31.7
g	34.6
h	45.1
i	50.1
j	71.3

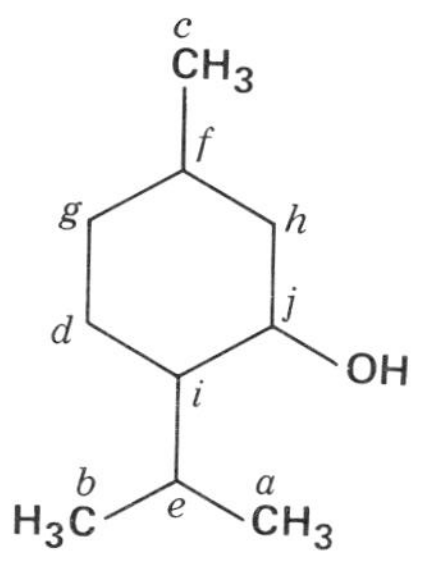

ref 23

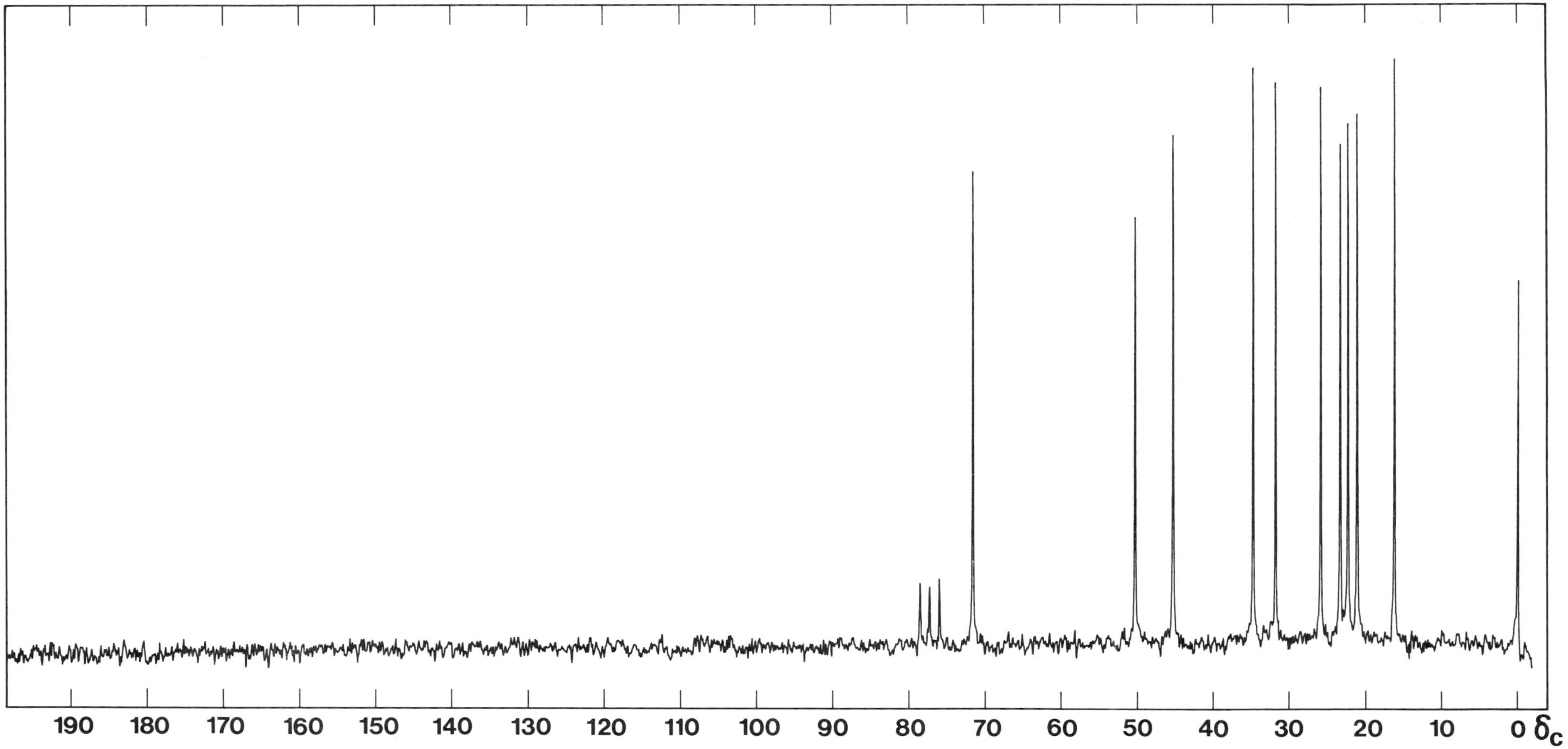

2-ethylhexylacetate 411

$C_{10}H_{20}O_2$

EXPERIMENTAL PARAMETERS

Instr. XL–100
Mode FT
Time 5.3 min
Solv. $CDCl_3$
Conc. 1ml/3ml soln

ASSIGNMENTS

a 11.0
b 14.0
c 20.8
d 23.0
e 23.9
f 29.1
g 30.9
h 39.0
i 66.9
j 170.9

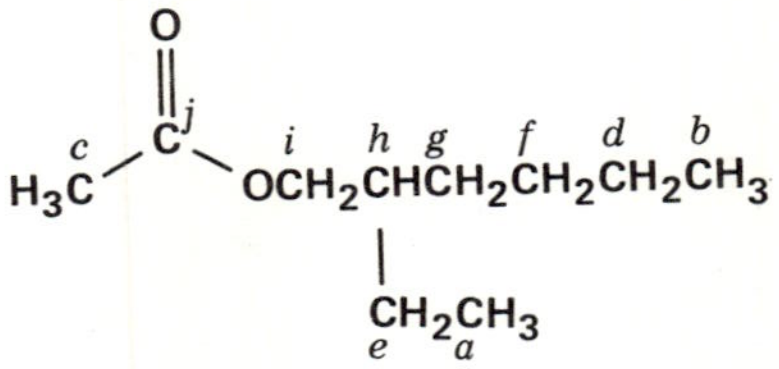

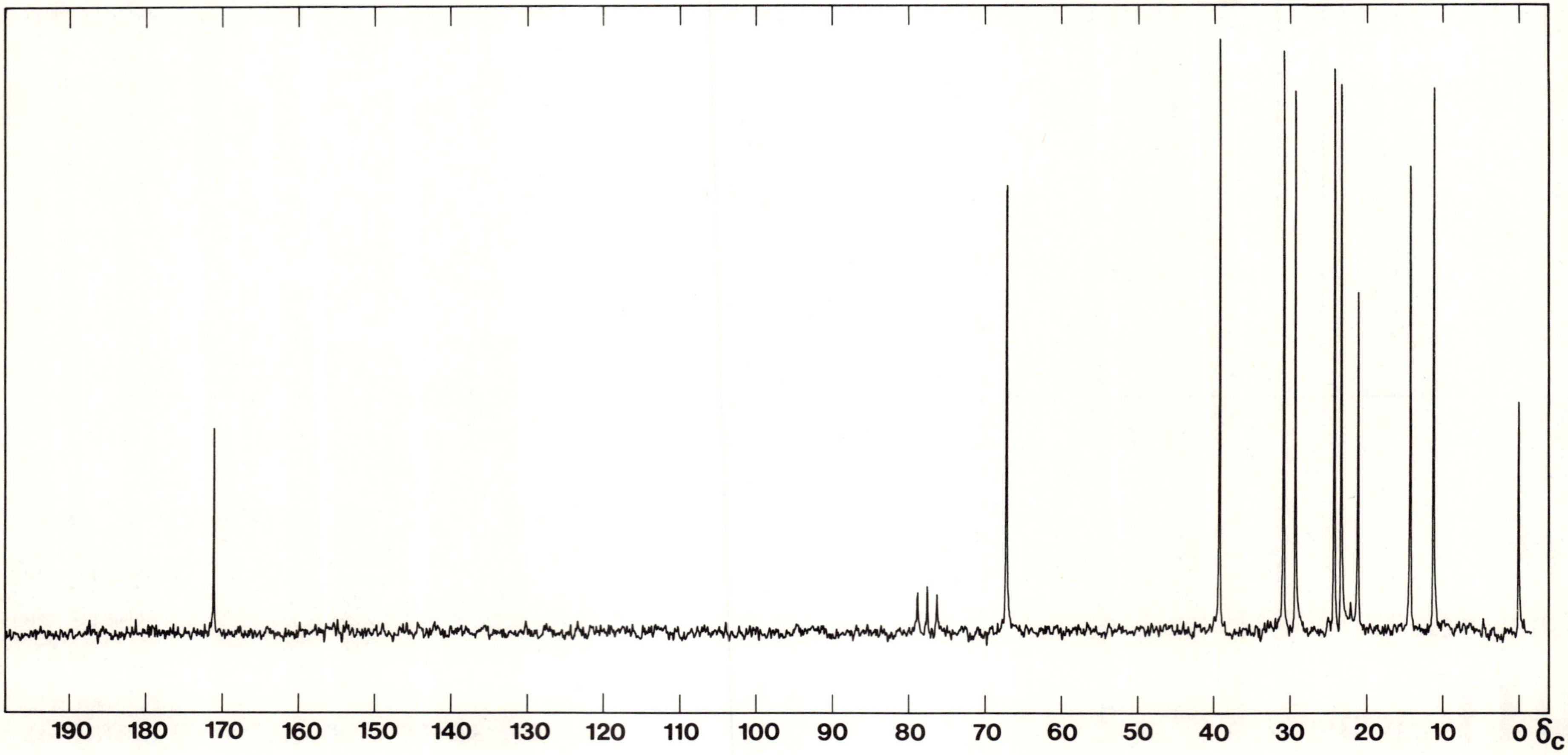

Structure:

$$H_3\overset{c}{C}-\overset{O}{\underset{\|}{\overset{j}{C}}}-\overset{i}{O}CH_2\overset{h}{C}H\overset{g}{C}H_2\overset{f}{C}H_2\overset{d}{C}H_2\overset{b}{C}H_3$$
$$|$$
$$\overset{e}{C}H_2\overset{a}{C}H_3$$

1-decanol 412

$C_{10}H_{22}O$

EXPERIMENTAL PARAMETERS

Instr. XL-100
Mode FT
Time 5.3 min
Solv. $CDCl_3$
Conc. 1ml/2ml solv

ASSIGNMENTS

a 14.1
b 22.7
c 25.9
d 29.4
e 29.7
f 32.0
g 32.8
h 62.6

$\overset{h}{HOCH_2}\overset{g}{CH_2}\overset{c}{CH_2}\overset{e}{CH_2}(CH_2)_3\overset{d}{CH_2}\overset{f}{CH_2}\overset{b}{CH_2}\overset{a}{CH_2}CH_3$

ref 13

N-(1-methylheptyl)ethanolamine 413

$C_{10}H_{23}NO$

EXPERIMENTAL PARAMETERS

Instr.	XL-100
Mode	FT
Time	5.3 min
Solv.	CDCl₃
Conc.	1ml/2ml solv

ASSIGNMENTS

a	14.0
b	20.1
c	22.6
d	26.1
e	29.5
f	31.9
g	37.0
h	48.9
i	53.2
j	60.7

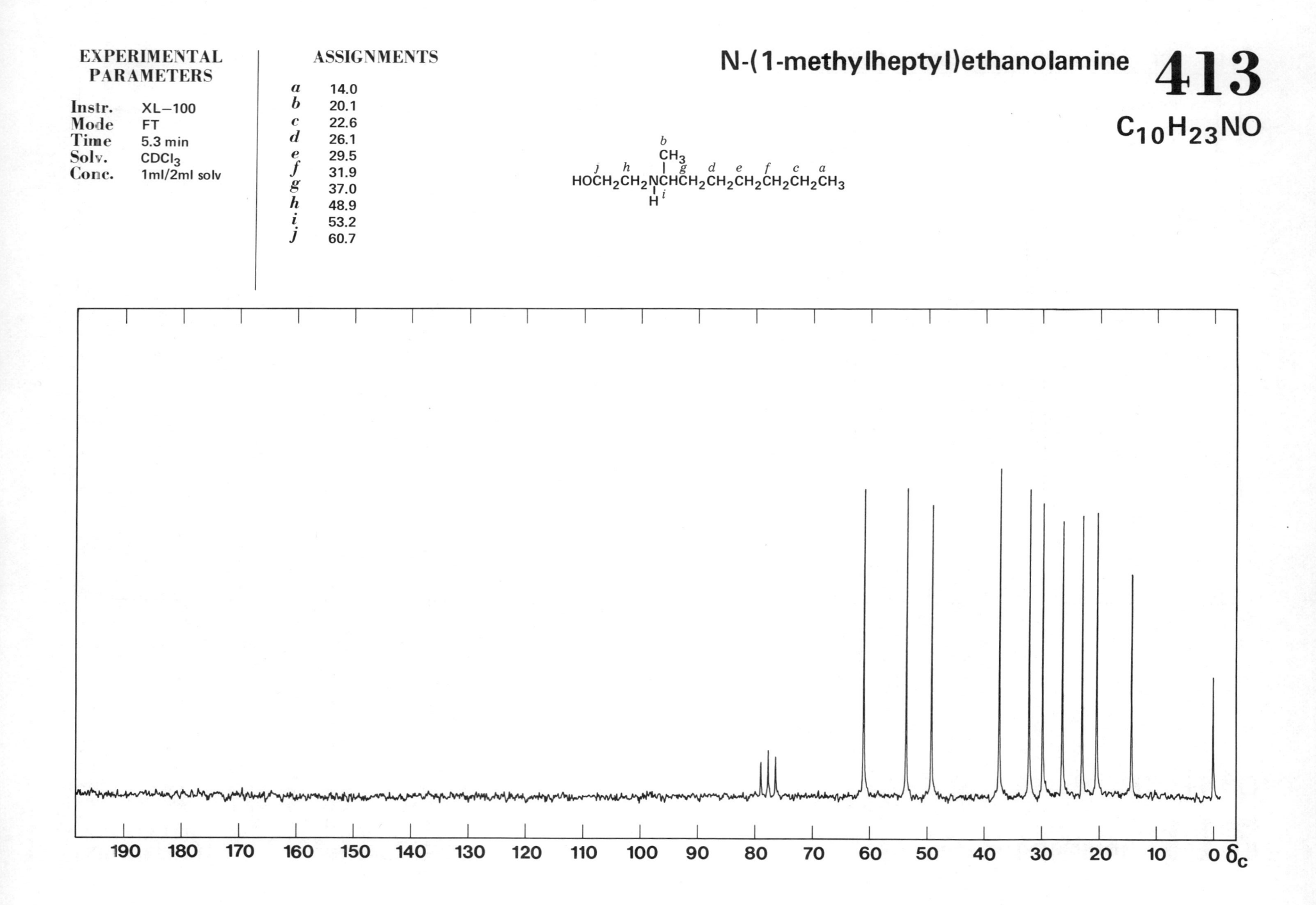

$$\underset{j}{HOCH_2}\underset{h}{CH_2}N\underset{i}{\overset{\overset{b}{CH_3}}{C}H}\underset{d}{CH_2}\underset{e}{CH_2}\underset{f}{CH_2}\underset{c}{CH_2}\underset{c}{CH_2}\underset{a}{CH_3}$$

1-naphthaldehyde 414

$C_{11}H_8O$

EXPERIMENTAL PARAMETERS

Instr. XL-100
Mode FT
Time 5.3 min
Solv. CDCl$_3$
Conc. 1ml/2ml solv

ASSIGNMENTS

a	124.6
b	126.6
c	128.2
d	128.7
e *	130.2
f	131.1
g *	133.4
h †	134.9
i †	136.2
j	193.0

1-methylnaphthalene

415

$C_{11}H_{10}$

EXPERIMENTAL PARAMETERS

Instr.	XL–100
Mode	FT
Time	5.3 min
Solv.	CDCl₃
Conc.	1ml/2ml solv

ASSIGNMENTS

a	19.1
b	123.9
c	125.3
d	125.5
e	126.3
f	126.4
g	128.4
h	132.6
i	133.5
j	134.0

2-methylnaphthalene 416

$C_{11}H_{10}$

EXPERIMENTAL PARAMETERS

Instr. XL-100
Mode FT
Time 5.3 min
Solv. CDCl$_3$
Conc. 1g/2ml solv

ASSIGNMENTS

a	21.4
b	124.8
c	125.7
d	126.7
e	127.1
f	127.5
g	127.6
h	127.9
i	131.7
j	133.6
k	135.1

N-(3-bromopropyl)phthalimide 417

$C_{11}H_{10}BrNO_2$

EXPERIMENTAL PARAMETERS

Instr.	XL-100
Mode	FT
Time	5.3 min
Solv.	CDCl$_3$
Conc.	1g/3ml soln

ASSIGNMENTS

a	29.8
b	31.6
c	36.6
d	123.1
e	131.9
f	133.9
g	167.9

Shifts verified by addition of Eu(DPM)$_3$.

2,6-dimethylquinoline 418

$C_{11}H_{11}N$

EXPERIMENTAL PARAMETERS

Instr. XL-100
Mode FT
Time 5.3 min
Solv. CDCl$_3$
Conc. 1g/3ml soln

ASSIGNMENTS

a	21.1
b	25.1
c	121.6
d	126.2
e	126.3
f	128.2
g	131.3
h	135.0
i	135.2
j	146.4
k	157.6

2-methyl-6-methoxyquinoline 419

$C_{11}H_{11}NO$

ASSIGNMENTS

a	24.8
b	55.1
c	105.1
d*	121.6
e*	121.9
f	127.2
g	129.9
h	134.7
i	143.8
j†	155.9
k†	157.0

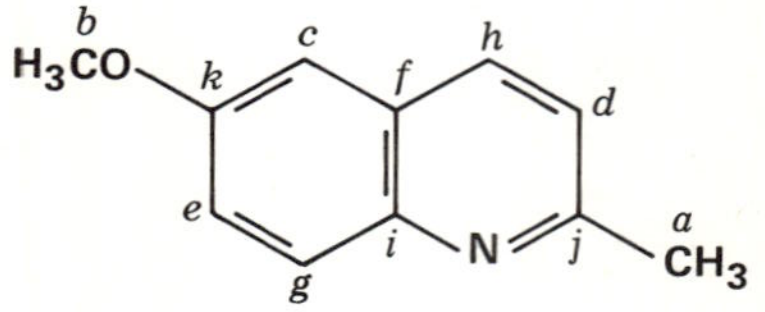

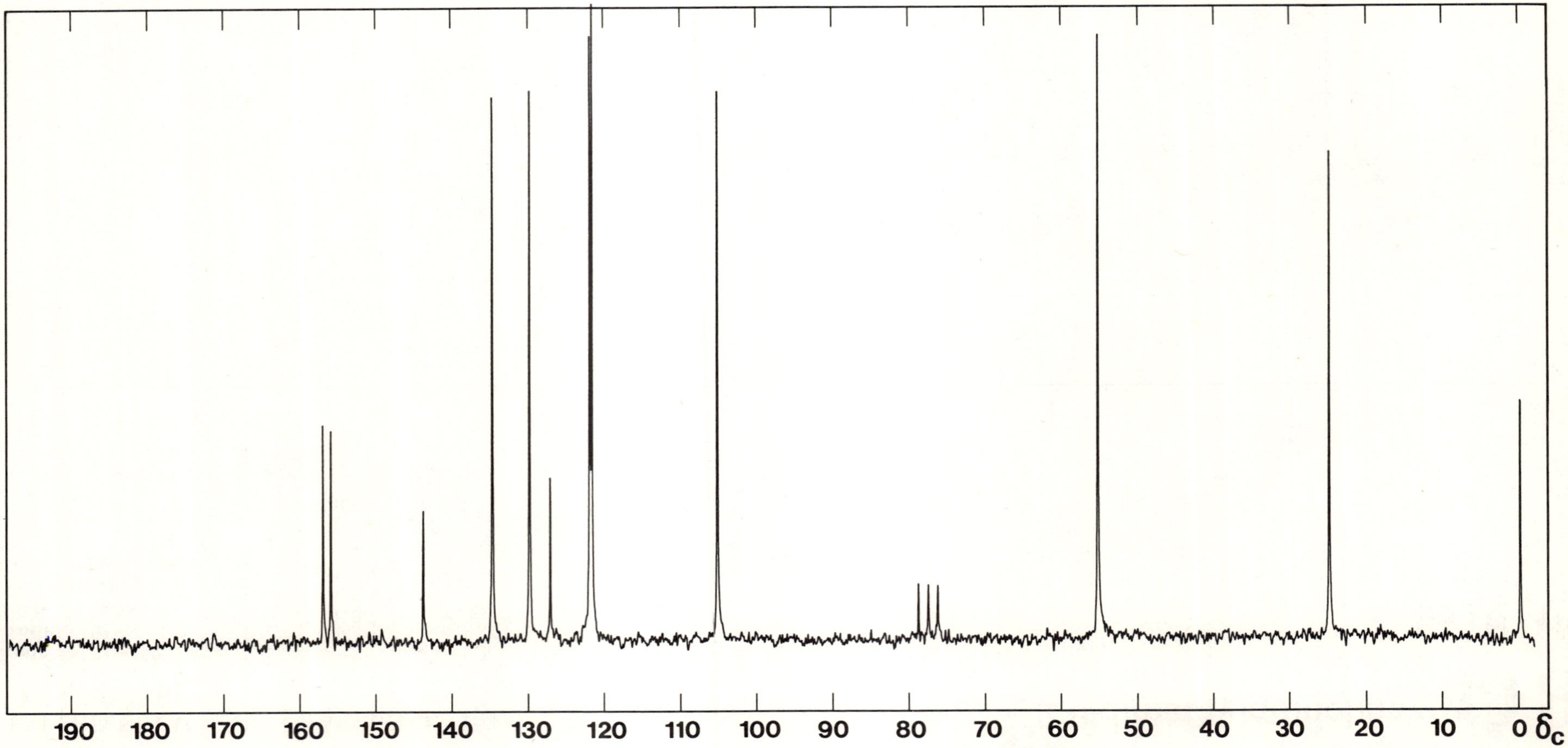

EXPERIMENTAL PARAMETERS

Instr. XL–100
Mode FT
Time 5.3 min
Solv. CDCl$_3$
Conc. 1g/3ml soln

5-acetylindane

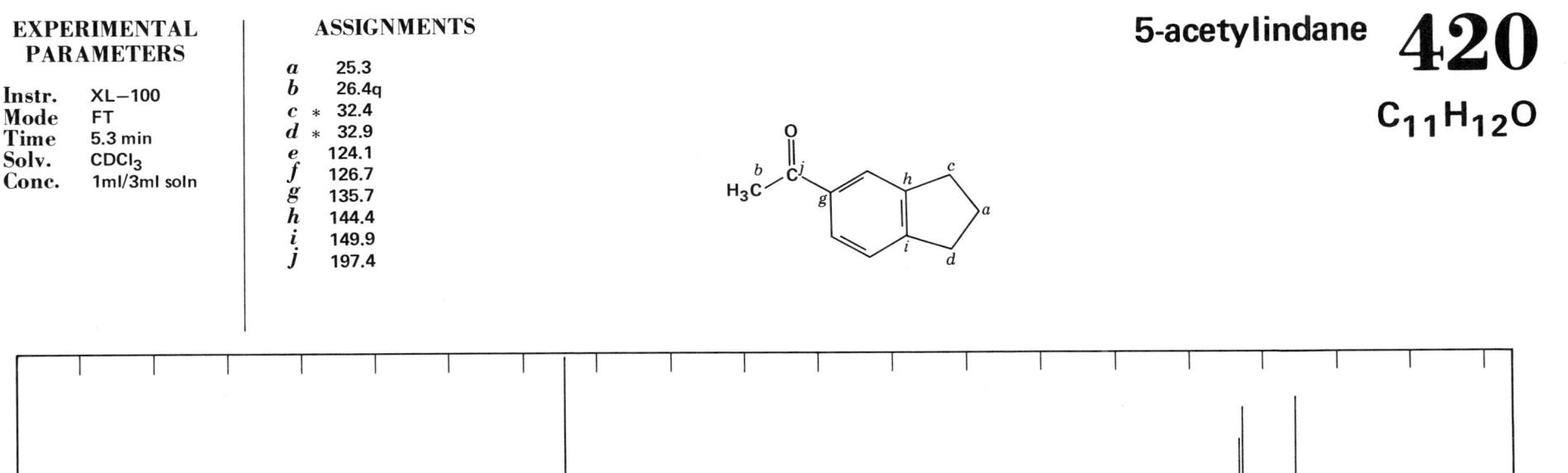

$C_{11}H_{12}O$

ASSIGNMENTS

a	25.3
b	26.4q
c *	32.4
d *	32.9
e	124.1
f	126.7
g	135.7
h	144.4
i	149.9
j	197.4

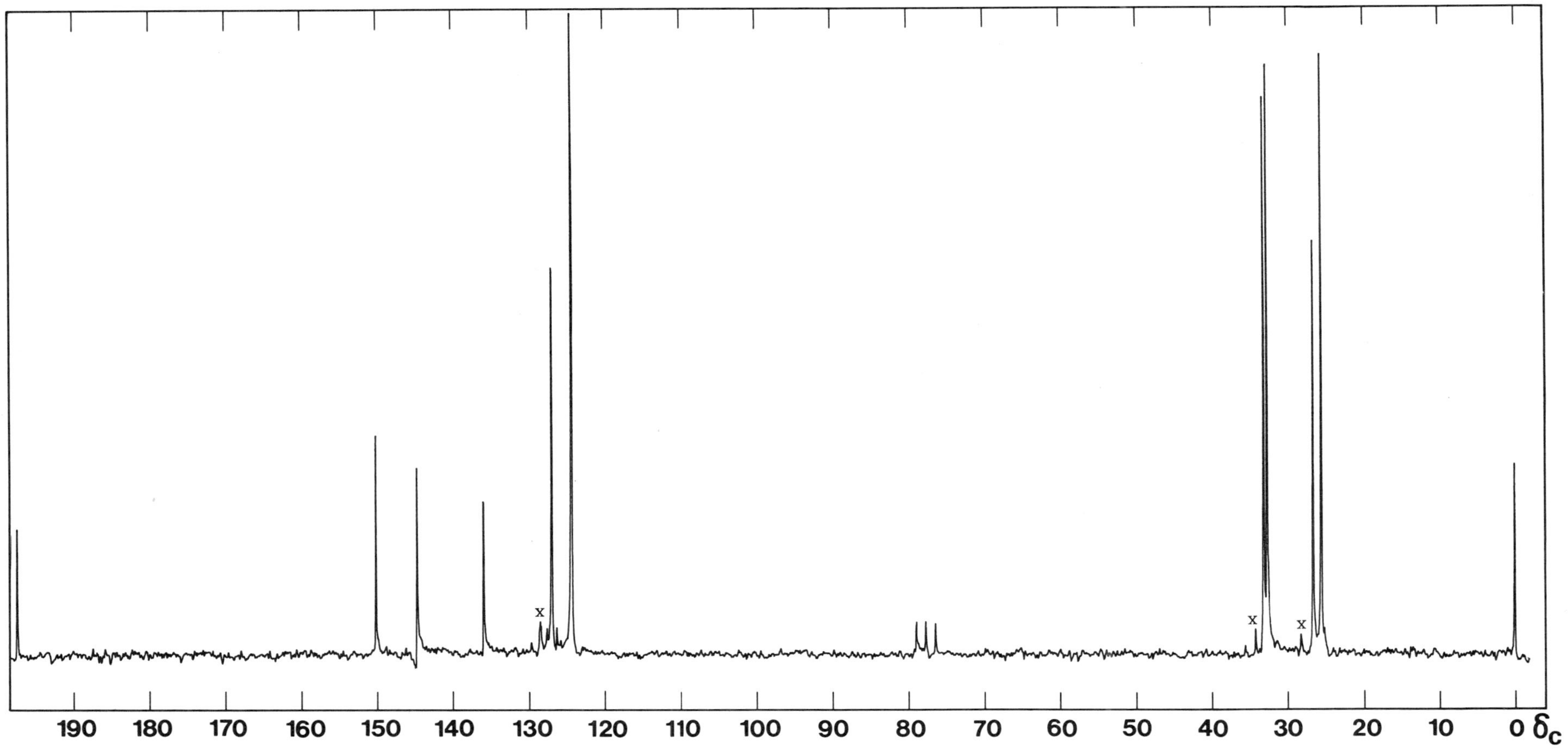

EXPERIMENTAL PARAMETERS

Instr. XL-100
Mode FT
Time 5.3 min
Solv. CDCl₃
Conc. 1ml/3ml soln

butyl benzoate 421

$C_{11}H_{14}O_2$

EXPERIMENTAL PARAMETERS

Instr.	XL–100
Mode	FT
Time	5.3 min
Solv.	$CDCl_3$
Conc.	1ml/2ml solv

ASSIGNMENTS

a	13.7
b	19.3
c	30.9
d	64.7
e *	128.2
f *	129.5
g	130.7
h	132.6
i	166.4

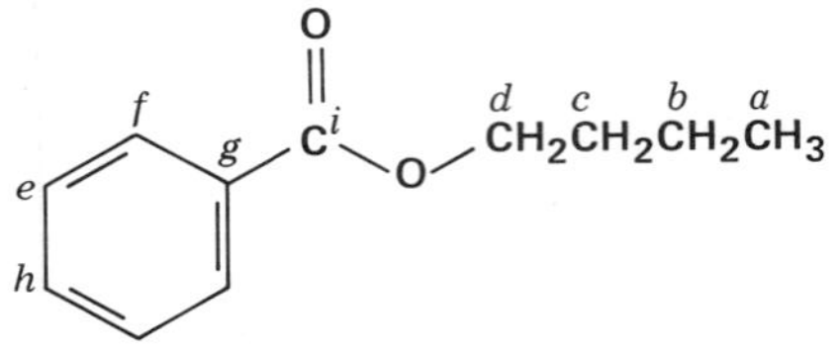

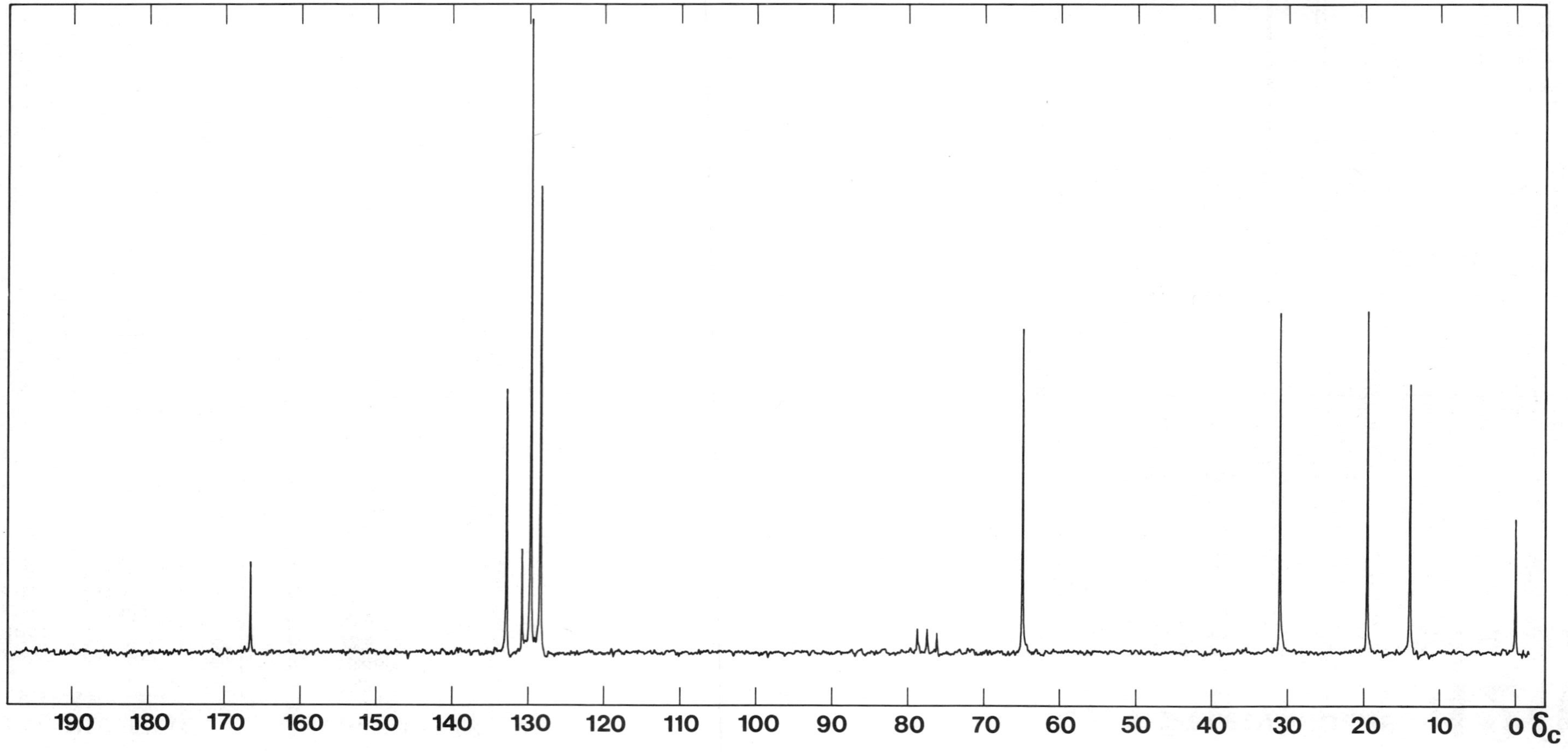

p-tert-butyltoluene 422

$C_{11}H_{16}$

EXPERIMENTAL PARAMETERS

Instr. XL-100
Mode FT
Time 5.3 min
Solv. CDCl₃
Conc. 1ml/2ml solv

ASSIGNMENTS

a 20.7
b 31.4
c 34.2
d* 125.0
e* 128.7
f 134.5
g 148.0

isopilocarpine hydrochloride 423

$C_{11}H_{16}N_2O_2 \cdot HCl$

EXPERIMENTAL PARAMETERS

Instr.	XL–100
Mode	FT
Time	5.3 min
Solv.	water
Conc.	1g/2ml solv

ASSIGNMENTS

a	11.0
b *	22.4
c *	26.4
d	34.1
e	38.2
f	46.9
g	72.6
h	117.7
i	132.8
j	136.1
k	182.7

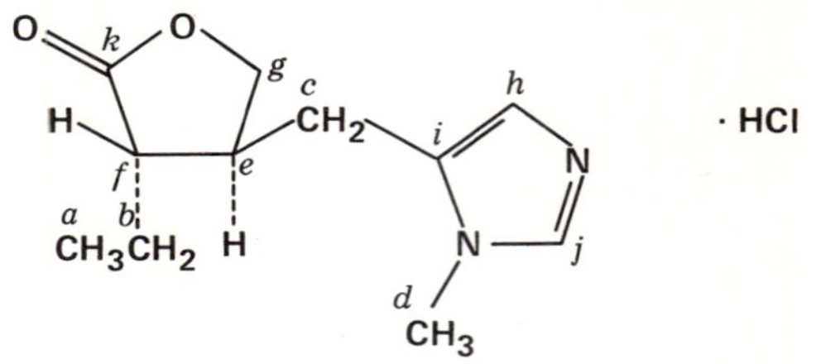

Contains about 50% pilocarpine hydrochloride.

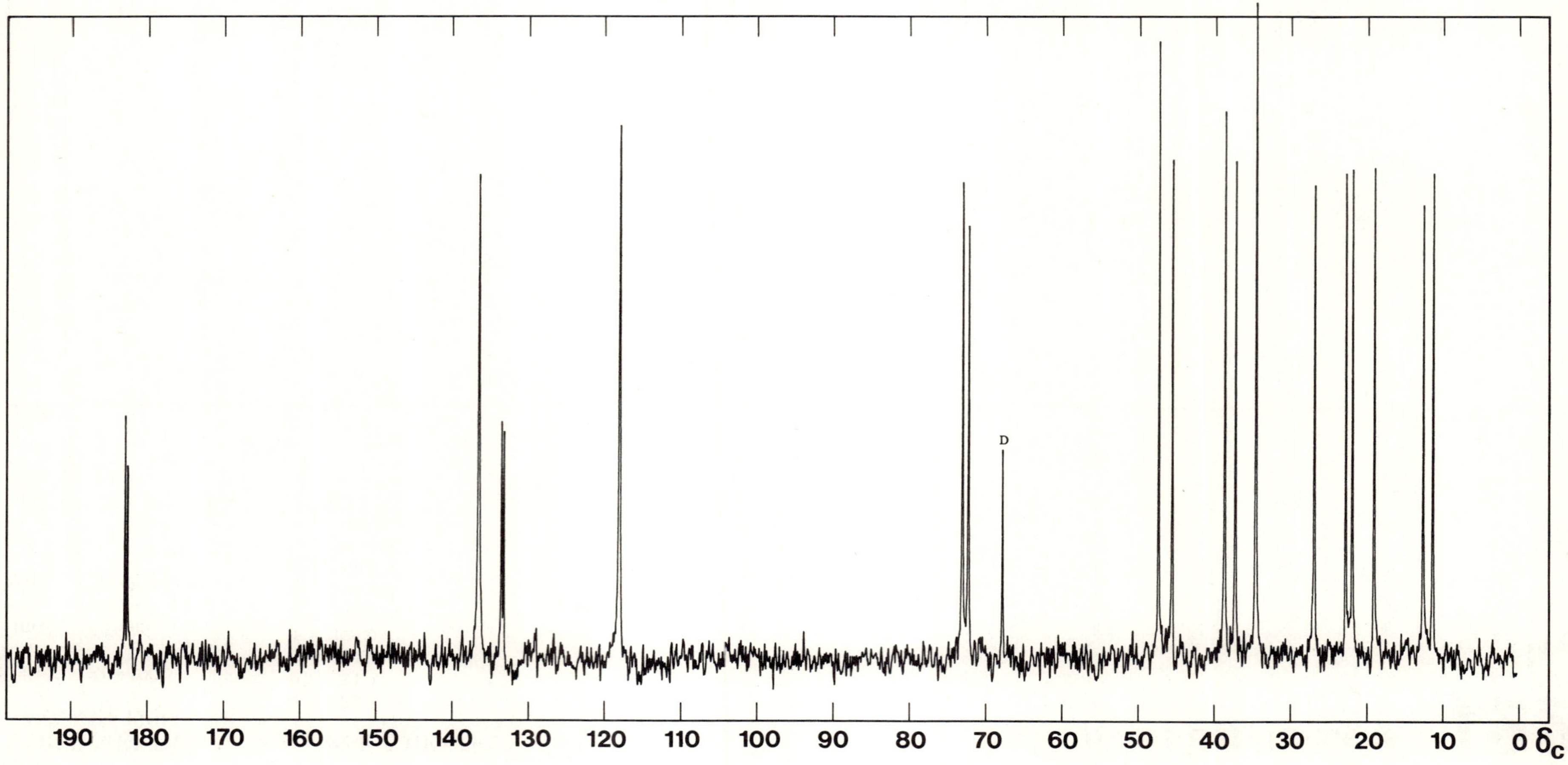

pilocarpine hydrochloride 424

$C_{11}H_{16}N_2O_2 \cdot HCl$

EXPERIMENTAL PARAMETERS

Instr.	XL–100
Mode	FT
Time	5.3 min
Solv.	water
Conc.	1g/2ml solv

ASSIGNMENTS

a	12.2q
b *	18.6t
c *	21.5t
d	34.1q
e	36.8d
f	45.0d
g	71.8t
h	117.6d
i	133.2s
j	136.1d
k	182.3s

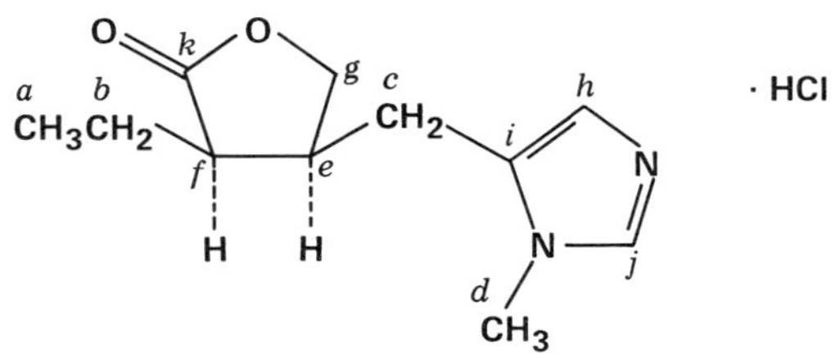

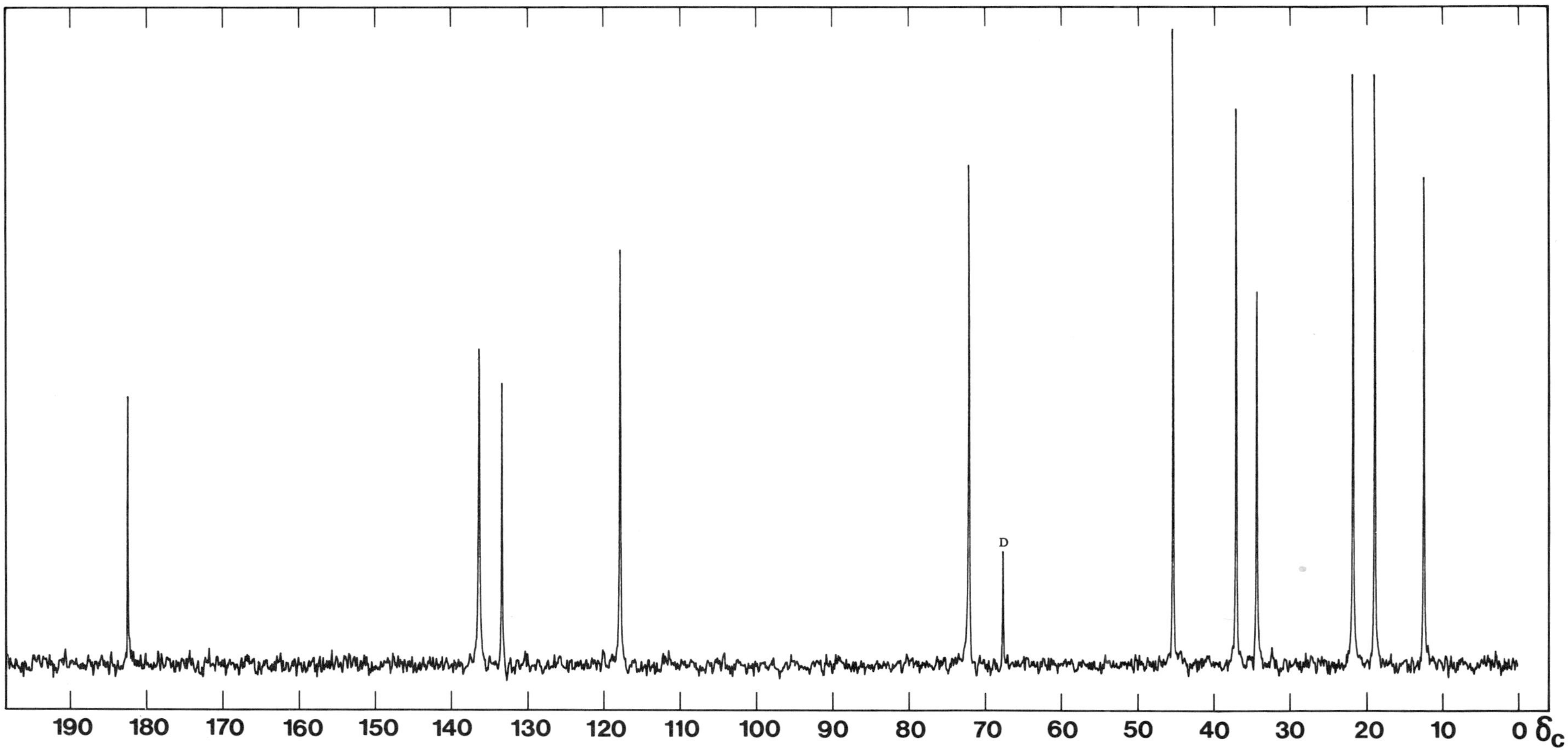

2-methyl-6-*tert*-butylphenol 425

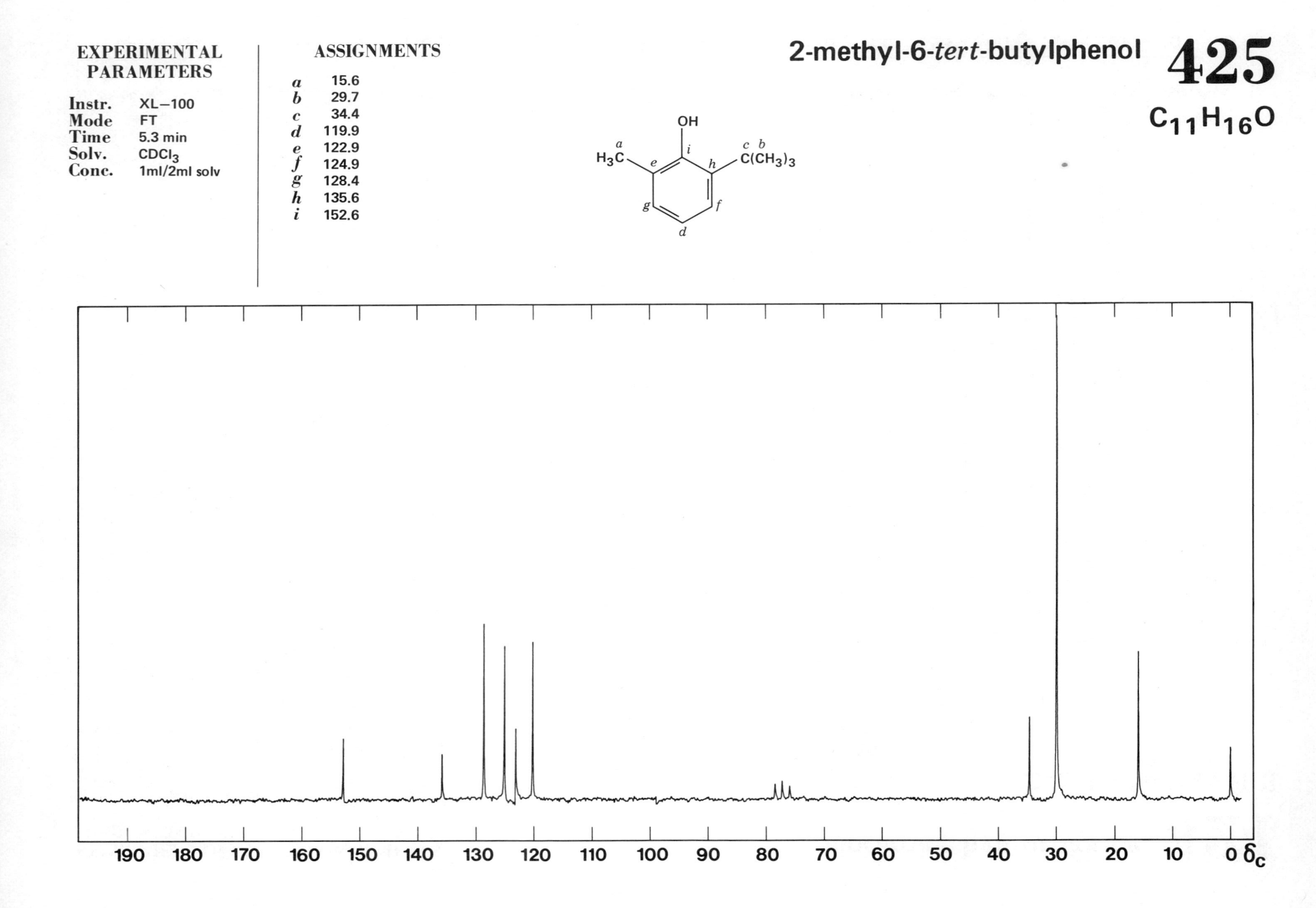

$C_{11}H_{16}O$

EXPERIMENTAL PARAMETERS

Instr. XL–100
Mode FT
Time 5.3 min
Solv. CDCl$_3$
Conc. 1ml/2ml solv

ASSIGNMENTS

a	15.6
b	29.7
c	34.4
d	119.9
e	122.9
f	124.9
g	128.4
h	135.6
i	152.6

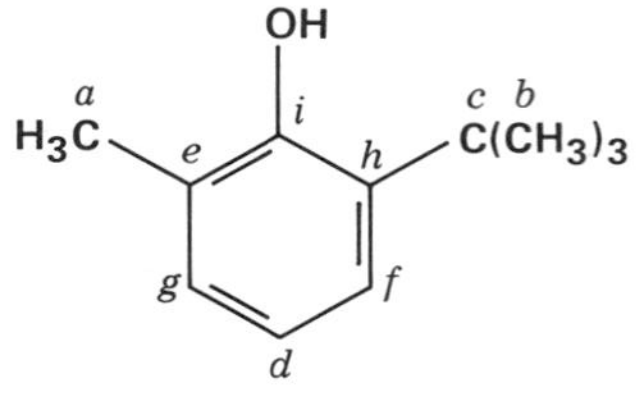

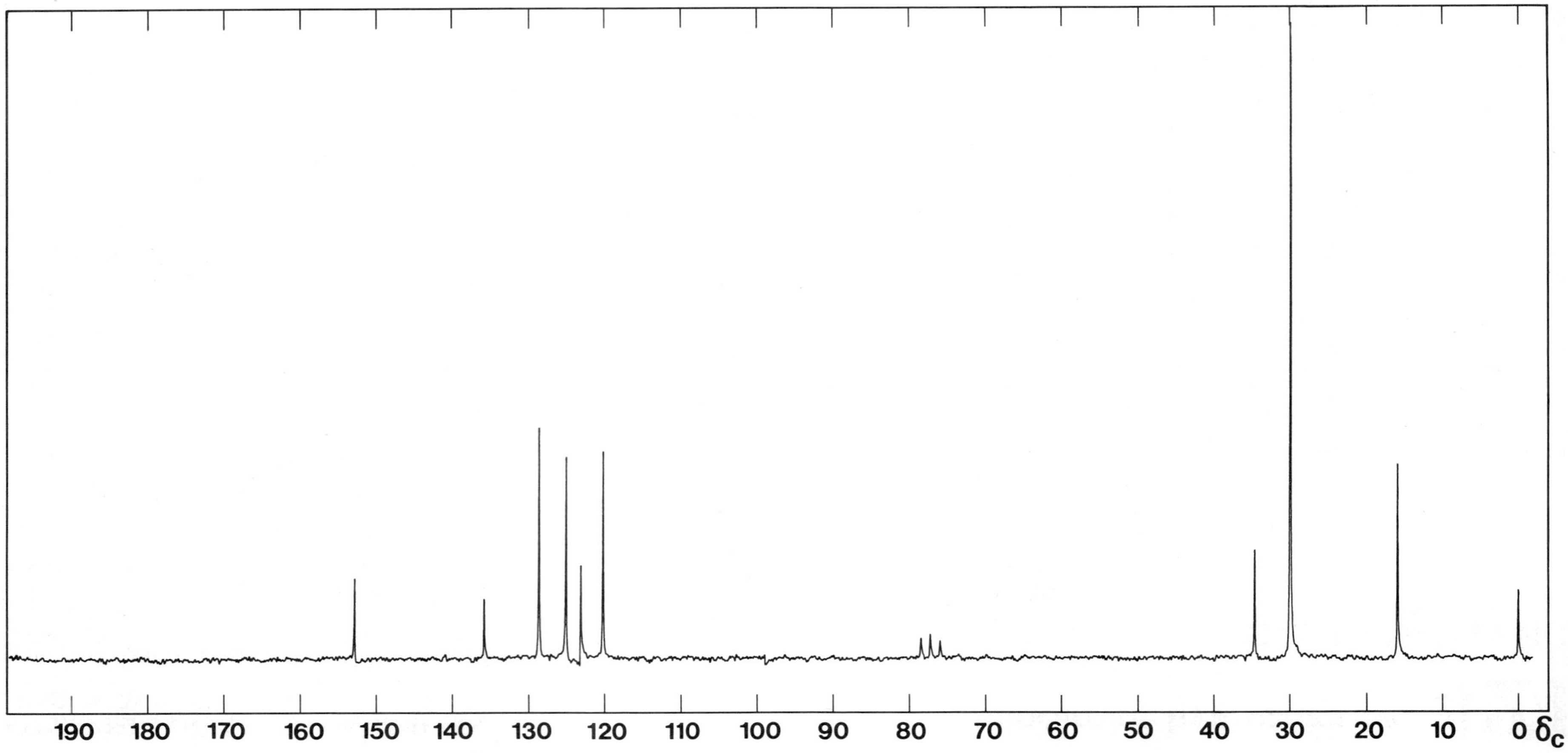

3-undecanone 426

$C_{11}H_{22}O$

$\underset{a}{CH_3}\underset{g}{CH_2}\overset{O}{\underset{i}{C}}\underset{h}{CH_2}\underset{d}{CH_2}\underset{e}{(CH_2)_3}\underset{c}{CH_2}\underset{b}{CH_2}CH_3$

EXPERIMENTAL PARAMETERS

Instr. HA–100
Mode CW
Time 15 min
Solv. Dioxane
Conc. .5ml/1ml soln

ASSIGNMENTS

a 7.8
b 14.1
c 23.0
d 24.2
e 29.8
f 32.2
g 35.5
h 42.1
i 209.0

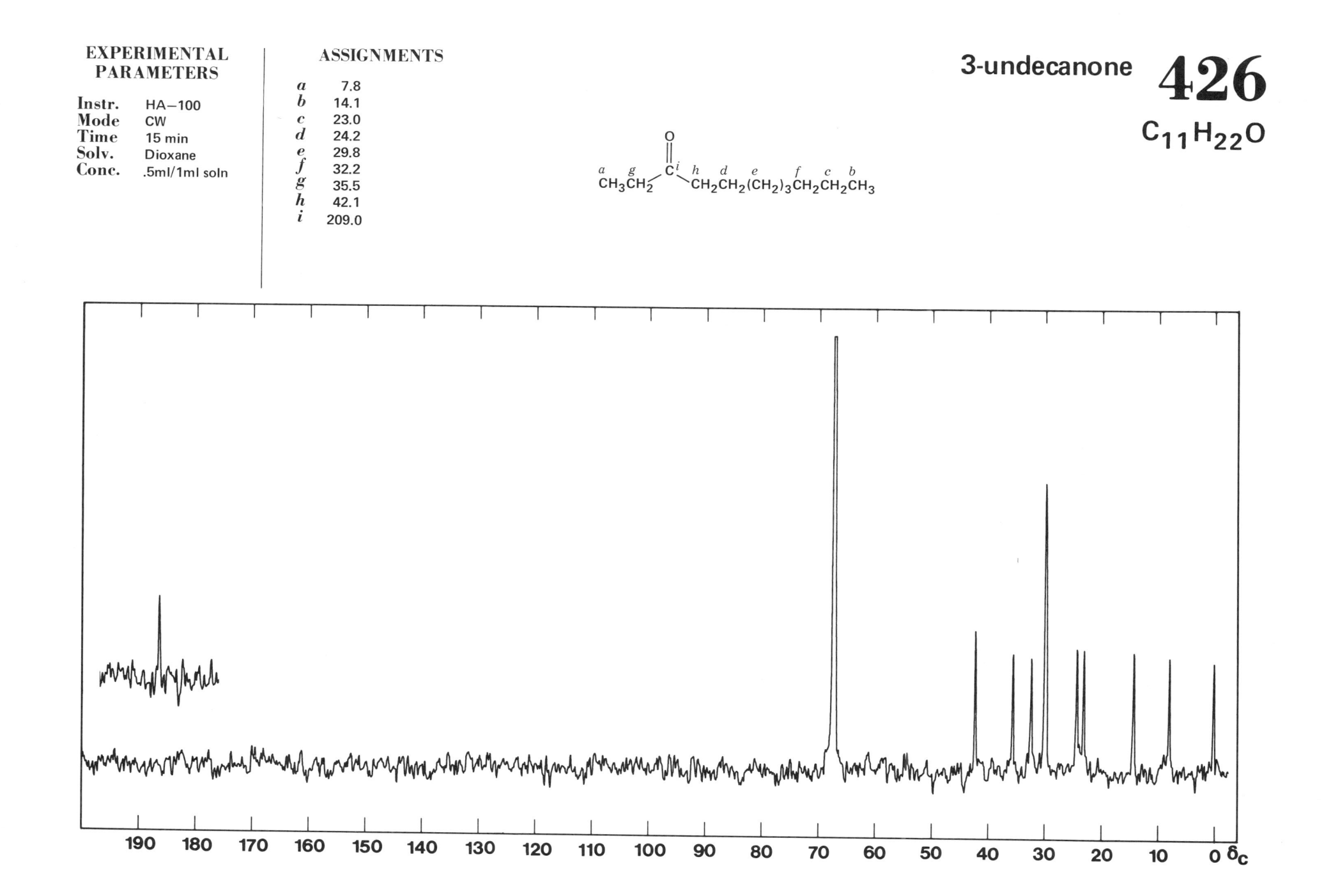

427 3,3,5,5-tetramethyl-2-isopropyltetrahydrofuran

$C_{11}H_{22}O$

EXPERIMENTAL PARAMETERS

Instr. XL-100
Mode FT
Time 5.3 min
Solv. CDCl$_3$
Conc. ~1ml/3ml soln

ASSIGNMENTS

a	21.3
b	23.2
c	23.4
d	28.0
e	30.5
f	32.5
g	44.3s
h	50.9t
i	67.8d
j	81.3s
k	108.3d

n-undecane 428

$C_{11}H_{24}$

EXPERIMENTAL PARAMETERS

Instr. XL-100
Mode FT
Time 5.3 min
Solv. CDCl$_3$
Conc. 1ml/2ml solv

S.E. Time Constant .6 sec

ASSIGNMENTS

a 14.1
b 22.8
c 29.5
d 29.9
e 32.1

$$CH_3CH_2CH_2CH_2(CH_2)_3CH_2CH_2CH_2CH_3$$
$dceba$

endrin 429

$C_{12}H_8Cl_6O$

EXPERIMENTAL PARAMETERS

Instr. XL–100
Mode FT
Time 21 min
Solv. CDCl₃
Conc. 1g/3ml soln

ASSIGNMENTS

a   29.7t
b * 39.2d
c   47.0d
d * 54.5d
e   79.4
f   108.7
g   132.3

4-iodobiphenyl 430

$C_{12}H_9I$

EXPERIMENTAL PARAMETERS

Instr. XL–100
Mode FT
Time 5.3 min
Solv. CDCl$_3$
Conc. ~1g/3ml soln⁻

ASSIGNMENTS

a	92.9
b	126.6
c	127.4
d	128.7
e	137.6
f	139.8
g	140.4

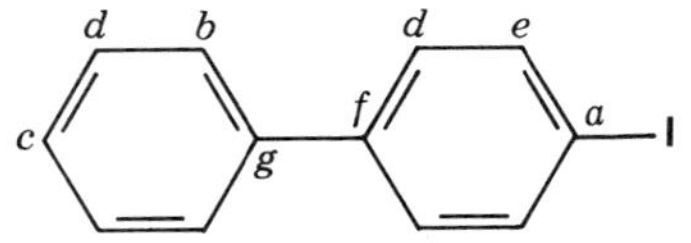

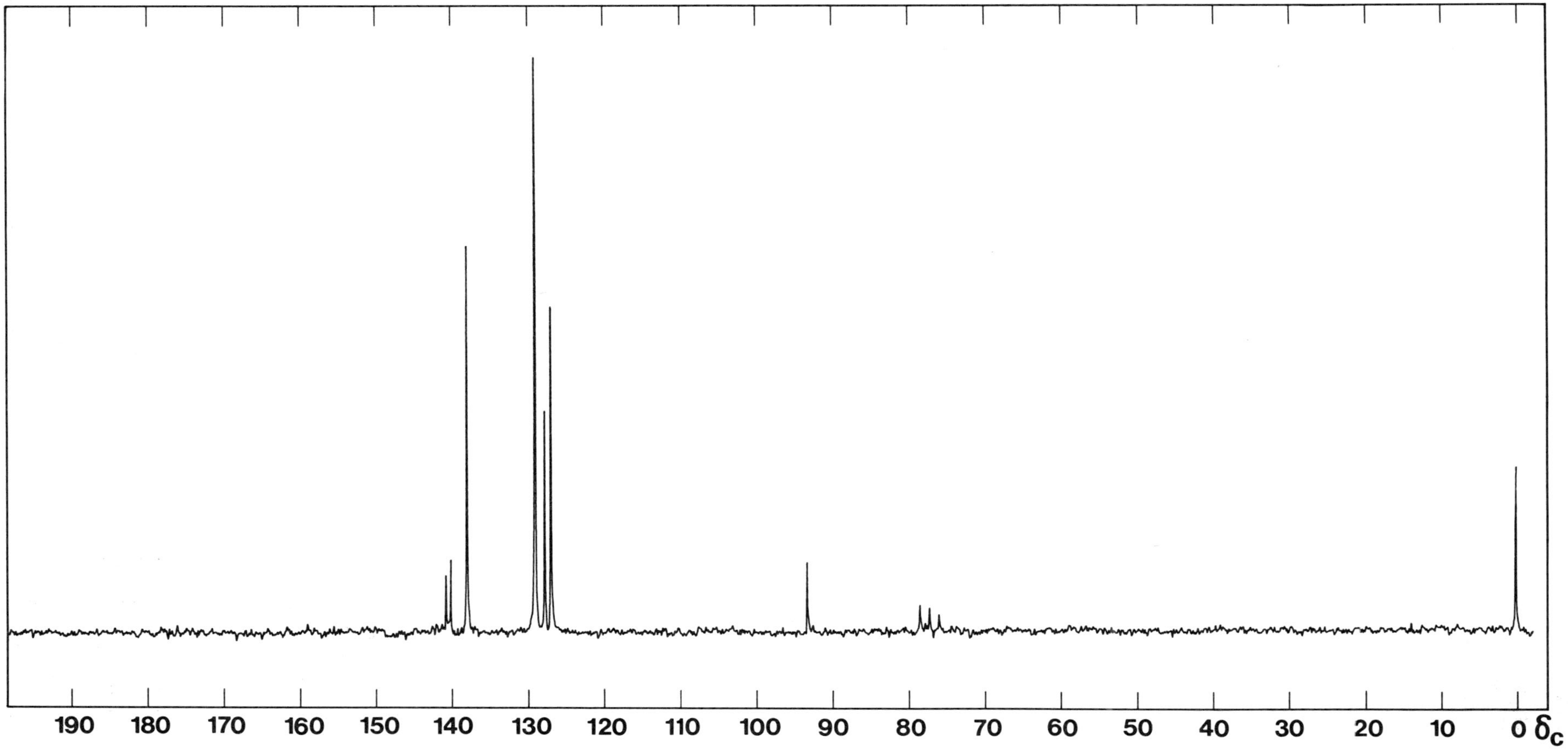

AUTHOR-NELSON J. ZOCH

Call of Duty Publications, Kingwood, TX 77339
CallofDutyPublications.com
CallofDutyPublications@hotmail.com

Printed by Taylor Publishing Company, Dallas, TX 75235

Fallen Heroes of the Bayou City
Houston Police Department 1860-2006
Copyright © 2007 by Nelson J. Zoch

All rights reserved. No part of this publication may be reproduced, stored in a retrieval system, or transmitted in any form or by any means – electronic, mechanical, photocopy, recording, or any other – without the prior written permission of the publisher.

ISBN 978-0-9795230-0-7

azobenzene 431

$C_{12}N_{10}N_2$

EXPERIMENTAL PARAMETERS

Instr. XL-100
Mode FT
Time 5.3 min
Solv. CDCl₃
Conc. 1g/3ml soln

ASSIGNMENTS

a 122.7
b 128.8
c 130.7
d 152.5

azoxybenzene 432

$C_{12}H_{10}N_2O$

EXPERIMENTAL PARAMETERS

Instr.	XL-100
Mode	FT
Time	5.3 min
Solv.	CDCl$_3$
Conc.	1g/3ml soln

ASSIGNMENTS

a	122.2
b	125.4
c	128.5
d	129.4
e	131.3
f *	144.0
g *	148.2

diphenyl ether 433

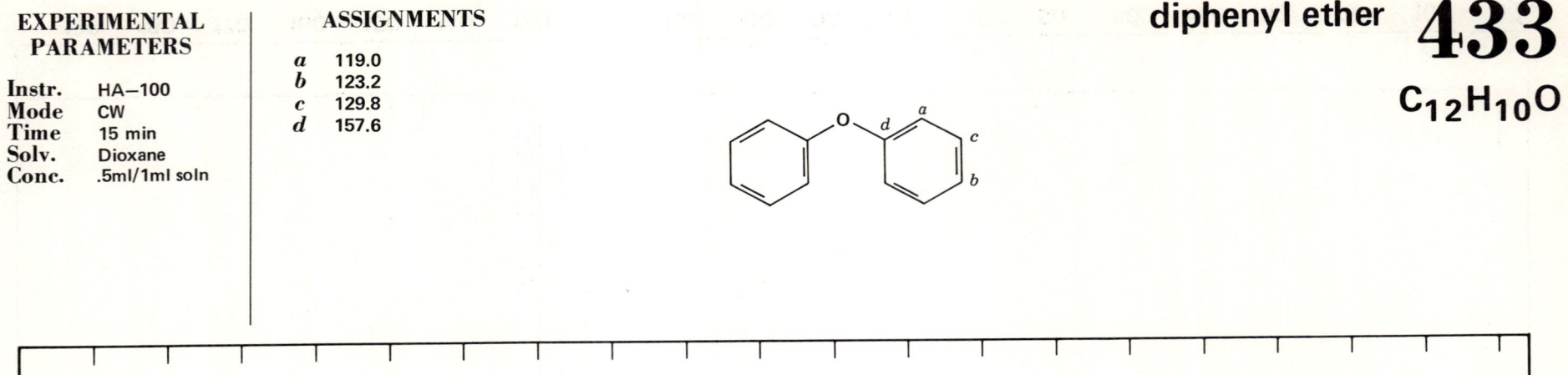

$C_{12}H_{10}O$

EXPERIMENTAL PARAMETERS

Instr. HA-100
Mode   CW
Time   15 min
Solv. Dioxane
Conc. .5ml/1ml soln

ASSIGNMENTS

a 119.0
b 123.2
c 129.8
d 157.6

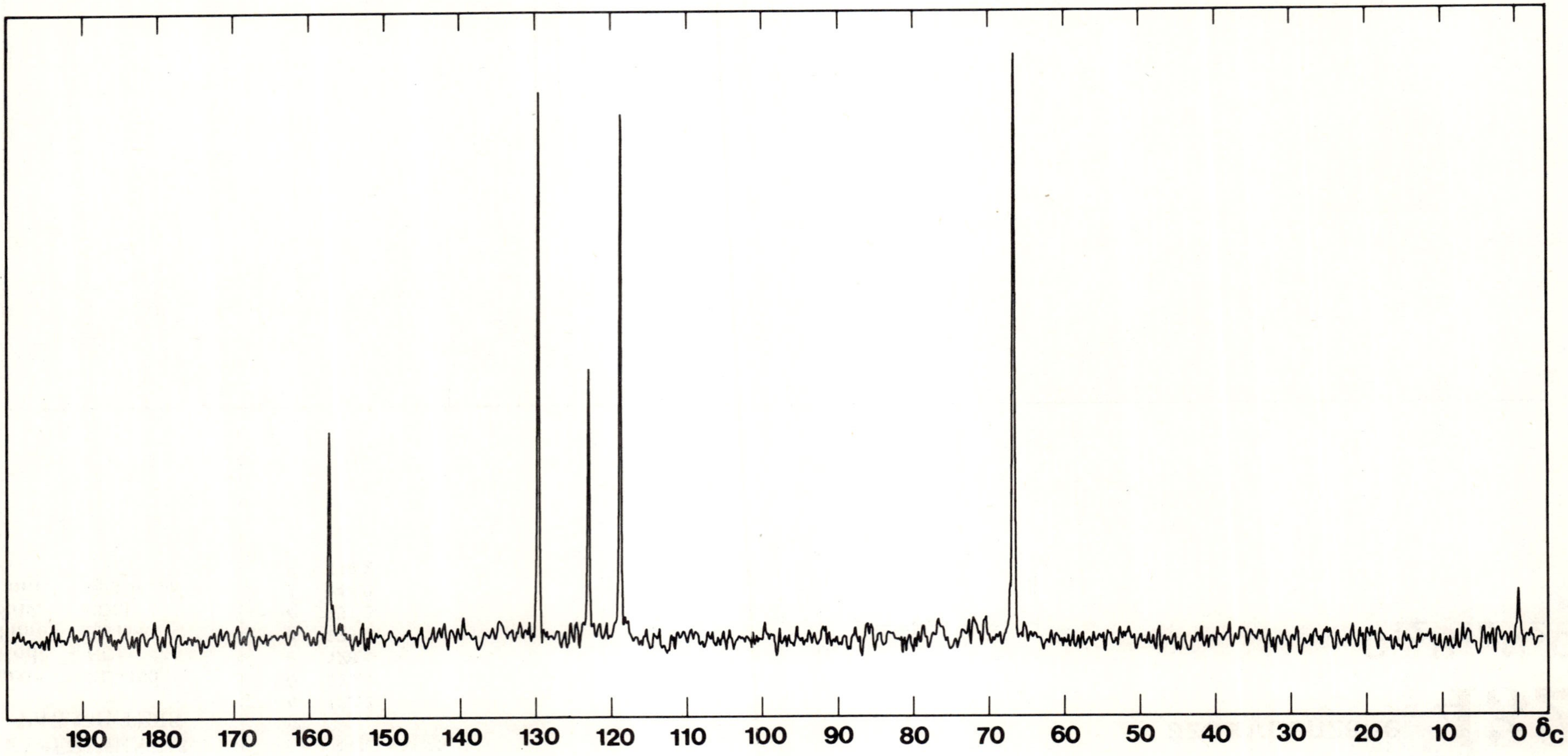

2-acetonaphthone   434

$C_{12}H_{10}O$

EXPERIMENTAL PARAMETERS

Instr. XL–100
Mode FT
Time 5.3 min
Solv. CDCl$_3$
Conc. 1g/3ml soln

ASSIGNMENTS

a 26.3
b 123.7
c 126.5
d 127.6
e 128.2
f 129.4
g 129.9
h 132.3
i 134.3
j 135.3
k 197.5

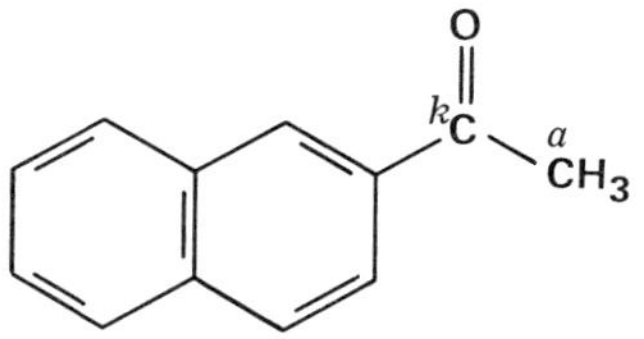

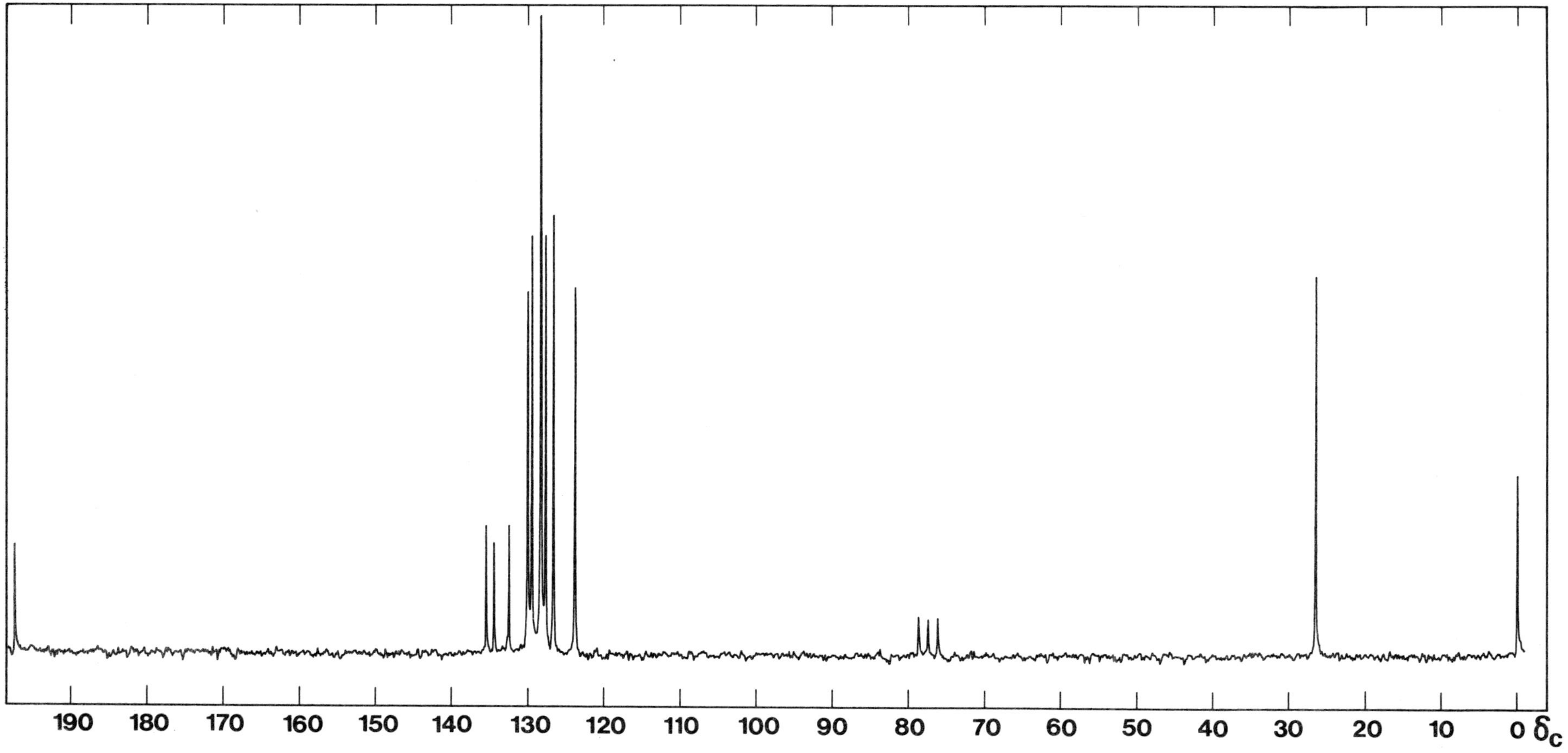

N-acetylphenylalanine methyl ester 435

$C_{12}H_{15}NO_3$

ASSIGNMENTS

a	22.5q
b	37.7t
c	52.0q
d	53.5d
e	126.8
f	*128.4
g	*129.1
h	136.3
i	†170.2
j	†172.3

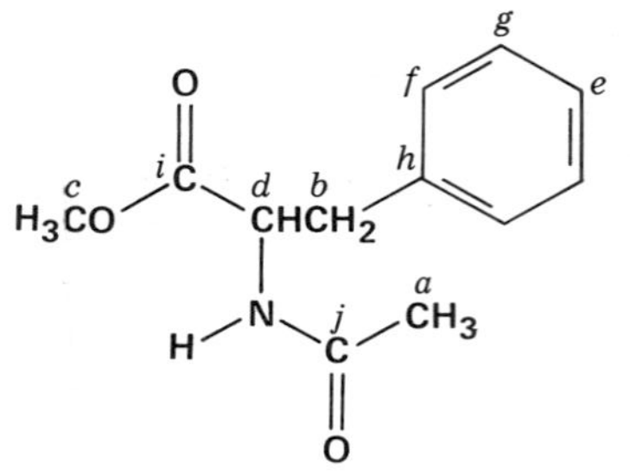

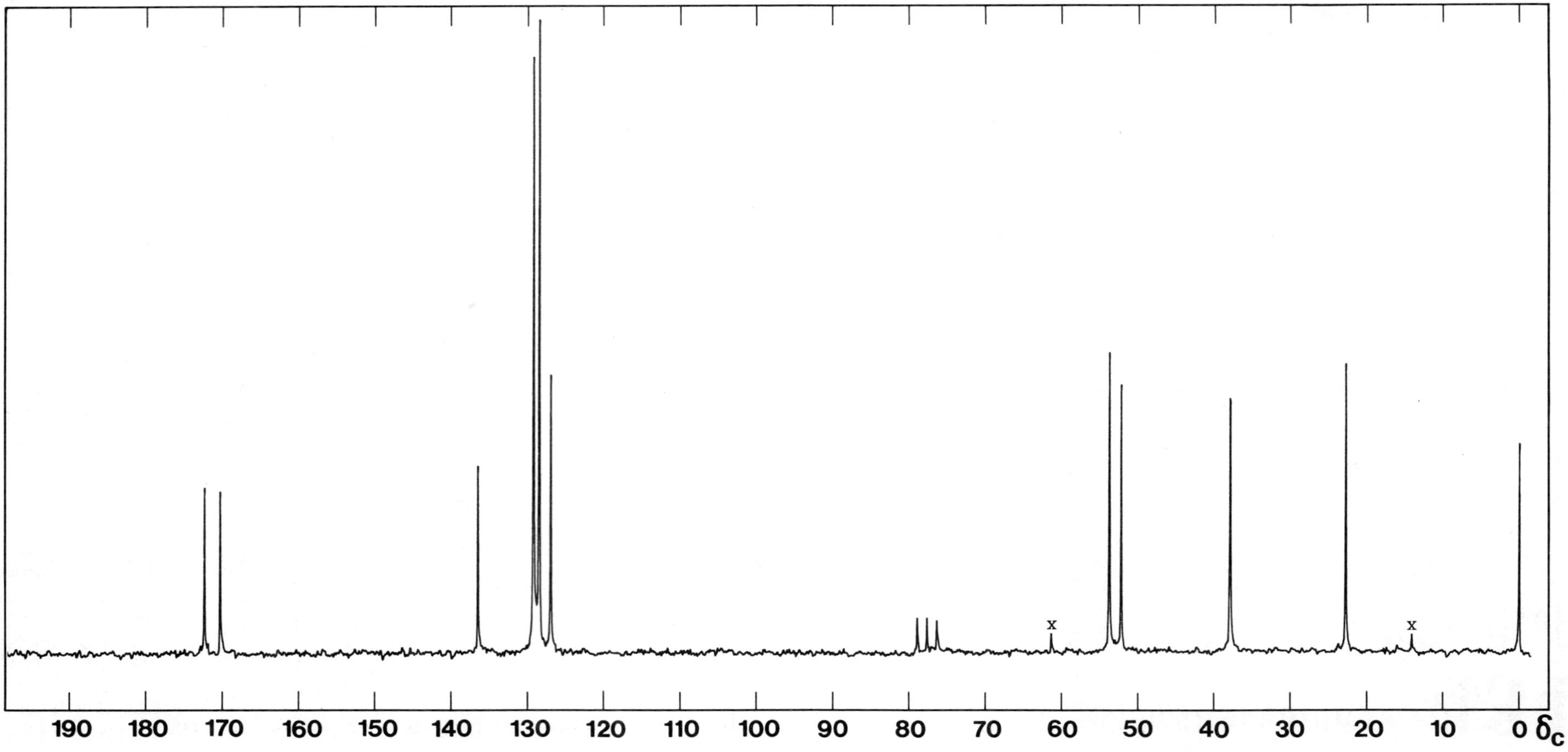

EXPERIMENTAL PARAMETERS

Instr. XL-100
Mode FT
Time 5.3 min
Solv. CDCl₃
Conc. 1g/2ml solv

3,6-dimethoxythymoquinone 436

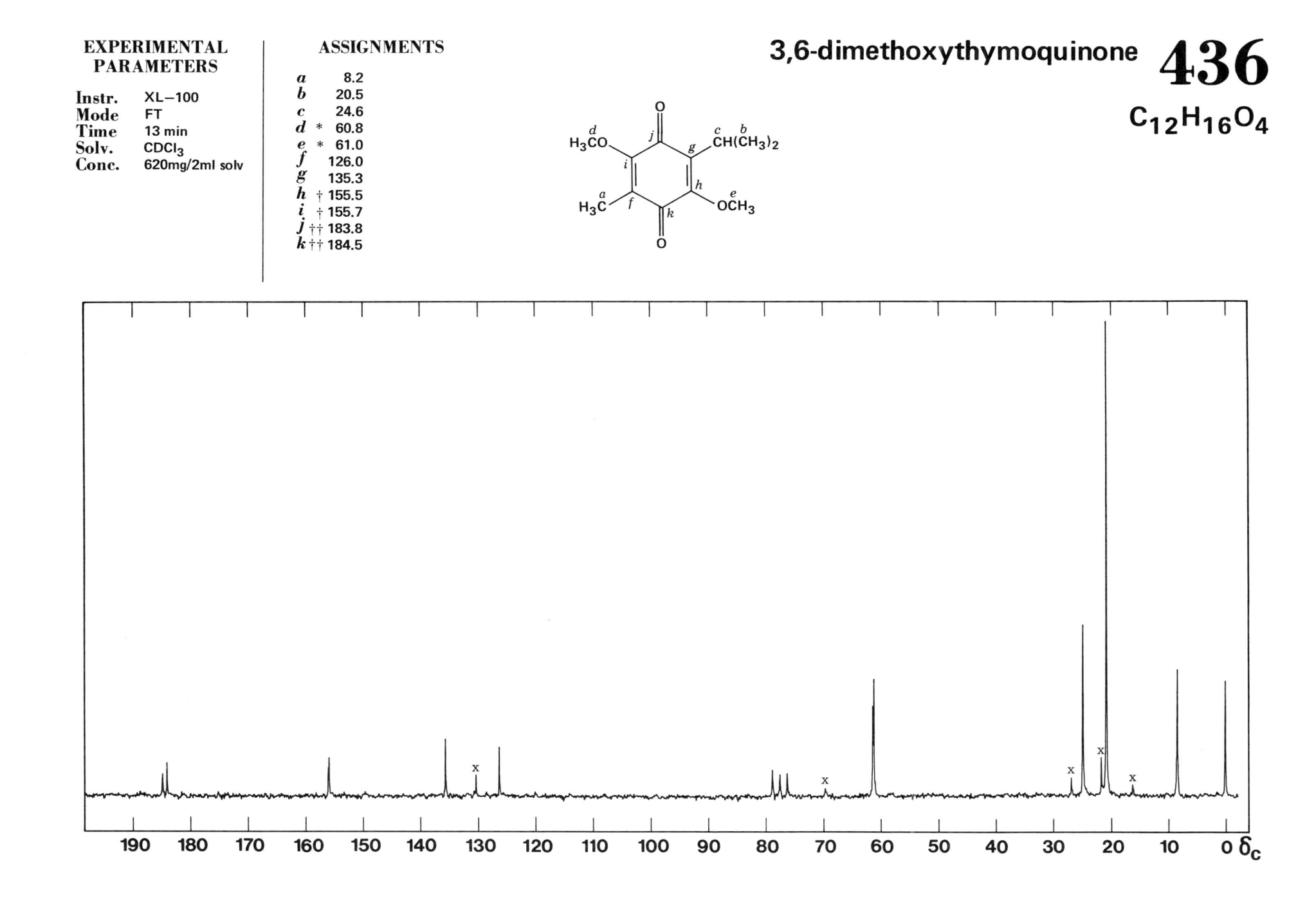

$C_{12}H_{16}O_4$

EXPERIMENTAL PARAMETERS

Instr. XL–100
Mode FT
Time 13 min
Solv. CDCl$_3$
Conc. 620mg/2ml solv

ASSIGNMENTS

a		8.2
b		20.5
c		24.6
d	*	60.8
e	*	61.0
f		126.0
g		135.3
h	†	155.5
i	†	155.7
j	††	183.8
k	††	184.5

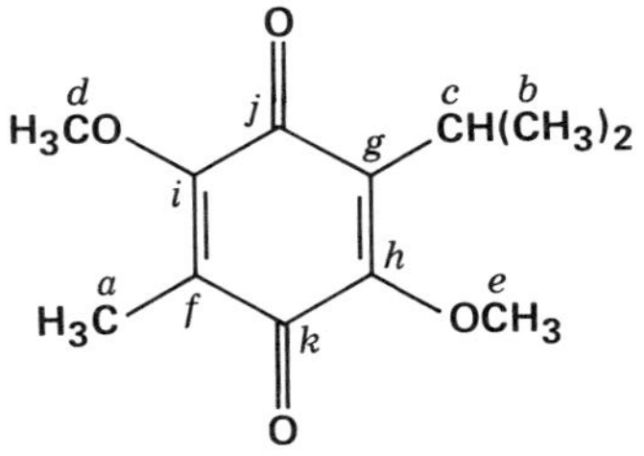

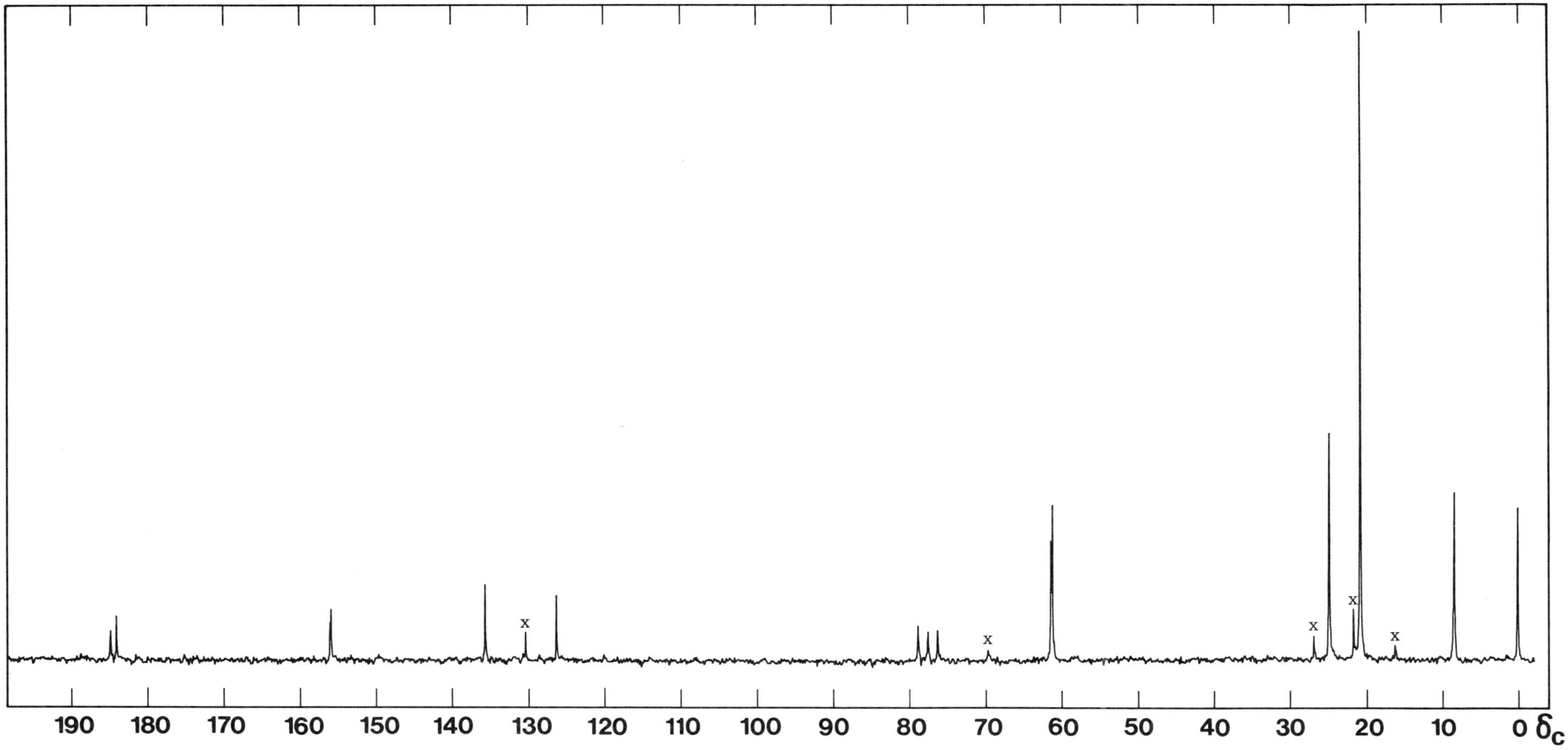

thiamine hydrochloride 437

$C_{12}H_{17}ClN_4OS \cdot HCl$

EXPERIMENTAL PARAMETERS

Instr. XL–100
Mode FT
Time 21 min
Solv. water
Conc. 470mg/2ml soln

ASSIGNMENTS

a 12.1 q
b 22.0 q
c 30.2 t
d 50.7 t
e 61.2 t
f 107.0 s
g * 137.3 s
h * 143.6 s
i † 145.6 d
j † 155.5 d
k †† 163.8 s
l †† 164.0 s

1,6-diisopropylphenol 438

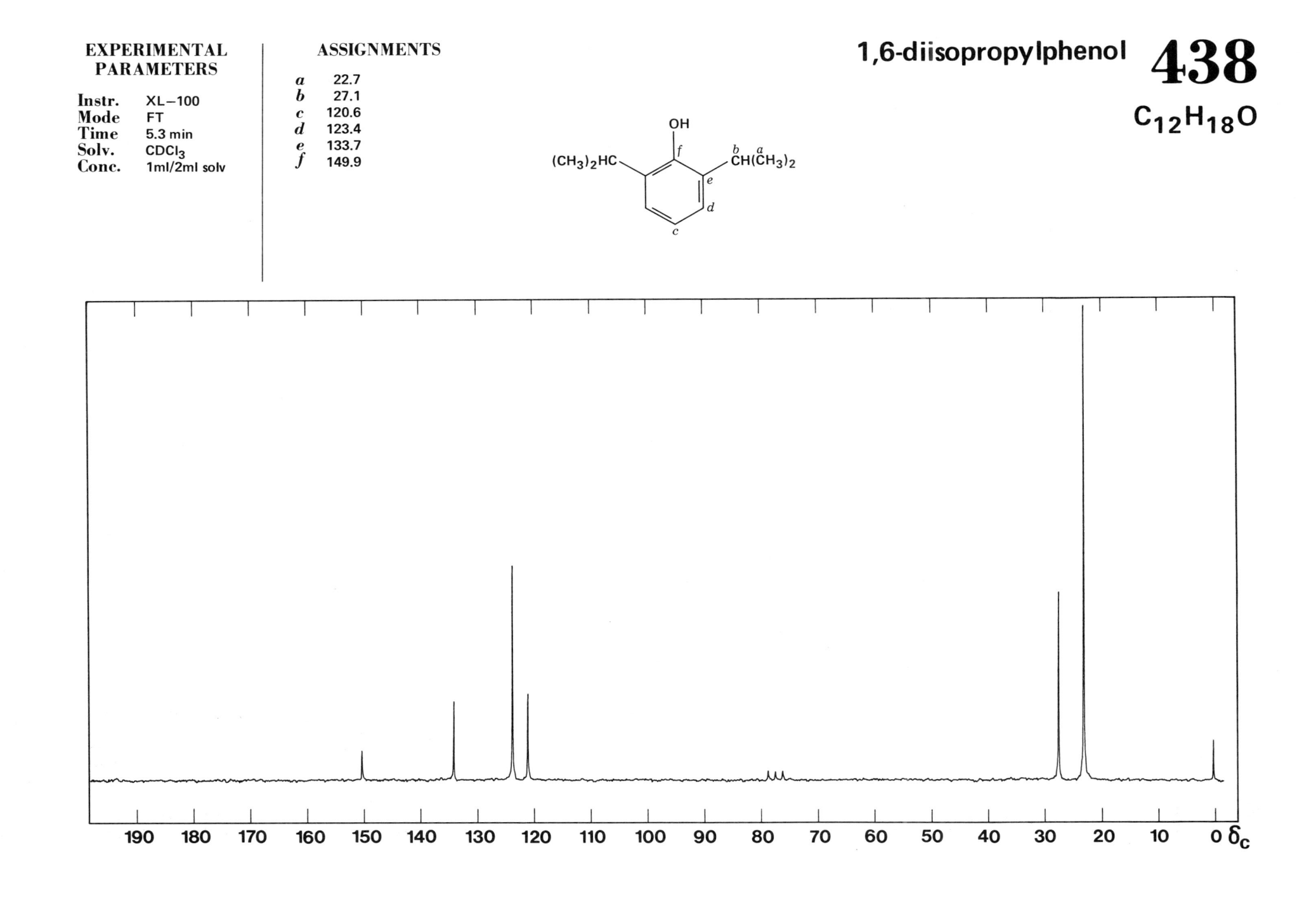

$C_{12}H_{18}O$

EXPERIMENTAL PARAMETERS

Instr. XL-100
Mode FT
Time 5.3 min
Solv. CDCl₃
Conc. 1ml/2ml solv

ASSIGNMENTS

a 22.7
b 27.1
c 120.6
d 123.4
e 133.7
f 149.9

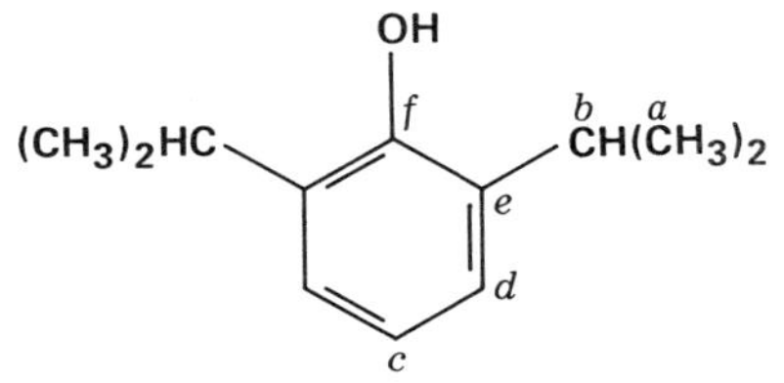

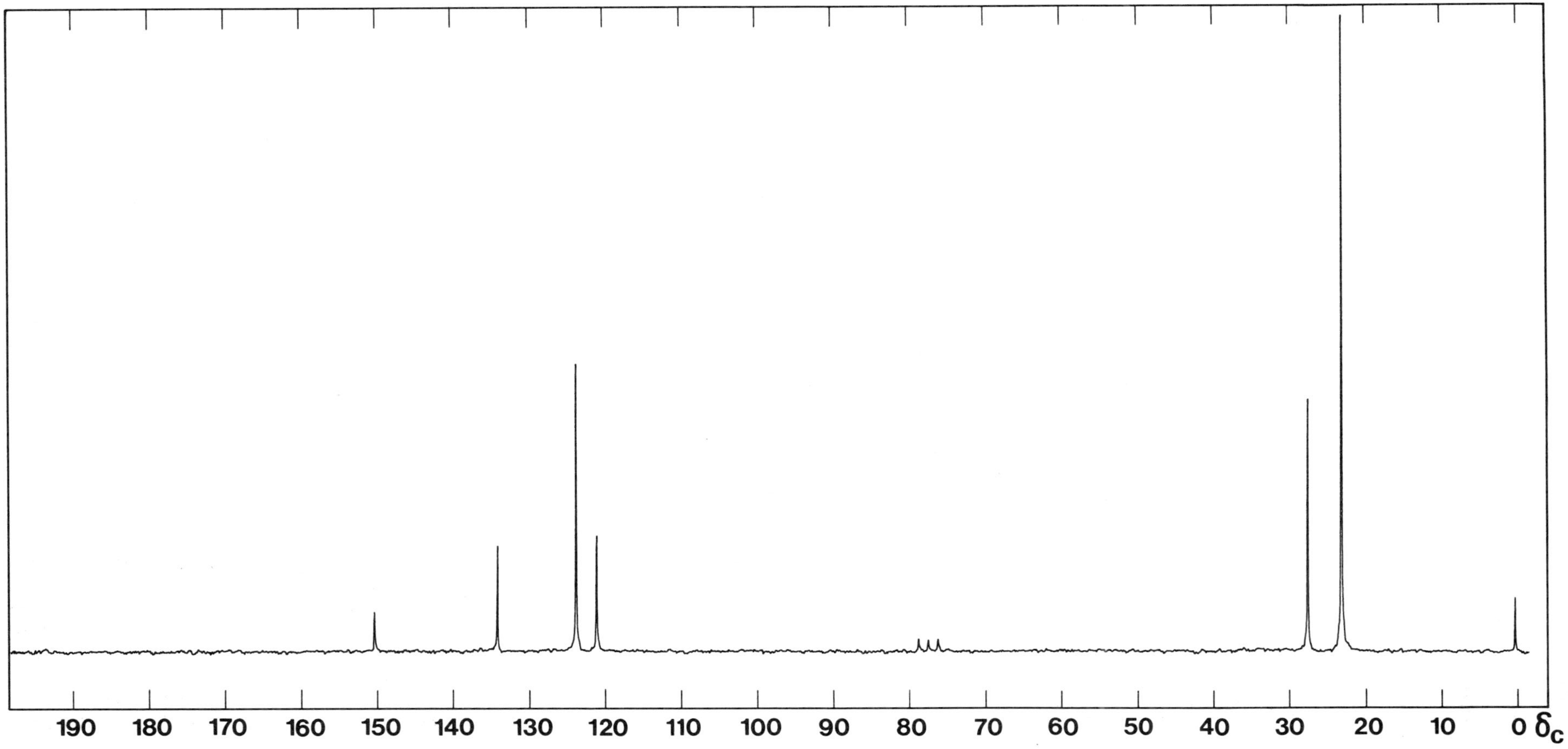

1-adamantane acetic acid 439

$C_{12}H_{18}O_2$

EXPERIMENTAL PARAMETERS

Instr.	XL-100
Mode	FT
Time	11 min
Solv.	CDCl₃
Conc.	.5g/3ml soln

ASSIGNMENTS

a	28.6d
b	32.6s
c *	36.7t
d *	42.3t
e	48.8t
f	178.6

acenaphthene 440
C₁₂H₁₀

ASSIGNMENTS

a	30.1
b	118.9
c	122.0
d	127.6
e	131.5
f	139.1
g	145.7

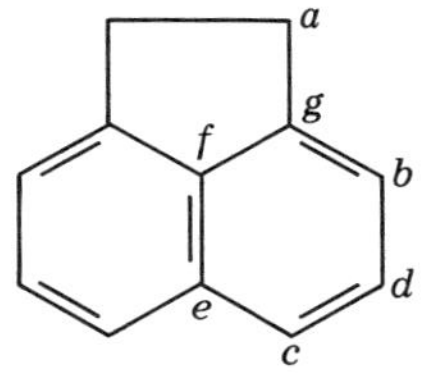

ref 16

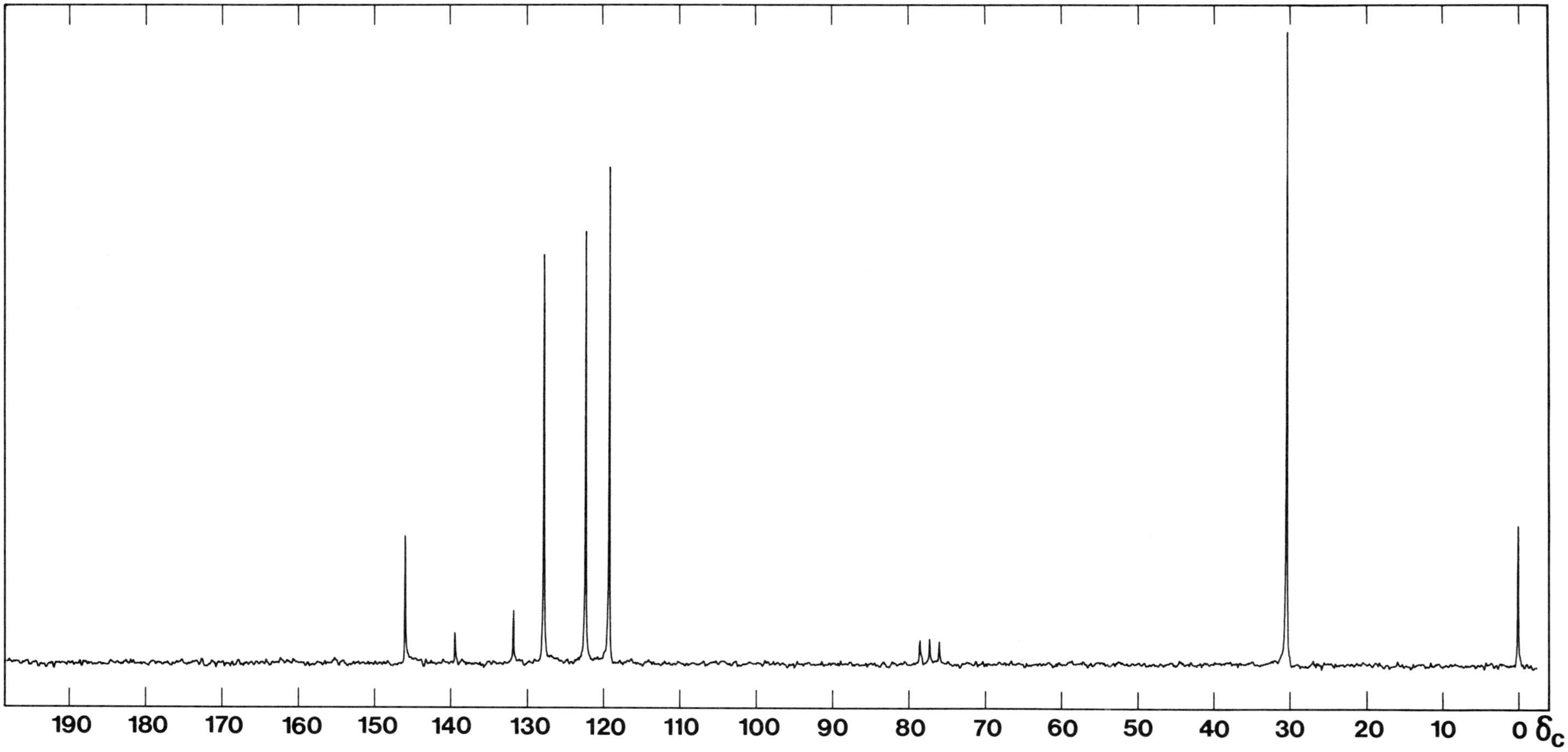

EXPERIMENTAL PARAMETERS

Instr. XL–100
Mode FT
Time 5.3 min
Solv. CDCl₃
Conc. 1g/2ml solv

441 2-cyclohexylcyclohexanone

$C_{12}H_{20}O$

EXPERIMENTAL PARAMETERS

Instr.	XL-100
Mode	FT
Time	5.3 min
Solv.	CDCl$_3$
Conc.	1ml/2ml solv

ASSIGNMENTS

a	24.2
b	26.5
c	27.9
d	29.4
e	31.5
f	36.1d
g	41.9t
h	56.4d
i	212.5

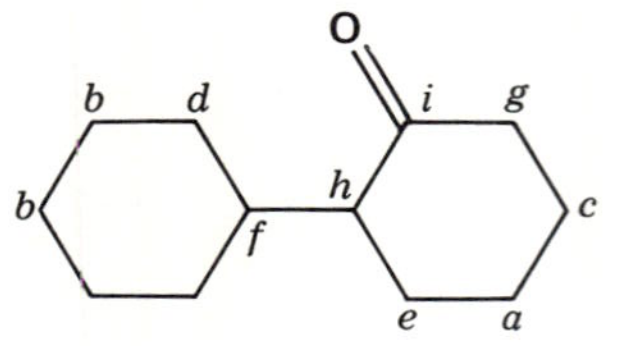

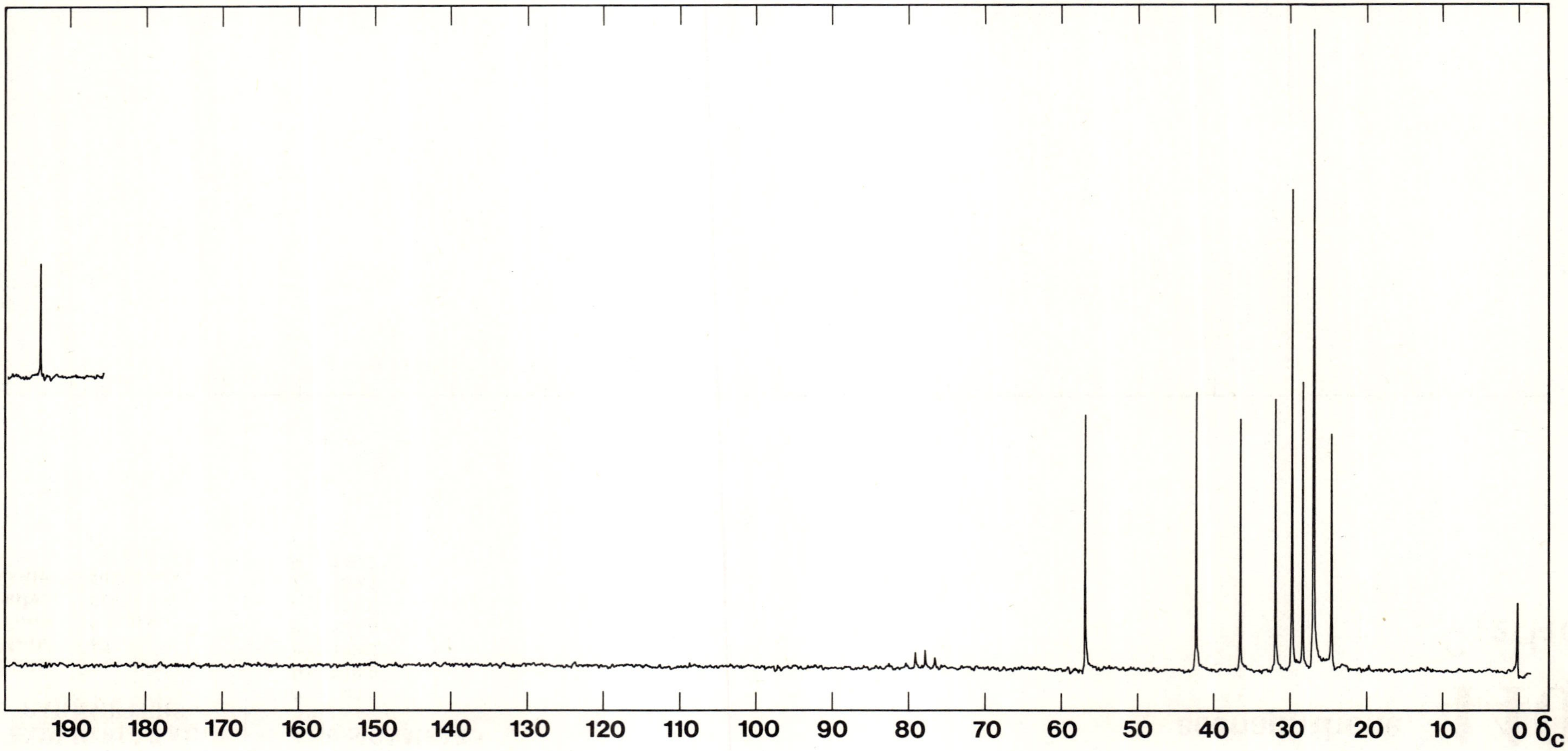

di-n-butylsuccinate   442

$C_{12}H_{22}O_4$

CH$_3$CH$_2$CH$_2$CH$_2$O—C(=O)—^{c}CH$_2$^{c}CH$_2$—^{f}C(=O)—O^{e}CH$_2$^{d}CH$_2$^{b}CH$_2$^{a}CH$_3$

ASSIGNMENTS

a	13.7
b	19.2
c	29.2
d	30.8
e	64.4
f	172.1

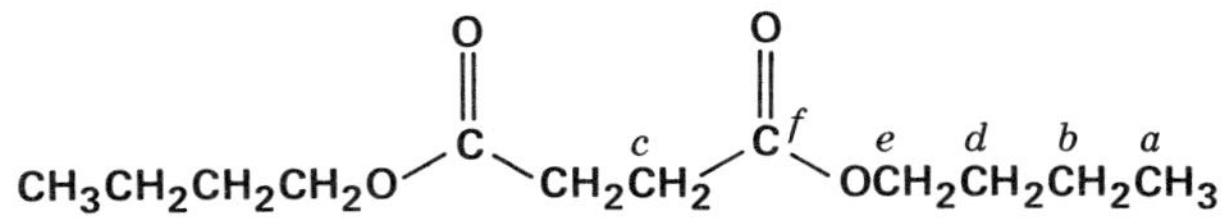

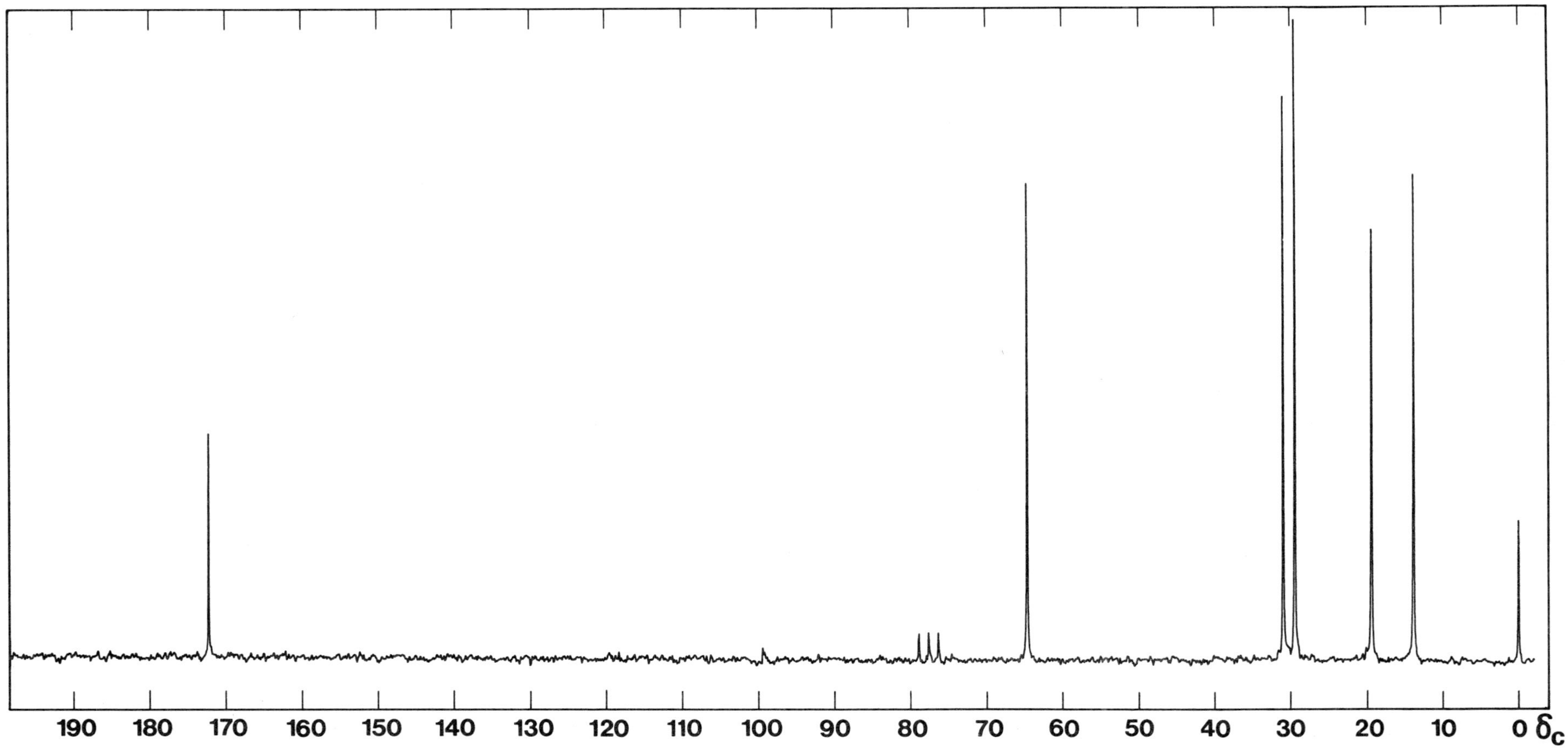

EXPERIMENTAL PARAMETERS

Instr. XL–100
Mode   FT
Time   5.3 min
Solv. CDCl$_3$
Conc. 1ml/2ml solv

sucrose 443

$C_{12}H_{22}O_{11}$

ASSIGNMENTS

a	61.1
b *	62.3
c *	63.2
d	70.1
e	71.9
f	73.2
g	73.5
h	74.9
i	77.4
j	82.2
k	92.9
l	104.4

ref 26

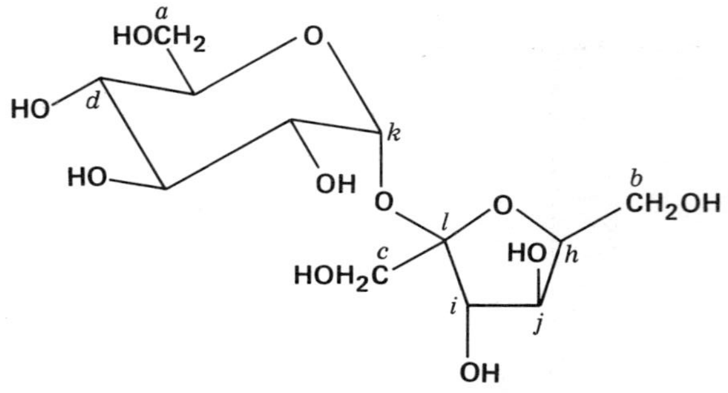

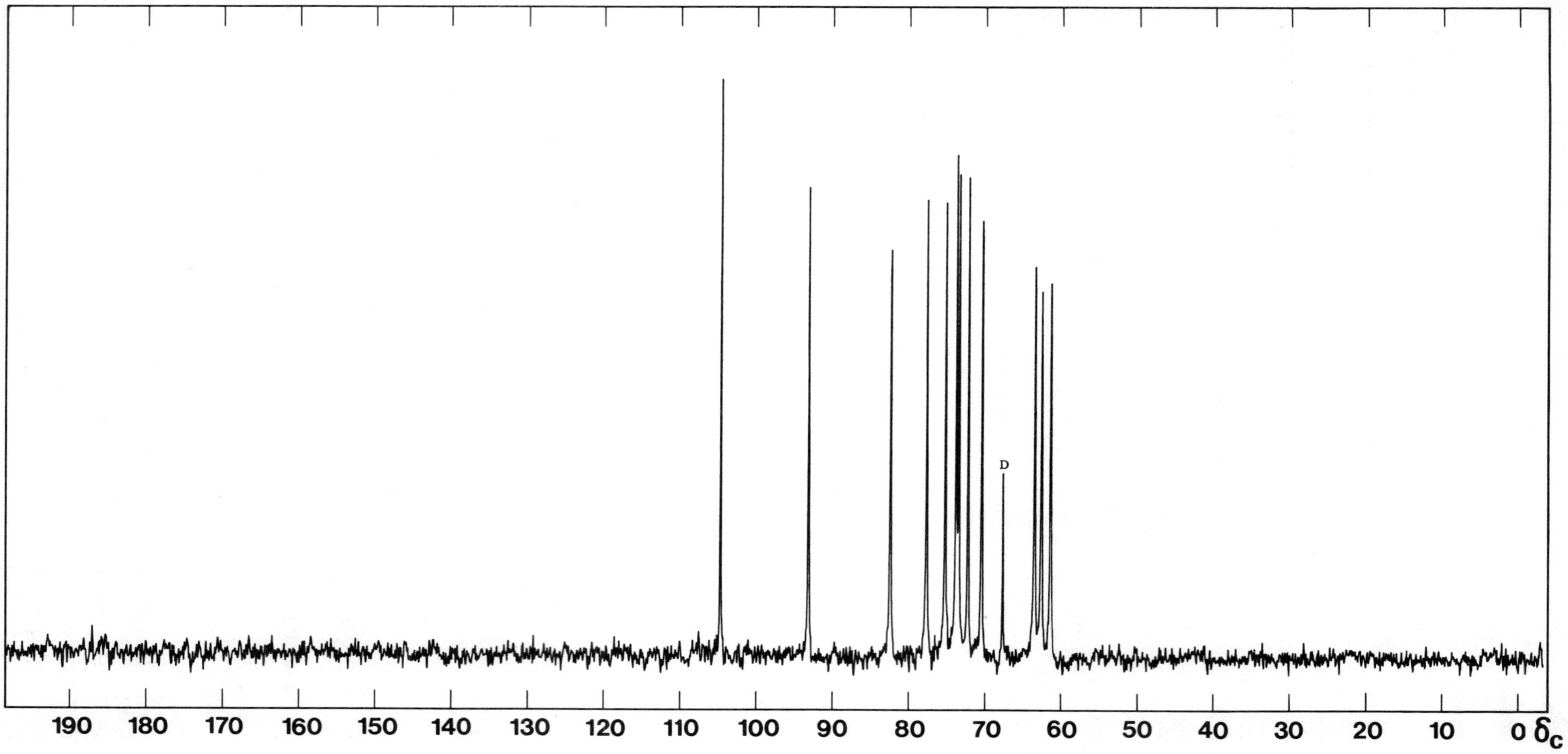

EXPERIMENTAL PARAMETERS

Instr. XL-100
Mode FT
Time 5.3 min
Solv. water
Conc. 1g/2ml solv

lactose 444
$C_{12}H_{22}O_{11}$

EXPERIMENTAL PARAMETERS

Instr. XL–100
Mode FT
Time 67 min
Solv. water
Conc. .3g/3ml soln

ASSIGNMENTS

a	*	61.0	n ‡	79.3
b	*	61.1	o ‡	79.4
c		61.9	p	92.7
d		69.5	q	96.6
e		70.9	r	103.7
f		71.9		
g	†	72.1		
h	†	72.3		
i		73.5		
j		74.8		
k		75.3		
l		75.6		
m		76.2		

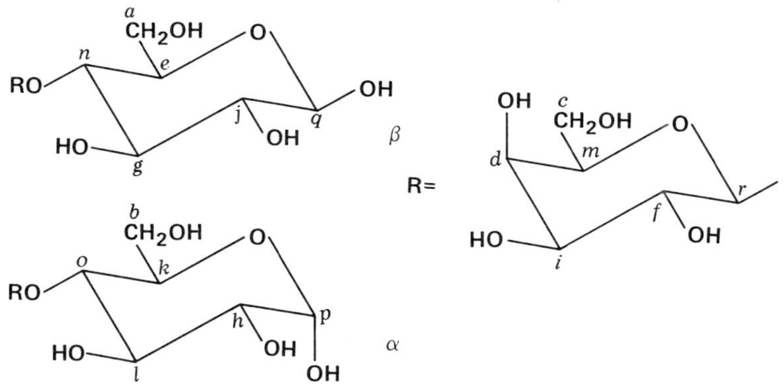

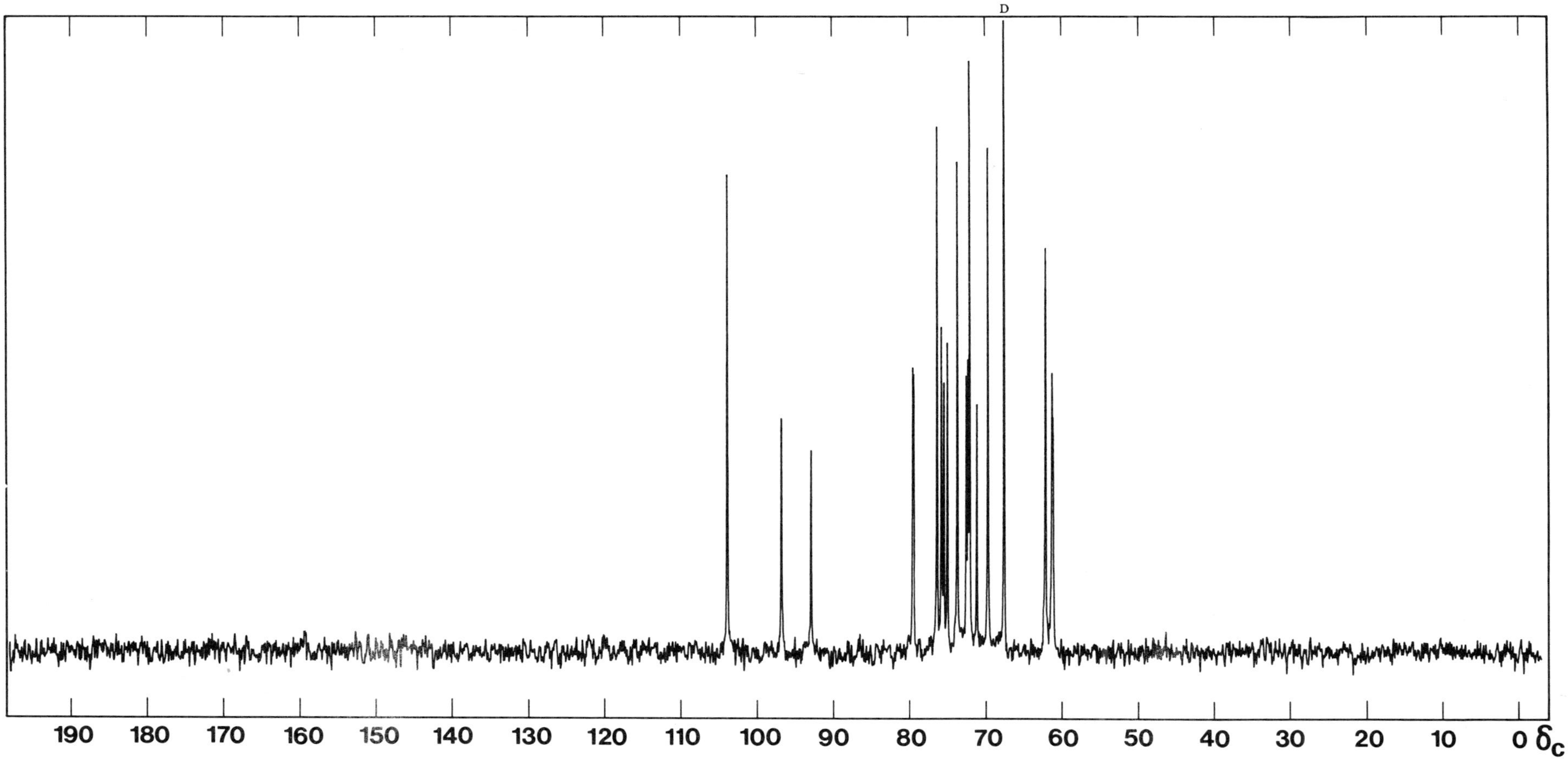

445 7,9-dimethyldecene-1

$C_{12}H_{24}$

EXPERIMENTAL PARAMETERS

Instr.	HA–100
Mode	CW
Time	33 min
Solv.	Dioxane
Conc.	.5ml/1ml soln

ASSIGNMENTS

a	19.1q
b	22.4q
c	23.5q
d	25.6d
e	26.8t
f	29.6t
g	30.6t
h	34.1t
i	37.6t
j	47.2t
k	114.2t
l	138.9d

dibutyltin diacetate 446

$C_{12}H_{24}O_4Sn$

$$\left(H_3\overset{b}{C} - \underset{\underset{O}{\parallel}}{\overset{f}{C}} - O \right)_2 Sn(\overset{d}{C}H_2\overset{e}{C}H_2\overset{c}{C}H_2\overset{a}{C}H_3)_2$$

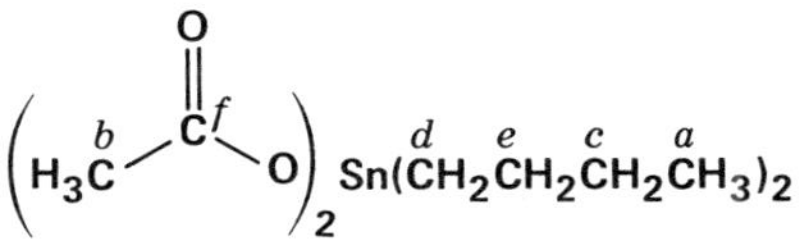

$J_{117_{SnC}} \sim 94\,Hz$
$J_{119_{SnC}} \sim 98\,Hz$
$J_{117_{SnCC}} \sim 35\,Hz$
$J_{119_{SnCC}} \sim 35\,Hz$

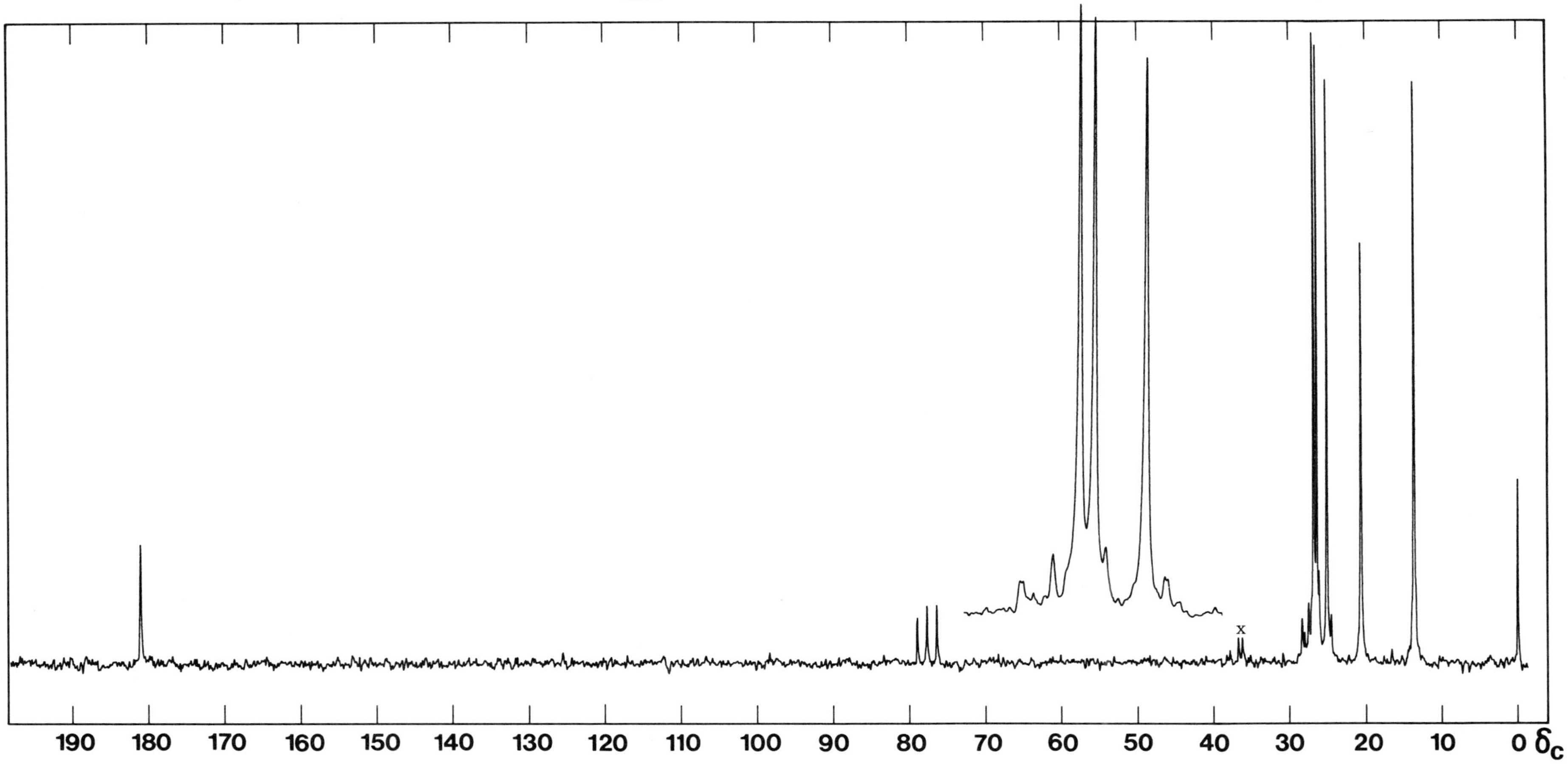

EXPERIMENTAL PARAMETERS

Instr. XL–100
Mode   FT
Time   5.3 min
Solv. CDCl₃
Conc. 1ml/3ml soln

ASSIGNMENTS

a 13.5
b 20.5
c 24.9
d 26.3
e 26.6
f 181.0

447 hexyl ether

$C_{12}H_{26}O$

$$O(\overset{f}{C}H_2\overset{d}{C}H_2\overset{c}{C}H_2\overset{e}{C}H_2\overset{b}{C}H_2\overset{a}{C}H_3)_2$$

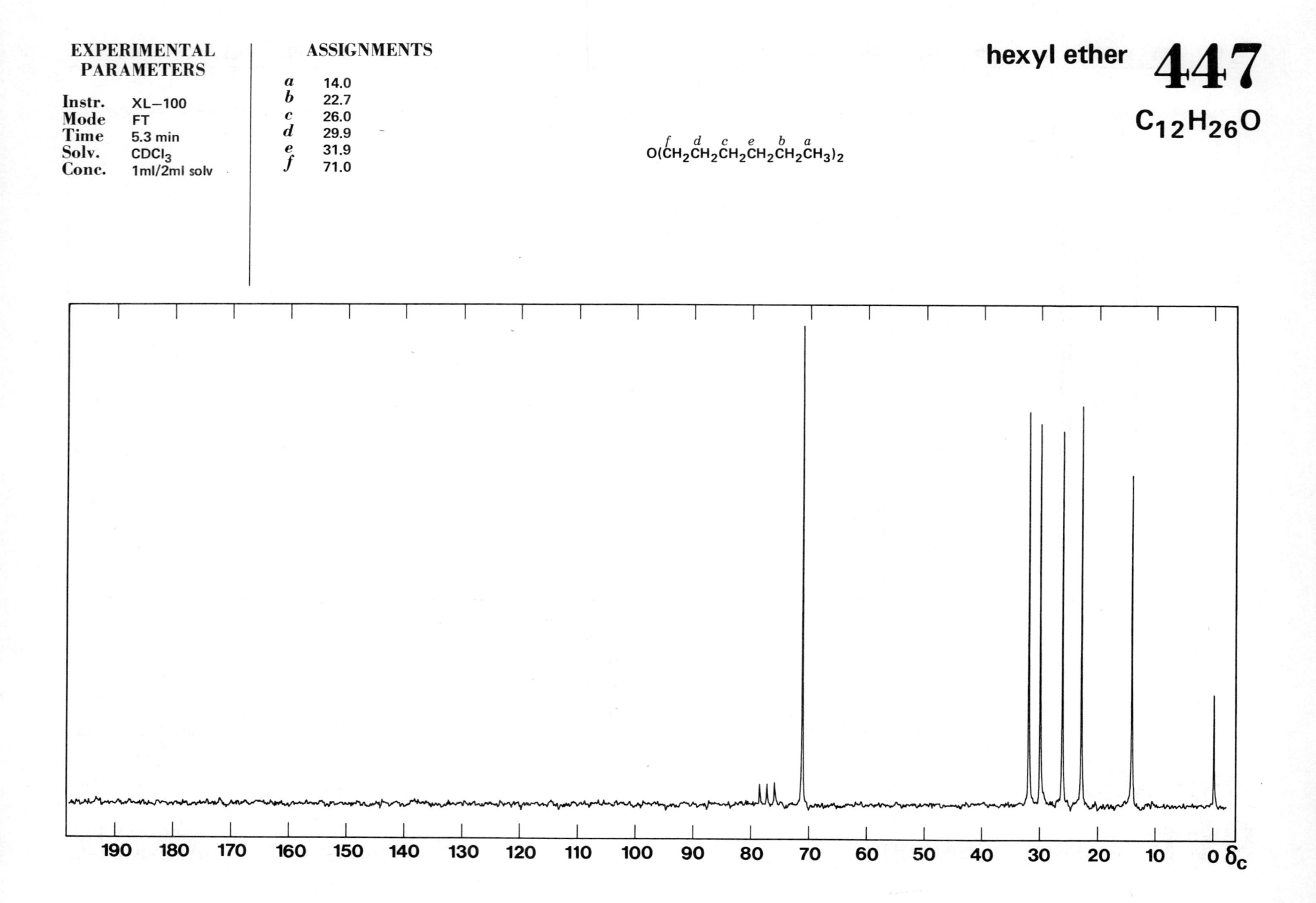

EXPERIMENTAL PARAMETERS

Instr. XL–100
Mode FT
Time 5.3 min
Solv. CDCl$_3$
Conc. 1ml/2ml solv

ASSIGNMENTS

a 14.0
b 22.7
c 26.0
d 29.9
e 31.9
f 71.0

tri-*tert*-butyl borate 448

$C_{12}H_{27}BO_3$

$B\left[\begin{smallmatrix}b & a\\ OC(CH_3)_3\end{smallmatrix}\right]_3$

EXPERIMENTAL PARAMETERS

Instr. XL-100
Mode FT
Time 5.3 min
Solv. CDCl$_3$
Conc. 1ml/2ml solv

Pulse Width 15 μsec

ASSIGNMENTS

a 30.2
b 72.0

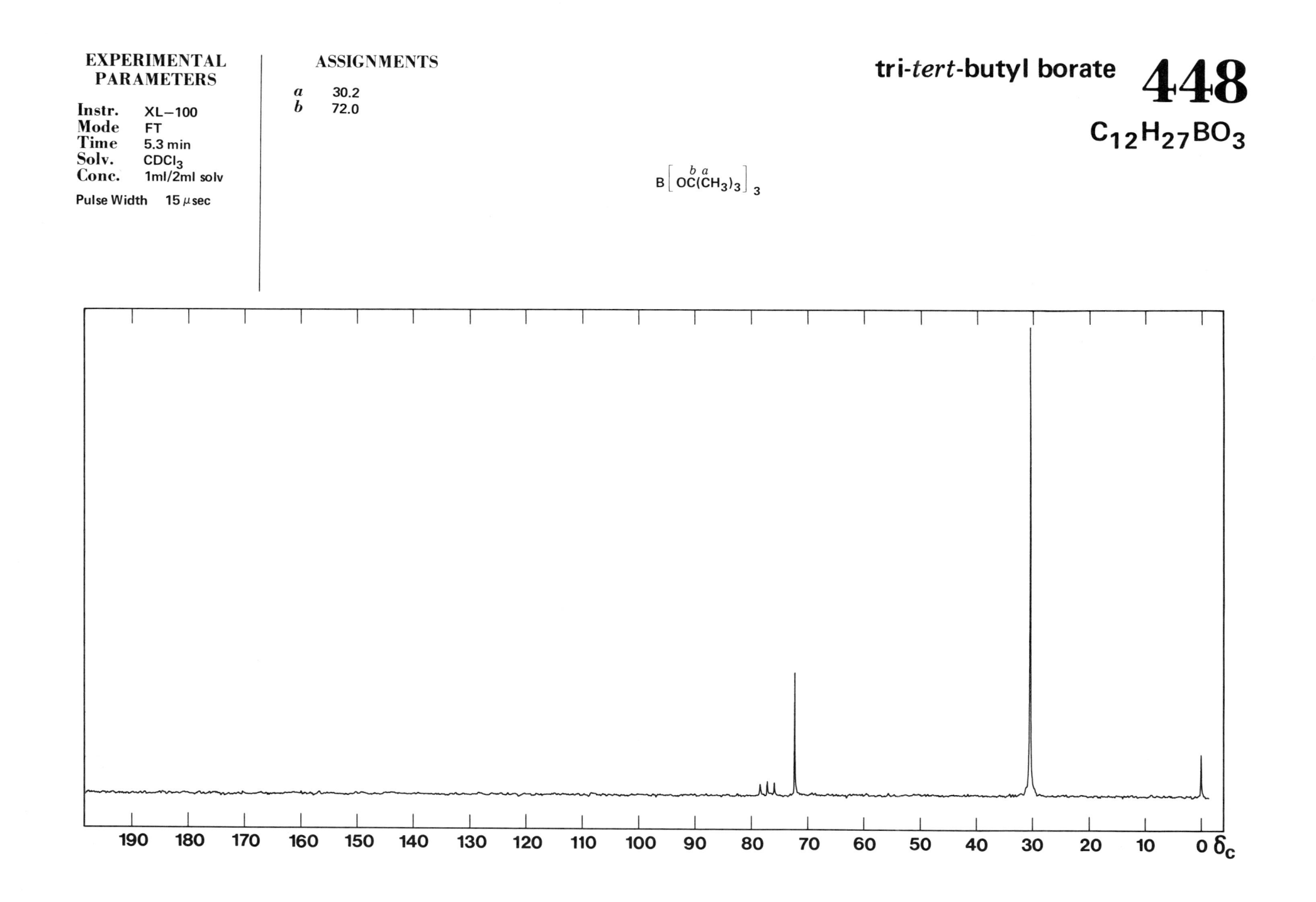

tributylamine 449

C$_{12}$H$_{27}$N

N(CH$_2$CH$_2$CH$_2$CH$_3$)$_3$
  d   c   b   a

ASSIGNMENTS

a	14.1
b	20.8
c	29.5
d	54.1

EXPERIMENTAL PARAMETERS

Instr.   XL-100
Mode   FT
Time   5.3 min
Solv.   CDCl$_3$
Conc.   1ml/3ml soln

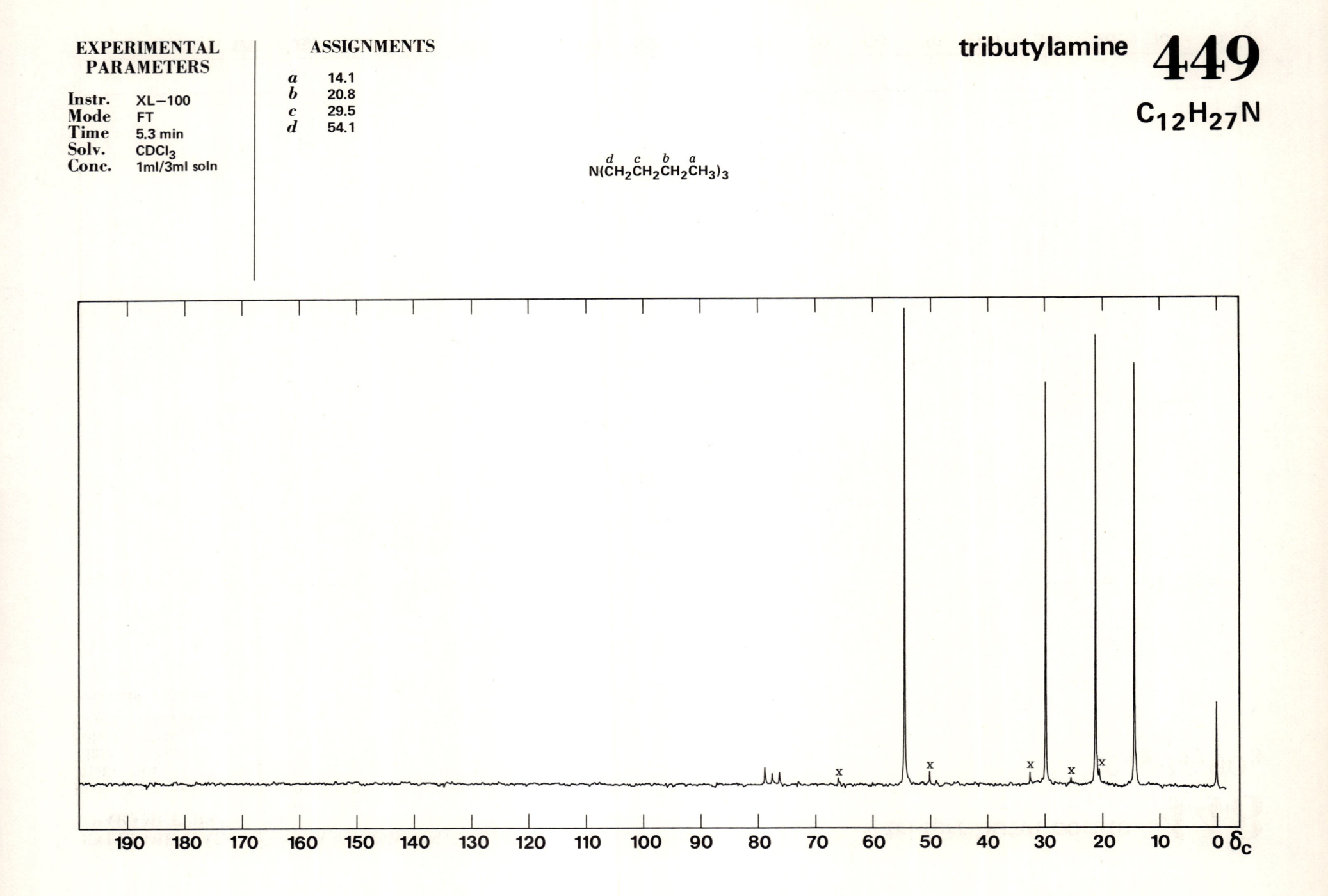

tributyl phosphite 450

$C_{12}H_{27}O_3P$

EXPERIMENTAL PARAMETERS

Instr. XL-100
Mode FT
Time 5.3 min
Solv. CDCl₃
Conc. 1ml/3ml soln

ASSIGNMENTS

a 13.7
b 19.1
c 33.4
d 61.9

$$P(OCH_2CH_2CH_2CH_3)_3$$
$dcba$

J_{COP} = 10.6 Hz
J_{CCOP} = 4.8 Hz

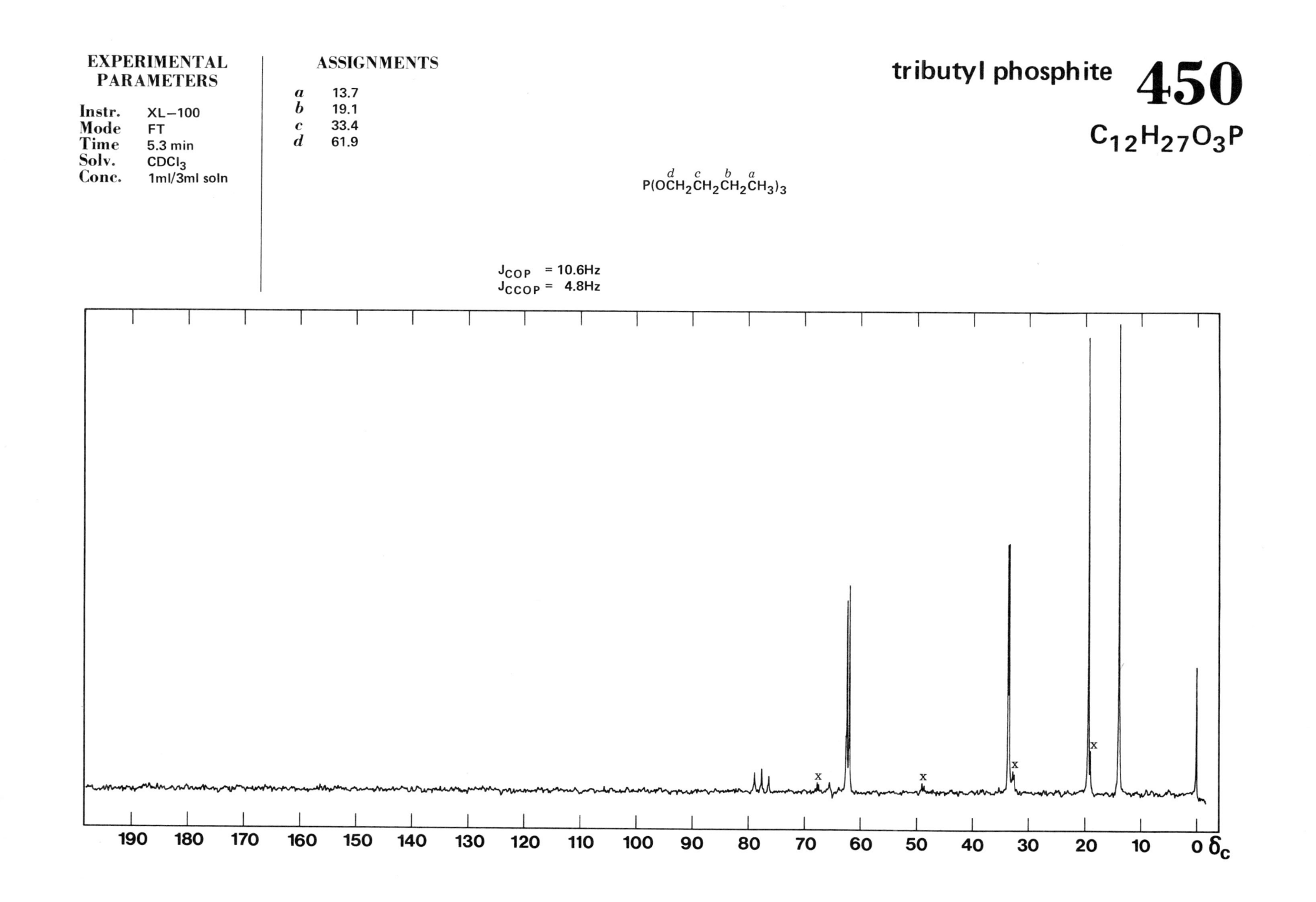

tributyl phosphate 451

$C_{12}H_{27}O_4P$

$$\overset{O}{\underset{\|}{P}}(\overset{d}{O}CH_2\overset{c}{C}H_2\overset{b}{C}H_2\overset{a}{C}H_3)_3$$

J_{CCOP} = 7.1 Hz
J_{COP} = 6.2 Hz

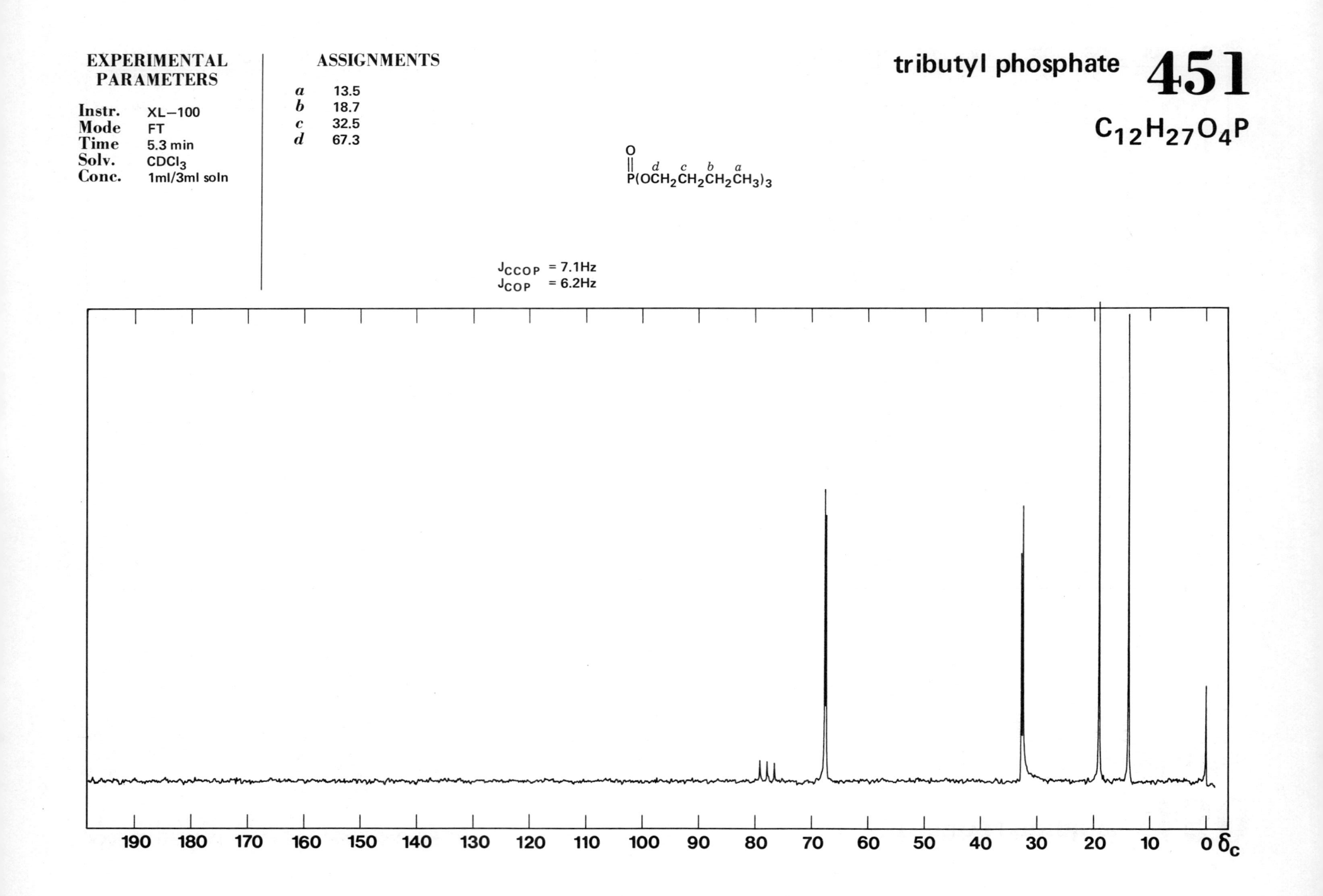

EXPERIMENTAL PARAMETERS

Instr. XL-100
Mode   FT
Time   5.3 min
Solv.   CDCl₃
Conc.   1ml/3ml soln

ASSIGNMENTS

a 13.5
b 18.7
c 32.5
d 67.3

fluorene 452

$C_{13}H_{10}$

EXPERIMENTAL PARAMETERS

Instr. XL-100
Mode FT
Time 5.3 min
Solv. CDCl₃
Conc. 1g/2.5ml solv

ASSIGNMENTS

a	36.8
b	119.7
c	124.8
d	126.5
e	141.6
f	143.1

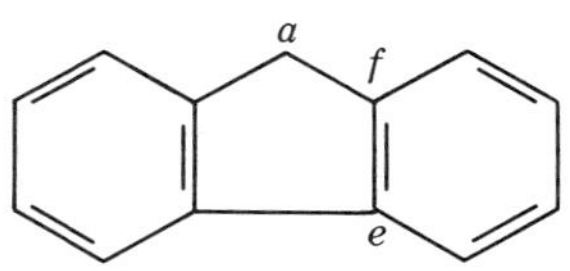

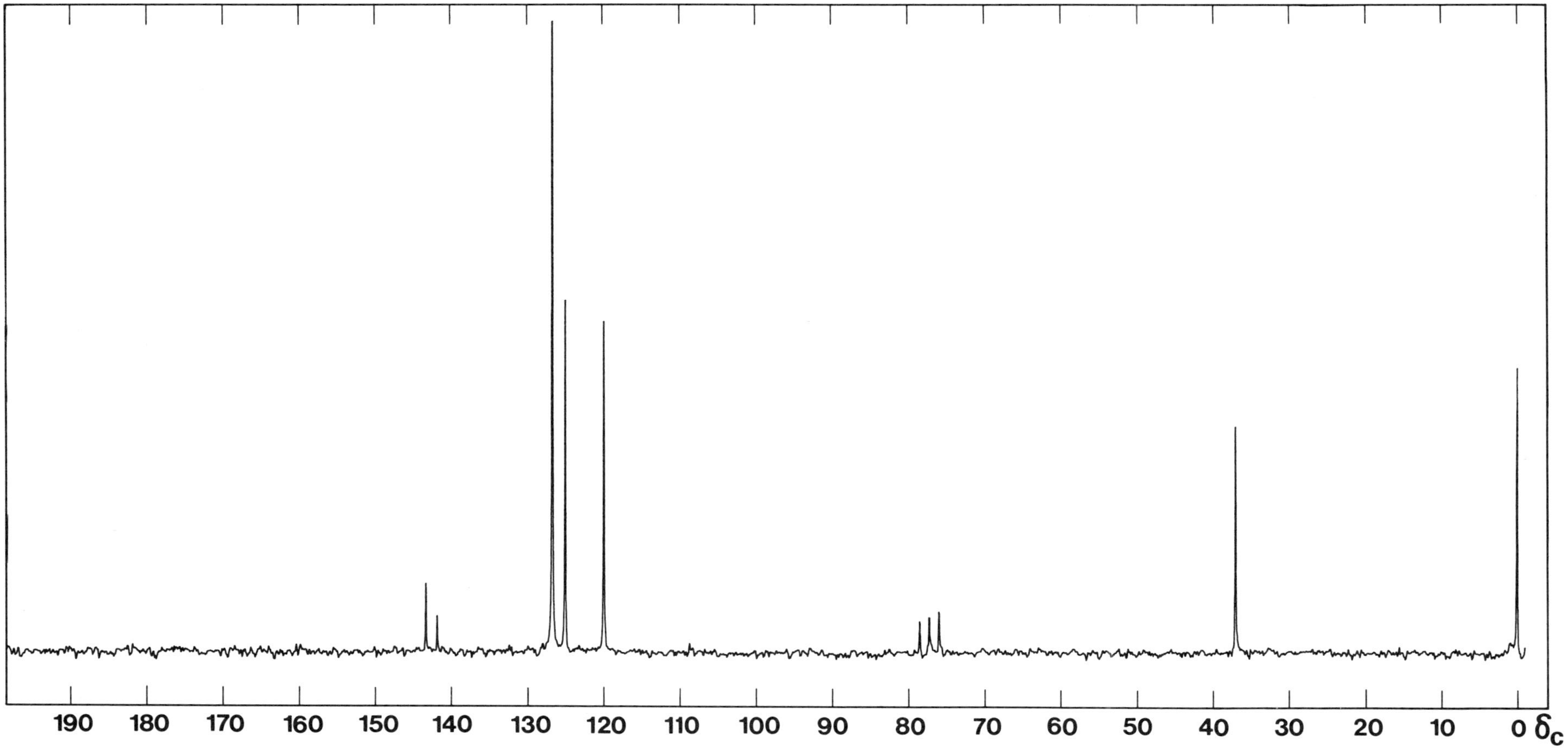

benzohydrol 453

$C_{13}H_{12}O$

EXPERIMENTAL PARAMETERS

Instr. XL–100
Mode FT
Time 5.3 min
Solv. $CDCl_3$
Conc. 1g/3ml soln

ASSIGNMENTS

a   75.8
b * 126.4
c   127.2
d * 128.2
e   143.7

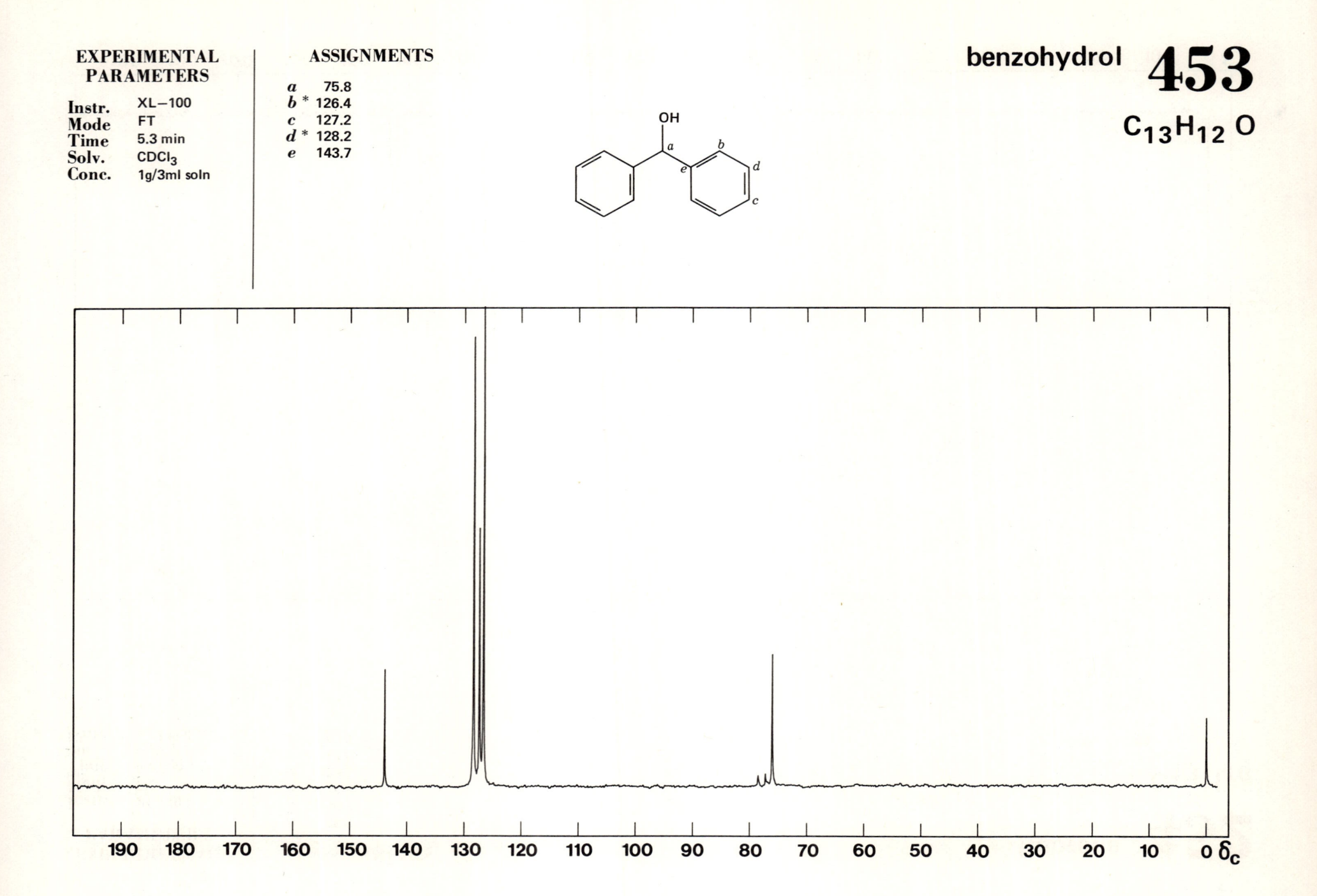

2,2,3,3-tetramethylindanone-1   454

$C_{13}H_{16}O$

EXPERIMENTAL PARAMETERS

Instr. XL–100
Mode FT
Time 5.3 min
Solv. CDCl₃
Conc. 1ml/2ml solv

ASSIGNMENTS

a * 21.6
b * 26.2
c   44.6
d   53.3
e   123.1
f   123.7
g   127.2
h   133.2
i   134.4
j   161.5
k   190.0

tridecane 455
$C_{13}H_{28}$

EXPERIMENTAL PARAMETERS

Instr. HA–100
Mode CW
Time 15 min
Solv. Dioxane
Conc. .5ml/1ml soln

ASSIGNMENTS

a 14.2
b 23.0
c 29.8
d 30.1
e 32.4

$$CH_3CH_2CH_2CH_2(CH_2)_5CH_2CH_2CH_2CH_3$$
$de\ \ c\ \ b\ \ a$

phenanthrene 456

$C_{14}H_{10}$

EXPERIMENTAL PARAMETERS

Instr. XL-100
Mode FT
Time 5.3 min
Solv. CDCl₃
Conc. 1g/2ml solv

ASSIGNMENTS

a	122.4
b	126.3
c	126.6
d	128.3
e*	130.1
f*	131.9

ref 3

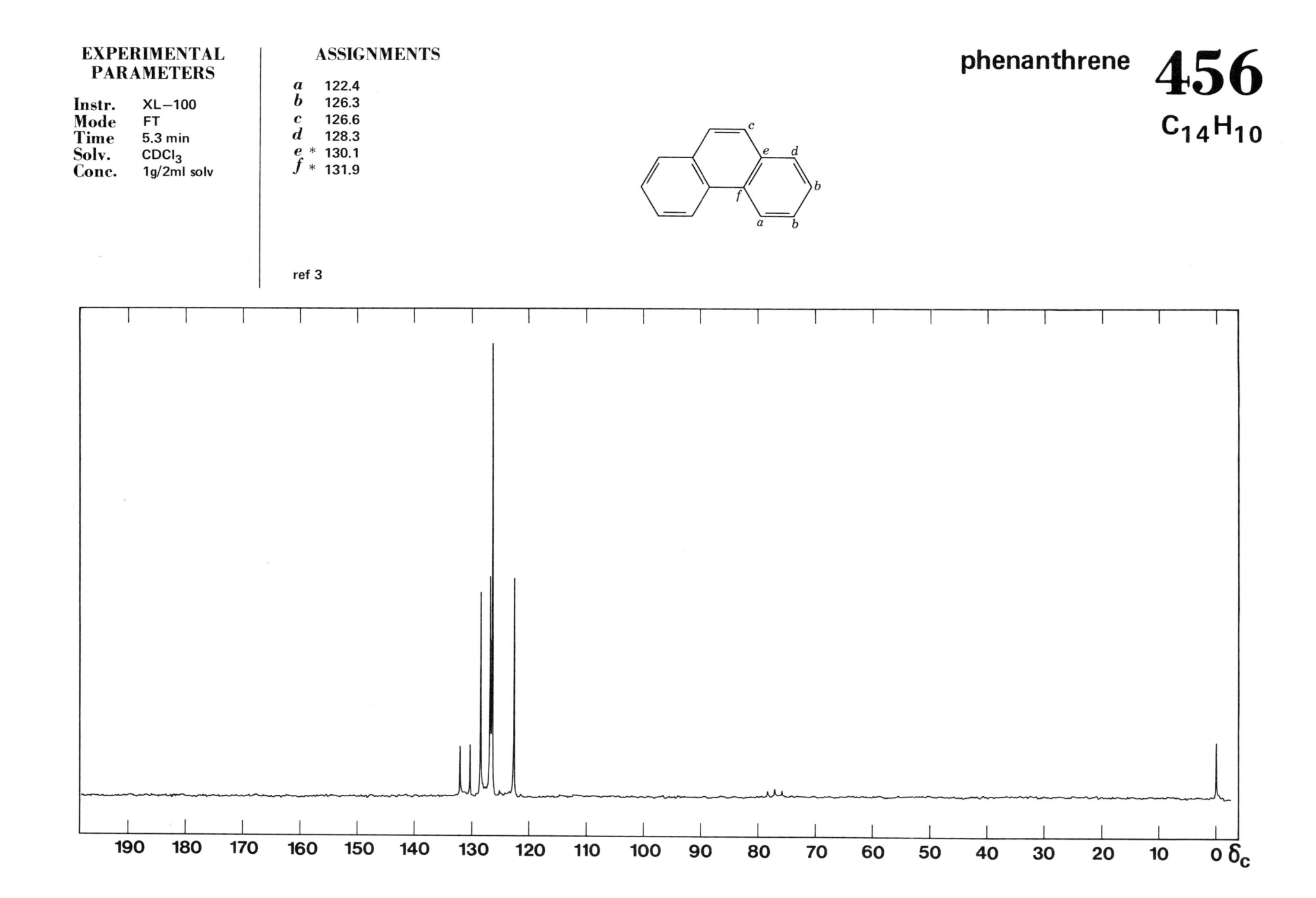

benzil 457

$C_{14}H_{10}O_2$

EXPERIMENTAL PARAMETERS

Instr. XL–100
Mode FT
Time 5.3 min
Solv. CDCl₃
Conc. ~1g/3ml soln

ASSIGNMENTS

a * 128.9
b * 129.7
c   133.0
d   134.7
e   194.3

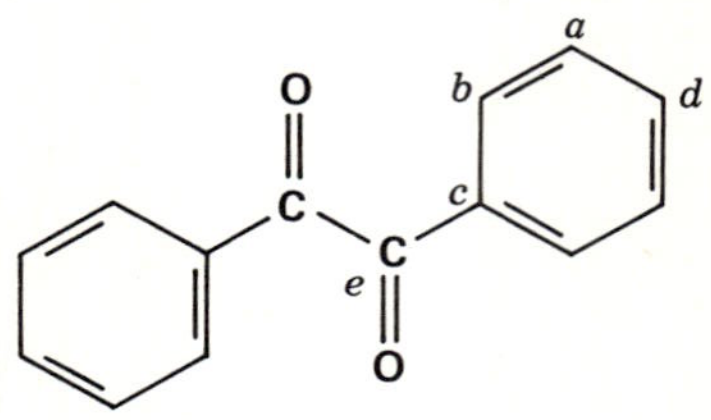

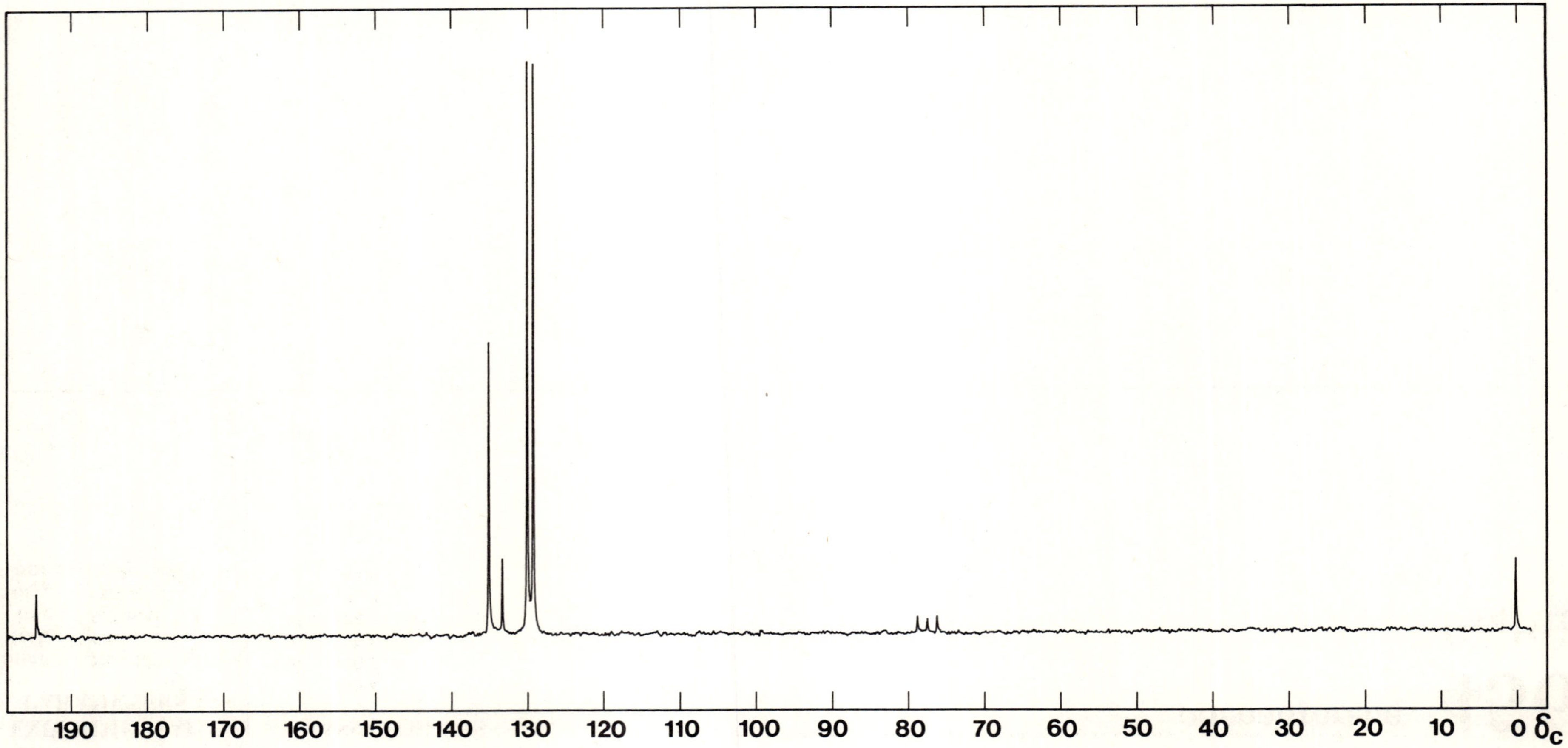

N-ethylcarbazole 458

$C_{14}H_{13}N$

EXPERIMENTAL PARAMETERS

Instr. XL–100
Mode FT
Time 5.3 min
Solv. CDCl$_3$
Conc. 1g/3ml soln

ASSIGNMENTS

a	13.5
b	37.1
c	108.2
d	118.6
e	120.2
f	122.8
g	125.4
h	139.7

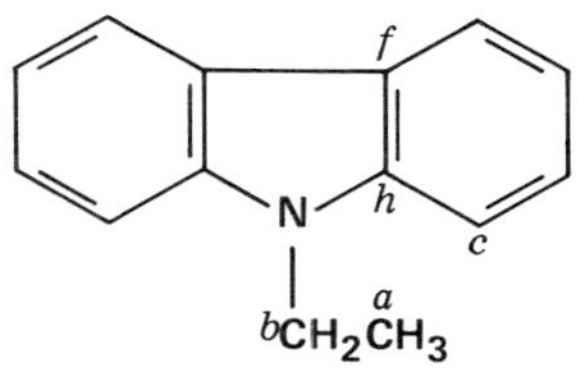

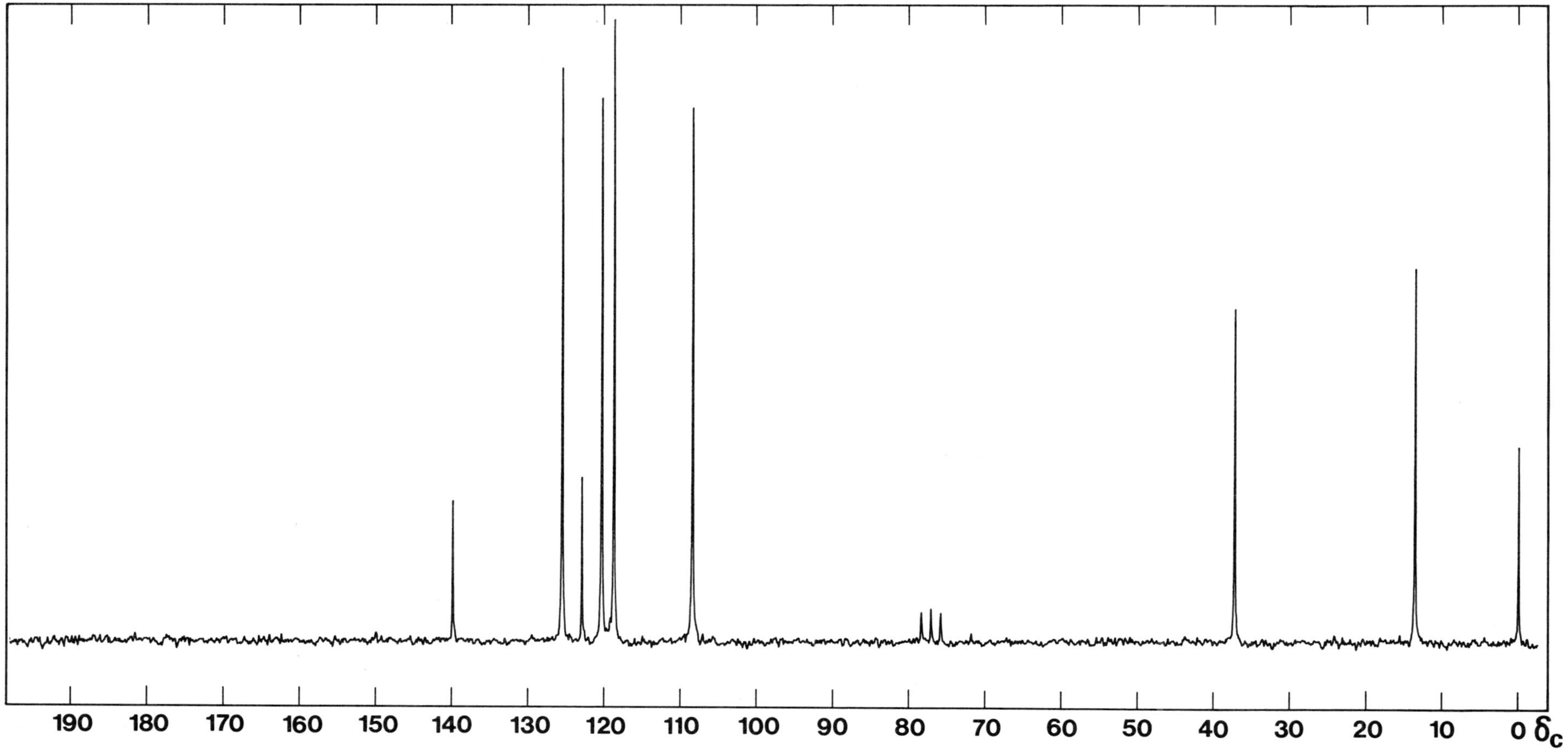

benzyl disulfide 459

$C_{14}H_{14}S_2$

EXPERIMENTAL PARAMETERS

Instr. XL–100
Mode FT
Time 5.3 min
Solv. CDCl₃
Conc. 1g/3ml soln

ASSIGNMENTS

a	43.1
b	127.2
c	128.2
d	129.2
e	137.2

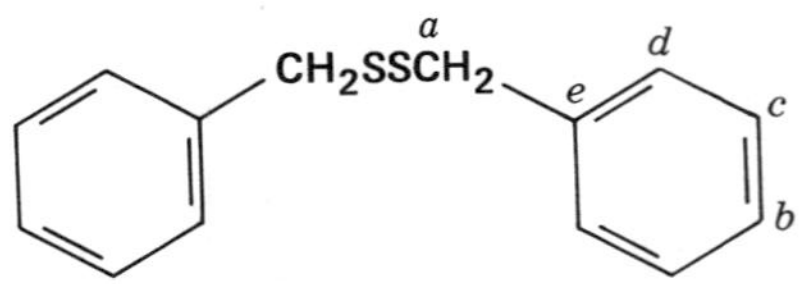

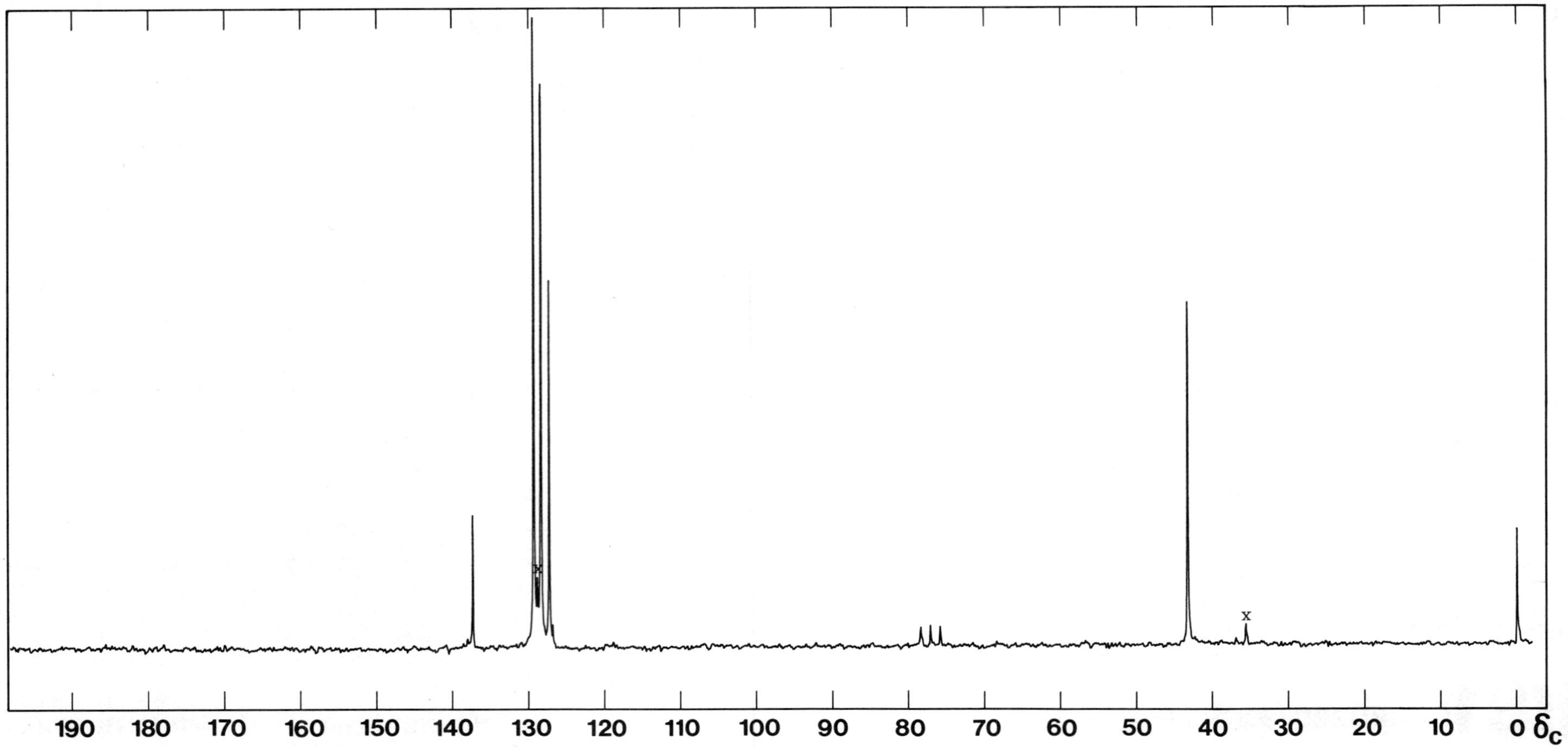

p-azoxyanisole 460

C₁₄H₁₄N₂O₃

EXPERIMENTAL PARAMETERS

Instr.	XL-100
Mode	FT
Time	11 min
Solv.	CDCl₃
Conc.	750mg/3ml soln

ASSIGNMENTS

a *	55.3
b *	55.5
c †	113.5
d †	113.6
e	123.6
f	127.7
g ‡	138.0
h ‡	141.6
i	160.1
j	161.8

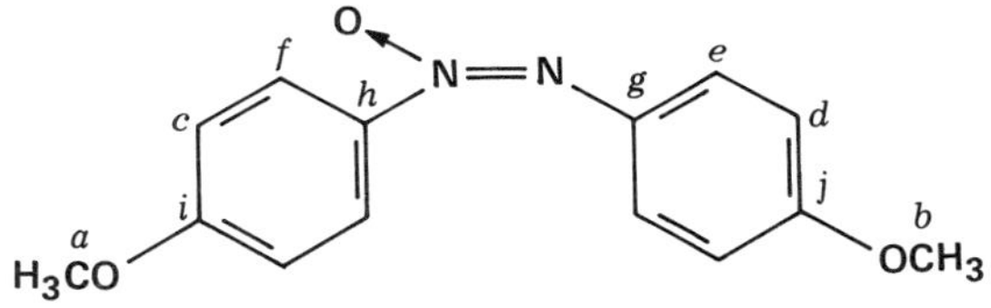

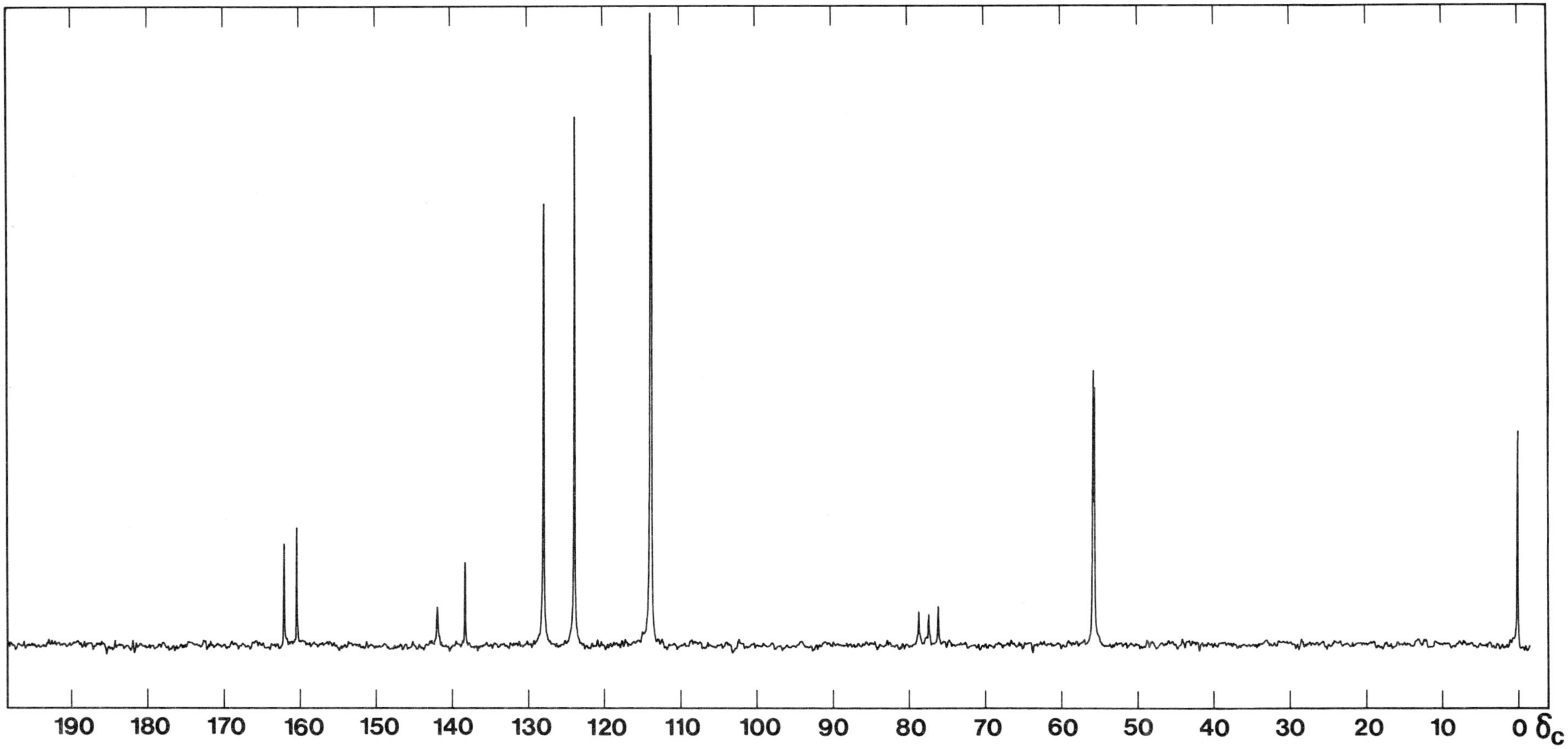

bis-(2-methoxyethyl)-phthalate

461

$C_{14}H_{18}O_6$

ASSIGNMENTS

a	58.7
b	64.6
c	70.2
d *	128.9
e *	131.0
f	132.0
g	167.3

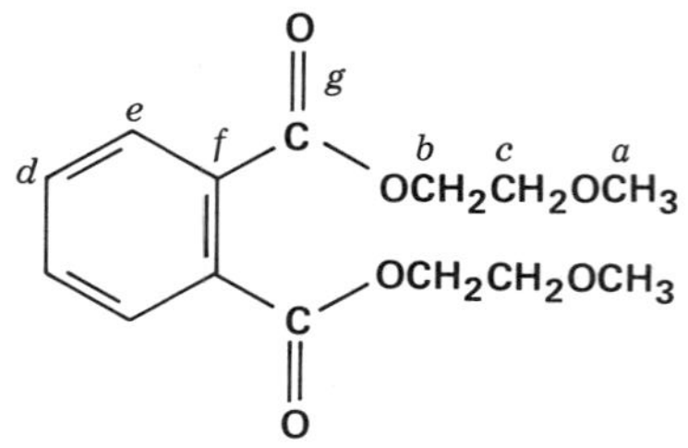

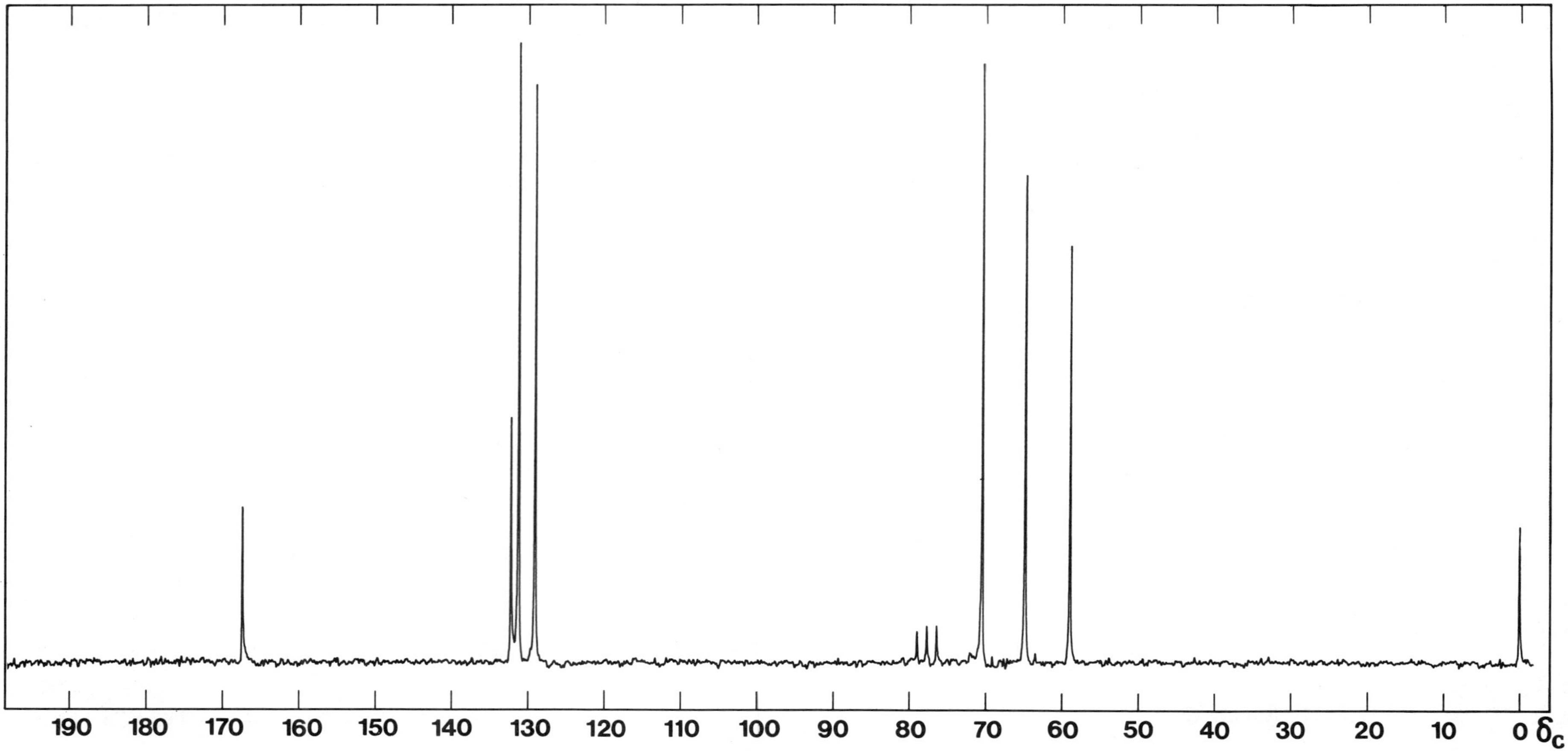

EXPERIMENTAL PARAMETERS

Instr. XL-100
Mode FT
Time 5.3 min
Solv. CDCl$_3$
Conc. 1ml/2ml solv

kasugamycin hydrochloride 462

$C_{14}H_{25}N_3O_9 \cdot HCl$

EXPERIMENTAL PARAMETERS

Instr. XL–100
Mode FT
Time 21 min
Solv. water
Conc. .3g/2ml solv

ASSIGNMENTS

a	17.5q	
b	26.8t	
c *	49.5d	
d *	50.8d	
e	68.4	
f	69.9	
g	71.3	
h	72.3	
i	72.8	
j	73.9	
k	81.8d	
l	97.0d	
m †	158.1	
n †	159.8	

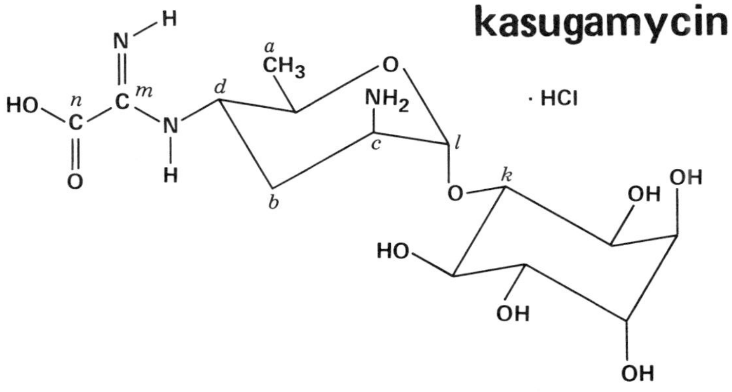

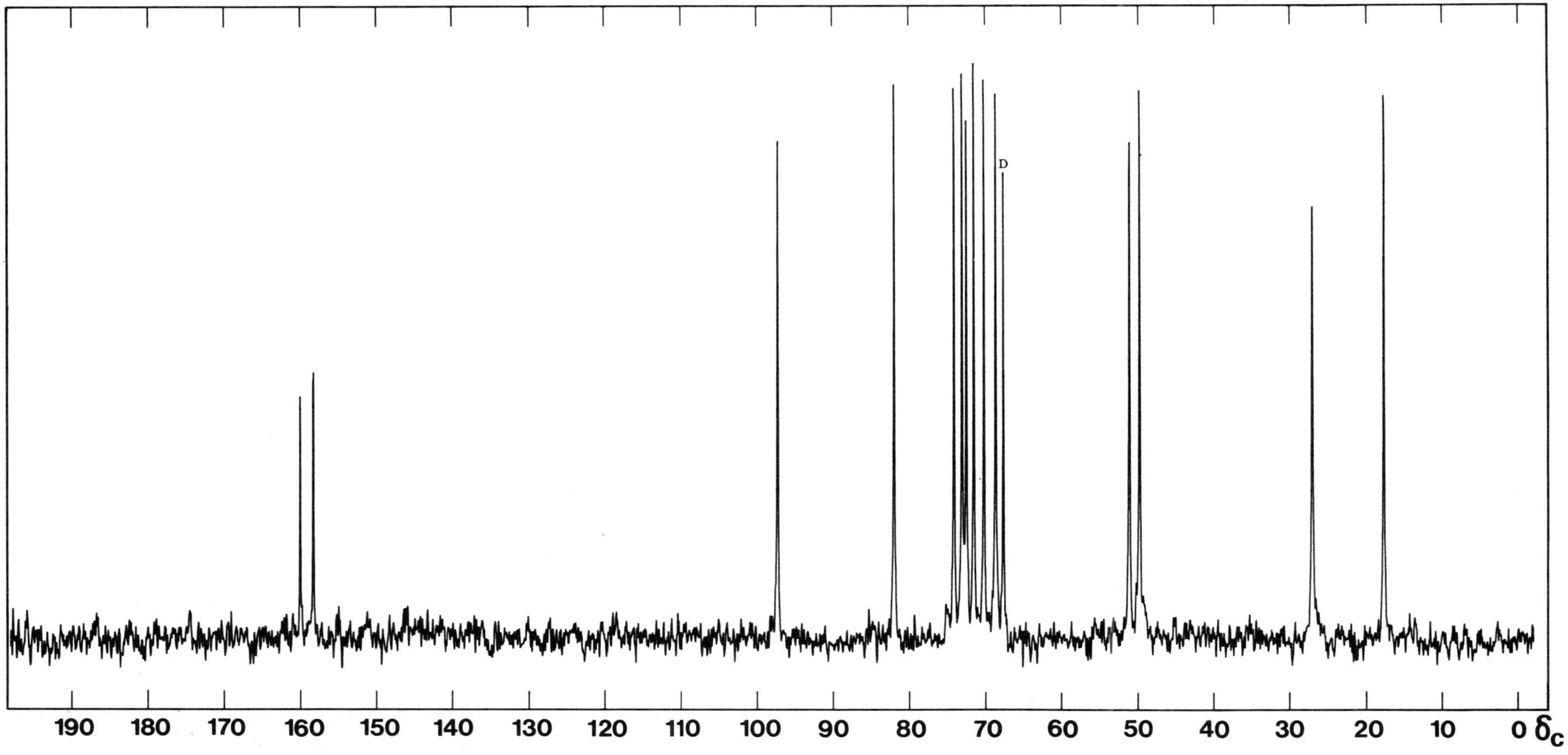

dibenzoylmethane 463

$C_{15}H_{12}O_2$

Exists in the enol form

EXPERIMENTAL PARAMETERS

Instr. XL–100
Mode FT
Time 5.3 min
Solv. CDCl₃
Conc. 1g/3ml soln

ASSIGNMENTS

a 93.0
b* 127.0
c* 128.5
d 132.3
e 135.4
f 185.5

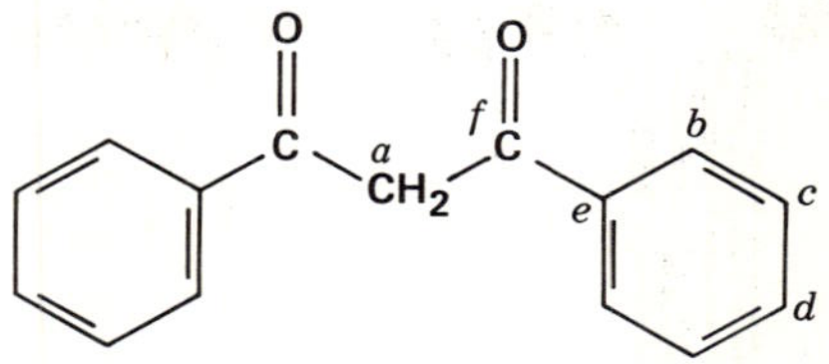

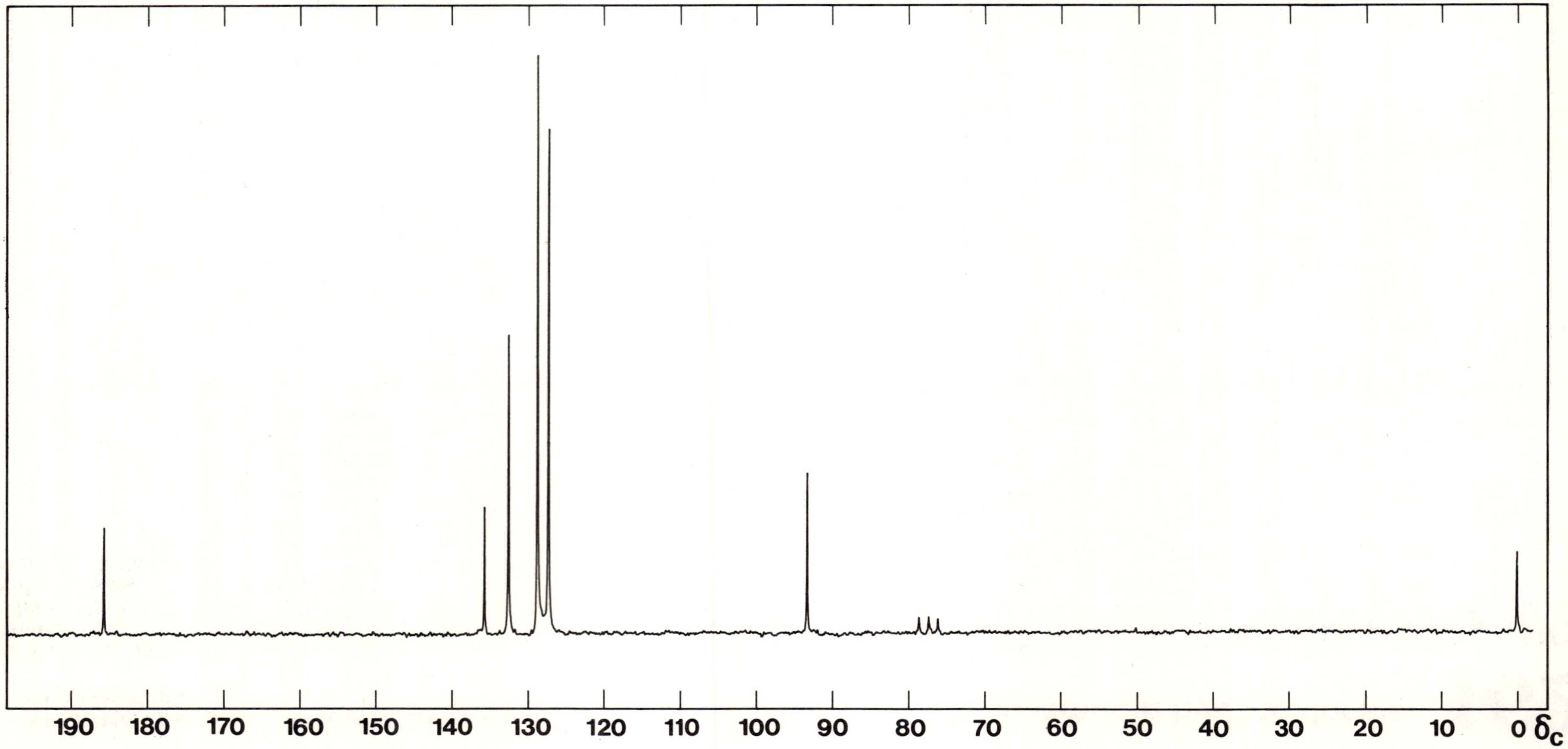

p-(1-indanyl)-phenol 464

$C_{15}H_{14}O$

EXPERIMENTAL PARAMETERS

Instr. XL–100
Mode FT
Time 5.3 min
Solv. CDCl$_3$
Conc. 1g/3ml soln

ASSIGNMENTS

a	31.6
b	36.5
c	50.7
d	115.3
e	124.2
f	124.7
g	126.2
h	126.3
i	129.1
j	137.7
k*	144.0
l*	147.0
m	153.4

dibenzyl methyl amine 465

$C_{15}H_{17}N$

ASSIGNMENTS

a	42.1
b	61.8
c	126.7
d *	128.0
e *	128.7
f	139.2

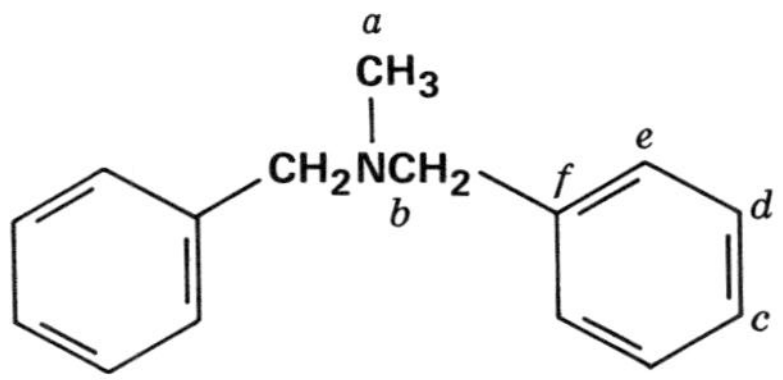

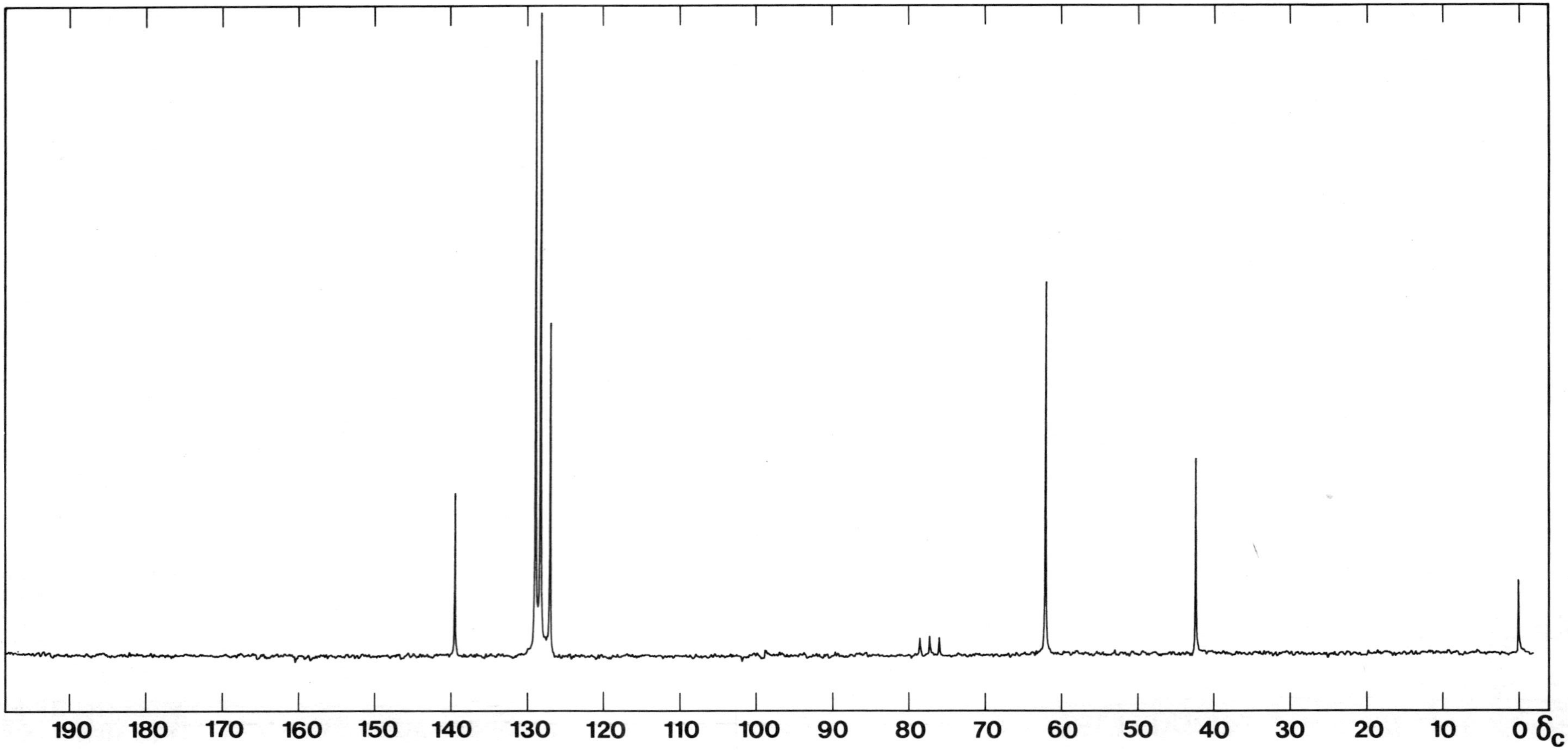

EXPERIMENTAL PARAMETERS

Instr. XL-100
Mode FT
Time 5.3 min
Solv. CDCl$_3$
Conc. 1ml/2ml solv

cedrol 466

$C_{15}H_{26}O$

EXPERIMENTAL PARAMETERS

Instr. XL-100
Mode FT
Time 5.3 min
Solv. CDCl$_3$
Conc. 1g/2ml solv

ASSIGNMENTS

a	15.5q	n	*	61.0d
b	25.3t	o		74.8s
c	27.6q			
d	28.9q			
e	30.3q			
f	31.6t			
g	35.2t			
h	37.0t			
i	41.4d			
j	41.9t			
k	43.3s			
l	54.0s			
m *	56.5d			

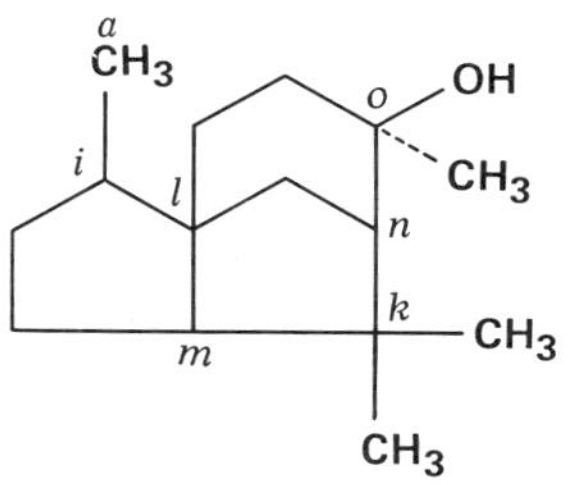

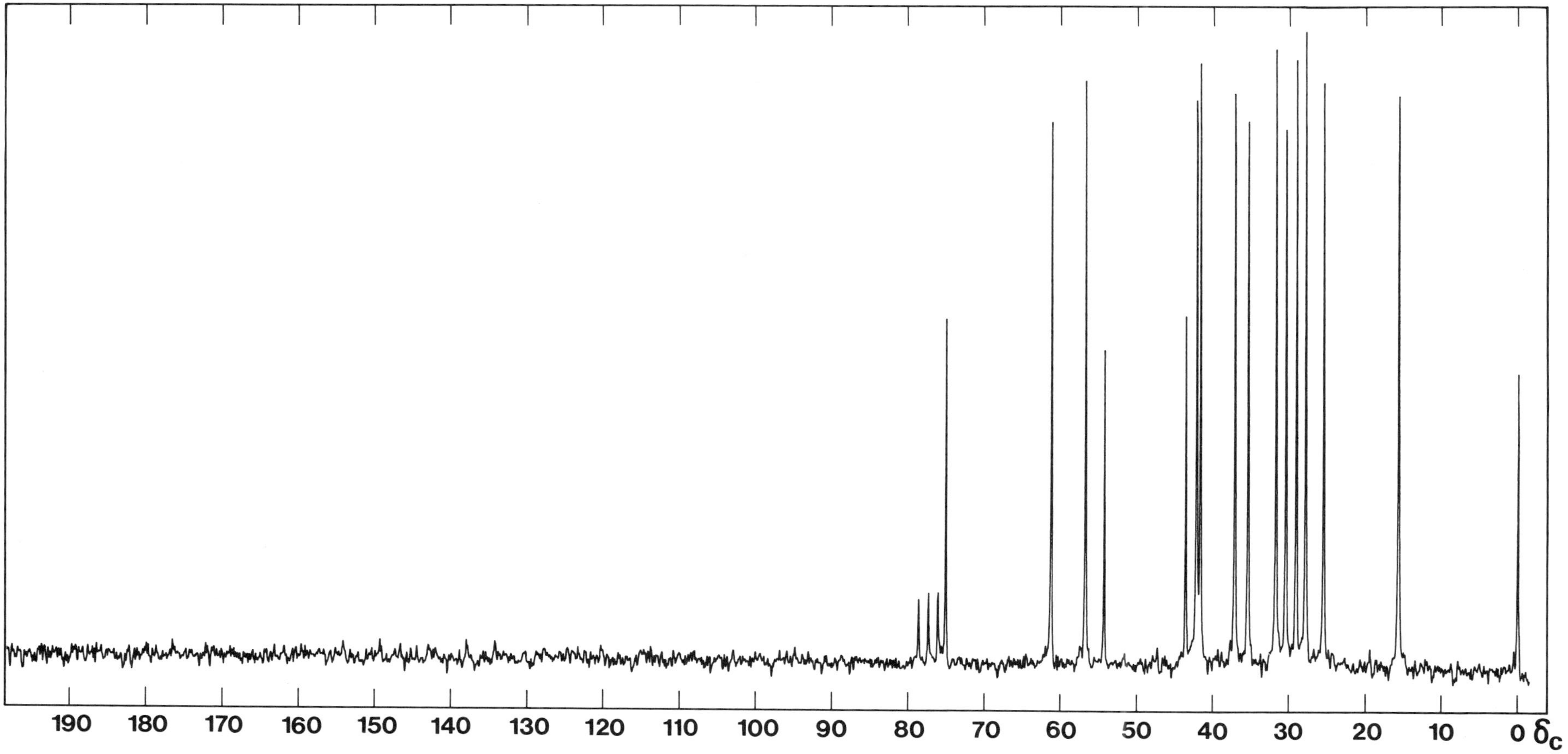

tributyrin 467

$C_{15}H_{26}O_6$

EXPERIMENTAL PARAMETERS

Instr.	XL–100
Mode	FT
Time	5.3 min
Solv.	CDCl$_3$
Conc.	1ml/2ml solv

ASSIGNMENTS

a	13.5
b	18.4
c	35.9
d	36.1
e	62.1
f	69.1
g	172.4
h	172.8

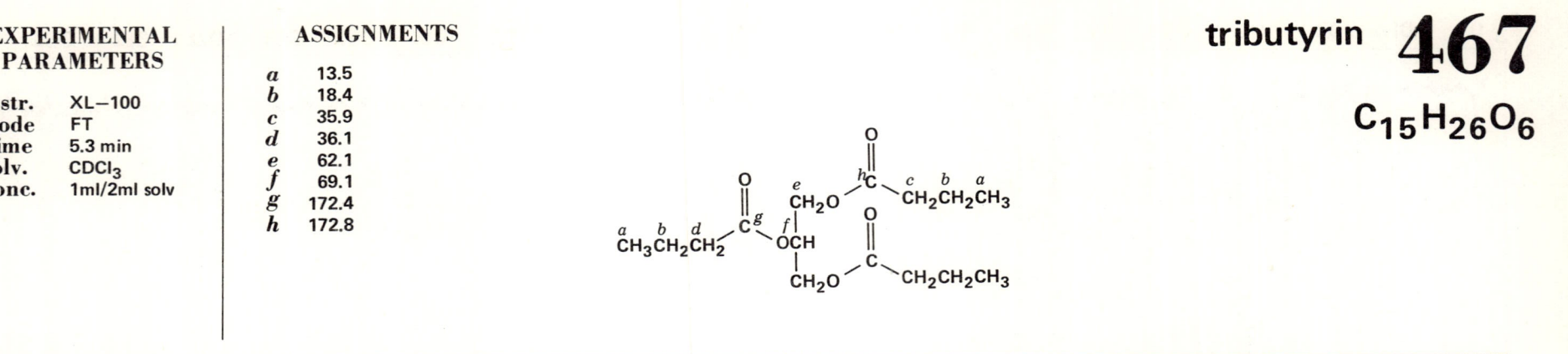

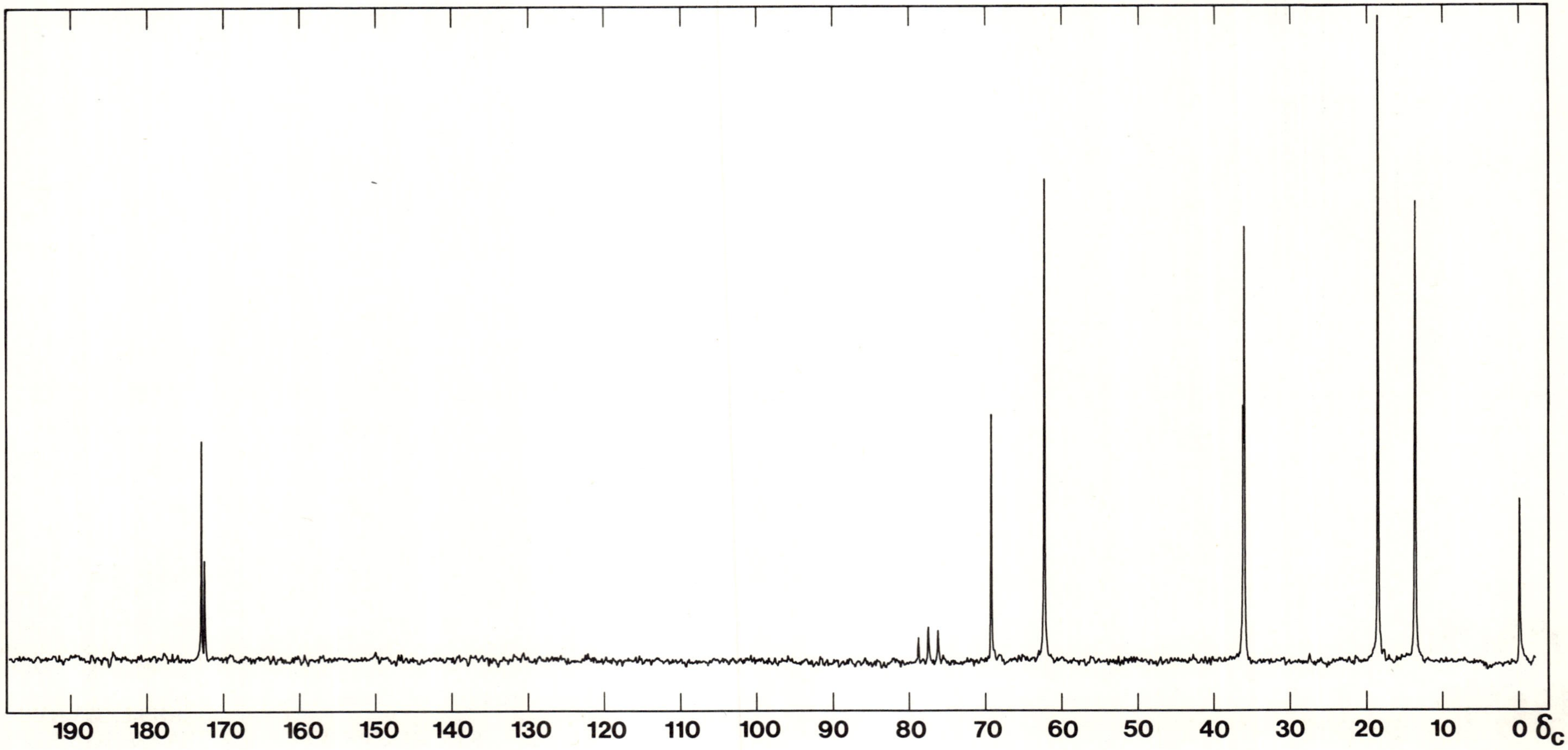

methyl myristate 468

$C_{15}H_{30}O_2$

EXPERIMENTAL PARAMETERS

Instr. XL-100
Mode FT
Time 5.3 min
Solv. CDCl₃
Conc. 1ml/2ml solv

ASSIGNMENTS

a	14.1
b	22.8
c	25.0
d *	29.4
e *	29.5
f	29.7
g	32.0
h	34.1
i	51.2
j	174.0

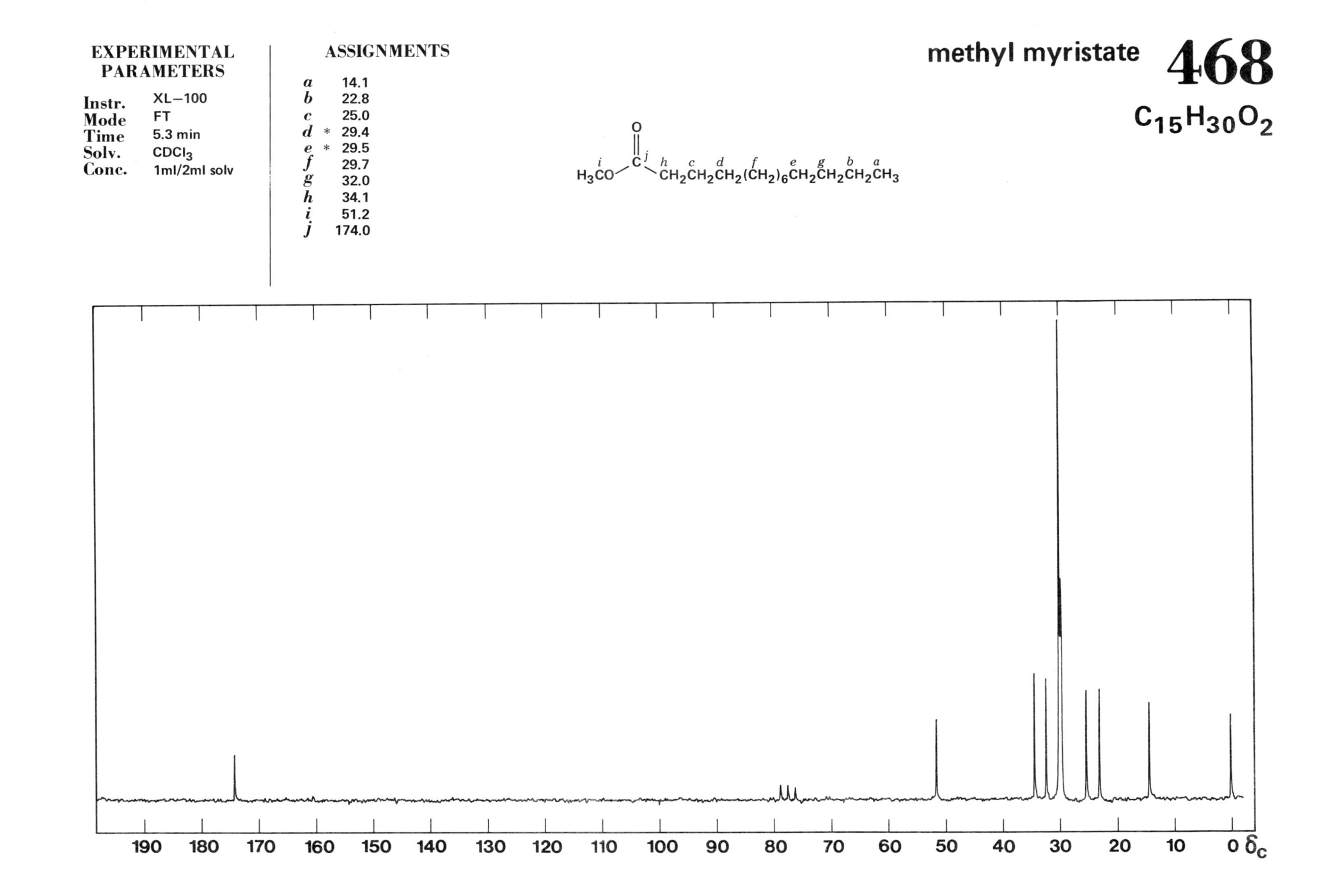

$$H_3CO \overset{i}{-} \overset{O}{\underset{\|}{C}} \overset{j}{-} \overset{h}{CH_2} \overset{c}{CH_2} \overset{d}{CH_2} \overset{f}{CH_2} (CH_2)_6 \overset{e}{CH_2} \overset{g}{CH_2} \overset{b}{CH_2} \overset{a}{CH_2} CH_3$$

pyrene 469

$C_{16}H_{10}$

EXPERIMENTAL PARAMETERS

Instr.	XL-100
Mode	FT
Time	5.3 min
Solv.	CDCl$_3$
Conc.	1g/3ml soln

ASSIGNMENTS

a	124.6
b	125.5
c	127.0
d	130.9

ref 3

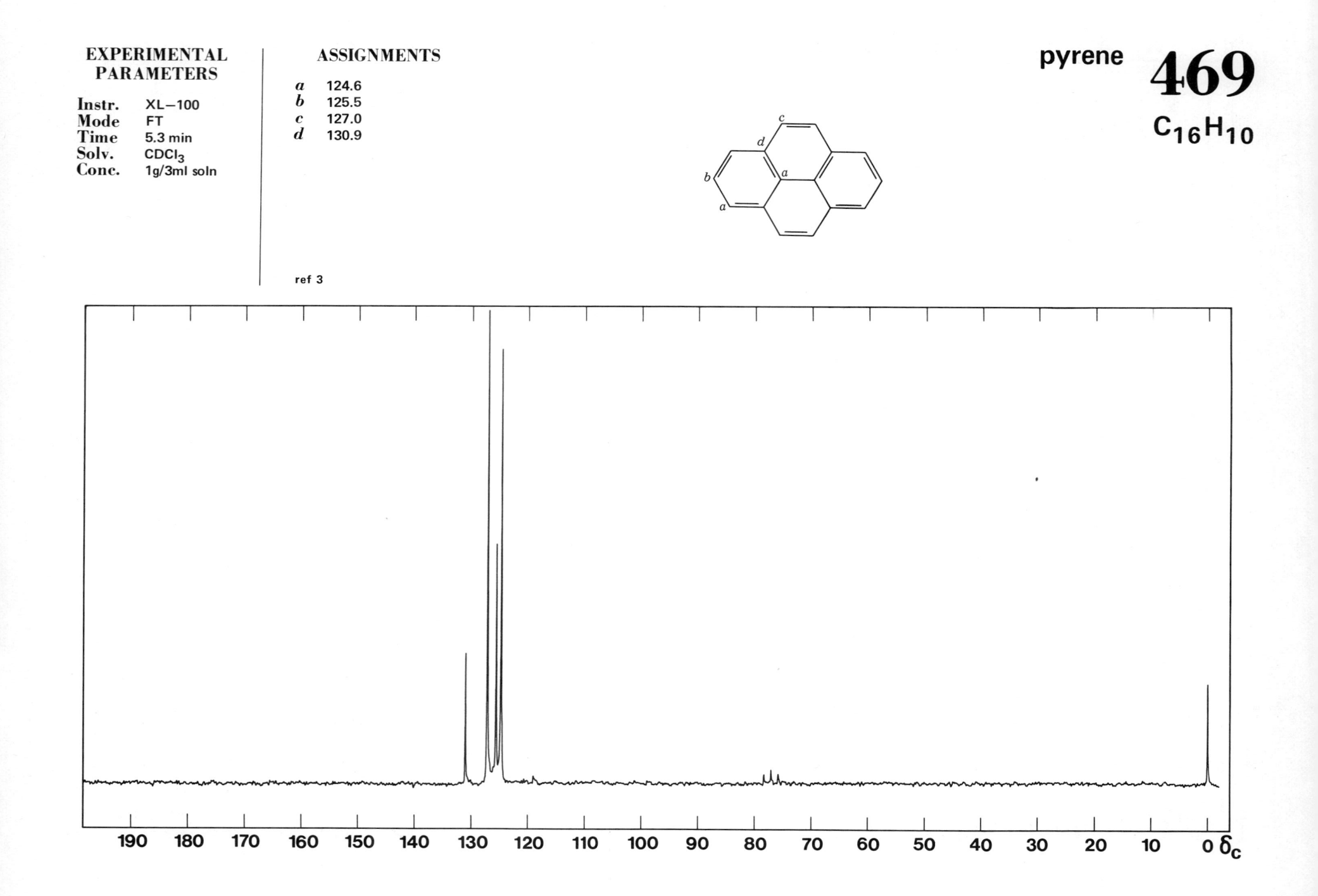

methoxychlor 470
C₁₆H₁₅Cl₃O₂

EXPERIMENTAL PARAMETERS

Instr. XL–100
Mode FT
Time 5.3 min
Solv. CDCl₃
Conc. 1g/3ml soln

ASSIGNMENTS

a	55.0
b	69.7
c	102.5
d	113.5
e	130.5
f	131.0
g	159.0

penicillin G potassium   471

$C_{16}H_{17}N_2O_4SK$

EXPERIMENTAL PARAMETERS

Instr.	XL-100
Mode	FT
Time	5.3 min
Solv.	water
Conc.	1g/2cc solv

ASSIGNMENTS

a	27.5q
b	31.8q
c	43.0t
d	58.9d
e	65.3s
f	67.6d
g	74.0d
h	128.0
i*	129.6
j*	130.2
k	135.3
l	174.0
m	174.7
n	175.3

ref 11

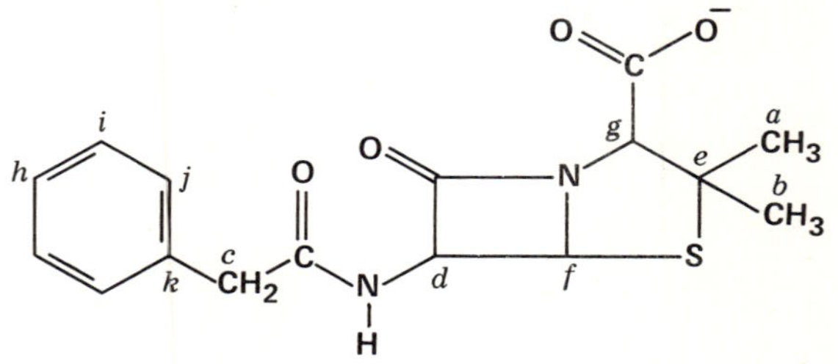

Dioxane peak overlapped with ^fC

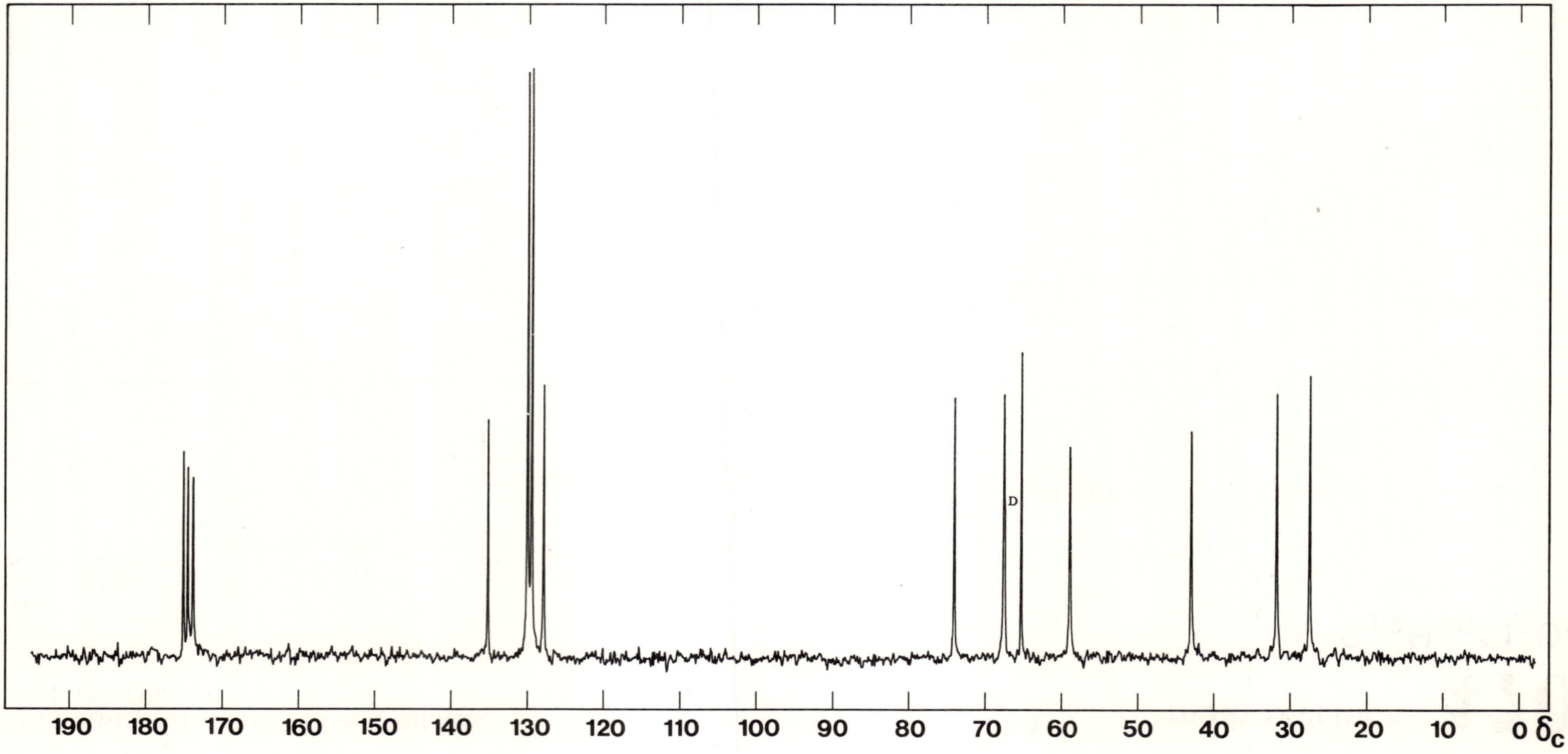

6-bromo-1,2,5/3,4,6-quercitol pentaacetate

$C_{16}H_{21}BrO_{10}$

ASSIGNMENTS

a	20.5
b	48.0
c	67.3
d	67.7
e	69.6
f	70.6
g	70.9
h	168.6
i	169.0
j	169.5

EXPERIMENTAL PARAMETERS

Instr. XL-100
Mode FT
Time 10 min
Solv. CDCl$_3$
Conc. .4g/2ml solv

N,N-diethyldodecanamide

473

$C_{16}H_{33}NO$

EXPERIMENTAL PARAMETERS

Instr.	XL–100
Mode	FT
Time	5.3 min
Solv.	$CDCl_3$
Conc.	1ml/3ml soln

ASSIGNMENTS

a	*	13.1
b		14.1
c	*	14.4
d		22.7
e		25.5
f		29.4
g		29.5
h		31.9
i		33.1
j	†	40.0
k	†	41.9
l		172.0

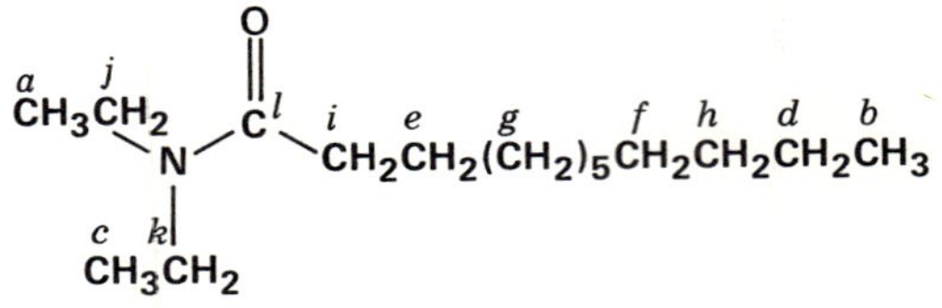

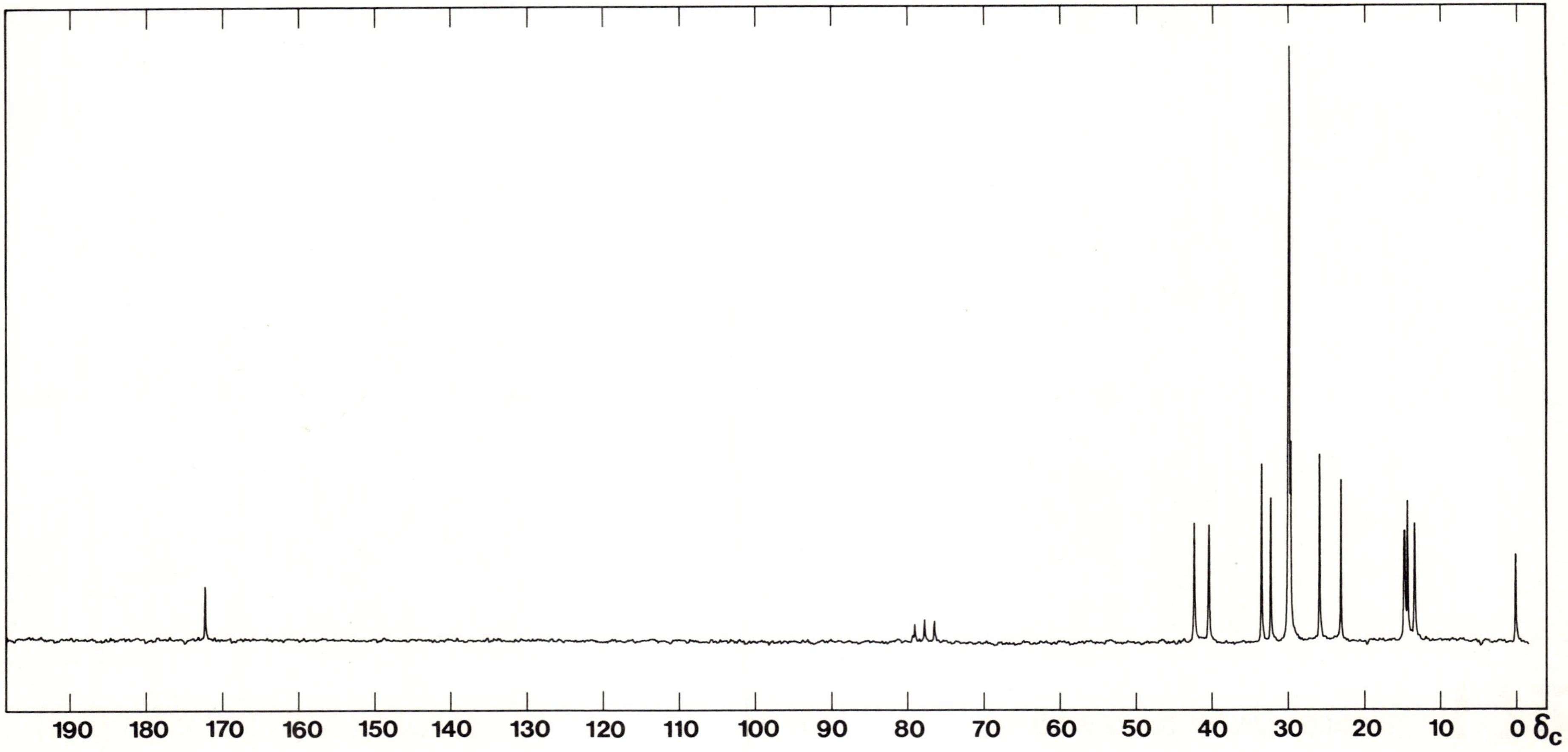

bis-(4-dimethylamine)thiobenzophenone 474

$C_{17}H_{20}N_2S$

EXPERIMENTAL PARAMETERS

Instr. XL-100
Mode FT
Time 67 min
Solv. CDCl₃
Conc. 1g/2ml solv

Pulse Width 20 µ sec

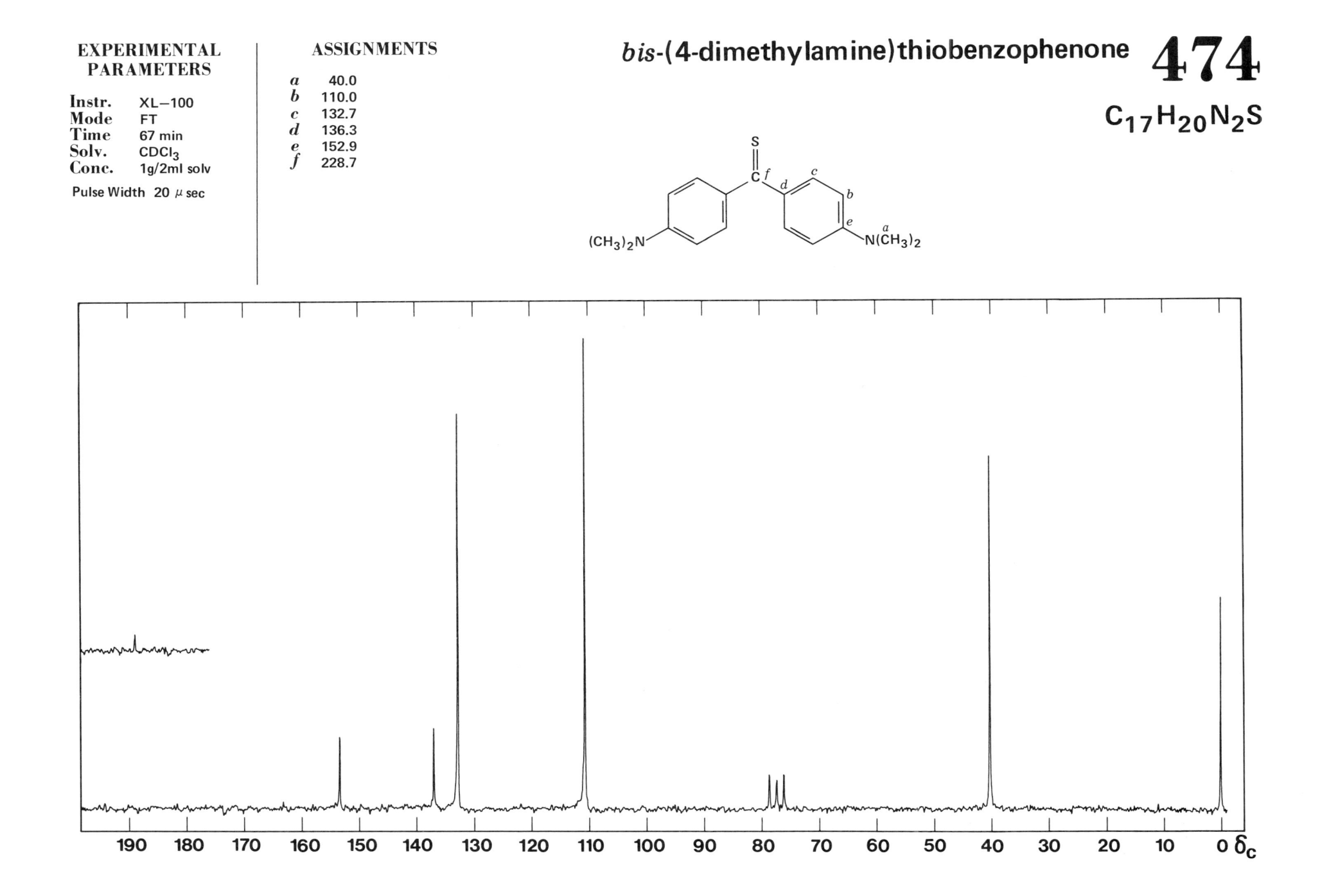

ASSIGNMENTS

a 40.0
b 110.0
c 132.7
d 136.3
e 152.9
f 228.7

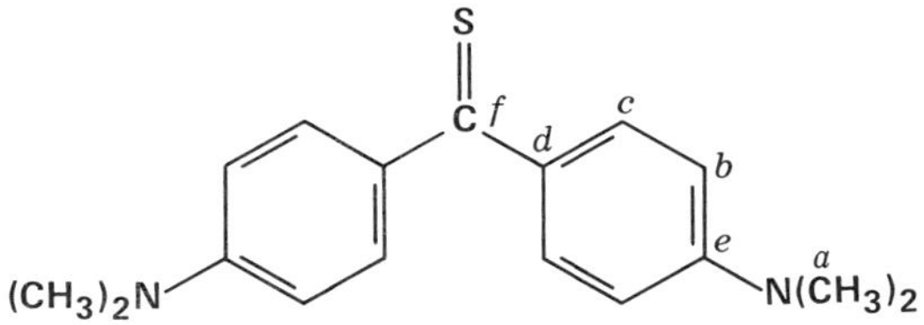

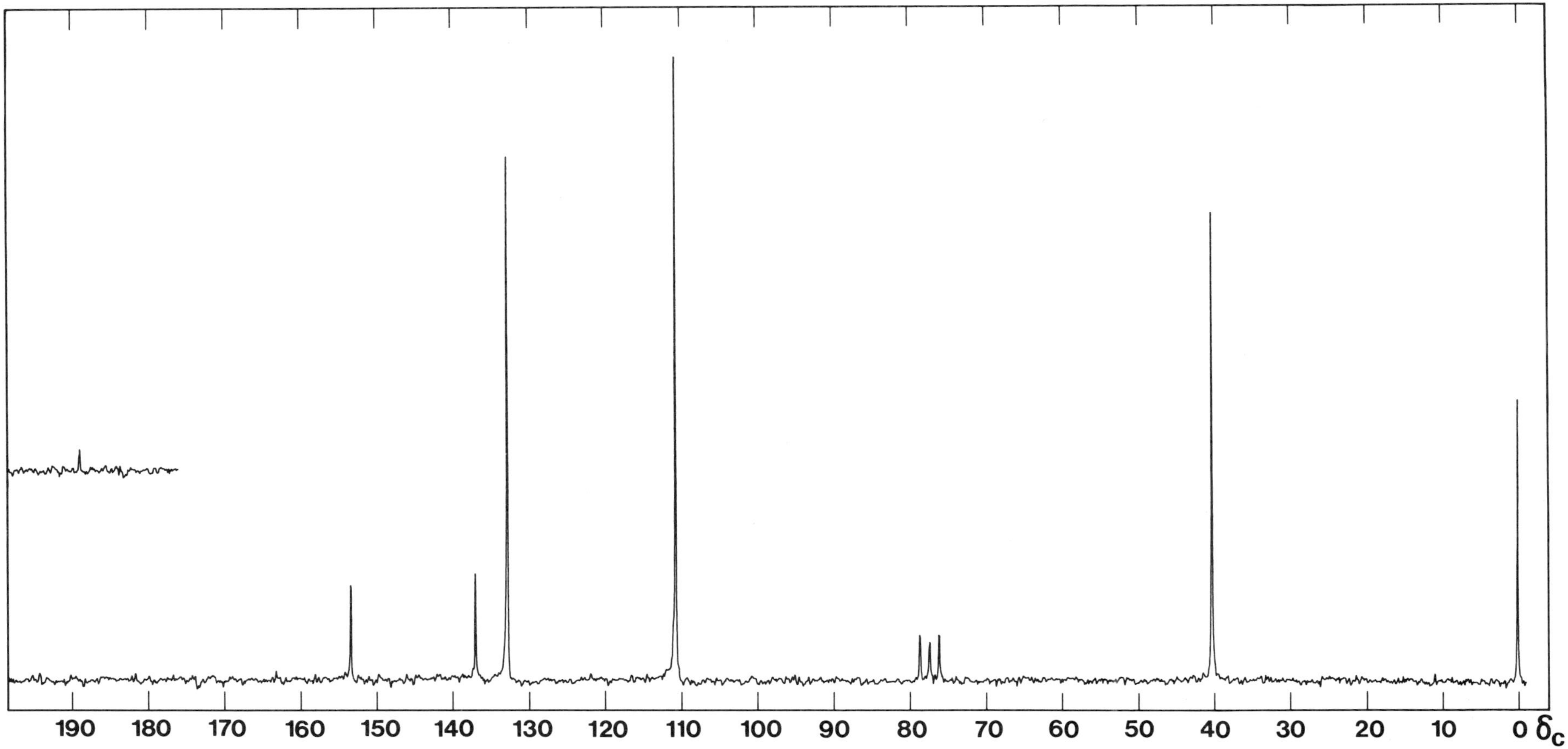

riboflavine 475

$C_{17}H_{20}N_4O_6$

EXPERIMENTAL PARAMETERS

Instr. XL-100
Mode FT
Time 13.7 hr
Solv. DMSO D_6
Conc. 50mg/2.5ml solv

ASSIGNMENTS

a	* 18.6q	n	145.8
b	* 20.6q	o	150.6
c	47.1t	p	155.2
d	63.2t	q	159.7
e	68.7d		
f	72.6d		
g	73.5d		
h	117.2d		
i	130.5d		
j	131.9		
k	133.8		
l	135.5		
m	136.5		

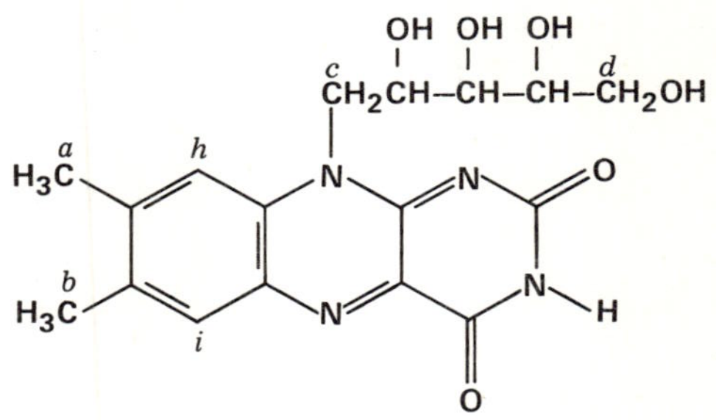

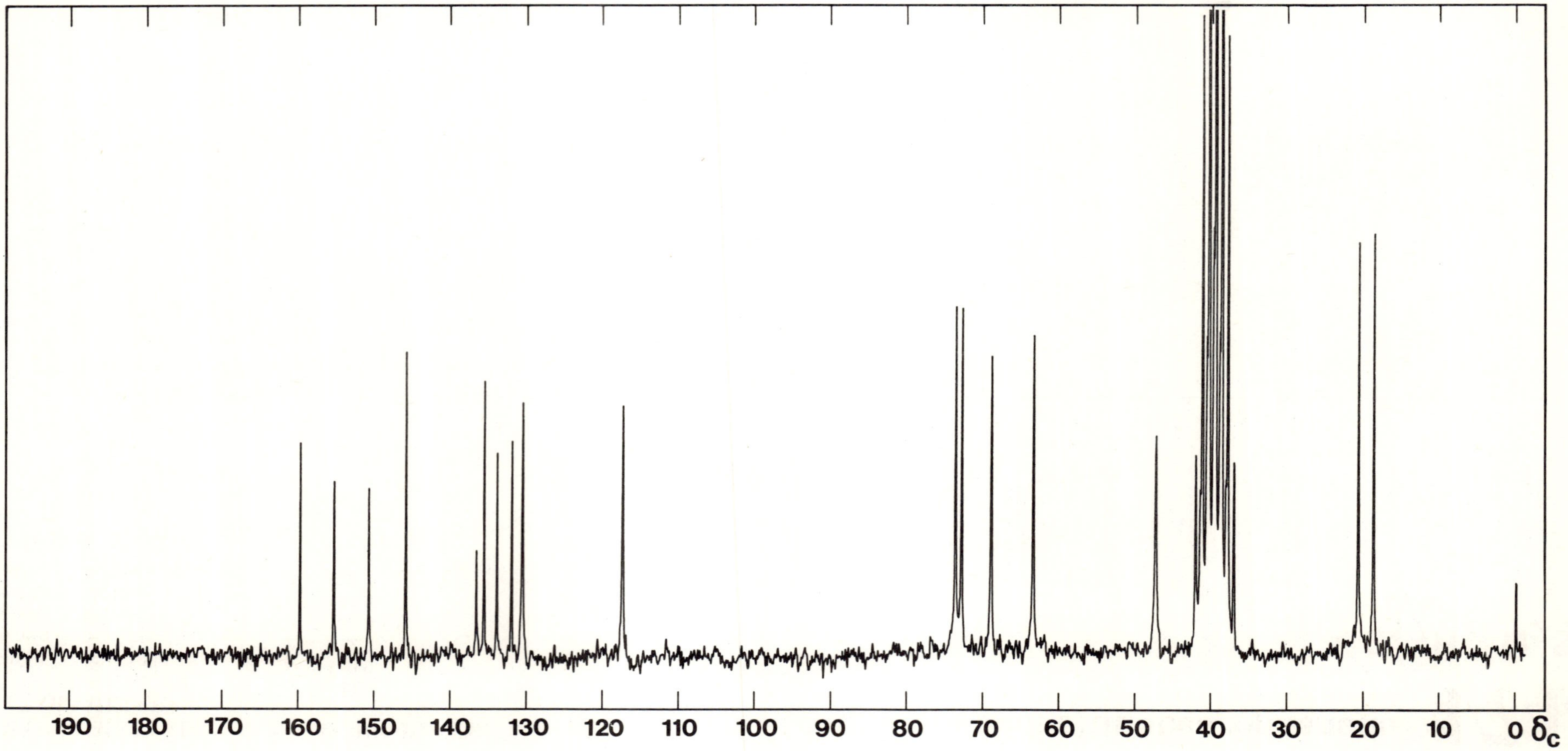

triphenyl phosphite 476

$C_{18}H_{15}O_3P$

EXPERIMENTAL PARAMETERS

Instr. XL-100
Mode FT
Time 5.3 min
Solv. CDCl$_3$
Conc. 1ml/3ml soln

ASSIGNMENTS

a 120.6
b 124.1
c 129.5
d 151.5

J_{CCOP} = 7.1 Hz
J_{COP} = 3.6 Hz

triphenyl phosphate 477

$C_{18}H_{15}O_4P$

EXPERIMENTAL PARAMETERS

Instr. XL-100
Mode FT
Time 5.3 min
Solv. CDCl₃
Conc. 1g/3ml soln

ASSIGNMENTS

a 120.1
b 125.5
c 129.7
d 150.4

$J_{COP} = 7.6$ Hz
$J_{CCOP} = 5.0$ Hz

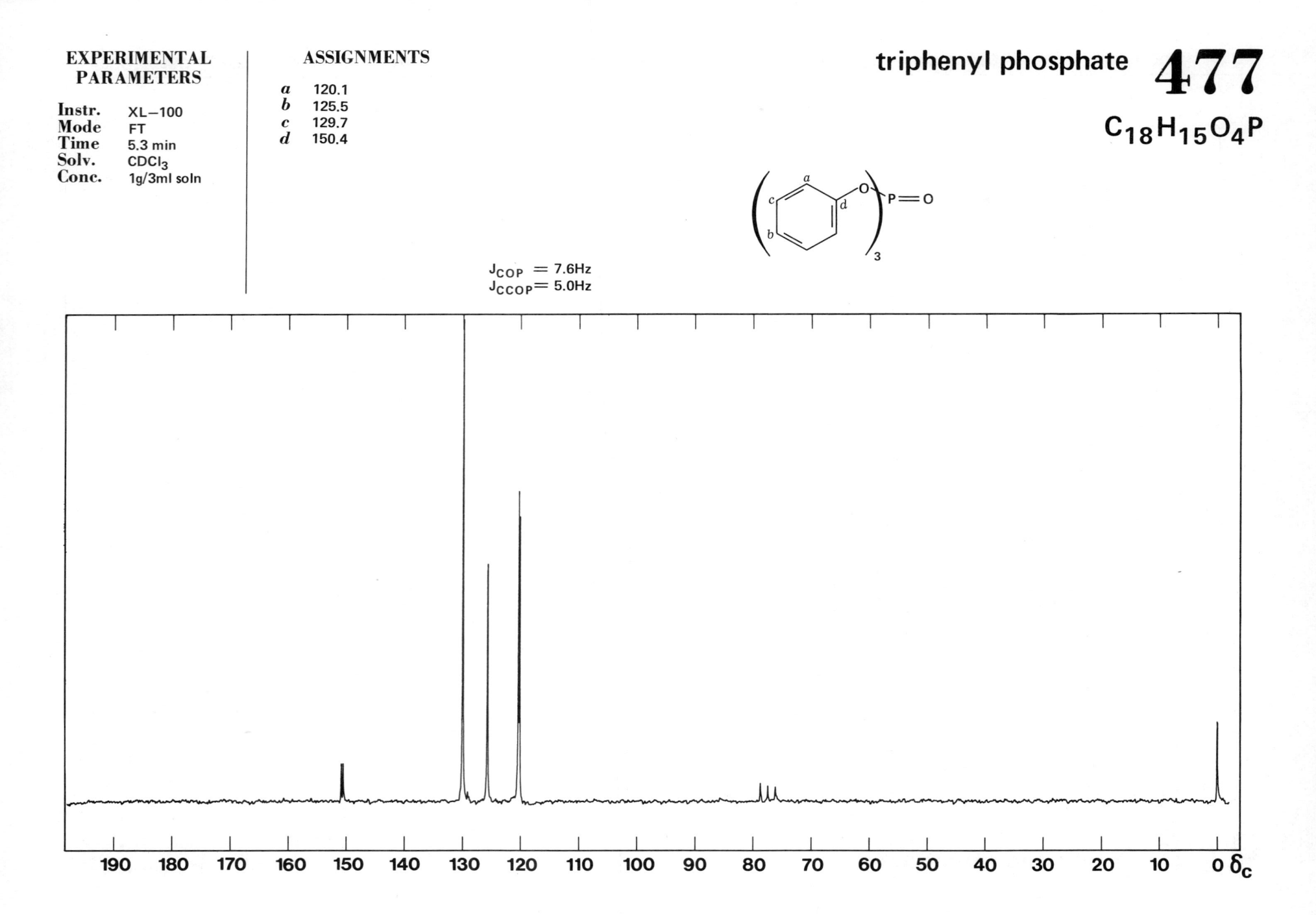

triphenylphosphine 478

$C_{18}H_{15}P$

ASSIGNMENTS

a	128.4
b	128.5
c	133.6
d	137.2

J_{CP} = 11.3 Hz
J_{CCP} = 19.5 Hz
J_{CCCP} = 7.0 Hz

EXPERIMENTAL PARAMETERS

Instr. XL-100
Mode FT
Time 5.3 min
Solv. CDCl$_3$
Conc. 1g/3ml soln

codeine phosphate 479

$C_{18}H_{21}NO_3 \cdot H_3PO_4$

ASSIGNMENTS

- a * 21.8 t
- b * 33.4 t
- c † 39.2
- d † 41.9
- e 42.4 s
- f 47.9 t
- g 57.2 q
- h 61.3 d
- i 66.7 d
- j 91.6 d
- k 115.1 d
- l 121.1 d
- m ‡ 125.0 s
- n △ 126.4 d
- o ‡ 129.9 s
- p △ 134.1 d
- q □ 142.7 s
- r □ 147.2 s

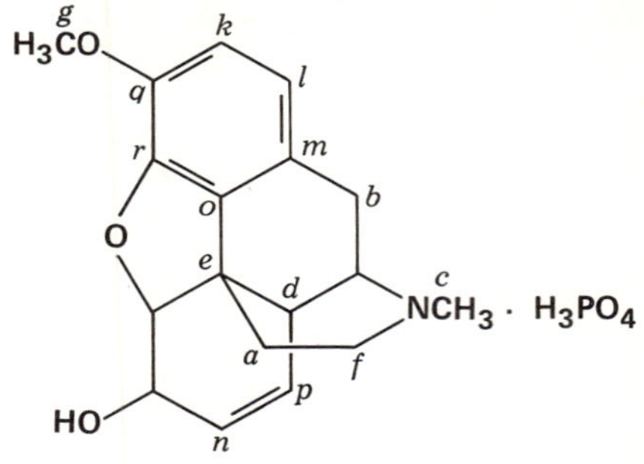

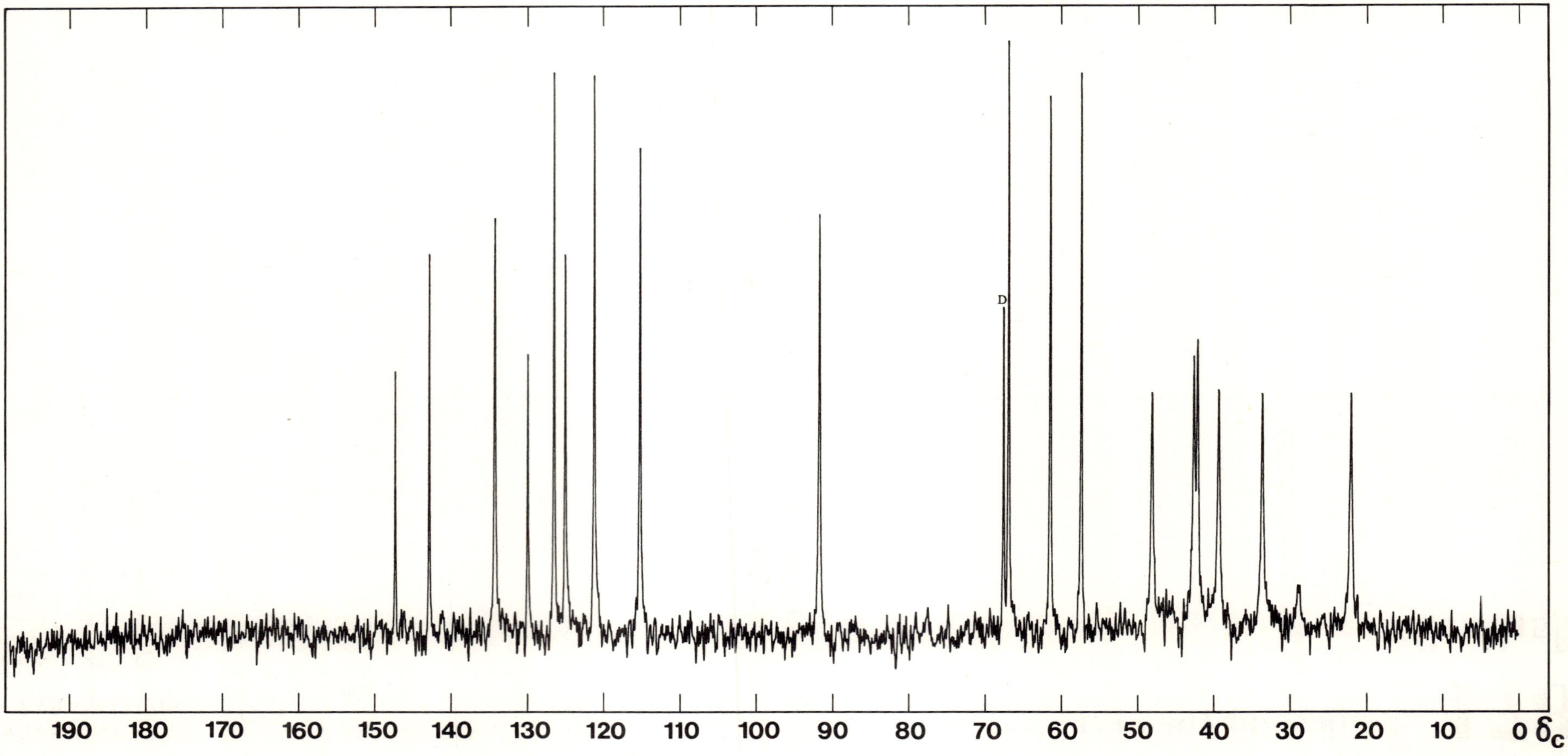

EXPERIMENTAL PARAMETERS

- Instr.: XL–100
- Mode: FT
- Time: 13 min
- Solv.: water
- Conc.: 575mg/2ml solv

oleic acid 480

$C_{18}H_{34}O_2$

EXPERIMENTAL PARAMETERS

Instr.	XL-100
Mode	FT
Time	5.3 min
Solv.	CDCl$_3$
Conc.	1ml/3ml soln

ASSIGNMENTS

a	14.1
b	22.7
c	24.7
d	27.2
e	29.1
f	29.4
g	29.6
h	29.7
i	32.0
j	34.1
k *	129.6
l *	129.9
m	180.5

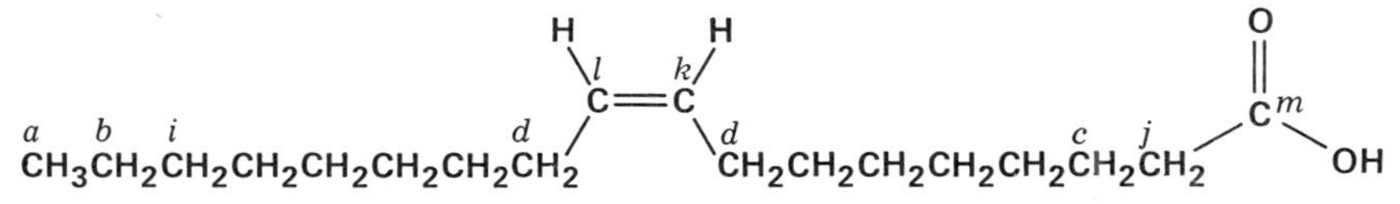

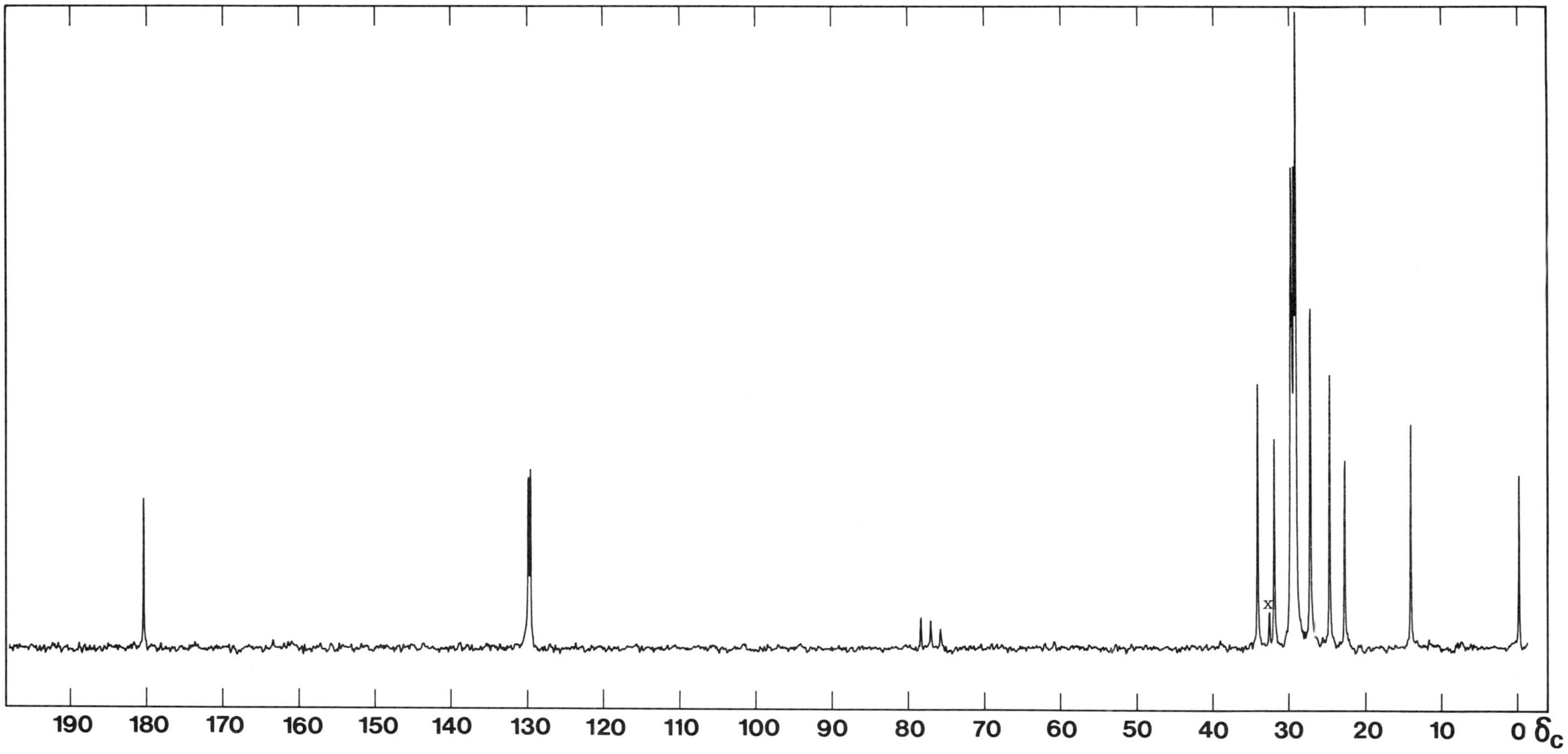

estrone methyl ether 481a

$C_{19}H_{24}O_2$

ASSIGNMENTS

a	13.7	n	113.8
b	21.5	o	126.1
c	25.9	p	131.9
d	26.5	q	137.5
e	29.6	r	157.5
f	31.5	s	220.2
g	35.7		
h	38.3		
i	43.9		
j	47.8		
k	50.3		
l	55.0		
m	111.4		

ref 7

EXPERIMENTAL PARAMETERS

Instr. XL-100
Mode FT
Time 15 min
Solv. CDCl$_3$
Conc. .5g/2ml solv

estrone methyl ether 481b

$C_{19}H_{24}O_2$

off-resonance proton decoupled spectrum with single frequency irradiation at 14 δ in the proton spectrum. Partial plot of high field signals—see spectrum 481a.

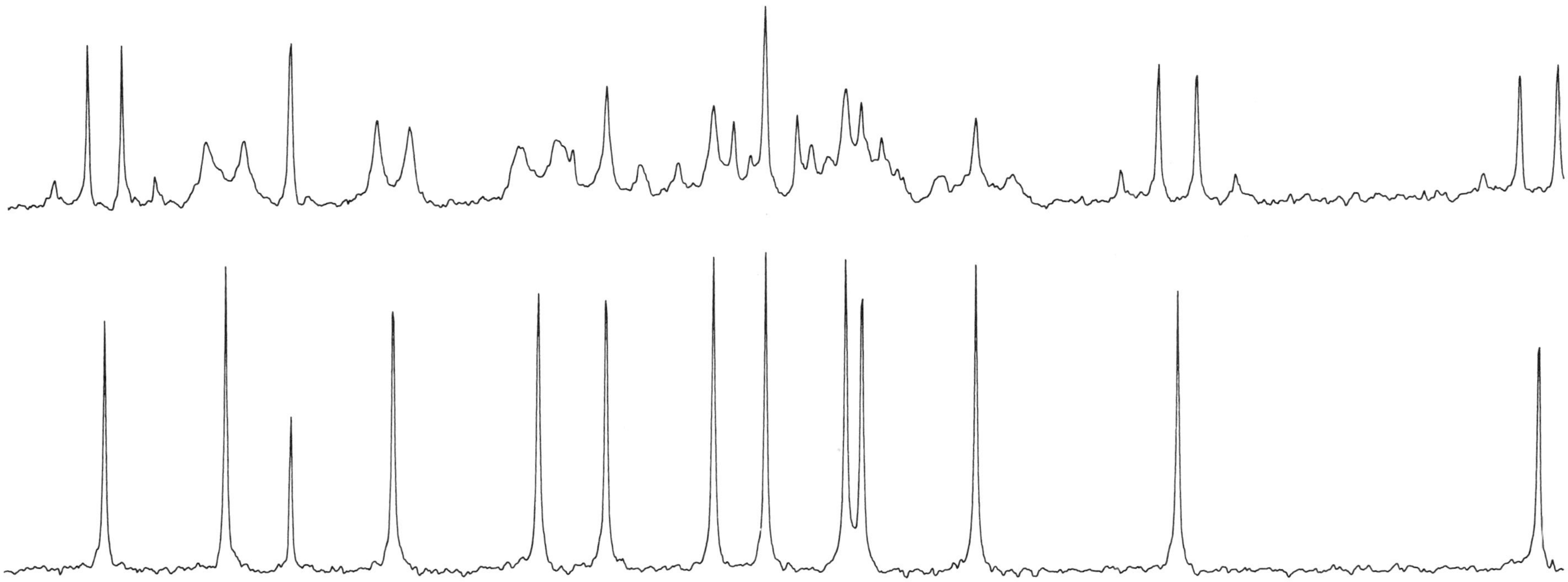

4-androstene-3,17-dione 482

$C_{19}H_{26}O_2$

EXPERIMENTAL PARAMETERS

Instr. XL-100
Mode FT
Time 8.8 min
Solv. CDCl$_3$
Conc. .7g/2ml solv

ASSIGNMENTS

a	13.6	n	53.7
b	17.3	o	123.9
c	20.2	p	170.0
d	21.6	q	198.6
e	30.7	r	219.7
f	31.2		
g	32.4		
h	33.8		
i	35.0		
j	35.6		
k	38.5		
l	47.3	ref 7	
m	50.7		

testosterone 483

$C_{19}H_{28}O_2$

EXPERIMENTAL PARAMETERS

Instr.	XL-100
Mode	FT
Time	8.8 min
Solv.	CDCl₃
Conc.	.6g/2ml solv

ASSIGNMENTS

a	11.0	n	53.9
b	17.3	o	81.2
c	20.6	p	123.6
d	23.2	q	171.4
e	30.1	r	199.4
f	31.5		
g	32.7		
h	33.8		
i	35.6		
j	36.4		
k	38.6		
l	42.7		
m	50.4		

ref 7.

rickamycin 484

$C_{19}H_{37}N_5O_7$

EXPERIMENTAL PARAMETERS

Instr. XL-100
Mode FT
Time 21 min
Solv. water
Conc. .5g/2ml solv

ASSIGNMENTS

a	22.6q	n †	85.4d
b	25.6t	o †	87.8d
c	36.4t	p ‡	96.7d
d	37.9q	q ‡	100.7d
e	43.5t	r ‡	101.4d
f	47.5d	s	150.2s
g	50.3d		
h	51.8d		
i	64.3d		
j	68.5t		
k*	70.2d		
l	73.3s		
m*	75.4d		

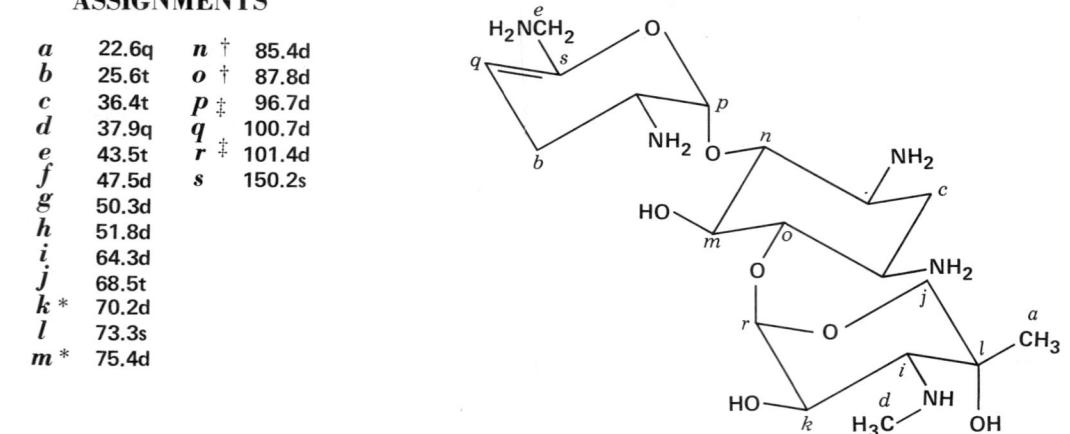

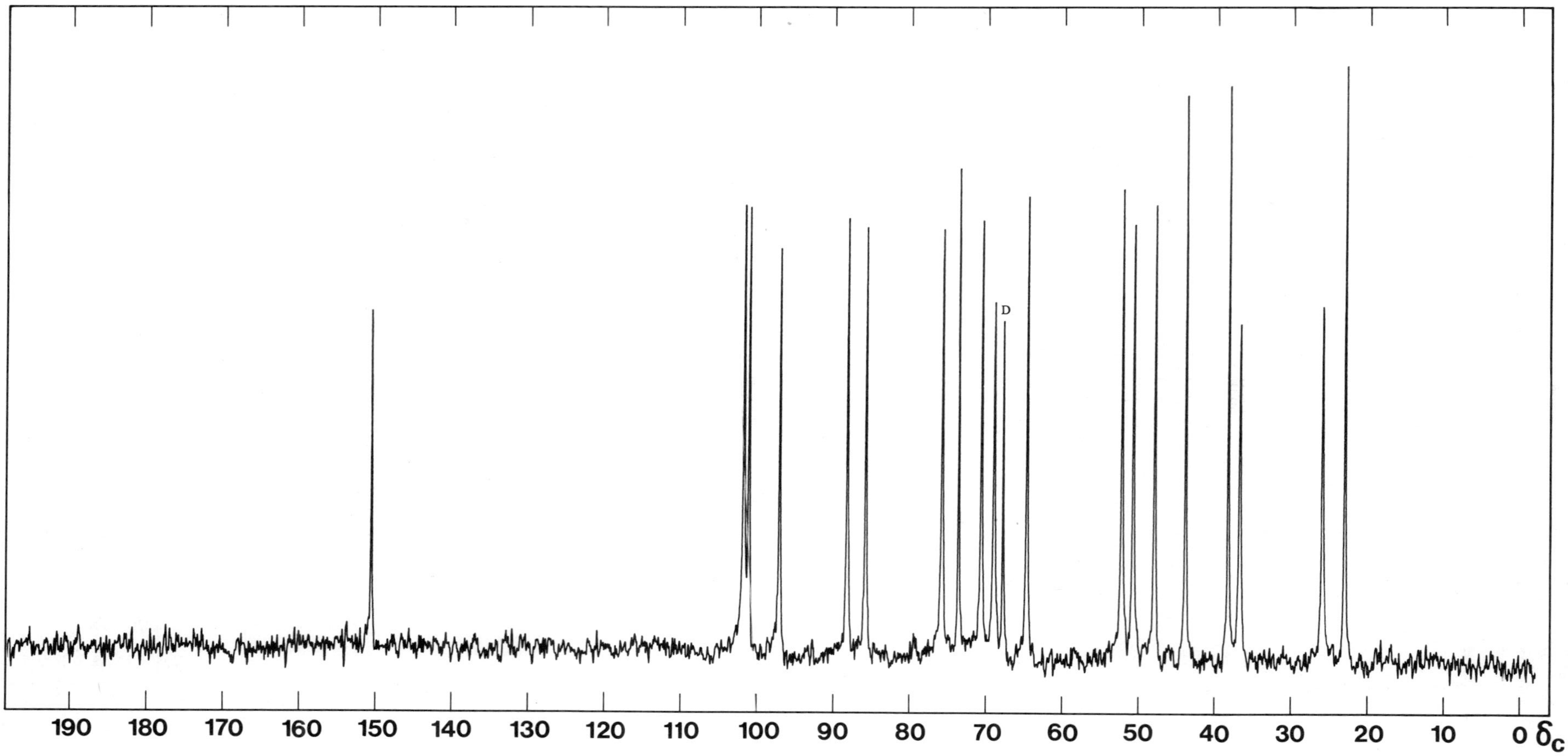

gelsemine 485

$C_{20}H_{22}N_2O_2$

ASSIGNMENTS

a	22.9	n	121.6
b	35.9	o †	127.9
c	38.1	p †	128.2
d	40.6	q	132.1
e	50.8	r	138.8
f *	54.1	s	140.9
g *	54.3	t	179.6
h	61.6		
i	66.1		
j	69.5		
k	72.1		
l	109.1		
m	112.2		

ref 10

EXPERIMENTAL PARAMETERS

Instr. XL-100
Mode FT
Time 4 hr
Solv. CDCl₃
Conc. 93mg/.6ml soln
Pulse Width 50 μ sec

quinine 486

C$_{20}$H$_{24}$N$_2$O$_2$

EXPERIMENTAL PARAMETERS

Instr. XL-100
Mode FT
Time 21 min
Solv. CDCl$_3$
Conc. .3g/3ml soln

ASSIGNMENTS

a	21.6 t	n	126.6 s
b	27.7 t	o	131.1 d
c	27.9 d	p	141.9 d
d	40.0 d	q	143.9 s
e	43.2 t	r	147.2 d
f	55.6 q	s	148.5 s
g	57.0 t	t	157.6 s
h	60.1 d		
i	71.8 d		
j	101.6 d		
k	114.2 t		
l	118.4 d		
m	121.2 d		

ref 25

p-(p-ethoxyphenylazo)phenyl hexanoate   487

$C_{20}H_{24}N_2O_3$

EXPERIMENTAL PARAMETERS

Instr. XL–100
Mode FT
Time 5.3 min
Solv. CDCl$_3$
Conc. 450mg/2ml solv

ASSIGNMENTS

a	13.8	n*	152.2	
b	14.7	o	161.5	
c	22.2	p	171.7	
d	24.5			
e	31.2			
f	34.3			
g	63.7			
h	114.6			
i	122.0			
j	123.5			
k	124.7			
l	146.7			
m*	150.2			

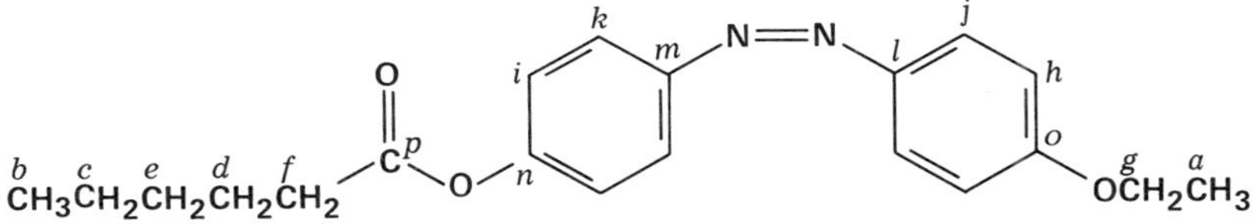

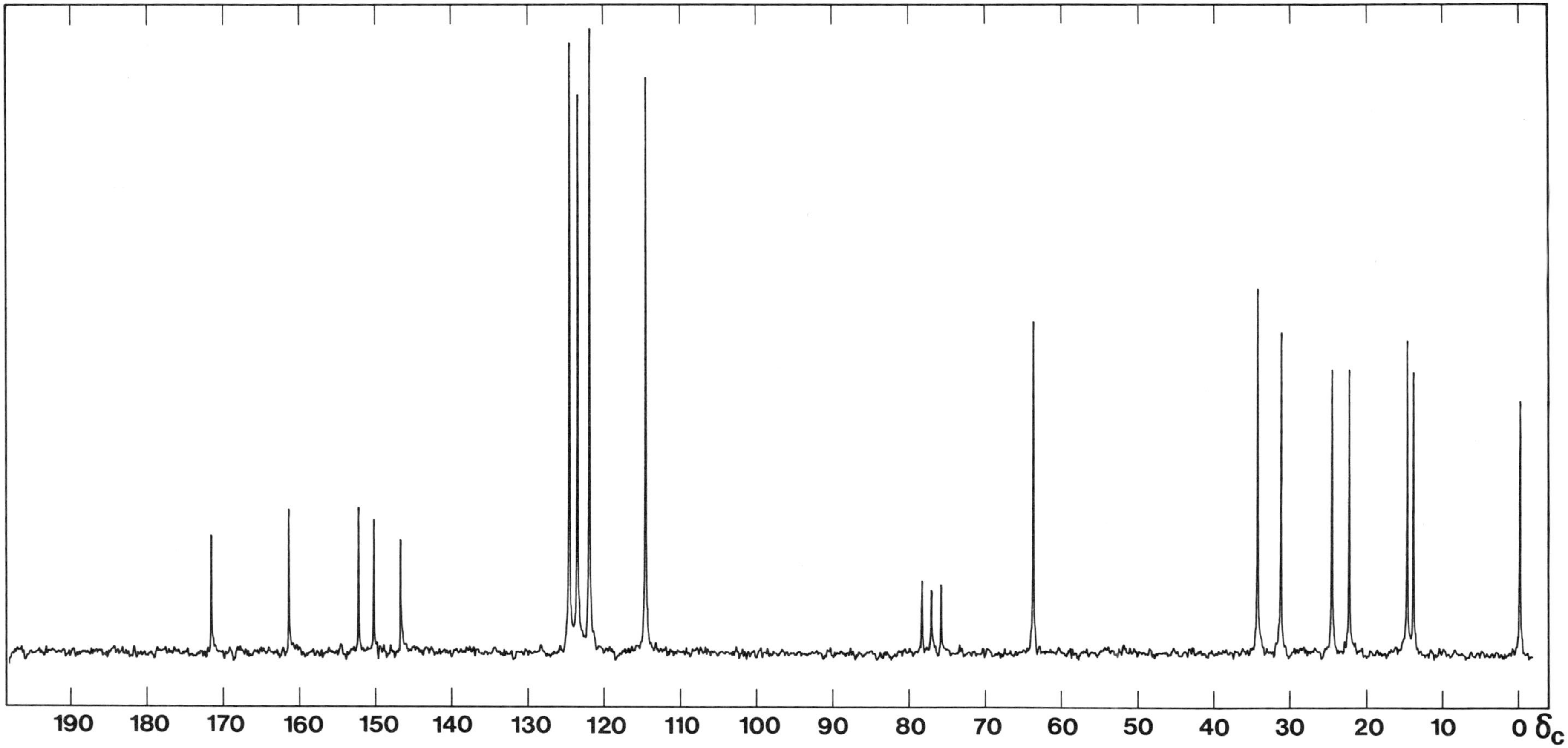

tri-*p*-tolylphosphine 488

$C_{21}H_{21}P$

EXPERIMENTAL PARAMETERS

Instr. XL–100
Mode FT
Time 5.3 min
Solv. CDCl₃
Conc. 1g/2ml solv

ASSIGNMENTS

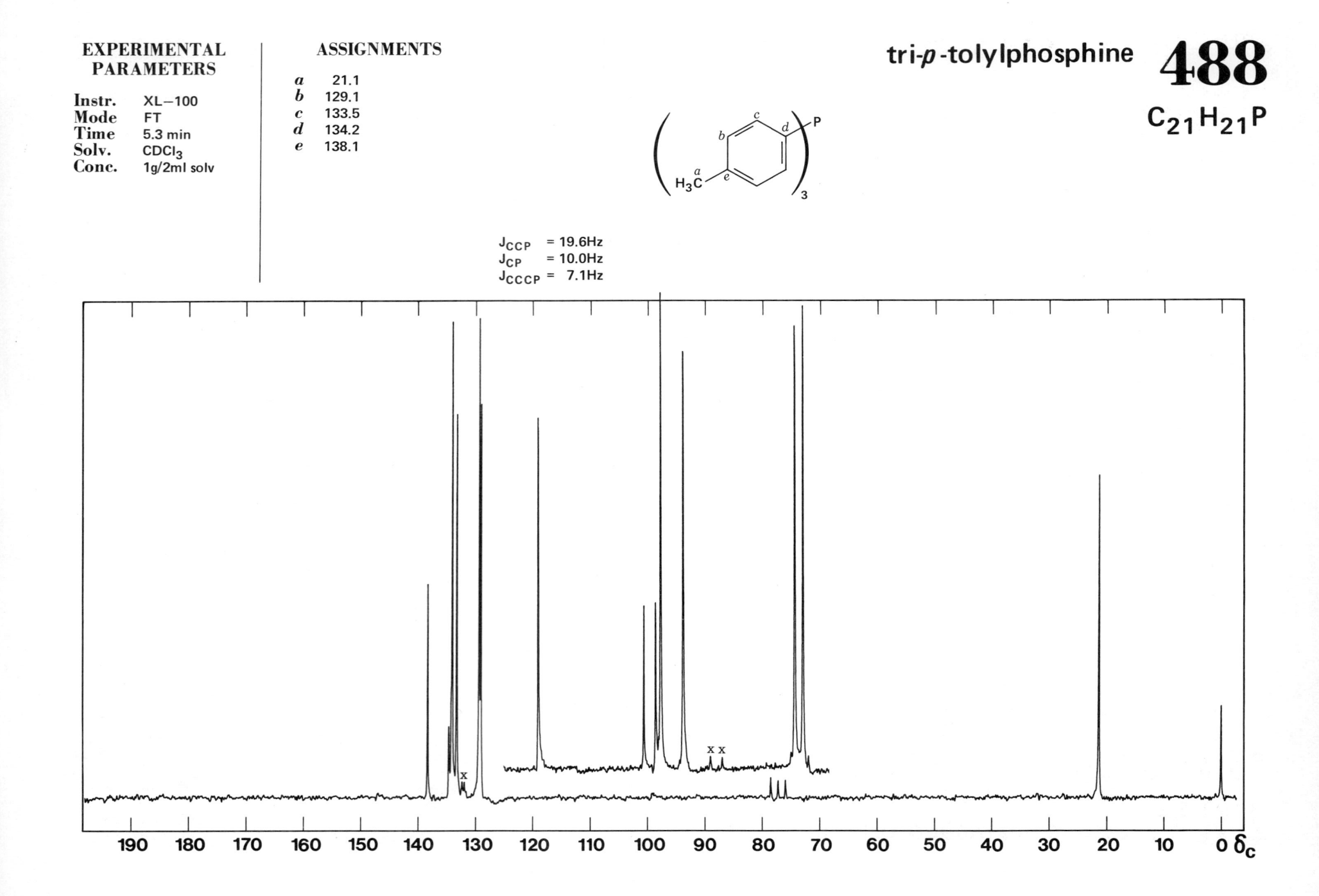

a	21.1
b	129.1
c	133.5
d	134.2
e	138.1

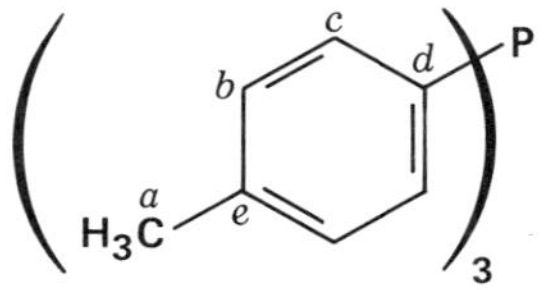

J_{CCP} = 19.6 Hz
J_{CP} = 10.0 Hz
J_{CCCP} = 7.1 Hz

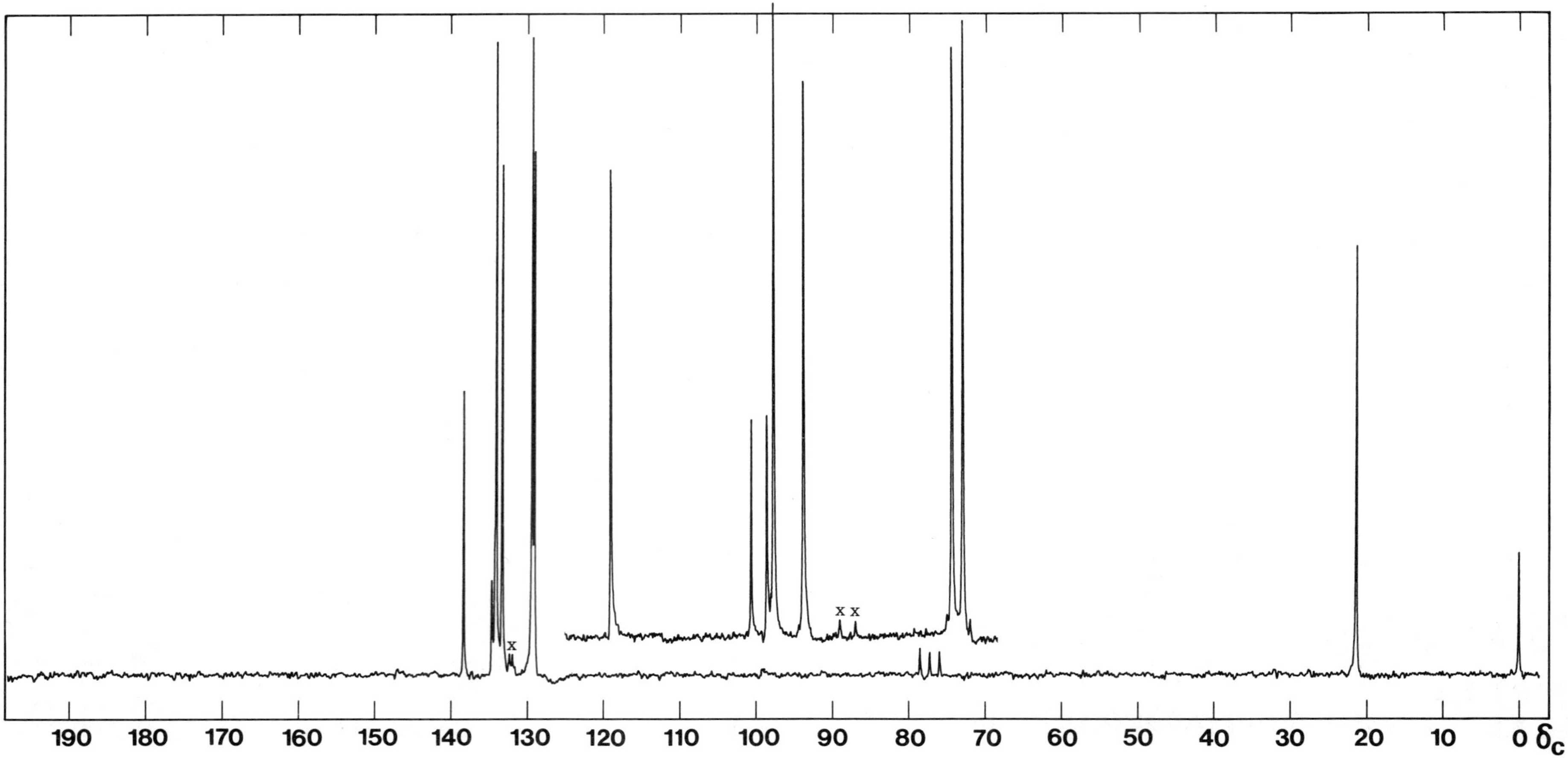

tri-o-tolylphosphine 489

$C_{21}H_{21}P$

EXPERIMENTAL PARAMETERS

Instr.	XL–100
Mode	FT
Time	5.3 min
Solv.	CDCl$_3$
Conc.	1g/2ml solv

ASSIGNMENTS

a	21.0
b	126.0
c *	128.5
d	129.9
e *	132.9
f	134.4
g	142.5

J_{C_2CP} = 26.5 Hz
J_{CH_3P} = 21.5 Hz
J_{C_1P} = 11.0 Hz
J_{C_6CP} = 4.9 Hz

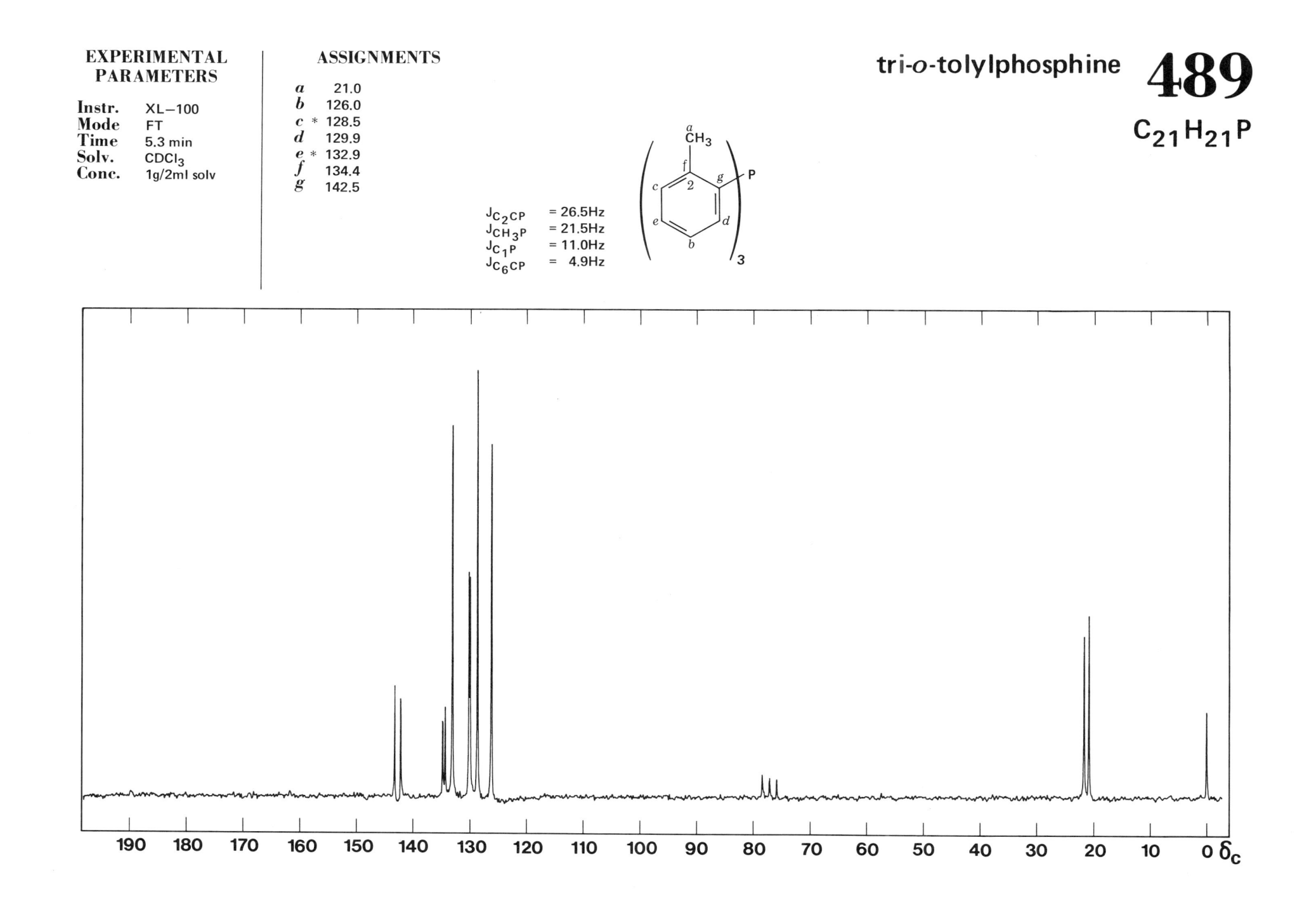

16-dehydroprogesterone 490

$C_{21}H_{28}O_2$

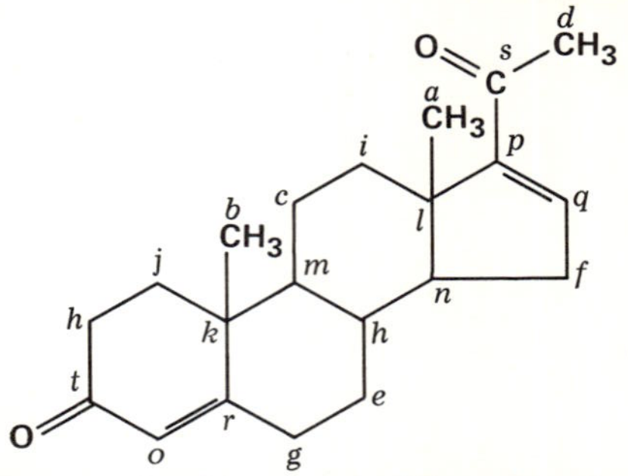

EXPERIMENTAL PARAMETERS

Instr. XL–100
Mode FT
Time 10 min
Solv. CDCl$_3$
Conc. .5g/2ml solv

ASSIGNMENTS

a	15.7	n	55.6
b	17.1	o	123.8
c	20.6	p	143.9
d	27.0	q	155.0
e	31.7	r	170.5
f	32.0	s	196.2
g	32.6	t	198.9
h	33.8		
i	34.4		
j	35.5		
k	38.6		
l	46.0		
m	54.0		

Assignments *i* and *j* are reversed from those in ref 7.

ref 7

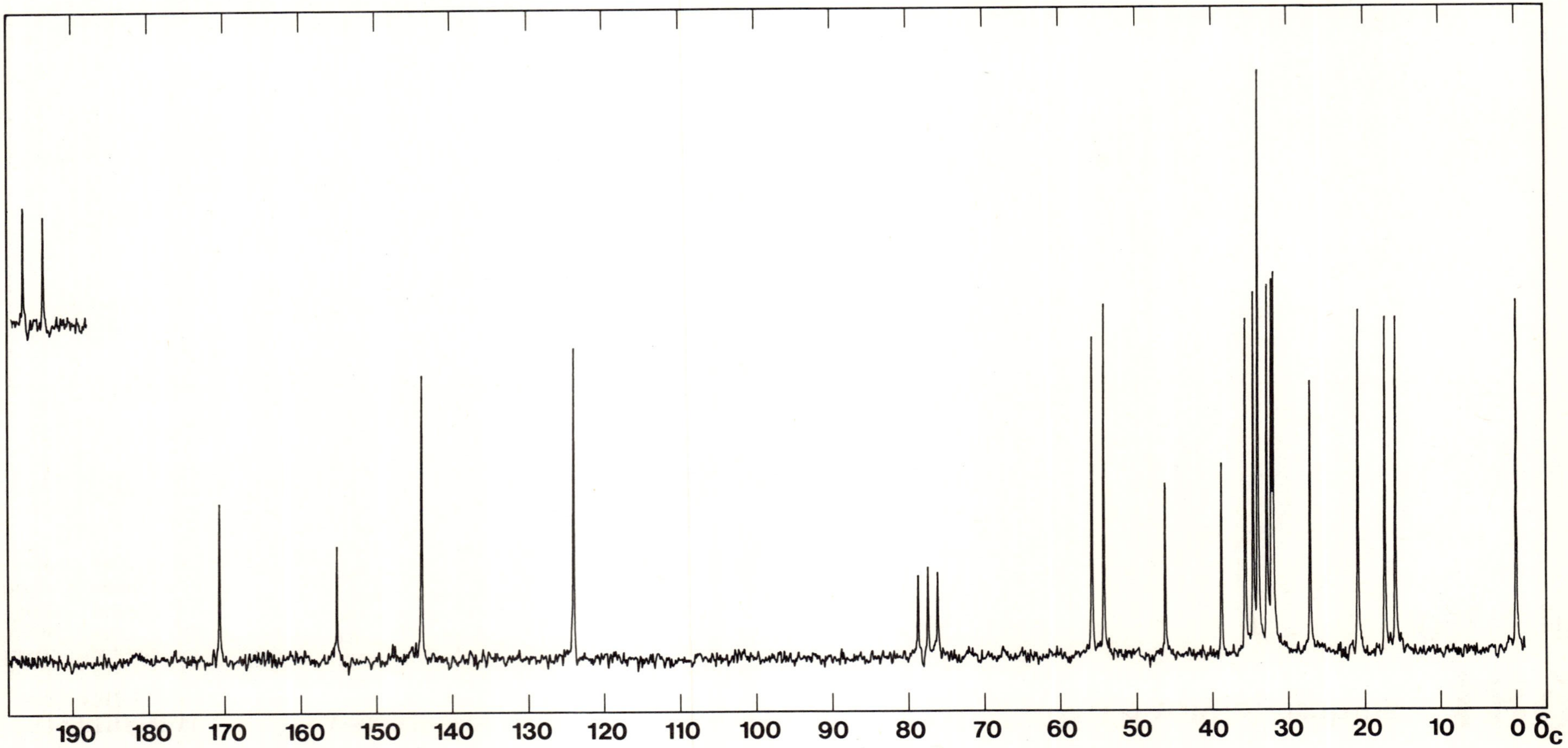

tetracycline hydrochloride 491

$C_{22}H_{24}N_2O_8 \cdot HCl$

EXPERIMENTAL PARAMETERS

Instr.	XL–100
Mode	FT
Time	13 min
Solv.	water
Conc.	.5g/2ml solv

ASSIGNMENTS

a	22.3q	n	138.4d	
b	26.9t	o	146.8s	
c*	35.3d	p	161.9s	
d*	42.2d	q	173.3s	
e	43.2q	r	173.8s	
f†	70.2s	s	187.1s	
g†	70.6d	t	193.7s	
h†	74.2s			
i	97.2s			
j	107.1s			
k	114.8s			
l‡	116.8d			
m‡	118.5d			

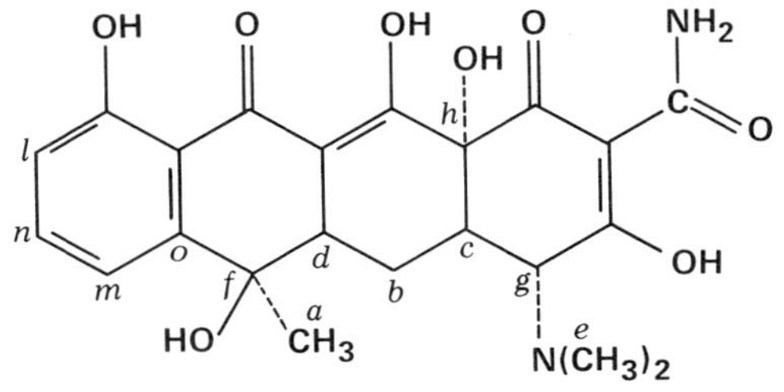

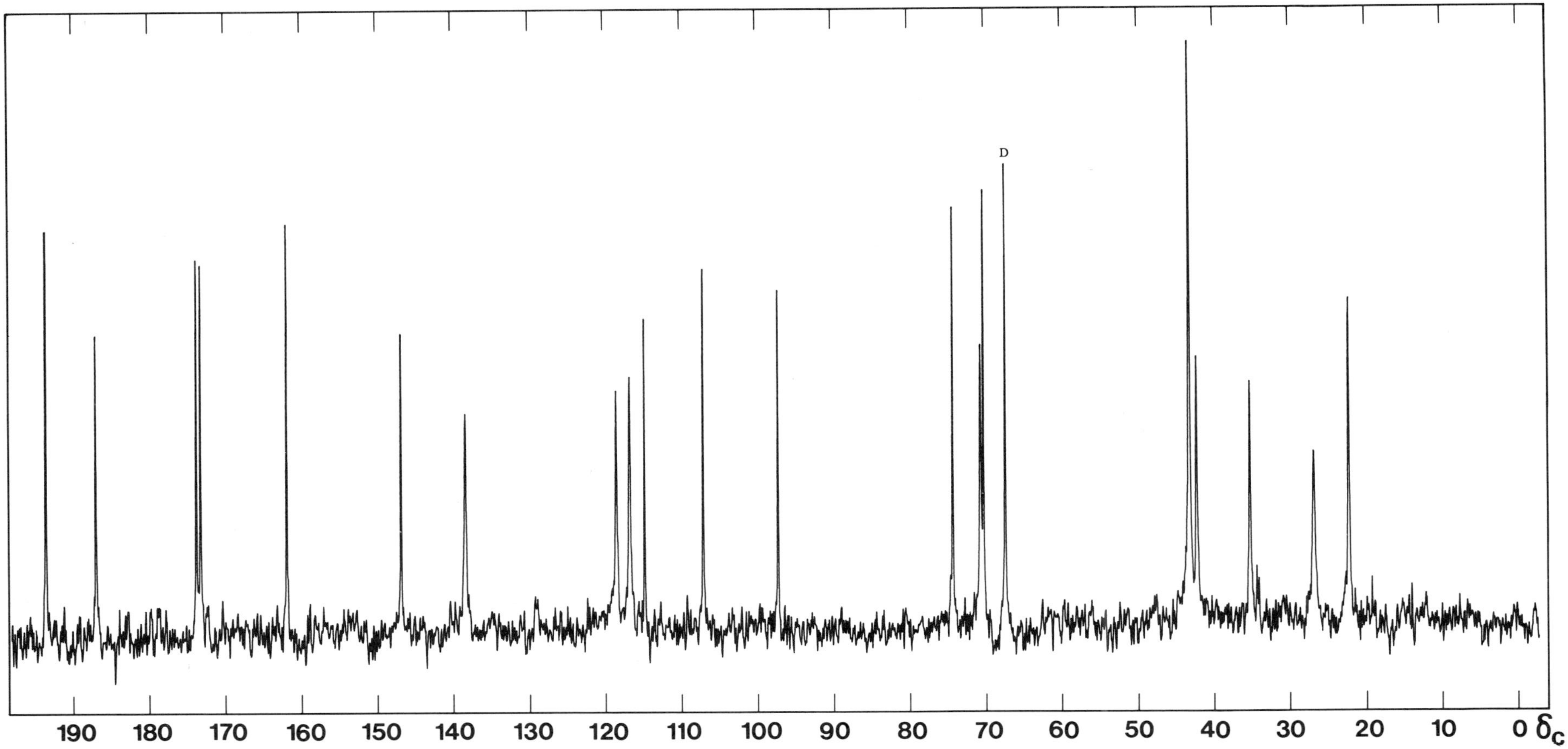

cortisone acetate 492
$C_{23}H_{30}O_6$

EXPERIMENTAL PARAMETERS

Instr. XL-100
Mode FT
Time 75 hr
Solv. CDCl₃
Conc. 9.2mg/.7ml soln

ASSIGNMENTS

a	15.4q	n	62.5d
b	17.2q	o	67.3t
c	20.4q	p	88.8
d	23.2t	q	124.5
e*	32.2	r	168.4
f*	32.3	s	170.4
g	33.7t	t	199.6
h†	34.8	u‡	204.3
i†	35.0	v‡	208.7
j	36.5d		
k	38.2s		
l	49.8		
m	51.2s		

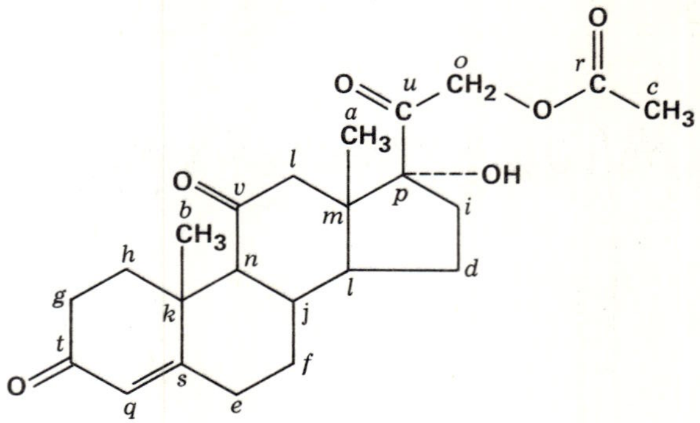

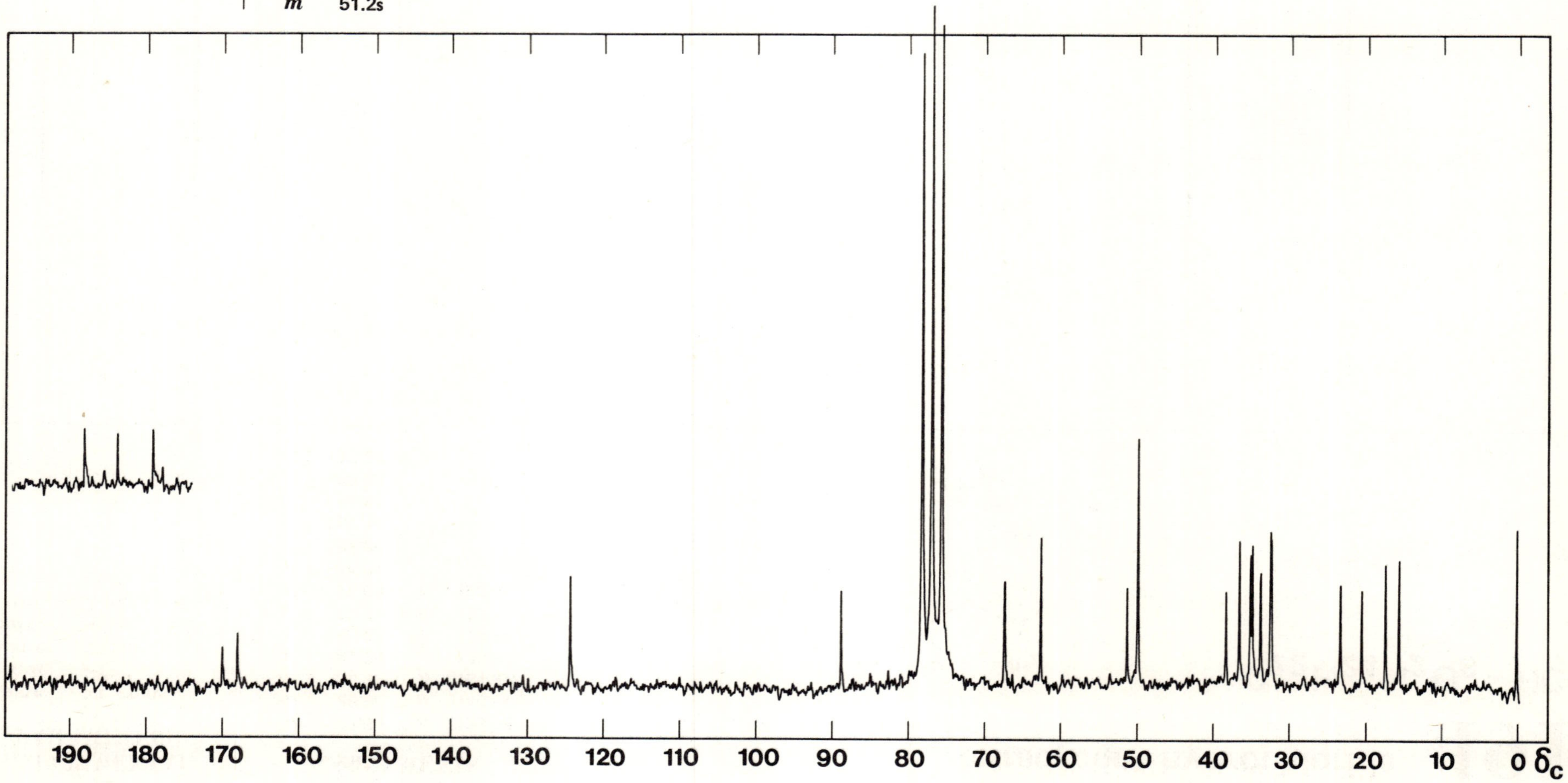

4,4'-bis(hexyloxy)azoxybenzene   493

$C_{24}H_{34}N_2O_3$

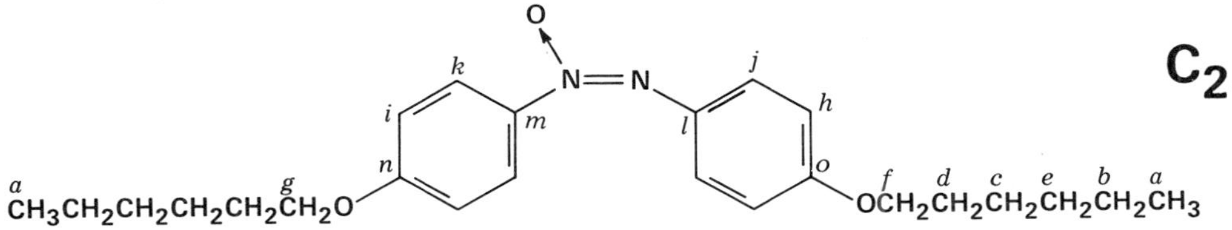

EXPERIMENTAL PARAMETERS

Instr. XL-100
Mode FT
Time 5.3 min
Solv. CDCl$_3$
Conc. 1g/3ml soln

ASSIGNMENTS

a	13.9	n	159.7
b	22.5	o	161.3
c	25.6		
d	29.1		
e	31.5		
f *	68.1		
g *	68.4		
h †	113.9		
i †	114.1		
j	123.5		
k ‡	127.7		
l ‡	137.9		
m ‡	141.4		

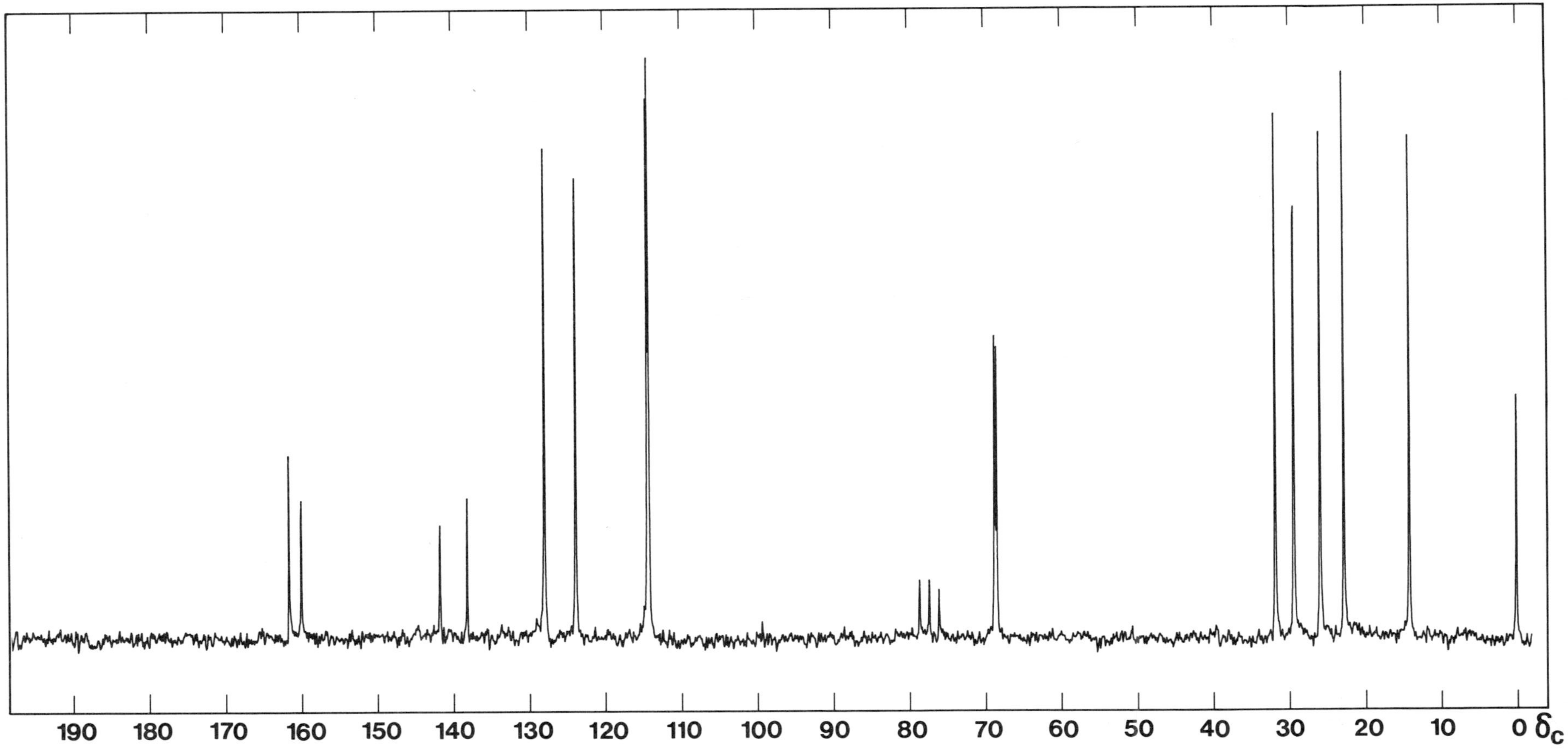

cholesterol 494

$C_{27}H_{46}O$

EXPERIMENTAL PARAMETERS

Instr.	XL-100
Mode	FT
Time	5.3 min
Solv.	pyridine d_5
Conc.	1g/2ml solv

S.E. Time Constant .4 sec

ASSIGNMENTS

a	11.9	n	36.4
b	18.9	o	36.7
c	19.5	p	37.7
d	21.3	q	39.7
e	22.6	r	40.0
f	22.8	s	42.4
g	24.1	t	43.2
h	24.4	u	50.4
i	28.1	v	56.4
j	28.4	w	56.9
k *	32.1	x	71.0
l *	32.3	y	120.9
m	36.0	z	141.7

ref 7

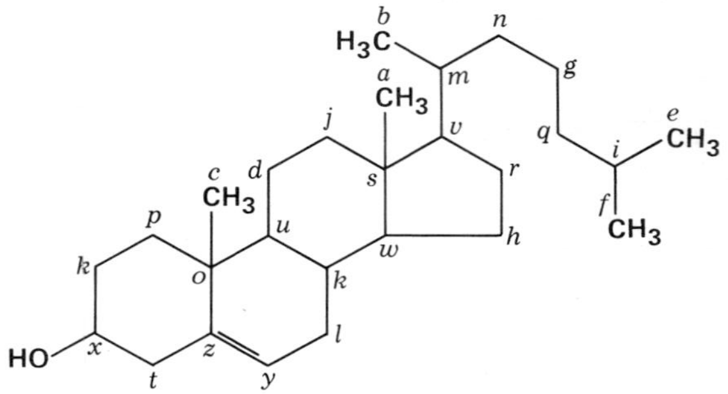

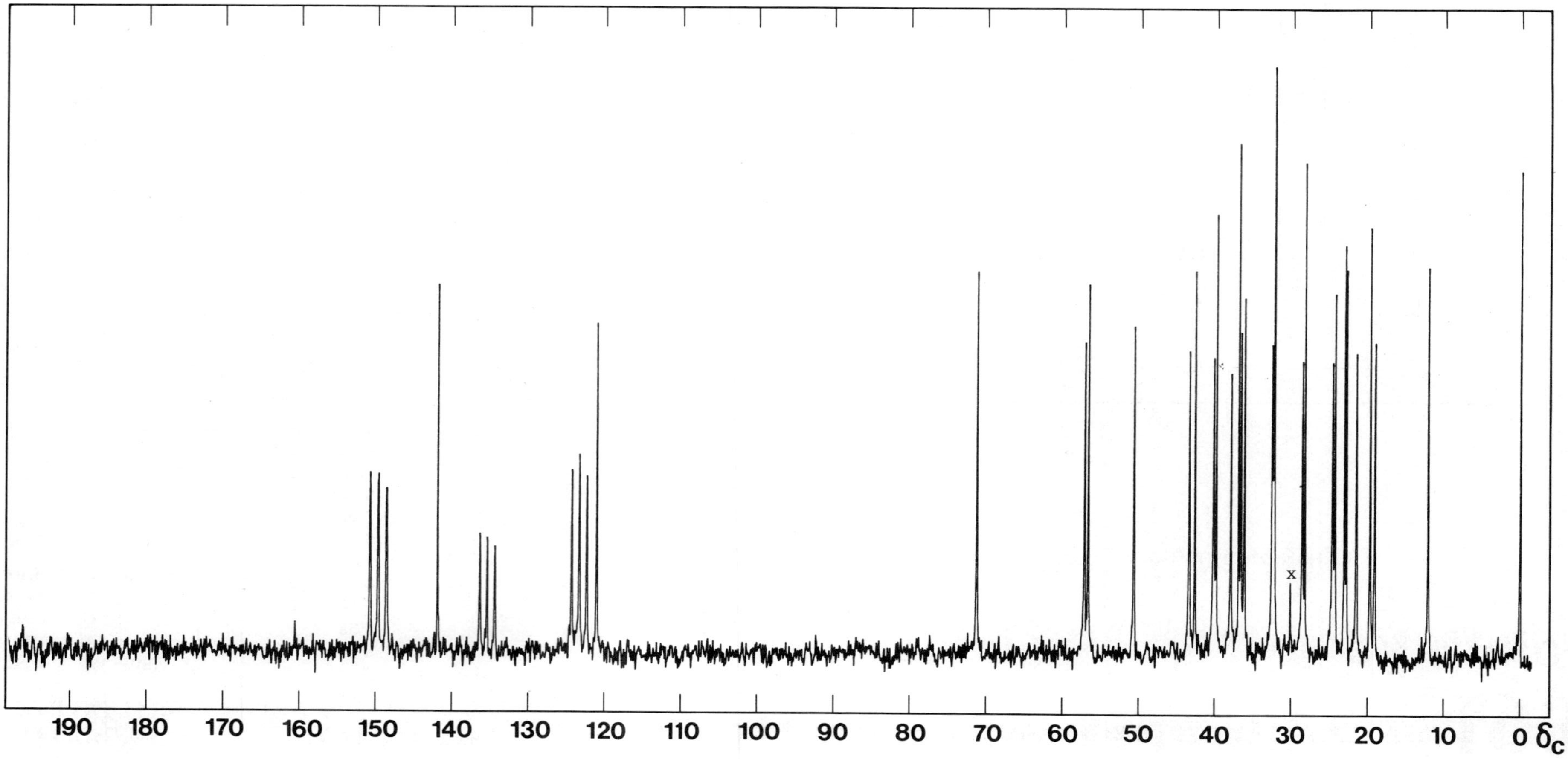

sucrose octaacetate 495

$C_{28}H_{38}O_{19}$

EXPERIMENTAL PARAMETERS

Instr.	XL-100
Mode	FT
Time	10 min
Solv.	CDCl$_3$
Conc.	.5g/2ml solv

ASSIGNMENTS

a	20.5	n		169.3
b	61.8	o		169.4
c*	62.8	p		169.7
d*	63.6	q		169.9
e	68.2	r		170.2
f	68.5	s		170.4
g	69.6			
h	70.3			
i	75.1			
j	75.8			
k	79.2			
l	90.0			
m	104.0			

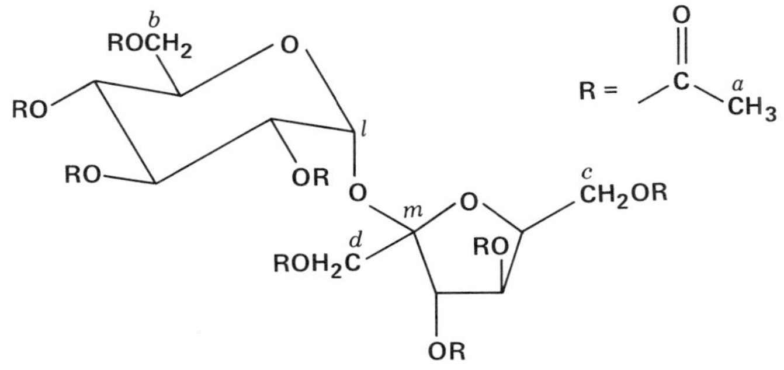

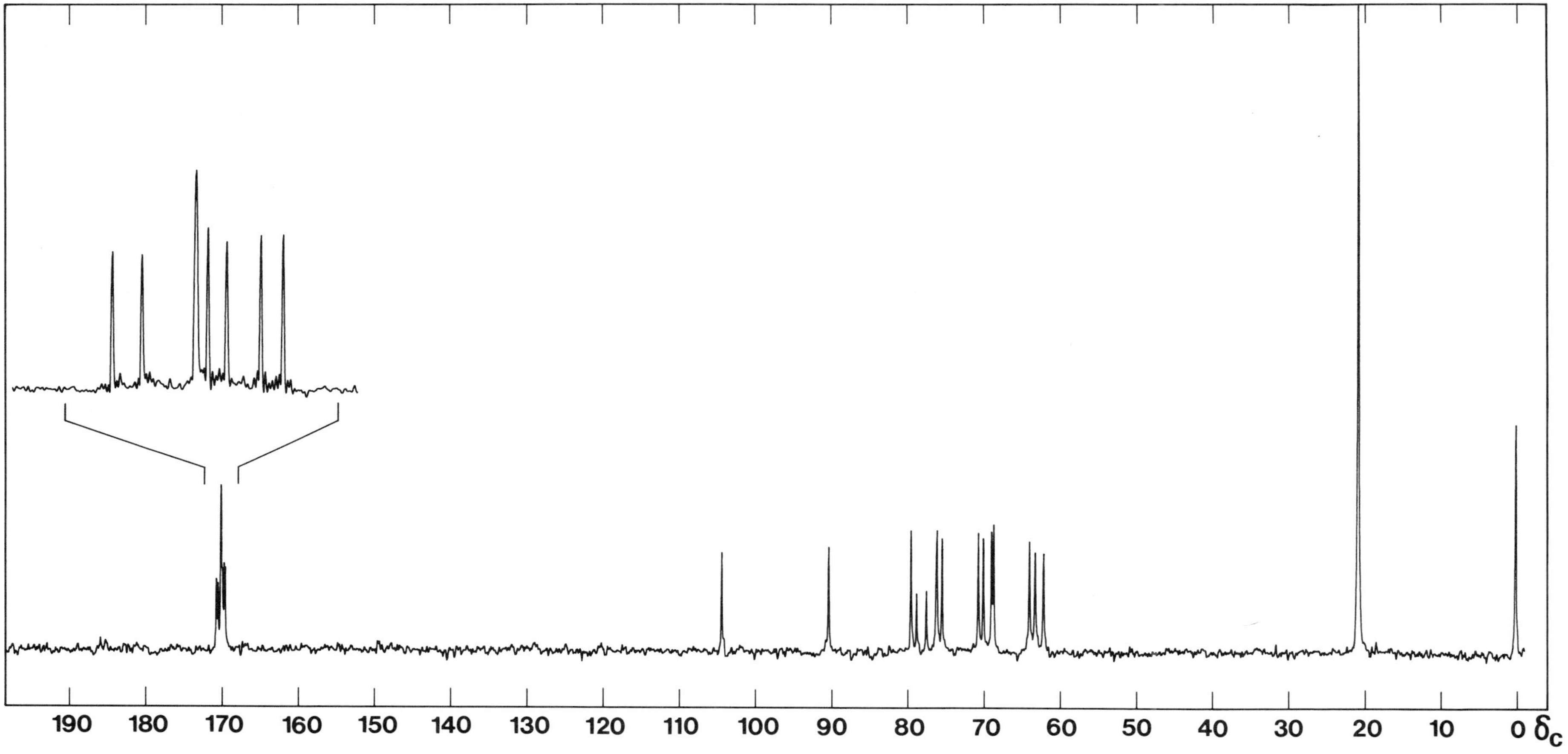

vitamin E 496[a]

$C_{29}H_{50}O_2$

EXPERIMENTAL PARAMETERS

Instr. XL–100
Mode FT
Time 5.3 min
Solv. CDCl$_3$
Conc. .9g/1.8ml solv

ASSIGNMENTS

a	11.1q	n	37.4t
b	11.7q	o	39.4t
c	12.1q	p	39.8t
d	19.6q	q	78.2
e	20.7t	r	117.1
f	21.0t	s	118.5
g	22.6q	t	121.1
h	23.7q	u	122.4
i*	24.4t	v†	144.4
j*	24.8t	w†	145.5
k	27.9d		
l	31.5t		
m	32.7d		

vitamin E 496b

$C_{29}H_{50}O_2$

Digital integration of a 1000Hz partial plot of high field signals from spectrum 496a.

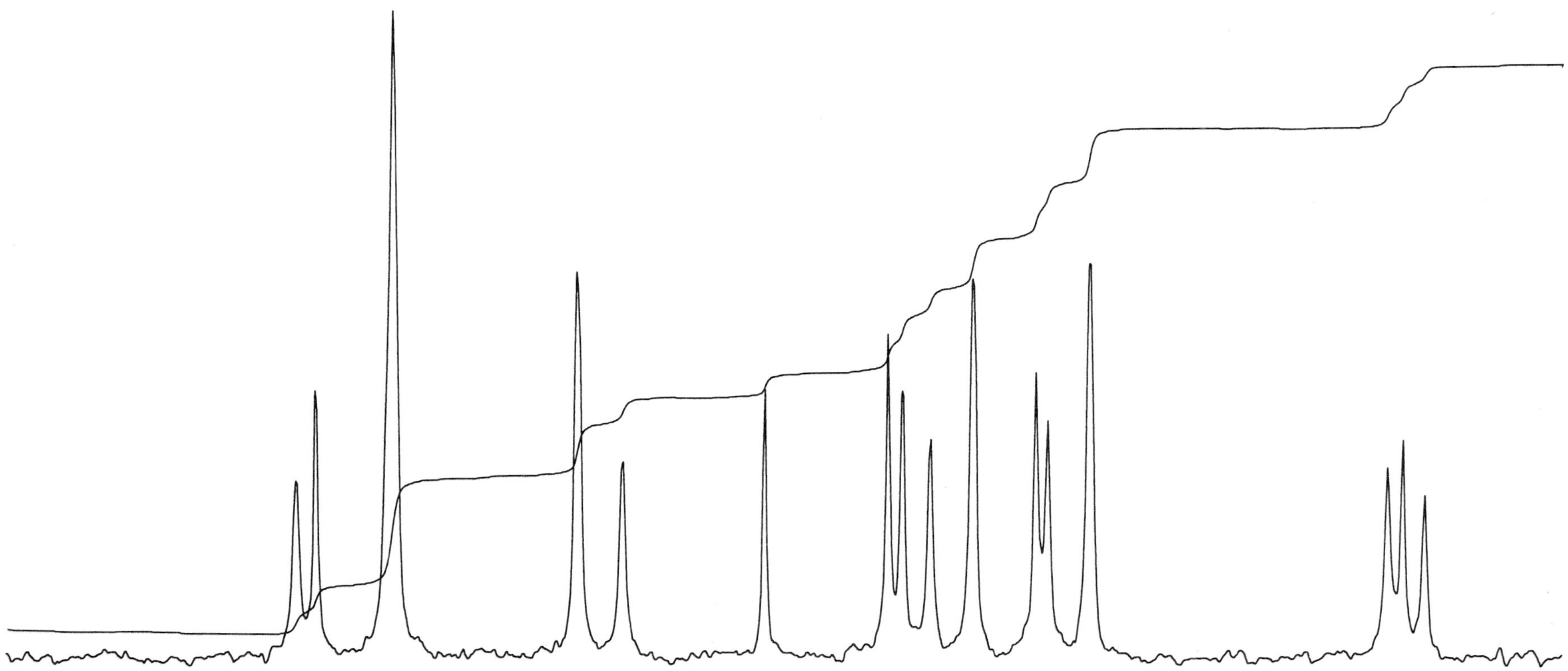

squalene 497

C$_{30}$H$_{50}$

EXPERIMENTAL PARAMETERS

Instr. HA–100
Mode CW
Time 15 min
Solv. Dioxane
Conc. .5ml/1ml soln

ASSIGNMENTS

a 15.9
b 17.5
c 25.5
d 27.0
e 28.5
f 40.0
g 124.6
h 130.7
i 134.8

ref 27

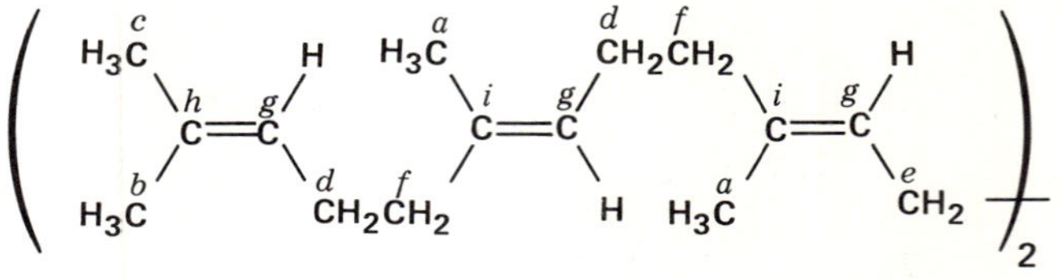

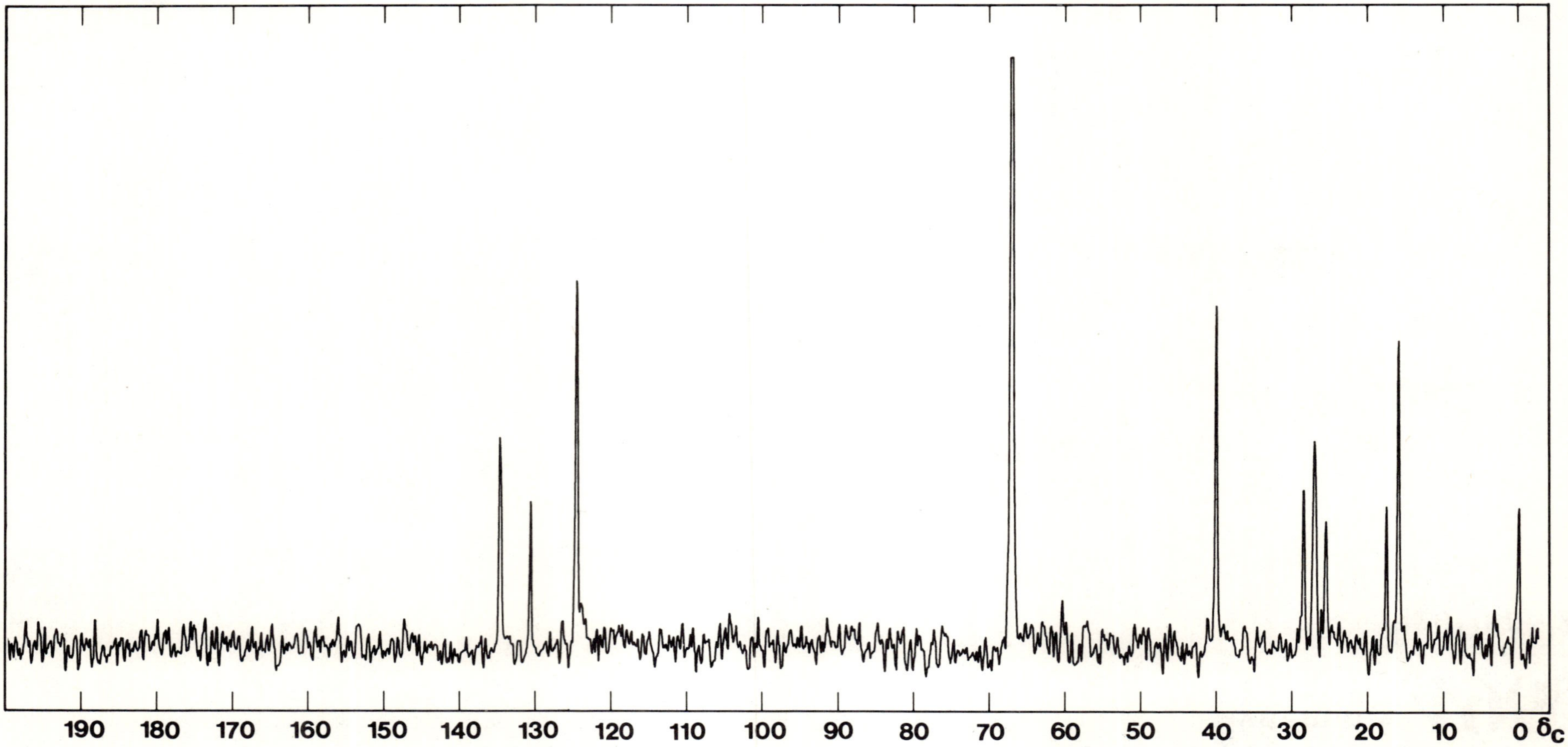

hexaphenyldilead 498

$C_{36}H_{30}Pb_2$

ASSIGNMENTS

- a 128.1
- b 129.5
- c 137.7
- d 152.8

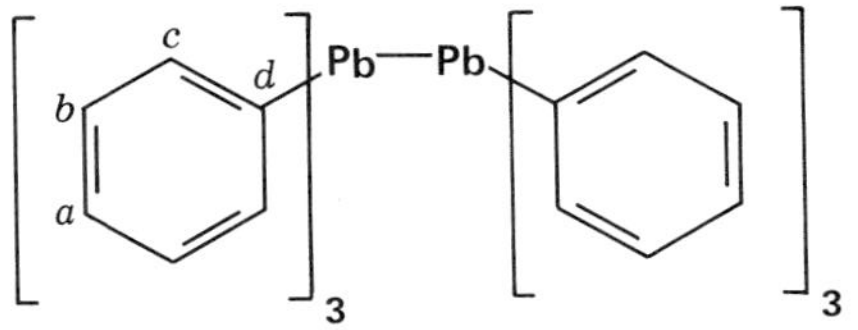

Weak peaks are due to spin coupling with ^{207}Pb, but are not amenable to first-order analysis.

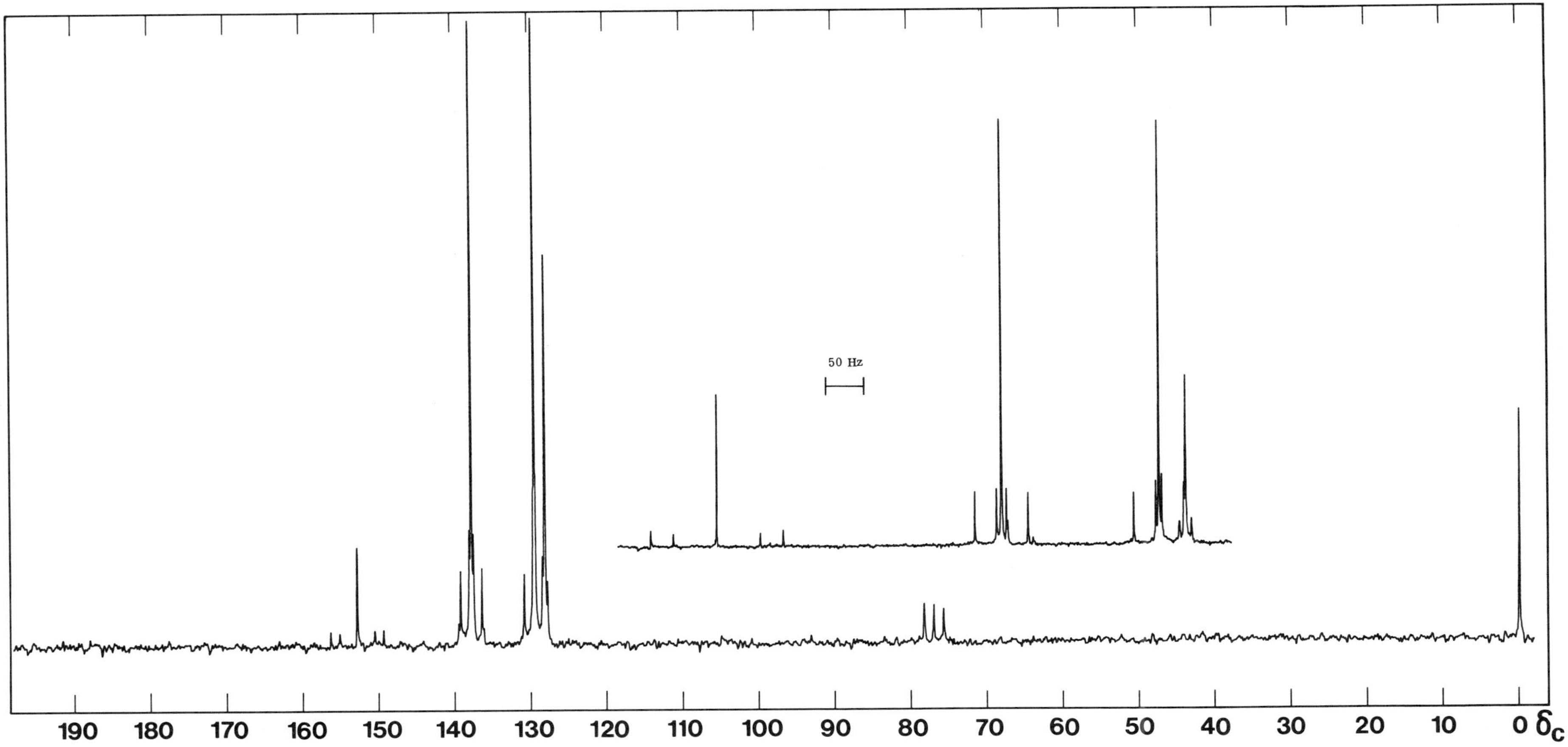

EXPERIMENTAL PARAMETERS

- Instr. XL-100
- Mode FT
- Time 5.3 min
- Solv. CDCl₃
- Conc. 1g/3ml soln

499

gramicidin-S 499

$C_{60}H_{92}N_{12}O_{10}$

EXPERIMENTAL PARAMETERS

Instr.	XL-100
Mode	FT
Time	13 min
Solv.	methanol-d_4
Conc.	590mg/3ml solv
Pulse Width	80 μsec
S.E. Time constant	.4 sec

ASSIGNMENTS

a	19.5q	n	48.0t
b	19.7q	o	51.7d
c	23.2q	p	52.8d
d	23.3q	q	55.9d
e*	24.6t	r	60.4d
f*	24.7t	s	62.1d
g	25.8d	t	128.5
h†	30.7t	u	129.7
i†	31.0t	v	130.5
j	32.1d	w	137.1
k	37.4t	x	172.7
l‡	40.6t	y	173.5
m‡	42.0t	z	173.6

ref 20

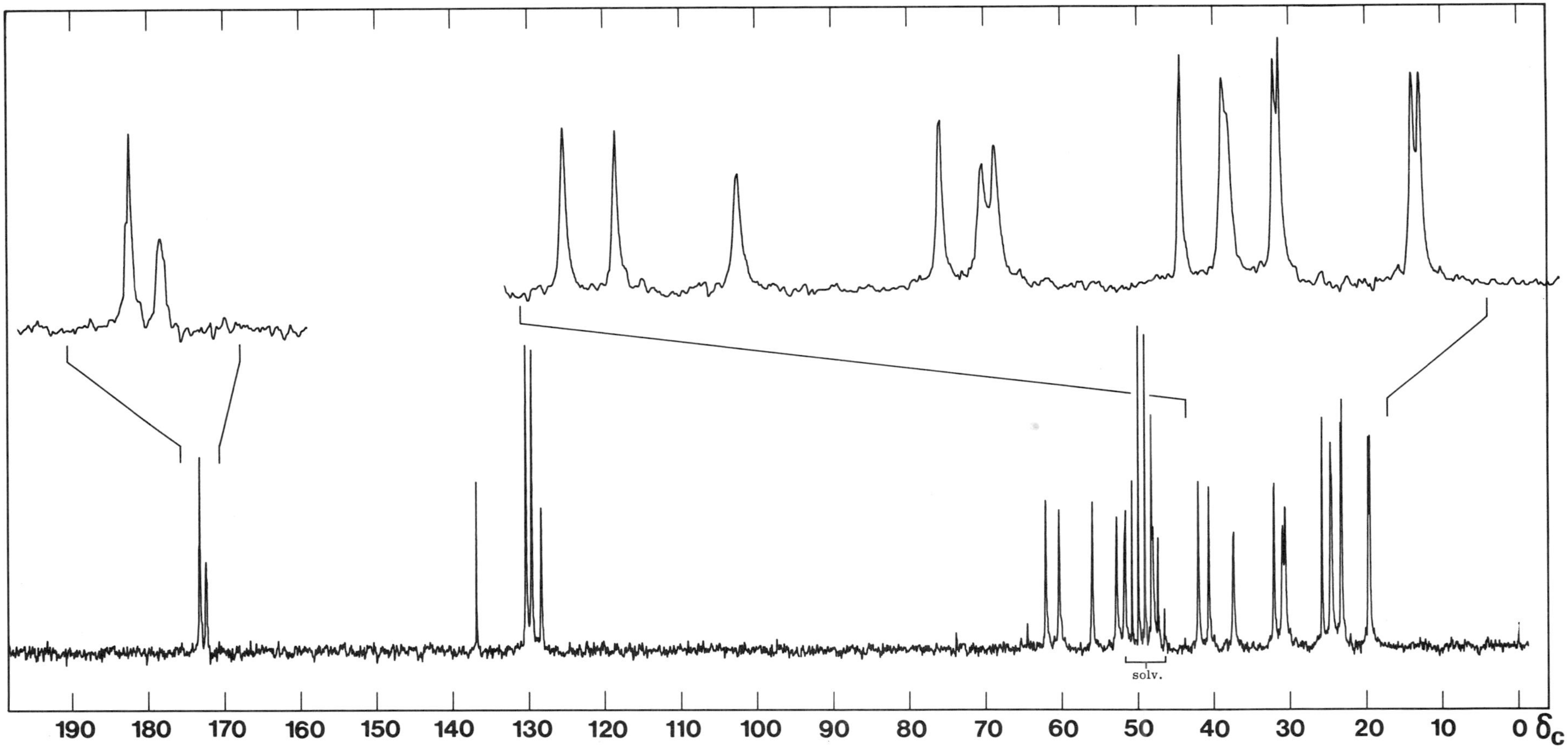

500

vitamin B₁₂ 500

$C_{63}H_{90}CoN_{14}O_{14}P$

EXPERIMENTAL PARAMETERS

Instr. XL–100
Mode   FT
Time   15 hr.
Solv. water
Conc. 82 mg/2.5 ml solv
Pulse Width 60 μsec

Dioxane concentration 0.1%.

ASSIGNMENTS

a	15.8	n	35.3	aa	61.3	nn ‡	130.7
b	16.1	o	35.7	bb	69.6	oo ‡	133.6
c	16.6	p	39.8	cc *	73.6	pp	135.8
d	17.4	q	43.4	dd *	74.0	qq	137.5
e	19.8	r	43.9	ee	75.7	rr	142.5
f	19.9	s	46.1	ff	82.8	ss	166.1
g	20.0	t	48.0	gg	85.8	tt	166.7
h	20.5	u	48.8	hh	87.6	uu	174.4
i	26.7	v	52.0	ii	95.3	vv	175.1
j	28.6	w	54.6	jj †	104.8	ww	175.5
k	32.0	x	56.5	kk †	108.2	xx	176.0
l	32.6	y	57.4	ll	112.1	yy	176.2
m	33.0	z	59.8	mm	117.3	zz	177.6

az	177.7
bz	178.2
cz	178.5
dz	179.7
ez	180.8

$J_{POCC}(ff) = 7.3\,Hz$
$J_{POCC}(cc) = 6.4\,Hz$
$J_{POCC}(s) = 4.9\,Hz$
$J_{POC}(dd) = 4.3\,Hz$

ref 28

References

1. T.F. Page, Jr., T. Alger, and D.M. Grant,
   J. Amer. Chem. Soc., 87, 5333 (1965).

2. W.R. Woolfenden and D.M. Grant,
   J. Amer. Chem. Soc., 88, 1496 (1966).

3. T.D. Alger, D.M. Grant, and E.G. Paul,
   J. Amer. Chem. Soc., 88, 5397 (1966).

4. D.K. Dalling and D.M. Grant,
   J. Amer. Chem. Soc., 89, 6612 (1967).

5. G.B. Savitsky, P.D. Ellis, K. Namikawa, and G.E. Maciel,
   J. Chem. Phys., 2395 (1968).

6. R.J. Pugmire, D.M. Grant, M.J. Robins, and R.K. Robins,
   J. Amer. Chem. Soc., 91, 6381 (1969).

7. H.J. Reich, M. Jautelat, M.T. Messe, F.J. Weigert, and J.D. Roberts,
   J. Amer. Chem. Soc., 91, 7445 (1969).

8. A.S. Perlin, B. Casu, and H.J. Koch,
   Can. J. Chem., 48, 2596 (1970).

9. W. McFarlane,
   Chem. Comm., 418 (1970).

10. E. Wenkert, C. Change, A.O. Clouse, and D.W. Cochran,
    Chem. Comm., 961 (1970).

11. R.A. Archer, R.D.G. Cooper, P.V. Demarco, and L.F. Johnson,
    Chem. Comm., 1291 (1970).

12. W. Horsley, H. Sternlicht, and J.S. Cohen,
    J. Amer. Chem. Soc., 92, 680 (1970).

13. J.D. Roberts, F.J. Weigert, J.I. Kroschwitz and H.J. Reich,
    J. Amer. Chem. Soc., 92, 1338 (1970).

14. D. Dorman, S.J. Angyal, and J.D. Roberts,
    J. Amer. Chem. Soc., 92, 1351 (1970).

15. D.E. Dorman and J.D. Roberts,
    J. Amer. Chem. Soc., 92, 1355 (1970).

16. A.J. Jones, T.D. Alger, D.M. Grant, and W.M. Litchman,
    J. Amer. Chem. Soc., 92, 2386 (1970).

17. A.J. Jones, D.M. Grant, M.W. Winkley, and R.K. Robins,
    J. Phys. Chem., 74, 2684 (1970).

18. A.J. Jones, D.M. Grant, M.W. Winkley, and R.K. Robins,
    J. Amer. Chem. Soc., 92, 4079 (1970).

19. R.G. Parker, and J.D. Roberts,
    J. Org. Chem., 35, 996 (1970).

20. W.A. Gibbons, J.A. Sogn, A. Stern, L.C. Craig, and L.F. Johnson,
    Nature, 227, 840 (1970).

21. E. Lippmaa, T. Pehk, J. Paasivirta, N. Belikova, and A. Plate,
    Org. Mag. Res., 2, 581 (1970).

22. D.E. Dorman, and J.D. Roberts,
    Proc. Nat. Acad. Sci., 65, 19 (1970).

23. J. Jautelat, J.B. Grutzner, and J.D. Roberts,
    Proc. Nat. Acad. Sci. U.S., 65, 288 (1970).

24. G.L. Lebel, J.D. Laposa, B.G. Sayer, and R.A. Bell,
    Anal. Chem., 43, 1500 (1971).

25. W.O. Crain, Jr., W.C. Wildman, and J.D. Roberts,
    J. Amer. Chem. Soc., 93, 990 (1971).

26. A. Allerhand, and D. Doddrell,
    J. Amer. Chem. Soc., 93, 2777 (1971).

27. D.E. Dorman, M. Jautelat, and J.D. Roberts,
    J. Org. Chem., 36, 2757 (1971).

28. D. Doddrell, and A. Allerhand,
    Proc. Nat. Acad. Sci., 68, 1083 (1971).

29. Charles A. Reilly,
    Private communication.

30. H. H. Mantsch, and Ian C.P. Smith,
    Biochem. & Biophys. Res. Commun., 46, 808 (1972).